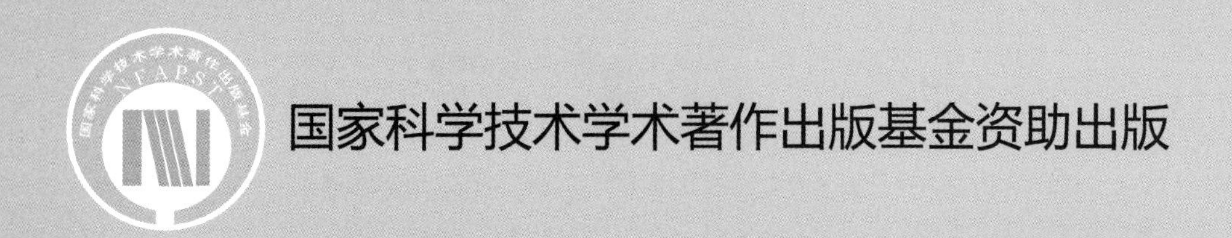

High-alumina coal fly ash in China
Resource and Clean Utilization Techniques

中国高铝飞灰
资源与清洁利用技术

杨 静　马鸿文　等著

化学工业出版社

· 北 京 ·

2003年以来，著者研究团队对中国北方十余家电力、煤炭企业排放的高铝粉煤灰、高铝煤矸石等二次资源提取氧化铝关键技术进行了系统研究。本专著即是在上述研究的基础上，对相关的学位论文、学术论文、技术报告和发明专利等进行系统总结和整理完成的；反映了著者团队15年来秉承循环经济理念，以期在煤炭、电力、冶金、化工、建材五大行业发展超级系统产业集群，从而实现清洁生产。

本书绪论部分系统论述了中国铝资源与铝材工业可持续发展问题。上篇提铝关键技术，论述了以内蒙古、山西、陕西、宁夏等地热电厂排放的高铝粉煤灰为原料，采用酸碱联合法和碱法提取氧化铝与氢氧化铝的关键技术；同时论述了利用高铝煤矸石、霞石正长岩、高硅铝土矿等非传统铝资源提取氧化铝的相关技术。下篇相关应用技术；论述了以脱硅碱液制备无机硅化合物、针状硅灰石粉体等技术，高铝粉煤灰提取稀有元素镓关键技术，利用高铝粉煤灰、高铝煤矸石及其剩余硅钙渣合成X型分子筛及制备莫来石陶瓷、微晶玻璃、矿物聚合材料、墙体材料等技术。书中对前人的相关研究成果也作了简要介绍。

本专著内容重点反映了当前有关高铝粉煤灰资源化利用技术的研究现状和重要研究进展，对国内本领域研究和相关技术的产业化发展方向具有重要参考价值。本书适合矿产资源、化工、冶金、材料等专业领域以及煤炭、电力、建材、矿产品加工等行业的科研人员和技术人员使用，也可作为高等院校相关专业的参考书。

图书在版编目（CIP）数据

中国高铝飞灰：资源与清洁利用技术/杨静等著．—北京：化学工业出版社，2019.4

国家科学技术学术著作出版基金资助出版

ISBN 978-7-122-33854-9

Ⅰ.①中…　Ⅱ.①杨…　Ⅲ.①高铝质耐火材料-粉煤灰-研究　Ⅳ.①TQ175.71

中国版本图书馆CIP数据核字（2019）第025533号

责任编辑：窦　臻　　文字编辑：向　东

责任校对：王素芹　　装帧设计：王晓宇

出版发行：化学工业出版社（北京市东城区青年湖南街13号　邮政编码100011）

印　　装：北京新华印刷有限公司

787mm×1092mm　1/16　印张45½　字数1128千字　2019年8月北京第1版第1次印刷

购书咨询：010-64518888　　售后服务：010-64518899

网　　址：http://www.cip.com.cn

凡购买本书，如有缺损质量问题，本社销售中心负责调换。

定　　价：198.00元

序

PREFACE

本书作者马鸿文教授研究团队，10余年来从事利用高铝粉煤灰等非传统铝资源提取氧化铝技术的研究，也是他们20多年来坚持从富钾岩石中提取钾盐研究工作的继续。这两类资源都是十分重要的非传统型金属、非金属矿产资源。他们团队的研究工作取得了丰硕成果。现在出版的《中国高铝飞灰：资源与清洁利用技术》一书，就是相关成果的系统总结。

这些成果的创新之处，体现在以下几方面：

第一，提供了利用非传统铝土矿型铝资源提取氧化铝的工艺路线，建立了相应的技术体系。书中详细介绍了利用高铝粉煤灰、高铝煤矸石、霞石正长岩和高硅铝矾土4种非传统型铝资源提铝的关键技术，其核心内容都是作者团队的原创性成果。基于这些研究工作，对中国铝资源与铝材工业可持续发展问题的论述，可望对上述潜在铝资源的工业化利用产生重要影响。

第二，按照发展循环经济的理念，充分利用铝、硅两种主要组分，资源利用率高，加工过程符合清洁生产要求。高铝粉煤灰等铝资源经过前期预处理，以及后续的硅、铝分离过程，除提取有用组分氧化铝外，还能够充分利用氧化硅组分，制备多种无机硅化合物产品和高值建材产品，将湿法冶金与化工过程相集成，实现了资源利用率的最大化和提铝过程的清洁化生产。

第三，重点研究提铝过程的关键科学问题——铝硅酸盐体系的化学平衡，如反应原理、工艺能耗、物料平衡及硅铝分离效率等。这些关键科学问题的突破，也就是关键技术原理的突破。这些成果对于在矿产品加工、冶金、化工、建材等领域，实现矿产资源的跨行业集约化利用和加工过程的清洁化生产，无疑具有普遍适用性，因而可望对相关行业的技术进步提供相应的理论指导。

《中国高铝飞灰：资源与清洁利用技术》这部专著出版的意义，在于它系统反映了高铝粉煤灰、高铝煤矸石等潜在铝资源及其工程化应用技术的研究现状和重要研究进展，为我国的氧化铝工业提供了新的技术路线和工艺，而且是绿色的湿法冶金与化工集成技术，符合当前发展循环经济的产业政策。因此，这些成果的系统整理与公开出版，对于引领国内本领域研究和氧化铝行业相关技术的产业化发展方向，可望具有重要参考价值。

这部专著出版的意义，还在于它是一部系统的非传统型铝资源加工技术的学术著作，也是一部矿物资源绿色加工科学的优秀著作。本书中有关铝硅酸盐体系化学平衡和反应过程的物理化学分析方面的特点，正是作者团队的专长所在。因此，这部著作可以作为湿法冶金、无机化工和矿物材料科学的教学参考书。

中国科学院院士，中国地质大学教授

赵鹏大

前 言

FORWORD

2003年以来，著者团队对中国北方十余家电力、煤炭企业排放的高铝粉煤灰、煤矸石等二次资源提取氧化铝关键技术进行了系统研究。本专著即是在上述研究基础上，对相关的10余份技术研究报告、发明专利、10余份博士学位论文、1份博士后研究报告、20余份硕士学位论文、公开发表的90余篇学术论文等进行系统总结和整理而完成的；反映了著者团队15年来秉承循环经济理念，对相关关键技术的最新研究成果，以期在煤炭、电力、冶金、化工、建材五大行业发展超级系统产业集群，从而实现跨行业清洁生产。专著内容分为绪论和上、下篇三部分。

绪论是全书的总纲，概述了中国铝土矿资源状况及工业利用技术现状，分析了潜在的非传统铝资源及其分类，对迄今见诸于文献的利用高铝粉煤灰提取氧化铝的关键反应进行了热力学分析与过程评价，提出了新的提取氧化铝高效清洁生产技术路线。在此基础上，分析提出了中国铝材工业可持续发展的可能技术途径。

上篇提铝关键技术，系统论述了以内蒙古、山西、陕西、宁夏等地热电厂排放的高铝粉煤灰为主要原料，采用酸碱联合法、碱法提取氧化铝（氢氧化铝）的关键技术；同时论述了利用高铝煤矸石、霞石正长岩、高硅铝土矿等非传统铝资源提取氧化铝的相关技术。其中有关预脱硅-低钙烧结法关键技术的内容，为著者团队近年来最新研发且最具工业化利用价值的技术成果。

下篇相关应用技术，主要论述了以脱硅碱液制备无机硅化合物、针状硅灰石粉体等技术；高铝粉煤灰提取稀有元素镓关键技术。利用以上这些技术，除提取有用组分氧化铝外，还能够充分利用氧化硅组分，制备多种无机硅化合物和高附加值建材产品，从而实现提铝过程的高效清洁生产。还包括直接用高铝粉煤灰、煤矸石合成X型分子筛，以及制备莫来石陶瓷、微晶玻璃、矿物聚合材料、墙体材料等综合利用煤炭固废制备材料的技术。

本书适于矿产资源、冶金、化工、材料等领域以及煤炭、电力、建材、矿产品加工等行业的科技人员使用或教学人员作为参考书。

本专著所反映研究成果，先后获得如下研究项目经费资助：

教育部留学回国人员科研启动基金项目（2003）

“十一五”国家科技支撑计划课题（2006BAD10B04）（部分）（2006—2010）

国家自然科学基金青年科学基金项目（40602008）（2007—2009）

清华同方环境有限责任公司资助项目（2004—2005）

理想华夏国际投资（北京）有限公司资助项目（2007—2008）

吉林省白山市政府资助项目（2007—2008）

内蒙古万宇新凯科技有限公司资助项目（2009—2010）

国电宁夏太阳能有限公司资助项目（2010—2011）

内蒙古中地煤矸石科技有限责任公司资助项目（2011—2012）

中国地质调查项目（12120113087700）（部分）（2013—2015）

中央高校基本科研业务费项目（2652015016）（2015—2016）

本专著主要由杨静和马鸿文整理编写。其中，第2、22章，分别由蒋周青、李金洪撰写；绪论、第10～13、17、26章由马鸿文整理编写；其余各章由杨静编写整理。全书内容由杨静统稿后，马鸿文再次核校。其他参与前期相关研究并提供论文素材者有：张晓云、章西焕、聂轶苗、蒋帆、苏双青、王明玮、马世林、张鑫、耿学文、王乐、谭丹君、陈小鑫、王霞、李歌、王蕾、曾青云、王晓艳、陈建、刘浩、李如臣、高飞、卫勇勇和魏存弟等。图片清绘整理和内容核校由姚文贵、蒋周青、陈建、张鑫、田力男、林斐、郭若禹、张少刚、时浩和温得成等完成。专著中所列化学成分分析数据，由中国地质大学（北京）化学分析室龙梅、王军玲和梁树平完成。在此，著者对上述所有参与专著相关工作的人员表示诚挚感谢！

本专著不仅汇集了课题组长达15年的关于高铝粉煤灰和煤矸石等的科学研究工作，而且自出版合同签订开始，又花费了6年时间进行编写整理以及申报并成功获得国家科学技术学术著作出版基金资助，此专著才得以面世，成果的取得均离不开中国地质大学（北京）材料科学与工程学院矿物资源绿色加工课题组30余位师生的艰苦奋斗、艰辛付出和努力创新！在此对课题组的马鸿文教授和其他所有成员表示由衷的感谢！中国地质大学（北京）材料类学科的建设和发展与本校地质矿产系的工艺岩石学密不可分，工艺岩石学方向是我校前辈、知名岩石学家池际尚院士在世时曾经指出的岩浆岩岩石学发展方向之一。她曾指出“今后岩浆岩岩石学发展的几个方向，即地质研究方向、化学研究方向、矿物研究方向、物理化学和实验方向，以及工艺岩石学方向”。任何事业的发展壮大都离不开甘为基石的前辈和一代又一代专业人员的努力，笔者作为中国地质大学（北京）地质矿产系岩石学专业的1991级硕士生和材料系1994级博士生，在此对池际尚这样的前辈表示无比敬重和深切怀念！

本专著出版获得“国家科学技术学术著作出版基金（2015-E-073）”资助，感谢化学工业出版社推荐此书申报国家科技出版基金，也特别感谢中国科学院院士矿床学家赵鹏大先生、矿物学家叶大年先生以及中国地质大学（北京）矿床学专家邓军教授为之推荐！承蒙赵鹏大院士并为作序，谨致谢忱！

最后，谨此专著出版之际，以赵鹏大先生2017年10月9日在北京大学的一段讲话与大家共勉：“我烧水就研究如何节约煤，当炊事员就研究如何做馒头，我烧开水、当炊事员也得到了成就感……不管大事小事，都要努力做好，做到极致完美……做平凡人，做出彩事。”赵先生的上述理念令我想起了中国春秋时代的哲学家和思想家老子在《道德经》中的名言警句：“图难于其易，为大于其细；天下难事，必作于易，天下大事，必作于细。是以圣人终不为大，故能成其大。”“合抱之木，生于毫末；九层之台，起于累土；千里之行，始于足下。”

书中尚存的疏漏或不当之处，敬请指正。

中国地质大学（北京）材料科学与工程学院

杨　静

目 录

上篇
提铝关键技术

039

下篇
相关应用技术

绪论

中国铝资源与铝材工业可持续发展

进入 21 世纪以来，中国的氧化铝工业快速发展，对铝土矿的需求量不断增加，与中国铝土矿资源储量少、品位逐年下降的现实形成了巨大反差。对进口铝土矿的高度依赖及国内铝土矿供应能力的不足，严重制约中国氧化铝工业的发展。本文试图通过对中国铝土矿资源现状及氧化铝工业发展趋势进行概略分析，阐明高效利用高铝粉煤灰资源的技术可行性及潜在工业价值。同时，简要介绍利用高铝煤矸石、高硅铝土矿和霞石正长岩等非传统铝资源提取氧化铝方面的研究进展，尤其是最近 10 余年来著者团队相关的主要研究成果。通过比较利用不同铝资源提取氧化铝的工艺过程和一次资源消耗及能源消耗等重要指标，阐明以非传统铝资源为原料生产氧化铝的关键技术原理，分析其技术经济可行性及工艺过程的环境相容性。在此基础上，讨论中国铝材工业实现可持续发展的可能技术途径。

0.1 中国铝土矿资源产业概况

0.1.1 铝土矿资源与储量

铝土矿又称铝矾土，是在现有技术经济条件下工业上可利用的以三水铝石、软水铝石、硬水铝石为主要矿物成分的矿石统称（马鸿文，2018）。

三水铝石 [$Al(OH)_3$]，单斜晶系，层状结构。理论组成：Al_2O_3 65.4%，H_2O 34.6%。除少量 Fe_2O_3 替代 Al_2O_3 外，常含 CaO、MgO、SiO_2 等杂质。集合体呈纤维状、鳞片状、皮壳状、钟乳状，主要呈胶态非晶质或细粒晶质。通常为白色，常因含杂质呈现浅灰、浅绿、浅红色调。莫氏硬度 2.5～3.5。主要由含铝硅酸盐经分解和水解而成，热带和亚热带气候有利于三水铝石的形成。经区域变质作用脱水（140～200℃），可转变为软水铝石或硬水铝石。

软水铝石 [AlOOH，或 γ-AlO(OH)]，斜方晶系，晶体沿（010）方向呈现层状结构。理论组成：Al_2O_3 84.98%，H_2O 15.02%。可有少量 Fe^{3+}、Cr^{3+}、Ga^{3+}、Mn^{3+}、Ti^{4+}、Si^{4+}、Mg^{2+} 等替代。晶形呈极细小的片状或薄板状，无色或微黄的白色，玻璃光泽。莫氏

硬度3.5。主要因表生地质作用形成。

硬水铝石［AlOOH，或α-AlO(OH)］，斜方晶系，链状结构。Al_2O_3和H_2O的理论含量同软水铝石。有时含Fe^{3+}、Mn^{3+}、Cr^{3+}、Ga^{3+}、Si^{4+}、Ti^{4+}、Ca^{2+}、Mg^{2+}等杂质。柱状、针状或板状晶形，通常呈片状、鳞片状或隐晶质及胶态豆状、鲕状集合体。白或灰白、黄褐、灰绿色，或因含Mn^{3+}、Fe^{3+}而呈褐至红色。莫氏硬度6.5～7.0。主要由铝硅酸盐矿物的风化作用所形成。

按其下伏基岩性质，铝土矿矿床分为两种类型，即硅酸盐基岩上的红土型铝土矿矿床和碳酸盐基岩上的岩溶型铝土矿矿床。此外，苏联学者还划分出陆源岩层之上的沉积型铝土矿矿床，也称齐赫文型铝土矿矿床。这类矿床一般规模小，工业意义不大（国土资源部信息中心，2007）。全世界铝土矿矿床的类型，在地理分布上具有明显的分带性：占世界总储量86%的红土型铝土矿矿床，分布在南、北纬30°线间的热带-亚热带地区，矿石主要由三水铝石组成；占世界总储量13%的岩溶型铝土矿矿床和占世界总储量1%的沉积型铝土矿矿床，均分布在北纬30°～60°线间的温带地区，矿石多由硬水铝石组成。

中国总储量85%以上的铝土矿属于岩溶型，具有高铝、高硅、低铁、铝硅比较低的特点，常与煤、硫铁矿、耐火黏土共生（刘学飞，2012；鲁丰春，2011；国土资源部信息中心，2013）。

全世界的铝土矿资源相当丰富，遍及五大洲的40多个国家。2015年全球探明铝土矿储量280亿吨（国土资源部信息中心，2016）。据美国地质调查局估计，2015年全世界铝土矿资源量约为550亿～750亿吨，其中非洲占32%、大洋洲23%、南美及加勒比地区21%、亚洲18%、其他地区占6%（国土资源部信息中心，2016）。国外铝土矿矿石以三水铝石型及三水铝石-软水铝石混合型为主。此类矿石质量好，以高铁、低硅、高铝硅比为特征，是易采易溶的优质铝土矿原料，适用于采用流程简单、能耗低的拜耳法生产氧化铝。

2015年全世界铝土矿产量为2.85亿吨。与2014年相比产量增长10.65%。主要铝土矿生产国为：澳大利亚28.3%，中国22.8%，巴西10.9%，印度9.2%，几内亚7.2%，牙买加3.4%；6国占世界总产量的81.8%（表0-1）。按2015年铝土矿产量估算，全球现有铝土矿资源可以保证未来约100年的工业需求。

表0-1　2009～2015年世界铝土矿产量及储量

国家/地区	铝土矿产量/万吨							储量/亿吨
	2009	2010	2011	2012	2013	2014	2015	
澳大利亚	6523.1	6841.5	6997.7	7628.2	8111.9	8030.0	8091.0	62.0
印度尼西亚	1435.8	2321.3	4064.4	3144.3	5418.2	255.5	48.9	—
中国	2921.3	3683.7	3717.4	4405.2	4405.2	6500.0	6500.0	8.3
巴西	2607.4	3202.8	3362.5	3495.6	3248.2	3169.3	3123.1	26.0
印度	1426.6	1266.2	1300.0	1532.0	1924.5	2068.8	2638.3	5.9
几内亚	1477.4	1642.7	1770.0	1997.4	1876.3	1760.2	2041.4	74.0
牙买加	781.7	854.0	1018.9	933.9	943.5	967.7	962.9	20.0
哈萨克斯坦	513.1	531.0	549.5	517.0	519.3	451.5	468.3	1.6
俄罗斯	577.5	547.5	588.8	516.6	602.8	558.9	658.0	2.0
苏里南	338.8	309.7	323.6	287.3	270.6	270.8	187.1	5.8
希腊	209.1	190.2	232.4	181.6	181.6	210.0	210.0	2.5

续表

国家/地区	铝土矿产量/万吨							储量/亿吨
	2009	2010	2011	2012	2013	2014	2015	
委内瑞拉	361.1	312.6	245.5	250.0	242.9	220.0	177.0	3.2
圭亚那	148.5	108.3	181.8	221.4	171.3	156.4	149.4	8.5
其他	325.5	402.1	456.9	443.2	418.5	1402.3	3292.3	24.0
世界总计	19646.9	22213.6	24809.4	25553.7	28334.8	25801.4	28548.3	280.0

注：1. 引自国土资源部信息中心（2011～2012，2013，2014，2016）公布数据。
2. 其他国家储量中，越南 21.0 亿吨，美国 0.2 亿吨。

2015 年中国铝土矿储量为 8.3 亿吨，约占世界储量的 2.96%（国土资源部信息中心，2016）。中国铝土矿资源呈现以下特点：

① 分布高度集中。其中山西 39.7%、广西 20.5%、贵州 16.9%、河南 14.8%。4 省区的已探明资源储量占全国的 91.9%（表 0-2），且铝土矿以大、中型矿床居多。全国已发现的铝土矿区 410 个，其中大、中型矿床已探明资源储量合计占全国的 86%以上。

表 0-2　中国铝土矿主产省区保有资源储量　　万吨

地区	保有储量	基础储量	资源量	资源总量
贵州	15523.4	21624.8	20633.4	42260.2
河南	12529.1	16194.3	20850.5	37045.8
广西	10819.2	13668.1	37477.8	51146.9
山西	10364.2	11364.3	87716.2	99083.5
重庆	2732.1	3639.1	1817.6	5458.7
云南	412.7	649.6	3600.4	4251.0
河北	394.7	2651.2	3048.9	5701.1
山东	101.9	677.8	4065.7	4744.5

注：引自《中国国土资源统计年鉴》(2009)。

② 铝土矿以古风化壳沉积型为主，其次为堆积型，红土型最少，古风化壳型铝土矿常共生和伴生多种矿产，其中 Ga、V、Sc 等元素具有回收价值。

③ 适合露采的铝土矿矿床约占全国的 1/3，有用矿物主要为硬水铝石，绝大部分铝土矿开采和冶炼难度大，限制了产能的扩大。

中国的硬水铝石型铝土矿主要分布在山西、广西、河南、贵州等地，少部分三水铝石型铝土矿主要分布于气候较温暖地区（王庆飞，2012；鄢艳，2009；刘学飞，2012）。

山西铝土矿主要由硬水铝石、针铁矿、锐钛矿、高岭石组成，此外含有少量石英、伊利石、绿泥石等。主要化学成分为 Al_2O_3、SiO_2、Fe_2O_3和 TiO_2，以及少量碱性和碱土氧化物（刘学飞，2012；孙思磊，2012）。

广西铝土矿资源储量居全国第 2 位，矿床类型包括沉积型、堆积型和红土型 3 种。沉积型铝土矿因 S、P 等杂质含量较高而未被工业利用；堆积型铝土矿是广西唯一被工业利用的铝土矿矿床类型（王瑞湖，2010）。

河南西部铝土矿主要由硬水铝石、高岭石、伊利石、锐钛矿、赤铁矿等矿物组成（刘学飞，2012），大多为低铝硅比（3～5）的高硅硬水铝石型铝土矿，矿石质量较差，加工难度相对较大（红钢，2001；方启学等，2000；刘水红，2004）。

贵州铝土矿资源储量位居全国第4位，为硬水铝石型沉积铝土矿。铝硅比（A/S）多在6以上，铝硅比达8以上的铝土矿储量约1.78亿吨，占贵州铝土矿总量的42%。由于矿石可溶性好，同时赤泥沉降性能好，因而成为生产氧化铝及炼铝的优质原料，也用来生产高铝耐火材料和刚玉等（冉文瑞，2012）。

中国铝土矿的保有储量中，一级矿石（Al_2O_3 60%～70%，Al/Si≥12）只占1.5%，二级矿石（Al_2O_3 51%～71%，Al/Si≥9）占17%，三级矿石（Al_2O_3 62%～69%，Al/Si≥7）占11.3%，四级矿石（Al_2O_3>62%，Al/Si≥5）占27.9%，五级矿石（Al_2O_3>58%，Al/Si≥4）占18%，六级矿石（Al_2O_3>54%，Al/Si≥3）占8.3%。其中硬水铝石型矿石占总储量的98%以上（张军伟，2012；李昊，2010）。

中国铝土矿资源储量较为丰富。截至2008年底，中国铝土矿累计查明资源储量32.23亿吨，保有资源储量30.31亿吨（孙莉，2011）。资料显示，目前中国铝土矿查明率为20.3%，待查明资源潜力巨大（中国矿产资源报告，2015）。华北地台、扬子地台、华南褶皱系和东南沿海4个成矿区（带）具有较好的铝土矿成矿条件。中国铝土矿资源潜力主要集中于山西、河南、贵州和广西4省区，云南、四川、山东、湖南、湖北等省也具有一定的资源前景。其中晋中-晋北、豫西-晋南地区预测资源量超过100亿吨，黔北-黔中和重庆南部沉积型铝土矿成矿条件较好，预测资源量20亿吨。这些地区是铝土矿资源潜力最大的找矿远景区。桂西-滇东地区的沉积-堆积型铝土矿成矿条件好，预测资源量超过10亿吨。

0.1.2 铝土矿生产与消费

金属铝是仅次于钢铁的重要金属材料。每生产1.0t金属铝约需要消耗冶金级氧化铝原料2.0t。据统计，全世界铝土矿产量中约92%用于生产冶金级氧化铝，其余约8%（含氢氧化铝）用于耐火材料、研磨材料、陶瓷及化工原料等领域，称为非冶金用氧化铝或多品种氧化铝（陈胜福等，2006）。

2000～2015年间，中国铝土矿产量由2190万吨增至6500万吨，增长196.8%；铝土矿进口量由73万吨增至5610.0万吨，增长75.8倍；铝土矿消耗量由2263万吨增至12110.0万吨（国土资源部信息中心，2016），增长4.35倍。表0-3为中国铝土矿产量及进口量，进口来源国主要是印度尼西亚、澳大利亚和印度3国。

表0-3　中国铝土矿产量及进口量

年份	产量/万吨	进口量/万吨	总量/万吨	进口比例/%
2000	2190.0	73.0	2263.0	3.23
2001	3108.0	74.0	3182.0	2.33
2002	3000.0	75.0	3075.0	2.44
2003	2000.0	80.0	2080.0	3.85
2004	1672.0	88.0	1760.0	5.00
2005	1949.0	216.6	2165.6	10.00
2006	1800.0	968.3	2768.3	34.98
2007	2160.0	2326.0	4486.0	51.85

续表

年份	产量/万吨	进口量/万吨	总量/万吨	进口比例/%
2008	2517.7	2579.0	5096.7	50.60
2009	3234.5	1964.1	5198.6	37.78
2010	3683.7	3036.0	6719.7	45.18
2011	3717.4	4523.5	8240.9	54.89
2012	4405.2	4006.7	8411.9	47.63
2013	4405.2	7160.9	11566.1	61.91
2014	4700.0	3627.7	8327.7	43.56
2015	6500.0	5610.0	12110.0	46.33
2016	6590.0	5205.3	11795.3	44.13
2017	10300.0	6650.0	16950.0	39.23

注：引自张伦和（2012）；国土资源部信息中心（2013，2014，2016）；中国铝业公司年报（2015～2017）；中国有色金属报（2018-11-22）。

0.1.3 铝土矿贸易与展望

随着中国经济的快速持续发展，国家工业化和城镇化进程的不断推进，对铝资源的需求量随之持续增长。据《中国有色金属工业统计年鉴》统计，2001 年中国精炼铝产量占世界总产量的 13.79%，超过俄罗斯成为世界上最大的精炼铝生产国；2004 年中国精炼铝消费量占世界总消费量的 20.98%，超过美国成为世界第一的精炼铝消费国。2001～2007 年，中国氧化铝生产进入快速增长期，年增长率高达 32.5%，同期电解铝产量年增长率为 24%。到 2017 年，中国原铝产量达 3666 万吨，占世界总产量的 57.9%，较上年增长达 12.8%（中国铝业公司年报，2017）。近年来中国氧化铝市场供需状况见表 0-4。

表 0-4　中国氧化铝市场供需状况　　万吨

年份	2004	2005	2006	2007	2008	2009	2010	2011	2012	2013	2014	2015	2016	2017
产量	698.0	851.0	1370.0	1945.7	2278.3	2379.2	2994.8	3881	4165	4900	5125	5865	6016	7025
进口量	587.5	701.6	691.1	512.4	458.6	514.1	431.2	188	502	383	528	436	426	224
供应量	1285.5	1552.6	2061.1	2458.1	2991.0	2889.0	—	—			5653	6301	6442	7249
消费量	1283.2	1550.2	2059.1	2454.9	3100.0	2865.0	3149.4	3904	4020	5130	5623	6183	6440	7249

注：数据引自有色金属工业年鉴（2010）；中国海关统计年鉴（2010）；中国铝业公司年报（2011～2017）。

2011 年，中国氧化铝工业已建成产能达 4879 万吨，同比增长 20.9%。新建成产能呈现出向资源丰富的西部地区转移、低铝硅比铝土矿资源所占比例增加、串联法得到应用，以及高铝粉煤灰提取氧化铝实现产业化等特点（莫欣达，2011）。至 2017 年底，全世界（含中国）氧化铝总产能已达约 15210 万吨；中国氧化铝产能则达 8120 万吨，占世界总产能的 53.4%（中国铝业公司年报，2017）。

氧化铝消费主要来自下游原铝原料即冶金级氧化铝的需求。除 2009 年受国际金融危机影响有所下滑之外，近 10 年来全球冶金级氧化铝市场需求整体保持平稳增长趋势。从 2001 年至 2010 年，氧化铝消费量增长了近 4 倍（孙晶，2011）。电解铝生产占氧化铝消费量的 90%以上。电解铝的重要下游行业为建筑行业、交通运输业、电子行业及包装行业。这些行业对金属铝的消耗量约占总量的80%。随着金属铝下游行业的发展和应用领域的拓展，电解铝的消费量还会不断增长。“十一五”期间，中国人均铝消费翻了一番，达到10kg/a，但与发达国家人均20～25kg/a的消费量相比，仍存在较大差距（赵铸，2011）。多品种氧化铝是氧化铝消费的另一个重要领域，其价格为冶金用氧化铝的1～20倍。国际铝业协会统计，中国多品种氧化铝产量占氧化铝总产量的比例已由1998年的3%上升到目前的9%～10%。多品种氧化铝的用途广泛、技术含量高、附加值高，导致需求量整体上呈现出持续增长势头（陈胜福，2006）。

相对于迅速扩张的氧化铝产能，中国优质铝土矿资源相对匮乏，导致对铝土矿资源进口的较大依赖。据国土资源部《2011年中国矿产资源报告》，2010年中国铝土矿查明资源储量为37.5亿吨，但静态保证年限仅约15年。据统计，占全球铝土矿储量不足3%的中国，2015年铝土矿产量却高达全球产量的22.8%，仅次于澳大利亚（28.3%）（国土资源部信息中心，2016）。2017年中国氧化铝产量达7025万吨，消费量7249万吨，同比分别增长16.8%和12.56%。截至2017年12月底，包括中国在内的全球氧化铝产能利用率约85.8%，比上年增长4.54%；中国氧化铝产能利用率约为86.5%（中国铝业公司年报，2017）。

随着国民经济的持续快速增长，中国铝土矿资源的静态保证程度还会降低。矿石品质下降、资源短缺、对进口铝土矿依赖性大等问题将进一步凸显。这将严重制约中国铝材工业的发展。因此，充分利用非传统铝资源，研发氧化铝高效清洁生产新技术，已成为中国铝材工业可持续发展的重要课题。

0.2 铝土矿工业利用技术现状

工业上对氧化铝加工技术的选择，主要取决于铝土矿中氧化铝的赋存状态和有害杂质含量。不同类型铝土矿的溶出性能差异很大，三水铝石型铝土矿中的氧化铝最易于被苛性碱溶液溶出，软水铝石型次之，而硬水铝石型矿石中的氧化铝溶出最难。

利用铝土矿生产氧化铝的方法分为碱法、酸法和酸碱联合法（毕诗文，2006）。目前，氧化铝工业采用的生产工艺几乎都属于碱法。其基本工艺流程如图0-1所示。

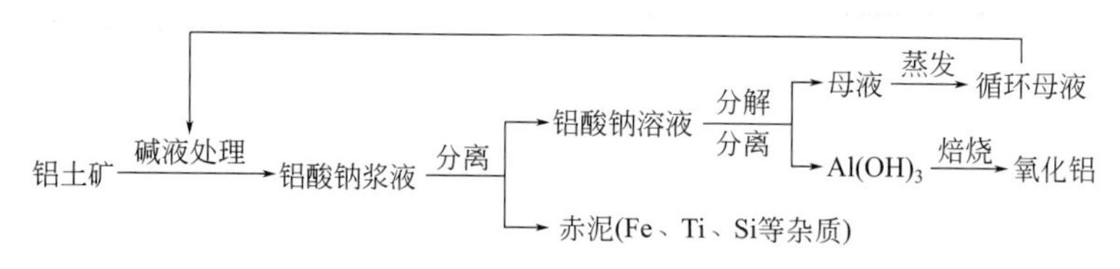

图0-1 碱法生产氧化铝的基本工艺流程

（据毕诗文，2006）

碱法生产氧化铝是用碱液（NaOH）来处理铝土矿的方法。通过一定的工艺过程，使矿石中的Al_2O_3转变成偏铝酸钠溶液，而其中的Fe_2O_3、TiO_2等杂质和大部分SiO_2形成不溶性化合物。将不溶残渣（赤泥）与溶液分离，经洗涤后弃去或综合利用以回收有用组分。纯净的铝酸钠溶液分解析出氢氧化铝，经过与母液分离、洗涤、煅烧，制得氧化铝产品。分解母液循环用于处理下一批铝土矿。

依据铝土矿的质量不同，碱法生产氧化铝又分为拜耳法、烧结法和联合法3种工艺。

拜耳法是以含大量游离 NaOH 的循环母液处理铝土矿，溶出氧化铝，获得铝酸钠溶液。采用晶种分解方法，使液相中的 Al_2O_3 生成氢氧化铝结晶析出，母液经蒸发后返回，用于循环处理铝土矿。此法要求铝土矿的 Al_2O_3＞50％、Al_2O_3/SiO_2＞9（毕诗文等，2007）。

拜耳法由 K. J. Bayer 于 1889～1892 年提出，适用于处理高铝硅比的优质铝土矿，尤以处理三水铝石矿时，具有其他方法无可比拟的优势。目前，全世界采用拜耳法生产的氧化铝和氢氧化铝占 90％以上。拜耳法主要分为分解和溶出两大过程。在生产过程中苛性比较低（Na_2O/Al_2O_3摩尔比约 1.6）的铝酸钠溶液，在常温下添加氢氧化铝晶种，在不断搅拌下溶液中的 Al_2O_3 以氢氧化铝形式缓慢析出，同时溶液的苛性比不断增大；析出大部分氢氧化铝后的分解母液，在加热时又可用于溶出铝土矿中的氧化铝水合物。交替使用以上溶出-分解两个过程，就可以持续处理铝土矿，制得纯净的氢氧化铝产品，或再经煅烧制成氧化铝，构成所谓的拜耳循环（图 0-2）。

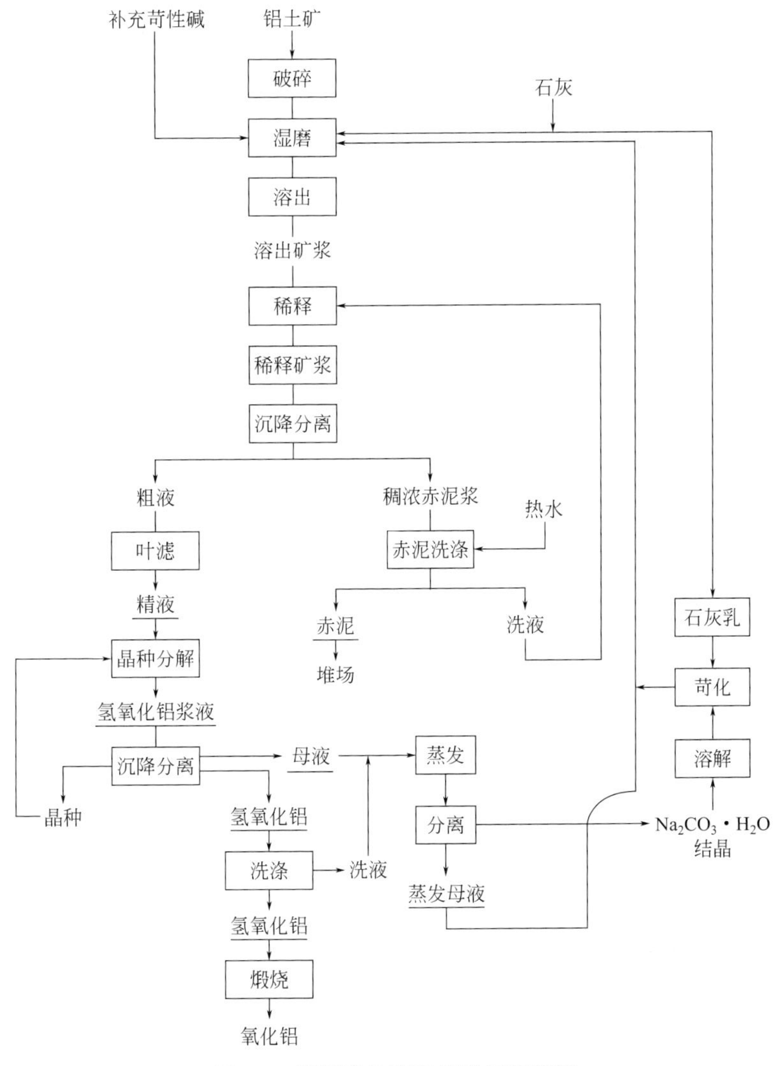

图 0-2　拜耳法生产氧化铝工艺流程

（据毕诗文等，2007）

拜耳法具有工艺流程简单、投资少、成本低、产品质量好等优点。但拜耳法主要适用于高铝硅比的矿石（A/S>9）。在处理高硅铝土矿时，由于赤泥中会出现大量水铝硅酸钠，造成 Al_2O_3 和 Na_2O 的大量损失，从而使拜耳法的应用价值降低。

烧结法是将铝土矿、纯碱和石灰石按比例混合配料，经高温烧结使炉料中的氧化物转化为可溶性化合物。其中的 Al_2O_3、Fe_2O_3、SiO_2、TiO_2 分别反应生成铝酸钠（$NaAlO_2$）、铁酸钠（$NaFeO_2$）、原硅酸钙（Ca_2SiO_4）和钛酸钙（$CaTiO_3$）。用水或稀碱溶液溶出时，铝酸钠溶解进入溶液，铁酸钠水解为 NaOH 和 $Fe_2O_3 \cdot nH_2O$ 沉淀，而原硅酸钙和钛酸钙不溶进入赤泥渣。固液分离后得到铝酸钠溶液，通入 CO_2 进行碳化分解即析出氢氧化铝。而碳分（碳化分解）母液（主要成分 Na_2CO_3）经蒸发浓缩后返回配料循环使用。氢氧化铝再经煅烧转变为氧化铝产品。烧结法适用于处理 SiO_2 含量较高的矿石，要求铝土矿的 A/S 为 3～6，Al_2O_3>50%，Fe_2O_3>10%。但其流程复杂、能耗高、成本高，与拜耳法相比产品质量较低。

联合法采用拜耳法和烧结法的联合生产流程，适于处理中等品位的铝土矿，是目前中国生产氧化铝的主要方法。联合法一般要求铝土矿的 Al_2O_3>50%，A/S 为 7～9，Fe_2O_3>10%（毕诗文，2006）。联合法又分为并联、串联和混联 3 种基本流程，适用于处理中低品位铝土矿，但同样存在工艺流程复杂、能耗高等问题。

国外铝土矿多为铝硅比高的三水铝石型矿石，因而生产工艺多采用流程简单的拜耳法；而中国的铝土矿主要是中低品位且难溶的硬水铝石型矿石，生产方法多采用流程复杂的联合法或烧结法，其生产能耗为拜耳法平均能耗的 3～4 倍（表 0-5）。

表 0-5 国内外代表性氧化铝厂生产能耗对比

生产厂	生产方法	铝土矿类型	数据年份	综合能耗/(GJ/t)
山东铝厂	烧结法	硬水铝石	2002	37.34
郑州铝厂	混联法	硬水铝石	2002	30.69
山西铝厂	混联法	硬水铝石	2002	33.20
平果铝厂	拜耳法	硬水铝石	2002	13.68
法国铝业	拜耳法	三水铝石+软水铝石	2002	13.48
宾加拉(奥地利)	拜耳法	三水铝石	2002	11.17
圣·尼古拉(希腊)	拜耳法	软水铝石	2002	14.59
施塔德(法国)	拜耳法	三水铝石	2002	9.57

注：引自毕诗文（2006）。

20 世纪 90 年代以来，随着中国铝材工业的快速发展，氧化铝工业也取得了长足进步。目前国内铝土矿和氧化铝生产仍然无法满足消费需求，每年需大量进口来维持国内市场的基本平衡（表 0-6）。2014 年中国进口铝土矿规模达 3627.7 万吨。按照目前对铝土矿的需求状况，中国铝土矿资源仅能维持约 20 年的生产。

表 0-6 中国铝土矿和氧化铝的产量及进口量 万吨

年份	铝土矿产量	铝土矿进口量	氧化铝产量	氧化铝进口量
2017	10300.0	6650.0	7025.0	224.0
2016	6590.0	5205.3	6016.0	426.0

续表

年份	铝土矿产量	铝土矿进口量	氧化铝产量	氧化铝进口量
2015	6500.0	5610.0	5865.0	436.0
2014	4700.0	3627.7	5125.0	528.0
2013	4600.0	7070.3	4900.0	383.0
2012	4800.0	4000.0	4165.0	502.0
2011	4500.0	4484.5	3881.0	188.0
2010	3536.6	3007.0	2994.8	431.2
2009	3234.5	1964.1	2379.2	514.0
2008	2518.0	2579.0	2278.4	458.6
2007	2160.0	2326.0	1945.6	512.0
2006	1800.0	968.3	1370.0	691.0
2005	1949.0	216.6	851.0	702.0

注：引自张伦和（2012）；USGS，Mineral Commodity Summaries 2005—2014；中国铝业公司年报（2005—2017）。

按照中国环境保护部2009年8月10日发布的《清洁生产标准：氧化铝业》（HJ 473—2009），采用拜耳法和联合法生产氧化铝的“国内清洁生产基本水平”要求为：生产过程中，氧化铝回收率须分别大于81%和90%；单位产品综合能耗分别小于15.24GJ/t和26.38GJ/t。近年来，中国氧化铝企业通过优化工艺技术、实施节能技术改造，同时伴随拜耳法在氧化铝生产中所占比例的提高，氧化铝行业在降低生产能耗方面取得了较好效果（莫欣达，2011）。中国氧化铝和电解铝工业能耗呈现逐年下降趋势，特别是氧化铝生产的单位综合能耗，从2005年的29.25GJ/t下降至2011年的16.58GJ/t，6年间下降幅度达43%（表0-7）。

表0-7　近年中国氧化铝和电解铝生产能耗

项目	2005	2006	2007	2008	2009	2010	2011
氧化铝综合能耗/(GJ/t)	29.25	23.52	25.44	23.28	19.32	18.53	16.58
电解铝综合电耗/(kW·h/t)	14575	14661	14488	14323	14171	13979	13913

注：数据来源于中国有色金属工业协会（2012）。

2013年12月18日，新修订的《电解铝企业单位产品能源消耗限额》（GB 21346—2013）发布。2014年12月15日，工信部首发《全国工业能效指南》，其中对“氧化铝单位产品综合能耗”要求，其现有企业限定值、新建企业准入值、行业平均值、标杆企业参考值、国际先进值分别为：拜耳法（kgce/t），520，500，530，391，350；联合法（kgce/t），900，800，543，675，700。对“电解铝单位产品能耗”要求铝锭综合交流电耗，其相应值分别为（kW·h/t）：14400，13200，13720，13244，13500。

针对中国铝土矿资源现状和氧化铝市场供应短缺问题，一方面应加强对低品位铝土矿的利用技术研究；另一方面需要开拓新的氧化铝资源，如高铝粉煤灰、高铝煤矸石、霞石正长岩等非传统铝资源。尤其是利用高铝粉煤灰提取氧化铝，不仅可有效减少大量粉煤灰堆存造成的土地占用、处置费用和环境负荷，而且可以弥补铝土矿资源的严重短缺，对降低中国铝资源的进口依存度、增加有效供给、保障氧化铝和铝材工业的可持续发展都具有重要意义。

0.3 非传统铝资源研究概述

中国的铝土矿资源相对短缺，但却拥有储量巨大的可供利用的非传统铝资源，如高铝粉煤灰、高铝煤矸石、高硅铝土矿、霞石正长岩等。若将这些非传统铝资源充分利用起来，将大大缓解中国氧化铝工业原料的供需矛盾，同时又可践行循环经济、资源综合利用等重要产业政策（赵铸，2011），实现铝材工业与资源环境的协调、可持续发展。

0.3.1 高铝粉煤灰

0.3.1.1 粉煤灰的资源属性

粉煤灰是燃煤中的黏土矿物及伴生矿物在高温下燃烧后的产物。粉煤灰的主要化学成分为硅、铝、铁、钙的硅酸盐和氧化物，其中氧化铝含量可达15%～50%。资料显示，2010年中国粉煤灰排放量为4.8亿吨，预计2015年粉煤灰排放量达5.8亿吨（国家发展改革委员会，2011）。加之历年堆存在灰场的25亿吨以上的粉煤灰（杨利香等，2012），由此产生的占地和环境污染问题十分突出。目前，粉煤灰主要用于建筑材料和建设工程领域，如生产硅酸盐水泥、加气混凝土、蒸压粉煤灰砖、充填材料等（要秉文，2006；Canpolat et al，2004）。

近年研究发现，中国北方某些产地原煤中赋存着大量细分散状的软水铝石和高岭石矿物，相应的燃煤电厂排放的粉煤灰中氧化铝含量高达30%～50%，可作为生产氧化铝的重要潜在资源（张战军，2007；Qi et al，2011）。高铝粉煤灰的主要物相组成为莫来石和硅酸盐玻璃相。迄今，著者团队已研究的代表性高铝粉煤灰的化学成分见表0-8。

若能将高铝粉煤灰中的氧化铝加以有效利用，则将极大地提高中国的铝资源储备，同时解决粉煤灰大量堆存造成的现实和潜在环境问题，产生巨大的经济效益与环境效益。

表0-8　代表性高铝粉煤灰的化学成分分析结果　$w_B/\%$

序号	样品号	SiO_2	TiO_2	Al_2O_3	Fe_2O_3	FeO	MnO	MgO	CaO	Na_2O	K_2O	P_2O_5	烧失量	总量
1	BF-01	45.90	1.59	42.11	2.20	1.03	0.01	2.09	2.44	0.12	0.52	0.46	0.24	99.44
2	BF-02	48.13	1.66	39.03	2.94	0.77	0.02	1.05	3.30	0.21	0.69	0.63	0.83	99.26
3	BF-04	51.30	1.14	38.23	2.78	1.35	0.02	0.77	2.55	0.18	0.52	0.10	0.19	99.28
4	TF-04	37.81	1.64	48.50	1.79	0.48	0.01	0.31	3.62	0.15	0.36	0.15	4.95	99.77
5	H2F-05	45.80	2.07	38.40	6.63	—	0.07	0.62	2.83	0.26	1.95	0.26	0.54	99.43
6	H2F-07	57.44	1.16	30.37	1.10	1.91	0.01	2.69	3.12	0.31	1.68	0.02	0.67	100.47
7	H2F-08	54.54	1.13	32.58	3.06	1.23	0.02	1.21	2.63	0.28	1.41	0.24	1.04	99.37
8	H2F-08	52.80	1.16	32.69	5.14	—	0.03	0.44	4.14	0.29	1.41	0.01	1.12	99.24
9	WF-08	48.69	1.43	38.23	3.45	1.23	0.01	0.46	1.69	0.12	0.73	0.13	3.24	99.41
10	HF-08	47.08	1.44	40.53	3.49	0.81	0.02	0.68	1.94	0.32	0.71	0.35	2.50	99.87
11	MF-08	42.60	1.71	40.91	3.47	0.49	0.02	0.74	4.96	0.32	0.74	0.23	3.05	99.24
12	EF-08	46.95	0.94	39.52	2.46	1.98	0.03	0.36	3.45	0.00	0.45	0.29	3.18	99.59
13	ED-08	43.26	0.96	37.07	2.63	2.28	0.04	0.43	3.61	0.00	0.39	0.43	8.11	99.20
14	SF-07	46.02	1.12	35.04	2.34	1.07	0.011	0.76	2.86	0.50	0.80	0.23	8.63	99.32
15	SD-07	56.37	0.78	35.54	0.69	2.05	0.011	0.59	1.20	0.44	0.91	0.11	1.00	99.66

续表

序号	样品号	SiO_2	TiO_2	Al_2O_3	Fe_2O_3	FeO	MnO	MgO	CaO	Na_2O	K_2O	P_2O_5	烧失量	总量
16	SB-10	44.09	1.00	32.74	5.95	—	0.10	0.63	12.82	—	2.15	0.44	0.86	100.78
17	SF-01	47.27	1.31	37.69	4.72	—	0.05	1.09	2.78	0.00	0.75	0.25	4.04	99.95
18	GF-12	40.01	1.57	50.71	1.41	0.35	0.02	0.47	2.85	0.12	0.50	0.17	1.63	99.81

注：1～3，北京石景山电厂；4，内蒙古托克托电厂；5～8，陕西韩城第二发电厂；9，内蒙古乌海电厂；10，内蒙古海勃湾电厂；11，内蒙古蒙西电厂；12、13，鄂尔多斯电厂飞灰、底灰；14、15，唐山三友化工电厂飞灰、底灰；16，河北三河电厂；17 宁夏石嘴山电厂飞灰；18，内蒙古国华准格尔电厂飞灰。

0.3.1.2　提取氧化铝技术回顾

利用高铝粉煤灰提取氧化铝的技术研究始于20世纪50年代，波兰克拉科夫矿冶学院J. Grzymek教授以高铝粉煤灰（$Al_2O_3 \geqslant 30\%$）为原料，采用石灰石烧结法提取氧化铝，同时利用剩余硅钙渣生产水泥。1953年建成年产1万吨氧化铝、副产10万吨水泥生产线。采用该法的Al_2O_3提取率可达80%（Grzymek et al，1979；赵宏等，2002）。1980年，安徽冶金科研所和合肥水泥研究所采用石灰石烧结-碳酸钠溶液溶出工艺，从粉煤灰中提取氧化铝，其硅钙渣用作水泥原料。80年代后，又出现了碱石灰烧结法、酸溶沉淀法、盐-苏打烧结法、氟铵助溶法等利用高铝粉煤灰提取氧化铝的新方法（Fernandez et al，1998；Blissett et al，2012；Shemi et al，2012）。Park等（2004）以铵明矾为中间化合物，利用粉煤灰制取高纯超细氧化铝粉体。该法缺点是采用铵明矾重结晶方法的能耗大，不适合规模化生产冶金级氧化铝产品。

在工业化试验方面，内蒙古自治区蒙西集团采取石灰石烧结法提取氧化铝并联产水泥的“粉煤灰年产40万吨氧化铝项目”，总投资16.8亿元，2006年初通过国家发改委批准开始建厂（张君，2008），后因生产成本过高和大量硅钙渣应用问题难以解决而终止。2009年，神华集团公司与吉林大学合作，研发高铝粉煤灰酸法提取氧化铝技术，所采用的“酸法提铝”工艺，需要使用稀土钽铌合金制成的耐酸设备和管道，设备投资巨大，难以实现工业化生产（高岗强等，2012）。2010年，大唐国际托克托发电公司采用预脱硅-碱石灰烧结法工艺，在内蒙古托克托工业园区建成年产20万吨氧化铝示范生产线，并投入试运行，为规模化利用高铝粉煤灰提供了工程示范（张玉胜，2010），被列入国家有色金属产业振兴规划。但该工艺依然存在一次资源石灰石消耗量较大、综合能耗较高、温室气体CO_2排放量较大以及大量硅钙渣的利用或处置难题。

2003年以来，著者团队以北京石景山、内蒙古托克托、陕西韩城第二发电厂、宁夏石嘴山、内蒙古国华准格尔等热电厂的高铝粉煤灰为原料，在提取氧化铝及硅质组分高值利用方面探索了多种工艺途径；分别以酸碱联合法和碱法成功制取了氢氧化铝和冶金级氧化铝，以剩余硅质组分制取了白炭黑、针状硅灰石、多孔氧化硅、超细氧化硅、氧化硅气凝胶、微孔分子筛和轻质墙体材料等（章西焕等，2003；张晓云等，2005；李贺香等，2006；丁宏娅等，2006；王蕾等，2006；高飞等，2007；李歌等，2008；彭辉等，2010；郭锋，2010；Su et al，2011）。利用这些技术，不仅能够实现氧化铝提取率达85%，而且可充分利用粉煤灰中的氧化硅组分，制备多种无机硅化合物产品。氧化硅及硅酸盐类副产品可用作造纸、塑料、橡胶、涂料等的填料，多孔材料可用于废水处理等行业（吴秀文等，2008）。

近年来，国内外从粉煤灰中提取氧化铝的方法主要有酸浸法、烧结法和碱溶法。其中，酸浸法又分为硫酸浸取法和氟铵助溶法，烧结法按烧结助剂不同而分为硫酸铵烧结法和碱烧结法（鹿方，2008）。

硫酸浸取法是以高铝粉煤灰和硫酸为原料，粉煤灰经磨细、烧结后用硫酸在一定条件下浸出硫酸铝，结晶制备出 $Al_2(SO_4)_3 \cdot 18H_2O$，然后经煅烧、碱溶、晶种分解、氢氧化铝煅烧等过程，制备出冶金级氧化铝（Matjie，2005）。氟铵助溶法是利用高铝粉煤灰与氟化铵水溶液共热，直接破坏 Si—O、Al—O 健，使硅铝组分的骨架结构被破坏而溶于液相中。然后经过氧化硅沉淀、过滤、除杂、碳分和热分解等步骤制得氧化铝（赵剑宇，2003）。酸浸法的 Al_2O_3 溶出率较高，一般达 90%以上，但酸浸过程严重腐蚀设备，同时存在环境污染等问题，且生产成本较高（郎吉清，2010）。

烧结法是将高铝粉煤灰与助剂按比例混合后在一定温度下烧结，烧结产物通过酸液或碱液将 Al_2O_3 溶出，然后经过滤、脱硅、碳分、煅烧等工序制得氧化铝产品（李来时，2006；丁宏娅，2007）。采用碱石灰烧结法生产氧化铝工艺中，要求原料的铝硅比在 3.5 以上，而高铝粉煤灰的铝硅比一般小于 1。因此，需要对高铝粉煤灰进行预脱硅处理来提高铝硅比（Bai et al，2010）。脱硅过程一般采用碱溶法，利用浓度较高的 NaOH 溶液溶出原料中的非晶态 SiO_2，以提高铝硅比（张战军，2007）。此过程需要大量碱液，导致碱石灰烧结法的物料消耗增加，生产成本提高，工艺流程复杂。

碱溶法是用碱液直接与高铝粉煤灰反应，先对粉煤灰进行脱硅预处理，然后在一定条件下用碱液将粉煤灰中的 SiO_2 和 Al_2O_3 溶出。对所得溶出液进行碳化，使硅铝沉淀，再经加酸处理，达到硅铝分离的目的。将得到的滤液浓缩结晶出 $AlCl_3 \cdot 6H_2O$ 晶体，继续对其加热分解，即可制得氧化铝产品（黄杰明，2002）。为避免高铝粉煤灰在提取氧化铝过程中的高温烧结，苏双青等（2011）研究了采用两步碱溶法提取氢氧化铝的可行性。通过将碱液预脱硅后的粉煤灰与适量 CaO 混合，在水热条件下得到高苛性比的铝酸钠溶液，再经过后期加工处理获得氢氧化铝制品。采用该法，粉煤灰脱硅产物中的 Al_2O_3 溶出率可达 85%，同时又避免了高温烧结过程，降低了能耗且无其他废弃物排放，为利用高铝粉煤灰制备氧化铝提供了全新的技术路线。

参照工业上烧结法生产氧化铝的能耗计算方法，邹丹（2009）以陕西韩城第二发电厂排放的高铝粉煤灰为原料，对比计算了采用石灰石烧结法和两步碱溶法制备氧化铝工艺过程的产品方案及能耗，结果列于表 0-9 和表 0-10 中。

表 0-9　石灰石烧结法与两步碱溶法的产品方案对比

项目	石灰石烧结法	两步碱溶法
氧化铝提取率/%	约 70	约 85.6
生产氧化铝/(t/t 粉煤灰)	0.21	0.26
白炭黑/(t/t 粉煤灰)	—	0.24
副产品	硅酸盐水泥 3.98t	墙体材料 $1.28m^3$ 轻质碳酸钙 0.61t

表 0-10　石灰石烧结法与两步碱溶法工艺的能耗对比　　GJ/t Al_2O_3

工段	石灰石烧结法	两步碱溶法
熟料烧结	69.36	—
预脱硅	—	5.52

续表

工段	石灰石烧结法	两步碱溶法
溶出氧化铝	14.23	15.44
制备铝酸钠粗液	16.61	12.40
脱硅	53.03	38.10
焙烧	4.74	4.73
总计	157.97	76.20

注：引自邹丹（2009）。

利用该电厂 Al_2O_3 含量为35%、SiO_2 含量约50%的高铝粉煤灰为原料，每生产1.0t氧化铝，采用石灰石烧结法需要耗能近158.0GJ，采用两步碱溶法的能耗仅为76.2GJ，能耗降低达51.8%。副产品方面，每处理1.0t高铝粉煤灰，石灰石烧结法以石灰石为配料，生产3.98t普通硅酸盐的水泥，两步碱溶法生产墙体材料1.28m^3。

0.3.2　高铝煤矸石

煤矸石又称煤矸岩，在煤的采掘和洗选过程中被排出。煤矸石的排出率随煤的产状不同而变化，一般约占煤炭开采量的20%。煤矸石依其物质组成可分为碳质页岩、泥质页岩、砂质页岩、黏土岩等。还可分为自燃矸石和未燃矸石。自燃矸石在堆放过程中，由于其中的可燃组分缓慢氧化，发生过自燃。未燃矸石主要由黏土矿物高岭石、蒙脱石、伊利石、绿泥石和有机质等组成，含有少量石英、黄铁矿、长石、铁白云母等。

自燃矸石的矿物成分与其燃烧温度有关：自燃温度较高、燃烧较充分时，原岩中的高岭石、水云母、黄铁矿等将被石英、莫来石、赤铁矿等矿物取代；自燃温度较低、燃烧不完全时，原岩中的部分高岭石和水云母会因失去结晶水以及晶格变化而变为玻璃质，因而出现高岭石、水云母、赤铁矿与玻璃质共存的复合物相。

未燃矸石具有沉积岩的结构构造，如泥质结构、纹层构造等。自燃矸石一般具有微晶结构、块状构造，有时保留其原岩的结构构造。

与未燃矸石相比，自燃矸石的烧失量明显较低，其他成分的差异并不明显，都以富含 SiO_2 和 Al_2O_3 为特征。中国北方某些煤炭产区煤矸石的氧化铝含量较高（表0-11），可作为生产氧化铝的潜在资源。

表0-11　代表性高铝煤矸石的化学成分分析结果　w_B/%

序号	样品号	SiO_2	TiO_2	Al_2O_3	TFe_2O_3	MnO	MgO	CaO	Na_2O	K_2O	P_2O_5	烧失量	总量
1	BG-01	44.72	0.36	36.98	0.38	0.01	0.32	0.52	0.00	0.22	0.00	16.86	100.37
2	BG-02	34.81	0.72	28.34	1.51	0.02	0.66	1.27	0.15	0.32	0.08	31.66	99.54
3	BG-03	44.67	0.58	32.36	0.77	0.00	0.59	0.79	0.00	0.31	0.07	20.30	100.44
4	BG-04	33.50	0.74	27.96	1.68	0.02	0.48	1.11	0.17	0.35	0.08	34.24	100.33
5	BG-05	33.53	0.74	27.94	1.87	0.03	0.77	1.22	0.16	0.34	0.08	33.72	100.07
6	BG-06	43.44	0.85	34.60	0.79	0.00	0.40	1.07	0.00	0.12	0.08	18.44	99.79
7	BG-07	41.44	0.69	33.91	1.48	0.00	0.42	1.20	0.00	0.24	0.09	21.13	100.50
8	BG-08	44.75	0.85	32.53	0.59	0.00	0.36	1.19	0.00	0.23	0.08	19.84	100.42

续表

序号	样品号	SiO_2	TiO_2	Al_2O_3	TFe_2O_3	MnO	MgO	CaO	Na_2O	K_2O	P_2O_5	烧失量	总量
9	BG-09	42.53	0.66	35.04	1.57	0.00	0.36	1.11	0.00	0.21	0.10	18.67	100.34
10	EG-08	39.66	0.59	32.26	3.08	0.01	0.30	0.73	0.00	0.38	0.06	23.11	99.69
11	JG-08	33.84	0.77	22.21	2.28	0.02	1.99	1.25	0.00	0.81	0.07	37.16	100.17

注：样品产地　1～3，包头市土右旗水泉煤矿；4、5，土右旗三道坝煤矿；6，牛五窑煤矿；7，九台煤矿；8，金丰一煤矿；9，金丰二煤矿；10，鄂尔多斯洗煤厂矸石；11，吉林白山市江源煤矿。引自马鸿文（2018）。

煤矸石的形成主要有以下成因：大风携带的火山灰、火山玻璃等物质沉降在成煤沼泽中（风成沉积）；酸性火山喷出岩在沉积盆地中分解；富含硅铝质的沉积碎屑分解形成；云母碎屑沉积分解形成；沼泽起火形成的灰烬和残骸变化而形成。

中国煤矸石的形成时代大致从晚泥盆世开始，到全新世结束。煤矸石排放量最大的地区主要集中于北方产煤区，包括内蒙古、东北、山东、河北、山西、陕西、河南、安徽和新疆等省区。2015 年中国原煤产量达 36.85 亿吨，估计煤矸石排放量超过 6.0 亿吨。

煤矸石是中国目前排放量最大的工业固体废物，约占总排放量的 1/4，年排放量达 3.8 亿吨。目前，我国已累计堆放煤矸石约 45 亿吨，规模较大的煤矸石山约 1600 多座，占地 1.5 万公顷，且堆积量还以 1.5 亿～2.0 亿吨/年的速度增加（田玲玲，2011）。煤矸石中氧化铝的含量为 15%～40%（张顺利，2011），是生产氧化铝的重要潜在资源。利用煤矸石制取氧化铝的一般要求是：SiO_2 含量在 30%～50%，Al_2O_3 含量在 25%以上，铝硅比（A/S）大于 0.68，Al_2O_3溶出率大于 75%。

利用高铝煤矸石制备氧化铝主要采用石灰石烧结法、碱石灰烧结法和酸浸法。张佼阳等（2011）采用石灰石烧结熟料自粉化法，在生料配方 C/A=1.9、烧结温度 1340～1360℃下，烧结熟料的主要物相为 $12CaO \cdot 7Al_2O_3$ 和 $\gamma\text{-}2CaO \cdot SiO_2$，在碳酸钠溶液中 Al_2O_3溶出率达 80%以上。任根宽（2010）研究了以萤石为助剂，采用石灰石烧结法，考察了高铝煤矸石的煅烧和溶出条件对 Al_2O_3 溶出率的影响，在优化条件下氧化铝溶出率达 90.5%。王明玮（2011）采用碱石灰烧结法处理高铝煤矸石，使原料中的 SiO_2 组分转化为 Na_2CaSiO_4，熟料经水浸得到 $NaAlO_2$ 溶液。再经脱硅除杂及降低苛性比后，采用碳化分解法制得结晶度和分散性较好的超细氢氧化铝粉体。杨利霞等（2009）采用盐酸浸取法从高铝煤矸石中浸取氧化铝，研究了固液比、反应温度、盐酸浓度、煤矸石煅烧温度及时间等因素对 Al_2O_3浸取率的影响，通过工艺条件优化，使氧化铝浸取率达约 84%。刘小波等（1999）通过对高铝煤矸石碱石灰烧结过程的固相反应进行分析，揭示了煤矸石烧结过程的反应特点，讨论了烧结温度和时间对氧化铝提取率的影响。

耿学文（2012）在总结前人成果的基础上，分别采用传统碱石灰烧结法和低钙烧结法，以纯碱和石灰石为烧结配料，对高铝煤矸石原料进行烧结处理，使其中的 Al_2O_3组分转化为可溶性的 $NaAlO_2$，而 SiO_2 则转变为不可溶的 Ca_2SiO_4 或 Na_2CaSiO_4 相，经溶出、过滤达到硅铝分离的目的。采用两种方法分别生产氧化铝的能耗对比见表 0-12。两种方法中，熟料烧结工段分别占总能耗的 60%和 64%。两种工艺的全流程能耗分别为 43.08GJ/t Al_2O_3 和 38.30GJ/t Al_2O_3。与石灰石烧结法对比，低钙烧结法的单位产品能耗降低 11.0%。

表 0-12 高铝煤矸石生产氧化铝各工序能耗 $GJ/t\ Al_2O_3$

工段	低钙烧结法	碱石灰烧结法
原料预处理	1.99	1.99
烧结	23.03	27.81
溶出	5.95	5.95
脱硅	3.52	3.52
碳分	0.44	0.44
煅烧	3.37	3.37
总能耗	38.30	43.08

注：引自耿学文（2012）。

0.3.3 高硅铝土矿

中国铝土矿资源主要以高岭石-硬水铝石型矿石为主，80%以上属中低品位矿石，矿物组成复杂，嵌布粒度细。大多数铝土矿因硅含量高而难以作为拜耳法或烧结法生产氧化铝的原料（Papanastassiou，2002；张佰永，2011；胡岳华，2004）。中国高硅铝土矿主要产于河南、山西、云南、重庆等省市，代表性矿样的化学成分分析结果见表 0-13。值得注意的是，某些高硅铝土矿石中伴生丰富的稀有稀土元素，例如重庆南川区赵家坝高硅铝土矿石，其中 Ga、Sc 的丰度分别为 120×10^{-6} 和 43×10^{-6}（陈晓青等，2011），达到可综合回收利用的要求。

从高硅铝土矿中脱除部分含硅矿物，提高铝硅比是提高其资源利用率的关键。姜亚雄等（2015）以云南鲁甸高硅低铝硅比型铝土矿为研究对象，通过正浮选阶段磨矿阶段选别、两段脱硅工艺流程获得了较好的铝土矿精矿。原矿含 Al_2O_3 60.78%、SiO_2 20.84%，铝硅比（A/S）为 2.92，主要脉石矿物为白云母、石英等。通过在粗磨条件下进行一段浮选脱硅，粗精矿再磨再选后进行二段浮选脱硅，产出合格精矿。粗精矿再磨后进行五次精选，闭路试验获得精矿产率为 64.74%、Al_2O_3 70.83%、SiO_2 8.40%、A/S 为 8.43、Al_2O_3 回收率为 75.83%的良好指标。

表 0-13 代表性高硅铝土矿的化学成分分析结果 $w_B/\%$

序号	样品号	SiO_2	TiO_2	Al_2O_3	Fe_2O_3	FeO	MnO	MgO	CaO	Na_2O	K_2O	P_2O_5	烧失量	A/S
1	DB-12	17.57	2.11	57.65	1.66	0.13	0.09	1.34	2.95	0.01	1.75	0.17	13.83	3.28
2		18.13	2.61	53.87	9.53			0.42	1.42	0.11	1.80		11.99	2.97
3		14.40	3.30	57.86	9.50			0.18	0.49	0.04	2.01			4.02
4		18.21	2.42	55.42	8.86			0.49	1.49	0.18	1.65		11.09	3.04
5		19.42	2.42	54.88	2.73			0.21	0.69	0.02	0.30			2.83
6		10.64	2.30	57.12	6.04	7.14		0.76	0.19	0.14	0.11	0.05		5.37
7		20.84	2.06	60.78	0.55			0.52	0.37	0.10	3.17	0.08		2.92

注：1，河南登封市（王乐等，2015）；2，河南登封市（周游等，2015）；3，河南小关（王鹏等，2011）；4，河南某地（张宁宁等，2015）；5，山西阳泉（张建强，2014）；6，重庆南川区赵家坝（陈晓青等，2011）；7，云南鲁甸（姜亚雄等，2015）。

采用焙烧预脱硅化学选矿法可提高高硅铝土矿的铝硅比，所得精矿可采用能耗及生产成本较低的拜耳法工艺处理生产氧化铝，所得硅酸钠溶液采用分步碳分，可制备粒度均匀的非晶态氧化硅粉体。其基本原理是，首先焙烧矿石，以使其中以高岭石形式存在的氧化硅转变为亚稳态（魏存弟等，2005），再采用碱液溶出 SiO_2，使之转化成 Na_2SiO_3，经固液分离获得硅酸钠溶液。所得铝土精矿即可采用拜耳法生产氧化铝（图 0-3）。

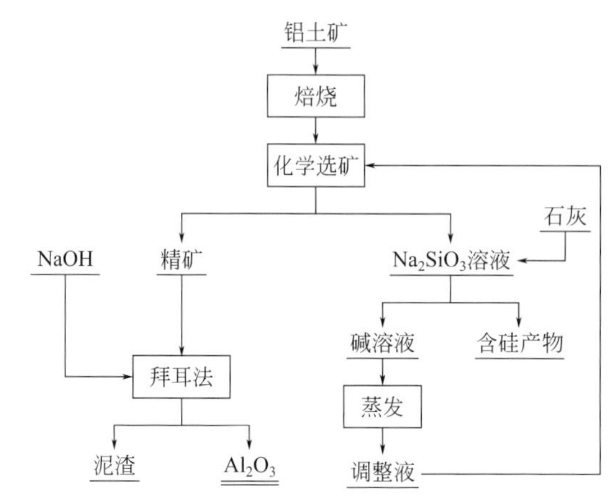

图 0-3　高硅铝土矿焙烧预脱硅生产氧化铝工艺流程
（据杨桂丽，2012）

张利华等（2010）对高硅铝土矿进行了盐酸浸出的探索性实验，确定了铝土矿盐酸浸出的优化工艺条件：盐酸质量浓度 25%，反应温度 95℃，反应时间 10h，液固比 8∶1。在此条件下，Al_2O_3的浸出率达 93%以上。

罗宇智等（2013）研究了贵州某地高硅铝土矿焙烧-常压碱浸脱硅工艺的可行性，确定了焙烧预脱硅工艺的优化条件。结果表明，SiO_2 的脱除率约 80.1%。预脱硅后矿石的铝硅比（A/S）达 23.53，预脱硅效果良好，满足拜耳法生产氧化铝的要求。

王乐等（2015）以河南省登封市高硅铝土矿为原料，采用低钙烧结法制取氧化铝，并与碱石灰烧结法进行了对比评价。登封市铝土矿的化学成分分析结果见表 0-13，其中 Al_2O_3 含量为 57.65%，SiO_2 含量为 17.57%。依据质量平衡原理（马鸿文等，2006a）计算，该铝土矿的物相组成为：硬水铝石 53.2%，白云母 24.5%，高岭石 11.1%，方解石 5.8%，锐钛矿 1.7%，其他矿物 3.7%。采用低钙烧结法处理该高硅铝土矿，工艺流程如图 0-4 所示。

以高硅铝土矿碱石灰烧结法工艺为参照（杨义洪，2008），定量对比低钙烧结法的资源和能源消耗。结果表明，以生产 1.0t 氧化铝为基准，与碱石灰烧结法对比，资源消耗方面，低钙烧结法处理物料总量 2.48t，消耗一次资源 5.43t，石灰石消耗量 0.52t，分别比碱石灰烧结法减少 20.0%、13.0%和 51.4%；能源消耗方面，低钙烧结法的综合能耗为 30.04GJ，较碱石灰烧结法减少 5.8%；尾气排放方面，低钙烧结法排放 CO_2 0.35t，比碱石灰烧结法减少 22.2%。此外，低钙烧结法的硅钙渣排放量为 1.52t，较碱石灰烧结法减少 9.5%。因此，低钙烧结法更符合节约资源、能源和低碳的绿色加工要求（王乐等，2015）。

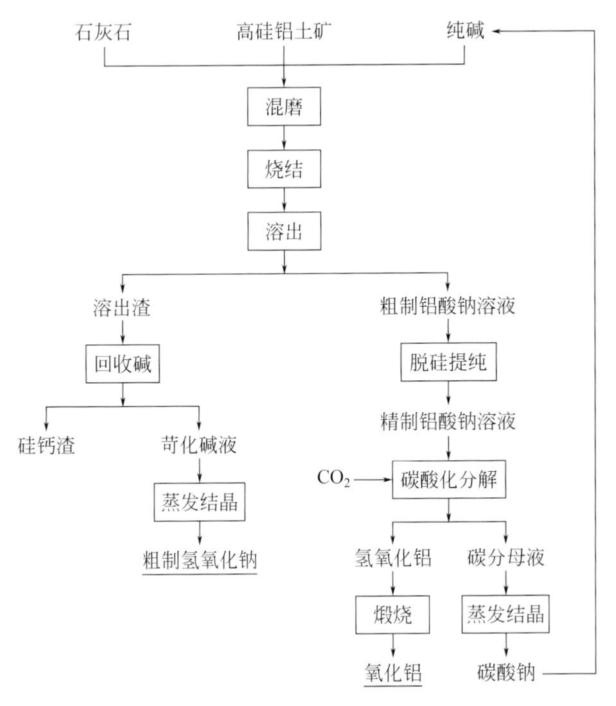

图 0-4 高硅铝土矿低钙烧结法制取氧化铝工艺流程
(据王乐等，2015)

0.3.4 霞石正长岩

霞石正长岩是一类以 SiO_2 不饱和、Al_2O_3 含量高、富含 Na_2O 和 K_2O，且含霞石、白榴石等似长石类矿物为特征的碱性侵入岩（马鸿文，2010）。中国的霞石正长岩资源分布广泛，储量巨大。岩石类型主要包括霞石正长岩、钠沸正长岩、假榴正长岩、云霞正长岩、白霞正长岩和磷霞岩。大多数霞石正长岩的 Al_2O_3 含量为 18%～24%，SiO_2 含量为 53%～61%，K_2O+Na_2O 含量为 14%～18%。其中，云南个旧市白云山霞石正长岩体的远景储量达 24 亿吨，矿石特点 SiO_2、K_2O 含量高，Al_2O_3 含量 20%左右（李焕平，2010）。文献报道，中国霞石正长岩产地不少于 17 处，代表性霞石正长岩的化学成分分析结果见表 0-14。

表 0-14 中国代表性霞石正长岩的化学成分分析结果 $w_B/\%$

序号	样品号	SiO_2	TiO_2	Al_2O_3	Fe_2O_3	FeO	MnO	MgO	CaO	Na_2O	K_2O	P_2O_5	LOI	总量
1	MS-08	56.28	0.16	23.48	1.44	0.25	0.00	1.18	1.29	0.16	14.07	0.27	1.95	100.53
2		60.94	0.24	19.19	0.77	2.87	0.14	0.60	1.68	7.65	5.86		0.54	100.48
3	SS-13	54.72	0.78	19.54	1.40	2.44	0.01	1.15	1.93	3.26	10.89	0.16	3.32	99.60
4		56.16	0.37	19.14	2.41	3.15	0.14	0.14	2.57	6.96	7.10	0.07	1.46	99.67
5	ZS-07	54.17	0.70	20.42	4.65	0.54	0.01	0.91	1.97	0.39	13.35	0.13	2.24	99.48
6		55.60		21.30	2.95	1.12				9.35	5.20			

续表

序号	样品号	SiO_2	TiO_2	Al_2O_3	Fe_2O_3	FeO	MnO	MgO	CaO	Na_2O	K_2O	P_2O_5	LOI	总量
7		59.08		20.31	1.52	0.72		0.05	0.70	9.30	5.67			
8		57.90	0.60	20.84	1.71	1.30	0.19	0.54	1.50	5.04	7.96	0.05	2.06	99.69
9		59.99	0.38	19.27	2.59		0.09	0.45	1.67	3.45	9.71	0.06		
10		53.35	0.28	23.49		6.44	0.24	1.05	0.56	3.62	5.72			
11		38.75	0.15	28.13	1.85		0.03	1.10	6.97	13.57	4.25	0.12	5.33	100.25
12	M7L	56.94	0.14	21.10	2.58	1.71	0.10	0.55	1.56	10.18	4.32			
13		53.60		20.50	3.38	1.43				10.30	4.26			
14		55.08	0.47	19.57	1.76	1.37	0.10	0.57	1.15	5.93	6.82		4.24	
15		55.90		21.20	2.50	1.43				4.70	9.90			
16	GN-11	55.71	0.25	21.85	0.19	1.12	0.02	0.47	1.85	4.02	12.51	0.07	1.78	99.84
17	GW-11	59.11	0.16	22.25	1.11	0.27	0.02	0.49	0.45	0.32	14.25	0.07	1.92	100.42
18	YJ-6	59.37	0.23	19.18	5.18		0.19	0.29	1.27	8.07	5.69	0.06	0.98	100.51

注：1，黑龙江密山市插旗山假榴正长岩；2，吉林桦甸市永胜霞石正长岩（张洪飞等，1998）；3，辽宁凤城市赛马钠沸正长岩；4，新疆拜城黑英山霞石正长岩（张晓平等，2013）；5，山西临县紫金山假榴正长岩；6，河北阳原霞石正长岩（左以专等，1993a）；7，安阳九龙山霓霞正长岩（郭金福，2002）；8，河南方城县双山角闪云霞正长岩（张正伟等，2002）；9，安徽金寨县龙井岩霞石正长岩（曹晓生，1999）；10，湖北随州五童庙霞石正长岩（王勤燕等，1999）；11，四川南江县坪河磷霞岩（韩家岭，1997）；12，四川会理猫猫沟霞石正长岩（黄强，1986）；13，四川宁南霞石正长岩（左以专等，1993a）；14，云南禄丰霞石正长岩（于澂，1993）；15，云南永平县永华霞石正长岩（左以专等，1993a）；16，云南个旧市白云山霞石正长岩；17，白云山白霞正长岩；18，广东从化市亚髻山角闪霞石正长岩（苏扣林等，2015）。1、3、5、16、17为著者团队资料，中国地质大学（北京）化学分析室龙梅、王军玲、梁树平分析。

利用霞石正长岩生产氧化铝的方法主要有石灰石烧结法和高压水化学法。

石灰石烧结法生产氧化铝，是将霞石正长岩粉体与一定量的纯碱、石灰石配料，在回转窑内高温烧结，使其中的Al_2O_3转变为可溶性固体铝酸钠（$Na_2O \cdot Al_2O_3$），氧化铁转变为易水解的铁酸钠（$Na_2O \cdot Fe_2O_3$），氧化硅则转变为在碱液中难溶的原硅酸钙（$2CaO \cdot SiO_2$）。以稀碱溶液溶出时，可将熟料中的Al_2O_3和Na_2O溶出，得到铝酸钠溶液，与进入赤泥的$2CaO \cdot SiO_2$和$Fe_2O_3 \cdot H_2O$等不溶性残渣分离。溶出液经过脱硅净化，得到纯净的铝酸钠溶液。通入CO_2气体后，其苛性比值和稳定性降低，析出氢氧化铝，并得到碳分母液（李焕平，2010）。所得氢氧化铝再经煅烧即制得氧化铝。

高压水化学法的基本工艺流程是：将霞石正长岩破碎、粉磨后，加入CaO浓度为400～500g/L的NaOH溶液，在高压溶出器中浸取，于230～300℃下反应30min，使矿石中的Al_2O_3进入高苛性比铝酸钠溶液中，滤渣经回收碱后可用作水泥原料（Sazhin，1986）。该法的溶出条件苛刻、物料流量大、对设备材质要求高等弊端限制了其工业应用。近年来，在降低溶出温度、碱液浓度以及从高苛性比铝酸钠溶液中回收氢氧化铝等方面取得了一些进展，管道溶出技术的成熟更为其工业应用创造了有利条件（刘战伟，2008）。

迄今，全世界利用霞石矿实现规模化生产氧化铝的只有苏联的石灰石烧结法工艺。俄罗斯的阿钦斯克是世界上最大也是唯一的霞石资源综合处理企业，年处理霞石精矿410万吨（Al_2O_3 26.67%），生产氧化铝90万吨及纯碱、钾碱制品67万吨，硅酸盐水泥350万吨，约占俄罗斯自产氧化铝的1/5（左以专等，1993b）。该企业生产的主要经济技术指标见表0-15。

表 0-15　阿钦斯克霞石矿烧结法生产氧化铝主要工艺技术指标　　t/t Al_2O_3

项目	霞石矿	石灰石	补碱量	耗水量	钾盐	苏打	水泥	总能耗/(GJ/t Al_2O_3)
指标	4.52	7.62	0.16	200	0.128	0.649	3.889	64.89

注：1. 钾盐产量为碳酸钾 0.049t，硫酸钾 0.073t，氯化钾 0.006t。
2. 据左以专等（1993b）。

该技术生产过程中，原料费用约占成本的 14.6%，全流程每吨氧化铝产品的总能耗为 64.89GJ，约占成本的 48%，同时需要耗费大量的水资源（左以专等，1993b）。虽然苏联根据自身铝土矿贫乏而霞石矿丰富的资源特点，成功研发出利用霞石矿的石灰石烧结法制备氧化铝技术，创造了巨大的社会和经济效益，但该工艺存在能耗高、用水量大、Al_2O_3溶出率较低等缺点，尤其是石灰石消耗量大，导致烧结过程能耗高，温室气体 CO_2 排放量大，以及副产硅酸盐水泥量大，总体上环境相容性较差。目前，该工艺在其他国家尚未获得应用。

0.4　提取氧化铝关键反应与过程评价

以高铝粉煤灰为原料，采用碱法提取氧化铝的工艺主要有石灰石烧结法、碱石灰烧结法、两步碱溶法和碱溶-烧结联合法等。

0.4.1　石灰石烧结法技术

该法包括烧结、浸出、脱硅、碳化四个工段（陆胜等，2003；方荣利等，2003）。工艺过程：将粉煤灰与石灰石磨细后按配比混合均匀，在 1320～1400℃ 下烧结，利用熟料中 β-C_2S 向 γ-C_2S 转晶过程的体积膨胀实现自粉化。自粉料物相主要为铝酸钙（$12CaO \cdot 7Al_2O_3$）和硅酸二钙（$2CaO \cdot SiO_2$）。烧结过程主要包括如下化学反应（赵宏等，2002；李歌等，2008）：

$$7Al_6Si_2O_{13} + 64CaCO_3 \longrightarrow 14Ca_2SiO_4 + 3Ca_{12}Al_{14}O_{33} + 64CO_2\uparrow \tag{0-1}$$

$$2MgO + SiO_2 \longrightarrow Mg_2SiO_4 \tag{0-2}$$

$$2Fe_3O_4 + 3CaCO_3 + 0.5O_2 \longrightarrow 3CaFe_2O_4 + 3CO_2\uparrow \tag{0-3}$$

$$SiO_2 + 2CaCO_3 \longrightarrow Ca_2SiO_4 + 2CO_2\uparrow \tag{0-4}$$

$$7Al_2O_3 + 12CaCO_3 \longrightarrow Ca_{12}Al_{14}O_{33} + 12CO_2\uparrow \tag{0-5}$$

$$TiO_2 + CaCO_3 \longrightarrow CaTiO_3 + CO_2\uparrow \tag{0-6}$$

自粉料在适宜温度下以碳酸钠溶液溶出，铝酸钙分解生成铝酸钠（$NaAlO_2$）溶液，而硅酸二钙形成沉淀，从而实现 Al_2O_3 与 SiO_2 分离；所得铝酸钠滤液经脱硅后，采用碳分法制得氢氧化铝，再经 1200℃ 下煅烧即得氧化铝产品。主要化学反应为：

$$Ca_{12}Al_{14}O_{33} + 12Na_2CO_3 + 5H_2O \longrightarrow 14NaAlO_2 + 12CaCO_3\downarrow + 10NaOH \tag{0-7}$$

$$Ca_2SiO_4 + 2Na_2CO_3 + H_2O \longrightarrow Na_2SiO_3 + 2CaCO_3\downarrow + 2NaOH \tag{0-8}$$

$$2Na_2SiO_3 + 2NaAlO_2 + 4H_2O \longrightarrow Na_2O \cdot Al_2O_3 \cdot 2SiO_2 \cdot 2H_2O\downarrow + 4NaOH \tag{0-9}$$

$$xNa_2SiO_3 + 2NaAlO_2 + 3Ca(OH)_2 + 4H_2O \longrightarrow 3CaO \cdot Al_2O_3 \cdot xSiO_2 \cdot (6-x)H_2O\downarrow + (2+2x)NaOH \tag{0-10}$$

$$2NaAlO_2 + CO_2 + 3H_2O \longrightarrow Na_2CO_3 + 2Al(OH)_3 \downarrow \tag{0-11}$$

$$2Al(OH)_3 \longrightarrow Al_2O_3 + 3H_2O \uparrow \tag{0-12}$$

该法由波兰科学院院士 J. Grzymek 于 20 世纪 50 年代发明，并实现工业化试生产。工艺中排放的硅酸二钙作为水泥生产原料，实现了高铝粉煤灰资源的综合利用。蒙西集团采用工艺与此类似（刘埃林等，2005）。

石灰石烧结法的优点是工艺简单，设备腐蚀性小，耗碱量较少，烧结物料无需破碎；缺点是烧结温度高，导致能耗较高，且一次资源石灰石消耗量大，Al_2O_3溶出率不高，温室气体 CO_2 和硅钙渣排放量大。这些都严重制约了该法的规模化工程应用。

0.4.2 碱石灰烧结法技术

碱石灰烧结法是将高铝粉煤灰、石灰石和纯碱混合均匀，经高温烧结生成铝酸钠和硅酸二钙。主要发生如下化学反应（毕诗文，2006；Bai et al，2010；王佳东等，2009）：

$$CaCO_3 \longrightarrow CaO + CO_2 \uparrow \tag{0-13}$$

$$Al_2O_3 + Na_2CO_3 \longrightarrow 2NaAlO_2 + CO_2 \uparrow \tag{0-14}$$

$$SiO_2 + 2CaO \longrightarrow Ca_2SiO_4 \tag{0-15}$$

$$Al_6Si_2O_{13} + 4CaO + 3Na_2CO_3 \longrightarrow 2Ca_2SiO_4 + 6NaAlO_2 + 3CO_2 \uparrow \tag{0-16}$$

$$2Fe_3O_4 + 3Na_2CO_3 + 0.5O_2 \longrightarrow 3Na_2Fe_2O_4 + 3CO_2 \uparrow \tag{0-17}$$

$$TiO_2 + CaO \longrightarrow CaTiO_3 \tag{0-18}$$

烧结熟料经清水溶出、分离和两段脱硅、碳分等工序制得氢氧化铝，再经煅烧制得氧化铝产品。溶出过程的化学反应为：

$$NaAlO_2 + 2H_2O \longrightarrow Na^+ + Al(OH)_4^- \downarrow \tag{0-19}$$

$$Na_2Fe_2O_4 + 4H_2O \longrightarrow 2NaOH + Fe_2O_3 \cdot 3H_2O \downarrow \tag{0-20}$$

大唐国际托克托发电公司是目前我国唯一利用高铝粉煤灰提取氧化铝的企业，采用的核心技术为预脱硅-碱石灰烧结法（张玉胜等，2010）。即首先以 NaOH 溶液处理高铝粉煤灰，溶出玻璃体中的非晶态 SiO_2，以提高原料的 Al/Si 比；然后经配料、烧结、溶出、碳分、煅烧等工序，得氧化铝及硅酸钙尾渣（张战军等，2007；孙俊民，2009）。

与石灰石烧结法相比，该工艺的优点是所需石灰石配入量有所减少，能耗相对较低；缺点是烧结工艺条件不稳定，SiO_2 只能用于生产低附加值产品；且烧结反应复杂，氧化铝溶出率不高，在生产氧化铝的同时产生大量硅钙渣，不易实现规模化利用。

0.4.3 两步碱溶法技术

苏双青等（2011）研究了高铝粉煤灰提取氧化铝的两步碱溶法工艺，基本工艺流程见图0-5。

工艺过程：以中等浓度 NaOH 溶液对高铝粉煤灰原料进行预脱硅，使 Al_2O_3/SiO_2 质量比由 0.53 提高至 0.98，脱硅滤饼的物相为莫来石、石英和方钠石。脱硅化学反应如下：

$$SiO_2(gls) + 2NaOH \longrightarrow Na_2SiO_3 + H_2O \tag{0-21}$$

$$Al_2O_3(gls) + 2NaOH \longrightarrow 2NaAlO_2 + H_2O \tag{0-22}$$

$$6Na_2SiO_3 + 6NaAlO_2 + 10H_2O \longrightarrow Na_6(AlSiO_4)_6 \cdot 4H_2O \downarrow + 12NaOH \tag{0-23}$$

所得脱硅滤液用于制备白炭黑、气凝胶等无机硅化合物。脱硅滤饼按一定比例配以 $Ca(OH)_2$ 和 NaOH 溶液，在 240～260℃下溶出氧化铝，SiO_2 则形成硅钙碱滤渣，从而实

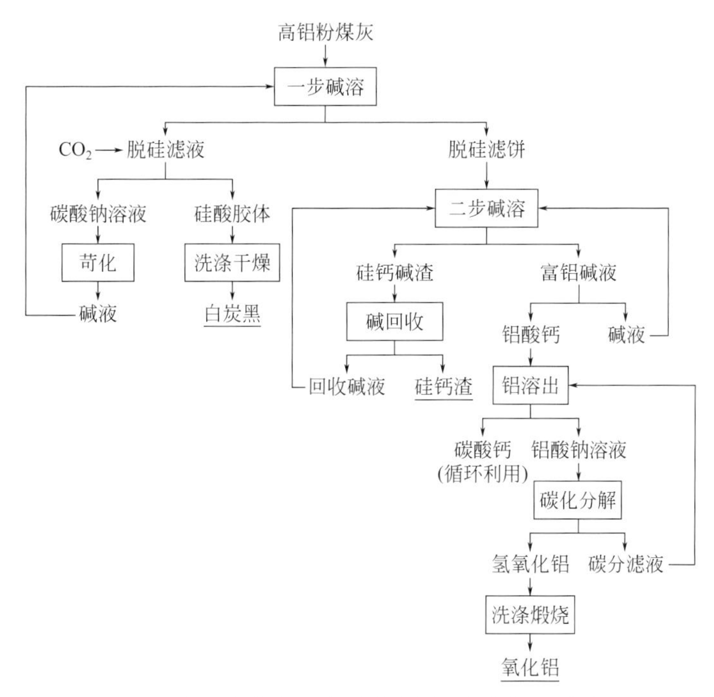

图 0-5　高铝粉煤灰两步碱溶法提取氧化铝工艺流程

现硅铝分离。溶出氧化铝的化学反应如下：

$$Al_6Si_2O_{13} + 2Ca(OH)_2 + 8NaOH \longrightarrow 2NaCaHSiO_4 \downarrow + 6NaAlO_2 + 5H_2O \uparrow \quad (0\text{-}24)$$

$$SiO_2 + Ca(OH)_2 + NaOH \longrightarrow NaCaHSiO_4 \downarrow + H_2O \uparrow \quad (0\text{-}25)$$

$$Na_6(AlSiO_4)_6 \cdot 4H_2O + 6Ca(OH)_2 + 6NaOH \longrightarrow 6NaCaHSiO_4 \downarrow + 6NaAlO_2 + 10H_2O \uparrow \quad (0\text{-}26)$$

此工艺的 Al_2O_3 溶出率达 88.5%，制备的氢氧化铝达到国标 GB/T 4294—1997 规定的二级标准，氧化铝产品符合有色金属行业标准 YS/T 274—1998 规定的三级标准。中间产物硅钙碱渣通过水解回收碱后，可用于生产新型墙体材料（洪景南等，2012）。

与石灰石烧结法相比，该工艺减少石灰石消耗量 78%，减少硅钙渣排放量 66%，能耗相应减少约 33%，主要产品附加值高，且无有害气体排放。整个工艺过程符合清洁生产要求。后续研究进一步对比了碱溶预脱硅和纯碱烧结预脱硅法的优缺点。结果表明，碱溶预脱硅效果明显优于纯碱烧结水浸工艺。采用优化工艺，两步碱溶法的 Al_2O_3 溶出率达 92%（邹丹，2009）。该法的主要优点是避免了原料的高温烧结过程，缺点是用碱量较大、铝酸钠粗液苛性比过高、后期降低苛性比工艺复杂等。这些都限制了其实际工业应用。

0.4.4　碱溶-烧结联合法技术

蒋帆（2009）采用纯碱烧结-碱溶联合法，对高铝粉煤灰进行预脱硅和硅铝分离，成功获得精制铝酸钠溶液，经碳分、煅烧等工序处理，制备了高附加值的超细氢氧化铝和氧化铝粉体。

工艺过程：预脱硅过程将粉煤灰原料 Al_2O_3/SiO_2 质量比由 0.53 提高到 0.77，将脱硅滤饼与纯碱混合均匀后烧结，熟料以清水溶出 Na_2SiO_3，剩余滤饼与适量 NaOH 溶液和 CaO 混合，在 280℃下溶出氧化铝。所得铝酸钠溶液经除杂、碳分，制备氢氧化铝和氧化铝超细粉体。主要化学反应为：

$$3SiO_2 + Al_2O_3 + 2Na_2CO_3 \longrightarrow 2NaAlSiO_4 + Na_2SiO_3 + 2CO_2\uparrow \quad (0\text{-}27)$$

$$NaAlSiO_4 + Ca(OH)_2 + NaOH \longrightarrow NaCaHSiO_4\downarrow + NaAlO_2 + H_2O \quad (0\text{-}28)$$

超细氢氧化铝制品符合国标 GB/T 4294—1997 的二级标准，粒径大多为 80～150nm。超细氧化铝制品达到有色金属行业标准 YS/T 274—1998 的三级标准，粒径大多为 50～140nm。

与碱石灰烧结法相比，该工艺降低了烧结温度，能耗相应降低。采用先水浸脱硅再碱溶二次水热处理工艺，实现了粉煤灰中硅铝组分的高效分离，制得高附加值铝产品及无机硅化合物；缺点是工艺复杂、耗碱量大、铝酸钠粗液苛性比高、硅钙尾渣不易分离利用等。

0.4.5 酸浸溶出技术

酸法是采用无机酸处理高铝粉煤灰，生产相应的铝盐如 $AlCl_3$、$Al_2(SO_4)_3$ 等，原料中的氧化硅生成偏硅酸胶体残渣。将铝盐净化后使之分解制得氧化铝。酸浸法提取氧化铝的主要化学反应如下：

$$Al_2O_3 + SiO_2 + 3H_2SO_4 \longrightarrow Al_2(SO_4)_3 + SiO_2 \cdot H_2O(\text{胶体})\downarrow + 2H_2O \quad (0\text{-}29)$$

$$Al_2O_3 + SiO_2 + 6HCl + 4H_2O \longrightarrow 2AlCl_3 + SiO_2 \cdot H_2O(\text{胶体})\downarrow + 6H_2O \quad (0\text{-}30)$$

$$SiO_2 + 3Al_2O_3 + 12H_2SO_4 + 6NH_4F \longrightarrow H_2SiF_6\uparrow + 6NH_4Al(SO_4)_2 + 11H_2O \quad (0\text{-}31)$$

$$SiO_2 + Al_2O_3 + 12HCl + 6NH_4F \longrightarrow H_2SiF_6\uparrow + 6NH_4Cl + 2AlCl_3 + 5H_2O \quad (0\text{-}32)$$

酸法的主要优点是流程简单，能耗较低，SiO_2 组分可用于生产高附加值的无机硅化合物产品（丁瑞等，2007；Matjie et al，2005；孙雅珍，2003；Bai et al，2011；李来时等，2006）。加热酸液溶解高铝粉煤灰，可有效实现铝硅分离，提高氧化铝的溶出率。但该法存在循环酸量大、设备腐蚀严重、酸蒸气污染环境等问题。以氟化物（氟化铵、氟化钠等）作助剂可降低能耗，显著提高 Al_2O_3溶出效果。其缺点是反应过程生成氟化物气体，需要昂贵的钽铌合金设备，且对空气和水体将造成严重污染。采用硫酸铵和高铝粉煤灰反应，热水溶出同样可实现铝硅分离，且设备腐蚀问题有所改善，但仍存在氨气外溢等隐患。山西平朔煤炭工业公司采用高浓度硫酸与高铝粉煤灰反应，所得硫酸铝溶液可作为液体产品，也可制成氧化铝。剩余固体渣经除杂、煅烧，可制得氧化硅微粉等产品（山西省环境保护厅，2010）。

0.4.6 纯碱烧结-酸浸技术

工艺过程：高铝粉煤灰与纯碱按比例混合后中温烧结，烧结熟料以稀盐酸或硫酸浸出，生成硅胶沉淀和含铝溶液［$AlCl_3$或 $Al_2(SO_4)_3$］，过滤所得硅胶可生产白炭黑、氧化硅气凝胶、多孔氧化硅等化合物；滤液经除杂和复分解反应制备氢氧化铝，再经煅烧制得氧化铝（丁宏娅，2007；季惠明，2005）。主要化学反应为：

$$3SiO_2 + Al_2O_3 + 2Na_2CO_3 \longrightarrow 2NaAlSiO_4 + Na_2SiO_3 + 2CO_2\uparrow \quad (0\text{-}27，同上文)$$

$$2NaAlSiO_4 + 4H_2SO_4 + mH_2O \longrightarrow Na_2SO_4 + Al_2(SO_4)_3 + 2SiO_2 \cdot (m+4)H_2O\downarrow \quad (0\text{-}33)$$

$$Al_2(SO_4)_3 + 3Na_2CO_3 + 3H_2O \longrightarrow 3Na_2SO_4 + 2Al(OH)_3\downarrow + 3CO_2\uparrow \quad (0\text{-}34)$$

张晓云等（2005）以内蒙古托克托电厂高铝粉煤灰为原料，采用该法制得了符合国标（GB 8178—87）三级标准的冶金级氧化铝制品。该法优点是 Al_2O_3 提取率高达 98%，SiO_2 组分利用率高，产品附加值高，全流程能耗相对较低。缺点是工艺过程复杂，酸碱消耗量大，难以实现循环利用，从而导致运行成本过高等。

0.5　提取氧化铝新技术：预脱硅-低钙烧结法

著者团队在以高铝粉煤灰提取氧化铝的酸碱联合法（张晓云，2005；丁宏娅，2006）、两步碱溶法（苏双青，2008；邹丹，2009）、碱溶-烧结联合法（蒋帆，2009）、高压水化学法（谭丹君，2009；王霞，2009）等技术研究的基础上，集成已有的技术成果，成功研发出适用于处理低铝硅比非传统铝资源的低钙烧结法技术（杨雪等，2010；张明宇，2011；耿学文，2012；陈小鑫，2013；王乐，2015；蒋周青，2016）。

0.5.1　基本工艺流程

2011 年，著者团队与国电宁夏太阳能有限公司合作，以石嘴山电厂高铝粉煤灰为原料，研发了预脱硅-低钙烧结法提取氧化铝技术（蒋周青等，2013；杨静等，2014），基本工艺流程见图 0-6。

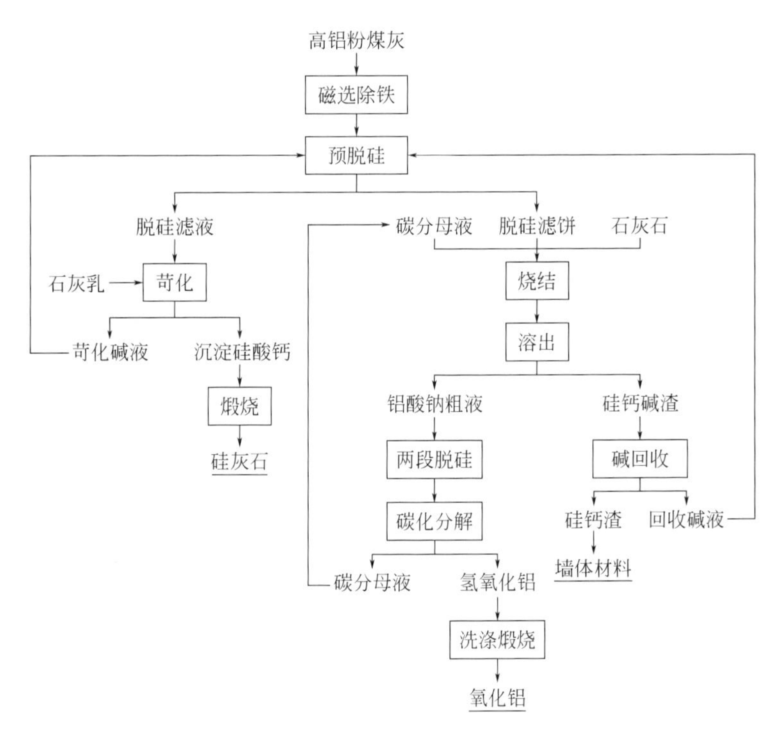

图 0-6　高铝粉煤灰预脱硅-低钙烧结法提取氧化铝工艺流程

与其他碱法工艺相比，该技术主要创新点在于，低钙烧结可大幅度减少石灰石消耗量和硅钙渣排放量，处理 1.0t 高铝粉煤灰仅产生硅钙渣 0.72t，且可用于制备轻质墙体材料、保温材料等新型建材。采用该技术可制备冶金级氧化铝，同时副产硅灰石粉体，从而实现高铝粉煤灰的完全资源化利用，符合清洁生产要求和国家有关产业和环保政策。

工艺过程：高铝粉煤灰进行碱溶预脱硅处理，以 NaOH 碱液溶解玻璃体中的无定形 SiO_2，达到提高原料铝硅比的目的（蒋周青等，2013；Wang et al，2012）。所得 Na_2SiO_3 滤液可用于制备白炭黑（李歌等，2010）和多孔氧化硅（李贺香等，2006）等无机硅化合物产品；或以石灰乳苛化后生成水合硅酸钙沉淀，采用水热处理和煅烧制备针状硅灰石（图 0-7）（彭辉等，2010）。

制备硅灰石过程发生如下化学反应：

$$Na_2SiO_3 + Ca(OH)_2 + nH_2O \longrightarrow CaO \cdot SiO_2 \cdot nH_2O \downarrow + 2NaOH \quad (0\text{-}35)$$

$$6(CaO \cdot SiO_2 \cdot nH_2O) \longrightarrow Ca_6Si_6O_{17}(OH)_2(\text{硬硅钙石}) + (6n-1)H_2O \quad (0\text{-}36)$$

$$Ca_6Si_6O_{17}(OH)_2 \longrightarrow 2Ca_3[Si_3O_9](\text{硅灰石}) + H_2O \uparrow \quad (0\text{-}37)$$

脱硅滤饼采用低钙烧结法进行配料，烧结过程的主要化学反应为：

$$Al_2O_3 + Na_2CO_3 \longrightarrow 2NaAlO_2 + CO_2 \uparrow \quad (0\text{-}14，同上文)$$

$$SiO_2 + CaCO_3 + Na_2CO_3 \longrightarrow Na_2CaSiO_4 + 2CO_2 \uparrow \quad (0\text{-}38)$$

$$Al_6Si_2O_{13} + 2CaO + 5Na_2CO_3 \longrightarrow 2Na_2CaSiO_4 + 6NaAlO_2 + 5CO_2 \uparrow \quad (0\text{-}39)$$

图 0-7　高铝粉煤灰脱硅滤液为硅源制备针状硅灰石的扫描电镜照片

烧结熟料经清水溶出，Al_2O_3溶出率超过 90%。所得铝酸钠粗液经两段脱硅、碳分制得氢氧化铝制品，符合国标 GB/T 4294—1997 规定的一级标准，经煅烧可制得冶金级氧化铝产品。中间产物硅钙碱渣经水解可回收碱，发生的化学反应为：

$$Na_2CaSiO_4 + 2H_2O \longrightarrow 2NaOH + CaO \cdot SiO_2 \cdot H_2O \downarrow \quad (0\text{-}40)$$

回收碱后剩余产物主要为水合硅酸钙，经除杂、干燥、煅烧，可用以制备硅灰石粉体（王晓艳等，2011）；或添加粉煤灰、生石灰等原料后经混磨、加水搅拌、成型、静养和蒸养处理，生产轻质墙体材料。制品性能指标：抗压强度≥15.0MPa；体积密度＜1200kg/m^3；热导率 0.12～0.14W/(m·℃)；15 次冻融循环后抗压强度＞15.0MPa。

与石灰石烧结法和碱石灰烧结法相比，低钙烧结法技术具有低物耗和低能耗的显著优势，且硅钙渣排放量少，可制成新型墙体材料，从而实现高铝粉煤灰的完全资源化利用。

0.5.2　碱法工艺综合对比评价

对高铝粉煤灰提取氧化铝技术进行评价，必须综合考虑一次资源消耗、能耗和温室气体

CO_2 排放量、工艺过程的环境相容性和产品方案等因素（马鸿文等，2007）。为综合评价碱法技术，以高硅铝土矿碱石灰烧结法生产氧化铝工艺为参照，分别对以石嘴山电厂高铝粉煤灰为原料提取氧化铝的 3 种碱法工艺的资源消耗和能耗进行定量对比。以生产 1.0t 氧化铝为基准，参照相关国标及行业手册数据（GB/T 2589—2008；杨义洪等，2008）计算，各工艺的物耗和能耗见表 0-16～表 0-18。

表 0-16　高铝粉煤灰提取氧化铝碱法工艺的物耗、能耗计算结果（以生产 1.0t 氧化铝为基准）

工段	石灰石烧结法	预脱硅-碱石灰烧结法	预脱硅-低钙烧结法	高硅铝土矿烧结法
矿浆磨制	1.89GJ	1.68GJ	1.54GJ	0.9GJ
碱液脱硅		反应(0-21)、反应(0-22) 粉煤灰 3.47t 烧碱 1.74t(含循环) 水 5.31t 能耗 5.18GJ 蒸汽 1.36t 电耗 17.4kW·h	反应(0-21)、反应(0-22) 粉煤灰 3.34t 烧碱 1.67t(含循环) 水 5.11t 能耗 4.99GJ 蒸汽 1.31t 电耗 16.7kW·h	
原料烧结	反应(0-1)～反应(0-6) 粉煤灰 3.94t 石灰石 8.66t 烧结熟料 8.79t 排放 CO_2 3.81t 理论能耗 27.67GJ 煤耗 2.65t	反应(0-13)～反应(0-18) 脱硅物料 2.72t 石灰石 3.01t 纯碱 1.21t(含循环) 烧结熟料 5.11t 排放 CO_2 1.83t 理论能耗 16.12GJ 煤耗 1.54t	反应(0-14)、反应(0-17)、反应(0-18)、反应(0-38)、反应(0-39) 脱硅物料 2.62t 石灰石 1.45t 纯碱 2.67t(含循环) 烧结熟料 4.99t 排放 CO_2 1.75t 理论能耗 9.02GJ 煤耗 0.86t	铝土矿 2.00t 石灰石 1.07t 纯碱 1.27t(含循环) 烧结熟料 3.34t 排放 CO_2 1.0t 理论能耗 9.43GJ 煤耗 0.90t
熟料溶出	反应(0-7)、反应(0-8) 8%Na_2CO_3溶液 26.35t $NaAlO_2$ 溶液 26.35m^3 Al_2O_3溶出率 70% Al_2O_3浓度 39.03g/L 硅钙渣 8.48t 蒸发能耗 6.32GJ 蒸汽 1.62t 电能 61kW·h	反应(0-19)、反应(0-20) 溶出液 10.38m^3 $NaAlO_2$ 溶液 10.38m^3 Al_2O_3溶出率 80% Al_2O_3浓度 99.3g/L 硅钙渣 3.34t 蒸发能耗 2.57GJ 蒸汽 0.66t 电能 25kW·h	反应(0-19)、反应(0-20) 溶出液 10.38m^3 $NaAlO_2$ 溶液 10.38m^3 Al_2O_3溶出率 83% Al_2O_3浓度 99.3g/L 硅钙碱渣 3.28t 蒸发能耗 2.49GJ 蒸汽 0.64t 电能 24kW·h	反应(0-19)、反应(0-20) 溶出液 8.6m^3 $NaAlO_2$ 溶液 8.6m^3 Al_2O_3溶出率 93% Al_2O_3浓度 120g/L 硅钙渣 1.68t 蒸发能耗 2.07GJ 蒸汽 0.53t 电能 20kW·h
粗液浓缩	蒸发水17.78t 能耗 16.07GJ 蒸汽 4.27t	蒸发水 1.79t 能耗 1.62GJ 蒸汽 0.43t	蒸发水 1.79t 能耗 1.62GJ 蒸汽 0.43t	
碱液回收			反应(0-40) 硅钙碱渣 3.28t;水 6.54t 硅钙渣 2.42t 加热能耗 3.71GJ 蒸汽:0.99t	
二段脱硅	反应(0-9)、反应(0-10);能耗 6.47GJ;蒸汽 1.72t			
碳化分解	反应(0-11);CO_2 消耗 0.96t;$Al(OH)_3$洗水 1.53t;能耗 0.43GJ;电耗 119.44kW·h			
产物煅烧	反应(0-12);$Al(OH)_3$ 1.53t;能耗 3.10GJ;电耗 1.25kW·h;天然气 87.22m^3			
母液蒸发		蒸发水 7.43t 蒸汽 1.78t 能耗 6.70GJ	蒸发水 7.43t 蒸汽 1.78t 能耗 6.70GJ	蒸发水 6.86t 蒸汽 1.65t 能耗 6.21GJ

续表

工段	石灰石烧结法	预脱硅-碱石灰烧结法	预脱硅-低钙烧结法	高硅铝土矿烧结法
硅酸钙制备		反应(0-35) CaO 0.57t(石灰石 1.02t) 洗涤水 7.47t 硅酸钙 1.32t（含水率 12%） 电 118kW·h 蒸汽2.08t 能耗 8.25GJ	反应(0-35) CaO 0.55t(石灰石 0.98t) 洗涤水 7.18t 硅酸钙 1.27t（含水率 12%） 电 114kW·h 蒸汽2.00t 能耗 7.94GJ	

注：计算依据：(1) 高铝粉煤灰：SiO_2 47.05%，Al_2O_3 37.37%，TFe_2O_3 5.83%，A/S=0.79；(2) 高硅铝土矿：SiO_2 16.1%，Al_2O_3 55.0%，A/S=3.44；(3) 原煤的发热量为 20908kJ/kg (GB/T 2589—2008，《综合能耗计算通则》)；(4) 烧结反应的热效率按 50%计算。

表 0-17　高铝粉煤灰提取氧化铝碱法工艺物耗对比表（以生产 1.0t 氧化铝为基准）

项目	石灰石烧结法	预脱硅-碱石灰烧结法	预脱硅-低钙烧结法	高硅铝土矿烧结法
粉煤灰/t	3.94	3.47	3.34	2.00(铝土矿)
石灰石/t	8.66	4.03	2.43	1.07
纯碱/t	—	0.16	0.23	0.051
烧碱/t	—	0.043	—	—
水/t	9.08	13.69	13.20	13.74
原煤/t	2.65	1.54	0.86	0.90
蒸汽/t	7.61	8.03	8.87	3.90
天然气/m^3	87.22	87.22	87.22	87.22
电/kW·h	706.53	747.67	707.64	391.21
硅钙渣排放/t	8.48	3.34	2.42	1.68
CO_2 排放(反应)/t	3.81	1.83	1.75	1.00
CO_2 排放(燃煤)/t	0.94	0.73	0.49	0.41
CO_2 总排放/t	3.79	1.60	1.28	0.45
一次资源消耗/t	14.04	8.94	6.74	6.54

注：1. 一次资源消耗量包括铝土矿、石灰石和原煤，水、蒸汽、电、天然气按照《综合能耗计算通则》(GB/T 2589—2008) 折合标准煤后再折合成原煤。

2. 原煤、水、蒸汽、电、天然气折合标准煤系数分别为 0.7143kgce/kg、0.0857kgce/kg、0.1286kgce/kg、0.1229kgce/(kW·h)和 1.2143kgce/m^3。

3. CO_2 总排放量为反应与燃煤产生 CO_2 之和减去碳分工段的 CO_2 消耗量。

表 0-18　高铝粉煤灰提取氧化铝碱法工艺能耗对比表　　GJ/t Al_2O_3

工段	石灰石烧结法	预脱硅-碱石灰烧结法	预脱硅-低钙烧结法	高硅铝土矿烧结法
矿浆磨制	1.89	1.68	1.54	0.90
碱液脱硅	—	5.18	4.99	—
原料烧结	55.34	32.24	18.03	18.86
熟料溶出	6.23	2.57	2.49	2.07
粗液浓缩	16.07	1.62	1.62	—
碱液回收	—	—	3.71	—

续表

工段	石灰石烧结法	预脱硅-碱石灰烧结法	预脱硅-低钙烧结法	高硅铝土矿烧结法
二段脱硅	6.47	6.47	6.47	6.47
碳化分解	0.43	0.43	0.43	0.43
产物煅烧	3.10	3.10	3.10	3.10
母液蒸发	—	6.70	6.70	6.21
硅酸钙制备	—	8.25	7.94	—
总计	89.53	68.24	57.02	38.04
总计(折合标准煤)/kg	3054.84	2328.41	1945.57	1297.96

注：标准煤的发热量为29307.6kJ/kg（GB/T 2589—2008）。

以高铝粉煤灰为原料提取氧化铝（以生产1.0t Al_2O_3为基准），3种碱法工艺的综合对比结果如下：

资源消耗 与石灰石烧结法和预脱硅-碱石灰烧结法相比，预脱硅-低钙烧结法处理物料总量6.00t，较前两者分别减少52.4%和22.1%；消耗一次资源6.74t，较前两者分别减少52.0%和24.6%；尤其是石灰石消耗量，较前两者分别减少71.9%和39.7%。与高硅铝土矿碱石灰烧结法对比，低钙烧结法虽然一次资源消耗量略高（3.06%），但前者需消耗高硅铝土矿2.00t，后者则是消耗二次资源高铝粉煤灰3.34t。

能源消耗 与石灰石烧结法和预脱硅-碱石灰烧结法相比，预脱硅-低钙烧结法的综合能耗为57.02GJ，较前两者分别降低36.3%和16.4%；而与高硅铝土矿碱石灰烧结法对比，总能耗高出49.9%，主要是碱液预脱硅和硅酸钙制备两工段增加的能耗。

尾气排放 与石灰石烧结法和预脱硅-碱石灰烧结法相比，预脱硅-低钙烧结法CO_2总排放量为1.28t，较前两者分别减少66.2%和20.0%。即使不考虑CO_2回收利用，在3种碱法工艺中，低钙烧结法的温室气体CO_2排放也最低。

产品方案 石灰石烧结法、预脱硅-碱石灰烧结法副产β-硅酸二钙尾渣分别为8.48t、3.34t，虽可用作硅酸盐水泥原料，但因其含水率高且富含碱，加之排放量大，而水泥是低附加值产品，受经济运输半径和市场容量的限制，难以实现规模化工业生产。预脱硅-低钙烧结法，副产硅钙渣仅2.42t，较前两者分别减少71.5%和27.5%；加之其可用于生产建材级硅灰石粉体或新型墙体材料，产品附加值较高，因而易于实现高铝粉煤灰的完全资源化利用。

针对中国铝土矿资源不足的状况，利用高铝粉煤灰生产氧化铝不仅有望缓解铝资源的不足，而且可减少粉煤灰堆存对大气、水体的污染和大量土地资源的占用。采用碱法提取氧化铝技术，具有对设备腐蚀性小、与现有氧化铝生产设备相容性好、对水体和空气不产生二次污染等优势。与石灰石烧结法和预脱硅-碱石灰烧结法等代表性碱法技术相比，预脱硅-低钙烧结法技术在资源消耗、能源消耗、环境相容性和产品方案等方面均有明显优势，符合高效节能和清洁生产的要求。该项技术若实现规模化工业应用，则有望缓解我国优质铝土矿资源短缺的矛盾，同时实现高铝粉煤灰的完全资源化利用。

0.5.3 提铝技术关联产业效应

铝是产业关联度较高的行业，据统计：中国现有124个产业中，有113个行业使用铝制品，含101个物质生产部门的96个产业和23个非物质生产部门的17个产业消耗原铝或压延铝制品，其产业关联度高达 91%。其中，影响原铝行业布局发展的关键要素是铝矿资源分布和电力能源配置。对于产业链构建而言，尚有运输、供水、人力成本等问题。

（1）铝土矿资源条件

铝在地壳中的含量为 7.73%，仅次于氧、硅元素居第三位。世界铝土矿资源极为丰富，主要分布在南美洲、非洲、亚洲、大洋洲等地区。其中，几内亚、澳大利亚、牙买加、巴西、越南的铝土矿资源储量约占全球的 72.8%。据美国地质调查局数据，2014 年世界铝土矿资源储量为 280 亿吨，按 2014 年全球铝土矿产量 2.58 亿吨计（表 0-19），可满足 100 年的资源保证。

表 0-19　2014 年全球铝土矿产量统计　　万吨

国家	澳大利亚	印度尼西亚	中国	巴西	印度	几内亚	牙买加	俄罗斯	哈萨克斯坦	其他	全球
产量	8030	255.5	6500	3169.3	2068.8	1760.2	967.7	558.9	451.5	2039.5	25801.4

注：据国土资源部信息中心（2014）。

《中国矿产资源报告 2011》统计，2010 年我国铝土矿查明资源储量 37.5 亿吨，铝土矿的储采比为 95 年，预测 1000m 以上铝土矿资源总量 167 亿吨，其中累计查明铝土矿资源储量 32 亿吨。《中国矿产资源报告 2012》统计，2011 年底中国铝土矿查明资源储量增至 38.7 亿吨。中国铝土矿资源分布于 20 个省区，主要集中在山西、河南、贵州和广西四个省区，约占全国资源储量的 90%。

目前，全国铝土矿资源的突出矛盾是：70%铝土矿的 A/S 仅 4～6，难溶的硬水铝石型矿石占总储量的 98%以上，而易采、易溶的三水铝石型矿石仅占 1.6%。其次是掠夺性开采严重，开采回收率一般仅约 40%。此外，非炼铝用铝土矿资源消耗量大，已超过资源储量的 10%，特别是高铝熟料行业烧制 1t 产品消耗铝土矿约 12t，且要求是品位高、密度大、低铁的优质块状铝土矿，矿石碎末和中低品位矿均为不合格废石，对铝土矿资源浪费较大。总体来看，我国铝土矿资源虽家底有所增厚，但品质不高，综合利用粗放，氧化铝原料的生产成本较高，未来对进口铝资源的依存度依然较大。

（2）能源支撑条件

铝是性能优越的万能金属，但原铝工业却属于典型的高能耗产业。2012 年，中国电解铝行业的用电量占全国总发电量的 5.55%。据国际原铝协会（IAI）统计，全球电解铝行业能源消费结构见表 0-20。其中，北美、南美、欧洲、非洲国家主要使用水电，亚洲国家以火电为主。

表 0-20　全球电解铝行业能源消费结构统计表

能源类型	水电	火电	天然气	核能	燃油
消费比例/%	49	36	9	5	1

“铝电联营”在国外受到高度重视。西欧、北美、俄罗斯和印度等国电解铝厂一般选择临近发电厂，且电厂一般属于电解铝厂同时考虑投资建设的范围。美铝 Alcoa 有 40%电解铝厂是自备供电，俄铝有 80%电解铝厂通过不同定价方式签订 10 年供电合同，来使用西伯利亚水电。2011 年俄铝平均铝用电价仅 2.4 美分/(kW·h) [约 0.15 元/(kW·h)]。加拿大有 12 个共 275 万吨产能的电解铝厂，位于水电资源丰富的圣劳伦斯河流沿岸，被誉为“铝谷”。“铝谷”与魁北克水电站签订 20～30 年长期供电保证合同，获得稳定的优惠电价。

发达国家的原铝工业发展一般有临界电价的概念，即电解铝生产用电成本应低于制造成本的25%～30%，以提高产品市场竞争力和企业抗风险能力。

中国的“铝电联营”起步较晚，目前国内电解铝厂的自备电率仅30%～40%。2012年国内电解铝企业平均生产成本已超过15900元/t（表0-21），高于上海交易市场铝锭年均价15617元/t。生产成本中原铝的综合电耗所占比例高达47.96%，电力能源已成为制约原铝工业发展的瓶颈。

表0-21　2012年国内电解铝企业平均生产成本测算表

项目	氧化铝	炭阳极	氟化盐	综合电耗	人工	制作费	生产成本
平均价格/(元/t)	2723	3445	8025	0.55元/(kW·h)	—	—	—
消耗指标/(kg/t)	1920	410	20	13931kW·h/t	—	—	—
原铝成本/(元/t)	5222	1413	161	7662	319	1198	15975
所占比例/%	32.68	8.85	1.01	47.96	2	7.5	100

中国煤炭资源丰富。截至2014年底，中国煤炭探明可采储量1145亿吨，占全世界可采储量的12.8%（国土资源部信息中心，2014）。2015年中国原煤产量达37.5亿吨，比上年减少3.3%。煤炭资源量大于1000亿吨的有新疆、内蒙古、山西、陕西、河南、宁夏、甘肃、贵州等8个省区，占全国煤炭资源总量的91.12%。其中，占全国储量约70%的动力煤资源集中分布在华北和西北地区。2015年中国火电占总装机容量的67.9%。作为全球第二大能源生产与消费国，中国的能源消费结构长期依赖不可再生的煤炭资源。

据中国光伏行业协会统计，2015年全国光伏发电新增装机容量1528万千瓦，创历史新高，连续三年累计并网容量达到4158万千瓦，同比增长67.3%，成为世界光伏第一大国。从总量上看，目前水电、风电、光伏发电总容量达到4.9亿千瓦，占比已达到32.7%。

据全国水力资源复查成果，我国水力资源理论蕴藏年电量608亿千瓦时，经济可开发装机容量4.02万千瓦，经济可开发量居世界第一。我国水力资源地域分布极其不均。12个西部省区云、贵、川、渝、陕、甘、宁、青、新、藏、桂、蒙的水力资源约占全国总量的81.46%，其中西南地区云、贵、川、渝、藏就占66.70%。

2015年我国水电占总装容量的19.5%。国家能源局《水电发展“十二五”规划》指出，加快水电发展对于实现2020年非化石能源消费比重5%的目标，对节能减排和能源结构调整将起到重要作用。并提出“建设十大、建成八大”千万千瓦级水电基地的目标。目前我国规划投资2万亿元，在2025年以前，建成“十三大水电基地”，总装机达2.78亿千瓦，堪称世界级巨型水电站云集。这些规划的水电项目建成后，将对我国原铝工业发展发挥重要的支撑作用。

0.6　中国铝材工业可持续发展

0.6.1　中国原铝工业发展史

中国第一个铝厂抚顺铝厂于1954年投产。此后至20世纪80年代末，中国2.5万吨规模以上的编有番号的铝厂有八座，号称八大铝厂，即抚顺、兰州、包头、山东、郑州、贵州、青铜峡和连城。另有一座有编号的湘乡铝厂。这九个央企在建厂初期，除山东和湘乡铝厂仅分别生产氧化铝和氟化盐之外，其他均生产电解铝。当时的郑州铝厂为联合企业，既有氧化铝也有电解铝生产。故当时中国氧化铝的供应只有依靠山东和郑州两个氧化铝厂。在此期间，全国尚有大量的地方铝厂，除上海、海南岛和西藏外，几乎每个省区均有小型铝厂。20世纪60年代以前大部分为水银整流器和6000kA的千吨规模，60年代以后，均逐渐采用较大电流的电解槽和硅整流器，使单项规模达到5000～15000t（姚世焕，2013）。

新中国成立以来，1949年至2012年共生产原铝16743万吨，原铝消费为16338万吨，共生产氧化铝27420万吨（包括进口矿石）。据中国有色金属工业协会统计，2010年全国共有105个原铝生产企业，原铝产量为1625万吨，初级深加工产品为1133.5万吨，原铝转化率为70%。这表明，中国的铝工业正向着更加完善的产业链方向发展。到2015年，中国原铝工业深加工产品转化率可望达到80%（王祝堂，2012）。

对原铝进行深加工即在电解铝厂将其铸造成压力加工用的锭、带坯或盘条等或直接铸成压铸件，工艺流程见图0-8。

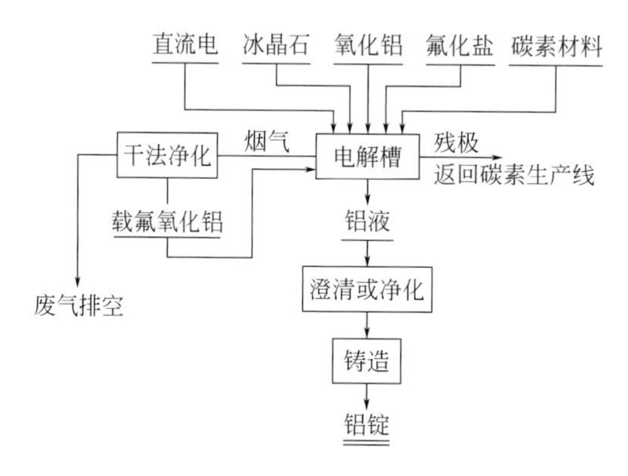

图0-8　现代电解法炼铝工艺流程

（据毕诗文，2006）

随着我国国民经济的持续健康增长，人民生活水平不断提高，作为现代经济和高新技术发展支柱性材料的铝材需求旺盛，建筑幕墙、交通运输、化工、电力设备、国防军工等行业的快速发展，将使铝型材消费不断地增长，同时，新产品、新工艺、新用途的铝型材行业的快速发展，将使铝型材消费持续增长，而新产品、新工艺、新用途铝型材的不断出现，也推动了相关技术进步和行业持续健康发展。

2015年，全球电解铝产量5789万吨，中国产量为3141万吨，占全球产量的54.26%，同比增长8.4%。1999年至2015年，全球电解铝年复合增长率为5.7%，中国为16.9%，成为全球最大的电解铝生产国。2015年底，国内电解铝企业产能4170万吨，产能利用率仅为78%。据有色金属协会统计，电解铝减产规模约500万吨，占总产能的12%。

0.6.2　中国铝材消费与展望

近20年来，世界和中国原铝产量以及消费量见表0-22（徐国栋，2013）。

表0-22　世界和中国原铝产量以及消费量　　万吨

年份	世界原铝产量	世界原铝消费量	中国原铝产量	中国原铝消费量
1995	1983.12	1980.84	186.97	187.49
1996	2083.96	2070.28	190.07	202.79

续表

年份	世界原铝产量	世界原铝消费量	中国原铝产量	中国原铝消费量
1997	2180.35	2178.60	217.86	208.67
1998	2260.63	2184.21	243.53	242.54
1999	2361.38	2357.91	280.89	292.59
2000	2469.67	2477.98	298.92	353.27
2001	2443.60	2372.15	357.58	349.22
2002	2607.80	2533.75	451.11	411.50
2003	2798.48	2736.86	596.20	519.41
2004	2992.17	2996.19	668.88	604.27
2005	3202.08	3170.56	780.60	711.86
2006	3396.19	3402.29	935.84	864.81
2007	3811.70	3724.54	1258.83	1234.70
2008	3988.30	3814.68	1317.82	1241.25
2009	3697.40	3507.30	1289.05	1315.00
2010	4079.50	3982.00	1619.50	1580.05
2011	4560.00	4510.00	1945.00	1950.00
2012	4706.00	4661.00	2130.00	2145.00
2013	5057.00	5090.00	2490.00	2480.00
2014	5390.00	5485.00	2810.00	2805.00
2015	5720.00	5784.00	3100.00	3064.00
2016	5887.00	5960.00	3250.00	3270.00
2017	6328.00	6359.00	3666.00	3540.00

数据来源：中国有色金属工业年鉴，国家统计局；中国铝业公司年报（2014—2017）。

2012年中国铝加工材产能利用率首次低于80%。当年，热轧板坯产能1000万吨/年，超出铸轧带坯产能320万吨/年。铝材产量主要集中分布在资源富集区的山东和河南省，铝材消费量大的区域仍然在长江三角洲和珠江三角洲。

截至2015年10月，国内铝压延加工企业有1879家，估计从业人员53万，人均产量59t。从目前产能看，预计需要淘汰产能达1000万吨，待分流人员达17万。

铝及铝合金具有密度小、强度适中、易加工成型、抗蚀性强、易回收等优良特性，在国民经济中起着举足轻重的作用。近50年来，铝已成为最为广泛应用的金属之一。在建筑业上，铝由于在空气中的稳定性和阳极处理后的极佳外观而受到广泛应用；在航空及国防军工部门也大量应用铝合金材料；在电力输送上则常用高强度钢线补强铝缆；此外，汽车、集装箱、日常用品、家用电器、机械设备等领域都大量使用铝及铝合金。

近年，我国为推动民机铝材跨行业协同创新，工信部将成立“民机铝材上下游合作机制”，聚焦航空铝材研发、生产和应用关键环节，推进航空铝材完全自主供应，建立自主创新的材料体系和装备技术体系。

航空工业是国家综合国力和制造业竞争力的重要标志，生产大型商用飞机、实现航空铝材自主供给是落实《中国制造2025》战略、打造中国高端制造新优势的战略选择。虽然我国航空工业已历经多年发展，但是航空级铝厚板等高端箔产品大部分仍依赖进口，航空铝材自主化的发展要求势必将大力推动国内高端铝加工行业的发展。

铝是航空器材制造最重要的金属材料之一。铝合金的比强度和比刚度与钢相似，但其密度较低，同样强度水平下可提供截面更厚的材料，受压时的抗屈曲能力更佳，成为经典的飞机结构材料。高强铝合金具有密度低、强度高、热加工性能好等优点，其制成的板材、挤压型材、毂件等在航空航天构件上有广泛的应用前景。如高强铝合金厚板作为主要承力构件，使用比例占飞机上总铝材用量的30%～35%。

据中国航空工业第一集团公司预测，到2025年国内航空运输飞机拥有量将达3900架，其中大型客机将达2000架。这将使中国成为仅次于美国的全球第二大航空市场。中国已进入航空器制造高速持续发展时期，国内大飞机的生产以及通用航空器与私人飞机逐年增多，航空铝材市场规模将越来越大。

近年来，全球新能源环保产业快速增长。铝型材由于导热好、自重轻等优点，在太阳能和LED等产业中正在得到大量应用，发展前景看好。尤其是中国大力推进包括建设全球高铁系统的“一带一路”发展战略，更为轻质铝基材料的快速发展和在交通工具方面的应用提供了良好的发展契机。

0.6.3 中国铝材工业发展瓶颈

影响中国铝材工业可持续发展的主要制约因素有：

（1）资源保障不足

中国铝材工业在发展过程中也遇到一些瓶颈，其中资源保障不足成为制约铝材工业发展的主要因素。中国的铝土矿资源相对匮乏，保有储量只有8.3亿吨，仅占世界总储量的2.96%，与几内亚（74亿吨）、澳大利亚（60亿吨）、巴西（26亿吨）、越南（21亿吨）、牙买加（20亿吨）等国家相差巨大，人均占有量仅608kg，不及世界平均水平（3.87t/人）的1/6。中国氧化铝的生产大多以中低品位的硬水铝石型铝土矿为原料，铝硅比A/S平均仅为5.57，造成拜耳法、烧结法、混联法三种氧化铝生产方法并存的局面。混联法作为我国独特的技术，虽然是处理硬水铝石型高硅低铁铝土矿的有效方法，但该法存在着生产系统复杂庞大、基建投资大、能耗高、产品质量较差等问题。

（2）耗能成本过高

在中国原铝工业的发展过程中，电力成本所占比例过高一直是企业面临的一大难题。在2008年时，电力成本占中国原铝工业生产成本的比例就高达30%以上，而其他国家原铝生产的电力成本仅20%左右，这就使得能源供应成为中国原铝工业发展的重大障碍。

电解铝工业是高耗能产业，为了促进节能减排，中国发展改革委员会和电力监督管理协会联合于2008年2月发布了“关于取消电解铝等高耗能行业电价优惠有关问题的通知”。这对于我国原铝工业发展无疑提高了门槛。每吨铝锭的平均直流电耗约14072kW·h，铝锭的平均综合交流电耗约为15401kW·h。即电价每涨0.01元，每吨铝锭的成本就增加154元。随着国家逐步取消优惠电价及提高电力价格，电解铝工业面临能耗成本增加、企业盈利空间缩小的问题，与国际铝工业企业相比，竞争力受到显著影响。

（3）铝材产业发展失衡

目前，我国铝材加工产业发展很不平衡，民用型材占总量的80%，工业型材占20%。而在国外，工业型材占整个铝型材市场的70%。工业型材以小型材居多，如散热器、挤压件、电动工具、车厢行李架、扶手等，而应用于航天、航空、交通运输的集装箱、地铁列车、轻轨列车和高速列车车厢的工业型材所占比例较小。中国工业型材消费水平与发达国家有很大差距。这种现象未来将有所改变，国内几家大型铝型材厂如广东兴发、福建南平、南海凤铝、坚美、苏州罗普斯金、吉林麦道斯等 15 家企业均有扩建产能、调整产品结构的计划，因而预期未来市场前景广阔。

针对以上现状，中国原铝工业如何实现可持续发展，成为行业亟待解决的问题。

（1）依靠科技创新突破资源瓶颈

面对我国铝土矿资源紧张这一现状，国内氧化铝行业除了通过进口缓解资源压力以外，最重要的是不断创新，这是保持行业可持续发展和获得长久竞争力的基本保证。氧化铝工业的创新包括资源获取能力创新、技术创新、产品创新、管理创新和经营理念创新等。它要求企业通过知识集成、产品集成、信息集成和人力资源集成等，培养创新思维、研究新方法、探索创新素质。这是氧化铝工业面对国际市场竞争加剧和我国资源短缺状况，发展可持续氧化铝工业的必然选择。

（2）发展铝电联营降低能耗成本

针对我国原铝工业电力成本过高的问题，应当大力发展铝电联营生产模式，在铝材产品市场取得比较优势。原铝企业通过建设自备电厂供电，或与发电企业合资办厂来获得低价位电力供给，降低能源成本支出。通过这种内部交易，可精减发电企业的市场营销部门，而原铝生产企业也无需设立电力采购部门，就可保障正常生产或扩大生产，双方都可实现节约市场交易和市场信息监控成本。铝电联营还可抵消双方讨价还价能力，使上下游产业配合更为密切，实现供电和铝材企业双方效益的最大化。

（3）调整产品结构平衡铝材产业

首先，铝材深加工、延伸铝材加工产业链是铝材加工企业今后应当重点发展的方向，在珠江三角洲和长江三角洲，有眼光、有实力的铝加工企业已迈出这一步。其次，铝材加工企业需要兼并重组。目前国内大多数铝加工企业同质化严重，造成市场竞争残酷，经营必然微利。此外，中国铝加工企业自身的弱点，最明显的就是小企业众多，装备水平落后，产品质量较差，市场竞争能力严重不足。因此，一些整体实力不强但在某些方面又具备优势的企业走向被兼并重组是必然趋势。最后，铝材加工企业分工应更明显。大型现代化铝材加工企业依靠强大的资源将更多地关注规模化的铝加工材料市场，讲究品种的高质量、规模化生产。而中小型铝材加工企业将逐渐抛弃产能规模化运营的理念，走专业化发展高附加值产品之路，进行铝材的各种精深加工，从而为市场提供富有特色的铝材制品。

0.6.4　中国铝材工业可持续发展

随着中国氧化铝工业产能的不断扩大和需求量的持续增长，国内利用现有铝土矿生产氧化铝的资源保障能力已经显著下降，对外铝土矿资源的依存度逐年提高，国家铝资源保障受到严重挑战。

中国非传统铝资源储量巨大，高铝粉煤灰、高铝煤矸石、霞石正长岩中蕴含着十分丰富的氧化铝资源，作为提取氧化铝的原料，应是未来氧化铝工业发展的重要方向。但目前利用非传统铝资源提取氧化铝，相比于现有铝土矿生产氧化铝尚存以下问题：首先，非传统铝资源提取氧化铝的能量消耗过大。以生产 1.0t 氧化铝计，烧结法处理霞石需要能耗 64.89GJ，低钙烧结法处理高铝煤矸石需要能耗 38.3GJ，而碱溶法处理高铝粉煤灰石需要能耗

76.2GJ，远高于目前氧化铝工业每吨平均能耗16.58GJ。其次，非传统铝资源在提取氧化铝过程中会产出大量尾渣，生产厂必须配套相应规模的后续处理工序和产品市场，给企业造成较大压力。最后，在氧化铝溶出过程中还存在工艺复杂、溶出率仍待提高等问题。

在利用非传统铝资源提取氧化铝方面虽然还存在以上问题，但其具有潜在优势。首先，国家高度重视固体废物的资源化利用，为相关行业提供了有力的政策支持；其次，非传统铝资源在提取氧化铝的同时，可生产出如无机硅化合物、碳酸钾、碳酸钠等高附加值产品，能给企业带来可观的经济效益；最后，随着研究的深入，各生产工艺环节的指标不断优化，综合能耗会继续降低，氧化铝的提取率也会逐步提高。可以预期，非传统铝资源必将会成为氧化铝工业的重要原料来源。

利用高铝粉煤灰提取氧化铝，对降低中国铝资源的进口依存度和改善生态环境均具有重要意义。尤其是以高铝粉煤灰为原料碱法提取氧化铝的技术，具有良好的产业化前景。从降低一次性资源消耗和能耗，以及与氧化铝工业生产技术接轨等因素综合分析，碱溶预脱硅-烧结联合技术将是高铝粉煤灰提取氧化铝最具产业化前景的技术。因此，今后应加强对预脱硅-低钙烧结法提取氧化铝的技术原理和工程化实施条件的研究。主要包括：

① 加强高铝粉煤灰的物相组成、化学成分及物性对提取氧化铝反应过程的影响研究，确保工艺条件稳定性和工艺流程可控性。如碱溶条件与高铝粉煤灰物相组成的关系、烧结物相控制与溶出条件的关系研究等。在此基础上进一步优化工艺，降低主要工段反应温度，减少全流程碱耗，实现一次资源消耗、能耗和温室气体排放量最小化。

② 采用碱法提取氧化铝技术，必然副产大量沉淀硅酸钙粉体，同时排放大量硅钙尾渣。国家或地方政府应出台相关的产业配套和扶持政策，在充分利用高铝粉煤灰中氧化铝资源的同时，科学规划和掌控副产品的市场定位，引导相关行业的健康发展。

③ 国家相关部门应加强统筹规划，积极倡导在国家层面上逐步建立和发展跨行业领域的循环经济产业链体系。例如，以优化能源、资源高效利用和绿色加工为导向，统筹协调煤炭开采、火力发电、氧化铝及原铝、铝材加工、建筑材料等行业的生产活动，从而实现能源、资源的高效利用，以促进高铝粉煤灰尽快成为真正的可利用铝资源。

④ 投资高铝粉煤灰生产氧化铝的企业，必须拥有较强的技术水平和资金实力，具有长期稳定的高铝粉煤灰原料供应，以及能够消化硅钙渣副产品的市场培育能力。按照国家发改委［发改办产业（2011）310号］文件精神，新建项目规模应不低于年产氧化铝50万吨，氧化铝提取率不低于85%，固体废物综合利用率要达到96%以上。

利用高铝粉煤灰等工业固体废物制取氧化铝，既可以根治这类固体废物排放带来的环境污染，有效改善生态环境，解决大量粉煤灰堆放占用土地的问题，同时也可减少对原生铝土矿的开采，产生可观的经济效益和环境效益，有助于促进中国铝材工业的绿色可持续发展。

参考文献

［1］北京有色金属研究总院，中国有色金属工业标准计量质量研究所. YS/T 274—1998 氧化铝. 北京：中国标准出版社，1998.

［2］毕诗文. 氧化铝生产工艺. 北京：化学工业出版社，2006：1-2，8-10，222-233.

［3］毕诗文，于海燕，杨毅宏，等. 拜耳法生产氧化铝. 北京：冶金工业出版社，2007：12-15，148-154.

［4］曹晓生. 金寨县霞石正长岩应用研究及其开发. 非金属矿，1999，22(6)：41-42.

［5］陈胜福，黄坚，李建文. 多品种氧化铝开发进展、动向及市场现状. 材料导报，2006，20(7)：22-26.

[6] 陈晓青，杨进忠，毛益林，等. 重庆赵家坝中低品位铝土矿选矿试验研究. 矿产综合利用，2011(5)：11-14.
[7] 丁瑞，王翠珍，秦树林，等. 从矸石电厂粉煤灰中提取氧化铝的综合利用探讨. 能源环境保护，2007，21(1)：51-53.
[8] 方启学，黄国智，葛长礼，等. 我国铝土矿资源特征及其面临的问题与对策. 轻金属，2000(10)：8-11.
[9] 方荣利，陆胜，解晓斌. 利用粉煤灰制备高纯超细氧化铝粉体的研究. 环境工程，2003(5)：40-42.
[10] 高岗强，李守诚. 我国高铝粉煤灰提取氧化铝的产业化进展. 内蒙古科技与经济，2012，1：19-20.
[11] 国家发展改革委员会资源节约和环境保护司，国家标准化管理委员会工业标准一部. GB/T 2589—2008 综合能耗计算通则. 北京：中国标准出版社，2008.
[12] 郭金福. 安阳霞石正长岩矿提纯试验研究. 非金属矿，2002，25(4)：36-37.
[13] 国土资源部信息中心. 2005～2006 世界矿产资源年评. 北京：地质出版社，2007.
[14] 国土资源部信息中心. 世界矿产资源年评 2013. 北京：地质出版社，2013：160-168.
[15] 国土资源部信息中心. 世界矿产资源年评 2014. 北京：地质出版社，2014：168-177.
[16] 国土资源部信息中心. 世界矿产资源年评 2015. 北京：地质出版社，2015：55-62，162-170.
[17] 韩家岭. 四川南江坪河霞石选矿半工业试验. 非金属矿，1997(6)：43-46，30.
[18] 红钢. 河南铝土矿工艺矿物学研究. 轻金属，2001(11)：6-10.
[19] 胡岳华，王淀佐，王毓华.铝硅矿物浮选化学与铝土矿脱硅. 北京：科学出版社，2004：2-49,198-255.
[20] 黄杰明. 非高温法提取粉煤灰中铝和硅的试验研究. 电力环境保护，2002，18(2)：28-29.
[21] 黄强. 川西南猫猫沟霞石正长岩矿床地质特征. 中国非金属矿工业导刊，1986(2)：25-28.
[22] 季惠明，吴萍，张周，等. 利用粉煤灰制备高纯氧化铝纳米粉体的研究. 地学前缘，2005，12(1)：220-224.
[23] 姜亚雄，黄丽娟，朱坤，等. 高硅铝土矿正浮选两段脱硅试验研究. 有色金属，2015(2)：49-53，63.
[24] 郎吉清. 粉煤灰提取氧化铝的研究进展. 辽宁化工，2010，39(5)：509-510.
[25] 李昊. 中国铝土矿资源产业可持续发展研究. 北京：中国地质大学，2010.
[26] 李焕平. 霞石正长岩生产氧化铝综述. 中国有色金属，2010(1)：78-79.
[27] 李来时，翟玉春. 硫酸浸取法提取粉煤灰中氧化铝. 轻金属，2006(12)：9-12.
[28] 刘埃林，赵建国，武思东，等. 利用粉煤灰和石灰石联合生产氧化铝和水泥的方法：CN1644506A. 2005-07-27.
[29] 刘小波，傅勇坚，肖秋国. 煤矸石-石灰石-纯碱烧结过程研究. 环境科学学报，1999，19(2)：210-213.
[30] 刘学飞，王庆飞，李中明，等. 河南铝土矿矿物成因及其演化序列. 地质与勘探，2012，48(3)：449-459.
[31] 刘水红，方启学. 铝土矿选矿脱硅技术研究现状述评. 矿冶，2004，13(4)：24-29.
[32] 刘战伟，李旺兴，刘彬，等. 霞石矿在氧化铝工业中的应用. 轻金属，2008(12)：10-13.
[33] 鲁丰春，王鹏. 河南低品位铝土矿工艺矿物学分析. 轻金属，2011(增刊)：43-45.
[34] 鹿方. 高铝粉煤灰提取氧化铝的研究现状. 有色冶金，2008，24(5)：25-27.
[35] 陆胜，方荣利，赵红. 用石灰烧结自粉化法从粉煤灰中回收高纯超细氧化铝粉的研究. 粉煤灰，2003(1)：15-17.
[36] 罗宇智，史光大，李元坤，等. 贵州某高硅铝土矿焙烧预处理试验研究. 湖南有色金属，2013，29(3)：33-43.
[37] 马鸿文. 工业矿物与岩石. 第四版. 北京：化学工业出版社，2018：195-198，280-282.
[38] 马鸿文，等. 中国富钾岩石——资源与清洁利用技术. 北京：化学工业出版社，2010：1-39. .
[39] 莫欣达. 政策引导，铝业趋好. 中国金属通报，2011(10)：16-19.
[40] 冉文瑞. 贵州铝土矿资源现状与供需形势分析. 贵州地质，2012，29(4)：318-320.
[41] 任根宽，张克俭. 煤矸石提取氧化铝工艺研究. 无机盐工业，2010，42(8)：54-56.
[42] 山西省环境保护厅. 中煤平朔煤业有限公司 200kt/a 粉煤灰资源化综合利用项目环境影响评价公众参与公告. 2010.
[43] 苏扣林，丁兴，黄永贵，等. 粤中早白垩世亚髻山正长质杂岩体的成分分异及岩石成因. 岩石学报，2015，31(3)：829-845.
[44] 孙晶. 浅析相关产业和政策对我国氧化铝工业发展的影响. 有色金属，2011，27(5)：59-61 .
[45] 孙莉，肖克炎，王全明，等. 中国铝土矿资源现状和潜力分析. 地质通报，2011，30(5)：722-728.
[46] 孙俊民. 综合利用粉煤灰生产铝硅钛合金示范项目简介. 呼和浩特科技，2009，2：10-11.
[47] 孙思磊，王庆飞，刘学飞，等. 山西省石墙区铝土矿地质与地球化学特征研究. 地质与勘探，2012，48(3)：487-501.
[48] 孙雅珍. 用粉煤灰作原料制备硫酸铝. 粉煤灰综合利用，2003(2)：46.
[49] 田玲玲. 煤矸石的环境危害与综合利用途径. 北方环境，2011，23(7)：174-175.
[50] 王佳东，翟玉春，申晓毅. 碱石灰烧结法从脱硅粉煤灰中提取氧化铝. 轻金属，2009，6：14-16.
[51] 王鹏，王宝奎，石建军，等. 低品位铝土矿选矿技术的优化. 轻金属，2011(9)：8-10.

[52] 王勤燕，赵文俞，陈文怡，等. 湖北随州霞石正长岩资源特征及应用研究. 非金属矿，1999，22(4)：43-44，41.
[53] 王庆飞，邓军，刘学飞，等. 铝土矿地质与成因研究进展. 地质与勘探，2012，48(3)：430-448.
[54] 王瑞湖，李梅，蒙永坚. 广西堆积型铝土矿成矿特征与资源潜力预测. 地质通报，2010，29(10)：1526-1532.
[55] 王祝堂. 中国原铝深加工现状与发展趋势. 轻金属，2012(3)：3-6.
[56] 徐国栋，敖宏，佘元冠. 我国原铝消费规律研究及消费量预测. 中国管理信息化，2013，16(11)：31-35.
[57] 鄢艳. 我国铝土矿资源现状. 有色矿冶，2009，25(5)：58-60.
[58] 杨桂丽. 高硅铝土矿的综合利用. 铝镁通讯，2012，3：12-14.
[59] 杨利霞，永锋，林婧. 酸浸法从高铝煤矸石中提取氧化铝的研究. 煤炭加工与综合利用，2009(5)：46-49.
[60] 杨利香，施钟毅. "十一五"我国粉煤灰综合利用成效及未来技术方向和发展趋势. 粉煤灰，2012(4)：4-9.
[61] 杨义洪，余海燕. 氧化铝生产创新工艺新技术，设备选型与维修及质量检测标准使用手册. 北京：冶金工业出版社，2008：485-505，669-705.
[62] 姚世焕. 中国原铝工业六十年发展历程. 2013 第五届铝型材技术(国际)论坛文集：4-16.
[63] 要秉文，梅世刚，高振国，等. 利用粉煤灰研制高贝利特硫铝酸盐水泥. 水泥工程，2006，1：13-14.
[64] 于澂. 云南禄丰霞石正长岩的研究. 云南建材，1993(4)：17-19.
[65] 张佰永，王鹏. 低铝硅比时代的中国氧化铝工艺选择. 轻金属，2011(7)：36-46.
[66] 张洪飞，迟效国，宁维坤，等. 吉林省永胜霞石正长岩除铁试验研究. 长春科技大学学报，1998，28(2)：222-225.
[67] 张建强. 山西阳泉地区低品位铝土矿选矿工艺研究. 铝镁通讯，2014(4)：5-9.
[68] 张佼阳，童军武，孙培梅. 从煤矸石中提取氧化铝熟料烧成过程工艺研究. 湿法冶金，2011，30(4)：316-319.
[69] 张君. 蒙西集团发展循环经济变废为宝——对利用风积沙、粉煤灰、煤矸石等废弃物进行再生产的调查. 内蒙古金融研究，2008(2)：11-13.
[70] 张军伟. 中国铝土矿资源形势及对策. 价值工程，2012，21：4-6.
[71] 张利华，蒋训雄，汪胜东，等. 高硅铝土矿的盐酸浸出试验研究. 有色金属(冶炼部分)，2010，5：29-31.
[72] 张伦和. 铝土矿资源合理开发与利用. 轻金属，2012(2)：3-11.
[73] 张宁宁，周长春，刘小凯，等. 干扰床分选机分选低品位铝土矿的可行性研究. 矿山机械，2015，43(4)：82-85.
[74] 张顺利，王泽南，贾懿曼，等. 煤矸石的资源化利用. 洁净煤技术，2011，17(4)：97-100.
[75] 张晓平，崔长征. 利用新疆某霞石正长岩生产氧化铝烧结条件试验. 现代矿业，2013，532(8)：153-155.
[76] 张玉胜，张伟. 利用高铝粉煤灰提取氧化铝的应用. 粉煤灰综合利用，2010(3)：20-22.
[77] 张战军. 从高铝粉煤灰中提取氧化铝等有用资源的研究[D]. 西安：西北大学，2007：116.
[78] 张战军，孙俊民，姚强，等. 从高铝粉煤灰中提取非晶态 SiO_2 的实验研究. 矿物学报，2007(2)：137-142.
[79] 张正伟，朱炳泉，常向阳，等. 东秦岭北部富碱侵入岩岩石化学与分布特征. 岩石学报，2002，18(4)：468-474.
[80] 赵宏，陆胜，解晓斌，等. 用粉煤灰制备高纯超细氧化铝粉的研究. 粉煤灰综合利用，2002(6)：8-10.
[81] 赵剑宇，田凯. 氟铵助溶法从粉煤灰提取氧化铝的新工艺的研究. 无机盐工业，2003，35(4)：40-41.
[82] 赵铸. 近期我国铝工业发展状况分析. 轻金属，2011(增刊)：24-27.
[83] 中国标准化研究院. GB/T 4294—1997 氢氧化铝. 北京：中国标准出版社，1998.
[84] 中国铝业公司. 2009 年铝工业发展报告. 中国铝业杂志，2010(4)：2-4.
[85] 中华人民共和国国土资源部. 中国矿产资源报告 2011. 北京：地质出版社，2015：11-28.
[86] 中华人民共和国国土资源部. 中国矿产资源报告 2015. 北京：地质出版社，2015：3-12.
[87] 中华人民共和国国土资源部. 中国国土资源统计年鉴 2009. 北京：地质出版社，2009：7-49.
[88] 中华人民共和国环境保护部. HJ 473—2009 清洁生产标准　氧化铝. 北京：中国环境出版社，2009.
[89] 周游，周长春，张宁宁，等. 泡沫层厚度对低品位铝土矿柱式分选影响的半工业试验研究. 有色金属，2015(2)：64-67.
[90] 左以专，亢树勋. 霞石物料及其利用的现状. 云南冶金，1993a(1)：30-39.
[91] 左以专，亢树勋. 霞石综合利用考察报告. 云南冶金，1993b(3)：39-48.
[92] Bai Guanghui，Teng Wei，Wang Xianggang，et al. Alkali desilicated coal fly ash as substitute of bauxite in lime-sode sintering process for aluminum production. Trans Nonferrous Met Soc China，2010，20：169-175.
[93] Bai Guanghui，Qiao Yunhai，Shen Bo，et al. Thermal decomposition of coal fly ash by concentrated sulfuric acid and alumima extraction process based on it. Fuel Processing Technology，2011，92：1213-1219.
[94] Blissett R S，Rowson N A. A review of the multi-component utilization of coal fly ash. Fuel，2012，97：1-23.
[95] Canpolat F，Yilmaz K，Kose M M，et al. Use of zeolite，coal bottom ash and fly ash as replacement materials in cement

production. Cement and Concrete Research, 2004, 34(5): 731-735.

[96] Fernandez A M, Ibanez J L, Llavona M A, et al. The leaching of aluminum in Spanish clays, coal mining wastes and coal fly ashes by sulphuric acid. Light Metals: proceeding of Sessions, TMS Annual Meeting, 1998: 121-130.

[97] Grzymek et al. Method for obtaining aluminum oxide: US, 4149898. 1979-04-17.

[98] Matjie R H, Bunt J R, Heerden J H. Extraction of alumina from coal fly ash generated from a selected low rank bituminous South African coal. Minerals Engineering, 2005, 18(3): 299-310.

[99] Park H, Park Y, Stevens R. Synthesis of alumina from high purity alum derived from coal fly ash. Materials Science and Engineering: A, 2004, 367: 166-170.

[100] Papanastassiou D, Csoke B, Solymar K. Improved preparation of the Greek diasporic bauxite for Bayer-process, Light Metals: Proceedings of TMS Annual Meeting.TMS, 2002: 67-74.

[101] Qi Liqiang, Yuan Yongtao. Characteristics and the behavior in electrostatic precipitators of high-alumina coal fly from the Junar power plant, Inner Mongolia, China. Journal of Hazardous Materials, 2011, 192: 222-225.

[102] Sazhin V S, Pavlenko V M, Kalinina R I, et al. Autoclave leaching of nepheline with alkali solutions of medium concentration at 240 degree. Tsvetnye Metally, 1986, 1: 41-42.

[103] Shemi A, Mpana R N, Ndlovu S, et al. Alternative techniques for extracting alumina from coal fly ash. Minerals Engineering, 2012, 34: 30-37.

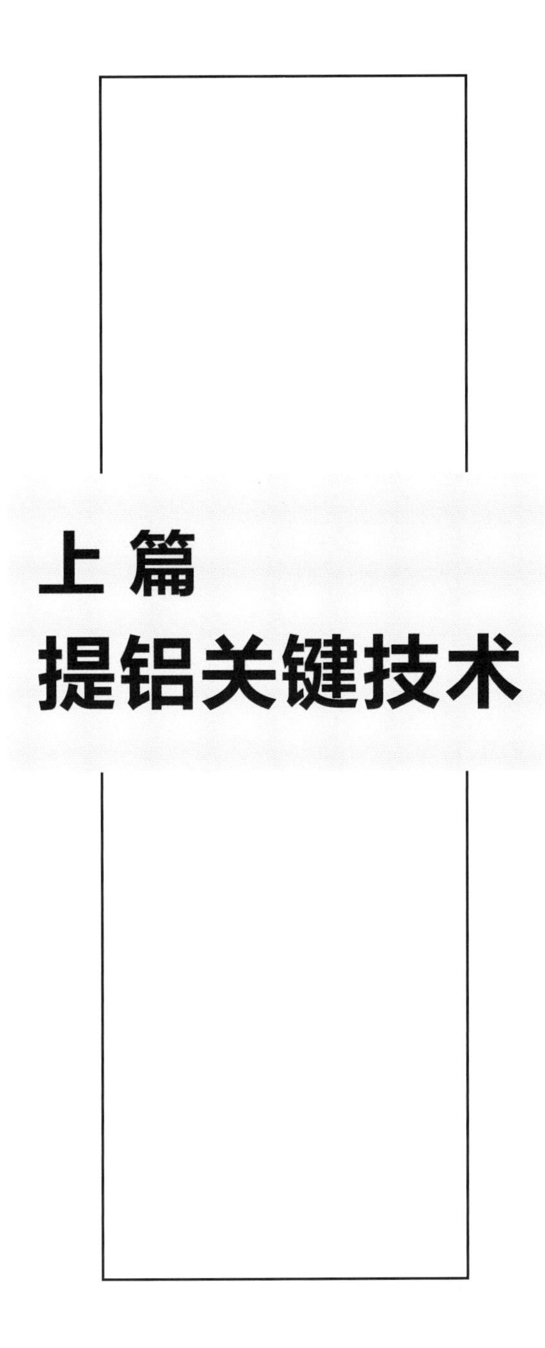

上 篇
提铝关键技术

第1章 中国高铝粉煤灰资源概述

1.1 粉煤灰概述

粉煤灰是煤燃烧后排放的固体废物。燃煤电厂将原煤磨细至约100μm以下的细粉，用预热空气喷入炉膛悬浮燃烧，产生高温烟气，经收尘器或废气管道从烟气中收集的细灰称粉煤灰，也称飞灰（fly ash）；黏结成块，由炉底排出的废渣称为炉渣，也称底灰（floor ash）。每一万千瓦发电机组的排灰渣量为0.9万～1.0万吨/年。

据有关行业报告，2015年中国的一次能源消费量占世界总量的22.9%，能源消费结构为：原煤63.7%，原油18.6%，水电8.5%，天然气5.9%，核电1.3%，再生能源2.1%。2015年中国的煤炭产量和消费量分别达37.47亿吨和39.65亿吨；其中电力行业用煤18.39亿吨，钢铁行业用煤6.27亿吨，建材行业用煤5.25亿吨，化工行业用煤2.53亿吨。

随着中国电力工业的快速发展，粉煤灰的排放量日益增长（图1-1）。1991年为0.75亿吨（芈振明等，1993），2004年超过2亿吨（黄明，2006）。2010年中国排放粉煤灰达4.8亿吨，超过1.5亿吨粉煤灰未被有效利用（国家发改委，2011）。2015年粉煤灰排放量约6.2亿吨（Ding et al，2017）。在粉煤灰的处置及加工利用过程中，其中的有害元素可通过各种方式进入环境，危害生物及人体健康，对生态环境造成严重危害（Giere et al，2003）。粉煤灰排放量的日益增加，也导致大量占用土地和污染水源。因此，开展粉煤灰的资源化利用，保护环境，就成为我国的一项长期产业政策。

我国内蒙古西部准格尔煤田、山西北部等地的煤炭中含有大量高岭石、软水铝石等富铝矿物，原煤中Al_2O_3含量达9%～12%，相应的燃煤产生的粉煤灰中Al_2O_3含量高达40%～52%，与中低品位铝土矿的Al_2O_3含量接近（张战军，2007）。例如，准格尔电厂煤中的灰分矿物以高岭石和勃姆石为主，分别占矿物总量的71.1%和21.1%。粉煤灰中高铝含量来源于煤中丰富的高岭石和勃姆石矿物在燃煤过程中的高温转化和分解产物（邵龙义等，2007）。资料显示，埋深在500m以内的煤炭资源量为500亿吨，远景储量1000亿吨。按每3.5t原煤燃烧产生1.0t粉煤灰计算，这些高铝原煤燃烧后将产生高铝粉煤灰140亿～200亿吨。内蒙古准格尔旗等中西部地区，高铝煤资源尤其富集。准格尔煤田每年产高铝原煤超过1亿吨，燃烧后可产生约3000万吨高铝粉煤灰，可提取氧化铝1200多万吨，相当于2010

年中国铝土矿的进口量（孙俊民等，2012）。因此，高效利用这些高铝粉煤灰资源，将显著提高我国的氧化铝资源储备，同时可有效解决大量粉煤灰堆积带来的环境负荷问题。

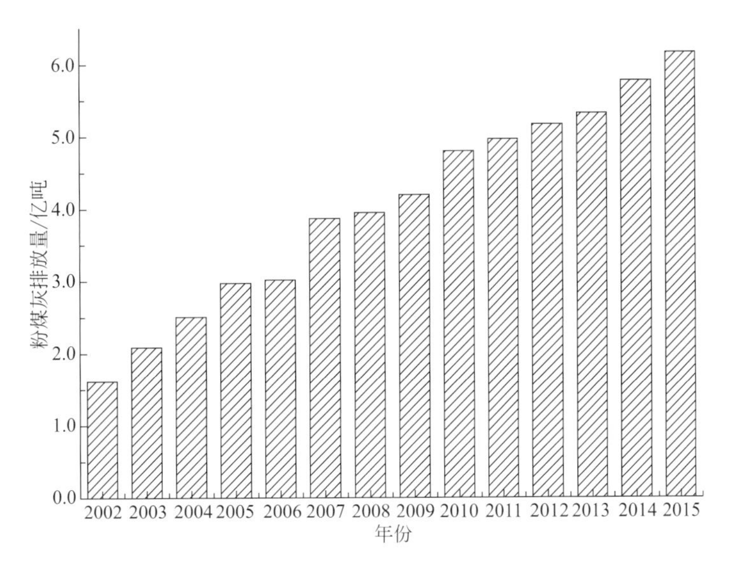

图 1-1　2002～2015 年中国粉煤灰排放量
（据 Ding et al，2017）

2011 年 2 月，国家发改办下发的《关于加强高铝粉煤灰资源开发利用的指导意见》（310 号文件）特别强调，内蒙古中西部和山西北部等地区的部分煤炭资源中赋存丰富的含铝矿物，用于发电后产生的粉煤灰中氧化铝含量达 40%～50%，是一种宝贵的具有较高经济开发价值的铝资源。

目前，国内热能发电厂均采用将原煤细磨成粒径约 100μm 以下的煤粉作为燃料。煤粉进入炉膛中，经历以下阶段：首先，当煤粉刚燃烧时，其中的碳、磷、硫等气化温度低的挥发分先从固体碳的间隙中逸出，排入大气；继而随温度的升高，碳粒中的有机物在炉内燃烧完全，而各种矿物质则转变为氧化物；最后，在高温条件下，煤粉中的不燃物熔融，并受表面张力作用形成大量的细小颗粒。这些颗粒被引风机抽到温度较低的炉尾，使得部分熔融颗粒因急冷而成玻璃态。含有这些颗粒的烟气经分离、收集就形成粉煤灰（Spears，2000；盛昌栋等，1998）。粉煤灰中 80%～90%为飞灰，10%～20%为底灰（边炳鑫等，2005）。

1.2　粉煤灰组成及物理性质

1.2.1　化学成分

粉煤灰是燃煤中的黏土矿物在高温下煅烧后的产物，其化学成分与黏土矿物类似，主要以 SiO_2、Al_2O_3 为主，还包括 Fe_2O_3、MgO、CaO、Na_2O、K_2O、SO_3 等组分。主要化学成分（w_B%）：SiO_2 40～60，Al_2O_3 19～35，Fe_2O_3 4～20，CaO 1～10，烧失量<15。此外，有些产地的粉煤灰还富含多种微量元素，包括 Ge、Ga、U、Ni、Pt、Cd、Hg、Pb、Zn 等（马鸿文，2011；Mollah et al，1999）。

来自不同产地或同一地区不同煤层的原煤，其化学成分变化都可能很大。因此，粉煤灰的化学成分及其含量，通常因原煤的产地、燃烧方式等因素不同而有所变化。中国部分电厂粉煤灰的化学组成范围见表 1-1。

表 1-1　中国部分电厂粉煤灰的化学组成范围　w_B/%

成分	含量	均值	成分	含量	均值
SiO_2	34.30～65.76	50.8	Al_2O_3	14.59～40.12	28.1
Fe_2O_3	1.50～16.22	6.2	CaO	0.44～16.80	3.7
MgO	0.20～3.72	1.2	Na_2O	0.10～4.23	1.2
SO_3	0.00～6.00	0.8	K_2O	0.02～1.14	0.6

注：引自黄明（2006）。

中国北方某些产地的高铝原煤中，灰分矿物以高岭石、软水铝石为主，相应的燃煤发电排放的粉煤灰中氧化铝含量高达 40%以上，可作为替代铝土矿生产氧化铝的重要潜在铝资源。代表性高铝粉煤灰的化学成分见表 0-8。

1.2.2　物相组成

燃烧煤粉的化学成分不同，对粉煤灰的矿物组成有很大影响，但其主要矿物种类却是相似的，只是不同物相的相对含量有所变化。粉煤灰的物相组成十分复杂，一般来说，是晶质矿物和非晶质玻璃相的混合物。无定形相主要为玻璃体，含量约 50%～80%。它蕴含有较高的化学内能，具有良好的化学活性。玻璃体大多为空心球状，主要成分为 SiO_2 和 Al_2O_3，SiO_2/Al_2O_3 质量比为 2～12；其次为结晶相，占总量的 11%～48%，主要有莫来石、方石英和少量赤铁矿、磁铁矿、方镁石、石膏、金红石等（王鹏飞，2006；杨国清等，2000）。莫来石一般呈微晶质体。

1.2.3　物理性质

由于不同粉煤灰的化学成分含量不同，故其物理性质也存在较大的差异。粉煤灰的基本物理性质见表 1-2。其主要物理性质一般为：密度 1.8～2.4g/cm^3，松散容重 0.6～1.0g/cm^3，压实容重 1.3～1.6g/cm^3；颗粒粒径 0.5～300μm，其玻璃微珠粒径 10.5～100μm，平均为 10～30μm。

表 1-2　粉煤灰的基本物理性质

项目	密度/(g/cm^3)	堆积密度/(g/cm^3)	比表面积/(cm^2/g)		原灰标准稠度/%	需水量/%	28d 抗压强度比/%
			氮吸附法	透气法			
范围	1.9～2.9	0.531～1.261	800～19500	1180～6530	27.3～66.7	89～130	37～85
均值	2.1	0.780	3400	3300	48.0	106	66

注：引自杨红彩等（2003）。

粉煤灰的化学活性取决于粉煤灰的化学成分、矿物组成等因素。在适宜的碱性条件下，粉煤灰中的玻璃体氧化硅、氧化铝可以发生水化反应，且其含量越高越有利于粉煤灰的应用。除玻璃体外，游离 CaO 和 S 的存在，也有利于改善粉煤灰的反应活性。CaO 含量在约 3%时有利于胶凝体的形成，CaO 含量超过 10%时粉煤灰自身可具有一定的水硬性。故粉煤灰的 CaO 含量越高，其化学活性也越强。在粉煤灰中，部分硫以可溶性石膏的形式存在，对粉煤灰胶凝材料发挥早期强度起一定作用。粉煤灰中的莫来石、α-石英等矿物相，在碱性条件下经水热处理，能够生成胶凝性化合物。

1.3　粉煤灰的危害

粉煤灰作为一种工业固体废物，随燃煤需求的增加，其排放量也相应增长。如果不能尽早处理或者处理方式不当，其有害物质就会通过大气、水体、土壤对周边环境和人体健康造成严重危害。主要表现在以下几点：

占用土地　未经处理的粉煤灰需要占用大量土地进行储存。据统计，我国每年的储灰场占地约达 50 万亩（1 亩 $=666.7m^2$）（杨国清，2000），造成了巨大的土地资源浪费。此外，由于许多储灰厂采用湿法储存，粉煤灰中的有害物质经冲灰水和雨水浇淋向地下渗漏，从而改变周边土壤的成分和结构，使土壤硬化、板结。其中的放射性物质还能杀灭土壤中的微生物，影响植物根系发育生长。

污染水体　一些电厂直接将粉煤灰排放到江河湖泊中，污染地表水体，严重影响水体生物的生存。由于冲灰水下渗和雨水淋滤，飞灰中的可溶性盐、硼、铬、砷及其他毒性元素渗入地下水，导致地下水 pH 值升高，致使有毒有害的重金属元素浓度增高（曹东等，1999），造成水体环境污染。

污染大气　干法露天储藏的灰渣，其细小粉尘经扬尘可长期飘浮在空气中，不仅降低大气的可视度，加大交通事故的发生概率（李方文等，2005），还严重影响空气质量，对人体呼吸道和皮肤造成一定损害。

危害健康　粉煤灰对水体、土壤和大气的直接污染，通过水循环、气流输送、食物链等不同渠道，都可能间接危害人体的健康，影响人们的正常生活。

1.4　粉煤灰资源化利用现状

随着全球能源危机、自然资源濒临枯竭、生态环境污染严重等问题的日益加剧，价格低廉的粉煤灰已成为世界各国研究开发的一种良好的矿物资源。通过各国政府的大力支持，粉煤灰研究工作日趋深入和多元化，研究内容已从原先的环境污染治理转向资源化高效利用。目前，粉煤灰主要广泛用于建筑材料、建设工程、农林牧业、化学工业、污水废气治理、陶瓷材料以及提取高附加值金属和制备矿物材料等领域。

1.4.1　生产建筑材料

硅酸盐水泥：粉煤灰作为生产矿渣硅酸盐水泥和普通硅酸盐水泥的混合料，其掺量为 10%～15%；用于粉煤灰水泥的混合料时，掺量可达 30%～40%。以煤渣和粉煤灰为原料配成类似硅酸盐水泥的生料，再加入少量萤石和石膏，在 1250～1350℃下煅烧，可制得高强快硬水泥熟料。Canpolat 等（2004）将粉煤灰（飞灰、底灰）、沸石按一定比例混合替代部分水泥，生产出性能优越的水泥。要秉文等（2006）以粉煤灰、石灰石、二水石膏为原料，制备出符合 GB 175—1999 硅酸盐水泥（42.5R）标准的贝利特硫铝酸盐水泥，其 1d 强度为 16.7MPa，3d 强度为 28.2MPa，28d 强度为 48.3MPa。

矿物聚合材料：利用粉煤灰可制备矿物聚合材料，制品的力学性能和耐酸碱性能良好。实验制品的主要性能：抗压强度40～56MPa，平均抗压强度52.8MPa；耐酸性99.92%～99.997%；耐碱性≥99.994%；体积密度约1.88g/cm^3；热导率0.38～0.52W/(m•℃)；吸水率<5.0%；莫氏硬度4.5～6.0。利用粉石英作为增强剂，则可制备高强度且耐酸性能优良的矿物聚合材料（王刚等，2003）。Saavedra等（2017）研究了粉煤灰基（FA）和矿渣基（FS）碱激发混凝土以及80%粉煤灰+20% Portland水泥（OPC）混凝土在25℃和1100℃的物理化学性质与力学性能变化。结果表明，与参照物（100% OPC）相比，碱激发混凝土具有更好的特性。在1100℃下，FA/FS和FA/OPC混凝土的强度分别为15MPa和5.5MPa，而OPC混凝土的强度100%失去。在900℃下，活化基体相发生致密化，生成结晶相方钠石、霞石、钠长石和镁黄长石。

固封有毒元素：利用粉煤灰制备的粉煤灰基矿聚材料，可固封Pb^{2+}、PbO和PbS。Pb^{2+}在矿聚基体相的无定形3D骨架中可形成化学键合；PbO在矿聚基体相中均匀分布，形成矿聚骨架；而PbS则在矿聚的胶凝相中发生凝聚。因此，铅化合物在形成矿聚骨架过程中的溶解是重要的反应步骤（Guo et al，2017）。粉煤灰基矿聚材料也可固化Cr^{6+}，固化比例在62%～91%。矿聚材料中Cr的滤出浓度取决于材料结构中Q^4（mAl）单元的比例，即在优化的Q^4单元比例条件下，矿聚材料的抗压强度达到最大值，而Cr的滤出浓度呈现最小值（Nikolić et al，2017）。

蒸压粉煤灰砖和加气混凝土：以粉煤灰为主要原料，掺入适量石灰、石屑、石膏，通过坯料制备、加压成型、高压蒸气养护而成，可代替普通黏土砖。也可以粉煤灰作为主要原料，生产加气混凝土制品。以50%的粉煤灰代替黏土，在1000℃下烧结，制成的烧结砖制品不仅具有较高的强度，而且具有较低的密度和较好的环境相容性（Singh et al，2017）。

粉煤灰混凝土：掺有粉煤灰的混凝土，不但可减少水泥、沙砾的用量，而且能改善普通混凝土的凝结时间、抗渗性等施工性能，减小水化热，具有较好的经济价值。特别是用于大体积混凝土、泵送混凝土、商品混凝土等，效果更为明显。王雨利等（2008）用掺入量在30%以上的粉煤灰替代部分水泥，制备C25泵送机制砂混凝土，在达到既定强度的基础上，还提高了其抗渗透性。Yu等（2017）以砂浆试样研究了硅灰和Portland水泥被粉煤灰替代20%、40%、60%、80%、98%的影响，记录了试样龄期长达360d的力学性质变化，研究了粉煤灰的胶凝效率因子（cementing efficiency factor）。试验结果表明，只要控制合适的原料配比，甚至胶结剂的80%由粉煤灰所取代，其砂浆和混凝土制品的7d抗压强度仍超过40MPa，28d抗压强度则大于60MPa。与标号45的商业混凝土对比，所提出的绿色结构混凝土（green structural concrete）的CO_2排放减少约70%，能耗减少超过60%，而原材料成本降低15%。研究表明，采用纳米氧化硅增强的粉煤灰基矿聚混凝土，在室温下养护制品的力学性能优于传统的热养护矿聚混凝土和普通Portland水泥混凝土。掺加纳米氧化硅提高了材料的Si/Al比，导致聚合反应加速，从而使室温养护材料基体中的结晶相增加。因此，传统混凝土的设计方法也可安全地应用于室温养护的纳米氧化硅增强的矿聚混凝土或热养护的非增强矿聚混凝土（Adak et al，2017）。

粉煤灰基矿聚黏结剂：粉煤灰基矿聚砂浆作为碱激发粉煤灰基黏结剂，可用作太阳能热力工厂的蓄热工程混凝土。实验结果表明，经反复热循环处理（150～550℃）后的粉煤灰基矿聚砂浆仍保持稳定，且高温下材料仍保持可接受的抗压强度，证明粉煤灰基矿聚材料是适合用作太阳能蓄热混凝土的工程材料（Colangelo et al，2017）。

粉煤灰基矿聚透水砖：田力男（2017）采用正交实验法研究了利用粉煤灰制备透水砖胶凝材料的技术可行性。在粉煤灰/固相为80%、硅酸钠碱液模数为1.35、固液比为2.7条件下，胶凝材料制品的抗压强度为52.25MPa。通过单因素实验，获得制备免烧透水砖的条件为：砂灰比为3.5，骨料粒径为7～10mm。在此条件下制备的透水砖制品的28d抗折强度为4.42MPa，劈裂抗拉强度为3.45MPa，透水系数为2.44×10^{-2}cm/s。通过透水砖物理模型分析可知，其透水性能由有效孔隙决定。在骨料粒径一定的条件下，砂灰比影响透水砖的有效孔隙率，且砂灰比越大，透水砖的有效孔隙率越高。该工艺无需高温过程，以生产1m^2规格为10cm×10cm×4cm透水砖计，其养护电耗仅为2.5kW·h/m^2。采用该工艺制备的免烧透水砖的劈裂抗拉强度等级为f_{ts}3.0，抗折强度等级为R_f4.0，透水等级A级，工程性良好，适用于非严寒地区使用。

轻质墙体材料：李刚等（2006）用掺量高达50%的粉煤灰和废玻璃粉生产出强度为7.08MPa、体积密度为470kg/m^3的新型轻质墙体材料。

烧结陶瓷砖：Luo等（2017）采用NaOH碱液处理粉煤灰，分别获得表面涂覆P型沸石和羟方钠石的预处理粉煤灰试样。然后以原灰与两种预处理试样相混合，替代传统的石英、黏土和钾长石原料，在1100℃下烧结，制得烧结粉煤灰陶瓷砖。其最大断裂模量达50.1 MPa，体积密度2.5g/cm^3，而最低吸水率近于零。

填充材料：粉煤灰作为填充材料可在道路铺设、桥台台背和矿井等众多方面大量应用(Montemor et al，2002)。上海市政工程研究院用粉煤灰、水泥、化工废石膏和矿物外加剂石灰按一定比例混合回填路基，强度7d达5.9MPa，28d达10.2MPa（孙家瑛，2000）。石家庄公路工程管理处按粉煤灰∶水泥=(96∶4)～(92∶8)，在添加适量外加剂的条件下，利用流动回填技术进行台背回填，取得了较好效果（王景华，2006）。分别掺加60%和40%的粉煤灰替代Portland水泥，并掺加10%以上的硫铝酸钙水泥，可制成体积密度分别为200kg/m^3和150kg/m^3的超轻质泡沫混凝土，用于工程回填或其他类似用途（Jones et al，2017）。

1.4.2　提取空心微珠、漂珠、磁珠

大量的空心微珠、漂珠、磁珠存在于粉煤灰中，经分选提取后可用于填充材料、耐火材料、耐磨器件、绝缘材料及潜艇材料。漂珠是一种具有较高经济价值的空心玻璃球。通过漂浮、水力或风力法选出后，可用于制作保温、耐火、耐磨制品，塑料、橡胶填料，建筑材料、涂料等。目前，我国聚氯乙烯制品中，每年至少有25万吨制品可以添加粉煤灰空心微珠，可节约树脂12.5万吨。漂珠由于具有很大的比表面积、孔隙率，因而能够吸附工业废水中的有害物质，去除污水中80%的COD（苏彩丽，2005）。分选后拥有高磁性的磁珠可以作为磁种，利用磁分离技术有效净化污水（王龙贵，2004）。空心微珠部分填充环氧树脂E51，可显著增强航天器表面树脂材料的抗剥蚀能力（王明珠等，2005）。

1.4.3　生产多孔陶瓷滤料

以粉煤灰漂珠为主料，配以黏结剂和造孔剂，可制备高孔隙率陶瓷滤料。常用黏结剂包括羧甲基纤维素与硅胶，长石、方解石和石膏等，以及黏土矿物等三类。造孔剂可采用小米或聚苯乙烯颗粒、碳粉等（夏光华等，2004）。

多孔陶瓷滤料配方：漂珠60%～75%，黏土10%～15%，黏结剂20%～30%，添加剂

2%～3%，造孔剂20%～25%（体积分数）。配料混合球磨后制成具有一定塑性的泥料，混练成型。陶瓷滤料呈球形颗粒，粒径约5～10mm。

采用半干压成型后的样品，在70℃恒温干燥12h，然后在110℃继续恒温直至烘干。烧成温度1250℃，烧成时间15～16h。在150～300℃和850～1000℃温区控制缓慢升温，在1250℃下保温1h。

通过造孔剂含量及粒度变化，可有效控制陶粒的气孔率、孔径尺寸及其分布，从而提高陶粒的吸附性能和过滤效率。当造孔剂为20%时，显气孔率为66.43%，体积密度0.671 g/cm^3，抗压强度3.1MPa。孔径分布为约100nm、1～50nm和0.2～1nm。其中孔径约100nm的大孔系碳粉燃尽或含挥发分矿物分解所致；1～50nm的小孔由漂珠颗粒本身的孔隙及颗粒堆积形成；0.2～1nm的微孔则由造孔剂小米或聚苯乙烯颗粒挥发所致。这种具有发达的孔径分布的高孔隙率多孔陶瓷滤料具有很高的表面积和良好的过滤净化功能，是一种高活性水处理用过滤净化材料（夏光华等，2004）。

1.4.4 制备莫来石陶瓷

高铝粉煤灰含有大量莫来石微晶，故可免去陶瓷制品烧制前期形成晶核所要求的体系自由能较大幅度提高的条件。以高铝粉煤灰和铝矾土为原料，按照$Al_2O_3/SiO_2=0.9$（摩尔比）配料，在粉煤灰用量70%、烧结温度1550℃、保温时间2～5h条件下，莫来石陶瓷制品的性能为：吸水率0.62%～0.91%，显气孔率1.72%～2.45%，体积密度2.76～2.82g/cm^3，抗折强度80～98MPa。这些指标达到了《耐酸砖》（GB/T 8488—2001）、《烧结莫来石》（YB/T 5267—2005）等标准规定产品的性能要求。产品可应用于中低温、耐腐蚀、高强度等工程陶瓷领域，如各种烟囱内衬、耐酸砖、锅炉用耐磨耐火砖及其他建筑材料等（Li et al，2009）。

1.4.5 制备赛隆陶瓷

赛隆（Sialon）被认为是最具应用潜力的高性能结构陶瓷材料之一。合成β-Sialon（$Si_{6-z}Al_zO_zN_{8-z}$；$0<z\leqslant4.2$）多采用Si_3N_4、AlN、Al_2O_3或Si粉、Al粉等原料，生产成本昂贵，使其难以用作常规的耐火材料或结构材料。与其他原料相比，高铝粉煤灰的SiO_2、Al_2O_3含量较高，且无需经历天然原料碳热还原时的脱水及莫来石化过程。粉煤灰中未燃尽碳粒和少量Fe_2O_3还可为氮化还原反应起到催化作用。以高铝粉煤灰为原料，采用碳热还原氮化工艺，在1400～1450℃、保温时间6h、氮气流量2L/min条件下，可实现低成本、高产率（约93%）合成β-Sialon粉体。由β-Sialon粉体经无压烧结制成的陶瓷材料具有良好性能，其体积密度约3.07g/cm^3，抗折强度可达43MPa（Li et al，2007）。

1.4.6 制备微晶玻璃

堇青石微晶玻璃具有较高的机械强度（250～300MPa），低介电常数、低介电损耗和低热膨胀系数等特点，在微电子基板封装等方面具有潜在应用前景。以高铝粉煤灰（BF-02）为主要原料，采用浇铸法制备堇青石微晶玻璃（刘浩等，2006a）。参考$MgO-Al_2O_3-SiO_2$三元体系相图，综合考虑玻璃熔制温度、析晶能力和粉煤灰利用率等因素，确定配料比例为粉煤灰：MgO：SiO_2=0.67：0.13：0.20（质量比），后二者分别以碱式碳酸镁和石英砂引入。

按比例称量粉煤灰、碱式碳酸镁和石英砂，充分混磨均匀后装入刚玉坩埚内，在

1500℃下保温2h，降温至550℃，退火2h后冷却至室温。所得基础玻璃表面平滑，结构均匀，大量黑色、褐色羽状雏晶均匀分布其中，导致基础玻璃呈深褐色。采用差热分析法确定了热处理制度为：核化温度807℃，时间2h；晶化温度960℃，时间3h。

基础玻璃经核化处理后，外观、颜色均未发生明显变化；继续晶化处理，玻璃表面变得粗糙，不透明，失去玻璃光泽，系堇青石微晶在基础玻璃中分相、成核和析出所致。颜色则由深褐色转变成米黄色，推测与致色Fe杂质以类质同象替代Mg进入堇青石晶格有关。晶化处理3h后，基础玻璃晶化完全。扫描电镜下观察，微晶玻璃中的堇青石微晶体呈不规则柱状、棒状形态均匀分布，无序取向，残余玻璃相填充在晶体相互交错咬合构成的空隙中。微晶体长度约5～15μm，长径比约5～10（图1-2）。

以高铝粉煤灰为主要原料，采用烧结法亦可制备莫来石微晶玻璃（刘浩等，2006b）。高铝粉煤灰和煅烧铝矾土以0.82∶0.18（质量比）的比例混合后，加入等量的蒸馏水，以刚玉球作球磨介质，湿法球磨1h；所得料浆在105℃下干燥4h后，加适量黏结剂于不锈钢模具中压制成型（15MPa）；试样在1350～1550℃热处理温度下，所得制品的体积密度和抗折强度均随热处理温度的升高而增大，热处理温度为1500℃时两者达到最大值，分别为2.62g/cm^3和79.5MPa。在1500℃下热处理2h，制得的莫来石微晶玻璃具有最佳的综合性能，用作工程和结构材料具有潜在应用前景。

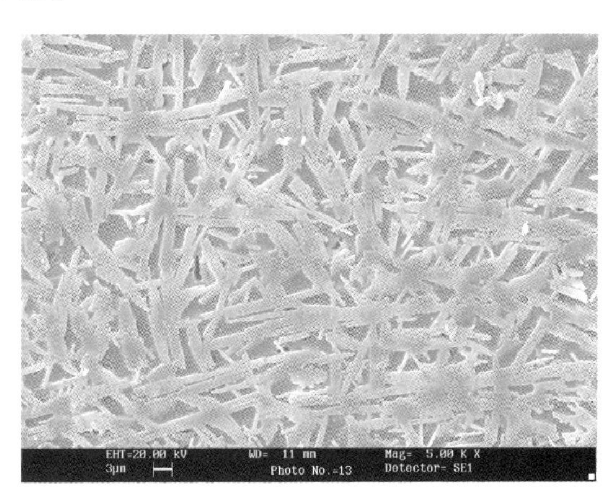

图1-2　粉煤灰制备的堇青石微晶玻璃扫描电镜照片

1.4.7　合成分子筛

以粉煤灰为主要原料，采用碱液水热法、碱熔法和盐热法等不同工艺可合成十几种不同品种的沸石（Miki et al，2005；Mouhtaris et al，2003）。将粉煤灰、氢氧化铝和碳酸钠按10∶6∶17的比例在850℃下烧结2h后可合成4A沸石（李方文等，2003）。经加碱煅烧活化除杂后的粉煤灰，按SiO_2∶Al_2O_3（摩尔比）＝3～4、Na_2O∶SiO_2（摩尔比）＝1.0～1.4的比例，在100℃的碱液中反应8～9h，可合成纯度较高的P型沸石（付克明等，2007）。

前人采用氢氧化钠碱液处理粉煤灰，使之转变为分子筛，反应产物几乎均为几种分子筛及原粉煤灰中某些结晶相的混合物。章西焕等（2003）采用首先制备反应前驱物而后水热晶化的工艺，制备了单一物相的13X型分子筛粉体。实验用粉煤灰原料（BF-01）的主要物相为玻璃相和莫来石晶相。

前驱物制备：将粉煤灰与碳酸钠按摩尔比1∶1.05混合，粉磨至－200目，置于箱式电炉中于830℃下焙烧1.5h，以使粉煤灰中的莫来石和玻璃相转变为铝硅酸盐前驱物。烧结产物的主要物相为$(Na_2O)_{0.33}NaAlSiO_4$。

水热晶化反应：按摩尔比M_2O/SiO_2＝1.32～1.5、H_2O/M_2O＝35～55的反应物料配比，将烧结物料、水及氢氧化钠混合，不足的SiO_2以硅酸钠水玻璃补足，搅拌均匀，在室温下陈化24h，得到反应混合物。

按 $10Na_2O \cdot Al_2O_3 \cdot 8SiO_2 \cdot 300H_2O$ 的化学计量比，将水、氢氧化钠、氢氧化铝及硅酸钠在沸腾状态下混合，生成凝胶，再搅拌均匀，在室温下陈化 24h，制成非晶态晶种。

在反应混合物中加入 8%～10%的晶种，搅拌均匀，在 96～100℃下晶化 8～10h，然后过滤，洗涤至 pH 值约为 10，再在 105℃下干燥 12h，即制得 13X 型分子筛粉体。

物相组成与性能：合成产物为单一的 13X 型分子筛物相。其晶格常数 a_0＝2.4977～2.4990nm，静态吸水率为 27.0%～28.1%，符合化工行业标准 HG/T 2690—95 的质量要求。

以此工艺合成的 13X 型分子筛，在净化处理含 Cu^{2+}、Pb^{2+}、Zn^{2+}、Cd^{2+}、Hg^{2+}、NH_4^+ 等工业废水和饮用水方面具有良好的应用前景（陶红，1999；白峰，2004）。

1.4.8 制取氧化铝

高铝粉煤灰中含有 30%～50%的氧化铝，用其替代铝土矿作为提取氧化铝的原料，不仅能提高粉煤灰的利用价值，也有助于缓解我国铝土矿紧缺的状况。20 世纪 50 年代，波兰克拉科夫矿冶学院 J. Grzymek 教授以高铝粉煤灰（$Al_2O_3 \geqslant 30\%$）为原料，采用石灰石烧结法，从中提取氧化铝，并利用剩余硅钙渣生产水泥，于 1953 年建成年产 1 万吨氧化铝和副产 10 万吨水泥生产线，1960 年在波兰获得两项专利（Grzymek，1976；赵宏等，2002）。1980 年，安徽冶金科研所和合肥水泥研究所提出以石灰石烧结-碳酸钠溶液溶出工艺从粉煤灰中提取氧化铝、其硅钙渣用作水泥原料的工艺路线，于 1982 年 2 月通过专家鉴定。宁夏建筑材料研究院在 1990 年前后开展了粉煤灰提取氧化铝的研究，其特点之一是先对粉煤灰进行脱硅处理，再采用碱石灰烧结法从中提取氧化铝。

2003 年以来，著者团队以北京、内蒙古、陕西、吉林、宁夏等地热电厂的高铝粉煤灰为原料，在提取氧化铝及氧化硅组分高值利用方面探索了多种工艺，分别以酸碱联合法（张晓云，2005；李贺香，2005；王蕾，2006；丁宏娅等，2007）和碱法（苏双青，2008；蒋帆，2009；李歌，2009；邹丹，2009；王明玮，2012）成功制取了氢氧化铝和冶金级氧化铝，并以剩余氧化硅组分制取了白炭黑、多孔氧化硅、高比表面积超细氧化硅、氧化硅气凝胶、针状硅灰石、微孔分子筛、轻质墙体材料和纳米介孔材料等。

张晓云（2005）以华北某热电厂的高铝粉煤灰为主要原料，通过纯碱烧结，使粉煤灰转化为可溶于酸的铝硅酸盐化合物。采用浓度为 6.73mol/L 的盐酸浸取熟料得到氯化铝溶液，再用碱中和至 pH＝5～7，饱和石灰水深度脱硅得到精制铝酸钠溶液。向其通入 CO_2 至 pH＝8，所得沉淀经洗涤干燥后，得到符合国标 GB/T 4292—1997 三级标准的氢氧化铝制品。

丁宏娅（2007）将上述工艺流程中的盐酸改为稀硫酸，采用晶种分解法制备出氢氧化铝，在 1200℃下煅烧 2h，得到符合国标 GB 8178—87 三级标准、粒度小于 3μm 的 α-Al_2O_3。

苏双青（2008）以陕西韩二电厂高铝粉煤灰为原料，采用二步碱溶法制取氧化铝粉体。制品的结晶完好，氢氧化铝细颗粒附聚为近于等大的规则球形，直径为 70～80μm，其性能符合 GB/T 4294—1997 规定的一级标准。再经煅烧，即制得冶金级氧化铝粉体，平均粒径为 48.22μm，达到有色金属行业标准 YS/T 274—1998 中规定的三级标准氧化铝粉体。

利用这些技术，不仅能够成功提取高铝粉煤灰中的氧化铝（提取率达 85%），而且能够充分利用氧化硅组分，制备多种无机硅化合物制品，氧化硅的利用率接近 90%。氧化硅及硅酸盐类副产品可用于造纸填料、塑料填料、涂料等领域；制备的分子筛材料还可用于工业废水处理等。

简述之，迄今国内外研发的利用高铝粉煤灰提取氧化铝的方法，主要包括石灰石烧结法（Grzymek，1976;）、碱石灰烧结法（Padilla et al，1985）、预脱硅碱石灰烧结法（Wang et al，2009；Bai et al，2010）、水化学法（毕诗文，2006；Zhong et al，2009）、盐酸浸出法（Guo et al，2013）、硫酸浸出法（Liu et al，2014）、硫酸铵法（Wang et al，2014a；2014b）、酸碱联合法（张晓云等，2005；季惠明等，2005）等。

综合评价：①石灰石烧结法和碱石灰烧结法的主要缺点是一次性资源石灰石的消耗量大，烧结温度高，温室气体 CO_2 排放量大，导致环境相容性差；且剩余硅钙渣排放量大，加之碱含量高，易导致混凝土制品发生碱骨料反应，故虽然从原理上可用作水泥原料，但因附加值低，从技术经济角度判断实则不可行。②水化学法主要面临设备、加工能耗和水合硅钙渣的工程应用问题（Ding et al，2017）。③酸法的主要问题是，加工设备因需要防止腐蚀问题而造价昂贵，大量副产偏硅酸胶体渣的工程化利用问题难以解决，而大规模酸的循环利用在工程上面临巨大挑战。④酸碱联合法则主要面临纯碱原料的成本昂贵，工艺过程却转变为廉价的氯化钠；副产大量硅胶渣难以被市场所消纳等难题。

利用高铝粉煤灰提取氧化铝，对降低中国铝资源的进口依存度和改善生态环境均具有重大战略意义（国家发改委，2011）。近年来，著者团队在前期研究工作积累和对以上工艺技术的深入分析基础上，成功研发出高铝粉煤灰预脱硅-低钙烧结法提取氧化铝技术（杨雪等，2010；杨静等，2014；蒋周青等，2013；蒋周青，2016）。从降低一次性资源（石灰石、原煤）消耗、降低烧结温度和能耗、有效减少温室气体 CO_2 排放量、减少剩余硅钙渣排放量，以及与现有氧化铝工业生产技术接轨等因素综合分析，预脱硅-低钙烧结法技术将是高铝粉煤灰提取氧化铝最具产业化前景的技术。

近年的研究表明，本项技术也适用于从高硅铝土矿（王乐，2015；王乐等，2015）、高铝煤矸石（耿学文，2012）以及富钾正长岩（王霞，2010；张明宇，2011；陈小鑫，2013；陈建，2017）等其他低品位铝原料中提取氧化铝。其中代表性研究成果也反映在本专著后续章节中。

第 2 章
预脱硅-低钙烧结法提取氧化铝技术

本项研究采用预脱硅-低钙烧结法从高铝粉煤灰中提取氧化铝，在对高铝粉煤灰理化性能详细表征的基础之上，研究了粉煤灰碱溶预脱硅、脱硅滤饼烧结、硅钙碱渣回收碱等过程的关键反应原理，并对烧结过程反应能耗及整个工艺进行综合评价。

2.1 实验原料及工艺流程

2.1.1 粉煤灰物相及化学成分

实验用高铝粉煤灰来自神华内蒙古国华准格尔电厂，产自准格尔的原煤经发电厂高温煤粉炉燃烧，绝大部分有机质燃尽后形成以无机物为主的粉煤灰，其外观呈浅灰色。化学成分分析结果见表 2-1，其中 Al_2O_3含量为 50.71%，SiO_2 含量为 40.01%，Al_2O_3/SiO_2 质量比达 1.27，属于典型的高铝粉煤灰。次要组分含量：TiO_2 1.57%，Fe_2O_3 1.80%，CaO 2.85%；S 元素含量 0.22%，其他元素含量很少。

表 2-1 准格尔电厂高铝粉煤灰的化学成分分析结果 $w_B/\%$

样品号	SiO_2	TiO_2	Al_2O_3	Fe_2O_3	MnO	MgO	CaO	Na_2O	K_2O	P_2O_5	S	烧失
GF-12	40.01	1.57	50.71	1.80	0.02	0.47	2.85	0.12	0.50	0.17	0.22	1.41

注：中国地质大学（北京）化学分析室龙梅分析。

准格尔煤田的原煤中蕴含着丰富的镓、稀土等微量元素，经过电厂煤粉炉高温燃烧后，这些元素大部分保留在粉煤灰中。因此，研究高铝粉煤灰中的微量元素含量对其资源化利用也具有重要意义。高铝粉煤灰（GF-12）中微量元素含量分析结果见表 2-2。由于原煤中的有机物被燃烧，使得粉煤灰中 Ga 富集，含量达 109.5μg/g，高于原煤中镓的工业品位（30μg/g）和原煤中镓（51.9μg/g）的均值。稀土元素总量达 863.4μg/g，显著高于中国大多数原煤中稀土元素丰度 137.9μg/g，也高于美国原煤中稀土元素丰度 62.1μg/g（代世峰等，2006）。特别是稀土元素 Y、Ce、Nd，其含量分别达 88.21μg/g、337.2μg/g、

112.9μg/g。因而在高铝粉煤灰资源化利用过程中，这些微量元素具有潜在的综合回收利用价值。

表 2-2　准格尔电厂高铝粉煤灰微量元素 ICP-MS 分析结果

元素	丰度/(μg/g)	元素	丰度/(μg/g)	元素	丰度/(μg/g)
Li	509.4	Sr	1019	Tb	2.966
Be	10.4	Y	88.21	Dy	17.25
B	88.3	Zr	1065	Ho	3.242
Sc	34.28	Nb	63.79	Er	9.197
V	128.8	Ba	196.6	Tm	1.285
Cr	43.46	La	173	Yb	8.624
Co	5.85	Ce	337.2	Lu	1.207
Ni	15.11	Pr	31.64	Hf	26.35
Cu	46.53	Nd	112.9	Ta	4.292
Zn	85.77	Sm	21.19	Pb	154.4
Ga	109.5	Eu	3.67	Th	84.48
Rb	9.702	Gd	17.53	U	19.49

准格尔电厂粉煤灰的氧化铝含量远高于其他产地的，因而其物相组成也与其他地区明显不同。X 射线粉晶衍射分析结果显示，粉煤灰样品（GF-12）中的主要结晶相为莫来石和刚玉，其 PDF 卡片号分别为 74-2419 和 46-1212（图 2-1）。同时在衍射谱 $2\theta=22°$ 附近有明显的馒头峰存在，表明粉煤灰中存在大量玻璃相。图中未出现石英的特征衍射峰，这是该粉煤灰与其他产地粉煤灰的显著区别之一。

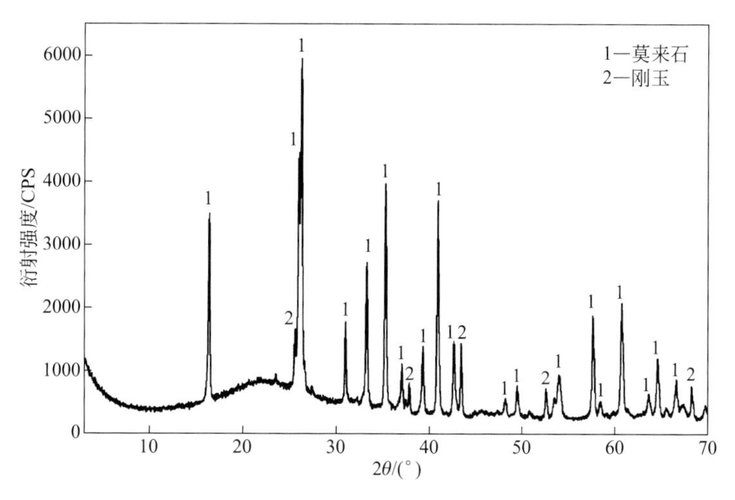

图 2-1　内蒙古国华准格尔电厂高铝粉煤灰（GF-12）X 射线衍射图

准格尔电厂高铝粉煤灰（GF-12）中主要的硅酸盐矿物相为莫来石，根据电子探针微区成分分析结果，由以阴离子为基准的氢当量法，采用 Crystal _ Chemistry. F90 程序（马鸿文，1999）计算，莫来石的晶体化学式为：$(K_{0.024}Na_{0.015}Ca_{0.012}Mg_{0.011}Fe^{2+}_{0.021}Al_{4.663}Ti_{0.420})[Al_{0.282}Si_{1.718}O_{11}]$。其中 Al^{3+} 的离子系数低于理论值，主要是由于 Ti^{4+}、Fe^{2+} 等阳离子对

Al^{3+}的替代所致。依据电子探针分析结果，高铝粉煤灰中的灰粒可分为莫来石聚集体（Mul）、高铝玻璃体（Alg）、高硅玻璃体（Sig）及高钙玻璃体（Cag）等形态。各类灰粒的平均化学成分列于表2-3中。按照物质平衡原理（马鸿文，2001），采用线性规划法的LIN-PRO.F90程序计算，其物相组成为：莫来石聚集体（Mul）34.7%，高铝低硅玻璃体（Alg）15.7%，高硅低铝玻璃体（Sig）33.5%，高钙玻璃体（Cag）6.1%，刚玉7.5%。剩余物相根据计算残差分析，可能为磁铁矿1.1%，硬石膏1.0%，磷灰石0.4%。

表2-3　高铝粉煤灰及其组成物相的化学成分分析结果　$w_B/\%$

样品号	SiO_2	TiO_2	Al_2O_3	Fe_2O_3	FeO	MnO	MgO	CaO	Na_2O	K_2O	P_2O_5	总量
Mul/3	28.25	0.91	69.00	0.00	0.42	0.00	0.12	0.18	0.13	0.31	0.00	99.32
Alg/6	44.06	2.15	51.34	0.00	0.83	0.02	0.31	0.27	0.21	0.57	0.00	99.76
Sig/17	66.13	2.30	28.88	0.00	0.46	0.05	0.35	0.14	0.11	0.76	0.00	99.18
Cag/4	21.11	2.08	31.92	0.00	4.03	0.03	0.49	39.25	0.09	0.73	0.00	99.73
GF-12	40.01	1.57	50.71	1.41	0.35	0.02	0.47	2.85	0.12	0.50	0.17	98.18

注：1. 各类灰粒符号后数值为探针分析点数。
2. 灰粒和粉煤灰成分分别由中国地质大学（北京）电子探针室尹京武和化学分析室龙梅分析。

2.1.2　粉煤灰颗粒形态学

对粉煤灰原样（GF-12）进行激光粒度分析，测得其粒度分布范围为0.182～416.869μm，体积平均粒径为34.855μm，其中$d(10)=2.971\mu m$，$d(50)=18.752\mu m$，$d(90)=80.220\mu m$。粒度分布见图2-2。由图可知，准格尔电厂高铝粉煤灰颗粒的粒度主要集中在1～100μm之间，其中粒径10～50μm的颗粒占47.4%，粒径1～10μm的颗粒占30.5%，粒径50～100μm的颗粒占11.7%，粒径小于1μm或大于200μm的颗粒所占比例不超过6.0%。

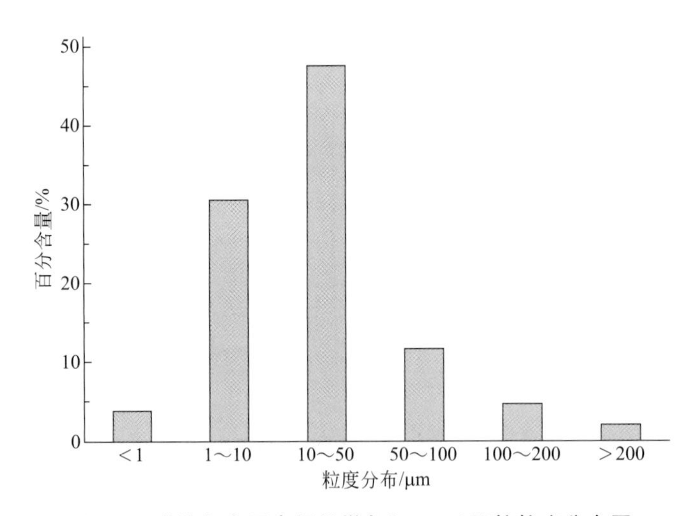

图2-2　准格尔电厂高铝粉煤灰(GF-12)颗粒粒度分布图

粉煤灰由各种不同类型的颗粒混合物组成，其各项理化性能特别是粒度、烧失量及玻璃体含量等都与粉煤灰的颗粒种类及形貌密切相关。虽然不同颗粒之间的化学成分差异很大，但单颗粒内部的化学性质是较为均匀。采用扫描电镜及配套能谱分析仪对高铝粉煤灰的不同颗粒形貌及化学成分进行分析，结果见图2-3和表2-4。根据分析结果，该高铝粉煤灰颗粒又可细分为6种基本类型，即高钙玻璃体、高硅玻璃体、高铝玻璃体、莫来石-刚玉聚合体、玻璃球表面金属颗粒和未燃尽炭粒。

(a)

(b)

图2-3 准格尔电厂高铝粉煤灰样品(GF-12)的扫描电镜图

a-1、a-2、a-3、a-4、a-5为不同大小球形颗粒；b-1、b-2、b-3、b-4为不规则形貌颗粒

表2-4 高铝粉煤灰中不同颗粒所含元素能谱分析结果 %

分析号	SiO_2	TiO_2	Al_2O_3	Fe_2O_3	CaO	C
a-1	51.08	1.30	42.83	0.00	0.00	4.79
a-2	31.17	1.40	32.28	0.00	30.63	4.52
a-3	54.87	2.59	42.12	0.00	0.42	0.00
a-4	39.49	0.00	42.35	7.00	0.00	11.16
a-5	34.17	20.09	35.44	2.49	0.76	7.05
b-1	11.71	0.00	85.67	0.00	0.00	2.62
b-2	10.92	0.00	79.22	0.00	5.95	3.91
b-3	54.64	0.00	45.36	0.00	0.00	0.00
b-4	5.33	0.00	17.66	0.00	0.93	76.09

图2-3中，a-1、a-2、a-3、a-4分别代表化学成分主要为SiO_2和Al_2O_3的玻璃体，形貌为具有光滑表面的均匀球体或类球体，单颗粒直径在2～10μm之间，颗粒之间不存在明显的球体黏附现象。化学成分分析结果显示，不同玻璃体之间存在明显差异：a-1与a-3分别为直径约10μm和4μm的玻璃体，内部SiO_2含量高于Al_2O_3含量，属高硅玻璃体；a-2玻璃体的直径约2μm，主要化学成分除SiO_2、Al_2O_3外CaO含量也较高，属富钙玻璃体；a-4颗粒为类球体，在化学成分上Al元素的含量要高于Si元素的含量，属于高铝玻璃体。以上三类玻璃体呈现出不同形貌，其原因可能是在燃煤电厂的高温煤粉炉中，高岭石等矿物发生高温分解得到的SiO_2比Al_2O_3容易变成熔融态，这些熔融态物质为了降低其表面能而形成球状体。在Al_2O_3含量较高的颗粒中，由于其熔点较高而不易转变成熔融态，高的黏性条件

使其不易形成均匀的球状体（Zhu et al，2013）。在图中 b-1、b-2 处，灰粒呈现出不规则形态，Al_2O_3含量要远高于 SiO_2 含量，主要成分可能为原煤中的灰分矿物勃姆石和高岭石经高温反应生成的刚玉与莫来石相。

除结晶相和玻璃相之外，该粉煤灰中还存在未燃尽炭粒及富金属颗粒。在图 2-3 中，a-5 为附着在玻璃体表面的不规则小颗粒，其中 TiO_2 含量明显较高。出现这种情况的原因是在高温条件下燃煤中的金属物质容易熔融成液态而漂浮在炉膛中，同时具有较高的表面能。当温度降低时，漂浮金属由液态变为固态，颗粒为了降低其表面能而选择性吸附在新形成的球形玻璃体表面。b-4 为粉煤灰中的不规则多孔炭粒，直径在 10～20μm 之间，其大部分以单体形式存在并呈现海绵状或蜂窝状。炭粒的主要成分为 C，同时还含少量的 SiO_2 和 Al_2O_3。

借助透射电镜对准格尔高铝粉煤灰颗粒内部结构进行详细观察，选择直径在 0.5～2μm 之间的颗粒［图 2-4（a）］，看到单个球体内部有半透明颗粒不均匀分布。能谱分析结果显示，此类球形颗粒为高硅玻璃球体。在图 2-4（b）中，颗粒聚集体呈现不规则形状，透明部分与半透明颗粒相互镶嵌。由上文结果可知，该形态的颗粒属于粉煤灰中高铝含量的颗粒聚集体，透明部分为玻璃相，而半透明颗粒应该为莫来石晶体。

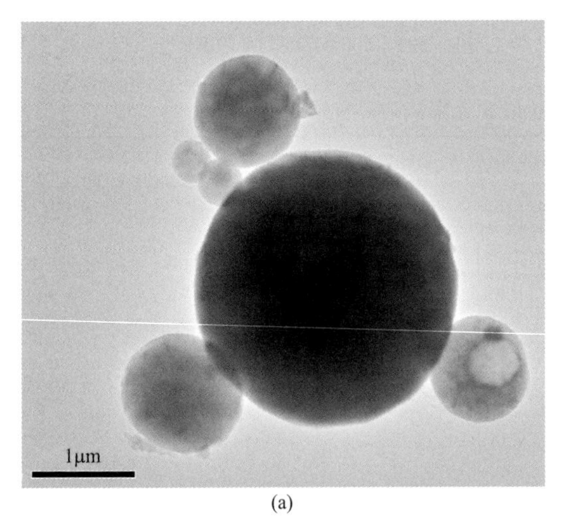

(a)

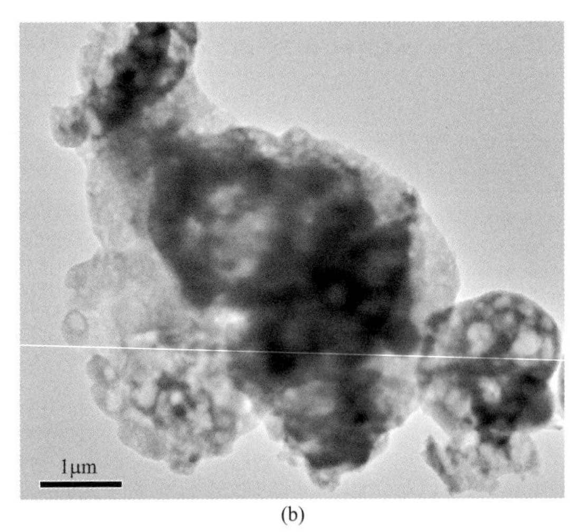

(b)

图 2-4　准格尔高铝粉煤灰(GF-12)颗粒的 TEM 照片

2.1.3　工艺流程

本项研究的工艺流程为，将高铝粉煤灰原料与 NaOH 溶液在水热条件下进行脱硅反应，得到硅酸钠滤液和脱硅滤饼，前者以石灰乳苛化，获得 NaOH 溶液（循环利用）及水合硅酸钙沉淀；后者与纯碱、石灰石按比例混合，经过烧结、熟料溶出后得到铝酸钠粗液及硅钙碱渣，铝酸钠粗液用于制备氧化铝；硅钙碱渣经水解，得到 NaOH 溶液（循环利用），固相为硅钙渣，用于生产新型墙体材料（图 2-5）。

该工艺流程中主要涉及 3 个工段的关键反应，即高铝粉煤灰水热碱溶脱硅反应、脱硅滤饼高温烧结反应和硅钙碱渣水解回收碱反应。本研究的重点是：采用热力学计算得到脱硅滤饼在烧结反应的 Gibbs 自由能；采用 DSC 测量技术与热力学计算相结合，确定脱硅滤饼烧结反应的总能耗；采用 OLI Analyzer 9.2 软件对硅钙碱渣水解回收碱反应进行定量模拟，结合实验确定优化工艺条件。在此基础上，参考现有氧化铝工业的物料消耗和能耗指标，对低钙烧结法提取氧化铝工艺过程进行综合评价。

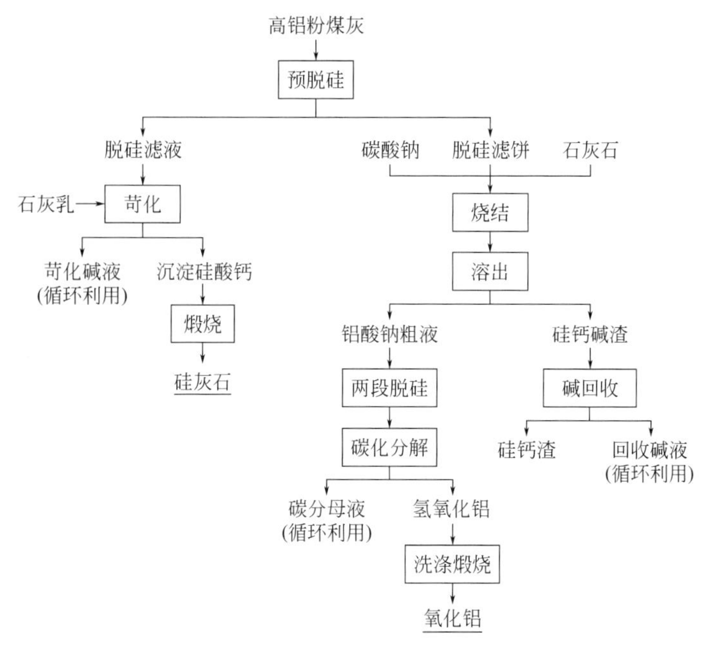

图 2-5　准格尔高铝粉煤灰提取氧化铝工艺流程

2.2 脱硅反应模拟及实验

2.2.1 实验原理

由高铝粉煤灰的分析结果可知，化学组分中的 SiO_2 主要赋存于玻璃相和莫来石相中。玻璃相的 SiO_2 在 NaOH 溶液中会被溶解而形成 Na_2SiO_3，而高铝含量的结晶相莫来石在低温下不能被碱溶液溶解。

高铝粉煤灰在 NaOH 溶液中的物相转变及 SiO_2、Al_2O_3 的溶出规律之前已有研究（张战军等，2007）。薄春丽等（2012）研究了电厂循环流化床排放的高铝粉煤灰中铝硅化合物在稀碱溶液中的浸出行为，在优化条件下，粉煤灰在浓度 150g/L 的 NaOH 碱液中 95℃下反应 90min，SiO_2 溶出率为 23.15%，粉煤灰的铝硅比由 0.78 提高到 0.99。李军旗等（2010）采用浓度 30%的碱液，液固比 30∶1 处理粉煤灰，在 90℃下反应 2h，粉煤灰的脱硅率达 58%，铝硅比由 0.97 提高至 2.71。上述研究主要针对 SiO_2 溶出过程，而对粉煤灰中 SiO_2 和 Al_2O_3 在碱液中的反应机理研究尚显不足。了解粉煤灰中的硅铝组分在 NaOH 溶液中的反应行为，对于确定合理工艺条件，提高产物铝硅比有着重要意义。

OLI 软件是一款利用计算机技术来模拟溶液中各种化学反应过程的软件，其内置有丰富的数据库和强大的计算功能，被广泛应用于电解质溶液平衡、湿法冶金等领域。通过 OLI 软件可快速评估化学反应过程中的关键问题，有效节省实验工作量。其中，OLI Analyzer

软件使用热力学和数学模型来预测化学体系平衡过程的性质，包含的模型有 Helgeson EOS、Bromley-Zemaitis 模型，Debye-Huckermox、Pitzer 模型和 Setschenow 盐析公式。

为研究高铝粉煤灰中无定形 SiO_2 和 Al_2O_3 在 NaOH 碱液中的反应行为，首先采用 OLI Analyzer 9.2 流体模拟软件对实验涉及的 SiO_2-Al_2O_3-NaOH-H_2O 体系进行相平衡计算。在此基础上，通过实验确定 NaOH 溶液浓度、反应温度、反应时间等条件对粉煤灰脱硅反应产物的物相组成、颗粒形貌和 SiO_2、Al_2O_3 溶出率的影响，进而讨论高铝粉煤灰中 SiO_2 在碱溶过程中的反应机理。

2.2.2 热力学模拟

高铝粉煤灰（GF-12）样品的玻璃相含量为 55.3%，其中无定形 SiO_2、Al_2O_3 含量分别为 30.37%和 19.68%。玻璃相中的 Fe_2O_3、TiO_2、CaO 在低温水热条件下不与 NaOH 发生反应。因此，在采用 OLI Analyzer 软件对脱硅过程进行模拟时，可简化为研究高铝粉煤灰中无定形 SiO_2、Al_2O_3 在 NaOH 碱液中的反应行为。

参照前文脱硅实验结果，在模拟计算中，设定脱硅反应温度为 95℃，溶液体积为 400mL，按固液比为 1∶4 加入高铝粉煤灰（GF-12）100g。此时，粉煤灰中无定形 SiO_2、Al_2O_3 在溶液中的含量分别为 1.26mol/L 和 0.48mol/L。计算不同碱液浓度下反应达到平衡时的固相产物的物相组成。

由图 2-6 可见，当 NaOH 溶液浓度为 1mol/L 时，玻璃相中的无定形 SiO_2 和 Al_2O_3 发生溶解，生成的 $[SiO_3]^{2-}$ 和 $[Al(OH)_4]^-$ 进一步反应生成 P 型沸石（$Na_{3.6}Al_{3.6}Si_{12.4}O_{32}\cdot 14H_2O$）和软水铝石（AlOOH）。随着 NaOH 浓度增大，软水铝石相消失，P 型沸石含量逐渐减少，同时新生成水羟方钠石 $[Na_8Al_6Si_6O_{24}(OH)_2\cdot 2H_2O]$ 且含量逐渐增加。当 NaOH 浓度达到 6mol/L 时，P 型沸石相完全消失，水羟方钠石含量达到最大值 0.064mol。

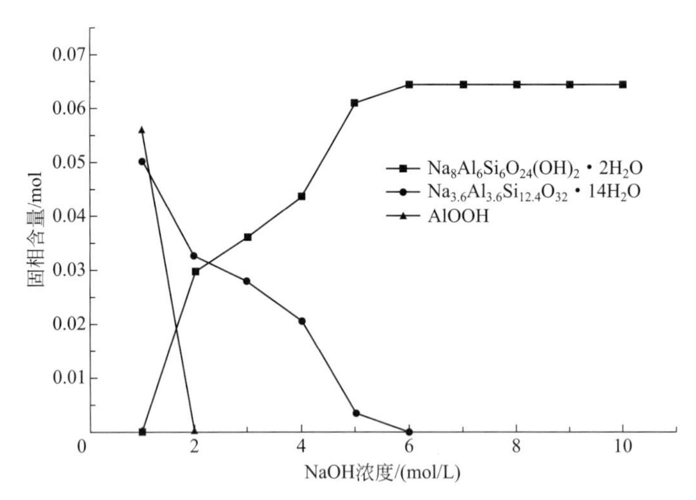

图 2-6 高铝粉煤灰与不同浓度 NaOH 碱液反应的模拟结果

由图 2-7 可知，随着水热反应温度的升高，反应生成的固相发生较复杂的相转变。在反应温度小于 80℃时，溶解于 NaOH 碱液中的 $[SiO_3]^{2-}$ 和 $[Al(OH)_4]^-$ 发生聚合反应，主要生成钠型钙十字沸石（$Na_{6.4}Al_{6.4}Si_{9.6}O_{32}\cdot 4.6H_2O$）。随着温度升高至 90℃，固相中的钠型钙十字沸石相消失，P 型沸石相为主要反应产物。反应温度达 100℃到 120℃时，固相中 P 型沸石、A 型沸石（$Na_{96}Al_{96}Si_{96}O_{384} \cdot 216H_2O$）和水羟方钠石三种物相共存。继续提高反应温度，A 型沸石相消失，P 型沸石相应逐渐减少以至消失，而水羟方钠石相含量不断增大。反应温度大于 160℃时，平衡固相中只存在水羟方钠石相。

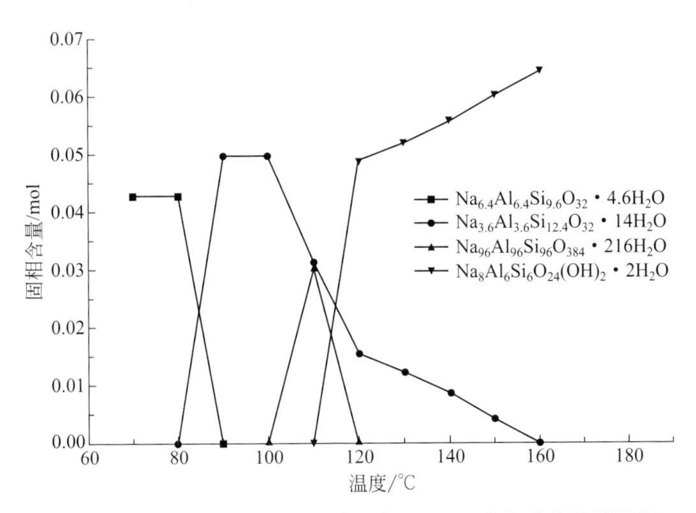

图 2-7　高铝粉煤灰在不同温度下与 NaOH 碱液反应模拟结果

2.2.3　实验方法

称取高铝粉煤灰样品（GF-12）10g，置于 100mL 聚四氟乙烯反应釜内胆中，加入 40mL 预先配制好的浓度 1.0～10.0mol/L 的 NaOH 溶液，待混合均匀后将内胆置于带磁力搅拌的油浴锅中加热保温。到达反应时间后，从内胆中取出全部物料，倒入 G4 型砂芯漏斗，用 75℃热水进行过滤洗涤，所得滤饼置于电热鼓风干燥箱中，在 105℃下干燥 24h。然后从干燥箱中取出滤饼，称量质量为 M。采用 X 射线荧光分析方法测定脱硅滤饼中 SiO_2 和 Al_2O_3的百分含量，所得结果乘以脱硅滤饼质量 M 即为脱硅灰中 SiO_2 和 Al_2O_3的实际质量 $m_R(SiO_2)$ 和 $m_R(Al_2O_3)$。SiO_2 和 Al_2O_3溶出率按以下公式计算：

$$\eta(Al_2O_3)=\frac{m_{CAF}(Al_2O_3)-m_R(Al_2O_3)}{m_{CAF}(Al_2O_3)}\times 100\% \tag{2-1}$$

$$\eta(SiO_2)=\frac{m_{CAF}(SiO_2)-m_R(SiO_2)}{m_{CAF}(SiO_2)}\times 100\% \tag{2-2}$$

式中，η 为溶出率；$m_{CAF}(SiO_2)$ 和 $m_{CAF}(Al_2O_3)$ 分别为脱硅反应前高铝粉煤灰（GF-12）中 SiO_2 和 Al_2O_3的质量。

2.2.4　结果与讨论

脱硅实验过程中，NaOH 溶液浓度、反应温度及反应时间是影响高铝粉煤灰脱硅效果的主要因素。以下讨论实验条件对高铝粉煤灰玻璃相中 SiO_2、Al_2O_3的溶出，脱硅滤饼的物相组成及微观形貌的影响。

（1）NaOH 溶液浓度

设定反应温度为 95℃，反应时间 4h，采用不同浓度的 NaOH 溶液进行预脱硅实验，结果见表2-5。由表可见，随着NaOH溶液浓度的增加，SiO_2溶出率逐渐增大。当NaOH溶液浓度达到6mol/L时，SiO_2溶出率达到41.74%；NaOH溶液浓度继续增大时，SiO_2溶出率略有降低，但变化不明显。Al_2O_3溶出率在NaOH溶液浓度小于3mol/L时随碱液浓度增加而增大，而在NaOH溶液浓度大于3mol/L后，Al_2O_3溶出率变化不明显。当NaOH溶液浓度为6mol/L时，Al_2O_3溶出率出现最小值4.42%。所得脱硅滤饼的A/S（铝硅质量比）先随NaOH溶液浓度的升高而增大，至6mol/L浓度时达到最大值2.08；继续增大NaOH溶液浓度，A/S值相应有所降低。以上结果表明，高铝粉煤灰中SiO_2的溶出量远大于Al_2O_3溶出量，故SiO_2溶出率是决定脱硅滤饼中A/S比的主要因素。

表2-5　NaOH溶液浓度对SiO_2、Al_2O_3溶出率及脱硅产物成分的影响实验结果

样品号	NaOH溶液浓度/(mol/L)	化学成分(w_B)/%		脱硅滤饼质量/g	SiO_2溶出率/%	Al_2O_3溶出率/%	脱硅产物A/S
		SiO_2	Al_2O_3				
YGF-01	1	31.91	54.48	9.33	25.59	0.23	1.71
YGF-02	2	29.93	53.64	9.07	32.71	4.06	1.79
YGF-03	3	28.60	52.69	9.00	35.67	6.49	1.84
YGF-04	4	26.97	53.39	9.00	39.34	5.25	1.98
YGF-05	5	26.66	54.01	8.85	41.03	5.74	2.03
YGF-06	6	26.43	54.95	8.82	41.74	4.42	2.08
YGF-07	7	26.48	53.36	8.99	40.50	5.41	2.01
YGF-08	8	25.86	51.82	8.99	41.90	8.13	2.00
YGF-09	9	26.25	52.10	9.12	40.16	6.29	1.98
YGF-10	10	53.20	26.86	8.92	40.12	6.42	1.98

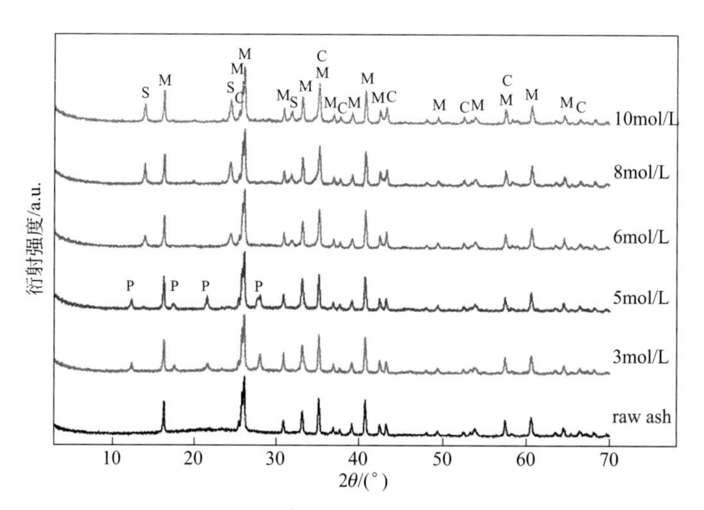

图2-8　不同浓度NaOH溶液下脱硅滤饼的X射线粉晶衍射图

M—莫来石；C—刚玉；S—水羟方钠石；P—P型沸石

采用X射线衍射仪对不同NaOH溶液下处理粉煤灰所得脱硅产物进行表征，结果见图2-8。由图可见，经3mol/L碱液水热处理后，原粉煤灰中的莫来石相（$3Al_2O_3 \cdot 2SiO_2$）和刚玉相（α-Al_2O_3）仍然存在，而在衍射图中2θ在22°处的馒头状散射峰消失，同时生成P型沸石（$Na_{3.6}Al_{3.6}Si_{12.4}O_{32} \cdot 14H_2O$），且随着NaOH溶液浓度增加，P型沸石的特征衍射峰强度相应增强。当 NaOH 溶液浓度增加至 6mol/L 时，脱硅产物中的 P 型沸石相消失，而是生成水羟方钠石相［$Na_8Al_6Si_6O_{24}(OH)_2 \cdot 2H_2O$］，且其衍射峰强度随碱液浓度的增加而增强。在该反应体系中，P 型沸石的存在区间与图 2-6 中采用 OLI Analyzer 9.2 模拟计算结果一致。即在低于 5mol/L 的 NaOH 溶液中，P 型沸石为高铝粉煤灰玻璃体反应的主要结晶相，而在高于 6mol/L 的碱液中，水羟方钠石为稳定生成相。

以不同浓度的 NaOH 溶液在 95℃下处理高铝粉煤灰 4h 后，所含球形颗粒形貌变化如图 2-9 所示。由图可见，未处理的粉煤灰颗粒多为球形且表面相对光滑。以浓度 3mol/L 的 NaOH 溶液处理后，粉煤灰颗粒光滑的玻璃表面消失，条形晶粒被暴露出来，同时有新的颗粒生成且附着在球形颗粒表面［图 2-9（b）］。结合 X 射线衍射分析结果可知，经与 NaOH 溶液反应，粉煤灰玻璃体表面被溶解，同时生成 P 型沸石。当 NaOH 溶液浓度增大至 6mol/L 时，在球形体颗粒表面形成直径约 1μm 的类球形水羟方钠石［图 2-9（d）］。随着 NaOH 溶液浓度的继续增大，水羟方钠石晶粒直径由约 1μm 增大至约 4μm［图 2-9（f）］。

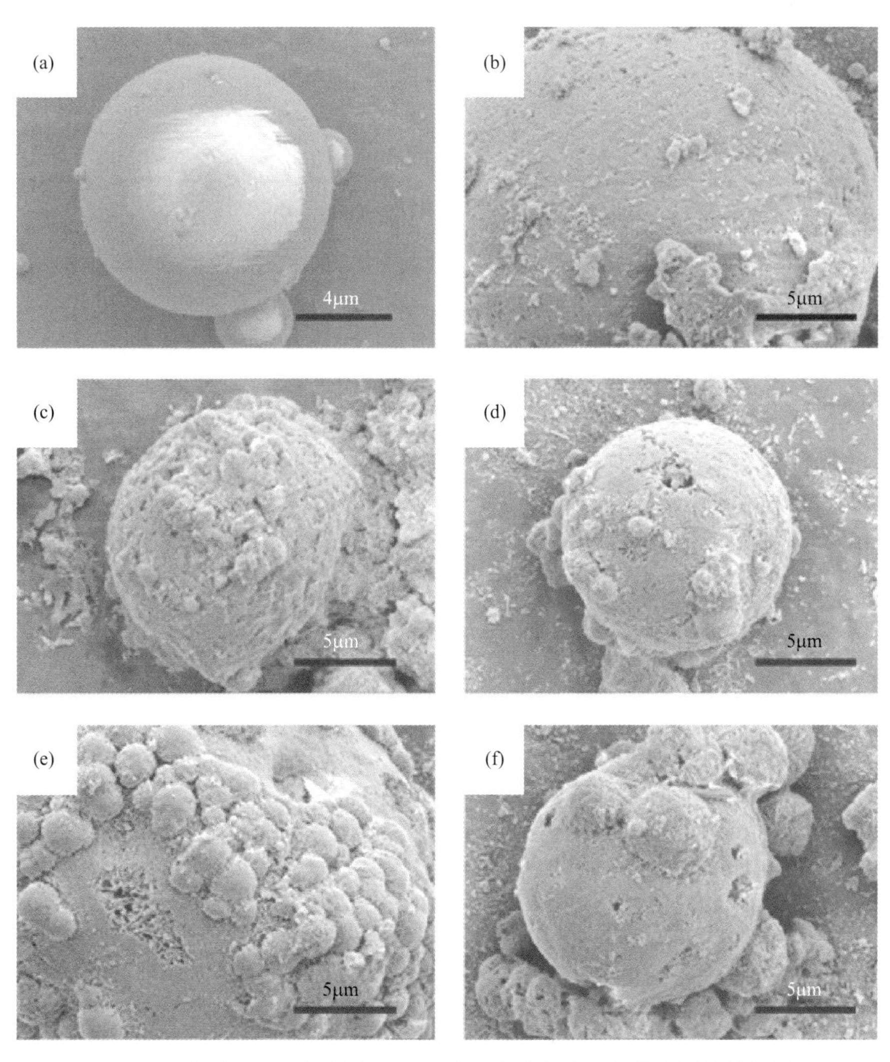

图 2-9　粉煤灰在不同浓度 NaOH 溶液中反应前后扫描电子显微镜图

(a)未处理；(b)3mol/L；(c)5mol/L；(d)6mol/L；(e)8mol/L；(f)10mol/L

（2）反应温度

反应温度对粉煤灰中SiO_2、Al_2O_3组分在NaOH溶液中的反应行为具有重要影响。实验取NaOH溶液浓度为4mol/L，反应时间2h，不同反应温度下的脱硅实验结果见表2-6。由表可见，在低温条件下粉煤灰中SiO_2、Al_2O_3溶出率随反应温度的升高而快速增加。反应温度为85℃时，SiO_2和Al_2O_3溶出率分别达最大值41.26%和5.67%；脱硅滤饼的A/S也达到最大值2.03。随着反应温度的继续升高，SiO_2和Al_2O_3溶出率呈现出逐渐降低趋势，表明溶液中的部分硅铝组分重新沉淀生成结晶相。尤其在反应温度由140℃升高至160℃时，SiO_2、Al_2O_3溶出率及脱硅产物的A/S比均显著降低。

表2-6 反应温度对SiO_2、Al_2O_3溶出率及脱硅产物成分的影响实验结果

样品号	反应温度/℃	化学成分(w_B)/%		脱硅滤饼质量/g	SiO_2溶出率/%	Al_2O_3溶出率/%	脱硅产物A/S
		SiO_2	Al_2O_3				
YGF-11	75	29.03	55.30	8.98	34.83	2.07	1.90
YGF-12	80	27.47	55.55	8.80	39.59	3.60	2.02
YGF-13	85	27.11	55.17	8.67	41.26	5.67	2.03
YGF-14	90	27.34	55.16	8.74	40.27	4.92	2.02
YGF-15	95	26.97	53.39	9.00	39.34	5.25	1.98
YGF-16	120	26.89	54.29	8.99	39.59	3.75	2.02
YGF-17	140	26.88	53.44	9.15	38.51	3.54	1.98
YGF-18	160	28.78	47.37	10.84	22.04	1.26	1.65

不同反应温度下脱硅滤饼的物相变化见图2-10。由图可见，不同反应温度下脱硅滤饼中新生成不同沸石相。反应温度为75℃时，图中出现微弱的钠型钙十字沸石（$Na_{6.4}Al_{6.4}Si_{9.6}O_{32}\cdot 4.6H_2O$）的衍射峰，在$2\theta$为22°处的馒头散射峰仍然存在，表明粉煤灰中的玻璃相在此条件下未完全溶解。当温度提高至85℃时，钠型钙十字沸石的特征衍射峰更弱，同时出现了另一种P型沸石相，玻璃相的散射峰完全消失。温度提高至120℃时，同时出现P型沸石、A型沸石（$Na_{96}Al_{96}Si_{96}O_{384}\cdot 216H_2O$）、水羟方钠石三种物相的特征衍射峰。在反应温度提高至160℃时，P型沸石和A型沸石消失，而水羟方钠石衍射强度迅速增强。该实验所得结晶相组成与前述采用OLI Analyzer 9.2的模拟结果（图2-7）一致。与此同时，莫来石相的衍射强度有所降低，表明部分莫来石同时被溶解。

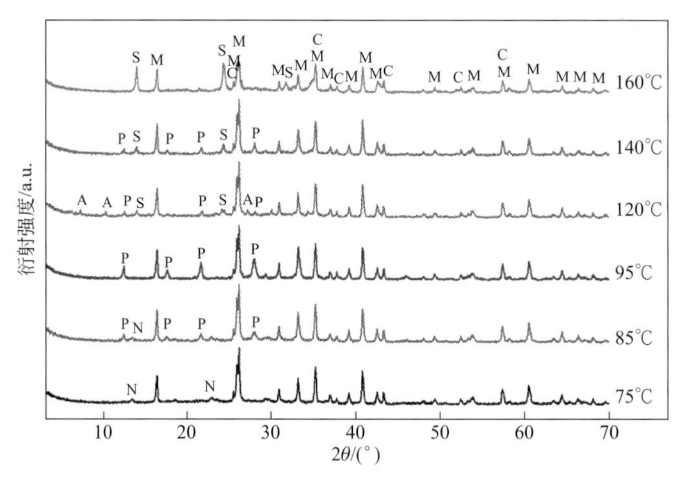

图2-10 不同反应温度下脱硅滤饼的X射线粉晶衍射图

M—莫来石；C—刚玉；S—水羟方钠石；P—P型沸石；A—A型沸石；N—钠型钙十字沸石

高铝粉煤灰样品与 NaOH 溶液浓度为 4mol/L 的碱液在不同温度下反应 2h，所得脱硅滤饼的扫描电镜照片见图 2-11。由图可见，在 75℃下粉煤灰玻璃珠表面被溶解，内部柱状莫来石晶体暴露出来，同时出现直径约 1μm 的球形小颗粒［图 2-11（a）］。结合 X 射线衍射分析结果可知，新形成的球形小颗粒为钠型钙十字沸石。随着反应温度的提高，生成不同类型的沸石相，导致脱硅产物中的颗粒形貌和尺寸也发生相应变化。反应温度升高至 160℃时，大量新生成的水羟方钠石聚集，形成直径达约 5μm 的球形颗粒［图 2-11（f）］；而原粉煤灰玻璃体被溶解，使其内部的柱状莫来石晶粒暴露出来。杜淄川等（2011）在以浓度 4mol/L 的 NaOH 溶液对高铝粉煤灰的脱硅反应研究中也发现，在温度高于 130℃时，莫来石将发生部分溶解，同时加剧水羟方钠石相的生成，致使 SiO_2 溶出率明显降低。

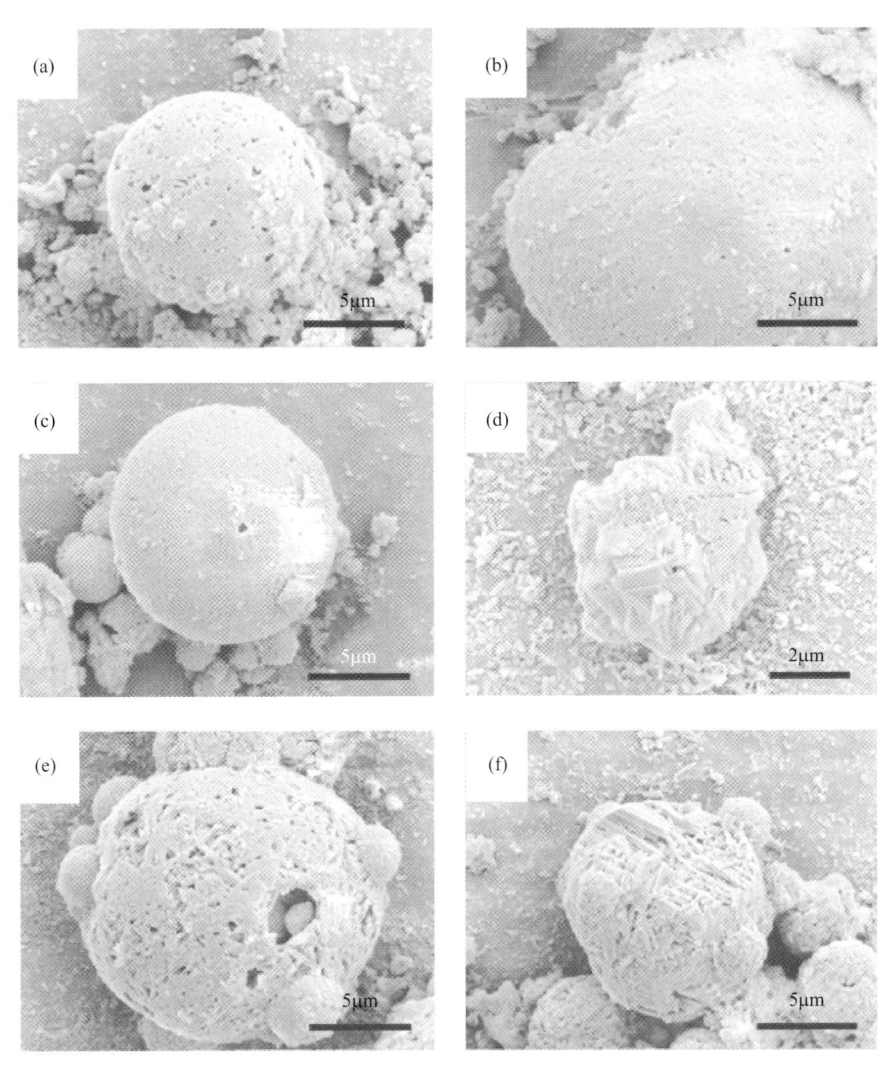

图 2-11　不同温度下高铝粉煤灰脱硅产物的扫描电镜照片

(a) 75℃；(b) 85℃；(c) 95℃；(d) 120℃；(e) 140℃；(f) 160℃

(3) 反应时间

为研究 SiO_2、Al_2O_3 溶出率随反应时间的变化规律，实验设定反应温度为 95℃，NaOH 溶液浓度为 6mol/L，在不同反应时间下对粉煤灰样品进行脱硅处理，实验结果见表 2-7。由表可见，在脱硅反应前2h，SiO_2溶出率随反应时间的延长而逐渐提高，反应2h达到最大溶出率44.92%。继续延长反应时间，SiO_2溶出率将逐渐降低，反应5h后其溶出率降至41.03%。与此同时，Al_2O_3溶出率随反应时间延长也逐渐提高，直至反应时间为7h，其溶出率达到最大值7.15%。继续延长反应时间，二者溶出率变化不大。相应地，脱硅产物的A/S质量比与SiO_2溶出率呈相同变化趋势，反应时间为2h时，A/S质量比达到最大值2.19；继续延长反应时间，脱硅产物的A/S质量比会略有降低。

在95℃下，高铝粉煤灰与浓度6mol/L的NaOH溶液反应不同时间，所得脱硅滤饼的物相变化见图2-12。由图可见，反应0.5h的脱硅产物中没有新物相生成；反应时间为2h时，水羟方钠石相开始出现。随着反应时间的延长，水羟方钠石的X射线特征衍射峰逐渐增强，且无其他新物相生成。在脱硅反应过程中，溶解于NaOH溶液中的无定形SiO_2和Al_2O_3组分只生成水羟方钠石相，这与采用OLI软件模拟结果（图2-6）相一致。

表2-7　反应时间对SiO_2、Al_2O_3溶出率及脱硅产物成分的影响

样品号	反应时间/h	化学成分(w_B)/%		脱硅滤饼质量/g	SiO_2溶出率/%	Al_2O_3溶出率/%	脱硅产物A/S
		SiO_2	Al_2O_3				
YGF-19	0.5	29.34	57.65	8.53	37.45	3.03	1.96
YGF-20	1	25.90	55.30	8.79	43.11	4.15	2.14
YGF-21	2	25.42	55.69	8.67	44.92	4.78	2.19
YGF-22	3	26.08	53.55	8.94	41.73	5.59	2.05
YGF-23	4	26.43	54.95	8.82	41.74	4.42	2.08
YGF-24	5	26.36	53.15	8.95	41.03	6.19	2.02
YGF-25	6	26.41	52.93	9.01	40.52	5.69	2.00
YGF-26	7	26.27	52.79	8.92	41.44	7.15	2.01
YGF-27	8	26.12	52.69	9.10	40.60	5.45	2.02
YGF-28	9	26.37	52.45	9.07	40.21	6.18	1.99
YGF-29	10	26.53	52.70	9.04	40.07	6.05	1.98

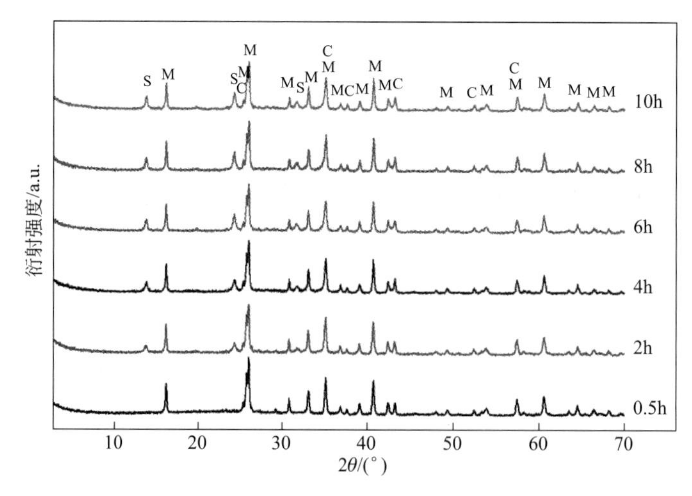

图2-12　高铝粉煤灰在NaOH溶液中经不同反应时间所得脱硅产物X射线粉晶衍射图

M—莫来石；C—刚玉；S—水羟方钠石

采用红外光谱FT-IR对粉煤灰预脱硅前后固体颗粒进行表征，结果见图2-13。原粉煤灰样品的内部水分子O—H的伸缩振动、弯曲振动谱带分别出现于$3450cm^{-1}$和$1650cm^{-1}$处，而$1350\sim750cm^{-1}$区间的较宽谱峰主要是$[SiO_4]^{4-}$和$[AlO_4]^{5-}$四面体骨架振动谱带（Penilla et al，2003）。出现于$1078cm^{-1}$和$996cm^{-1}$的特征谱带吸收峰是由粉煤灰中的玻璃相产生的，而莫来石的存在则使$1145cm^{-1}$和$1185cm^{-1}$处出现特征谱带吸收峰（Criado et al，2007）。经NaOH溶液水热处理后，位于$1078cm^{-1}$和$996cm^{-1}$处的特征谱带吸收峰消失，而$1650cm^{-1}$处出现OH^-弯曲振动新谱带。水热反应1h后，在$986cm^{-1}$和$729cm^{-1}$处出现两个新的振动谱带，分别为水羟方钠石的反对称伸缩振动谱带和对称伸缩振动谱带（Novembre et al，2004）。在脱硅反应过程中，所得脱硅产物位于$1145cm^{-1}$和$1185cm^{-1}$处的莫来石特征谱带无明显变化。

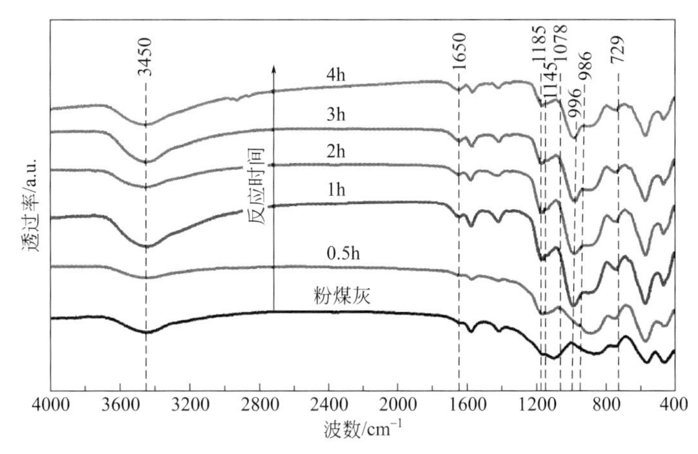

图2-13　高铝粉煤灰经过不同碱溶反应时间所得脱硅产物的红外光谱图

基于上述实验结果，确定高铝粉煤灰（GF-12）碱溶预脱硅的优化条件为：NaOH溶液浓度6mol/L，反应时间2h，反应温度95℃。在此条件下，称取200g高铝粉煤灰进行重现性实验，获得脱硅滤饼（记为DGF-01）178.50g，其化学成分分析结果见表2-8。经计算，高铝粉煤灰的SiO_2溶出率为45.03%，Al_2O_3损失率为4.05%，A/S质量比由1.27提高至2.21。而脱硅滤液为偏硅酸钠液体，可用于后期制备白炭黑或其他无机硅化合物。

表2-8　准格尔电厂高铝粉煤灰脱硅前后的化学成分分析结果　$w_B/\%$

样品号	SiO_2	TiO_2	Al_2O_3	Fe_2O_3	MgO	CaO	Na_2O	K_2O	IOL	A/S
GF-12	40.01	1.57	50.71	1.41	0.47	2.85	0.12	0.50	1.41	1.27
DGF-01	24.64	1.80	54.52	1.91	0.56	3.59	5.19	0.14	6.56	2.21

2.2.5　脱硅反应机理

高铝粉煤灰主要由无定形玻璃体和莫来石、刚玉晶粒所组成。在脱硅反应过程中，莫来石、刚玉相基本不参与反应，而玻璃相中的无定形SiO_2、Al_2O_3在水热条件下与NaOH发生反应，分别生成Na_2SiO_3和$NaAlO_2$，在水热条件下二者极易发生反应而生成铝硅凝胶，进而转变为沸石相，化学反应式如下（Su et al，2011）：

$$SiO_2(gl)+2NaOH \longrightarrow Na_2SiO_3+H_2O \tag{2-3}$$

$$Al_2O_3(gl)+2NaOH \longrightarrow 2NaAlO_2+H_2O \tag{2-4}$$

$$Na_2SiO_3 + NaAlO_2 + H_2O \longrightarrow Na_2O \cdot mAl_2O_3 \cdot nSiO_2 \cdot zH_2O \quad (2\text{-}5)$$

$$Na_2O \cdot mAl_2O_3 \cdot nSiO_2 \cdot zH_2O \longrightarrow Na_6[AlSiO_4]_6 \cdot 4H_2O \quad (2\text{-}6)$$

粉煤灰与 NaOH 溶液发生反应时，玻璃相中的 SiO_2 和 Al_2O_3 分别以 $[SiO_3]^{2-}$ 和 $[Al(OH)_4]^-$ 形式进入溶液中（Byrappa et al，2012）。反应初始阶段，溶液中的 $[SiO_3]^{2-}$ 浓度迅速升高，SiO_2 的溶出速率大于 Al_2O_3 的溶出速率。随着溶液中 $[SiO_3]^{2-}$ 和 $[Al(OH)_4]^-$ 的浓度增大，两种离子发生聚合反应而形成铝硅凝胶，使脱硅碱液中的 $[SiO_3]^{2-}$ 重新沉淀而生成固相产物。反应进行 2h 之前，溶液中 $[SiO_3]^{2-}$ 和 $[Al(OH)_4]^-$ 的浓度较小，粉煤灰中 SiO_2 的溶解速率大于沉淀速率，因而 SiO_2 的溶出率逐渐增大。随着反应的进行，粉煤灰中非晶态 SiO_2 的含量逐渐减少，其溶出速率开始降低。反应到 2h 时，SiO_2 的溶出速率大致等于溶液中 $[SiO_3]^{2-}$ 的沉淀速率，此时粉煤灰中 SiO_2 的溶出率达到最大值。继续延长反应时间，粉煤灰中可溶解的 SiO_2 减少，而溶液中 $[SiO_3]^{2-}$ 和 $[Al(OH)_4]^-$ 的沉淀速率继续增大，导致脱硅滤饼中 SiO_2 的溶出率随之下降。当溶液中的 $[SiO_3]^{2-}$ 和 $[Al(OH)_4]^-$ 的沉淀反应达到平衡时，SiO_2 的溶出率基本保持恒定。反应温度的提高和 NaOH 浓度的增大，都有利于玻璃相中 SiO_2 的溶解，而较长的反应时间则有利于溶液中 $[SiO_3]^{2-}$ 的沉淀。

溶液中 $[SiO_3]^{2-}$ 和 $[Al(OH)_4]^-$ 沉淀生成的铝硅凝胶，在不同条件下将发育成不同类型的沸石相。在 NaOH 溶液浓度小于 5mol/L 时，铝硅凝胶将发育为 P 型沸石，其 Si/Al 摩尔比为 5/3；而在 NaOH 溶液浓度大于 6mol/L 时，铝硅凝胶将发育为水羟方钠石，其 Si/Al 摩尔比为 1。可见，以较高浓度的 NaOH 溶液处理高铝粉煤灰原料，SiO_2 的溶出率相对较高。

2.2.6 微量元素丰度变化

高铝粉煤灰经过预脱硅反应后，其玻璃相结构被 NaOH 溶液分解破坏，其中无定形 SiO_2 及少量无定形 Al_2O_3 分别以 $[SiO_3]^{2-}$ 和 $[Al(OH)_4]^-$ 形式进入溶液中，玻璃相中的微量元素也随着玻璃相结构的破坏而溶解于液相中。

煤粉燃烧过程中，一些金属元素在高温下容易挥发气化而进入烟气中，在随粉煤灰颗粒向低温区运移过程中，又与细小粉煤灰颗粒发生凝聚作用，从而导致大多数微量元素趋向于在粉煤灰颗粒表面熔体中富集（翟建平等，1997）。

脱硅反应过程中，原玻璃相中的微量元素大部分因玻璃相的溶解而进入 Na_2SiO_3 碱液中。测定高铝粉煤灰在优化实验条件下所得脱硅产物 DGF-01 中微量元素的含量，并与原灰中的微量元素丰度进行对比，结果见表 2-9。表中数据显示，对于 Co、Ni、Cr、V 等铁族元素，脱硅过程的溶出率为 29%～76%；Cu、Zn、Ga、Pb 等金属元素，溶出率在 76%～91%；稀土元素 Sc、Y、La、Ce、Pr、Nd、Sm、Eu、Gd、Tb、Dy、Ho、Er、Tm、Yb、

表 2-9 高铝粉煤灰脱硅前后微量元素 ICP-MS 分析结果对比

元素	含量/(μg/g)		溶出率/%	元素	含量/(μg/g)		溶出率/%
	溶出前	溶出后			溶出前	溶出后	
Li	509.4	50.5	90.1	Pr	31.6	0.6	98.1
Be	10.4	2.9	72.1	Nd	112.9	2.7	97.6
Sc	34.3	4.6	86.6	Sm	21.2	0.7	96.7
V	128.8	38.4	70.2	Eu	3.7	0.2	94.6

续表

元素	含量/(μg/g)		溶出率/%	元素	含量/(μg/g)		溶出率/%
	溶出前	溶出后			溶出前	溶出后	
Cr	43.5	10.5	75.9	Gd	17.5	0.9	94.9
Co	5.8	1.9	67.2	Tb	2.9	0.2	93.1
Ni	15.1	10.7	29.1	Dy	17.2	1.0	94.2
Cu	46.5	7.3	84.3	Ho	3.2	0.2	93.8
Zn	85.8	20.7	75.9	Er	9.2	0.7	92.4
Ga	109.5	9.7	91.1	Tm	1.3	0.1	92.3
Rb	9.7	1.4	85.6	Yb	8.6	0.7	91.9
Sr	1019	45.2	95.6	Lu	1.2	0.1	91.7
Y	88.2	6.5	92.6	Ta	4.3	0.3	93.0
Nb	63.8	2.7	95.8	Pb	154.4	13.5	91.3
La	173	1.8	99.0	Th	84.5	5.2	93.9
Ce	337.2	5.1	98.5	U	19.5	2.0	89.7

Lu，溶出率达87%～99%。由此可见，准格尔高铝粉煤灰中的微量元素主要赋存于玻璃体中。经脱硅反应过程，富集于滤液中的Li、Ga等稀有金属及Y、La、Ce、Nd等稀土元素具有潜在回收利用价值。

2.3　滤饼烧结及溶出铝

高铝粉煤灰（GF-12）经碱溶脱硅处理，所得脱硅滤饼的Al_2O_3/SiO_2（质量比）为2.17。张战军（2007）研究了采用碱石灰烧结法来制备氧化铝，即将脱硅滤饼与纯碱、石灰石混合后在1200℃下烧结，使SiO_2组分转化为不溶于水和稀碱液的Ca_2SiO_4，而Al_2O_3转化为可溶于水的$NaAlO_2$。烧结熟料经溶出、分离、碳分、煅烧等工序制得氧化铝产品。该工艺虽然在内蒙古托克托电厂初步实现了工业化中试生产，但是仍然存在较多问题（Yao et al，2014）。首先，脱硅滤饼中依然含有较多SiO_2，采用碱石灰烧结法势必会消耗大量的石灰石，进而产生大量的硅钙尾渣。其次，剩余的硅钙渣因碱含量较高而无法有效利用，大部分作为水泥生产原料，附加值低。

与传统的碱石灰烧结法相比，低钙烧结法可减少石灰石用量，显著降低烧结温度，减少温室气体排放。此外，该工艺还可显著减少硅钙尾渣排放量，且尾渣可作为多种建材的生产原料。低钙烧结法已被本研究团队用于从富钾正长岩、高铝煤矸石、霞石正长岩和高硅铝土矿等低含量铝资源中提取氧化铝，取得了良好的实验结果。

2.3.1　低钙烧结法原理

在传统的碱石灰烧结法中，将铝土矿与纯碱、石灰石混合均匀后在1200℃以上的高温下烧结，铝土矿中的Al_2O_3转变为易溶于水或稀碱液的化合物（$K_2O \cdot Al_2O_3$、$Na_2O \cdot Al_2O_3$），而SiO_2、TiO_2、Fe_2O_3则转变为不溶于水和稀碱液的$2CaO \cdot SiO_2$、$CaO \cdot TiO_2$、$Na_2O \cdot Fe_2O_3$等化合物，经熟料溶出过程实现硅铝分离。采用低钙烧结法提取氧化铝的烧结过程中，脱硅滤饼中的Al_2O_3组分转变为易溶于水或稀碱溶液的$K_2O \cdot Al_2O_3$、$Na_2O \cdot Al_2O_3$，而SiO_2组分则转变为常温下不溶于水和稀碱溶液的Na_2CaSiO_4。Na_2CaSiO_4是一种不稳定化合物，在水热条件易发生水解而生成水合硅酸钙和 NaOH，经固液分离，所得水合硅酸钙可用于生产轻质墙体材料或其他建材产品，而 NaOH 溶液则返回脱硅反应工段，实现循环利用。

高铝粉煤灰脱硅滤饼（DGF-01）中主要物相为未分解的莫来石（$3Al_2O_3 \cdot 2SiO_2$）、刚玉（α-Al_2O_3）和新生成的水羟方钠石［$Na_8Al_6Si_6O_{24}(OH)_2 \cdot 2H_2O$］。由于脱硅滤饼中的 Na_2O 主要以水羟方钠石的形式存在，可通过计算得到水羟方钠石含量约 21.7%。莫来石、刚玉与水羟方钠石主要由 Al_2O_3 和 SiO_2 组成，且滤饼中不存在其他含铝或含硅矿物，计算得三种矿物总含量约 85.5%。脱硅反应过程中，莫来石和刚玉不参与反应，由原粉煤灰中莫来石与刚玉含量比例计算，脱硅滤饼中莫来石与刚玉含量分别为 52.4%和 11.3%。同时脱硅滤饼中的少量其他组分为：TiO_2 1.80%，Fe_2O_3 1.91%，CaO 3.59%，MgO 0.56%，烧失量 5.43%。其中，TiO_2 以金红石形式存在，而 Fe_2O_3 主要以磁铁矿的形式存在。换算为脱硅滤饼中各物相的摩尔分数：莫来石 0.4267，刚玉 0.3759，水羟方钠石 0.0833，金红石 0.0835，磁铁矿 0.0306。

脱硅滤饼原料烧结过程发生如下反应：

$$Al_6Si_2O_{13}+5Na_2CO_3+2CaCO_3 = 6NaAlO_2+2Na_2CaSiO_4+7CO_2\uparrow \tag{2-7}$$

$$Al_2O_3+Na_2CO_3 = 2NaAlO_2+CO_2\uparrow \tag{2-8}$$

$$Na_8Al_6Si_6O_{24}(OH)_2 \cdot 2H_2O+6CaCO_3+5Na_2CO_3 = 6NaAlO_2+6Na_2CaSiO_4+3H_2O\uparrow+11CO_2\uparrow \tag{2-9}$$

$$TiO_2+CaCO_3 = CaTiO_3+CO_2\uparrow \tag{2-10}$$

$$Fe_3O_4+3/2Na_2CO_3+1/4O_2 = 3/2Na_2Fe_2O_4+3/2\ CO_2\uparrow \tag{2-11}$$

加入纯碱（碳酸钠）和石灰石（碳酸钙）进行烧结的目的，是使脱硅滤饼中的 Al_2O_3、SiO_2、Fe_2O_3、TiO_2 在适宜的条件下，生成 $Na_2O \cdot Al_2O_3$、$Na_2O \cdot Fe_2O_3$、$Na_2O \cdot CaO \cdot SiO_2$、$CaO \cdot TiO_2$ 等化合物相。

定义烧结配料中的钙硅比、碱铝比分别为：

$$a=CaO/(SiO_2+TiO_2)\text{（摩尔比）} \tag{2-12}$$

$$b=(Na_2O+K_2O)/(SiO_2+Al_2O_3+Fe_2O_3)\text{（摩尔比）} \tag{2-13}$$

2.3.2 烧结反应 Gibbs 自由能

热力学的主要参数是反应 Gibbs 自由能 Δ_rG_m，体系状态的变化总是向 Δ_rG_m 减小的方向进行。Δ_rG_m 是状态函数，一般来说，当 $\Delta_rG_m<-40$kJ/mol 时，反应可正向进行，据此可判断体系状态发生变化的条件（印永嘉等，2007）。

计算中涉及的矿物热力学数据均引自 Holland 等（2011）；对于缺少热力学数据的化合物 Na_2CaSiO_4、$Na_8Al_6Si_6O_{24}(OH)_2 \cdot (H_2O)_2$，其 Gibbs 自由能采用 Chermak 等（1990）的配位多面体热力学模型进行近似；$Al_6Si_2O_{13}$、Na_2CO_3、$CaCO_3$、$Na_2Fe_2O_4$、$NaAlO_2$、$CaTiO_3$ 等化合物的热力学数据引自叶大伦等（2002）。

任一化学反应的 Gibbs 自由能计算公式如下：

$$\Delta_rG_m=\sum v_i\Delta_fG_m\text{（产物）}-\sum v_j\Delta_fG_m\text{（反应物）}+RT\ln Q_a \tag{2-14}$$

$$\ln Q_a=\sum v_i\ln a_i\text{（产物）}-\sum v_j\ln a_j\text{（反应物）} \tag{2-15}$$

式中，v_i 为化合物 i 在反应式中的计量系数；Q_a 为活度熵；$\ln a_i$（纯结晶相）=0，熔体

组分活度 $\ln a_i$ 按照硅酸盐熔体的规则溶液模型（马鸿文，2001）由程序 FRCSLQ・F90 计算。

矿物端员组分的摩尔 Gibbs 生成自由能，采用 Holland 等（2011）的热力学模型计算：

$$\Delta_f G_m = \Delta_f H^\ominus - TS^\ominus + \int_{298}^{T} C_p \mathrm{d}T - T\int_{298}^{T} \frac{C_p}{T}\mathrm{d}T \tag{2-16}$$

其中，定压比热容 C_p 的计算公式如下：

$$C_p = a + bT \times 10^{-3} + cT^{-2} \times 10^5 + \mathrm{d}T^2 \times 10^{-6} \tag{2-17}$$

混合物的总 Gibbs 自由能服从混合律，采用以下公式（郝士明，2004）计算：

$$\sum \Delta_r G_m = \sum n_i \Delta_r G_{m,i} \tag{2-18}$$

式中，n_i 为反应物组分 i 的摩尔分数。

通过查找与计算得到反应中端员组分热力学数据，见表 2-10。

表 2-10　相关反应组分热力学数据　　kJ/mol

组分	$\Delta_f G_m$						
	900K	1000K	1100K	1200K	1300K	1400K	1500K
$H_2O(g)$	−170.88	−160.68	−150.34	−139.91	−129.36	−118.72	−108.00
方解石	−974.20	−949.23	−924.37	−898.98	−873.63	−848.44	−823.42
Na_2CO_3	−879.87	−853.40	−827.41	−803.97	−781.59	−759.61	−737.98
CO_2	−395.72	−395.85	−395.97	−396.06	−396.14	−396.21	−396.25
O_2	0.00	0.00	0.00	0.00	0.00	0.00	0.00
α-Al_2O_3	−1393.97	−1361.46	−1328.28	−1295.19	−1262.18	−1229.27	−1196.46
磁铁矿	−819.32	−789.71	−759.92	−729.92	−699.94	−670.04	−640.25
金红石	−780.36	−762.68	−745.07	−727.31	−709.44	−691.64	−656.24
$NaAlO_2$	−931.05	−906.31	−880.96	−855.40	−829.66	−803.72	−777.61
莫来石	−5683.35	−5554.37	−5423.47	−5292.95	−5162.82	−5033.05	−4903.65
Na_2CaSiO_4	−2008.46	−1977.10	−1945.74	−1914.38	−1883.02	−1851.66	−1820.30
钙钛矿	−1406.99	−1379.52	−1352.09	−1323.86	−1295.43	−1267.14	−1238.96
$Na_2Fe_2O_4$	−1098.13	−1039.90	−981.67	−923.44	−865.21	−806.98	−748.75
$Na_8Al_6Si_6O_{24}(OH)_2 \cdot 2H_2O$	−11792.30	−11525.20	−11258.10	−10991.00	−10723.90	−10456.80	−10189.70

由公式（2-14）计算不同温度下烧结反应式（2-7）至反应式（2-11）的 Gibbs 自由能，再由公式（2-18）计算烧结体系的总反应 Gibbs 自由能，结果见表 2-11。在烧结温度为 1100K 时，脱硅滤饼中主要物相与碳酸钠、碳酸钙发生反应的 Gibbs 自由能均为负值，且总的反应 Gibbs 自由能降低至−313.56kJ/mol。即理论上，脱硅滤饼在 1100K 以上温度下烧结，SiO_2 将全部转化为 Na_2CaSiO_4，Al_2O_3 转化为 $NaAlO_2$，TiO_2、F_2O_3 将分别转化为 $CaTiO_3$ 和 $Na_2Fe_2O_4$。

表 2-11　脱硅滤饼烧结反应的 $\Delta_r G_m$ 计算结果　　kJ/mol

反应式	$\Delta_r G_m$						
	900K	1000K	1100K	1200K	1300K	1400K	1500K
(2-7)	−342.16	−443.18	−539.77	−622.82	−698.95	−771.13	−839.62
(2-8)	16.02	6.39	−2.20	−7.70	−11.69	−14.77	−17.03
(2-9)	−465.77	−649.27	−825.52	−990.34	−1148.07	−1301.26	−1450.09

续表

反应式	$\Delta_r G_m$						
	900K	1000K	1100K	1200K	1300K	1400K	1500K
(2-10)	−48.15	−63.46	−78.62	−93.63	−108.50	−123.27	−155.55
(2-11)	−277.62	−254.50	−230.91	−204.17	−176.02	−147.25	−117.88
$\sum\Delta_r G_m$	−191.30	−253.88	−313.56	−365.23	−412.74	−457.82	−502.09

2.3.3 烧结实验方法

称取脱硅滤饼（DGF-01）100g，与碳酸钙（纯度 99%）、纯碱（纯度 99.8%）按配料表（表 2-12）进行配料。采用瓷瓶球磨机（TCIF8 型）进行粉磨混料 120min。所得生料粉体在实验电炉（SXL-1028 型）中于设定烧结制度下进行烧结。烧结熟料自然冷却至室温，在球磨机中球磨 10min，至熟料粉体粒度为−120 目>90%。测定熟料的 Al_2O_3 标准溶出率（毕诗文，2006）：配制含 Na_2O_k 15g/L、Na_2O_c 5g/L 的溶出碱液，称取烧结熟料 8.00g，置于加有 100mL 溶出碱液和 20mL 蒸馏水的塑料烧杯中。在电热电磁搅拌器上搅拌，控制温度在（85±5)℃，反应时间 15min，反应结束后抽滤。用热水洗涤溶出渣滤饼 8 次，每次用水量 25mL，然后溶出渣滤饼烘干、冷却。测定溶出渣滤饼的含水率和 Al_2O_3、CaO 的含量。

表 2-12　高铝粉煤灰脱硅滤饼低钙烧结实验配料表

项目	SiO_2	TiO_2	Al_2O_3	TFe_2O_3	CaO	Na_2O	总量
YGF-21(w_B)/%	25.43	1.64	55.15	1.86	2.94	4.75	91.77
分子量	60.08	79.87	101.96	159.69	56.08	61.98	
摩尔分数	0.42	0.02	0.54	0.01	0.05	0.08	
生成 $NaAlO_2$			−0.54			−0.54	
生成 $Na_2Fe_2O_4$				−0.01		−0.01	
生成 Na_2CaSiO_4	−0.42				−0.42	−0.42	
生成 $CaTiO_3$		−0.02			−0.02		
摩尔分数合计	0.00	0.00	0.00	0.00	−0.39	−0.89	
配料 $CaCO_3$/g					0.39a		39.04a
配料 Na_2CO_3/g						0.89b	94.34b
99%石灰/g							39.43a
98%纯碱/g							94.53b

注：a—配料钙硅比；b—配料碱铝比。

选取优化烧结条件下的烧结熟料进行 Al_2O_3 溶出实验。称取烧结熟料 10g 置于加有一定量蒸馏水（预热至约 85℃）的烧杯中，开启机械搅拌，溶出反应 15min。反应结束后，抽滤分离铝酸钠溶液和硅钙碱渣滤饼，用热水洗涤滤饼 4 次，在电热鼓风干燥箱中 105℃下烘干 24h，得硅钙碱渣滤饼。在烧结熟料溶出 Al_2O_3 过程中，由于 CaO 稳定存在于溶出滤饼中而不发生反应，因而通过测定溶出渣中的 Al_2O_3、CaO 含量计算烧结熟料中 Al_2O_3 的标准溶出率，计算公式为：

$$\eta(Al_2O_3)=[1-(A_{渣}/A_{熟})\times(C_{熟}/C_{渣})]\times 100 \tag{2-19}$$

式中，$\eta(Al_2O_3)$ 为 Al_2O_3 的溶出率，%；$A_{熟}$、$C_{熟}$ 分别为烧结熟料的 Al_2O_3、CaO 含量，%；$A_{渣}$、$C_{渣}$ 为溶出渣的 Al_2O_3、CaO 含量，%。

2.3.4 实验结果与讨论

高铝粉煤灰脱硅滤饼与纯碱、石灰石按比例进行配料，研究烧结温度、碱铝比和钙硅比对烧结熟料质量的影响及熟料的物相变化规律，以确定优化烧结条件。

（1）烧结温度

固定碱铝比为1.0、钙硅比为1.0，将脱硅滤饼与纯碱、石灰石进行配料、混磨。将生料分别在700℃、800℃、900℃、1000℃、1050℃、1100℃、1200℃下烧结2h，所得烧结熟料的 Al_2O_3 标准溶出率如表2-13及图2-14所示。由图2-14可见，随着烧结温度的升高，Al_2O_3 的标准溶出率呈先增加后减小趋势。烧结温度为1050℃时，Al_2O_3 标准溶出率达到最大值94.53%。温度过低时，由于烧结反应不完全，导致 Al_2O_3 溶出率较低；当温度为1000～1100℃时，反应物料会生成一定量的液相，促进反应的进行，进而获得较高的 Al_2O_3 溶出率；烧结温度过高时，反应体系中有大量液相生成，熟料呈过烧结状态，导致 Al_2O_3 标准溶出率降低。

表2-13 不同温度下烧结熟料的 Al_2O_3 标准溶出率实验结果

实验号	烧结温度/℃	熟料	化学成分(w_B)/%		溶出渣	化学成分(w_B)/%		Al_2O_3 标准溶出率/%
			Al_2O_3	CaO		Al_2O_3	CaO	
TL-01	700	SGF-01	31.28	17.05	RGF-01	29.54	19.65	18.06
TL-02	800	SGF-02	33.22	17.16	RGF-02	15.95	38.01	78.33
TL-03	900	SGF-03	34.68	16.39	RGF-03	11.64	38.24	85.61
TL-04	1000	SGF-04	34.04	16.51	RGF-04	6.54	39.83	92.04
TL-05	1050	SGF-05	34.48	16.04	RGF-05	4.37	37.18	94.53
TL-06	1100	SGF-06	34.25	16.31	RGF-06	6.69	38.46	91.71
TL-07	1200	SGF-07	34.26	16.14	RGF-07	9.88	36.91	87.40

不同烧结温度下所得熟料的X射线粉晶衍射分析结果见图2-15。烧结温度为700℃时，原料中的主要物相莫来石、刚玉及水羟方钠石的特征衍射峰都存在，同时出现一种新物相 $NaAlSiO_4$ 的衍射峰。温度升至800℃时，脱硅滤饼中的结晶相几乎都已消失，而新生成 Na_2CaSiO_4、$NaAlO_2$、$Na_{1.95}Al_{1.95}Si_{0.05}O_4$、$Ca_2SiO_4$ 等4种主要化合物。烧结温度为1000℃时，$Na_{1.95}Al_{1.95}Si_{0.05}O_4$ 和 Ca_2SiO_4 的衍射峰消失，最终熟料中主要为 Na_2CaSiO_4 和 $NaAlO_2$ 两种物相。继续升高温度至

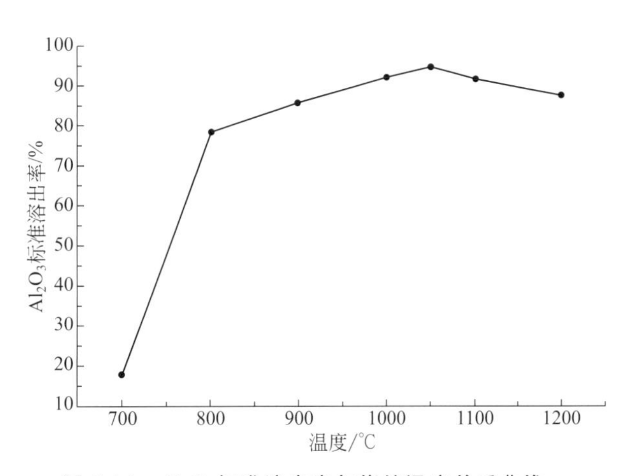

图2-14 Al_2O_3 标准溶出率与烧结温度关系曲线

1200℃，熟料中的两种物相不再发生变化。

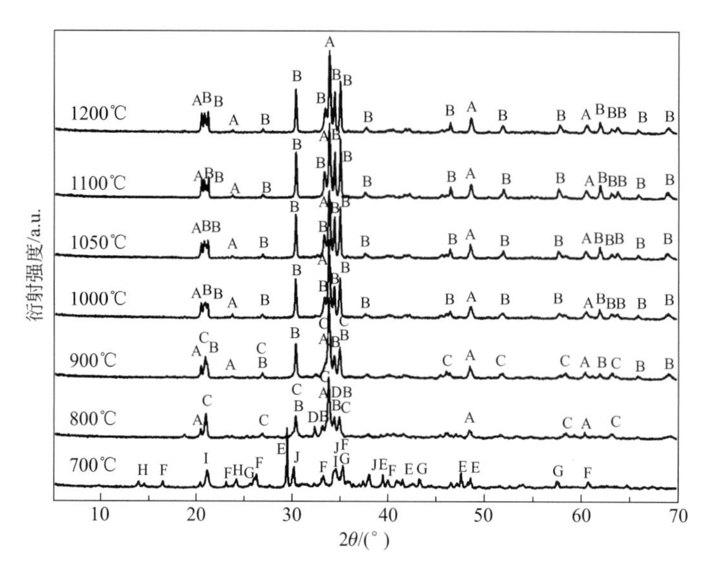

图 2-15　不同烧结温度下熟料物相的 X 射线粉晶衍射图

A—Na_2CaSiO_4；B—$NaAlO_2$；C—$Na_{1.95}Al_{1.95}Si_{0.05}O_4$；D—$Ca_2SiO_4$；E—$CaCO_3$；F—$3Al_2O_3 \cdot 2SiO_2$；G—$Al_2O_3$；H—$Na_8Al_6Si_6O_{24}(OH)_2 \cdot 2H_2O$；I—$NaAlSiO_4$；J—$Na_2CO_3$

（2）碱铝比

固定配料中钙硅摩尔比为 1.0，将脱硅滤饼与石灰石、纯碱按碱铝摩尔比分别为 0.80、0.90、0.95、1.00、1.05、1.10、1.20 配料、混磨。将生料在 1050℃下烧结 2h，所得烧结熟料的 Al_2O_3 标准溶出率实验结果见表 2-14 和图 2-16。

表 2-14　不同碱铝比配料下烧结熟料的 Al_2O_3 标准溶出率实验结果

实验号	碱铝比	熟料	化学成分（w_B）/%		溶出渣	化学成分（w_B）/%		Al_2O_3 标准溶出率/%
			Al_2O_3	CaO		Al_2O_3	CaO	
TL-08	0.80	SGF-08	35.79	17.71	RGF-08	10.11	39.60	87.37
TL-09	0.90	SGF-09	34.87	16.79	RGF-09	7.27	39.26	91.08
TL-10	0.95	SGF-10	34.27	16.34	RGF-10	6.11	38.62	92.45
TL-05	1.00	SGF-05	34.48	16.04	RGF-05	4.37	37.18	94.53
TL-11	1.05	SGF-11	34.28	17.62	RGF-11	4.89	37.17	93.23
TL-12	1.10	SGF-12	33.69	17.12	RGF-12	5.75	38.35	92.37
TL-13	1.20	SGF-13	33.89	15.17	RGF-13	8.18	41.01	91.07

由图 2-16 可见，随着配料中碱铝比的增大，Al_2O_3 标准溶出率呈先增大后减小的趋势。碱铝比为 1.00 时，Al_2O_3 的标准溶出率达到最大值 94.53%。当配料中碱铝比过低时，配入的 Na_2O 不足以使脱硅滤饼中的 Al_2O_3 全部转化为 $Na_2O \cdot Al_2O_3$，从而导致 Al_2O_3 的标准溶出率较低；当配料中碱铝比过高时，剩余的 Na_2O 在熟料溶出过程中会促使 Na_2CaSiO_4 发生部分分解，生成的 SiO_2 重新进入溶液与 Al_2O_3 发生二次反应，使液相中的 Al_2O_3 含量降低，

从而导致 Al_2O_3 的溶出率相应降低。

脱硅滤饼在不同碱铝比配料条件下所得烧结熟料的物相组成见图 2-17。配料中碱铝比为 0.8～0.9 时，烧结熟料的主要物相为 Na_2CaSiO_4、$NaAlO_2$、$Na_{1.95}Al_{1.95}Si_{0.05}O_4$ 和 Ca_2SiO_4。当碱铝比提高到 0.95 以上时，烧结熟料中的 $Na_{1.95}Al_{1.95}Si_{0.05}O_4$、$Ca_2SiO_4$ 两种化合物消失，只出现 Na_2CaSiO_4 和 $NaAlO_2$ 两种物相的特征衍射峰。而继续提高配料中的碱铝比时，烧结熟料中的主要物相不再发生变化。

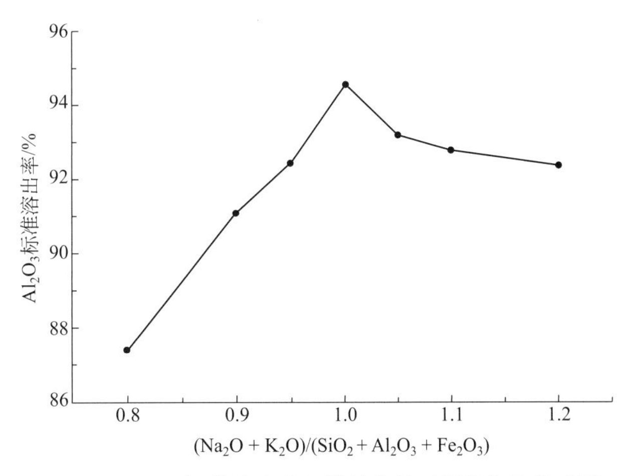

图 2-16　Al_2O_3 标准溶出率与烧结物料碱铝摩尔比关系图

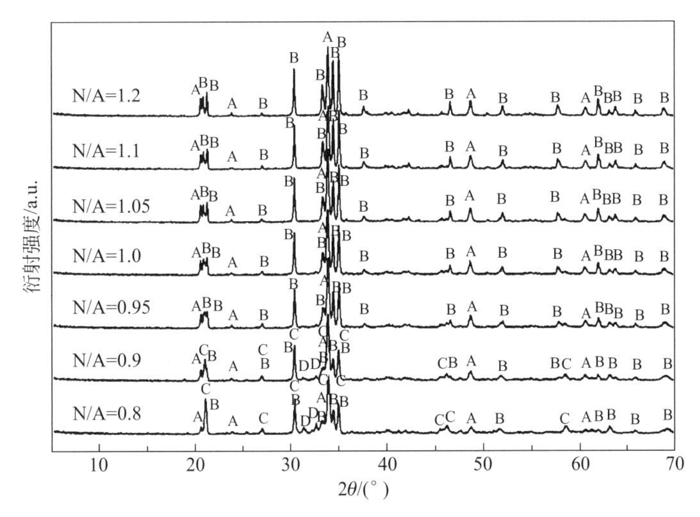

图 2-17　不同碱铝比配料时烧结熟料的 X 射线粉晶衍射图

A—Na_2CaSiO_4；B—$NaAlO_2$；C—$Na_{1.95}Al_{1.95}Si_{0.05}O_4$；D—$Ca_2SiO_4$

（3）钙硅比

固定配料的碱铝比为 1.0，将脱硅滤饼与石灰石、纯碱按钙硅摩尔比分别为 0.80、0.90、0.95、1.00、1.05、1.10、1.20 配料、混磨。将生料粉体在 1050℃下烧结 2h，所得烧结熟料的 Al_2O_3 标准溶出率实验结果见表 2-15 和图 2-18。

表 2-15　不同钙硅比配料下烧结熟料的 Al_2O_3 标准溶出率实验结果

实验号	钙硅比	熟料	化学成分(w_B)/%		溶出渣	化学成分(w_B)/%		Al_2O_3标准溶出率/%
			Al_2O_3	CaO		Al_2O_3	CaO	
TL-14	0.80	SGF-14	35.27	13.42	RGF-14	10.56	35.93	88.82
TL-15	0.90	SGF-15	34.75	14.80	RGF-15	8.24	40.08	91.24
TL-16	0.95	SGF-16	34.52	15.29	RGF-16	6.72	39.14	92.40
TL-05	1.00	SGF-05	34.48	16.04	RGF-05	4.37	37.18	94.53

续表

实验号	钙硅比	熟料	化学成分(w_B)/%		溶出渣	化学成分(w_B)/%		Al_2O_3标准溶出率/%
			Al_2O_3	CaO		Al_2O_3	CaO	
TL-17	1.05	SGF-17	33.98	16.35	RGF-17	7.16	38.70	93.10
TL-18	1.10	SGF-18	33.50	17.76	RGF-18	7.42	41.83	90.60
TL-19	1.20	SGF-19	33.66	18.58	RGF-19	8.53	42.11	88.82

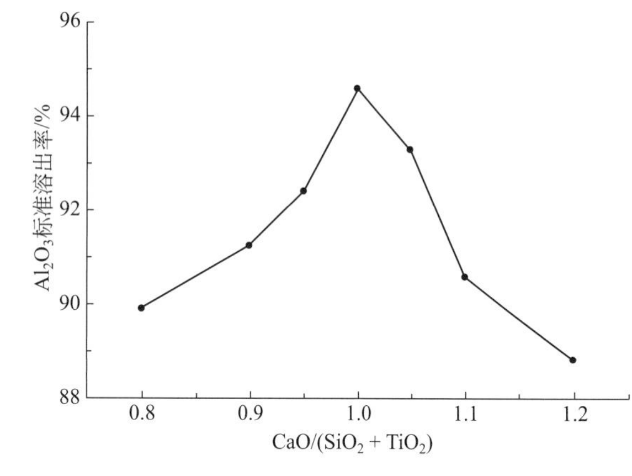

图 2-18 Al_2O_3标准溶出率与烧结物料钙硅摩尔比关系图

由图 2-18 可知，随着配料中钙硅比的增大，烧结熟料的 Al_2O_3 标准溶出率呈先增大后减小趋势。当钙硅比为 1.0 时，Al_2O_3标准溶出率达到最大值。钙硅比较低时，由于配入的 CaO 部分与 TiO_2、Fe_2O_3生成 $CaO \cdot TiO_2$、$CaO \cdot Fe_2O_3$ 等不溶性化合物，脱硅滤饼中的 SiO_2 与 CaO 反应不完全，导致在 Al_2O_3溶出过程中，部分 SiO_2 进入溶液而与溶液中的 Al_2O_3发生二次反应，生成水合铝硅酸钠不溶性化合物，从而降低 Al_2O_3的溶出率。而当钙硅比过高时，配入的 CaO 增多，游离的 CaO 在熟料溶出时与铝酸钠溶液反应生成水合铝酸钙沉淀，从而导致 Al_2O_3溶出率降低。

脱硅滤饼在不同钙硅比配料下所得烧结熟料的 X 射线粉晶衍射分析结果见图 2-19。铝硅比为 0.8～0.9 时，烧结熟料中的主要物相为 Na_2CaSiO_4、$NaAlO_2$ 和 $Na_{1.95}Al_{1.95}Si_{0.05}O_4$。钙硅比提高至 0.95 以上时，熟料中 $Na_{1.95}Al_{1.95}Si_{0.05}O_4$ 的特征衍射峰消失，只出现 Na_2CaSiO_4和 $NaAlO_2$ 两种物相的衍射峰。继续提高钙硅比时，烧结熟料中的物相组成不再发生变化。

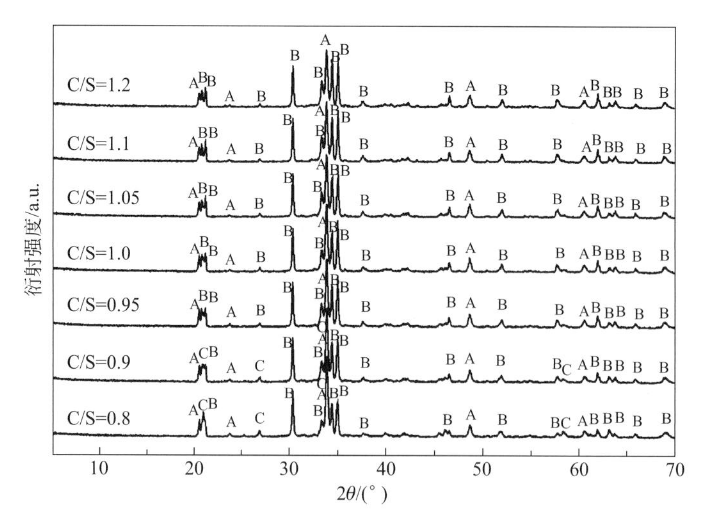

图 2-19 不同钙硅比配料下烧结熟料的 X 射线粉晶衍射图

A—Na_2CaSiO_4；B—$NaAlO_2$；C—$Na_{1.95}Al_{1.95}Si_{0.05}O_4$

综合以上实验结果，脱硅滤饼低钙烧结过程的优化条件为：烧结温度为 1050℃，反应时间 2h，配料碱铝比为 1.0，钙硅比 1.0。烧结熟料的主要物相为 $NaAlO_2$ 和 Na_2CaSiO_4。在此条件下对脱硅滤饼进行两次重复烧结实验，熟料经标准溶出后所得硅钙碱渣（RGF-20，RGF-21）的化学成分分析结果见表 2-16。由表可见，脱硅滤饼经低钙烧结和标准溶出后，Al_2O_3 含量从 54.52%降低至 3.78%，溶出率达 94.05%；SiO_2 组分只有约 1.25%被溶出。剩余硅钙碱渣的主要物相为 Na_2CaSiO_4 和少量 $CaTiO_3$（图 2-20）。烧结熟料中的 $Na_2Fe_2O_3$ 在碱液中发生水解而转化为 NaOH 和 $Fe(OH)_3$ 沉淀。

表 2-16　脱硅滤饼和硅钙碱渣的化学成分分析结果　　w_B/%

样品号	SiO_2	TiO_2	Al_2O_3	Fe_2O_3	MgO	CaO	Na_2O	K_2O	P_2O_5	IOL	总量
DGF-01	24.64	1.80	54.52	1.91	0.56	3.59	5.19	0.14	0.10	6.56	99.01
RGF-20	30.44	2.22	3.76	1.92	0.57	28.95	19.60	0.11	0.13	11.49	99.19
RGF-21	30.30	2.30	3.78	1.98	0.61	29.55	19.32	0.07	0.11	11.88	99.90

2.3.5　烧结反应机理

采用差热分析（TG-DSC）方法研究低钙烧结法的反应过程。脱硅滤饼 DGF-01 按优化条件配料的 TG-DSC 曲线见图 2-21。从图中热重（TG）曲线可见，实验物料在升温过程中存在 4 个质量损失温区，即 60～100℃、600～690℃、690～830℃和 830～950℃之间，总的质量损失率为 27.80%。在差示扫描量热曲线（DSC）中，分别在 77℃、681℃、860℃处出现 3 个明显的吸热峰。研究表明，在烧结过程中存在 SiO_2、Al_2O_3组分可显著降低 Na_2CO_3 和 $CaCO_3$的分解温度（Guo et al，2013），$NaAlSiO_4$则可在低于 750℃下生成（Xiao et al，2014）。综合 TG 和 DSC 曲线可知：在低于 120℃时，烧结物料出现少量质量损失（3.51%），且在 77℃存在吸热峰，应为试样中的水分挥发吸热所致。在 600～1000℃温区，试样的质量损失率约 24.32%，主要为碳酸钙和碳酸钠分解出 CO_2 所致。结合 DSC 曲线在 681℃和 860℃出现的吸热峰，可以判断试样在 600～1000℃温区发生了两步主要反应。在 681℃下，Na_2CO_3 与脱硅滤饼发生反应生成 $NaAlSiO_4$ 相；继而在约 860℃，剩余 Na_2CO_3吸热后发生进一步的化学反应。试样在 700～820℃温区的质量损失，主要系由 $CaCO_3$分解释放出 CO_2 所致。

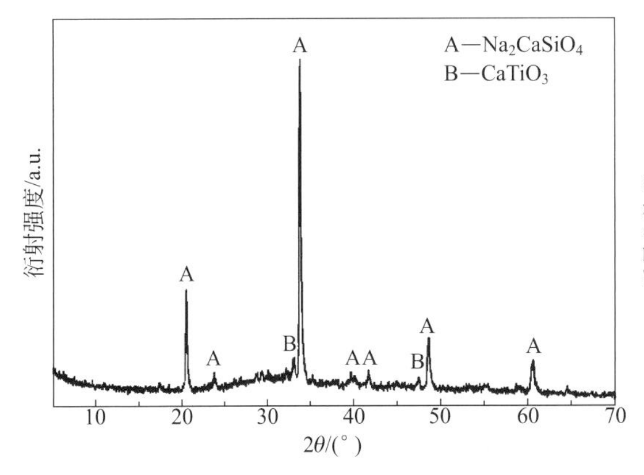

图 2-20　烧结熟料溶出铝剩余硅钙碱渣的 X 射线粉晶衍射图

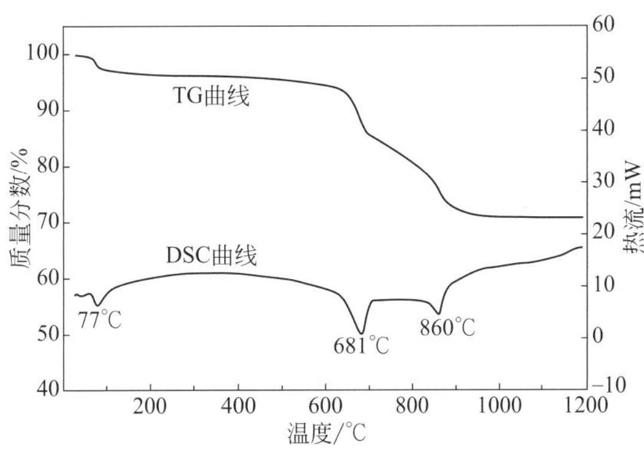

图 2-21　脱硅滤饼与碳酸钙、碳酸钠混合物料的 TG-DSC 曲线

根据以上实验结果和讨论，高铝粉煤灰脱硅滤饼在低钙烧结配料体系下各主要物相所发生的化学反应过程如下：

（1）生成 $NaAlSiO_4$（约700℃）

$$3Al_2O_3 \cdot 2SiO_2(莫来石) + 4SiO_2(玻璃相) + 3Na_2CO_3 \longrightarrow 6NaAlSiO_4 + 3CO_2\uparrow \quad (2\text{-}20)$$

（2）生成 $Na_{1.95}Al_{1.95}Si_{0.05}O_4$ 和 $NaAlO_2$（>800℃）

$$1.95NaAlSiO_4 + 3.8CaCO_3 \longrightarrow Na_{1.95}Al_{1.95}Si_{0.05}O_4 + 1.9Ca_2SiO_4 + 3.8CO_2\uparrow \quad (2\text{-}21)$$

$$3Al_2O_3 \cdot 2SiO_2(莫来石) + 5Na_2CO_3 + 2CaCO_3 \longrightarrow 6NaAlO_2 + 2Na_2CaSiO_4 + 7CO_2\uparrow \quad (2\text{-}22)$$

$$Al_2O_3(刚玉) + Na_2CO_3 \longrightarrow 2NaAlO_2 + CO_2\uparrow \quad (2\text{-}23)$$

$$Na_8Al_6Si_6O_{24}(OH)_2 \cdot 2H_2O(水羟方钠石) + CaCO_3 + Na_2CO_3 \longrightarrow NaAlO_2 + Na_2CaSiO_4 + H_2O\uparrow + CO_2\uparrow \quad (2\text{-}24)$$

（3）$Na_{1.95}Al_{1.95}Si_{0.05}O_4$ 转变为 $NaAlO_2$（约1000℃）

$$20Na_{1.95}Al_{1.95}Si_{0.05}O_4 + Ca_2SiO_4 + 2Na_2CO_3 \longrightarrow 39NaAlO_2 + 2Na_2CaSiO_4 + 2CO_2\uparrow \quad (2\text{-}25)$$

在700℃时，脱硅滤饼中的莫来石和少量未反应的无定形 SiO_2 与 Na_2CO_3 反应，生成 $NaAlSiO_4$。随着温度提高至800℃以上，莫来石、刚玉、水羟方钠石相与碳酸钠和碳酸钙反应，生成 $NaAlO_2$、Na_2CaSiO_4 两种化合物相；而 $NaAlSiO_4$ 则与碳酸钙反应，生成 $Na_{1.95}Al_{1.95}Si_{0.05}O_4$ 和 Ca_2SiO_4。继续升高温度至约1000℃，$Na_{1.95}Al_{1.95}Si_{0.05}O_4$ 和 Ca_2SiO_4 与碳酸钠进一步反应，生成稳定的 $NaAlO_2$ 和 Na_2CaSiO_4 相。

2.4 烧结过程能耗计算

2011年中国氧化铝工业的烧结法、拜耳-烧结联合法（简称联合法）和拜耳法三种工艺生产氧化铝的产量、能耗及 Al_2O_3 回收率见表2-17。不同生产方法的能耗相差较大，主要由铝土矿品位及生产工艺所决定。在烧结法中，熟料烧结过程消耗的能量占总能耗的47%以上，而蒸发和脱硅工序仅占总能耗的23%（靳古功，2004）。因此，对熟料烧结过程的能耗进行定量分析对指导整个生产工艺具有重要意义。

表2-17　2011年中国氧化铝产量、能耗及 Al_2O_3 回收率

生产方法	产量/万吨	比例/%	工艺能耗		Al_2O_3 回收率/%
			kg标煤/t Al_2O_3	GJ/t Al_2O_3	
拜耳法	2848.9	83.6	360～468	9.8～13.1	70～84
联合法	425.2	12.3	860～952	22.6～28.5	87～92
烧结法	143.7	4.1	1118～1307	31.0～41.3	84～91

注：引自莫丽艳（2013）。

为获得脱硅滤饼在烧结过程所需能耗，依据DSC技术的基本原理，采用TG-DSC测试方法分别测定脱硅滤饼石灰石烧结法和低钙烧结法的烧结反应能耗。同时采用热力学方法分别计算两种烧结工艺熟料烧结反应的理论能耗。通过两种方法所得能耗的对比，综合对比低钙烧结法与石灰石烧结法的能耗。

2.4.1　DSC 法测定能耗基本原理

差示扫描量热法（DSC）是一种热分析方法，基本原理是在程控温度（升/降/恒温及组合）过程中，测量样品与参考物之间的热流差，以表征所有与热效应有关的物理变化和化学变化（包括吸热、放热、比热容变化过程），以及物质相转变的定量或定性信息。差示扫描量热仪记录的曲线称为 DSC 曲线，它以样品吸热或放热速率（即热流率 dQ/dt）为纵坐标，以温度 T 或时间 t 为横坐标，可获得多种热力学和动力学参数。

物质的比热容 C 是指升高单位温度所吸收的热量，单位为 J/(kg·K)。定压下的比热容称为定压比热容，用符号 C_p 表示，定义为 $(dQ/dT)_p$。DSC 测定物质比热容的方法有直接法和间接法两种。直接法即在 DSC 曲线上直接读取纵坐标 dQ/dt 数值，然后求出比热容 C。此法由于以下原因而误差较大：①在测定温区内，dQ/dt 数值不是绝对线性的；②仪器校正常数在整个测定区不是一个恒定数值；③在整个测定范围内，基线不可能完全保持平直。为减少误差，研究中一般采用间接法测定物质的比热容。间接法是以一已知比热容的物质（一般选蓝宝石）为基准，按一定升温程序测定基准物质和试样的 DSC 曲线，再由其与空白基线的热流速率之差和所用质量而求得试样的比热容。

测比热容时要求以相同扫描速率进行 3 次实验：①空白实验，在试样端和参比端皆为空坩埚，得到数据 $DSC_{空白}$；②校准实验，在试样端为校准物质，参比端为空坩埚，得到数据 $DSC_{校准}$；③试样实验，试样端为试样，参比端为空坩埚，得到数据 $DSC_{试样}$。定压比热容计算公式如下：

$$\frac{DSC_{试样}-DSC_{空白}}{DSC_{校准}-DSC_{空白}}=\frac{C_{p试样}\times m_{试样}}{C_{p校准}\times m_{校准}} \tag{2-26}$$

$$C_{p试样}=\frac{DSC_{试样}-DSC_{空白}}{DSC_{校准}-DSC_{空白}}\times\frac{m_{校准}}{m_{试样}}\times C_{p校准} \tag{2-27}$$

在 DSC 测定比热容时，要求待测试样在所测温度范围内不发生任何化学反应或相变，而当待测试样在所测温度范围内存在反应或相变时，其伴随的热效应会累加在 DSC 曲线上。此时的 DSC 曲线除了试样升温过程中的比热容外，还包括试样在该温度下发生化学反应或相变的热效应。

2.4.2　两种烧结反应能耗测定

2.4.2.1　原料物相组成

高铝粉煤灰经碱溶反应所得脱硅滤饼（DGF-01）的主要物相组成为莫来石、刚玉、水羟方钠石、金红石、磁铁矿，同时含游离水。折合为 1kg 脱硅滤饼所含各物相的物质的量为(mol)：莫来石 1.150、刚玉 1.013、水羟方钠石 0.224、金红石 0.225、磁铁矿 0.082、游离水 3.017。

2.4.2.2　测定方法

准确称取脱硅滤饼原料与碳酸钠（99.8%）和碳酸钙（99%），分别按低钙烧结法和石灰石烧结法工艺进行配料。低钙烧结法配料：将脱硅滤饼（DGF-01）与碳酸钠、碳酸钙试剂按碱铝摩尔比 N/A[$n(Na_2O+K_2O)/n(Al_2O_3+SiO_2+Fe_2O_3)$]=1.0、钙硅摩尔比 C/S[$n(CaO)/n(SiO_2+TiO_2)$]=1.0的比例均匀混合，得混合物料记作 CND-01。其中脱硅滤饼与碳酸钠、碳酸钙的质量比为 100：95.49：36.16。测定低钙烧结法能耗，取 1050℃（1323K）作为 DSC 法计算能耗的上限。石灰石烧结法的熟料物相主要为 $2CaO \cdot SiO_2$ 和 $12CaO \cdot 7Al_2O_3$（薛淑红，2010）。为确定石灰石烧结法的烧结温度，将脱硅滤饼与碳酸钙按钙硅比 C/S[$n(CaO)/n(SiO_2)$]＝2.0、钙铝比 C/A[$n(CaO)/n(Al_2O_3)$]＝12：7均匀混料，得混合料记作 CNS-01，其中脱硅滤饼与碳酸钙质量比为 100：160.95。然后将混合料在不同温度下烧结 2h，待熟料冷却后称取 8g，按液固比为 4，加入配制好的溶出液（Na_2CO_3 浓度为 8%）中，磁力搅拌速率 120r/min，在溶出温度 90℃下反应 40min，溶出结果见图 2-22。由图可知，随烧结温度的升高，所得熟料的 Al_2O_3 溶出率相应不断提高，在烧结温度为 1350℃时溶出率达 84.34%；烧结温度继续升高，Al_2O_3 溶出率不再明显提高。因此，在脱硅滤饼石灰石烧结法能耗测定中，取烧结温度 1350℃（1623K）为 DSC 法计算能耗的上限。

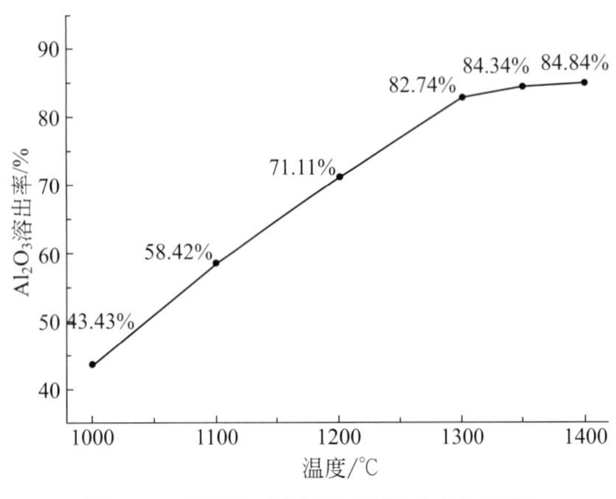

图 2-22 石灰石烧结法烧结温度与熟料 Al_2O_3 溶出率关系曲线

计算中参比物质蓝宝石（α-Al_2O_3）的热力学数据引自 Holland 等（2011），其质量为 21.834g。每次测定都在氩气保护下，以升温速率 10.0℃/min 将试样从室温加热至 1200℃。为减少测定过程的误差，选择与参比坩埚质量相近的试样坩埚，基线、标样及试样测定使用同一样品坩埚。

2.4.2.3 结果与讨论

通过对脱硅滤饼两种烧结过程的 DSC 数据测定，由公式（2-27）计算单位质量的试样在低钙烧结和石灰石烧结过程的比热容随温度变化关系，结果见图 2-23 与图 2-24。在低钙烧结过程中，混合物料 CND-01 的比热容 C_p 随着温度增加而呈现变大趋势。特别是在 650℃、850℃附近发生了明显的吸热反应（图 2-23）。由于实验中测试仪器起始读数在 35℃后开始稳定，故计算总能耗时选取 40～1050℃温区进行积分。在加热过程中混合物料的质量会随着气体组分的挥发而减少，因而混合物料单位质量的总能耗应为比热容与对应热重乘

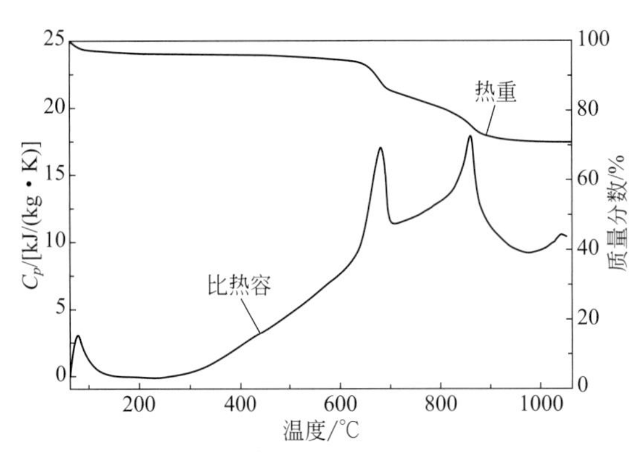

图 2-23 混合物料 CND-01 低钙烧结法过程的比热容 C_p 和热重变化图

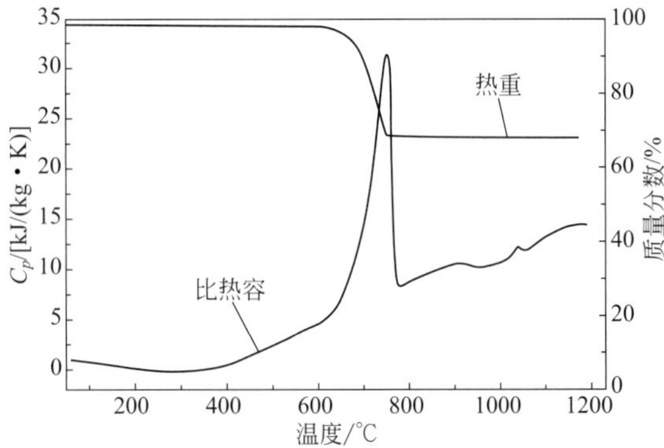

图 2-24 混合物料 CNS-01 石灰石烧结过程的比热容 C_p 和热重变化图

积的积分。通过积分计算，得到低钙烧结过程每千克烧结物料由100℃加热至1050℃吸收热量为5.21×10^3 kJ。根据烧结生料中脱硅滤饼与碳酸钠、碳酸钙质量比为100∶95.49∶36.16计算，得处理1.0t脱硅滤饼的总能耗为12.08×10^6 kJ。

而在石灰石烧结过程中，混合物料CNS-01的比热容曲线在接近800℃处出现明显的吸热峰，表明发生了剧烈的吸热反应（图2-24）。计算时同样选取40℃为DSC比热容曲线积分的下限温度。由于测试仪器对试样DSC测定温度上限为1200℃，且在1200℃以上比热容变化趋于平稳，质量也不再变化，因而对1200℃以上温区的比热容和热重数据，计算过程中按其不再变化处理。将由公式（2-27）所得混合物料的比热容与对应热重的乘积在40～1350℃温区积分，得石灰石烧结过程每千克物料需要吸收热量为6.85×10^6 kJ。按混合料中脱硅滤饼与石灰石配比为100∶160.95，计算得处理1.0t脱硅滤饼的总能耗为17.82×10^6 kJ。两种烧结法对比，采用低钙烧结法的能耗仅为石灰石烧结法的67.79%。

2.4.3 烧结能耗热力学计算

2.4.3.1 烧结反应

低钙烧结过程中，脱硅滤饼的主要组分Al_2O_3、SiO_2分别转变为$NaAlO_2$和Na_2CaSiO_4相，脱硅滤饼的主要物相莫来石、刚玉、水羟方钠石、金红石、磁铁矿发生反应（2-7）～反应（2-11）。而石灰石烧结过程中，高铝粉煤灰的主要组分Al_2O_3与SiO_2分别转变为$Ca_{12}Al_{14}O_{33}$和Ca_2SiO_4相，脱硅滤饼与碳酸钙主要发生如下化学反应：

$$Al_6Si_2O_{13} + 64/7CaCO_3 = 2Ca_2SiO_4 + 3/7Ca_{12}Al_{14}O_{33} + 64/7CO_2\uparrow \tag{2-28}$$

$$Al_2O_3 + 12/7CaCO_3 = 1/7Ca_{12}Al_{14}O_{33} + 12/7CO_2\uparrow \tag{2-29}$$

$$Na_8Al_6Si_6O_{24}(OH)_2\cdot 2H_2O + 11CaCO_3 = 6NaAlO_2 + Na_2CaSiO_4 + 5Ca_2SiO_4 + 3H_2O\uparrow + 11CO_2\uparrow \tag{2-30}$$

$$TiO_2 + CaCO_3 = CaTiO_3 + CO_2\uparrow \tag{2-31}$$

$$Fe_3O_4 + 3/2CaCO_3 + 1/4O_2 = 3/2CaFe_2O_4 + 3/2CO_2\uparrow \tag{2-32}$$

2.4.3.2 计算方法与热力学参数

反应物由室温加热至相应反应温度所吸收的热量Q_p可通过物质的比热容C_p由公式（2-33）计算。其中，采用Holland等（2011）的热力学模型计算矿物端员组分的比热容见公式（2-34）；采用叶大伦等（2002）的无机物热力学数据计算比热容见公式（2-35）；采用Berman等（1985）的热力学模型计算物质比热容见公式（2-36）。

$$Q_p = \Delta H = \int_{T_1}^{T_2} C_p \mathrm{d}T \tag{2-33}$$

$$C_p^1 = a + bT + c\,T^{-2} + d\,T^{-1/2} \tag{2-34}$$

$$C_p^2 = A_1 + A_2\times10^{-3}T + A_3\times10^5\,T^{-2} + A_4\times10^{-6}T^2 \tag{2-35}$$

$$C_p^3 = k_0 + k_1\times T^{-0.5} + k_2\times T^{-2} + k_3\times T^{-3} \tag{2-36}$$

考虑反应物中各组分的化学计量系数，由公式（2-33）得到各反应物升温至相应温度所吸收的热量，再乘以反应各组分的化学计量系数，即得反应物原料吸收的总热量：

$$\sum Q_p = \sum v_i \Delta H = \sum v_i \int_{T_1}^{T_2} C_p \mathrm{d}T \tag{2-37}$$

物质间反应所消耗的反应热量可由盖斯定律求解，即

$$\Delta_r H_m = \sum v_i \Delta_f H_{m,i}(\text{产物}) - \sum v_j \Delta_f H_{m,j}(\text{反应物}) \tag{2-38}$$

式中，v_i 为物质 i 在反应式中的计量系数，且：

$$\Delta_f H_m = \Delta_f H^{\ominus} + \int_{T_1}^{T_2} C_p \mathrm{d}T \tag{2-39}$$

由公式（2-37）计算得到各物质加热至反应温度所吸收热量，由公式（2-38）计算化学反应的反应热，两者相加即为该反应的总能耗：

$$\sum Q_{\text{总}} = \sum Q_p + \Delta_f H_m \tag{2-40}$$

计算过程中，端员矿物的热力学数据引自 Holland 等（2011）（表 2-18）；无机化合物 $Al_6Si_2O_{13}$、Na_2CO_3、$CaFe_2O_4$、$Ca_{12}Al_{14}O_{33}$、$CaTiO_3$、$NaAlO_2$、$Na_2Fe_2O_4$ 的数据引自叶大伦等（2002）（表 2-19）。而 Na_2CaSiO_4 和 $Na_8Al_6Si_6O_{24}(OH)_2 \cdot 2H_2O$ 的标准焓和熵采用 Hinsberg 等（2005a）的配位多面体模型计算；标准比热容及不同温度下的比热容分别采用 Hinsberg 等（2005b）和 Berman 等（1985）的模型计算（表 2-20）。

表 2-18　矿物端员组分摩尔热力学性质

端员组分	符号	分子式	$\Delta_f H^{\ominus}$ /(kJ/mol)	$S^{\ominus}/10^{-3}$ /[kJ/(mol·K)]	a	$b/10^{-5}$	c	d
斜硅钙石	irn	Ca_2SiO_4	−2307.04	127.6	0.2475	−0.3206	0	−2.0519
刚玉	cor	Al_2O_3	−1675.33	50.9	0.1395	0.589	−2460.6	−0.5892
磁铁矿	mt	Fe_3O_4	−1114.51	146.9	0.2625	−0.7205	−1926.2	−1.6557
二氧化碳	CO_2	CO_2	−393.51	213.7	0.0878	−0.2644	706.4	−0.9989
方解石	Cc	$CaCO_3$	−1207.88	92.5	0.1409	0.5029	−950.7	−0.8584
金红石	ru	TiO_2	−944.37	50.50	0.0904	0.2900	0	−0.6238
水	H_2O	H_2O	−241.81	188.80	0.0401	0.8656	487.5	−0.2512
氧气	O_2	O_2	−0.00	205.20	0.0483	−0.0691	499.2	−0.4207

注：引自 Holland 等（2011）。

表 2-19　相关化合物的摩尔热力学数据

化合物	$\Delta_f H^{\ominus}$ /(kJ/mol)	$S^{\ominus}$ /[J/(mol·K)]	$C_p^{\ominus}$ /[J/(mol·K)]	A_1	A_2	A_3	A_4
$Al_6Si_2O_{13}$	−6819.209	274.889	325.314	503.461	35.104	−230.120	−2.510
Na_2CO_3	−1130.768	138.783	111.281	50.082	129.076	—	—
$NaAlO_2$	−1133.027	70.291	73.504	89.119	15.272	−17.908	—
$CaTiO_3$	−1658.538	93.722	97.709	127.486	5.690	−27.949	—
$Na_2Fe_2O_4$	−1330.512	176.565	207.507	199.577	26.610	—	—
$Ca_{12}Al_{14}O_{33}$	−19374.012	1044.745	1084.523	1263.401	274.052	−231.375	—
$CaFe_2O_4$	−1476.534	145.185	138.690	138.700	82.341	−21.799	—

注：引自叶大伦等（2002）。

表 2-20　Na_2CaSiO_4 和 $Na_8Al_6Si_6O_{24}(OH)_2 \cdot 2H_2O$ 的热力学数据

化合物	$\Delta_f H^{\ominus}$ /(kJ/mol)	$S^{\ominus}$ /[J/(mol·K)]	$C_p^{\ominus}$ /[J/(mol·K)]	k_0	k_1 $\times 10^{-2}$	k_2 $\times 10^{-5}$	k_3 $\times 10^{-7}$
Na_2CaSiO_4	−2289.36	158.40	150.40	243.324	−7.389	−76.326	110.386
$Na_8Al_6Si_6O_{24}(OH)_2 \cdot 2H_2O$	−14223.48	909.20	893.30	1636.299	−78.468	−496.615	745.296

注：$\Delta_f H^{\ominus}$ 和 $S^{\ominus}$ 引自 Hinsberg 等（2005a）；$C_p^{\ominus}$ 引自 Hinsberg 等（2005b）；k_0、k_1、k_2、k_3 引自 Berman 等（1985）。

2.4.3.3 烧结能耗计算结果

由上述各反应物与生成物热力学参数，按照公式（2-37）～公式（2-39）计算，采用低钙烧结法和石灰石烧结法，处理1kg脱硅滤饼的烧结反应能耗（忽略烧失量吸收热能），计算结果分别见表2-21和表2-22。

表2-21 低钙烧结法1kg脱硅滤饼反应能耗计算结果 kJ/mol

反应	298K	873K	973K	1073K	1173K	1273K	1323K	1373K
式(2-7)	756.36	1476.78	1606.96	1738.00	1869.77	2002.17	2068.58	2135.10
式(2-8)	146.18	257.44	277.49	297.65	317.94	338.30	348.52	358.75
式(2-9)	1535.18	2985.06	3246.11	3508.85	3773.09	4038.63	4171.85	4305.35
式(2-10)	97.92	192.38	210.59	229.08	247.82	266.95	276.60	286.25
式(2-11)	125.44	350.21	391.79	433.97	476.77	520.10	541.97	563.98
总能耗	1394.31	2700.20	2936.25	3173.91	3412.95	3653.22	3773.76	3894.54

表2-22 石灰石烧结法1kg脱硅滤饼反应能耗计算结果 kJ/mol

反应	298K	1073K	1173K	1273K	1373K	1473K	1573K	1623K
式(2-28)	1323.64	2376.61	2530.50	2686.95	2845.77	3006.79	3169.87	3334.89
式(2-29)	295.66	512.43	544.14	576.44	609.29	642.67	676.56	710.95
式(2-30)	1832.30	3494.57	3728.37	3964.59	4202.96	4443.23	4685.20	4928.70
式(2-31)	97.92	229.08	247.82	266.95	286.25	305.96	326.99	347.69
式(2-32)	116.91	375.04	411.29	447.99	485.14	522.71	727.62	770.93
总能耗	2263.74	4117.43	4386.10	4658.98	4935.70	5216.04	5513.72	5657.05

由表2-21可见，采用低钙烧结法，在1323K（1050℃）下，处理1kg脱硅滤饼的总能耗为3773.76kJ；而采用石灰石烧结法（表2-22），烧结温度为1623K（1350℃），处理1kg脱硅滤饼的总能耗为5657.05kJ。在加热过程中，脱硅滤饼中的3.02mol游离水蒸发需要的能耗为140.33kJ。即处理1kg脱硅滤饼，采用低钙烧结法的总能耗为3914.09kJ，石灰石烧结法的总能耗为5797.38kJ。

将能耗计算结果折合处理1.0t脱硅滤饼，采用低钙烧结法加热至1323K（1050℃），使物料完全反应的理论总能耗为3.91×10^6kJ；而采用石灰石烧结法加热至1623K（1350℃）下反应，理论总能耗为5.80×10^6kJ/t。按标准煤的发热量为29307.60kJ/kg计算，则处理1.0t脱硅滤饼的标准煤耗分别为：低钙烧结法133.55kg，石灰石烧结法197.81kg。

2.4.4 DSC测定与热力学计算值对比

脱硅滤饼的低钙烧结和石灰石烧结过程的能耗计算和测定结果对比见表2-23。对于低钙烧结法，热力学计算值为DSC测定值的32.55%；而石灰石烧结法，热力学计算能耗值为DSC测定值的32.37%。计算值与测量值存在差异，原因主要为：①实验用热流型DSC测试仪是外加热式，即采取热电偶外加热方式使均温块受热后通过空气和康铜热垫片两个途径把热传递给试样杯及杯中样品，故存在热效率不高的问题；②DSC测定过程中放置混合物料的坩埚未加盖，加大了热量损失；③热力学计算中，除主要反应物外尚有少量化合物未计入加热能耗中。

表 2-23 脱硅滤饼两种烧结方法能耗计算和测定结果对比

能耗计算方法	烧结能耗/(kJ/t 脱硅滤饼)		两种工艺能耗对比 石灰石烧结/低钙烧结
	石灰石烧结法	低钙烧结法	
热力学计算	5.80×10^6	3.91×10^6	1.48
DSC 法测定	17.82×10^6	12.08×10^6	1.47
计算值/测定值	32.55%	32.37%	—

两种烧结法的能耗计算值与 DSC 测定值之比相近，分别为 32.55%和 32.37%；且计算值和 DSC 测定值显示，石灰石烧结法能耗分别为低钙烧结法能耗的 1.48 倍和 1.47 倍，表明与石灰石烧结法相比，低钙烧结过程的能耗降低约 32%。

2.5 硅钙碱渣回收碱

低钙烧结法熟料溶出 $NaAlO_2$ 后，所得滤渣的主要物相为 Na_2CaSiO_4，是一种易于水解的化合物。Na_2CaSiO_4 属立方晶系，空间群 *F*3（225），晶胞参数：$a=b=c=2.2456$nm。为研究 Na_2CaSiO_4 在 NaOH 溶液中的分解反应行为，采用 OLI Analyzer 9.2 软件对 Na_2CaSiO_4-NaOH-H_2O 体系进行相平衡模拟。然后通过实验考察反应温度、NaOH 浓度、反应时间对硅钙碱渣中 Na_2O 溶出率的影响，研究不同反应条件下硅钙渣的物相变化规律，确定回收碱的优化工艺条件。

2.5.1 实验原理

前期研究结果表明，烧结熟料溶出铝酸钠后，剩余滤渣中的主要物相 Na_2CaSiO_4 在水热条件下容易被 NaOH 分解为 Na_2SiO_3 和 $Ca(OH)_2$（张明宇，2011）。在溶液中 Al_2O_3 浓度很低时，可溶性 $[SiO_3]^{2-}$ 易与 $Ca(OH)_2$ 发生沉淀反应，生成结构有序度差的水合钙酸硅 $CaO\cdot SiO_2\cdot nH_2O$（毕诗文，2006），化学反应式如下：

$$Na_2CaSiO_4+H_2O+aq = Na_2SiO_3+Ca(OH)_2+aq \tag{2-41}$$

$$Na_2SiO_3+Ca(OH)_2+nH_2O+aq = CaO\cdot SiO_2\cdot nH_2O+2NaOH+aq \tag{2-42}$$

反应（2-41）正向反应程度与溶液中 SiO_2 的平衡溶解度有关。在一定条件下，反应（2-42）的进行将降低溶液中的 SiO_2 浓度，促使反应（2-41）正向进行，即有利于 Na_2CaSiO_4 的分解。在回收 NaOH 过程中应尽可能降低溶液中 $[SiO_3]^{2-}$ 的浓度，使 SiO_2 组分转变为结晶相，从而经过滤实现 NaOH 溶液与 SiO_2 组分的有效分离。

在 CaO-SiO_2-H_2O 体系中存在 30 多种结晶相，反应产物 CSH 在水热条件下容易发育为更加稳定的结晶相。Ca/Si 摩尔比和温度是决定 CSH 前驱体生成不同晶相的主要因素（Rios et al，2009）。由图 2-25 可见，Ca/Si 摩尔比为 1 时，非晶相 CSH 将随着反应温度提高而转变为雪硅钙石、硬硅钙石及变针硅钙石等结晶相。但在有 Al^{3+} 存在条件下，雪硅钙石稳定存在温度可达 200℃，而不转化为硬硅钙石（Nocuń-Wczelik，1999）。溶液中的 Al^{3+} 也会与 CaO-SiO_2-H_2O 体系发生反应，生成稳定的钙铝榴石相。

在水热条件下，Na_2CaSiO_4 水解速率和程度取决于反应温度和碱液浓度。随着反应温度的升高，水解反应速率加快，同时泥渣的膨胀性会增强，不利于溶出液的固液分离。采用一定浓度的碱液作为水解介质，可有效抑制脱碱泥渣的膨胀。

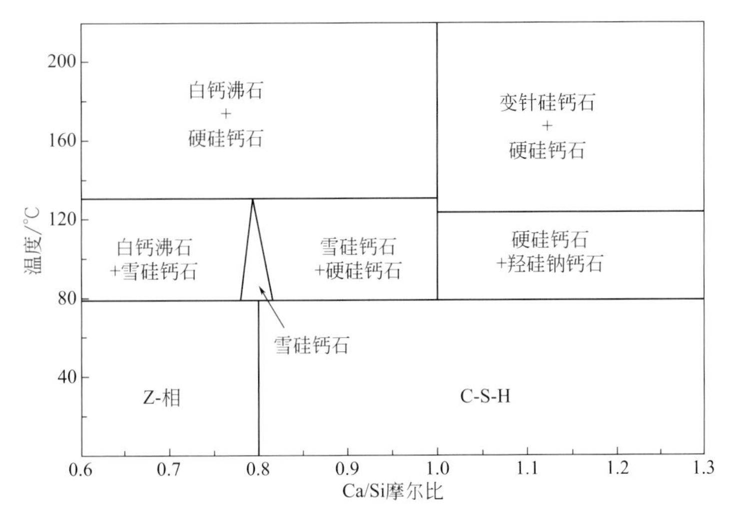

图 2-25 水热条件下稳定存在的水合硅酸钙相图
(据 Zhang et al，2011)

基于以上分析，选取溶出碱液的 NaOH 浓度、反应温度、反应时间为影响因素，进行 Na_2CaSiO_4 水解回收碱实验。采用 X 射线荧光分析方法测定硅钙渣中的 Na_2O 含量，乘以硅钙渣质量 M_{NAS} 即为硅钙渣中的 Na_2O 质量 $m_{NAS}(Na_2O)$。Na_2O 溶出率按下式计算：

$$\eta(Na_2O)=\frac{m_{AS}(Na_2O)-m_{NAS}(Na_2O)}{m_{AS}(Na_2O)}\times 100\% \tag{2-43}$$

式中，$\eta(Na_2O)$ 为溶出率；$m_{AS}(Na_2O)$ 为水解反应前硅钙碱渣（RGF-20）中 Na_2O 的质量。

2.5.2 热力学模拟

硅钙碱渣的主要物相为 Na_2CaSiO_4 和 $CaTiO_4$，另有少量 $Na_2Fe_2O_4$ 水解生成的 $Fe(OH)_3$ 和未溶出的 $NaAlO_2$ 等化合物。在水热条件下，各物相将会发生复杂的化学变化。采用 OLI Analyzer 9.2 软件模拟不同温度和 NaOH 浓度条件下硅钙碱渣水解反应的平衡相组成。模拟过程中，参照已有的回收碱实验结果，设定 NaOH 浓度为 1mol/L，溶液总体积为 1000mL，按固液比为 1∶4，加入硅钙碱渣（RGF-20）250g。在此条件下，首先计算不同水解温度下的相组成。继而设定水解温度为 160℃，计算不同 NaOH 浓度下的平衡固相组成。

由图 2-26 可知，在不同温度的 NaOH 碱液中，硅钙碱渣分解生成硅钙渣的平衡相组成为雪硅钙石 $Ca_5Si_6O_{16}(OH)_2\cdot 5H_2O$、水钙铝榴石 $Ca_3Al_2(SiO_4)_{1.25}(OH)_7$、水钙铁榴石 $Ca_3Fe_2(SiO_4)_{1.25}(OH)_7$ 和未反应的钙钛矿 $CaTiO_3$，且 4 种物相的含量在水解温度 100～200℃范围内基本保持不变。

由图 2-27 可见，在水解反应温度为 160℃的条件下，NaOH 碱液浓度为 0～5mol/L 范围内，硅钙碱渣分解生成硅钙渣的平衡固相仍为雪硅钙石、水钙铝榴石、水钙铁榴石和钙钛矿，且各物相含量不随碱浓度改变而变化。由此可见，雪硅钙石、水钙铝榴石、水钙铁榴石和钙钛矿是以 Na_2CaSiO_4 为主要成分的硅钙碱渣水解反应的热力学稳定物相，且其相对含量在实验温度和 NaOH 浓度范围内保持恒定。

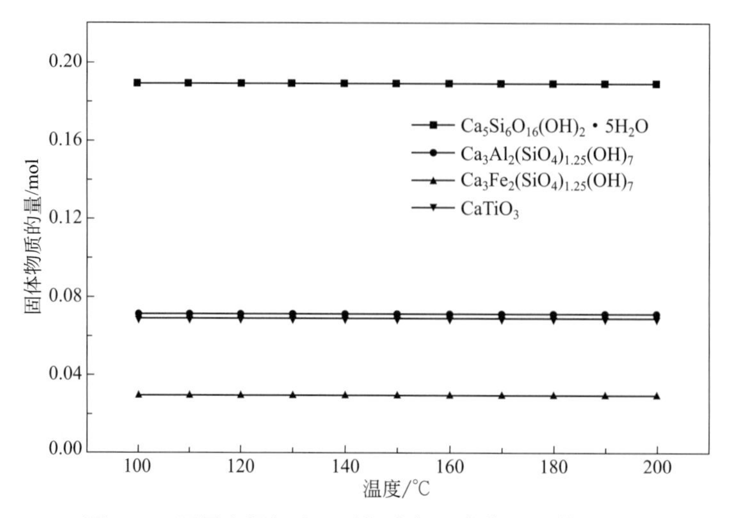

图 2-26　不同水解温度下硅钙渣相组成的 OLI 模拟结果

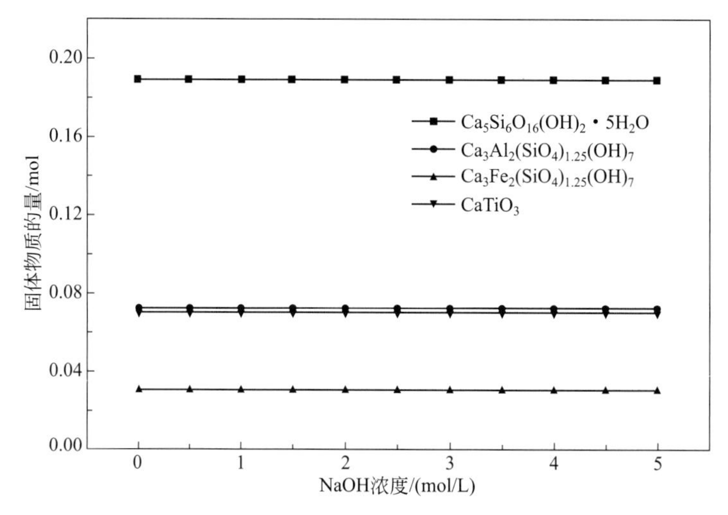

图 2-27　不同 NaOH 浓度下硅钙渣相组成的 OLI 模拟结果

模拟计算得各化合物相的摩尔分数为：雪硅钙石 0.526，水钙铝榴石 0.198，水钙铁榴石 0.083，钙钛矿 0.193。需注意的是，在石榴子石的晶体化学中，Al^{3+} 和 Fe^{3+} 的离子半径相近，彼此间极易发生类质同象代替，且水钙铝榴石和水钙铁榴石的 X 射线衍射谱非常相似，实际研究中可合并作为水钙铝榴石相。

2.5.3　实验过程

实验方法：称取一定质量的氢氧化钠固体（分析纯，99.9%）溶解于蒸馏水中，配制成一定浓度的 NaOH 溶液。称取 10g 硅钙碱渣（RGF-20），置于聚四氟乙烯反应釜内胆中，加入相应体积的 NaOH 溶液。将反应釜密封后放入均相反应器中，开启加热和搅拌（10r/min）。待均相反应器内部升温至设定温度后计时，达到设定反应时间后停止加热。将反应釜取出并放入自来水中冷却 10min；开启反应釜，反应浆液真空抽滤，用 60℃热水洗涤滤饼 4 次，每次洗涤水用量 20mL。所得硅钙渣滤饼置于电热鼓风干燥箱中，在 105℃下干燥

24h。分析硅钙渣的化学成分，按照公式（2-43）计算 Na_2O 的溶出率。

2.5.4 结果与讨论

实验研究了水解反应温度、NaOH 浓度、反应时间等因素对硅钙碱渣中 Na_2O 溶出效果的影响。采用 X 射线衍射分析方法确定了固相产物的物相组成。结合 OLI 软件模拟结果，分析反应产物硅钙渣的物相变化规律。

（1）反应温度

OLI 软件模拟所得硅钙渣的物相组成代表热力学平衡态条件下的相组成，而实验中反应温度、NaOH 浓度和反应时间都会影响反应动力学。实验设定 NaOH 碱液浓度为 1mol/L，液固质量比为 4，将硅钙碱渣分别在 100℃、120℃、140℃、160℃、180℃、200℃下反应 2h，测定 Na_2O 的溶出率，结果见表 2-24。当水解温度在 100℃以上时，硅钙碱渣中 Na_2O 的溶出率均达约 90%，表明其中的主要化合物 Na_2CaSiO_4 已接近完全分解；而在 160℃下 Na_2O 溶出率达到最大值 92.15%；继续提高反应温度，Na_2O 溶出率变化不明显。故实验确定回收碱的水解反应温度为 160℃。

表 2-24 水解温度对硅钙碱渣中 Na_2O 溶出率的影响实验结果

实验号	温度/℃	NaOH/(mol/L)	液固比	时间/h	化学成分(w_B)/%		$\eta(Na_2O)$/%
					CaO	Na_2O	
HJ-1	100	1	4	2	33.77	1.44	91.48
HJ-2	120	1	4	2	34.14	1.49	91.09
HJ-3	140	1	4	2	34.57	1.41	91.46
HJ-4	160	1	4	2	34.75	1.29	92.15
HJ-5	180	1	4	2	35.21	1.68	89.64
HJ-6	200	1	4	2	35.41	1.67	89.64

不同水解温度下所得硅钙渣的物相变化见图 2-28。当水解温度为 100℃时，所得硅钙渣中的主要物相为无定形钙硅水合物（CSH）、$CaCO_3$ 及未反应的 $CaTiO_3$。$CaCO_3$ 的出现主要

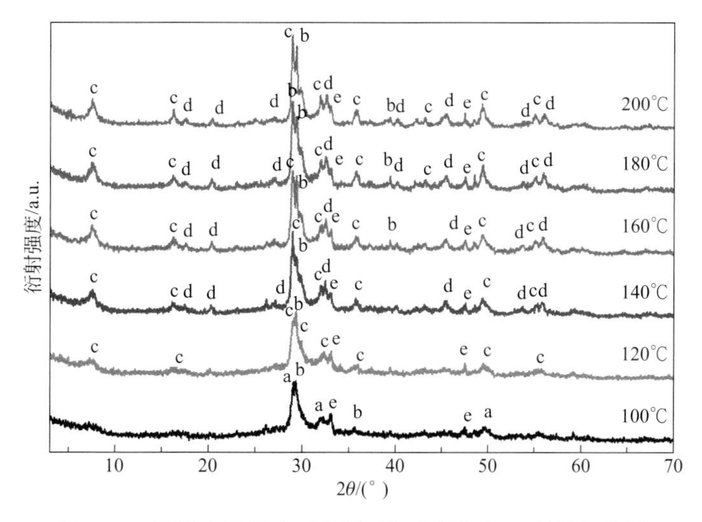

图 2-28 不同水解温度下所得硅钙渣的物相 X 射线衍射图

a—CSH；b—$CaCO_3$；c—$Ca_5Si_6O_{16}(OH)_2\cdot5H_2O$；d—$Ca_3Al_2(SiO_4)_{1.25}(OH)_7$；e—$CaTiO_3$

是由于 Na_2CaSiO_4 发生水解反应生成 $Ca(OH)_2$，后续反应不完全，钙硅渣中的 $Ca(OH)_2$ 在后期干燥过程与空气中的 CO_2 反应所致。前期在研究从 $NaHCaSiO_4$ 中回收 Na_2O 过程中也发现类似现象。Yang 等（2015）在研究以 $Ca(OH)_2$ 和 Na_2SiO_3 为原料合成硬硅钙石时，也发现在 160℃下反应所得硅钙渣固体中存在 $CaCO_3$ 相。当水解温度升至 120℃时，固相产物中 CSH 无定形相消失，而出现雪硅钙石相 $Ca_5Si_6O_{16}(OH)_2 \cdot 5H_2O$（PDF＃45-1480），且随水解温度的提高，雪硅钙石的特征衍射峰强度逐渐增强。水解温度升至 140℃时，产物中出现水钙铝榴石 $Ca_3Al_2(SiO_4)_{1.25}(OH)_7$。水解温度升高至 160℃以上，固相产物的物相组成不再变化。Rios 等（2009）研究发现，溶液中存在 Al^{3+} 可加速雪硅钙石从 CSH 中结晶，并抑制其转化为硬硅钙石，扩大雪硅钙石的稳定范围。因此，提高水解反应温度可以促进 CSH 向雪硅钙石和钙铝榴石转变。

（2）NaOH 浓度

设定水解反应温度为 160℃，在液固比为 4，NaOH 溶液浓度分别为 0mol/L、0.5mol/L、1mol/L、2mol/L、3mol/L、4mol/L、5mol/L 下反应 2h，测定不同碱液浓度下硅钙碱渣中 Na_2O 的溶出率，结果见表 2-25。硅钙碱渣在清水中溶出时，其 Na_2O 溶出率即达 94.17%，表明在 160℃水溶液中，Na_2CaSiO_4 可自发分解。但硅钙滤渣出现了明显膨胀，影响反应物料的过滤。当 NaOH 溶液浓度增至 2mol/L 时，滤渣膨胀现象受到抑制，硅钙碱渣中 Na_2O 的溶出率相应增至最大值 98.07%；继续增大 NaOH 浓度，Na_2O 溶出率有所降低。这可能是由于 Na_2CaSiO_4 相水解后，硅钙渣吸附部分 Na^+，从而降低了 Na_2O 的溶出率。故实验确定以浓度 2mol/L 的 NaOH 溶液作为硅钙碱渣的溶出液。

表 2-25 NaOH 浓度对硅钙碱渣中 Na_2O 溶出率的影响实验结果

实验号	温度/℃	NaOH /(mol/L)	液固比	时间/h	化学成分(w_B)/%		$\eta(Na_2O)$/%
					CaO	Na_2O	
HJ-7	160	0	4	2	34.64	0.96	94.17
HJ-8	160	0.5	4	2	34.81	1.22	92.56
HJ-4	160	1	4	2	34.75	1.29	93.04
HJ-9	160	2	4	2	35.61	0.31	98.07
HJ-10	160	3	4	2	35.51	0.65	95.96
HJ-11	160	4	4	2	35.18	1.00	93.84
HJ-12	160	5	4	2	35.21	1.36	91.61

硅钙碱渣在 160℃下经不同浓度 NaOH 碱液水解，所得硅钙渣的 X 射线粉晶衍射分析结果见图 2-29。在清水液中溶出，硅钙渣的主要物相为 $Ca_5Si_6O_{16}(OH)_2 \cdot 5H_2O$、$Ca_3Al_2(SiO_4)_{1.25}(OH)_7$、$CaCO_3$ 和 $CaTiO_3$，且 $CaCO_3$ 的特征衍射峰最强；说明 Na_2CaSiO_4 已经完全分解，但生成的部分 $Ca(OH)_2$ 未与 SiO_3^{2-} 反应生成新结晶相，而在后期干燥过程中转变为 $CaCO_3$。随着溶液中 NaOH 浓度升高，硅钙渣中 $CaCO_3$ 的特征衍射峰逐渐减弱，而 $Ca_5Si_6O_{16}(OH)_2 \cdot 5H_2O$ 和 $Ca_3Al_2(SiO_4)_{1.25}(OH)_7$ 的衍射峰逐渐增强。这表明提高碱液浓度有利于 $Ca(OH)_2$ 向雪硅钙石和水钙铝榴石相的转化，加速反应达到平衡。Wieslawa（1999）在研究 Na^+ 对 $CaO-SiO_2-H_2O$ 体系反应产物相组成及形貌的影响时，也发现 Na^+ 的

存在会加速产物 CSH 的形成。

(3) 反应时间

设定 NaOH 溶液浓度为 2mol/L，液固比为 4，硅钙碱渣在 160℃下分别反应 1h、2h、3h、4h、6h、10h，测定硅钙碱渣中 Na_2O 的溶出率，结果见表 2-26。当水解反应时间从 1h 增至 2h，硅钙碱渣中 Na_2O 的溶出率从 91.05%提高至 98.07%。继续延长水解时间，Na_2O 的溶出率出现小幅度降低趋势，最终恒定在约 92%。该实验结果表明，延长反应时间，部分 Na^+ 会被硅钙渣产物所吸附，从而降低 Na_2O 溶出率。故实验确定硅钙碱渣回收碱水解反应时间为 2h。

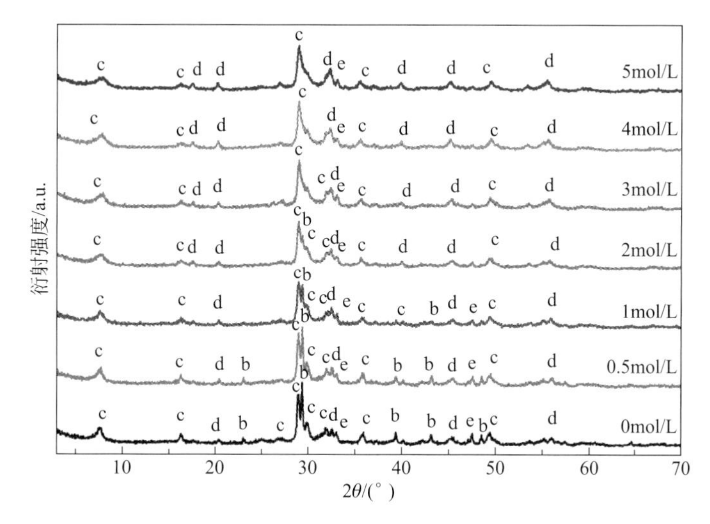

图 2-29　不同 NaOH 浓度下所得硅钙渣的 X 射线粉晶衍射图

b—$CaCO_3$；c—$Ca_5Si_6O_{16}(OH)_2 \cdot 5H_2O$；d—$Ca_3Al_2(SiO_4)_{1.25}(OH)_7$；e—$CaTiO_3$

表 2-26　水解时间对硅钙碱渣中 Na_2O 溶出率的影响实验结果

实验号	温度/℃	NaOH 浓度/(mol/L)	液固比	时间/h	化学成分(w_B)/%		$\eta(Na_2O)$/%
					CaO	Na_2O	
HJ-13	160	2	4	1	35.01	1.46	91.05
HJ-9	160	2	4	2	35.61	0.31	98.07
HJ-14	160	2	4	3	34.67	1.12	93.19
HJ-15	160	2	4	4	34.49	1.31	92.09
HJ-16	160	2	4	6	34.76	1.26	92.33
HJ-17	160	2	4	10	35.12	1.29	92.06

硅钙碱渣在 160℃浓度为 2mol/L 的 NaOH 溶液中水解反应不同时间，所得硅钙渣的 X 射线粉晶衍射分析结果见图 2-30。当水解反应 1h，所得硅钙渣的主要物相为 $Ca_5Si_6O_{16}(OH)_2 \cdot 5H_2O$、$Ca_3Al_2(SiO_4)_{1.25}(OH)_7$、$CaCO_3$ 和 $CaTiO_3$。随着反应时间的延长，$Ca_5Si_6O_{16}(OH)_2 \cdot 5H_2O$ 和 $Ca_3Al_2(SiO_4)_{1.25}(OH)_7$ 的特征衍射峰强度逐渐增强，而 $CaCO_3$ 的特征衍射峰逐渐减弱，直到水解反应 10h 其衍射峰消失。由此可见，延长水解反应时间有利

于水合硅酸钙 CSH 向更稳定的结晶相转变，即促进反应（2-42）的正向进行。

随着水解反应时间的延长，反应体系逐渐达到热力学平衡态。X 射线衍射分析结果显示，硅钙渣产物中的主要物相为 $Ca_5Si_6O_{16}(OH)_2\cdot 5H_2O$，其次为 $Ca_3Al_2(SiO_4)_{1.25}(OH)_7$，另有少量未参与反应的 $CaTiO_3$。对比 OLI Analyzer 9.2 软件模拟结果可知，实验达到平衡态时，硅钙渣产物的实际物相组成与模拟结果一致。

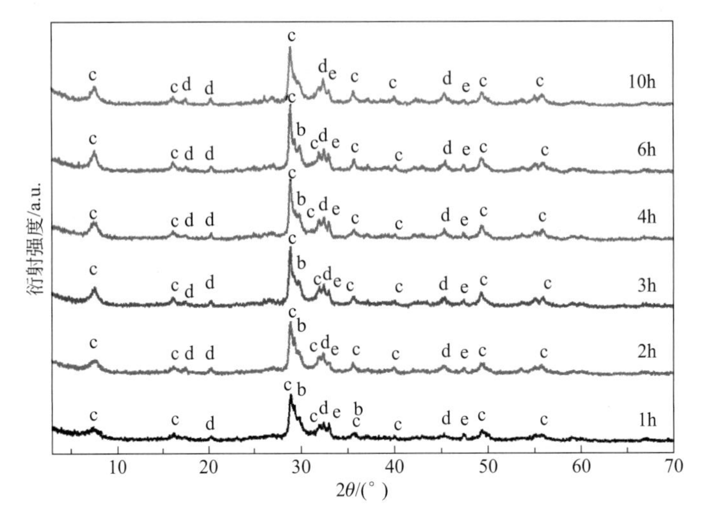

图 2-30　2mol/L 的 NaOH 溶液中不同反应时间下所得硅钙渣的 X 射线粉晶衍射图

b—$CaCO_3$；c—$Ca_5Si_6O_{16}(OH)_2\cdot 5H_2O$；d—$Ca_3Al_2(SiO_4)_{1.25}(OH)_7$；e—$CaTiO_3$

2.5.5　硅钙渣产物表征

综合以上实验结果，硅钙碱渣水解回收 Na_2O 的优化条件为：NaOH 浓度 2mol/L，反应时间 2h，反应温度 160℃，液固质量比为 4。经水解反应，硅钙碱渣中的主要物相 Na_2CaSiO_4 分解，生成 $Ca_5Si_6O_{16}(OH)_2\cdot 5H_2O$、$Ca_3Al_2(SiO_4)_{1.25}(OH)_7$、$Ca(OH)_2$ 等物相。所得硅钙渣产物的化学成分分析结果见表 2-27。经过回收碱工序，硅钙渣中的 Na_2O 含量由 19.60%降至 0.31%，溶出率达 98.07%；TiO_2、Al_2O_3、Fe_2O_3 含量相对增加。剩余硅钙渣的烧失量由 11.49%增大至 17.98%，系由生成大量含结晶水矿物相所致。

表 2-27　回收碱前后硅钙渣化学成分分析结果对比　w_B/%

样品号	SiO_2	TiO_2	Al_2O_3	Fe_2O_3	MgO	CaO	Na_2O	K_2O	P_2O_5	IOL	总量
RGF-20	30.44	2.22	3.76	1.92	0.57	28.95	19.60	0.11	0.13	11.49	99.19
HGF-9	35.89	2.69	4.30	2.28	0.73	35.61	0.31	0.02	0.13	17.98	99.94

注：中国建筑材料工业规划研究院李永玲分析。

扫描电镜下观察，以 Na_2CaSiO_4 为主要物相的硅钙碱渣及其经水解反应回收碱后的形貌变化见图 2-31。硅钙碱渣主要呈较为密实的粒状集合体，直径大多为 5～10μm，单个颗粒呈现多孔蜂窝状。而经水解反应溶出 Na_2O 后所得硅钙渣产物，蜂窝状颗粒体消失，颗粒形貌转变为疏松状，直径大多在 5～20μm 之间，表面为细小片状颗粒。

图 2-31　回收碱前后硅钙渣的扫描电镜照片

(a)，(b) 水解反应前；(c)，(d) 水解反应后

2.6　工艺过程对比及环境影响评价

对高铝粉煤灰提取氧化铝工艺过程的评价，必须综合考虑加工过程的一次资源消耗、能源消耗、温室气体 CO_2 排放量等环境相容性和产品方案等因素（马鸿文等，2007）。以下对高铝粉煤灰提取氧化铝不同的工艺过程进行技术可行性分析，对环境相容性进行综合对比评价。

2.6.1　技术可行性分析

以准格尔电厂高铝粉煤灰为原料提取氧化铝、副产沉淀硅酸钙粉体技术，工段划分及其反应过程简述如下。

碱液脱硅：以 NaOH 碱液溶出玻璃相中的部分 SiO_2 组分，提高粉煤灰原料的 A/S 质量比至 2.21。

生料烧结：所得脱硅滤饼与石灰石、纯碱按比例混合磨制成生料，经 1050℃下烧结 2h 后得到烧结熟料。

熟料溶出：以水溶液溶出烧结熟料，得铝酸钠粗液和硅钙碱渣。

粗液蒸发：所得铝酸钠粗液经蒸发，浓缩至 Al_2O_3 浓度约 100g/L。

制氧化铝：铝酸钠粗液经两段脱硅，再经碳分制得氢氧化铝，煅烧即得氧化铝制品。

母液蒸发：碳分母液经过蒸发浓缩后，返回用于生料配料。

滤液苛化：脱硅滤液以石灰乳在 90℃下苛化 2h；过滤分离得苛化碱液，浓缩后循环利用，水合硅酸钙滤饼经洗涤、干燥，制得沉淀硅酸钙粉体。

碱液回收：熟料溶出铝后所得硅钙碱渣在 NaOH 稀碱液中进行水解反应 2h，过滤分离后得到回收碱液和硅钙渣；前者循环用于原料脱硅工段，而硅钙渣可用作墙体材料的原料。

2.6.2 工艺过程对比评价

以高硅铝土矿碱石灰烧结法生产氧化铝的工艺过程为参考，分别对以准格尔高铝粉煤灰为原料的 3 种提取氧化铝工艺进行综合评价。以生产 1.0t 氧化铝为基准，参照国家标准《综合能耗计算通则》（GB/T 2589—2008）和氧化铝行业手册数据（杨义洪等，2008），计算各工艺的全流程资源消耗和能源消耗，结果见表 2-28～表 2-30。

以准格尔高铝粉煤灰为原料提取氧化铝，基于以上计算结果，按生产 1t 氧化铝为基准，3 种碱法工艺的综合对比如下：

资源消耗 与石灰石烧结法和预脱硅-碱石灰烧结法相比，预脱硅-低钙烧结法生产 1t 氧化铝需要处理物料总量为 4.11t，较前两者分别减少 46.8%和 19.7%。消耗一次资源 5.06t，较前两者分别减少 43.7%和 20.1%。预脱硅-低钙烧结法的石灰石消耗量仅 1.48t，较前两者分别减少 66.5%和 39.3%。与高硅铝土矿碱石灰烧结法相比，低钙烧结法的一次资源消耗量也减少 22.6%，同时还可消化高铝粉煤灰 2.46t。

表 2-28 准格尔高铝粉煤灰生产氧化铝的资源消耗、能耗综合计算表（以生产 1.0t 氧化铝为基准）

工段	石灰石烧结法	预脱硅-碱石灰烧结法	预脱硅-低钙烧结法	高硅铝土矿烧结法
磨矿	石灰石破碎混磨能耗：1.89GJ	石灰石破碎混磨能耗：1.68GJ	石灰石破碎混磨能耗：1.54GJ	石灰石破碎混磨能耗：0.9GJ
碱液脱硅		粉煤灰：2.56t SiO_2 溶出：41.7% 其他损失：3% 烧碱：1.28t（含循环） 水：3.91t 脱硅滤饼：2.19t 能耗：3.78GJ 蒸汽消耗：1.01t 电耗：12.8kW·h	粉煤灰：2.46t SiO_2 溶出：41.7% 其他损失：3% 烧碱：1.23t（含循环） 水：3.77t 脱硅滤饼：2.13t 能耗：3.63GJ 蒸汽消耗：0.97t 电耗：12.3kW·h	
生料烧结	高铝粉煤灰：2.91t 石灰石：4.82t； 烧结熟料：5.57t； 排放 CO_2：1.93t； 理论能耗：21.91GJ 原煤消耗：2.10t	脱硅滤饼：2.19t 石灰石：1.69t； 纯碱：1.25t（含循环） 烧结熟料：3.79t； 排放 CO_2：1.17t； 理论能耗：11.92GJ 原煤消耗：1.14t	脱硅滤饼：2.13t 石灰石：0.77t 纯碱：2.05t（含循环） 烧结熟料：3.67t； 排放 CO_2：1.11t； 理论能耗：8.33GJ 原煤消耗：0.82t	铝土矿：2.0t 石灰石：1.07t； 纯碱：1.27t（含循环） 烧结熟料：3.14t； 排放 CO_2：0.93t； 实际能耗：18.86GJ 原煤消耗：0.90t
熟料溶出	8% Na_2CO_3：19.42t $NaAlO_2$ 溶液：19.42m^3 Al_2O_3溶出率 70% Al_2O_3浓度 52.96g/L 硅钙渣：6.26t 加热溶液能耗：4.50GJ 蒸汽消耗：1.19t 电能：45kW·h	溶出液：10.38m^3 $NaAlO_2$ 溶液：10.38m^3 Al_2O_3溶出率 85% Al_2O_3浓度 99.3g/L 硅钙渣：1.69t 加热溶液能耗：2.49GJ 蒸汽消耗：0.66t 电能：25kW·h	溶出液：10.18m^3 $NaAlO_2$ 溶液：10.18m^3 Al_2O_3溶出率 90% Al_2O_3浓度 100g/L 硅钙碱渣：1.73t 加热溶液能耗：2.40GJ 蒸汽消耗：0.64t 电能：24kW·h	溶出液：8.6m^3 $NaAlO_2$ 溶液：8.6m^3 Al_2O_3溶出率 93% Al_2O_3浓度 120g/L 硅钙渣：1.68t 加热溶液能耗：1.98GJ 蒸汽消耗：0.53t 电能：20kW·h
粗液蒸发	蒸发水：10.85t 能耗：9.80GJ 蒸汽消耗：2.61t	蒸发水：1.79t 能耗：1.62GJ 蒸汽消耗：0.43t	蒸发水：1.70t 能耗：1.54GJ 蒸汽消耗：0.41t	

续表

工段	石灰石烧结法	预脱硅-碱石灰烧结法	预脱硅-低钙烧结法	高硅铝土矿烧结法
制氧化铝	脱硅　能耗：6.47GJ；蒸汽消耗：1.72t； 碳分　需要 CO_2：0.96t；$Al(OH)_3$ 洗水：1.53t；能耗：0.43GJ；电耗：119.44kW·h； 煅烧　氢氧化铝：1.53t；能耗：3.10GJ；电耗：1.25kW·h；天然气：87.22m^3			
母液蒸发		蒸发水：7.43t 蒸汽消耗：1.78t 能耗：6.70GJ	蒸发水：7.43t 蒸汽消耗：1.78t 能耗：6.70GJ	蒸发水：6.86t 蒸汽消耗：1.65t 能耗：6.21GJ
滤液苛化		石灰石 0.75t 洗涤用水：5.37t 水合硅酸钙：0.95t （含水率 12%） 电：85kW·h 蒸汽：1.50t 能耗：5.94GJ	石灰石 0.71t 洗涤用水：5.09t 沉淀硅酸钙：0.90t （含水率 12%） 电：81kW·h 蒸汽：1.42t 能耗：5.63GJ	
碱液回收			硅钙碱渣：1.73t； 水：3.45t 硅钙渣：1.41t 加热能耗：1.96GJ 蒸汽消耗：0.52t	

注：计算依据：（1）准格尔高铝粉煤灰：SiO_2 40.01%，Al_2O_3 50.71%，TFe_2O_3 1.80%，A/S=1.25；（2）高硅铝土矿：SiO_2 16.1%，Al_2O_3 55.0%，烧失量 13.83%，A/S=3.44；（3）原煤发热量 20908kJ/kg；（4）烧结过程热效率按 50%计。

表 2-29　高铝粉煤灰提取氧化铝碱法工艺能耗对比表　　GJ/t Al_2O_3

工段	石灰石烧结法	预脱硅-碱石灰烧结法	预脱硅-低钙烧结法	高硅铝土矿烧结法
磨矿	1.89	1.44	1.32	0.90
预脱硅	—	3.91	3.63	—
烧结	43.82	23.54	16.90	18.86
熟料溶出	4.50	2.49	2.40	2.07
铝酸钠粗液	9.80	1.62	1.54	—
碱回收	—	—	1.96	—
脱硅	6.47	6.47	6.47	6.47
碳分	0.43	0.43	0.43	0.43
氢氧化铝焙烧	3.10	3.10	3.10	3.10
母液蒸发	—	6.70	6.70	6.21
硅酸钙制备	—	5.94	5.63	—
总计	70.01	55.64	50.08	38.04
总计(标准煤)/kgce	2388.80	1898.48	1708.77	1297.96

注：标准煤的发热量为 29307.6kJ/kg。

表 2-30　高铝粉煤灰提取氧化铝碱法工艺物耗对比表（以生产 1.0t 氧化铝为基准）

项目	石灰石烧结法	预脱硅-碱石灰烧结法	预脱硅-低钙烧结法	高硅铝土矿烧结法
高铝粉煤灰/t	2.91	2.56	2.46	2.00(铝土矿)
石灰石/t	4.82	2.44	1.48	1.07
纯碱/t	—	0.12	0.17	0.05
烧碱/t	—	0.03	—	—
水/t	6.71	10.10	9.72	13.74
原煤/t	2.10	1.14	0.82	0.90
蒸汽/t	5.52	7.10	7.46	3.90
天然气/m^3	87.22m^3	87.22m^3	87.22m^3	87.22m^3
电/kW·h	690.69	643.49	604.66	391.21
一次资源/t	8.99	6.33	5.06	6.54
硅钙渣排放/t	6.26	1.69	1.41	1.68
CO_2(反应)/t	1.93	1.51	1.43	0.93
CO_2(燃煤)/t	3.93	2.13	1.53	1.68
总 CO_2/t	4.90	2.40	1.68	1.65

注：1. 一次资源消耗量包括铝土矿、石灰石和原煤，水、蒸汽、电、天然气按照《综合能耗计算通则》（国家发改委，2008）折合标准煤或原煤。

2. 计算燃煤的 CO_2 排放量时，将原煤换算成标准煤，按 1t 标准煤排放 2620kg CO_2 计。

3. 总 CO_2 排放量为反应与燃煤产生 CO_2 之和减去碳分工段消耗 CO_2 量。

能源消耗　石灰石烧结法和预脱硅-碱石灰烧结法生产 1.0t 氧化铝的综合能耗分别为 70.01GJ 和 55.64GJ，而预脱硅-低钙烧结法能耗为 50.08GJ，较前两者分别降低 28.5%和 10.0%。低钙烧结法在熟料烧结工段的能耗有效降低。但由于增加了预脱硅和沉淀硅酸钙制备两工段的能耗 9.26GJ，其总能耗比高硅铝土矿碱石灰烧结法高出 31.65%。

尾气排放　3 种烧结法工艺排放尾气主要为 CO_2，预脱硅-低钙烧结法的 CO_2 排放量为 1.68t，较石灰石烧结法和碱石灰烧结法的 4.90t 和 2.40t 分别减少 65.7%和 30.0%。与高硅铝土矿碱石灰烧结法排放 1.65t 相比，两者的 CO_2 排放量大致相当。

产品方案　石灰石烧结法从高铝粉煤灰提取 1.0t 氧化铝，排放硅钙渣 6.26t；高硅铝土矿碱石灰烧结法和高铝粉煤灰预脱硅-碱石灰烧结法，分别排放以 β-Ca_2SiO_4 为主要成分的硅钙渣 1.69t 和 1.68t。以上尾渣虽可用作硅酸盐水泥原料，但尾渣含水率高且富含碱，用作水泥原料还需额外处理，致使其能耗增加。因此，用作水泥原料难以实现规模化工业应用。而预脱硅-低钙烧结法排放硅钙渣 1.41t，较前 3 者分别减少 81.8%、16.6%和 16.1%，且可用于生产墙体材料等建材产品。此外，脱硅滤液经石灰乳苛化可制得沉淀硅酸钙粉体，属高附加值产品。

综上所述，石灰石烧结法提取氧化铝技术存在一次资源消耗量大、能耗高、CO_2 排放量大、剩余硅钙渣难以利用等问题；预脱硅-碱石灰烧结法的能耗、CO_2 排放量、硅钙渣排放量较石灰石烧结法明显降低，但仍存在烧结温度高、硅钙渣难以利用的问题。与之相比，预脱硅-低钙烧结法的烧结温度、生产能耗、CO_2 排放量均显著减少，氧化铝溶出率有所提高，排放硅钙渣可用作墙体材料等建材生产原料，容易实现规模化利用。与高硅铝土矿碱石灰烧结法相比，高铝粉煤灰低钙烧结法提取氧化铝技术可节约大量石灰石和铝土矿资源，同时大量消化粉煤灰。显而易见，与其他几种碱法提取氧化铝技术相比，预脱硅-低钙烧结法提取氧化铝技术总体上具有明显的竞争优势。

第 3 章 纯碱烧结-盐酸浸出提取氧化铝技术

3.1 原料分析与工艺流程

3.1.1 原料分析

本项研究所用实验原料为北京石景山电厂排放的高铝粉煤灰（BF-01）和内蒙古托克托电厂排放的高铝粉煤灰（TF-04）。其化学成分分析结果见表 3-1。

表 3-1 高铝粉煤灰原料化学成分分析结果 $w_B/\%$

样品号	SiO_2	TiO_2	Al_2O_3	Fe_2O_3	FeO	MnO	MgO	CaO	Na_2O	K_2O	P_2O_5	H_2O^+	烧失量	总量
BF-01	48.13	1.66	39.03	2.94	0.77	0.02	1.05	3.30	0.21	0.69	0.63	0.21	0.62	99.26
TF-04	37.81	1.64	48.50	1.79	0.48	0.01	0.31	3.62	0.15	0.36	0.15	3.89	1.06	99.77

石景山电厂排放的高铝粉煤灰（BF-01），其 SiO_2、Al_2O_3 总量达 87.16%；X 射线粉末衍射分析结果表明，其主要物相为莫来石和玻璃相［图 3-1（a）］；图 3-2（a）为该粉煤灰原料的扫描电镜照片。高铝粉煤灰颗粒大部分呈球形玻璃体（图中 G），球体直径大多介于 1～15μm 之间。另外，还存在少量莫来石晶体（图中 M），呈针状或棒状生长。

内蒙古托克托电厂排放的高铝粉煤灰（TF-04），其 SiO_2、Al_2O_3 总量达 86.31%；据 X 射线粉末衍射分析，其主要物相为莫来石和玻璃相［图 3-1（b）］；图 3-2（b）为该粉煤灰的扫描电镜照片，图中粉煤灰小部分呈球形玻璃体，球体粒径大小不一。此外，存在大量莫来石晶体，形态呈针状或棒状。扫描电镜下观察，可见大多数玻璃体中包含着莫来石相，而莫来石相中又包含玻璃体，两者呈相互嵌入形态（张晓云，2005）。

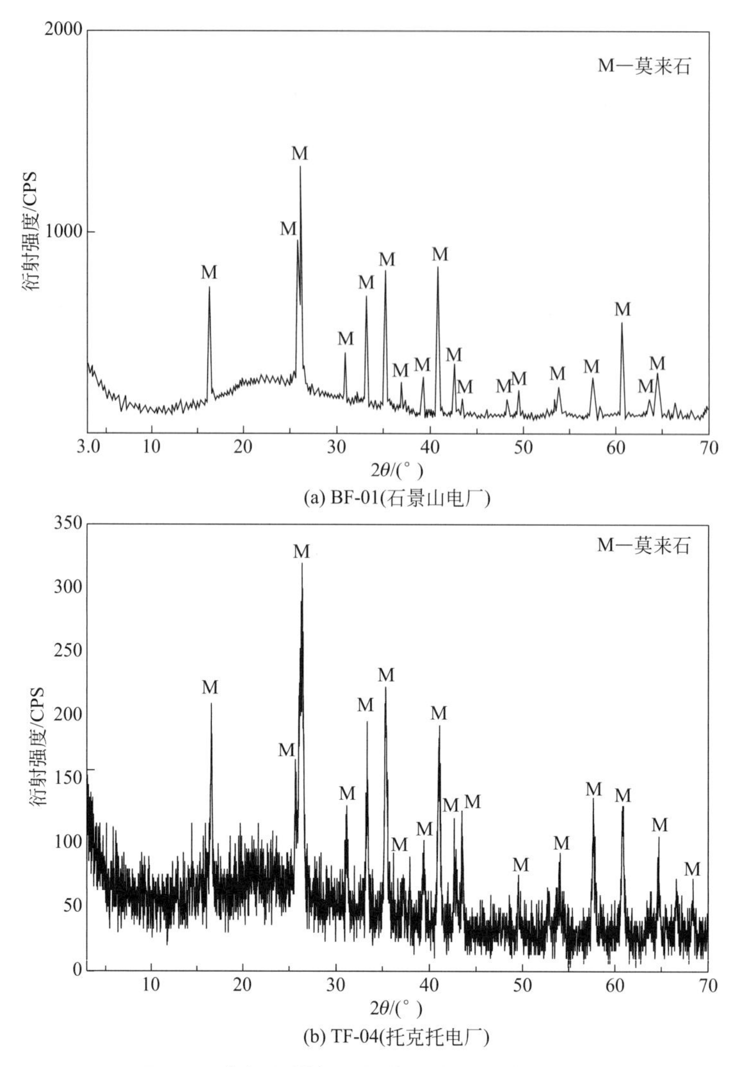

(a) BF-01(石景山电厂)

(b) TF-04(托克托电厂)

图 3-1　高铝粉煤灰原料的 X 射线粉末衍射图

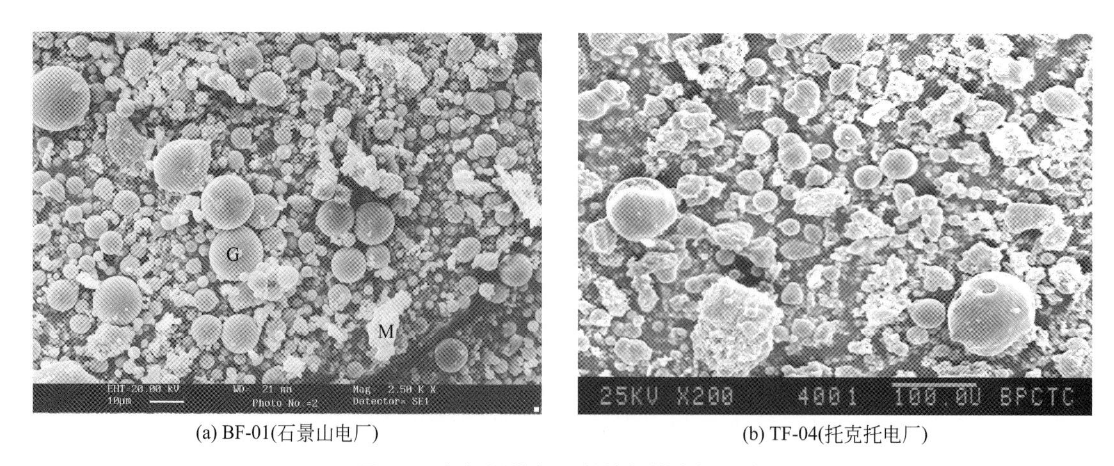

(a) BF-01(石景山电厂)　　(b) TF-04(托克托电厂)

图 3-2　高铝粉煤灰原料的扫描电镜照片

3.1.2　工艺流程

本研究拟探索研究以高铝粉煤灰为原料制备氧化铝的酸碱联合法工艺。实验采用的工艺流程见图 3-3。

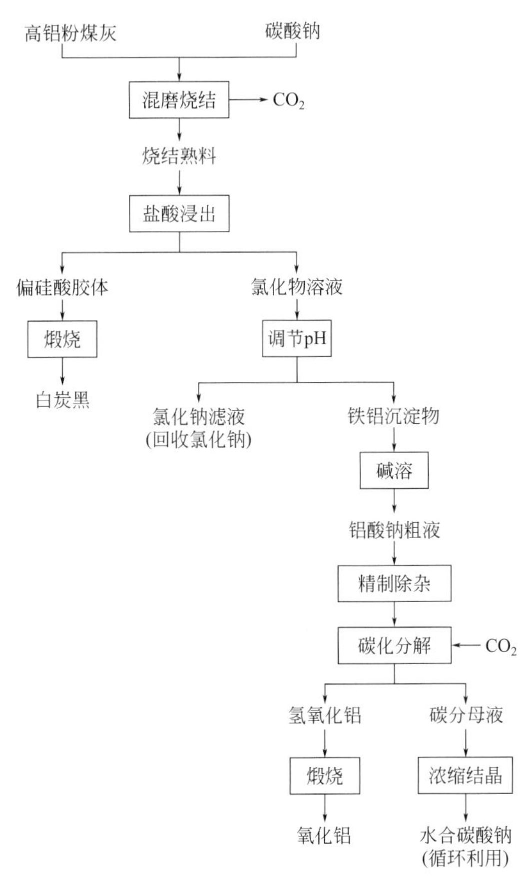

图 3-3　高铝粉煤灰制备氧化铝工艺流程

实验方法：以浓度 6.52mol/L 的盐酸溶液浸取烧结熟料，得氯化铝溶液，可使烧结熟料中的氧化铝最大程度地分离；而 SiO_2 组分生成高纯度偏硅酸胶体沉淀，经煅烧可制得优质白炭黑产品。向分离后所得氯化铝溶液中加入氢氧化钠溶液至 pH 值为 5，生成铝铁共沉淀物，过滤得氯化钠溶液，经蒸发可回收氯化钠产品。继续以氢氧化钠溶液溶浸铁铝共沉淀，过滤得铝酸钠粗液，而铁、钛、镁等杂质沉淀被除去。将所得铝酸钠粗液进一步脱硅、除钙，得铝酸钠精液，通入 CO_2 进行碳化分解，生成氢氧化铝沉淀。再经煅烧，即制得氧化铝产品。

3.2　原料烧结

以石景山电厂高铝粉煤灰（BF-01）为原料，以碳酸钠为配料，将两种物料混合均匀，于箱式电炉中在 830℃下烧结 1.5h。

无水碳酸钠（Na_2CO_3）是常用的碱性熔剂。在高温下可分解硅酸盐、硫酸盐、磷酸盐和碳酸盐等许多岩矿样品，使试样中的成分转变为可溶性盐类。它可直接与矿粉混合，对设备腐蚀性小。且其作为配料烧结时所放出的 CO_2 可以回收，用于后续工段中对滤液的酸化，并在滤液蒸发分离过程中结晶出 Na_2CO_3，作为烧结配料循环使用（图 3-3）。

高铝粉煤灰原料中，由于莫来石中的 Al_2O_3 反应活性差，故无法实现直接从莫来石中提取氧化铝。本项研究以工业碳酸钠为烧结配料，于箱式电炉中进行中温烧结，目的是使高铝粉煤灰中难溶性莫来石和硅酸盐玻璃体经烧结转化为酸溶性化合物——霞石。霞石易溶于酸性介质中且呈现云霞状硅胶，故得名（马鸿文，2011）。

实验采用的烧结条件为：粉煤灰∶碳酸钠质量比为 1.0∶1.0；烧结时间 1.5h，烧结温度 830℃。烧结过程发生的主要化学反应为：

$$Al_6Si_2O_{13}(\text{莫来石}) + 3Na_2CO_3 \longrightarrow 2NaAlSiO_4 + 4NaAlO_2 + 3CO_2\uparrow \tag{3-1}$$

$$SiO_2(\text{玻璃相}) + Na_2CO_3 \longrightarrow Na_2SiO_3 + CO_2\uparrow \tag{3-2}$$

$$Al_2O_3(\text{玻璃相}) + Na_2CO_3 \longrightarrow 2NaAlO_2 + CO_2\uparrow \tag{3-3}$$

烧结反应完全与否，由高铝粉煤灰原料转化为可溶性硅酸盐的百分率来评定，即烧结后分解的粉煤灰质量与烧结前其质量之比。测定方法：称取相当于原矿粉 m_1 的烧结熟料，加入水中充分搅拌，此时有混浊胶态物出现，加入少量硝酸并持续搅拌。待溶液澄清后，利用快速滤纸过滤，除去上层清液，滤渣经热水洗涤数次，转入干燥烘箱，在 105℃下烘干至恒重，记录滤渣（未分解粉煤灰）质量为 m_2。则：

$$\text{分解率} = (m_1 - m_2)/m_1 \tag{3-4}$$

式中，m_1 为烧结熟料质量；m_2 为剩余残渣质量。

按照上述方法测定，石景山高铝粉煤灰原料（BF-01）经中温烧结，分解率达 99.0%。

实验发现，高铝粉煤灰烧结熟料的颜色为淡绿色，呈疏松粉状。若烧结配料工业碳酸钠的加入量不足，或烧结时间不足，烧结温度过低，都会导致烧结反应不完全，此时烧结熟料颜色显灰白色，且测定分解率不高。所得烧结熟料（BS-1）的化学成分分析结果见表 3-2。

表 3-2　高铝粉煤灰烧结熟料化学成分分析结果　　$w_B/\%$

样品号	SiO_2	TiO_2	Al_2O_3	Fe_2O_3	FeO	MnO	MgO	CaO	Na_2O	K_2O	P_2O_5	H_2O^+	H_2O^-	总量
BS-1	25.96	0.91	20.41	1.84	0.10	0.01	0.74	2.18	39.50	0.67	0.25	2.87	1.23	96.67
TS-1	23.75	0.98	31.38	1.29	0.24	0.02	0.69	2.33	35.92	0.63	0.09	0.62	2.31	100.25

注：原料产地　BS-1，北京石景山电厂；TS-1，内蒙古托克托电厂。

X 射线粉末衍射分析结果显示，高铝粉煤灰（BF-01）中的莫来石相经中温烧结后已完全分解，所得烧结熟料（BS-1）的主要成分为霞石［图 3-4（a）］，与理论反应式相一致。实验结果表明，以工业碳酸钠作为烧结配料，可在中温下快速分解莫来石和硅酸盐玻璃相。

莫来石属于链状结构硅酸盐，斜方晶系。结构中的［SiO_4］和［AlO_4］呈无序排列。以工业碳酸钠为配料，烧结过程中随着固相反应的加剧，莫来石的 Si-Al-O 骨架结构被破坏，且由 Si^{4+}、Al^{3+} 互相替代，1/2 的 Si^{4+} 被 Al^{3+} 替代，由 Na^+ 平衡电价。最后形成具有六元四面体环结构的酸溶性化合物霞石相。

托克托电厂高铝粉煤灰（TF-04）的烧结条件为：粉煤灰∶碳酸钠质量比为 1.0∶0.8；烧结温度 870℃，烧结时间 1.5h。在此条件下，采用稀硝酸法测定，高铝粉煤灰的分解率为 93.2%。所得烧结熟料（TS-1）的化学成分分析见表 3-2。X 射线粉末衍射分析结果显示，原高铝粉煤灰中的莫来石相已完全分解，烧结熟料的主要物相转变为霞石［图 3-4（b）］。

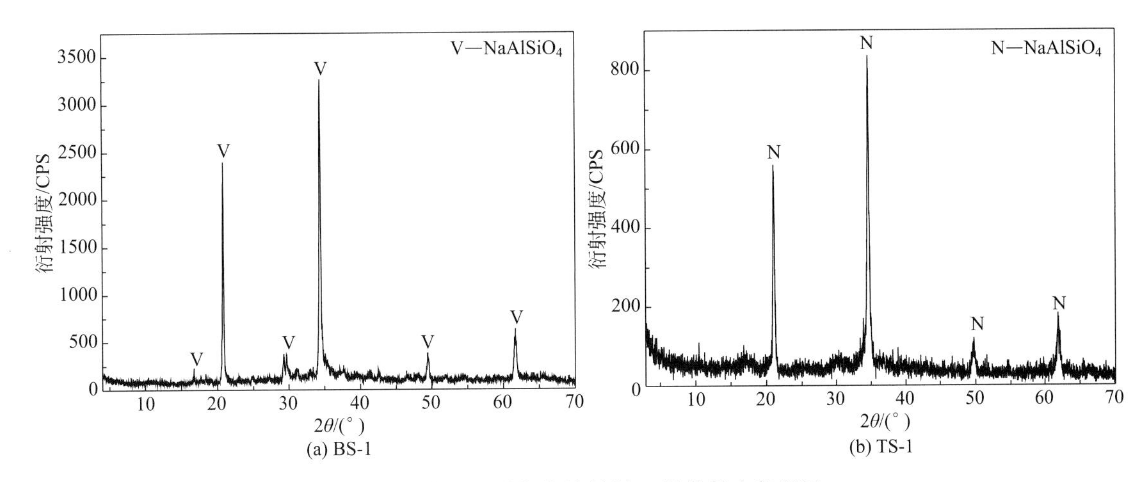

图 3-4　高铝粉煤灰烧结熟料 X 射线粉末衍射图

烧结熟料以稀盐酸溶液溶浸，所得不溶物样品（TR-1）的化学成分分析见表 3-3。X 射线粉末衍射分析结果显示，不溶物的主要物相为刚玉（α-Al_2O_3）和钙钛矿（$CaTiO_3$）（图 3-5）。刚玉可能是在电厂燃煤过程中，原煤中的三水铝石或软水铝石在高温下转变而成。刚玉是一种非常稳定的化合物，在以碳酸钠为配料的烧结条件下仍稳定存在。钙钛矿则可能是在煤燃烧过程中形成的一种新物相。

表 3-3　烧结熟料不溶物化学成分分析结果　　w_B/%

样品号	SiO_2	TiO_2	Al_2O_3	Fe_2O_3	FeO	MnO	MgO	CaO	Na_2O	K_2O	P_2O_5	H_2O^+	烧失量	总量
TR-1	31.83	4.20	38.71	1.62	0.17	0.03	1.99	1.17	13.15	0.80	0.11	0.20	5.68	99.66

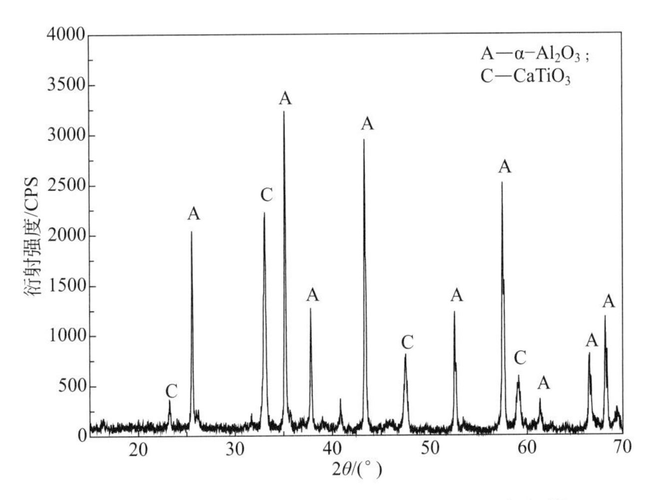

图 3-5　烧结熟料不溶物（TR-1）X 射线粉末衍射图

以工业碳酸钠为配料，托克托电厂高铝粉煤灰（TF-04）能在中温下快速分解其中的莫来石相和硅酸盐玻璃体。所得烧结熟料（TS-1）的主要物相为霞石［图 3-4（b）］。

3.3 硅铝分离

取石景山高铝粉煤灰的烧结熟料（BS-1），加入适量水，在搅拌条件下逐滴加入稀盐酸，对熟料进行溶浸酸化。酸化实验的研究目的是：了解在不同 pH 值条件下，烧结熟料中主要组分的浸出规律，以及酸化过程发生的主要化学反应。确定酸化实验条件，为最大限度提高硅铝分离效率提供依据。以下以烧结熟料（BS-1）为原料，通过实验讨论主要影响因素 pH 值、盐酸加入量和酸浸温度对硅铝分离效果的影响。

3.3.1 pH 值

称取高铝粉煤灰烧结熟料（BS-1）10.0150g，加入 750mL 蒸馏水。将装有浓度 6.0mol/L 的盐酸溶液的酸式滴定管固定在铁架台上，接通磁力搅拌器电源；将磁子放入盛有烧结熟料的反应器中，测定加盐酸之前溶液的 pH 值。打开磁力搅拌器进行搅拌，待磁子转速稳定后，逐滴滴入浓度 6.0mol/L 的盐酸溶液数毫升后，静置 15min，待溶液上清液澄清，取出 30mL 上清液，测定其 pH 值，然后测定溶液中 SiO_2、Al_2O_3、Na_2O 的含量。

烧结熟料（BS-1）与盐酸溶液反应过程中，反应体系的温度有所上升，即此酸化反应为放热反应。

以盐酸作为酸化介质对烧结熟料进行酸化，溶液中的 SiO_2、Al_2O_3、Na_2O 含量随着加酸量增加，以及溶液 pH 值的变化见表 3-4。溶液中各主要组分的含量随 pH 值的变化情况见图 3-6。

表 3-4　酸化滤液的化学成分分析结果

实验号	SiO_2/(g/L)	Al_2O_3/(g/L)	Na_2O/(g/L)	pH 值	累加 6.0mol/L 盐酸/mL
BS-1	0.118	0.375	1.164	11.70	—
BS-2	0.078	0.000	1.429	7.49	5.0
BS-3	0.352	0.244	1.920	3.48	3.0
BS-6	1.050	2.342	4.800	2.50	22.0
BS-7	1.531	2.904	5.200	1.81	5.0
BS-9	1.600	3.279	5.600	1.42	3.0

由图 3-6 和表 3-4 可见，在加入盐酸之前，溶液中已经存在一定量的 SiO_2 和 Al_2O_3，说明烧结熟料（BS-1）中少量组分可直接溶于水中，即原高铝粉煤灰经烧结生成的少量 Na_2SiO_3 和 $NaAlO_2$［反应式（3-2）、式（3-3）］。随着酸化反应持续进行，液相的 pH 值不断降低。在 pH 值 11.70～7.49 范围内，溶液中的 Al_2O_3、SiO_2 含量逐渐降低，这是由于溶液的 pH 值为 11.70 时，溶液中的 SiO_2 主要以 $H_2SiO_4^{2-}$ 形式存在。随着 pH 值的降低，$H_2SiO_4^{2-}$ 逐渐转变为 $H_3SiO_4^-$，最终转变为 H_4SiO_4（图 3-7）；而溶液中的 Al_2O_3 则主要以

AlO_2^- 形式存在，随着pH值的降低，AlO_2^- 逐渐转变为 $Al(OH)_2^+$ 和 $Al(OH)_3$（图3-8）。因此，当pH值达到7.46时，溶液中的 Al_2O_3 和 SiO_2 含量达到最低值。随着盐酸量的逐渐增加，溶液的pH值进一步降低，溶液中 Al_2O_3、SiO_2、Na_2O 的含量逐渐增大，在pH值为3.48时出现突越性变化。随着盐酸加入量不断增加，促使霞石与盐酸的反应不断向正向进行，溶液中 Al_2O_3、SiO_2、Na_2O 含量也相应地增加。当溶液的pH值降至1.42时，溶液中 Al_2O_3、SiO_2、Na_2O 的含量仍保持增大趋势。

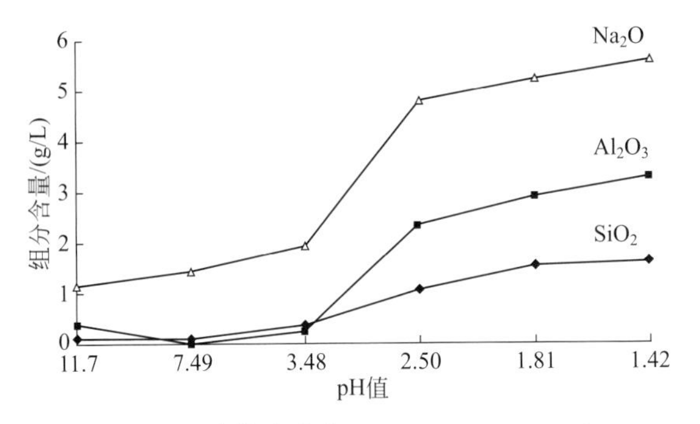

图3-6 酸化滤液中 Al_2O_3、SiO_2、Na_2O 含量随pH值的变化

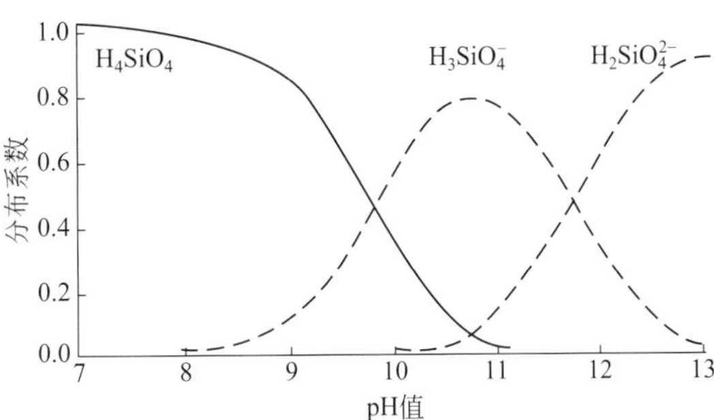

图3-7 25℃时硅离子形态分布随pH值的变化（据罗孝俊等，2001）

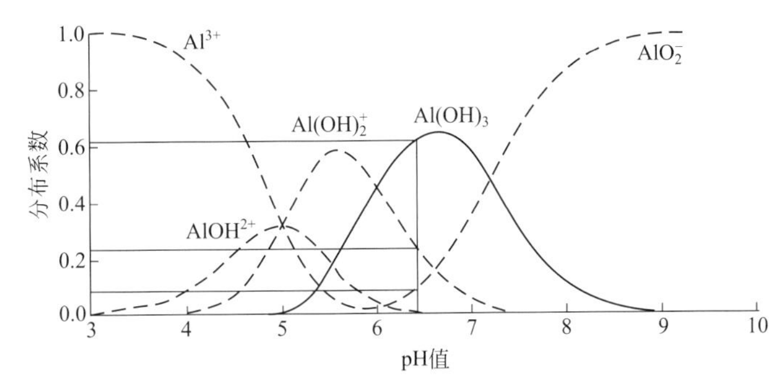

图3-8 25℃时铝离子分布随pH值的变化（据罗孝俊等，2001）

烧结熟料（BS-1）中的霞石相与盐酸发生反应，即

$$NaAlSiO_4 + 4HCl \longrightarrow NaCl + AlCl_3 + H_2SiO_3 + H_2O \tag{3-5}$$

从热力学角度考虑，在常温下（298.15K），上述反应的 $\Delta_r H(T)$、$\Delta_r S(T)$ 均可以查表获得（Robie et al，1995），计算得 $\Delta_r G(298.15K) = -217.7kJ/mol$。表明在常温下，反应（3-5）可以自发进行。

3.3.2 盐酸加入量

按高铝粉煤灰（BF-01）与无水碳酸钠发生烧结反应（3-1）至反应（3-3），则10g烧结熟料（BS-1）中含有霞石质量为9.896g。以盐酸溶液溶浸，理论上需要消耗浓盐酸为0.28mol。溶浸过程发生如下反应：

$$NaAlSiO_4 + 4HCl \longrightarrow NaCl + AlCl_3 + H_4SiO_4 \tag{3-6}$$

浓盐酸的密度为 $1.17g/cm^3$，以浓盐酸中HCl的质量浓度为36%计，则溶浸烧结熟料

（BS-1）10g，理论上需要消耗浓盐酸 24.26mL。

以下设计了温度为 60℃、25℃下反应时盐酸加入量单因素实验，以确定硅铝分离的优化条件。

分别称取 10g 烧结熟料（BS-1），先加入 100mL 蒸馏水，再加入浓度 6.0mol/L 的盐酸溶液，搅拌 30min。实验过程中随着盐酸的加入，有大量气泡产生，并伴随着放热效应。反应结束后，将反应液转入密闭塑料瓶中，放入烘箱，在 60℃下恒温反应 60min，过滤得偏硅酸胶体沉淀。实验结果见表 3-5。

表 3-5　60℃下不同加酸量的硅铝分离实验结果（1）

项目	BS-1-1	BS-1-2	BS-1-3
烧结熟料/g	10.0072	10.0137	10.0041
6.0mol/L 盐酸/mL	40	50	60
温度/℃	60	60	60
时间/min	60	60	60
硅胶沉淀量/g	3.6520	0.3720	0.2782
备注	大量沉淀物	溶胶，无沉淀	溶胶，无沉淀

由表 3-5 可以看出，随着盐酸加入量增大，实验过程由生成大量硅胶沉淀转化为溶胶状态，浓度 6.0mol/L 盐酸的加入量在 40～50mL 之间，有一个反应相转变过程，即硅胶由凝胶相转变为溶胶相。故后续实验控制浓度 6.0mol/L 的盐酸加入量在 40～50mL 之间，且每次加入量以 2mL 幅度增加，以确定由凝胶相到溶胶相的相转变点。

称取 10g 烧结熟料（BS-1），先加入 100mL 蒸馏水，再加入一定量浓度 6.0mol/L 的盐酸，搅拌 30min。实验过程中，随着盐酸的不断加入，有大量气泡产生，并伴随放热效应。将反应烧杯放入水浴振荡器中，在 60℃下反应 60min，过滤得硅胶沉淀物。实验结果见表 3-6。

表 3-6　60℃下不同加酸量的硅铝分离实验结果（2）

项目	BS-2-1	BS-2-2	BS-2-3
烧结熟料/g	10.0303	10.0053	10.0124
6.0mol/L 盐酸/mL	42	44	46
温度/℃	60	60	60
时间/min	60	60	60
硅胶沉淀量/g	—	0.6597	0.5148
备注	有沉淀	溶胶，无沉淀	溶胶，无沉淀

由表 3-6 可见，10g 烧结熟料加入 100mL 蒸馏水中，当浓度 6.0mol/L 的盐酸加入量为 42～44mL 时，霞石与盐酸的反应产物硅胶将发生凝胶相到溶胶相转变。

结果讨论：对硅铝分离后所得硅胶（BS-1-1）进行 X 射线衍射分析，结果见图 3-9。可见当浓度 6.0mol/L 的盐酸加入量为 40mL 时，霞石相完全消失，反应已经完全。

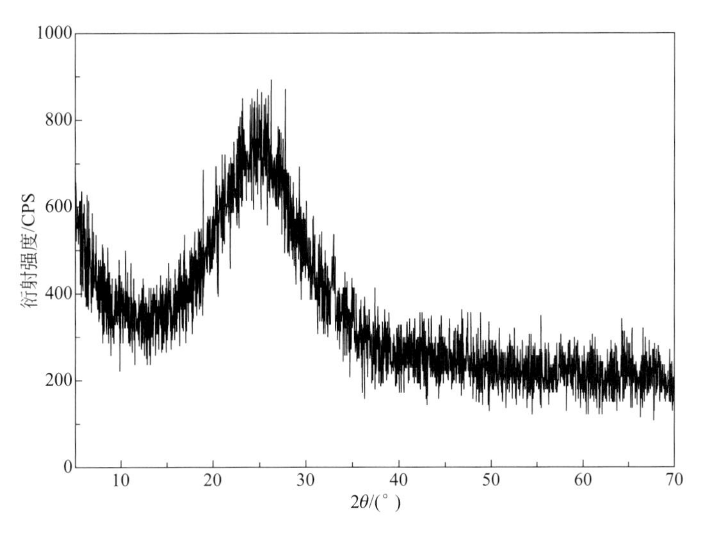

图 3-9　偏硅酸胶体沉淀（BS-1-1）的 X 射线粉末衍射图

胶体粒子在介质中呈高分散状态，有巨大表面积，因而将吸附一些离子以趋稳定，而 SiO_2 等的胶粒带负电（图 3-10）。在固-液界面处，固相表面由于解离或吸附离子而带电，故在其周围将分布与固相表面电性相反的离子。由于离子的热运动和静电吸引作用的结果，它们分散地分布于界面周围。在紧贴固相表面，负离子较多，成为紧密层，其他剩余的负离子较为分散，称为扩散层。当胶粒移动时，紧密层及其水化层随着一起移动，成为一个整体。

故硅酸胶粒对于介质本体，就动力特征而言，其起作用的电势应是扩散层内的电势，即电动电势，习惯上称作 ζ 电势，其值随胶粒紧密层内离子浓度的改变而变化。当电解质浓度较小时，有助于胶粒带电形成 ζ 电势，使粒子之间因同性电荷的斥力而不易聚结。当电解质浓度增大时，会使进入紧密层的反号离子增加，从而使分散层变薄，ζ 电势下降（图 3-11）。当电解质浓度增加至一定程度时，分散层厚度可变为零（韩德刚等，2001；印永嘉等，2007）。

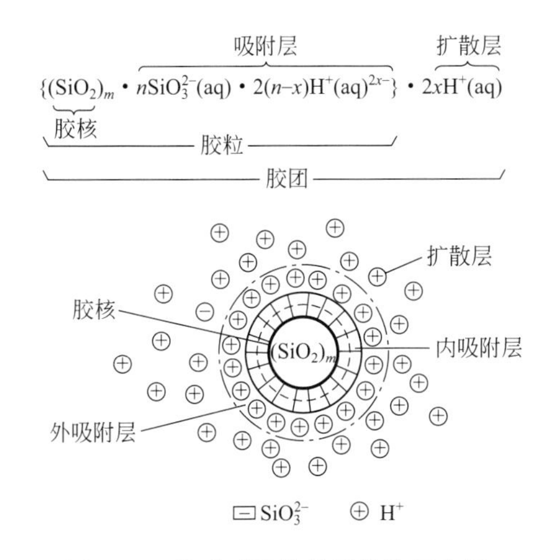

图 3-10　偏硅酸胶体粒子结构示意图

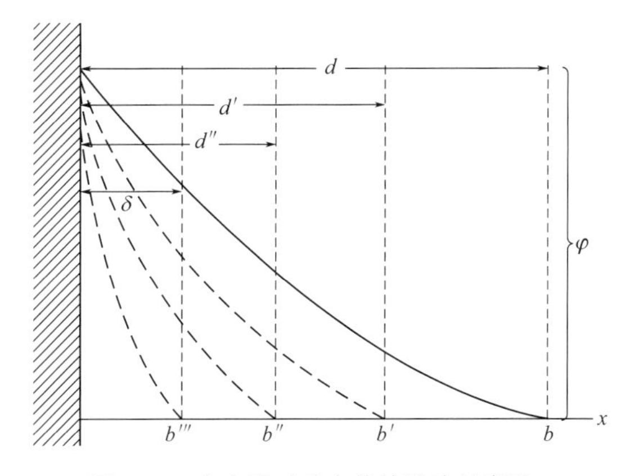

图 3-11　电介质对 ζ 电势的影响示意图

本实验中，随着盐酸加入量的增大，硅胶粒子将吸附更多的 Cl^-，从而使电介质中的 ζ 电势相应增大，致使硅胶粒子更不容易凝聚，因而形成硅溶胶。

为避免出现硅的溶胶状态，在常温条件实验中，减少反应初始水的加入量，以增加反应后体系的电介质浓度。但水的加入量又不能过少，因为盐酸与霞石之间的反应属于液-固反应，包括以下步骤：盐酸溶液通过扩散层向霞石颗粒表面扩散（外扩散）；盐酸溶液进一步扩散通过霞石颗粒的固体膜（内扩散）；盐酸与霞石颗粒发生化学反应，同时伴随吸附或解吸过程；生成的不溶物层使固体膜增厚，而生成的可溶性氯化铝扩散通过固体膜（内扩散）；可溶性氯化铝溶液扩散到溶液中（外扩散）。

实验过程：称取烧结熟料（BS-1）10g，常温下先加入 20mL 蒸馏水，边搅拌边加入浓盐酸进行反应，抽滤得沉淀物。实验结果见表 3-7。

表 3-7　25℃下不同加酸量的硅铝分离实验结果

实验号	BS-3-1	BS-3-2	BS-3-3	BS-3-4
烧结熟料/g	9.9920	10.0044	10.0073	10.0143
水/mL	20.00	20.00	20.00	20.00
浓 HCl/mL	6mol/L 盐酸 45mL	20.00	23.00	26.00
滤液/mL	—	185.00	208.00	229.00
硅胶沉淀量/g	溶胶，无沉淀	4.0533	2.9898	3.1973
样品号	—	BS-2-1	BS-3-1	BS-4-1
将滤液蒸发用 $1+1NH_3 \cdot H_2O$ 调 pH 值到 6.5～7.5。溶液由浅黄绿色到 pH 值大约为 4 时变为红褐色。抽滤，分别得到相应的胶状沉淀				
样品号	—	BS-2-2	BS-3-2	BS-4-2
氢氧化铝沉淀量/g	—	2.5798	3.6233	3.6846

结果讨论：由表 3-7 可知，由于实验 BS-3-1 加入的是稀盐酸，即使与 BS-3-2、BS-3-3 的盐酸加入量相近，但稀盐酸对反应体系有稀释作用，使反应体系的电介质浓度降低，故生成溶胶体系。因此，若要得到凝胶体系，就必须控制电介质的浓度，严格控制水和盐酸的加入量。

对实验反应产物偏硅酸胶体和氢氧化铝沉淀进行主要成分的化学分析，结果见表 3-8。结果表明，对于烧结熟料（BS-1），硅铝分离的优化条件为：常温下烧结熟料 10g，加入水 20mL，不断搅拌下加入浓盐酸 26.0mL，即以 6.52mol/L 的盐酸溶液溶浸熟料。反应完成后抽滤分离，得硅胶沉淀和氯化铝溶液。

表 3-8　反应产物硅胶和氢氧化铝化学成分分析结果

项目	BS-3-2S	BS-3-2A	BS-3-3S	BS-3-3A	BS-3-4S	BS-3-4A
SiO_2/%	62.30	1.51	76.58	7.17	76.88	1.26
Al_2O_3/%	10.17	61.00	2.73	52.25	2.50	54.36
沉淀量/g	4.0533	2.5798	2.9898	3.6233	3.1973	3.6846
烧结熟料量/g	10.0044		10.0073		10.0143	
Al_2O_3 溶出率%	77.1		92.7		98.0	

以上述优化条件实验，取石景山高铝粉煤灰烧结熟料（BS-1）500g，加入蒸馏水1000mL，强力搅拌下逐渐加入浓盐酸1300mL。待沉淀絮凝尽可能完全后进行抽滤，所得沉淀进行洗涤抽滤。最后将沉淀物在105℃下烘干，得硅胶沉淀（BS-4S）155g，以及氯化铝滤液（BS-4A）2785mL。其化学成分分析结果见表3-9。经计算，Al_2O_3 溶出率为94.8%。硅胶（BS-4S）的X射线衍射分析结果见图3-12。所得氯化铝溶液（BS-4A）的密度为1.1587g/cm³。

表3-9 硅铝分离产物化学成分分析结果

样品号	SiO_2	TiO_2	Al_2O_3	Fe_2O_3	FeO	MgO	CaO	Na_2O	K_2O	P_2O_5	H_2O^+	H_2O^-
BS-4S/%	72.44	1.63	2.55	0.08	0.10	0.53	0.90	1.31	0.33	0.33	9.40	9.91
TS-1S/%	81.88	1.13	0.69	0.00	0.19	0.38	0.16	0.82	0.45	0.27	6.80	0.31
BS-4A/(g/L)	0.182	0.46	34.72	2.90	—	0.56	2.54	58.04	0.00	—	—	—
TS-1A/(g/L)	0.223	0.299	47.70	2.31	—	0.35	2.80	62.90	0.00	—	—	—

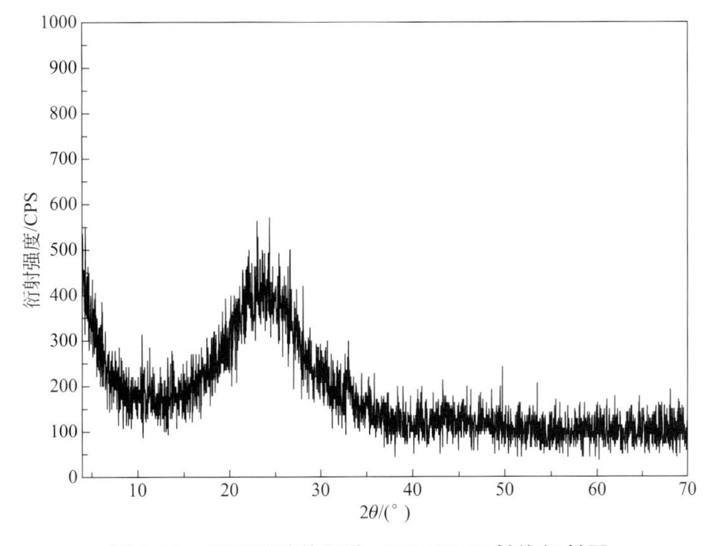

图3-12 偏硅酸胶体沉淀（BS-4S）X射线衍射图

类似地，对于托克托高铝粉煤灰烧结熟料（TS-1），以稀盐酸作为硅铝分离的介质，进行两种主要组分的分离实验。考虑到该烧结熟料中含有少量刚玉（α-Al_2O_3）和其他不溶物，为保证后续实验制备较纯净的白炭黑和氧化铝，在硅铝分离过程中，先将偏硅酸胶体转化为溶胶状态，过滤除去不溶物相，再将溶胶转化为凝胶状态进行硅铝分离。

称取烧结熟料（TS-1）640g，按化学反应式（3-6）的计量比，需要消耗16.77mol的HCl。量取浓度3.14mol/L的稀盐酸5.34L，溶浸烧结熟料，此时溶液为溶胶相，过滤洗涤，得不溶物（TR-2）50g，滤液为硅铝共混溶胶相。经微加热使溶胶相转化成凝胶相硅胶，溶液为氯化铝溶液。再次过滤洗涤，得到硅胶沉淀（TS-1S）144g，以及氯化铝溶液（TS-1A）3.64L。两者的化学成分分析结果见表3-9。

由烧结熟料（TS-1）、不溶物相（TR-2）以及所得偏硅酸胶体、氯化铝溶液相的化学成分（表3-9）和质量计算，硅铝分离过程中 SiO_2 提取率为86.6%，Al_2O_3 溶出率为

96.1%。

3.3.3 酸浸温度

分别称取烧结熟料（BS-1）10g，加入蒸馏水100mL，再加入浓度6.0mol/L的盐酸40mL，搅拌30min。实验过程中，随着盐酸的加入有大量气泡产生，并伴随放热效应。在不同温度下恒温反应60min，过滤得硅胶沉淀物。实验结果见表3-10。

表3-10 不同温度下硅铝分离实验结果

项目	BS-5-1	BS-5-2	BS-5-3
烧结熟料/g	10.0100	10.0072	10.0024
6.0mol/L盐酸/mL	40	40	40
温度/℃	40	60	75
时间/min	60	60	60
硅胶沉淀量/g	3.2498	3.6520	3.7235

结果讨论：对烧结熟料（BS-1）经硅铝分离所得硅胶沉淀物（BS-5-1）进行X射线衍射分析，结果见图3-13。原烧结熟料中的霞石相已经完全消失，硅胶主要为非晶态物质，说明酸化反应完全。实验结果表明，在不同温度下，浓度6.0mol/L盐酸的加入量为40mL时，反应产物硅胶呈凝胶状，且霞石相完全消失。

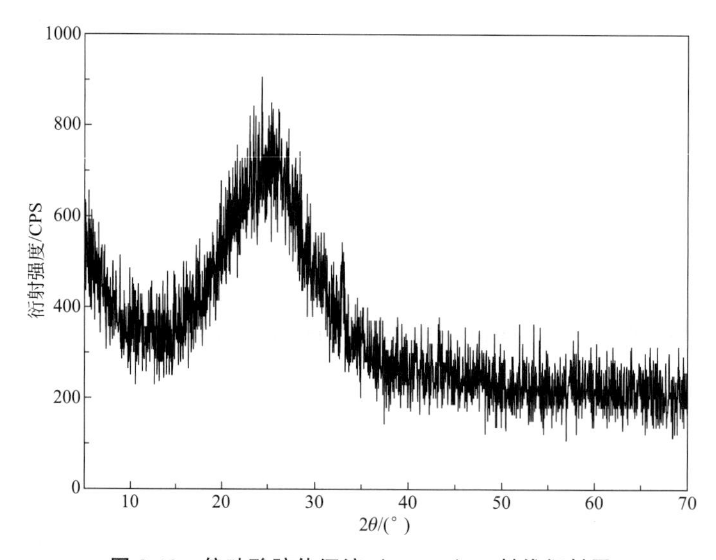

图3-13 偏硅酸胶体沉淀（BS-5-1）X射线衍射图

如图3-14所示，硅胶粒子带负电，随着温度升高，分离运动速度加快，进入紧密层的反号离子即正离子数增加，紧密层厚度增大，ζ电势降低。而随着ζ电势的降低，胶粒间的排斥力减小，硅胶粒子之间发生凝聚。由表3-10可见，溶浸温度对此反应的影响不大，因为霞石与盐酸的反应过程本身就是一个放热反应。故后续硅铝分离实验均在常温条件下进行。

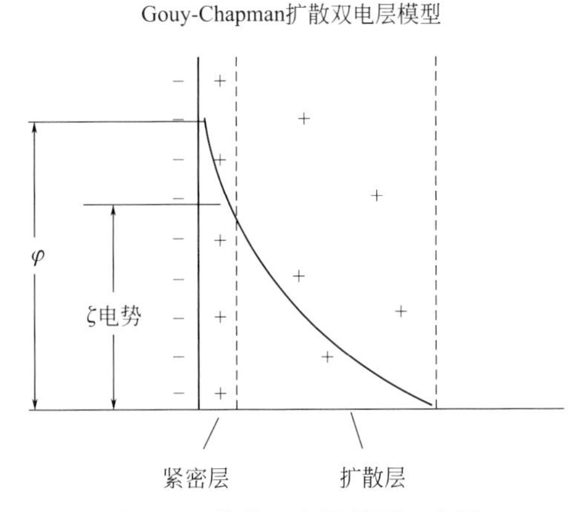

图 3-14　扩散双电层模型示意图

3.4　氯化铝溶液除杂

由表 3-9 可见，氯化铝溶液中除主要组分 $AlCl_3$、NaCl 外，还含有少量 Si^{4+}、Ti^{4+}、Fe^{3+}、Mg^{2+}、Ca^{2+} 等杂质离子。故在后续实验中，需要对氯化铝溶液进行除杂实验。其中 Fe^{3+} 杂质对氧化铝制品的质量影响最大。依据表 3-11 给出的氢氧化物生成沉淀的条件，同时利用铝盐具有两性的化学性质，通过碱浸溶出，使氢氧化铝溶解为偏铝酸钠溶液，而氢氧化铁不溶于碱，以氢氧化铁沉淀形式存在，从而达到除铁的目的。

表 3-11　金属氢氧化物沉淀的近似 pH 值

氢氧化物	开始沉淀 离子初始浓度 1mol/L	离子浓度 0.01mol/L	沉淀完全	沉淀开始 溶解	沉淀完全 溶解
$Al(OH)_3$	3.3	4.0	5.2	7.8	10.8
$Fe(OH)_3$	1.6	2.2	3.2	不溶解	不溶解

注：据中南矿冶学院分析化学教研室等（1984）。

由表 3-11 可见，通过控制 pH 值，可生成不同的金属氢氧化物沉淀。pH 值在 5.2 时，氢氧化铝和氢氧化铁均以沉淀形式存在，即两者共沉淀。随着 pH 值逐渐升高，氢氧化铝逐渐溶解，氢氧化铁不溶解。实验过程中，以氢氧化钠溶液调节氯化铝溶液的 pH 值至 5～7 之间，此时铁、铝等均以氢氧化物沉淀形式存在，沉淀同时还可以吸附硅、钛等杂质。过滤得氯化钠溶液，经蒸发结晶，可回收氯化钠。发生的主要化学反应：

$$FeCl_3 + 3NaOH \longrightarrow 3NaCl + Fe(OH)_3 \downarrow \tag{3-7}$$

$$AlCl_3 + 3NaOH \longrightarrow 3NaCl + Al(OH)_3 \downarrow \tag{3-8}$$

实验过程：取一定体积的氯化铝溶液（BS-1A），搅拌条件下逐渐加入浓度 8mol/L 的 NaOH 溶液，直至 pH 值为 5.2。过滤，洗涤沉淀至 pH 值近中性，将沉淀在 105℃下烘干，得共沉淀样品（BS-1G）。所得滤液为氯化钠溶液，浓度 31.5%，蒸发至直接结晶，得氯化钠制品（BS-1N）。

铝铁共沉淀的化学成分分析见表 3-12。由分析结果可知，共沉淀中的 Na_2O 含量已经很低。其 X 射线衍射分析结果见图 3-15，铝铁共沉淀试样的主要衍射峰为 $Al(OH)_3$ 的特征衍射峰。

表 3-12 铝铁共沉淀的化学成分分析结果 $w_B/\%$

样品号	SiO_2	TiO_2	Al_2O_3	Fe_2O_3	MgO	CaO	Na_2O	K_2O	H_2O^-	烧失
BS-1G	0.32	0.68	54.76	4.63	1.99	0.59	1.21	0.00	6.68	35.36

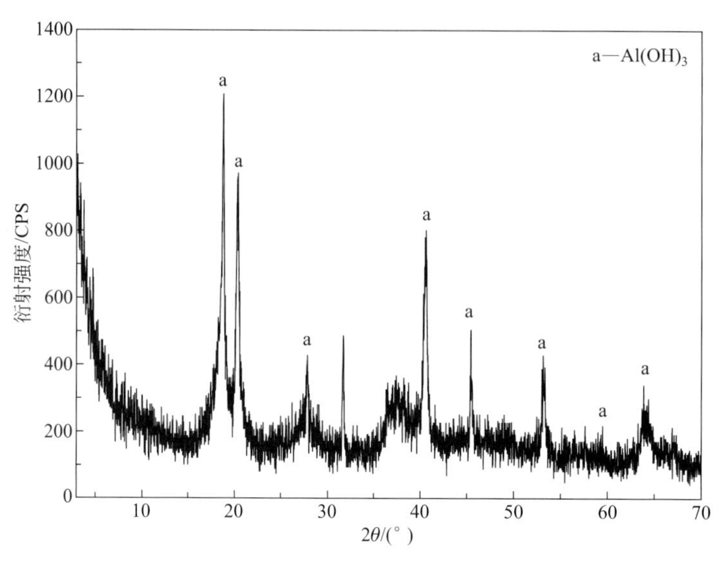

图 3-15 铝铁共沉淀物（BS-1G）的 X 射线粉末衍射图

氯化钠（BS-1N）的化学成分分析结果见表 3-13，X 射线衍射分析结果见图 3-16。将表中 Na_2O 含量换算为 NaCl，其纯度为 97.6%。由图 3-16 可见，样品（BS-1N）中主要显示氯化钠的衍射峰。由此可知，共沉淀过滤所得滤液直接蒸发即可回收氯化钠。

表 3-13 回收氯化钠的化学成分分析结果 $w_B/\%$

样品号	SiO_2	Al_2O_3	Fe_2O_3	Na_2O	K_2O	H_2O^-	烧失
BS-1N	0.30	0.46	0.01	51.67	0.00	0.93	1.35

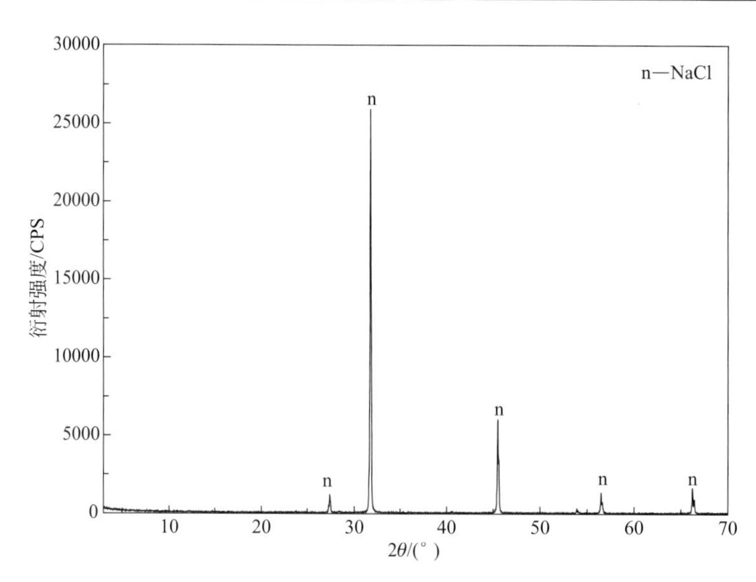

图 3-16 氯化钠制品（BS-1N）的 X 射线粉末衍射图

3.4.1 碱浸溶出

氢氧化铝是一种重要的两性氢氧化物，在一定的反应条件下，既能发生酸式离解，也能发生碱式离解。氢氧化铝在溶液中存在如下平衡：

$$H^+ + AlO_2^- + H_2O \xrightleftharpoons{\text{酸式离解}} Al(OH)_3 \xrightleftharpoons{\text{碱式离解}} Al^{3+} + 3OH^- \tag{3-9}$$

$Al(OH)_3$ 既可以发生酸式离解，电离出 H^+，也可以发生碱式离解，电离出 OH^-。既可以接受质子，又可以给出质子。本实验利用氢氧化铝具有两性的化学性质，在强碱性条件下发生酸式离解，以达到除铁目的。

$Al(OH)_3$ 溶于碱性介质的化学反应为：

$$Al(OH)_3 + OH^- \xrightleftharpoons{K'} Al(OH)_4^- \tag{3-10}$$

$$K' = \frac{[Al(OH)_4^-]}{[OH^-]} = \frac{[Al(OH)_4^-][Al^{3+}][OH^-]^3}{[OH^-][Al^{3+}][OH^-]^3} = \beta_4 K_{sp} \tag{3-11}$$

其中，$\lg\beta_4 = 33.3$，$K_{sp} = 1.3 \times 10^{-33}$（武汉大学，2000），代入上式，计算得 $K' = 2.59$。

$Al(OH)_3$ 溶于酸性介质的化学反应为：

$$Al(OH)_3 + 3H^+ \xrightleftharpoons{K} Al^{3+} + 3H_2O$$

$$K = \frac{[Al^{3+}]}{[H^+]^3} = \frac{[Al^{3+}][OH^-]^3}{[H^+]^3[OH^-]^3} = \frac{K_{sp}}{K_w^3} \tag{3-12}$$

将 $K_{sp} = 1.3 \times 10^{-33}$、$K_w = 1.0 \times 10^{-14}$（武汉大学，2000）代入上式，得 $K = 1.3 \times 10^9$。对比 K 和 K' 值可知，氢氧化铝的酸溶程度远远超过其碱溶程度，说明其在酸度非常小的条件下就很容易与酸发生反应。

选择 CO_2 作为中和铝酸钠溶液的介质，生成产物为氢氧化铝，从理论上给予解释。二氧化碳的解离常数 $K_{a1} = 4.4 \times 10^{-7}$，$K_{a2} = 4.7 \times 10^{-11}$（25℃）；相同条件下 $Al(OH)_3$ 的 $K_a = 2.1 \times 10^{-6}$。采用 CO_2 酸化母液，发生反应（3-13）：

$$2AlO_2^- + CO_2 + 3H_2O = 2Al(OH)_3 \downarrow + CO_3^{2-} \tag{3-13}$$

根据 $Al(OH)_3$ 电离离子的分布系数（图 3-8）（罗孝俊等，2001），结合表 3-11 可知，$Al(OH)_3$ 是主要存在形式。理论计算，CO_2 酸化后，液相的 pH 值降至 7.4（苗世顶，2004），即 H^+ 浓度为 $10^{-7.4}$，将此值代入 $K = \frac{[Al^{3+}]}{[H^+]^3} = 1.3 \times 10^9$ 中，得 Al^{3+} 浓度为 8.2×10^{-14}；当 pH 值为 7.4，即 OH^- 的浓度为 $10^{-6.6}$，将此值代入 $K' = \frac{[Al(OH)_4^-]}{[OH^-]} = 2.59$，得 $[Al(OH)_4]^-$ 浓度为 6.5×10^{-7}。可见，以 CO_2 中和碱浸所得铝酸钠溶液，偏铝酸钠将全部转变为氢氧化铝沉淀。

实验过程：取氯化铝溶液（BS-1A）50mL，在磁力搅拌下加入浓度 8mol/L 的 NaOH 溶液，搅拌，过滤，洗涤滤饼，得澄清滤液。将滤液用 CO_2 进行酸化，随着溶液的 pH 值逐渐降低，逐渐出现乳白色的微小颗粒。随着 CO_2 通入时间的延长，溶液中的沉淀量随之增多，且沉淀变得越来越黏稠。至溶液的 pH 值达到 7～8 时，停止通气。将白色沉淀过滤，洗涤后，在 105℃下烘干，得氢氧化铝制品（B-AH-1），质量为 1.4085g。发生的主要化学反应为式（3-13）。

结果讨论：氢氧化铝制品的化学成分分析结果见表3-14。对比表3-14与表3-12可知，采用碱浸溶出方法可除去大部分Fe、Ti、Mg等杂质离子。

表3-14　氢氧化铝制品的化学成分分析结果　$w_B/\%$

样品号	SiO_2	TiO_2	Al_2O_3	Fe_2O_3	MgO	CaO	Na_2O	K_2O	H_2O^-	烧失量
B-AH-1	0.14	0.01	60.73	0.03	0.16	0.68	0.31	0.00	6.64	36.26

采用NaOH溶液碱溶铝铁共沉淀溶出氧化铝的过程，属于固-液反应过程。溶出过程包括以下步骤：NaOH溶液通过扩散层向氢氧化铝颗粒表面扩散（外扩散）；NaOH溶液进一步扩散，通过氢氧化铝颗粒的固体膜（内扩散）；NaOH溶液与氢氧化铝颗粒发生化学反应，同时伴随吸附或解吸过程；生成的可溶性铝酸钠扩散通过固体膜（内扩散）；铝酸钠溶液扩散到溶液中（外扩散）。

碱液溶出是一个复杂过程。当氢氧化铝颗粒与NaOH溶液接触后，发生如下化学反应：

$$Al(OH)_3+NaOH+aq \longrightarrow NaAl(OH)_4+aq \tag{3-14}$$

理论上计算，50mL氯化铝溶液（BS-1A）可生成$Al(OH)_3$ 2.66g，需要0.034mol NaOH与之反应，折算为浓度8mol/L的NaOH溶液为4.25mL。

以下通过实验，探索研究NaOH浓度及加入量、碱溶温度等因素对Al_2O_3溶出率的影响。

（1）NaOH浓度

取50mL氯化铝溶液（BS-1A），在磁力搅拌下逐渐加入NaOH溶液，搅拌，调节溶液的pH值至5～6之间。过滤，将滤饼在常温下分别以浓度2mol/L和8mol/L的NaOH溶液进行碱溶，过滤除去含铁、钛等杂质的赤泥，洗涤滤饼。向所得滤液通入CO_2进行酸化，当pH值达到7～8时，停止通气。将白色沉淀过滤、洗涤、干燥，所得氢氧化铝制品分别记为B-AH-2和B-AH-8。实验结果见表3-15。

表3-15　不同浓度NaOH溶液对Al_2O_3溶出率的影响实验结果

样品号	NaOH浓度/(mol/L)	氢氧化铝质量/g	$Al_2O_3(w_B)$/%	Al_2O_3溶出率/%
B-AH-2	2	1.4085	60.73	49.27
B-AH-8	8	3.6538	42.88	90.04

结果讨论：实验结果显示，NaOH浓度越大，则Al_2O_3溶出率越高。高浓度NaOH溶液有利于提高Al_2O_3的溶出率。这是由于在其他条件相同时，NaOH浓度越高，则Al_2O_3的未饱和程度就越大，相应地Al_2O_3的平衡溶解度就越大，反应（3-10）更容易正向进行。氢氧化铝的溶出速率公式为（毕诗文等，1996）：

$$V=KAC_{NaOH}\exp[-19600/(1.987T)] \tag{3-15}$$

式中，K为常数；A为表面积；C_{NaOH}为NaOH浓度；T为热力学温度。

在碱溶氧化铝时，其他条件即上式中K、A、T均相同时，以浓度2mol/L和8mol/L的NaOH溶液溶解氢氧化铝，其溶出速率之比为NaOH溶液的浓度之比，即1∶4。因而NaOH溶液浓度越大，氢氧化铝的溶出速率也越大。故在后续实验中，均选择NaOH溶液浓度为8mol/L。

（2）NaOH 加入量

量取 50mL 氯化铝溶液（BS-1A），在磁力搅拌下逐渐加入浓度 8mol/L 的 NaOH 溶液，搅拌，调节溶液的 pH 值至 5～6。过滤，洗涤。将所得滤饼在常温下以浓度 8mol/L 的 NaOH 溶液进行碱溶，过滤，除去含铁、钛等杂质的赤泥，洗涤滤饼。所得滤液通入 CO_2 进行酸化，当 pH 值达到 7～8 时，停止通气。将白色沉淀过滤、洗涤、干燥，得氢氧化铝制品。实验结果见表 3-16。

表 3-16 不同加碱量溶出 Al_2O_3 的实验结果

实验号	8mol/L NaOH 加入量/mL	氢氧化铝样品号	氢氧化铝质量/g	$Al_2O_3(w_B)$/%
BS-1-5	3.50	B-1-5	0.4117	62.31
BS-1-6	4.00	B-1-6	0.4902	63.55
BS-1-7	4.50	B-1-7	0.5594	64.93
BS-1-8	5.00	B-1-8	0.7170	65.42
BS-1-9	7.00	B-1-9	1.1552	69.18
BS-1-10	8.00	B-1-10	1.8854	68.13
BS-1-11	10.00	B-1-11	2.4787	55.88
BS-1-12	12.00	B-1-12	2.6666	57.04
BS-1-13	16.00	B-1-13	3.6538	42.88

结果讨论：表 3-16 给出了不同加碱量条件下所得氢氧化铝制品中的氧化铝含量，进而计算出 Al_2O_3 溶出率。Al_2O_3 溶出率与加碱量的关系如图 3-17 所示。由图可见，氯化铝溶液随着 NaOH 不断加入，相应的 Al_2O_3 溶出率不断增大。即说明 NaOH 溶液加入量是控制 Al_2O_3 溶出率的重要因素。

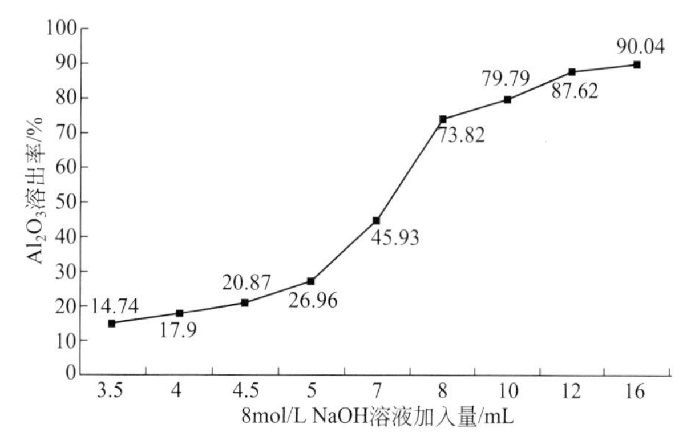

图 3-17 Al_2O_3 溶出率与加碱量的关系

随着 NaOH 溶液的加入，NaOH 溶液的不饱和度变大，溶解氢氧化铝的能力增强，因而将促进反应（3-10）正向进行。其溶解机理，Kalvet 用干涉仪测定，发现铝酸钠溶液中有半径为 $(2.2\sim2.4)\times10^{-10}$m 的粒子，并认为是氢氧化铝分子（$2.3\times10^{-10}$m）。由此认为，$Al_2O_3$ 溶出过程首先是氢氧化铝分子扩散到溶液中，然后再与 OH^- 作用，破坏氢氧化铝的晶格而使之溶解（毕诗文等，1996）。

碱溶过程（实验号 BS-1-11）所得赤泥样品（B-1R-11）的化学成分分析结果见表 3-17。50mL 氯化铝溶液（BS-1A）中含有 Fe_2O_3 为 0.145g，而所得赤泥样品（B-1R-11）中所含 Fe_2O_3 为 $0.8457g\times17.15\%=0.145g$。说明在碱溶过程中 Fe_2O_3 已被完全除去。所得赤泥样品的 X 射线衍射分析结果见图 3-18。图中显示，其主要衍射峰均为氢氧化铝的特征衍射峰。

表 3-17 赤泥的化学成分分析结果 w_B/%

样品号	SiO_2	TiO_2	Al_2O_3	Fe_2O_3	MgO	CaO	P_2O_5	烧失
B-1R-11	0.87	5.08	41.48	17.15	0.35	0.54	0.05	35.33

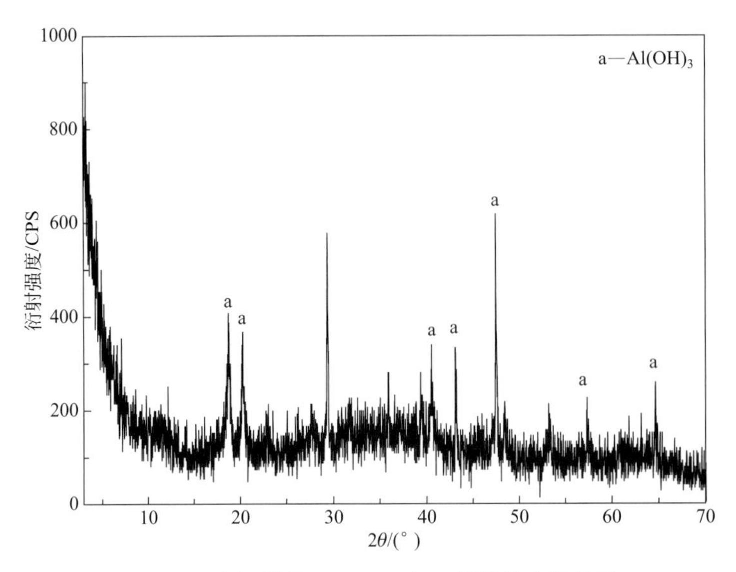

图 3-18　赤泥样品（B-1R-11）X 射线粉末衍射图

由图 3-18 和表 3-17 的化学分析结果可知，赤泥中的 Al_2O_3 含量仍较高。究其原因可能有二：其一，就实验本身而言，其 Al_2O_3 溶出率仍较低，致使部分 Al_2O_3 残留在赤泥中；其二，实验在常温下进行，而温度可能是 Al_2O_3 溶出率的又一个控制因素。故以下实验研究碱溶温度对 Al_2O_3 溶出率的影响。

（3）碱溶温度

实验过程：取 30mL 氯化铝溶液（BS-1A），在磁力搅拌下逐渐加入浓度 8mol/L 的 NaOH 溶液，将溶液的 pH 值调至 5～6 之间。过滤，洗涤，将滤饼置于反应釜中，按实验 BS-1-11 的加碱量，一次性加入 8mol/L 的 NaOH 溶液于反应釜中进行碱溶，盖好反应釜盖子，在设定温度下，恒温反应 2.5h。冷却反应釜，过滤，除去含铁、钛等杂质的赤泥，洗涤滤饼。所得滤液通入 CO_2 进行酸化，直至 pH 值为 7～8 时，停止通气。将白色沉淀过滤、洗涤，放入烘箱中，在 105℃下干燥，即得氢氧化铝制品。实验结果见表 3-18。

表 3-18　碱溶温度对 Al_2O_3 溶出率的影响实验结果

实验号	反应温度/℃	氢氧化铝样品号	氢氧化铝质量/g	$Al_2O_3(w_B)$/%	Al_2O_3 溶出率/%
BS-3-0	25	B-3-0	2.4787	55.88	79.79
BS-3-1	60	B-3-1	1.4047	63.86	86.29
BS-3-2	80	B-3-2	1.3661	66.67	87.44
BS-3-3	100	B-3-3	1.5121	63.18	91.12
BS-3-4	120	B-3-4	1.5134	62.58	90.94

结果讨论：表 3-18 给出了不同碱溶温度下所得氢氧化铝制品，以及其中氧化铝的含量，进而计算出 Al_2O_3 溶出率。结果显示，反应温度对 Al_2O_3 溶出率有很大影响。基本规律是：当其他实验条件相同时，随着反应温度的升高，Al_2O_3 溶出率也相应增大。

这是由于铝铁共沉淀与NaOH溶液之间的反应属于固液反应，受扩散反应和化学反应两者的影响。扩散反应常数与化学反应速率常数都与温度密切相关，见公式（3-16）、公式（3-17）：

$$D=\frac{1}{3\pi\mu\delta}\times\frac{RT}{N} \tag{3-16}$$

$$\ln K=-\frac{E}{RT}+C \tag{3-17}$$

式中，K 为化学反应速率常数；E 为化学反应的活化能；C 为常数；R 为气体常数；T 为热力学温度；D 为扩散速率常数；μ 为溶液黏度；δ 为扩散层厚度；N 为常数。

由上两式可见，化学反应速率常数和扩散速率常数都随温度升高而增大。这从动力学角度说明了提高溶出温度对提高 Al_2O_3 溶出率有利。

图3-19为 Al_2O_3-Na_2O-H_2O 三元体系溶解度图（李洪桂等，2005），横坐标和纵坐标分别表示 Na_2O 和 Al_2O_3 的质量分数。图中给定点的水质量分数为100%与 Na_2O、Al_2O_3 的质量分数的差值。图中Ⅰ区为氢氧化铝与其饱和溶液共存区，Ⅱ区为未饱和溶液区。由图可见，随温度升高，Ⅱ区相应扩大，故温度升高有利于溶出反应的进行。

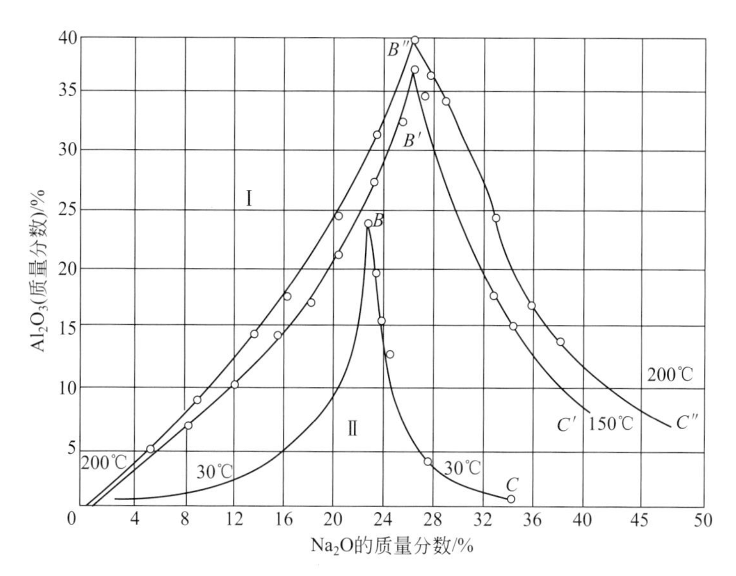

图3-19　Al_2O_3-Na_2O-H_2O 三元体系溶解度图

对不同碱溶温度下所得赤泥样品进行X射线粉末衍射分析，结果见图3-20。由图可见，随着 Al_2O_3 溶出率的提高，赤泥中残留的氢氧化铝逐渐减少，当 Al_2O_3 溶出率达到87%以上时，赤泥中基本上无氢氧化铝的特征衍射峰出现。实验所得赤泥颜色为深砖红色。当 Al_2O_3 溶出率较低时，赤泥中的氢氧化铝的特征衍射峰相对较强，赤泥颜色呈浅砖红色。

综合以上结果，后续实验中设定碱溶条件为：NaOH溶液浓度8mol/L，加入量为12.00mL/50mL氯化铝溶液（BS-1A）；溶出温度100℃，反应时间2.5h。

3.4.2　深度脱硅

高铝粉煤灰的主要成分为 SiO_2 和 Al_2O_3。在硅铝分离实验中，SiO_2 和 Al_2O_3 已基本

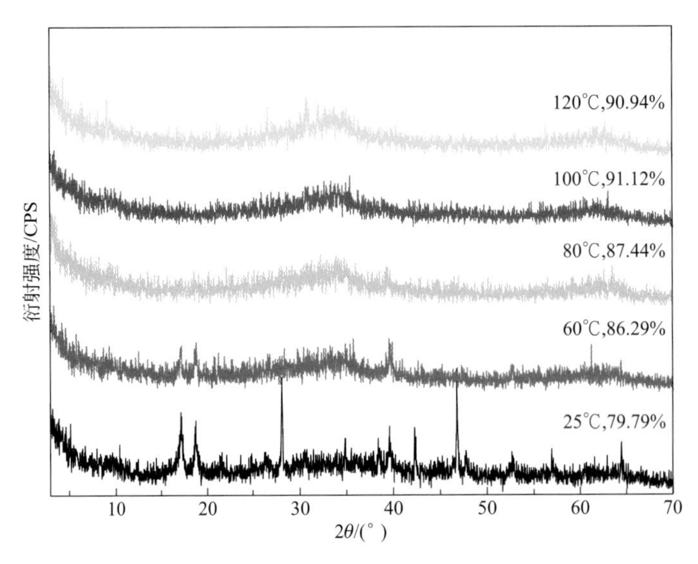

图 3-20　不同碱溶温度下所得赤泥 X 射线粉末衍射图

分离完全，但在氯化铝溶液（BS-1A）中还含有 0.182g/L 的 SiO_2（表 3-9）。可见有少量硅进入氯化铝溶液中。在 pH 值＞11 的溶液中，稳定存在的硅酸离子是 SiO_3^{2-} 或 $H_2SiO_4^{2-}$。由于硅胶带负电，氢氧化铝胶体和氢氧化铁胶体带正电，故在碱溶除铁过程中，有少量 SiO_2 被吸附。由表 3-14 可见，经碱溶所得铝酸钠粗液未进行深度脱硅，所制得的氢氧化铝中也相应含有少量 SiO_2。而铝酸钠溶液中存在的 Na_2SiO_3 对铝的回收极为有害，因为它会与 $NaAl(OH)_4$ 反应生成铝硅酸钠沉淀，造成 Al_2O_3 和 Na_2CO_3 损失，如反应（3-18）所示：

$$2Na_2SiO_3 + 2NaAl(OH)_4 \longrightarrow 4NaOH + Na_2O \cdot Al_2O_3 \cdot 2SiO_2 \cdot 2H_2O \quad (3\text{-}18)$$

显然，若铝酸钠溶液中的 SiO_2 含量较高，则将影响最终产品氢氧化铝和氧化铝的纯度。因此，要制得符合国标要求的氢氧化铝和氧化铝产品，同时提高 Al_2O_3 的回收率，则必须对铝酸钠溶出液进行脱硅处理。在不含 SiO_2 的 Na_2O-Al_2O_3-CaO-H_2O 四元体系中，CaO 能与铝酸钠溶液反应生成多种水合铝酸钙，其中 $3CaO \cdot Al_2O_3 \cdot H_2O$ 最为稳定，但若溶液中含有 SiO_2，则向铝酸钠溶液中加入饱和石灰乳，就会生成比铝硅酸钠溶解度更小的铝硅酸钙，其反应如下：

$$3Ca(OH)_2 + 2NaAl(OH)_4 + xNa_2SiO_3 + 4H_2O \longrightarrow$$
$$3CaO \cdot Al_2O_3 \cdot xSiO_2 \cdot (6-2x)H_2O + 2(1+x)NaOH \quad (3\text{-}19)$$

采用饱和石灰乳法，向所得铝酸钠粗液中加入饱和石灰乳液，搅拌过滤，即可达到深度脱硅目的（赵宏等，2002）。

实验过程：取 50mL 氯化铝溶液（BS-1A），在磁力搅拌下加入浓度 8mol/L 的 NaOH 溶液，将溶液的 pH 值调至 5～6 之间。过滤，洗涤滤饼。用 8mol/L 的 NaOH 溶液 12.00mL 溶解滤饼，搅拌，过滤，除去含铁、钛等杂质的赤泥，洗涤滤饼。将所得滤液在搅拌条件下逐滴加入一定体积的饱和石灰乳，放置 20min，过滤。向滤液通入 CO_2 进行酸化，当 pH 值达到 7～8 时，停止通气。将白色沉淀过滤，洗涤，放入烘箱中在 105℃下干燥，得氢氧化铝产品。实验结果见表 3-19。

表 3-19　铝酸钠粗液深度脱硅实验结果

实验号	饱和石灰乳/mL	氢氧化铝样品号	$SiO_2(w_B)/\%$
BS-4-4	0.00	B-4-4	0.15
BS-4-5	0.00	B-4-5	0.16
BS-4-6	2.50	B-4-6	0.09
BS-4-7	2.50	B-4-7	0.06

实验结果表明，以饱和石灰乳对铝酸钠粗液进行深度脱硅，可达到预期的脱硅效果。

3.4.3　除钙实验

由表 3-9 可见，氯化铝溶液（BS-1A）中的 CaO 含量为 2.54g/L，同时由表 3-14 可以看出，未经除钙得到的制品中还有一定含量的 CaO 存在，在碱浸溶出的过程中，并不能把 CaO 全部去除。而且在进行深度脱硅的过程中，引入饱和石灰乳即 $Ca(OH)_2$，故后续实验过程中，有必要进行除钙实验。

除钙原理是，在深度脱硅所得铝酸钠溶液中加入一定量的无水碳酸钠，利用 $Ca(OH)_2$ 与 $CaCO_3$ 的溶度积不同（表 3-20），$CaCO_3$ 比 $Ca(OH)_2$ 的溶度积更小，因而更稳定。

表 3-20　$Ca(OH)_2$ 与 $CaCO_3$ 的溶度积常数

化合物	pK_{sp}	K_{sp}
$Ca(OH)_2$	5.43	3.7×10^{-6}
$CaCO_3$	8.31	4.9×10^{-9}

注：据中南矿冶学院分析化学教研室等（1984）。

除钙过程中发生的主要化学反应如下：

$$Ca(OH)_2+Na_2CO_3 \longrightarrow CaCO_3\downarrow+2NaOH \tag{3-20}$$

50mL 氯化铝溶液（BS-1A）中，$Ca(OH)_2$ 的物质的量为 0.00227mol，理论上需要消耗 Na_2CO_3 质量为 0.24g。在上述除硅过程中，又有饱和石灰水加入，故分别进行加入 0.30g、0.60g 无水碳酸钠的除钙实验。

实验过程：向深度脱硅后的铝酸钠滤液中加入无水碳酸钠，不断搅拌，溶液中有少许白色絮状沉淀生成，静置，过滤。向除钙后所得铝酸钠精液中通入 CO_2 进行酸化，采用前述相同实验方法制备氢氧化铝产品。实验结果见表 3-21。

表 3-21　铝酸钠溶液除钙实验结果

氢氧化铝样品号	Na_2CO_3/g	氢氧化铝质量/g	$CaO(w_B)/\%$	CaO 去除率/%
B-4-6	0.00	1.8854	0.32	95.25
B-5-2	0.30	1.1552	0.13	98.82
B-5-3	0.60	3.6538	0.10	97.12

由表 3-21 的实验结果可知，加入无水碳酸钠后，CaO 的含量相应明显降低。这说明加入无水碳酸钠进行除钙，实际效果良好。从实验成本与除钙效果综合考虑，后续除钙实验中，设定加入无水碳酸钠 0.30g/50mL 铝酸钠溶液（BS-1A）。

3.5 氧化铝制备

采用氯化铝溶液纯化实验的优化条件，首先制备氢氧化铝。

实验过程：取 120mL 氯化铝溶液（BS-1A），在磁力搅拌下逐滴加入浓度 8mol/L 的 NaOH 溶液，将氯化铝溶液的 pH 值调至 5～6 之间。过滤，洗涤滤饼。将所得滤饼置于反应釜中，加入浓度 8mol/L 的 NaOH 溶液 29mL 进行碱溶，设定溶出温度为 100℃，反应时间 2.5h。反应完成后冷却，过滤，除去含铁、钛等杂质的赤泥。洗涤滤饼，烘干，质量为 0.5397g。将所得滤液加入 6mL 饱和石灰水进行深度脱硅，过滤；加入 0.72g 无水碳酸钠除钙，得到的氯化铝精液通入 CO_2 进行酸化，当 pH 值达到 7～8 时，停止通气。将白色沉淀过滤洗涤、烘干，得到氢氧化铝制品（B-AH-6）。

类似地，由托克托高铝粉煤灰（TF-04）制备所得氯化铝溶液（TS-1A），密度为 $1.201g/cm^3$。以氯化铝溶液（TS-1A）为实验原料，经过纯化除杂等操作过程，制备氧化铝。与氢氧化铝的国标 GB 4294—84（表 3-22）对比，实验制品（T-AH-2）的分析结果表明，制品质量符合国标 GB 4294—84 的三级水平，且其 Fe_2O_3、Na_2O、灼减量等（表 3-23），均低于 GB 4294—84 中的一级标准。

表 3-22 氢氧化铝的国家标准（GB/T 4294—2010）

牌号	化学成分（质量分数）[②]/%					物理性能
	Al_2O_3[③] 不小于	杂质含量，不大于			烧失量（灼减）	水分（附着水）/% 不大于
		SiO_2	Fe_2O_3	Na_2O		
AH-1[①④]	余量	0.02	0.02	0.40	34.5±0.5	12
AH-2[④]	余量	0.04	0.02	0.40	34.5±0.5	12

① 用作干法氟化铝的生产原料时，要求水分（附着水）不大于 6%，小于 45μm 粒度的质量分数≤15%。
② 化学成分按在 110℃±5℃下烘干 2h 的干基计算。
③ Al_2O_3 含量为 100%减去表中所列杂质含量总和以及灼减后的余量。
④ 重金属元素 $w(Cd+Hg+Pb+Ca^{6+}+As)\leqslant 0.010\%$，供方可不做常规分析，但应监控其含量。

表 3-23 氢氧化铝制品化学成分分析结果 $w_B/\%$

样品号	Al_2O_3	SiO_2	Fe_2O_3	Na_2O	烧失量
B-AH-6	75.19	0.09	0.00	0.09	24.62
T-AH-2	77.47	0.09	0.00	0.10	22.26

氢氧化铝制品（B-AH-6，T-AH-2）的 X 射线衍射分析结果见图 3-21。由图可见，氢氧化铝呈准晶态，衍射峰形不是很好，但已经具备了氢氧化铝的特征衍射峰。

氢氧化铝制品（T-AH-2）的扫描电镜照片见图 3-22。由图可见，实验所得氢氧化铝粉体呈球形颗粒，颗粒尺寸为 200～400nm。

氢氧化铝制品（B-AH-6）的红外光谱分析结果见图 3-23（a）。由图可见，实验制品在某些波段已经具有化学分析纯 $Al(OH)_3$ 的特征吸收峰，但峰强尚不及分析纯 $Al(OH)_3$ 的强度。氢氧化铝制品（T-AH-2）的红外光谱分析结果见图 3-23（b），与分析纯氢氧化铝的红外谱图对比，可见实验制品（T-AH-2）已经具备氢氧化铝的基本特征吸收峰。

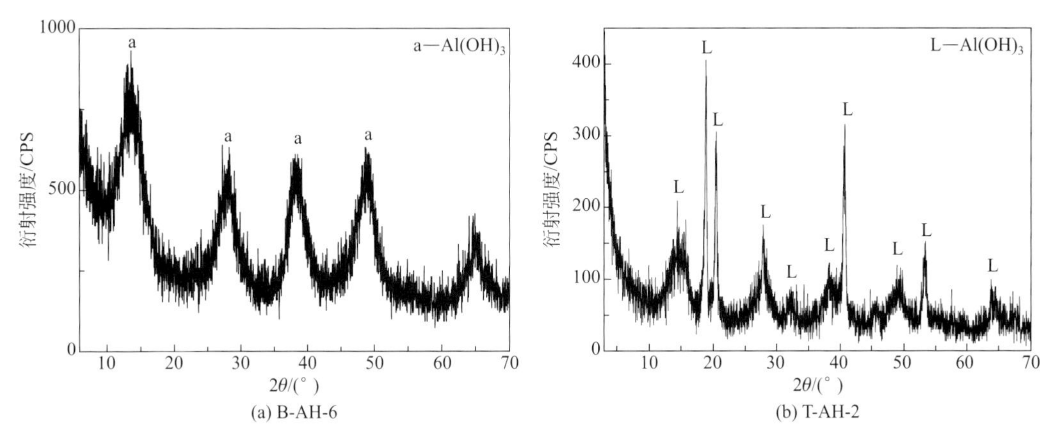

图 3-21　氢氧化铝制品 X 射线粉末衍射图

对氢氧化铝样品进行化学成分分析，按照氢氧化铝的国家标准 GB/T 4294—2010（表 3-22）的测定和计算方法，得出氢氧化铝产品的化学成分分析结果（表 3-23）。对比可见，所制得氢氧化铝样品符合氢氧化铝国标 GB/T 4294—2010 的三级以上标准，其中 Fe_2O_3、Na_2O、烧失量（灼减）等指标优于国标规定的一级标准。

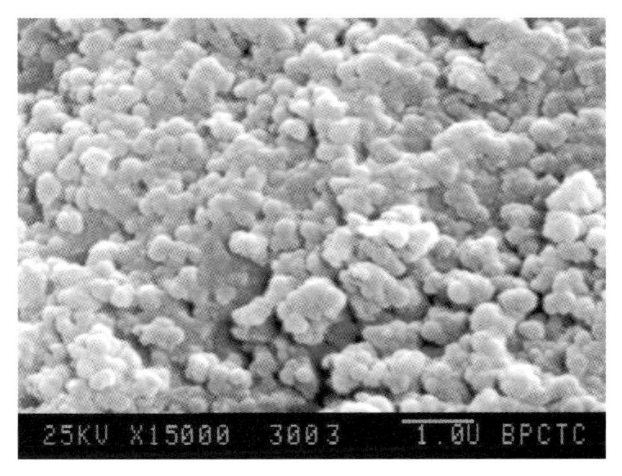

图 3-22　氢氧化铝制品（T-AH-2）的扫描电镜照片

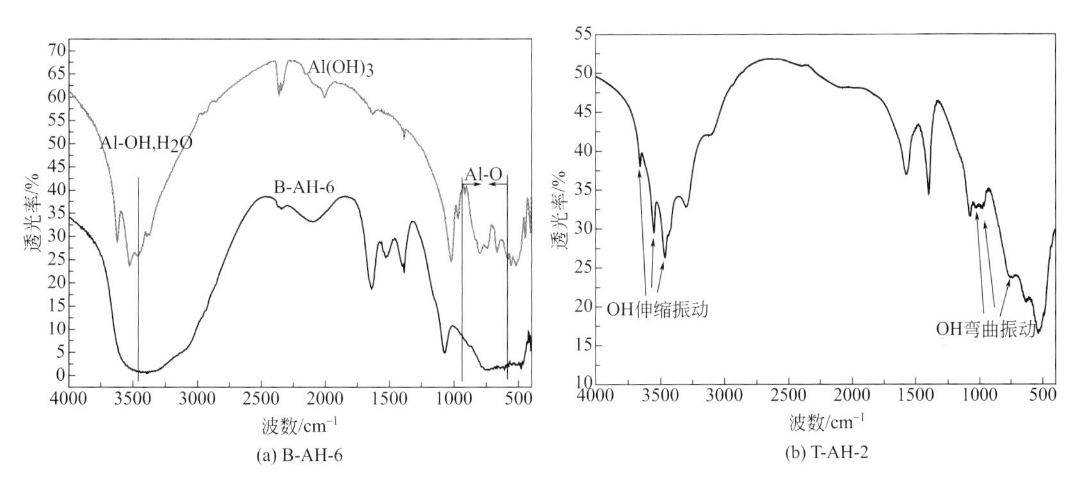

图 3-23　氢氧化铝制品的红外光谱分析谱图

对氢氧化铝制品煅烧过程的热效应及结构转变表征如下：

（1）差热-热重分析

氢氧化铝制品（B-AH-6）的差热分析结果见图 3-24（a）。由图可见，氢氧化铝煅烧过程中主要发生以下反应阶段：

100～110℃，主要是 $Al(OH)_3$ 失去表面的吸附水；

240～400℃，主要是 $Al(OH)_3$ 脱出结晶水，转变为 AlOOH，反应式为：

$$Al(OH)_3 \longrightarrow AlOOH + H_2O\uparrow \tag{3-21}$$

500～560℃，再次出现放热峰，AlOOH 脱除剩余结晶水，转变为 γ-Al_2O_3，反应式为：

$$2AlOOH \longrightarrow Al_2O_3 + H_2O\uparrow \tag{3-22}$$

图 3-24（b）为氢氧化铝（T-AH-2）的差热-热重分析图。在制品煅烧过程中，发生的几个主要反应阶段与前述相同。煅烧实验在硅碳棒箱式电炉中进行，以 10℃/min 的速率升温，直至 800℃，保温 3.0h，得氧化铝制品（T-AO-2）。

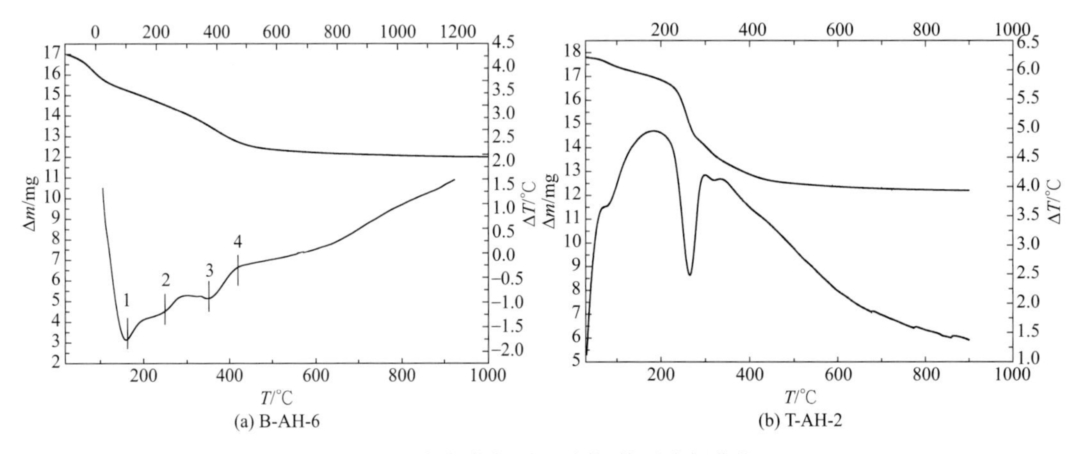

图 3-24　氢氧化铝制品差热-热重分析曲线

（2）煅烧过程结构变化

氢氧化铝是典型的层状结构化合物（图 3-25），其中 Al^{3+} 仅充填由 OH^- 呈六方最紧密堆积层相间的两层 OH^- 中 2/3 的八面体空隙。

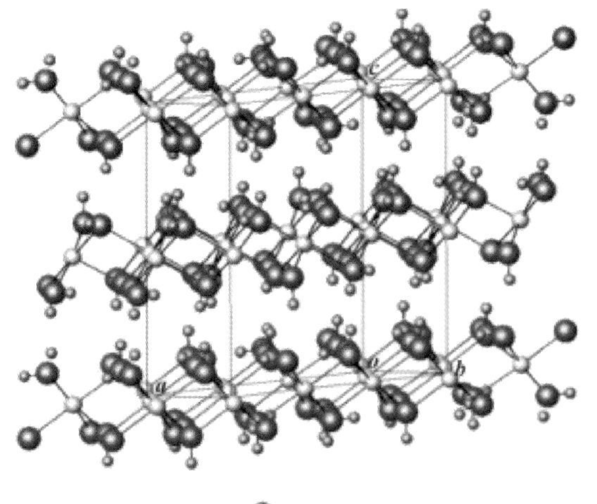

图 3-25　氢氧化铝的晶体结构

由氢氧化铝转变为 γ-Al_2O_3 过程如图 3-26 所示。首先，H^+ 脱离 O^{2-} 的结合，与中间层的 OH^- 结合形成 H_2O 分子；继而，Al-O 结构被破坏，并发生坍塌，出现剪应力作用；最后，Al^{3+} 由八面体结构位置迁移到四面体位置，结构发生重组，形成新的 Al-O 键（Nguefac et al，2003；Krokidis et al，2001）。

在图 3-26 中，由（a）→（c）为脱氢过程（Krokidis et al，2001），脱水及结构发生变化过程如图 3-27 所示。其中Ⅰ为结构破坏之前的示意图；Ⅱ为中间层 H^+ 的迁移，同时

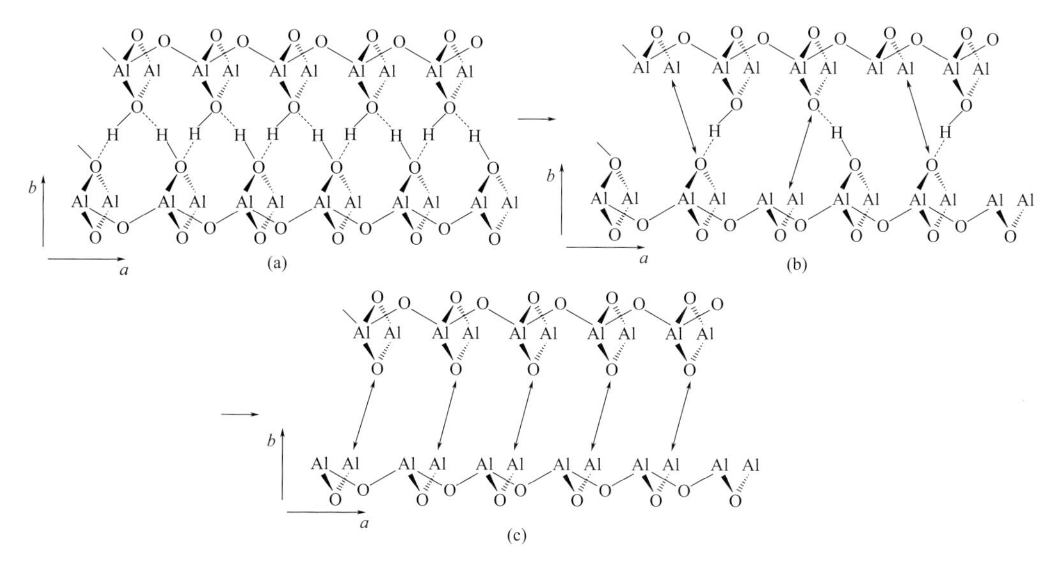

图 3-26　氢氧化铝煅烧脱氢反应过程示意图

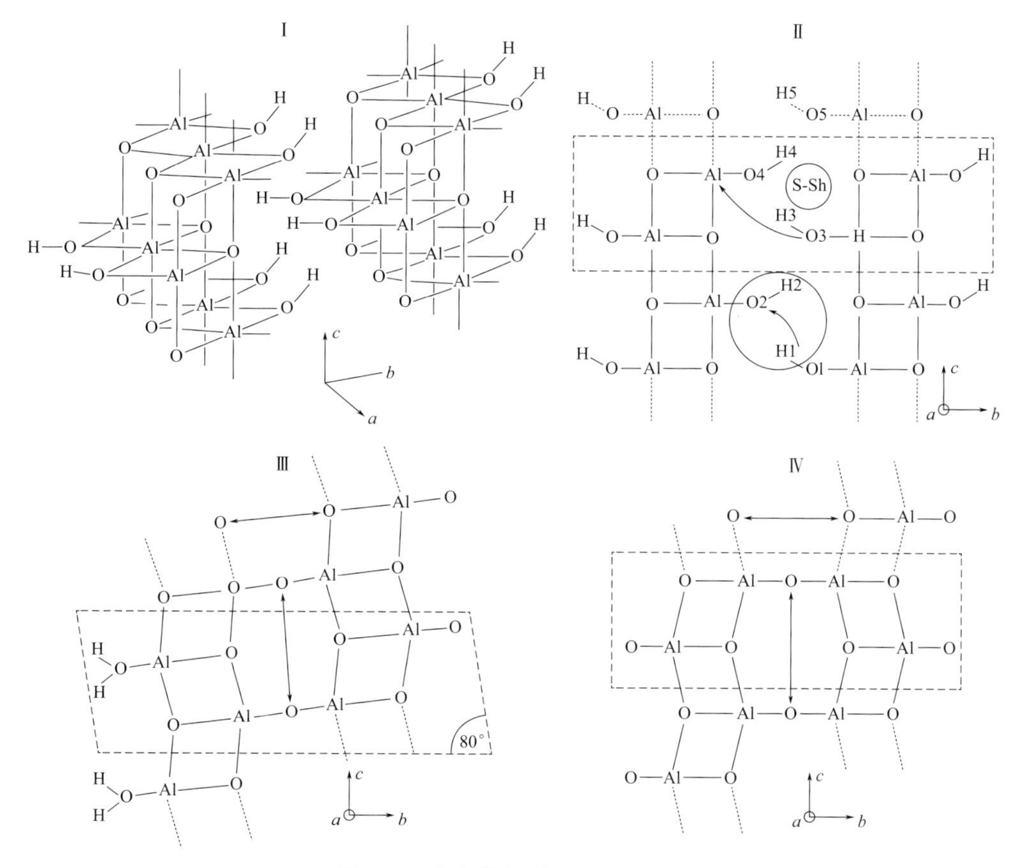

图 3-27　氢氧化铝脱氢过程示意图

剪应力 S-Sh 形成，靠右侧的 O^{2-} 向靠左侧的 Al^{3+} 发生迁移，即箭头指示方向；Ⅲ为 H_2O 分子位置迁移，中间层形成空位；Ⅳ所有的 Al^{3+} 占据八面体位置。

Al^{3+} 迁移过程（Krokidis et al，2001）见图 3-28。其中Ⅰ即图 3-27 中经脱水形成的

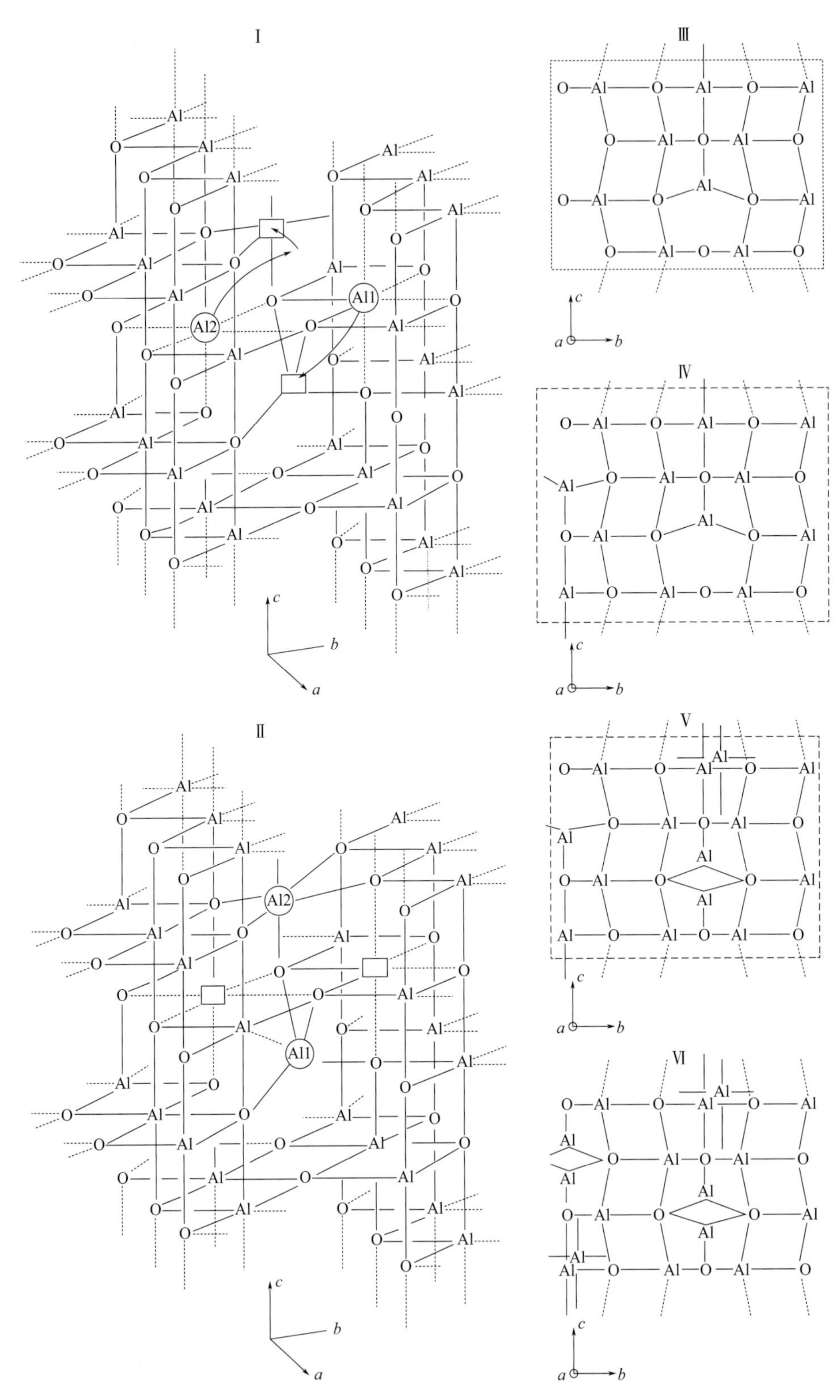

图 3-28　氢氧化铝煅烧过程中 Al^{3+} 迁移过程示意图

Ⅳ新结构单元，Al1、Al2 标识为即将迁移的原子，“□”为 Al^{3+} 所要迁移的新位置，图中细实线表示迁移后形成的新键；Ⅱ为 Al^{3+} 迁移后形成新的结构，新形成空位用“□”表示；Ⅲ为沿 a 轴方向看到Ⅱ的示意图，与细线相连的位置为迁移的 Al^{3+} 所占据的新位置；Ⅳ为另一个 Al^{3+} 迁移后形成的结构；Ⅴ为第 3 个 Al^{3+} 迁移，形成典型的类尖晶石结构；Ⅵ为第 4 个 Al^{3+} 迁移，最终形成稳定的四面体结构。

（3）煅烧实验结果

按图 3-24 的氢氧化铝样品的差热-热重分析图，以不同温区发生的反应为指导，对所得氢氧化铝制品进行煅烧处理。

实验过程：采用不同升温制度进行煅烧。一种是直接将氢氧化铝试样在箱式电炉中于 580℃下保温 4.5h；另外一种是以 10℃/min 速率升温，直至 800℃下保温 3.0h。所得两种氧化铝制品呈现两种不同晶型，即 ρ-Al_2O_3 和 γ-Al_2O_3（Lee et al，2005；Zhu et al，2002）。制品的 X 射线粉末衍射分析结果见图 3-29。

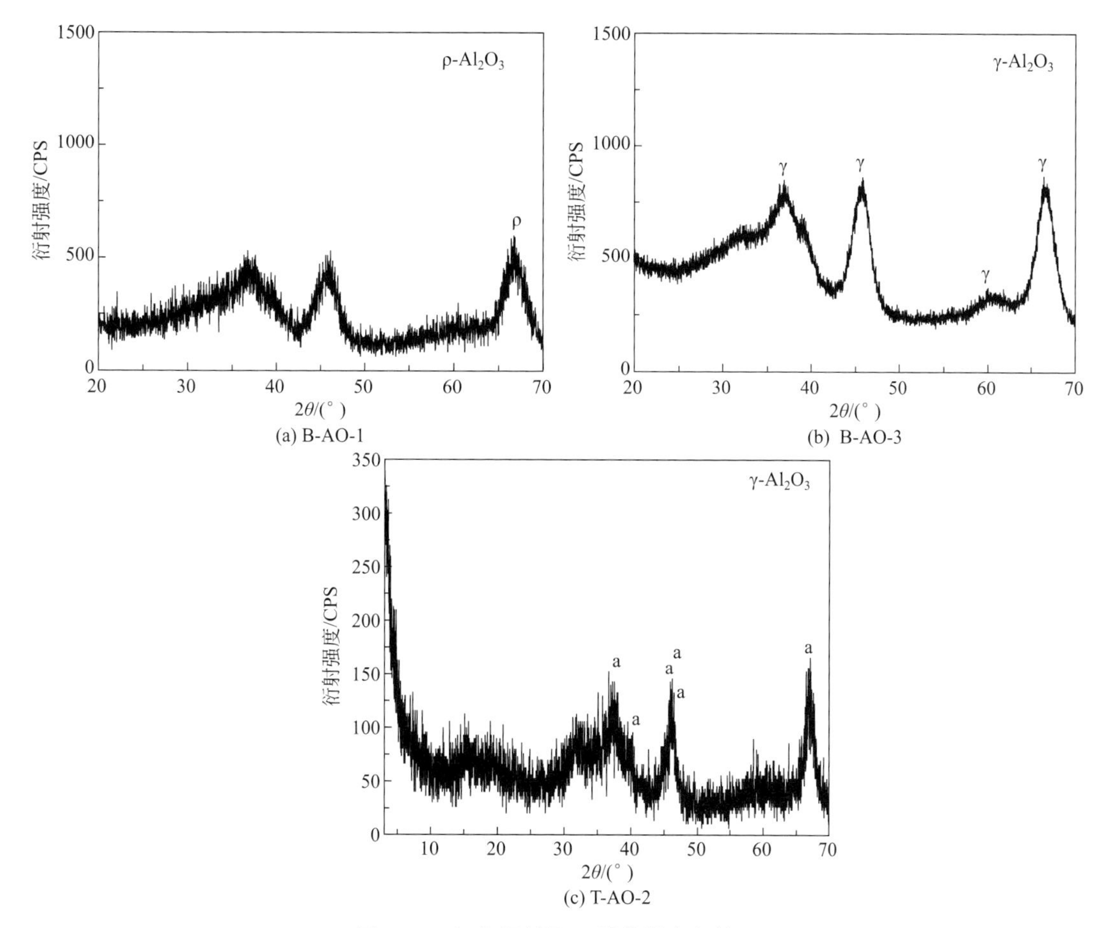

图 3-29　氧化铝制品 X 射线粉末衍射图

所制得氧化铝制品（T-AO-2）的扫描电镜照片见图 3-30。由图可见，其微观形态呈球形颗粒，颗粒尺寸为 200～400nm。

氧化铝制品（T-AO-2）的红外光谱分析结果见图 3-31。与分析纯氧化铝的红外谱图对比，可见实验制品已具备氧化铝的基本特征吸收峰。

图 3-30　氧化铝制品（T-AO-2）的扫描电镜照片

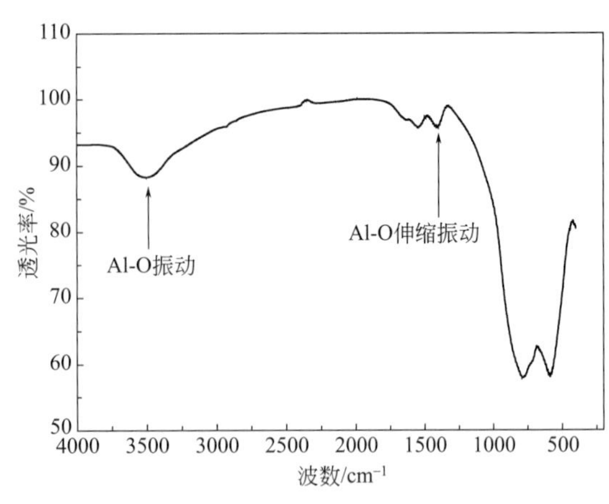

图 3-31　氧化铝制品（T-AO-2）的红外光谱图

冶金用氧化铝的国家标准见表 3-24，按国家标准的氧化铝分析方法和计算方法，氧化铝制品（T-AO-2）的化学成分见表 3-24。由表可见，实验制品符合国标 GB 8178—87 中四级氧化铝的指标要求。

表 3-24　氧化铝国标（GB 8178—87）和实验制品化学成分分析结果对比

等级	牌号	化学成分/%				
		Al_2O_3 不小于	杂质含量不大于			
			SiO_2	Fe_2O_3	Na_2O	灼减
一级	Al_2O_3-1	98.6	0.02	0.03	0.55	0.8
二级	Al_2O_3-2	98.5	0.04	0.04	0.60	0.8
三级	Al_2O_3-3	98.4	0.06	0.04	0.65	0.8
四级	Al_2O_3-4	98.3	0.08	0.05	0.70	0.8
T-AO-2		99.0	0.07	0.00	0.05	0.9

注：氧化铝含量为 100%减去表列杂质含量。表中化学成分按（300±5)℃下烘干的干基计。

3.6　技术可行性及环境影响评价

本节分析以高铝粉煤灰为原料生产氧化铝的可行性，同时采用 LCA 方法对利用高铝粉煤灰制备氧化铝的生产过程进行环境影响评价。

3.6.1　工艺流程特点

基于本项实验研究结果设计的前述基本工艺流程，基本特点是：高铝粉煤灰配入工业碳酸钠后经中温烧结，制得以霞石为主要物相的烧结熟料。以稀盐酸溶液溶出氧化铝，偏硅酸胶体沉淀用于制备白炭黑；滤液经除杂纯化后制备氧化铝。高铝粉煤灰中的主要组分均转变为高附加值的产品。

整个工艺系统中，利用高铝粉煤灰制备氧化铝和白炭黑，部分水在回收氯化钠过程中蒸发掉，其余部分在碳化制备的铝酸钠溶液中，经蒸发回收后可循环使用，无废水排放。

原料烧结过程中排放的 CO_2 经回收净化后用于对铝酸钠溶液的酸化，因而废气排放量显著减少。

与前人采用的分解高铝粉煤灰的石灰石烧结法相比，石灰石烧结法的烧结温度一般在 1300℃，能耗较高。而本工艺的原料烧结温度在 830～870℃，属于中温烧结。此外，在工艺设计上，还可进一步利用烧结尾气的大量热能，预热烧结生料和蒸发母液，从而有可能使整个工艺过程的能耗减少至最低水平（Matjie et al，2005）。

3.6.2　环境影响评价

采用生命周期评估技术（life cycle assessment，LCA）评价材料生命周期对环境的影响已成为国际通用的方法。根据 1997 年的 ISO 14040 标准的定义（石磊等，2004），采用 LCA 技术，对利用高铝粉煤灰制备冶金级氧化铝和白炭黑的工艺过程的环境负荷进行评价。

采用本项技术进行工业生产，整个工艺过程以高铝粉煤灰为主要原料，同时需要消耗无水碳酸钠、烧碱和盐酸，消耗一定的燃料、电力和水。输出产品为氧化铝和白炭黑。采用 LCA 技术的评价结果如下：

以高铝粉煤灰为原料，原料烧结过程中排放的 CO_2 气体，经除尘、净化后，用于后续工段中对铝酸钠精液进行酸化。制取氧化铝过程中无废气、废水排放。少量赤泥废渣可用于生产矿物聚合材料（马鸿文等，2002a）。

氧化铝生产过程对环境的影响与传统的拜耳法进行对比（表 3-25）。由评价结果可见，高铝粉煤灰综合利用技术的整个工艺过程，可大量消耗已堆存的粉煤灰，有利于改善区域生态环境。本项技术基本符合清洁生产的环保要求。

表 3-25　高铝粉煤灰提取氧化铝过程的环境负荷评价结果

项目	铝矿类型	生产方法	原料消耗/(t/t 氧化铝)	总能耗/(GJ/t 氧化铝)
山东铝厂	硬水铝石	烧结法	1.86	46.1
郑州铝厂	硬水铝石	拜耳直接加热法	1.58	37.0
平果铝厂	硬水铝石	拜耳间接加热法	2.03	15.9
联合国铝业报告	三水铝石	拜耳低温溶出间接加热法	2.00	9.5
本项研究	高铝粉煤灰	酸碱联合法	2.70	11.0

注：据托克托电厂高铝粉煤灰实验结果计算粉煤灰消耗量。其他数据引自毕诗文等（1996）。

第 4 章 石灰石烧结法提取氧化铝技术

4.1 工艺原理

利用高铝粉煤灰提取氧化铝的技术始于 20 世纪 50 年代，波兰克拉科夫矿冶学院 J. Grzymek 以高铝粉煤灰（$Al_2O_3 \geqslant 30\%$）为原料，采用石灰石烧结法提取氧化铝，同时利用剩余硅钙渣生产硅酸盐水泥（Grzymek，1976）。1953 年建成年产 1 万吨氧化铝和副产 10 万吨水泥生产线。采用石灰石烧结法技术，Al_2O_3 提取率可达 80%。1960 年在波兰获得两项专利，后又在美国等 10 国先后取得了专利权（赵宏等，2002）。美国曾采用石灰烧结法，按年消耗粉煤灰 30 万吨，Al_2O_3 提取率 80%，年产 5 万吨氧化铝和 45 万吨水泥的规模，采用回转窑烧结，进行过扩大生产试验。

1980 年，安徽冶金科研所和合肥水泥研究所采用石灰石烧结-碳酸钠溶液溶出工艺，从粉煤灰中提取氧化铝，剩余硅钙渣用作水泥原料。在工业化试验方面，内蒙古蒙西集团采用石灰石烧结法提取氧化铝联产水泥的“年产 40 万吨粉煤灰提取氧化铝项目”，总投资 16.8 亿元，2006 年初通过国家发改委批准建厂，后终因成本过高和大量硅钙渣的市场消纳问题难以解决而终止。

石灰石烧结法包括烧结、溶出、脱硅、碳化四个工段（图 4-1）。

主要工艺过程：将高铝粉煤灰与石灰石磨细并按配比混合均匀，在 1320～1400℃高温下烧结，使之转化为铝酸钙和硅酸二钙等化合物。利用烧结熟料中大量 β-C_2S 向 γ-C_2S 转晶过程中的体积膨胀达到自粉化。自粉料的主要物相为铝酸钙（$12CaO \cdot 7Al_2O_3$）和硅酸二钙（$2CaO \cdot SiO_2$）。

烧结过程主要包括如下化学反应：

$$7Al_6Si_2O_{13} + 64CaCO_3 \longrightarrow 14Ca_2SiO_4 + 3Ca_{12}Al_{14}O_{33} + 64CO_2 \uparrow \tag{4-1}$$

$$2MgO + SiO_2 \longrightarrow Mg_2SiO_4 \tag{4-2}$$

$$2Fe_3O_4 + 3CaCO_3 + 0.5O_2 \longrightarrow 3CaFe_2O_4 + 3CO_2 \uparrow \tag{4-3}$$

$$SiO_2 + 2CaCO_3 \longrightarrow Ca_2SiO_4 + 2CO_2 \uparrow \tag{4-4}$$

$$7Al_2O_3 + 12CaCO_3 \longrightarrow Ca_{12}Al_{14}O_{33} + 12CO_2 \uparrow \tag{4-5}$$

$$TiO_2 + CaCO_3 \longrightarrow CaTiO_3 + CO_2 \uparrow \tag{4-6}$$

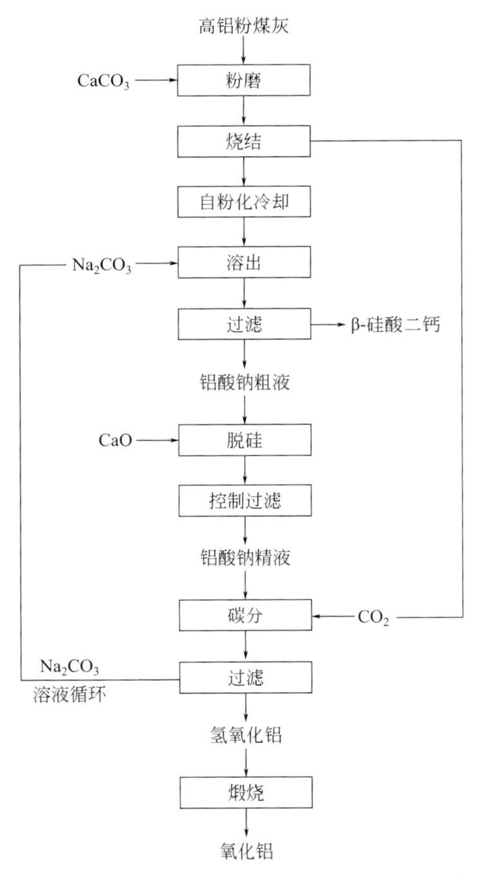

图 4-1　高铝粉煤灰石灰石烧结法提取氧化铝工艺流程
（据费业斌等，1983）

在适宜温度下，以碳酸钠溶液溶出自粉料中的 Al_2O_3，铝酸钙在碳酸钠溶液中分解，生成铝酸钠（$NaAlO_2$）溶液，而硅酸二钙生成沉淀，经洗涤后用作水泥生产原料，从而实现 Al_2O_3 与 SiO_2 的分离。得到的铝酸钠滤液采用碳化法制取氢氧化铝，再经 1200℃下煅烧即得氧化铝产品。主要化学反应为：

$$Ca_{12}Al_{14}O_{33} + 12Na_2CO_3 + 5H_2O \longrightarrow 14NaAlO_2 + 12CaCO_3\downarrow + 10NaOH \tag{4-7}$$

$$Ca_2SiO_4 + 2Na_2CO_3 + H_2O \longrightarrow Na_2SiO_3 + 2CaCO_3\downarrow + 2NaOH \tag{4-8}$$

$$2Na_2SiO_3 + 2NaAlO_2 + 4H_2O \longrightarrow Na_2O\cdot Al_2O_3\cdot 2SiO_2\cdot 2H_2O\downarrow + 4NaOH \tag{4-9}$$

$$xNa_2SiO_3 + 2NaAlO_2 + 3Ca(OH)_2 + 4H_2O \longrightarrow 3CaO\cdot Al_2O_3\cdot xSiO_2\cdot (6-x)H_2O\downarrow + (2+2x)NaOH \tag{4-10}$$

$$2NaAlO_2 + CO_2 + 3H_2O \longrightarrow Na_2CO_3 + 2Al(OH)_3\downarrow \tag{4-11}$$

$$2Al(OH)_3 \longrightarrow Al_2O_3 + 3H_2O\uparrow \tag{4-12}$$

石灰石烧结法作为较早开发的一种利用高铝粉煤灰生产氧化铝的方法，主要优点是：工艺流程简单，设备腐蚀性小，总耗碱量较少，烧结物料无需破碎即可自行粉化。缺点是原料烧结温度较高，能耗高；同时消耗大量一次性资源，每处理 1t 粉煤灰消耗石灰石约 2.3t，产生低附加值的硅钙渣副产品约 3.2t；SiO_2 利用率低，且氧化铝溶出率不高。最大问题是，每生产 1t 氧化铝，将同时产生约 10t 硅钙尾渣，导致建材市场难以完全消化，从而造成新的堆积，且占用大量土地（赵宏等，2002）。

4.2 氧化铝溶出

费业斌等（1983）以淮南电厂高铝粉煤灰（Al_2O_3 约 30%）为原料，当烧结熟料的 CaO/Al_2O_3（摩尔比）为 1.8～2.0 时，Al_2O_3 的溶出率高达 96%。孙培梅等（2007）采用石灰石烧结熟料自粉化方法，对利用平煤电厂高铝粉煤灰中提取氧化铝进行了研究，探究了生料配方、烧结温度、烧结时间和出炉温度对熟料质量的影响。结果表明，氧化铝在碳酸钠溶液中的溶出率达 82%以上。实验用高铝粉煤灰原料的主要结晶相为莫来石和石英。烧结实验在硅钼棒加热高温炉中进行。将实验原料粉煤灰和石灰石按设定比例配料，制成坯块，放入烧结炉内，按照设计好的升温制度进行升温和恒温烧结。反应完成后首先冷却至预定温度，再从炉中取出置于空气中急冷，使烧结物料自粉化。烧结过程生成的熟料质量用熟料的自粉化率和熟料中的 Al_2O_3 在碳酸钠溶液中的溶出率来评定。烧结条件为：烧结温度 1340～1360℃，烧结时间 40～60min，出炉温度 700～900℃。熟料自粉化率为 100%，溶出渣中 Al_2O_3 含量为 2.57%～2.90%，熟料中 Al_2O_3 的溶出率为 80.1%～82.4%。烧结熟料的物相组成主要为 $12CaO \cdot 7Al_2O_3$ 和 $2CaO \cdot SiO_2$。

赵喆等（2008）采用石灰石烧结熟料自粉化方法，对利用高铝粉煤灰提取氧化铝进行了研究，系统探究了熟料烧结条件对氧化铝溶出率的影响。实验所用主要原料为粉煤灰和石灰石，其化学成分见表 4-1。粉煤灰中的主要结晶相为莫来石（$3Al_2O_3 \cdot 2SiO_2$）和石英。

表 4-1 高铝粉煤灰和石灰石原料化学成分分析结果 $w_B/\%$

原料	SiO_2	TiO_2	Al_2O_3	Fe_2O_3	MgO	CaO	Na_2O	K_2O	烧失量
粉煤灰	46.13	1.04	27.59	3.52	0.94	7.51	0.78	1.48	12.68
石灰石	0.49	—	0.60	0.31	0.78	54.72	—	—	—

原料烧结在硅钼棒加热高温炉中进行。将实验原料粉煤灰和石灰石按一定比例配料，混合，加入适量水搅拌均匀，在压片机上制成坯块，放入氧化铝坩埚中，再将坩埚置入硅钼棒加热高温炉中，按照设计好的升温制度进行升温和恒温烧结，然后取出坩埚使烧结熟料自然冷却粉化。

烧结熟料溶出实验在水浴加热的可控磁力搅拌器内进行。在玻璃烧杯内加入计量好的水、碳酸钠和熟料，然后放入已升至预定温度的水浴锅内，在搅拌下进行反应。到预定时间后，立即取出进行液固分离，分析溶出液中 Al_2O_3 的含量。依据剩余硅钙渣中的 Al_2O_3 含量，计算烧结熟料中 Al_2O_3 的溶出率。

为考察烧结过程的条件对熟料中 Al_2O_3 溶出效果的影响，在固定溶出条件下，进行了不同的生料配方、烧结温度、保温时间及熟料出炉温度的影响实验。熟料溶出条件为：碳酸钠用量为理论量的 1 倍，液固质量比为 3，溶出温度为 60℃，搅拌速率为 500r/min。实验结果分别如图 4-2～图 4-5 所示。由图可知：

① 在一定烧结条件下，生料配方的钙铝比 C/A 对烧结熟料中 Al_2O_3 的溶出率有较大影响。当生料配方 C/A 为 1.8 时，熟料溶出效果最好，Al_2O_3 溶出率达 79%以上。当 C/A 比大于 1.8 和小于 1.8 时，熟料的溶出效果都随着 C/A 值增大或减小而逐渐变差。因此，在

1380℃的烧结温度下，最佳的生料配方 C/A 比为 1.8。

② 在一定的生料配方下，烧结熟料的 Al_2O_3 溶出率随烧结温度的升高而增大。在 1380℃下烧结 1h，熟料自粉化率为 100%，其中 Al_2O_3 溶出率为 79.9%；烧结温度大于 1380℃时，熟料的 Al_2O_3 溶出率开始下降。这是由于烧结温度过高时会使烧结物料出现过烧熔化现象，从而影响熟料的自粉化效果。

③ 在一定的生料配方和烧结温度下，随着烧结时间的延长，所得熟料的 Al_2O_3 溶出率增大。在烧结温度为 1380℃，自粉化完全的条件下，恒温烧结 60min 时，Al_2O_3 的溶出率达 79.9%。但随着烧结时间的延长，熟料中氧化铝的溶出率变化幅度不大。因此，在生料配方 C/A 比为 1.8、烧结温度为 1380℃、恒温烧结时间为 45～75min 的条件下，可取得较好的烧结效果。

④ 固定生料配比，在一定的烧结温度和烧结时间下，出炉温度对 Al_2O_3 溶出率的影响不大。总体上看，在炉温冷却到 800℃时出炉效果最好。

综合上述实验结果，得到优化烧结工艺条件为：生料配方 C/A 比为 1.8，烧结温度 1380℃，恒温烧结时间为 60min，出炉温度为 800℃。在此条件下，烧结熟料的自粉化效果良好，其物相组成主要为 $C_{12}A_7$ 和 γ-C_2S。烧结熟料中 Al_2O_3 的溶出率可达 79%以上。

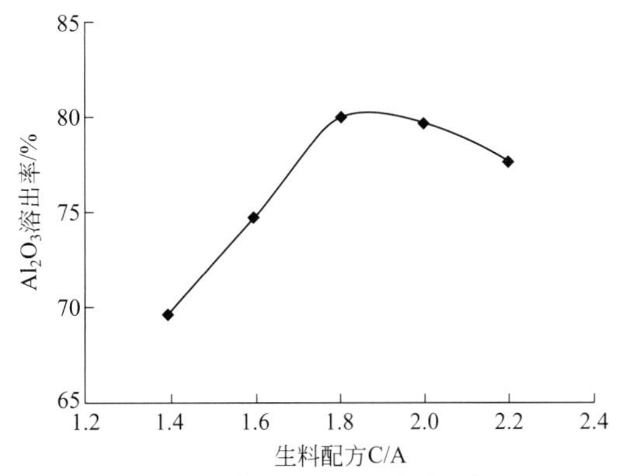

烧结温度 1380℃；保温时间 1h；出炉温度 900℃

图 4-2　生料配方对 Al_2O_3 溶出率的关系曲线

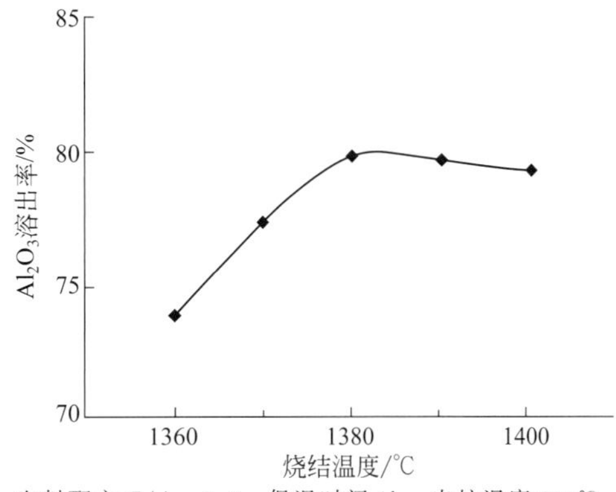

生料配方 C/A=1.8；保温时间 1h；出炉温度 900℃

图 4-3　烧结温度对 Al_2O_3 溶出率的关系曲线

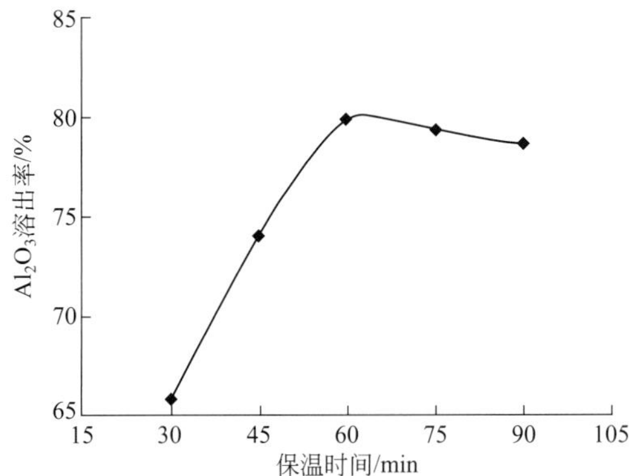

生料配方 C/A=1.8；烧结温度 1380℃；出炉温度 900℃

图 4-4　保温时间对 Al_2O_3 溶出率的关系曲线

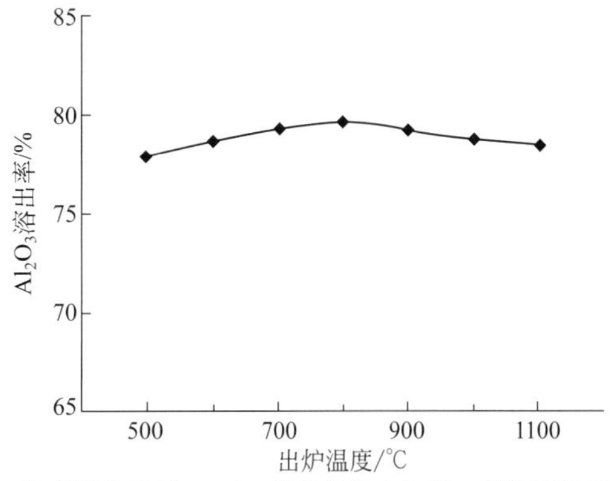

生料配方 C/A=1.8；烧结温度 1380℃；保温时间 1h

图 4-5　出炉温度对 Al_2O_3 溶出率的关系曲线

任根宽等（2012）采用高岭土为原料提取氧化铝，研究了以萤石为助剂煅烧活化煤系高岭土和溶出 Al_2O_3 的条件；考察了煤系高岭土煅烧活化和溶出条件对烧结熟料中 Al_2O_3 溶出率的影响。实验表明，烧结条件为：石灰石与煤系高岭土的质量比为 2.5，萤石用量 1%，烧结温度 1260℃，烧结时间 90min；溶出 Al_2O_3 的优化工艺条件为：溶出温度 85℃，溶出时间 2h，Na_2CO_3 质量浓度 9%，液固质量比 3.5。在此条件下，烧结熟料中 Al_2O_3 的溶出率达 90.5%。

实验用原料为内蒙古鄂旗煤系高岭土，主要化学成分（w_B%）：Al_2O_3 39.04，$SiO_2$45.63。石灰石取自内蒙古鄂旗敖包特，主要化学成分（w_B%）：SiO_2 2.32，CaO 53.23。萤石取自内蒙古鄂旗敖包特，CaF_2 含量为 55.40%。Na_2CO_3，分析纯。

石灰石及萤石和煤系高岭土分别经研磨、过 0.078mm 筛后，石灰石和煤系高岭土按质量比为 2.5，再加入 1%萤石，混合均匀，在 1260℃下烧结 90min，所得烧结物料经冷却自粉化，制成熟料。

将质量浓度为 9%的碳酸钠溶液和烧结熟料按液固质量比为 3.5 混合，置于 85℃水浴中，在充分搅拌条件下加热反应 2h，冷却过滤，滤液即为铝酸钠溶液。采用络合滴定法分析溶出液中的 Al^{3+} 含量，由此计算 Al_2O_3 的溶出率。

烧结温度为 1260℃，烧结时间为 90min，萤石用量为 1%，考察配比（石灰石/高岭土质量比）对高岭土中氧化铝溶出率的影响，结果见图 4-6。由图可见，随着配比的增加，氧化铝溶出率大幅增加，这是因为随着配比的增加，煤系高岭土中氧化铝与石灰石反应逐渐转化为活性 CA($CaO \cdot Al_2O_3$) 和 $C_{12}A_7$($12CaO \cdot 7Al_2O_3$) 的数量增多；当配比达到 2.5 时，这时煤系高岭土中的 Al_2O_3 已全部转化为可溶于 Na_2CO_3 溶液的 CA 和 $C_{12}A_7$，若再增大配比，则活性 CA 和 $C_{12}A_7$ 又与产物 CaO、C_2S($2CaO \cdot SiO_2$) 等化合物反应生成难溶于 Na_2CO_3 溶液的 C_3A($3CaO \cdot Al_2O_3$)、C_2AS($2CaO \cdot Al_2O_3 \cdot SiO_2$)，致使 Al_2O_3 的溶出率下降。故确定最适宜的配比为 2.5。

烧结温度为 1260℃，烧结时间为 90min，石灰石/高岭土质量比为 2.5，考察助熔剂萤石用量对煤系高岭土中 Al_2O_3 溶出率的影响，结果见图 4-7。由图可见，随着萤石用量增加，Al_2O_3 溶出率先增大后减小。这是因为添加萤石能降低烧结过程液相出现的温度，降低液相黏度，增加液相比例，有利于液相中质点的扩散，加速 CA 和 $C_{12}A_7$ 的形成。但是当萤石添加量大于 1%时，会产生大量液相，促使 C_2S、CA、$C_{12}A_7$ 和 CaF_2 之间相互反应生成一些难溶于 Na_2CO_3 溶液的 C_3A、C_2AS 等化合物，使 Al_2O_3 的溶出率降低。因而萤石用量为物料总量的 1%较为适宜。

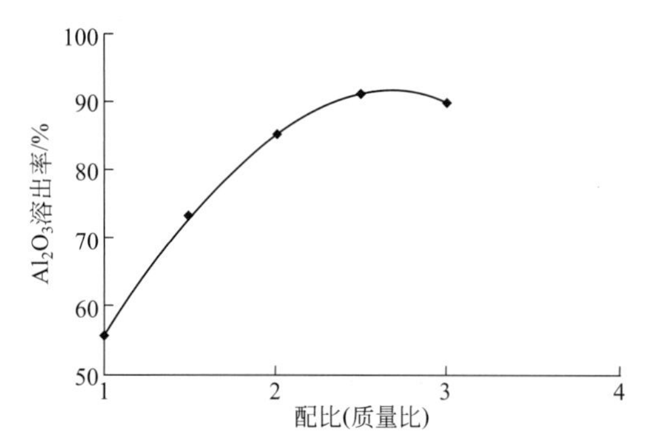

图 4-6　石灰石/高岭土配比对 Al_2O_3 溶出率的影响

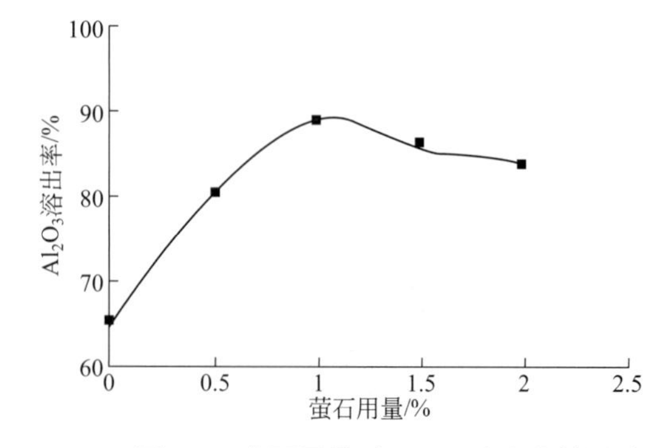

图 4-7　萤石用量对 Al_2O_3 溶出率的影响

设定石灰石/高岭土质量比为 2.5，烧结时间为 90min，萤石用量为 1%，考察烧结温度对煤系高岭土中 Al_2O_3 溶出率的影响，结果见图 4-8。由图可见，随着烧结温度的升高，所得熟料的 Al_2O_3 溶出率先增大而后减小。这主要是由于若温度太低，则烧结反应不完全，致使熟料中的 Al_2O_3 没有完全转化为 CA 和 $C_{12}A_7$；随着烧结温度的提高，在加速主反应的同时，也加速了产物之间的相互反应，使 CA 和 $C_{12}A_7$ 又与 C_2S 生成一些难溶解的三元化合物，造成熟料中 Al_2O_3 的溶出率降低。在烧结温度为 1260℃时，Al_2O_3 的溶出率达 90.5%。因此，煤系高岭土的最适宜烧结温度为 1260℃。

烧结时间的确定：烧结温度为 1260℃，配比为 2.5，萤石用量为 1%，考察烧结时间对煤系高岭土中 Al_2O_3 溶出率的影响，结果见图 4-9。从图可见，在烧结时间小于 90min 时，Al_2O_3 溶出率随着烧结时间的延长而增大；烧结时间大于 90min 时，Al_2O_3 的溶出率随着烧结时间延长趋于稳定。这是因为在一定的烧结温度下，若烧结时间太短，则不能有效地使煤系高岭土中的 Al_2O_3 完全转化为 CA 和 $C_{12}A_7$，故 Al_2O_3 溶出率降低；反应时间愈长，则反应愈完全，Al_2O_3 溶出率将逐渐增大，但当烧结时间大于 90min 时，CA 和 $C_{12}A_7$ 的生成已基本趋于完全，故 Al_2O_3 的溶出率变化不大。综合考虑确定烧结时间为 90min 较为适宜。

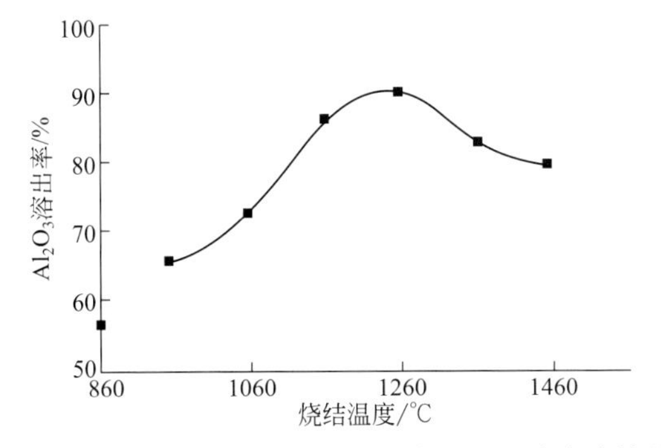

图 4-8　烧结温度对煤系高岭土中 Al_2O_3 溶出率的影响

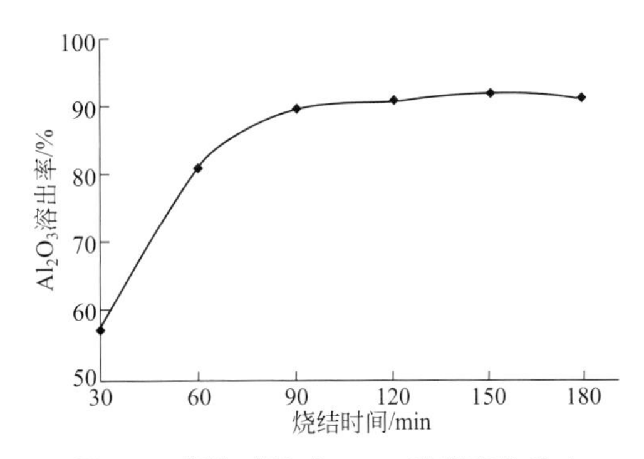

图 4-9　烧结时间对 Al_2O_3 溶出率的影响

通过上述实验，确定了煤系高岭土最适宜的烧结条件如下：石灰石/高岭土质量比为 2.5，萤石加入量为生料总量的 1%，烧结温度 1260℃，烧结时间 90min。在此条件下，烧结熟料的 Al_2O_3 溶出率达到 90.5%。

为获得适宜的 Al_2O_3 溶出工艺条件，在前述探索实验基础上，确定溶出温度、溶出时间、碳酸钠溶出液浓度、液固比对煤系高岭土烧结熟料中 Al_2O_3 溶出率的主要影响因素。

固定溶出温度为 85℃、溶出时间为 2h、液固质量比为 3.5 的条件下，通过改变溶出液中的 Na_2CO_3 浓度，测定其对烧结熟料中 Al_2O_3 溶出率的影响，结果见图 4-10。由图可见，当 Na_2CO_3 浓度太低时，Al_2O_3 的溶出率相应也很低。这是由于 Na_2CO_3 的用量不足而不能将熟料中的 CA 和 $C_{12}A_7$ 充分溶出；随着 Na_2CO_3 浓度的增大，熟料中 Al_2O_3 溶出率不断增大，但当 Na_2CO_3 质量浓度超过 9%时，Al_2O_3 溶出率反而下降。这是由于在一定条件下，Na_2CO_3 质量浓度提高后，在加速 Al_2O_3 溶出反应的同时，也加速了对 C_2S 的分解和脱硅作用，C_2S 的分解产物又与溶液中的 Al_2O_3 反应，转化为难溶的水化钙铝榴石，致使 Al_2O_3 的溶出率下降。综上分析可知，溶出液最适宜的 Na_2CO_3 质量浓度为 9%。

在溶出液的 Na_2CO_3 质量浓度为 9%、溶出时间为 2h、液固质量比为 3.5 的条件下，通过改变溶出温度，测定其对熟料中 Al_2O_3 溶出率的影响，结果见图 4-11。由图可见，当溶出温度低于 85℃时，Al_2O_3 的溶出率随温度升高而增大，但当温度超过 85℃时，Al_2O_3 溶出率有所下降。这是因为煤系高岭土烧结熟料的溶出是液相与固相之间的反应，当温度升高时，由于分子运动速度加快，液相黏度减小，离子扩散系数增大，因而溶出反应速率也相应加快，从而促进 Al_2O_3 的溶出；但是随着溶出温度升高，也相应加剧了 C_2S 的分解及其分解产物与溶液中 Al_2O_3 之间的反应，即二次反应，从而使溶出的 Al_2O_3 又重新生成不溶性铝硅酸钠化合物，故导致 Al_2O_3 溶出率相应下降。因此，确定最佳溶出温度为85℃。

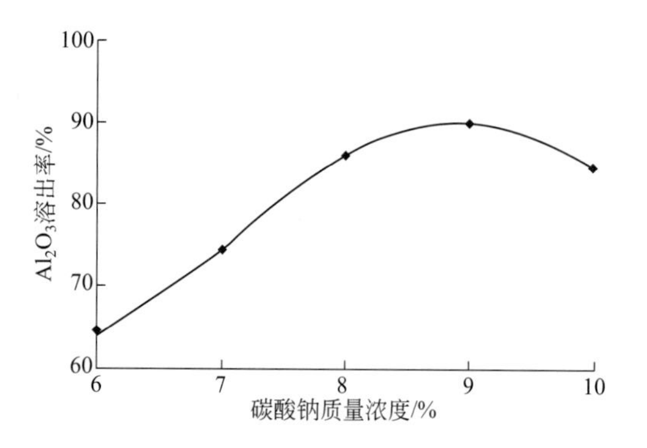

图 4-10　Na_2CO_3 质量浓度对熟料中 Al_2O_3 溶出率的影响

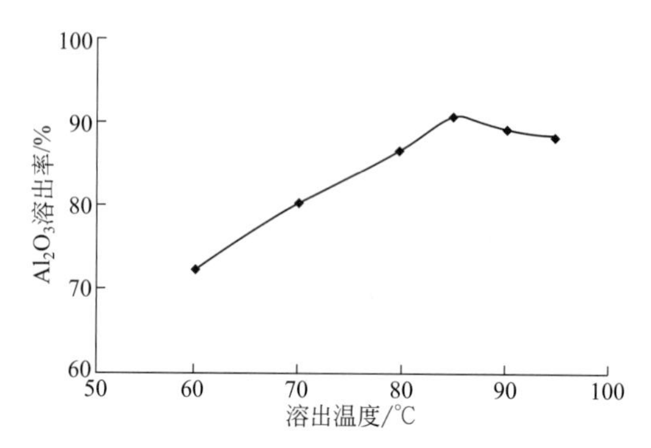

图 4-11　溶出温度对 Al_2O_3 溶出率的影响

在溶出温度为85℃、溶出液的 Na_2CO_3 质量浓度为9%、液固质量比为3.5的条件下，通过改变溶出时间，测定其对烧结熟料中 Al_2O_3 溶出率的影响，结果见图4-12。由图可见，延长溶出时间有利于 Al_2O_3 的溶出。随着溶出时间的延长，Al_2O_3 溶出率相应增大。溶出时间在0.5～2.0h范围内，Al_2O_3 溶出率迅速升高；但当溶出时间超过2h后，Al_2O_3 溶出率反而下降。当溶出时间为2.0h，CA和 $C_{12}A_7$ 溶出反应已经接近完成，而 C_2S 分解趋于强烈，且其分解数量随着与溶液接触时间的延长而不断增加，使溶解出来的 Al_2O_3 又重新生成铝硅酸钠沉淀，从而降低了 Al_2O_3 的溶出率。因此，确定最适宜的溶出时间为2h。

固定溶出温度为85℃、溶出时间为2h、溶出液的 Na_2CO_3 质量浓度为9%，通过改变溶出液体体积与固体质量比（液固比），测定其对烧结熟料中 Al_2O_3 溶出率的影响，结果见图4-13。由图可见，当液固比低于3.5时，随着液固比的提高，Al_2O_3 的溶出率提高较快；液固比为3.5时，Al_2O_3 溶出率为90.5%。而液固比大于3.5时，Al_2O_3 溶出率曲线趋缓。原因在于液固比升高后，降低了溶液中铝酸钠的浓度，增加了反应体系的液固接触界面，同时也降低了二次反应产物的浓度。铝酸钠与二次反应产物接触的概率降低，相应减缓了二次反应的速率。但液固比若过高，则会增加后续工段的负荷，加大生产成本。且这时再增加液固比，Al_2O_3 的溶出率基本保持恒定。因此，确定反应体系的液固比为3.5较为适宜。

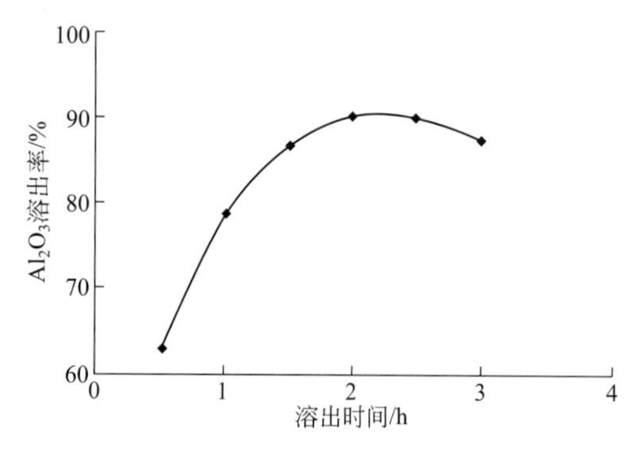

图 4-12　溶出时间对 Al_2O_3 溶出率的影响

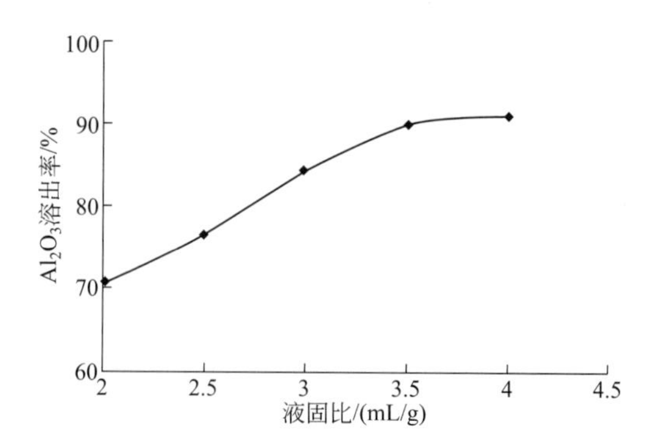

图 4-13　液固比对 Al_2O_3 溶出率的影响

通过以上实验，确定了烧结熟料溶出 Al_2O_3 过程的优化条件为：溶出温度为85℃，溶出时间为2h，液固比为3.5，溶出液中碳酸钠的质量浓度为9%。在此条件下，Al_2O_3 溶出率达90.5%。

4.3　超细氢氧化铝制备

方荣利等（2005）采用矿物改性活化高铝粉煤灰中的 Al_2O_3，消除阻止 C_2S 晶相转变的干扰因素，实现了粉煤灰活化烧结料100%的自粉化，自粉化料平均粒径小于1μm。以质量浓度8%的碳酸钠溶液溶出自粉化料，使其中的 Al_2O_3 以 $NaAlO_2$ 形式溶出，溶出率大于75%；制备了高纯超细氢氧化铝粉体，纯度大于99.9%，平均粒径小于200nm。

主要原料为高铝粉煤灰、石灰石、质量浓度8%的 Na_2CO_3 溶出液、分散剂、CO_2 高压气瓶。主要设备为SX324213型全纤维快速升温高温炉、PHS225型酸度计、红外干燥箱、MS2000激光粒度分析仪、X射线衍射仪等。

将高铝粉煤灰和石灰石碎粒在100～105℃下烘干1h，磨细至通过0.08mm方孔筛的筛余质量小于6%。按设定的 CaO/SiO_2 配料比，加水成型。按设定的烧结温度、反应时间进行烧结，然后按预定的冷却方式冷却。烧结熟料自粉化后，称取100g自粉化料，按固液质量比1∶3加入质量浓度8%的 Na_2CO_3 溶液浸取1h。量取100mL铝酸钠滤液，置于三口反应瓶中，加入一定量分散剂，搅拌均匀。在搅拌下从溶液底部按设定通气速率通入 CO_2 至一定值，停止通入 CO_2，过滤，将所得沉淀用蒸馏水洗涤2次，无水乙醇洗涤2次，在60℃下干燥，制得氢氧化铝粉体，测定粒度与纯度。实验流程见图4-14。

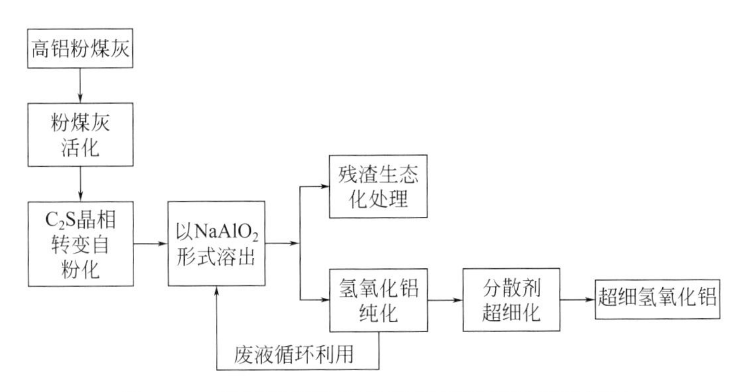

图4-14　高铝粉煤灰制备超细氢氧化铝实验流程

4.3.1　熟料自粉化与溶出氧化铝

高铝粉煤灰原料中的主要矿物相为莫来石和石英。采用石灰石烧结法改变粉煤灰的物相组成，即在粉煤灰中加入一定量的石灰石与外加剂，经高温烧结，使粉煤灰中的莫来石转变为七铝十二钙（$C_{12}A_7$）和硅酸二钙（C_2S）。

C_2S 具有5种主要晶型，在不同温区可相互转换。处于介稳状态的 β-C_2S 向稳定的 γ-C_2S 转变时，由于两种晶型的密度不同，转变时体积增大10%，造成 C_2S 连同其他矿物一起粉化，可省去粉磨工序，节省电能。影响 C_2S 晶型转变的因素很多，主要有 CaO/SiO_2 配料比、烧结温度、烧结时间、烧结料冷却方式等。通过正交实验，获得自粉化过程的最佳参数，实现了高铝粉煤灰烧结熟料的100%自粉化。自粉化料平均粒径小于1μm（表4-2）。

表4-2　自粉化料的激光粒度分析结果

颗粒粒径/μm	0.3～0.4	0.4～0.5	0.5～0.6	0.6～0.7	0.7～0.8	0.8～1.0
质量分数/%	8.35	23.06	30.65	18.69	11.13	8.12

以质量浓度8%的Na_2CO_3溶出液，从自粉化料中以$NaAlO_2$形式溶出Al_2O_3，溶出率为83.3%。

4.3.2　表面活性剂对制备氢氧化铝的影响

超细粉体具有很高的表面活性，使得超细微粒间极易形成一些弱连接而团聚在一起生成尺寸较大的颗粒，给超细氢氧化铝的制备带来很大困难。为阻止小颗粒的团聚，在体系中加入大分子的表面活性剂。表面活性剂种类与掺量对制备高纯超细氢氧化铝粉体的影响示于表4-3和表4-4。实验结果表明，聚乙二醇（聚合度10000∶400按1∶1配合）、十二烷基硫酸钠、聚乙烯醇均可作为制备超细氢氧化铝粉体的表面活性剂，但其中以聚乙二醇的分散性能最好。表面活性剂加入量对制备超细氢氧化铝粉体的影响较大，为获得超细粉体，聚乙二醇的加入量为4mL（质量分数3%），聚乙烯醇为5mL（质量分数4%）。

表4-3　表面活性剂种类对制备氢氧化铝超细粉体的影响

序号	分散剂	掺入质量分数/%	浑浊液显微镜观察	烘干产物
1	十二烷基硫酸钠	3	颗粒均匀	疏松
2	十二烷基磺酸钠	3	颗粒团聚	硬块
3	三乙醇胺	3	少量颗粒团聚	疏松
4	聚乙二醇	4	颗粒均匀	疏松
5	聚乙烯醇	5	颗粒均匀	疏松
6	甘氨酸	4	颗粒团聚	硬块
7	十六烷基三甲基溴化铵	3	颗粒团聚	硬块
8	无	0	颗粒严重团聚	硬块

表4-4　表面活性剂掺入量对制备超细氢氧化铝粉体的影响

序号	分散剂	掺入量/mL	沉淀产生pH值	浑浊液显微镜观察	烘干产物
1	聚乙二醇	3	11.96	少量颗粒团聚	块状,用手可粉碎
2	聚乙二醇	4	11.96	颗粒均匀	疏松粉体
3	聚乙二醇	5	11.96	链状颗粒	疏松块状
4	聚乙烯醇	3	10.78	少量颗粒团聚	块状,用手可粉碎
5	聚乙烯醇	5	10.78	颗粒均匀	疏松粉体
6	聚乙烯醇	10	10.78	链状颗粒	疏松块状

4.3.3　碳化速率对制备氢氧化铝的影响

在碳酸钠溶出液中以不同速率通入CO_2至一定pH值，其碳化速率对制备超细氢氧化铝粉体的影响实验结果示于表4-5。

表 4-5　碳化速率对制备超细氢氧化铝粉体的影响实验结果

序号	分散剂	掺入比例(w_B)/%	通气速率/(mL/min)	浑浊液显微镜观察	烘干产物
1	聚乙二醇	4	10	颗粒均匀	疏松粉状
2	聚乙二醇	4	40	颗粒均匀	疏松粉状
3	聚乙二醇	4	80	颗粒团聚	硬块
4	聚乙烯醇	5	10	颗粒均匀	疏松粉状
5	聚乙烯醇	5	40	颗粒均匀	疏松粉状
6	聚乙烯醇	5	80	颗粒团聚	硬块

实验结果表明，碳化速率对制备超细氢氧化铝粉体有一定影响。碳化速率过小，虽能制得超细氢氧化铝粉体，但碳化时间过长，影响生产效率；碳化速率过大，制备超细氢氧化铝粉体颗粒的团聚严重，粉体粒径较大。为制备超细氢氧化铝粉体，在铝酸钠溶液中以 40mL/min 的速率通入 CO_2 效果较好。

4.3.4　溶液 pH 值对制备氢氧化铝的影响

在铝酸钠溶液中通入 CO_2 后，由于 Na_2CO_3 的生成及 $NaAlO_2$ 的水解，溶液 pH 值将发生变化，突然变浑浊，pH 值迅速下降至 10.01。此后由于 $NaAlO_2$ 水解，pH 值回升，并在较长时间内保持恒定。$Al(OH)_3$ 晶核生成及长大主要集中在 pH 值为 11.96～10.80 范围，为获得超细氢氧化铝粉体，必须控制好溶液的 pH 值。

4.3.5　超细氢氧化铝粉体表征

由图 4-15 可知，实验制备的超细氢氧化铝粉体的平均粒径小于 200nm。图 4-16 显示，超细氢氧化铝粉体制品的分散性较好，平均粒径小于 200nm。将干燥后的超细氢氧化铝粉体送绵阳质量检测中心进行纯度分析，分析结果表明，超细氢氧化铝制品的杂质含量为：SiO_2 25μg/g，Na_2O 19μg/g，CaO 12μg/g。即实验制得的氢氧化铝粉体纯度大于 99.9%。

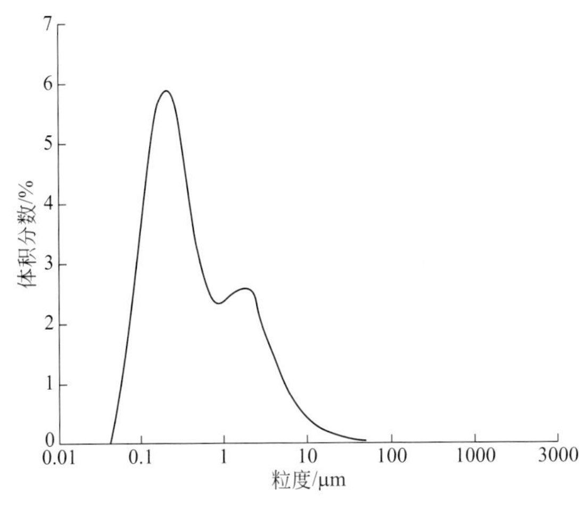

图 4-15　超细氢氧化铝粉体的激光粒度分布图

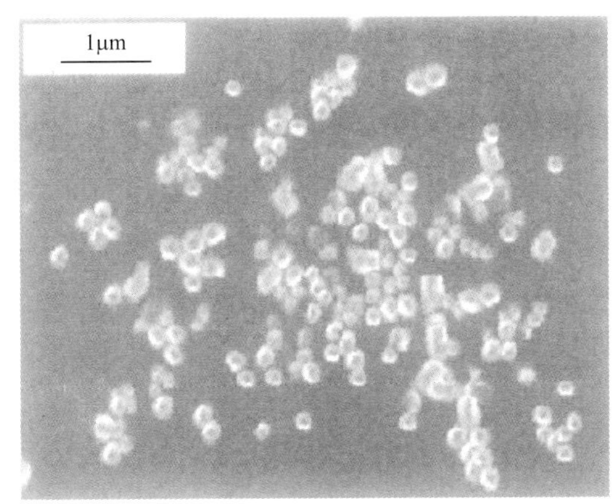

图 4-16　超细氢氧化铝粉体的扫描电镜照片

第5章 碱石灰烧结法提取氧化铝技术

5.1 研究现状

碱石灰烧结法是一种从粉煤灰中提取氧化铝发展较早的工艺。该工艺基本与处理低品位铝土矿的方法类似，是将高铝粉煤灰、石灰石和纯碱混合均匀经高温烧结，使得生料中的氧化物通过烧结转变为铝酸钠（$Na_2O \cdot Al_2O_3$）、铁酸钠（$Na_2O \cdot Fe_2O_3$）、硅酸二钙（$2CaO \cdot SiO_2$）和钛酸钙（$CaO \cdot TiO_2$）等化合物。烧结熟料经破碎、溶出、分离、两段脱硅、碳化分解等工序得到氢氧化铝，再经煅烧制得氧化铝产品。工艺过程中产生的碱液回收再利用，硅钙尾渣可用作硅酸盐水泥原料。

20世纪90年代，宁夏建筑材料研究院开展了碱石灰烧结法从高铝粉煤灰中提取氧化铝的相关研究，探索了碱石灰烧结法提取氧化铝的技术可行性，研究了原料组分、配比及烧结工艺条件对熟料中Al_2O_3标准溶出率的影响。采用高铝粉煤灰经脱硅处理后的原料，在钙硅比为2.1、碱铝比为0.96、经1220℃下烧结30min条件下所得熟料，Al_2O_3标准溶出率大于94%，Na_2O标准溶出率大于97%，生料烧成温度范围达90℃。通过0.5kg规模的实验，制得了符合国标一级品要求的氧化铝。郑国辉（1993）研究了碱石灰烧结法从高铝粉煤灰中提取氧化铝的工艺参数控制范围，在优化条件下Al_2O_3的溶出率可达90%左右，完全能满足工业生产的要求。马双忱（1997）给出了采用石灰石苏打烧结法回收氧化铝的工艺路线，指出石灰石苏打烧结法从高铝粉煤灰中提取氧化铝在技术上是可行的，但存在高能耗、高投资等问题。薛忠秀等（2011）确定了碱石灰烧结法从粉煤灰中提取氧化铝的优化工艺条件，其生料配比N/R为0.95，C/S为2.0，烧结温度1250℃，烧结时间30min，熟料溶出温度80℃，时间30min，采用三段脱硅工艺，证明采用粉煤灰碱石灰烧结法生产氧化铝的技术可行性。

近年来，随着预脱硅-碱石灰烧结法、酸溶法等工艺的出现，对未经过脱硅处理的高铝粉煤灰与石灰石、碳酸钠混合料烧结过程的研究越来越少，主要原因是该工艺存在SiO_2组分利用率低、低附加值的硅钙尾渣排放量大、Al_2O_3溶出率低等缺点。

5.2　工艺过程和原理

5.2.1　碱石灰烧结法基本流程

碱石灰烧结法提取氧化铝的工艺过程主要分为以下步骤：

① 原料准备：制取必要组分比例的细磨料浆所需工序，生料组成包括高铝粉煤灰、石灰石（或石灰）、新纯碱（补充流程中的损失）、循环母液和其他循环物料。

② 熟料烧结：生料的高温烧结，制成主要含铝酸钠、铁酸钠和硅酸二钙的熟料。

③ 熟料溶出：使熟料中的铝酸钠转入溶液，分离和洗涤不溶性残渣（赤泥）。

④ 脱硅：使进入溶液的 SiO_2 生成不溶性化合物，制取高硅量指数的铝酸钠精液。

⑤ 碳化分解：用 CO_2 分解铝酸钠溶液，析出的氢氧化铝与碳酸钠母液分离，洗涤氢氧化铝；部分溶液进行种子分解，以得到某些工段要求的苛性碱溶液。

⑥ 煅烧：将氢氧化铝煅烧制成氧化铝。

⑦ 母液蒸发：从工艺过程中排除过量的水，所得循环纯碱溶液用以配制生料浆。

以高铝粉煤灰为原料，配以适量石灰和苏打，经过烧结、溶出、脱硅、碳分、过滤、煅烧等工序，可获得氧化铝产品及以 Ca_2SiO_4 为主要成分的硅钙尾渣。

工艺流程见图 5-1。

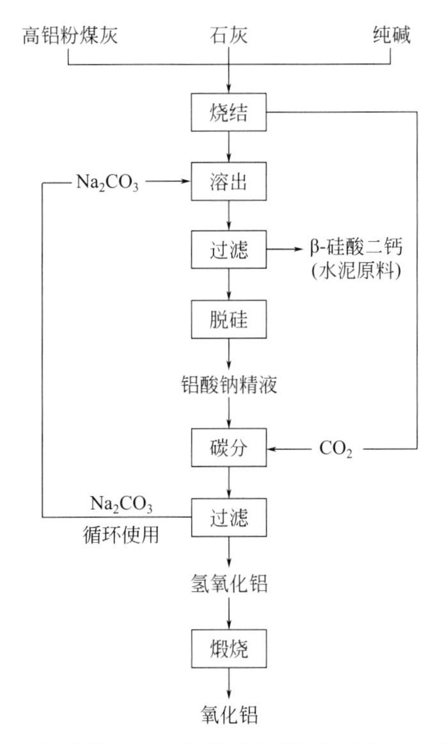

图 5-1　高铝粉煤灰碱石灰烧结法提取氧化铝工艺流程图

（据郑国辉，1993）

5.2.2 反应原理

5.2.2.1 烧结反应原理

在碱石灰烧结法中，加入纯碱和石灰石进行生料烧结的目的，是使高铝粉煤灰中的 Al_2O_3、Fe_2O_3、SiO_2、TiO_2 在适宜的烧结条件下，相应地生成 $Na_2O \cdot Al_2O_3$、$Na_2O \cdot Fe_2O_3$、$Na_2O \cdot CaO \cdot SiO_2$、$CaO \cdot TiO_2$ 等化合物相。烧结过程的反应十分复杂，高铝粉煤灰碱石灰烧结体系中主要化合物之间的反应讨论如下。

（1）Al_2O_3 与 Na_2O 之间反应

Al_2O_3 与 Na_2O 之间的反应是烧结过程中最重要的反应之一，这两种组分在高温下可能生成几种铝酸盐，但生成 $NaAlO_2$ 的反应是烧结过程中的主要反应。此反应在约 700℃ 开始，800℃下有可能反应完全，但需要时间很长；1100℃下可在 1h 内反应完全。

（2）Al_2O_3 与 CaO 之间反应

Al_2O_3 与 CaO 之间的反应从 1000℃开始，提高温度，反应速率增大，可能生成几种化合物，如 CA（C 代表 CaO，A 代表 Al_2O_3）、C_6A、C_2A、$C_{12}A_7$、C_3A 等。但只有 CA 与 $C_{12}A_7$ 才能与 Na_2CO_3 水溶液反应，生成 $NaAlO_2$。

（3）SiO_2 与 Na_2CO_3 之间反应

高温下存在几种钠硅酸盐，如 Na_2SiO_3、$Na_2O \cdot 2SiO_2$、$2Na_2O \cdot SiO_2$ 等。在 800℃下反应产物为 Na_2SiO_3；继续升高温度，则反应生成化合物 Na_2SiO_3 与 $NaAlO_2$ 之间可能发生二次反应，生成 $Na_2O \cdot Al_2O_3 \cdot SiO_2$。

（4）SiO_2 与 $CaCO_3$ 之间反应

SiO_2 与 $CaCO_3$ 之间的反应过程亦较为复杂。在 $CaO\text{-}SiO_2$ 体系中，已知化合物有 $CaO \cdot SiO_2$、$2CaO \cdot SiO_2$、$3CaO \cdot SiO_2$ 等。1100～1250℃的反应产物是原硅酸钙（$2CaO \cdot SiO_2$）。

（5）Fe_2O_3 与 Na_2CO_3 之间反应

Fe_2O_3 与 Na_2CO_3 之间的反应，在 700℃时就已快速进行，最终反应产物是 $Na_2O \cdot Fe_2O_3$。

依据高铝粉煤灰烧结体系中主要组分在高温下的反应规律，碱石灰烧结过程的主要化学反应为：

$$CaCO_3 \longrightarrow CaO + CO_2\uparrow \tag{5-1}$$

$$Al_6Si_2O_{13} + 4CaO + 3Na_2CO_3 \longrightarrow 2Ca_2SiO_4 + 6NaAlO_2 + 3CO_2\uparrow \tag{5-2}$$

$$2MgO + SiO_2 \longrightarrow Mg_2SiO_4 \tag{5-3}$$

$$SiO_2 + 2CaO \longrightarrow Ca_2SiO_4 \tag{5-4}$$

$$2Fe_3O_4 + 3Na_2CO_3 + 0.5O_2 \longrightarrow 3Na_2Fe_2O_4 + 3CO_2\uparrow \tag{5-5}$$

$$SiO_2 + 2CaCO_3 \longrightarrow Ca_2SiO_4 + 2CO_2\uparrow \tag{5-6}$$

$$Al_2O_3 + Na_2CO_3 \longrightarrow 2NaAlO_2 + CO_2\uparrow \tag{5-7}$$

$$TiO_2 + CaO \longrightarrow CaTiO_3 \tag{5-8}$$

5.2.2.2 溶出反应原理

熟料溶出是使烧结熟料中的 Al_2O_3 组分尽可能完全地进入溶液，而与溶出渣中的 SiO_2 组分分离。实验一般采用稀碳酸钠溶液溶出，烧结中主要成分的溶出原理如下。

（1）$NaAlO_2$

$NaAlO_2$ 极易溶解于热水，在冷水中溶解相对缓慢。$NaAlO_2$ 在水中会发生一定程度的水解而生成 $Al(OH)_3$：

$$NaAlO_2 + 2H_2O \longrightarrow NaOH + Al(OH)_3 \downarrow \tag{5-9}$$

水解程度与溶液温度、储存时间、苛性比（即溶液中 Na_2O/Al_2O_3 摩尔比）、溶液浓度等有很大关系。

（2）$Na_2O \cdot Fe_2O_3$

$Na_2O \cdot Fe_2O_3$ 与水接触时会立即发生水解：

$$Na_2O \cdot Fe_2O_3 + 4H_2O \longrightarrow 2NaOH + Fe_2O_3 \cdot 3H_2O \downarrow \tag{5-10}$$

该水解作用随温度升高而明显加剧，同时可使 $Na_2O \cdot Fe_2O_3$ 消耗的 Na_2CO_3 转变为苛性碱返回溶液中，从而提高溶液的苛性比，成为其稳定因素。

（3）$2CaO \cdot SiO_2$

$2CaO \cdot SiO_2$ 在水中会发生水化和分解，其分解产物的平衡相有 $2CaO \cdot SiO_2 \cdot 1.7H_2O$ 和 $5CaO \cdot 6SiO_2 \cdot 5.5H_2O$。在溶出时熟料中的 $2CaO \cdot SiO_2$ 会被 NaOH 所分解：

$$CaO \cdot SiO_2 + 2NaOH \longrightarrow Na_2SiO_3 + Ca(OH)_2 \tag{5-11}$$

硅酸二钙的分解速率与铝酸钠溶解和铁酸钠分解一样，都是相当迅速的，直到所得铝酸钠溶液中 SiO_2 达到介稳平衡浓度为止。但在这段时间内，硅酸二钙只是部分地被分解。由于硅酸二钙的分解而引起 SiO_2 组分进入溶液是不可避免的，溶出时硅酸二钙的分解可能造成与氧化铝的二次反应损失，对溶出过程带来不利影响。这是碱石灰烧结法生产中要认真考虑的问题。

（4）$CaO \cdot TiO_2$

熟料中的钛酸钙在溶出时不会发生任何反应，最后会残留在溶出滤渣中。

（5）Na_2SiO_3

Na_2SiO_3 的存在对回收 Al_2O_3 是非常有害的，如前所述，它会与 $NaAlO_2$ 发生二次反应，生成铝硅酸钠沉淀：

$$2Na_2SiO_3 + 2NaAlO_2 + 4H_2O = 4NaOH + Na_2O \cdot Al_2O_3 \cdot 2SiO_2 \cdot 2H_2O \downarrow \tag{5-12}$$

铝硅酸钠在氧化铝工业中被称作钠铝硅渣。由上述反应可见，溶液中存在的 SiO_2 将会消耗大量 Al_2O_3 及 Na_2O，从而造成 Al_2O_3 溶出率的降低和生产成本的上升。

由上述可知，溶出过程是一个多反应、多平衡的多元体系，溶出条件的选择就是要找出对有益反应起促进作用，同时对有害反应起阻碍作用的合理条件。

5.2.2.3　铝酸钠粗液脱硅

碱石灰烧结法所制得的铝酸钠粗液的浓度相对较稀，故有别于拜耳法的一段脱硅工艺，一般需要采用两段脱硅法，将其硅量指数提高到 1000 以上，然后采用碳分法制备氢氧化铝。目前工业上采用的脱硅方法主要有两种：①压煮脱硅，使溶液中的 SiO_2 组分以含水铝硅酸钠（$Na_2O \cdot Al_2O_3 \cdot 1.7SiO_2 \cdot nH_2O$）形式析出；②深度脱硅，添加石灰使溶液中的 SiO_2 以水钙铝榴石［$3CaO \cdot Al_2O_3 \cdot xSiO_2 \cdot (6-2x)H_2O$］形式析出。

熟料溶出所得铝酸钠粗液中，SiO_2 呈过饱和的介稳状态，能自发地转变成其平衡固相水合铝硅酸钠，从溶液中沉淀出来，发生如下反应：

$$1.7Na_2SiO_3 + 2NaAl(OH)_4 + aq = Na_2O \cdot Al_2O_3 \cdot 1.7SiO_2 \cdot nH_2O \downarrow + 3.4NaOH + aq \tag{5-13}$$

此反应在常压及无添加物条件下，水合铝硅酸钠自发成核析出的过程非常困难。因此，采用在高温（高压）和添加晶种条件下进行压煮脱硅，使含水铝硅酸钠直接在晶种上析出长大，有利于加快脱硅反应速率，缩短脱硅时间。

采用添加晶种压煮脱硅得到的铝酸钠溶液硅量指数不会超过500。为了进一步提高溶液的硅量指数，需要添加石灰进行深度脱硅，使溶液中的SiO_2以溶解度更低的水钙铝榴石形式析出。压煮脱硅后的铝酸钠溶液再次进行深度脱硅，溶液的硅量指数可达1000以上。

石灰以石灰乳的形式加入铝酸钠溶液中，发生如下反应：

$$2NaAl(OH)_4 + 3Ca(OH)_2 + aq = 3CaO \cdot Al_2O_3 \cdot 6H_2O\downarrow + 2NaOH + aq \tag{5-14}$$

$$3CaO \cdot Al_2O_3 \cdot 6H_2O + xNa_2SiO_3 + aq = 3CaO \cdot Al_2O_3 \cdot xSiO_2 \cdot (6-2x)H_2O\downarrow + 2xNaOH + aq \tag{5-15}$$

式中，x称作饱和度，随温度升高而增大，在生产条件下为0.1～0.2。

水合铝硅酸钙的生成使溶液中的SiO_2浓度得以降低，达到深度脱硅的目的。但在深度脱硅过程中，添加石灰的量越多，脱硅程度会越深，但同时也会造成溶液中Al_2O_3组分的过多损失。因此，应控制铝酸钠溶液深度脱硅过程中石灰的添加量。

5.2.2.4 碳酸分解

铝酸钠溶液的主要成分为$NaAl(OH)_4$，向铝酸钠溶液中通入CO_2气体，可以中和溶液中的苛性碱，使溶液的苛性比减小，从而降低溶液的稳定性，使得溶液中的$NaAl(OH)_4$自发分解，生成氢氧化铝沉淀。铝酸钠溶液碳化分解是一个有气、液、固三相参与的复杂多相反应过程，它包括CO_2气体被铝酸钠溶液吸收、CO_2与铝酸钠溶液间发生化学反应以及氢氧化铝结晶析出等过程。

氢氧化铝结晶从溶液中析出的过程一般可分为以下几个阶段：

（1）诱导期

CO_2气体与游离的NaOH反应，降低溶液的苛性比，从而降低$NaAl(OH)_4$在溶液中的稳定性，使铝酸钠溶液处于介稳状态。

（2）晶核形成期

继续通入CO_2气体，当溶液苛性比降低到一定程度时，溶液中开始析出大量氢氧化铝微晶，且由于其粒度细，活性大，成为后期氢氧化铝结晶长大的晶核。

（3）晶体长大期

继续通入CO_2气体，氢氧化铝大量析出，此时溶液中氢氧化铝晶体主要有两种行为，一方面是氢氧化铝晶核逐渐长大，另一方面析出的细微氢氧化铝晶体逐渐附聚。

（4）分解后期

当铝酸钠分解率达到90%左右时，分解反应基本结束，此时如果继续通气，则会导致溶液中SiO_2过饱和而析出附着在氢氧化铝晶粒上，从而严重影响产品质量。该过程化学反应式如下：

$$NaOH + CO_2 = Na_2CO_3 + H_2O \tag{5-16}$$

$$NaAl(OH)_4 + aq = Al(OH)_3\downarrow + NaOH + aq \tag{5-17}$$

工业上一般采用连续进料和分段通气法来提高CO_2的利用率，同时降低氢氧化铝沉淀中的Na_2O含量。

5.2.2.5 氢氧化铝煅烧

该工段反应原理是将所得氢氧化铝制品在1250℃下煅烧，脱水生成氧化铝产品。常压下氢氧化铝在480℃即发生较为明显的脱水作用，但实际只有经过高温煅烧，所制得氧化铝产品才能满足冶金级氧化铝的晶型要求。

5.3　结果分析与讨论

5.3.1　烧结过程

烧结过程是获得高质量熟料和烧结法的核心环节，其中烧结生料的碱铝比、钙硅比、烧结温度及烧结时间等因素对高铝粉煤灰中 Al_2O_3 的溶出率有很大影响。在碱石灰烧结法中，加入纯碱和石灰石进行生料烧结的目的，是使脱硅滤饼中的 Al_2O_3、Fe_2O_3、SiO_2、TiO_2 在适宜的烧结条件下，相应地生成 $Na_2O \cdot Al_2O_3$、$Na_2O \cdot Fe_2O_3$、$Na_2O \cdot CaO \cdot SiO_2$、$CaO \cdot TiO_2$ 等化合物相。一般定义烧结配料的钙硅比为：

$$C/S=[CaO]/[SiO_2+TiO_2]\text{(摩尔比)} \tag{5-18}$$

烧结配料的碱铝比为：

$$N/A=[Na_2O+K_2O]/[Al_2O_3+Fe_2O_3]\text{(摩尔比)} \tag{5-19}$$

唐云等（2009）以某燃煤电厂湿排粉煤灰选铁后试样为原料，采用碱石灰烧结法研究了不同烧结条件对粉煤灰烧结熟料中 Al_2O_3 溶出率的影响。实验中的烧结熟料用 80g/L 的氢氧化钠稀溶液在 100℃条件下溶出 5min，赤泥用 100℃热水洗涤一次，溶出的铝酸钠溶液经过盐酸酸化测定其中 Al_2O_3 含量。实验所用粉煤灰原料的主要化学成分见表 5-1。

表 5-1　高铝粉煤灰主要化学成分分析结果　　w_B/%

SiO_2	Al_2O_3	TFe_2O_3	烧失量	其他
44.78	30.10	4.70	11.78	8.64

5.3.1.1　碱铝比

碱铝比对粉煤灰中 Al_2O_3 溶出率的影响如图 5-2 所示。实验条件：钙硅比为 0.5∶1，烧结温度 850℃，烧结反应时间 30min。

从图 5-2 可见，碳酸钠与氧化钙混合烧结剂与粉煤灰进行烧结时，生料中碱铝比对粉煤灰烧结熟料中 Al_2O_3 溶出的影响很大。当碱铝比为 1∶1、钙硅比为 0.5∶1 时，在 850℃条件下烧结 30min，粉煤灰中 Al_2O_3 只有 23.2%被溶出；而当碱硅比为 3∶1 在同样的条件下进行烧结时，却有 68.7%的氧化铝被溶出。这与利用碳酸钠烧结时的反应机理有关，碱石灰烧结时，粉煤灰中的 Al_2O_3 与碳酸钠主要反应生成 $NaAlO_2$。当提高生料中碱比时，相当于增加生料中氧化铝与碳酸钠的接触面积及烧结剂的过饱和度，有利于提高粉煤灰中氧化铝与碳酸钠的反应速率。因此，碱铝比高的生料可以在相同的烧结条件下溶出粉煤灰中更多的氧化铝。

5.3.1.2　钙硅比

钙硅比对粉煤灰烧结熟料中 Al_2O_3 溶出率的影响结果如图 5-3 所示。实验条件：碱铝比为 3∶1、烧结温度 850℃、烧结时间 30min。

图 5-3 表明，利用碳酸钠与氧化钙的混合物与粉煤灰进行烧结时，生料中的钙硅比对粉煤灰烧结熟料中 Al_2O_3 溶出率有较大的影响。当生料中钙硅比为 0.25∶1、碱铝比为 3∶1，在 850℃条件下烧结 30min 时，粉煤灰中有 65.8%的氧化铝被溶出，随着生料中钙硅比的增大，粉煤灰烧结熟料中氧化铝的溶出率也随之增大，当钙硅比为 1∶1 时，熟料中 Al_2O_3 的

溶出率增大到72.2%。但随着生料中钙硅比的进一步增大，粉煤灰中氧化铝溶出率反而减小。适量的氧化钙可以促进烧结过程的进行，有利于粉煤灰中氧化铝的溶出。而当生料中氧化钙过量时，则过量的氧化钙反而阻碍粉煤灰中氧化铝的溶出。

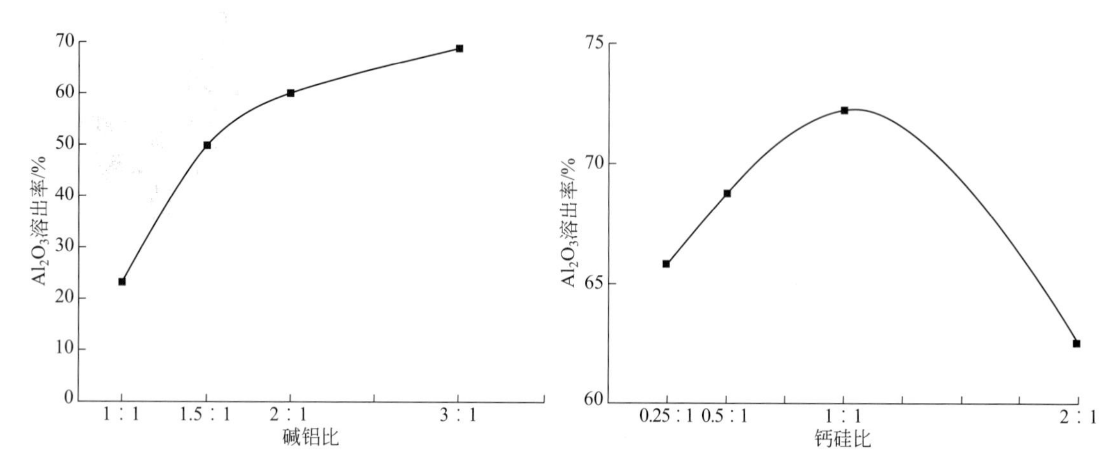

图 5-2 生料中碱铝比对粉煤灰中 Al_2O_3 溶出率的影响　图 5-3 钙硅比对粉煤灰中 Al_2O_3 溶出率的影响

5.3.1.3 烧结温度

烧结温度对粉煤灰烧结熟料中氧化铝溶出率的影响如图5-4所示。实验条件为：碱铝比3∶1、钙硅比1∶1、烧结时间30min。

研究表明，随着烧结温度的升高，粉煤灰烧结熟料中 Al_2O_3 溶出率迅速增大（图5-4）。当碱铝比为3∶1、钙硅比为1∶1的生料在700℃条件下烧结30min，粉煤灰烧结熟料中氧化铝溶出率仅为27.7%，在850℃时，粉煤灰中氧化铝的溶出率为72.1%。研究表明，碳酸钠与氧化铝在500～700℃才开始反应，800℃才能反应完全，提高温度反应将会相应加快，在1100℃下60min内可以完成。

5.3.1.4 烧结时间

烧结时间对粉煤灰烧结熟料中 Al_2O_3 溶出率的影响如图5-5所示。其中，配料的碱铝比为3∶1、钙硅比为1∶1、烧结温度为850℃。

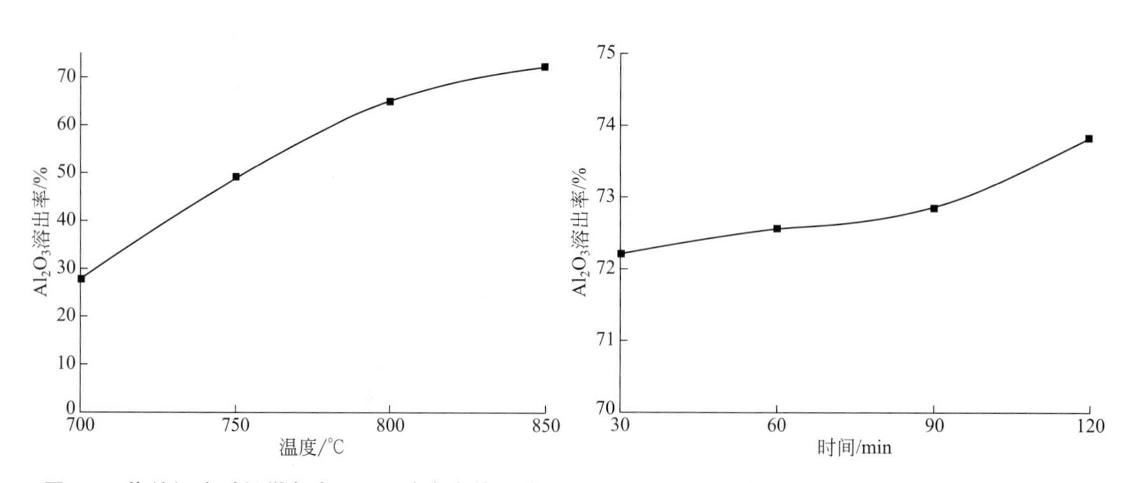

图 5-4 烧结温度对粉煤灰中 Al_2O_3 溶出率的影响　图 5-5 烧结时间对粉煤灰中 Al_2O_3 溶出率的影响

从图 5-5 可见，烧结时间对粉煤灰烧结熟料中 Al_2O_3 溶出率的影响较小。当烧结时间为 30min 时，粉煤灰中氧化铝溶出率为 72.2%，随着时间的增长，氧化铝溶出率增长缓慢，即使将烧结时间延长到 120min，溶出率也仅为 73.8%。这说明利用碱石灰烧结法溶出粉煤灰中氧化铝时，当生料中碱铝比为 3∶1、钙硅比为 1∶1 时，物料在 850℃ 条件下烧结 30min 已经能溶出粉煤灰中的大部分氧化铝，而不能被溶出的那部分氧化铝在该条件下是惰性的。

5.3.1.5　烧结正交实验

对烧结过程进行正交实验，考察粉煤灰烧结过程中各种因素对粉煤灰中 Al_2O_3 溶出率的影响，以及确定烧结过程的各种配料用量的最佳配比。实验利用碳酸钠与氧化钙的混合物作为烧结剂进行烧结反应的正交实验。方案设计及实验结果见表 5-2。

表 5-2　烧结正交实验方案设计及实验结果

序号	影响因素				Al_2O_3 溶出率/%
	碱铝比	钙硅比	烧结温度/℃	烧结时间/min	
1	1∶1	2∶1	750	30	18.98
2	1∶1	1∶1	800	60	30.72
3	1∶1	0.5∶1	850	90	34.52
4	2∶1	2∶1	800	90	54.64
5	2∶1	1∶1	850	30	66.94
6	2∶1	0.5∶1	750	60	45.40
7	3∶1	2∶1	850	60	62.43
8	3∶1	1∶1	750	90	62.85
9	3∶1	0.5∶1	800	90	66.19
$K(1,j)$	84.22	136.05	127.23	152.11	
$K(2,j)$	166.98	160.51	151.55	138.55	
$K(3,j)$	191.47	146.11	163.89	152.01	
R_j	107.25	24.46	36.66	13.56	

由表 5-2 可见，各种影响因素对粉煤灰烧结熟料中 Al_2O_3 溶出率影响大小顺序为：碱铝比＞烧结温度＞钙硅比＞烧结时间。因此，在烧结过程中要特别控制生料中碳酸钠的用量。通过对利用碳酸钠与氧化钙的混合物作为烧结剂的烧结过程进行优化，得到优化工艺条件为：碱铝比为 3∶1、钙硅比为 1∶1，850℃ 条件下烧结 30min，在此条件下 Al_2O_3 的浸出率可达 72.2%。

5.3.2　溶出过程

熟料溶出是碱石灰烧结法中很重要的一步工序。影响熟料溶出的因素有很多，主要有溶出温度、溶出液浓度、溶出时间、烧结块的细磨程度及搅拌等。马双忱（1997）分别研究了各溶出条件对烧结熟料 Al_2O_3 溶出率的影响。

5.3.2.1　溶出温度

由溶出过程反应原理可知：溶出温度越高，副反应发生的程度也就相应越高。原硅酸钙与偏铝酸钙发生二次反应，生成钙硅渣进入残渣中。此反应与溶出条件关系很大，温度过高可能促进反应（5-14）的进行而降低 Al_2O_3 的溶出率。根据溶出温度条件实验及工业生产实践，确定溶出温度为 60～70℃。

$$2CaO \cdot SiO_2 + Ca(AlO_2)_2 + H_2O \longrightarrow 3CaO \cdot Al_2O_3 \cdot xSiO_2 \cdot yH_2O \downarrow (x \leqslant 1) \quad (5\text{-}20)$$

5.3.2.2 溶出液浓度

实验中按照固定溶出条件为：温度 70℃，液固比 10，水域时间 1h。实验结果的曲线如图 5-6 所示。

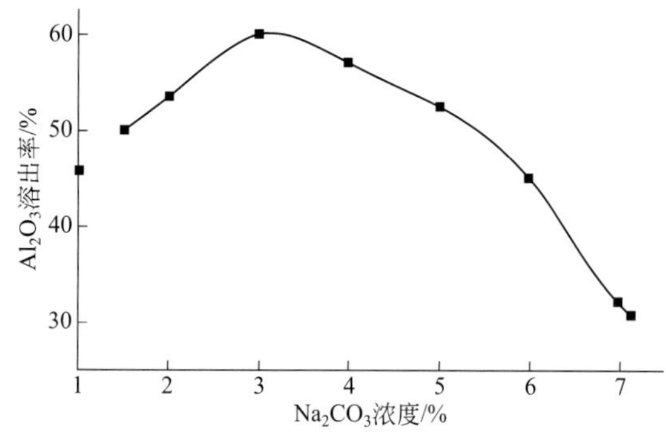

图 5-6 溶出液浓度对 Al_2O_3 溶出率的影响曲线

根据实验曲线，采用稀碳酸钠溶出液较为合理。因为向溶液中添加 Na_2CO_3 能有效抑制 $2CaO \cdot SiO_2$ 的水解，使游离的 $Ca(OH)_2$ 减少，使得二次反应的硅钙渣生成速率和数量受到限制，从而减少 Al_2O_3 的损失。当提高 Na_2CO_3 浓度时将会促进 Ca_2SiO_4 的部分溶出，从而造成 SiO_2 组分进入溶液，不可避免地对回收 Al_2O_3 造成损失。因此，该条件下 Na_2CO_3 浓度取 3%较为合适。

5.3.2.3 溶出时间

溶出时间条件实验发现，溶出 1h 后即可以达到较好的溶出效果，延长时间对最终的 Al_2O_3 溶出率影响不大，但会造成能耗损失，延长生产周期。

5.3.2.4 液固比

溶出过程的液固比既影响溶出剂的消耗量又影响溶出液黏度，从而影响 Al_2O_3 的溶出率及后续的过滤工序。实验过程取液固质量比为 10。

5.3.3 铝酸钠粗液脱硅

5.3.3.1 铝酸钠溶液预脱硅

张明宇（2011）详细研究了纯碱烧结法所得铝酸钠粗液的两步脱硅和碳分工艺，获得了较好的效果。实验中，固定脱硅反应温度为 160℃，反应时间为 2h，向铝酸钠粗液中加入一定量自制水合铝硅酸钠晶种进行预脱硅，主要研究了晶种加入量和脱硅时间对预脱硅效果的影响。

首先，向铝酸钠粗液中加入不同量的脱硅晶种进行预脱硅实验，探索晶种加入量对铝酸钠溶液预脱硅效果的影响，实验结果见表 5-3。由实验结果可知，晶种加入量对所得预脱硅铝酸钠溶液中 Al_2O_3 的浓度影响不大，其主要影响溶液的 Al_2O_3/SiO_2 质量比（硅量指数）。如图 5-7 所示，溶液中 Al_2O_3/SiO_2 质量比随晶种加入量的增加呈逐渐增大趋势。当晶种加入量大于 26g/L 时，所得预脱硅铝酸钠溶液中 Al_2O_3/SiO_2 质量比可达 280 以上，满足工业生产预脱硅工段的最低要求。当晶种加入量超过 30g/L 时，溶液的 Al_2O_3/SiO_2 质量比达到 300，且随晶种加入量的增加变化不再明显。因此，优选预脱硅晶种加入量为 30g/L。

固定脱硅反应温度为 160℃，晶种加入量 30g/L 进行预脱硅实验，设定反应时间分别为 30min、60min、90min、100min、110min、120min、150min、180min，探索反应时间对铝酸钠溶液预脱硅效果的影响，实验结果见表 5-4 和图 5-8。

表 5-3　晶种加入量对预脱硅效果影响实验结果

实验号	晶种添加量 /(g/L)	粗液体积 /mL	化学成分/(g/L)			MR	A/S
			Al_2O_3	SiO_2	Na_2O_k		
TJ-1	10.0	487	100.12	0.518	86.41	1.42	193
TJ-2	15.0	489	100.18	0.385	87.10	1.43	260
TJ-3	20.0	492	100.04	0.374	86.93	1.42	267
TJ-4	25.0	482	100.10	0.373	86.57	1.42	268
TJ-5	26.0	491	100.06	0.345	86.37	1.43	290
TJ-6	28.0	485	100.02	0.344	86.34	1.42	290
TJ-7	30.0	481	100.09	0.324	86.82	1.43	308
TJ-8	35.0	489	99.93	0.328	86.39	1.42	304
TJ-9	40.0	492	99.840	0.329	86.19	1.42	304

注：A/S 表示 Al_2O_3/SiO_2 质量比；MR 表示 Na_2O/Al_2O_3 摩尔比。下同。

表 5-4　反应时间对预脱硅效果影响实验结果

实验号	反应时间/min	滤液体积 /mL	化学成分/(g/L)			MR	A/S
			Al_2O_3	SiO_2	Na_2O_k		
TS-1	30	482	100.37	0.917	87.24	1.43	109
TS-2	60	490	100.23	0.534	86.93	1.43	187
TS-3	90	486	100.24	0.381	86.96	1.43	263
TS-4	100	485	100.32	0.358	87.21	1.43	280
TS-5	110	483	100.21	0.331	87.72	1.44	302
TS-6	120	481	100.11	0.316	86.89	1.43	316
TS-7	150	491	98.71	0.325	86.37	1.44	304
TS-8	180	489	98.24	0.321	86.64	1.45	306

注：A/S 表示 Al_2O_3/SiO_2 质量比；MR 表示 Na_2O/Al_2O_3 摩尔比。

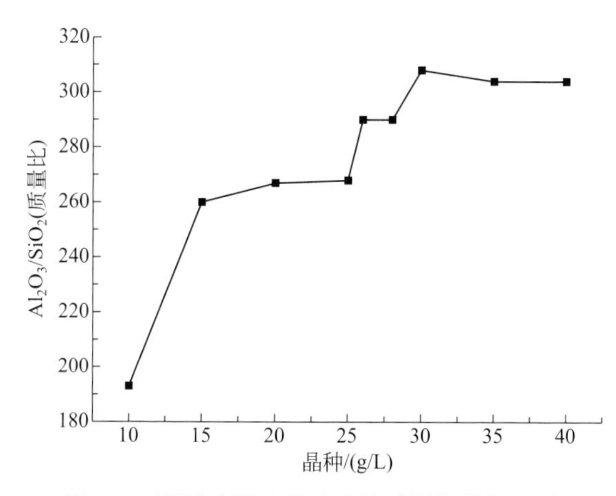

图 5-7　预脱硅铝酸钠溶液的硅量指数与晶种加入量关系图

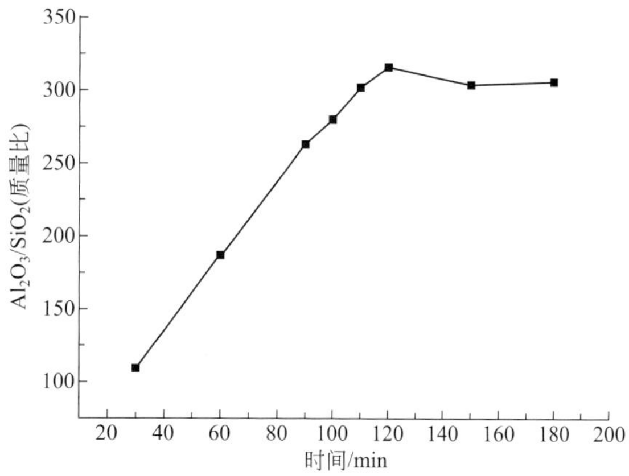

图 5-8　预脱硅铝酸钠溶液 Al_2O_3/SiO_2 质量比与脱硅时间关系

由实验结果可知，预脱硅铝酸钠溶液的硅量指数随晶种加入量的增加而逐渐增大，当脱硅反应时间大于 100min 时，所得预脱硅铝酸钠溶液的硅量指数可达 280 以上，满足工业生产过程中预脱硅工段的最低要求。当反应时间超过 110min，溶液硅量指数达到 300，且其后随反应时间的延长变化不再明显。综合考虑反应时间与能耗的关系，优选预脱硅反应时间为 2h。

综合以上实验结果，以烧结熟料溶出所得铝酸钠粗液（G4-4）为原料，选取晶种加入量 30g/L，反应时间 2h 进行预脱硅实验，实验结果见表 5-5 和表 5-6。

表 5-5　预脱硅铝酸钠溶液主要化学成分分析结果　　g/L

样品号	SiO_2	TiO_2	Al_2O_3	Fe_2O_3	CaO	Na_2O_k	K_2O	A/S	MR
G5-1L	0.34	0.031	107.25	0.037	0.28	98.95	1.25	315	1.53

表 5-6　预脱硅渣主要化学成分分析结果　　$w_B/\%$

样品号	SiO_2	Al_2O_3	Na_2O_k	K_2O
G5-1S	33.85	34.21	21.51	1.01

实验结果表明，预脱硅后粗制铝酸钠溶液的硅量指数由 30 提高到 315，同时水合铝硅酸钠的生成导致溶液中 Al_2O_3 部分损失。由于脱硅过程中存在溶液的少量蒸发，故预脱硅后铝酸钠溶液的 Al_2O_3 含量及苛性比变化较小。

5.3.3.2　铝酸钠溶液深度脱硅

预脱硅铝酸钠溶液的硅量指数可达 300 以上，但仍不能满足制备优质氢氧化铝对铝酸钠溶液硅量指数的要求。因此，需采用添加石灰乳深度脱硅的方法对其进一步脱硅纯化。考虑到脱硅程度与所得精制铝酸钠溶液中浓度的关系，以下主要研究氧化钙加入量对深度脱硅效果的影响，实验获得 Al_2O_3/SiO_2 较高的铝酸钠精液。

分别按所加 CaO 与溶液中 SiO_2 摩尔比为 10、20、30、40 称取 CaO（分析纯），消解于一定量蒸馏水中，配制成有效 CaO 浓度为 200g/L 的脱硅石灰乳。将配置好的石灰乳加入预先升温至 100℃的 500mL 预脱硅铝酸钠溶液中，保持恒温下搅拌反应 1h 进行深度脱硅，实验结果见表 5-7。

表 5-7　石灰加入量对脱硅效果影响实验结果

实验号	CaO/SiO_2（摩尔比）	滤液体积/mL	化学成分/(g/L)			MR	A/S
			Al_2O_3	SiO_2	Na_2O_k		
TL-1	10	475	99.89	0.121	90.68	1.50	825
TL-2	20	481	99.92	0.106	90.31	1.49	942
TL-3	30	476	99.78	0.095	90.12	1.49	1050
TL-4	40	474	96.83	0.092	90.13	1.53	1052

注：A/S 表示 Al_2O_3/SiO_2 质量比；MR 表示 Na_2O/Al_2O_3 摩尔比。

由实验结果可知，随着所加 CaO 的增加，精制铝酸钠溶液的硅量指数逐渐增大，当 CaO/SiO_2 摩尔比为 30 时，铝酸钠溶液的硅量指数超过 1000，满足工业上制备优质氢氧化铝的要求（表 5-8）；当 CaO/SiO_2（摩尔比）＞30 时，溶液硅量指数增加不再明显，且过多的

CaO会与Al_2O_3组分反应生成水合铝酸钙沉淀，导致溶液中Al_2O_3浓度降低，使溶液硅量指数有减小趋势。因此，优选CaO/SiO_2摩尔比为30，进行预脱硅铝酸钠溶液的深度脱硅。

表5-8　铝酸钠溶液硅量指数对氢氧化铝产品质量的影响

产品等级	三级品	二级品	一级品
硅量指数	400～500	>480	>1000

注：据王捷（2006）。

5.3.4　铝酸钠溶液碳分

采用碳化分解法制备氢氧化铝时，氢氧化铝制品的粒度受分解温度、溶液浓度、通气速率、CO_2气体浓度、终点pH值等因素影响。溶液法制备超细粉体过程中，分散剂的加入量同样对制品的粒度具有较大影响。

5.3.4.1　分散剂PEG加入量

固定铝酸钠溶液的Al_2O_3浓度为60g/L、反应温度80℃、通气速度0.3m^3/h、反应终点pH值为11，研究加入分散剂的质量分别为溶液体积的1%、2%、3%、4%、5%时所制备的氢氧化铝超细粉体的粒度分布，分析分散剂用量对氢氧化铝晶体生长的影响。实验结果如图5-9所示。

由图5-9可知，分散剂的加入量对氢氧化铝粉体粒径的变化影响很大。未加入分散剂时，所得制品的平均粒径可达40μm以上；加入分散剂后，氢氧化铝粉体粒径快速减小；当分散剂用量达到溶液体积的3%时，所得粉体的平均粒径达到最小值，而后粒径随分散剂用量的增加略有增大，但变化不明显。加入分散剂，反应进行到一定程度后，体系中开始析出微小氢氧化铝颗粒，此时PEG中处于链外侧的桥氧原子极易与$Al(OH)_3$的羟基形成强氢键作用，使PEG吸附在氢氧化铝晶粒表面形成一层分散剂包裹层，阻止晶粒的进一步生长，同时由于PEG分子之间的空间位阻效应，也可有效防止氢氧化铝晶粒间的团聚。当吸附达到饱和后，增加分散剂用量则对改善粉体分散效果不再明显，对粉体粒径的影响不大，而只会增大反应体系的黏度，降低反应的剧烈程度，增加反应时间，故使粉体平均粒径略有增大。

5.3.4.2　溶液中Al_2O_3浓度

固定反应温度80℃、通气速度0.3m^3/h、终点pH值为11、PEG加入量6g，研究铝酸钠溶液中Al_2O_3浓度分别为20g/L、40g/L、60g/L、80g/L、100g/L、120g/L时所得氢氧化铝超细粉体的质量，分析铝酸钠溶液中Al_2O_3浓度对氢氧化铝晶体生长的影响。实验结果如图5-10所示。

由图5-10中曲线可知，随着溶液中Al_2O_3浓度的升高，所得氢氧化铝粉体粒径逐渐增大。因为铝酸钠溶液的浓度升高，会使溶液密度、黏度增大，溶液中离子的活度降低，使CO_3^{2-}、OH^-等离子在液相中的反应速率降低，反应时间延长，晶体得以长大。

5.3.4.3　反应温度

固定铝酸钠溶液中的Al_2O_3浓度为60g/L、通气速率0.3m^3/h、反应终点pH值为11、PEG加入量6g，研究反应温度分别为25℃、40℃、65℃、80℃、95℃时所得氢氧化铝超细粉体的粒度，分析反应温度对氢氧化铝晶体生长的影响。实验结果如图5-11所示。

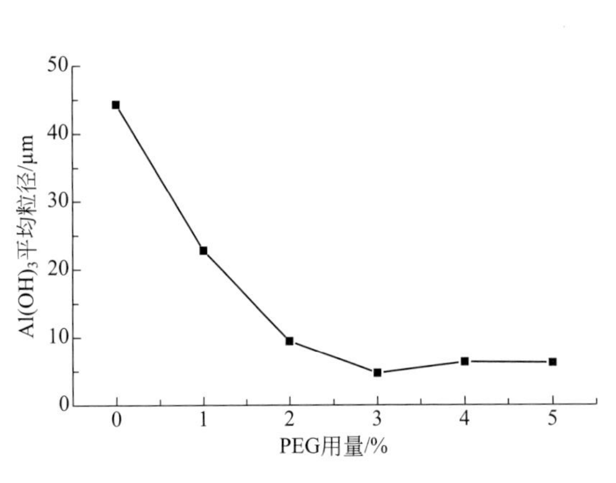

图 5-9　氢氧化铝粉体粒径与分散剂用量的关系

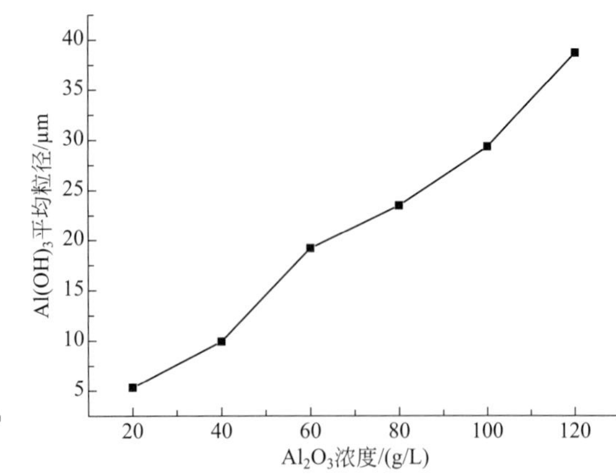

图 5-10　氢氧化铝粉体粒径与溶液浓度的关系

由图 5-11 中曲线可知，氢氧化铝粉体粒径随着反应温度的升高而逐渐增大。较低温度时，$NaAlO_2$ 溶解度较小，当体系 pH 值降至一定程度，刚开始出现沉淀时，溶液中会产生大量细小的氢氧化铝晶核。由于反应温度低，晶体生长速度慢，同时分散剂也会包覆在晶核表面，使细小晶核生长缓慢，且不易团聚成较大颗粒，导致反应结束时，所得粉体粒度较小；而温度升高后，溶液中生成晶核时，由于反应速率较快，新晶核很快生长成大的颗粒，且温度升高有利于新生颗粒的布朗运动，增加颗粒间的碰撞概率，使团聚现象愈加明显，故所得粉体粒度较大。

碳化温度为 20℃时，反应至结束用时为 1.5h。而当温度超过 40℃时，反应至终点只需不到 0.5h。因此，综合考虑所得氢氧化铝粉体的粒径与反应时间的关系，后续实验选取反应温度为 40℃。

5.3.4.4　终点 pH 值

碳化分解反应是一个 pH 值不断降低的过程，一般由溶液的 pH 值来判断反应是否进行到终点。控制溶液终点 pH 值大小决定了反应时间的长短，而氢氧化铝晶体粒径的生长与反应时间密切相关。因此，终点 pH 值的大小对氢氧化铝粉体的粒径分布有较大影响。

固定铝酸钠溶液中 Al_2O_3 浓度为 60g/L、反应温度 40℃、通气速率 $0.3m^3/h$、PEG 加入量 6g，探索反应终点 pH 值分别为 12.5、12.0、11.5、11.0、10.5、10.0 时所得氢氧化铝超细粉体的粒度分布，研究终点 pH 值的大小对氢氧化铝晶体生长的影响。实验结果见图 5-12。

由图 5-12 中曲线可知，随着反应终点 pH 值的降低，氢氧化铝粉体的平均粒径呈现先减小后增大的趋势。pH 值较高时，新生成的氢氧化铝微小晶粒由于具有巨大的表面能，因而很容易团聚，使粉体粒径较大。随着 pH 值的降低，$NaAlO_2$ 达到自催化水解阶段（毕诗文，2006）而快速分解，溶液中短时间内产生大量氢氧化铝晶核，此时停止反应则可制得粒径较小的氢氧化铝粉体；当 pH 值低于 11 时，随 pH 值下降速率减缓，反应时间明显增加，氢氧化铝晶粒得以生长，且由于氢氧化铝晶粒增多而导致反应体系黏度变大，致使颗粒间团聚现象明显，最终制品的粒径增大。

5.3.4.5　通气速率

选用与工业上石灰窑气成分（40%CO_2+60%N_2）相同的 CO_2 标准气体进行通气速率

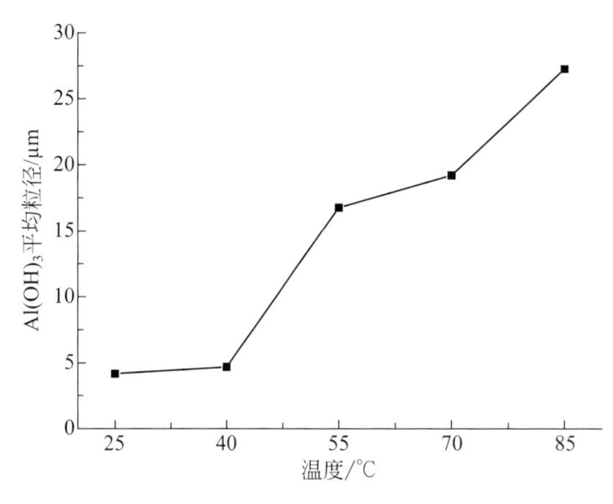

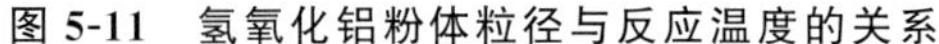
图 5-11　氢氧化铝粉体粒径与反应温度的关系

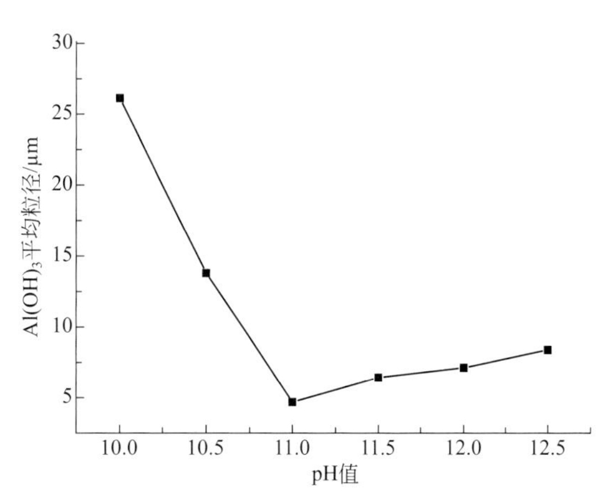

图 5-12　氢氧化铝粉体粒径与反应终点 pH 值的关系

实验。固定铝酸钠溶液中 Al_2O_3 浓度为 60g/L、反应温度 40℃、PEG 加入量 6g、反应终点 pH 值 11，探索通气速率分别为 0.1m^3/h、0.2m^3/h、0.3m^3/h、0.4m^3/h、0.5m^3/h 时所得氢氧化铝超细粉体的粒度分布，研究通气速率对氢氧化铝晶体生长的影响。实验结果如图 5-13 所示。

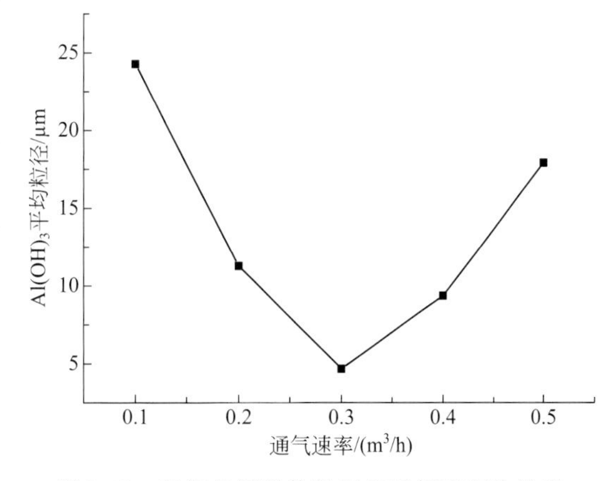

图 5-13　氢氧化铝粉体粒径与通气速率的关系

由图 5-13 中曲线可知，当通气速率小于 0.3m^3/h 时，氢氧化铝粉体平均粒径随通气速率的增大而逐渐减小，当通气速率大于 0.3m^3/h 时，随通气速率的增大，氢氧化铝粉体平均粒径逐渐增大。通气速率过小时，反应体系相对稳定，不易越过亚稳区产生较大过饱和度，故氢氧化铝晶核形成困难，反应时间长，晶粒容易长大；通气速率适中，有利于溶液各组分保持均匀，且可以提供较合适的成核推动力，从而保证溶液中可在同一时间内形成大量晶核，使得氢氧化铝粉体粒径较小且分布均匀；当通气速率较大时，溶液中容易形成局部过饱和区，该区域反应过快，不能均匀成核，因而使制备所得的氢氧化铝粉体粒径分布两极分化，平均粒径较大。

综上分析可知，为得到粒径分布均匀的超细氢氧化铝粉体，应控制好 CO_2 通气速率。在碳化反应初期可适当加大通气速率，为晶核的形成提供合适的推动力；反应中期则要适当降低通气速率，以保持溶液中各组分的稳定性。

以上单因素实验只研究了各因素对氢氧化铝粉体粒度的影响，但未考虑各因素之间的相互作用。因此，设计正交实验（表 5-9），初步研究碳化分解过程中超细氢氧化铝粉体粒度主要影响因素间的相互作用，以及各因素对实验结果影响的程度，以确定碳化反应的优化条件。

由实验结果可知，在碳化分解制备超细氢氧化铝过程中，影响氢氧化铝粉体粒度的主要因素间的相互作用较弱，各因素影响的强弱顺序依次为：PEG 用量＞溶液中 Al_2O_3 浓度＞通气速率＞终点 pH 值＞温度。结合单因素实验，确定碳化反应的优化条件为：所用分散剂质量为铝酸钠溶液体积的3%，溶液中Al_2O_3浓度60g/L，反应温度40℃，通气速率0.3m^3/h，反应终点pH值为11。

表5-9 碳化分解制备超细氢氧化铝正交实验结果

实验号	Al_2O_3浓度/(g/L)	温度/℃	通气速率/(m^3/h)	pH值	PEG用量/%	平均粒径/μm
TF-29	40	40	0.1	11	1	24.3
TF-30	40	40	0.1	12	3	18.2
TF-31	40	80	0.3	11	1	21.6
TF-32	40	80	0.3	12	3	15.5
TF-33	80	40	0.3	11	3	14.6
TF-34	80	40	0.3	12	1	29.9
TF-35	80	80	0.1	11	3	23.3
TF-36	80	80	0.1	12	1	30.4
$K(1,j)$	19.87	21.73	24.03	20.92	26.54	
$K(2,j)$	24.54	22.68	20.38	23.49	17.87	
R_j	4.68	0.96	3.65	2.57	8.67	

5.3.4.6 优化条件验证实验

在优化条件下进行验证实验，制备得到超细氢氧化铝产品（AH-06）。对所得制品的化学成分和主要物性进行表征，结果见图5-14、表5-10和表5-11。

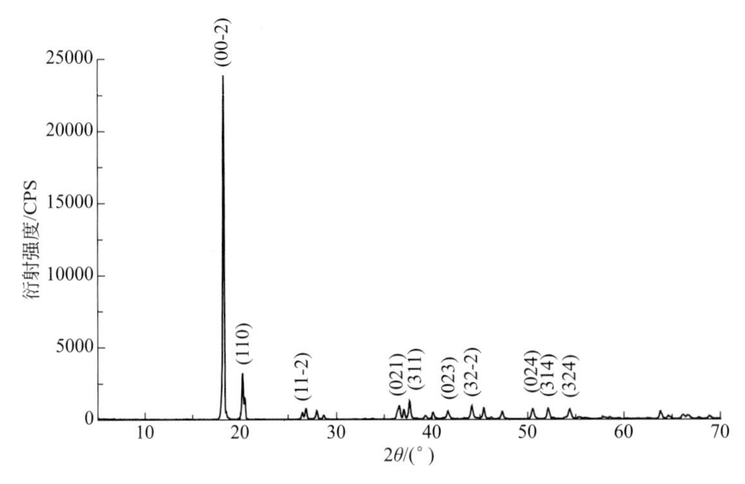

图5-14 超细氢氧化铝制品（AH-06）X射线粉晶衍射图

表5-10 超细氢氧化铝制品化学成分及与国标GB/T 4294—2010对比 $w_B/\%$

样品号	Al_2O_3	SiO_2	TFe_2O_3	Na_2O	灼减	附着水
AH-06	65.38	0.0062	0.017	0.264	33.68	0.332
国标AH-1	≥64.50	≤0.02	≤0.02	≤0.40	34.5±0.5	≤12

表 5-11　超细氢氧化铝制品的主要物性指标测定结果

样品号	吸油值 /(mL/100g)	电导率 /(μS/cm)	比表面积 /(m^2/100g)	平均粒径 /μm	pH 值	松装密度	填实密度
AOH-01	47.63	175	3.76	8.95	9.94	0.43	0.88
H-WF-10A	44～48	8～280	3～5	—	≤10	—	—

注：H-WF-10A 为中国铝业公司产平均粒径为 10μm 的超细氢氧化铝产品牌号。

分析结果表明，超细氢氧化铝制品（AH-06）的物相为结晶完好的三水铝石；扫描电镜图片显示，粉体颗粒有一定程度的团聚现象，但总体分散良好（图 5-15）。制品的化学成分符合氢氧化铝国标 GB/T 4294—1997 牌号为 AH-1 的产品质量要求，且其比表面积、电导率、pH 值等物理性能均达到中国铝业公司牌号为 H-WF-10A 的超细氢氧化铝产品的主要物性指标要求。

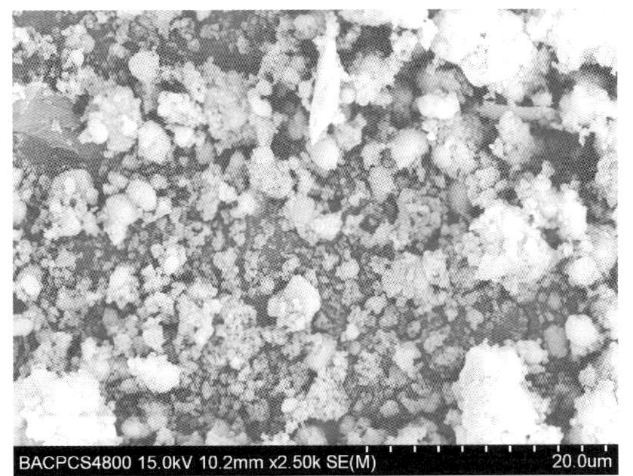

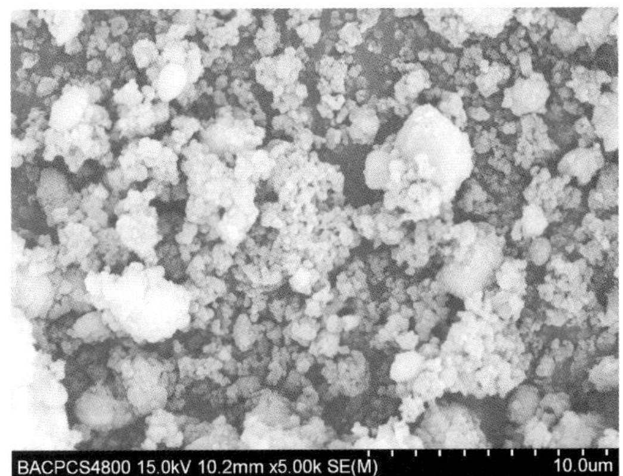

图 5-15　超细氢氧化铝制品（AH-06）的扫描电镜照片

5.4　工艺过程评价

与石灰石烧结法相比，碱石灰烧结法在烧结过程中的石灰配入量较少，能耗相对较低，工艺过程中的碱可以回收和循环利用。与预脱硅-碱石灰烧结法相比，省去了预脱硅的工段。

但是碱石灰烧结法也具有一定的局限性：首先，不经过预脱硅处理的高铝粉煤灰原料，Al_2O_3 含量相对较低、硅铝比较高，烧结工艺条件不稳定，SiO_2 组分利用率低，排放的硅钙尾渣只能用于生产附加值低的硅酸盐水泥产品；其次，该工艺烧结反应复杂，需找出有利于主反应的烧结条件；最后，烧结熟料的 Al_2O_3 溶出率相对较低，在生产氧化铝的同时产生大量的硅钙尾渣，必须考虑后期市场消纳问题。

第 6 章 纯碱烧结-碱石灰溶出提取氧化铝技术

本项研究针对陕西韩城第二发电厂高铝粉煤灰的具体特点，研究其在不添加酸的基础上，利用先水溶再碱溶的二次水热处理工艺，对粉煤灰中的硅铝组分进行高效分离。在保证 Al_2O_3 溶出率的基础上，提高 SiO_2 组分利用率，制备高附加值无机硅化合物。通过改变以高铝粉煤灰为原料提取氧化铝的部分工艺，使最终制品颗粒细化，制备出高附加值的超细氢氧化铝和氧化铝粉体，为高铝粉煤灰的资源化利用提供新的技术途径。

6.1 实验原料与工艺路线

6.1.1 高铝粉煤灰原料

实验原料采用陕西韩城第二发电厂排放的高铝粉煤灰。由其化学成分分析结果可知，Al_2O_3 含量为 30.37%，$SiO_2+Al_2O_3$ 总量为 87.81%（表 6-1）。高铝粉煤灰的 X 射线粉晶衍射分析结果表明，其结晶相主要为莫来石相（PDF＃15-0776）和 α-石英相（PDF＃46-1045）（图 6-1）。由高铝粉煤灰的扫描电镜照片可知，其中含有大量直径介于 10～50μm 之间的球形玻璃体和不规则玻璃体［图 6-2（a）］，在玻璃体表面包裹着少量长度 1～2μm 的针状莫来石晶体［图 6-2（b）］。

表 6-1 陕西韩城第二发电厂高铝粉煤灰的化学成分分析结果 w_B/%

样品号	SiO_2	TiO_2	Al_2O_3	Fe_2O_3	FeO	MnO	MgO	CaO	Na_2O	K_2O	P_2O_5	烧失量	总量
H2F-07	57.44	1.16	30.37	1.10	1.91	0.01	2.69	3.12	0.31	1.68	0.02	0.67	100.48

注：中国地质大学（北京）化学分析室龙梅、王军玲、梁树平分析。

根据物质平衡原理，由高铝粉煤灰的化学成分分析结果和主要物相的电子探针分析结果（表 6-2），采用结晶岩相混合计算程序 LINPRO. F90 计算，该高铝粉煤灰中各物相含量为（w_B%）：莫来石 3.8，石英 18.4，玻璃相 71.3，钛铁矿 0.8，方钙石 3.0，方镁石 2.7。

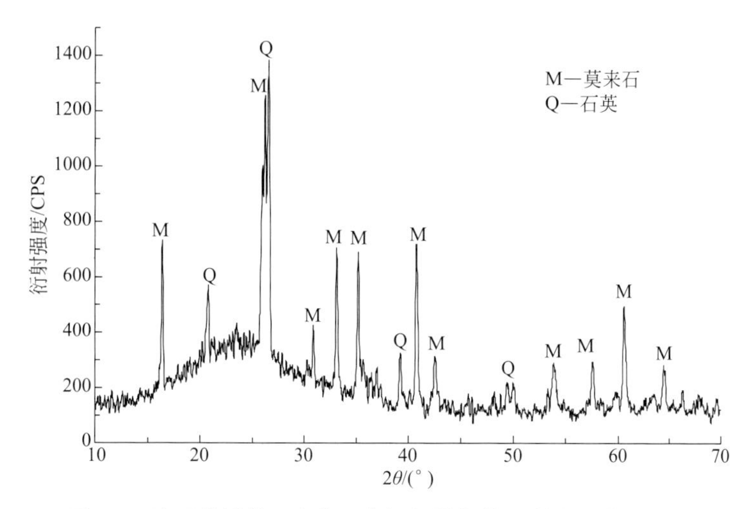

图 6-1 陕西韩城第二发电厂高铝粉煤灰的 X 射线粉末衍射图

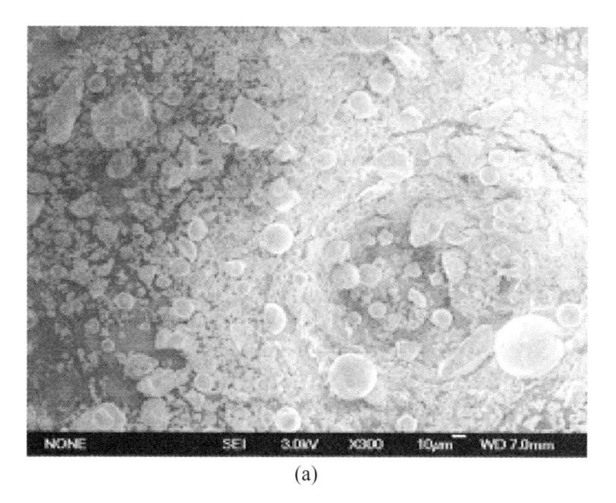

(a)

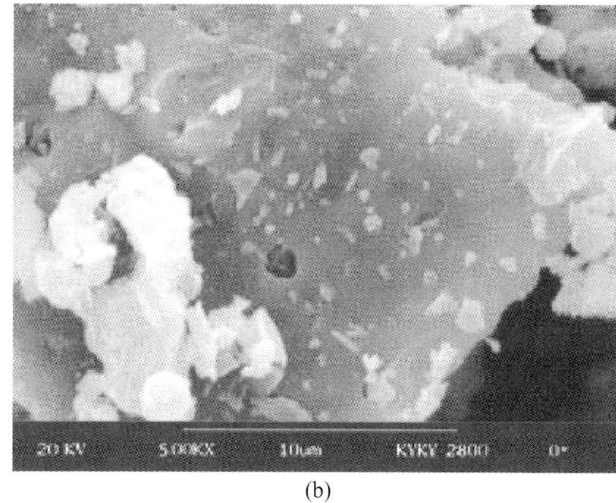

(b)

图 6-2 陕西韩城第二发电厂高铝粉煤灰的扫描电镜照片

表 6-2 陕西韩城第二发电厂高铝粉煤灰主要物相的电子探针分析结果 $w_B/\%$

物相	SiO_2	TiO_2	Al_2O_3	TFeO	MgO	CaO	Na_2O	K_2O
mul	27.43	0.46	71.10	0.48	0.00	0.13	0.32	0.07
Gkf	64.76	0.00	18.32	0.00	0.00	0.00	0.00	16.92
Gchl/2	43.23	1.42	26.11	26.05	0.25	0.88	0.56	1.51
Gkao/3	53.61	1.07	43.80	0.45	0.00	0.09	0.45	0.52

注：1. mul，莫来石；Gkf、Gchl、Gkao 分别表示可能由钾长石、绿泥石、高岭石形成的不同类型的玻璃体；全铁作为 TFeO。

2. 中国地质大学（北京）电子探针分析室尹京武分析。

6.1.2 拟采取工艺路线

本研究拟采取的工艺路线为：以工业碳酸钠为配料，与高铝粉煤灰混合后进行烧结，以使粉煤灰中的硅铝质玻璃相及莫来石、石英相与碳酸钠发生化学反应，转变为水溶性或碱溶性化合物；烧结物料经水溶处理，溶出部分 SiO_2，实现 SiO_2 与 Al_2O_3 的初步分离，所得滤液经相应处理，可制备高附加值的无机硅化合物产品；水溶滤饼在 280℃ 条件下，配以适当比例的氧化钙，用浓的 NaOH 溶液在高压釜中溶出 Al_2O_3；所得滤渣回收碱后，可用于制备墙体材料；滤液为高苛性比的铝酸钠溶液，初步脱硅后加入 $Ca(OH)_2$ 降低溶液苛性比，再经深度脱硅和除钙后制得精制铝酸钠溶液；向铝酸钠精液中通入 CO_2，通过改变 CO_2 通气速率、碳分时间和温度、$NaAlO_2$ 溶液浓度、分散剂种类等工艺参数，控制氢氧化铝晶体的成核和生长过程，制备出超细氢氧化铝粉体；向所得超细氢氧化铝粉体中加入相变添加剂，通过球磨原位引入晶种，经煅烧制备出超细 α-Al_2O_3 粉体。实验采用的工艺流程见图 6-3。

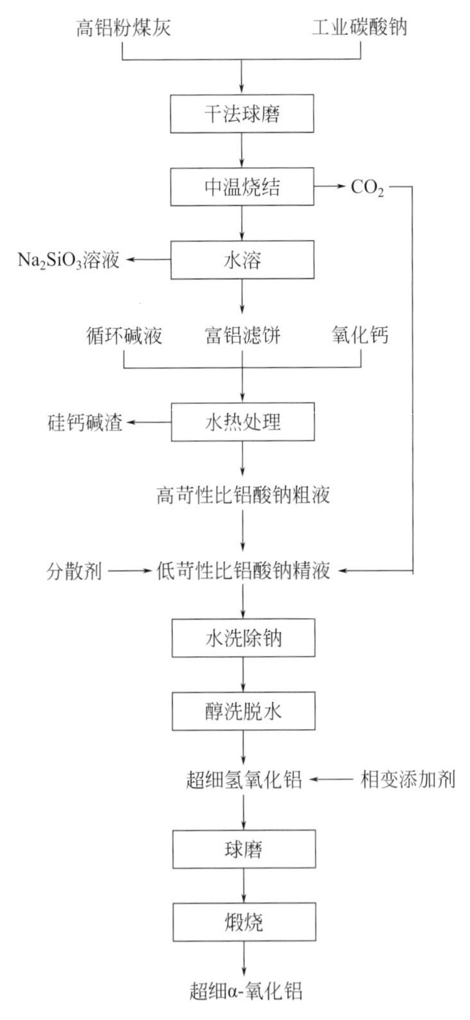

图 6-3　高铝粉煤灰制备超细氢氧化铝和氧化铝工艺流程

6.2　硅铝分离及铝酸钠溶液制备

6.2.1　原料烧结

为实现高铝粉煤灰中硅铝组分的高效分离，将粉煤灰原料与工业碳酸钠混合后进行烧结，原料配比、烧结制度等因素对后续硅铝分步溶出效果起决定性作用。通过水溶和二次水热处理分步溶出 SiO_2 与 Al_2O_3，实现硅铝组分的高效分离，以最大限度利用粉煤灰中的氧化硅组分制备高附加值的无机硅化合物产品，同时降低剩余硅钙渣产出量。

6.2.1.1　烧结反应原理

（1）物料配比

高铝粉煤灰中的 Al_2O_3 与 SiO_2 组分共同存在于莫来石和铝硅酸盐玻璃相中。其中，莫来石具有较高的化学稳定性。以高铝粉煤灰为原料提取氧化铝，关键要进行 Al_2O_3 与 SiO_2 组分的高效分离。为此，将高铝粉煤灰进行烧结处理，使其中的硅铝组分转变为水溶性或碱溶性化合物。

无水碳酸钠（Na_2CO_3），可直接与高铝粉煤灰混合，高温下破坏粉煤灰玻璃体表面的≡Si—O—Si≡和≡Si—O—Al≡化学键，使硅铝组分转化为可溶于碱的硅铝酸盐（季惠明等，2007）。其次，在烧结过程中排出的 CO_2 尾气，可收集净化后用于后续的碳分工段中。

著者团队相关研究表明，高铝粉煤灰中的莫来石（$Al_6Si_2O_{13}$）与 Na_2CO_3 发生热分解反应，生成 $NaAlSiO_4$ 和 $NaAlO_2$；玻璃相中的 SiO_2 可以与 $NaAlO_2$ 反应生成 $NaAlSiO_4$，在 SiO_2 过量的条件下，则可与 Na_2CO_3 反应生成 Na_2SiO_3（李贺香等，2006）。由此可见，高铝粉煤灰-Na_2CO_3 体系在烧结过程中可能生成的物相有 $NaAlSiO_4$、Na_2SiO_3 和 $NaAlO_2$。主要化学反应如下：

$$Al_6Si_2O_{13} + 3Na_2CO_3 \longrightarrow 2NaAlSiO_4 + 4NaAlO_2 + 3CO_2\uparrow \tag{6-1}$$

$$SiO_2 + NaAlO_2 \longrightarrow NaAlSiO_4 \tag{6-2}$$

$$SiO_2 + Na_2CO_3 \longrightarrow Na_2SiO_3 + CO_2\uparrow \tag{6-3}$$

由以上反应可知，当 SiO_2/Al_2O_3（摩尔比）＝2 时，反应产物只有 $NaAlSiO_4$；SiO_2/Al_2O_3（摩尔比）＞2 时，反应产物为 $NaAlSiO_4$ 和 Na_2SiO_3 的混合物相；SiO_2/Al_2O_3（摩尔比）＜2 时，则生成 $NaAlSiO_4$ 与 $NaAlO_2$ 的混合物相。实验用高铝粉煤灰原料的 SiO_2/Al_2O_3（摩尔比）＝3.2。故烧结过程中可生成一定量的 Na_2SiO_3。

为使高铝粉煤灰中的硅铝组分最大限度地分离，拟定在反应产物中得到最大量的 Na_2SiO_3。根据上列反应式计算，每 100g 高铝粉煤灰最少需消耗无水碳酸钠约 75g，由于粉煤灰中的杂质成分可能与 Na_2CO_3 发生反应，实际碳酸钠用量应多于化学计量值。因此，选取高铝粉煤灰原料与无水碳酸钠质量比为 1∶1.5、1∶1.3、1∶1.1、1∶0.9、1∶0.7，进行烧结实验。

（2）烧结温度

对高铝粉煤灰和 Na_2CO_3 混合物（质量比为 1∶1.1）进行差热-热重分析，测定温度范围从室温至 1100℃，升温速率为 10℃/min，结果见图 6-4。由图可见，从 64.7～79.8℃发生失重，质量减少 1.58%，系高铝粉煤灰原料失去吸附水所致；500～832.9℃温区，质量减少 20.59%，主要是粉煤灰各组分与 Na_2CO_3 发生反应，分解放出 CO_2 气体的结果。无水碳酸钠的熔点为 851℃，当温度高于其熔点时，混合物中的碳酸钠形成液相，属于液相烧结，可以增加烧结体系原子（或空位）的扩散性，同时也可降低烧结温度。根据以上分析，拟定烧结温度为 810℃、860℃、910℃，反应时间为 2.5h，进行原料烧结实验。

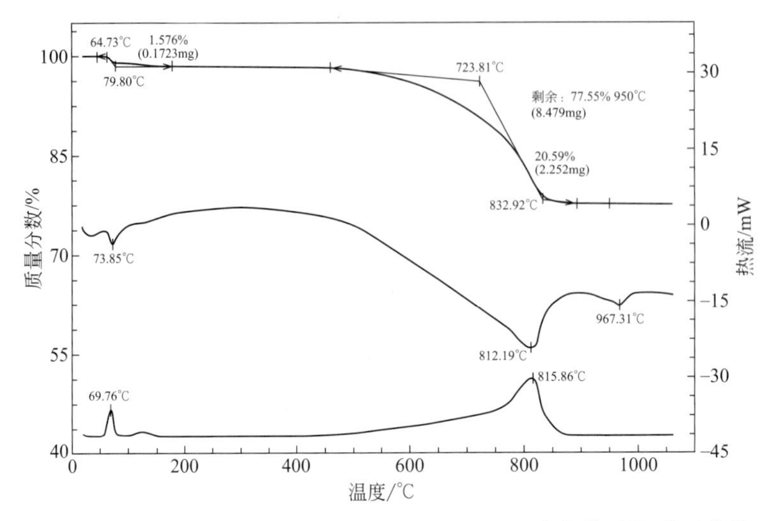

图 6-4　高铝粉煤灰与碳酸钠（质量比 1∶1.1）混合物的差热-热重曲线

6.2.1.2　结果分析与讨论

高铝粉煤灰原料粒径在数十微米以上，实验时需要进一步磨细。为保证粉煤灰与工业碳酸钠充分混合，粉煤灰的粉磨与配料工序同时完成。将高铝粉煤灰与碳酸钠按 1∶1.5、1∶1.3、1∶1.1、1∶0.9、1∶0.7 的质量比混合，分别放入球磨机中，以 40r/min 的速率球磨 2h，球磨后的物料粒径多小于 5μm［图 6-5（b）］。

(a) 球磨前的高铝粉煤灰

(b) 球磨后高铝粉煤灰和碳酸钠混合物

图 6-5　高铝粉煤灰和碳酸钠球磨前后的扫描电镜照片

由图 6-5 可见，原料球磨前，高铝粉煤灰颗粒表面有一层光滑致密的玻璃层，通过混合球磨，一方面玻璃体被粉碎，消除了颗粒之间黏结；另一方面，粉碎破坏了粗大玻璃体坚固、光滑的表面玻璃层。球磨后原料粒度细化，比表面积增大，使得粉煤灰颗粒与碳酸钠接触面积增大，有利于后续烧结过程的进行。

按一定配料比例称取球磨后样品，将物料放入箱式电炉中，分别在810℃、860℃、910℃下进行烧结，烧结时间为2.5h。烧结后称量熟料质量，进行X射线粉末衍射分析，结果见表6-3～表6-5和图6-6～图6-8。由X射线分析结果可知，烧结温度为910℃时，烧结物料的X射线衍射图谱中Na_2SiO_3相的衍射峰微弱，后续水溶实验发现，此类熟料的SiO_2溶出率小于17%；烧结温度为810℃时，除配料比为1∶0.7的样品外，其他4个样品的物相主要为$NaAlSiO_4$和Na_2SiO_3，但随着配料比例的不同，两种物相的衍射峰强度不同；烧结温度为860℃时，烧结物料的X射线粉末衍射图谱特征与810℃烧结熟料的图类似，反应产物同为$NaAlSiO_4$和Na_2SiO_3，但两种化合物相的衍射峰强度有所不同。

表6-3　各配比物料烧结后的质量（烧结温度860℃）

样品号	烧结制度	粉煤灰/碳酸钠(质量比)	烧结后质量/g
FAS-1	860℃/2.5h	1∶1.5	39.4
FAS-2	860℃/2.5h	1∶1.3	35.5
FAS-3	860℃/2.5h	1∶1.1	32.3
FAS-4	860℃/2.5h	1∶0.9	28.2
FAS-5	860℃/2.5h	1∶0.7	22.3

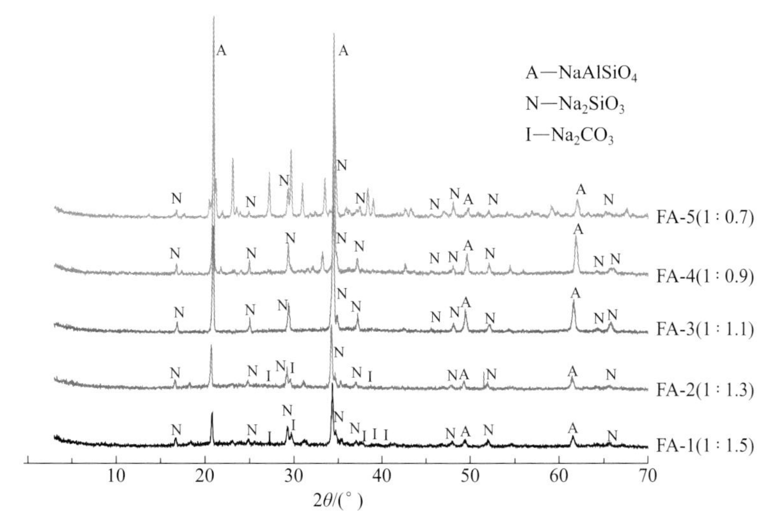

图6-6　烧结物料的X射线粉末衍射图

（烧结温度：860℃）

表6-4　各配比物料烧结后的质量

样品号	烧结制度	粉煤灰/碳酸钠(质量比)	烧结后质量/g
FBS-1	810℃/2.5h	1∶1.5	41.4
FBS-2	810℃/2.5h	1∶1.3	36.8

续表

样品号	烧结制度	粉煤灰/碳酸钠(质量比)	烧结后质量/g
FBS-3	810℃/2.5h	1∶1.1	33.3
FBS-4	810℃/2.5h	1∶0.9	29.4
FBS-5	810℃/2.5h	1∶0.7	27.0

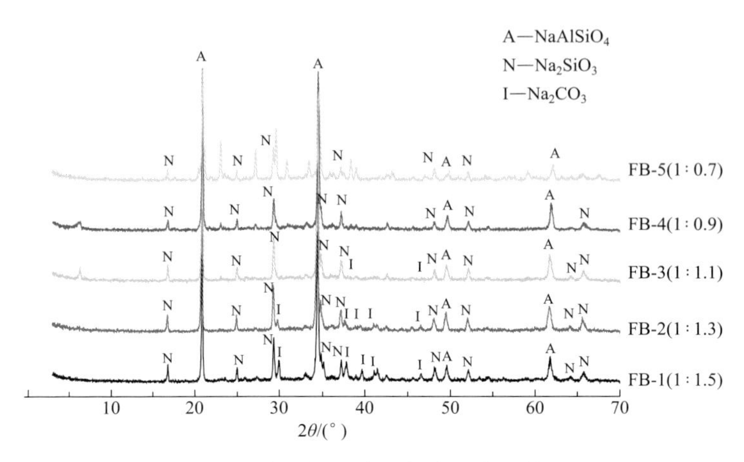

图 6-7 烧结物料的 X 射线粉末衍射图

(烧结温度：810℃)

表 6-5 各配比物料烧结后的质量（烧结温度：910℃）

样品号	烧结制度	粉煤灰/碳酸钠(质量比)	烧结后质量/g
FCS-1	910℃/2.5h	1∶1.5	40.6
FCS-2	910℃/2.5h	1∶1.3	36.3
FCS-3	910℃/2.5h	1∶1.1	33.2
FCS-4	910℃/2.5h	1∶0.9	28.6
FCS-5	910℃/2.5h	1∶0.7	26.5

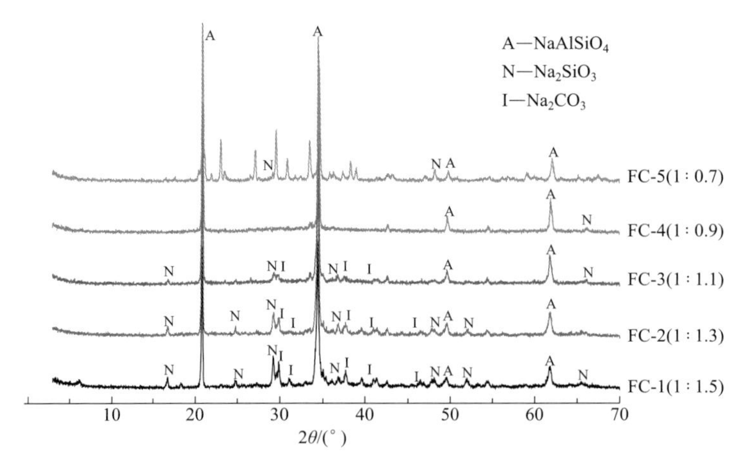

图 6-8 烧结物料的 X 射线粉末衍射图

(烧结温度：910℃)

上述3种烧结物料的X射线衍射图中，原高铝粉煤灰中的莫来石和石英相均已消失。由此可知，高铝粉煤灰与 Na_2CO_3 混合烧结后，其中的硅铝玻璃体以及石英、莫来石与 Na_2CO_3 反应，生成 Na_2SiO_3 和 $NaAlSiO_4$，前者极易溶于水，后者在强碱性溶液中可溶。硅酸钠的生成使水溶分离硅铝成为可能。然而通过X射线粉晶衍射分析，还不能对烧结物料中的 Na_2SiO_3 含量做定量分析，因而需要通过水溶实验，确定不同物料配比和烧结制度下 SiO_2 的溶出率，进而确定优化的物料配比和烧结制度。

6.2.2 硅铝分离

6.2.2.1 水溶脱硅

烧结熟料进行硅铝分离，实验采用水溶烧结熟料，使得 Na_2SiO_3 相溶解于水中，而 $NaAlSiO_4$ 不溶于水形成滤饼，经抽滤、洗涤使 Na_2SiO_3 和 $NaAlSiO_4$ 分离。滤饼将通过碱液溶出 Al_2O_3 进行二次硅铝分离。滤液的主要成分为 Na_2SiO_3，经处理可制备高附加值无机硅化合物产品。水溶烧结熟料后再提取氧化铝的优点是：①提高预脱硅后物料的 Al_2O_3/SiO_2 比，减少碱溶时的石灰用量；②提高粉煤灰中 SiO_2 组分的附加值，改进高铝粉煤灰提取氧化铝的技术经济可行性。

(1) 烧结条件对水溶效果的影响

Na_2SiO_3 易溶于水，不溶于醇和酸，水溶液呈碱性。由 Na_2SiO_3-H_2O 体系的溶解度曲线可知，Na_2SiO_3 的溶解度随着温度的升高而增大；温度降低时，Na_2SiO_3 会在不同温区析出带不同结晶水的 Na_2SiO_3 晶体（图6-9）。

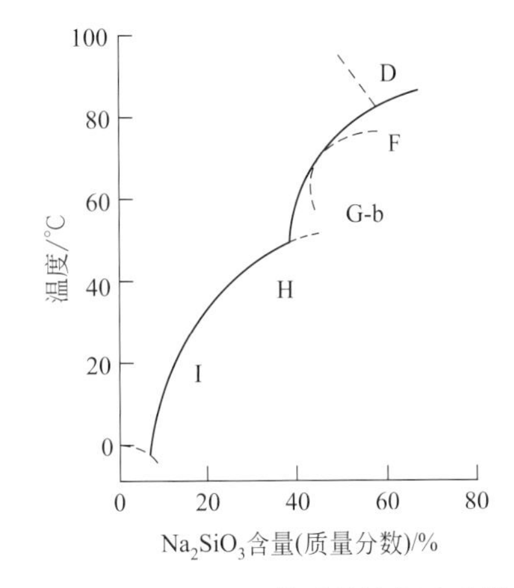

图6-9 Na_2SiO_3-H_2O 体系的溶解度曲线
（据邹建国等，2000）
D—Na_2SiO_3；F—$Na_2SiO_3 \cdot 5H_2O$；
G-b—$Na_2SiO_3 \cdot 6H_2O$；
H—$Na_2SiO_3 \cdot 8H_2O$；
I—$Na_2SiO_3 \cdot 9H_2O$

按上述烧结条件，各称取烧结物料20g，量取蒸馏水120mL（固液质量比为1∶6），置于密闭烧杯中，将其放入水浴锅中，加热至95℃，恒温搅拌1.5h后，立即真空抽滤过滤，用沸腾的蒸馏水100mL洗涤滤饼两次，将滤饼放入干燥箱内，于105℃下干燥12h后称重。实验结果见表6-6。所得滤饼的化学成分分析结果见表6-7。依照下式计算 SiO_2 的溶出率：

$$SiO_2\text{溶出率}=\frac{\text{烧结物料}SiO_2\text{质量}-\text{水浸滤饼}SiO_2\text{质量}}{\text{烧结物料}SiO_2\text{质量}}\times 100\% \tag{6-4}$$

由高铝粉煤灰中 SiO_2 溶出率实验结果可知，在860℃下烧结所得物料（FAS），水溶过程中 SiO_2 的溶出率最高达33.9%；FBS系列试样的烧结温度（810℃）较低，未达到碳酸钠的熔点，生成硅酸钠的反应不完全，因而 SiO_2 溶出率均不超过20%；FCS系列试样的烧结温度达910℃，根据X射线衍射分析结果可知，烧结熟料中未出现明显的硅酸钠相，水溶结果显示 SiO_2 溶出率大多不超过10%。由此可见，烧结温度过高或过低，均不利于硅酸钠相的生成。

在不同烧结温度下，高铝粉煤灰与碳酸钠配比介于（1∶1.5）～（1∶1.1）的烧结熟料，其 SiO_2 溶出率较高，1∶1.1配比料的 SiO_2 溶出率高达33.9%。由此确定烧结优化条件为：高铝粉煤灰与碳酸钠质量比为1∶1.1，烧结温度860℃，烧结时间2.5h。

表 6-6　物料配比和烧结条件对烧结熟料中 SiO_2 溶出率的影响实验结果

样品号	烧结温度/℃	粉煤灰/碳酸钠（质量比）	水溶温度/℃	水溶滤饼质量/g	SiO_2 溶出率/%
FAS-1	860	1∶1.5	95	8.8	27.8
FAS-2	860	1∶1.3	95	10.7	21.2
FAS-3	860	1∶1.1	95	10.5	33.9
FAS-4	860	1∶0.9	95	12.6	19.3
FAS-5	860	1∶0.7	95	12.4	14.8
FBS-1	810	1∶1.5	95	12.4	16.6
FBS-2	810	1∶1.3	95	14.0	18.6
FBS-3	810	1∶1.1	95	15.8	17.0
FBS-4	810	1∶0.9	95	16.4	16.6
FBS-5	810	1∶0.7	95	17.3	11.8
FCS-1	910	1∶1.5	95	12.9	9.8
FCS-2	910	1∶1.3	95	14.5	11.4
FCS-3	910	1∶1.1	95	15.8	8.0
FCS-4	910	1∶0.9	95	18.0	6.4
FCS-5	910	1∶0.7	95	18.5	3.2

表 6-7　水浸滤饼的化学成分分析结果　w_B/%

样品号	FGA-1	FGA-2	FGA-3	FGA-4	FGA-5
SiO_2	31.69	32.12	31.33	35.32	37.97
TiO_2	0.73	0.74	0.74	0.78	0.82
Al_2O_3	21.86	21.31	21.67	22.73	23.59
TFe_2O_3	3.96	3.87	3.93	4.21	4.96
MnO	0.053	0.049	0.065	0.074	0.10
MgO	0.49	0.63	0.73	0.57	0.58
CaO	2.96	2.80	2.82	2.81	3.00
Na_2O	27.66	28.83	32.24	30.54	26.53
K_2O	0.88	0.92	1.04	1.07	1.22
P_2O_5	0.068	0.053	0.14	0.13	0.14
烧失量	8.87	8.29	5.59	1.34	1.36
总量	99.22	99.61	100.30	99.57	100.27

（2）水溶条件对 SiO_2 溶出率的影响

水溶过程的条件不同，对烧结熟料中 SiO_2 的溶出率均有一定的影响。实验以高铝粉煤灰与碳酸钠质量比为 1∶1.1、860℃下烧结 2.5h 后的烧结熟料为原料，分析水溶条件对 SiO_2 溶出率的影响。

实验方法　①称取烧结熟料50g，按不同固液比加入蒸馏水，置于烧杯中，放入水浴锅，加热至95℃并搅拌一定时间后，立即真空抽滤过滤。②称取烧结熟料100g，按不同固液比加入蒸馏水，混合均匀后置于高压釜中，加热至160℃，保温90min后停止加热，待温度自然冷却至100℃后开釜，倒出混合浆液。真空抽滤，滤饼用沸腾的蒸馏水洗涤数次，放入干燥箱内于105℃下干燥12h，对滤饼进行化学成分分析。按照公式（6-4）和下式分别计算出 SiO_2 的溶出率和 Al_2O_3 的溶出率。实验结果见表6-8。

$$Al_2O_3\text{溶出率}=\frac{\text{烧结物料}Al_2O_3\text{质量}-\text{水浸滤饼}Al_2O_3\text{质量}}{\text{烧结物料}Al_2O_3\text{质量}}\times100\% \tag{6-5}$$

表6-8　水溶条件对烧结熟料中 SiO_2 溶出率的影响实验结果

样品号	水溶温度/℃	固液比	反应时间/h	水溶滤饼质量/g	SiO_2 溶出率/%	Al_2O_3 溶出率/%
SJ-01	95	1∶2	1.5	39.5	35.72	0.91
SJ-02	95	1∶3	1.5	41.4	31.14	0.30
SJ-03	95	1∶4	1.5	42.0	29.43	—
SJ-04	95	1∶5	1.5	41.7	30.36	0.11
SJ-05	95	1∶6	1.5	41.8	30.26	—
SJ-06	95	1∶2	2.5	38.2	33.78	0.23
SJ-07	95	1∶2	3.5	38.5	33.57	—
SJ-08	160	1∶2	1.5	72.6	33.39	5.31
SJ-09	160	1∶4	1.5	72.26	28.9	3.98
SJ-10	160	1∶6	1.5	71.7	29.7	4.10

固液比　固液比对烧结熟料中 SiO_2 溶出率的影响实验结果见图6-10。由图可见，当固液比为1∶2时，SiO_2 的溶出率最大，固液比小于1∶2时，随着固液比的增大，SiO_2 溶出率的变化趋势不明显。其原因可能为，固液比越大，溶液的碱性越大，当固液比达到1∶2时，溶液的碱浓度高，有利于烧结物料中的硅酸钠溶出，从而提高 SiO_2 的溶出率。根据实验结果，确定优化固液质量比为1∶2。

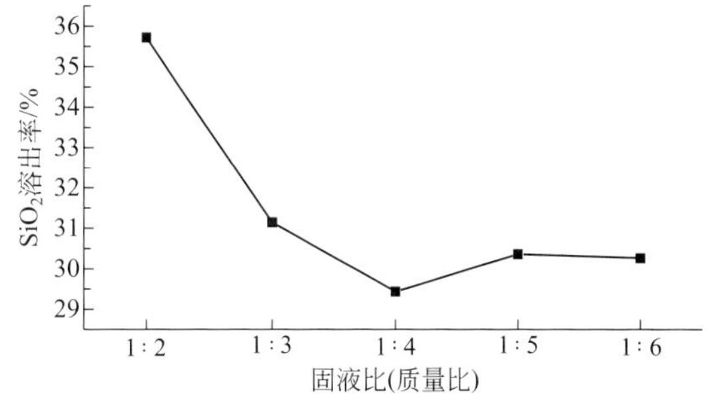

图6-10　固液质量比对 SiO_2 溶出率的影响

溶出温度　选取95℃和160℃两个温度进行对比实验，不同温度下滤饼的化学成分分析结果见表6-9。由表可见，当水溶温度升高至160℃时，SiO_2 的溶出率略有减小。两个水溶温度下 Al_2O_3 的溶出率：95℃下，Al_2O_3 溶出率均小于1%；而在160℃下，Al_2O_3 的溶出率相对较大，为3%～5%。在160℃水溶条件下，滤饼的X射线粉晶衍射分析结果表明，原烧结产物中 $NaAlSiO_4$ 和 Na_2SiO_3 的特征衍射峰全部消失，只出现水溶过程中新生成的沸石相 $Na_6[AlSiO_4]_6\cdot4H_2O$ 和 $Na_6Al_6Si_{10}O_{32}\cdot12H_2O$（图6-11）。由于 $Na_6Al_6Si_{10}O_{32}\cdot12H_2O$ 沸石相的生成，其Si/Al（摩尔比）为5/3，即每一个Al原子导致约1.7个Si原子重新回到熟料中而无法被溶出，因而使 SiO_2 的溶出率相对降低，而 Al_2O_3 溶出率相对较高。此外，温度为160℃时，滤饼中 Na_2O 含量仅为95℃时的58.6%，进入滤液中的碱含量过高，不利于后续制备无机硅化合物。而进入滤饼中的碱含量越高，后续碱溶实验过程中加入的碱量就会越少。综合分析，选取 95℃为优化水溶温度。

表 6-9　脱硅滤饼的化学成分分析结果　　$w_B/\%$

样品号	SiO_2	TiO_2	Al_2O_3	Fe_2O_3	MnO	MgO	CaO	Na_2O	K_2O	P_2O_5
SJ-01(95℃)	30.24	1.00	23.24	4.22	0.028	0.44	2.30	33.12	1.11	0.088
SJ-08(160℃)	36.53	0.98	25.01	4.33	0.04	0.49	2.39	19.42	0.52	0.10

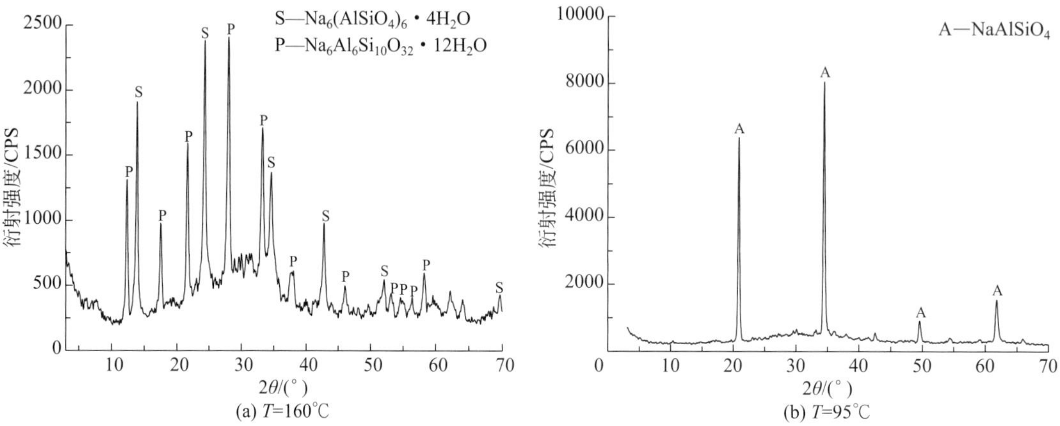

(a) T=160℃　　(b) T=95℃

图 6-11　脱硅滤饼的 X 射线粉末衍射图

溶出时间　选取 1.5h、2.5h 和 3.5h 进行实验，结果见表 6-8。由表可知，在 1.5～3.5h 范围内，延长反应时间对 SiO_2 的溶出率影响较小。综合考虑生产效率和能耗，水溶反应时间以 1.5h 为宜。

通过以上实验，确定高铝粉煤灰烧结物料水溶脱硅的优化条件为：反应固液质量比为 1∶2，反应时间 90min，反应温度 95℃。在此条件下经重现性实验，烧结熟料的 SiO_2 溶出率为 32.0%，所得硅酸钠滤液可用于制备无机硅化合物。滤饼用于后续的溶出 Al_2O_3 实验。

(3) 水溶前后物料理化性质对比

化学成分　水溶脱硅后滤饼（SJD-01）的化学成分分析结果见表 6-10。与原粉煤灰的化学成分（表 6-1）对比，脱硅滤饼（SJD-01）中 Al_2O_3 含量由 30.37%下降为 23.24%，SiO_2 含量则由 57.44%下降为 30.24%。相应地，由于硅酸钠等含 SiO_2 物相的溶出，原粉煤灰的 Al_2O_3/SiO_2 质量比由 0.53 提高至 0.77。由于高铝粉煤灰与碳酸钠反应生成 $NaAlSiO_4$，因而 Na_2O 含量明显增加。

表 6-10　高铝粉煤灰原料与水溶滤饼的化学成分分析结果　　$w_B/\%$

样品号	SiO_2	TiO_2	Al_2O_3	Fe_2O_3	MnO	MgO	CaO	Na_2O	K_2O	P_2O_5
SJD-01	30.24	1.00	23.24	4.22	0.03	0.44	2.30	33.12	1.11	0.09

物相变化　图 6-12 为烧结熟料与脱硅滤饼的 X 射线粉晶衍射分析结果对比。烧结熟料中的 Na_2SiO_3 特征衍射峰，在脱硅滤饼中已完全消失，只剩余 $NaAlSiO_4$ 单一物相。

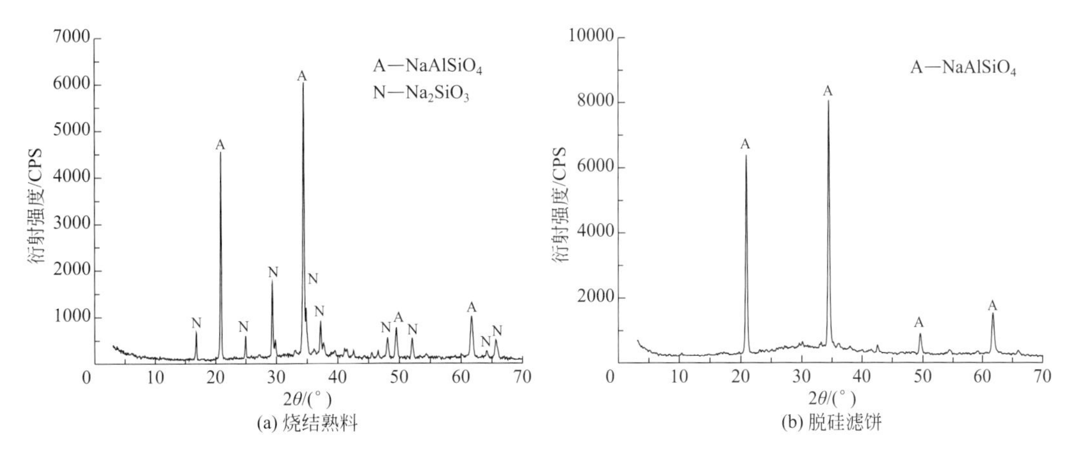

图 6-12　烧结熟料与脱硅滤饼的 X 射线粉末衍射图

微观形貌　图 6-13 为烧结熟料与水溶脱硅滤饼（SJD-01）的扫描电镜照片。从图中可见，烧结熟料与脱硅滤饼的显微形貌没有明显变化。

图 6-13　烧结熟料与水溶脱硅滤饼的扫描电镜照片

6.2.2.2　碱液溶铝

脱除部分氧化硅后的滤饼（SJD-01），其 Al_2O_3/SiO_2 质量比为 0.77。实验对所得滤饼进行碱液溶出 Al_2O_3，通过添加 NaOH 和石灰使水溶滤饼中的氧化铝组分发生溶解，生成苛性比（Na_2O/Al_2O_3 摩尔比，简写为 MR）为 10～12 的铝酸钠溶液；SiO_2 组分则与溶出过程中加入的 CaO 结合，生成水合硅酸钠钙（$NaCaHSiO_4$）沉淀，后者在浓的高苛性比铝酸钠溶液中呈稳定固相，经过滤与铝酸钠液相分离。水溶滤饼在氧化铝溶出过程中，发生如下化学反应：

$$NaAlSiO_4 + CaO + NaOH \longrightarrow NaCaHSiO_4 \downarrow + NaAlO_2 \tag{6-6}$$

在温度为 280℃、CaO/SiO_2（摩尔比）＝1 的条件下，溶出 MR 为 10～12 的铝酸钠溶液。由于石灰添加量对 Al_2O_3 的溶出率有决定性的影响，为了得到较好的溶出效果，石灰的加入量应为理论值的 105％～110％（毕诗文等，2007）。设定溶出后铝酸钠溶液的 MR＝10、11、12，计算碱溶过程所需的 NaOH 量，按 CaO/SiO_2（摩尔比）＝1.05 计算 CaO 的加入量。每次实验准确称取 100g 水溶滤饼，置于塑料烧杯中，加入所需的 CaO 及 NaOH，量取蒸馏水 300mL 于烧杯中搅拌均匀，倒入反应釜中，拧紧釜盖，打开搅拌器，保持搅拌速率约 400r/min，加热至 280℃，恒温反应 60min。恒温阶段釜内压力为 2.5～3.0MPa。反应时间一到即通入冷却水降温，待温度下降至 100℃以下时开釜，倒出混合浆液，真空抽滤（负压 0.1MPa），用水温 80～90℃的蒸馏水 500mL 洗涤滤饼，再次真空抽滤，取出滤饼置于干燥箱中，在 105℃下恒温干燥 12h。实验结果见表 6-11，所得滤饼的化学成分分析结果见表 6-12。按下式计算 Al_2O_3 的溶出率：

$$Al_2O_3\ 溶出率=\frac{碱溶前\ Al_2O_3\ 质量-未溶出\ Al_2O_3\ 质量}{碱溶前\ Al_2O_3\ 质量}\times 100\% \tag{6-7}$$

表 6-11 脱硅滤饼碱液溶出 Al_2O_3 的实验结果

样品号	水溶滤饼/g	MR	NaOH/g	CaO/g	温度/℃	Al_2O_3 溶出率/%
NJ-1	100	10	140	35	280	83.14
NJ-2	100	11	160	35	280	85.21
NJ-3	100	12	180	35	280	84.40

由实验结果可知，脱硅滤饼溶出 Al_2O_3 的优化条件为：100g 水溶滤饼，需加入 CaO 35g，NaOH 160g，固液质量比 1∶3，反应温度 280℃，恒温反应时间 60min。碱溶滤饼的化学成分分析结果，其 Al_2O_3 和 SiO_2 含量分别为 3.65%和 33.44%（表 6-12，NJ-2），大部分 Al_2O_3 已经进入溶液，SiO_2 残留在固相中。由碱溶滤饼的 X 射线粉末衍射图可见，原水溶脱硅试样中的 $NaAlSiO_4$ 衍射峰已全部消失，主要生成物相为 $NaCaHSiO_4$，伴有少量钙铝榴石［$Ca_3Al_2(SiO_4)_3$］（图 6-14）。由于钙铝榴石导致溶液中 Al_2O_3 的损失，实验中应尽量避免该物相的生成。

表 6-12 碱溶滤饼的化学成分分析结果 w_B/%

样品号	SiO_2	TiO_2	Al_2O_3	Fe_2O_3	MgO	CaO	Na_2O	K_2O
NJ-1	33.58	1.05	3.59	4.01	1.04	31.71	24.22	0.01
NJ-2	33.44	1.04	3.65	4.08	0.93	31.84	24.69	0.02
NJ-3	33.51	1.04	3.63	4.05	0.98	31.78	24.46	0.01

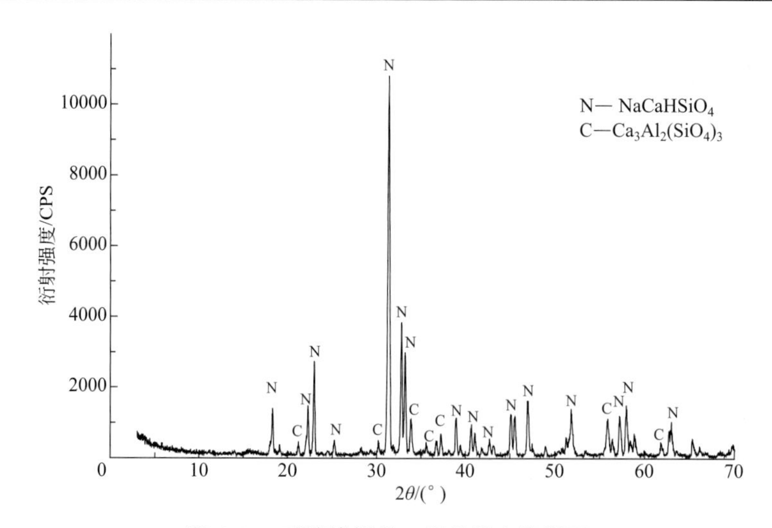

图 6-14 碱溶滤饼的 X 射线粉末衍射图

6.2.3　铝酸钠溶液制备

6.2.3.1　铝酸钠粗液脱硅

前述所得铝酸钠粗液的化学成分特点是苛性比高（MR＝13.2）而硅量指数（Al_2O_3/SiO_2 质量比，9.29）低（表6-13），因而必须对所得铝酸钠粗液进行脱硅，并使之转化为低苛性比溶液，才可采用碳分法制备氢氧化铝（毕诗文等，2007）。

表6-13　碱溶滤液的化学成分分析结果　　g/L

样品号	SiO_2	TiO_2	Al_2O_3	Fe_2O_3	MgO	CaO	Na_2O	K_2O
NJ-2	3.70	0.26	34.4	0.93	0.50	6.78	276.3	2.67

在室温下按 Al_2O_3/SiO_2＝1（质量比）配制铝酸钠和硅酸钠溶液，充分混合后生成水合铝硅酸钠沉淀，作为脱硅晶种。量取铝酸钠粗液500mL，添加晶种30g，混合均匀后置于反应釜中，加热至160℃，恒温反应6h，自然降温至60℃以下，真空抽滤。脱硅后铝酸钠溶液的化学成分分析结果表明，其 SiO_2 浓度由3.70g/L下降至0.41g/L，硅量指数由9.29升高为88.29（表6-14）。

表6-14　脱硅后溶液的化学成分分析结果　　g/L

样品号	SiO_2	TiO_2	Al_2O_3	Fe_2O_3	MgO	CaO	Na_2O	K_2O
JMR-1	0.41	0.26	36.2	0.93	0.50	6.78	319.1	2.67

6.2.3.2　水合铝酸钙沉淀

脱硅后所得铝酸钠溶液的MR值很高，通过加入 $Ca(OH)_2$，使其与高MR溶液发生反应生成 $Ca_3Al_2(OH)_{12}$ 沉淀，由此沉淀再经过溶解，便可转化为低MR值的铝酸钠溶液。沉铝过程的化学反应如下：

$$2NaAl(OH)_4+3Ca(OH)_2 \longrightarrow Ca_3Al_2(OH)_{12}\downarrow+2NaOH \tag{6-8}$$

该反应为可逆反应，当温度低于100℃时反应向右进行，温度高于200℃时则向左进行（毕诗文，2006）。量取脱硅后的铝酸钠滤液500mL，按 $n(CaO)/n(Al_2O_3)=3.1$ 添加氢氧化钙，混合均匀后，置于磁力搅拌器上，室温下反应6h。反应结束后，真空抽滤，将滤饼于105℃下干燥12h。

6.2.3.3　铝酸钠溶液制备

碳酸氢钠水溶液可以溶解前述实验所得水合铝酸钙沉淀，制备出低MR值的铝酸钠溶液。其中水合铝酸钙中的氧化铝以铝酸钠的形式溶解出来，而CaO、Fe_2O_3、TiO_2、MgO和部分 SiO_2 等杂质仍以固态形式存留在残渣中（范娟等，2002）。发生的主要化学反应如下：

$$Ca_3Al_2(OH)_{12}+3NaHCO_3 \longrightarrow 3CaCO_3\downarrow+2NaAl(OH)_4+NaOH+3H_2O \tag{6-9}$$

称取水合铝酸钙滤饼200g，碳酸氢钠140g，蒸馏水400mL，置于反应釜中，加热至160℃，恒温反应3h，待降温至60℃以下，真空过滤，得铝酸钠滤液，其化学成分分析结果见表6-15。

表6-15　铝酸钠滤液化学成分分析结果　　g/L

样品号	SiO_2	Al_2O_3	MgO	CaO	Na_2O
DRD-11	0.32	85.2	0.013	0.56	97.9

6.2.3.4 深度脱硅与除钙

通过上述实验，由高铝粉煤灰原料制备的铝酸钠溶液中只含有微量 SiO_2（表 6-15），其硅量指数（Al_2O_3/SiO_2 质量比）约为 266。若利用该溶液为原料采用碳粉法制备氢氧化铝，则溶液中的 SiO_2 杂质会进入超细氢氧化铝制品中，影响其纯度。因此，需要对铝酸钠溶液进行深度脱硅。

实验通过添加氧化钙，使其与溶液中的 SiO_2 形成水化石榴石析出，达到脱硅除杂、提高铝酸钠溶液硅量指数的目的。取铝酸钠溶液 200mL，加入 CaO 浓度为 15g/L 的石灰乳，于 95℃的水浴锅中反应 4h，真空抽滤，得深度除硅的精制铝酸钠溶液（表 6-16）。

表 6-16 精制铝酸钠溶液化学成分分析结果 g/L

样品号	SiO_2	Al_2O_3	CaO
DRD-11	0.037	79.60	0.72

上述脱硅实验中引入了氧化钙，为了制备高纯度超细氢氧化铝，还需要进行除钙。实验通过向脱硅滤液中加入无水碳酸钠，使 Ca^{2+} 与 Na_2CO_3 发生反应，生成碳酸钙沉淀，经过滤除去。发生的化学反应如下：

$$Ca^{2+} + Na_2CO_3 \longrightarrow CaCO_3 \downarrow + 2Na^+ \quad (6\text{-}10)$$

取深度脱硅后的铝酸钠溶液 800mL，加入无水碳酸钠 4g，室温下搅拌一段时间后静置 30min。由于溶液中只含有微量 CaO，因而无明显沉淀析出。经真空抽滤，得到除钙后精制铝酸钠溶液。由表 6-17 可知，精制铝酸钠溶液的苛性比为 1.91，硅量指数 2152，适合于采用碳化分解法制备超细氢氧化铝。

表 6-17 精制铝酸钠溶液化学成分分析结果 g/L

样品号	SiO_2	TiO_2	Al_2O_3	Fe_2O_3	MgO	CaO	Na_2O
FCGG-1	0.037	0.00	79.60	0.01	0.013	0.06	92.31

6.3 碳化分解制备超细氢氧化铝

高铝粉煤灰经配料、烧结、水溶脱硅、碱液溶铝、深度脱硅等工序后，便得到碳酸化分解母液——精制铝酸钠溶液。该溶液的碳酸化分解是决定氢氧化铝制品质量的重要过程之一。实验拟通过研究适宜的碳酸化分解制度，以制得颗粒分散均匀，粒径小于 1μm 的超细氢氧化铝粉体制品。

6.3.1 实验原理

6.3.1.1 液相法制备超细粉体原理

超细粉体的形成过程是一个晶体生长的过程，可分为晶体成核和长大两个阶段。因此，制备超细氢氧化铝粉体，关键在于促进铝酸钠水解过程中氢氧化铝晶核的生成，并抑制晶粒的过快长大和附聚。

对于以制备超细粉体为目的的沉淀反应体系，化学反应极为迅速，随着溶液离子浓度的增大，在局部反应区内可形成很高的过饱和度，导致在某一瞬间内形成细小的、具有确定成分和结构的晶胚（图 6-15 中Ⅰ区）。随着反应的继续，溶液浓度增加，晶胚的稳定性也相应提高（Ⅱ区）；当溶液过饱和度超过某一程度（临界过饱和度）时，成核率急剧增大至极限

（Ⅲ区初始阶段）。当晶核稳定时，添加阳离子和阴离子将增加它们的稳定性，晶核开始长大，此时长大速率比成核速率小得多（Ⅲ区后一阶段）。随着温度的升高而使浓度发生变化，也会产生类似情况（图 6-16）。然而，由于晶核生成和长大都消耗溶液中的阳离子和阴离子，如果溶液浓度分布不均匀，则将导致最终晶粒的大小不一（吴萍，2005）。

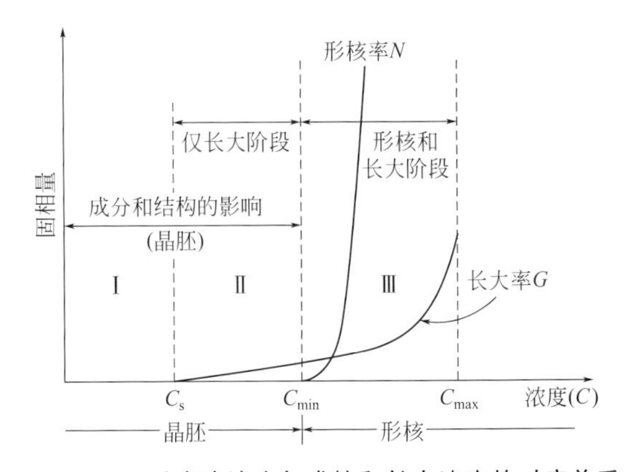

图 6-15　反应液浓度与成核和长大速度的对应关系
（据吴萍，2005）

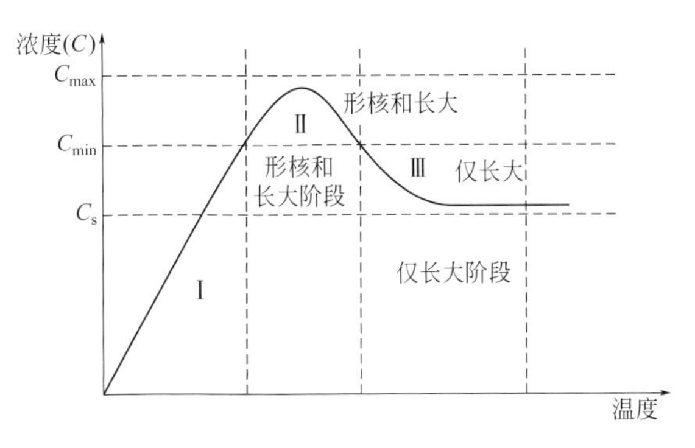

图 6-16　温度与溶液浓度变化的关系图
（据吴萍，2005）

基于以上分析，若要获得尺寸均匀的超细颗粒，在反应起始阶段应尽量缩短晶体成核时间，使其在瞬间爆发成核。当晶核稳定后，控制溶液浓度使其低于成核所要求的最低过饱和度，即控制晶核处于仅长大阶段（图 6-16 中第Ⅲ阶段），并避免再次成核。

6.3.1.2　铝酸钠溶液碳化分解机理

铝酸钠溶液中的 Al^{3+} 和少量 Si^{4+} 均以配位离子的形式存在，且配位形式多样，结构复杂，如 $Al(OH)_4^-$、$Al_2O(OH)_6^{2-}$、$Al(OH)_6^{3-}$ 和 $SiO_2(OH)_2^{4-}$ 等（陈万坤等，1997）。铝酸钠溶液碳化分解过程中可能发生如下反应：

$$2NaOH + CO_2 \longrightarrow Na_2CO_3 + H_2O \tag{6-11}$$

$$2NaAlO_2 + CO_2 + H_2O \longrightarrow Na_2CO_3 + 2AlOOH \tag{6-12}$$

$$AlOOH + NaOH \longrightarrow NaAlO_2 + H_2O \tag{6-13}$$

$$2NaAlO_2 + 4H_2O \longrightarrow 2Al(OH)_3 + 2NaOH \tag{6-14}$$

$$Na_2CO_3 + H_2O \longrightarrow NaHCO_3 + NaOH \tag{6-15}$$

$$2AlOOH \cdot nH_2O + 2NaHCO_3 \longrightarrow Na_2O \cdot Al_2O_3 \cdot 2CO_2 \cdot H_2O + 2nH_2O \tag{6-16}$$

$$2NaAl(OH)_4 + CO_2 \longrightarrow 2[Al(OH)_4]^- + Na_2CO_3 \tag{6-17}$$

$$2NaAl(OH)_4 + 4NaHCO_3 \longrightarrow Na_2O \cdot Al_2O_3 \cdot 2CO_2 \cdot nH_2O + 2Na_2CO_3 \tag{6-18}$$

$$Na_2O \cdot Al_2O_3 \cdot 2CO_2 \cdot nH_2O + 4NaOH \longrightarrow 2NaAl(OH)_4 + 2Na_2CO_3 \tag{6-19}$$

一般认为，CO_2 刚与铝酸钠溶液接触时，主要是中和溶液中的碱，同时与 $NaAlO_2$ 反应生成 AlOOH，并随之溶解于过剩的苛性碱中［反应（6-11）～反应（6-13）］。随着 CO_2 的通入，溶液的苛性比不断降低，铝酸钠开始水解析出氢氧化铝［反应（6-14）］；接着 CO_2 消耗铝酸钠水解生成的碱，并水化为碳酸氢钠。碳化分解后期，溶液的碱浓度降至一定值时，已生成的 AlOOH 与 $NaHCO_3$ 溶液反应，生成丝钠铝石沉淀［反应（6-16）］。

此外，铝酸钠溶液的碳分机理还有：碳分过程中 CO_2 只消耗溶液中的 NaOH［反应（6-11）］，随着溶液苛性比的减小，氢氧根离子活度相应变小，铝酸钠溶液也趋于不稳定，开始自发水解［反应（6-14）］；另一机理认为，碳化分解中生成的氢氧化铝沉淀是 CO_2 与 $NaAlO_2$ 中和反应与铝酸钠水解反应同时发生的结果。与此同时，在碳化的整个过程中，由于 CO_2 分布不均匀，其易与铝酸钠溶液在局部过碳化生成丝钠铝石沉淀。铝酸钠溶液只是在反应初期被 NaOH 分解成碳酸钠和铝酸钠，碳分后期则以丝钠铝石相析出（荀中入，2005）。

上述几种分解机理尽管存在一些差异，但几者之间仍然存在相似之处：

① 碳分过程中氢氧化铝的形成途径不是唯一的，存在 $Al(OH)_4^-$ 自发水解或铝酸钠先形成某种中间相再转化为 $Al(OH)_3$ 等多种方式。这是铝酸钠溶液碳化生产氧化铝得以实现的基本原理。

② CO_2 与 NaOH 中和反应降低了溶液的 pH 值，即溶液碱性降低是碳分持续进行的主要推动力。

③ 碳分后期溶液出现过碳酸化，丝钠铝石析出将导致产品中氧化钠含量明显升高。

6.3.1.3 超细粉体团聚的产生机理和消除方法

超细粉体的制备和应用远比普通粉体复杂。这主要是由于物质超细化后，其比表面积大、表面能高、表面原子数增多及原子配位不足等，使这些表面原子具有很高的活性，极不稳定，很容易团聚形成带有若干连接界面的尺寸较大的团聚体。这些团聚体的形成，严重影响产品的应用性能。粉体团聚一般分为软团聚和硬团聚。软团聚体主要由范德华力、静电引力、毛细管力等较弱的力引起，可通过一些化学作用或施加机械能等方式来消除。硬团聚体主要是颗粒间产生较强的化学键，其在外力作用下很难拆开（裴小苗，2006）。

本实验制备氢氧化铝超细粉体的过程中，超细粒子容易在合成、洗涤、干燥等阶段产生硬团聚。合成阶段：由于溶液中新生成的氢氧化铝粒子的粒径小，具有较高极性，粒子间相互扩散碰撞，并连续发生脱水缩聚反应，使最初生成的小颗粒逐渐团聚成大颗粒。干燥阶段：自由水的脱除使毛细管收缩，使颗粒接触紧密，而颗粒之间由于氢键作用结合更加紧密，从而形成硬团聚［图 6-17（a）］。

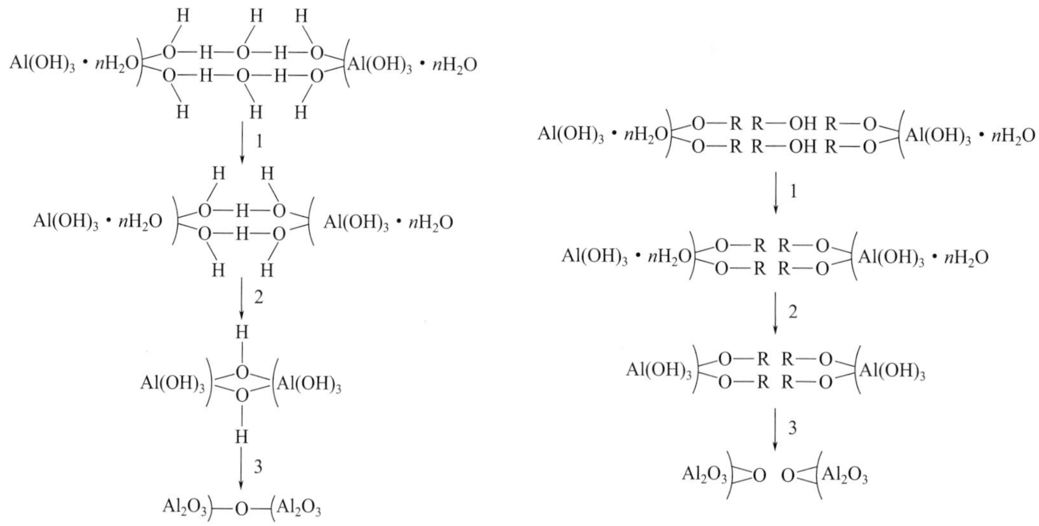

(a) $Al(OH)_3$团聚体形成机理模型

(b) 乙醇消除团聚的机理模型

图 6-17 氢氧化铝团聚体形成及消除机理模型

（据裴小苗，2006）

基于以上分析，本实验主要采取以下方法来防止氢氧化铝颗粒硬团聚的产生：①在反应过程中加入表面活性剂，主要是通过分散剂吸附而改变粒子的表面电荷分布，产生静电稳定和空间位阻稳定作用来达到分散效果；②在干燥前，采用无水乙醇多次洗涤湿凝胶，因为有机试剂官能团能取代胶粒表面部分非架桥羟基，将水脱除，从而避免由于水的氢键作用使颗粒间结合更紧，导致最后化学键的形成，并起到一定的空间位阻作用，从而消除团聚［图 6-17（b）］。

6.3.2　实验方法

碳分反应在塑料烧杯中进行。将温度计插入塑料烧杯中，没入液面下，用于显示反应过程中体系的温度。将 pH 计的玻璃电极插到液面下，用于实时显示反应过程中体系的 pH 值。将搅拌棒插到反应液中，在反应过程中，尽量提高搅拌速率，以保证气液混合均匀。将上述插有温度计、pH 计玻璃电极、搅拌器的塑料烧杯放入恒温水浴锅内，CO_2 气体经钢瓶减压阀、缓冲瓶后，通过气体流量计进入反应器，实验装置如图 6-18 所示。

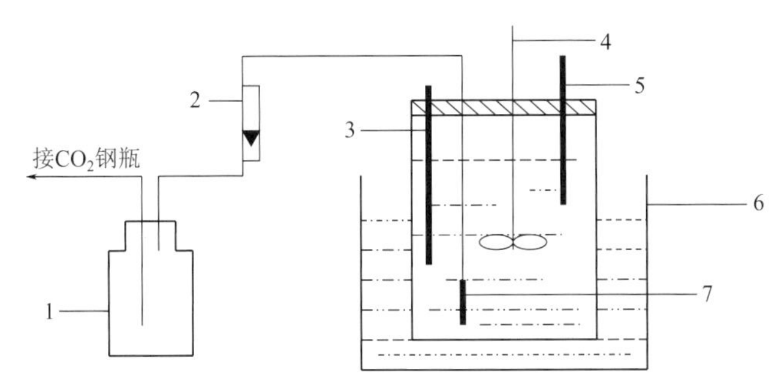

图 6-18　碳化分解法制备超细氢氧化铝实验装置

1—CO_2 缓冲瓶；2—气体流量计；3—温度计；4—搅拌棒；5—pH 计；6—恒温加热水浴锅；7—胶皮管

实验过程：量取精制铝酸钠溶液，加入蒸馏水稀释到所需浓度。取不同浓度的铝酸钠溶液 100mL，放入上述反应装置中，加入一定量的分散剂，开启电动搅拌器，体系混合均匀后，CO_2 气体按指定的通气速率通入。通气时间由反应终点的 pH 值来控制。将反应产物真空抽滤，用 200mL 蒸馏水洗涤 2～3 次，用 200mL 无水乙醇洗涤 2 次。最后将滤饼在 105℃下干燥 2h，即得氢氧化铝粉体。

6.3.3　单因素实验

采用碳化分解法制备氢氧化铝粉体受碳分温度、铝酸钠溶液浓度、通气速率、CO_2 气体浓度、溶液 pH 值、分散剂等因素的影响，系统研究这些因素对氢氧化铝粉体粒度的影响，对获得超细氢氧化铝、氧化铝粉体的优化工艺条件具有重要意义。

6.3.3.1　碳分温度

为研究不同碳分温度对所得氢氧化铝粉体粒径的影响，在设定条件下，即溶液浓度 80g/L、通气速率 1L/min、CO_2 浓度 99.9%、终点 pH 值为 12 左右、PEG 加入量为 10g，分别调整反应温度为 20℃、40℃、60℃、80℃、100℃进行实验。利用 Mastersizer2000 激光粒度分析仪测定所得样品的粒度，实验结果见图 6-19 和图 6-20。

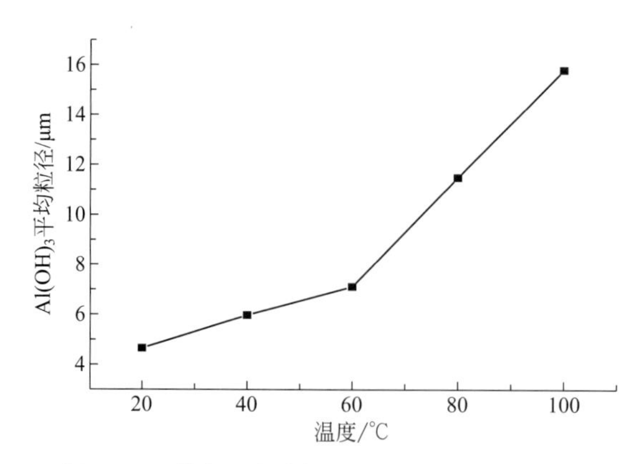

图 6-19　碳分温度对氢氧化铝粉体粒径的影响

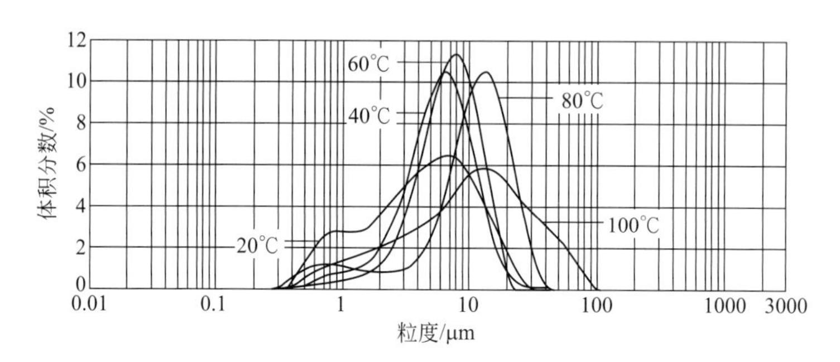

图 6-20　不同碳分温度下制备氢氧化铝粉体粒度分布图

实验结果表明，随着碳分温度的升高，氢氧化铝粉体粒径逐渐增大。这是因为，反应温度的升高使氢氧化铝沉淀的生成速率增加，颗粒生长速率增大。根据反应动力学可知，反应温度升高，胶体粒子的布朗运动加剧，碰撞频率增大，故团聚作用趋于明显。因此，要制备超细氢氧化铝粉体，碳分温度以室温（25℃）为宜。

6.3.3.2　铝酸钠溶液浓度

在其他因素不变的条件下，即设定碳分温度为 25℃、通气速率 1L/min、CO_2 浓度 99.9%，反应终点 pH 值为 12 左右、PEG 加入量为 10g，分别控制铝酸钠溶液浓度为 80g/L、60g/L、40g/L、20g/L、10g/L 进行实验。利用 Mastersizer2000 激光粒度分析仪测试所得制品的粒度，实验结果见图 6-21 和图 6-22。

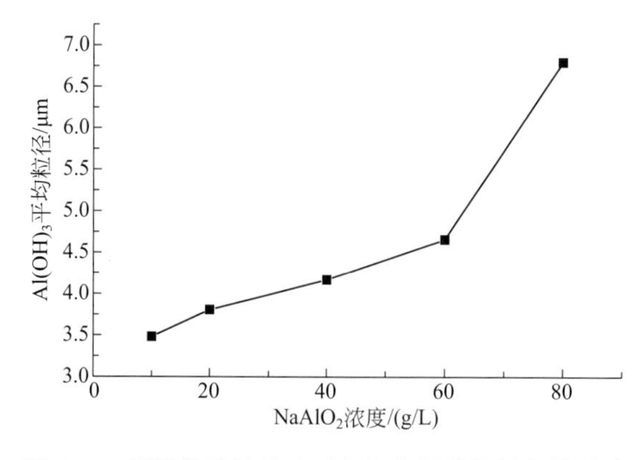

图 6-21　铝酸钠溶液浓度对氢氧化铝粉体粒径的影响

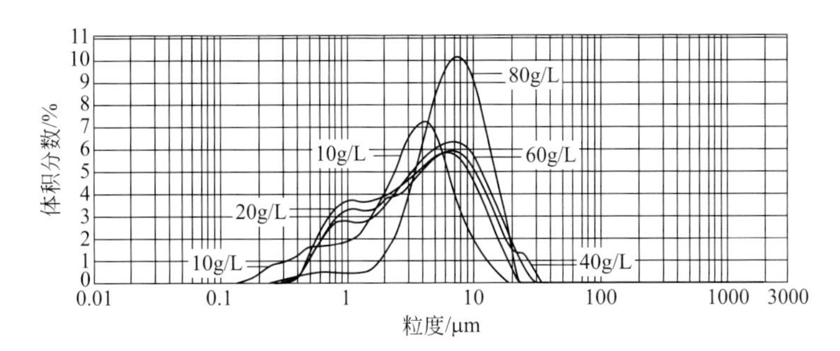

图 6-22　不同铝酸钠溶液浓度时制备氢氧化铝粉体粒度分布图

上述实验结果表明，随着铝酸钠溶液浓度的增大，氢氧化铝粒径相应增大。在60g/L 浓度以下范围内，随浓度的增大，粒径变化幅度不大；但当浓度进一步增大至80g/L 时，制品的粒径明显变大。这可能是由于随着铝酸钠溶液浓度的增大，溶液的 pH 值、黏度和表面张力也随之增大，碳分反应速率降低，导致碳分反应时间过长，使析出的氢氧化铝晶粒有更长的长大时间。因此，制备超细氢氧化铝粉体的铝酸钠溶液浓度应不高于 60g/L。

6.3.3.3　CO_2 气体浓度和通气速率

选取铝酸钠溶液浓度为 40g/L、碳分温度 25℃、终点 pH 值为 12、PEG 加入量 10g 为恒定条件，分别通入浓度为 99.9%、40%（氮气为平衡气体）的 CO_2 气体，通气速率分别为 1000mL/min、400mL/min、200mL/min、100mL/min、40mL/min 进行实验。CO_2 气体的浓度和通气速率对制备氢氧化铝粉体粒度的影响结果见图 6-23 和图 6-24。

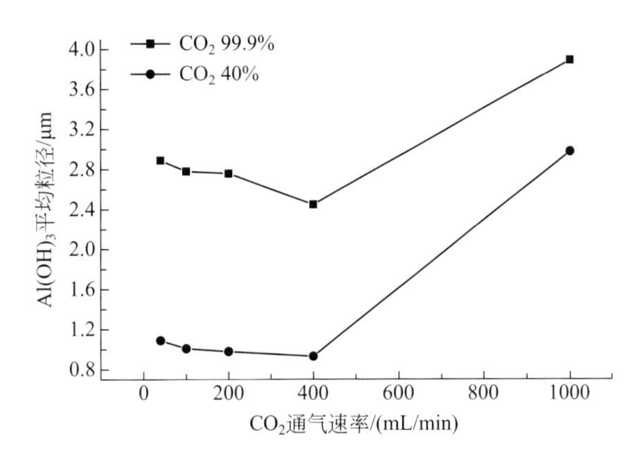

图 6-23　CO_2 气体浓度和通气速率对氢氧化铝粉体粒度的影响

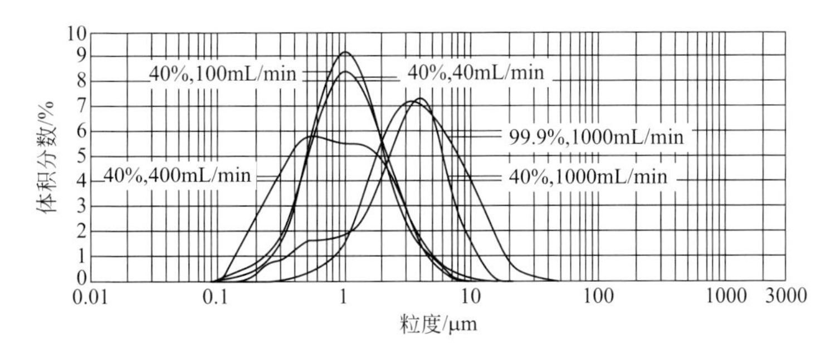

图 6-24　不同 CO_2 气体浓度和通气速率下制备的氢氧化铝粉体粒度分布图

在相同通气速率下，通入40%浓度的CO_2，氢氧化铝粉体粒径明显比通入99.9%浓度CO_2时要小。这是由于当CO_2气体浓度高时，氢氧化铝析出的速度快，新生成的氢氧化铝不能稳定地附聚于最初析出的氢氧化铝晶核上，引起氢氧化铝的晶粒细化，而这种细粒子表面活性很高，导致颗粒之间团聚长大。同时，过高的CO_2气体浓度又容易使溶液局部形成过碳化，造成部分粒子异常长大。因此，制备超细氢氧化铝粉体应采用浓度40%的CO_2气体。

当CO_2浓度一定时，通气速率小有利于超细氢氧化铝的形成。当通气速率达1L/min时，溶液中气液两相分布不均匀，局部反应速率过快，使得溶液中形成局部过饱和区，不能均匀成核。由实验可知，为了能在溶液中的各部分均匀地爆发成核，制得超细均匀的氢氧化铝粉体，CO_2通气速率不应超过400mL/min。

6.3.3.4 分散剂

实验选用PEG（聚乙二醇）作为分散剂。这是一种非离子型表面活性剂，分子式为$H{+}O{-}CH_2{-}CH_2{+}_nOH$，其中桥氧原子—O—亲水、$-CH_2-CH_2-$亲油，在无水状态时是一锯齿形长链，溶于水后成为蛇形（图6-25）。PEG显示出相当大的亲水性，因而可以把每个PEG分子形象地看作是由许多亲水基朝外、亲油基朝内的小分子定向排列组成的一个反常胶束（沈钟，2003）。

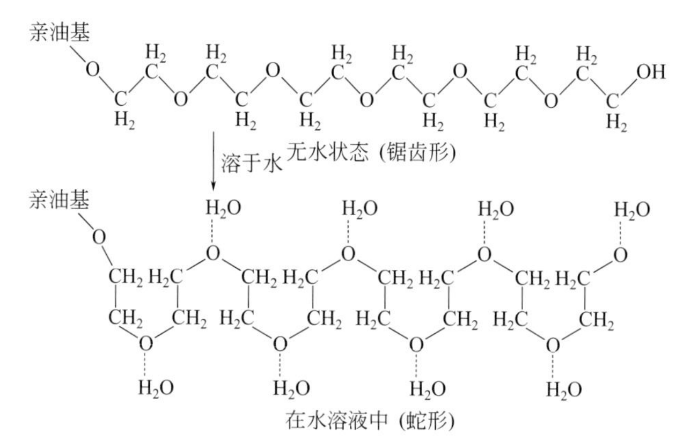

图6-25 聚乙二醇表面活性剂链形变化
（据沈钟，2003）

（1）PEG加入方式

在碳分反应过程中何时加入分散剂PEG，对所制氢氧化铝粉体的粒度有一定的影响。选取铝酸钠溶液浓度40g/L、碳分温度25℃、反应终点pH值12、CO_2浓度40%、通气速率400mL/min为恒定条件。将PEG10000先与蒸馏水配制成浓度为w_B 4%的溶液，分别在通入CO_2前、溶液浑浊时、反应结束后3个反应时间段，加入分散剂10g进行实验研究，结果如表6-18所示。

表6-18 PEG加入方式对氢氧化铝粉体质量的影响

样品号	PEG加入方式	干燥后产物
TFS-J1	反应前	疏松粉体，无需粉碎
TFS-J2	溶液浑浊（沉淀生成）	疏松块状，用手粉碎，有颗粒感
TFS-J3	反应结束	硬块，需用研钵研碎

由表6-18可知，PEG加入方式对超细氢氧化铝的形成影响很大。分散剂在碳分反应前加入并与溶液混合均匀，制备出的样品最为疏松。分析其原因可能是，PEG的—O—CH_2基团具有强烈的给电子能力，为铝酸钠溶液中的Al^{3+}提供了共用电子对。在反应前加入可以保证反应过程中新生成的$Al(OH)_3$小颗粒表面形成一层分散剂包裹层，阻止晶体长大和团聚。当溶液浑浊时，由于此时已生成大量晶核，晶核活性高易团聚，此时加入PEG只能在一定程度上阻止晶核的长大，效果不及反应前加入。在反应后期，加入PEG只能起改性作用，使氢氧化铝颗粒在溶液中均匀分散，对于晶体一次颗粒的大小已无任何作用。

（2）PEG分子量

常用聚乙二醇的分子量有多种，如PEG400、PEG2000、PEG6000、PEG8000、PEG10000、PEG20000等，不同分子量的聚乙二醇所产生的分散效果有所不同。实验选取铝酸钠溶液浓度40g/L、碳分温度25℃、反应终点pH值为12、CO_2浓度40%、通气速率400mL/min，采用不同聚合度的PEG以相同的加入量（10g）进行实验研究，结果见表6-19。

表6-19　PEG分子量对氢氧化铝粉体粒径的影响

样品号	TFS-G1	TFS-G2	TFS-G3	TFS-G4	TFS-G5	TFS-G6	TFS-G7
PEG分子量	400	2000	6000	8000	10000	20000	1∶1∶1∶1①
粒径/μm	2.599	2.407	2.338	1.896	1.009	1.128	0.93

①指PEG20000/10000/2000/400=1∶1∶1∶1（质量比）。

由表6-19可知，随着PEG分子量的增大，所得氢氧化铝粉体的粒径减小。这是由于随着PEG分子量的增大，其对颗粒间的空间位阻效应相应增强。而将不同的分子量匹配加入（PEG20000/10000/2000/400=1∶1∶1∶1）时，获得了最小的氢氧化铝粉体粒径。这可能是因为大分子量的PEG吸附在胶粒表面，阻止了胶粒长大和团聚，而小分子量的PEG则可吸附在氢氧化铝颗粒表面的空隙处，起嵌合吸附作用。因此，后续实验中选定PEG20000/10000/2000/400=1∶1∶1∶1（质量比）作为复合分散剂。

（3）PEG加入量

在铝酸钠溶液浓度40g/L、碳分温度25℃、反应终点pH值12、CO_2浓度40%、通气速率400mL/min不变的条件下，选定PEG20000/10000/2000/400=1∶1∶1∶1（质量比）为分散剂，浓度4%，按与铝酸钠溶液（按Al_2O_3质量）的不同配比加入，实验结果见表6-20。由表可见，随着PEG用量的增大，氢氧化铝粉体的粒径变小。当PEG加入量为1%时，掺量过少导致PEG不能有效包裹氢氧化铝晶粒；当PEG加入量为6%时，掺量过多导致溶液黏度增大，过滤极为困难，此时PEG絮凝作用显著，分散性能降低。综上可知，分散剂加入量（按溶液中Al_2O_3质量计）以2%～4%为宜。

表6-20　PEG加入量对氢氧化铝粉体粒度的影响

样品号	掺入量/%	过滤速度	干燥产物	氢氧化铝粒径/μm
TFS-01	1	较快	少量块状，用手可粉碎	1.396
TFS-02	2	慢	疏松粉体	0.942
TFS-03	4	慢	疏松粉体	0.951
TFS-04	6	过滤困难	—	—

6.3.3.5 溶液 pH 值

碳分反应时间的长短由反应终点的 pH 值决定。因此，了解不同浓度铝酸钠溶液的 pH 值随反应时间的变化趋势，对氢氧化铝超细粉体的制备和铝酸钠溶液碳化分解机理具有一定意义。在其他因素不变的条件下（碳分温度 25℃，通气速率 400mL/min，CO_2 浓度 40%，加入 4%的 PEG20000/10000/2000/400＝1∶1∶1∶1），记录不同铝酸钠溶液浓度（20g/L、40g/L、60g/L、80g/L）时 pH 值随反应时间的变化，实验结果如图 6-26 所示。

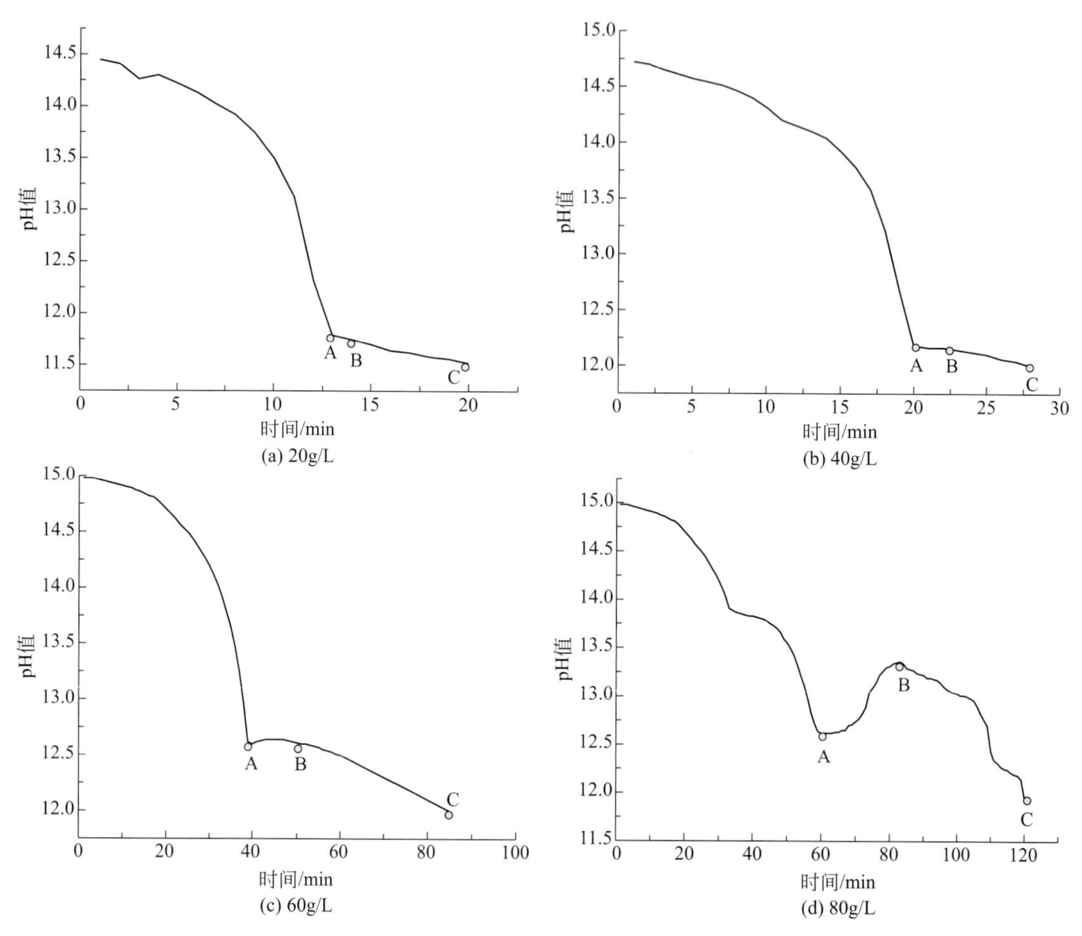

图 6-26 不同浓度铝酸钠溶液 pH 值与反应时间关系图

由图 6-26 可见，随着 CO_2 的通入，不同浓度的铝酸钠溶液的 pH 值变化都经历相似的 3 个阶段：①pH 值快速下降阶段（A 点之前），此时 CO_2 气体主要中和溶液中的 NaOH，MR 值相应降低，相应降低了氢氧化铝在溶液中的稳定性。由于不同浓度的铝酸钠溶液的初始 pH 值不同，此阶段反应时间也各异。随着溶液浓度的增大，此段反应时间相应延长。②pH 值保持不变和上升阶段（A、B 点之间），由于 CO_2 的继续通入，液面处有少量沉淀生成，溶液逐渐浑浊。当 pH 值达到 A 点时，溶液突然完全浑浊，而 pH 值在短时间内保持不变。此时为铝酸钠的快速水解过程，爆发生成大量 $Al(OH)_3$ 晶核。而不同溶液浓度出现氢氧化铝沉淀的 pH 值不同。铝酸钠溶液浓度越高，pH 值越高，且成核时间（pH 值保持不变）越长。随着氢氧化铝的析出，晶核开始长大，水解生成 NaOH 使溶液 MR 值增大，

pH 值略有回升。③pH 缓慢下降阶段（B、C 点之间），此时为铝酸钠溶液水解后期，其水解速率低于被 CO_2 中和的速率，使得水解生成的 NaOH 减少，MR 值降低。此阶段没有新晶核生成，仅为氢氧化铝颗粒的长大阶段。

由以上分析可知，要制得超细氢氧化铝粉体，需要在反应第一阶段形成大的成核动力，即加快反应速率，使溶液能爆发成核，且应控制最终反应的 pH 值，以阻止超细氢氧化铝颗粒的长大。

6.3.4 正交实验

由上述单因素实验分析可知，碳分法制备超细氢氧化铝粉体受碳分温度、铝酸钠溶液浓度、CO_2 气体浓度和通气速率、溶液 pH 值、分散剂等因素的影响。在单因素实验基础上，选取铝酸钠溶液浓度、CO_2 通气速率、终点 pH 值和 PEG 掺量 4 因素进行正交实验。按照正交表 $L_9(3^4)$ 进行实验，以确定碳分法制备超细氢氧化铝粉体的优化工艺条件。表 6-21 和表 6-22 分别为正交实验设计表与实验结果。

表 6-21 制备超细氢氧化铝粉体的正交实验方案

因素 \ 水平	1	2	3
$NaAlO_2$ 浓度/(g/L)	20	40	60
CO_2 通气速率/(mL/min)	40	200	400
终点 pH 值(图 6-26)	26(c)/A	26(b)/B	26(a)/C
PEG 掺量/%	2	3	4

表 6-22 制备超细氢氧化铝粉体正交实验结果

样品号	$NaAlO_2$ 浓度/(g/L)	CO_2 通气速率/(mL/min)	PEG 掺量/%	终点 pH 值	沉淀生成的 pH 值	粒径/nm
ZA-1	20	40	2	A(11.8)	11.98	307
ZA-2	20	400	3	B(11.7)	11.98	189
ZA-3	20	200	4	C(11.5)	11.98	244
ZB-1	40	40	3	C(12.0)	12.67	264
ZB-2	40	400	4	A(12.18)	12.67	252
ZB-3	40	200	2	B(12.16)	12.67	284
ZC-1	60	40	4	B(12.53)	13.02	335
ZC-2	60	400	2	C(12.50)	13.02	98
ZC-3	60	200	3	A(12.56)	13.02	422
K_1	740	894	689	981		
K_2	800	539	875	808		
K_3	855	950	831	606		
R	115	411	186	375		

量取前述实验过程所得铝酸钠溶液，配成不同浓度溶液 100mL，加入一定量的分散剂 PEG20000/10000/2000/400＝1∶1∶1∶1，在室温（25℃）下置于电磁搅拌器上，均匀搅拌 30min 后，先以 400mL/min 的速率通入浓度 40%的 CO_2 气体。至溶液突然浑浊时，调节气体通入速率到指定流量，反应至设定 pH 值时停止。将沉淀离心分离，用 200mL 蒸馏水洗涤 2～3 次，用 200mL 无水乙醇洗涤 2 次，滤饼在 105℃下干燥 2h，即得超细氢氧化铝制品。记录不同反应条件下沉淀析出时的 pH 值，采用扫描电镜观察制品的粒径和形貌（图 6-27）。

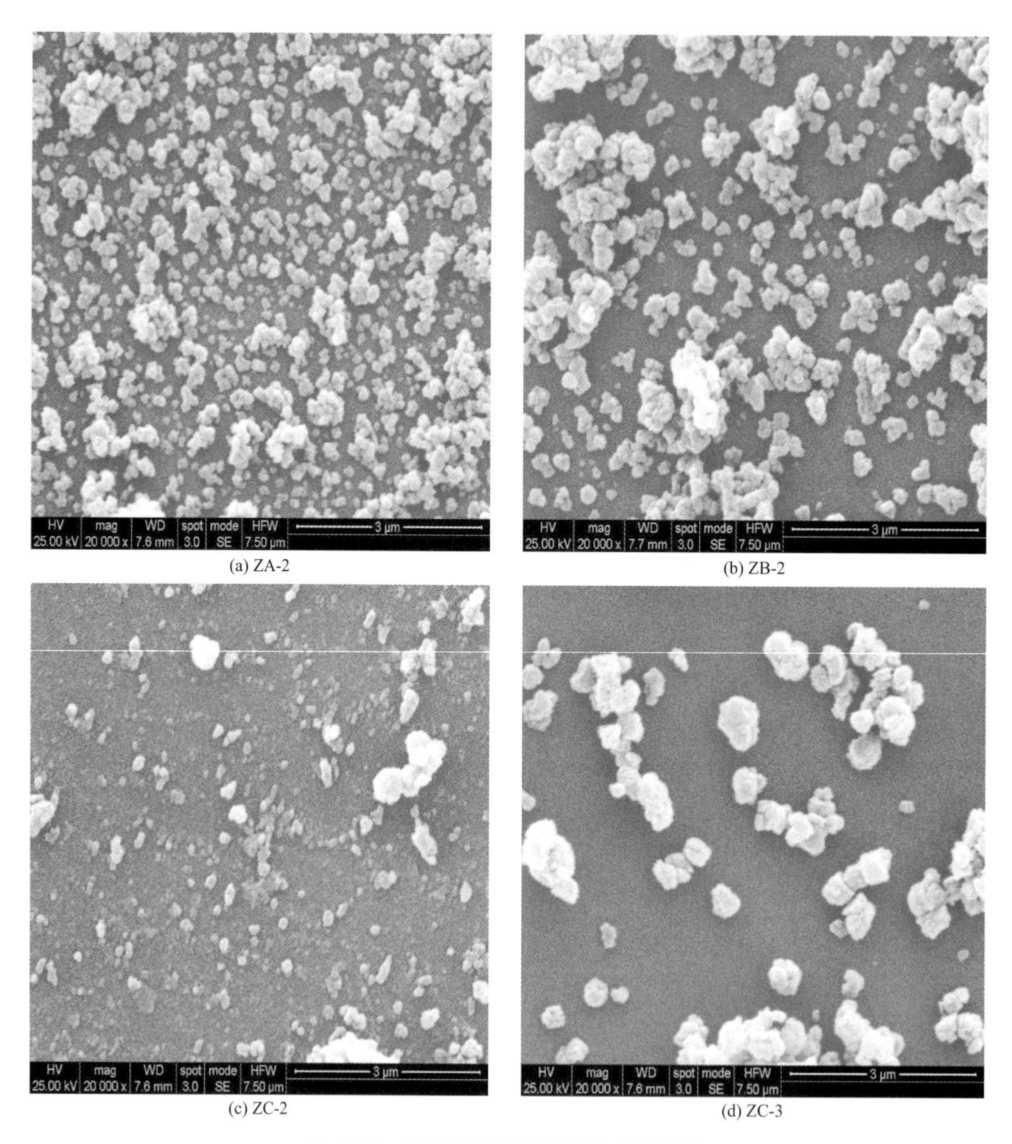

图 6-27　氢氧化铝制品的扫描电镜照片

由表 6-22 及前述单因素实验结果可知，碳分法制备超细氢氧化铝的优化工艺条件为：铝酸钠溶液浓度 60g/L，碳分温度 25℃，分散剂 PEG20000/10000/2000/400＝1∶1∶1∶1（质量比）加入量 2%，CO_2 气体浓度 40%，通气速率 400mL/min，反应终点 pH

值12.5。

按照上述优化条件，重复实验制得超细氢氧化铝粉体。图6-28为制品（ZC-3）的X射线粉末衍射图，可见氢氧化铝粉体为结晶度较好的拜耳石。采用矿物晶胞参数计算软件CELLSR. F90对所得数据进行指标化，获得氢氧化铝制品的晶胞参数为：$a_0=5.071$nm，$b_0=8.696$nm，$c_0=4.741$nm；$\beta=90.27°$。

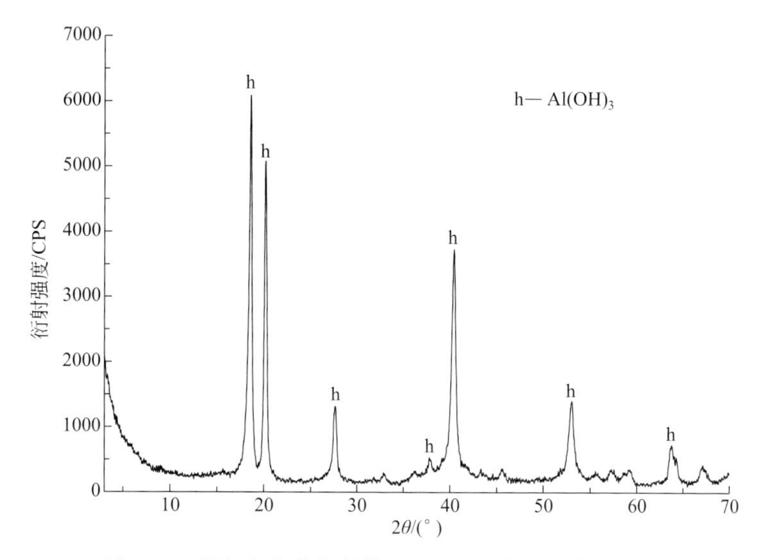

图6-28　超细氢氧化铝粉体（ZC-3）X射线粉末衍射图

对所得氢氧化铝制品（ZC-3）进行化学成分分析，并与氢氧化铝的国标GB 4294—84进行对比，结果见表6-23。由表可见，实验制品符合氢氧化铝工业产品国标GB/T 4294—1997的二级指标。由图6-29（a）扫描电镜照片可见，氢氧化铝制品（ZC-3）呈球形颗粒，颗粒尺寸大多在80～150nm。图6-29（b）为制品在无水乙醇中经10min超声分散后滴加在载玻片上的扫描电镜照片，可见超细氢氧化铝粉体的晶粒大小较均匀，分散效果较好。

表6-23　超细氢氧化铝粉体制品与国标GB 4294—84的对比

等级	牌号	化学成分/%				
		Al_2O_3 不小于	杂质含量不大于			
			SiO_2	Fe_2O_3	Na_2O	灼减量
一级	$Al(OH)_3$-1	64.5	0.02	0.02	0.4	35
二级	$Al(OH)_3$-2	64.0	0.04	0.04	0.5	35
三级	$Al(OH)_3$-3	63.5	0.08	0.08	0.6	35
实验制品ZC-3		64.52	0.04	0.01	0.48	34.98

注：1. 氧化铝含量为100%减去表列杂质的含量；表中化学成分按（110±5)℃温度下烘干的干基计算。
2. 核工业北京地质研究院化学分析测试中心分析。

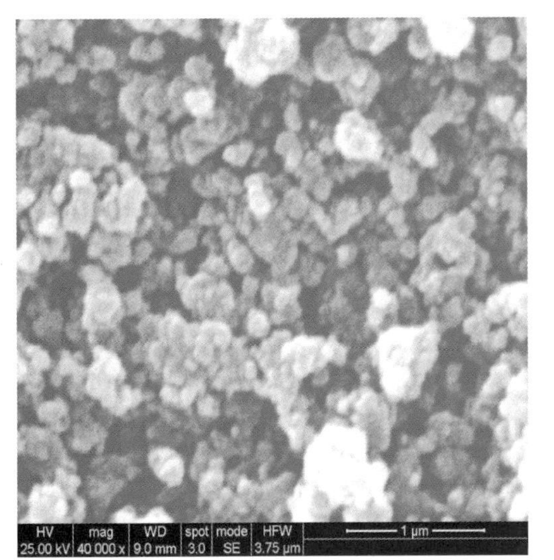

(a) 未经处理样品

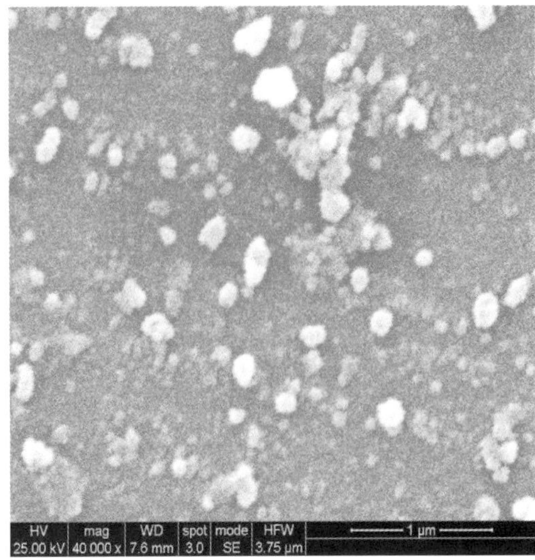

(b) 超声分散后样品

图 6-29　超细氢氧化铝粉体（ZC-3）的扫描电镜照片

6.4　超细 α-Al_2O_3 粉体制备

在高温下煅烧超细氢氧化铝可制备超细氧化铝粉体，其主要过程为氢氧化铝脱去吸附水和结晶水，并发生晶型转变。但由于 α-Al_2O_3 的相变温度很高，通常在 1200℃以上，在此高温下，超细 α-Al_2O_3 颗粒一旦形成就会立即长大，发生团聚，形成“蛙石状”的硬团聚结构（吴玉程等，2004）。因此，要制备出结晶度较好的超细 α-Al_2O_3 粉体，就需要在煅烧氢氧化铝过程中采取措施促进氧化铝的相变，降低 α-Al_2O_3 的相变温度。

常用的降低 α-Al_2O_3 相变温度的方法有：高能球磨，添加 α-Al_2O_3 籽晶和相变添加剂。本项研究采用制备的超细氢氧化铝粉体为前驱体，通过湿法球磨，将高纯氧化铝磨球的磨屑作为晶种引入并添加相变添加剂 ZnF_2 的制备工艺，以提高前驱体中晶核分布的均匀性，加速相变过程中物质的扩散和传输，达到降低 α-Al_2O_3 相变温度的目的。

6.4.1　实验部分

实验以前述制备的超细氢氧化铝粉体为原料。称取超细氢氧化铝粉体 6g，加入一定量的相变添加剂 ZnF_2 进行湿法球磨。采用陶瓷球磨罐，磨球为直径约 3mm 的高纯氧化铝磨球，以无水乙醇为分散剂，按磨球∶氢氧化铝粉体∶乙醇（质量比）=10∶1∶6 的比例放入球磨罐中，在行星球磨机内进行高速球磨。球磨一定时间后，将原料离心分离，在 50℃下干燥 12h，然后将干燥产物置于箱式电炉中，在不同温度下煅烧 1.5h。实验条件见表 6-24。

表 6-24　制备超细氧化铝粉体的实验条件

样品号	A0	A1	A2	B0	B1	B2	C0	C1	C2	D
球磨时间/h	3	3	3	9	9	9	6	6	6	0
$ZnF_2(w_B)$/%	0	1	2	0	1	2	0	1	2	0

6.4.2　结果分析与讨论

6.4.2.1　球磨时间

通过改变球磨时间来控制加入晶种的质量，即称量球磨前后高纯刚玉磨球的质量，其差为高纯氧化铝磨球的磨屑量，即 α-Al_2O_3 晶种的引入量。实验选取球磨时间分别为 3h、6h、9h，对应的 α-Al_2O_3 晶种（占氢氧化铝质量的百分含量）引入量分别为 4.5%、9.8%、13.5%。为确定不同球磨时间对 α-Al_2O_3 在高温过程中的相变影响，将试样 A0、B0、C0、D 在 1000℃下煅烧 1.5h，图 6-30 为煅烧产物的 X 射线粉末衍射图。

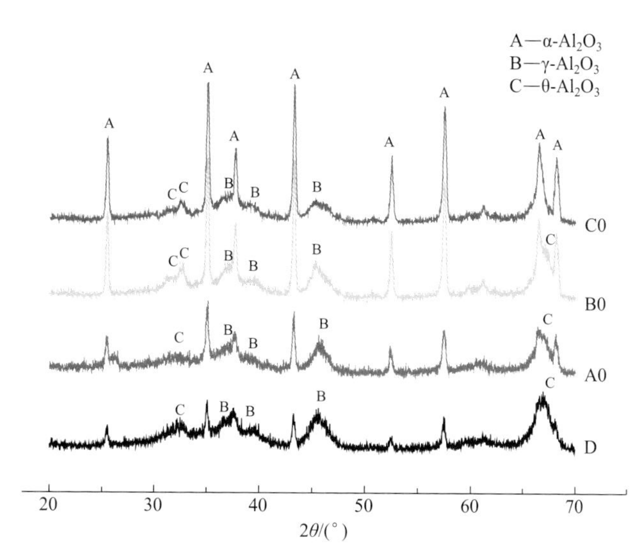

图 6-30　氧化铝制品的 X 射线粉末衍射图

C0—球磨 9h，引入 α-Al_2O_3 晶种 13.5%；B0—球磨 6h，引入的 α-Al_2O_3 晶种 9.8%；A0—球磨 3h，引入的 α-Al_2O_3 晶种 4.5%；D—未球磨和引入晶种。

由图 6-30 可见，比较球磨不同时间后煅烧所得 α-Al_2O_3 粉体，其 α 相含量随晶种加入量的增多而升高。未经球磨和引入晶种的 D 样品的 X 射线粉末衍射图谱中，除了少量 α-Al_2O_3 颗粒外，有大量的结晶度较差的 γ 相和 θ 相等过渡型 Al_2O_3 生成。球磨 3h 的样品 A0 与 D 样品的 X 射线粉末衍射图类似，只是 α-Al_2O_3 的衍射峰强度较 D 样品强，为煅烧产物的主晶相。分别球磨 6h 和 9h 的样品 B0 和 C0，在相同煅烧温度下，都生成了 α-Al_2O_3，过渡相特征峰强度较样品 A0 和 D 明显降低，但产物 C0 中过渡型氧化铝含量略少于 B0。

由以上实验结果可知，高能球磨并原位引入籽晶 α-Al_2O_3 可促进氧化铝的相变，降低 α-Al_2O_3 的相变温度。这是因为在氢氧化铝煅烧过程中，α-Al_2O_3 晶种的加入作为成核点，不仅可以显著提高 α 相的成核密度，还可降低 θ→α 相转变的成核势垒。综上所述，实验选取球磨时间 9h 为佳。

6.4.2.2　相变添加剂

相变添加剂在制备 α-Al_2O_3 过程中的作用主要是降低煅烧温度，促进 α-Al_2O_3 晶型转化。常见的相变添加剂主要有 H_3BO_3、NH_4Cl、NH_4F 和 ZnF_2 等，NH_4F 对加快 α-Al_2O_3 转化速率和提高转化强度的效果最好，ZnF_2 对降低 α-Al_2O_3 生成温度最为有效（赵红军等，

2008)。本实验选取 ZnF_2 作为相变添加剂，研究其加入量对煅烧过程的影响。图 6-31 为样品 B0、B1、B2 试样在 1000℃下煅烧产物的 X 射线粉末衍射分析图。

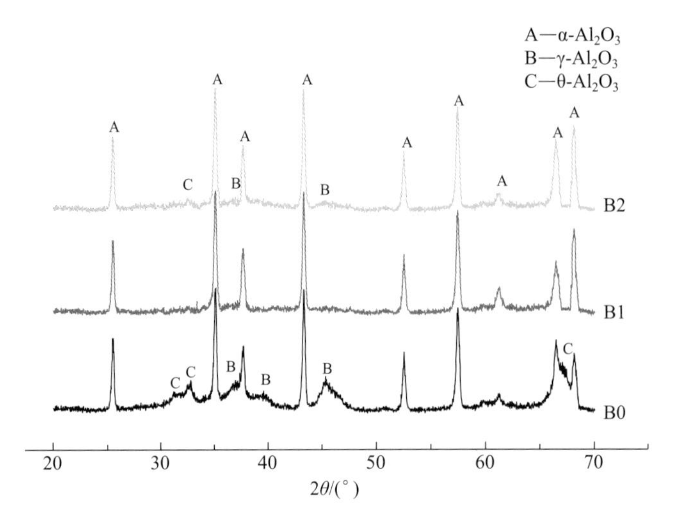

图 6-31 不同相变添加剂用量下制备的氧化铝 X 射线粉末衍射图

B0—球磨 9h，未加入 ZnF_2；B1—球磨 9h，ZnF_2 加入量 1%；B2—球磨 9h，ZnF_2 加入量 2%。

由图 6-31 可见，在球磨 9h 的条件上，未添加相变添加剂 ZnF_2 的样品 B0 中，除含有一定的 α-Al_2O_3 外，还存在部分 γ、θ 相过渡型 Al_2O_3。当加入 1%的 ZnF_2 时，煅烧产物的 X 射线衍射图中过渡型 Al_2O_3 消失，只出现单一的 α-Al_2O_3。当加入 2%的 ZnF_2 时，随着相变添加剂 ZnF_2 加入量的增多，X 射线衍射图中又出现微弱的 γ-Al_2O_3、θ-Al_2O_3 的衍射峰。

上述实验结果表明，添加一定量的相变添加剂 ZnF_2 可降低 α-Al_2O_3 的相变温度，但需要控制其添加量。分析其原因，可能是作为相变添加剂的 ZnF_2 与超细氢氧化铝粉体混合均匀后，随煅烧温度的升高快速反应，生成中间化合物，从而加速过渡型 Al_2O_3 向 α 型转变过程中成核、生长的物质扩散和运输。反应过程可能是：由于 γ-Al_2O_3 粉体的粒度小，活性高，且具有较大的比表面积，因而可从空气中吸收水分，当水蒸气与吸附在 γ-Al_2O_3 粉体表面的 ZnF_2 接触时，即反应生成 AlOF 中间化合物并释放出 HF，而 AlOF 化合物可以促进 Al_2O_3 的相变（吴义权等，2001)。

综上所述，以前述制备的超细氢氧化铝粉体为原料，低温制备超细 α-Al_2O_3 粉体的优化条件为：ZnF_2 相变添加剂用量 1%，以无水乙醇作分散剂，高纯氧化铝磨球（直径约 3mm）/超细氢氧化铝粉体/乙醇（质量比）＝10∶1∶6；在行星球磨机内球磨 9h，在 50℃下干燥 12h，1000℃下煅烧 1.5h。

按照上述优化条件，重复实验制得超细氧化铝粉体。图 6-32 为制品 A3 的 X 射线粉末衍射图。由图可见，超细氧化铝粉体制品为结晶度较好的 α 相。采用矿物晶胞参数计算软件 CELLSR. F90 对 X 射线衍射数据进行指标化，所得氧化铝制品的晶胞参数为：$a_0=b_0=4.768nm$，$c_0=13.008nm$。

将所得氧化铝制品 A3 与我国有色金属行业标准 YS/T 274—1998 进行对比，结果见表 6-25。氧化铝制品 A3 的化学组成符合行标 YS/T 274—1998 规定的三级标准。

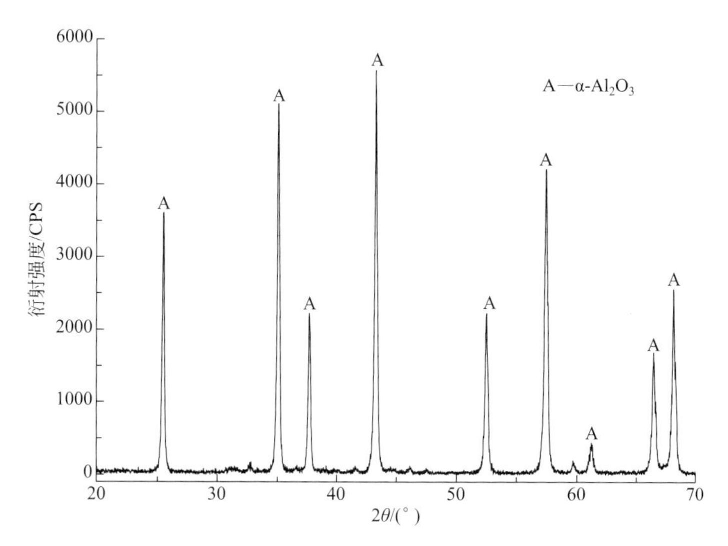

图 6-32 超细氧化铝粉体制品（A3）X射线粉末衍射图

表 6-25 超细氧化铝制品与行标（YS/T 274—1998）的对比

等级	牌号	化学成分/%				
		Al_2O_3 不小于	杂质含量不大于			
			SiO_2	Fe_2O_3	Na_2O	灼减量
一级	Al_2O_3-1	98.6	0.02	0.02	0.50	1.0
二级	Al_2O_3-2	98.4	0.04	0.03	0.60	1.0
三级	Al_2O_3-3	98.3	0.06	0.04	0.65	1.0
实验制品 A3		98.4	0.06	0.01	0.62	0.9

注：1. 氧化铝含量为100%减去表列杂质的含量；表中化学成分按（300±5）℃温度下烘干的干基计算；数字修约规定，按四舍六入五单双处理。

2. 核工业北京地质研究院化学分析测试中心测定。

对实验制品A3进行扫描电镜观察，可见氧化铝粉体颗粒大多略呈长柱状，粒径大多介于50～140nm（图6-33）。氧化铝粒子形貌长柱化的原因，可能是由于球磨时刚玉磨球磨屑形状不规则，并且加入了少量ZnF_2，使得Zn^{2+}固溶在晶粒上，影响O^{2-}的迁移速率，使氧化铝晶粒的不同晶面具有不同的生长能，从而使颗粒呈长柱状。

图 6-33 超细氧化铝粉体制品（A3）扫描电镜照片

第 7 章 两步碱溶法提取氧化铝技术

两步碱溶法从高铝粉煤灰中提取氧化铝的技术，主要优点是避免了对高铝粉煤灰原料的高温烧结过程，从工艺设备、降低能耗等方面更加利于实现工业化生产。

本研究内容主要包括：

① 对取自陕西韩城第二发电厂的高铝粉煤灰原料（H2F-07）进行化学成分和物相组成分析。

② 高铝粉煤灰原料经球磨细化，采用碱液浸取法进行预脱硅处理，研究碱液浓度及用量、反应温度和反应时间对脱硅效果的影响，对预脱硅产物（脱硅滤饼）进行化学成分、物相组成和微观形貌等分析。

③ 依据相图分析，对所得脱硅滤饼采用浓碱液溶出 Al_2O_3，研究碱用量和反应温度对 Al_2O_3 溶出率的影响。

④ 溶出液的苛性比高而硅量指数低，用水合铝硅酸钠进行初步脱硅后，通过添加氢氧化钙使 Al_2O_3 生成沉淀，继而采用碳酸氢钠溶解沉淀物，制得低苛性比的铝酸钠溶液。

⑤ 低苛性比铝酸钠溶液深度脱硅，采用碳分法制备氢氧化铝，再经煅烧制备氧化铝，对所得氢氧化铝和氧化铝制品进行表征。

⑥ 对工艺过程的环境相容性进行对比分析和概略评价。

7.1 实验原料与工艺流程

7.1.1 原料分析

实验原料为陕西韩城第二发电厂排放的高铝粉煤灰，其化学成分分析结果见表 7-1。其中 SiO_2 的含量为 45.8%～57.4%，Al_2O_3 含量为 30.4%～38.4%。实验原料是编号为 H2F-07 的高铝粉煤灰试样，其中 Al_2O_3 含量为 30.37%。X 射线粉末衍射分析结果表明，其主要物相为硅铝酸盐玻璃相，结晶相为莫来石（PDF＃15-0776）和 α-石英（PDF＃46-1045）（图 7-1）。扫描电镜分析显示，高铝粉煤灰原料（H2F-07）中含有大量球形或无定形玻璃体［图 7-2（a）］，球体直径介于 10～50μm 之间，针状莫来石晶体主要生长于玻璃体表面［图 7-2（b）］，长度大多介于 1～2μm。

表 7-1　高铝粉煤灰的化学成分分析结果　$w_B/\%$

样品号	SiO_2	TiO_2	Al_2O_3	Fe_2O_3	FeO	MnO	MgO	CaO	Na_2O	K_2O	P_2O_5	烧失	总量
H2F-05	45.80	2.07	38.40	6.63	—	0.07	0.62	2.83	0.26	1.95	0.26	0.54	99.43
H2F-07	57.44	1.16	30.37	1.10	1.91	0.01	2.69	3.12	0.31	1.68	0.02	0.67	100.47
H2F-08	52.80	1.16	32.69	5.14	—	0.03	0.44	4.14	0.29	1.41	0.01	1.12	99.24

注：中国地质大学（北京）化学分析室龙梅、王军玲、梁树平分析。

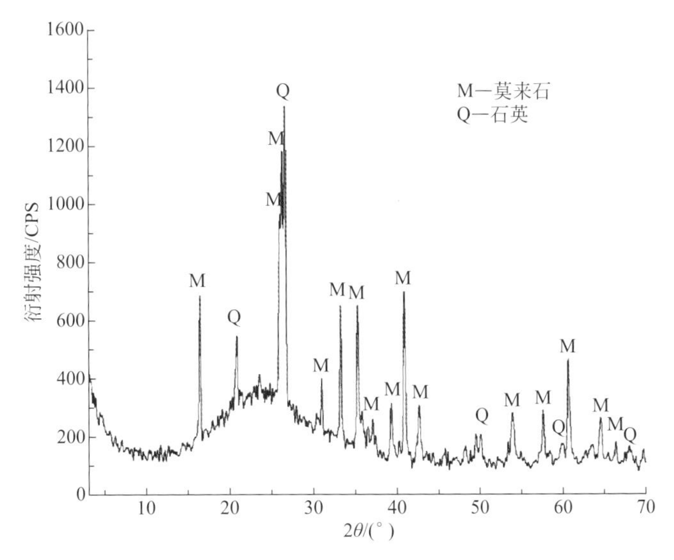

图 7-1　高铝粉煤灰原料（H2F-07）的 X 射线粉末衍射图

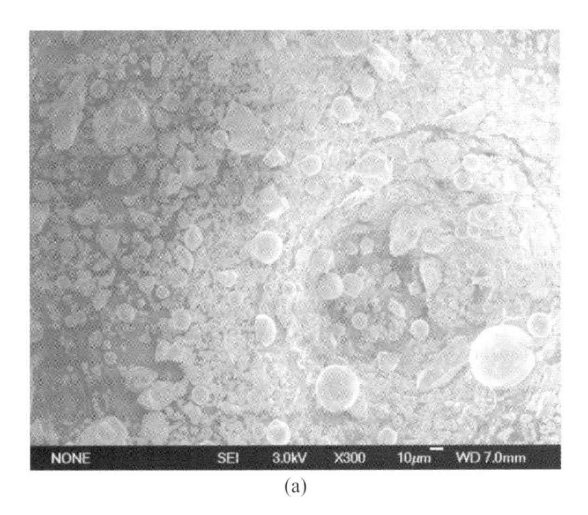

(a)

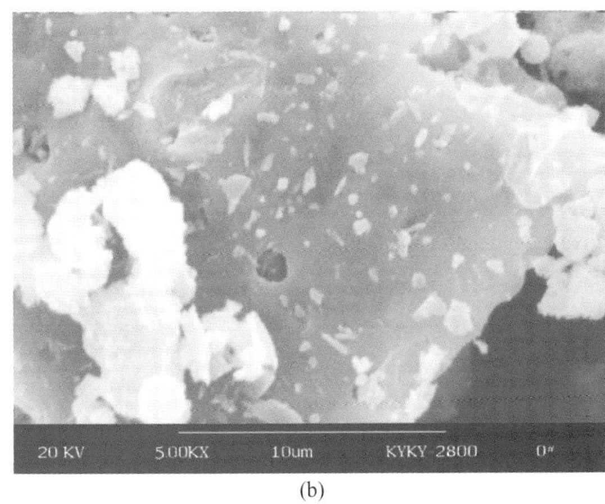

(b)

图 7-2　高铝粉煤灰原料（H2F-07）的扫描电镜照片

由于粉煤灰形成条件的特殊性，故其颗粒形态变化多样。图 7-3 是实验用高铝粉煤灰原料（H2F-07）的背散射图像。由图可见，高铝粉煤灰试样由不同形态的颗粒组成，如含有一些实心球、空心球、子母珠、多孔不规则粒子和类似海绵状的粒子。粉煤灰颗粒形貌的复杂性对应着其成分的复杂性。粒径较小，颜色比较亮的实心球氧化铁含量比较

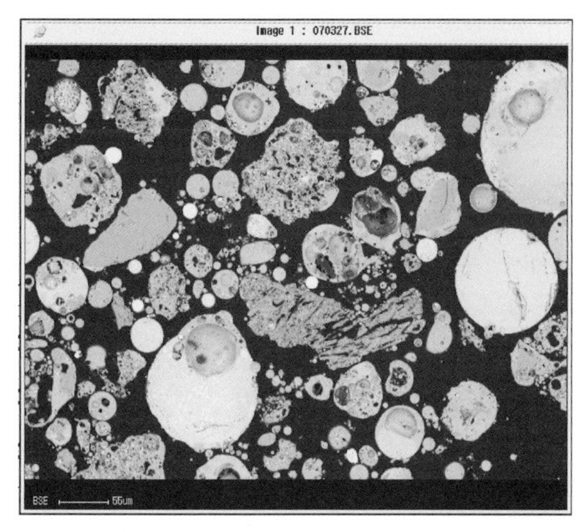

图 7-3 高铝粉煤灰原料（H2F-07）的背散射图像

高；颜色较暗的球体硅铝含量相当；颜色较暗且呈柱状形态的为石英；多孔不规则的颗粒，其 SiO_2 含量较高。高铝粉煤灰原料（H2F-07）主要物相的电子探针成分分析结果见表 7-2。

依据物质平衡原理，由高铝粉煤灰的化学成分分析结果（表 7-1）和主要物相化学成分的电子探针分析结果（表 7-2），采用结晶岩相混合计算法（线性规划算法程序 LINPRO. F90）计算，高铝粉煤灰（H2F-07）中各物相含量为（w_B/%）：莫来石 3.8，石英 18.4，玻璃相 71.3，钛铁矿 0.8，方钙石 3.0，方镁石 2.7。

表 7-2 高铝粉煤灰原料（H2F-07）的电子探针分析结果 w_B/%

颗粒相	SiO_2	TiO_2	Al_2O_3	FeO	MgO	CaO	Na_2O	K_2O
mul	27.43	0.46	71.10	0.48	0.00	0.13	0.32	0.07
Gkao/3	53.61	1.07	43.80	0.45	0.00	0.09	0.45	0.52
Gchl/2	43.23	1.42	26.11	26.05	0.25	0.88	0.56	1.51
Gkf	64.76	0.00	18.32	0.00	0.00	0.00	0.00	16.92

注：1. mul，莫来石；Gkao、Gchl、Gkf 分别可能为由灰分矿物高岭石、绿泥石、钾长石形成的不同类型的玻璃体。
2. 中国地质大学（北京）电子探针分析室尹京武分析。

7.1.2 原料预处理

由高铝粉煤灰原料（H2F-07）的激光粒度分布结果可知，该粉煤灰原料的粒径范围为 0.3～600μm，体积平均粒径 138.2μm，90%的颗粒粒径小于 296.5μm。粒度分析同时给出该粉煤灰试样的比表面积为 0.28m^2/g。高铝粉煤灰原料（H2F-07）的颗粒比较粗，实验时需进一步磨细。

将高铝粉煤灰原料（H2F-07）在干式球磨机中球磨 90min 后，进行激光粒度分析。由结果可知，球磨后的颗粒粒径范围为 0.2～100μm，体积平均粒径 23.8μm，90%的颗粒粒径小于 52.8μm，球磨后粉煤灰的比表面积增加至 1.06m^2/g。通过球磨，减小了高铝粉煤灰颗粒的平均粒径，增加了其比表面积，有利于后续实验的进行。

7.1.3 实验工艺流程

根据高铝粉煤灰原料（H2F-07）的特点，实验采用两步碱溶法进行脱硅和溶铝，进而制备氧化铝粉体。

实验过程：经球磨的高铝粉煤灰原料，以中等浓度的 NaOH 溶液在 95℃水浴条件下初步碱溶，使其中部分 SiO_2 进入溶液；经过滤，所得滤液的主要成分为偏硅酸钠，再经除杂、碳分，用以制备白炭黑或其他无机硅化合物；所得铝硅滤饼中，Al_2O_3/SiO_2 的质量比明显提高。初步碱溶后的硅铝滤饼，在 240～260℃条件下，配以适当比例的 $Ca(OH)_2$，用浓的

NaOH 溶液溶出氧化铝；所得滤渣的主要物相为 $NaCaHSiO_4$，经水解回收碱后，用于生产新型轻质墙体材料；滤液为高苛性比的铝酸钠粗液，初步脱硅后添加 $Ca(OH)_2$，使其转化为低苛性比的铝酸钠溶液。再经深度脱硅、除钙后，制得铝酸钠精制溶液，采用碳分法制备氢氧化铝，经煅烧即制得氧化铝制品。

实验采取的工艺流程见图 7-4。

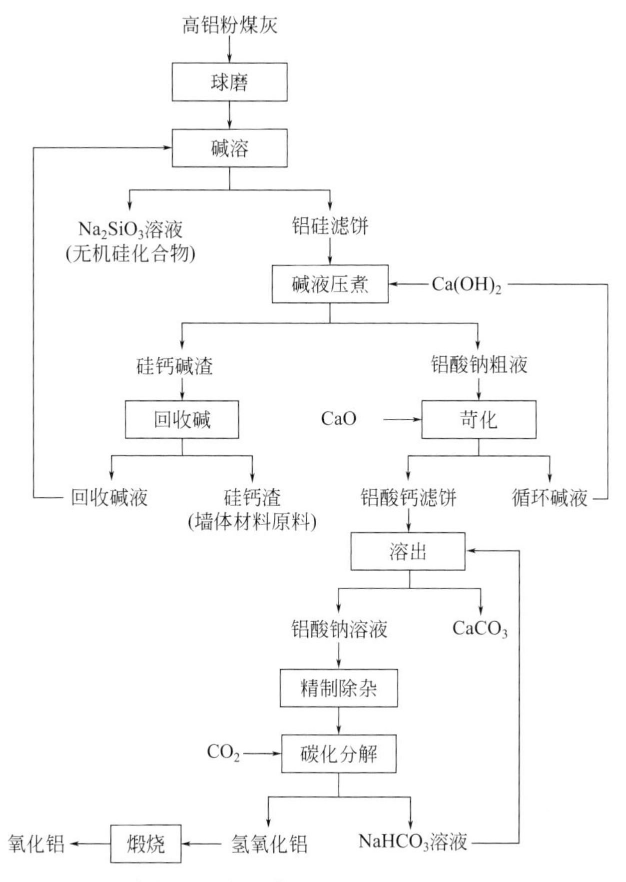

图 7-4　高铝粉煤灰两步碱溶法提取氧化铝工艺流程

7.2　高铝粉煤灰碱溶脱硅

对高铝粉煤灰进行碱溶预脱硅处理，再提取氧化铝的主要优点如下：

① 高铝粉煤灰原料经预脱硅后，可以显著提高其 Al_2O_3/SiO_2 质量比，减少第二步碱液溶出 Al_2O_3 时的配钙量。

② 提高了高铝粉煤灰的资源利用率，增加了高铝粉煤灰原料中 SiO_2 的利用价值。

③ 在提取非晶态 SiO_2 的同时，使粉煤灰颗粒产生大量孔洞，显著提高了高铝粉煤灰原料的反应活性，可显著加快第二步碱液溶出 Al_2O_3 过程的反应速率。

7.2.1　正交实验

粉煤灰在高温流态化条件下快速形成，传质传热速度极快，玻璃液相在表面张力的作用下收缩成球形液滴并相互黏结，在快速冷却过程中形成多孔玻璃体。快速冷却阻止了玻璃相析晶，使大量粉煤灰粒子仍保持高温液态玻璃相结构。由于高温条件下的脱碱作用，玻璃相外表面所含的Na、K等碱金属元素进入大气，于是在玻璃体表面形成Si-O-Si和Si-O-Al双层玻璃保护层（何智海，2007）。这种结构表面外断键很少，能与NaOH溶液反应的可溶性SiO_2、Al_2O_3也少，再加上双保护层的阻碍作用，使颗粒内部的可溶性SiO_2、Al_2O_3很难溶出。

细磨可破坏粉煤灰中的双层玻璃保护层。从微观角度，细磨能促进粉煤灰颗粒原生晶格的破坏，切断网络中Si—O键和Al—O键，提高结构不规则和缺陷程度，反应活性显著增大。从能量角度讲，细磨能提高粉煤灰颗粒的化学能，增加其化学不稳定性，使反应活性增加（葛兆明等，1997）。因此，在后续实验中采用球磨90min后的高铝粉煤灰原料。通过球磨，一方面粉碎粗大多孔的玻璃体，解除玻璃颗粒黏结，改善玻璃体的表面特性；另一方面，破坏玻璃体表面坚固的保护膜，使内部可溶性SiO_2、Al_2O_3得以释放，断键增多，比表面积增大，使反应接触面相应增加，因而有利于提高脱硅过程的反应速率。

7.2.1.1　实验过程

准确称取球磨90min后的高铝粉煤灰原料（H2F-07）50g，置于塑料烧杯中，按实验设计方案加入预先配制好的NaOH溶液，混合均匀后置于水浴箱中，用搅拌器搅拌，转速为30r/min。到达反应时间后，取出混合物料进行过滤，对滤饼充分洗涤，一次洗液归入过滤所得脱硅滤液中。测量不同反应条件下所得滤液的体积，采用聚环氧乙烷一次脱水法，分析溶液中SiO_2的浓度。SiO_2的溶出率为溶液中SiO_2的质量占高铝粉煤灰原料中SiO_2总质量的百分比，按下列公式计算：

$$E = NV/M \tag{7-1}$$

式中，E表示SiO_2的提取率；N、V分别表示溶液中SiO_2的浓度和溶液体积；M表示高铝粉煤灰原料（H2F-07）脱硅前SiO_2的总质量。采用KF-Zn(Ac)$_2$容量法分析溶液中Al_2O_3的浓度，采用相同方法计算Al_2O_3的溶出率。

7.2.1.2　实验结果

NaOH溶液与高铝粉煤灰中的非晶态SiO_2发生反应，以反应方程（7-2）作为基本反应方程式，并考虑需要较高浓度OH^-作为反应推动力，原先聚合度较高的玻璃态结构中的Si—O键和Al—O键断裂，设计了4因素3水平的正交实验方案。

$$2NaOH + SiO_2(\text{玻璃体}) \longrightarrow Na_2SiO_3 + H_2O \tag{7-2}$$

实验条件和实验结果见表7-3。由表可见，碱溶预脱硅实验的优化条件为：NaOH浓度为10mol/L，液固质量比为3，反应温度95℃，反应时间60min。在此条件下，SiO_2的溶出率为37.9%。其中反应温度对SiO_2溶出率的影响最大。在此基础上，研究各单因素对SiO_2溶出率的影响。

表7-3　高铝粉煤灰（H2F-07）碱溶预脱硅的正交实验结果

实验号	碱浓度/(mol/L)	液固比	温度/℃	时间/min	SiO_2溶出率/%
ZJ-1	2	3	25	30	0.26
ZJ-2	2	5	70	60	4.16
ZJ-3	2	7	95	120	15.8
ZJ-4	6	3	70	120	8.94

续表

实验号	碱浓度/(mol/L)	液固比	温度/℃	时间/min	SiO_2 溶出率/%
ZJ-5	6	5	95	30	27.5
ZJ-6	6	7	25	60	0.97
ZJ-7	10	3	95	60	37.9
ZJ-8	10	5	25	120	1.45
ZJ-9	10	7	70	30	12.7
$K(1,j)$	6.75	15.0	0.90	13.5	
$K(2,j)$	12.5	11.0	8.59	13.7	
$K(3,j)$	16.7	9.83	26.4	8.74	
级差	9.05	5.17	25.5	4.96	

7.2.2　单因素实验

高铝粉煤灰中的物相种类较多，且这些物相基本都要与 NaOH 溶液发生反应，仅铝硅酸盐玻璃相与 NaOH 的反应就十分复杂：NaOH 溶液与玻璃相中的非晶态 SiO_2 按反应（7-2）生成 Na_2SiO_3；与玻璃相中的非晶态 Al_2O_3 反应生成 $NaAlO_2$；部分 Na_2SiO_3 和 $NaAlO_2$ 再发生反应，生成方钠石等化合物相，反应式如下：

$$2NaOH + Al_2O_3 \longrightarrow 2NaAlO_2 + H_2O \tag{7-3}$$

$$6Na_2SiO_3 + 6NaAlO_2 + 10H_2O \longrightarrow Na_6(AlSiO_4)_6 \cdot 4H_2O + 12NaOH \tag{7-4}$$

依据单因素实验结果，对各因素对高铝粉煤灰原料碱溶预脱硅效果的影响进行分析。

7.2.2.1　碱液浓度

根据表 7-3 的实验结果，选取反应温度为 95℃，反应时间为 60min，液固质量比为 3，采用不同浓度的 NaOH 溶液进行脱硅实验，结果见表 7-4。

表 7-4　不同碱液浓度下 SiO_2、Al_2O_3 的溶出率实验结果

实验号	NaOH 浓度/(mol/L)	SiO_2 溶出率/%	Al_2O_3 溶出率/%
ND-01	2	20.4	1.20
ND-02	4	31.4	2.47
ND-03	6	32.9	3.42
ND-04	8	36.5	1.67
ND-05	10	37.9	2.10

由表 7-4 可见，随着 NaOH 溶液浓度的增加，高铝粉煤灰原料中 SiO_2 的溶出率逐渐增大，当 NaOH 溶液浓度为 8mol/L 时，SiO_2 的溶出率达到 36.5%；随着 NaOH 溶液浓度继续增大，SiO_2 的溶出率变化不明显；而在此过程中，Al_2O_3 的溶出率变化明显。综合考虑物料消耗指标和 SiO_2、Al_2O_3 的溶出率，选取 NaOH 溶液浓度为 8mol/L 作为优化的脱硅碱液浓度。

Miki 等（2005）进行了用 NaOH 溶液在 100℃下与粉煤灰反应合成沸石的实验。结果表明，低浓度的 NaOH 碱液易于形成 Na-pl 型沸石（$Na_6Al_6Si_{10}O_{32} \cdot 12H_2O$），而高浓度的 NaOH 则更易于形成羟基方钠石［$Na_4Al_3Si_3O_{12}(OH)$］。由此推测，低浓度 NaOH 碱液的脱硅效果远低于高浓度 NaOH 的原因可能是：在 95℃下，不同浓度 NaOH 碱液与高铝粉煤灰原料中的铝硅酸盐玻璃相之间发生反应，使部分 SiO_2 和少量 Al_2O_3 溶解进入液相，随着溶液相中 SiO_2、Al_2O_3 浓度的增大，开始发生形成铝硅酸盐化合物的水热反应，低浓度 NaOH 碱液与粉煤灰的生成物为一种沸石，其 Si/Al 摩尔比为 5/3，即 1mol Al 原子导致约 1.7mol Si 原子生成新的化合物而无法被溶出；而高浓度 NaOH 碱液的生成物为一种方钠石，其 Si/Al 摩尔比为 1，1mol Al 原子仅损失 1mol Si 原子。故采用较高浓度的 NaOH 溶液，高铝粉煤灰原料的脱硅效率相对较高。

7.2.2.2 反应时间

选取反应温度为 95℃，NaOH 碱液浓度 8mol/L，液固质量比为 3，不同反应时间下的脱硅实验结果见表 7-5。从表中可见，随着反应时间的延长，SiO_2 的溶出率随之增大。当反应时间达到 150min 时，SiO_2 的溶出率达到 40.0%；继续延长反应时间，SiO_2 的溶出率反而有所下降。

表 7-5 不同反应时间下 SiO_2、Al_2O_3 的溶出率实验结果

实验号	反应时间/min	SiO_2 溶出率/%	Al_2O_3 溶出率/%
SJ-01	30	30.8	1.67
SJ-02	60	36.5	2.10
SJ-03	90	38.0	2.26
SJ-04	120	38.9	2.06
SJ-05	150	40.0	1.74
SJ-06	180	34.6	1.52

高铝粉煤灰的化学成分较为复杂，与 NaOH 溶液之间可以发生多种反应。这些反应按照对 SiO_2 溶出率的贡献可分为两类：一类是高铝粉煤灰原料中非晶态 SiO_2 与 NaOH 碱液之间的反应，这类反应使粉煤灰中的 SiO_2 溶解而进入脱硅碱液中，有利于粉煤灰原料中 SiO_2 的溶出，称为正反应，如反应（7-2）；另一类反应是在脱硅过程中新生成的 SiO_3^{2-} 和 AlO_2^- 组分之间的反应，使脱硅碱液中的 Si^{4+} 生成新的铝硅酸盐化合物而重新进入固相产物中，因而对高铝粉煤灰原料中 SiO_2 的提取不利，称为副反应，如反应（7-4）。

由表 7-5 可见，在 0～30min 时段，溶液中 SiO_3^{2-}、AlO_2^- 的浓度小，正反应速率远大于副反应速率，因而 SiO_2 的溶出率快速增大；在 30～150min 时段，随着反应的进行，高铝粉煤灰原料中非晶态 SiO_2 的含量逐渐减少，非晶态 SiO_2 与 NaOH 溶液的接触面积也随之减小，正反应速率开始降低，正反应速率大致等于副反应速率，SiO_2 的溶出率达到最大值；在 150～180min 时段，高铝粉煤灰原料中可溶解的 SiO_2 消耗殆尽，副反应速率继续增大，溶液相中的部分 Na_2SiO_3 与 $NaAlO_2$ 发生反应，生成方钠石等铝硅酸盐矿物，导致原料中 SiO_2 的溶出率随之下降。一般来说，在相同反应温度下反应时间越长，则反应能耗越高，生产效率也相应越低。因此，实验选择 90min 作为优化的脱硅反应时间。

7.2.2.3 反应温度

取 NaOH 碱液浓度为 8mol/L，液固比为 3，反应时间为 90min，改变反应温度，其脱硅实验结果见表 7-6。由表可见，在反应温度为 25～95℃的温区内，实验原料中 SiO_2 的溶出率随着反应温度的升高而增大，在 95℃时溶出率达到最大值，SiO_2 的溶出率为 38.0%；在 95℃以上温区，SiO_2 的溶出率随温度的升高反而略有下降，而 Al_2O_3 的溶出率则随温度升高略有增大。推测原因是，随反应温度的升高，Al_2O_3 的溶出率增大，副反应的速率相应增大，导致原料中已溶出的 SiO_2 组分进入新生成的铝硅酸盐化合物相中。因此，选择 95℃ 作为优化的脱硅反应温度。

表 7-6　不同反应温度下 SiO_2、Al_2O_3 的溶出率实验结果

实验号	反应温度/℃	SiO_2 溶出率/%	Al_2O_3 溶出率/%
WD-01	25	1.45	0.22
WD-02	40	23.4	1.77
WD-03	60	28.0	1.41
WD-04	80	34.6	1.07
WD-05	95	38.0	1.74
WD-06	120	37.7	2.36
WD-07	140	35.9	2.76
WD-08	160	34.9	2.03

7.2.2.4　液固质量比

在 NaOH 碱液浓度为 8mol/L，反应时间为 90min，反应温度为 95℃的条件下，采用不同的液固质量比，其粉煤灰原料的脱硅实验结果见表 7-7。由表可见，SiO_2 的溶出率随液固质量比的增大而升高；然而当液固质量比大于 3 时，SiO_2 的溶出率的增加趋势不明显；Al_2O_3 的溶出率随液固质量比的增大有一定的增加。考虑到增大液固质量比将会增加碱的用量，因而选择实验液固质量比为 3。

表 7-7　不同液固质量比下 SiO_2、Al_2O_3 的溶出率实验结果

实验号	液固质量比	SiO_2 溶出率/%	Al_2O_3 溶出率/%
YG-01	1	21.8	1.29
YG-02	2	30.9	0.84
YG-03	3	38.0	2.10
YG-04	5	38.2	2.10
YG-05	7	38.5	2.40
YG-06	9	39.1	2.94

通过上述单因素实验，确定了高铝粉煤灰原料（H2F-07）碱溶预脱硅的优化条件为：NaOH 碱液浓度 8mol/L，反应时间 90min，反应温度 95℃，反应的液固质量比为 3。在此优化条件下，用 200g 高铝粉煤灰进行重现性实验，获得 SiO_2 的溶出率为 38.0%，Al_2O_3 的损失率仅为 2.10%，得到脱硅滤饼 180g，记为 TG-01。所得脱硅滤液为偏硅酸钠液体，可用于制备白炭黑或其他无机硅化合物。

7.2.3　脱硅前后物料的理化性质

7.2.3.1　化学成分

在上述优化实验条件下，高铝粉煤灰（H2F-07）与 NaOH 溶液反应之后，实验原料脱硅反应产物脱硅滤饼（TG-01）的化学成分分析结果见表 7-8。对比表 7-1 可见，脱硅后所得反应产物（TG-01）中 $A1_2O_3$ 的含量由 30.37%上升为 33.16%，SiO_2 含量则由 57.44%

下降至34.29%。Al_2O_3含量升高的主要原因是，经预脱硅处理过程，高铝粉煤灰原料中的SiO_2含量下降以及反应产物固相总质量减少。由于实验原料中非晶态SiO_2的溶出，高铝粉煤灰中的Al_2O_3/SiO_2质量比由0.53提高至0.98。此外，由于反应产物中新生成了方钠石等铝硅酸盐化合物相，因而导致脱硅滤饼中的Na_2O含量明显增加；而在脱硅反应前后，MgO、TFe_2O_3、CaO、TiO_2等组分的含量没有明显变化。

表 7-8　高铝粉煤灰原料脱硅滤饼化学成分分析结果　　$w_B/\%$

样品号	SiO_2	TiO_2	Al_2O_3	Fe_2O_3	FeO	MnO	MgO	CaO	Na_2O	K_2O	P_2O_5	烧失	总量
TG-01	34.29	1.05	33.16	4.55	0.92	0.02	2.73	4.61	9.65	0.21	0.03	8.63	99.85

注：中国地质大学（北京）化学分析室龙梅、王军玲、梁树平分析。

7.2.3.2　物相组成

高铝粉煤灰原料（H2F-07）与所得脱硅滤饼（TG-01）的X射线粉末衍射分析结果见图7-5。与原粉煤灰原料相比，脱硅滤饼中由原玻璃相所造成的非晶态隆起区明显减小，说明高铝粉煤灰中的大部分玻璃相已经被溶解而消失。此外，脱硅滤饼样品（TG-01）中出现了新生物相——方钠石（PDF#42-0216），其晶体化学式为$Na_6[AlSiO_4]_6 \cdot 4H_2O$。方钠石系由脱硅反应过程所得液相中的$SiO_3^{2-}$、$AlO_2^-$、$Na^+$、$OH^-$等离子发生聚合反应而形成。在脱硅反应过程中，方钠石的形成不利于SiO_2的溶出，因而应尽可能减少该物相的生成。

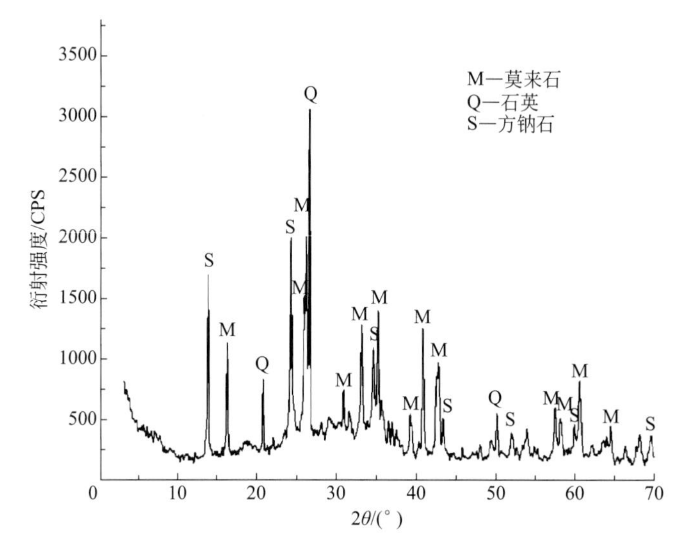

图 7-5　高铝粉煤灰（H2F-07）脱硅产物X射线粉末衍射图

7.2.3.3　微观形貌

高铝粉煤灰原料（H2F-07）与脱硅滤饼（TG-01）的扫描电镜照片见图7-6。从图中可见，脱硅前的高铝粉煤灰原料，不论是不规则玻璃体还是玻璃微珠，其表面都存在光滑致密的玻璃层；经脱硅反应后，原玻璃体表面的玻璃层被破坏，代之而出现了高低不平的凹坑。其原因是，脱硅碱液中较高浓度的OH^-使原先聚合度较高的玻璃态表面的Si—O键和Al—O键断裂，成为不饱和键，从而促进了玻璃体结构的解聚和SiO_2、Al_2O_3组分的溶解及扩散作用。

(a) 反应原料　(b) 反应产物

(c) 反应原料　(d) 反应产物

图 7-6　高铝粉煤灰原料（H2F-07）及其脱硅产物的扫描电镜照片

7.3　制备铝酸钠粗液

高铝粉煤灰原料经预脱硅处理后所得脱硅滤饼（TG-01），其 Al_2O_3/SiO_2 质量比接近1，仍不符合用拜耳法处理铝土矿溶出氧化铝的指标要求。实验采用水热碱法，即在高温（240～280℃）、高碱液浓度、高苛性比的循环母液中，配以适量石灰，溶出脱硅滤饼中的 Al_2O_3，其中的 SiO_2 则转化为水合硅酸钠钙（$NaCaHSiO_4$）。后者在高苛性比的铝酸钠溶液中可稳定存在，与溶液分离后，通过水解可回收其中的 Na_2O。SiO_2 最终以偏硅酸钙（$CaSiO_3 \cdot H_2O$）的形式存在，可用于生产新型轻质墙体材料。高苛性比的铝酸钠溶液通过添加石灰反应而转变为低苛性比的铝酸钠溶液，再经碳分法即可制备氢氧化铝。

7.3.1　碱液溶出氧化铝

7.3.1.1　实验原理

Na_2O-CaO-Al_2O_3-SiO_2-H_2O 体系在280℃下固相结晶区相图见图7-7。其中，Na_2O 质量浓度1%～40%，Al_2O_3 质量浓度1%～40%，SiO_2：Al_2O_3（摩尔比）=2，CaO：SiO_2（摩

尔比)=1。图中显示，当溶液 MR 大于 2 时，各结晶区的平衡固相有：Ⅰ—$NaCa(HSiO_4)$，$Ca(OH)_2$；Ⅱ—$4Na_2O \cdot 2CaO \cdot 3Al_2O_3 \cdot 6SiO_2 \cdot 3H_2O$；Ⅲ—$Ca(OH)_2$，$3(Na_2O \cdot Al_2O_3 \cdot 2SiO_2) \cdot 4NaAl(OH)_4 \cdot H_2O$；Ⅳ—$CaO \cdot SiO_2 \cdot H_2O$；Ⅴ—$4Na_2O \cdot 2CaO \cdot 3Al_2O_3 \cdot 6SiO_2 \cdot 3H_2O$；$3CaO \cdot Al_2O_3 \cdot xSiO_2 \cdot (6-2x)H_2O$；Ⅵ—$3CaO \cdot Al_2O_3 \cdot xSiO_2 \cdot (6-2x)H_2O$，$3(Na_2O \cdot Al_2O_3 \cdot 2SiO_2) \cdot NaOH \cdot 3H_2O$。由图 7-8 可见，只有Ⅰ区和Ⅳ区不含 Al_2O_3 的结晶相，相应条件下体系中的 Al_2O_3 将全部进入与之平衡共存的液相中。此时所得碱液的 MR＞10～12，溶液中含 SiO_2 的平衡固相在高碱浓度时为水合硅酸钠钙，而在 Na_2O＜12%的低碱浓度时为水合偏硅酸钙。

水合硅酸钠钙在铝酸钠溶液中不存在介稳现象，其化学成分和结构在碱浓度 Na_2O 为 200～500g/L、反应温度 150～320℃的较宽范围内都可稳定存在。由图 7-7 中的Ⅳ区中可见，在低碱浓度高苛性比的溶液中，平衡固相为水合偏硅酸钙，该图反映了在 $CaO : SiO_2$(摩尔比)=1 条件下的相关系。实际上水合原硅酸钙，特别是 $2CaO \cdot SiO_2 \cdot 0.5H_2O$ 在此条件下更为稳定。

在 280℃下水含量为 80%的 Na_2O-Al_2O_3-$2CaO \cdot SiO_2$-H_2O 体系，固相结晶区相图见图 7-8。该图反映了在低碱浓度范围内水合原硅酸钙的结晶规律。图中各结晶区的平衡固相分别为：Ⅰ—$3CaO \cdot Al_2O_3 \cdot xSiO_2 \cdot (6-2x)H_2O$，γ-AlOOH；Ⅱ—$3CaO \cdot Al_2O_3 \cdot xSiO_2 \cdot (6-2x)H_2O$；Ⅲ—$3CaO \cdot Al_2O_3 \cdot xSiO_2 \cdot (6-2x)H_2O$，$2CaO \cdot SiO_2 \cdot 0.5H_2O$；Ⅳ—$2CaO \cdot SiO_2 \cdot 0.5H_2O$；Ⅴ—$Ca(OH)_2$，$CaO \cdot SiO_2 \cdot H_2O$，$NaCaHSiO_4$。

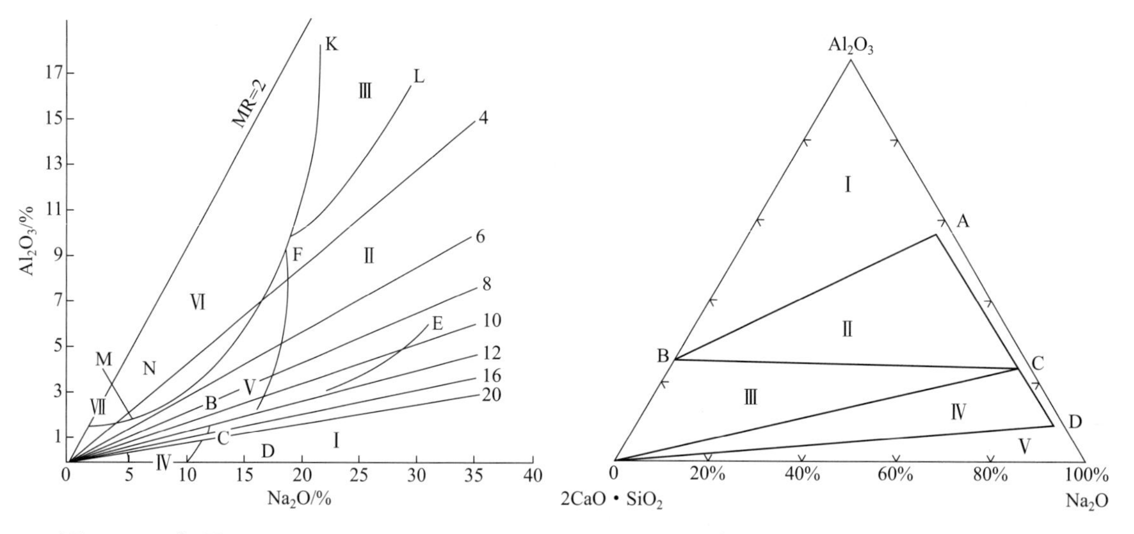

图 7-7 280℃下 Na_2O-CaO-Al_2O_3-SiO_2-H_2O 体系固相结晶区域（据毕诗文等，2007）

图 7-8 280℃下 Na_2O-Al_2O_3-$2CaO \cdot SiO_2$-H_2O 体系固相结晶区域（据毕诗文等，2007）

由图 7-8 可知，采用低碱浓度溶液分解硅铝酸盐原料，保持 $CaO : SiO_2$(摩尔比)=2，在相区Ⅳ内，即可使原料中的 Al_2O_3 和 Na_2O 全部转入溶液相，但这种方法要求配钙量较大，且原料中的 SiO_2 将转变为附加值较低的 $2CaO \cdot SiO_2 \cdot 0.5H_2O$。故实验选择高碱浓度，按 $CaO : SiO_2$(摩尔比)=1 添加 $Ca(OH)_2$，脱硅滤饼（TG-01）经水热处理，主要发生如下化学反应：

$$Al_6Si_2O_{13} + 2Ca(OH)_2 + 8NaOH \longrightarrow 2NaCaHSiO_4 \downarrow + 6NaAlO_2 + 5H_2O \quad (7\text{-}5)$$

$$SiO_2 + Ca(OH)_2 + NaOH \longrightarrow NaCaHSiO_4 \downarrow + H_2O \tag{7-6}$$

$$Na_6[AlSiO_4]_6 \cdot 4H_2O + 6Ca(OH)_2 + 6NaOH \longrightarrow 6NaCaHSiO_4 \downarrow + 6NaAlO_2 + 10H_2O \tag{7-7}$$

7.3.1.2　实验过程

按照设计的实验方案，准确称取脱硅滤饼（TG-01）100g 和适量 $Ca(OH)_2$ 和 NaOH，量取适量自来水，一并置于塑料烧杯中，混合均匀后倒入反应釜内，拧紧釜盖，打开搅拌器，保持搅拌速率为 300～400r/min，加热至设定的反应温度，恒温反应一定的时间，反应釜中的压力全由水蒸气提供（恒温反应阶段，2.0～2.5MPa）。反应时间一到，即刻停止加热，通冷却水，待温度冷却至 80～90℃时立即开釜。否则，水合硅酸钠钙在 80～90℃下与溶液长时间接触，将造成 Al_2O_3 大量损失（毕诗文，2006）。发生的化学反应为：

$$2NaCaHSiO_4 + 2NaAl(OH)_4 + (n-2)H_2O \longrightarrow Na_2O \cdot Al_2O_3 \cdot 2SiO_2 \cdot nH_2O + 2Ca(OH)_2 + 2NaOH \tag{7-8}$$

$$3Ca(OH)_2 + 2NaAl(OH)_4 \longrightarrow 3CaO \cdot Al_2O_3 \cdot 6H_2O + 2NaOH \tag{7-9}$$

倒出反应混合浆液，真空抽滤，充分洗涤滤饼，洗涤液并入滤液。测量不同反应条件下所获滤液的体积，采用 KF-$Zn(Ac)_2$ 容量法分析溶液中 Al_2O_3 的浓度。根据下式计算 Al_2O_3 的提取率：

$$E_{Al_2O_3} = NV/M \tag{7-10}$$

式中，$E_{Al_2O_3}$ 表示 Al_2O_3 的提取率；N、V 分别表示溶液中 Al_2O_3 的浓度和溶液体积；M 表示脱硅滤饼（TG-01）中 Al_2O_3 的总质量。

7.3.1.3　结果分析与讨论

相图分析结果表明，当 CaO：SiO_2(摩尔比)＝1，溶出碱液的 MR＞10～12 时，脱硅滤饼原料中的 Al_2O_3 即全部进入液相（图 7-8）。石灰（CaO）加入量对原料中 Al_2O_3 的溶出率有重要影响。为了获得较好的溶出效果，石灰加入量应为理论值的 105%～110%（毕诗文，2006）。结合脱硅滤饼（TG-01）的化学成分分析结果计算，每 100g 脱硅滤饼中需加入 $Ca(OH)_2$ 49g。在 NaOH 加入量为 300g（溶出液 MR＝12）、反应时间 60min、自来水 300mL 的条件下，不同反应温度下 Al_2O_3 溶出率的实验结果见表 7-9。

表 7-9　不同反应温度下 Al_2O_3 的溶出率

样品号	NaOH/g	$Ca(OH)_2$/g	温度/℃	Al_2O_3 溶出率/%
GY-1	300	49	220	62.8
GY-2	300	49	240	88.9
GY-3	300	49	260	89.2
GY-4	300	49	280	66.7

由表 7-9 可见，随着反应温度的提高，脱硅滤饼原料中 Al_2O_3 的溶出率也相应提高。当反应温度为 240℃时，Al_2O_3 的溶出率达到 88.9%；但当温度为 280℃时，Al_2O_3 的溶出率反而有所下降。在 280℃下，所得反应滤渣（GYZ-4）的 X 射线粉末衍射分析结果表明，生成物相中除了水合硅酸钠钙（$NaCaHSiO_4$）以外，还出现了钙铝榴石［$Ca_3Al_2(SiO_4)_3$］的衍射峰，因而导致液相中 Al_2O_3 的损失，即 Al_2O_3 的溶出率明显下降（图 7-9）。

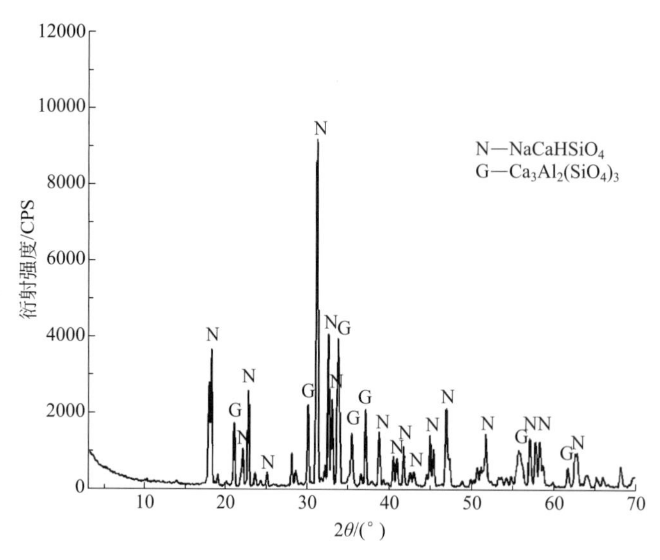

图 7-9 280℃下碱溶滤渣（GYZ-4）的 X 射线粉末衍射图

碱用量也是影响 Al_2O_3 溶出的重要因素。由表 7-9 可见，实验确定的较佳反应温度为 240℃。在此反应温度条件下，碱用量对 Al_2O_3 溶出率的实验结果见表 7-10。由表可见，随着碱用量的增加，脱硅滤饼原料中 Al_2O_3 的溶出率也相应增大。考虑到碱用量增加，将直接导致生产成本增加，同时使铝酸钠溶液的 MR 值增大，因而选择每 100g 脱硅滤饼的 NaOH 加入量为 280g。

表 7-10 碱用量对 Al_2O_3 溶出率的影响实验结果

样品号	NaOH/g	$Ca(OH)_2$/g	温度/℃	Al_2O_3 溶出率/%
GY-5	240	49	240	58.4
GY-6	260	49	240	85.6
GY-7	280	49	240	88.5
GY-8	320	49	240	89.6

综合表 7-9、表 7-10 的实验结果，确定碱液溶出氧化铝的优化条件为：100g 脱硅滤饼（TG-01），需要加入 $Ca(OH)_2$ 49g，NaOH 280g，自来水 300mL，反应温度 240℃，反应时间 60min。在此优化条件下，实验所得碱溶滤渣（JRZ-01）120g，滤液（JRY-01）800mL。

碱溶滤渣（JRZ-01）的化学成分分析结果见表 7-11，其中 Al_2O_3 和 SiO_2 含量分别为 3.09%和 32.20%，绝大部分的 Al_2O_3 已经进入溶液相中，SiO_2 残留在固相中，从而实现硅铝的有效分离。图 7-10 是碱溶滤渣（JRZ-01）的 X 射线粉末衍射图，可见原脱硅滤饼（TG-01）中的结晶相莫来石、α-石英和方钠石的衍射峰已经全部消失，新生成的主要物相是 $NaCaHSiO_4$，还有少量未反应的 $Ca(OH)_2$。扫描电镜下观察，实验原料中原有的球形玻璃体已全部消失，新生成的 $NaCaHSiO_4$ 结晶体的粒径大多约为 3～5μm（图 7-11）。

表 7-11 碱溶滤渣的化学成分分析结果 w_B/%

样品号	SiO_2	TiO_2	Al_2O_3	Fe_2O_3	FeO	MgO	CaO	Na_2O	K_2O	LOI	总量
LRZ-01	32.20	0.87	3.09	4.09	—	1.95	32.49	15.75	0.49	9.45	100.47

注：中国地质大学（北京）化学分析室龙梅、王军玲、梁树平分析。

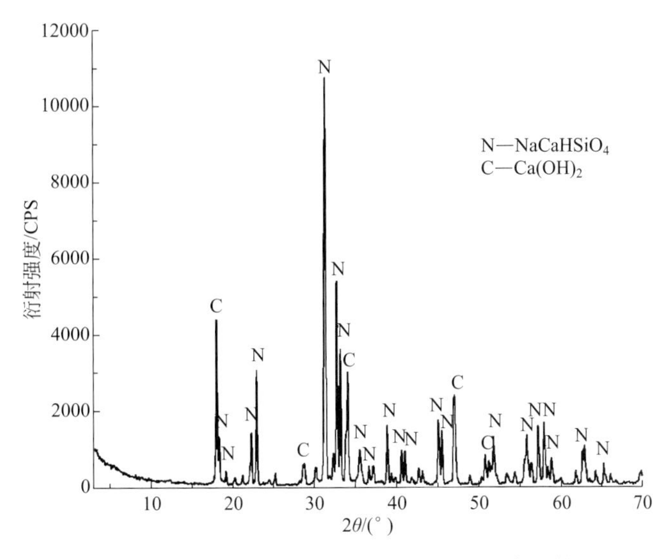

图 7-10　碱溶滤渣（JRZ-01）的 X 射线粉末衍射图

碱溶滤渣中的水合硅酸钠钙是不稳定化合物，在稀 NaOH 溶液中可以发生水解，生成偏硅酸钙和 NaOH。SiO_2 组分最终以偏硅酸钙（$CaSiO_3 \cdot H_2O$）的形式存在，可用作生产新型轻质墙体材料的原料。回收碱液经浓缩后，用于溶出下一批高铝粉煤灰原料，从而实现 NaOH 碱液的循环利用。碱溶滤液的主要成分是 Al_2O_3 和 Na_2O，用于后续制备氧化铝粉体。

图 7-11　碱溶滤渣（JRZ-01）的扫描电镜照片

7.3.2　碱溶滤液初步脱硅

碱溶滤液（JRY-01）的化学分析结果见表 7-12，其特点是 MR 高（13.7）而硅量指数低（10.3），因而必须首先进行脱硅并转化为低 MR 溶液，才适合采用碳分法制备氢氧化铝。由于 SiO_2 的存在，在后续沉铝实验中，SiO_2 与 CaO 会生成硅酸钙沉淀进入水合铝酸钙固相，所以碱溶滤液必须首先进行初步脱硅。

表 7-12　碱溶滤液的化学成分分析结果　　g/L

样品号	SiO_2	TiO_2	Al_2O_3	Fe_2O_3	MgO	CaO	Na_2O	K_2O
JRY-01	3.55	0.26	36.6	0.93	0.50	7.48	304.9	2.67

注：中国地质大学（北京）化学分析室龙梅、王军玲、梁树平分析。

水合铝硅酸钠在铝酸钠溶液中的溶解度较小，容易形成沉淀而析出。新生成的脱硅渣中的氧化硅含量高，氧化铝的损失少，是初步脱硅的必要条件。在高 MR 的铝酸钠溶液中，由于大量游离碱的存在，水合铝硅酸钠的晶核很难形成，然而加入水合铝硅酸钠作为晶种，则可以促进水合铝硅酸钠晶核的生成，并增加结晶表面积，因而能提高脱硅速度和深度。

7.3.2.1 水合铝硅酸钠晶种合成

在不同反应条件下，铝酸钠溶液中析出的水合铝硅酸钠（钠硅渣），其组成和结构存在一定的差异。研究表明，在低于50～60℃的温度条件下，得到的是无定形的水合铝硅酸钠；在70～110℃较低温度下得到的是相Ⅲ；在大于110℃的温度下得到的是相Ⅳ，其中相Ⅲ和相Ⅳ是在结构上分别与A型沸石和方钠石相近的化合物相。不同形态的水合铝硅酸钠的活性及在铝酸钠溶液中的溶解度不同，其中以无定形水合铝硅酸钠的溶解度大，活性高；相Ⅳ的溶解度最小。目前，氧化铝工业生产中的钠硅渣一般表示为 $Na_2O \cdot Al_2O_3 \cdot 1.7SiO_2 \cdot nH_2O$（刘桂华等，2006）。按 Al_2O_3/SiO_2 质量比为1，室温搅拌条件下混合铝酸钠溶液和硅酸钠溶液，生成的沉淀物即为水合铝硅酸钠。X射线粉末衍射分析结果表明其为无定形物相（图7-12），因而具有很高的表面活性，作为晶种有利于水合铝硅酸钠的析出。

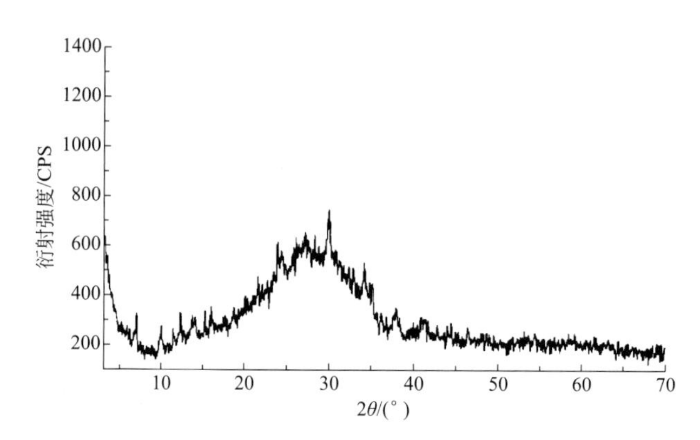

图7-12 水合铝硅酸钠晶种的X射线粉末衍射图

7.3.2.2 水合铝硅酸钠脱硅

含硅铝酸钠溶液中存在的主要离子为 $[Al(OH)_4]^-$ 和 $[SiO_2(OH)_2]^{2-}$，同时还存在结构复杂、组成不明的铝硅酸根离子和聚合铝酸根离子。在不同条件下，铝硅酸根离子和聚合铝酸根离子可与 $[Al(OH)_4]^-$、$[SiO_2(OH)_2]^{2-}$ 相互转化，使得水合铝硅酸钠的生成机理十分复杂。

高苛性比铝酸钠溶液脱硅动力学的研究结果表明，水合铝硅酸钠生成对于 $[Al(OH)_4]^-$ 和 $[SiO_2(OH)_2]^{2-}$ 均为一级反应。一般认为，水合铝硅酸钠的生成机理是：$[Al(OH)_4]^-$ 与带负电荷不太高的单态硅氧四面体反应，生成五配位中间体；继之，带负电荷的五配位中间体被阳离子吸引，并围绕 Na^+ 进行缩聚反应，生成共价型的复杂离子，进而生成水合铝硅酸钠（刘桂华等，1999）。

实验量取碱溶滤液（JRY-01）500mL，加入30g水合铝硅酸钠作晶种，置于反应釜中，加热至不同温度后，恒温反应6h，然后冷却至室温后过滤。不同温度下的脱硅实验结果见表7-13。由表可见，在实验条件范围内，脱硅反应温度越高，所得溶液的硅量指数相应越高，脱硅效果越好。其原因是，脱硅反应温度越高，水合铝硅酸钠的结构就越致密，因而在铝酸钠溶液中的溶解度越小，脱硅效果也相应越好。

在反应温度160℃下脱硅反应6h，脱硅后所得溶液（LYT-01）的化学成分分析结果见表7-14。由表可知，脱硅反应前后液相的 SiO_2 浓度由3.55g/L下降至0.37g/L，硅量指数则由10.3提高至91.4。脱硅滤渣（LYZ-01）为结晶态水合铝硅酸钠。X射线粉末衍射分析

表 7-13 反应温度对脱硅效果的影响实验结果

实验号	反应温度/℃	Al_2O_3/(g/L)	SiO_2/(g/L)	硅量指数
TGW-1	120	35.4	0.94	36.3
TGW-2	140	34.8	0.48	72.5
TGW-3	160	33.8	0.37	91.4

表 7-14 碱浸滤液脱硅后的化学成分分析结果 g/L

样品号	SiO_2	TiO_2	Al_2O_3	Fe_2O_3	MgO	CaO	Na_2O	K_2O
LYT-01	0.37	0.26	33.8	0.93	0.50	7.36	301.3	2.67

注：中国地质大学（北京）化学分析室龙梅、王军玲、梁树平分析。

结果表明，其物相组成主要为 $Na_8[AlSiO_4]_6(OH)_2 \cdot 4H_2O$（图 7-13），是水合铝硅酸钠中的相Ⅳ，其在铝酸钠溶液中的溶解度最小，因而有利于碱浸滤液相中 SiO_2 的析出。脱硅滤渣（LYZ-01）经过种分母液或碱液活化处理后，可继续用作脱硅反应的晶种（于应科，2004）。

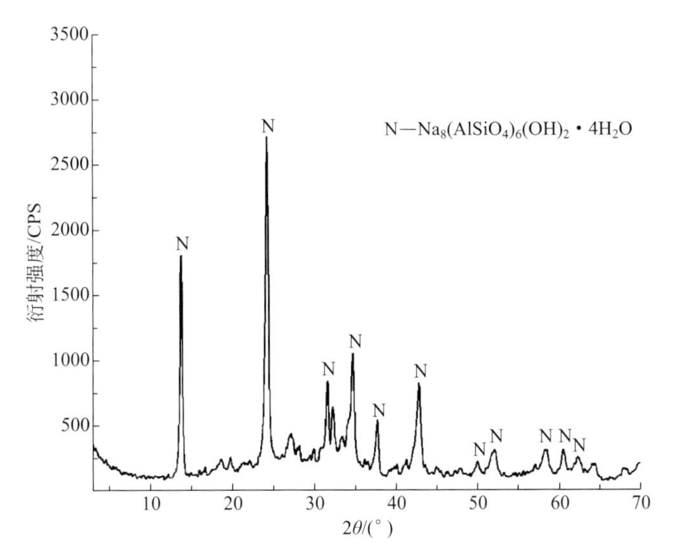

图 7-13 脱硅滤饼水合铝硅酸钠（LYZ-01）X射线粉末衍射图

7.3.3 水合铝酸钙沉淀

7.3.3.1 实验原理

初步脱硅后的溶液（LYT-01）MR 值很高，需要通过加入 $Ca(OH)_2$ 从高 MR 的溶液中沉淀出 $3CaO \cdot Al_2O_3 \cdot 6H_2O$，再溶解沉淀物而得到低 MR 的铝酸钠溶液。向脱硅碱液中加入 $Ca(OH)_2$，可生成水合铝酸钙沉淀。化学反应如下：

$$2NaAl(OH)_4 + 3Ca(OH)_2 \longrightarrow Ca_3Al_2(OH)_{12} + 2NaOH \quad (7\text{-}11)$$

该反应为可逆反应，当温度高于 100℃时，反应会向左进行。所以，生成铝酸钙沉淀的反应温度应控制在 100℃以下。

7.3.3.2 结果分析与讨论

影响水合铝酸钙沉淀的因素较多，主要有反应温度、反应时间和 CaO/Al_2O_3 摩尔比。量取脱硅后的溶液（LYT-01）100mL，置于 250mL 塑料烧杯中，按 CaO/Al_2O_3（摩尔比）=3 加入 $Ca(OH)_2$，在室温（25℃）下伴以磁力搅拌，反应不同时间，液相中 Al_2O_3 的沉淀率实验结果见表 7-15。由表可见，溶液中 55%的 Al_2O_3 是在反应 1h 之内沉淀出来的；随着反应时间延长，Al_2O_3 的沉淀率相应增高。

表 7-15 反应时间对 Al_2O_3 沉淀率的影响实验结果

实验号	反应时间/h	反应温度/℃	CaO/Al_2O_3(摩尔比)	Al_2O_3 沉淀率/%
SJ-1	1	25	3	55.17
SJ-2	2	25	3	70.57
SJ-3	4	25	3	80.72
SJ-4	6	25	3	85.86

量取脱硅后的溶液（LYT-01）100mL，置于 250mL 塑料烧杯中，按 CaO/Al_2O_3（摩尔比）=3 加入 $Ca(OH)_2$，反应时间设定为 6h。在不同反应温度下，液相中 Al_2O_3 的沉淀率实验结果见表 7-16。随着反应温度的升高，Al_2O_3 的沉淀率逐渐下降，可能原因是随着反应温度升高，促进了反应（7-11）的逆向进行，从而导致水合铝酸钙在 NaOH 溶液中的溶解度有所增大。

表 7-16 反应温度对 Al_2O_3 沉淀率的影响实验结果

实验号	反应时间/h	反应温度/℃	CaO/Al_2O_3(摩尔比)	Al_2O_3 沉淀率/%
WD-1	6	25	3	85.86
WD-2	6	40	3	78.39
WD-3	6	60	3	75.74
WD-4	6	80	3	68.57

设定反应时间为 6h，反应温度 25℃，在不同 $Ca(OH)_2$ 加入量的条件下，液相中 Al_2O_3 的沉淀率实验结果见表 7-17。由表可见，随着 CaO/Al_2O_3 摩尔比的增大，液相中 Al_2O_3 的沉淀率也相应提高。从化学反应式（7-11）可知，添加过量的 $Ca(OH)_2$，有利于反应平衡向正方向移动，即有利于 Al_2O_3 的沉淀。从反应动力学来看，$Ca(OH)_2$ 用量的增加，可使单位时间、单位体积内反应的概率增大，从而有利于溶液中的铝酸根离子转化为水合铝酸钙沉淀。但是随着 $Ca(OH)_2$ 加入量的增加，将导致物料消耗的增加，同时会使生成产物中的游离 $Ca(OH)_2$ 含量相应增大。实验结果表明，采用 CaO/Al_2O_3（摩尔比）=3.1～3.3 较为合适。

表 7-17 $Ca(OH)_2$ 用量对 Al_2O_3 沉淀率的影响实验结果

实验号	反应时间/h	反应温度/℃	CaO/Al_2O_3(摩尔比)	Al_2O_3 沉淀率/%
CA-1	6	25	3.0	85.86
CA-2	6	25	3.1	89.26
CA-3	6	25	3.3	91.60
CA-4	6	25	4.0	97.73

在不同的CaO/Al_2O_3摩尔比条件下，实验所得水合铝酸钙滤饼的X射线粉末衍射分析结果见图7-14。由图可知，当CaO/Al_2O_3(摩尔比)＝3.1时，反应产物的主要物相为$Ca_3Al_2(OH)_{12}$和少量$Ca(OH)_2$；但当CaO/Al_2O_3（摩尔比）＝4时，主要物相除$Ca_3Al_2(OH)_{12}$、$Ca(OH)_2$以外，还出现少量$Ca_4Al_2O_6CO_3\cdot 11H_2O$。原因是在高浓度碱液中，$Ca^{2+}$基本上以$Ca(OH)_2$形态存在，形成的水合铝酸钙沉积在$Ca(OH)_2$颗粒表面，使得$Ca(OH)_2$很难反应完全。实验结果表明，$Ca_3Al_2(OH)_{12}$是在高MR铝酸钠溶液中最稳定的化合物相。

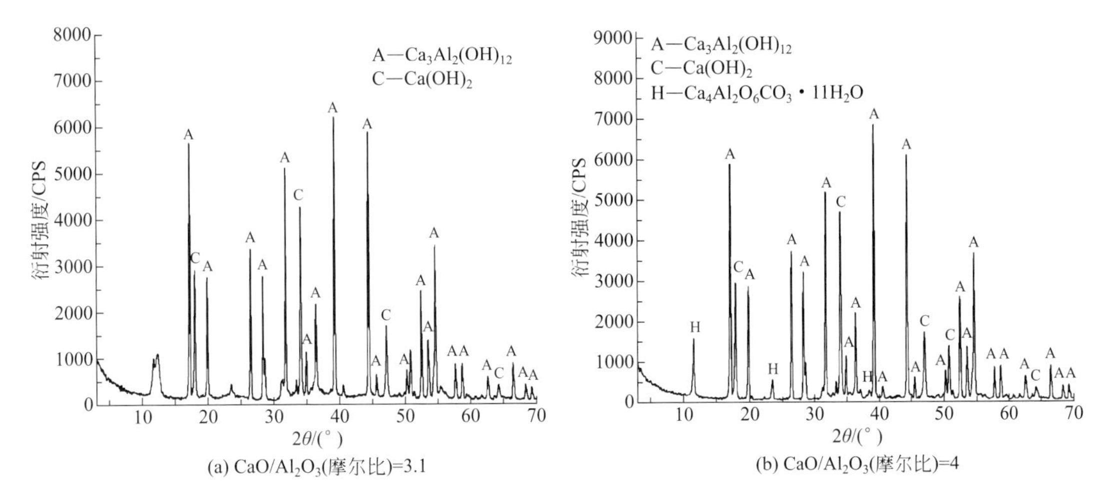

图7-14　水合铝酸钙滤饼X射线粉末衍射图

增加$Ca(OH)_2$的用量、降低反应温度和延长反应时间均有利于化学反应（7-11）向右进行，即有利于生成Al_2O_3的沉淀物。综合上述实验结果，当CaO/Al_2O_3(摩尔比)＝3.1，反应温度为25℃，反应时间为6h时，脱硅碱液（LYT-01）中约90%的Al_2O_3进入$Ca_3Al_2(OH)_{12}$固相，滤液作为循环母液，用于继续溶解下一批预脱硅滤饼物料。沉铝实验所得滤饼记为CAH-01，其主要物相为水合铝酸钙，用于后续实验中制备低MR的铝酸钠溶液。

7.3.4　铝酸钠粗液制备

$Na_2O-CaO-Al_2O_3-CO_2-H_2O$体系在95℃下的平衡等温线见图7-15。从图中可见，在含有CO_3^{2-}的铝酸钠溶液中，95℃下$CaCO_3$是比$3CaO\cdot Al_2O_3\cdot 6H_2O$更稳定的结晶相。因此，实验采用$Na_2CO_3$溶液溶解水合铝酸钙沉淀，以制备低MR值的铝酸钠溶液。

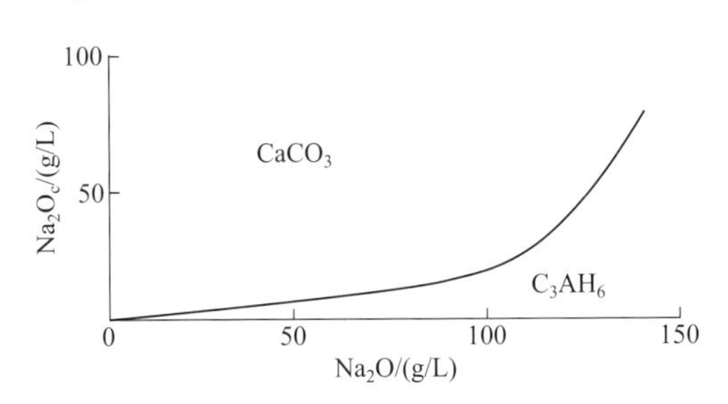

图7-15　$Na_2O-CaO-Al_2O_3-CO_2-H_2O$体系在95℃下的平衡等温线
（据毕诗文等，2007）
溶液的MR为1.65，Na_2O_c表示以碳酸钠形式存在的Na_2O浓度

以Na_2CO_3溶液溶解水合铝酸钙的反应为：

$$Ca_3Al_2(OH)_{12}+3Na_2CO_3 \longrightarrow 3CaCO_3\downarrow+2NaAl(OH)_4+4NaOH \quad (7\text{-}12)$$

从反应式（7-12）可见，每生成1mol Al_2O_3，就有3mol Na_2O生成，即溶出液的MR值仍在3以上。如此高的苛性比远远超

过了溶解 Al_2O_3 所需的苛性碱，且大量过剩的 NaOH 会阻碍溶出反应进一步进行。

若改用 $NaHCO_3$ 溶液，则可以减少过剩的 NaOH，促进反应向右进行，从而加深铝酸钙沉淀的分解深度，提高 Al_2O_3 的溶出率，同时也可以降低溶出液的 MR 值。$NaHCO_3$ 溶液溶解水合铝酸钙的反应为：

$$Ca_3Al_2(OH)_{12}+3NaHCO_3 = 3CaCO_3\downarrow+2NaAl(OH)_4+NaOH+3H_2O \quad (7\text{-}13)$$

反应式（7-13）表明，每生成 1mol Al_2O_3，将会有 1.5mol Na_2O 生成，理论上溶出液的 MR 值为 1.5。

水合铝酸钙滤饼的化学成分分析结果见表 7-18。取水合铝酸钙滤饼（CAH-01）200g 和浓度为 350g/L 的 $NaHCO_3$ 溶液 400mL，一并置于反应釜中，加热至 95℃，恒温反应 1.5h 后，冷却至室温过滤，得到铝酸钠滤液（NAO-01）600mL，其化学分析结果见表 7-19。由表中数据计算，水合铝酸钙滤饼中 Al_2O_3 的溶出率为 89.8%，所得铝酸钠溶液的 MR 值为 2.25，适宜采用碳分法制备氢氧化铝产品。

表 7-18　水合铝酸钙沉淀（CAH-01）的化学成分分析结果　　$w_B/\%$

样品号	SiO_2	TiO_2	Al_2O_3	Fe_2O_3	FeO	MgO	CaO	Na_2O	K_2O	LOI	总量
CAH-01	0.44	0.25	23.95	0.65	—	0.43	57.17	0.30	0.14	17.15	100.48

注：中国地质大学（北京）化学分析室龙梅、王军玲、梁树平分析。

表 7-19　铝酸钠滤液的化学成分分析结果　　g/L

样品号	SiO_2	TiO_2	Al_2O_3	Fe_2O_3	MgO	CaO	Na_2O
NAO-01	0.310	0.00	71.67	0.00	0.013	0.56	98.01

实验所得滤渣（CAC-01）的主要物相为 $CaCO_3$，其 X 射线粉末衍射分析结果见图 7-16。扫描电镜下观察，滤渣中的 $CaCO_3$ 为结晶良好的致密粒状粉体，大部分晶粒尺寸约为 10μm（图 7-17），经煅烧处理后，可循环用于沉铝工序的原料。

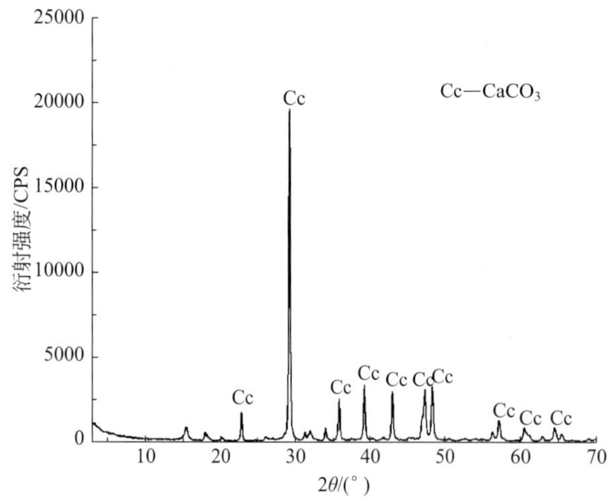

图 7-16　碳酸钙滤渣（CAC-01）的 X 射线粉末衍射图

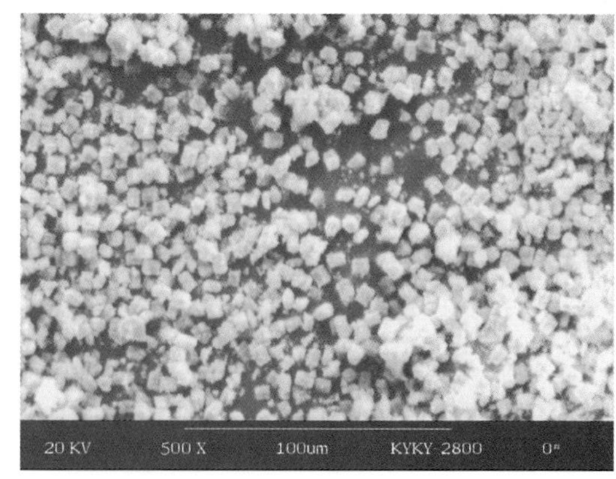

图 7-17　碳酸钙滤渣（CAC-01）的扫描电镜照片

7.4 氧化铝制备

7.4.1 铝酸钠粗液深度脱硅

7.4.1.1 脱硅反应原理

通过两步碱溶过程，使高铝粉煤灰原料中的大部分 SiO_2、Al_2O_3 得以分离，但所得铝酸钠粗液（NAO-01）中还含有少量 SiO_2，其硅量指数（Al_2O_3/SiO_2 质量比）为 231。这种铝酸钠粗液在进行碳酸化分解时，大部分 SiO_2 都会进入氢氧化铝，从而导致氧化铝制品的质量远低于氧化铝的行业标准（YS/T 274—1998）的指标要求。原因是粗液中的 $[SiO_2(OH)_2]^{2-}$ 和 $[Al(OH)_4]^-$ 反应生成铝硅酸钠沉淀，化学反应式如下：

$$2[SiO_2(OH)_2]^{2-}+2[Al(OH)_4]^-+2Na^+ \longrightarrow Na_2O \cdot Al_2O_3 \cdot 2SiO_2 \cdot 2H_2O+4OH^-+2H_2O \tag{7-14}$$

因此，要提高氧化铝制品的质量，就必须对所制得铝酸钠粗液进行深度脱硅处理。铝酸钠粗液脱硅过程的实质，就是使其中的 SiO_2 杂质转变为溶解度很小的铝硅酸钠化合物沉淀而析出。

前人已提出的脱硅方法（毕诗文，2006；刘桂华等，2006），概括起来可分为两类：一类是使 SiO_2 生成水合铝硅酸钠析出；另一类是使 SiO_2 生成水化石榴石析出。第一类方法，所得铝酸钠精液的硅量指数一般很难超过 500；第二类方法，向粗制铝酸钠溶液中加入饱和石灰乳，所得铝酸钠精液的硅量指数可提高至 1000～1200。脱硅反应过程中，$Ca(OH)_2$ 首先与铝酸钠粗液中的 $[Al(OH)_4]^-$ 反应生成水合铝酸钙，包裹于 $Ca(OH)_2$ 粒子表面，阻碍反应的继续进行，因而 $[Al(OH)_4]^-$ 需要扩散通过新生成的水合铝酸钙层，才能与层内的 $Ca(OH)_2$ 粒子进一步反应。铝酸钠粗液中的 $[SiO_2(OH)_2]^{2-}$ 是在水合铝酸钙的表面反应，生成水化石榴石。由于脱硅反应是在水合铝酸钙的表面进行的，有效比表面积小，且所生成的水化石榴石层又包裹在水合铝酸钙晶粒表面，因而采用氧化钙脱硅剂的脱硅效率相对较低，且脱硅速率较慢。此外，若石灰乳的加入量大，则所得铝酸钠精液被稀释，生产能耗相应增加。

本实验采用水合碳铝酸钙对铝酸钠粗液（NAO-01）进行深度脱硅。水合碳铝酸钙的结构疏松，在铝酸钠溶液中的分散性好。并且它是一种层状化合物，层间距大，加入含硅铝酸钠溶液中后，具有四面体结构的小半径 $[SiO_2(OH)_2]^{2-}$（0.24nm）可以进入其晶层间，并同时与 4 个连接在 $[Al(OH)_6]^{3-}$ 八面体上的—OCO_2 基发生取代反应，生成具有 $Ca_6\{Si[—O—Al(OH)_5]_4\}_2^{6-}$ 结构单元的化合物，其中 Si^{4+} 保持 $[SiO_4]$ 四面体构型，Al^{3+} 保持 $[AlO_6]$ 八面体构型。新生成的 Si—O—Al 键取代了原来的 C—O—Al 键。当 1 个 $[SiO_2(OH)_2]^{2-}$ 与 4 个 $[(OH)_5Al—OCO_2]^{3-}$ 八面体单元反应，生成 $Ca_6\{Si[—O—Al(OH)_5]_4\}_2^{6-}$ 结构单元时，由于 1 个 $[SiO_2(OH)_2]^{2-}$ 的离子半径比 4 个—OCO_2 基或 4 个—OH 基的离子半径小得多，因而水合碳铝酸钙体积缩小，晶格收缩，进而发生晶型转变，生成结构较为紧密的立方晶型的溶解度更小的水化石榴石。脱硅反应式如下：

$$\begin{aligned}&3Ca_4[Al(OH)_{6-2m}(CO_3)_m]_2(OH)_2 \cdot nH_2O+2Al(OH)_4^-+8xSiO_2(OH)_2^{2-}+12mOH^- \longrightarrow \\ &\quad 4Ca_3[Al(OH)_{6-2x} \cdot xSiO_3]_2 \cdot (n-2x)H_2O+6mCO_3^{2-}+(2+16x)OH^-+8xH_2O\end{aligned} \tag{7-15}$$

水合碳铝酸钙的这一脱硅机理，使得脱硅反应所形成的钙硅渣内外 SiO_2 的饱和系数均匀，且 SiO_2 的饱和系数大于采用氧化钙脱硅产物中 SiO_2 的饱和系数，因而采用水和碳铝酸钙脱硅剂，优于氧化钙的脱硅效果（刘连利，2004；王雅静，2004；葛中民，2007）。

7.4.1.2 水合碳铝酸钙合成

水合碳铝酸钙晶种的合成条件见表 7-20。量取适量的铝酸钠（Al_2O_3 浓度 100g/L，MR 值 1.5）溶液于烧杯中，将不同质量的无水碳酸钠加入其中，待完全溶解后，按照 CaO/Al_2O_3(摩尔比)=2 的比例，将已充分水化并制成 CaO 浓度为 200g/L 的石灰乳加入其中。在水浴箱中于 65℃下反应 50min 后过滤，滤饼即为水合碳铝酸钙。化学反应式为：

$$2Ca(OH)_2 + Al(OH)_4^- + nH_2O \longrightarrow Ca_2Al(OH)_6OH \cdot nH_2O + OH^- \quad (7\text{-}16)$$

$$2Ca_2Al(OH)_6OH \cdot nH_2O + mCO_3^{2-} \longrightarrow [Ca_2Al(OH)_6]_2mCO_2 \cdot (1-2m)OH \cdot nH_2O + 2mOH^- \quad (7\text{-}17)$$

表 7-20 水合碳铝酸钙晶种的合成条件

实验号	铝酸钠溶液/mL	石灰乳/mL	温度/℃	碳酸钠量/g
H-1	50	55	65	0
H-2	50	55	65	1
H-3	50	55	65	2
H-4	50	55	65	3

7.4.1.3 水合碳铝酸钙脱硅

量取铝酸钠溶液（NAO-01，硅量指数为 231）50mL，加入上述不同碳酸钠加入量条件下合成的水合碳铝酸钙晶种（表 7-20）1.0g，于 95℃下反应 2h，脱硅实验结果见表 7-21。

表 7-21 不同的水合碳铝酸钙晶种的脱硅实验结果

实验号	脱硅后 SiO_2 质量浓度/(g/L)	硅量指数
HS-1	0.130	545
HS-2	0.060	1186
HS-3	0.020	3469
HS-4	0.063	1135

由表可知，在不同的碳酸钠加入量条件下，所合成的水合碳铝酸钙晶种的脱硅效果差别很大。未加入碳酸钠合成的水合铝酸钙脱硅效果较差，实验所得铝酸钠精液的硅量指数仅为 545，低于碳分法制备氢氧化铝对硅量指数的要求。从水合碳铝酸钙合成化学反应式（7-17）可知，水合碳铝酸钙的生成和稳定性与合成体系中的 CO_3^{2-}、OH^-、Ca^{2+}、$[Al(OH)_4]^-$ 等离子的活度有关。由表 7-20 和表 7-21 可知，50mL 铝酸钠溶液加入碳酸钠的质量为 2g（即碳酸钠加入量 40g/L，相应的水合碳铝酸钙晶种记为 HCAC-3）时，其脱硅效果最好，深度脱硅后所得铝酸钠精液的硅量指数高达 3469。

采用水合碳铝酸钙晶种（HCAC-3）对铝酸钠溶液（NAO-01）进行脱硅，考察晶种的加入量对脱硅效果的影响。量取铝酸钠溶液（NAO-01）50mL，于 95℃下反应 2h 时，不同晶种加入量条件下的脱硅实验结果见表 7-22。由表可见，水合碳铝酸钙晶种的加入量过大，对铝酸钠溶液的脱硅过程反而不利，原因可能是加入大量的晶种导致 Al_2O_3 的损失也较大，从而导致所得铝酸钠精液的硅量指数有所下降。

表 7-22 水合碳铝酸钙晶种加入量对脱硅效果的影响实验结果

实验号	HCAC-3 加入量/g	脱硅后 SiO_2 质量浓度/(g/L)	硅量指数
HM-1	0.5	0.071	1010
HM-2	1.0	0.020	3469
HM-3	1.5	0.019	3798
HM-4	2.0	0.025	2856

实验确定铝酸钠溶液（NAO-01）的深度脱硅条件为：采用合成的水合碳铝酸钙晶种（HCAC-03）作为脱硅剂，加入量为 30g/L，反应温度 95℃，脱硅时间为 2h。在此条件下，所得铝酸钠精液（NAOJ-01）的化学成分分析结果见表 7-23。

表 7-23 铝酸钠精液的化学成分分析结果　　g/L

样品号	SiO_2	TiO_2	Al_2O_3	Fe_2O_3	MgO	CaO	Na_2O
NAOJ-01	0.019	0.00	70.86	0.00	0.013	0.76	97.13

注：中国地质大学（北京）化学分析室龙梅、王军玲、梁树平分析。

7.4.1.4 碳酸钠除钙

在进行深度脱硅的过程中引入了少量钙化合物，要制备纯度较高的氢氧化铝，则需要尽可能降低铝酸钠精液中的 Ca^{2+} 浓度。除钙原理是在进行深度脱硅后的铝酸钠溶液中加入 Na_2CO_3，使液相中的 Ca^{2+} 转变成溶度积更小的 $CaCO_3$ 而生成沉淀。发生的主要化学反应如下：

$$Ca^{2+} + Na_2CO_3 \longrightarrow CaCO_3 \downarrow + 2Na^+ \qquad (7\text{-}18)$$

量取深度脱硅后的铝酸钠精液（NAOJ-01）800mL，加入无水碳酸钠 2～4g，室温下开启搅拌器转速 40r/min，搅拌一定时间后静置 30min 过滤，除钙后所得精制铝酸钠溶液（NAOJ-01-C）的化学成分分析结果见表 7-24。

表 7-24 精制铝酸钠溶液化学成分分析结果　　g/L

样品号	SiO_2	TiO_2	Al_2O_3	Fe_2O_3	MgO	CaO	Na_2O
NAOJ-01-C	0.019	0.00	70.86	0.00	0.013	0.06	99.10

7.4.2 碳分法制备氢氧化铝

7.4.2.1 碳化分解制备氢氧化铝

精制铝酸钠溶液的碳酸化分解是决定氢氧化铝制品质量的重要过程。为了制取优质的氢氧化铝制品，要求铝酸钠溶液具有较高的硅量指数和适宜的碳化分解制度。若分解条件控制适宜，甚至对 SiO_2 含量较高的铝酸钠溶液，也可以制得优质的氢氧化铝制品。

铝酸钠溶液的碳酸化分解是一个气、液、固三相参加的多相复杂反应。它包括 CO_2 被铝酸钠溶液吸收，以及二者之间的化学反应和 $Al(OH)_3$ 的结晶析出等过程。在碳分过程中特别是碳分的后期还伴随着 CO_2 的析出，以及可能生成丝钠（钾）铝石一类化合物。由于连续通入 CO_2 气体，使铝酸钠溶液始终维持较大的过饱和度，因而碳分过程的速度远远快于种分过程。

在碳酸化分解过程中，随着 CO_2 的通入，铝酸钠溶液中的苛性碱不断被中和，但

$Al(OH)_3$ 并不随着溶液的苛性系数的降低而相应析出。从开始通入 CO_2 中和苛性碱到 $Al(OH)_3$ 的析出有一诱导期。一般把这种现象归结为自动催化过程，当有反应产物 $Al(OH)_3$ 析出作为催化剂时，分解反应才能较快地进行。但是在不加晶种条件下，由于铝酸钠溶液与 $Al(OH)_3$ 间的界面张力达 1.25N/m，分解时产生的 $Al(OH)_3$ 新相将成为晶核，其表面能极大。分解过程实际提供不了这么大的表面能，故 $Al(OH)_3$ 晶核难以自发生成，因而存在一个诱导期。但当 CO_2 继续通入，苛性比下降至一定程度时，铝酸钠溶液处于极不稳定状态，$Al(OH)_3$ 快速从溶液中析出，形成自动催化过程（毕诗文，2006）。

（1）氢氧化铝的结晶机理

对于铝酸钠溶液碳化分解而使 $Al(OH)_3$ 结晶析出的机理，一般认为 CO_2 的作用在于中和溶液中的苛性碱，使溶液的苛性比降低，造成介稳定界限扩大，从而降低铝酸钠溶液的稳定性，引起溶液的分解：

$$2NaOH + CO_2 \longrightarrow Na_2CO_3 + H_2O \tag{7-19}$$

$$NaAl(OH)_4 + aq \longrightarrow Al(OH)_3 + NaOH + aq \tag{7-20}$$

反应产生的 NaOH 不断被通入的 CO_2 所中和，从而使反应的平衡向右移动（王志等，2001；毕诗文，2006）。

（2）氧化硅析出机理

研究铝酸钠溶液碳分过程中 SiO_2 的行为具有重要意义，因为它关系到氢氧化铝产物中的 SiO_2 含量，从而极大地影响氧化铝产品的质量。研究表明，在铝酸钠溶液碳化分解初期 Al_2O_3 和 SiO_2 共同沉淀。分解原液的硅量指数越高，与 $Al(OH)_3$ 共沉淀的 SiO_2 就相应越少。在反应中期，SiO_2 析出很少，这一段的长度随分解原液硅量指数的提高而延长。第三阶段，随着 $Al(OH)_3$ 的析出和 Na_2O 浓度的降低，SiO_2 过饱和度大大增加，故铝硅酸钠又快速析出。在铝酸钠溶液碳分初期，析出 SiO_2 是由于分解出来的 $Al(OH)_3$ 粒度细，比表面积大，因而从溶液中吸附了部分 SiO_2，且碳分原液的硅量指数愈低，吸附的 SiO_2 就愈多。随着铝酸钠溶液继续分解，$Al(OH)_3$ 颗粒增大，比表面积减小，因而吸附能力降低。这时主要是 $Al(OH)_3$ 析出，SiO_2 析出量极少。最后，当溶液中的苛性钠几乎全部变成碳酸钠时，SiO_2 的过饱和度大至一定程度后，SiO_2 又开始迅速析出，从而使分解产物中的 SiO_2 含量急剧增加，其主要是铝硅酸钠在碳酸钠溶液中的溶解度极小所致。因此，预先往铝酸钠精液中添加一定量的晶种，在碳酸化分解初期不致生成分散度大、吸附能力强的 $Al(OH)_3$，以减少对 SiO_2 的吸附，将会使氢氧化铝制品的杂质含量减少，而晶体结构和粒度分布也将有所改善。

（3）水合碳铝酸钠形成机理

在铝酸钠精液碳分末期，还可能生成丝钠铝石 $Na_2O \cdot Al_2O_3 \cdot 2CO_2 \cdot nH_2O$ 和丝钾铝石 $K_2O \cdot Al_2O_3 \cdot 2CO_2 \cdot nH_2O$，从而导致氢氧化铝制品的碱含量有所增加。其化学反应如下：

$$Na_2CO_3 + aq \longrightarrow NaHCO_3 + NaOH + aq \tag{7-21}$$

$$Na_2Al(OH)_4 + 4NaHCO_3 + aq \longrightarrow Na_2O \cdot Al_2O_3 \cdot 2CO_2 \cdot nH_2O + 2Na_2CO_3 + aq \tag{7-22}$$

$$Al_2O_3 \cdot nH_2O + 2NaHCO_3 + aq \longrightarrow Na_2O \cdot Al_2O_3 \cdot 2CO_2 \cdot nH_2O + aq \tag{7-23}$$

$$Al_2O_3 \cdot nH_2O + 2Na_2CO_3 + aq \longrightarrow Na_2O \cdot Al_2O_3 \cdot 2CO_2 \cdot nH_2O + 2NaOH + aq \tag{7-24}$$

在铝酸钠溶液碳分初期，丝钠铝石与苛性碱反应，生成 Na_2CO_3 和 $NaAl(OH)_4$，化学反应式为：

$$Na_2O \cdot Al_2O_3 \cdot 2CO_2 \cdot nH_2O + 4NaOH + aq \longrightarrow 2NaAl(OH)_4 + 2Na_2CO_3 + aq \tag{7-25}$$

在铝酸钠溶液碳分第二阶段，当溶液中苛性碱含量减少至一定程度时，丝钠铝石即被 NaOH 分解而生成氢氧化铝，化学反应式为：

$$Na_2O \cdot Al_2O_3 \cdot 2CO_2 \cdot nH_2O + 2NaOH + aq \longrightarrow Al_2O_3 \cdot 3H_2O + 2Na_2CO_3 + aq \tag{7-26}$$

在铝酸钠溶液碳分末期，溶液中的苛性碱含量已相当低，丝钠铝石则呈固相析出。在溶液中的 Al_2O_3 含量较低、Na_2CO_3 和 $NaHCO_3$ 含量高、碳分温度低、分解速度快以及不添加 $Al(OH)_3$ 晶种，或添加含水碳酸铝钠晶种的条件下，有利于丝钠（钾）铝石的生成。添加 $Al(OH)_3$ 晶种以及碳分速度低时，可以大大减少丝钠（钾）铝石的生成。

由铝酸钠溶液的碳化分解机理可见，在碳化分解过程中，添加一定量的 $Al(OH)_3$ 晶种，能改善碳分时制品的晶体结构和颗粒组成，显著降低氢氧化铝制品中 SiO_2 和 Na_2O 的含量；而提高碳分时的温度，则有利于 $Al(OH)_3$ 晶体的长大，避免和减少新晶核的产生，有利于获得结晶度更好的制品。此外，提高碳化分解温度，亦可减小氢氧化铝晶粒吸附 Na_2O 和 SiO_2 的能力，减少杂质对其结构的影响，且有利于氢氧化铝制品的分离和洗涤。

实验量取除钙后的精制铝酸钠溶液（NAOJ-01-C）500mL，加入晶种，晶种系数（晶种与铝酸钠溶液中 Al_2O_3 的质量之比）为 0.4，置于 80℃ 的水浴箱中，在搅拌条件下，通入 CO_2 气体，当溶液的 pH 值降至 12 时停止通气（碳分末期，当溶液中的苛性碱含量相当低时，丝钠铝石容易呈固相析出），此时铝酸钠溶液的碳化分解率为 90%～92%。继续搅拌 30min 后过滤，用 300mL 热水洗涤 3～4 次，将滤饼置于自动控温干燥箱中，在 105℃ 下干燥 2h，即获得氢氧化铝制品（AOH-01）。

7.4.2.2　氢氧化铝制品表征

氢氧化铝制品（AOH-01）的 X 射线粉末衍射分析结果见图 7-18。从图中可见，实验制备的氢氧化铝粉体的结晶良好。采用矿物晶胞参数计算软件 CELLSR. F90，对所得数据进行指标化，实验制品的晶胞参数为：$a_0 = 0.5062$nm，$b_0 = 0.8671$nm，$c_0 = 0.4713$nm。

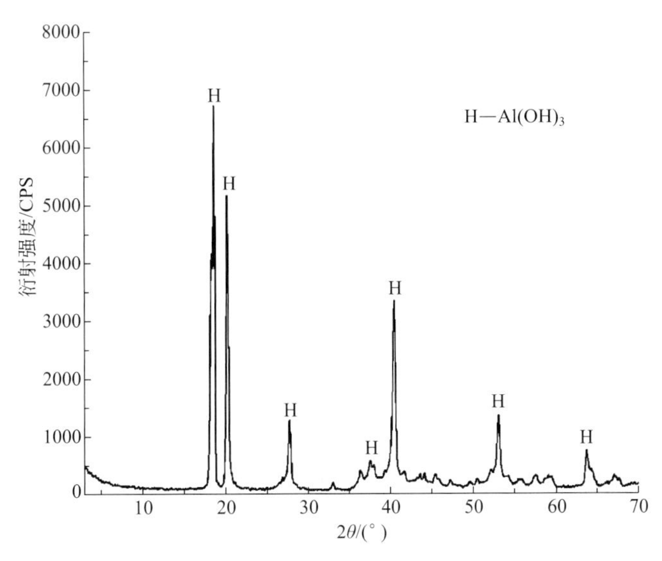

图 7-18　氢氧化铝制品（AOH-01）的 X 射线粉末衍射图

按照氢氧化铝的国标GB/T 4294—2010（表7-25）规定的分析方法测定，实验制备的氢氧化铝制品（AOH-01）的化学成分分析结果见表7-26。

表7-25 氢氧化铝产品的国家标准（GB/T 4294—2010）

牌号	化学成分(质量分数)②/%					物理性能
	$Al_2O_3$③ 不小于	杂质含量，不大于			烧失量(灼减)	水分(附着水)/% 不大于
		SiO_2	Fe_2O_3	Na_2O		
AH-1①④	余量	0.02	0.02	0.40	34.5±0.5	12
AH-2④	余量	0.04	0.02	0.40	34.5±0.5	12

① 用作于法氟化铝的生产原料时，要求水分（附着水）不大于6%，小于45μm粒度的质量分数≤15%。
② 化学成分按在110℃±5℃下烘干2h的干基计算。
③ Al_2O_3含量为100%减去表中所列杂质含量总和以及灼减后的余量。
④ 重金属元素$w(Cd+Hg+Pb+Cr^{6+}+As)\leqslant 0.010\%$，供方可不做常规分析，但应监控其含量。

表7-26 氢氧化铝制品的化学成分分析结果 $w_B/\%$

样品号	Al_2O_3	SiO_2	Fe_2O_3	Na_2O	灼减
AOH-01	65.49	0.039	0.015	0.36	34.09

注：中国地质大学（北京）化学分析室龙梅、王军玲、梁树平分析。

对比表7-25与表7-26可见，实验制品（AOH-1）达到了氢氧化铝工业产品国标GB/T 4294—1997规定的二级标准。

通过激光粒度分析可知，氢氧化铝制品的体积平均粒径为71.7μm，粒径范围2～200μm。由于在碳化分解的过程中加入了晶种，且碳化分解温度较高，故有利于氢氧化铝颗粒的长大。

7.4.3 煅烧制备氧化铝

7.4.3.1 氢氧化铝煅烧

氢氧化铝的煅烧过程是在高温下脱去其吸附水和结晶水，转变晶型，从而制得符合中国有色金属行业标准YS/T 274—1998中规定要求的氧化铝制品的过程。在煅烧过程中，氢氧化铝的脱水和相变是非常复杂的物理化学变化（毕诗文，2006）：100～110℃，脱除吸附水；200～600℃，脱除结晶水；600℃以上，发生复杂的相变，形成各种过渡态的Al_2O_3；最后在1200℃，全部转变为α-Al_2O_3。为了控制α-Al_2O_3的颗粒含量，实验选择在箱式电炉中于1100℃下煅烧氢氧化铝制品（AOH-01）。控制升温速率为10℃/min，恒温时间2h，得到氧化铝制品（AO-01）。

7.4.3.2 氧化铝制品表征

按照中国有色金属行业标准YS/T 274—1998中规定的氧化铝分析方法（表7-27），实验所得氧化铝制品（AO-01）的化学成分分析结果见表7-28。对比表7-27与表7-28可见，实验制备的氧化铝制品（AO-01）符合有色金属行业标准YS/T 274—1998规定的三级氧化铝产品的指标要求。

表 7-27　氧化铝制品的行业标准（YS/T 274—1998）

等级	牌号	化学成分/%				
		Al_2O_3 不小于	杂质含量不大于			
			SiO_2	Fe_2O_3	Na_2O	灼减
一级	Al_2O_3-1	98.6	0.02	0.02	0.50	1.0
二级	Al_2O_3-2	98.4	0.04	0.03	0.60	1.0
三级	Al_2O_3-3	98.3	0.06	0.04	0.65	1.0
四级	Al_2O_3-4	98.2	0.08	0.05	0.70	1.0

注：1. 氧化铝含量为 100%减去表列杂质含量。
2. 化学成分按（300±5）℃温度下烘干 2h 的干基计算。

表 7-28　氧化铝制品的化学成分分析结果　w_B/%

样品号	Al_2O_3	SiO_2	Fe_2O_3	Na_2O	灼减
AO-01	98.88	0.058	0.015	0.48	1.0

氧化铝制品（AO-01）的 X 射线粉末衍射分析结果见图 7-19。从图中可见，实验制备的氧化铝制品（AO-01）的结构为 θ-Al_2O_3 和 α-Al_2O_3 混合晶型，主要为 θ-Al_2O_3。采用矿物晶胞参数计算软件 CELLSR. F90 对所得衍射分析数据进行指标化，所得氧化铝制品中 θ-Al_2O_3 的晶胞参数为：a_0=1.181nm，b_0=0.2906nm，c_0=0.5625nm；β=104.10°。

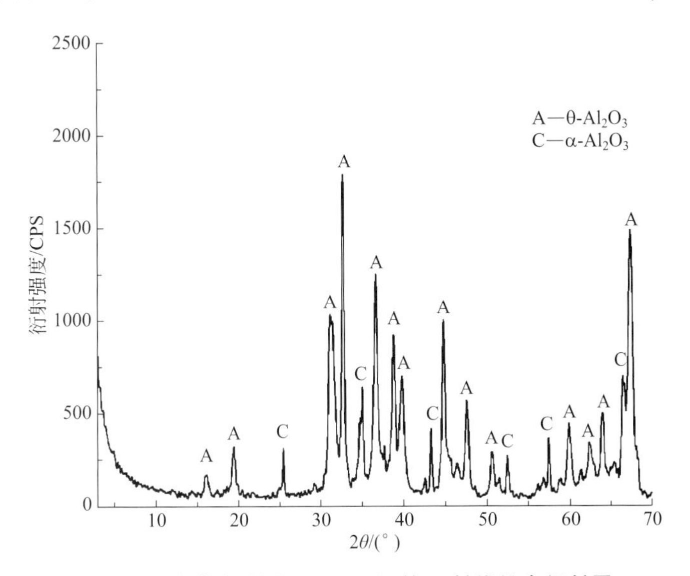

图 7-19　氧化铝制品（AO-01）的 X 射线粉末衍射图

在中间产物氢氧化铝的煅烧过程中，由于脱水和相变过程的进行，氢氧化铝物料发生粉化，制品中的 α-Al_2O_3 含量越高，则细颗粒越多。本实验所制得的氧化铝制品（AO-01），其体积平均粒径 48.2μm，其中粒径小于 40μm 的颗粒约占 40%。

7.5　与石灰石烧结法对比

随着人类对自然资源的过度开发和目前矿业开发、材料加工过程对生态环境的破坏，地球生态环境的恶化已成为全球共同关心的问题。循环经济要求把经济活动按照自然生态系统的模式，组成一个“资源-产品-再生资源”的物质循环流动过程，使整个经济系统以及生产和消费过程基本上不产生或者只产生很少的废弃物，从根本上解决长期以来环境保护与经济发展之间的矛盾。

利用高铝粉煤灰生产氧化铝，是把工业固体废物高铝粉煤灰作为二次资源，生产工业氧化铝等产品的技术，符合发展循环经济的理念。目前，国际上利用高铝粉煤灰生产氧化铝的较成熟工艺，是 20 世纪 50 年代波兰克拉科夫矿冶学院 Grzymek 发明的石灰石烧结法（Grzymek，1976）。下文对以高铝粉煤灰为原料生产氧化铝，采用石灰石烧结法和本项研究采用的两步碱溶法两种工艺的环境相容性进行对比分析。

7.5.1 工艺过程对比

以高铝粉煤灰为原料生产氧化铝，对比石灰石烧结法（刘瑛瑛等，2006）和本项研究采用的两步碱溶法技术，两种工艺流程分别见图 4-1 和图 7-6。两者均可划分为 3 个工序：①原料预处理，石灰石烧结法包括石灰石和高铝粉煤灰原料的粉磨和烧结；两步碱溶法包括原料的粉磨和碱溶脱硅。②氧化铝溶出。③氧化铝制备，包括铝酸钠粗液的纯化和碳酸化分解，两种工艺过程类似，能耗相近。两步碱溶法的最大优点是，原料预处理工序中高铝粉煤灰原料无需高温烧结过程；而石灰石烧结法要求粉煤灰原料在 1200～1350℃下烧结，温度高，能耗大。两步碱溶法只需要高铝粉煤灰原料在 95℃下用循环碱液溶出 Al_2O_3，反应温度大大降低。

7.5.1.1 原料预处理工序

石灰石烧结法和两步碱溶法在原料预处理工序的能耗、物料消耗指标见表 7-29。由表可见，每处理 1.0t 高铝粉煤灰原料，采用石灰石烧结法，需要消耗一次性资源石灰石 2.90t，排放 CO_2 1.27t，两步碱溶法则只需要补充烧碱 0.022t；前者的反应温度高达 1200～1400℃，后者反应温度为 90～100℃；与石灰石烧结法对比，两步碱溶法的能耗降低约 79.6%。

表 7-29 原料预处理工序的能耗、物料消耗指标对比（以处理 1.0t 高铝粉煤灰为基准）

对比指标	石灰石烧结法	两步碱溶法
资源消耗量/t	2.90(石灰石)	0.022(烧碱)
反应能耗/kJ	7.24×10^6	1.48×10^6
反应温度/℃	1200～1400	90～100
CO_2 排放量/t	1.27	—

7.5.1.2 氧化铝溶出工序

石灰石烧结法需用 8%的 Na_2CO_3 溶液处理烧结物料，氧化铝溶出温度为 80℃；两步碱溶法按 CaO/SiO_2(摩尔比)＝1.05 配入石灰，需用浓度 40%的循环碱液溶出高铝粉煤灰的脱硅物料，溶出温度 240℃。按处理 1.0t 高铝粉煤灰原料计算，石灰石烧结法排放硅钙渣 2.41t，相当于生产普通硅酸盐水泥 3.05t；而两步碱溶法只需消耗石灰石 0.63t，产生硅钙渣 0.81t，相当于可生产轻质墙体材料 2.7m^3。两步碱溶法此工序的能耗为 2.71×10^6 kJ，石灰石烧结法的能耗为 2.77×10^6 kJ，两者相差不大。

7.5.2　资源消耗量对比

石灰石烧结法以石灰石为配料，处理1.0t高铝粉煤灰原料需要消耗石灰石2.90t，同时产生2.41t以β-硅酸二钙为主的硅钙尾渣。两步碱溶法处理1.0t的高铝粉煤灰，需要消耗石灰石0.63t，补充烧碱0.022t，产生水合硅酸钙渣0.81t。与石灰石烧结法相比，两步碱溶法减少一次性资源消耗量78.3%，减少低附加值的硅钙尾渣排放量66.4%，相应地能耗减少58.1%。

7.5.3　“三废”排放量对比

石灰石烧结法因大量使用石灰石配料，处理1.0t高铝粉煤灰原料，产生CO_2气体1.27t，其中0.20t CO_2用于后续的铝酸钠溶液碳酸化分解生产氧化铝过程，向大气中排放CO_2气体1.07t。两步碱溶法处理1.0t高铝粉煤灰原料，产生CO_2气体0.26t，净化后绝大部分用于后续的铝酸钠溶液的碳分过程和制备白炭黑等无机硅化合物；且在整个工艺过程中，少部分水在产品干燥过程中被蒸发掉，其余大部分水可循环利用，因而无废水排放，水资源可充分利用。

7.5.4　产品方案对比

利用高铝粉煤灰为原料提取氧化铝，采用石灰石烧结法工艺，氧化铝的提取率一般约为70%，而两步碱溶法的氧化铝提取率达86%。处理1.0t高铝粉煤灰原料，石灰石烧结法生产氧化铝0.21t，副产普通硅酸盐水泥3.05t；两步碱溶法生产氧化铝0.26t，副产白炭黑0.21t，新型墙体材料2.7m^3。前者副产品水泥受经济运输半径影响，且附加值低；后者副产品为无机硅化合物和新型墙体材料，附加值高，因而综合生产效益显著提高。

通过以上分析可知，与石灰石烧结法相比，两步碱溶法具有一次性资源消耗量少、综合能耗低、氧化铝提取率高和副产品附加值高等优点，是高铝粉煤灰资源化利用的有效技术途径之一，符合循环经济的理念和清洁生产的环保要求。

第 8 章 预脱硅-改良碱石灰烧结法提取氧化铝技术

8.1 高铝粉煤灰原料

8.1.1 化学成分

实验用高铝粉煤灰是宁夏石嘴山电厂排放的高铝粉煤灰。采用湿化学分析方法对粉煤灰的化学成分进行测定。结果显示，该粉煤灰中的主要成分为SiO_2、Al_2O_3，其中Al_2O_3含量超过37%，属于高铝粉煤灰（表 8-1）。本项研究所用原料是样品号为 SF-01（细灰）和 SF-02（粗灰）的高铝粉煤灰。

表 8-1 高铝粉煤灰化学成分分析结果 $w_B/\%$

样品号	SiO_2	TiO_2	Al_2O_3	TFe_2O_3	MnO	MgO	CaO	Na_2O	K_2O	P_2O_5	烧失	总量
SF-01	47.27	1.31	37.69	4.72	0.05	1.09	2.78	0.00	0.75	0.25	4.04	99.95
SF-02	46.83	1.12	37.05	6.93	0.05	0.66	2.71	0.00	0.54	0.20	4.19	100.28

注：中国地质大学（北京）化学分析室龙梅、王军玲、梁树平分析。

8.1.2 物相组成

X 射线粉末衍射分析结果表明，石嘴山电厂高铝粉煤灰的主要物相为铝硅酸盐玻璃相，结晶相主要为莫来石（PDF＃15-0776）和 α-石英（PDF＃46-1045）（图 8-1）。

8.1.3 粒度分布

高铝粉煤灰原料（SF-02）的粒度分布见图 8-2。由图可见，原粉煤灰的粒径分布范围为 0.2～250μm，体积平均粒径 51.4μm，90%的颗粒粒径小于 117.2μm。

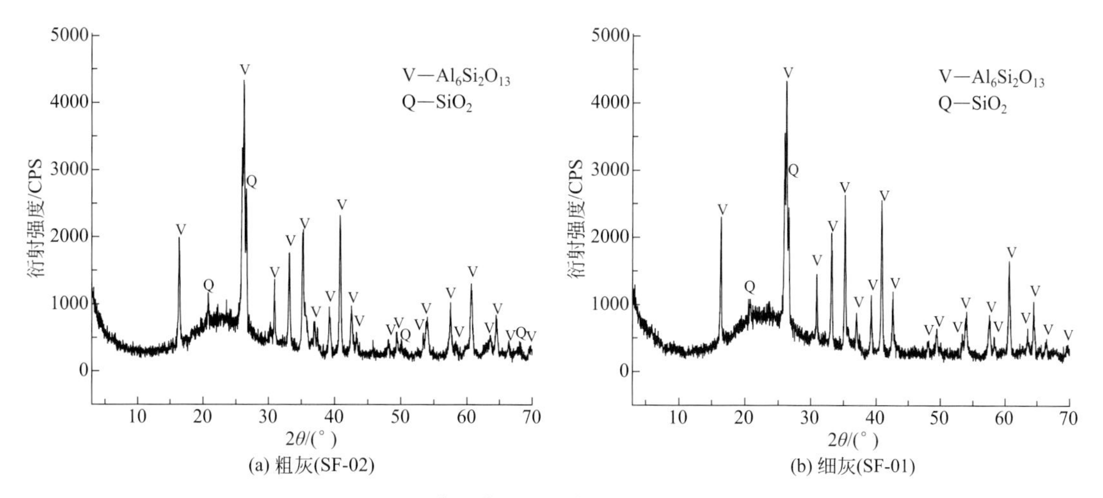

图 8-1　石嘴山高铝粉煤灰 X 射线粉末衍射图

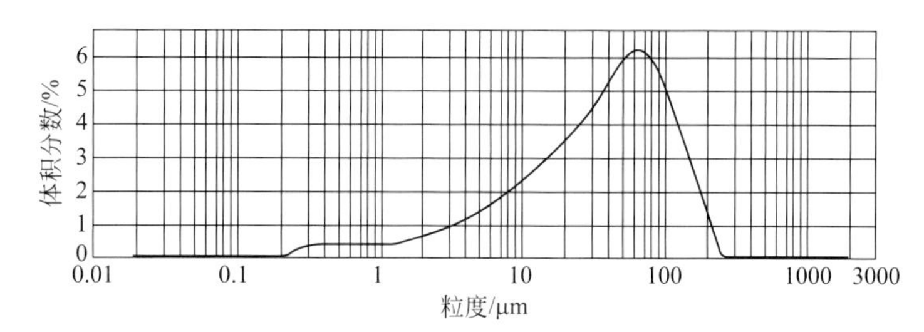

图 8-2　高铝粉煤灰（SF-02）粒度分布曲线

8.2　磁选除铁实验

由石嘴山电厂高铝粉煤灰的化学分析结果可知，粗细两种粉煤灰的 TFe_2O_3 含量均较高，分别为 6.93%和 4.72%（表 8-1）。为充分利用粉煤灰中的氧化铁组分、降低提铝过程中的物料和能量消耗，需要将高铝粉煤灰进行磁选除铁处理，以降低原料中氧化铁组分含量，提高原料中氧化铝的比例。

8.2.1　磁选实验条件

两种粉煤灰样品中的 TFe_2O_3 组分折合成单质铁 TFe 的含量分别为：粗粒级粉煤灰的全铁含量为 TFe 5.67%；细粒级粉煤灰的全铁含量为 TFe 3.37%。

采用的磁选条件为：粉煤灰样品用量，200g；磁选设备，可调激磁电流式磁选管；磁选流程，调节场强为 800G、1200G、1600G、2000G 进行磁选实验，分选出磁性铁矿物精矿和粉煤灰精粉。两种粉煤灰样品的实验结果分别见表 8-2 和表 8-3。

8.2.2　磁选结果分析

由磁选实验结果可知，粗灰样品（SF-02）的全铁含量可由 5.67%降至 2.11%（表 8-2），细灰样品（SF-01）的全铁含量可由 3.37%降至 2.32%（表 8-3）；用于后续提铝实验用粉煤灰精粉产率分别为 93.75%和 97.84%。粗灰样品磁选后得到的铁精矿产率为 6.25%，全铁含量为 43.92%；细灰样品磁选后得到的铁精矿产率为 2.16%，全铁含量为 39.46%。后期实验采用场强为 1600G 的磁选条件，对粗灰样品进行磁选除铁，除铁后的粉煤灰精粉样品用于提取氧化铝实验。

表 8-2　粗灰样品（SF-02，TFe 5.67%）磁选实验结果

场强/G	铁精矿			粉煤灰精粉		
	产率/%	Fe 含量/%	回收率/%	产率/%	Fe 含量/%	回收率/%
2000	6.77	42.12	50.29	93.23	2.22	36.50
1600	6.25	43.92	48.41	93.75	2.11	34.89
1200	5.37	37.40	35.42	94.63	2.53	42.15
800	4.49	45.00	35.63	95.51	2.68	45.14

表 8-3　细灰样品（SF-01，TFe 3.37%）磁选实验结果

场强/G	铁精矿			粉煤灰精粉		
	产率/%	Fe 含量/%	回收率/%	产率/%	Fe 含量/%	回收率/%
2000	2.16	39.46	25.29	97.84	2.32	67.36
1600	1.63	43.97	21.27	98.37	2.33	68.01
1200	1.46	44.69	19.36	98.54	2.38	69.59
800	0.80	45.97	10.91	99.20	2.97	85.36

对粗粒粉煤灰样品磁选所得部分产物进行显微镜观察分析，结果见图 8-3～图 8-5。结果显示，粗灰样品（SF-02）在 2000G 下的磁选铁精矿样品中，主要矿物相为磁铁矿，少量为赤铁矿。杂质组分多以圆粒状产出，应为硅酸盐玻璃体。其中磁铁矿多以连生体为主，主要与玻璃体连生，其他与少量赤铁矿连生。粒度主要分布在 0.005～0.075mm 之间。由于铁精矿中的磁铁矿多为连生体，部分与杂质相为富连生体，少部分为贫连生体，这是影响铁精矿 TFe 品位的主要原因。由于连生体较复杂且含量较多，使得要进一步提高铁精矿品位较为困难。

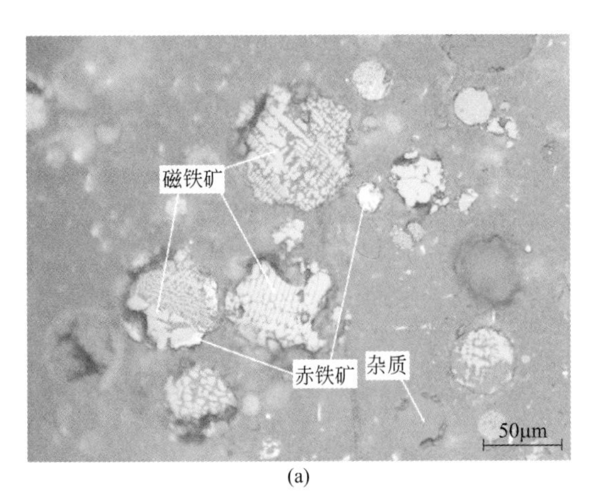

(a)

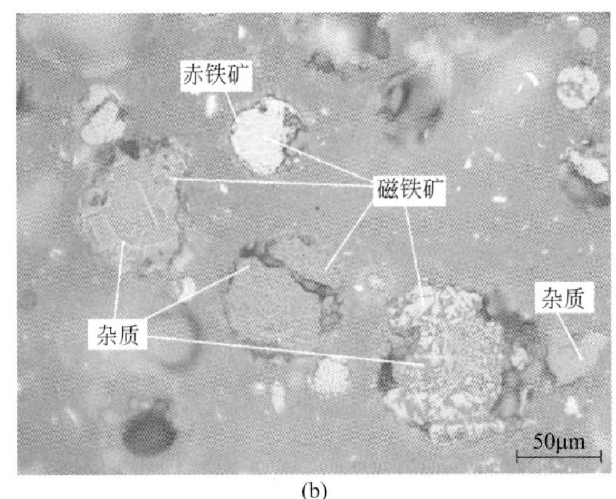

(b)

图 8-3　铁精矿中磁铁矿、赤铁矿的产出状态

粗灰样品（SF-02）在 2000G 下磁选所得粉煤灰精粉样品中损失铁主要为磁铁矿，其次为少量赤铁矿，其他主要物相为杂质硅酸盐玻璃体。其磁铁矿的损失状态见图 8-4，杂质玻璃体产出状态见图 8-5。杂质相的粒度范围介于 0.001～0.075mm 之间。

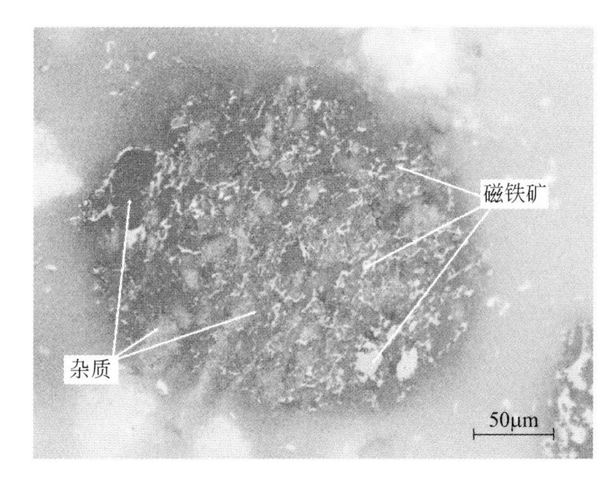

图 8-4　粉煤灰精粉中的磁铁矿形态

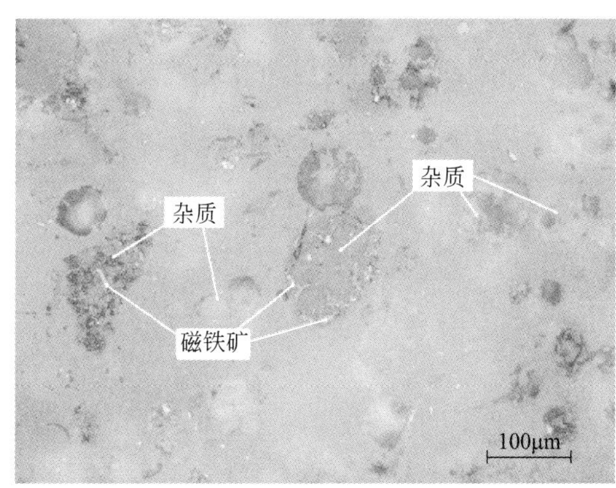

图 8-5　粉煤灰精粉中杂质相及磁铁矿形态

高铝粉煤灰磁选除铁实验结果表明，粗灰样品（SF-02）的选别效果明显优于细灰样品（SF-01）。粗灰样品中全铁含量可由 5.67％降至 2.11％，而细灰样品的全铁含量则由 3.37％仅降至 2.32％。为减少后期提取氧化铝流程的物料流量，减少物耗，充分利用粉煤灰中的氧化铁组分，进一步提高提取氧化铝的综合效益，建议对粗灰样品进行磁选除铁后，再用于后续的提取氧化铝过程。

8.3　高铝粉煤灰碱溶脱硅

石嘴山电厂高铝粉煤灰的主要物相为硅铝酸盐玻璃相，结晶相主要为莫来石（PDF＃15-0776）和 α-石英（PDF＃46-1045）（图 8-1）。原料成分的主要特点是 SiO_2 含量较高。若将其直接磨制生料浆烧结，将会产生烧结工段物料处理量大、烧结能耗高、熟料折合比高且低附加值硅钙尾渣产出量大等问题。因此，需要对高铝粉煤灰进行预脱硅处理，以提高粉煤灰原料的铝硅比。

8.3.1　反应原理

对高铝粉煤灰在压煮条件下进行碱溶预脱硅，其中铝硅酸盐玻璃相中的 SiO_2 与脱硅碱液（NaOH 溶液）发生如下反应：

$$SiO_2(gls)+2NaOH+aq \xlongequal{} Na_2SiO_3+H_2O \tag{8-1}$$

预脱硅反应过程中，粉煤灰中的 SiO_2 被部分溶出进入液相，而 Al_2O_3 仍几乎全部留在水化铝硅酸钠滤饼中，滤饼的 Al_2O_3/SiO_2 较原粉煤灰显著提高。这对于降低后续烧结工段的物料处理量、烧结能耗和熟料折合比，减少硅钙尾渣的产出量均具有积极意义。

8.3.2　实验过程

高铝粉煤灰原料经实验型球磨机粉磨 90min，制得磨细后的粉煤灰样品（SF-01，

SF-02)。其化学成分分析结果见表8-1。在容积为1L的塑料烧杯中按比例分别称取一定量的氢氧化钠，并向烧杯中加入约400mL蒸馏水，搅拌使之完全溶解。将上述碱液定容至600mL，将该烧杯在95℃的水浴中预热，待温度升高至95℃时，称取200.0g高铝粉煤灰粉体，置于装有碱液的烧杯中，密封后开始搅拌，恒温反应预定时间后，立即取出烧杯，倒出反应浆液。

反应浆液经真空抽滤，然后用温度约85℃的热水洗涤滤饼4次。每次洗涤水用量为300mL，经洗涤的脱硅滤饼置于电热鼓风干燥箱中，在105℃下烘干8h。取样分析脱硅滤饼的化学成分，计算脱硅反应过程中粉煤灰样品中SiO_2的溶出率。

由于粉煤灰样品中的Al_2O_3在预脱硅反应条件下的溶出率不足0.5%，故可视为Al_2O_3基本不能被溶出。高铝粉煤灰预脱硅反应过程中，SiO_2溶出率的计算公式为：

$$\eta(SiO_2)=[1-(Si_{饼}/Si_{矿})\times(A_{矿}/A_{饼})]\times100\% \tag{8-2}$$

式中，$\eta(SiO_2)$为SiO_2的溶出率，%；$A_{矿}$、$Si_{矿}$分别为原粉煤灰中Al_2O_3、SiO_2的含量，%；$A_{饼}$、$Si_{饼}$为脱硅滤饼中Al_2O_3、SiO_2的含量，%。

8.3.3 结果分析

各反应条件下所得脱硅滤饼的化学成分见表8-4和表8-5。根据石嘴山粉煤灰的化学成分（表8-1），按照公式（8-2）计算SiO_2的溶出率，结果列于表8-4中。

表8-4 高铝粉煤灰预脱硅实验结果

实验号	粉煤灰/g	600mL碱液/g NaOH	预脱硅条件		脱硅滤饼	成分(w_B)/%		SiO_2
			T/℃	t/h		SiO_2	Al_2O_3	溶出率/%
S1-1	200	50	95	2	FAX-01	40.32	38.56	30.45
S1-2	200	100	95	2	FAX-02	35.92	40.51	38.03
S1-3	200	150	95	2	FAX-03	31.37	41.08	42.07
S1-4	1000	500	95	2	TG-01	33.13	42.58	37.96
S2-1	200	50	95	2	FAC-01	35.75	41.09	31.17
S2-2	200	100	95	2	FAC-02	33.24	41.69	36.92
S2-3	200	150	95	2	FAC-03	31.06	43.06	42.93
S2-4	1000	500	95	2	TG-02	32.98	43.66	40.24

注：FAX系列为细灰（SF-01）脱硅滤饼样品；FAC系列为粗灰（SF-02）脱硅滤饼样品。

表8-5 脱硅滤饼的化学成分分析结果 w_B/%

样品号	SiO_2	TiO_2	Al_2O_3	TFe_2O_3	MgO	CaO	Na_2O	K_2O	烧失	总量
TG-01	33.13	1.50	42.58	5.60	1.18	3.29	2.76	0.26	9.35	99.87
TG-02	32.98	1.33	43.66	8.86	0.85	3.35	1.39	0.23	7.42	100.26

注：中国地质大学（北京）化学分析室龙梅、王军玲、梁树平分析。

由细灰（SF-01）和粗灰（SF-02）经放大实验得到的脱硅滤饼样品分别记为TG-01和TG-02。由表8-4可见，预脱硅工段的SiO_2的溶出率可达约40%。得到的脱硅滤饼TG-01和TG-02（含水率40%）的X射线粉末衍射分析结果见图8-6。由图可见，脱硅滤饼的主要物相仍为莫来石（PDF# 15-0776）和α-石英（PDF# 46-1045）。由此可见，脱硅反应过程主要是脱去玻璃相中的部分SiO_2。

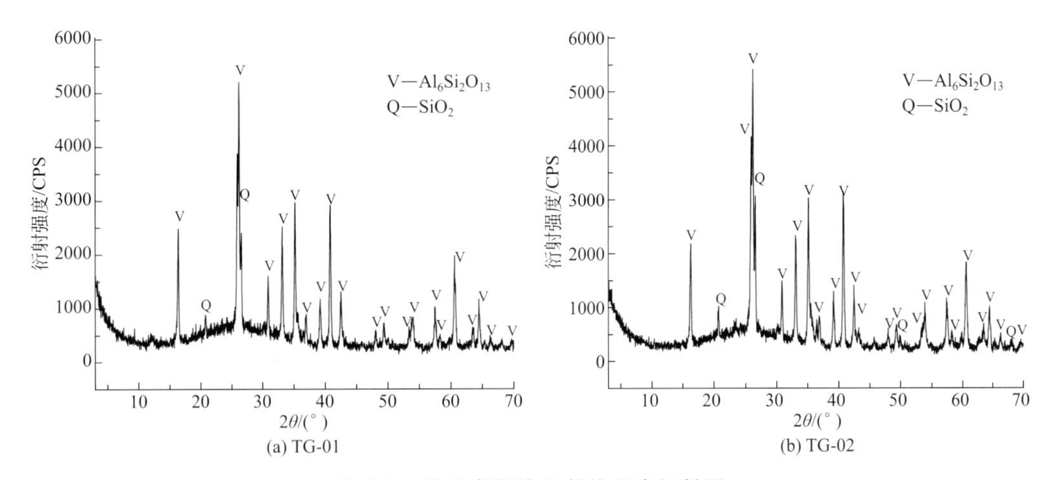

图 8-6　脱硅滤饼的 X 射线粉末衍射图

由上述实验结果可见，高铝粉煤灰预脱硅工段的优化工艺条件为：1t 高铝粉煤灰需要加入 500kg NaOH，液固比质量为 3，反应时间 2h，反应温度 95℃。实验得到的粗灰原料（SF-02）脱硅率可达到 40%。

预脱硅过程中，通过改变反应条件可以进一步提高脱硅液的 SiO_2 浓度。提高脱硅液浓度的主要途径有：①继续提高 SiO_2 的溶出率，可采用提高碱用量、延长反应时间、提高反应温度等方法实现，但对溶出率的提高效果有限，且会使 Al_2O_3 的损失率增大，成本相应增加；②减少用水量，降低液固比，但这会造成反应料浆的流动性差，不利于操作，且有可能使 SiO_2 的溶出率降低。因此，欲提高脱硅液的 SiO_2 浓度，可采用蒸发脱硅滤液的方法。脱硅液的 SiO_2 浓度需满足后续制备硅灰石的要求，并非浓度越高越好。

8.4　生料烧结及氧化铝溶出

前述实验所得粉煤灰脱硅滤饼的 Al_2O_3/SiO_2 质量比为 1.32，虽然较高铝粉煤灰原料的 A/S（0.79）有明显提高，但仍远未达到烧结法生产氧化铝要求的铝土矿资源的经济品位（Al_2O_3/SiO_2>3.5）指标。此外，粉煤灰脱硅滤饼中还含有大量的碱（Na_2O），因而适宜采用改良碱石灰烧结法处理脱硅滤饼，在提取氧化铝的同时，回收其中的碱以实现循环利用，具有经济可行性。

8.4.1　反应原理

改良碱石灰烧结法是使粉煤灰脱硅滤饼中的 Al_2O_3 转变成易溶于水或稀碱溶液的铝酸钠（$Na_2O \cdot Al_2O_3$），而 SiO_2、Fe_2O_3、TiO_2 等分别转变为不溶于水或稀碱溶液的 Na_2CaSiO_4、$Na_2O \cdot Fe_2O_3$、$CaO \cdot TiO_2$ 等化合物，以便在熟料溶出 Al_2O_3 过程中实现硅铝分离；同时，采用 Na_2CO_3 代替部分石灰石，不仅可有效降低烧结温度，而且在烧结过程中生成 Na_2CaSiO_4，经水解回收碱后制成 NaOH 溶液，可实现循环利用（杨雪等，2010）。

高铝粉煤灰脱硅滤饼的主要物相是莫来石和 α-石英，烧结过程中发生的主要化学反应如下：

$$Al_6Si_2O_{13} + 2CaCO_3 + 5Na_2CO_3 \longrightarrow 2Na_2CaSiO_4 + 6NaAlO_2 + 7CO_2\uparrow \quad (8\text{-}3)$$

$$SiO_2 + CaCO_3 + Na_2CO_3 \longrightarrow Na_2CaSiO_4 + 2CO_2\uparrow \quad (8\text{-}4)$$

熟料溶出是使烧结熟料中的 Al_2O_3 尽可能进入溶液，而与溶出渣中的 SiO_2 实现硅铝分离。熟料中的铝酸钠易溶于水和稀碱溶液。在 85℃下，磨细熟料中的铝酸钠在 3～5min 内便能溶出，以 $NaAl(OH)_4$ 的形态进入溶液，化学反应方程式如下：

$$Na_2O \cdot Al_2O_3 + 4H_2O + aq = 2NaAl(OH)_4 + aq \tag{8-5}$$

8.4.2 生料烧结

细粒和粗粒粉煤灰的脱硅滤饼（TG-01、TG-02）与石灰石、工业碳酸钠分别按照 100∶49.34∶101.77 和 100∶48.98∶107.13（表 8-6）的质量比混合，采用实验型球磨机进行粉磨混料，粉磨时间为 30min，粉磨后的生料粉体粒度为－200 目＞90％。粉磨混合好的生料粉料在实验电炉中于预定的烧结制度下烧结。烧结熟料随电炉自然冷却至室温，然后在密封式化验制样粉碎机中细碎成熟料粉体，熟料粉体的粒度为－120 目＞90％。

表 8-6 脱硅滤饼改良碱石灰烧结配料比及配料的主要化学成分 $w_B/\%$

样品	配料比	SiO_2	TiO_2	Al_2O_3	TFe_2O_3	MnO	MgO	CaO	Na_2O	K_2O	P_2O_5	CO_2
TG-01	100	33.13	1.50	42.58	5.60	0.05	1.18	3.29	2.76	0.26	0.17	0.00
Na_2CO_3	101.77								59.53			42.24
$CaCO_3$	49.34							27.63				21.71
TG-02	100	32.98	1.33	43.66	8.86	0.05	0.85	3.35	1.39	0.23	0.14	0.00
Na_2CO_3	107.13								62.66			44.47
$CaCO_3$	48.98							27.43				21.55

通过测定熟料的 Al_2O_3 标准溶出率来表征烧结熟料的质量。由于熟料中的 CaO 在溶出过程中稳定存在于溶出滤饼中，因此烧结熟料中 Al_2O_3 的溶出率计算公式为：

$$\eta(Al_2O_3) = [1 - (A_{渣}/A_{熟}) \times (C_{熟}/C_{渣})] \times 100\% \tag{8-6}$$

式中，$\eta(Al_2O_3)$ 为 Al_2O_3 的溶出率，％；$A_{熟}$、$C_{熟}$ 分别为烧结熟料中 Al_2O_3、CaO 的含量，％；$A_{渣}$、$C_{渣}$ 分别为溶出渣中 Al_2O_3、CaO 的含量，％。

不同烧结温度下得到熟料的 Al_2O_3 标准溶出率列于表 8-7 和表 8-8 中。由表可知，尽管脱硅滤饼样品 TG-01 的 Al_2O_3 含量低于 TG-02，但前者烧成熟料 TG-01 的 Al_2O_3 含量高于 TG-02，这是由于在两种脱硅滤饼 TG-01 和 TG-02 中，引入的配料石灰石和工业碳酸钠的比例不同。

表 8-7 脱硅滤饼（TG-01）烧结熟料中 Al_2O_3 的标准溶出率实验结果

序号	烧结制度	熟料	化学成分(w_B)/％		溶出渣	化学成分(w_B)/％		标准溶出率/％
			Al_2O_3	CaO		Al_2O_3	CaO	
1	900℃/2h	SJL-01	26.24	15.86	RCZ-01	6.03	26.67	86.33
2	950℃/2h	SJL-02	26.16	15.30	RCZ-02	6.01	26.75	86.23
3	1000℃/2h	SJL-03	25.24	16.03	RCZ-03	5.41	25.87	86.72
4	1050℃/2h	SJL-04	25.73	16.13	RCZ-04	5.54	25.90	86.95
5	1100℃/2h	SJL-05	25.43	16.21	RCZ-05	6.15	25.81	84.81
6	1150℃/2h	SJL-06	25.62	16.31	RCZ-06	6.20	25.83	84.30

烧结熟料中 Na_2O 的溶出率计算公式为：

$$\eta(Na_2O)=[1-(A_{渣}/A_{熟})\times(C_{熟}/C_{渣})]\times100\% \tag{8-7}$$

式中，$\eta(Na_2O)$ 为 Na_2O 的溶出率，%；$A_{熟}$、$C_{熟}$ 分别为烧结熟料中 Na_2O、CaO 的含量，%；$A_{渣}$、$C_{渣}$ 分别为溶出渣中 Na_2O、CaO 的含量，%。

表 8-8　脱硅滤饼（TG-02）烧结熟料中 Al_2O_3 的标准溶出率实验结果

序号	烧结制度	熟料	化学成分(w_B)/%		溶出渣	化学成分(w_B)/%		标准溶出率/%
			Al_2O_3	CaO		Al_2O_3	CaO	
1	900℃/2h	SJL-11	23.59	16.34	RCZ-11	3.77	30.67	91.49
2	950℃/2h	SJL-12	23.74	16.35	RCZ-12	3.20	30.85	92.86
3	1000℃/2h	SJL-13	23.64	16.52	RCZ-13	2.91	29.88	93.19
4	1050℃/2h	SJL-14	23.48	16.68	RCZ-14	1.98	28.04	94.98
5	1100℃/2h	SJL-15	23.66	16.72	RCZ-15	3.00	27.21	92.18
6	1150℃/2h	SJL-16	24.01	16.95	RCZ-16	2.65	27.63	92.21

分别选取 Al_2O_3 溶出率较好的烧结熟料 SJL-03 和 SJL-14，计算 Na_2O 的标准溶出率，结果见表 8-9。由实验结果可知，烧结温度在 900～1150℃范围内，原高铝粉煤灰粗灰熟料中 Al_2O_3 的标准溶出率均超过 90%。因此，采用改良碱石灰处理脱硅滤饼，烧结温度范围约为±100℃。这在工业生产时可大大降低烧结工艺操作的难度。不同烧结温度下所得熟料，其主要物相均为原硅酸钠钙（Na_2CaSiO_4）和铝酸钠（$NaAlO_2$）；溶出渣的主要物相为原硅酸钠钙，这与实验设计相吻合（图 8-7）。

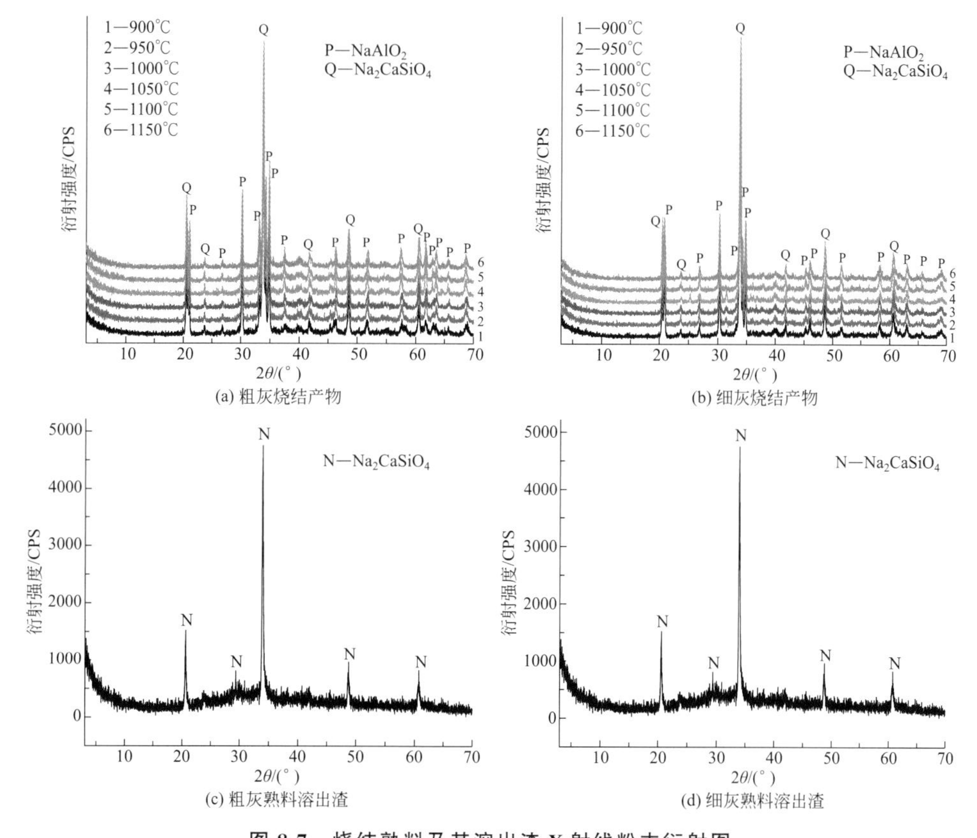

图 8-7　烧结熟料及其溶出渣 X 射线粉末衍射图

表 8-9 脱硅滤饼烧结熟料中 Na_2O 的标准溶出率实验结果

序号	烧结制度	熟料	化学成分(w_B)/%		溶出渣	化学成分(w_B)/%		标准溶出率/%
			Na_2O	CaO		Na_2O	CaO	
1	100℃/2h	SJL-03	31.43	16.03	RCZ-03	15.75	25.87	68.95
2	950℃/2h	SJL-14	34.65	16.68	RCZ-14	19.08	28.04	67.24

8.4.3 氧化铝溶出

根据上述实验结果，选定 1050℃下的烧结熟料（SJL-04、SJL-14），进行溶出氧化铝实验。称取一定质量的烧结熟料，置于已加有模拟溶出液（预热至约 80℃）的烧杯中，开启机械搅拌（搅拌速率 200r/min），溶出反应时间为 15min。反应结束后，抽滤过滤，分离溶出渣滤饼，用热水洗涤滤饼 4 次。洗涤后滤饼置于电热鼓风干燥箱中，在 105℃下烘干 8h，得到溶出渣。实验结果见表 8-10。

由表 8-10 可见，当液固质量比为 2、溶出介质为清水、溶出温度为 85℃、溶出时间为 15min 时，粗灰烧结熟料的溶出效果最好，Al_2O_3 的溶出率高达 91.49%。此时溶出液（RCY-01）和溶出渣（RCZ-01）的化学成分分析结果分别见表 8-11 和表 8-12。后续提取氧化铝实验所用烧结熟料溶出液为粉煤灰粗灰烧结熟料（SJL-14）的溶出液，溶出渣的利用实验采用相应的粗灰溶出渣。熟料溶出液的 Rp＝104.8/72，实验过程中或工业化生产中可能存在二次反应的问题，但若及时分离溶出渣和溶出液，则可将二次反应影响减至最小。实验结果表明，若分离及时，则可保证 Al_2O_3 的溶出率达约 90%。

表 8-10 烧结熟料溶出氧化铝实验结果

原料	溶出结果					溶出条件			
	$A_{熟}$	$C_{熟}$	$A_{渣}$	$C_{渣}$	Al_2O_3 溶出率/%	溶出介质	液固比	T/℃	t/min
粗灰烧结料(SJL-14)	23.48	16.68	3.58	28.81	91.17	清水溶出	3	85	15
	23.48	16.68	3.7	28.24	90.69	NaOH 溶出	3	85	15
	23.48	16.68	3.18	26.56	91.49	清水溶出	2	85	15
细灰烧结料(SJL-04)	25.73	16.13	5.25	25.92	87.30	清水溶出	3	85	15
	25.73	16.13	5.11	25.71	87.54	清水溶出	2	85	15

注：$A_{熟}$、$C_{熟}$ 分别为熟料中 Al_2O_3、CaO 含量；$A_{渣}$、$C_{渣}$ 分别为溶出渣中 Al_2O_3、CaO 含量。

表 8-11 烧结熟料溶出液化学成分分析结果 g/L

样品号	SiO_2	TiO_2	Al_2O_3	Fe_2O_3	MgO	CaO	Na_2O	K_2O
RCY-01	2.85	0.16	104.8	0.017	0.19	0.13	72.00	0.06

表 8-12 烧结熟料溶出渣化学成分分析结果 w_B/%

样品号	SiO_2	TiO_2	Al_2O_3	Fe_2O_3	MgO	CaO	Na_2O	K_2O
RCZ-01	28.80	1.07	3.18	6.84	2.31	26.56	22.41	0.22

由于实际生产过程中溶出调配液含有部分铝酸钠、氢氧化钠和碳酸钠等，因此实验进一步研究了溶出调配液成分中 Al_2O_3＝35～40g/L、Na_2O_c＝15～20g/L、Na_2O_k＝40～50g/L

时，氧化铝的溶出效果。配制模拟调配液所用的主要试剂和原料为：

铝酸钠：化学纯，含量（以 Al_2O_3 计）≥41.0%，国药集团化学试剂有限公司生产；

氢氧化钠：分析纯，含量（以 NaOH 计）≥96.0%，北京化工厂生产；

碳酸钠：分析纯，含量（以 Na_2CO_3 计）≥99.0%，北京化工厂生产；

石嘴山高铝粉煤灰烧结熟料。

模拟调整液的调配按照表 8-13 设计，分别配制编号为 1～6 的模拟调整液，所需试剂及用量列于表中。称取试剂溶解，定容于 500mL 容量瓶，摇匀，然后将静置后的溶液取出抽滤，得到精制滤液。得到的滤液依次编号为 TP-1～TP-6。

表 8-13　模拟调整液调配设计表

序号	设计浓度/(g/L)			试剂计算添加量/(g/500mL)		
	Al_2O_3	Na_2O_c	Na_2O_k	铝酸钠(C. P.)	氢氧化钠(C. P.)	碳酸钠(C. P.)
1	35	15	40	42.7	12.1	12.9
2	36	16	42	43.9	13.0	13.7
3	37	17	44	45.1	13.9	14.6
4	38	18	46	46.4	14.8	15.4
5	39	19	48	47.6	15.7	16.4
6	40	20	50	48.8	16.6	17.2

准确量取 400mL 模拟调整液，转移至聚四氟乙烯烧杯中；将其置于水浴中，开启搅拌，加热至 85℃；然后加入 200g 粉煤灰烧结熟料粉料，恒温搅拌反应 15min；将反应所得料浆抽滤过滤，得到的滤液即为铝酸钠溶液。

分别以模拟调整液 TP-1～TP-6 为介质，溶出烧结熟料粉料，得到的铝酸钠溶液依次编号为 RC-1～RC-6。对调配液和溶出液分别测定其中的氧化铝浓度，结果列于表 8-14。实验结果表明，当调配液中含有一定量的铝酸钠、氢氧化钠和碳酸钠时，铝酸钠溶液中的 Al_2O_3 浓度大多可达 120g/L 以上，均高于在清水中的溶出液浓度。

表 8-14　模拟调整液及铝酸钠溶液中氧化铝浓度　　g/L

模拟调整液		铝酸钠溶液	
样品号	Al_2O_3	样品号	Al_2O_3
TP-1	39.75	RC-1	117.69
TP-2	40.98	RC-2	126.18
TP-3	42.99	RC-3	127.29
TP-4	44.66	RC-4	128.19
TP-5	43.55	RC-5	117.02
TP-6	44.05	RC-6	108.42

8.5　铝酸钠粗液脱硅及制备氢氧化铝

在烧结熟料溶出过程中，少量的 Na_2CaSiO_4 与铝酸钠溶液发生二次反应，使得 SiO_2 以硅酸钠的形式进入溶液，从而使得粗制铝酸钠溶液中溶解有较多的 SiO_2，其浓度远超过相

应条件下 SiO_2 的平衡浓度，呈过饱和状态。这种铝酸钠粗液在碳化分解过程中，溶液中的 SiO_2 会随氢氧化铝一起析出，从而导致成品氧化铝不符合质量要求。因此，粗制铝酸钠溶液在碳化分解之前必须进行脱硅精制处理，以使溶液中呈过饱和状态存在的 SiO_2 尽可能地除去。

8.5.1 一段脱硅

在工业溶出 Al_2O_3 条件下，由烧结熟料（SJL-14）制得的粗制铝酸钠溶液（RCY-01）的硅量指数约为 30（表 8-15）。为了提高铝酸钠溶液的硅量指数，首先需对粗制铝酸钠溶液进行一段脱硅。

表 8-15 熟料溶出液化学成分分析结果 g/L

样品号	SiO_2	TiO_2	Al_2O_3	Fe_2O_3	MgO	CaO	Na_2O	K_2O
RCY-01	2.85	0.16	104.8	0.017	0.19	0.13	72.00	0.06

量取 1L 粗制铝酸钠溶液（RCY-01），置于不锈钢反应釜中，加入 30g 一段脱硅渣滤饼作为脱硅晶种，密封后开启仪器，在搅拌（200r/min）条件下升温至 160℃，此时釜内自生压力约为 0.75MPa（压力表读数）。在该温压条件下保持搅拌，恒温反应 2h。反应结束后通冷却水降温，待釜内温度降至 95℃时开釜。倒出反应浆料，真空抽滤过滤，得到 45g 一次脱硅渣滤饼，含水率约 50%。得到一段脱硅铝酸钠溶液（TGY-01）的体积为 1L，其硅量指数提高到 350（表 8-16）。

表 8-16 一段脱硅铝酸钠溶液化学成分分析结果 g/L

样品号	SiO_2	Al_2O_3	Na_2O	Fe_2O_3
TGY-01	0.35	100.5	68.70	0.017

8.5.2 二段脱硅

称取 6.5g 氧化钙（A. R.）消解于 31mL 蒸馏水中，配制成有效 CaO 含量为 200g/L 的脱硅石灰乳。将配置好的脱硅石灰乳加入预先升温至 100℃的 1L 一段脱硅铝酸钠溶液（TGY-01）中，保持在该温度下搅拌反应 2h，进行二段脱硅。反应结束后过滤，分离得到二段脱硅渣滤饼，含水率 30%。所得精制铝酸钠溶液的体积约 1L，其硅量指数达到 1000 以上（表 8-17），满足后续碳酸化分解制备氢氧化铝一级品的要求。

表 8-17 精制铝酸钠溶液化学成分分析结果 g/L

样品号	SiO_2	Al_2O_3	Na_2O	Fe_2O_3
TGY-02	0.09	98.15	67.32	0.013

8.5.3 碳化分解

铝酸钠溶液中 SiO_2 的平衡浓度与溶液中 Al_2O_3 的含量符合正相关关系。碳酸化分解过程中，随着铝酸钠溶液中 Al_2O_3 浓度的降低，溶液中的杂质 SiO_2 由不饱和逐渐变为饱和、过饱和并与氢氧化铝一起析出，从而影响制品的质量。因此，在碳酸化分解过程中，需要严格控制铝酸钠溶液的碳分分解率。根据工业上烧结法生产氧化铝的实践经验，铝酸钠溶液的硅量指数达到 1000 以上，碳分分解率控制在 90%以内，均能制得合格的氢氧化铝和氧化铝产品。

前期探索性实验表明，铝酸钠溶液的 pH 值与碳分分解率存在对应关系。当溶液的 pH 值达到约 12.5 时，铝酸钠溶液的碳分分解率接近 90%（表 8-18）。

表 8-18　碳分分解率与溶液 pH 值的关系

pH 值	14	13	12	11
分解率/%	0	70.6	91.5	97.6

量取经两段脱硅制得的精制铝酸钠溶液（TGY-02）1L，置于不锈钢反应釜中，升温至 85℃，保持搅拌速率为 200r/min。通过釜内的插底管向溶液中通入模拟石灰窑气（40% CO_2+60%N_2），通过气体质量流量计控制通气速率为 500mL/min。通气反应 1h 后，铝酸钠溶液的 pH 值降至 12，关闭通气阀门，继续搅拌 30min，然后过滤反应浆料。所得滤饼用约 90℃的蒸馏水洗涤，洗水用量为 150mL。所得氢氧化铝滤饼的质量为 155g，含水率为 13%，烘干后得 150g 氢氧化铝制品（AOH-01）。

对比国标 GB/T 4294—2010（表 8-19）和表 8-20 可见，实验制备的氢氧化铝制品（AOH-01）达到了工业产品国标 GB/T 4294—2010 规定的标准。

表 8-19　氢氧化铝的国家标准（GB/T 4294—2010）

牌号	化学成分(质量分数)②/%					物理性能
	$Al_2O_3$③ 不小于	杂质含量,不大于			烧失量（灼减）	水分(附着水)/% 不大于
		SiO_2	Fe_2O_3	Na_2O		
AH-1①④	余量	0.02	0.02	0.40	34.5±0.5	12
AH-2④	余量	0.04	0.02	0.40	34.5±0.5	12

① 用作干法氟化铝的生产原料时，要求水分（附着水）不大于 6%，小于 45μm 粒度的质量分数≤15%。
② 化学成分按在 110℃±5℃下烘干 2h 的干基计算。
③ Al_2O_3 含量为 100%减去表中所列杂质含量总和以及灼减后的余量。
④ 重金属元素 $w(Cd+Hg+Pb+Cr^{6+}+As)\leqslant 0.010\%$，供方可不做常规分析，但应监控其含量。

表 8-20　氢氧化铝制品化学成分分析结果　　$w_B/\%$

样品号	Al_2O_3	SiO_2	Fe_2O_3	Na_2O	灼减
AOH-01	65.63	0.003	0.011	0.36	34

注：谱尼测试中心测试，报告编号：T11101008902D。

氢氧化铝滤饼洗水并入碳分母液。碳分母液的化学成分列于表 8-21 中，其经蒸发浓缩后返回生料浆制备工序。

表 8-21　碳分母液的化学成分分析结果　　g/L

样品号	SiO_2	Al_2O_3	Na_2O	CO_2
TFY-01	0.04	7.50	73.34	54.35

8.5.4　氢氧化铝制品表征

实验所得氢氧化铝制品（AOH-01）的 X 射线粉末衍射分析结果见图 8-8。由图可见，氢氧化铝制品的结晶良好。图 8-9 是氢氧化铝制品（AOH-01）的扫描电镜照片，从图中可以看出，氢氧化铝制品呈现完好的球状形态，且分散性良好，结构致密。

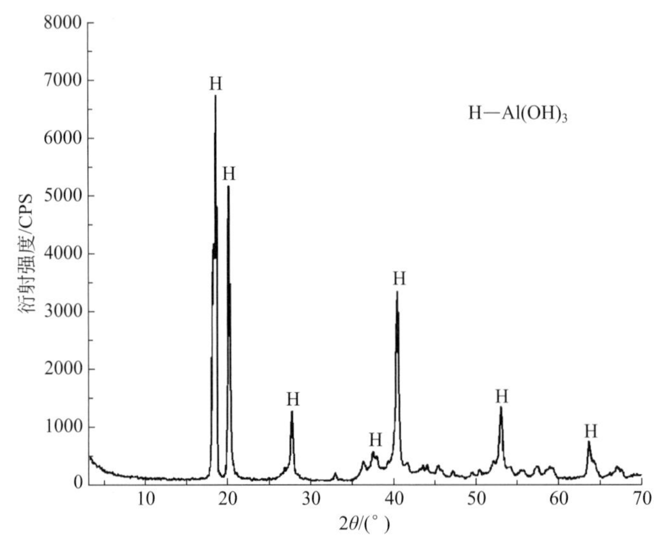

图 8-8　氢氧化铝制品（AOH-01）的 X 射线粉末衍射图

(a)　　(b)

图 8-9　制备氢氧化铝（AOH-01）的扫描电镜照片

8.6 硅钙碱渣回收碱

8.6.1 反应原理

烧结熟料溶出铝酸钠后剩余溶出渣的主要物相是 Na_2CaSiO_4，是一种不稳定的化合物，水热条件下易发生水解。水解反应式为：

$$Na_2CaSiO_4 + H_2O + aq \longrightarrow Na_2SiO_3 + Ca(OH)_2 + aq \tag{8-8}$$

$$Na_2SiO_3 + Ca(OH)_2 + H_2O + aq \longrightarrow CaO \cdot SiO_2 \cdot H_2O + 2NaOH + aq \tag{8-9}$$

原硅酸钠钙相发生水解反应的速率和反应完成程度取决于反应温度和溶液相的浓度。随着反应温度升高，水解反应速率加快，同时泥渣产物的膨胀性增大，给料浆输送和过滤分离带来不便。若采用一定浓度的碱液作为水解介质，则可以抑制泥渣的膨胀。

8.6.2 实验过程

称取一定质量的氢氧化钠固体（A.R.，纯度96%）溶解于400mL蒸馏水中，待溶液冷却至室温后备用。称取100g溶出渣（RCZ-01），置于反应釜中，加入400mL预先配制好的浓度2mol/L的NaOH溶液，反应釜密封后开启加热套加热和搅拌（200r/min）。待反应釜内温度升高至160℃，保持恒温反应1h。关闭电源，移去加热套，往釜内蛇形冷却管中通入冷却水，使釜体快速降温减压。待釜内温度降低至小于100℃即开釜，倒出反应浆液。反应浆液经真空抽滤，用热水洗涤滤饼4次，每次洗涤水用量为200mL。所得硅钙渣滤饼置于电热鼓风干燥箱中，在105℃下烘干8h。

取样分析硅钙渣的化学成分，计算溶出渣中Na_2O的净溶出率，计算公式为：

$$\eta(Na_2O)=[1-(N_{渣}/N_{饼})\times(C_{饼}/C_{渣})]\times 100\% \tag{8-10}$$

式中，$\eta(Na_2O)$为Na_2O的净溶出率，%；$N_{饼}$、$C_{饼}$分别为溶出渣中Na_2O、CaO的含量，%；$N_{渣}$、$C_{渣}$分别为硅钙渣中Na_2O、CaO的含量，%。

8.6.3 结果分析

依据溶出渣（RCZ-01，表8-12）和硅钙渣（GGZ-01）的化学成分分析结果（表8-22），计算得溶出渣中Na_2O的净溶出率为95%。溶出渣回收碱后，剩余硅钙渣的主要物相为$CaO\cdot SiO_2\cdot nH_2O$（图8-10）。

表8-22 硅钙渣的化学成分分析结果 $w_B/\%$

样品号	SiO_2	TiO_2	Al_2O_3	Fe_2O_3	MgO	CaO	Na_2O	K_2O	烧失	总量
GGZ-01	26.04	1.04	2.83	6.24	1.31	25.04	0.98	0.07	36.68	100.23

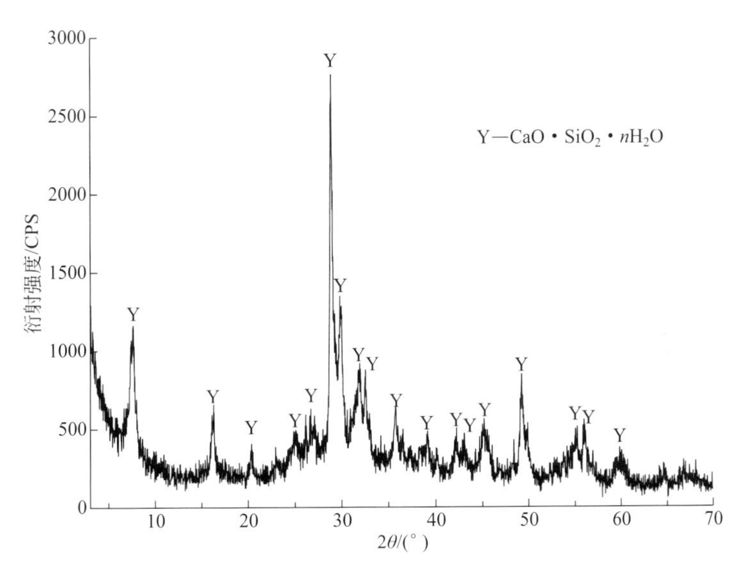

图8-10 剩余硅钙渣（HSJ-01）X射线粉末衍射图

8.7 硅钙渣制备轻质墙体材料

烧结熟料溶出渣回收碱后，剩余硅钙渣的主要物相为水合硅酸钙 $CaO \cdot SiO_2 \cdot nH_2O$（图 8-10），用于制备轻质墙体材料。

8.7.1 反应原理

硅钙滤渣的主要物相是非晶态的硅酸钙水合物。粉煤灰中玻璃态 SiO_2 和 Al_2O_3 的总量在 85%以上。在蒸压养护过程中，硅钙渣中的非晶态硅酸钙水合物发生聚合，生成雪硅钙石；继而，部分雪硅钙石与 CO_2 反应，生成氧化硅凝胶和少量方解石。同时，粉煤灰中玻璃体的 Si-O-Si(Al) 键发生解聚，并与 Ca^{2+} 重新聚合，生成雪硅钙石。因此，随着雪硅钙石和氧化硅凝胶的逐渐形成，浆料发生硬化并具有一定强度。

在蒸压养护过程中，反应浆料的变化主要分为如下两个阶段：

（1）浆料稠化和凝结

硅钙滤渣、粉煤灰和生石灰等固态混合物与水拌和后，生石灰与水反应生成 $Ca(OH)_2$，使浆料呈碱性，反应式如下：

$$CaO + H_2O \longrightarrow Ca(OH)_2 \tag{8-11}$$

反应浆料成型后，体系中的钙质矿物不断水化，粉煤灰中的玻璃体在碱性条件下发生溶解，持续生成水化产物如水化硅酸盐、水化铝酸盐等：

$$2CaO + SiO_2(\text{玻璃体}) + 2H_2O \longrightarrow 2Ca^{2+} + SiO_2(gls) + 4OH^- \longrightarrow \text{C-S-H} \tag{8-12}$$

$$2CaO + Al_2O_3(\text{玻璃体}) + 2H_2O \longrightarrow 2Ca^{2+} + Al_2O_3(gls) + 4OH^- \longrightarrow \text{C-A-H} \tag{8-13}$$

浆料中的水分因参与反应成为结合水而逐渐减少，水化产物的溶液浓度增大达到饱和状态，析出微小晶体，微晶与絮凝胶体逐渐形成，浆料失去流动性而成为凝聚状态，逐渐凝结硬化，形成强度较低的坯体，此时可承受自身重量。当稠化过程结束时，坯体的整体结构形成。随着水化反应的继续进行，坯体中晶体相与凝胶相不断增多，浆料形成具有一定结构和强度的坯体。

（2）浆料硬化

在升温阶段，粉煤灰中的非晶态 SO_2、Al_2O_3 在温度较高时不断被溶解，水化硅酸钙的含量随之不断增加，在温度继续升高时转变为半结晶态硅酸钙。与此同时，硅钙渣中的硅酸钙水合物开始发生结构变化，生成部分雪硅钙石。在恒温阶段，硅钙渣中的非晶态硅酸钙水合物发生聚合，生成雪硅钙石。同时，部分雪硅钙石与 CO_2 反应生成 SiO_2 凝胶。粉煤灰中玻璃体的 Si-O-Si（Al）键发生解聚，之后与 Ca^{2+} 反应重新聚合，生成更多的雪硅钙石，促使坯体完全硬化。

8.7.2 实验过程

高铝粉煤灰提取氧化铝过程生成的硅钙碱滤渣，经水解脱碱后转变为水合硅酸钙相。以硅钙滤渣为主要原料生产新型轻质墙体材料，主要影响因素有：硅钙渣用量，粉煤灰与生石灰质量比，水固质量比，外加剂种类及用量。

制备新型轻质墙体材料的工艺流程如图 8-11 所示。主要工艺过程包括配料混磨、加水搅拌、装模成型、静停养护、蒸压养护等。

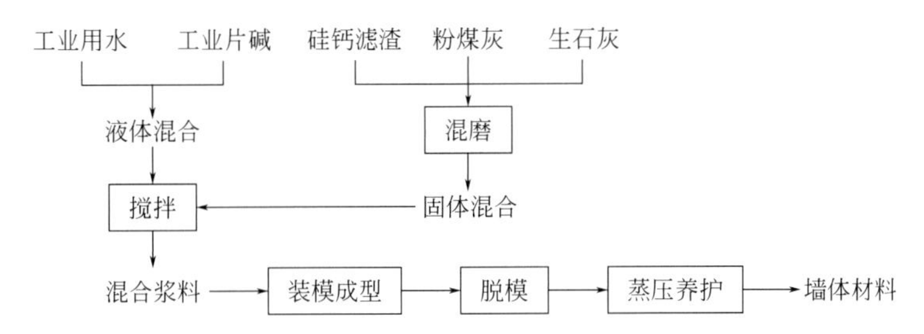

图 8-11　制备新型轻质墙体材料的工艺流程

8.7.3　结果分析

选取硅钙滤渣掺量、粉煤灰与生石灰比例和工业片碱用量等因素设计正交实验方案。以制品 F-1 为例，实验制备过程如下：

① 按实验制品 F-1 的原料配比，称取硅钙滤渣 18.0g，粉煤灰 8.4g，生石灰 3.6g，置于 JXF90-2 型密封式粉碎机中振动粉磨 15s，取出后称取 24.0g 置于 200mL 烧杯 A 中。

② 称取 0.12g 烧碱，放于 50mL 烧杯 B 中，用移液管量取 24mL 自来水，注入烧杯 B 中，搅拌至烧碱全部溶解，之后将溶液倒入烧杯 A 中，搅拌使固液混合均匀。

③ 将以上固液混合浆料置于 2cm×2cm×2cm 钢模中，在 GZ-85 型水泥胶砂振动台上振动 120s 成型。

④ 将所得坯体在室温下固化，脱模后送入北京市现代建筑材料公司的蒸压釜（双环牌）中养护 10h（升温 2h，恒温 6h，降温 2h），出釜冷却即得制品。

采用 WEW-50B 微机控制液压万能试验机测定制品强度。第一轮正交实验结果见表 8-23。

表 8-23　制备墙体材料第一轮正交实验结果

实验号	$CaSiO_3/(FA+CaO)$	FA/CaO	NaOH/(F+C)	水固比	抗压强度/MPa
F-1	60/40	70/30	1.0	1.0	10.4
F-2	60/40	60/40	1.5	1.0	18.7
F-3	60/40	50/50	2.0	1.0	17.3
F-4	70/30	60/40	1.0	1.1	18.6
F-5	70/30	50/50	1.5	1.1	16.6
F-6	70/30	70/30	2.0	1.1	3.3
F-7	80/20	50/50	1.0	1.2	13.1
F-8	80/20	70/30	1.5	1.2	3.0
F-9	80/20	60/40	2.0	1.2	8.0
$K(1,j)$/MPa	15.47	5.57	14.03		
$K(2,j)$/MPa	12.83	15.10	12.43		
$K(3,j)$/MPa	8.03	15.67	9.53		
极差/MPa	7.44	10.10	4.50		
最佳水平	60/40	60/40	1.5		

由实验结果可知，粉煤灰与石灰的比例是影响制品抗压强度的最主要因素，硅钙渣和片碱用量为次要因素。在第一轮正交实验基础上，调整粉煤灰与生石灰的比例，设计进行第二轮正交实验，结果见表 8-24。

表 8-24　制备墙体材料第二轮正交实验结果

实验号	$CaSiO_3$/(FA+CA)	FA/CA	NaOH/(FA+CA)	水固比	抗压强度/MPa
S-1	60	40/60	0	1.0	20.2
S-2	60	50/50	1	1.0	19.6
S-3	60	60/40	2	1.0	19.3
S-4	70	50/50	0	1.1	15.7
S-5	70	60/40	1	1.1	15.1
S-6	70	40/60	2	1.1	16.2
S-7	80	60/40	0	1.2	11.6
S-8	80	40/60	1	1.2	12.5
S-9	80	50/50	2	1.2	12.0
$K(1,j)$/MPa	19.70	16.30	15.50		
$K(2,j)$/MPa	15.67	15.77	15.73		
$K(3,j)$/MPa	12.03	15.33	15.83		
极差/MPa	7.67	0.97	0.33		
最佳水平	60/40	40/60	0		

实验结果表明，当粉煤灰与硅钙滤渣的质量比在 40/60 和 60/40 之间时，硅钙渣用量的极差为 7.67MPa，粉煤灰与硅钙滤渣质量比是影响制品强度的主要因素，即制品强度随硅钙渣用量的增大而减小。当硅钙渣用量小于 70%时，制品密度为 900kg/m³，抗压强度均超过 15MPa，最高为 20.2MPa，达到了蒸压灰砂砖的国标（GB 11945—1999）中 M15 级产品的强度要求，但制品的抗冻融性仍未能达到要求。

为提高制品的抗冻融性，分别将萘系减水剂、聚羧酸基减水剂、引气剂（三者均购自北京恒安外加剂有限公司）稀释 50、100、200、500 倍后，与固体混合物混合，固体混合物的原料配比为：硅钙滤渣 70%、粉煤灰 18%、生石灰 12%。实验结果表明，使用稀释 100 倍的聚羧酸基减水剂，实验制品（X1）在 15 次冻融循环前后的抗压强度均为 15.3MPa，且无质量损失，达到国标（GB 11945—1999）中 MU15 级产品的指标要求。

按照以上优化实验结果（X1）进行放大实验。称取硅钙渣 280g，粉煤灰 72g，生石灰 48g，于振动磨中混合粉末后称取 390g，量取 250g 稀释 100 倍的聚羧酸系减水剂，使用水泥胶砂搅拌机（GZ-85 型）进行固液混合，在 70mm×70mm×70mm 规格模具中成型，经静养和蒸压养护后，获得制品的抗压强度为 16.5MPa。经历 15 次冻融循环后，制品的抗压强度为 16MPa，质量损失为 1.6%，满足国标（GB 11945—1999）中 MU15 级产品的质量要求。采用 TG-2/A 型热导率测定仪测定，实验制品（X1）的热导率介于 0.12～0.14W/(m·K)之间。以硅钙尾渣为主要原料，所制得新型轻质墙体材料的实物照片如图 8-12 所示。

图 8-12　硅钙尾渣制备新型轻质墙体材料实物照片

以回收碱后所得硅钙渣为主要原料，添加粉煤灰、生石灰、减水剂等，经过混磨、加水搅拌、成型、静养和蒸养处理，生产新型轻质墙体材料，是充分大宗利用高铝粉煤灰提铝过程产生的硅钙尾渣的一种切实可行途径。实验制品的主要性能指标如下：

抗压强度：≥15.0MPa；

体积密度：≤1200kg/m^3；

热导率：介于 0.12～0.14W/(m·℃)之间；

抗冻融性：经历 15 次冻融循环后抗压强度大于 15.0MPa；

热稳定性：约 700℃，SDT Q600 型差热-热重分析仪测定。

第9章 高铝煤矸石提取氧化铝技术

9.1 煤矸石资源概述

煤矸石是指在煤炭的生产加工过程中产生的岩石的统称，包括煤矿在井巷掘进排出的矸石、露天煤矿开采时剥离的矸石以及洗选加工过程中排除的矸石。我国煤矸石的综合排放量约占原煤产量的15%，而全国每年利用的只有6000多万吨，其余大部分只能作为固体废物堆积。

煤矸石形成是伴随着煤炭的开采和洗选而产生的，主要包括：

① 井筒和岩石巷道掘进过程中开凿排出的岩石，主要岩石有页岩、泥岩、砂岩、粉砂岩、砾岩和石灰岩。

② 煤层的开采及煤层巷道掘进过程中，由煤层中夹矸和削下部分煤层的顶板及底板组成。

③ 煤层分选过程中排除矸石，主要包括煤层中的各类夹石，例如高岭石黏土、黄铁矿结合核等组成。

以上3类各占煤矸石比例的45%、35%、20%（谢晓旺，2009）。不同地区煤矸石的化学成分是不一致的，其主要化学成分有SiO_2、Al_2O_3和C，另外还含少量的Fe_2O_3、MgO、SO_3、Na_2O、CaO、K_2O和P_2O_5等，以及V、Co、Ti等微量金属元素。一般煤矸石主要化学成分的大致范围如表9-1所示。

表9-1 煤矸石的主要化学成分 $w_B/\%$

化学成分	SiO_2	Al_2O_3	Fe_2O_3	CaO	MgO	K_2O	Na_2O	C
含量	30～60	15～40	2～10	1～4	1～3	1～2	1～2	20～30

煤矸石的岩石类型和煤田地质条件有很大关系，同时也和采煤技术密切相关。岩石组成成分复杂，变化范围大，主要由页岩类（泥质页岩，碳质页岩，粉砂质页岩）、砂岩类（泥质粉砂岩，砂岩）、泥岩类（泥岩，碳质泥岩，粉砂质泥岩）、碳酸盐岩类（泥灰岩，灰岩）

和煤粒、硫结核组成。其矿物成分也是复杂多变的。主要由黏土矿物（高岭石，蒙脱石，伊利石，勃姆石）、方解石、石英、黄铁矿及碳质组成（邓军，2009）。

煤矸石主要应用在建筑、能源、农业等领域，分述如下。

（1）建筑行业

根据煤矸石的热值、矿物质含量、含碳量的不同，可以有不同的用途。低位发热量为6.27～12.54MJ/kg、含碳量大于20%的煤矸石适合作为锅炉燃料；低位发热量为2.09～6.27MJ/kg、含碳量在6%～20%的煤矸石适宜于制砖、水泥和其他建筑材料。

我国对煤矸石的利用原则是：煤矸石建材中以发展高掺量煤矸石烧结制品为主，并积极发展煤矸石承重、轻骨料等新型建材、非承重烧结空心砖，逐步替代黏土；鼓励煤矸石建材及制品向多功能、多品种、高档次的方向发展（杨晓燕等，2007）。

利用煤矸石生产水泥是指利用煤矸石代替黏土（或矾土）作为硅铝质原料，节约部分优质燃料的一种生产水泥的新工艺技术。据资料统计，若采用农田来开采黏土矿，则每生产1万吨水泥约需要占地0.03hm^2。假设要生产8000万吨水泥，并且其中大概10%的水泥采用煤矸石代替黏土这一新工艺方法，便可减少占用农田26.7hm^2，同时堆积这些煤矸石的土地又可被多利用为农田（葛林瀚等，2010）。

采用煤矸石作为原料生产水泥的工艺与生产普通水泥的工艺基本相同：即将原料按一定比例混合，研磨成细生料，烧结至部分熔融，得到以硅酸钙为主要成分的熟料，再加入适量的石膏和其他混合材料，磨成细粉便可制成水泥（黄志芳，2009）。

煤矸石混凝土空心砌砖是很多年前在我国发展起来的，它的工艺是以工业废渣煤矸石为主要材料而制得一种新型墙体材料。它以自燃的或人工煅烧的煤矸石和少量的生石灰、石膏为原料，混合物磨细为胶结料；并经破碎、分级的自燃煤矸石（或人工煅烧煤矸石、天然砂石、其他工业废渣等）为粗、细骨料。胶结料和粗、细骨料按一定的比例经过计算配料，并经加水搅拌、振动成型、蒸汽养护等工序后，可制得煤矸石空心砌砖（魏宝红，2009）。

因为煤矸石中含有各种金属氧化物、碳酸钙及硫铁矿，而这些物质在高温下都会分解溢出气体而使物料在塑性阶段产生膨胀，从而形成孔隙结构。利用煤矸石烧结机或回转窑可煅烧成轻骨料，这种轻骨料具有容重轻、强度高、吸水率小等优点，并且可代替沙石，配制成轻混凝土，用它做成墙体，保温吸湿效果好（徐学思等，2001；刘瑞芹，2009）。

由于煤矸石中的各种金属和非金属氧化物的含量较大，因此它也可作为制作陶瓷的掺合料，这样得到的材料强度有所提高，坯料工艺性能良好，可以在基本不改变原有工艺条件下进行生产，但成本明显降低。

煤矸石作为一种固体废物，如若不加以利用就会占用大量土地，可用废弃的煤矸石来填充煤炭开采导致的地面塌陷、沟复区、矿井填充，使塌陷地得到填平，不仅解决了煤矸石占地问题和环境污染问题，还能废物利用，一举两得。这项技术在国内外早已得到广泛应用（郭静芸等，2009）。

（2）能源行业

由于煤矸石中经常会混有发热量较高的煤，如果这部分煤可以得到充分利用，将得到相当可观的收益。为了加强对煤矸石中高发热量煤的回收，通常会对煤矸石进行再洗，尤其是对含煤量超过20%的煤矸石。这种做法，对于我国这个能源高度缺乏的国家而言不仅增加了可利用的能源，而且经济上得到实惠。作为燃料资源利用含碳量较高（发热量在4.19～8.36MJ/kg及以上）的煤矸石，种类繁多，发热量也大不相同，一般的煤矸石发热量可达4.19～12.06MJ/kg，利用其发电是对煤矸石利用的有效途径之一。

（3）农业

农业上应用煤矸石是利用其粉碎后具有吸附性，作为农肥农药载体并使其达到长效的作用，而它本身所含的矿物质和微量元素对农作物生长也可起到促进作用。因煤矸石呈弱酸性，对改良土壤特别是盐碱地也有较好的长效作用。煤矸石中不但含有大量有机质，而且还含有多种植物生长所必需的微量元素。据测，煤矸石中氮（N）、磷（P）、钾（K）以及一些微量元素的含量是一些土壤中含量的数倍，酸碱度和有害元素的含量适中，使用煤矸石作为原料生产有机肥，一般都需破碎筛分来降低矸石粒度。此外，还需根据不同需要加入不同配比的添加剂和活化剂，利用煤矸石作原料来生产有机肥料（谢晓旺，2009）。

9.2 煤矸石制备氢氧化铝研究现状

为了减少煤矸石堆放造成的环境污染和资源浪费，国内外在综合利用煤矸石制备氧化铝方面做了大量的实践研究。刘小波等（1999）通过对煤矸石-石灰石-纯碱烧结过程固相反应历程进行分析和研究，揭示了烧结过程的反应特点，并讨论了烧结温度和烧结时间对氧化铝提取率的影响；肖秋国等（2002）通过对物料提取氧化铝的作用机理进行分析，研究了物料的掺入量、粒径和均化程度对氧化铝提取率的影响，控制一定的粒度和均化条件，可获得的氧化铝提取率80%～85%；马正先等（2006）等针对氢氧化铝制备过程中的活化、浸取和除杂关键工序做了详尽分析，探讨了各工序对氢氧化铝和氧化铝制品的影响；任根宽等（2010）等研究了以萤石为助剂煅烧活化煤矸石，考察了煤矸石煅烧活化和溶出条件对煤矸石中氧化铝溶出率的影响，优化条件下氧化铝的溶出率高达90.5%；张佼阳等（2011）采用石灰石烧结熟料自粉化法从煤矸石中提取了氧化铝，研究了烧成过程中生料配方、烧结温度、出炉温度和保温时间等条件对烧结熟料质量的影响。

9.3 实验流程

本研究以内蒙古准格尔旗露天矿排放的高铝煤矸石为原料，以工业纯碱、石灰石为配料，采用烧结法工艺制备铝酸钠溶液，后经脱硅除杂、铝酸钠溶液分解等工序制备氢氧化铝产品，实验流程见图9-1。

实验参考现有氧化铝工业中铝土矿碱石灰烧结法工艺，并加以改进，以使其适用于处理铝硅比较低的含铝资源。与传统碱石灰烧结法相比，改良碱石灰烧结工艺通过工艺系统内部循环，降低了碱耗和能耗，且显著减少了剩余硅钙渣的排放量，为氧化铝工业清洁生产提供了新的技术途径。

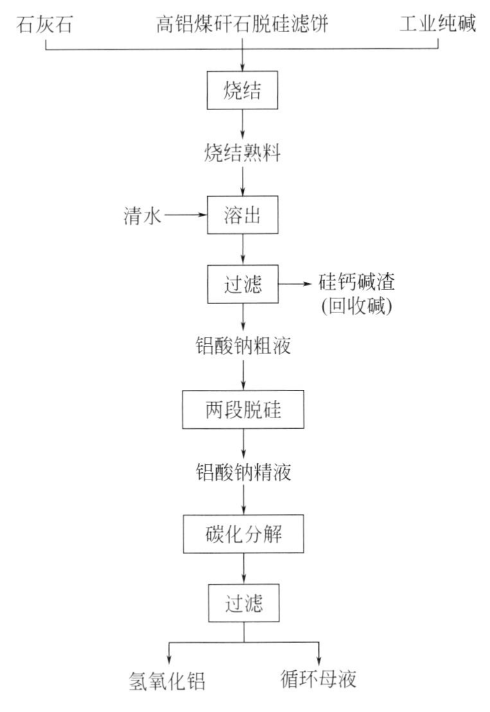

图 9-1　高铝煤矸石脱硅滤饼制取氢氧化铝实验流程

9.4　原料预处理

9.4.1　原料分析

实验原料为内蒙古准格尔旗露天矿排放的高铝煤矸石样品，其 SiO_2 含量为 41.64%，Al_2O_3 的含量为 32.60%（表 9-2），主要矿物成分为高岭石（图 9-2）。测定结果表明，该地煤矸石样品的发热量较低（表 9-3），不适合用作燃料。

表 9-2　高铝煤矸石样品的化学成分分析结果　　w_B/%

样品号	SiO_2	TiO_2	Al_2O_3	TFe_2O_3	MnO	MgO	CaO	Na_2O	K_2O	P_2O_5	烧失量	总量
LT-07	41.64	0.41	32.60	1.35	0.01	0.29	0.65	0.14	0.46	0.06	22.25	99.87

表 9-3　高铝煤矸石样品的硫分和发热量测定结果

样品号	$S_{t,ad}$/%	$Q_{gr,ad}$/(MJ/kg)	$Q_{gr,ad}$/(kcal/kg)
LT-07	0.14	2.62	627

9.4.2　原料煅烧

高铝煤矸石矿样（LT-07）经鄂式破碎、振磨和球磨，在 1000℃ 下煅烧 180min，得到煅烧产物（LTS-07），其中 SiO_2 含量为 49.61%，Al_2O_3 含量为 44.20%，Al_2O_3/SiO_2 质量比（A/S）为 0.89（表 9-4）。煅烧前煤矸石样品的 A/S 比为 0.78，与之相比，煅烧后煤矸石样品的 A/S 比有所提高，原因可能是矿石本身的不均匀性和分析误差。高铝煤矸石的主要物相为高岭石，煅烧产物主要为非晶态的 SiO_2 和 γ-Al_2O_3（马鸿文，2011）（图 9-3）。煅烧产物（LTS-07）的物性分析结果见表 9-5。

表 9-4　煤矸石煅烧产物化学成分分析结果　　$w_B/\%$

样品号	SiO_2	TiO_2	Al_2O_3	TFe_2O_3	MnO	MgO	CaO	Na_2O	K_2O	P_2O_5	烧失量	总量
LTS-07	49.61	0.76	44.20	0.79	0.05	0.32	1.21	0.17	0.24	0.04	2.19	99.58

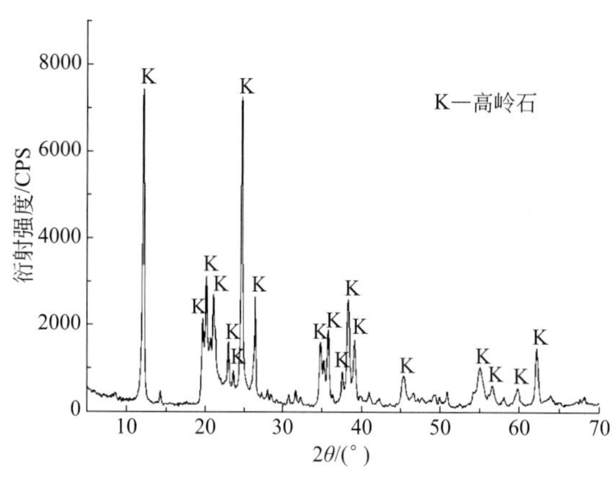

图 9-2　高铝煤矸石样品（LT-07）的 X 射线粉末衍射图

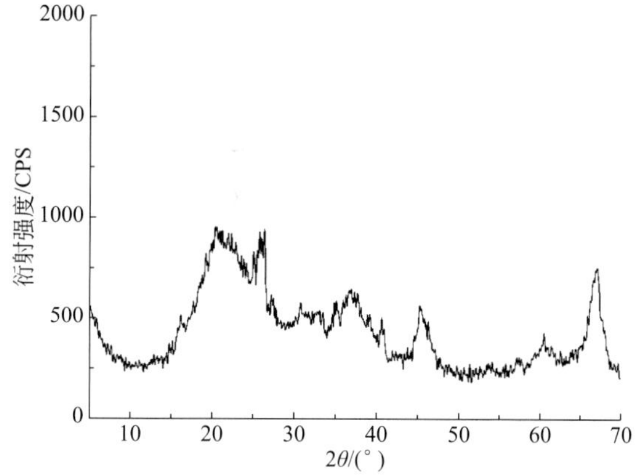

图 9-3　煤矸石煅烧产物（LTS-07）X 射线粉末衍射图

表 9-5　煤矸石煅烧产物（LTS-07）的物性分析结果

项目	煅烧煤矸石(LTS-07)
松装密度	1.045g/cm^3
填实密度	1.393g/cm^3
有效密度	1.727g/cm^3
粒度分布	d(0.1)6.94μm；d(0.5)80.47μm；d(0.9)213.85μm 体积平均粒径 95.67μm

9.4.3　碱液预脱硅

煤矸石煅烧产物中的非晶态 SiO_2 易与碱液反应，从而可以提高脱硅煤矸石中的 A/S 比，有利于后续氢氧化铝的制备；脱硅反应所得富硅溶液，可以用来制备硅灰石等高附加值的无机硅化合物，提高煤矸石的综合利用的附加值。非晶态 SiO_2 与碱液发生反应的方程式为：

$$SiO_2(gls)+2NaOH \longrightarrow Na_2SiO_3+H_2O \tag{9-1}$$

实验过程：根据前期实验结果，本研究采用的脱硅反应温度为 95℃，考虑反应的液固比、反应时间和碱液浓度对脱硅率的影响。称取一定质量的煅烧煤矸石和烧碱，量取一定量的水，混合均匀后置于钢化玻璃的反应釜内，开启搅拌（搅拌速率 130～150r/min），加热至 95℃，恒温反应一定的时间，反应结束后过滤分离，分别测定滤液和脱硅滤饼中 SiO_2 和 Al_2O_3 的含量，计算 SiO_2 和 Al_2O_3 的溶出率和脱硅产物的 A/S 比。表 9-6 是 NaOH 质量浓度为13%、反应时间90min的条件下，液固比（水与煅烧产物的质量比）对SiO_2溶出率的影响实验结果。

表9-6　液固比对SiO_2溶出率的影响实验结果

样品编号	液固比(质量比)	SiO_2溶出率/%	Al_2O_3溶出率/%	脱硅产物A/S比
YGB-1	2	44.45	1.12	1.49
YGB-2	3	57.49	4.44	1.73
YGB-3	4	57.60	8.59	1.66

由表9-6可见，随着液固比的增加，SiO_2和Al_2O_3的溶出率相应增大，然而Al_2O_3溶出率增大的速率大于SiO_2溶出率的速率，脱硅煤矸石的A/S比随着液固比的增加先增大然后减小。因此，选择液固比为3作为煅烧产物脱硅反应的条件。

按照相同的操作方式，考虑脱硅反应时间对SiO_2溶出率的影响。表9-7是NaOH浓度13%、液固比（水与煅烧产物质量比）为3的条件下，不同反应时间对煅烧产物SiO_2溶出率的影响实验结果。表9-8是液固比（水与煅烧产物的质量比）为3、反应时间为90min条件下，不同NaOH溶液浓度对煅烧产物SiO_2溶出率的影响实验结果。

表9-7　反应时间对SiO_2溶出率的影响实验结果

样品编号	反应时间/min	SiO_2溶出率/%	Al_2O_3溶出率/%	脱硅产物A/S比
TIM-1	30	50.39	4.10	1.39
TIM-2	60	54.73	4.20	1.54
TIM-3	90	57.49	4.44	1.73
TIM-4	120	57.24	5.27	1.67
TIM-5	180	52.15	1.37	1.52

表9-8　碱液浓度对SiO_2溶出率的影响实验结果

样品编号	NaOH浓度/%	SiO_2溶出率/%	Al_2O_3溶出率/%	脱硅产物A/S比
ND-1	10	50.30	1.22	1.44
ND-2	13	57.49	4.44	1.73
ND-3	17	60.40	5.25	1.75
ND-4	20	62.72	5.96	2.04

上述实验结果表明，在NaOH溶液浓度为13%、反应时间为90min、反应温度95℃、反应的液固比（水与煅烧产物的质量比）为3的条件下，煅烧产物的SiO_2溶出率达57.49%，Al_2O_3溶出率为4.44%。

按照上述实验确定的脱硅反应的优化条件，称取煅烧产物1000g，NaOH（96%）固体468.75g，自来水3.0L，混合均匀[混合料浆的黏度为2.2mPa·s(20℃)]后，置于钢化玻璃反应釜中，关闭釜盖，开启搅拌（转速150r/min），加热反应料浆至95℃，恒温反应90min，反应结束后倒出浆料[料浆黏度2.97mPa·s(95℃)、3.37mPa·s(20℃)]，真空抽滤过滤（负压0.1MPa），得到滤液（LY-01）2.71L，分别以900mL（约90℃）热水洗涤滤饼3次，所得洗液分别记为XY-01、XY-02、XY-03。脱硅滤液和洗液的化学成分及物性测定结果见表9-9。

表 9-9 脱硅滤液和洗液的化学成分及物性测定结果

项目	LY-01	XY-01	XY-02	XY-03
SiO_2/(g/L)	115.41	24.12	7.89	4.00
Na_2O/(g/L)	114.01	23.39	7.62	3.81
Al_2O_3/(g/L)	4.58	1.51	0.52	0
体积/mL	2713	900	900	900
密度/(g/cm³)	1.20	1.06	1.02	1.01
黏度/mPa·s	1.50	1.00	—	—

将一次洗液并入滤液，采用逆向洗涤方式，二次、三次洗液返回用于洗涤下一批脱硅滤饼，循环稳定以后，得到脱硅滤液（LY-02）3.76L，密度 1.17g/cm³，黏度 1.40mPa·s，其化学成分分析结果见表 9-10。

表 9-10 脱硅滤液的化学成分分析结果 g/L

样品号	SiO_2	Al_2O_3	TiO_2	Fe_2O_3	Na_2O	K_2O
LY-02	93.0	4.78	0.22	0.35	90.6	0.51

实验得到的脱硅湿滤饼 957g（含水率 30%），在 105℃的条件下烘干 2h，得到脱硅产物 670g。其主要物相是非晶态物质和 γ-Al_2O_3（图 9-4），化学成分分析结果表见 9-11。

表 9-11 脱硅滤饼的化学成分分析结果 w_B/%

样品号	SiO_2	TiO_2	Al_2O_3	TFe_2O_3	MnO	MgO	CaO	Na_2O	K_2O	P_2O_5	烧失量	总量
TSQ-07	22.74	1.02	63.84	0.99	0.056	0.48	1.66	1.46	0.075	0.03	6.82	99.20

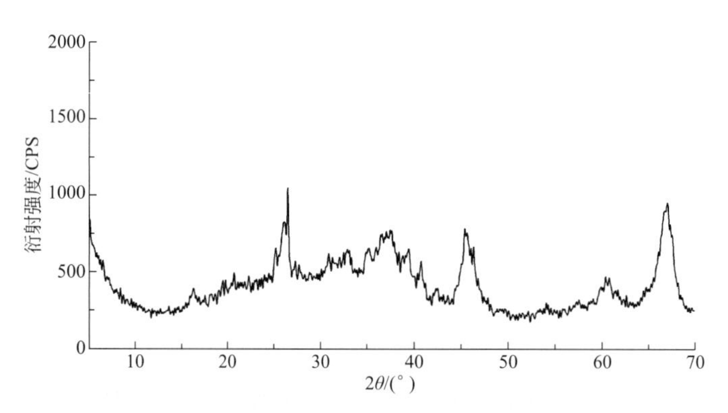

图 9-4 脱硅滤饼样品（TSQ-07）X 射线粉末衍射图

9.5 脱硅滤饼烧结

高铝煤矸石原料经过煅烧和预脱硅处理后，其中部分 SiO_2 组分以 Na_2SiO_3 可溶性盐的形式进入脱硅滤液中，所得到的高铝煤矸石脱硅滤饼的 Al_2O_3/SiO_2（质量比）为 2.81，相比较于原矿的 0.78 有了较大提高，接近于达到烧结法生产氢氧化铝所要求的铝土矿品位（$Al_2O_3/SiO_2>3.5$）（Bai，2010a）。脱硅滤饼中仍然含有较多的 SiO_2，采用传统碱石灰烧结法势必会消耗较多的石灰石，从而产生大量硅钙渣。国内外对于采用烧结法处理高铝煤矸石、粉煤灰等原料做了大量的研究（Bai，2010b；Louet，2005；Azar，2008；Chinelatto，2009）。本项研究综合考虑煤矸石煅烧产物的预脱硅过程需要大量碱液，参考现有氧化铝工业的碱石灰烧结法，加以改进，以显著减少石灰石消耗量，产出的硅钙碱渣较少，回收碱液可用于煤矸石煅烧产物的预脱硅过程。

9.5.1　反应原理和实验过程

9.5.1.1　传统碱石灰烧结法

传统碱石灰烧结法的反应原理，是使铝土矿中的 Al_2O_3 成分转变成易溶于水或稀碱溶液的化合物铝酸钠（$Na_2O \cdot Al_2O_3$），而 SiO_2、Fe_2O_3、TiO_2 等成分转变为不易溶于水和稀碱溶液的 $2CaO \cdot SiO_2$、$Na_2O \cdot Fe_2O_3$、$CaO \cdot TiO_2$ 等化合物，以便在熟料溶出过程中实现硅铝分离（毕诗文，2006）。本实验中煤矸石脱硅滤饼的 Al_2O_3/SiO_2（质量比）为 2.81，较原料中的 A/S 比（0.78）有明显提高，基本可以采用烧结法处理这类低铝硅比原料（王佳东等，2009；Nicolas，2008）。

高铝煤矸石脱硅滤饼的主要物相是非晶态 SiO_2 和 $\gamma\text{-}Al_2O_3$，烧结过程中发生的化学反应主要有：

$$SiO_2(\text{非晶态}) + 2CaCO_3 = Ca_2SiO_4 + 2CO_2\uparrow \tag{9-2}$$

$$\gamma\text{-}Al_2O_3 + Na_2CO_3 = 2NaAlO_2 + CO_2\uparrow \tag{9-3}$$

9.5.1.2　改良碱石灰烧结法

传统碱石灰烧结法中，烧结产物 $2CaO \cdot SiO_2$ 在溶出 Al_2O_3 过程中易发生二次反应，从而影响熟料中 Al_2O_3 的溶出率。本实验在传统碱石灰烧结法的基础上做了改进，设计了改良碱石灰烧结法。此法在烧结过程中，使脱硅滤饼中的 Al_2O_3 成分转变成易溶于水和稀碱溶液的 $Na_2O \cdot Al_2O_3$，而 SiO_2 成分却转变成为不溶于水和稀碱溶液的 $Na_2O \cdot CaO \cdot SiO_2$。后者是一种不稳定化合物，极易在水溶液中发生水解而生成 NaOH 和 $CaO \cdot SiO_2 \cdot H_2O$，回收所得 NaOH 碱液，可循环用于高铝煤矸石煅烧物料的预脱硅过程。与传统碱石灰烧结法相比，改良碱石灰烧结法以工业纯碱来替代部分石灰石（$CaCO_3$），烧结过程的石灰石消耗量减少 50%，且烧结温度显著降低，同时可实现工业纯碱的苛化。

采用改良碱石灰烧结法，烧结过程中主要发生如下化学反应：

$$SiO_2(\text{非晶态}) + CaCO_3 + Na_2CO_3 = Na_2CaSiO_4 + 2CO_2\uparrow \tag{9-4}$$

$$\gamma\text{-}Al_2O_3 + Na_2CO_3 = 2NaAlO_2 + CO_2\uparrow \tag{9-5}$$

实验过程：称取粉磨好的脱硅滤饼 100g，与石灰石（$CaCO_3$ 99%）、工业纯碱（纯度 98%）按设计配料比例进行配料后，在 TCIF8 型球磨机中进行混料粉磨，时间为 120min，粉磨后生料粉体的粒度为 −200 目>90%。取粉磨混合好的生料粉体在 SXL-1028 型实验电炉中按设定的烧结制度进行烧结。烧结结束后，熟料随电炉自然冷却至室温，而后在球磨机中球磨 10min，至熟料粉体的粒度为 −120 目>90%。通过测定熟料的 Al_2O_3 标准溶出率来判断烧结熟料的质量。

烧结熟料中 Al_2O_3 标准溶出率的测定方法：配制含 Na_2O_k15g/L、Na_2O_c5g/L 的溶出碱液备用，称取烧结熟料 8.00g，置于已加有 100mL 溶出碱液和 20mL 水的 300mL 烧杯中，溶出碱液和水已预热到 90℃，用玻璃棒将熟料搅散，放入磁棒，在电热电磁搅拌器上搅拌，控制温度为 (85±5)℃，反应时间 15min，然后进行抽滤过滤。用沸水洗涤溶出渣滤饼 8 次，每次用水量为 25mL，将洗好后的溶出渣滤饼连同滤纸烘干。测定溶出渣滤饼的含水率以及烘干后溶出渣中 Al_2O_3 和 CaO 的含量。

通过测定熟料的 Al_2O_3 标准溶出率来表征烧结熟料的质量。由于熟料中的 CaO 在溶出过程中稳定存在于溶出滤饼中，因此，烧结熟料中 Al_2O_3 的标准溶出率计算公式为：

$$\eta(Al_2O_3)=[1-(A_{渣}/A_{熟})\times(C_{熟}/C_{渣})]\times 100\% \tag{9-6}$$

式中，$\eta(Al_2O_3)$ 为 Al_2O_3 的溶出率，%；$A_{熟}$、$C_{熟}$ 分别为烧结熟料中 Al_2O_3、CaO 的含量，%；$A_{渣}$、$C_{渣}$，分别为溶出渣中 Al_2O_3、CaO 的含量，%。

9.5.2 结果分析与讨论

9.5.2.1 传统碱石灰烧结法

（1）烧结温度

在碱石灰烧结法中，加入纯碱和石灰石进行熟料烧结的目的，是使脱硅滤饼中的 Al_2O_3、Fe_2O_3、SiO_2、TiO_2 在适宜的烧结条件下，相应地生成 $Na_2O\cdot Al_2O_3$、$Na_2O\cdot Fe_2O_3$、$Na_2O\cdot CaO\cdot SiO_2$、$CaO\cdot TiO_2$ 等化合物相。

因此，定义烧结配料的钙硅比为：

$$C/S=[CaO]/[SiO_2+TiO_2](摩尔比) \tag{9-7}$$

烧结配料的碱铝比为：

$$N/A=[Na_2O+K_2O]/[Al_2O_3+Fe_2O_3](摩尔比) \tag{9-8}$$

采用碱石灰烧结法，可以处理低铝硅比的原料来生产氢氧化铝。实验中采用饱和配方，即碱铝比（Na_2O/Al_2O_3 摩尔比）为 1.0、钙硅比（CaO/SiO_2 摩尔比）为 2.0、称取纯度为 99%的 Na_2CO_3 和纯度为 98%的 $CaCO_3$。将上述原料于球磨罐中球磨 1h。取磨好的混料分别在 1100℃、1200℃、1250℃、1300℃下烧结，反应 2h。不同烧结条件下所得烧结熟料和测定标准溶出率滤饼的物相分析结果分别如图 9-5、图 9-6 所示。由图可知：在饱和配方下，烧结熟料的物相为硅酸二钙和铝酸钠的混合物，标准溶出后的滤饼主要为硅酸二钙，铝酸钠溶到液相中，达到了固液分离的目的。将不同烧结温度下的烧结熟料做标准溶出率的测定，结果如表 9-12 所示。

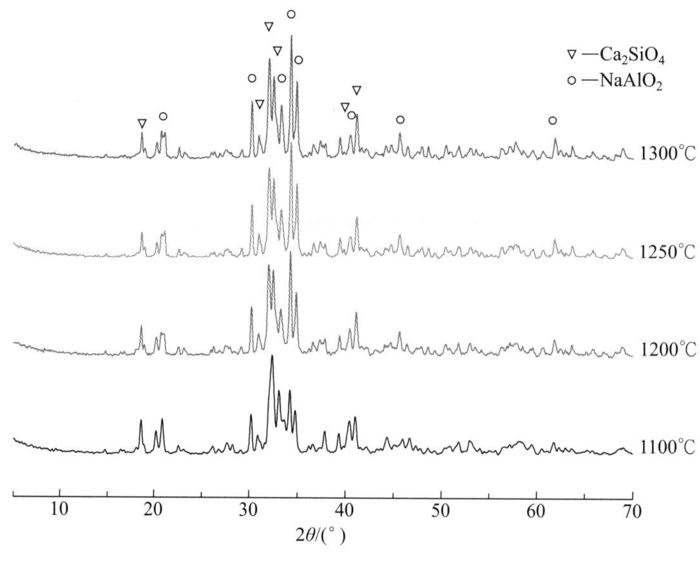

图 9-5 不同烧结温度下熟料的 X 射线粉末衍射图

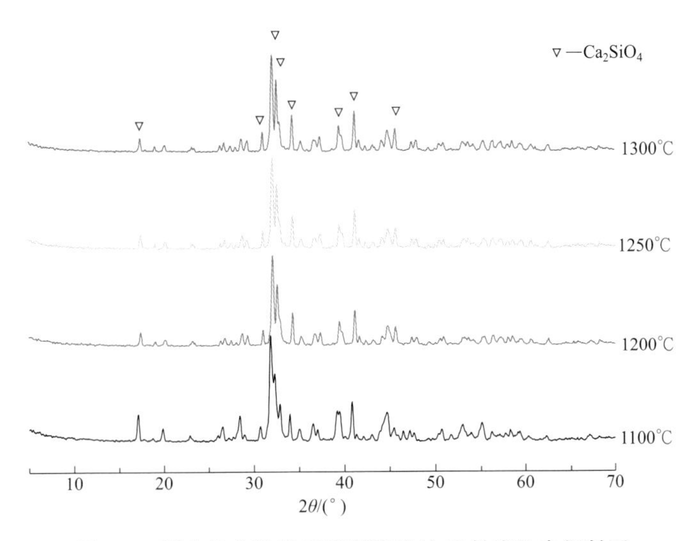

图 9-6　测定标准溶出率所得滤饼的 X 射线粉末衍射图

表 9-12　不同烧结温度下氧化铝的标准溶出率实验结果

序号	烧结制度	熟料	化学成分(w_B)/%		溶出渣	化学成分(w_B)/%		标准溶出率/%
			Al_2O_3	CaO		Al_2O_3	CaO	
1	1100℃/2h	SG-01	0.305	0.257	BG-01	3.95	56.36	94.1
2	1200℃/2h	SG-02	0.305	0.257	BG-02	4.60	57.54	94.2
3	1250℃/2h	SG-03	0.305	0.257	BG-03	4.51	56.03	93.3
4	1300℃/2h	SG-04	0.305	0.257	BG-04	3.98	57.78	93.2

由以上结果可知，烧结熟料中 Al_2O_3 的标准溶出率随着烧结温度的升高呈现先增大后减小的趋势。当烧结温度为 1200℃时，熟料中氧化铝的标准溶出率为 94.2%，达到最大值。这是由于在这一温度值时，反应体系中会产生一定量的液相。这部分液相可以使烧结物料黏结成烧结块，反应结束后得到多孔的熟料，这种多孔的熟料利于氧化铝的溶出；当温度过高时，反应体系中有大量的液相生成，使熟料中的空隙被大量熔融体填充，反应得到的烧结块呈过烧状态，从而导致氧化铝难以溶出；当温度过低时，由于烧结反应速率较慢，在设定的烧结制度内反应不够完全，不会导致氧化铝溶出率较低。

(2) 碱铝比

固定配料中的钙硅比为 2.0 不变，将高铝煤矸石脱硅滤饼与石灰石、纯碱按碱铝比分别为 0.94、0.96、0.98、1.00、1.02 进行配料，所得反应物料在行星式球磨机中用酒精湿磨 6h，将滤饼烘干，干燥后的混合物料在箱式电炉中于 1200℃下烧结反应 2h。经振动磨将烧结熟料磨细，测定各条件下烧结熟料中氧化铝的标准溶出率，其结果如表 9-13 所示。

表 9-13　不同碱铝比条件下烧结熟料的 Al_2O_3 的标准溶出率实验结果

实验号	碱铝比	钙硅比	熟料/%		溶出渣/%		Al_2O_3 标准溶出率/%
			CaO	Al_2O_3	CaO	Al_2O_3	
BR-01	0.94	2.00	39.9	36.7	72.6	5.7	91.5
BR-02	0.96	2.00	39.1	36.2	71.9	5.1	92.3

续表

实验号	碱铝比	钙硅比	熟料/%		溶出渣/%		Al_2O_3 标准溶出率/%
			CaO	Al_2O_3	CaO	Al_2O_3	
BR-03	0.98	2.00	33.5	41.0	70.4	6.6	92.8
BR-04	1.00	2.00	39.0	36.1	73.6	4.1	94.0
BR-05	1.02	2.00	37.9	35.3	73.3	4.1	94.0

由以上结果可知，烧结熟料中 Al_2O_3 的标准溶出率随着配料碱铝比的增大，呈现逐渐增大并趋于恒定的趋势，当碱铝比为 1.0～1.02 时，Al_2O_3 的标准溶出率为 94.0%，达到最大值。这是由于在这个范围内，配入的 Na_2O 恰好将熟料中的 Al_2O_3 全部转化成 $Na_2O \cdot Al_2O_3$；当配料的碱铝比过低时，配入的 Na_2O 不足以将熟料中的 Al_2O_3 全部转化成 $Na_2O \cdot Al_2O_3$，导致部分氧化铝的损失，从而使熟料中氧化铝的溶出率较低；然而，当配料的碱铝比过高时，在溶出的过程中，多余的 Na_2O 会加剧 Ca_2SiO_4 的二次反应，导致铝酸钠溶液中的氧化铝形成水化石榴石固体，从而造成氧化铝溶出率不高（陈滨等，2007；Liu et al，2003；Li et al，2005）。

（3）钙硅比

固定配料的碱铝比为 1.0 不变，将高铝煤矸石脱硅滤饼与石灰石、纯碱按钙硅比分别为 1.90、1.95、2.00、2.05、2.10 进行配料，物料在行星式球磨机中用酒精湿磨 6h，将滤饼烘干，干燥后的混合物料在箱式电炉中于 1200℃烧结反应 2h。经振动磨将烧结熟料磨细，测定不同条件下熟料中氧化铝的标准溶出率，其结果如表 9-14 所示。

表 9-14 不同钙硅比条件下烧结熟料的 Al_2O_3 的标准溶出率实验结果

实验号	碱铝比	钙硅比	熟料/%		溶出渣/%		Al_2O_3 标准溶出率/%
			CaO	Al_2O_3	CaO	Al_2O_3	
BR-07	1.00	1.90	38.1	36.8	70.7	5.9	91.4
BR-08	1.00	1.95	38.6	36.5	71.7	5.2	92.2
BR-06	1.00	2.00	39.0	36.1	73.6	4.1	94.0
BR-09	1.00	2.05	38.4	36.3	73.4	4.1	94.0
BR-10	1.00	2.10	40.4	35.7	72.7	4.3	93.3

由以上结果可知，在固定碱铝比的情况下，熟料中氧化铝的标准溶出率随着钙硅比的增大呈现先升高后减小的趋势，当钙硅比为 2.00～2.05 时，烧结熟料中氧化铝的标准溶出率达到最大值，约为 94.0%。其原因是，当钙硅比过高时，配料中的 CaO 有剩余，在这种情况下游离的 CaO 在溶出时与铝酸钠溶液发生反应生成水合铝酸钙沉淀，从而导致 Al_2O_3 溶出率降低；当钙硅比过低时，由于配入的 CaO 一部分与 Fe_2O_3、TiO_2 生成 $CaO \cdot Fe_2O_3$、$CaO \cdot TiO_2$ 等不溶性化合物，以致配入的 CaO 不足以与全部的 SiO_2 发生反应（周秋生等，2007），从而导致 SiO_2 进入溶液而与溶液中的 Al_2O_3 组分发生“二次反应”，生成水化石榴石等水合铝硅酸盐不溶性化合物，降低 Al_2O_3 的溶出率。

综合以上实验结果可知，高铝煤矸石脱硅滤饼烧结过程的优化工艺条件为：烧结温度 1200℃，烧结时间为 2h，配料中碱铝比为 1.0，钙硅比为 2。在此优化条件下，以高铝煤矸石脱硅滤饼（表 9-15）为原料进行重复性验证实验。表 9-16 和图 9-7 分别为优化条件下烧结熟料的化学成分分析结果和 X 射线粉末衍射图。由表 9-14 的实验结果可见，烧结熟料中 Al_2O_3 的标准溶出率可达 94%，满足工业生产要求。

表 9-15　脱硅滤饼的化学成分分析结果　$w_B/\%$

样品号	SiO_2	TiO_2	Al_2O_3	TFe_2O_3	MnO	MgO	CaO	Na_2O	K_2O	P_2O_5	烧失量	总量
TSQ-07	22.74	1.02	63.84	0.99	0.06	0.48	1.66	1.46	0.08	0.03	6.82	99.20

表 9-16　烧结熟料的化学成分分析结果　$w_B/\%$

样品号	SiO_2	TiO_2	Al_2O_3	TFe_2O_3	MnO	MgO	CaO	Na_2O	P_2O_5
SL-01	13.44	0.72	38.05	0.26	0.01	0.36	25.27	23.13	0.09

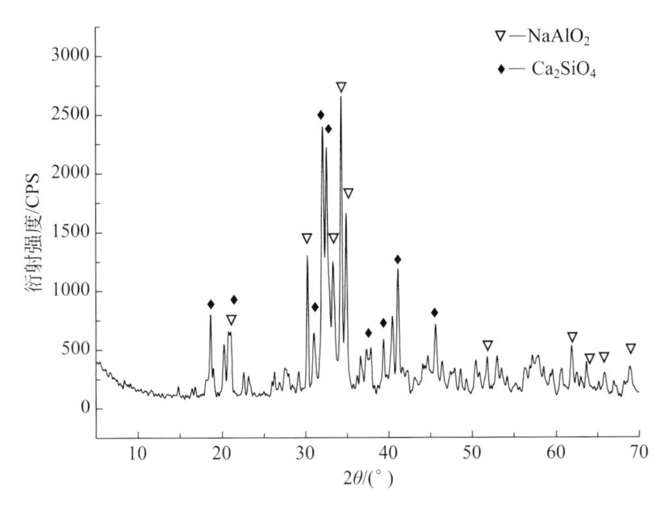

图 9-7　烧结熟料的 X 射线粉末衍射图

9.5.2.2　改良碱石灰烧结法

煤矸石脱硅滤饼（TSQ-07）和工业纯碱、石灰石按质量比为 100∶106.39∶36.52（表 9-17）进行混料。采用实验室球磨机球磨 2h，磨好的生料在实验电炉中于预定的烧结制度下烧结。烧结制度为：以 10℃/min 从室温升至 900℃，再以 1.5℃/min 升至 1050℃并恒温反应 2h，得到烧结熟料 SL-02（表 9-18）。之后，烧结熟料随电炉自然冷却至室温，再在密封式化验制样粉碎机中细碎成熟料粉体。

表 9-17　脱硅煤矸石改良碱石灰烧结配料计算表

项目	总计	SiO_2	TiO_2	Al_2O_3	TFe_2O_3	MnO	MgO	CaO	Na_2O	K_2O	P_2O_5
TSQ-07	99.2	22.74	1.02	63.84	0.99	0.06	0.48	1.66	1.46	0.08	0.026
Na_2CO_3	106.39								62.23		
$CaCO_3$	36.52							20.45			

表 9-18　脱硅煤矸石烧结熟料的化学成分分析结果　$w_B/\%$

样品号	SiO_2	TiO_2	Al_2O_3	TFe_2O_3	MnO	MgO	CaO	Na_2O	K_2O	P_2O_5	总量
SL-02	12.34	0.58	38.09	0.57	0.03	0.27	12.4	35.12	0.04	0.02	99.46

由实验结果可知，在烧结温度为1050℃时，高铝煤矸石脱硅滤饼的烧结熟料中Al_2O_3的标准溶出率超过90%（表9-19）。烧结熟料的主要物相为硅酸二钠钙（Na_2CaSiO_4）和铝酸钠（$NaAlO_2$）（图9-8），溶出渣的主要物相为硅酸二钠钙（图9-9）。

表9-19 烧结熟料的Al_2O_3标准溶出率实验结果

熟料	化学成分(w_B)/%		溶出渣	化学成分(w_B)/%		标准溶出率/%
	Al_2O_3	CaO		Al_2O_3	CaO	
SL-02	38.09	12.20	RCZ-01	6.24	30.72	93.49

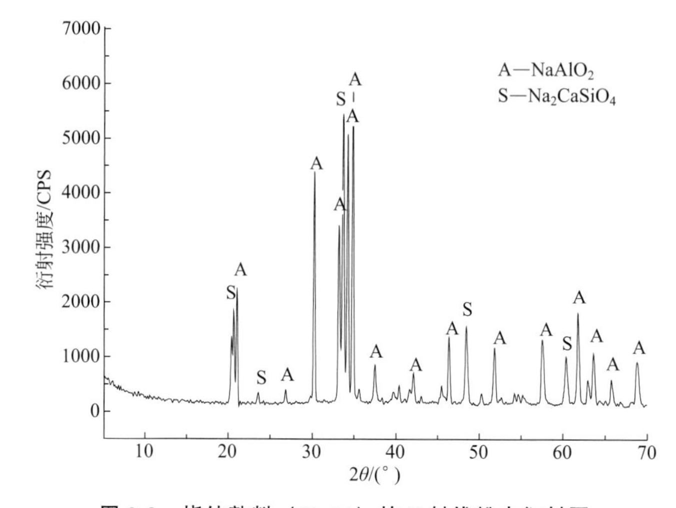

图9-8 烧结熟料（SL-01）的X射线粉末衍射图

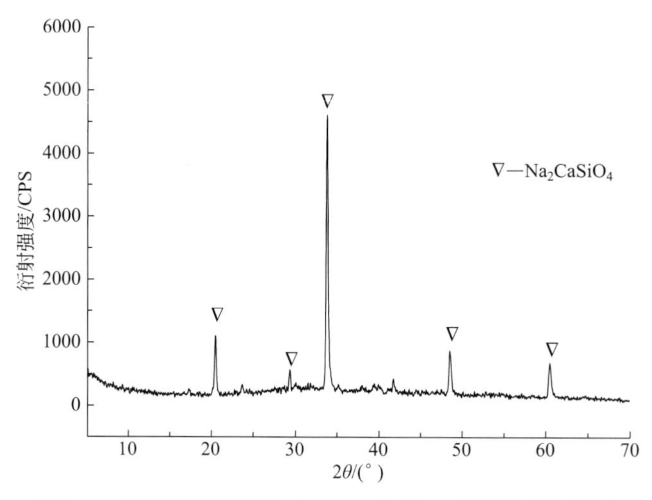

图9-9 烧结熟料溶出渣（RCZ-01）的X射线粉末衍射图

9.6 烧结熟料溶出

9.6.1 反应原理和实验过程

熟料溶出是使烧结熟料中的Al_2O_3成分尽可能完全地进入溶液相，而与溶出渣中的

SiO_2 成分分离。熟料中的铝酸钠易溶于水和稀碱溶液，在 90℃ 下磨细熟料中的 $Na_2O \cdot Al_2O_3$ 在 3～5min 内便能完全溶出，以 $NaAl(OH)_4$ 的形态进入溶液得到铝酸钠溶液，化学反应式如下：

$$Na_2O \cdot Al_2O_3 + 4H_2O + aq \xlongequal{} 2NaAl(OH)_4 + aq \tag{9-9}$$

烧结熟料中的 $Na_2O \cdot Fe_2O_3$ 在水中极不稳定，与水接触即发生水解，生成 NaOH 和 $Fe_2O_3 \cdot 3H_2O$。化学反应式如下：

$$Na_2O \cdot Fe_2O_3 + 4H_2O + aq \xlongequal{} 2NaOH + Fe_2O_3 \cdot 3H_2O \downarrow + aq \tag{9-10}$$

生成的 NaOH 进入溶液，提高了溶液的苛性比值，从而提高铝酸钠溶液的稳定性。生成的 $Fe_2O_3 \cdot 3H_2O$ 沉淀进入溶出渣，而得以与铝酸钠溶液分离。

在溶出 Al_2O_3 过程中，少量 Na_2CaSiO_4 会与铝酸钠溶液中的组分发生反应，生成含有 Al_2O_3 的不溶性化合物而进入溶出渣，造成 Al_2O_3 的损失。这就是熟料溶出过程中的二次反应。熟料溶出工艺的选择，是从如何有效预防和减轻溶出过程中的二次反应来进行考虑的（王捷，2006）。

溶出过程：选取优化烧结条件下的烧结熟料（SL-02）进行溶出实验。称取烧结熟料 50g，置于一定量的模拟调整液中，调整液已预加热到 85℃，反应 15min。反应结束后，用真空抽滤机抽滤分离铝酸钠溶液和溶出滤饼，滤饼用热水洗涤 4 次至洗液接近呈中性。洗净后的滤饼在电热鼓风干燥箱中于 105℃ 下烘干 8h。测定烧结熟料中的 Al_2O_3 溶出率以及铝酸钠溶液中的 Al_2O_3 浓度，来检验熟料溶出的效果。

实验主要研究在溶出过程中，溶出液的液固比（调整液的体积与熟料质量之比，mL/g）和不同调整液成分对烧结熟料中 Al_2O_3 溶出率以及所得铝酸钠溶液中 Al_2O_3 浓度的影响。所用的模拟调整液由 NaOH（分析纯，96%）、Na_2CO_3（分析纯，99%）和蒸馏水配制而成。

9.6.2 结果分析与讨论

9.6.2.1 液固比

溶出实验采用的液固比分别为 2、3、4，选用蒸馏水为模拟溶出介质，研究不同液固比对熟料溶出效果的影响。实验中选取溶出温度为 85℃，反应时间为 15min。实验结束后，用真空抽滤机进行液固分离，用热水对滤饼洗涤 4 次至洗液呈中性。实验结果如表 9-20 所示。

表 9-20 液固比对熟料溶出效果的影响实验结果

实验号	液固比 /(mL/g)	温度 /℃	时间 /min	实验结果		
				$c(Al_2O_3)$/(g/L)	$\eta(Al_2O_3)$/%	MR
RC-01	2	85	15	178.23	93.87	1.13
RC-02	3	85	15	112.16	94.39	1.16
RC-03	4	85	15	86.92	94.21	1.12

注：$\eta(Al_2O_3)$ —熟料 Al_2O_3 溶出率；$c(Al_2O_3)$ —溶液中 Al_2O_3 浓度；MR＝Na_2O/Al_2O_3（摩尔比）。

由以上实验结果可知，随着溶出液固比的增大，Al_2O_3 的溶出率变化不大，但铝酸钠粗液中 Al_2O_3 的浓度快速下降。为使所得铝酸钠溶液的 Al_2O_3 浓度适于进行碳化分解，以制备氢氧化铝产品并相对稳定，优选溶出液固比为 3 进行实验。

9.6.2.2 调整液成分

实际工业生产中，为了保持铝酸钠溶液的稳定性，要求其苛性比为 1.5，同时要求碳化分解时铝酸钠溶液中 Al_2O_3 的浓度大于 100g/L。在以蒸馏水为溶出介质时，溶出液中 Al_2O_3 的浓度已经达到 110g/L 以上，故调整液中不需要外加铝源，但溶出液的苛性比只有约 1.1，因而设计加入含有一定浓度 Na_2O_k 的模拟调整液进行溶出实验。实验在 85℃ 下反应 15min。

表 9-21 不同调整液实验的溶出结果

实验号	调整液(g/L)		溶出液 Al_2O_3 浓度/(g/L)	溶出渣 Al_2O_3 含量/%	溶出液 MR	Al_2O_3 溶出率/%
	Na_2O_k	Na_2O_c				
RC-04	0	0	114.11	4.37	1.12	94.47
RC-05	10	0	104.96	13.74	1.32	83.32
RC-06	20	0	99.38	12.40	1.45	85.58
RC-07	25	0	110.43	10.18	1.55	88.50
RC-08	30	0	105.63	11.06	1.59	87.82
RC-09	20	20	90.56	12.35	1.63	86.82

由以上实验结果（表 9-21）可知，采用为调节苛性比而调配的模拟调整液时，烧结熟料中 Al_2O_3 的溶出率都比以清水为溶出介质时低，且在实验过程中滤饼发生膨胀，溶出渣的含水率较高。这是由于溶出渣中的硅酸二钠钙发生分解出现了副反应，导致溶出过程中氧化铝的损失较大。由表 9-21 可见，添加 Na_2O_c成分对溶出效果影响不大（Liu，2003）。因此，采用清水为调整液进行实验。为满足铝酸钠溶液稳定性要求，在溶出后即添加碱液以调节苛性比。

综合以上实验结果，选定溶出介质为清水，液固质量比为 3，溶出温度 85℃，反应时间 15min，烧结熟料过 120 目筛。反应结束后，立即进行液固分离，滤饼经水洗后回收其中的碱。溶出液的化学成分分析结果如表 9-22 所示；滤饼硅钙碱渣（RCZ-01）的化学成分如表 9-23 所示，物相分析如图 9-10 所示。

表 9-22 粗制铝酸钠溶液（CY-01）化学成分分析结果

项目	SiO_2	Al_2O_3	CaO	Na_2O	K_2O	CO_2	体积/L	A/S	MR
溶出液/(g/L)	4.7	114.11	0.28	77.78	1.16		1.00	24.28	1.12
浓缩碱液/(g/L)				331.87			0.05	—	
CY-01/(g/L)	4.68	108.56	0.24	99.97	1.01	5.06		23	1.515

表 9-23 烧结熟料溶出渣的化学成分分析结果 w_B/%

样品号	SiO_2	TiO_2	Al_2O_3	Fe_2O_3	MgO	CaO	Na_2O
RCZ-01	28.82	1.47	3.97	1.39	2.31	31.60	22.42

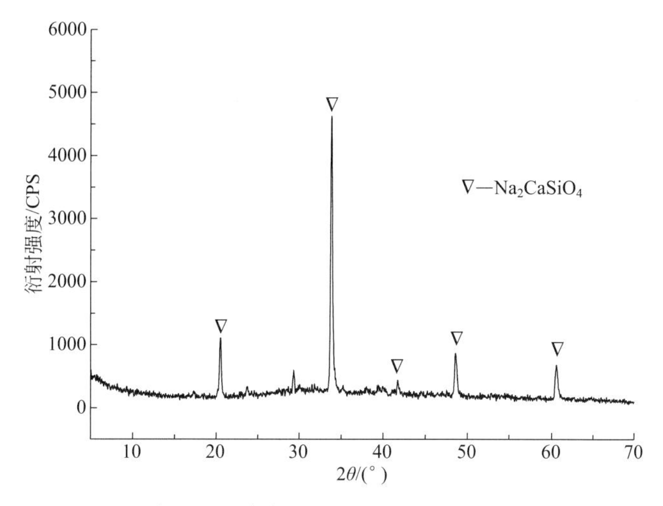

图 9-10　烧结熟料溶出渣（RCZ-01）X射线粉末衍射图

9.7　铝酸钠溶液分解

9.7.1　反应原理和实验过程

种分分解是拜耳法生产中耗时最长的工序（30～75h），且需要大量晶种，但分解率最高也只能达到约55%，远低于其理论分解率。

过饱和铝酸钠溶液不同于一般无机盐的过饱和溶液的性质，且其结构和性质会因浓度、分子比、温度等条件不同而表现出较大差异。故铝酸钠溶液的晶种分解也不同于一般无机盐溶液的分解结晶过程。因此，研究铝酸钠溶液的种分过程机理及动力学机理（Crama et al，1994；Audet et al，1989），了解氢氧化铝的结晶生长和粒度变化，对于探索铝酸钠溶液及氢氧化铝的结构和性质具有重要理论和实际意义（张斌，2003；赵苏等，2003）。

工业生产中，铝酸钠溶液的分解必须有晶种参加：

$$x\mathrm{Al(OH)_3}(\text{晶种}) + \mathrm{Al(OH)_4^-} = (x+1)\mathrm{Al(OH)_3} + \mathrm{OH^-} \tag{9-11}$$

$$x\mathrm{AlOOH}(\text{晶种}) + \mathrm{Al(OH)_4^-} = (x+1)\mathrm{AlOOH} + \mathrm{OH^-} \tag{9-12}$$

关于晶种作用的机理，一般是把晶种视为现成的结晶核心。铝酸钠溶液与氢氧化铝晶体间的界面张力$\sigma=0.0125\mathrm{N/cm}$，氢氧化铝晶核刚生成时的比表面积较大，分解过程中实际上不能提供这么大的表面能，因而氢氧化铝晶核难以自发形成，只有从外面加入现成的晶核，才能克服不能自发形成晶核的困难，使氢氧化铝结晶析出（Dudek，2009）。但是，铝酸钠溶液的种分过程不单是晶种的长大，同时还伴随着一些其他物理化学变化。氢氧化铝析出过程是非常复杂的，其中包括：①形成次晶核；②氢氧化铝晶体破裂与磨蚀；③氢氧化铝晶体长大；④氢氧化铝晶体颗粒附聚。

了解铝酸钠溶液中析出氢氧化铝过程，有必要对铝酸钠溶液分解过程中的平衡固相进行热力学研究（Janaína et al，2009）。一般认为，在浓碱溶液中占优势的铝离子是$\mathrm{Al(OH)_4^-}$（Li et al，2003）。过饱和铝酸钠溶液发生分解时，可生成三水铝石或者软水铝石（李小斌等，2006；Wang et al，2010）：

$$Al(OH)_4^-(aq) \longrightarrow \gamma\text{-}AlOOH(s) + OH^-(aq) + H_2O; \tag{9-13}$$

$$Al(OH)_4^-(aq) \longrightarrow Al(OH)_3(s) + OH^-(aq); \tag{9-14}$$

对以上化学反应式的 Gibbs 自由能进行计算（傅献彩等，2001）：

$$\Delta G_T = \Delta G_T^{\ominus} + RT\ln K \tag{9-15}$$

平衡时：

$$\Delta G_T = 0 \tag{9-16}$$

$$\ln K = -\Delta G_T^{\ominus}/(RT) \tag{9-17}$$

$$\Delta G_T^0 = \Delta G_{298}^{\ominus} - (T-298)\Delta S_{298}^{\ominus} + \int_{298}^{T} \Delta C_p^0 \mathrm{d}T - T\int_{298}^{T} \Delta C_p^0/(T\mathrm{d}T) \tag{9-18}$$

式中，K 为反应平衡常数。

以上反应式中的化合物标准热力学数据取自文献（林传仙等，1985；李永芳，2001）。计算结果表明：在 90～150℃下反应（9-14）的平衡常数约为反应（9-13）平衡常数的 5 倍。故在此温区反应（9-14）为主导反应，这与前人研究结论一致（Filippou et al，1994）。软水铝石在较高温度下（>100℃）才稳定，而三水铝石则可在 70～80℃下析出（Filippou et al，1993）。

根据深度脱硅后所得精制铝酸钠溶液成分配制铝酸钠溶液，所用化学试剂为 $NaAlO_2$（化学纯，Al_2O_3 含量不小于 41%）、NaOH（分析纯，96%）和 Na_2SiO_3（分析纯）。因 $NaAlO_2$ 为化学纯度，其中含有杂质，将以上 3 种试剂充分溶解后过滤，取澄清滤液进行铝酸钠的分解实验，其化学成分分析结果见表 9-24。量取待用铝酸钠溶液 50mL，置于聚四氟烧杯中，按设定实验条件加入甲醇、乙醇，升高至反应温度，开启磁力搅拌器，加入一定量的晶种，反应设定时间。反应结束后，对浆料抽滤，滤液保存待测试，滤饼用约 90℃的蒸馏水洗涤 5～6 次，每次用水 200mL。将洗涤后的滤饼置于自动控温干燥箱中，在 105℃下烘干 8h，得到氢氧化铝粉体。对所得产物通过测定烧失量、X 射线粉末衍射、扫描电镜等方法进行表征，以研究铝酸钠溶液碳化分解过程中各因素对产物的影响。

表 9-24 铝酸钠精制液化学成分分析结果 g/L

样品号	SiO_2	Al_2O_3	Fe_2O_3	Na_2O	K_2O	A/S	MR
JY-01	0.087	103.35	0.003	96.37	0.02	1157	1.51

9.7.2 结果分析与讨论

9.7.2.1 软水铝石晶种制备

采用水热处理法处理三水铝石可制得亚稳态结晶良好的软水铝石晶种（Dash et al，2007；杨柳等，2009）。为验证其转化程度，实验在 190℃下进行。每 1L 蒸馏水水热处理 50g $Al(OH)_3$，其中一组不添加苛性钠，另一组添加苛性钠 5g/L，实验结果见表 9-25，图 9-11 为所得产物的 X 射线粉末衍射图。在添加苛性钠的条件下，温度对水热反应产物的影响实验结果见表 9-26。

表 9-25 不同条件下晶种制备实验结果

实验号	温度/℃	时间/h	ρ(NaOH)/(g/L)	灼减量/%	w(γ-AlOOH)/%
FJ-01	190	4	0	17.75	85.98
FJ-02	190	4	5	15.43	97.81

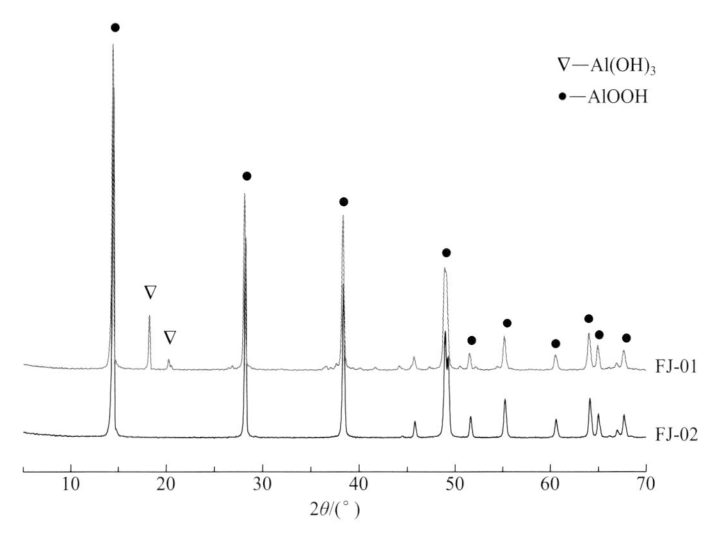

图 9-11　不同条件下晶种的 X 射线粉末衍射图

表 9-26　不同温度下晶种制备实验结果

实验号	温度/℃	时间/h	ρ(NaOH)/(g/L)	灼减量/%	w(γ-AlOOH)/%
FJ-03	170	4	5	17.12	88.83
FJ-04	180	4	5	16.39	93.12
FJ-05	190	4	5	15.36	98.12
FJ-06	200	4	5	15.42	97.77

实验结果表明，温度对反应的影响较大。升高温度有利于促进三水铝石向软水铝石的转化，且在溶液中添加 5g/L 的苛性碱有利于反应向软水铝石转化（Panias et al，2001）。因此，选取优化实验条件为：$Al(OH)_3$ 浓度为 50g/L，添加 5g/L 苛性碱，在 190℃ 下反应 5h。优化条件下制得的软水铝石晶种的 X 射线粉末衍射分析结果、差热-热重曲线及扫描电镜照片分别见图 9-12～图 9-14。

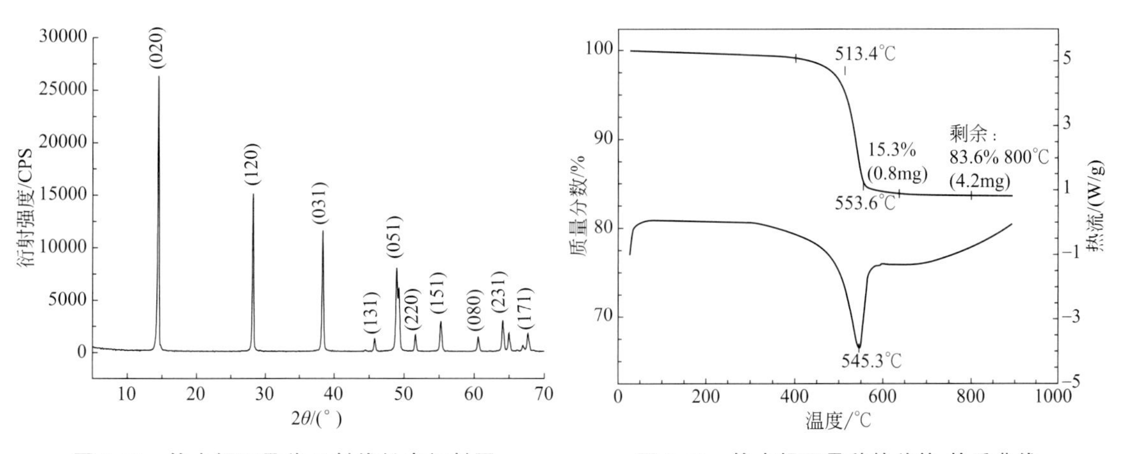

图 9-12　软水铝石晶种 X 射线粉末衍射图

图 9-13　软水铝石晶种的差热-热重曲线

(a)

(b)

图 9-14　三水铝石（a）和软水铝石（b）晶种的扫描电镜照片

综合以上结果可知，在优化条件下制得了比较纯净的软水铝石晶种，产物烧失量为15.36%，软水铝石含量为98.12%。差热-热重分析图显示，实验产物在545℃出现吸热谷，与理论值比较接近。从扫描电镜照片可见，实验制备的软水铝石粉体颗粒比较均匀，形态呈球形。

9.7.2.2　分解影响因素

（1）醇类

固定铝酸钠溶液的铝碱比A/C（Al_2O_3/Na_2O质量比）为1.0，其Al_2O_3浓度为105g/L。量取铝酸钠溶液50mL，加入晶种系数（加入的晶种中Al_2O_3与铝酸钠溶液中Al_2O_3的质量比）为1.0的软水铝石晶种，并加入与铝酸钠溶液等体积的甲醇或乙醇溶液，在30℃下反应5h。铝酸钠溶液中氧化铝的分解率及产物中软水铝石含量如表9-27所示。添加不同添加物下所得产物的X射线粉末衍射图及扫描电镜照片分别见图9-15和图9-16。

表 9-27　不同添加物下铝酸钠溶液分解实验结果

添加物	A/C	温度/℃	时间/h	晶种系数	Al_2O_3分解率/%	$w(\gamma\text{-AlOOH})$/%
空白	1.0	30	5	1.0	−4.2	98.8
甲醇	1.0	30	5	1.0	88.9	43.9
乙醇	1.0	30	5	1.0	50.3	57.7

由以上结果可知：当铝酸钠溶液中不添加任何醇类时，其中的氧化铝分解率为负值，说明此时不但溶液中没有氧化铝析出，反而发生了晶种的溶解。添加醇类的溶液中氧化铝的分解率有明显的提高（Panias et al，2007；张艾民，2007）。这是因为传统的种分分解中初始铝酸钠溶液中的游离碱和分解过程中新产生的游离碱会吸附在晶种表面，从而使晶种带负电荷，而铝酸根离子也带负电，由于同性相斥，阻碍了生长基元与晶种相遇，因而降低了分解速率（Panias et al，2001）。而醇能与游离碱结合，且随着醇含量的增加，溶液中游离碱的浓度相应降低，故有利于铝酸根离子与晶种的结合，增大分解率。以上结果表明，甲醇的作用较乙醇更为明显。从扫描电镜照片可见，实验产物形态呈附聚形貌。这是由于在铝酸钠溶液中加入醇类后，提高了铝酸钠溶液的过饱和度，从而促进溶液中颗粒之间的附聚作用（Walting et al，2000）。

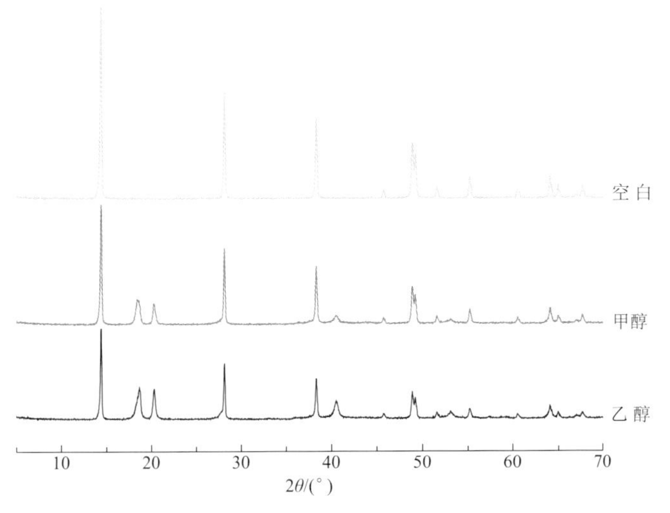

图 9-15　不同添加物下铝酸钠溶液分解产物的 X 射线粉末衍射图

(a) 空白　(b) 甲醇　(c) 乙醇

图 9-16　不同添加物下铝酸钠溶液分解产物的扫描电镜照片

（2）温度

固定铝酸钠溶液的铝碱比 1.0，其中 Al_2O_3 浓度为 105g/L。量取铝酸钠溶液 50mL，加入晶种系数为 1.0 的软水铝石晶种，并添加与铝酸钠溶液同体积的甲醇溶液，在设定温度下反应 5h。铝酸钠溶液中氧化铝的分解率及实验产物中软水铝石含量见表 9-28。不同反应温度下所得产物的 X 射线粉末衍射分析结果及扫描电镜照片分别如图 9-17、图 9-18 所示。

表 9-28　不同温度下铝酸钠溶液分解实验结果

添加物	A/C	温度/℃	时间/h	晶种系数	Al_2O_3 分解率/%	$w(\gamma\text{-}AlOOH)$/%
甲醇	1.0	30	5	1.0	88.9	43.9
甲醇	1.0	40	5	1.0	82.6	44.6
甲醇	1.0	50	5	1.0	80.5	45.4

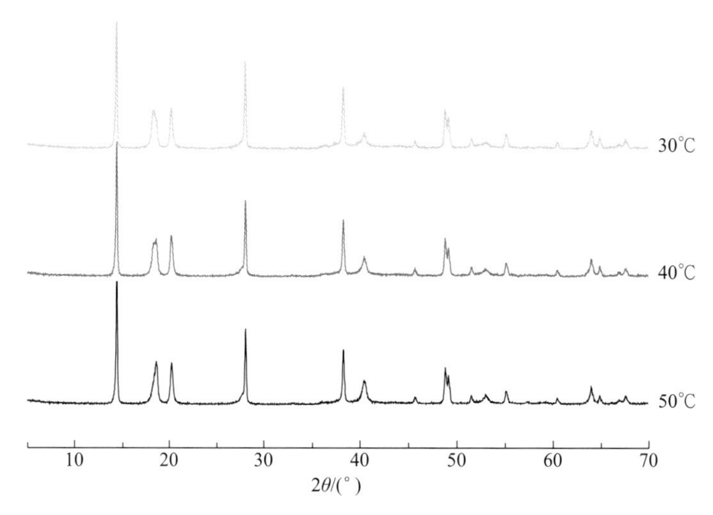

图 9-17　不同温度下铝酸钠溶液分解产物的 X 射线粉末衍射图

由以上结果可知：随着温度的升高，铝酸钠溶液中氧化铝的分解率有所降低，而产物中软水铝石的含量有所提高。在铝酸钠溶液分解过程中，Al_2O_3 的平衡浓度（C_{eq}）及过饱和系数 σ 可由下式计算（Misra et al，1970）：

$$C_{eq}=C_{Na_2O}(6.2106-2486.7/T+1.08753\ C_{Na_2O}/T) \tag{9-19}$$

$$\sigma=(C-C_{eq})/C_{eq} \tag{9-20}$$

式中，T 为温度，K；C 为瞬时 Al_2O_3 浓度，g/L。

由上式可知：温度越低，铝酸钠溶液的过饱和系数越大，反应动力越大，分解速率更大（Dash et al，2007）。

（3）时间

固定铝酸钠溶液的铝碱比为 1.0，其中 Al_2O_3 浓度为 105g/L。量取铝酸钠溶液 50mL，加入晶种系数为 1.0 的软水铝石晶种，并添加与铝酸钠溶液同体积的甲醇溶液，在 30℃下反应不同时间。铝酸钠溶液中氧化铝的分解率及产物中软水铝石含量如表 9-29 和图 9-19 所示。不同反应时间下所得实验产物的 X 射线粉末衍射分析结果及扫描电镜照片分别见图 9-20 和图 9-21。

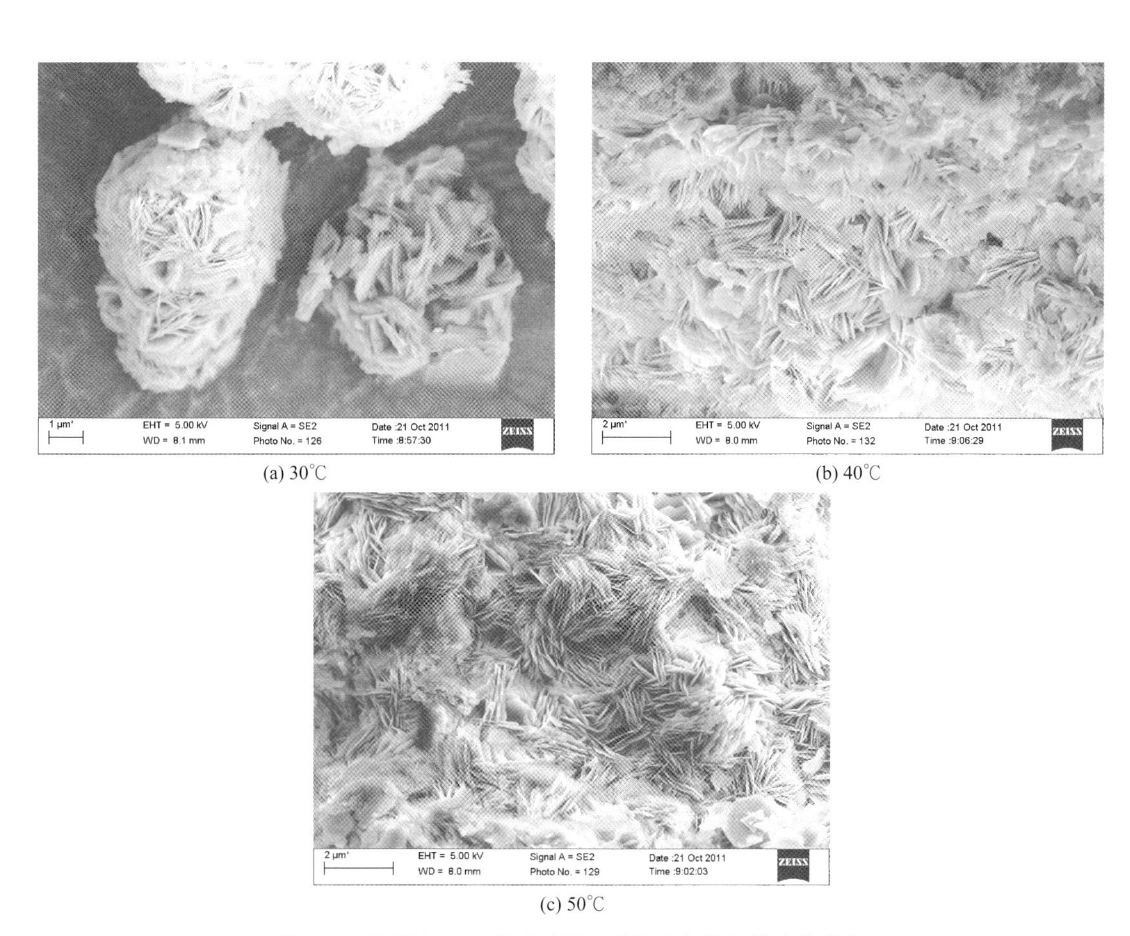

(a) 30℃　　(b) 40℃

(c) 50℃

图 9-18　不同温度下铝酸钠溶液分解产物的扫描电镜照片

表 9-29　不同反应时间下铝酸钠分解实验结果

添加物	A/C	温度/℃	时间/h	晶种系数	Al_2O_3 分解率/%	w(γ-AlOOH)/%
甲醇	1.0	30	5	1.0	88.0	40.4
甲醇	1.0	30	10	1.0	90.1	41.1
甲醇	1.0	30	15	1.0	90.8	42.3
甲醇	1.0	30	20	1.0	90.9	43.6

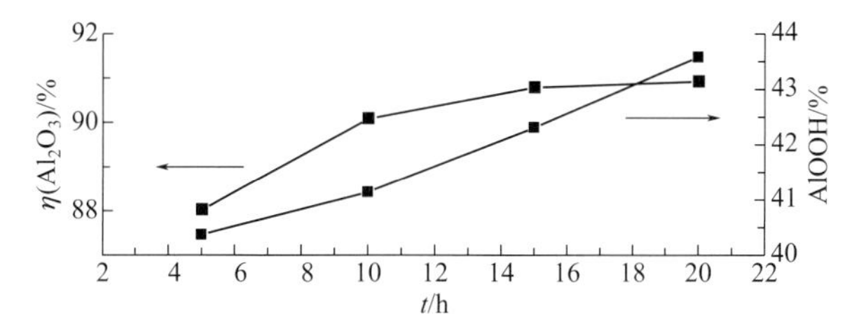

图 9-19　氧化铝分解率及产物中软水铝石随时间变化曲线

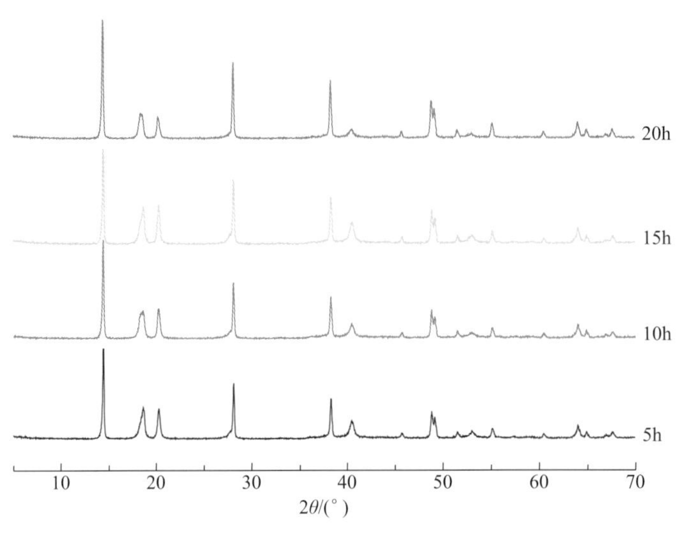

图 9-20　不同反应时间下铝酸钠溶液分解产物的 X 射线粉末衍射图

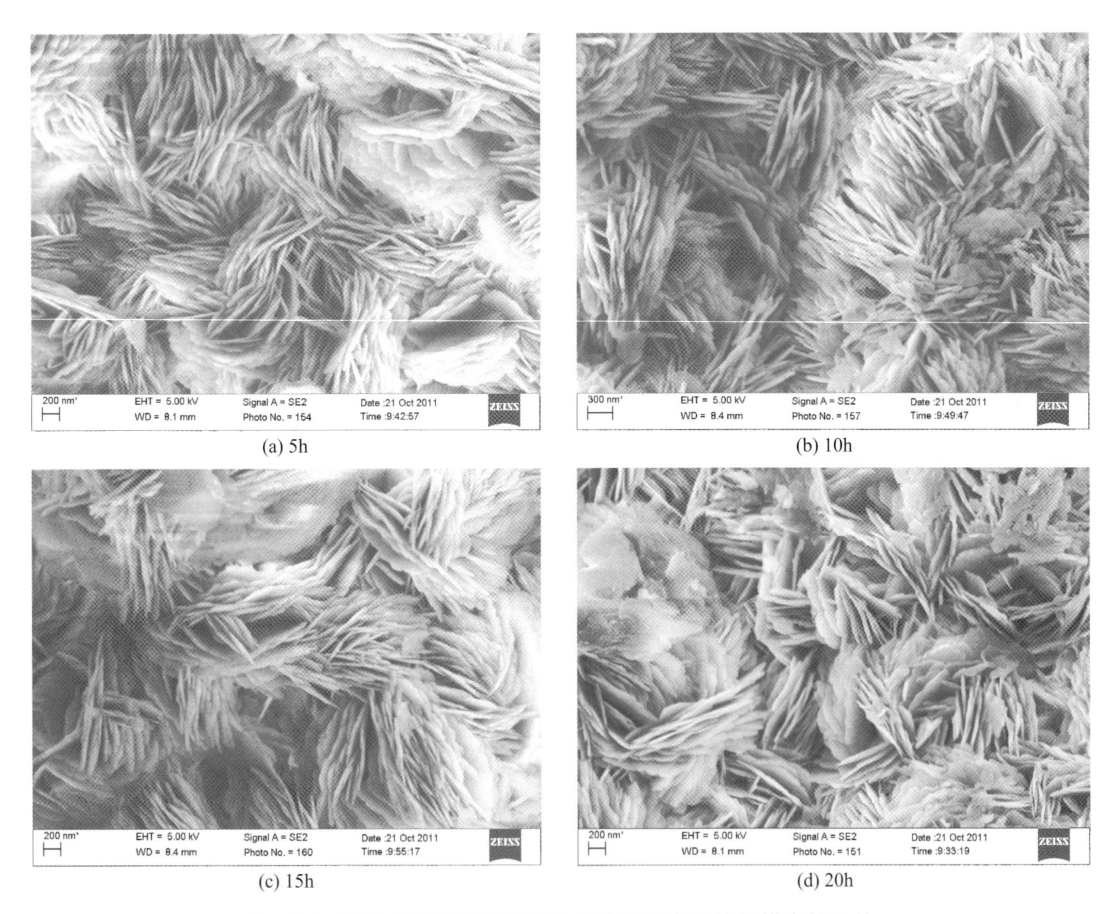

(a) 5h　(b) 10h　(c) 15h　(d) 20h

图 9-21　不同反应时间下铝酸钠溶液分解产物的扫描电镜照片

由以上结果可知：随着分解时间的延长，溶液中氧化铝的分解率和产物中软水铝石的含量小幅度提高。这是由于铝酸钠溶液析出软水铝石的过程中游离 NaOH 的负面影响很大，是分解过程中影响较大的动力学制约因素。随着反应时间的延长，溶液中游离 NaOH 浓度增大，而反应速率逐渐减小，溶液中氧化铝的分解率提高不大（陈滨等，2006）。

（4）铝碱比

按铝酸钠溶液的铝碱比分别为 0.90、0.95、1.00、1.05 配制铝酸钠溶液，其中 Al_2O_3 浓度为 105g/L。量取铝酸钠溶液 50mL，加入晶种系数为 1.0 的软水铝石晶种，并添加与铝酸钠溶液同体积的甲醇溶液，在 30℃下反应 5h。铝酸钠溶液中氧化铝的分解率及产物中软水铝石含量如表 9-30 所示，铝酸钠溶液分解率及实验产物中软水铝石的含量随铝碱比的变化曲线及所得产物的 X 射线粉末衍射图谱分别如图 9-22 和图 9-23 所示。

表 9-30　不同铝碱比下铝酸钠分解实验结果

添加物	A/C	温度/℃	时间/h	晶种系数	Al_2O_3 分解率/%	$w(\gamma\text{-AlOOH})$/%
甲醇	0.90	30	5	1.0	89.7	44.2
甲醇	0.95	30	5	1.0	89.0	44.3
甲醇	1.00	30	5	1.0	88.9	43.9
甲醇	1.05	30	5	1.0	87.4	41.1

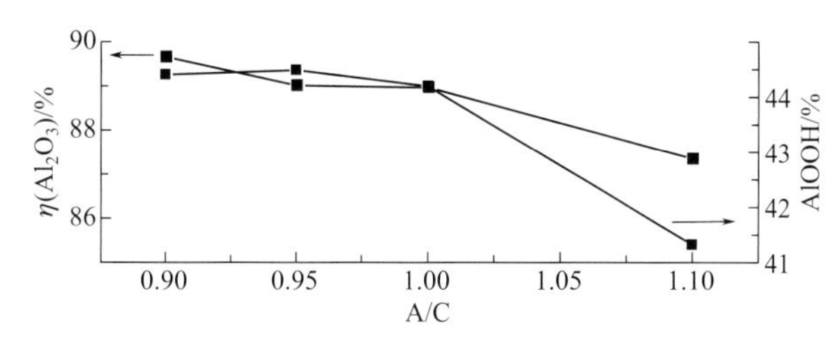

图 9-22　氧化铝分解率及产物中软水铝石含量随铝碱比的变化曲线

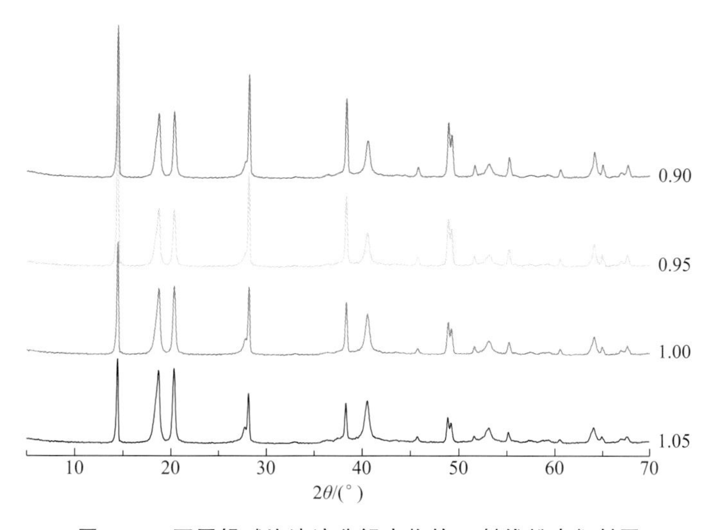

图 9-23　不同铝碱比溶液分解产物的 X 射线粉末衍射图

由以上实验可知，随着铝碱比的增大，铝酸钠溶液中氧化铝的分解率以及分解产物中软水铝石的含量都逐渐降低。铝碱比较高的氯酸钠溶液更易于析出三水铝石；而在低铝碱比溶液中，软水铝石则较三水铝石更容易结晶析出。

（5）晶种

固定铝酸钠溶液的铝碱比为1.0，其中Al_2O_3浓度为105g/L。量取铝酸钠溶液50mL，并添加与铝酸钠溶液同体积的甲醇溶液，在特定温度下反应5h，加入不同量的软水铝石晶种。铝酸钠溶液中氧化铝的分解率及实验产物中软水铝石的含量如表9-31和图9-24所示。在不同添加物时所得产物的X射线粉末衍射分析结果及扫描电镜照片分别如图9-25和图9-26所示。

表9-31　不同晶种系数下铝酸钠溶液分解实验结果

添加物	A/C	温度/℃	时间/h	晶种系数	Al_2O_3分解率/%	$w(\gamma\text{-AlOOH})$/%
甲醇	1.0	30	5	0	78.38	0
甲醇	1.0	30	5	0.2	85.11	9.82
甲醇	1.0	30	5	0.4	86.81	18.84
甲醇	1.0	30	5	0.6	87.14	29.66
甲醇	1.0	30	5	0.8	87.92	41.31
甲醇	1.0	30	5	1.0	88.95	43.96

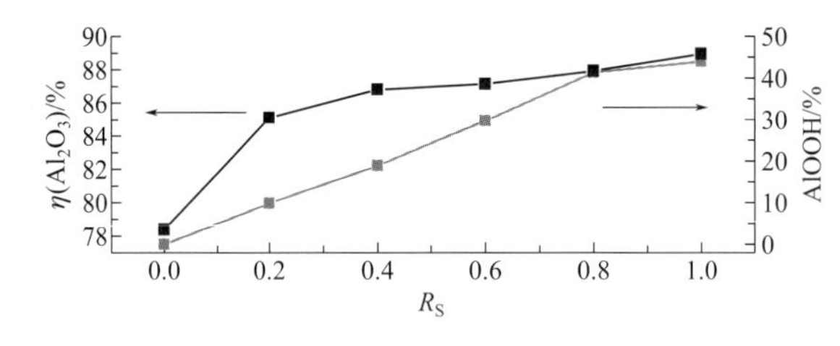

图9-24　氧化铝分解率及产物中软水铝石含量随晶种系数变化曲线

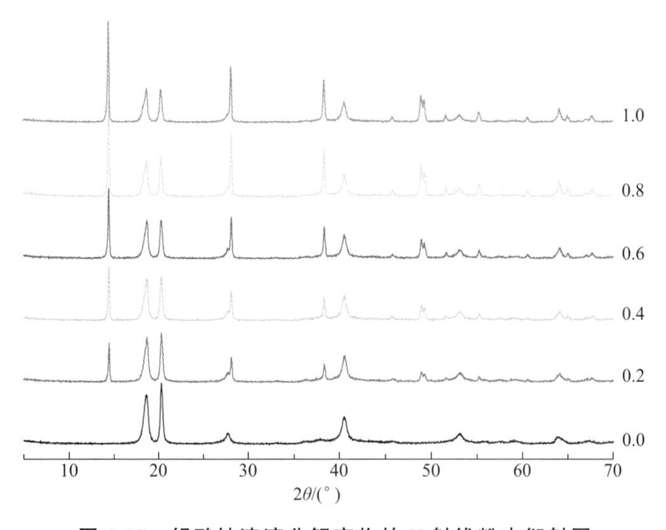

图9-25　铝酸钠溶液分解产物的X射线粉末衍射图

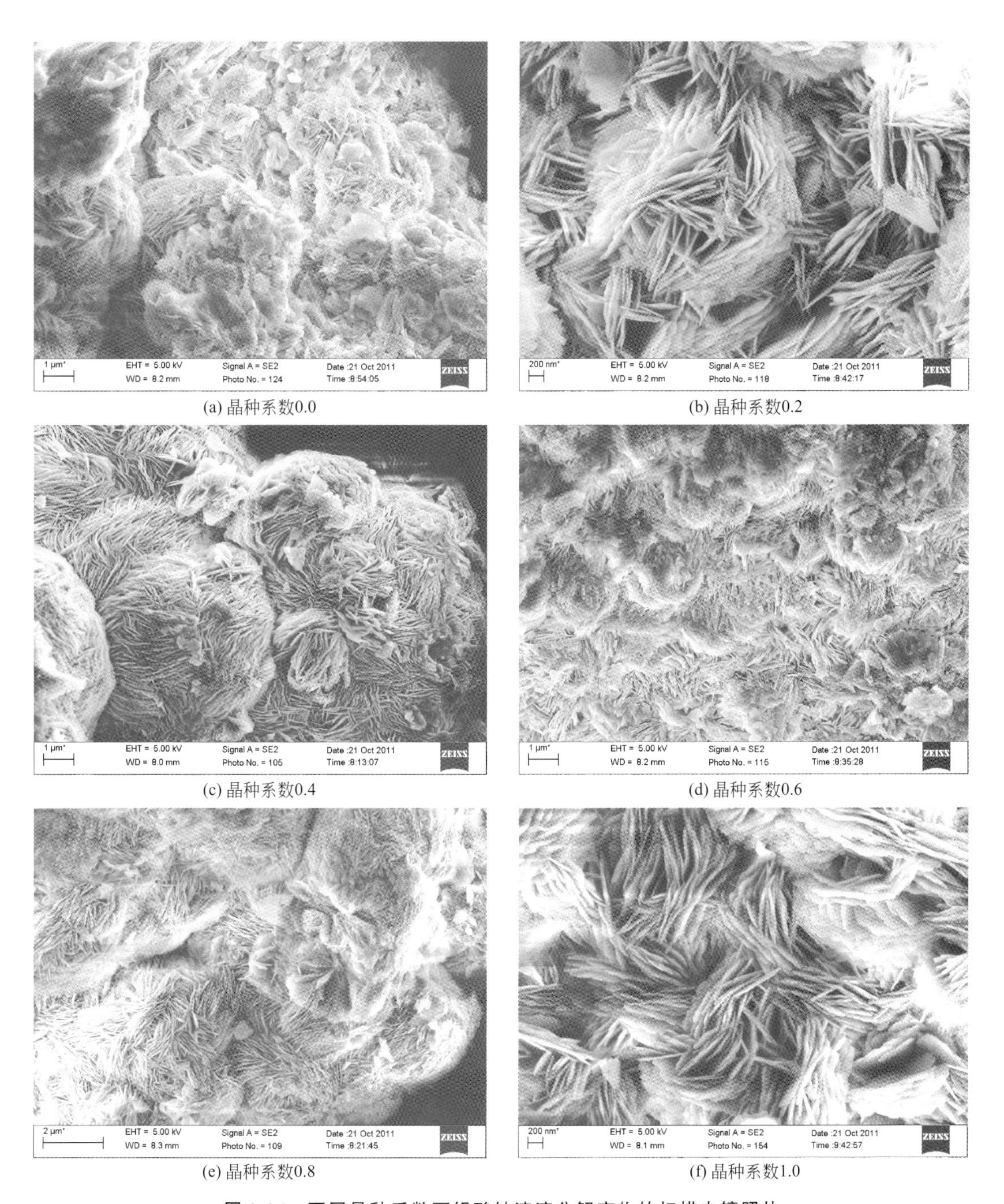

(a) 晶种系数0.0　(b) 晶种系数0.2

(c) 晶种系数0.4　(d) 晶种系数0.6

(e) 晶种系数0.8　(f) 晶种系数1.0

图 9-26　不同晶种系数下铝酸钠溶液分解产物的扫描电镜照片

由以上结果可知，随着晶种系数的增大，铝酸钠溶液中氧化铝的分解率及产物中软水铝石的含量都有所提高。这是由于随着晶种系数的增大，晶种成为结晶核心，铝酸根离子吸附在晶种的活性点上（Panias，2004），经重新排列构成软水铝石晶格，晶种越多，可以提供的活性点位也越多，故分解率相应越高（Joannel et al，2005），铝酸钠溶液中可提供晶体生长的晶核及表面也随之增多，氢氧化铝也更容易结晶析出（Dash et al，2009）。

综合以上实验结果，选取优化实验条件为：铝酸钠溶液碱铝比为 0.9，其中 Al_2O_3 浓度为 105g/L，添加与铝酸钠溶液同体积的甲醇溶液和晶种系数为 1.0 的软水铝石晶种，反应温度 30℃，反应时间 5h。

9.8 工艺过程环境影响评价

9.8.1 烧结反应能耗

反应物由室温加热至反应温度所吸收的热量可由物质的热容来计算（印永嘉等，2007）：

$$Q_p = \Delta H = \int_{T_1}^{T_2} C_p \mathrm{d}T \tag{9-21}$$

考虑反应物中各组分的摩尔分数，则反应物的热容计算公式为：

$$\sum Q_p = \sum v_i \Delta H = \sum v_i \int_{T_1}^{T_2} C_p \mathrm{d}T \tag{9-22}$$

物质间反应所消耗的反应热量可由盖斯定律求解，即

$$\Delta_r H_m = \sum v_i \Delta_f H_{m,j}(\text{产物}) - \sum v_i \Delta_f H_{m,j}(\text{反应物}) \tag{9-23}$$

$$\Delta_f H_m = \Delta_f H^\ominus + \int_{T_1}^{T_2} C_p \mathrm{d}T \tag{9-24}$$

由公式（9-23）计算化学反应的反应热，与由式（9-22）计算的反应物吸收热相加之和，即为该反应完成所需要的总热量（总能耗）。其中 $C_p = a + bT \times 10^{-3} + cT^{-2} \times 10^5 + dT^2 \times 10^{-6}$（梁英教等，1993），或 $C_p = a + bT + cT^{-2} + dT^{-1/2}$（Holland et al，1990）。

9.8.1.1 改良碱石灰烧结法

按化学计量比计算，1.0t 煤矸石脱硅滤饼完全反应需要消耗 Na_2CO_3 1.05t、$CaCO_3$ 0.35t，其中含 SiO_2 0.23t、γ-Al_2O_3 0.64t。烧结过程发生的化学反应如式（9-25）～式（9-27）所示。相关化合物的吸热量和总吸热量计算结果见表 9-32。

$$CaCO_3 \longrightarrow CaO + CO_2 \tag{9-25}$$

$$SiO_2(\text{非晶态}) + CaO + Na_2CO_3 \longrightarrow Na_2CaSiO_4 + CO_2 \tag{9-26}$$

$$\gamma\text{-}Al_2O_3 + Na_2CO_3 \longrightarrow 2NaAlO_2 + CO_2\uparrow \tag{9-27}$$

表 9-32 改良碱石灰烧结法各反应物的吸热量（Q_p）和总吸热量（$\sum Q_p$）

反应物	SiO_2	γ-Al_2O_3	$CaCO_3$	Na_2CO_3	$\sum Q_p$/(kJ/mol)
1300K/(kJ/mol)	83.52	120.71	118.59	220.40	543.22
质量/t	0.23	0.64	0.35	1.05	—
Q_p/GJ	0.31	0.76	0.42	2.18	3.67

根据公式（9-23）计算出改良碱石灰烧结法中各反应热，计算结果见表 9-33。

表 9-33 改良碱石灰烧结法中各反应的 $\Delta_r H_m$ 和 $\sum \Delta_r H_m$ kJ

反应	(9-25)	(9-26)	(9-27)	$\sum \Delta_r H_m$
$\Delta_r H_m$(1300K)	166.8	123.4	58.6	348.8

根据表 9-32 和表 9-33 的数据，高铝煤矸石脱硅滤饼改良碱石灰烧结法消耗的总热量在 1300K 时为 4.9×10^6kJ。

9.8.1.2 传统碱石灰烧结法

按化学计量比计算，1.0t 煤矸石脱硅滤饼完全反应需要消耗 Na_2CO_3 0.64t、$CaCO_3$ 0.74t，其中含 SiO_2 0.23t、γ-Al_2O_3 0.64t。烧结过程发生的主要化学反应如公式（9-28）～公式（9-30）所示。有关化合物的吸热量和总吸热量计算结果见表 9-34。

$$CaCO_3 \longrightarrow CaO + CO_2 \tag{9-28}$$

$$SiO_2(\text{非晶态}) + 2CaO \longrightarrow Ca_2SiO_4 \tag{9-29}$$

$$\gamma\text{-}Al_2O_3 + Na_2CO_3 \longrightarrow 2NaAlO_2 + CO_2\uparrow \tag{9-30}$$

表 9-34 传统碱石灰烧结法各反应物的吸热量（Q_p）和总吸热量（$\sum Q_p$）

反应物	SiO_2	γ-Al_2O_3	$CaCO_3$	Na_2CO_3	$\sum Q_p$/(kJ/mol)
1473K/(kJ/mol)	83.52	120.71	118.59	220.40	543.22
质量/t	0.23	0.64	0.74	0.64	—
Q_p/GJ	0.37	0.89	1.03	1.65	3.94

根据公式（9-23）计算出传统碱石灰烧结法中各反应热，计算结果见表 9-35。

表 9-35 传统碱石灰烧结法中各反应的 $\Delta_r H_m$ 和 $\sum \Delta_r H_m$ kJ

反应	(9-28)	(9-29)	(9-30)	$\sum \Delta_r H_m$
$\Delta_r H_m$(1500K)	166.8	120.5	49.7	337.0

根据表 9-34 和表 9-35 的数据，高铝煤矸石脱硅滤饼传统碱石灰烧结法消耗的总热量在 1500K 时为 5.95×10^6 kJ。

9.8.2 氢氧化铝煅烧能耗

工业上氢氧化铝的煅烧在 900～1250℃下进行。氢氧化铝的脱水和相变过程涉及非常复杂的物理化学变化，其影响因素包括氢氧化铝的制取方法、粒度、杂质种类及含量和煅烧方法等。总体上包括以下变化过程（毕诗文等，2007）：

① 脱除附着水，工业生产氢氧化铝含有 8%～12%的附着水，脱除附着水的温度在 100～110℃之间。

② 脱除结晶水，氢氧化铝开始脱除结晶水的温度在 130～190℃之间。三水铝石脱出三个结晶水的过程是依次脱掉 0.5、1.5 和 1 个水分子。氢氧化铝的脱水过程也分为三个阶段：第一阶段（180～220℃），脱去 0.5 个水分子；第二阶段（220～420℃），脱去 2 个水分子；第三个阶段（420～500℃），脱去 0.4 个水分子。最后在动态条件下，从 600℃加热至 1050℃过程中脱去剩余的 0.05～0.1 个水分子。

脱除结晶水和氢氧化铝的制备方法有关。种分产品在一、三阶段脱去的水分比碳分产品稍多，碳分产品在第二阶段脱去的水分比种分产品多。

③ 晶型转变，氢氧化铝在脱水过程中伴随晶型转变。一般在 1200℃全部转化为 α-Al_2O_3：

三水铝石→ρ-Al_2O_3→χ-Al_2O_3→假 γ-Al_2O_3→σ-Al_2O_3→θ-Al_2O_3→α-Al_2O_3；

软水铝石→γ-Al_2O_3→σ-Al_2O_3→θ-Al_2O_3→α-Al_2O_3（Whittington，2004）。

氢氧化铝煅烧能耗包括 3 部分：①由三水铝石制备软水铝石晶种过程，反应温度从室温升高至 200℃；②直接采用工业生产的三水铝石煅烧制备氧化铝，因为工业上铝酸钠分解的温度在70～80℃，取煅烧温度为1200℃，故设定第二反应阶段的升温过程为80～1200℃；③由制得的软水铝石晶种煅烧制备氧化铝，晶种的制备温度为200℃，因而设定第三阶段的升温过程为200～1200℃。此阶段发生的反应如下：

$$Al(OH)_3 \longrightarrow AlOOH + H_2O \tag{9-31}$$

$$Al(OH)_3 \longrightarrow \alpha\text{-}Al_2O_3 + H_2O \tag{9-32}$$

$$AlOOH \longrightarrow \alpha\text{-}Al_2O_3 + H_2O \tag{9-33}$$

反应（9-31）～反应（9-33）的相关组分热力学数据见表9-36。根据公式（9-22）和公式（9-23）计算得：反应（9-31）所需要的能量为28.45kJ/mol，折合成处理1.0t三水铝石需要消耗的能量为0.365×10^6kJ。虽然过程每处理1.0t三水铝石要20t水，但这部分水可循环使用，其所消耗的能耗可忽略不计；反应（9-32）所需要的能量为226.39 kJ/mol，折合煅烧1.0t三水铝石所需要消耗的能量为2.902×10^6kJ；反应（9-33）所需要的能量为123.84kJ/mol，折合处理1.0t软水铝石所需要消耗的能量为2.064×10^6kJ。

表9-36　氢氧化铝煅烧反应相关组分的热力学数据

组分	$\Delta_f H^\ominus$/(kJ/mol)	a	b	c	d
$Al_2O_3\cdot3H_2O$	−2586	72.383	381.581		
H_2O	−241.81	29.999	10.711	0.335	
$Al_2O_3\cdot H_2O$	−2004.14	120.792	35.146		
Al_2O_3	−1675.27	103.851	26.267	−29.091	

根据图9-27和图9-28，利用公式$\int_t^T\left(\frac{dQ}{dt}\times\frac{dt}{dT}\right)dT$，其中$dt/dT$为升温速率的倒数，且实验的升温速率为10℃/min，用β表示；三水铝石实验样品质量为6.3390mg，一水铝石样品12.034mg；则公式简化为$\frac{1}{\beta}\int_t^T\left(\frac{dQ}{dt}\right)dT$，对三水铝石煅烧过程作80～1200℃内积分，由所得面积计算$\int_t^T\left(\frac{dQ}{dt}\right)dT$为2247.5mJ/6.3390mg，则$\frac{1}{\beta}\int_t^T\left(\frac{dQ}{dt}\right)dT=\frac{1}{10}\times2247.5$mJ/6.3390mg，经单位换算，煅烧处理1.0t三水铝石所需要消耗的热量为：$\frac{1}{10}\times2247.5$mJ/6.3390mg$\times60=2.13\times10^3$mJ/mg$=2.13\times10^6$ kJ/t；同理，对软水铝石煅烧过程作

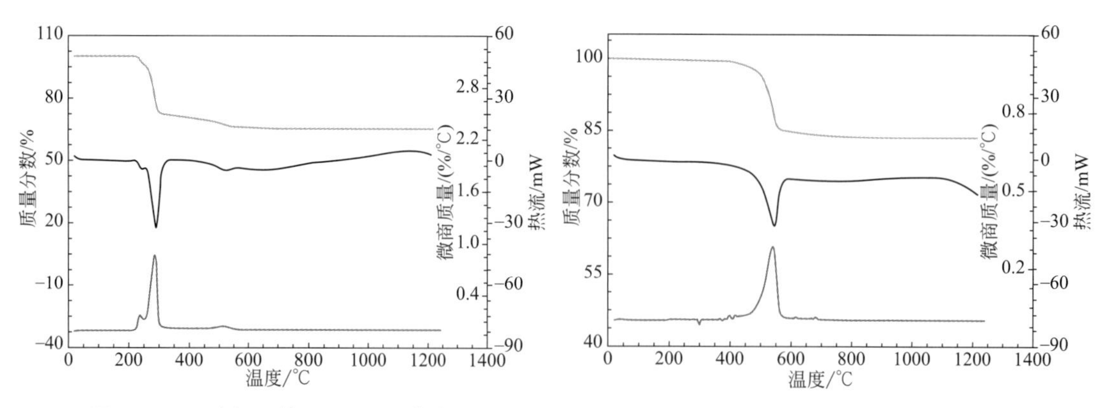

图9-27　三水铝石的DSC-DGA曲线图

图9-28　软水铝石的DSC-DGA曲线图

200～1200℃内积分，则煅烧1.0t软水铝石所需要消耗的热量为1.51×10^{6}kJ/t。

由实验数据可知，煅烧三水铝石和软水铝石的实际能耗和理论计算能耗存在一定差距。由计算结果可知，与三水铝石相比，软水铝石的煅烧能耗减少约40%。

9.8.3 资源消耗量

（1）碳酸钠消耗量

在改良碱石灰烧结法中，按化学计量比计算，处理1.0t高铝煤矸石脱硅滤饼，需要配入碳酸钠1.05t。整个工艺过程的Na_2O循环体系中，只有硅钙渣中含有少量无法回收的Na_2O组分。由水合硅酸钠钙渣中NaOH的回收实验结果（谭丹君，2009）可知，所得水合硅酸钙渣中的Na_2O含量为2.23%，则不可回收的Na_2O为0.0098t，折合碳酸钠的质量为0.017t。

（2）石灰石消耗量

在改良碱石灰烧结法中，按化学计量比计算，处理1.0t高铝煤矸石脱硅滤饼，要配入0.35t石灰石（折纯$CaCO_3$）；在传统碱石灰烧结法中，处理1.0t高铝煤矸石脱硅滤饼，要配入0.74t石灰石，且最终全部转变为硅钙渣，只能用于生产波特兰水泥。

（3）物料消耗对比

采用改良碱石灰烧结法，处理1.0t高铝煤矸石脱硅滤饼，氧化铝产量为0.57t。相当于生产1.0t氧化铝，需要消耗碳酸钠0.03t；需要消耗石灰石（折纯$CaCO_3$）0.61t；传统碱石灰烧结法需消耗石灰石1.30t。

表9-37 氧化铝加工过程资源消耗量对比 t/t氧化铝

物料	改良碱石灰烧结法	传统碱石灰烧结法
脱硅滤饼	1.75	1.75
工业纯碱	0.03	0.03
石灰石	0.61	1.30

由表9-37可见，改良碱石灰烧结法以工业纯碱和石灰石为烧结配料，生产1.0t氧化铝，需要消耗纯碱1.84t，其中不可回收纯碱0.03t，消耗石灰石0.61t；传统碱石灰烧结法需消耗石灰石1.30t。可见，与传统碱石灰烧结法对比，采用改良碱石灰烧结法的一次资源消耗量减少50%以上。

9.8.4 工艺能耗

两种工艺过程都可划分为原料预处理、烧结、溶出、脱硅、碳分、煅烧等6个工段。计算过程中，能源消耗均折算为千克标准煤质量（kgce）。两种工艺中的原料预处理、溶出、脱硅、碳分工段相似，故两种方法中这4个工段的能耗相当。参考工业生产能力，根据国家发改委提供的火电厂生产数据，1kW·h电消耗标准煤0.33kg，则原料预处理、溶出、脱硅、碳分工段1t氧化铝能耗分别为：68kgce、203kgce、120kgce、15kgce（耿学文，2012）。

全流程综合计算，生产1.0t氧化铝需要处理高铝煤矸石脱硅滤饼1.74t。改良碱石灰烧结法烧结工段的1.0t氧化铝能耗约为：$[4.9\times10^{6}/(3.6\times10^{3})\times0.33\times1.74]$kgce=782kgce；传统碱石灰烧结法中1.0t氧化铝能耗约为：$[5.95\times10^{6}/(3.6\times10^{3})\times0.33\times1.74]$kgce=949kgce。

表 9-38　氧化铝加工过程能耗对比　　kgce/t 氧化铝

工段	改良碱石灰烧结法	传统碱石灰烧结法
原料预处理	68	68
烧结	782	949
溶出	203	203
脱硅	120	120
碳分	15	15
煅烧	115	115
总能耗	1303	1470

注：按每生产 1.0t 氧化铝产品计算。

由表 9-38 可见，改良碱石灰烧结法和传统碱石灰烧结法两种工艺中，熟料烧结工段所消耗能量是整个工艺过程中主要的能耗，分别占总能耗的 60%和 64%。每生产 1.0t 氧化铝产品，传统碱石灰烧结法需要消耗标准煤 1470kg；而改良碱石灰烧结法需要消耗 1303kg 标准煤，能耗节约 11%。

第 10 章 高硅铝土矿提取氧化铝技术

本项研究以河南登封市某地产高硅铝土矿为初始原料，主要研究内容是采用常规选矿方法处理原矿，所得铝土精矿直接用于工业上混联法生产氧化铝；而剩余尾矿则作为实验原料，尝试采用低钙烧结法（蒋周青等，2013；杨静等，2014）制备铝酸钠溶液，研究其工艺过程及反应条件；对其技术可行性和工艺过程的环境影响进行评价。

10.1 脱硅预处理技术

中国铝土矿具有高硅而 Al_2O_3 品位较低的特点。由于铝硅比（A/S，Al_2O_3/SiO_2 质量比）相对较低，因而不能直接采用拜耳法生产氧化铝。目前，采用选矿脱硅以提高铝土矿铝硅比的方法，主要包括物理选矿、化学选矿和生物选矿。

10.1.1 物理选矿

物理选矿方法主要是除去铝土矿中以天然矿物的形态存在的含硅矿物，从而降低原矿的 SiO_2 含量。物理选矿主要方法包括选矿和筛分、选择性碎解、选择性絮凝、重选和浮选，其中应用最多的是浮选选矿。

选矿和筛分法 由于高岭石具有易泥化的特点，因此将破碎后的高岭石型铝土矿通过洗矿和筛分后去除其中的高岭石，即可提高原矿的铝硅比。该法主要适用于处理矿石含泥量较高、Al_2O_3 含量偏低的三水铝石型矿石和个别硬水铝石型原矿。苏联曾采用该法处理高岭石型三水铝石型铝土矿，使原矿的 A/S 由原来的 3.5、2.1 分别提高到 6.7、8.6，精矿产率为 27.8%～54.3%（凌石生等，2006）。

选择性碎解法 铝土矿中硬水铝石和含硅矿物的结构具有可碎性差异，因而可采用选择性碎解法达到提高铝土矿铝硅比的目的。欧乐明等（2005）通过选用不同类型的磨矿介质研究了选择性碎解对铝土矿选矿脱硅过程的影响。实验证明，球柱介质的选择性碎解效果最佳，可得到一些铝硅比较高的粗粒级产品，同时实现提高细粒级铝土矿的铝硅浮选的选择性分离目的。铝土矿的选择性碎解方法既能满足氧化铝生产对铝土矿精矿的铝硅比的要求，又能放粗精矿粒度。

选择性絮凝法 含铝矿物和含硅矿物之间存在一定的性质差异，当将适合的絮凝剂加入磨到一定粒度的铝土矿时，矿浆中的各种矿物开始发生选择性絮凝，最后分离出絮凝物。该法称为选择性絮凝法。王毓华等（2006）采用絮凝法，控制反应的 pH 值，分别选取 HSPA、碳酸钠为絮凝剂与矿浆分散剂，经絮凝分离，将 A/S 为 5.68 的铝土矿提高到 8.9，Al_2O_3 的回收率为 86.98%。实验证明，新型絮凝剂作为硬水铝石型铝土矿选择性絮凝分选药剂，效果良好。

重选法 当原矿的有用矿物与脉石矿物之间存在较大密度差时则考虑选用重选法。硬水铝石与高岭石、伊利石、叶蜡石在密度上存在一定差异，此特点为铝土矿重选提供了依据。高淑玲等（2007）使用重介质旋流器，在旋流力场中，通过增大旋流器的入料压强，将铝土矿铝硅比由 4.39 提高至 7.64，Al_2O_3 的回收率为 71.78%。盖艳武等（2012）采用重选法将铝硅比为 3 的原矿提高到 6 左右，但其产率和回收率较低。

浮选法 该法分为正浮选和反浮选。选择不同的浮选药剂浮出有用的含铝矿物，而含硅矿物作为尾矿处理的方法称为正浮选。反浮选法则是将含硅矿物浮起，含铝矿物留在浮选槽中。一般情况下，铝土矿石中的含铝矿物含量多于含硅矿物，因此选用反浮选法处理铝土矿时，浮起矿物的处理量少于正浮选法（赵世民等，2004）。

20 世纪 30 年代，美国率先采用浮选法将铝硅比为 3～8 的铝土矿提高到 10～29，但缺点是氧化铝回收率较低（欧阳坚等，1995）。2003 年，中国铝业中州分公司建立了选矿-拜耳法氧化铝生产线，其中选矿系统处理能力高达 700kt/a。该选矿系统于当年 10 月投产，工艺指标良好，综合能耗、碱耗、氧化铝生产成本与传统拜耳法接近，低于烧结法（冯其明等，2008）。王鹏等（2011）以铝硅比约为 4 的低品位铝土矿为原料，分别选用 YG 和碳酸钠作为捕收剂和调整剂，通过正浮选法实验，研究了提高硬水铝石型铝土矿铝硅比的影响因素和工艺条件。在捕收剂 YG 用量为 1000g/t 原矿、碳酸钠用量为 3000g/t 原矿条件下，常温浮选即可达到很好的指标。

铝土矿的反浮选脱硅是通过抑制三水铝石，采用阴阳离子捕收剂浮选铝硅酸盐矿物。各种铝硅酸盐矿物的表面性质的差异，导致它们彼此间的可浮性也存在一定差异（刘冰等，2012）。程平平等（2009）通过选用不同的捕收剂与抑制剂，研究了硬水铝石和高岭石反浮选分离的作用效果与机理。浮选实验表明，在 pH＝8.5，药剂用量达 300mg/L 条件下，硬水铝石和高岭石均有很好的浮选性，浮选后精矿的铝硅比高达 30.79。

理论上，反浮选法因其特殊性比正浮选法具有某些优势。但药剂对实际矿物分离的选择性差、精矿氧化铝回收率低等缺点，致使反浮选脱硅的研究多停留在实验室探索或半工业规模，几乎未应用于实际生产。因此，开发新的反浮选脱硅药剂成为今后该法的研究重点（孔德四等，2008）。

10.1.2 化学选矿

化学选矿方法主要指铝土矿的焙烧预脱硅。此法最初由德国劳塔厂于 20 世纪 40 年代提出（Murashkin，1980；Folcy et al，1971），是处理细粒级嵌布的原矿或高岭石以微晶状细小集合体与含铝矿物共生的铝土矿选矿一种有效的脱硅方法。其主要工段包括原矿预焙烧、溶浸脱硅、固液分离等。脱水作用破坏了一些铝硅酸盐矿物的晶体结构，因而形成无定形的 SiO_2。低温条件下，这种 SiO_2 即可与水或稀碱溶液反应而被脱除。采用该法处理硬水铝石型铝土矿，既能得到其中的 Al_2O_3，又能回收铝硅酸盐矿物中的 Al_2O_3，故 Al_2O_3 回收率高于其他方法（蒋昊等，2001）。此外，高温焙烧处理后的铝土矿中大部分碳酸盐、一些有机物、有害杂质已被除去，更加有利于后续拜耳法工艺的各工段反应（刘冰等，2012）。

将粉磨好的铝土矿在700～1000℃下焙烧所得熟料在90℃下采用10%的苛性碱溶液进行溶出实验。确定焙烧脱硅最佳温度为900～1000℃，脱硅率可达80%。存在的问题主要是，溶出反应的液固比太大，且溶出时间太长，导致溶出过程的物料流量大，溶出液的SiO_2浓度偏低，不利于后续工艺操作（赵世民等，2004）。铝土矿焙烧预脱硅过程存在焙烧制度严格、能耗高、碱液浓度高、物料流量大、高苛性碱消耗、技术欠完善等缺点，且化学选矿方法只能脱除非晶态的SiO_2，而原矿中的晶态SiO_2脱除难度大（孔德四等，2008）。这些诸多因素导致该法尚未实现工业应用。

10.1.3　生物选矿

利用某些硅酸盐细菌或微生物的代谢产物与铝土矿之间的相互作用，继而发生氧化、还原、溶解、吸附等一系列反应，去除原矿中的硅酸盐并将其分离，从而提高原矿铝硅比的方法称为生物选矿脱硅法（刘冰等，2012；周国华等，2000）。李光霞等（2010）综述了利用硅酸盐细菌、硅酸盐细菌代谢产物对硅酸盐矿物进行选择性吸附、絮凝，以提高铝土矿铝硅比的研究进展。

孔德四等（2008）利用驯化培养后的胶质芽孢类杆菌对铝土矿原样进行脱硅研究，其不同的晶格结构导致细菌浸出其中硅的程度不同。实验表明，细菌对层状结构的硅酸盐矿物（绿泥石、高岭石等）的浸出效果明显高于架状结构矿物（石英、长石等）的浸出效果。铝土矿原矿的A/S提高到原来的3倍。培养后的胶质芽孢类杆菌可将主要脉石矿物为高岭石或绿泥石的铝土矿的A/S由最初的3.73提高到18左右，脱硅效果显著，脱硅率最高可达82%。但是，硅酸盐细菌仍存在菌剂稳定性较差、性能不够持久等缺点，而且细菌浸矿时间较长，一个实验流程一般不低于5天。因此，对菌种浸矿机理仍需进一步深入研究。

10.2　基本工艺流程

以登封市某地产高硅铝土矿为原料，设计基本工艺流程是：首先采用重选-浮选的方法，以选出满足工业混联法生产要求的铝土精矿，直接用于工业生产；选矿剩余的铝土尾矿，则以纯碱、石灰石为配料，采用低钙烧结法进行处理（杨雪等，2010；蒋周青等，2013；杨静等2014）；烧结产物经溶出制得铝酸钠溶液，后续工艺可采用现今氧化铝行业的成熟方法处理。实验拟采取的基本工艺流程如图10-1所示。

实验过程的主要研究内容如下：

（1）摇床重选

高硅铝土矿原料中的主要含铝矿物为硬水铝石，脉石矿物主要为白云母和高岭石。由于硬水铝石的嵌布特征复杂，因此需细磨后才能实现有用矿物的单体解离，利用摇床重选可以回收部分铝硅比符合现有氧化铝工业生产要求的铝土精矿。

（2）摇尾浮选

摇床重选所得中矿和尾矿，需通过浮选实现进一步分离。通过条件实验，研究碳酸钠、皂化油酸用量对中矿浮选的影响；同时研究六偏磷酸钠、碳酸钠、皂化油酸三种药剂用量对尾矿浮选效果的影响。

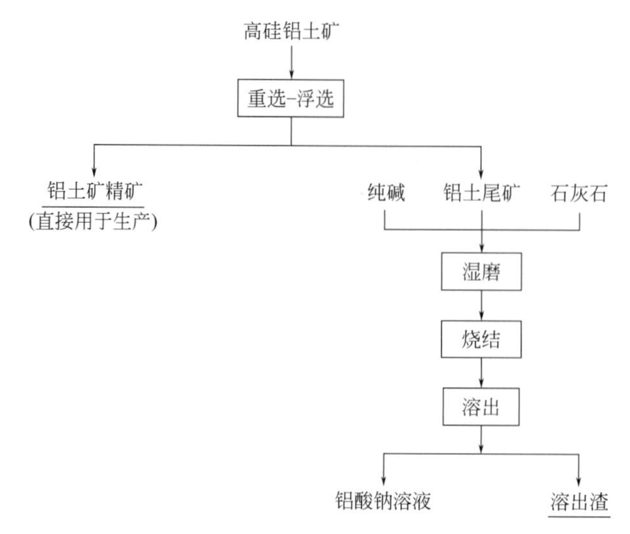

图 10-1　高硅铝土矿制取铝酸钠溶液实验流程

（3）尾矿烧结

选矿所得铝土尾矿经烘干、粉磨后，与纯碱、石灰石按比例进行配料、混磨，所得粉料在实验电炉中进行烧结，研究烧结物料配比、烧结温度等因素对烧结产物质量的影响。

（4）熟料溶出

烧结产物在85℃条件下溶出15min，通过实验研究清水与熟料、调整液与熟料的液固比，以及调整液成分对溶出效果的影响。

10.3　高硅铝土矿物相分析

10.3.1　原矿物相分析

实验原料为登封市某地产高硅铝土矿（DB-12），外观呈灰褐色，黏土状，化学成分分析结果见表10-1。原矿的 Al_2O_3 含量为57.65%，SiO_2 含量为17.57%，A/S为3.28，属低铝硅比的铝土矿。原矿的X射线粉晶衍射分析结果显示，其主要矿物成分为硬水铝石、白云母、高岭石、方解石和锐钛矿（图10-2）。各矿物相的电子探针结果见表10-2。

表 10-1　高硅铝土矿的化学成分分析结果　w_B/%

样品号	SiO_2	TiO_2	Al_2O_3	Fe_2O_3	FeO	MnO	MgO	CaO	K_2O	P_2O_5	烧失量	总量
DB-12	17.57	2.11	57.65	1.66	0.13	0.085	1.34	2.95	1.75	0.17	13.83	99.25

注：中国地质大学（北京）化学分析实验室龙梅、王军玲、梁树平分析，下同。

表 10-2　高硅铝土矿的主要矿物相电子探针分析结果　w_B/%

矿物相	SiO_2	TiO_2	Al_2O_3	FeO	MnO	MgO	CaO	Na_2O	K_2O	总量
硬水铝石	0.83	1.14	83.92	0.10	0.01	0.22	0.03	0.08	0.03	86.36
高岭石	47.67	0.04	37.93	0.05	0.01	0.03	0.13	0.33	0.01	86.20
白云母	48.12	0.04	35.77	0.05	0.04	0.38	0.13	0.15	10.77	95.45

续表

矿物相	SiO_2	TiO_2	Al_2O_3	FeO	MnO	MgO	CaO	Na_2O	K_2O	总量
锐钛矿	2.29	89.73	3.25	4.43	0.00	0.00	0.00	0.00	0.00	99.70
赤铁矿	1.84	0.12	0.00	88.35	0.06	0.00	0.00	0.00	0.00	90.37

注：1. 中国地质大学（北京）电子探针分析室尹京武分析。
2. 各矿物数据为 3 个分析点的平均值。

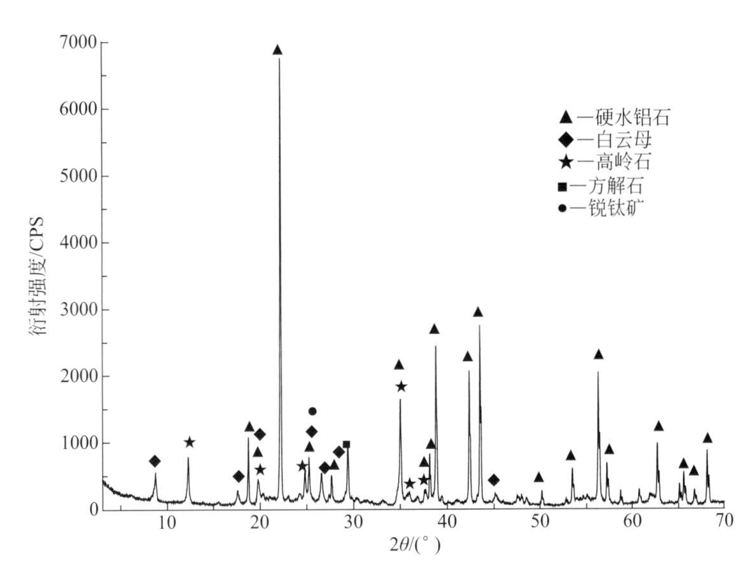

图 10-2 登封高硅铝土矿的 X 射线粉晶衍射图

根据表 10-1 和表 10-2 的分析结果，采用 LINPRO. F90 软件（马鸿文，1999）计算铝土矿原矿的矿物含量，结果见表 10-3。

表 10-3 高硅铝土矿的主要矿物组成及含量 $w_B/\%$

样品号	硬水铝石	白云母	高岭石	方解石	锐钛矿	赤铁矿	石英
DB-12	60.3	21.9	8.9	5.3	2.1	1.7	1.4

由表 10-3 可见，实验用高硅铝土矿原料的主要脉石矿物为白云母，含量高达 21.9%，其次为高岭石，含量为 8.9%。白云母和高岭石为层状硅酸盐矿物，硬度都较低，极易泥化，容易覆盖在硬水铝石晶粒表面，对铝土矿选矿影响较大。

10.3.2 矿物嵌布特征

硬水铝石是高硅铝土矿中最主要的含铝矿物，其嵌布形式主要有 3 种：

① 呈柱状和板状的自形和半自形晶形式。以这种形式产出的硬水铝石与脉石矿物的嵌布关系较简单，嵌布特征以毗连型为主，部分呈包裹型 [图 10-3（a）]。这种类型的矿石在粗磨条件下可以实现单体解离，对提高铝硅比的选矿实验十分有利。

② 呈豆状或鲕状产出的硬水铝石。这种类型的硬水铝石嵌布主要以包裹型为主，包裹体中包含少量高岭石、伊利石等含硅矿物和铁钛氧化物矿物 [图 10-3（b）、图 10-3（c）]。

这种硬水铝石嵌布粒度较细，不利于矿物的单体解离，回收时应考虑细磨。

③ 呈不规则细粒状形式产出。这种形式产出的硬水铝石与高岭石、伊利石等脉石矿物的关系密切，大多数呈现锯齿状、海湾状，粒度细小，单体解离困难［图 10-3（d）］。对这种类型硬水铝石必须细磨，其解离度越好，一般选矿指标也越好。

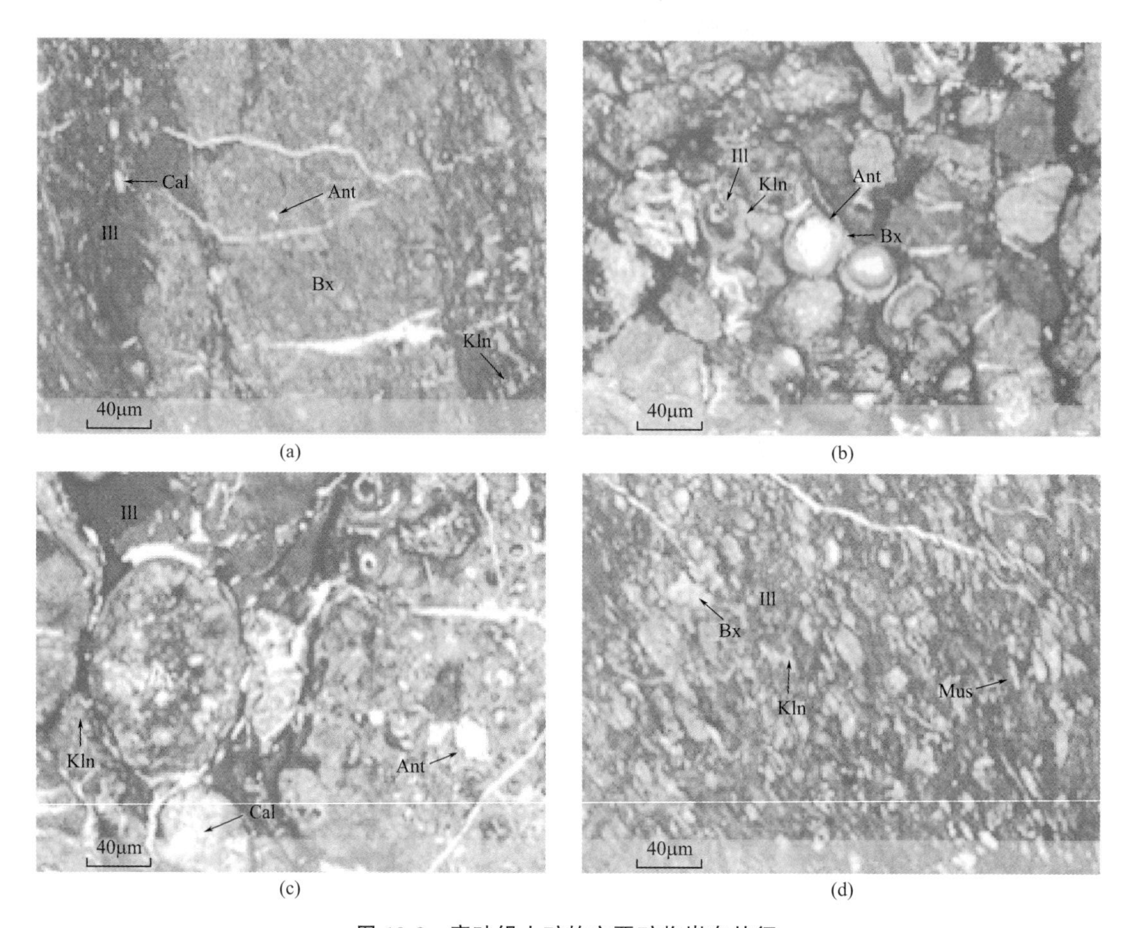

图 10-3　高硅铝土矿的主要矿物嵌布特征

（a）水铝石呈板状与脉石矿物毗连共生；（b）水铝石呈鲕状与脉石矿物包裹共生；（c）水铝石呈豆状与脉石矿物包裹共生；（d）水铝石呈不规则粒状产出

10.4　脱硅选矿实验

中国的铝土矿主要以高岭石-硬水铝石型为主，铝硅比（A/S）在 4～6 之间，属于高铝高硅难溶性矿石（方启学等，2000），铝硅比大于 9 的矿石仅占铝土矿总储量的 18.5%。铝土矿中硬水铝石的嵌布粒度细小，嵌布关系变化多样，因此洗选困难。

中国的高硅铝土矿不仅洗选困难，而且存在氧化铝生产中耗碱量增大、溶出率差、工艺复杂等问题，从而增加了氧化铝生产的难度和成本（赵清杰等，1999）。在氧化铝生产过程中，铝土矿中的硅酸盐矿物随着矿浆升温预热易发生反应，在换热面上析出钠硅渣，使得传热系数迅速下降（杨毅宏等，1999）。因此，充分利用低铝硅比的铝土矿资源，开发新的铝土矿降硅工艺，适应现代氧化铝生产工艺流程，对保证我国氧化铝工业的可持续发展具有重要的意义（鲁劲松，2013；赵淑霞等，2005）。

登封高硅铝土矿（DB-12）的矿物组成较简单，但矿物的嵌布特征比较复杂，硬水铝石嵌布粒度极不均匀，需要在细磨的情况下才能实现单体解离。本项研究根据铝土矿原矿的特点，设计采用重选-浮选流程来处理矿石。

10.4.1　不同磨矿粒度的重选

高硅铝土矿中的含硅矿物主要是层状硅酸盐矿物，硬度低，极易泥化，不利于分选，而硬水铝石与含硅矿物之间存在一定的密度差异，因而采用摇床重选方法，在脱出矿泥的同时回收部分合格的铝土精矿。

重选设备选择矿泥摇床，床面坡度为 2°，冲程 9.5mm，冲次 260 次/min，给矿浓度 30%。设定不同的磨矿粒度进行重选实验，结果如图 10-4 所示。

从实验结果来看，摇床重选精矿的铝硅比（A/S）随着磨矿粒度的减小而增加。从 Al_2O_3 的回收率分析，摇床重选精矿的回收率低于 45%，大部分的 Al_2O_3 存在于摇床重选的中矿和尾矿中。在−0.074mm 颗粒占 95%时，所得精矿的铝硅质量比为 8.12。在保证矿物最大单体解离度的条件下，为进一步回收摇床中矿和尾矿中的 Al_2O_3，最终确定磨矿粒度为−0.074mm 颗粒占 95%。

10.4.2　重选中矿的浮选

摇床重选所得中矿中 Al_2O_3 主要赋存在细粒的硬水铝石中，由于受颗粒形态小的影响很难富集到摇床精矿中，因此对中矿进行浮选实验。浮选设备选用 XFG 型挂槽浮选机，浮选矿浆浓度为 30%，常温下浮选。

（1）捕收剂用量

文献报道，铝土矿的捕收剂主要为羟基酸及皂类。对油酸、皂化油酸、氧化石蜡皂、烷基羟肟酸的捕收效果的对比实验发现，油酸和活化油酸对硬水铝石的选择性强，在相近的浮选效果下，活化油酸用量是油酸用量的一半（Jiang et al，2012）。因此，选择皂化油酸作为浮选的捕收剂。实验中调整剂碳酸钠用量设定为 500g/t，结果如图 10-5 所示。

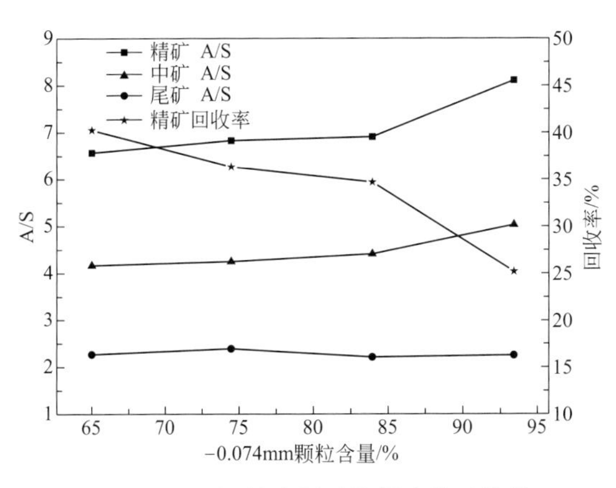

图 10-4　不同粒度原矿的摇床选矿结果

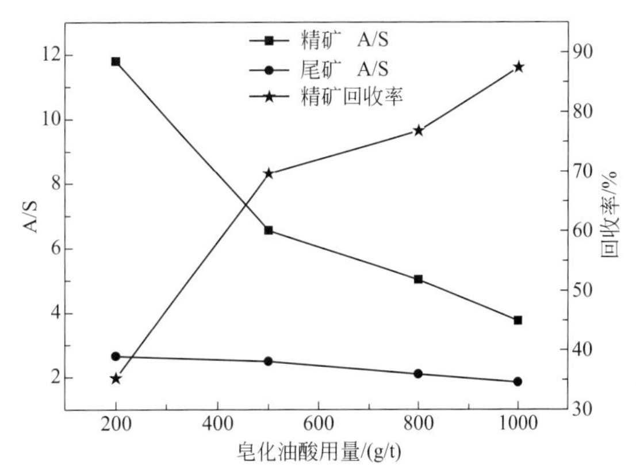

图 10-5　摇床中矿在不同皂化油酸用量下的选矿结果

从图 10-5 结果分析，随着捕收剂用量的增加，精矿中氧化铝回收率逐渐增高，但铝硅比却越来越低。在皂化油酸用量 1000g/t 时，所得铝土精矿的铝硅比只有 4.02，说明捕收剂过量，不能满足实验要求。因此，在保证回收率较大的情况下，选择精矿铝硅比较大的皂化油酸用量为 500g/t。

（2）碳酸钠用量

文献报道，碳酸钠在浮选中不仅可以调节矿浆的 pH 值，还可以改变矿物表面的电性，消除水中 Ca^{2+}、Mg^{2+} 的影响，有利于矿泥的分散（王鹏等，2011；陈湘清等，2006）。对碳酸钠用量进行条件实验，捕收剂皂化油酸用量 500g/t。实验结果如图 10-6 所示。

由图 10-6 可见，所得铝土精矿的回收率随着碳酸钠用量的增加先上升而后有所下降，说明碳酸钠用量设定为 200g/t 时，矿浆的 pH 值不能满足浮选捕收剂的使用范围。随着碳酸钠用量的增加，捕收剂的活性增强，杂质离子的影响减小，所得精矿的铝硅比略有提高。这是由于摇床中矿的矿泥含量较少，因而碳酸钠的分散作用不明显。综合考虑精矿回收率和铝硅比，选择中矿浮选调整剂碳酸钠的用量为 500g/t。

10.4.3 重选尾矿的浮选

摇床尾矿中的 Al_2O_3 主要赋存在微细粒的硬水铝石和铝硅酸盐矿物（白云母、高岭石）中。这部分矿物的颗粒较细，平均粒度小于 40μm。为减少矿泥对浮选效果的影响，添加分散剂六偏磷酸钠。浮选设备选用 XRF 挂槽浮选机，浮选矿浆浓度为 30%，常温浮选。

（1）碳酸钠用量

设定六偏磷酸钠、皂化油酸用量分别为 60g/t、500g/t 条件下，进行碳酸钠用量的条件实验，结果如图 10-7 所示。

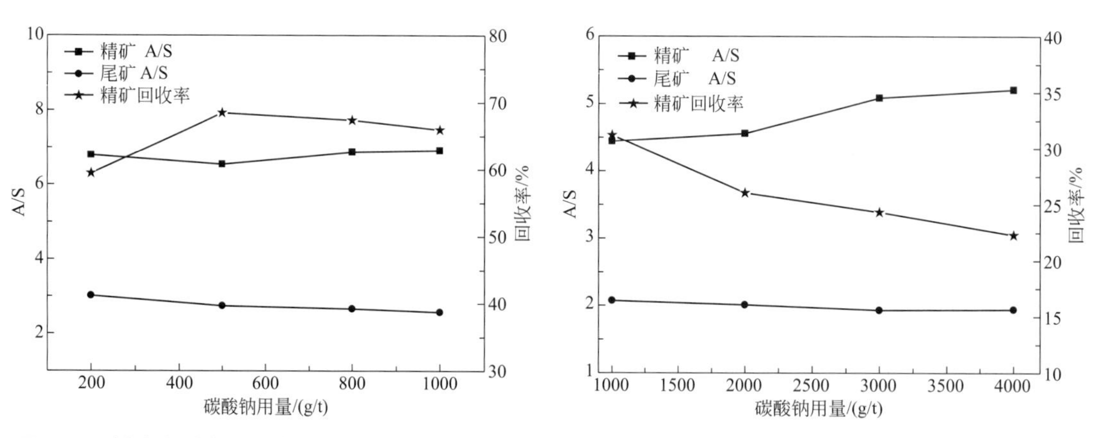

图 10-6 摇床中矿在不同碳酸钠用量下的选矿结果

图 10-7 摇床尾矿在不同碳酸钠用量下的选矿结果

实验结果显示，随着碳酸钠用量的增加，所得精矿的铝硅比逐渐升高，同时精矿中 Al_2O_3 的回收率相应减小，说明铝土矿浮选时碳酸钠的分散作用逐渐增强。当碳酸钠用量大于 3000g/t 时，浮选精矿和尾矿的铝硅比和回收率变化趋势变小，碳酸钠的分散作用趋向于最大值。因此，选取摇尾浮选药剂碳酸钠的用量为 3000g/t。

（2）分散剂用量

摇床尾矿中的矿物粒度都较细，浮选时易黏附在泡沫上面进入精矿中，影响精矿的铝硅比。因此，需在浮选时加入分散剂，以减少矿泥的影响。依据以往的生产实践并参考相关文献（张倩等，2013），六偏磷酸钠对铝土矿的分散效果最好。因此，设定在碳酸钠用量、皂化油酸用量分别为 3000g/t、500g/t 条件下，考察六偏磷酸钠用量对铝土矿摇床尾矿浮选效果的影响。实验结果如图 10-8 所示。

实验结果表明，分散剂用量对摇尾浮选的影响不明显。因此，选用摇床尾矿浮选的六偏磷酸钠用量为 60g/t。

（3）捕收剂用量

选取碳酸钠、六偏磷酸钠用量分别为 3000g/t、60g/t，对捕收剂皂化油酸用量进行条件实验，结果见图 10-9。

实验结果表明，随着皂化油酸用量的增加，所得精矿的铝硅比逐渐降低，而 Al_2O_3 的回收率相应地逐渐提高。当皂化油酸用量为 1000g/t 时，精矿的铝硅比为 4.42，不能满足氧化铝工业生产的要求。因此，选择摇床尾矿浮选的皂化油酸用量为 800g/t。

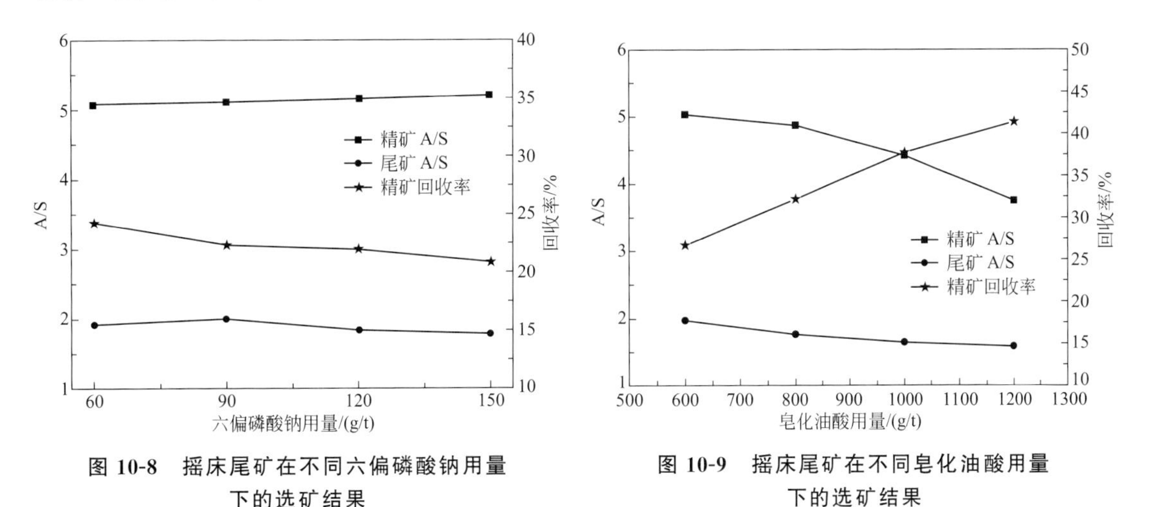

图 10-8　摇床尾矿在不同六偏磷酸钠用量下的选矿结果

图 10-9　摇床尾矿在不同皂化油酸用量下的选矿结果

10.4.4　全流程闭路实验

在确定各实验条件的基础上，对重选-浮选全流程进行闭路实验。在保证所得铝土精矿品位的前提下，对摇床中矿和尾矿浮选的尾矿进行扫选，以提高 Al_2O_3 的回收率。其中，为提高摇床尾矿浮选所得精矿的铝硅比，对精矿进行精选作业。闭路实验流程如图 10-10 所示，结果见表 10-4。

对登封高硅铝土矿进行脱硅选矿实验研究，结果表明：

① 原矿的主要含铝矿物为硬水铝石，脉石矿物主要为白云母和高岭石。硬水铝石的嵌布特征复杂，需细磨后才能实现有用矿物的单体解离。实验结果表明，在磨矿粒度－0.074mm 颗粒占 95% 时，采用摇床重选可以回收部分铝硅比为 8.12 的精矿，Al_2O_3 回收率约 29.7%。

② 摇床重选的中矿和尾矿需通过浮选进一步分离。实验表明，中矿浮选最佳药剂制度为：碳酸钠用量 500g/t，皂化油酸用量 500g/t；尾矿浮选最佳药剂制度为：六偏磷酸钠用量 60g/t，碳酸钠用量 3000g/t，皂化油酸用量 800g/t。

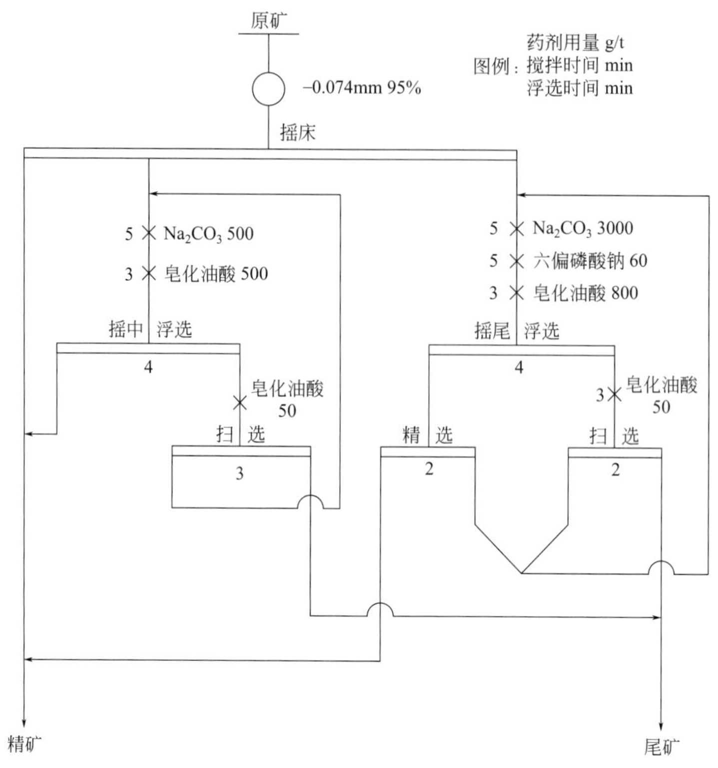

图 10-10 高硅铝土矿选矿闭路实验流程

表 10-4 高硅铝土矿选矿闭路实验结果

名称		产率/%	品位/%		Al/Si 质量比	回收率/%
			Al_2O_3	SiO_2		
精矿	摇床精矿	26.14	66.28	8.16	8.12	29.71
	摇中浮精	21.46	66.44	8.79	7.56	24.45
	摇尾浮精	6.12	66.48	10.38	6.41	6.98
	合计	53.72	66.37	8.67	7.66	61.13
尾矿	摇中浮尾	6.99	52.50	23.96	2.19	6.29
	摇尾浮尾	39.29	48.35	26.54	1.82	32.58
	合计	46.28	48.98	26.15	1.87	38.87
总计		100.00	58.32	16.76	3.48	100.00

③ 在磨矿粒度−0.074mm 颗粒占 95%时，进行选矿全流程闭路实验，摇床中矿的浮选尾矿进行扫选，摇床尾矿一精一扫，最终获得铝土精矿的铝硅质量比为 7.66，Al_2O_3 含量为 66.4%，Al_2O_3 回收率为 61.1%，满足氧化铝工业中联合法的生产要求。

10.5 铝土尾矿烧结

目前，处理低品位铝土矿选矿技术如何节能以及残余物的处理，已经成为我国氧化铝行业最关心的问题（许国栋等，2012）。考虑到高硅铝土矿选矿尾矿中 SiO_2 含量较高，如果采用传统碱石灰烧结法则会增加石灰石的消耗，同时产生大量硅钙渣。鉴于此，本项研究参照处理高铝粉煤灰的技术原理（杨雪等，2010；蒋周青等，2013；杨静等，2014），探索采用低钙烧结法处理上述所得铝土尾矿的技术可行性，以达到降低石灰石的消耗量，减少硅钙渣的排放量，从而改善工艺过程的环境相容性的目的。

10.5.1 实验原料

登封铝土矿属于硬水铝石型矿床，赋存于石炭系上统本溪组的中上部，具有高铝、高硅的特点（Liu et al，2013）。主要矿物为硬水铝石，其次有高岭石、水云母、赤铁矿、锐钛矿等矿物。

实验原料为登封高硅铝土矿经重选-浮选流程处理所得铝土尾矿（DW-13），其外观呈灰褐色，黏土状，化学成分分析结果见表 10-5。其中 Al_2O_3 含量为 51.57%，SiO_2 含量为 25.70%，A/S 为 2.01。铝土尾矿的 X 射线粉晶衍射分析结果见图 10-11。由图可见，其主要矿物成分为硬水铝石、白云母、高岭石和锐钛矿。

表 10-5 登封铝土尾矿的化学成分分析结果 $w_B/\%$

样品号	SiO_2	TiO_2	Al_2O_3	Fe_2O_3	FeO	MgO	CaO	Na_2O	K_2O	P_2O_5	烧失量	总量
DW-13	25.70	2.40	51.57	2.48	0.14	0.40	1.92	2.62	2.62	0.12	9.61	99.58

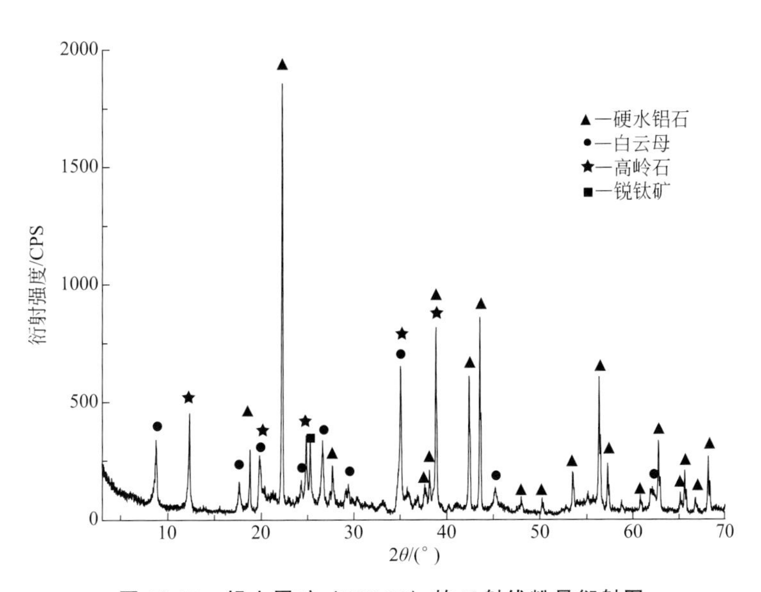

图 10-11 铝土尾矿（DW-13）的 X 射线粉晶衍射图

依据铝土尾矿的化学成分（表 10-5）和各矿物相的化学成分（表 10-2）数据，采用 LINPRO. F90 软件（马鸿文，1999）计算铝土尾矿中的各矿物含量。

计算结果表明，其中主要矿物为硬水铝石，含量为 38.13%，其次为高岭石和白云母，含量分别为 28.64%、24.19%。此外，还包括少量的锐钛矿和石英（表 10-6）。换算为各端员矿物的摩尔分数分别为：硬水铝石 0.752，高岭石 0.131，白云母 0.072，锐钛矿 0.025，石英 0.020。

表 10-6　铝土尾矿的主要矿物组成及含量　w_B/%

样品号	硬水铝石	高岭石	白云母	锐钛矿	石英
DW-13	38.13	28.64	24.19	1.70	1.00

10.5.2　实验原理

（1）碱石灰烧结法

该法原理是，使铝土矿原料中的 Al_2O_3 组分转变为易溶于清水或稀碱溶液的化合物 $NaAlO_2$，而 SiO_2、TiO_2、Fe_2O_3 等组分则转变为不易溶于水和稀碱溶液的 Ca_2SiO_4、$CaTiO_3$、$NaFeO_2$ 等化合物，以便实现熟料溶出过程的硅铝分离（毕诗文等，2007）。

对于铝土尾矿中的高岭石和白云母，烧结过程发生如下化学反应：

$$Al_2[Si_2O_5](OH)_4 + 4CaCO_3 + Na_2CO_3 \longrightarrow 2Ca_2SiO_4 + 2NaAlO_2 + 5CO_2\uparrow + 2H_2O \quad (10\text{-}1)$$

$$KAl_2[AlSi_3O_{10}](OH)_2 + 6CaCO_3 + Na_2CO_3 \longrightarrow 3Ca_2SiO_4 + KAlO_2 + 2NaAlO_2 + 7CO_2\uparrow + H_2O \quad (10\text{-}2)$$

（2）低钙烧结法

碱石灰烧结法中，其烧结产物 Ca_2SiO_4 在溶出 Al_2O_3 过程中易发生二次反应，从而影响熟料中的 Al_2O_3 溶出率。本实验采用低钙烧结法处理前述所得铝土尾矿，烧结过程可使尾矿中的 Al_2O_3 组分转变成易溶于水和稀碱溶液的 $NaAlO_2$，而 SiO_2 组分却转变成不溶于水和稀碱溶液的 Na_2CaSiO_4。Na_2CaSiO_4 是一种不稳定化合物，在水溶液中极易发生水解，生成 NaOH 和 $CaO \cdot SiO_2 \cdot nH_2O$，依此可以回收 NaOH。与碱石灰烧结法相比，低钙烧结法中采用纯碱部分替代石灰石，使整个工艺流程石灰石资源的消耗量减少了 50%，同时可显著降低烧结温度。

铝土尾矿的主要矿物相为硬水铝石（AlOOH）、高岭石｛$Al_2[Si_2O_5](OH)_4$｝和白云母｛$KAl_2[AlSi_3O_{10}](OH)_2$｝，还包括少量锐钛矿（$TiO_2$）和石英（$SiO_2$）。

烧结过程中主要发生如下化学反应：

$$2AlOOH + Na_2CO_3 \longrightarrow 2NaAlO_2 + H_2O + CO_2\uparrow \quad (10\text{-}3)$$

$$Al_2[Si_2O_5](OH)_4 + 2CaCO_3 + 3Na_2CO_3 \longrightarrow 2Na_2CaSiO_4 + 2NaAlO_2 + 5CO_2\uparrow + 2H_2O \quad (10\text{-}4)$$

$$KAl_2[AlSi_3O_{10}](OH)_2 + 3CaCO_3 + 4Na_2CO_3 \longrightarrow 3Na_2CaSiO_4 + KAlO_2 + 2NaAlO_2 + 7CO_2\uparrow + H_2O \quad (10\text{-}5)$$

$$TiO_2 + CaCO_3 \longrightarrow CaTiO_3 + CO_2\uparrow \quad (10\text{-}6)$$

$$SiO_2 + CaCO_3 + Na_2CO_3 \longrightarrow Na_2CaSiO_4 + 2CO_2\uparrow \quad (10\text{-}7)$$

10.5.3　烧结反应热力学分析

热力学是探索各类变化过程中物质之间能量的转换、反应进行方向及程度的一门科学。热力学的主要参数吉布斯自由能 ΔG 为状态函数，当体系 $\Delta G>0$ 时，正向反应无法自发进行；当体系 $\Delta G=0$ 时，反应处于平衡状态；当体系 $\Delta G<0$ 时，正向反应进程自发进行。因此，可以根据 ΔG 来判断体系状态发生变化的条件。同时 ΔG 越小，则反应趋势越强，所生成产物就越稳定（印永嘉等，2001）。

化学反应的吉布斯自由能计算公式如下（印永嘉等，2001）：

$$\Delta_r G_m = \sum v_i \Delta_f G_m（产物）-\sum v_i \Delta_f G_m（反应物）+RT\ln Q_a \tag{10-8}$$

$$\ln Q_a = \sum v_i \ln（f_i/p^{\ominus}）（产物）-\sum v_j \ln（f_j/p^{\ominus}）（反应物） \tag{10-9}$$

$$RT\ln f = a + bT + cT^2 \tag{10-10}$$

式中，v_i 为物质 i 在反应式中的计量系数；Q_a 为活度熵；f 为气体逸度；$p^{\ominus}$ 为标准压力。

其中：

$a = a_1 + a_2 p + a_3 p^2 + a_4 p^{-1} + a_5 p^{-2}$

$b = b_1 + b_2 p + b_3 p^{-1} + b_4 p^{-2} + b_5 p^{-1/2} + b_6 p^{-3}$

$c = c_1 + c_2 p + c_3 p^{-2} + c_4 p^{-1/2} + c_5 p^{-1} + c_6 p^{-3}$

CO_2 和 H_2O 逸度计算系数见 Holland 等（1990）。

采用 Holland 等（2011）的热力学模型，计算矿物端员组分的摩尔 Gibbs 生成自由能公式为：

$$\Delta_f G_m = \Delta_f H^{\ominus} - T\Delta S^{\ominus} + \int_{298}^{T} C_p \mathrm{d}T - T\int_{298}^{T} \frac{\Delta C_p}{T}\mathrm{d}T \tag{10-11}$$

其中，摩尔热容 $C_p = a + bT + cT^{-2} + dT^{-1/2}$。

采用兰氏化学手册中的无机化合物热力学数据（Speight，2010），计算反应物的摩尔 Gibbs 生成自由能：

$$G_i^{\ominus}（T）= H_i^{\ominus}（T）- TS_i^{\ominus}（T） \tag{10-12}$$

$$H_i^{\ominus}（T）= \Delta_f H_i^{\ominus} + \int_{298}^{T} C_{p,i} \mathrm{d}T + \sum \Delta H_i^t \tag{10-13}$$

$$S_i^{\ominus}（T）= S_i^{\ominus}（298）+ \int_{298}^{T} C_{p,i} \mathrm{d}\ln T + \sum \frac{\Delta H_i^t}{T_t} \tag{10-14}$$

其中，$C_p = a + b \times 10^{-3} T + c \times 10^5 T^{-2} + d \times 10^{-6} T^2$，$\Delta H_i$ 为化合物的摩尔相变热。

复合反应体系的总 Gibbs 自由能遵循混合律（马鸿文，2001），采用以下公式计算：

$$\sum \Delta_r G_m = \sum n_i \Delta_r G_{m,i} \tag{10-15}$$

式中，n_i 为反应组分 i 的摩尔分数。

计算过程中，所涉及的各矿物端员的热力学数据引自 Holland 等（2011）。按照公式（10-11）计算不同温度下各矿物的 $\Delta_f G_m$。Na_2CO_3、$CaTiO_3$、$NaAlO_2$、O_2、CO_2、H_2O 的热力学数据引自兰氏化学手册（Speight，2010）。按照公式（10-12）～公式（10-14），计算上列化合物在不同温度下的 $\Delta_f G_m$。$KAlO_2$ 的热力学数据取自 Bennington 等（1988），Na_2CaSiO_4 的热力学数据引自 Van Hinsberg 等（2005）。计算所得相关化合物的摩尔生成自由能数据见表 10-7。

表 10-7　相关化合物的摩尔生成自由能数据　　kJ/mol

组分	$\Delta_f G_m$（700K）	$\Delta_f G_m$（800K）	$\Delta_f G_m$（900K）	$\Delta_f G_m$（1000K）	$\Delta_f G_m$（1100K）	$\Delta_f G_m$（1200K）
CO_2	−395.35	−395.53	−395.53	−395.81	−395.92	−396.01
H_2O	−208.90	−203.60	−198.19	−192.71	−187.17	−181.57
$CaCO_3$	−1025.95	−1000.90	−976.01	−951.25	−926.60	−901.39

续表

组分	$\Delta_f G_m$ (700K)	$\Delta_f G_m$ (800K)	$\Delta_f G_m$ (900K)	$\Delta_f G_m$ (1000K)	$\Delta_f G_m$ (1100K)	$\Delta_f G_m$ (1200K)
Na_2CO_3	−933.86	−906.65	−879.79	−853.33	−827.38	−799.02
$KAlO_2$	−988.13	−966.45	−945.03	−922.93	−896.22	−866.33
$NaAlO_2$	−1823.35	−1784.55	−1745.91	−1706.69	−1667.31	−1625.74
Na_2CaSiO_4	−2067.54	−2035.66	−2003.78	−1971.90	−1940.02	−1908.14
硬水铝石	−921.08	−896.34	−869.26	−840.04	−808.82	−775.73
高岭石	−4000.54	−3967.74	−3934.96	−3902.38	−3870.08	−3838.14
白云母	−5785.89	−5730.39	−5673.62	−5615.95	−5557.63	−5498.85
锐钛矿	−873.14	−856.22	−838.45	−819.89	−800.61	−780.66
石英	−783.33	−765.45	−747.79	−730.26	−712.84	−695.65

实际反应中，生成气体的分压也会对反应产生一定影响。计算中，估计生成的 CO_2 和 H_2O 气体分压分别为 0.20atm（1atm＝101325Pa）和 0.01atm（马鸿文等，2006b）。按照公式（10-9）、公式（10-10）分别计算出 CO_2 和 H_2O 气体的 $RT\ln Q_a$ 值。利用表 10-7 的热力学数据，按照公式（10-8）计算铝土尾矿低钙烧结法各反应的摩尔 Gibbs 自由能；按照公式（10-15），各反应的 Gibbs 自由能乘以各反应物的摩尔分数所得数值之和，即为 1mol 铝土尾矿（DW-13）在不同温度下的总反应 Gibbs 自由能（表 10-8）。

表 10-8　铝土尾矿-石灰石-碳酸钠体系烧结反应 $\Delta_r G_m$ 计算结果　kJ/mol

反应	$\Delta_r G_m$					
	700K	800K	900K	1000K	1100K	1200K
(10-3)	−719.69	−724.06	−729.36	−734.58	−740.96	−747.80
(10-4)	−1314.47	−1329.37	−1343.48	−1355.11	−1364.78	−1378.47
(10-5)	−1206.77	−1248.74	−1291.00	−1330.69	−1365.16	−1402.25
(10-6)	19.40	3.86	−11.64	−27.11	−42.55	−57.96
(10-7)	−73.38	−111.85	−149.66	−186.87	−223.44	−262.83
$\sum\Delta_r G_m$	−801.45	−810.86	−820.87	−830.29	−839.95	−850.71

热力学计算结果表明，当温度高于 700K 时，各反应的 $\Delta_r G_m$ 均小于 0，且 $\sum\Delta_r G_m$ 亦小于 0，表明烧结反应可能完全进行。但实际过程中反应还受动力学因素的限制，具体反应条件还需要通过实验确定。

10.5.4　实验方法

低钙烧结法中，加入纯碱和石灰石的目的是使生料中的 Al_2O_3、SiO_2、TiO_2、Fe_2O_3 在适宜的烧结条件下，相应地转变为 $NaAlO_2$、Na_2CaSiO_4、$CaTiO_3$、$NaFeO_2$ 等化合物相。因此，定义烧结配料的钙硅比为：

$$C/S=[CaO]/[SiO_2+TiO_2](\text{摩尔比}) \tag{10-16}$$

烧结配料的碱铝比为：

$$N/A=[Na_2O+K_2O]/[Al_2O_3+Fe_2O_3](\text{摩尔比}) \tag{10-17}$$

按照铝土尾矿低钙烧结反应（10-3）至反应（10-7）的化学计量比配料。称取粉磨好的铝土尾矿（DW-13，表 10-5）100g，与石灰石（纯度 99%）43.47g、纯碱（99.8%）97.71g 进行配料，放入 TCIF8 型球磨机内混磨 120min，使所得粉体粒度达到－0.074mm 颗粒>90%。将生料粉体置于 SXL-1028 型实验电炉中，在设定温度下进行烧结。烧结熟料冷却后球磨 10min，使粉体粒度达到－0.212mm 颗粒>90%。

实验通过测定熟料中 Al_2O_3 的标准溶出率来表征烧结物料质量。方法如下：配制溶出液（含 Na_2O_k15g/L、Na_2O_c5g/L）备用，称取 8.00g 烧结熟料，置于已加入 100mL 溶出液和 20mL 水的 300mL 烧杯中，其中液体已预热至 85℃。在恒温搅拌水浴锅中进行搅拌，控制反应温度为 85℃，反应时间 15min，然后进行抽滤过滤。沸水洗涤滤饼 8 次，每次用水 25mL，将洗涤好的滤饼烘干。测定烧结熟料和溶出渣的 Al_2O_3 和 CaO 含量，按照公式（10-18）计算烧结熟料中 Al_2O_3 的标准溶出率：

$$\eta(Al_2O_3)=[1-(A_{渣}/A_{熟})\times(C_{熟}/C_{渣})]\times100\% \tag{10-18}$$

式中，$\eta(Al_2O_3)$ 为 Al_2O_3 的溶出率；$A_{熟}$、$C_{熟}$ 分别为烧结熟料中 Al_2O_3、CaO 的含量；$A_{渣}$、$C_{渣}$ 分别为溶出渣中 Al_2O_3、CaO 的含量。

10.5.5 结果与讨论

通过对铝土尾矿（DW-13）低钙烧结反应的热力学分析，按照烧结反应的化学计量比确定尾矿烧结实验所需石灰石、纯碱的配入量。在此基础上，通过系列单因素实验，研究烧结温度和纯碱、石灰石配入量对烧结熟料质量的影响。

（1）烧结温度

在碱铝比（N/A）、钙硅比（C/S）均为 1.0 的条件下，将铝土尾矿与纯碱、石灰石进行配料、混磨。将混磨均匀的生料分别在 900℃、1000℃、1050℃、1100℃、1200℃烧结 120min。不同温度下所得熟料的物相分析结果如图 10-12 所示，烧结熟料的 Al_2O_3 标准溶出率测定结果见表 10-9。

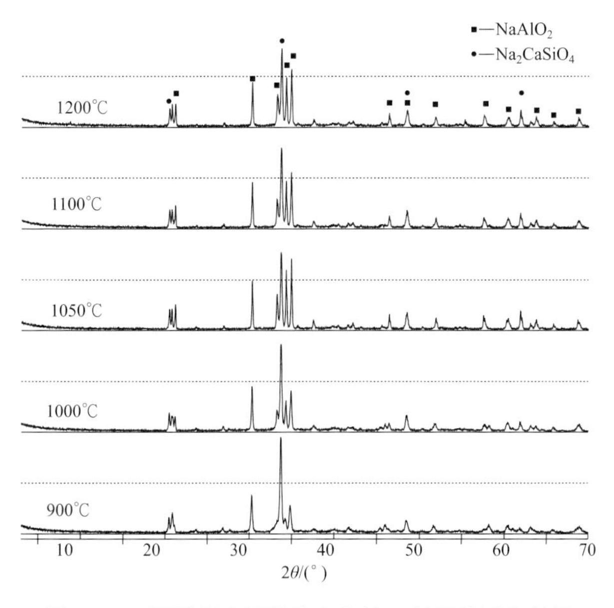

图 10-12 不同温度下烧结产物的 X 射线粉晶衍射图

表 10-9 不同烧结温度下所得熟料的 Al_2O_3 标准溶出率实验结果

熟料样品号	化学成分 w_B/%		溶出渣样品号	化学成分 w_B/%		Al_2O_3 溶出率/%
	Al_2O_3	CaO		Al_2O_3	CaO	
WK-1	24.68	15.31	WZ-1	10.12	36.84	82.97
WK-2	31.87	16.39	WZ-2	8.42	36.90	88.27
WK-49	31.27	14.72	WZ-49	3.41	29.18	94.50
WK-3	24.13	14.52	WZ-3	6.84	37.33	88.98
WK-4	31.14	16.81	WZ-4	9.56	36.48	85.86

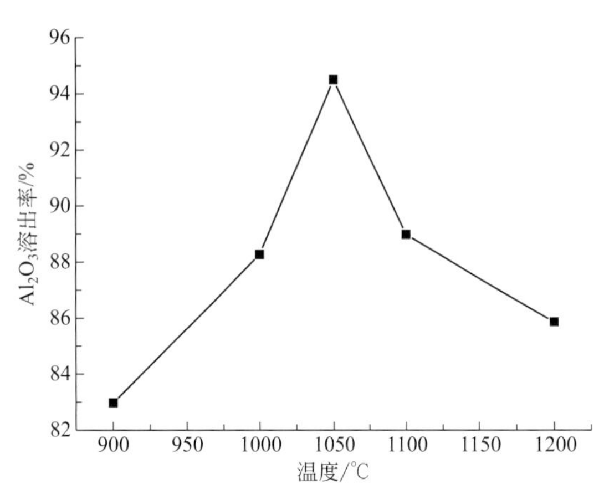

图 10-13 不同温度下烧结熟料的 Al_2O_3 溶出率曲线

由表 10-9 的数据，绘制不同温度下烧结熟料的 Al_2O_3 溶出率曲线。由图 10-13 可知，随着反应温度的升高，Al_2O_3 溶出率呈现先增大后减小的趋势。当温度达到 1050℃时，Al_2O_3 溶出率达到最大值 94.50%。由烧结产物的物相分析可知，当温度低于 1000℃时，生成物相主要为 $Na_{1.95}Al_{1.95}Si_{0.05}O_4$（图 10-12）。分析原因是，温度过低时，烧结反应速率较慢，生料粉体在设定的烧结时间内没有反应完全。当温度达到 1050℃时，生成的物相主要是 Na_2CaSiO_4 和 $NaAlO_2$，符合反应原理的预期结果。然而温度过高，反应体系会有大量液相生成，得到强度较高的致密熔块，熟料呈现过烧状态，进而导致氧化铝标准溶出率降低。由此，确定优化烧结温度为 1050℃。

（2）钙硅比

固定烧结配料的碱铝比为 1.00，将铝土尾矿与纯碱、石灰石分别按钙硅比为 0.96、0.98、1.00、1.02、1.04 进行配料，所得物料充分混磨均匀之后，置于箱式电炉中，在 1050℃下烧结 120min。将不同烧结产物磨细后进行 Al_2O_3 标准溶出率实验。所得结果见表 10-10 和图 10-14。

表 10-10 不同钙硅比配料条件下烧结熟料的 Al_2O_3 标准溶出率实验结果

熟料样品号	化学成分 w_B/%		溶出渣样品号	化学成分 w_B/%		Al_2O_3 溶出率/%
	Al_2O_3	CaO		Al_2O_3	CaO	
WK-47	31.09	16.50	WZ-47	16.19	33.57	74.43
WK-48	30.70	15.81	WZ-48	6.07	36.94	91.54
WK-49	31.27	14.72	WZ-49	3.41	29.18	94.50
WK-50	30.13	15.37	WZ-50	6.76	38.25	90.98
WK-51	30.80	15.36	WZ-51	12.52	35.42	82.38

由表 10-10 可知，在固定配料碱铝比的条件下，烧结熟料的 Al_2O_3 标准溶出率随着钙硅比逐渐增大呈现先增大后减小的趋势。当钙硅比为 1.00 时，其 Al_2O_3 标准溶出率达到最大值 94.50%。究其原因是，当钙硅比较低时，由于加入的 $CaCO_3$ 分解生成的 CaO 部分与 TiO_2、Fe_2O_3 反应分别生成 $CaTiO_3$、$CaFe_2O_4$ 等不溶化合物，导致 CaO 不足以与 SiO_2 发

生反应，剩余的 SiO_2 则进入溶液与 Al_2O_3 组分发生二次反应，生成不溶性水合铝硅酸盐，从而降低 Al_2O_3 的溶出率（周秋生等，2007）；当钙硅比较高时，多余的 CaO 则会与铝酸钠溶液反应，导致 Al_2O_3 溶出率偏低。由此，确定配料的优化钙硅比为 1.0。

（3）碱铝比

固定烧结配料的钙硅比为 1.00，将铝土尾矿与纯碱、石灰石分别按碱铝比 0.96、0.98、1.00、1.02、1.04、1.06 进行配料，所得物料充分混磨均匀后，置于箱式电炉中，在 1050℃下烧结 120min。将烧结产物磨细后，进行 Al_2O_3 标准溶出率实验。所得结果见表 10-11 和图 10-15。

表 10-11　不同碱铝比配料条件下烧结熟料的 Al_2O_3 标准溶出率实验结果

熟料样品号	化学成分 w_B/%		溶出渣样品号	化学成分 w_B/%		Al_2O_3 溶出率/%
	Al_2O_3	CaO		Al_2O_3	CaO	
WK-42	32.97	19.93	WZ-42	8.39	37.70	86.63
WK-43	26.72	14.94	WZ-43	8.32	37.50	87.59
WK-49	31.27	14.72	WZ-49	3.41	29.18	94.50
WK-45	28.72	16.10	WZ-45	2.03	34.80	96.73
WK-52	31.04	14.58	WZ-52	1.88	29.25	96.98
WK-46	21.59	16.27	WZ-46	2.07	35.28	95.58

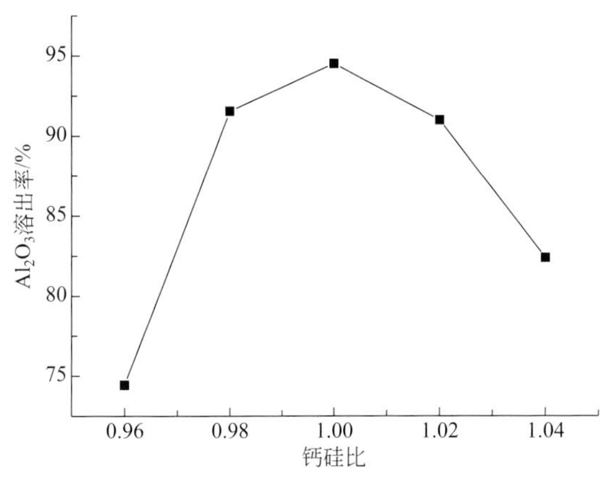

图 10-14　Al_2O_3 溶出率随钙硅比的变化曲线

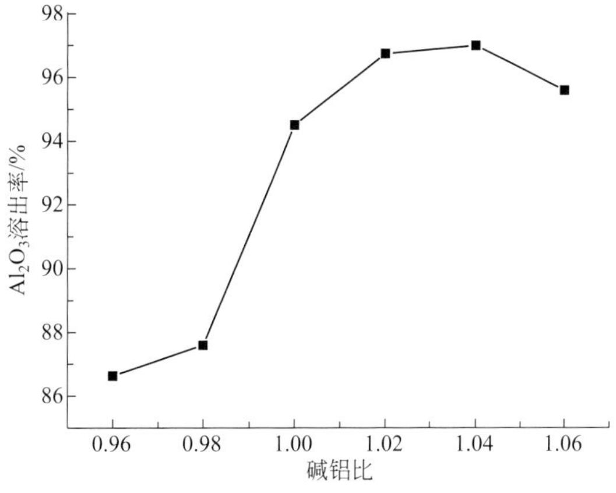

图 10-15　Al_2O_3 溶出率随碱铝比的变化曲线

由表 10-11 可知，在固定配料的钙硅比为 1.00 的条件下，所得烧结熟料的 Al_2O_3 标准溶出率随着碱铝比逐渐增大呈现先增大后减小的趋势。当碱铝比为 1.04 时，Al_2O_3 的标准溶出率达到最大值 96.98%。究其原因是，在此条件下，加入的 Na_2O 恰好与配料中的 Al_2O_3 全部反应，转化为 $NaAlO_2$；配料的碱铝比较低时，加入的 Na_2O 不足以与 Al_2O_3 全部反应，造成 Al_2O_3 的损失，因而使 Al_2O_3 的标准溶出率相应降低；配料的碱铝比较高时，Na_2CO_3 中的 Na_2O 会加速 Ca_2SiO_4 的二次反应，降低 Al_2O_3 的标准溶出率。由此，确定配料的优化碱铝比为 1.04。

依据上述实验结果，确定铝土尾矿的低钙烧结过程法优化工艺条件为：反应温度 1050℃，配料中钙硅比 1.00，碱铝比 1.04。按此条件经重复实验，所得烧结熟料及其溶出渣的 X 射线荧光光谱分析结果分别见表 10-12 和表 10-13。由表可知，烧结熟料中的 Al_2O_3

基本被溶出，溶出效果良好。图10-16、图10-17分别为烧结熟料及其溶出渣的X射线粉晶衍射分析图。由图10-16可知，烧结熟料主要由$NaAlO_2$和Na_2CaSiO_4组成；图10-17则表明，溶出过程的固相产物为Na_2CaSiO_4，达到预期效果。

表10-12　烧结熟料的X射线荧光光谱分析结果　$w_B/\%$

样品号	SiO_2	TiO_2	Al_2O_3	Fe_2O_3	Na_2O	MgO	CaO	K_2O	P_2O_5	烧失量	总量
WK-52	14.30	1.37	31.04	1.35	34.27	0.23	14.58	1.58	0.10	0.96	99.59

表10-13　熟料溶出渣的X射线荧光光谱分析结果　$w_B/\%$

样品号	SiO_2	TiO_2	Al_2O_3	Fe_2O_3	Na_2O	MgO	CaO	K_2O	P_2O_5	烧失量	总量
WZ-52	29.99	2.59	1.88	2.64	24.44	0.67	29.25	2.94	0.21	4.89	99.50

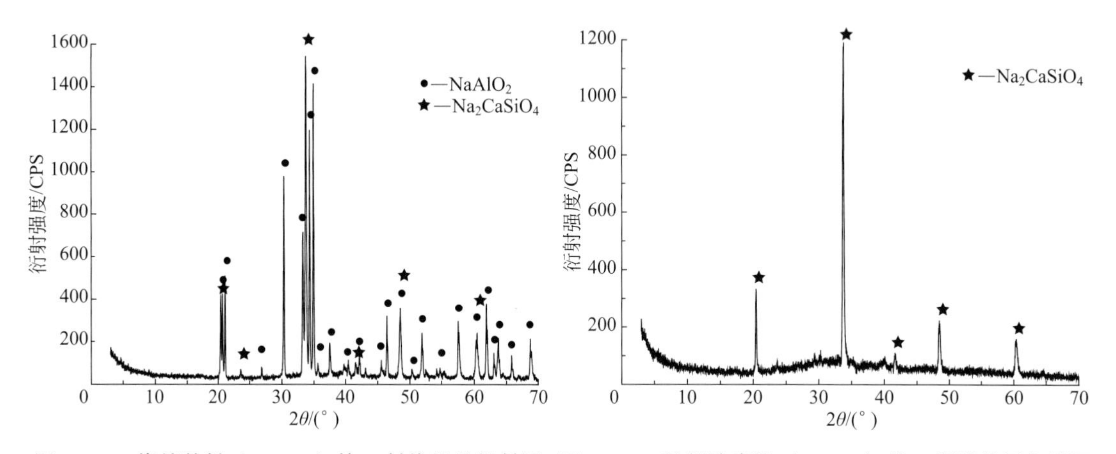

图10-16　烧结熟料（WK-52）的X射线粉晶衍射图　图10-17　熟料溶出渣（WZ-52）的X射线粉晶衍射图

10.6　烧结熟料溶出

10.6.1　实验原理

烧结熟料溶出是使其中的Al_2O_3组分尽可能全部溶入液体中，从而达到最大程度与SiO_2组分分离的目的。由于熟料中的$NaAlO_2$易溶于水和稀碱溶液，在90℃条件下，磨细的熟料中的$NaAlO_2$在3～5min内便可完全溶出，生成铝酸钠溶液。其化学反应如公式(10-19)所示：

$$Na_2O \cdot Al_2O_3 + 4H_2O + aq = 2NaAl(OH)_4 + aq \tag{10-19}$$

烧结熟料中的化合物$NaFeO_2$在水中极不稳定，与水接触即发生水解，生成NaOH和$Fe_2O_3 \cdot 3H_2O$，其化学反应如公式(10-20)所示：

$$2NaFeO_2 + 4H_2O + aq = 2NaOH + Fe_2O_3 \cdot 3H_2O \downarrow + aq \tag{10-20}$$

生成的NaOH使原溶液的苛性比得以提高，从而提高铝酸钠溶液的稳定性，而反应生成的$Fe_2O_3 \cdot 3H_2O$沉淀则进入溶出渣相，达到Fe_2O_3组分与溶出液分离的目的。

溶出过程中，少量的Na_2CaSiO_4会与铝酸钠溶液中的组分发生反应，生成含有Al_2O_3组分的不溶化合物进入溶出渣，造成氧化铝的损失，此即所谓的烧结熟料溶出过程中的二次反应。在传统碱石灰烧结法中，如何有效预防和减轻溶出过程中的二次反应，是烧结熟料溶出工艺控制的关键之一（王捷，2006）。

10.6.2　实验方法

选择优化烧结条件下所制得的烧结熟料（WK-52）进行溶出实验。称取烧结熟料 50g，置于已盛有一定量调整液的塑料烧杯中，调整液温度已加热至 85℃，反应时间为 15min。待反应结束后，用真空抽滤机进行抽滤，分离得到溶出渣滤饼和铝酸钠溶液，热水洗涤溶出渣滤饼 4 次。将洗涤好的抽滤滤饼置于干燥箱中，于 105℃ 下烘干 8h。通过测定烧结熟料的 Al_2O_3 标准溶出率以及铝酸钠溶液中 Al_2O_3 的浓度，来衡量烧结熟料的 Al_2O_3 溶出效果。所用调整液由化学试剂 $NaAlO_2$（化学纯，Al_2O_3 含量不小于 41%）、NaOH（分析纯，96%）、Na_2CO_3（分析纯，99%）和蒸馏水配制而成。

10.6.3　结果与讨论

实验主要研究烧结熟料溶出过程中溶出液的液固比（调整液的体积与熟料质量之比，mL/g）和调整液成分对烧结熟料中 Al_2O_3 溶出率，以及所得铝酸钠溶液中 Al_2O_3 浓度的影响。

（1）液固比

在 85℃ 条件下，以蒸馏水为溶出介质，液固比分别为 3、4、5、6 进行溶出实验，反应时间 15min，探究不同液固比对烧结熟料溶出效果的影响。将溶出产物抽滤后固液分离，洗涤滤饼。实验结果分别列于表 10-14～表 10-16、图 10-18 和图 10-19 中。

实验结果表明，随溶出过程液固比的增大，Al_2O_3 的溶出率呈现明显升高趋势，但铝酸钠溶液中的 Al_2O_3 浓度反而随之下降。鉴于 SiO_2 的溶出率越低越好，为使铝酸钠溶液中的 Al_2O_3 浓度满足碳分法制取氢氧化铝的要求，确定溶出液固比为 5。优化条件下所得铝酸钠溶液的化学成分见表 10-17。

表 10-14　不同碱铝比条件下烧结熟料的 Al_2O_3 标准溶出率实验结果

熟料样品号	化学成分 w_B/%		溶出渣样品号	化学成分 w_B/%		Al_2O_3 溶出率/%
	Al_2O_3	CaO		Al_2O_3	CaO	
WK-52	31.04	14.58	QZ-3	3.13	28.08	94.76
			QZ-4	2.21	29.48	94.83
			QZ-5	3.20	29.10	96.48
			QZ-6	2.32	29.11	96.26

表 10-15　不同液固比条件下烧结熟料的 Al_2O_3 标准溶出率实验结果

样品号	液固比/(mL/g)	温度/℃	时间/min	Al_2O_3 浓度/(g/L)	Al_2O_3 溶出率/%	Na_2O/Al_2O_3（摩尔比）	A/S
QR-3	3	85	15	150.00	94.76	1.19	46.58
QR-4	4	85	15	129.00	94.83	1.17	56.09
QR-5	5	85	15	103.80	96.48	1.21	74.57
QR-6	6	85	15	89.80	96.26	1.20	71.16

表 10-16　不同液固比条件下烧结熟料的 SiO_2 标准溶出率实验结果

样品号	液固比/(mL/g)	温度/℃	时间/min	SiO_2 溶出率/%
QR-3	3	85	15	2.93
QR-4	4	85	15	2.98
QR-5	5	85	15	2.38
QR-6	6	85	15	2.56

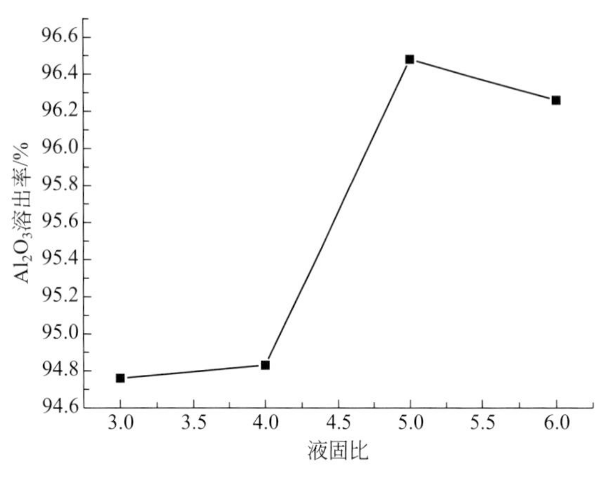

图 10-18　不同液固比下清水溶出氧化铝的溶出率曲线

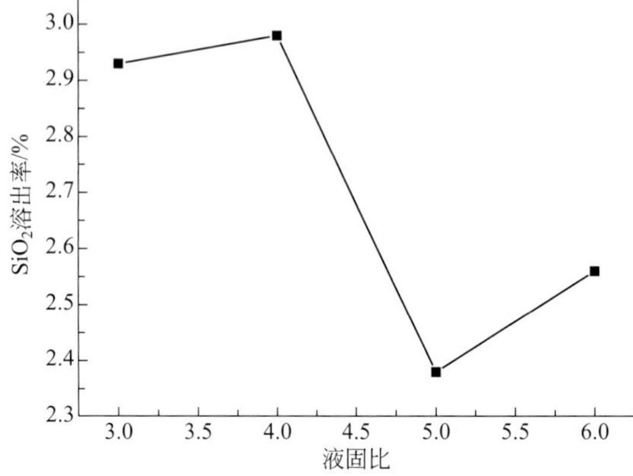

图 10-19　不同液固比下清水一次溶出二氧化硅的溶出率曲线

表 10-17　铝酸钠溶液的主要化学成分分析结果　　g/L

样品号	SiO_2	Al_2O_3	TFe_2O_3	MgO	CaO	Na_2O	K_2O	P_2O_5
QR-5	1.39	103.80	0.01	0.11	0.11	76.00	0.88	0.02

（2）调整液成分

氧化铝工业生产中，为了保持铝酸钠溶液的稳定性，要求溶液的苛性比约为 1.5，同时为保证装置的生产效率，要求铝酸钠溶液中 Al_2O_3 的浓度大于 100g/L。选择液固比为 5 进行清水溶出时，溶出液的 Al_2O_3 浓度为 103.80g/L，苛性比为 1.2 左右。因此，配制调整液时不需要增加铝源，但需要加入一定浓度的 Na_2O_k 和 Na_2O_c，配成模拟调整液进行后续的溶出实验。在 85℃条件下，将烧结熟料（WK-52）置于配制好的调整液中反应 15min，实验结果如表 10-18 所示。

表 10-18　不同调整液溶出氧化铝的实验结果

实验号	调整液成分/(g/L)		溶出液 Al_2O_3 浓度/(g/L)	Al_2O_3 溶出率/%	溶出液 MR
	Na_2O_k	Na_2O_c			
QR-5	0.0	0.0	103.80	96.48	1.21
TR-6	10.0	5.0	105.60	90.01	1.51

由表 10-18 可知，采用 Na_2O_k 和 Na_2O_c 浓度分别为 10.0g/L 和 5.0g/L 的调整液，对烧结熟料的 Al_2O_3 溶出效果良好。所得铝酸钠溶液的苛性比为 1.51，符合实际工业生产中维

持铝酸钠溶液稳定性的要求。实验所得粗制铝酸钠溶液的主要化学成分分析结果见表 10-19。由表可知，该粗制铝酸钠溶液满足铝酸钠溶液脱硅与工业生产氧化铝的要求。

表 10-19　粗制铝酸钠溶液的主要化学成分分析结果　g/L

样品号	SiO_2	Al_2O_3	TFe_2O_3	MgO	CaO	Na_2O	K_2O	P_2O_5
TR-6	6.00	105.60	0.01	0.14	0.05	96.92	2.40	0.07

10.7　工艺过程环境影响评价

1858 年，法国人勒·萨特里在一定温度下将碳酸钠和铝土矿进行烧结，得到主要含固体铝酸钠的烧结产物。该熟料在稀碱溶液中溶出很容易得到铝酸钠溶液，之后向溶液中通入 CO_2 气体，即可逐渐析出氢氧化铝。此法被命名为碳酸钠烧结法（Alexander，et al，2013）。然而该法所得成品氧化铝的质量普遍较差，且耗热量大。因此，在拜耳法问世后碳酸钠烧结法即被淘汰。随着技术的进步，后来发现，当石灰石、碳酸钠按某种比例与铝土矿烧结时，可以很大程度地降低由于 SiO_2 存在而导致的 Al_2O_3 和 Na_2O 的损失，这样就形成了碱石灰烧结法（毕诗文，2006）。碱石灰烧结法的基本原理是，经过烧结使生料中的主要氧化物 Al_2O_3、Fe_2O_3、SiO_2、TiO_2 相应地转变为铝酸钠（$NaAlO_2$）、铁酸钠（$NaFeO_2$）、硅酸二钙（Ca_2SiO_4）和钛酸钙（$CaTiO_3$）。碱石灰烧结法的生料配方为：$[Na_2O]/[Al_2O_3+Fe_2O_3]\approx1.0$（摩尔比）；$[CaO]/[SiO_2+0.5\times TiO_2]\approx2.0$（摩尔比）。此法适用于处理品位较低的铝土矿。

以登封铝土尾矿（DW-13）为原料，采用碱石灰烧结法进行处理，生料烧结过程发生的主要化学反应如下：

$$2AlOOH+Na_2CO_3 \longrightarrow 2NaAlO_2+H_2O+CO_2\uparrow \tag{10-21}$$

$$Al_2[Si_2O_5](OH)_4+4CaCO_3+Na_2CO_3 \longrightarrow 2Ca_2SiO_4+2NaAlO_2+5CO_2\uparrow+2H_2O \tag{10-22}$$

$$KAl_2[AlSi_3O_{10}](OH)_2+6CaCO_3+Na_2CO_3 \longrightarrow 3Ca_2SiO_4+KAlO_2+2NaAlO_2+7CO_2\uparrow+H_2O \tag{10-23}$$

熟料溶出过程发生反应如下：

$$NaAlO_2+2H_2O \longrightarrow Na^+ + Al(OH)_4^- \tag{10-24}$$

$$2NaFeO_2+4H_2O \longrightarrow 2NaOH+2Fe(OH)_3\downarrow \tag{10-25}$$

在碱液环境中，少量的 Ca_2SiO_4 与 NaOH 发生反应会生成 Na_2SiO_3，造成溶出液中进入多余的 SiO_2，不利于后续工段的进行，反应方程式如下：

$$2CaO\cdot SiO_2+2NaOH+H_2O+aq \longrightarrow Na_2SiO_3+2Ca(OH)_2+aq \tag{10-26}$$

低钙烧结法是在碱石灰烧结法基础上提出来的一种处理含铝原料（铝硅比小于 3.5 的铝硅酸盐原料）的方法（杨雪等，2010；蒋周青等，2013；杨静等，2014）。按低钙烧结法的生料配方，将铝土尾矿、石灰石和纯碱按设定的比例配料后球磨混合均匀，得到合格生料；经高温烧结制得烧结熟料；烧结熟料经过溶出、两段脱硅、碳化分解、氢氧化铝焙烧等环节，最终制得氧化铝产品。低钙烧结法的生料配方：$[Na_2O+K_2O]/[SiO_2+Al_2O_3+Fe_2O_3]=1.0\pm0.1$（摩尔比）；$[CaO]/[SiO_2+TiO_2]=1.0\pm0.1$（摩尔比）。与传统的碱石灰烧结法相比，低钙烧结法调整了生料配方，采用纯碱代替部分石灰石，显著减少了石灰石的消耗量。经过烧结，使生料中的主要氧化物转变为铝酸钠、铁酸钠、硅酸钙二钠和钛酸钙，其中 Na_2CaSiO_4 是一种不稳定化合物，在碱液中易发生水解反应，生成 $CaSiO_3 \cdot nH_2O$ 和 NaOH。

同样以登封铝土尾矿（DW-13）为原料，采用低钙烧结法进行处理，烧结过程发生的主要化学反应如下：

$$Al_2[Si_2O_5](OH)_4 + 2CaCO_3 + 3Na_2CO_3 \longrightarrow 2Na_2CaSiO_4 + 2NaAlO_2 + 5CO_2\uparrow + 2H_2O \tag{10-27}$$

$$KAl_2[AlSi_3O_{10}](OH)_2 + 3CaCO_3 + 4Na_2CO_3 \longrightarrow 3Na_2CaSiO_4 + KAlO_2 + 2NaAlO_2 + 7CO_2\uparrow + H_2O \tag{10-28}$$

$$TiO_2 + CaCO_3 \longrightarrow CaTiO_3 + CO_2\uparrow \tag{10-29}$$

$$SiO_2 + CaCO_3 + Na_2CO_3 \longrightarrow Na_2CaSiO_4 + 2CO_2\uparrow \tag{10-30}$$

熟料溶出过程发生反应如下：

$$NaAlO_2 + 2H_2O \longrightarrow Na^+ + Al(OH)_4^- \tag{10-31}$$

$$2NaFeO_2 + 4H_2O \longrightarrow 2NaOH + 2Fe(OH)_3\downarrow \tag{10-32}$$

碱回收过程发生反应如下：

$$Na_2CaSiO_4 + 2H_2O \longrightarrow 2NaOH + CaSiO_3 \cdot H_2O \tag{10-33}$$

碱回收过程会产生一定量的硅钙渣，但其经过稍加处理便可直接作为化工填料或辅料，制备工业产品（Zhong et al，2009；Li et al，2015）。由于硅钙渣通常含有少量 Al_2O_3、Fe_2O_3 等组分，可作为原料直接添加到生料中进行焙烧，用作生产水泥的原料。加入一定质量硅钙渣的水泥生料与普通的水泥生料相比，在反应活性、烧成温度等方面均优于后者。一般情况下，硅钙渣具有疏松多孔、密度较大的特点，因此可以作为生产陶瓷的添加料。同时硅钙渣还可以作为填料制造釉面瓷砖（祁慧军等，2011）、增强沥青混合料（张金山等，2010）、处理有机废水（覃永贵，2012）、制备轻质无石棉硅酸钙保温材料（叶宝将等，2011）、硅灰石（王晓艳等，2011；徐锦明等，2010）等。

碱石灰烧结法与低钙烧结法经过生料烧结、熟料溶出过程，得到粗制铝酸钠溶液。由于这种粗制铝酸钠溶液中的 SiO_2 浓度普遍高于相应条件下的平衡浓度，因而在碳酸化分解制取氢氧化铝工段之前，必须进行粗制铝酸钠溶液的两段脱硅过程，以尽可能多地除去过饱和的 SiO_2，提高溶液的硅量指数。该指数越高，则碳分分解率越高，所制得的氢氧化铝产品质量亦会越好（毕诗文，2006）。

两段脱硅过程主要发生如下反应：

$$Na_2SiO_3 + 2NaAlO_2 + nH_2O \longrightarrow Na_2O \cdot Al_2O_3 \cdot SiO_2 \cdot nH_2O\downarrow + 2NaOH \tag{10-34}$$

$$xNa_2SiO_3 + 2NaAlO_2 + 3Ca(OH)_2 + (6-2x)H_2O \longrightarrow 3CaO \cdot Al_2O_3 \cdot xSiO_2 \cdot (6-2x)H_2O\downarrow + (2+2x)NaOH \tag{10-35}$$

碳化分解过程发生反应如下：

$$2NaAlO_2 + CO_2 + 3H_2O \longrightarrow Na_2CO_3 + 2Al(OH)_3\downarrow \tag{10-36}$$

氢氧化铝煅烧过程发生反应如下：

$$2Al(OH)_3 \longrightarrow Al_2O_3 + 3H_2O\uparrow \tag{10-37}$$

依据前述实验数据（王乐等，2015），以登封铝土尾矿（DW-13）碱石灰烧结法生产氧化铝工艺为参照（杨义洪等，2008），定量对比碱石灰烧结法与低钙烧结法生产氧化铝工艺的能耗和一次资源消耗（以生产 1.0t 氧化铝为基准）。两种工艺各工段物料消耗和能耗计算结果见表 10-20～表 10-22。

表 10-20　登封铝土尾矿提取氧化铝的物料消耗、能量消耗综合计算表

工段	低钙烧结法	碱石灰烧结法
原料磨细	石灰石中碎电能：5.80kW·h； 石灰石细碎电能：29.03kW·h； 物料混磨电能：231.77kW·h； 磨矿电能：260.60kW·h； 能耗：1.00GJ	石灰石中碎电能：11.17kW·h； 石灰石细碎电能：55.86kW·h； 物料混磨电能：251.13kW·h； 磨矿电能：318.16kW·h； 能耗：1.14GJ
原料烧结反应（10-21）～反应（10-23），反应（10-27）～反应（10-30）	铝土尾矿：2.02t； Al_2O_3 溶出率 96%，其他损失 3%； 石灰石：0.92t； 纯碱：1.87t（含循环）； 烧结熟料：3.39t； 排放 CO_2：1.04t； 理论能耗：7.94GJ； 原煤消耗：0.75t（热效率 50%）	铝土尾矿：2.09t； Al_2O_3 溶出率 93%，其他损失 3%； 石灰石：1.77t； 纯碱：1.33t（含循环）； 烧结熟料：3.49t； 排放 CO_2：1.05t； 理论能耗：9.85GJ； 原煤消耗：0.94t（热效率 50%）
熟料溶出反应（10-24）～反应（10-26），反应（10-31）、反应（10-32）	溶出液：12.29m^3； $NaAlO_2$ 溶液：12.29m^3； Al_2O_3 浓度 120g/L； 硅钙渣：2.14t； 加热溶液能耗：2.95GJ； 蒸汽消耗：0.76t； 电能消耗：28.58kW·h	溶出液：9.0m^3； $NaAlO_2$ 溶液：9.0m^3； Al_2O_3 浓度 120g/L； 硅钙碱渣：2.28t； 加热溶液能耗：2.17GJ； 蒸汽消耗：0.55t； 电能消耗：20.93kW·h
碱液回收反应（10-33）	硅钙碱渣（干基）：2.14t； 水：3.03t； 硅钙渣（干基）：1.57t； 加热水能耗：1.72GJ； 蒸汽消耗：0.46t	无
两段脱硅反应（10-34）、反应（10-35）	铝酸钠溶液预脱硅与深度脱硅总能耗：6.47GJ； 蒸汽消耗：1.72t	
碳化分解反应（10-36）	CO_2 消耗：0.96t；$Al(OH)_3$ 洗水：1.53t； 碳分能耗：0.43GJ；电能消耗：119.44kW·h	
氢氧化铝煅烧反应（10-37）	$Al(OH)_3$：1.53t；煅烧能耗：3.17GJ； 电能消耗：20kW·h；天然气：87.22m^3	

注：1. 原煤的发热量为 20908kJ/kg（《综合能耗计算通则》，2008）。

2. 低钙烧结法的熟料溶出过程所得铝酸钠溶液的 Al_2O_3 浓度为 103g/L。为方便后续工段对比，将其浓缩至 Al_2O_3 浓度 120g/L，熟料溶出工段能耗、物耗数据均做了相应调整。

表 10-21　登封铝土尾矿提取氧化铝的一次资源消耗对比表

项目		低钙烧结法	碱石灰烧结法
资源消耗	铝土尾矿/t	2.02	2.09
	石灰石/t	0.92	1.77
	纯碱/t	0.03	0.05
	原煤/t	0.75	0.94
	水/t	15.66	14.36
	蒸汽/t	2.48	2.27
	天然气/m^3	87.22	87.22
	电/kW·h	434.62	478.53
	一次资源消耗/t	6.04	7.17
生产排放	硅钙渣排放/t	1.57	2.28
	CO_2 排放(反应)/t	1.04	1.05
	CO_2 排放(燃煤)/t	1.39	1.75
	总 CO_2 排放/t	1.47	1.84
	总排放/t	3.04	4.12

注：一次资源消耗量包括铝土矿、石灰石和原煤，水、蒸汽、电、天然气按照《综合能耗计算通则》（2008）折合标煤后再折合成原煤；原煤、水、蒸汽、电、天然气的折标准煤系数分别为 0.7143kgce/kg、0.0857kgce/kg、0.1286kgce/kg、0.1229kgce/kW·h 和 1.2143kgce/m^3。

表 10-22　登封铝土尾矿提取氧化铝的能耗对比表　　GJ/t Al_2O_3

工段	低钙烧结法	碱石灰烧结法
磨矿	1.00	1.14
烧结	15.68	19.70
溶出	2.95	2.17
碱回收	1.72	—
脱硅	6.47	6.47
碳分	0.43	0.43
氢氧化铝煅烧	3.17	3.17
总计	31.42	33.08
总计折合标煤/kgce	1072.07	1128.72

以登封铝土尾矿为原料生产 1.0t 氧化铝，传统碱石灰烧结法和低钙烧结法两种工艺的综合对比结果如下（王乐，2015）：

资源消耗：与碱石灰烧结法相比，低钙烧结法的处理物料总量为 2.97t，较前者的 3.91t 减少 24.0%；低钙烧结法消耗一次资源 6.04t，较前者的 7.17t 减少 15.8%；而石灰石消耗量为 0.92t，较前者减少 48.0%（表 10-21）。

能源消耗：与碱石灰烧结法相比，低钙烧结法生产 1t 氧化铝的综合能耗为 31.42GJ，较前者减少约 5.0%（表 10-22）。

生产排放：低钙烧烧结法生产 1t 氧化铝的 CO_2 排放量为 1.47t，比碱石灰烧结法减少 20.1%；而其硅钙渣的排放量仅为 1.57t，较碱石灰烧结法的 2.28t 约减少 31.1%（表 10-21）。

综上所述，采用低钙烧结法处理登封铝土尾矿，各项指标均优于目前氧化铝工业中普遍采用的碱石灰烧结法。利用脱硅选矿＋低钙烧结法综合工艺提取高硅铝土矿中的氧化铝，对于提高中国低品位铝土矿的资源利用率，有效扩大现有铝土矿的工业可利用资源量，以及改善生产过程的环境相容性均具有重要意义。

第11章 假榴正长岩提取氧化铝技术

山西省临县紫金山碱性杂岩体，平面呈马蹄状，向南开口，NW-SE向长7km，NE-SW向宽4km，面积约23km^2。角砾状响岩是矿区的主要富钾岩石，出露面积1.95km^2。山西省地质局215地质队于1978年提交《山西省临县紫金山含钾岩石初探地质报告》，探明C+D级储量4.74亿吨，工业储量3.7亿吨，估计远景储量达20亿吨。

角砾状响岩的主要矿物成分为钾长石、假白榴石，次要矿物为铁黑云母、黑榴石、磁铁矿、磷灰石等，其K_2O平均品位达约13.0%。矿区水文地质条件简单、覆盖层薄、矿体规模大，适合于机械化露天开采。

11.1 原料烧结及水热浸出

11.1.1 原料物相分析

假榴正长岩原料采自山西临县紫金山碱性杂岩体。紫金山碱性杂岩体属燕山期产物。岩体呈孤岛状出露于三叠系二马营统砂页岩中，为一多期环状杂岩体。岩体内部各类岩石呈不规则的环状或马蹄形分布。

假榴正长岩（ZS-07）的化学成分分析结果见表11-1。假榴正长岩的成分以SiO_2、Al_2O_3、K_2O为主，三者总量约占87.94%。其中SiO_2含量为54.17%，Al_2O_3含量为20.42%；SiO_2/Al_2O_3质量比为2.65；此外，矿石中还含有少量TiO_2、Fe_2O_3、MgO、CaO、Na_2O等组分。假榴正长岩（ZS-07）中主要矿物相的电子探针分析结果见表11-2。

表11-1 假榴正长岩的化学成分分析结果 $w_B/\%$

样品号	SiO_2	TiO_2	Al_2O_3	Fe_2O_3	FeO	MnO	MgO	CaO	Na_2O	K_2O	P_2O_5	LOI	总量
ZS-07	54.17	0.70	20.42	4.65	0.54	0.01	0.91	1.97	0.39	13.35	0.11	2.24	99.46

表 11-2　假榴正长岩（ZS-07）中主要矿物相的电子探针分析结果　　$w_B/\%$

矿物相	SiO_2	TiO_2	Al_2O_3	TFeO	MgO	CaO	Na_2O	K_2O
微斜长石	63.96	0.09	17.76	0.31	0.00	0.00	0.75	17.13
铁黑云母	37.47	2.35	9.94	23.44	11.79	0.21	0.43	8.51
白云母	44.65	0.07	36.74	1.22	0.00	0.00	0.69	11.88
黑榴石	32.69	4.73	0.68	27.50	0.26	33.54	0.54	0.05

注：各矿物分析结果均为 6 个分析结果的平均值。

采用日本理学 D/Max-R 型高功率旋转阳极 12kW X 射线衍射仪，对假榴正长岩（ZS-07）的 X 射线粉末衍射分析结果见图 11-1。工作条件为：Cu K_α 辐射、40kV、100mA、扫描速度 8°/min、扫描范围 3°～70°。假榴正长岩（ZS-07）的主要矿物相为微斜长石，其次是白云母和铁黑云母。

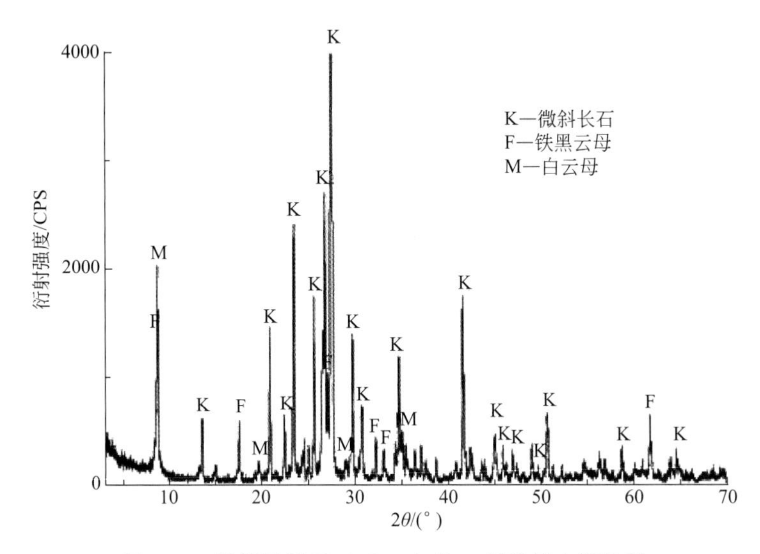

图 11-1　假榴正长岩（ZS-07）的 X 射线粉末衍射图

依据物质平衡原理（马鸿文，2001），由假榴正长岩矿石的化学成分分析结果（表 11-1）和主要矿物成分的电子探针分析结果（表 11-2），采用结晶岩矿物含量计算程序 LINPRO. F90（马鸿文，1999）计算，假榴正长岩矿石（ZS-07）中各矿物含量分别为（$w_B\%$）：微斜长石 58.8；白云母 25.0；铁黑云母 7.5；黑榴石 7.0；磁铁矿 1.4；磷灰石 0.3。

11.1.2　原料烧结实验

根据假榴正长岩烧结的物相组成，对原料进行烧结，目的是使其中的微斜长石、白云母、铁黑云母等物相发生分解，生成疏松的铝硅酸盐化合物相，经水浸溶出其中绝大部分 K_2O 和部分 SiO_2，有效地实现钾铝分离。假榴正长岩加入 Na_2CO_3 后，整个体系变为 SiO_2-Al_2O_3-K_2O-Na_2O 四元体系。

对于假榴正长岩-碳酸钠体系，中温烧结过程可能发生如下反应：

$$KAlSi_3O_8 + 2Na_2CO_3 \xlongequal{} KAlSiO_4(gls) + Na_2SiO_3$$

$$+ Na_2SiO_3(gls) + 2CO_2 \uparrow \quad (11\text{-}1)$$

$$NaAlSi_3O_8 + 2.5Na_2CO_3 = 3Na_2SiO_3 + 0.5Al_2O_3(gls) + 2.5CO_2 \uparrow \quad (11\text{-}2)$$

$$KAl_2AlSi_3O_{10}(OH)_2 + 2Na_2CO_3 = KAlSiO_4(gls) + 2Na_2SiO_3 + Al_2O_3(gls) + 2CO_2 \uparrow + H_2O \uparrow \quad (11\text{-}3)$$

$$KMg_3AlSi_3O_{10}(OH)_2 = KAlSiO_4(gls) + 1.5Mg_2SiO_4(gls) + 0.5SiO_2(gls) + H_2O \uparrow \quad (11\text{-}4)$$

$$KFe_3AlSi_3O_{10}(OH)_2 + 1.5Na_2CO_3 + 0.75O_2 = KAlSiO_4(gls) + 75/17Na_{0.68}Fe_{0.68}Si_{0.32}O_2 + 10/17SiO_2(gls) + 1.5CO_2 \uparrow + H_2O \uparrow \quad (11\text{-}5)$$

$$Ca_3Fe_2[SiO_4]_3 + Na_2CO_3 = Na_2Fe_2O_4 + 3CaSiO_3(gls) + CO_2 \uparrow \quad (11\text{-}6)$$

$$Fe_3O_4 + 1.5Na_2CO_3 + 0.25O_2 = 1.5Na_2Fe_2O_4 + 1.5CO_2 \uparrow \quad (11\text{-}7)$$

反应式（11-5）中的生成物 $Na_{0.68}Fe_{0.68}Si_{0.32}O_2$，1mol 该物质可看作 0.34mol $Na_2Fe_2O_4$ 和 0.32mol SiO_2 的二元固溶体。

实验方法　假榴正长岩矿石经颚式破碎机（SP-100×100 型）粗碎、密封式化验制样粉碎机（GJ200-2 型）粉磨，得到假榴正长岩原矿粉体；矿粉与工业碳酸钠（Na_2CO_3>99%）按比例混合，在实验用微型球磨机中粉磨 1h；粉磨得到物料装入刚玉坩埚中，置于程控箱式电阻炉（SXL-1208 型）中，在 30min 内升温至预定烧结温度，保温预设时间后，从炉膛取出急冷至室温。烧结得到的产物在玛瑙乳钵中磨细，用于化学成分、X 射线粉末衍射等分析。

采用改进的稀硝酸分解法（刘浩，2008），表征烧结过程中矿石的分解程度。方法如下：烧结产物（K_2O 含量 C_1）取样 m_1（g），用过量的稀硝酸浸取后过滤、洗涤、烘干得到酸不溶物 m_2（g），取样分析酸不溶物中 K_2O 的含量 C_2，矿石分解率 f 的计算公式为：

$$f = \frac{m_2C_2}{m_1C_1} \times 100\% \quad (11\text{-}8)$$

将假榴正长岩粉体与 1.05 倍的碳酸钠（质量比）的混合物料分别在 680℃、710℃、740℃、770℃、800℃、830℃下烧结，反应时间 2.0h。采用改进的稀硝酸溶解法，测得烧结产物的分解率见图 11-2。原矿中主要矿物相的分解率随烧结温度的升高而提高，当烧结温度在 800～830℃时，分解率>98%。

在 830℃下烧结产物（ZSL-01）的 X 射线粉末衍射分析结果见图 11-3。由图 11-3 可见，烧结产物中的结晶物相主要为 Na_2SiO_3 和 $Na_{0.68}Fe_{0.68}Si_{0.32}O_2$，X 射线粉末衍射图中存在着非晶态鼓包。烧结产物（ZSL-01）的化学成分分析结果见表 11-3。烧结产物中的主要成分是 SiO_2、Al_2O_3、K_2O、Na_2O，其总量占烧结产物质量的 93%。烧结产物中 Al_2O_3 的含量 w_B 为 12.68%，而 X 射线粉末衍射图中的结晶相中，并无富含 Al_2O_3 的相存在。由此判断，烧结产物中有铝硅酸盐玻

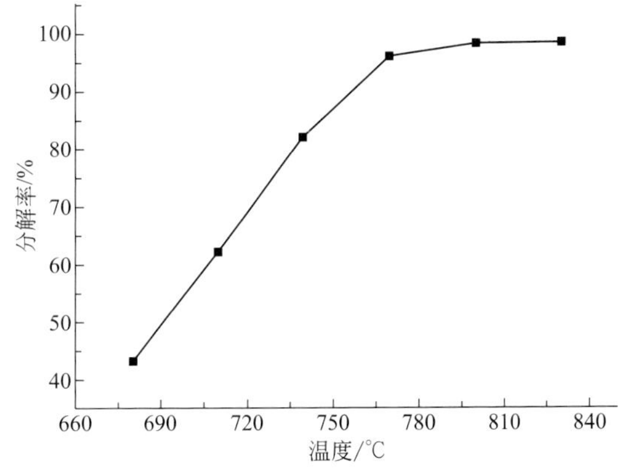

图 11-2　烧结温度对矿石中含钾矿物分解率的影响

璃相存在，且占烧结产物组成的绝大部分。

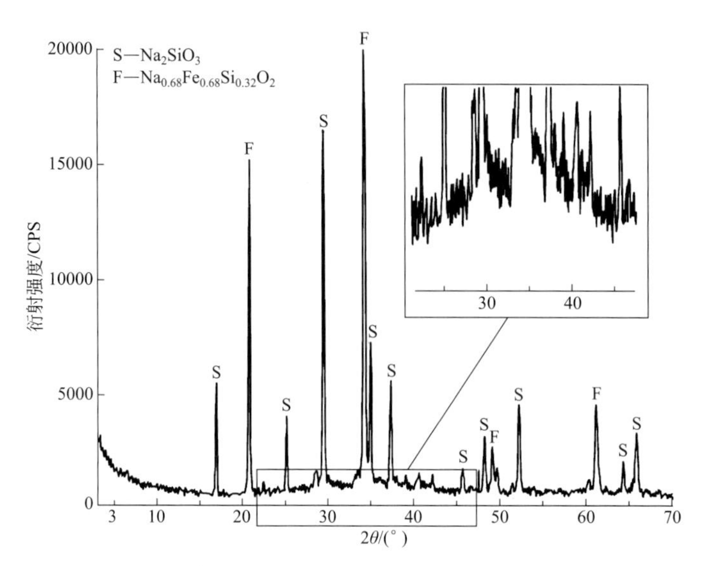

图 11-3 烧结产物（ZSL-01）的 X 射线粉末衍射图

表 11-3 烧结产物的化学成分分析结果 w_B/%

样品号	SiO_2	TiO_2	Al_2O_3	Fe_2O_3	FeO	MgO	CaO	Na_2O	K_2O	LOI	总量
ZSL-01	33.65	0.43	12.68	2.87	0.34	0.57	1.22	38.38	8.29	1.16	99.59

烧结产物中无未分解的微斜长石、白云母、铁黑云母等矿物相存在，因而可以认为原矿中的主要矿物已接近完全分解。根据反应式（11-1）～式（11-7），按化学计量比计算，烧结产物中各化合物的摩尔分数为：Na_2SiO_3 0.372，$Na_{0.68}Fe_{0.68}Si_{0.32}O_2$ 0.012，$Na_2Fe_2O_4$ 0.023，玻璃相 0.593。

11.1.3 烧结产物水浸

由假榴正长岩中温烧结实验结果可知，原矿石中的微斜长石和白云母的结构完全破坏，生成了偏硅酸钠、硅铁钠氧化物和富碱铝硅酸盐玻璃相。偏硅酸钠和硅铁钠氧化物均能在水中发生水解，离解出 OH^-；富碱铝硅酸盐玻璃相受溶液中的 OH^- 侵蚀，能缓慢溶解于水溶液中（朱永峰，1995）。烧结产物以水为介质，大部分 K_2O、Na_2O 和部分 SiO_2 进入液相，Al_2O_3 和剩余的 Na_2O、SiO_2 一起进入固相滤饼，作为后续制取氧化铝的实验原料。

烧结产物水浸过程发生的主要化学反应有：

$$Na_2SiO_3 \longrightarrow 2Na^+ + SiO_3^{2-} \tag{11-9}$$

$$Na_{0.68}Fe_{0.68}Si_{0.32}O_2 + 1.36H_2O \longrightarrow 0.68NaOH + 0.68Fe(OH)_3\downarrow + 0.32SiO_2 \tag{11-10}$$

$$x(K,Na)_2O\cdot yAl_2O_3\cdot zSiO_2 + H_2O \longrightarrow Na_6[AlSiO_4]_6\cdot 4H_2O + K^+ + [SiO_3]^{2-} \tag{11-11}$$

烧结产物中的偏硅酸钠易溶于水［反应式（11-9）］，硅铁钠氧化物也能在水溶液中发生水解反应［反应式（11-10）］，离解出 OH^-，为水溶液提供碱性环境（pH＝13～14）。富碱铝硅酸盐玻璃相的成分中含有大量碱金属离子，也能溶解于水溶液中，溶液中的 OH^-

会加速碱金属离子的溶解。随着富碱铝硅酸盐玻璃相中组分的不断溶出，SiO_2 和 Al_2O_3 由于不能在碱性溶液中大量共存而缩聚生成凝胶；硅铝凝胶在碱性溶液中发生晶化反应生成 $Na_6[AlSiO_4]_6 \cdot 4H_2O$。为了平衡 $Na_6[AlSiO_4]_6 \cdot 4H_2O$ 相骨架结构中由于铝取代硅所残留的剩余电荷，部分阳离子被重新固定到沸石相中去。由于 $Na_6[AlSiO_4]_6 \cdot 4H_2O$ 结晶过程中对平衡剩余电荷的阳离子具有选择性，优先与 Na^+ 结合形成 $Na_6[AlSiO_4]_6 \cdot 4H_2O$，而 K^+ 则仍留在液相中。这就是烧结产物在水浸过程中，K^+ 能被大量溶出的原因。由于烧结产物中 $2SiO_2/Al_2O_3$（摩尔比）>1，故 SiO_2 除与 Al_2O_3 凝胶沉淀生成 $Na_6[AlSiO_4]_6 \cdot 4H_2O$ 外，其余均进入共存溶液中。Na_2O/Al_2O_3（摩尔比）>1，$Na_6[AlSiO_4]_6 \cdot 4H_2O$ 只能容纳部分 Na^+，绝大部分 Na_2O 以 Na^+ 形式存在于溶液中。

实验方法　在容积为 1L 的反应釜（WHFS-1 型）中添加 400mL 蒸馏水，准确称取 200.0g 烧结产物粉体，倒入釜体中，密封后开启仪器，搅拌速度 100r/min，升高温度至 160℃（0.75MPa），反应 0.5～2.0h。反应结束后通冷却水，使釜内温度在 5min 之内降至约 90℃，此时釜内无自生压力，开釜倾倒出反应得到的料浆，真空抽滤过滤（负压 0.1MPa），用约 90℃的蒸馏水 2.5L 洗涤，滤饼取出置于干燥箱中，在 105℃通风条件下干燥 8h，滤饼称重并取样分析其化学成分，分别计算 K_2O、Na_2O、SiO_2 和 Al_2O_3 的溶出率。

反应时间对烧结产物中 K_2O、Na_2O、SiO_2 和 Al_2O_3 溶出率的影响如图 11-4 所示。反应时间在 0.5～2.0h 范围内，烧结产物中 K_2O、Na_2O、SiO_2 和 Al_2O_3 的溶出率分别为 77%～83%、77%～80%、34%～38%和 3%～5%（图 11-4）。实验结果表明，反应时间对各组分溶出率的影响不大。因此，在保证烧结产物中各组分溶出的前提下，适当减少反应时间，可以缩短操作周期，提高生产效率和能量利用率。在综合考虑烧结产物中有用成分浸出效果和生产效率后，确定优化的反应时间为 0.5～1.0h。

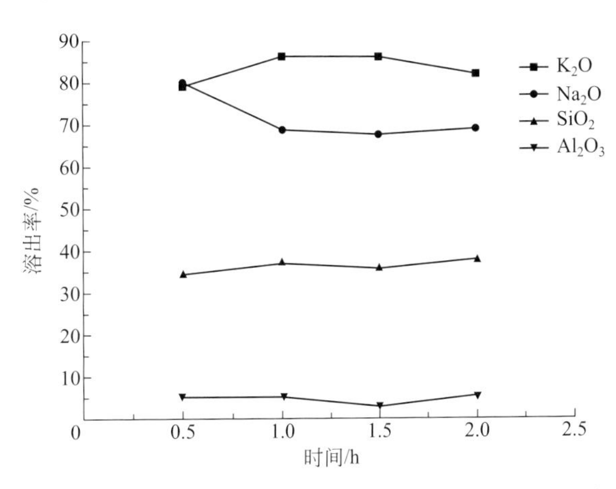

图 11-4　浸取时间对烧结产物中主要组分溶出率的影响

水浸滤饼（ZBW-02）的 X 射线粉末衍射图如图 11-5 所示。由图 11-5 可见，水浸滤饼为水化铝硅酸盐，其主要物相为沸石 $Na_6[AlSiO_4]_6 \cdot 4H_2O$（PDF 卡片：42-0216）。水浸滤饼（ZBW-02）的化学成分分析结果如表 11-4 所示，滤饼中含 Al_2O_3 21.99%，SiO_2 38.86%。

表 11-4　烧结产物水浸滤饼的化学成分分析结果　$w_B/\%$

样品号	SiO_2	TiO_2	Al_2O_3	Fe_2O_3	MgO	CaO	Na_2O	K_2O	LOI	总量
ZBW-02	38.86	0.76	21.99	5.65	0.99	3.11	15.69	2.64	9.77	99.46

理论分析和实验结果均表明，烧结产物经水浸后，95%以上的 Al_2O_3 与 SiO_2、Na_2O 结合形成 $Na_6[AlSiO_4]_6 \cdot 4H_2O$ 而进入固相，而 80%以上的 K_2O 以 K^+ 形式存在于水溶液中。通过水浸过程，有效地实现了烧结产物中 Al_2O_3 和 K_2O 的分离。水浸滤液为偏硅酸钠和偏硅酸钾的混合溶液，通入 CO_2 酸化，SiO_2 以偏硅酸胶体的形式沉淀下来，可用于制备无机

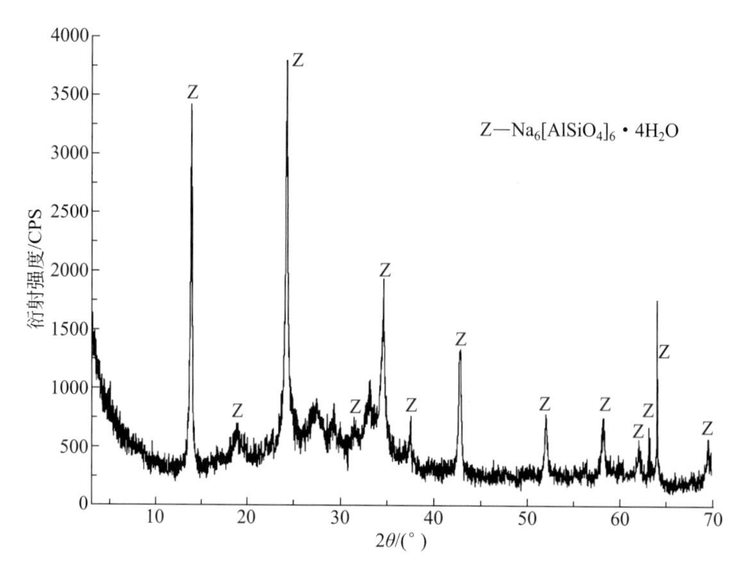

图 11-5　烧结产物水浸滤饼（ZBW-02）的 X 射线粉末衍射图

硅化合物。水浸滤饼的主要物相为 $Na_6[AlSiO_4]_6 \cdot 4H_2O$，参考高压水化学法，用 NaOH 溶液对其进行浸取，可使其发生分解，从而提取 Al_2O_3，制备氢氧化铝或氧化铝产品。

11.2　水化铝硅酸盐溶出铝

上述水浸实验所得水浸滤饼的成分为水化铝硅酸盐，主要物相为 $Na_6[AlSiO_4]_6 \cdot 4H_2O$。后续研究内容是在碱性溶液环境下，进行硅铝分离。水化铝硅酸盐滤饼进行碱热浸出的目的是使水浸滤饼中的 Al_2O_3 组分发生分解，生成高苛性比铝酸钠溶液，而 SiO_2 组分则与浸取过程中外加的 $Ca(OH)_2$ 和 NaOH 结合，生成 $NaCa[HSiO_4]$ 沉淀进入固相，从而实现硅铝分离。反应产物 $NaCa[HSiO_4]$ 可通过水解而回收其中的 Na_2O，生成的硅钙渣可作为生产墙体材料的原料。高苛性比铝酸钠溶液用于制取氢氧化铝或氧化铝产品。

11.2.1　基本反应原理

在温度 280℃、Na_2O 浓度 1%～40%、Al_2O_3 浓度 1%～20%、SiO_2 ∶ Al_2O_3（摩尔比）=2、CaO∶SiO_2（摩尔比）=1 的条件下，Na_2O-CaO-Al_2O_3-SiO_2-H_2O 体系固相结晶区域见图 11-6。

由图 11-6 可见，只有Ⅰ区和Ⅳ区，即图中 0E 线以下的区域，不含 Al_2O_3 的结晶相，原料中的 Al_2O_3 全部进入溶液，此时所得碱液的 MR>10～12，溶液中含 SiO_2 的平衡固相在高碱浓度时为水合硅酸钠钙，在 Na_2O<12%的低碱浓度时为水合偏硅酸钙。

水合硅酸钠钙在铝酸钠溶液中不存在介稳现象，其化学成分和结构在 Na_2O 浓度（200～500g/L）和反应温度（150～320℃）较宽的范围内都稳定存在。图 11-6 中的Ⅳ区，在低碱浓度高苛性比的溶液中，其平衡固相为水合偏硅酸钙（$CaO \cdot SiO_2 \cdot H_2O$）。该相图反映了 CaO/SiO_2（摩尔比）=1 时的相关系。

图 11-7 是 280℃下水恒量为 80%的 Na_2O-Al_2O_3-$2CaO \cdot SiO_2$-H_2O 体系固相结晶区域图，它反映了在低碱浓度范围内水合原硅酸钙的结晶规律。

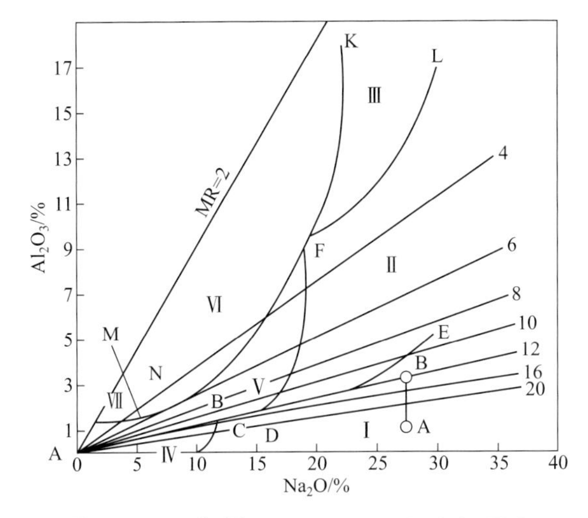

图 11-6　280℃下 Na_2O-CaO-Al_2O_3-SiO_2-H_2O 体系固相结晶区域

（据毕诗文，2006）

Ⅰ—NaCa[$HSiO_4$]，Ca$(OH)_2$；Ⅱ—4Na_2O·2CaO·3Al_2O_3·6SiO_2·3H_2O；Ⅲ—Ca$(OH)_2$，3(Na_2O·Al_2O_3·2SiO_2)·4Na[Al$(OH)_4$]·H_2O；Ⅳ—CaO·SiO_2·H_2O；Ⅴ—4Na_2O·2CaO·3Al_2O_3·6SiO_2·3H_2O，3CaO·Al_2O_3·$x$$SiO_2$·$(6-2x)$$H_2O$；Ⅵ—3CaO·$Al_2O_3$·$x$$SiO_2$·$(6-2x)$$H_2O$，3($Na_2O$·$Al_2O_3$·2$SiO_2$)·NaOH·3$H_2O$；Ⅶ—C-S-H 相

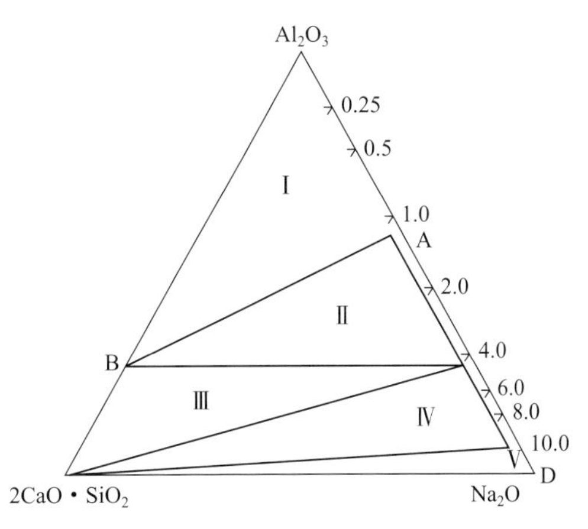

图 11-7　280℃下 Na_2O-Al_2O_3-2CaO·SiO_2-H_2O 体系固相结晶区域图

（据毕诗文，2006）

Ⅰ—3CaO·Al_2O_3·$x$$SiO_2$·$(6-2x)$$H_2O$，γ-AlOOH；Ⅱ—3CaO·$Al_2O_3$·$x$$SiO_2$·$(6-2x)$$H_2O$；Ⅲ—3CaO·$Al_2O_3$·$x$$SiO_2$·$(6-2x)$$H_2O$，2CaO·$SiO_2$·0.5$H_2O$；Ⅳ—2CaO·$SiO_2$·0.5$H_2O$；Ⅴ—Ca$(OH)_2$CaO·$SiO_2$·$H_2O$，NaCa[$HSiO_4$]

图 11-7 表明，用低碱浓度溶液分解硅铝酸盐原料，保持 CaO/SiO_2（摩尔比）=2，体系组成在Ⅳ区内即可使 Al_2O_3 和 Na_2O 全部转入溶液。但此时要求 CaO 加入量大，且原料中的 SiO_2 转变为附加值较低的 2CaO·SiO_2·0.5H_2O。因此，本实验选择高碱浓度条件。按 CaO/SiO_2（摩尔比）=1 添加 Ca$(OH)_2$，碱浸过程中发生的主要化学反应为：

$$Na_6[AlSiO_4]_6 \cdot 4H_2O + 6Ca(OH)_2 + 6NaOH + 2H_2O \longrightarrow 6NaCa[HSiO_4]\downarrow + 6Na[Al(OH)_4] \tag{11-12}$$

水化铝硅酸盐中的 SiO_2 进入固相生成 NaCa[$HSiO_4$] 沉淀，而 Al_2O_3 全部进入液相，从而达到硅铝分离的目的。

水化铝硅酸盐溶出铝反应的反应时间不宜过长，其原因是 NaCa[$HSiO_4$] 在 80～90℃下与溶液长时间接触，会造成 Al_2O_3 大量损失（毕诗文，2006）。发生的化学反应为：

$$2NaCa[HSiO_4] + 2Na[Al(OH)_4] + (n-2)H_2O \longrightarrow Na_2O \cdot Al_2O_3 \cdot 2SiO_2 \cdot nH_2O + 2Ca(OH)_2 + 2NaOH \tag{11-13}$$

$$3Ca(OH)_2 + 2Na[Al(OH)_4] \longrightarrow 3CaO \cdot Al_2O_3 \cdot 6H_2O + 2NaOH \tag{11-14}$$

因此，实验选定的反应时间范围为 15～60min。

11.2.2　实验方法

用 YP3001N 型电子天平准确称取 100g 烧结产物的水浸滤饼（ZBW-02）于塑料烧杯

中，按 CaO/SiO_2 摩尔比＝1.0 加入 $Ca(OH)_2$ 和所需的 NaOH，量取工业用水 200mL，于塑料烧杯中搅拌均匀，倒入反应釜中，拧紧釜盖，打开搅拌器，在搅拌速率 100～150r/min 条件下升温至设定温度，恒温反应 15～60min。在恒温反应阶段，釜内自身压力为 2.5～3.0MPa。反应时间一到，即刻停止加热，通冷却水，待温度冷却至约 90℃时立即开釜，倒出混合液，真空抽滤（负压 0.1MPa），用 500mL 80～90℃工业用水洗涤滤饼，再次真空抽滤，取出滤饼并置于恒温干燥箱中，在常压 105℃下干燥 2h 后称重。采用 EDTA 容量法测定碱浸滤饼中 Al_2O_3 的含量，按下式计算出 Al_2O_3 的溶出率：

$$\eta_{溶出率}=\left(1-\frac{w_{JZ}}{w_{XJ}}\right)\times 100\% \tag{11-15}$$

式中，w_{JZ}为碱浸滤饼中 Al_2O_3 的含量；w_{XJ}为水浸滤饼中 Al_2O_3 的含量。

11.2.3 结果与讨论

在碱性环境下，$Na_6[AlSiO_4]_6 \cdot 4H_2O$ 中的 SiO_2 转化为 $NaCa[HSiO_4]$ 进入固相，从而达到硅铝分离的目的。以滤液中 Al_2O_3 的含量与水浸滤饼中 Al_2O_3 的含量的比值（即 Al_2O_3 溶出率）作为表征浸取效果的指标。影响碱液浸取效果的主要因素有反应温度、反应时间和 NaOH 用量，在此基础上设计了 3 因素 3 水平正交实验方案。取 100g 水浸滤饼，水浸滤饼的化学成分分析结果见表 11-4，按反应式（11-12）的化学计量比，计算得到应加入 $Ca(OH)_2$ 48g。要保证所得溶液的苛性比 MR＞10～12，则 NaOH 的理论用量为每 100g 水化铝硅酸盐中加入 NaOH 171.6～206.5g。用水量只需保证固体物料充分分散开即可，故选择加入工业用水 200mL。将上述反应物料倒入反应釜中进行实验，结果见表 11-5。

表 11-5 水化铝硅酸盐溶解反应正交实验结果

实验号	NaOH/原料(质量比)	反应温度/℃	反应时间/min	Al_2O_3 溶出率/%
JJ-01	1.5	180	30	50.81
JJ-02	1.5	230	45	66.60
JJ-03	1.5	280	60	72.45
JJ-04	2.0	180	45	59.97
JJ-05	2.0	230	60	71.03
JJ-06	2.0	280	30	88.51
JJ-07	3.0	180	60	66.51
JJ-08	3.0	230	30	70.45
JJ-09	3.0	280	45	88.01
$k(1,j)$	63.29	59.10	69.92	
$k(2,j)$	73.17	69.36	71.53	
$k(3,j)$	74.99	82.99	70.00	
级差	11.70	23.89	1.60	

从表11-5可以看出，水化铝硅酸盐在碱热浸取时，影响Al_2O_3溶出率的最大因素是反应温度，其次是NaOH的加入量，最后是反应时间。当NaOH/原料干基（质量比）=2.0、反应温度为280℃、反应时间为30min时，水浸滤饼中Al_2O_3的溶出率达88.51%。正交实验确定的优化条件为：NaOH/原料（质量比）=3.0，反应温度为280℃，反应时间为45min。

在正交实验的基础上，就反应温度、NaOH用量和反应时间对水化铝硅酸盐中Al_2O_3溶出率的影响进行了单因素实验。

11.2.3.1　反应温度

水合硅酸钠钙在150～320℃范围内都能在铝酸钠溶液中稳定存在，因此，在讨论反应温度对水化铝硅酸盐中Al_2O_3溶出率影响的单因素实验中，选择实验的温度范围为180～300℃。

实验过程　精确称量水化铝硅酸盐滤饼100g，加入$Ca(OH)_2$ 48g、NaOH 300g、工业用水200mL，在反应釜中进行实验，反应时间45min。用EDTA容量法测定滤饼中Al_2O_3的含量，并按式（11-15）计算水化铝硅酸盐中Al_2O_3的溶出率。

表11-6为在不同温度下水化铝硅酸盐中Al_2O_3溶出率结果。反应温度为180℃和230℃时，Al_2O_3溶出率均低于80%；反应温度为280℃时，Al_2O_3溶出率达到88.9%；反应温度为300℃时，Al_2O_3溶出率达到92.0%。

表11-6　不同温度下水化铝硅酸盐中Al_2O_3的溶出率

实验号	反应温度/℃	Al_2O_3溶出率/%
JJ-11	180	66.5
JJ-12	230	73.3
JJ-13	280	88.9
JJ-14	300	92.0

水化铝硅酸盐中Al_2O_3溶出率与反应温度的关系见图11-8。

由图11-8可见，Al_2O_3溶出率随温度的升高呈增大趋势，实验结果与前述的热力学计算结果是一致的。反应温度为280℃时，Al_2O_3的溶出率超过88%；继续升高温度，Al_2O_3溶出率会继续增大，综合考虑到能耗等相关因素，确定反应的优化温度为280℃。

11.2.3.2　NaOH用量

前述理论分析表明，要使Al_2O_3全部进入溶液，则所得溶液的苛性比MR必须大于10～12（图11-6）。水化铝硅酸盐中Al_2O_3的含量w_B为21.99%。根据化学计量比，按所得溶液苛性比MR=10计算，需要NaOH的量为171.6g；按溶液苛性比MR=12计算，需要NaOH的量为206.45g。根据上述计算结果，选择NaOH用量范围为每100g水化铝硅酸盐滤饼加入NaOH 160～220g。

实验过程　准确称量水浸滤饼100g，加入$Ca(OH)_2$ 48g、NaOH 160～220g、工业用水200mL，在280℃下在反应釜中进行实验，反应时间45min。

不同的NaOH加入量下，水化铝硅酸盐中Al_2O_3溶出率实验结果见表11-7。

水化铝硅酸盐中Al_2O_3溶出率与NaOH加入量的关系如图11-9所示。

表 11-7　不同 NaOH 用量下水化铝硅酸盐中 Al_2O_3 溶出率

实验号	NaOH 用量/g	Al_2O_3 溶出率/%
JJ-21	160	74.1
JJ-22	180	83.3
JJ-23	200	87.5
JJ-24	220	87.9

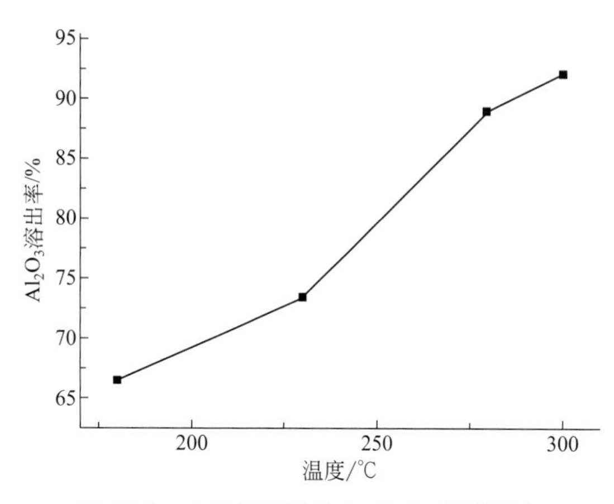

图 11-8　水化铝硅酸盐中 Al_2O_3 溶出率与反应温度的关系

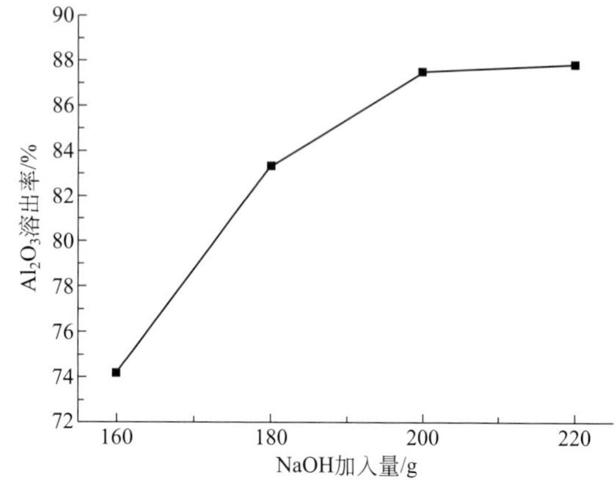

图 11-9　水化铝硅酸盐中 Al_2O_3 溶出率与 NaOH 加入量的关系

由表 11-7 和图 11-9 中可见，NaOH 加入量越大，Al_2O_3 的溶出率越高。这是由于提高 NaOH 浓度，溶液中 Al_2O_3 的溶解度随之增大（图 11-6）。NaOH 加入量在 160～200g 范围内，随着 NaOH 用量的增加，水化铝硅酸盐中 Al_2O_3 的溶出率明显增大，由 74.1%提高到 87.5%。当 NaOH 加入量大于 200g 时，Al_2O_3 溶出率曲线趋于平缓，加入 NaOH 220g 时 Al_2O_3 的溶出率仅比加入 200g 时提高 0.46%。由此得到 NaOH 用量的优化条件为：每处理 100g 水浸滤饼加入 NaOH 200g。

11.2.3.3　反应时间

实验过程：准确称量水浸滤饼 100g，加入 $Ca(OH)_2$ 48g、NaOH 200g、工业用水 200mL，在 280℃下在反应釜中恒温反应 15～60min。

不同反应时间下，水化铝硅酸盐滤饼中 Al_2O_3 溶出率实验结果见表 11-8。

表 11-8　不同反应时间下水化铝硅酸盐中 Al_2O_3 溶出率

实验号	反应时间/min	Al_2O_3 溶出率/%
JJ-31	15	86.1
JJ-32	30	88.3
JJ-33	45	87.4
JJ-34	60	86.9

由表 11-8 可知，保温时间对 Al_2O_3 溶出率的影响不大。保温 15～30min，Al_2O_3 的溶出率即可达到 86.1%～88.3%。

水化铝硅酸盐中 Al_2O_3 溶出率与反应时间的关系如图 11-10 所示。

由图 11-10 可见，反应时间达到 30min 后，继续延长反应时间，Al_2O_3 的溶出率反而有所减小。对实验 JJ-34 条件下得到的滤渣样品（JJZ-34）进行 X 射线粉末衍射分析，结果见图 11-11。

从图 11-11 中可见，滤渣（JJZ-34）的结晶相中，除了含有 NaCa[$HSiO_4$] 以外，还含有钙铝榴石 $Ca_3Al_2[SiO_4]_3$ 的衍射峰，其原因主要是随着反应时间的延长，已溶出的 Al_2O_3 和少量的 SiO_2、CaO 在碱性环境下发生逆反应［反应式（11-13）、反应式（11-14）］，形成新的结晶相。因此，反应时间不宜过长，以 15～30min 为宜。

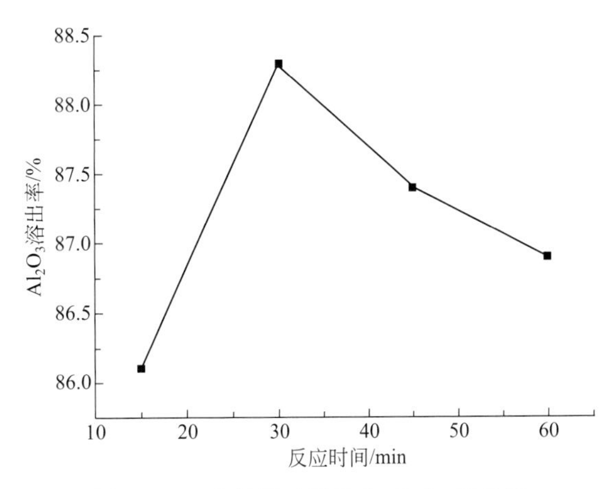

图 11-10　水化铝硅酸盐中 Al_2O_3 溶出率与反应时间的关系

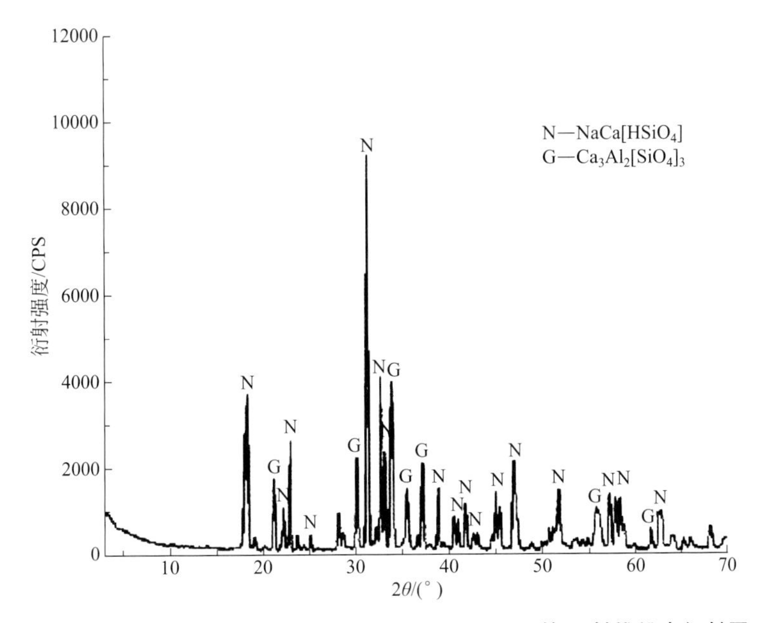

图 11-11　水化铝硅酸盐溶解后剩余滤渣（JJZ-34）的 X 射线粉末衍射图

根据上述正交实验和单因素实验结果，确定水化铝硅酸盐滤饼溶解的优化条件为：反应温度 280℃，反应时间 30min，NaOH 的加入量为 200g/100g 水浸滤饼。

根据上述优化条件，进行水化铝硅酸盐溶出铝实验：准确称取水化铝硅酸盐滤饼 200g，加入 $Ca(OH)_2$ 96g、NaOH 400g，量取工业用水 400mL，在反应釜中于 280℃条件下反应 30min。反应时间一到，即刻停止加热，通冷却水，待温度冷却至约 90℃时立即开釜，倒出混合液，并用 100mL 水冲洗反应釜内壁，冲洗液并入反应产物中，抽滤，得滤液（JJY-41）750mL，取样进行化学成分分析。滤饼（JJZ-41）置于自动控温干燥箱中在 105℃下干燥 2h，得到固体沉淀 218g，取样进行化学成分分析和 X 射线粉末衍射分析。

水化铝硅酸盐溶出铝后所得滤渣（JJZ-41）的 X 射线粉末衍射图如图 11-12 所示。从图中可见，实验原料水化铝硅酸盐中 $Na_6[AlSiO_4]_6 \cdot 4H_2O$ 的衍射峰已全部消失，表明在此

条件下 $Na_6[AlSiO_4]_6 \cdot 4H_2O$ 已接近完全分解。滤饼中只有 $NaCa[HSiO_4]$ 的衍射峰，这表明 $Na_6[AlSiO_4]_6 \cdot 4H_2O$ 在此优化条件下按反应式（11-12）发生了化学反应，Al_2O_3 以 $[Al(OH)_4]^-$ 的形式进入液相，而 SiO_2 则以 $NaCa[HSiO_4]$ 沉淀的形式进入固相。溶出铝后所得碱浸滤渣的化学成分分析结果见表 11-9。

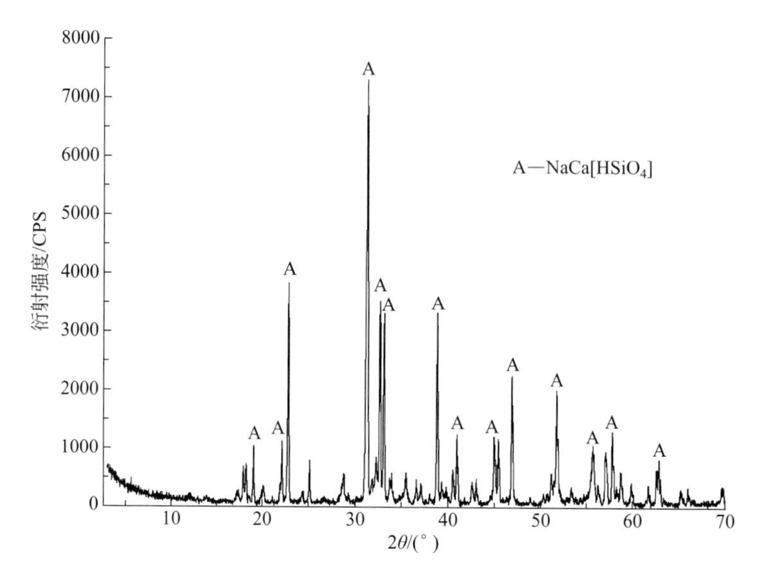

图 11-12　溶出铝后碱浸滤渣（JJZ-41）的 X 射线粉末衍射图

表 11-9　溶出铝后碱浸滤渣的化学成分分析结果　$w_B/\%$

样品号	SiO_2	TiO_2	Al_2O_3	Fe_2O_3	MgO	CaO	Na_2O	K_2O	LOI	总量
JJZ-41	32.56	0.57	2.88	4.64	0.83	31.76	18.11	0.24	8.47	100.06

从表 11-9 中可见，碱浸滤渣的成分以 SiO_2、CaO 和 Na_2O 为主，三者总量占滤渣总质量的 82.43%。碱浸滤液（JJY-41）的化学成分分析结果见表 11-10。

表 11-10　碱浸滤液的化学成分分析结果　g/L

样品号	SiO_2	TiO_2	Al_2O_3	Fe_2O_3	MgO	CaO	Na_2O	K_2O
JJY-41	7.23	0.26	39.45	1.69	0.46	0.177	289.93	22.16

从表 11-10 中可见，碱浸滤液中含 Al_2O_3 39.45g/L、SiO_2 7.23g/L，铝硅比由原来水化铝硅酸盐中的 0.57 提高到 5.46。该溶液再经预脱硅、沉铝、溶出铝、纯化、碳分等工序，可制得符合国家标准的氧化铝产品。

11.2.4　硅钙碱渣回收碱

水化铝硅酸盐溶出铝后，剩余滤渣的主要成分是 $NaCa[HSiO_4]$（图 11-12），其中 Na_2O 的含量为 18.11%（表 11-9），故必须对滤渣中的 Na_2O 进行回收，以减少 NaOH 的损耗，从而降低生产成本。

水合硅酸钠钙是不稳定化合物，在水中发生如下化学反应（毕诗文，2006）：

$$NaCa[HSiO_4]+H_2O \longrightarrow NaOH+CaSiO_3 \cdot H_2O \tag{11-16}$$

在 150～250℃温度下，碱浸滤渣中的 Na_2O 经 1～2h 水浸可完全提取出来。

精确称量碱浸滤渣（JJZ-41）100g，量取工业用水 200mL，混合均匀并倒于反应釜中，在 150℃下恒温搅拌 1h。过滤后将滤饼置于恒温干燥箱中在 105℃下干燥 2h，得到硅钙渣（JHS-11），其 X 射线粉末衍射分析结果见图 11-13，主要成分为水合原硅酸钙，化学成分分析结果见表 11-11。滤渣中 Al_2O_3 的含量为 3.44%，Na_2O 的含量为 2.23%。由表 11-9 和表 11-11 中的数据，可以计算出 Na_2O 的回收率为 89.0%。处理 1.0t 假榴正长岩，得到硅钙渣 0.86t。

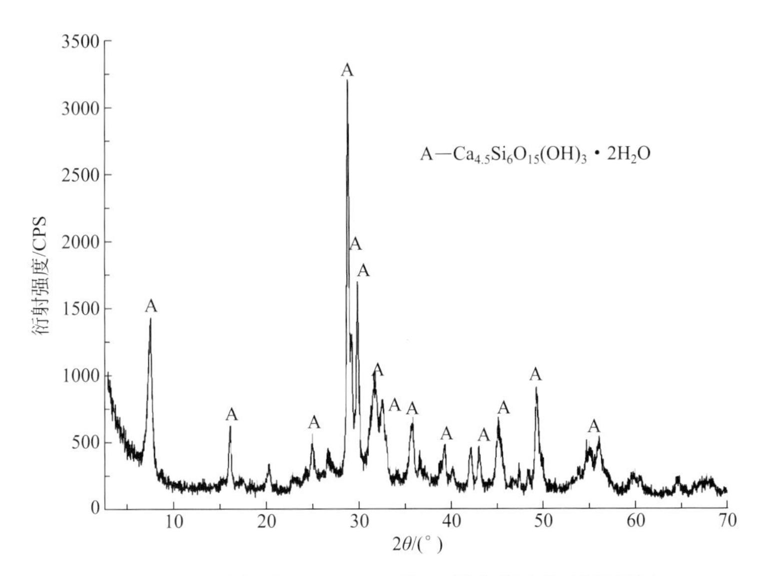

图 11-13　硅钙渣（JHS-11）的 X 射线粉末衍射结果图

表 11-11　硅钙渣的化学成分分析结果　w_B/%

样品号	SiO_2	TiO_2	Al_2O_3	Fe_2O_3	MgO	CaO	Na_2O	K_2O	LOI	总量
JHS-11	36.04	0.69	3.44	5.48	2.00	35.05	2.23	0.11	15.27	100.31

11.3　降低铝酸钠溶液苛性比

前述的水浸滤饼水化铝硅酸盐碱液浸取，固相为 $NaCa[HSiO_4]$ 沉淀，液相为 $NaAl(OH)_4$ 溶液。该溶液苛性比高（MR=12.1）而硅量指数低（Al_2O_3/SiO_2 质量比约 5.5），因此，必须经过预脱硅并转化成低 MR 溶液，才能采用碳分法制备合格氢氧化铝产品（毕诗文，2006）。

11.3.1　高苛性比铝酸钠溶液预脱硅

碱浸滤液的化学成分分析结果（表 11-10）显示，滤液中 SiO_2 含量为 7.23g/L、Al_2O_3 含量为 39.45g/L，硅量指数约 5.46。由于 SiO_2 的存在，在后续沉铝实验中，SiO_2 与 CaO 生成原硅酸钙沉淀进入水合铝酸钙固相后，会影响氢氧化铝制品的纯度，所以碱浸滤液必须

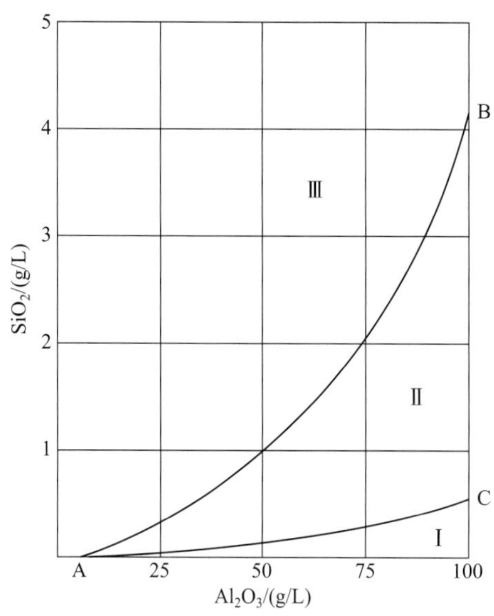

图 11-14 铝酸钠溶液中 SiO_2 的溶解度和介稳状态溶解度
（据毕诗文，2006）
Ⅰ—饱和区；Ⅱ—介稳区；Ⅲ—不稳定区

预脱硅至SiO_2浓度小于 1.0g/L（毕诗文，2006）。

（1）基本原理

铝酸钠溶液中的 SiO_2 易以水合铝硅酸钠的形式沉淀析出（Jamialahmadi，1998）。SiO_2 在铝酸钠溶液中的平衡浓度变化见图 11-14。随着溶液中 Al_2O_3 浓度的升高，SiO_2 的平衡浓度和介稳浓度均升高。这主要是因为 SiO_2 在铝酸钠溶液中主要以铝硅酸根离子形式存在，Al_2O_3 浓度的升高有利于结构更复杂、稳定性更好的铝硅酸根离子的存在（柳妙修等，1990）。同时，SiO_2 的平衡浓度随碱浓度、温度的升高而升高。化学反应式如下：

$$2SiO_2+2NaAl(OH)_4 \xlongequal{} Na_2O \cdot Al_2O_3 \cdot 2SiO_2 \cdot nH_2O+(4-n)H_2O \qquad (11\text{-}17)$$

（2）实验方法

取碱浸滤液（ZJY-23）1L，加入 60g 水合铝硅酸钠（ASN-01）（以硅酸钠和铝酸钠按硅铝摩尔比 2/3 在常温常压下合成），在沸点（约 140℃）常压下作晶种脱硅 6h 后过滤，用硅钼蓝比色法测定滤液中的 SiO_2 含量。

（3）结果与讨论

脱硅后滤液（ZTG-06）中 SiO_2 含量降低至 0.47g/L。脱硅前后溶液的化学成分分析结果见表 11-12。

表 11-12 碱浸滤液脱硅前后的化学成分分析结果 g/L

样品号	SiO_2	TiO_2	Al_2O_3	Fe_2O_3	MgO	CaO	Na_2O	K_2O
JJY-41	7.23	0.26	39.45	1.69	0.46	1.77	289.93	22.16
ZTG-06	0.47	0.26	27.90	0.69	0.46	1.77	284.03	22.06

注：中国地质大学（北京）化学分析室龙梅、梁树平、王军玲分析。

11.3.2 铝的沉淀实验

水合铝酸三钙是氧化铝工业生产中一种重要的化合物（李小斌等，1999）。对铝酸钠溶液结构的研究表明，占绝对优势的离子是 $[Al(OH)_4]^-$（Radnai et al，1998；Sizvakov et al，1983）。CaO 和铝酸钠溶液可能发生如下化学反应（刘桂华等，2000；Xu et al，1997）：

$$2[Al(OH)_4]^- +3CaO+3H_2O \xlongequal{} Ca_3Al_2(OH)_{12}\downarrow +2OH^- \qquad (11\text{-}18)$$

即溶液中的 Al_2O_3 与外加的 CaO 结合，生成了 $Ca_3Al_2(OH)_{12}$沉淀。

实验方法 取预脱硅后的滤液（ZTG-06）500mL 置于 1000mL 塑料烧杯中，加入适量 CaO，用 JJ-1 型精密定时电动搅拌器搅拌，转速 120～140r/min，反应完毕后，用循环水式真空抽滤机抽滤，采用 EDTA 容量法测定滤液中 Al_2O_3 的含量，按下式计算氧化铝的沉淀率：

$$\eta_{沉淀率}=\left(1-\frac{w_{LY}}{w_{ZGY}}\right)\times 100\% \qquad (11\text{-}19)$$

式中，w_{LY}为沉铝后滤液中 Al_2O_3 的含量；w_{ZGY}为高苛性比铝酸钠溶液（ZTG-06）中 Al_2O_3 的含量。

反应温度、CaO/Al_2O_3（摩尔比）和反应时间是影响高苛性比铝酸钠溶液中氧化铝沉淀率的主要因素。因此，沉铝实验按照 3 因素 3 水平正交实验方案进行，实验结果见表 11-13。

表 11-13　水合铝酸钙结晶正交实验结果

实验号	温度/℃	时间/h	CaO/Al_2O_3(摩尔比)	Al_2O_3 沉淀率/%
CL-01	25	1	1	77.08
CL-02	25	2	2	89.88
CL-03	25	3	3	96.97
CL-04	60	1	2	84.91
CL-05	60	2	3	90.93
CL-06	60	3	1	76.71
CL-07	80	1	3	83.39
CL-08	80	2	1	48.59
CL-09	80	3	2	70.45
$k(1,j)$	87.977	81.793	67.460	
$k(2,j)$	84.183	76.467	81.747	
$k(3,j)$	67.477	81.377	90.430	
级差	20.500	5.436	22.970	

从表 11-13 的实验结果可见，影响水合铝酸三钙形成的因素中，CaO/Al_2O_3 摩尔比和温度影响最大，其次为反应时间。当反应温度为 25℃、反应时间为 3h、CaO/Al_2O_3（摩尔比）为 3 时，氧化铝沉淀率达到 96.97%。在 25～80℃范围内，温度越低，越有利于提高氧化铝的沉淀率。

沉铝滤饼样品（ZCL-03）的 X 射线粉末衍射分析图见图 11-15。滤饼中的主要物相为 $Ca_3Al_2(OH)_{12}$，还含有少量的 $Ca(OH)_2$。其化学成分分析结果见表 11-14。

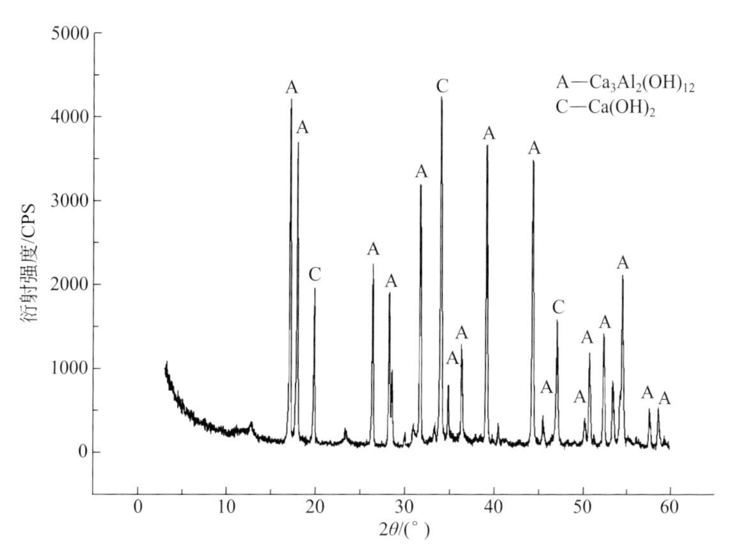

图 11-15　沉铝滤饼（ZCL-03）的 X 射线粉末衍射分析图

表 11-14　沉铝滤饼的化学成分分析结果　w_B/%

样品号	SiO_2	TiO_2	Al_2O_3	Fe_2O_3	MgO	CaO	Na_2O	K_2O	LOI	总量
ZCL-03	0.44	0.25	23.95	0.65	0.43	57.17	0.30	0.14	17.15	100.48

11.3.3 铝酸钠粗液制备

采用化学浸渍方法可以从铝酸钙固体中溶出 Al_2O_3。常用的工业溶出方法有酸法和碱法两种。酸法溶出即用硫酸、盐酸、硝酸等强酸处理铝酸钙，获取相应的铝盐如 $Al_2(SO_4)_3$、$AlCl_3$ 等水溶液的过程。在此过程中，铝酸钙中的其他杂质如 Ca、Si、Fe、Ti、Mg 等也会部分溶出。碱法溶出就是以 NaOH 或 Na_2CO_3 等处理铝酸钙，使其中的 Al_2O_3 以铝酸钠形式溶解出来，而 Ca、Fe、Ti、Mg 及大部分 Si 依然存留于固体残渣中（范娟等，2002）。

（1）基本反应原理

碱法溶出与氧化铝工业中采用碱法从铝矿石中溶出氧化铝的基本原理类似。碱法生产氧化铝的历史悠久，有关基本理论的研究已较成熟。用 Na_2CO_3 溶液溶解 $Ca_3Al_2(OH)_{12}$ 的化学反应方程式如下：

$$Ca_3Al_2(OH)_{12}+3Na_2CO_3 = 3CaCO_3\downarrow+2NaAl(OH)_4+4NaOH \quad (11\text{-}20)$$

按化学计量比计算，用 Na_2CO_3 溶液溶出的铝酸钠溶液苛性比约为 3，不符合碳分法生产氢氧化铝的要求。故在此基础上，考虑用 $NaHCO_3$ 代替 Na_2CO_3 进行溶出铝实验。

用 $NaHCO_3$ 溶液溶解水合铝酸钙的反应为：

$$Ca_3Al_2(OH)_{12}+3NaHCO_3 = 3CaCO_3\downarrow+2NaAl(OH)_4+NaOH+3H_2O \quad (11\text{-}21)$$

按化学计量比计算，用 $NaHCO_3$ 溶液溶解铝酸三钙，可制得苛性比为 1.6～1.8 的铝酸钠溶液，符合碳分法制备氢氧化铝对溶液苛性比的要求。

（2）实验方法

精确称量水合铝酸三钙沉淀 100g，量取去离子水 200mL，加入 $NaHCO_3$，在反应釜中反应，搅拌速率 140r/min，反应结束后，抽滤，采用 EDTA 容量法测定滤液中 Al_2O_3 的含量，按下式即可算出氧化铝的溶出率：

$$\eta_{溶出率}=\frac{w_{ZAO}}{w_{ZCA}}\times100\% \quad (11\text{-}22)$$

式中，w_{ZAO}为溶出滤液中 Al_2O_3 的含量；w_{ZCA}为水合铝酸三钙中 Al_2O_3 的含量。

反应温度、反应时间和碳酸氢钠的加入量是影响水合铝酸三钙中氧化铝溶出率的主要因素。因此，溶出铝实验按照 3 因素 3 水平正交实验方案进行，实验结果见表 11-15。

表 11-15　制备铝酸钠粗液正交实验结果

实验号	温度/℃	时间/h	碳酸氢钠加入量	Al_2O_3 溶出率/%
RL-01	100	1	1.00	79.56
RL-02	100	2	1.05	80.95
RL-03	100	3	1.10	81.99

续表

实验号	温度/℃	时间/h	碳酸氢钠加入量	Al_2O_3 溶出率/%
RL-04	140	1	1.05	84.78
RL-05	140	2	1.10	85.36
RL-06	140	3	1.00	85.93
RL-07	160	1	1.10	90.51
RL-08	160	2	1.00	90.94
RL-09	160	3	1.05	92.55
$k(1,j)$	80.83	84.95	85.82	
$k(2,j)$	85.36	85.75	85.80	
$k(3,j)$	91.33	85.95	85.90	
级差	10.50	1.87	0.11	

注：碳酸氢钠加入量的数值中，"1.00"表示化学方程式（11-21）按化学计量比计算得到的碳酸氢钠加入量的理论值；"1.05"表示理论计算值过量 5%，"1.10"表示理论计算值过量 10%。

由表 11-15 的实验结果可见，影响氧化铝溶出率的因素中，反应温度的影响最大，其次是反应时间。当反应温度为 160℃、反应时间为 3h、碳酸氢钠加入量按化学计量比过量 5%时，Al_2O_3 的溶出率达到 92.55%。在 100～160℃ 温区，反应温度越高越有利于 $Ca_3Al_2(OH)_{12}$ 中 Al_2O_3 的溶出。溶出 Al_2O_3 反应后剩余渣（RL-09）的 X 射线粉末衍射分析图如图 11-16 所示。其主要物相为 $CaCO_3$，X 射线衍射图中 $Ca_3Al_2(OH)_{12}$ 的衍射峰已消失，表明 $Ca_3Al_2(OH)_{12}$ 已完全溶解。溶出液的化学成分分析结果见表 11-16。铝酸钠溶液苛性比为 1.61。

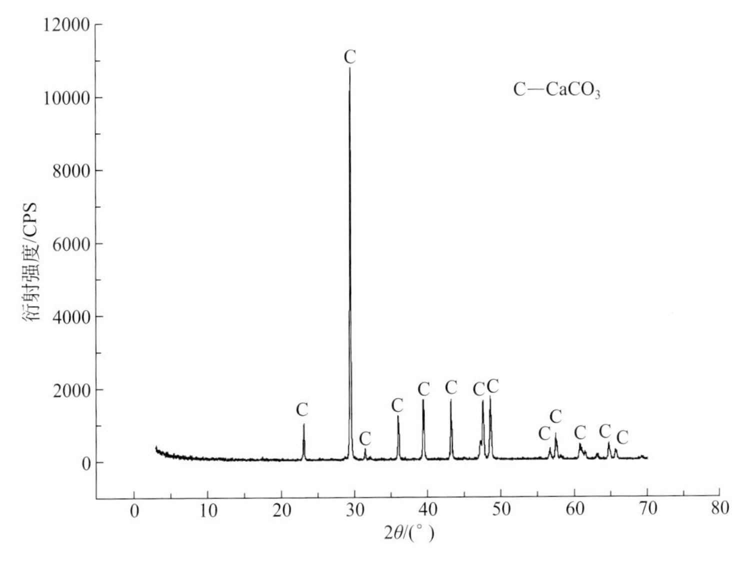

图 11-16　溶出铝后剩余滤渣（RL-09）的 X 射线粉末衍射分析图

表 11-16　低苛性比铝酸钠溶出液的化学成分分析结果　　g/L

样品号	SiO_2	TiO_2	Al_2O_3	Fe_2O_3	MgO	CaO	Na_2O	K_2O
ZNA-01	0.310	0.00	99.16	0.00	0.013	0.064	97.25	0.09

11.4 铝酸钠粗液纯化

前述所得到的铝酸钠粗液中，仍含有少量的 SiO_2 和 CaO 杂质（表 11-16）。这种粗制铝酸钠溶液在进行碳酸化分解时，大部分 SiO_2 都会进入氢氧化铝，使成品氧化铝的质量远低于氧化铝国家标准的要求（Rayzman，1996），原因是粗液中的 $[H_2SiO_4]^{2-}$ 和 $[Al(OH)_4]^-$ 反应生成水合铝硅酸钠沉淀，反应式如下：

$$2[H_2SiO_4]^{2-}+2[Al(OH)_4]^-+2Na^+ \longrightarrow Na_2O \cdot Al_2O_3 \cdot 2SiO_2 \cdot 2H_2O+4OH^-+2H_2O \quad (11\text{-}23)$$

深度脱硅过程中引入的 CaO 在铝酸钠溶液碳酸化分解时生成 $CaCO_3$ 沉淀，也会影响氧化铝产品的纯度。

因此，为制得合格的氧化铝产品，同时提高 Al_2O_3 的提取率，就需要对铝酸钠粗液进行深度脱硅和除钙处理。

11.4.1 深度脱硅实验

11.4.1.1 基本反应原理

铝酸钠溶液脱硅过程的实质就是使 SiO_2 转变为溶解度很小的化合物沉淀析出。SiO_2 在铝酸钠溶液中以 $[H_2SiO_4]^{2-}$ 和 $[Al_2(H_2SiO_4)(OH)_6]^{2-}$ 两种离子形式存在（柳妙修等，1990）。由反应式：

$$[H_2SiO_4]^{2-}+2[Al(OH)_4]^- \longrightarrow [Al_2(H_2SiO_4)(OH)_6]^{2-}+2OH^- \quad (11\text{-}24)$$

可以看出，溶液中 Al_2O_3 浓度增大，以 $[Al_2(H_2SiO_4)(OH)_6]^{2-}$ 形态存在的 SiO_2 的比例亦随之增大。由水化石榴石的生成过程可知，只有 $[H_2SiO_4]^{2-}$ 才能生成水化石榴石。在一定条件下，溶液中 $[H_2SiO_4]^{2-}$ 的含量保持恒定。当 $[Al_2(H_2SiO_4)(OH)_6]^{2-}$ 所占比例增大时，溶液中 SiO_2 的平衡浓度也相应提高，但这种现象在 Al_2O_3 浓度小于 150g/L 时并不明显（毕诗文，2006）。这说明在铝酸钠溶液中 Al_2O_3 浓度小于 150g/L 的条件下，采用 CaO 作为脱硅剂，理论上能够达到深度脱硅的效果。

由低苛性比铝酸钠溶液的化学成分分析结果（表 11-16）可知，该溶液中 Al_2O_3 的浓度为 99.16g/L，故本实验采用饱和石灰水对 $NaAl(OH)_4$ 溶液（ZNA-01）进行深度脱硅。

脱硅反应机理：CaO 先水化生成 $Ca(OH)_2$，$Ca(OH)_2$ 再与溶液中的 $[Al(OH)_4]^-$ 反应生成水合铝酸钙 $3CaO \cdot Al_2O_3 \cdot 6H_2O$，进而生成水化石榴石 $3CaO \cdot Al_2O_3 \cdot xSiO_2 \cdot (6-2x)H_2O$。当生成这一化合物时，在 $Ca(OH)_2$ 颗粒上出现两个反应层，外层是水化石榴石，中间层是水合铝酸钙，核心是 $Ca(OH)_2$。这是因为溶液中 Al_2O_3 的浓度远大于 SiO_2 的浓度，水合铝酸钙比水化石榴石优先生成。实验证明，直接往溶液中添加水合铝酸钙也可以取得同样的脱硅效果，开始阶段的脱硅速率甚至还要快（Yuan et al，2009）。

添加 CaO 深度脱硅的反应式如下：

$$CaO+H_2O = Ca(OH)_2 \quad (11\text{-}25)$$

$$3Ca(OH)_2+2[Al(OH)_4]^- = 3CaO \cdot Al_2O_3 \cdot 6H_2O+2OH^- \quad (11\text{-}26)$$

$$3CaO \cdot Al_2O_3 \cdot 6H_2O+xSiO_2(OH)_2^{2-} = 3CaO \cdot Al_2O_3 \cdot xSiO_2 \cdot (6-2x)H_2O+2xOH^-+2xH_2O \quad (11\text{-}27)$$

11.4.1.2　实验方法

量取铝酸钠粗液（ZNA-01）1.0L，加入适量的 CaO，倒入反应釜中，拧紧釜盖，打开搅拌器，搅拌速率 120～150r/min，加热至设定温度后，保温 0.5～2h。反应时间一到，即刻停止加热，通冷却水，待温度降至约 95℃时开釜，倒出混合液于聚四氟乙烯烧杯中，用塑料漏斗过滤。用 EDTA 容量法测定滤液中 Al_2O_3 的含量，用硅钼蓝比色法测定滤液中 SiO_2 的含量，计算深度脱硅后铝酸钠溶液硅量指数。滤饼用蒸馏水洗涤后，用 X 射线粉末衍射法鉴定其物相组成，测定化学成分。

11.4.1.3　主要影响因素

影响脱硅效果的因素很多，如原液中 Al_2O_3、Na_2O、Na_2O_c 浓度，SiO_2 含量、石灰添加量、反应温度和时间等。本项实验中，主要研究 CaO 加入量、反应时间、反应温度 3 个因素对脱硅效果的影响。

（1）CaO 加入量

取铝酸钠粗液 1.0L，分别加入 4g、6g、8g、10g、12g CaO，在反应釜中于 160℃下反应 2h，得到的纯化铝酸钠溶液的硅量指数和脱硅过程中 Al_2O_3 的损失量如表 11-17 所示。

表 11-17　不同 CaO 添加量得到的铝酸钠溶液的硅量指数和脱硅过程中 Al_2O_3 的损失量

样品号	CaO 添加量/(g/L)	精液硅量指数	Al_2O_3 损失量/(g/L)
ZTG-11	4	490	0.9
ZTG-12	6	630	2.5
ZTG-13	8	1020	7.7
ZTG-14	10	1680	14.9
ZTG-15	12	2080	27.3

CaO 加入量对脱硅效果的影响如图 11-17 所示。CaO 加入量与 Al_2O_3 损失量的关系见图 11-18。

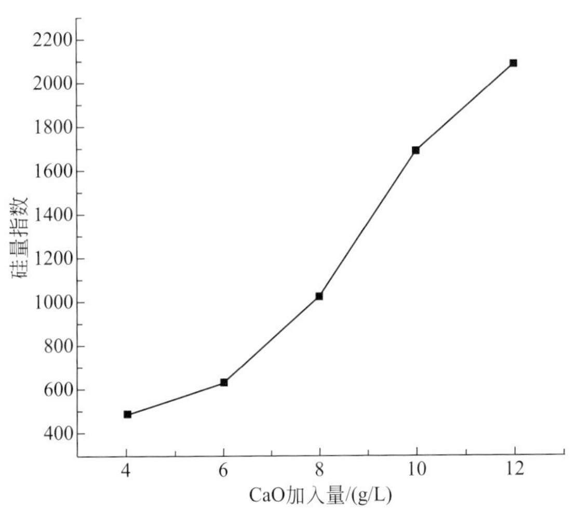

图 11-17　CaO 加入量对铝溶液硅量指数的影响

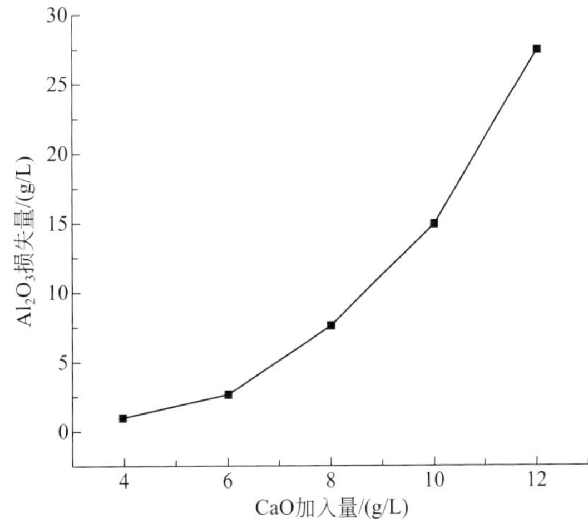

图 11-18　CaO 加入量与 Al_2O_3 损失量的关系

从表11-17、图11-17、图11-18可以看出，在其他因素不变的条件下，CaO的添加量越大，所得铝酸钠精液的硅量指数越高，但是Al_2O_3损失量也随之增大。当CaO添加量为8g/L时，硅量指数达1000以上。继续增大CaO用量，虽能进一步提高硅量指数，但Al_2O_3的损失量达到15%～27%。故确定最佳CaO添加量为8～10g/L。

（2）反应时间

根据脱硅反应原理，往铝酸钠粗液中加入CaO，将由内而外生成$Ca(OH)_2$、水合铝酸三钙$3CaO \cdot Al_2O_3 \cdot 6H_2O$，进而与$SiO_2$反应生成水化石榴石$3CaO \cdot Al_2O_3 \cdot xSiO_2 \cdot (6-2x)H_2O$。因此，反应时间的长短决定了CaO的反应程度。

精确量取铝酸钠粗液1.0L，加入CaO 8g，在反应釜中于160℃下分别恒温反应0.5h、1.0h、1.5h、2.0h、4.0h，过滤、洗涤，测得滤液的硅量指数和脱硅过程中Al_2O_3的损失量，见表11-18。反应时间对脱硅效果的影响如图11-19所示，反应时间与Al_2O_3损失量的关系见图11-20。

表11-18　不同反应时间得到的铝酸钠溶液的硅量指数和脱硅过程中Al_2O_3的损失量

样品号	反应时间/h	精液硅量指数	Al_2O_3损失量/(g/L)
ZTG-21	0.5	996	12.3
ZTG-22	1.0	1020	15.5
ZTG-23	1.5	1130	15.7
ZTG-24	2.0	1250	16.9
ZTG-25	4.0	1450	19.3

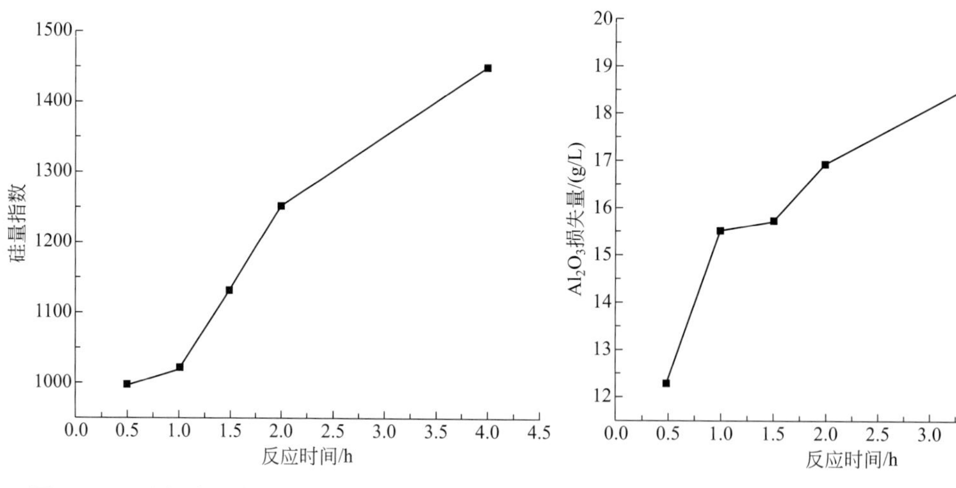

图11-19　反应时间对铝酸钠溶液硅量指数的影响

图11-20　反应时间与Al_2O_3损失量的关系

从表11-18、图11-19、图11-20中可见，随着反应时间的延长，滤液的硅量指数和Al_2O_3损失量都有所增大。反应时间为1h时，铝酸钠溶液的硅量指数达1000以上。当反应时间超过2h时，Al_2O_3的损失量超过17%。实验最终确定反应时间为1～2h。

（3）反应温度

量取铝酸钠粗液 1.0L，加入 CaO 8g，在反应釜中分别在 25℃、80℃、100℃、160℃、200℃下反应 2h，过滤，洗涤，测得滤液中硅量指数和脱硅过程中 Al_2O_3 的损失量，见表 11-19。反应温度对脱硅效果的影响如图 11-21 所示，反应温度与 Al_2O_3 损失量的关系见图 11-22。

表 11-19　不同反应温度得到的铝酸钠溶液的硅量指数和脱硅过程中 Al_2O_3 的损失量

样品号	反应温度/℃	硅量指数	Al_2O_3 损失量/(g/L)
ZTG-31	25	390	9.3
ZTG-32	80	420	12.5
ZTG-33	100	1280	15.7
ZTG-34	160	2031	17.9
ZTG-35	200	2450	20.3

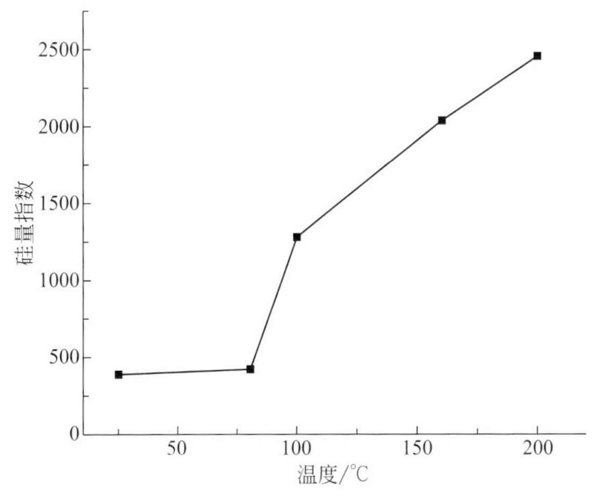

图 11-21　深度脱硅反应温度对铝酸钠溶液硅量指数的影响

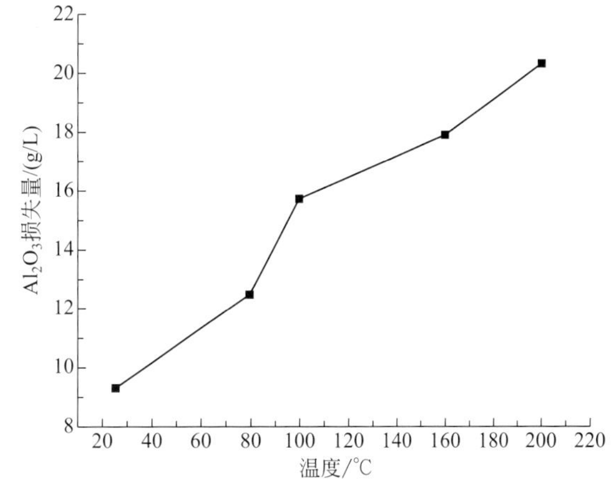

图 11-22　深度脱硅反应温度与 Al_2O_3 损失量的关系

从表 11-19、图 11-21、图 11-22 中可以看出，反应温度低于 80℃时，脱硅效果不理想，所得溶液的硅量指数小于 500。随着反应温度继续升高，铝酸钠溶液的硅量指数显著增大，Al_2O_3 损失量也随之增大。这是因为，水化石榴石在温度较高时更易形成。温度越高，水化石榴石中 SiO_2 的饱和度越大，溶液中 SiO_2 的平衡浓度也就越低，有利于 SiO_2 的析出。

综合分析可知，利用饱和石灰水对铝酸钠粗液进行深度脱硅的条件为：CaO 添加量 8～10g/L；反应温度 100℃；反应时间 1～2h。按照此条件，取铝酸钠粗液 1.0L 进行实验，制得深度脱硅后的铝酸钠溶液，其化学成分分析结果见表 11-20。

表 11-20　深度脱硅后铝酸钠溶液（ZNA-02）的化学成分分析结果　　g/L

样品号	SiO_2	TiO_2	Al_2O_3	Fe_2O_3	MgO	CaO	Na_2O	K_2O
ZNA-02	0.010	0.00	89.01	0.00	0.013	0.064	97.25	0.09

11.4.2 除钙实验

在深度脱硅过程中，引入了少量 CaO，因而要制备高纯度氧化铝，则需进行除钙实验。

11.4.2.1 基本反应原理

除钙过程的反应原理是在深度脱硅所得铝酸钠溶液中加入无水碳酸钠，使 Ca^{2+} 转变为溶度积更小的 $CaCO_3$ 沉淀，经过滤而除去。$Ca(OH)_2$ 与 $CaCO_3$ 的溶度积常数见表 11-21。

表 11-21　$Ca(OH)_2$ 与 $CaCO_3$ 的溶度积常数

化合物	pK_{sp}	K_{sp}
$Ca(OH)_2$	5.43	3.7×10^{-6}
$CaCO_3$	8.22	6.0×10^{-9}

除钙过程中发生的主要化学反应如下：

$$Ca(OH)_2+Na_2CO_3 \longrightarrow CaCO_3\downarrow+2NaOH \tag{11-28}$$

11.4.2.2 实验方法

按照化学计量比，为使深度脱硅后滤液（ZNA-02）中的 Ca^{2+} 全部生成 $CaCO_3$ 沉淀，加入过量无水碳酸钠 2g/L，在常压、85℃下搅拌 30min，搅拌速率 120～150r/min。由于溶液中只含有微量 Ca^{2+}，因而无可见沉淀，静置 30min 后过滤。得到纯化的铝酸钠溶液（ZNA-03），对其进行化学成分分析。

11.4.2.3 结果与讨论

除钙后的纯化铝酸钠溶液（ZNA-03）的化学成分分析结果见表 11-22。其 CaO 含量由原来的 0.064g/L 下降为 0.01g/L。

表 11-22　除钙后铝酸钠溶液的化学成分分析结果　g/L

样品号	SiO_2	TiO_2	Al_2O_3	Fe_2O_3	MgO	CaO	Na_2O	K_2O
ZNA-03	0.010	0.00	88.98	0.00	0.015	0.01	99.18	0.05

11.5 氧化铝制备

精制的铝酸钠溶液经碳分，得到氢氧化铝制品，再经煅烧即制得氧化铝产品。

11.5.1 铝酸钠溶液碳化分解

碳化分解是决定烧结法氧化铝产品质量的重要过程之一。为制取优质的氢氧化铝，要求铝酸钠溶液具有较高的硅量指数和适宜的碳化分解制度，因为氢氧化铝产品的质量是由杂质（SiO_2、Fe_2O_3、Na_2O）含量和氢氧化铝的粒度决定的。如果碳化分解的条件不利，则可能得到含碱量、含硅量高的氢氧化铝制品；如果分解条件控制适宜，甚至对含 SiO_2 量较高的铝酸钠溶液，也可制得优质的氢氧化铝产品。

本项研究之所以选择碳化分解，除了分解效率相对较高以外，更主要的原因是碳分母液可以循环使用于前述的水合铝酸三钙溶出铝。

11.5.1.1 基本反应原理

采用向精制铝酸钠溶液中通入 CO_2 气体使氢氧化铝析出的方法，即碳化分解法。铝酸钠溶液的碳化分解是一个气、液、固三相参加的复杂多相反应，包括 CO_2 被铝酸钠溶液吸收，以及两者间的化学反应和氢氧化铝的结晶析出，并生成丝钠（钾）铝石类化合物（Hong et al，1994）。

在碳化分解初期，溶液中的苛性碱不断被中和，但氢氧化铝并不随着溶液的苛性系数的降低而相应析出（Chou et al，1987）。从开始通入 CO_2 中和苛性碱到氢氧化铝的析出有一个诱导期。当 CO_2 继续通入，苛性比降低到一定程度时，溶液处于极不稳定状态，氢氧化铝从溶液中快速析出，形成自动催化过程。在初始分解的诱导期内，溶液中的 Al_2O_3 浓度没有或只有很小的变化，此后在整个碳分期间，Al_2O_3 和 Na_2O 的浓度连续地下降。

（1）氢氧化铝结晶机理

氢氧化铝的结晶析出过程可分为以下四个阶段：

诱导期：通入 CO_2 气体初期，主要是 CO_2 气体中和溶液中游离的 NaOH，降低溶液苛性比，提高铝酸钠溶液的过饱和度，使铝酸钠溶液处于介稳状态（上官正，1994）。

晶核形成期：结晶理论认为，从纯净的溶液中析出结晶体是困难的。工业上铝酸钠溶液中不可避免地存在浮游物固体颗粒以及反应槽壁的结垢粗糙的表面，其中部分在结晶初期可能充当结晶核心。由于初期铝酸钠溶液的过饱和度大，成为次生晶核，次生晶核很快长大、破裂，引发链式反应发生，从而形成大量氢氧化铝次生晶核，这就是结晶初期的成核期（刘家瑞等，2001）。次生晶核因其形状不规则，比表面积大，所以具有很强的活性和吸附能力。

晶体长大期：随着反应的进行，铝酸钠溶液的浓度降低，成核作用逐渐减弱，晶核的成长作用占主导地位。此时氢氧化铝在晶核上的沉积速率减小，形成的氢氧化铝晶体结构较为致密，不易在碰撞过程中破裂。同时一些晶核相互碰撞，发生粘连，新的晶体在晶核之间沉积，这样形成的晶体粗大、牢固。

SiO_2 析出期：当溶液中的苛性钠几乎全部转变为碳酸钠时，SiO_2 的过饱和度大至一定程度后，即开始迅速析出。

CO_2 气体的作用在于中和溶液中的苛性碱，使溶液的 NaOH 的活度降低，造成介稳定界限扩大，从而降低溶液的稳定性，引起溶液的分解（王志等，2001）：

$$2NaOH + CO_2 = Na_2CO_3 + H_2O \tag{11-29}$$

$$NaAl(OH)_4 + aq \longrightarrow Al(OH)_3 \downarrow + NaOH + aq \tag{11-30}$$

反应生成的 NaOH 不断被通入的 CO_2 气体所中和，从而使上述反应向右移动。

碳分过程中氢氧化铝结晶析出机理还有其他一些不同的观点。比如利列夫认为 CO_2 气体与 NaOH、铝酸钠同时发生反应：

$$2NaOH + CO_2 = Na_2CO_3 + H_2O \tag{11-31}$$

$$2NaAlO_2 + 3H_2O + CO_2 \longrightarrow Na_2CO_3 + 2Al(OH)_3 \downarrow \tag{11-32}$$

初期生成的无定形氢氧化铝重新溶入溶液中：

$$Al(OH)_3 + NaOH + aq \longrightarrow NaAlO_2 + 2H_2O + aq \tag{11-33}$$

由于苛性比不断下降，铝酸钠水解产生铝酸，后者形成 $Al(OH)_3$ 晶体：

$$NaAlO_2 + H_2O + aq \longrightarrow NaOH + HAlO_2 + aq \tag{11-34}$$

$$HAlO_2 + H_2O + aq \longrightarrow Al(OH)_3 \downarrow + aq \tag{11-35}$$

由于氢氧化铝晶体的析出，引起剧烈的种子分解，使苛性比不但不降低反而升高，因此引起氢氧化铝的析出量减少；此后苛性比又因吸收 CO_2 气体而逐渐降低，引起氢氧化铝重新析出。

综上所述，铝酸钠溶液碳化分解过程中，通入的 CO_2 气体使溶液保持了较高的过饱和度，克服了铝酸钠溶液强稳定性的瓶颈，为氢氧化铝从铝酸钠溶液中析出提供了界面能，一旦产生微细晶核，就使氢氧化铝的结晶过程成为快速的晶种分解过程。

（2）SiO_2 析出机理

研究铝酸钠溶液碳化分解过程中 SiO_2 的行为具有重要意义，因为这关系到氢氧化铝制品中的 SiO_2 含量，从而极大地影响氧化铝成品的质量。氧化铝产品中 SiO_2 的含量与铝酸钠精液的分解周期、碳分制度、搅拌强度和碳酸钠等杂质浓度有关，且液相中的苛性钠浓度是主导因素。

碳化分解初期析出 SiO_2 是由于分解出来的氢氧化铝粒度细，比表面积大，因而从溶液中吸附了部分 SiO_2，且碳分原液的硅量指数越低，吸附的 SiO_2 数量就越多。铝酸钠溶液继续分解，氢氧化铝颗粒增大，比表面积减小，因而吸附能力降低。这时只有氢氧化铝析出，SiO_2 析出极少。最后，当溶液中的苛性钠几乎全部变成碳酸钠时，SiO_2 的过饱和度大到一定程度后，SiO_2 开始迅速析出，而使分解产物中的 SiO_2 含量急剧增加。这主要是因为水合铝硅酸钠在碳酸钠溶液中的溶解度非常小（SiO_2 浓度小于 7g/L）（毕诗文，2006）。

（3）水合碳铝酸钠形成机理

在碳化分解末期，会生成 $(Na, K)_2O \cdot Al_2O_3 \cdot 2CO_2 \cdot 2H_2O$ 杂质。碳分时，在通入的 CO_2 气泡与铝酸钠溶液的界面上，生成丝钠铝石，其反应如下：

$$Na_2CO_3 + H_2O + aq \longrightarrow NaHCO_3 + NaOH + aq \tag{11-36}$$

$$2Na(AlOH)_4 + 4NaHCO_3 + aq \longrightarrow Na_2O \cdot Al_2O_3 \cdot 2CO_2 \cdot nH_2O + 2Na_2CO_3 + (6-n)H_2O + aq \tag{11-37}$$

$$Al_2O_3 \cdot nH_2O + 2NaHCO_3 + aq \longrightarrow Na_2O \cdot Al_2O_3 \cdot 2CO_2 \cdot nH_2O + H_2O + aq \tag{11-38}$$

$$Al_2O_3 \cdot nH_2O + 2Na_2CO_3 + H_2O + aq \longrightarrow Na_2O \cdot Al_2O_3 \cdot 2CO_2 \cdot nH_2O + 2NaOH + aq \tag{11-39}$$

在碳化分解初期，当溶液中含有大量游离苛性碱时，丝钠铝石与苛性碱反应生成 Na_2CO_3 和 $NaAl(OH)_4$：

$$Na_2O \cdot Al_2O_3 \cdot 2CO_2 \cdot nH_2O + 4NaOH + aq \longrightarrow 2NaAl(OH)_4 + 2Na_2CO_3 + (n-2)H_2O + aq \tag{11-40}$$

在碳化分解第二阶段，当溶液中的苛性碱减少时，丝钠铝石被 NaOH 分解而生成 $Al(OH)_3$，其分解速度取决于含水碳酸钠晶格中离子的有序程度，还与温度和搅拌强度等因素有关，随着铝酸钠碱溶液中苛性碱含量的减少和碳酸碱含量的增多，分解过程减慢：

$$Na_2O \cdot Al_2O_3 \cdot 2CO_2 \cdot nH_2O + 2NaOH + aq \longrightarrow 2Al(OH)_3 \downarrow + 2Na_2CO_3 + (n-2)H_2O + aq \tag{11-41}$$

在碳化分解末期，当溶液中苛性碱含量已相当低时，丝钠铝石呈固相析出。最终产品中水合碳铝酸钠的含量将随着原始溶液中碳酸碱含量的增加而增多。

11.5.1.2 碳分过程影响因素

氢氧化铝的产品质量取决于脱硅和碳分两个工序。在铝酸钠精液的硅量指数一定时，则取决于碳分反应的条件。影响碳分过程的主要因素有：

（1）硅量指数和全碱含量

铝酸钠精液的硅量指数越高，可以分解出来的质量合格的氢氧化铝越多。提高铝酸钠精液的硅量指数是提高产品质量和分解率的前提。对精液中碱含量的研究表明，碱浓度对氢氧化铝中不可洗碱含量有着显著的影响。原液中的碱浓度提高，氢氧化铝中不可洗碱含量随之增加。

（2）碳化深度

碳化深度是以铝酸钠溶液的分解率来表示的。制品的 SiO_2 含量与碳化深度的关系可用碳化曲线来表示，如图 11-23 所示。

在碳化分解末期，当 SiO_2 过饱和度达到一定极限时，SiO_2 呈方钠石化合物的形式和氢氧化铝一起强烈析出，氢氧化铝制品中的 SiO_2 相对含量随之增大。因此，铝酸钠溶液碳酸化分解过程中，氢氧化铝中 SiO_2 杂质含量在第二段终结前为最少。因此，碳化分解超过一定深度以后，氢氧化铝的质量会变差，碳分深度必须控制在 SiO_2 大量析出之前，以生产质量较好的氢氧化铝。

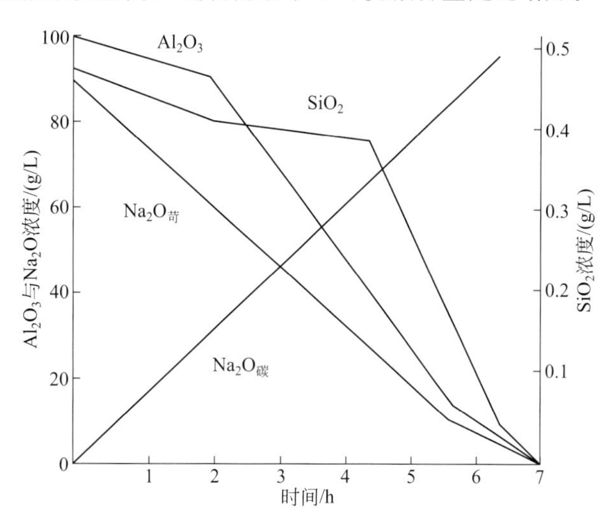

图 11-23　Al_2O_3、SiO_2、Na_2O 浓度在碳化分解过程中随时间的变化
（引自卢宏燕，2005）

碳分深度控制范围取决于铝酸钠精液的硅量指数。一般情况下，精液硅量指数与分解率的对应关系见表 11-23。本实验所用的精制铝酸钠溶液，硅量指数达 1000 以上，故碳化分解过程的分解率应控制在 92%～94%。

表 11-23　铝酸钠精液硅量指数与碳分深度的对应关系

硅量指数 A/S	401～450	451～500	501～600	601～700	701～800	≥800
分解率/%	85～88	86～89	87～90	89～92	90～93	91～94

注：引自赵志英等（2003）。

（3）CO_2 气体浓度和通气时间

碳化分解所用的气体一般来源分为两种：一种是石灰炉炉气，CO_2 浓度约 38%～40%；另一种是熟料窑窑气，CO_2 浓度 12%～14%。本实验在碳化分解时采用石灰炉炉气。

（4）反应温度

反应温度高，有利于氢氧化铝晶体的长大，从而减小吸附 SiO_2 的能力，且有利于分离洗涤过程。

反应温度是影响氢氧化铝粒度的主要因素，对分解产物中某些杂质的含量也有明显影响。提高反应温度可使晶体生长速度大大加快，降低温度可以使溶液的过饱和度增大。然而温度太低又会增加二次成核的速度，使产品细化。低温下溶液的黏度增大，也会影响分解过程（毕诗文，2006）。

（5）晶种

工业生产实践表明，添加一定数量的晶种，在碳化初期不会生成分散度大、吸附能力强的氢氧化铝，故可减少对 SiO_2 的吸附，能改善碳分时氢氧化铝的晶体结构和粒度组成，显著地降低 $Al(OH)_3$ 中 SiO_2 和 Na_2O 的含量，并可减少槽内的结垢。

（6）搅拌

在碳化过程中，搅拌的目的是使溶液成分均匀，避免局部碳酸化，使氢氧化铝保持悬浮状态，加速分解，有利于晶体成长，得到粒度较粗和碱含量较低的氢氧化铝。此外，搅拌还可以提高 CO_2 的利用率，减轻碳分槽内的结垢和沉淀。因此，只靠通入的 CO_2 气体搅拌是不够的，还必须有机械搅拌或空气搅拌（毕诗文，2006）。

11.5.1.3 实验方法

量取精制铝酸钠溶液（ZNA-03）1000mL，倒入塑料烧杯中，将烧杯放入水浴箱，在设定温度下，外加机械搅拌，搅拌速率 120～150r/min。反应结束后，停止通气，放置 30～35min 后过滤，用约 90℃的蒸馏水 1000mL 洗涤滤饼 3～5 次。用 EDTA 容量法测定滤液中 Al_2O_3 的含量。用下式计算 Al_2O_3 的分解率：

$$\eta_{分解率}=(1-w_{AH}/w_{YY})\times 100\% \tag{11-42}$$

式中，w_{AH}为碳分母液中剩余的 Al_2O_3 含量；w_{YY}为精制铝酸钠溶液中的 Al_2O_3 含量。

将所得氢氧化铝沉淀置于自动控温干燥箱中，在 110℃下干燥 2h，即得氢氧化铝制品。

11.5.1.4 结果与讨论

在碳化分解工艺过程的影响因素中，铝酸钠精液的浓度和纯度由前一工序所控制；实验所用 CO_2 气体为 CO_2 与 N_2 的配气，CO_2 浓度为 40%。因此，以下实验主要研究碳化深度和反应温度对碳分过程的影响。

（1）碳化深度

实验通过测定不同 pH 值下碳分母液中的 Al_2O_3 含量，来判断碳分反应的终点。各量取精制铝酸钠溶液 50mL 于 5 个塑料烧杯中，放置于水浴箱中，在常压 85℃下通入浓度为 40%的 CO_2 气体，达到不同 pH 值时，停止通气。放置 30～35min 后过滤，用 EDTA 容量法测定滤液中 Al_2O_3 的含量，测定结果如表 11-24 所示。

表 11-24 不同 pH 值下碳分母液中 Al_2O_3 含量分析结果

实验号	TF-11	TF-12	TF-13	TF-14	TF-15
pH 值	14	13	12	11	10
通气时间/min	0	180	220	240	300
Al_2O_3 含量/(g/L)	88.98	26.70	6.41	1.20	0.02
碳分深度/%	0.00	70.00	92.80	98.65	99.98

由表 11-24 可见，控制碳分过程的 pH 值在约 12 时停止通气，即可保证碳分分解率在 91%～93%。此时，所用碳分实验装置的通气时间为 220min。

采用硅钼蓝比色法测定实验制品的 SiO_2 含量，结果列于表 11-25。由表可知，随着碳分深度的增加，氢氧化铝制品中 SiO_2 杂质的含量逐渐增大。分析其原因，可能是在碳化分解末期，溶液中苛性碱含量已相当低，此时微量丝钠铝石呈固相析出，进入氢氧化铝产品中，影响了其质量。

表 11-25 不同碳分深度下氢氧化铝制品中 SiO_2 的含量

样品号	TF-13	TF-14	TF-15
碳分深度/%	92.80	98.65	99.98
SiO_2 含量/%	0.027	0.031	0.037

（2）反应温度

量取精制铝酸钠溶液 50mL 于塑料烧杯中，置于水浴箱中，在常压 70～90℃下通入浓度 40%的 CO_2 气体，当 pH 值达到 12 时，停止通气。放置 30～35min 后过滤，用 EDTA 容量法测定滤液中的 Al_2O_3 含量（表 11-26），按公式（11-42）计算 Al_2O_3 的分解率。实验结果见图 11-24。

表 11-26 不同温度下碳分母液中 Al_2O_3 浓度分析结果

温度/℃	70	75	80	85	90
Al_2O_3 含量/(g/L)	7.75	7.72	6.68	6.25	6.02
分解率/%	91.29	91.32	92.50	92.98	93.23

实验结果表明，在 70～90℃范围内，温度对碳分分解率的影响不明显。特别是在 70～80℃范围内，影响程度不大。但在 80℃以上，随着温度的升高，碳分分解率出现小幅增长。考虑到碳分分解率应控制在 93%以内，故确定优化碳分温度为 85℃。

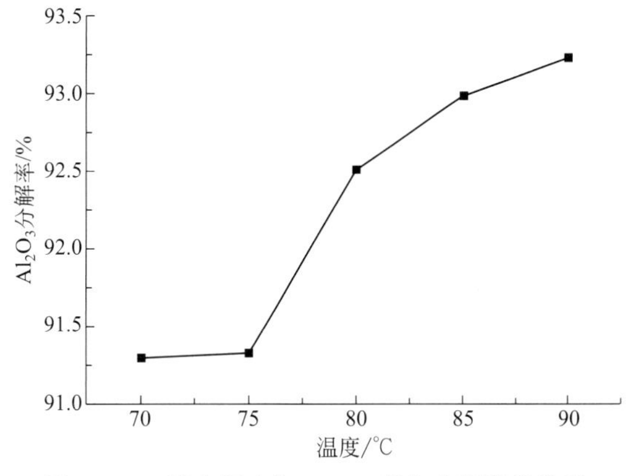

图 11-24 反应温度与 Al_2O_3 碳分分解率的关系

11.5.1.5 氢氧化铝制品表征

按照氢氧化铝的国标 GB/T 4294—2010（表 11-27）规定的分析以及计算方法来测定，实验所得氢氧化铝制品的化学成分分析结果见表 11-28。

表 11-27 氢氧化铝的国家标准（GB/T 4294—2010）

牌号	化学成分(质量分数)②/%					物理性能
	$Al_2O_3$③ 不小于	杂质含量,不大于			烧失量(灼减)	水分(附着水)/% 不大于
		SiO_2	Fe_2O_3	Na_2O		
AH-1①④	余量	0.02	0.02	0.40	34.5±0.5	12
AH-2④	余量	0.04	0.02	0.40	34.5±0.5	12

① 用作干法氟化铝的生产原料时，要求水分（附着水）不大于 6%，小于 45μm 粒度的质量分数≤15%。
② 化学成分按在 110℃±5℃下烘干 2h 的干基计算。
③ Al_2O_3 含量为 100%减去表中所列杂质含量总和以及灼减后的余量。
④ 重金属元素 $w(Cd+Hg+Pb+Cr^{6+}+As)\leqslant 0.010\%$，供方可不做常规分析，但应监控其含量。

表 11-28 氢氧化铝制品的化学成分分析结果 $w_B/\%$

样品号	Al_2O_3	SiO_2	Fe_2O_3	Na_2O	K_2O	灼减	总量
ZAH-01	65.25	0.026	0.00	0.25	0.04	34.11	99.68
ZAH-02	65.28	0.023	0.00	0.26	0.05	34.23	99.84
ZAH-03	65.27	0.027	0.00	0.24	0.04	34.20	99.78

注：中国地质大学（北京）化学分析室龙梅、王军玲、梁树平分析。

对比表 11-27 与表 11-28 可见，所得实验制品达到了氢氧化铝工业产品国标 GB/T 4294—2010 规定的二级标准。

实验制备的氢氧化铝制品（ZAH-01）的激光粒度分析表明，其平均粒径为 92.97μm，其 X 射线粉末衍射图见图 11-25。

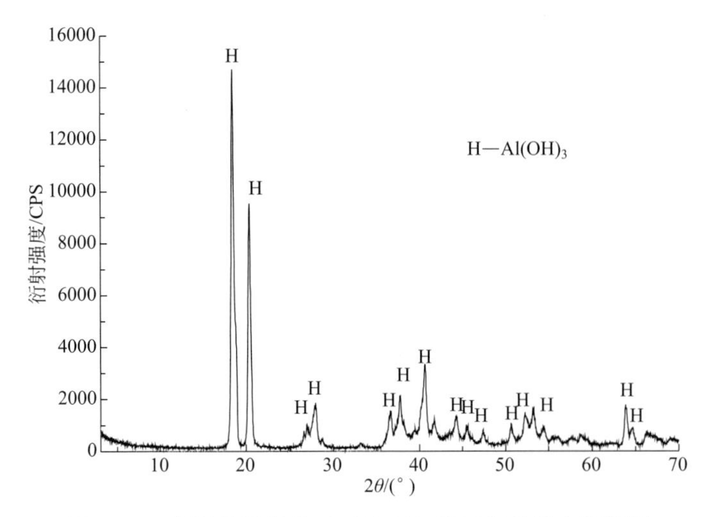

图 11-25　氢氧化铝制品（ZAH-01）的 X 射线粉末衍射图

11.5.2　氢氧化铝煅烧

11.5.2.1　基本原理

研究氢氧化铝煅烧过程中的物相和结构变化，有助于选择适宜的煅烧条件。氢氧化铝的脱水和相变是复杂的物理化学过程，其影响因素包括氢氧化铝的制备方法、粒度、杂质种类、杂质含量和煅烧条件等。

由氢氧化铝制品（ZAH-01）的差热分析图（图 11-26）可见，在氢氧化铝制品煅烧过程中，主要出现以下几个反应阶段：

① 100～200℃，出现吸热谷，主要为 Al（OH）$_3$ 失去吸附水的热效应，失重约 5%。

② 250～600℃，氢氧化铝制品脱除结晶水，转变为γ-Al_2O_3，反应式为：

$$Al(OH)_3 \longrightarrow AlOOH + H_2O\uparrow \tag{11-43}$$

$$2AlOOH \longrightarrow Al_2O_3 + H_2O\uparrow \tag{11-44}$$

③ 800～1000℃时，出现放热峰，主要是 Al_2O_3 晶型的转变，此时约失重 2.3%，主要是由于在动态条件下，氢氧化铝从 600℃加热到 1050℃脱去剩余的 0.05～0.1 个 H_2O 分子。

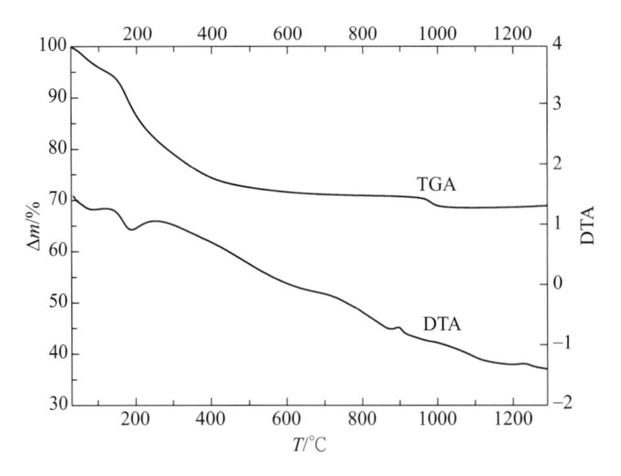

图 11-26　氢氧化铝制品（ZAH-01）的差热分析图

11.5.2.2　煅烧过程影响因素

（1）反应温度

称取 50g 氢氧化铝，放入刚玉坩埚中。将程控箱式电阻炉在室温至 600℃范围内，以 5℃/min 的速率升温，然后以 10℃/min 的速率升温至设定温度后，将坩埚放入炉膛中，待温度回升至设定温度时，保温 2h，煅烧得到氧化铝制品。

采用 X 射线衍射分析方法，确定实验制品的物相组成。不同煅烧温度下所得 Al_2O_3 的晶型如表 11-29 所示。随着煅烧温度的升高，氧化铝的晶型转变过程为：γ 型→θ 型、κ 型→α 型。在 1000～1100℃温区，所得氧化铝的晶型基本未发生变化。若要制得 γ-Al_2O_3，则煅烧温度应控制在 900℃以下。不同温度下煅烧所得制品的 X 射线粉末衍射分析结果分别见图 11-27～图 11-29。

表 11-29　不同煅烧温度下氧化铝制品的晶型

样品号	DS-11	DS-12	DS-13	DS-14	DS-15
煅烧温度/℃	900	1000	1050	1100	1200
氧化铝晶型	γ、δ	θ、κ	θ、κ	θ、κ	α

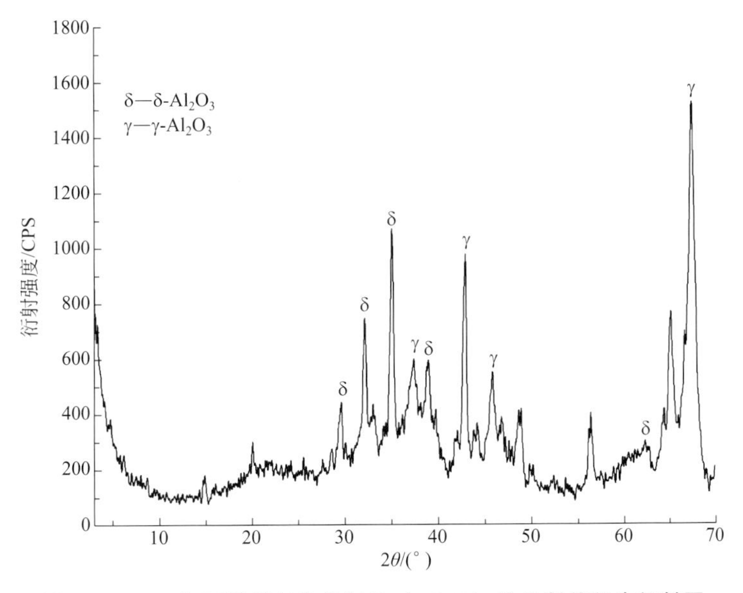

图 11-27　900℃下煅烧氧化铝制品（DS-11）的 X 射线粉末衍射图

（2）反应时间

称取 50g 氢氧化铝，放入刚玉坩埚中。在程控箱式电炉中自室温至 600℃范围内，以 5℃/min 的速率升温，然后以 10℃/min 的速率升温至 800℃后，分别保温 2h、4h 和 6h，煅烧得到氧化铝制品，其 X 射线粉末衍射分析结果见图 11-30。由图 11-30 可见，生成的氧化铝为 γ-Al_2O_3（PDF 卡片号：04-0880）；且随着煅烧反应时间的延长，所得氧化铝的晶型无明显变化。

按照中国有色金属行业标准 YS/T 274—1998 规定的氧化铝分析以及计算方法（表 11-30），以假榴正长岩为原料制备的氧化铝制品（ZAO-01）的化学成分分析结果见表 11-31。

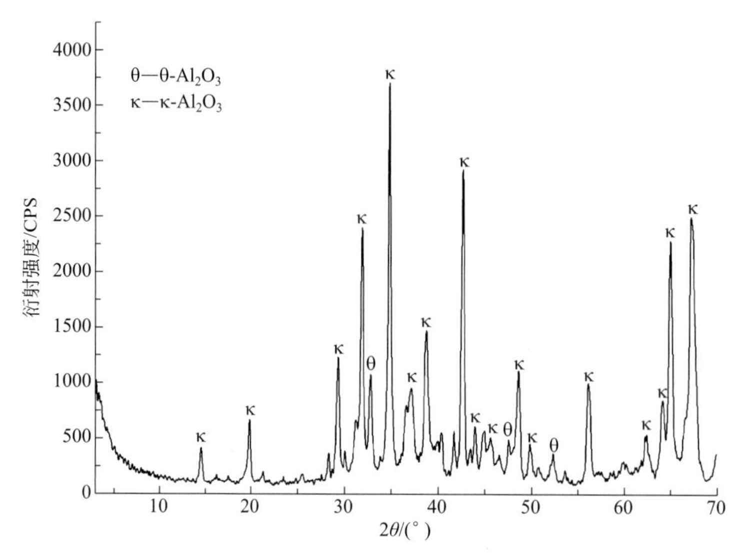

图 11-28 1000℃下煅烧氧化铝制品（DS-12）的 X 射线粉末衍射图

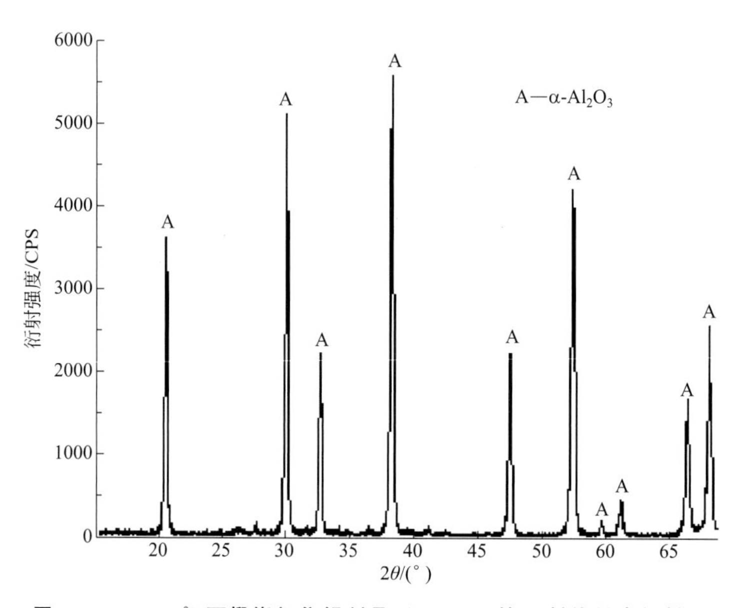

图 11-29 1200℃下煅烧氧化铝制品（DS-15）的 X 射线粉末衍射图

表 11-30 氧化铝的行业标准（YS/T 274—1998）

等级	牌号	化学成分/%				
		Al_2O_3 不小于	杂质含量不大于			
			SiO_2	Fe_2O_3	Na_2O	灼减
一级	Al_2O_3-1	98.6	0.02	0.02	0.50	1.0
二级	Al_2O_3-2	98.4	0.04	0.03	0.60	1.0
三级	Al_2O_3-3	98.3	0.06	0.04	0.65	1.0

注：氧化铝含量为100%减去表列杂质含量；表中化学成分按（300±5)℃下烘干 2h 的干基计算。

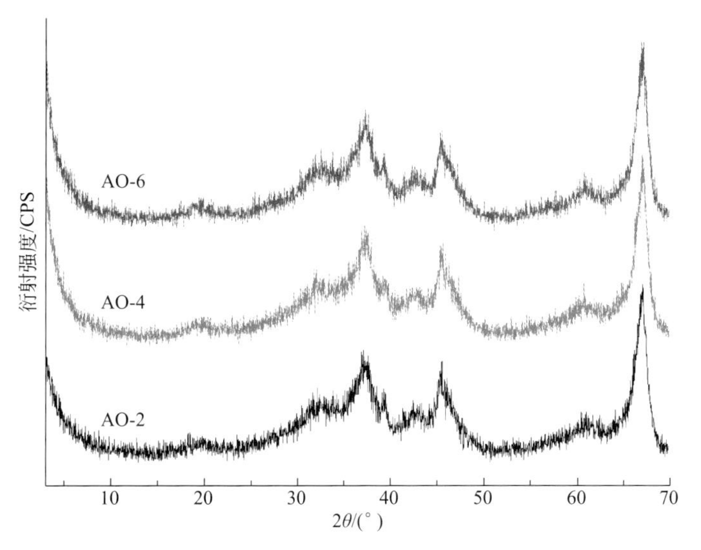

图 11-30　不同煅烧时间下氧化铝制品的 X 射线粉末衍射图

AO-2—2h；AO-4—4h；AO-6—6h

表 11-31　氧化铝制品的化学成分分析结果　　$w_B/\%$

样品号	Al_2O_3	SiO_2	Fe_2O_3	Na_2O	K_2O	LOI	总量
ZAO-01	98.72	0.027	0.00	0.22	0.04	1.0	100.01
ZAO-02	98.71	0.024	0.00	0.25	0.04	1.0	100.02
ZAO-03	98.75	0.037	0.00	0.30	0.07	1.0	100.16

注：中国地质大学（北京）化学分析室龙梅、王军玲、梁树平分析。

对比表 11-30 与表 11-31 可见，采用本项技术制备的氧化铝制品符合我国有色金属行业标准 YS/T 274—1998 规定的二级标准。

11.6　工艺过程环境影响评价

苏联处理霞石正长岩所采用的石灰石烧结法工艺流程及主要设备如图 11-31 所示，图中右方框标出部分为氧化铝吨产品与本项工艺的比较范围。

11.6.1　烧结反应能耗计算

（1）假榴正长岩原料烧结反应能耗

烧结反应过程的能耗包括两部分，一部分是反应物在等压条件下从 298K 升温至烧结温度 T 吸收的热量 Q_p；另一部分是发生化学反应的等压反应热 $\Delta_r H_m$。

由化学反应式（11-1）～式（11-7），按化学计量比计算，1mol 假榴正长岩完全反应需消耗 Na_2CO_3 1.94mol。反应物由室温（298K）分别加热至 1100K 和 1200K 时，各反应所吸收的热量由各反应物的热容来计算（印永嘉等，2001），结果列于表 11-32。

各反应物之间发生化学反应所产生的反应热，按照盖斯定律求解（印永嘉等，2001），计算结果列于表 11-33。

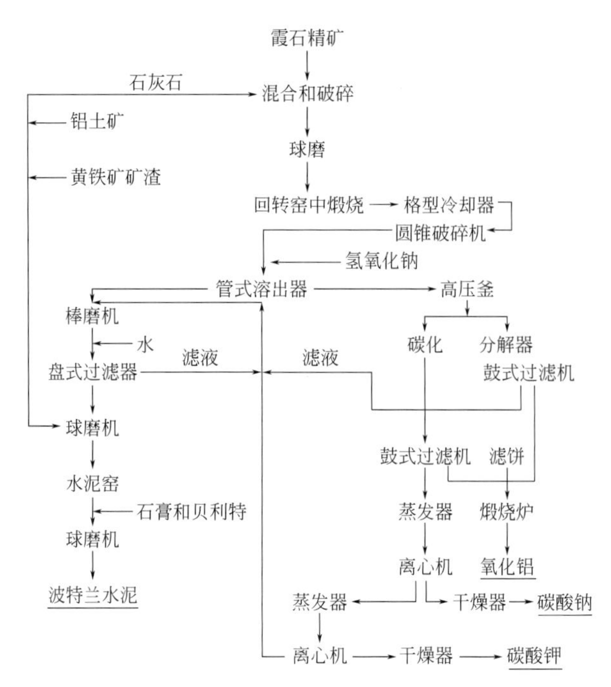

图 11-31 石灰石烧结法制取氧化铝工艺流程及主要设备

（据 Guillet，1994）

表 11-32 假榴正长岩-碳酸钠体系各反应物的吸热量（Q_p）和总吸热量（$\sum Q_p$） kJ/mol

反应物	1100K	1200K
$KAlSi_3O_8$	148.70	169.64
$NaAlSi_3O_8$	10.43	11.90
$KAl_2AlSi_3O_{10}(OH)_2$	75.37	86.31
$KMg_3AlSi_3O_{10}(OH)_2$	3.44	3.92
$KFe_3AlSi_3O_{10}(OH)_2$	3.55	4.04
$Ca_3Fe_2(SiO_4)_3$	17.09	19.43
Fe_3O_4	3.06	3.47
Na_2CO_3	244.38	282.98
$\sum Q_p$	506.02	581.69

表 11-33 假榴正长岩-碳酸钠体系各反应的 $\Delta_r H_m$ 和 $\sum \Delta_r H_m$ kJ/mol

反应	$\Delta_r H_m$	
	1100K	1200K
(11-1)	148.55	139.52
(11-2)	9.10	8.61
(11-3)	37.88	34.78
(11-4)	0.54	0.50

续表

反应	$\Delta_r H_m$	
	1100K	1200K
(11-5)	4.92	4.59
(11-6)	11.79	9.26
(11-7)	3.86	3.70
$\sum\Delta_r H_m$	216.65	200.94

由表 11-32、表 11-33 的计算数据，将假榴正长岩加热到指定温度发生分解反应所消耗的总热量，1100K 时为 722.68kJ/mol；1200K 时为 782.64kJ/mol。假榴正长岩（ZS-07）的摩尔质量为 315.4g/mol，处理 1.0t 假榴正长岩需消耗工业碳酸钠 0.65t。加热至 1100K 反应，需要消耗热量 2.29×10^6kJ，按标准煤的燃烧热为 3.0×10^4kJ/kg 计算，相当于折合标准煤 76.39kg/t 矿石；加热至 1200K 反应，消耗热量为 2.48×10^6kJ，折合标准煤 82.73kg/t 矿石。

（2）与石灰石烧结法对比

对于假榴正长岩-碳酸钙体系，烧结过程中主要发生如下反应：

$$KAlSi_3O_8 + 6CaCO_3 = KAlO_2 + 3Ca_2SiO_4 + 6CO_2\uparrow \quad (11\text{-}45)$$

$$NaAlSi_3O_8 + 6CaCO_3 = NaAlO_2 + 3Ca_2SiO_4 + 6CO_2\uparrow \quad (11\text{-}46)$$

$$KAl_2AlSi_3O_{10}(OH)_2 + 54/7CaCO_3 = KAlO_2 + 3Ca_2SiO_4 + 1/7Ca_{12}Al_{14}O_{33} + 54/7CO_2\uparrow + H_2O\uparrow \quad (11\text{-}47)$$

$$KMg_3AlSi_3O_{10}(OH)_2 + 3CaCO_3 = KAlO_2 + 1.5Ca_2SiO_4 + 1.5Mg_2SiO_4 + 3CO_2\uparrow + H_2O\uparrow \quad (11\text{-}48)$$

$$KFe_3AlSi_3O_{10}(OH)_2 + 9CaCO_3 + 0.75O_2 = KAlO_2 + 3Ca_2SiO_4 + 1.5Ca_2Fe_2O_5 + 9CO_2\uparrow + H_2O\uparrow \quad (11\text{-}49)$$

$$Ca_3Fe_2(SiO_4)_3 + 5CaCO_3 = Ca_2Fe_2O_5 + 3Ca_2SiO_4 + 5CO_2\uparrow \quad (11\text{-}50)$$

$$Fe_3O_4 + 3CaCO_3 + 0.25O_2 = 1.5Ca_2Fe_2O_5 + 3CO_2\uparrow \quad (11\text{-}51)$$

对于假榴正长岩-碳酸钙体系，按照工业生产中原料烧结温度为 1573K（1300℃），计算烧结反应过程中的热效应。由化学反应式（11-45）～式（11-51），按化学计量比，处理 1mol 假榴正长岩完全反应需消耗 $CaCO_3$ 6.25mol。计算得到处理 1mol 假榴正长岩，反应物由室温（298K）分别加热至 1500K、1600K 吸收的总热量分别为 1307.06kJ/mol 和 1407.36kJ/mol。

各反应物之间发生化学反应所产生的反应热，计算结果列于表 11-34 中。

表 11-34　假榴正长岩-碳酸钙体系计算的各反应的 $\Delta_r H_m$ 和 $\sum\Delta_r H_m$　kJ/mol

反应	$\Delta_r H_m$	
	1500K	1600K
(11-45)	426.57	422.02
(11-46)	29.14	28.86
(11-47)	181.27	177.90

续表

反应	$\Delta_r H_m$	
	1500K	1600K
(11-48)	2.19	2.09
(11-49)	8.93	5.31
(11-50)	32.30	32.47
(11-51)	6.47	6.55
$\sum \Delta_r H_m$	686.87	675.20

烧结过程处理1.0t假榴正长岩需消耗碳酸钙1.98t。加热至1500K反应，需要消耗热量6.32×10^6kJ，按标准煤的燃烧热为3.0×10^4kJ/kg计算，折合标准煤210.76kg/t矿石；加热至1600K反应，消耗热量6.60×10^6kJ，折合标准煤220.13kg/t矿石。

假榴正长岩原料烧结反应的资源、能源消耗计算结果列于表11-35。

表11-35　假榴正长岩分解反应的能耗、物耗综合计算结果（以处理1.0t假榴正长岩为基准计算）

反应体系	配料消耗/t	物料总量/t	温度/K	总能耗ΔH/(kJ/t)	标准煤耗/kg	一次性资源消耗/t	尾气排放/t
假榴正长岩-碳酸钠体系	0.65	1.65	1100～1200	2.29×10^6～2.48×10^6	190.97～206.82	1.22～1.24	0.77～0.81
假榴正长岩-碳酸钙体系	1.98	2.98	1500～1600	6.32×10^6～6.60×10^6	526.90～550.33	3.51～3.53	2.24～2.31

注：标准煤耗按其燃烧热为3.0×10^4kJ/kg和实际工业生产的热效率为40%估算；尾气排放量包括碳酸钠、碳酸钙分解产生的CO_2，空气中含CO_2和燃煤排放的CO_2气体，燃煤排放的CO_2气体的质量按实际标准煤耗的2.6倍计算。

11.6.2　资源消耗对比

（1）碳酸钠消耗量

对于纯碱烧结法，按照烧结反应的化学计量比计算，处理1.0t假榴正长岩矿石，需要配料工业碳酸钠（折纯Na_2CO_3）0.65t。整个工艺流程中的Na_2O组分，只有硅钙渣中含有少量Na_2O不可回收。根据前述实验结果，处理1.0t假榴正长岩矿石，产生硅钙渣0.86t，其中Na_2O含量为2.23%，折纯Na_2CO_3质量为0.033t。

（2）石灰石消耗量

水化铝硅酸盐溶出、水合铝酸钙结晶和深度脱硅三个工段需要添加CaO。按各工段的化学反应计量比计算，处理1.0t假榴正长岩矿石：①水化铝硅酸盐溶出过程消耗的CaO折纯$CaCO_3$质量为0.57t；②整个工艺过程Al_2O_3的提取率为83.6%，即沉铝过程需要消耗的CaO折纯$CaCO_3$质量为0.50t，这部分$CaCO_3$可回收再利用；③深度脱硅工段中，CaO添加量为10g/L，处理1.0t假榴正长岩矿石所得铝酸钠粗液1600L，消耗的CaO折纯$CaCO_3$质量为0.029t。因此，整个工艺中需要消耗的CaO总量折纯$CaCO_3$质量为0.623t。

（3）工业用水消耗量

纯碱烧结法整个工艺过程中，有3个工段的溶液相经蒸发后可回收水再循环利用。即硅酸钠钙渣中回收的NaOH溶液，其蒸发量为1.494m^3；高苛性比铝酸钠溶液加入CaO生成水合铝酸钙沉淀，过滤得NaOH溶液为3.3m^3，蒸发量为0.4m^3；碳分母液1.60m^3，蒸发量为0.40m^3。即全流程的水消耗量为2.23t/t矿石，其余用水可循环使用。

（4）两种工艺物耗对比

采用纯碱烧结法，处理 1t 假榴正长岩矿石，氧化铝产量为 0.17t，则生产 1t 氧化铝产品，需要消耗工业碳酸钠 0.194t，石灰石 3.665t，工业用水 13.12t。

石灰石烧结法中，生产 1t 氧化铝产品，烧结工段消耗石灰石 11.64t，生产水泥工段消耗石灰石 6.0t（Guillet，1994），石灰石消耗总量为 17.64t；消耗工业用水 13.79t（左以专等，1993）。

两种工艺流程的资源消耗量对比见表 11-36。石灰石烧结法生产 1.0t 氧化铝产品，消耗石灰石 17.64t，排放硅钙渣只能用于生产波特兰水泥。采用纯碱烧结法生产 1.0t 氧化铝产品，消耗工业碳酸钠 0.19t，石灰石 3.67t，一次性资源消耗量减少约 78%。

表 11-36　1t 氧化铝资源消耗量

物料	纯碱烧结法	石灰石烧结法
假榴正长岩/t	5.88	5.88
纯碱/t	0.19	—
石灰石/t	3.67	17.64
工业用水/t	13.12	13.79

11.6.3　能源消耗对比

两种工艺流程的工段都可划分为：原料预处理、烧结、Al_2O_3 溶出、脱硅、碳分、$Al(OH)_3$ 煅烧（图 11-32）。在计算过程中，煤、蒸气、电等能源介质的消耗量均折算成千克标准煤质量（kgce）。

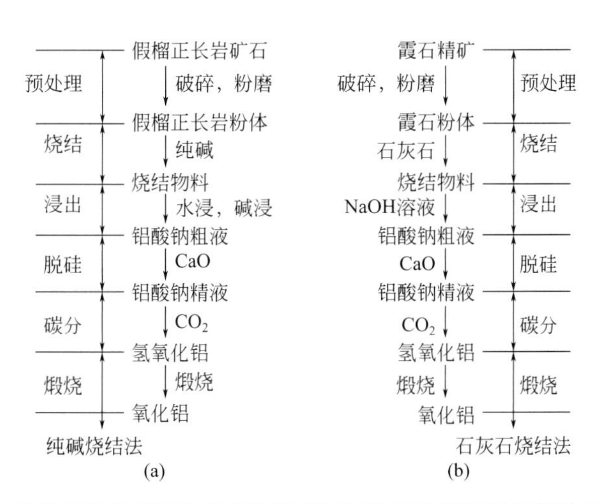

图 11-32　纯碱烧结法与石灰石烧结法处理假榴正长岩提取氧化铝工段划分图

两种工艺中原料预处理、脱硅、碳分、煅烧工段近似，所以纯碱烧结法中这些工段的能耗近似与石灰石烧结法中相应的工段相当（Guillet，1994）。预处理工段包括破碎和粉磨两步工序。粗碎和中碎所用设备参考 PEF250×400 型复摆颚式破碎机，细碎所用设备参考 PYD-900 短头型弹簧型圆锥破碎机，粉磨所用的设备参考 1500×3000 湿式格子型球磨机（杨义洪等，2008）。生产 1.0t 氧化铝产品，需处理假榴正长岩矿石 5.88t，即原料预处理工段的吨氧化铝能耗为 205.8kW·h。根据国家发改委提供的火电厂生产数据，

1.0kW·h电消耗标准煤0.33kg，则预处理工段的吨氧化铝能耗折合千克标准煤为68kgce。脱硅、碳分、煅烧工段吨氧化铝的能耗参考氧化铝工业以铝土矿为原料采用烧结法制备氧化铝的实际能耗数据，这3个工段的吨氧化铝能耗分别为：130kgce、15kgce、115kgce（刘丽儒，2003）。

根据表11-35计算结果，纯碱烧结法原料烧结工段的吨氧化铝能耗约为1216kgce，石灰石烧结法原料烧结工段的吨氧化铝能耗约为3236kgce。

纯碱烧结法的浸出工段分为水浸、碱浸及降低铝酸钠溶液苛性比3个步骤。水浸和降低铝酸钠溶液苛性比的能耗，参考氧化铝生产管道化溶出工序，能耗为23kgce/t氧化铝。碱浸工段参考氧化铝生产压煮溶出工序，能耗为157kgce/t氧化铝。即纯碱烧结法浸出工段的吨氧化铝能耗为203kgce。石灰石烧结法浸出工段的能耗，参考氧化铝生产管道化溶出工序，能耗为23kgce/t氧化铝。

生产1.0t氧化铝产品，采用纯碱烧结法，需要煅烧石灰石3.67t（表11-36）；采用石灰石烧结法，则需煅烧石灰石17.64t（Guillet，1994）。工业上煅烧1t石灰石的能耗为54kgce（大连化工研究设计院，2004），即两种工艺中煅烧石灰石的能耗分别为198kgce/t氧化铝和953kgce/t氧化铝。

纯碱烧结法和石灰石烧结法的工业用水消耗量分别为13.12t/t氧化铝和13.79t/t氧化铝（表11-37）。参照工业生产数据，蒸发4.0t水需要消耗蒸气1.0t，计算得纯碱烧结法消耗蒸气为3.28t/t氧化铝，石灰石烧结法消耗蒸气3.45t/t氧化铝。工业上生产1.0t蒸气的实际煤耗为135kgce，故两种工艺中的蒸发能耗分别为443kgce/t氧化铝和466kgce/t氧化铝。

表11-37 给出了纯碱烧结法和石灰石烧结法两种工艺的综合能耗对比。

表11-37 两种工艺氧化铝生产能耗对比 kgce/t氧化铝

工段	纯碱烧结法	石灰石烧结法
原料预处理	68	68
烧结	1216	3236
溶出	203	23
脱硅	130	130
碳分	15	15
氧化铝煅烧	115	115
石灰煅烧	198	953
蒸发	443	466
总能耗	2388	5006

从表11-37中可见，纯碱烧结法和石灰石烧结法两种工艺中，烧结工段的能耗分别占总能耗的51%和70%。每生产1.0t氧化铝产品，石灰石烧结法需消耗标准煤5006kg；而采用纯碱烧结法，消耗标准煤减少为2388kg，综合能耗降低了52.3%。

11.6.4 三废排放量对比

生产1.0t氧化铝产品，石灰石烧结法产生以β-硅酸二钙为主要物相的硅钙渣9.25t。烧结工段产生CO_2气体为13.5t/t氧化铝（表11-35），生产水泥产生CO_2气体约2.64t/t氧化铝，产生的CO_2气体总量为16.14t/t氧化铝。采用纯碱烧结法，剩余硅钙渣的主要物相为原硅酸钙，硅钙渣排放量仅为 5.1t/t 氧化铝，且可用作墙体材料生产原料。纯碱烧结法处理 1.0t 假榴正长岩矿石，烧结工段产生 CO_2 气体约 0.8t（表 11-36），产生 CO_2 气体总量为 4.7t/t 氧化铝；煅烧石灰石产生 CO_2 气体为 1.6t/t 氧化铝；产生的 CO_2 气体总量为 6.3t/t 氧化铝，较之石灰石烧结法减少约 61%。净化后的 CO_2 气体可用于铝酸钠溶液碳分和碳酸钾、碳酸钠制备等工段。

11.6.5　产品方案对比

每生产 1.0t 氧化铝产品，需处理假榴正长岩矿石 5.88t。石灰石烧结法生产副产品波特兰水泥约 14.0t，K_2O 回收率按 61.7%计算（左以专等，1993），则生产碳酸钾产品 0.48t。采用纯碱烧结法，水浸滤液中的 SiO_2 组分可制成白炭黑产品 1.23t/t 氧化铝，K_2O 可制成碳酸钾产品 0.94t/t 氧化铝；剩余硅钙渣为 5.1t/t 氧化铝，可生产轻质墙体材料约 $8m^3$（洪景南，2009）。两种工艺的产品方案对比见表 11-38。

表 11-38　两种工艺的产品产量对比（以生产 1.0t 氧化铝为基准）

纯碱烧结法		石灰石烧结法	
产品名称	产量/t	产品名称	产量/t
氧化铝	1.0	氧化铝	1.0
碳酸钾	0.94	碳酸钾	0.48
白炭黑	1.23	波特兰水泥	14.0
墙体材料	$8m^3$		

采用石灰石烧结法，大量副产品水泥受经济运输半径影响，且附加值低，难以被市场完全消纳。纯碱烧结法的副产品为无机硅化合物和轻质墙体材料，产品附加值相对较高，且生产过程的环境相容性良好。

由以上分析可知，与石灰石烧结法相比，纯碱烧结法具有一次资源和能源消耗量相对较少、产品附加值高等优点，是非水溶性钾矿资源高效利用的有效途径之一。加工过程中同时利用其中的 Al_2O_3 组分，为氧化铝工业生产提供了新的资源，且加工过程符合清洁生产的要求。

第12章 霞石正长岩提取氧化铝技术

铝土矿是现今工业生产氧化铝的主要资源。此外，可用于生产氧化铝的非铝土矿型铝资源还有霞石正长岩和高铝粉煤灰、高铝煤矸石等。霞石正长岩类同时也是一种重要的非水溶性钾资源。我国此类资源储量巨大，且分布较广。综合开发利用非水溶性钾资源，同时也可在一定程度上缓解铝土矿资源不足对中国氧化铝工业可持续发展的制约。

迄今，世界上对霞石资源实现规模化生产氧化铝的只有苏联的石灰石烧结法工艺。1941～1970年间，苏联以霞石精矿（Al_2O_3 29.3%）为原料，将其与石灰石配料，湿法混磨至－175目颗粒>95%，在回转窑中于1300℃下烧结；烧结熟料经溶出（Na，K）AlO_2溶液，用于生产氧化铝，副产碳酸钾和碳酸钠；剩余硅钙渣用于生产波特兰水泥（Guillet，1994）。氧化铝的生产总能力达115万吨/年，占苏联氧化铝产量的25%以上。其中近80%由阿钦斯克氧化铝联合企业生产，创造了巨大的社会效益和经济效益（李焕平，2010）。

石灰石烧结法工艺存在一次性资源消耗量大、处理物料量大、综合能耗高、温室气体CO_2排放量大等缺点（左以专等，1993），因而导致综合生产成本较高，生产过程的环境相容性较差，因而在我国未得到实际应用。

12.1 实验原料与实验流程

12.1.1 实验原料

实验原料为霞石正长岩，由云南省个旧市发改局提供。霞石正长岩原矿（GNS-11）的X射线粉末衍射分析结果见图12-1，矿石化学成分和主要矿物的电子探针分析结果分别见表12-1和表12-2。X射线衍射分析结果表明，原矿石中的主要矿物为微斜长石、霞石和铁黑云母，含有少量钙铁榴石和磁铁矿。化学成分分析结果表明，矿石的主要化学成分为SiO_2、Al_2O_3、K_2O、Na_2O，其次为CaO、FeO，其他氧化物组分的含量甚微，K_2O的含量达12.51%（表12-1）。按照物质平衡原理（马鸿文，2001），综合霞石正长岩原矿的化学成分分析结果、X射线粉末衍射分析和主要矿物相化学成分的电子探针分析结果，采用线性规划法计算，霞石正长岩矿石（GNS-11）的物相组成为：微斜长石70.4%，霞石20.7%，铁黑云母3.5%，钙铁榴石3.1%，磁铁矿0.4%。

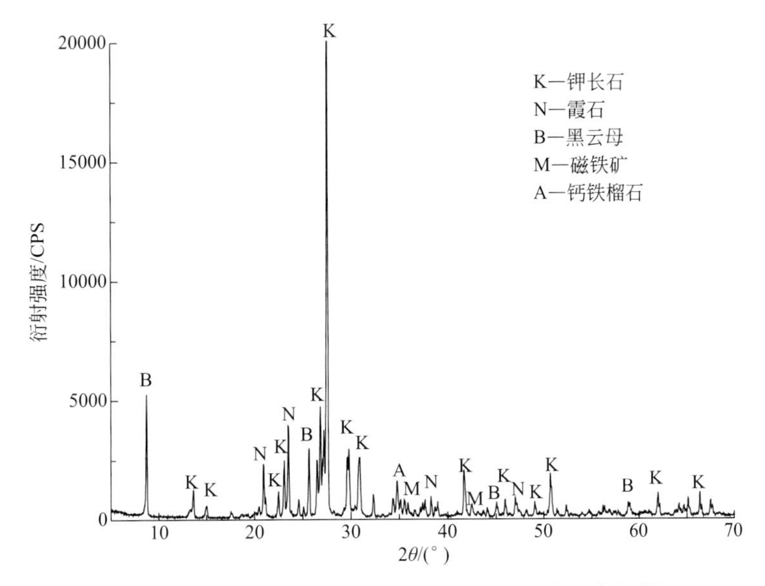

图 12-1　霞石正长岩原矿（GNS-11）的 X 射线粉末衍射图

表 12-1　霞石正长岩原料的化学成分分析结果　w_B/%

样品号	SiO_2	TiO_2	Al_2O_3	Fe_2O_3	FeO	MnO	MgO	CaO	Na_2O	K_2O	P_2O_5	LOI	总量
GNS-11	55.71	0.25	21.85	0.19	1.12	0.02	0.47	1.85	4.02	12.51	0.07	1.78	99.84
GNS-J1	56.35	0.15	21.98	0.42	0.22	0.01	0.43	1.38	3.99	13.55	0.05	1.59	100.14

注：中国地质大学（北京）化学分析室龙梅、王军玲、梁树平分析。

表 12-2　主要矿物相化学成分的电子探针分析结果　w_B/%

矿物相	SiO_2	TiO_2	Al_2O_3	Fe_2O_3	FeO	MnO	MgO	CaO	Na_2O	K_2O	总量
微斜长石/6	63.88	0.15	18.28		0.16	0.03	0.02	0.07	0.32	17.01	99.91
霞石/4	41.47	0.04	33.22		0.31	0.04	0.00	0.26	17.30	7.29	99.93
铁黑云母/4	31.91	2.61	18.52		27.82	1.05	3.39	0.06	0.26	9.19	94.80
钙铁榴石/3	34.82	2.17	4.49	24.44	0.00	0.85	0.09	32.91	0.00	0.00	99.77
磁铁矿/1	0.14	0.73	0.00		91.50	0.47	0.00	0.00	0.00	0.00	92.83

注：中国地质大学（北京）电子探针室尹京武分析。

霞石正长岩原矿经湿法磁选后得精矿粉体（GNS-J1），其化学成分分析结果及 X 射线粉末衍射结果分别见表 12-1 和图 12-2。经选矿预处理后所得精矿粉体，TFe_2O_3 含量降低为 0.66%，K_2O 含量上升为 13.55%；SiO_2 含量为 56.35%，Al_2O_3 含量为 21.98%，Al_2O_3/SiO_2 质量比为 0.39，是一种高硅富钾的含铝原料。X 射线衍射分析结果显示，其主要物相为微斜长石、霞石及少量铁黑云母。霞石正长岩精矿（GNS-J1）的物相组成为：微斜长石 73.2%，霞石 22.4%，铁黑云母 1.0%，钙铁榴石 1.6%。

12.1.2　实验流程

根据霞石正长岩精矿的物相组成和化学成分特点，采用低钙烧结法制备氢氧化铝粉体。

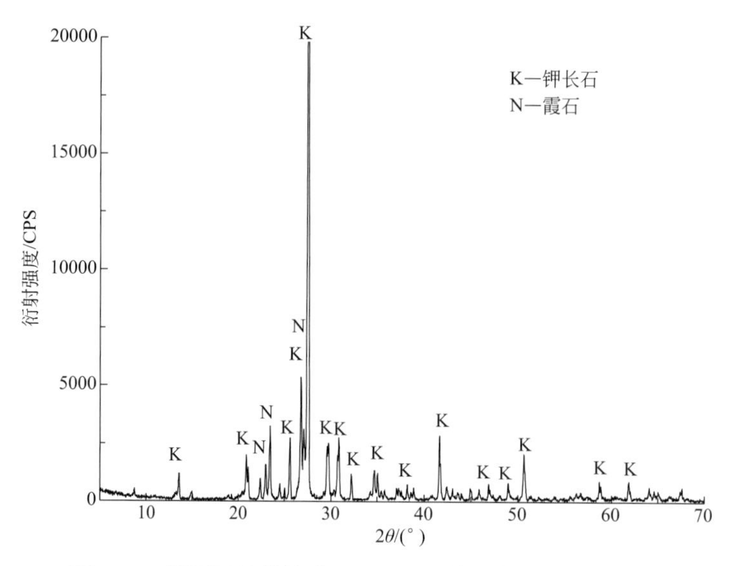

图 12-2 霞石正长岩精矿（GNS-J1）的 X 射线粉末衍射图

实验方法：霞石正长岩粉体与工业碳酸钠、石灰石按一定比例进行配料，混磨后于设定温度下进行烧结，使原料中的 Al_2O_3 组分转变成易溶性（Na，K）AlO_2，SiO_2 组分转变为不溶性 Na_2CaSiO_4。烧结熟料经溶出，使其中的 Al_2O_3 组分进入溶液相。经过滤，所得滤液相的主要成分为 $KAlO_2$、$NaAlO_2$。经深度脱硅纯化后，采用碳化分解法制备氢氧化铝产品。所得滤渣主要成分为 Na_2CaSiO_4，回收碱后，可用作生产轻质墙体材料的原料。

实验流程如图 12-3 所示。

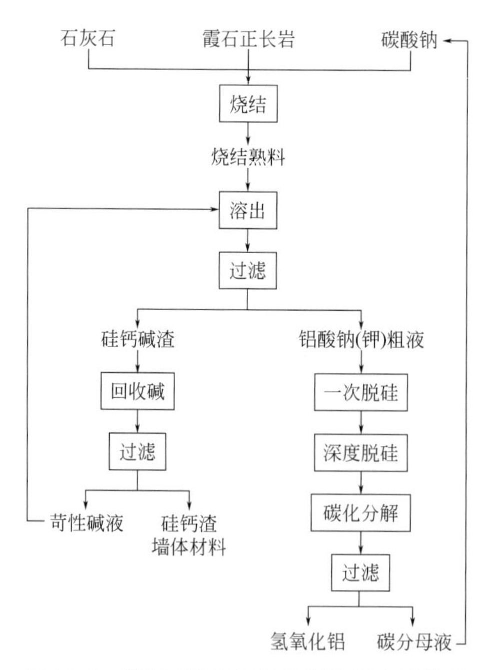

图 12-3 霞石正长岩制备氢氧化铝实验流程

12.2 精矿生料烧结

霞石正长岩是一种高硅、富钾的含铝原料。采用水热碱法对此类资源进行处理，目的是溶出其中的 K_2O 组分，同时进行脱硅反应，以提高原料的铝硅比。本项研究参考前苏联利用霞石精矿综合生产氧化铝、副产碳酸钾和碳酸钠的工艺流程。由于霞石正长岩精矿含有较多的 SiO_2，采用传统烧结法将会消耗大量的石灰石，从而产生大量的硅钙渣。实验采用本研究团队新研发的低钙烧结法工艺，用工业碳酸钠代替部分石灰石，以减少硅钙渣的排放量，在提取霞石正长岩中 Al_2O_3 的同时，回收其中的 K_2O、Na_2O，使霞石正长岩中的主要组分转变为较高附加值的产品。

12.2.1 反应原理

传统碱石灰烧结法是使铝土矿原料中的 Al_2O_3 转变为易溶于水或稀碱溶液的化合物（$K_2O \cdot Al_2O_3$，$Na_2O \cdot Al_2O_3$），而 SiO_2、TiO_2、Fe_2O_3 等转变为不溶于水和稀碱溶液的 $2CaO \cdot SiO_2$、$Na_2O \cdot Fe_2O_3$、$CaO \cdot TiO_2$ 等化合物，以在熟料溶出过程中实现硅铝分离（毕诗文，2006）。本研究采用低钙烧结法，在烧结过程中，仍使原料中的 Al_2O_3 转变为易溶于水或稀碱溶液的化合物（$K_2O \cdot Al_2O_3$、$Na_2O \cdot Al_2O_3$），而 SiO_2 则转变为不溶于水或稀碱溶液的 Na_2CaSiO_4。后者是一种不稳定的化合物，易发生水解反应，生成 $CaSiO_3 \cdot nH_2O$ 和 NaOH，经回收碱后剩余硅钙尾渣，可用作生产轻质墙体材料的原料。与碱石灰烧结法相比，低钙烧结法中用工业碳酸钠代替部分石灰石，使整个工艺流程中石灰石资源的消耗量减少了 50%，且烧结温度显著降低，减少了一次资源的消耗量和 CO_2 排放量，同时实现了工业碳酸钠的循环利用。

霞石正长岩的主要物相是微斜长石（$KAlSi_3O_8$）、霞石（$NaAlSiO_4$）和少量铁黑云母［$K(Mg,Fe)_3AlSi_3O_{10}(OH)_2$］，烧结过程中发生的主要化学反应如下：

$$KAlSi_3O_8 + 3CaCO_3 + 3Na_2CO_3 = 3Na_2CaSiO_4 + KAlO_2 + 6CO_2\uparrow \tag{12-1}$$

$$NaAlSi_3O_8 + 3CaCO_3 + 3Na_2CO_3 = 3Na_2CaSiO_4 + NaAlO_2 + 6CO_2\uparrow \tag{12-2}$$

$$KMg_3AlSi_3O_{10}(OH)_2 + 3Na_2CO_3 = 3Na_2MgSiO_4 + KAlO_2 + H_2O + 3CO_2 \tag{12-3}$$

$$KFe_3AlSi_3O_{10}(OH)_2 + 3Na_2CO_3 = 3Na_2FeSiO_4 + KAlO_2 + H_2O + 3CO_2\uparrow \tag{12-4}$$

采用低钙烧结法，霞石正长岩原料中的 Al_2O_3、Fe_2O_3、SiO_2、TiO_2 在烧结条件下分别反应生成 $Na_2O \cdot Al_2O_3$、$K_2O \cdot Al_2O_3$、$Na_2O \cdot Fe_2O_3$、$Na_2O \cdot CaO \cdot SiO_2$、$CaO \cdot TiO_2$。

因此，需控制烧结配料的钙硅摩尔比为：$C/S=[CaO]/[SiO_2+TiO_2]$；碱铝摩尔比为：$A/S=[Na_2O+K_2O]/[SiO_2+Fe_2O_3+Al_2O_3]$。

12.2.2 实验方法

按照霞石正长岩精矿的化学成分分析结果（表 12-1），固定钙硅比及碱铝比（摩尔比）为 1.0，计算所需配入的石灰石及碳酸钠。准确称取球磨好的霞石正长岩精矿粉体、碳酸钙（Ca-CO_3，99%）和碳酸钠（Na_2CO_3，98%）进行配料，采用球磨机（TCIF8 型）进行粉磨混料，混料时间 120min，粉磨后生料粉体的粒度为 −200 目 >90%。将混合好的生料粉体置于箱式电炉（SXL-1028 型）中，在设定的烧结温度下进行烧结。实验完成后，烧结熟料随电炉自然冷却至室温，在球磨机中球磨10min，所得熟料粉体的粒度为－120目>90%。

烧结熟料中Al_2O_3的标准溶出率的测定方法：配制含Na_2O_k 15g/L、Na_2O_k 5g/L的溶出碱液，称取烧结熟料8.00g，置于已加有100mL溶出碱液和20mL蒸馏水并已预热至90℃的塑料烧杯中，用玻璃棒将熟料搅散，放入磁子，开启机械搅拌，在电热电磁搅拌器上搅拌，控制温度在(85±5)℃，反应时间15min，反应结束后进行抽滤过滤。用热水冲净烧杯，洗涤溶出渣滤饼8次，每次用水量25mL。

在烧结熟料溶出过程中，CaO稳定存在于溶出滤饼中，不发生反应，故通过测定溶出渣中Al_2O_3、CaO的含量，来计算烧结熟料中Al_2O_3的标准溶出率，计算公式为：

$$\eta(Al_2O_3)=[1-(A_{渣}/A_{熟})\times(C_{熟}/C_{渣})]\times100\% \tag{12-5}$$

式中，$\eta(Al_2O_3)$为Al_2O_3的溶出率，%；$A_{熟}$、$C_{熟}$分别为烧结熟料中Al_2O_3、CaO的含量，%；$A_{渣}$、$C_{渣}$分别为溶出渣中Al_2O_3、CaO的含量，%。

12.2.3 结果与讨论

将霞石正长岩精矿与工业碳酸钠、石灰石按一定比例进行配料，研究配料的钙硅比（摩尔比）、碱铝比（摩尔比）及烧结温度、烧结时间对烧结熟料质量的影响，以确定优化烧结条件。

12.2.3.1 烧结温度

采用低钙烧结法，可以用来处理低铝硅比的原料生产氧化铝。固定钙硅摩尔比为1.0，碱铝比摩尔1.0，准确称取碳酸钙（99%）和碳酸钠（98%），与霞石正长岩精矿粉体混合均匀，参照本团队的前期研究成果，分别在950℃、1000℃、1050℃、1100℃、1150℃、1200℃下烧结2h，测定不同温度条件下所得烧结熟料的Al_2O_3的标准溶出率及溶出渣的化学成分和物相组成，结果如表12-3和图12-4所示。

表12-3 不同温度下烧结熟料的Al_2O_3标准溶出率

实验号	温度/℃	熟料试样	化学成分(w_B)/%		溶出渣	化学成分(w_B)/%		Al_2O_3标准溶出率/%
			Al_2O_3	CaO		Al_2O_3	CaO	
WD-1	950	WS-1	10.78	25.29	WR-1	2.98	31.55	77.8
WD-2	1000	WS-2	10.84	25.76	WR-2	2.34	32.10	82.7
WD-3	1050	WS-3	10.96	25.41	WR-3	2.32	32.38	83.4
WD-4	1100	WS-4	10.71	26.36	WR-4	2.36	31.52	81.6
WD-5	1150	WS-5	10.31	25.28	WR-5	2.36	31.63	81.7
WD-6	1200	WS-6	10.83	25.48	WR-6	2.87	30.93	78.2

由Al_2O_3的标准溶出率与烧结时间的关系曲线图可知，随着烧结温度的升高，Al_2O_3的标准溶出率呈先增大后减小的趋势（图12-5）。烧结温度在1000～1100℃时，Al_2O_3的标准溶出率均超过80%，在1050℃时达到最大值。烧结温度过低时，由于反应速率较慢，在2h内反应不能进行完全，导致Al_2O_3的标准溶出率过低；当温度在1000～1100℃时，反应过程中会产生一定量的液相，使烧结物料黏结成块，反应结束后得到多孔熟料；温度过高时，反应体系中有大量液相生成，使熟料空隙被熔体填充，反应得到致密熔结块，熟料呈过烧结状态，从而导致Al_2O_3的标准溶出率显著降低。

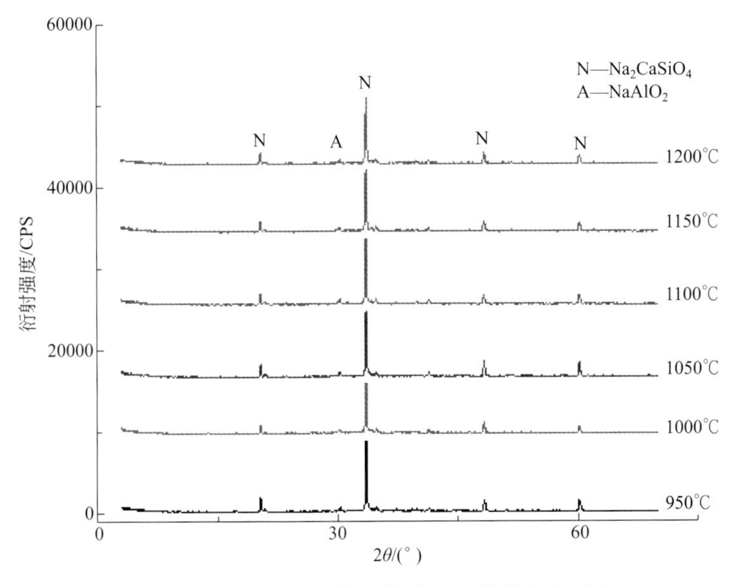

图 12-4　不同温度下烧结熟料 X 射线粉末衍射图

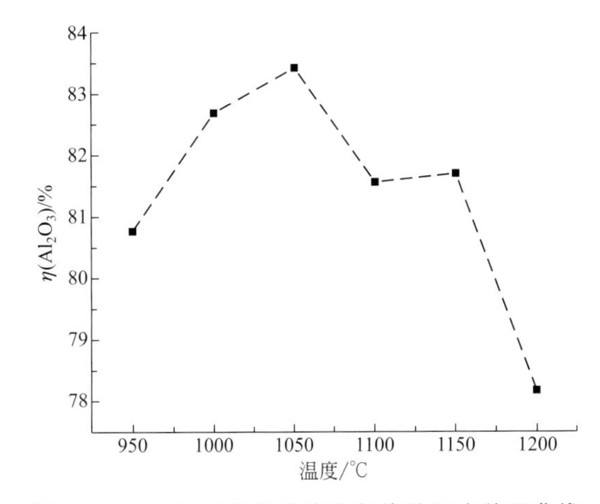

图 12-5　Al_2O_3 的标准溶出率与烧结温度关系曲线

12.2.3.2　烧结时间

实验设计按照烧结物料的钙硅比摩尔为 1.0、碱铝摩尔比为 1.0 进行配料，准确称取碳酸钙（99%）和碳酸钠（98%），与霞石正长岩精矿粉体混合均匀，在 1050℃下分别烧结 30min、60min、90min、105min、120min、135min、150min。测定不同反应时间下所得烧结熟料的 Al_2O_3 标准溶出率及溶出渣的化学成分和物相组成，其结果如表 12-4 和图 12-6 所示。

由 Al_2O_3 的标准溶出率与烧结时间的关系曲线图可知，随着烧结时间的延长，Al_2O_3 的标准溶出率呈先增大后减小的趋势（图 12-7）。原料烧结时间在 90～120min 时，Al_2O_3 的标准溶出率超过 80%，在 120min 达到最大值。烧结时间过短，霞石正长岩中的 Al_2O_3 组分不能完全转变为易溶于水的 $Na_2O \cdot Al_2O_3$，从而导致 Al_2O_3 的标准溶出率过低；而当烧结时间过长时，则导致烧结物料过烧结，熟料中 Al_2O_3 的标准溶出率亦相应降低。

表 12-4　不同温度条件下烧结熟料的 Al_2O_3 标准溶出率

实验号	时间/min	熟料试样	化学成分(w_B)/%		溶出渣	化学成分(w_B)/%		Al_2O_3 标准溶出率/%
			Al_2O_3	CaO		Al_2O_3	CaO	
T-1	30	TS-1	10.80	25.35	TR-1	3.83	31.30	71.3
T-2	60	TS-2	10.73	25.87	TR-2	3.19	31.39	75.5
T-3	90	TS-3	10.86	25.85	TR-3	2.46	31.21	81.2
T-4	105	TS-4	10.99	26.21	TR-4	2.31	31.48	82.7
T-5	120	TS-5	10.96	25.41	TR-5	2.32	32.38	83.4
T-6	135	TS-6	10.29	25.40	TR-6	6.71	30.03	44.9
T-7	150	TS-7	10.13	25.08	TR-7	8.04	31.74	37.3

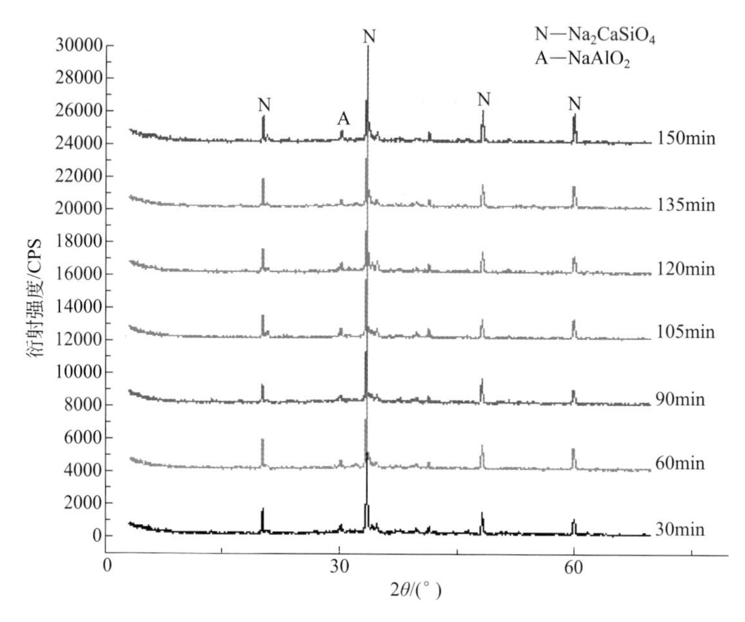

图 12-6　不同烧结时间下烧结熟料 X 射线粉末衍射图

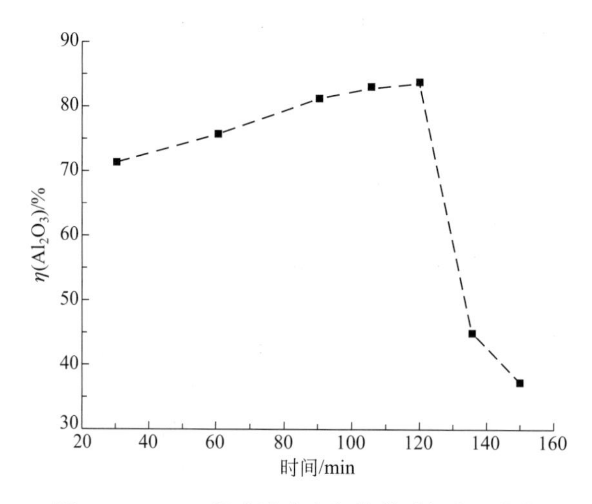

图 12-7　Al_2O_3 标准溶出率与烧结时间关系曲线

12.2.3.3　钙硅比

实验设计按照烧结物料的碱铝摩尔比为 1.0，钙硅摩尔比分别为 0.94、0.96、0.98、1.00、1.02、1.04，分别称取霞石正长岩精矿与碳酸钙（99%）、碳酸钠（98%），进行配料、混磨。在 1050℃下烧结 120min。测定不同烧结条件下所得熟料中 Al_2O_3 的标准溶出率及溶出渣的化学成分和物相组成，其结果如表 12-5、图 12-8 所示。

表 12-5　不同配料钙硅比条件下烧结熟料的 Al_2O_3 标准溶出率

实验号	钙硅比	熟料试样	化学成分(w_B)/%		溶出渣	化学成分(w_B)/%		Al_2O_3 标准溶出率/%
			Al_2O_3	CaO		Al_2O_3	CaO	
GB-1	0.94	GS-1	11.07	23.90	GR-1	3.38	31.17	76.6
GB-2	0.96	GS-2	11.14	24.67	GR-2	3.20	31.76	77.7
GB-3	0.98	GS-3	10.92	24.46	GR-3	2.62	32.12	81.7
GB-4	1.00	GS-4	10.96	25.41	GR-4	2.32	32.38	83.4
GB-5	1.02	GS-5	10.48	25.92	GR-5	2.35	33.25	82.5
GB-6	1.04	GS-6	10.72	26.03	GR-6	2.73	33.89	80.4

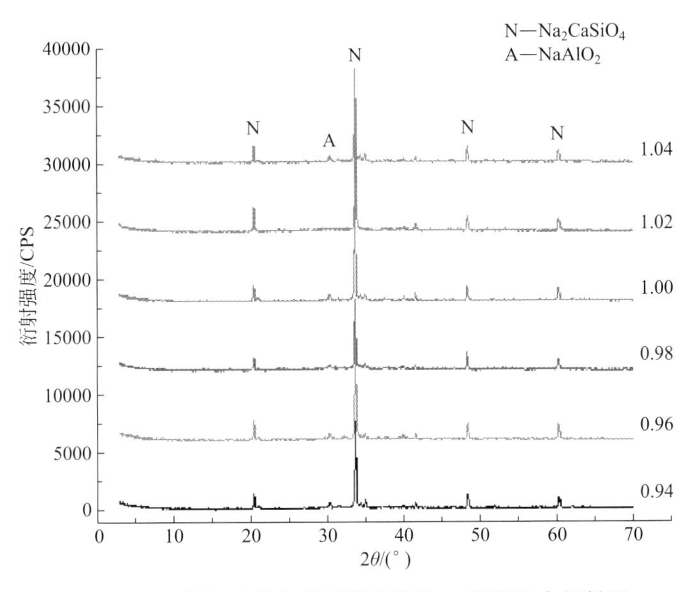

图 12-8　不同钙硅比条件下烧结熟料 X 射线粉末衍射图

由烧结熟料中 Al_2O_3 的标准溶出率与配料钙硅比的关系曲线图可知，随着配料钙硅摩尔比的增大，烧结熟料 Al_2O_3 的标准溶出率呈先增大后减小的趋势（图 12-9），当钙硅摩尔比为 0.98～1.02 时，Al_2O_3 的标准溶出率超过 81%，达到最大值。当钙硅摩尔比较低时，由于 CaO 与原料中 TiO_2、Fe_2O_3 生成不溶性 CaO·TiO_2、CaO·Fe_2O_3 等化合物，从而使原料中的 SiO_2 不能反应完全，导致在溶出过程中使 SiO_2 进入溶液，与溶液中的 Al_2O_3 组分发生二次反应，生成不溶性水合铝硅酸钠，降低 Al_2O_3 的标准溶出率；当钙硅摩尔比过高时，在原料烧结过程中 CaO 不能反应完全，生成的游离 CaO 在 Al_2O_3 溶出过程

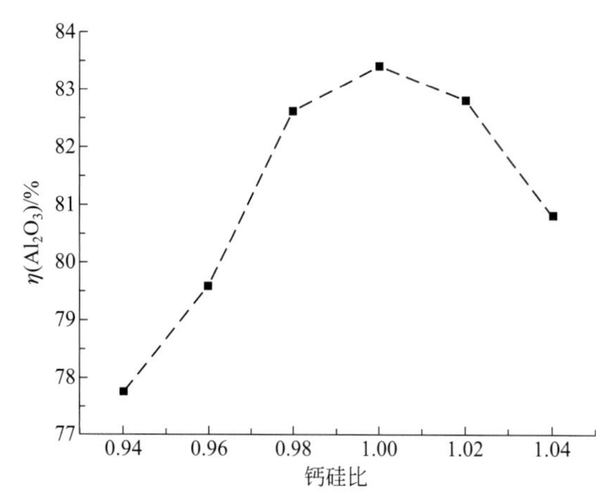

图 12-9　Al_2O_3 标准溶出率与配料钙硅比关系曲线图

中进入溶液，与铝酸钠钾溶液反应而生成水合铝酸钙沉淀，从而导致 Al_2O_3 的标准溶出率过低。

12.2.3.4　碱铝比

实验设计按照烧结物料的钙硅摩尔比 1.0，碱铝摩尔比分别为 0.94、0.96、0.98、1.00、1.02、1.04，称取霞石正长岩精矿与碳酸钙（99%）、碳酸钠（98%），进行配料、混磨，然后在 1050℃下烧结 120min。测定不同烧结条件下所得熟料中 Al_2O_3 的标准溶出率及溶出渣的化学成分和物相组成，其结果如表 12-6 和图 12-10 所示。

表 12-6　不同碱铝比条件下烧结熟料的 Al_2O_3 标准溶出率

实验号	碱铝比	熟料试样	化学成分(w_B)/%		溶出渣	化学成分(w_B)/%		Al_2O_3 标准溶出率/%
			Al_2O_3	CaO		Al_2O_3	CaO	
JB-1	0.94	JS-1	11.13	26.12	JR-1	3.22	33.99	77.8
JB-2	0.96	JS-2	11.01	25.92	JR-2	2.91	33.56	79.6
JB-3	0.98	JS-3	10.71	25.84	JR-3	2.43	33.17	82.6
JB-4	1.00	JS-4	10.96	25.41	JR-4	2.32	32.38	83.4
JB-5	1.02	JS-5	10.85	25.22	JR-5	2.37	32.02	82.8
JB-6	1.04	JS-6	10.34	24.78	JR-6	2.54	31.73	80.8

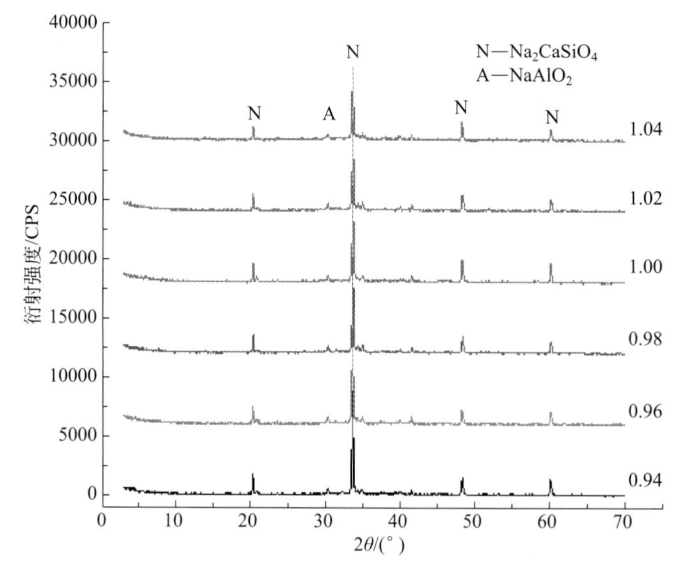

图 12-10　不同碱铝比条件下烧结熟料 X 射线粉末衍射图

由烧结熟料的 Al_2O_3 标准溶出率与配料碱铝比的关系曲线图可知，随着配料中碱铝摩尔比的增加，Al_2O_3 的标准溶出率呈先增大后减小的趋势（图 12-11），当配料的碱铝摩尔比为 0.98～1.02 时，Al_2O_3 的标准溶出率超过 82%，达到最大值。当碱铝摩尔比较低时，由于烧结原料配入碳酸钠中的 Na_2O 不足以使原料中的 Al_2O_3 全部转换成 $Na_2O \cdot Al_2O_3$，因而导致 Al_2O_3 的标准溶出率过低；当配料碱铝比过高时，在溶出过程中，过剩的 Na_2O 组分会进入溶液而加剧 Na_2CaSiO_4 的二次反应，从而使进入铝酸钠钾溶液中的 Al_2O_3 含量减少，导致烧结熟料的 Al_2O_3 标准溶出率相应降低。

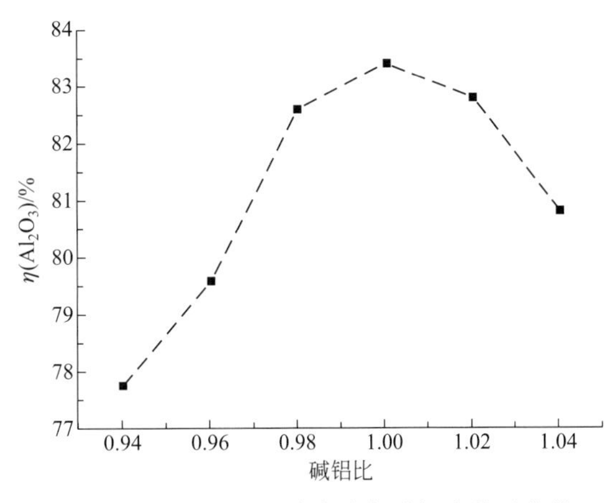

图 12-11　Al_2O_3 标准溶出率与碱铝比关系曲线

综合上述实验结果可知，霞石正长岩精矿原料烧结的优化条件为：烧结温度 1000～1100℃，烧结时间 90～120min，生料配料的碱铝摩尔比 0.98～1.02，钙硅摩尔比 0.98～1.02。按照烧结温度 1050℃，烧结时间 120min，配料碱铝比和钙硅比（摩尔）均为 1.0，在此条件下进行重现性实验，所得烧结熟料（GS-05）和溶出渣（GR-05）的化学成分分析结果见表 12-7。

表 12-7　优化条件下烧结熟料及其溶出渣的化学成分分析结果　$w_B/\%$

样品号	SiO_2	TiO_2	Al_2O_3	TFe_2O_3	MnO	MgO	CaO	Na_2O	K_2O	P_2O_5	LOI	总量
GS-05	26.54	0.08	10.94	0.55	0.01	0.35	24.82	29.08	5.57	0.02	1.45	99.42
GR-05	33.27	0.12	2.48	0.58	0.01	0.29	33.27	22.00	5.24	0.01	4.53	100.43

注：中国地质大学（北京）化学分析室龙梅、王军玲、梁树平分析。

根据表 12-7 中的分析结果，按公式（12-5）计算，在优化烧结条件下所得熟料的 Al_2O_3 标准溶出率为 83%。

12.3　烧结熟料溶出铝

12.3.1　反应原理

霞石正长岩烧结熟料的 Al_2O_3 溶出是使其中的氧化铝组分尽可能完全进入溶液，从而达到与 SiO_2 组分的最大程度分离。烧结熟料中的 $KAlO_2$、$NaAlO_2$ 组分易溶于水，在 90℃下，磨细熟料中的 $KAlO_2$、$NaAlO_2$ 组分在 3～5min 内即可完全溶出，以 $NaAl(OH)_4$、$KAl(OH)_4$ 的形态进入溶液，经过滤即得铝酸钠（钾）溶液。其化学反应式如下：

$$Na_2O \cdot Al_2O_3 + 4H_2O + aq = 2NaAl(OH)_4 + aq \quad (12\text{-}6)$$

$$K_2O \cdot Al_2O_3 + 4H_2O + aq = 2KAl(OH)_4 + aq \quad (12\text{-}7)$$

烧结熟料中的 $Na_2O \cdot Fe_2O_3$ 在水中极不稳定，与水接触即发生水解，生成 NaOH 和 $Fe_2O_3 \cdot 3H_2O$，其化学反应方程式如下：

$$Na_2O \cdot Fe_2O_3 + 4H_2O + aq \longrightarrow 2NaOH + Fe_2O_3 \cdot 3H_2O \downarrow + aq \quad (12\text{-}8)$$

由此生成的NaOH提高了溶液的苛性比，从而提高铝酸钠（钾）溶液的稳定性。生成的 $Fe_2O_3 \cdot 3H_2O$ 沉淀进入溶出渣中，使 Fe_2O_3 组分与溶出液相互分离。

在 Al_2O_3 溶出过程中，少量 Na_2CaSiO_4 会与铝酸钠（钾）溶液发生反应，生成含有 Al_2O_3 的不溶物而进入溶出渣，从而造成氧化铝的损失，此即烧结熟料溶出过程中的二次反应。烧结熟料溶出工艺的选择，是以如何有效减缓溶出过程中的二次反应来确定的（王捷，2006）。

12.3.2 实验方法

取优化烧结条件下所得烧结熟料（GS-05）进行溶出实验。称取烧结熟料50g，置于已加有一定量调整液的塑料烧杯中（温度预热至85℃），恒温反应15min。反应结束后，用真空抽滤机抽滤，分离溶出渣滤饼和铝酸钠（钾）溶液，溶出渣滤饼用热水洗涤4次。将洗涤后所得湿滤饼置于电热鼓风干燥箱中，在105℃下烘干8h。通过测定烧结熟料中 Al_2O_3 的溶出率以及铝酸钠（钾）溶液中 Al_2O_3 的浓度来评价烧结熟料中 Al_2O_3 的溶出效果。

实验主要研究烧结熟料溶出过程中，溶出液的液固比（调整液体积与熟料质量之比，mL/g）和不同调整液成分对烧结熟料中 Al_2O_3 的溶出率，以及所得铝酸钠（钾）溶液中 Al_2O_3 浓度的影响。所用调整液系由NaOH（分析纯，96%）、Na_2CO_3（分析纯，99%）和蒸馏水配制而成。

12.3.3 结果与讨论

12.3.3.1 调整液成分

取优化烧结条件下所得烧结熟料（GS-05）进行溶出实验，称取烧结熟料50g。固定液固比为3，溶出温度为85℃，溶出时间15min，分别以蒸馏水及调整液为溶出介质。反应结束后，用真空抽滤机抽滤，分离溶出渣滤饼和铝酸钠（钾）溶液，并用热水洗涤滤饼4次。实验结果如表12-8所示。

表12-8 不同溶出介质对烧结熟料溶出效果的影响实验结果

实验号	调整液	液固比/(mL/g)	温度/℃	时间/min	实验结果		
					$c(Al_2O_3)/(g/L)$	$\eta(Al_2O_3)/\%$	MR
RC-1	Na_2O_k 15g/L Na_2O_c 5g/L	3	85	15	27.27	82.4	3.40
RC-2	蒸馏水	3	85	15	26.32	81.5	1.89

注：$\eta(Al_2O_3)$ 表示熟料 Al_2O_3 溶出率；$c(Al_2O_3)$ 表示溶液中 Al_2O_3 浓度；$MR=Na_2O/Al_2O_3$（摩尔比）。

由上述实验结果可知，以调整液（Na_2O_k 15g/L、Na_2O_c 5g/L）进行溶出，Al_2O_3 的溶出率变化不大，但溶出液的MR值较大。为满足后续实验中采用碳化分解法制备氢氧化铝对溶出液的要求，选用蒸馏水进行溶出实验。

12.3.3.2 液固比

实验以蒸馏水为溶出介质，按液固质量比分别为2、3、4进行溶出实验，研究不同液固比对烧结熟料溶出效果的影响。称取烧结熟料 50g，置于已加有一定量调整液的烧杯中（温度预热至 85℃），反应 15min，反应结束后用真空抽滤机抽滤，分离铝酸钠（钾）溶液和溶出渣滤饼，并用热水洗涤滤饼 4 次。实验结果如表 12-9 所示。

表 12-9　液固比对烧结熟料溶出效果的影响实验结果

实验号	液固比/(mL/g)	温度/℃	时间/min	实验结果		
				$c(Al_2O_3)$/(g/L)	$\eta(Al_2O_3)$/%	MR
QSR-2	2	85	15	39.47	82.8	1.93
QSR-3	3	85	15	27.33	81.8	1.89
QSR-4	4	85	15	20.82	83.1	2.08

注：$\eta(Al_2O_3)$ 表示熟料 Al_2O_3 溶出率；$c(Al_2O_3)$ 表示溶液中 Al_2O_3 浓度；MR＝Na_2O/Al_2O_3（摩尔比）。

由上述实验结果可知，随着溶出液的液固比增大，烧结熟料的 Al_2O_3 溶出率变化不大，但溶出液中 Al_2O_3 的浓度下降明显。为尽可能使铝酸钠（钾）溶液保持较高的 Al_2O_3 浓度，优选液固比为 2 进行溶出实验。

在实际生产过程中，为维持铝酸钠（钾）溶液的稳定性，要求铝酸钠溶液的苛性比约为 1.5，同时在碳化分解过程中，要求铝酸钠溶液中 Al_2O_3 浓度大于 100g/L。以蒸馏水为溶出介质时，溶出液中 Al_2O_3 浓度不超过 40g/L，苛性比约 1.83；以碱液为溶出介质时，对烧结熟料的溶出率影响不大，且所得铝酸钠（钾）溶液的 MR 值达 3.40，不利于后续实验的进行。因此，选用蒸馏水为调整液进行溶出实验。为满足铝酸钠（钾）溶液的稳定性及碳化分解过程对溶液苛性比的要求，在溶出后立即添加 $NaAlO_2$ 及 NaOH，以调节溶出液的苛性比。

综合分析以上实验结果，确定烧结熟料溶出过程的优化条件为：溶出介质为蒸馏水；液固比质量为 2，溶出温度 85℃，反应时间 15min。在溶出后立即添加 $NaAlO_2$（化学纯，Al_2O_3 含量不小于 41%）及 NaOH（分析纯，96%）进行调节，使粗制铝酸钠（钾）溶液的苛性比为 1.5，Al_2O_3 浓度大于 100g/L。所得粗制铝酸钠（钾）溶液的化学成分分析结果见表 12-10。

表 12-10　粗制铝酸钠（钾）溶液的化学成分分析结果　g/L

样品号	SiO_2	TiO_2	Al_2O_3	TFe_2O_3	CaO	Na_2O	K_2O	A/S	MR
CY-1	3.48	0.02	107.24	0.04	0.22	93.68	7.62	31	1.51
CY-2	3.41	0.02	106.86	0.03	0.24	93.35	7.38	31	1.51

注：A/S 表示溶出液的硅量指数（Al_2O_3/SiO_2 质量比）。

12.4 氢氧化铝制备

12.4.1 铝酸钠（钾）粗液脱硅

在烧结熟料溶出过程中，少量 Na_2CaSiO_4 与铝酸钠（钾）溶液发生二次反应，致使 SiO_2 以 Na_2SiO_3 形式进入溶液，使得粗制铝酸钠（钾）溶液中含有较多的 SiO_2，超过该条

件下 SiO_2 的平衡浓度，即 SiO_2 处于过饱和状态。在粗制铝酸钠（钾）溶液的碳化分解过程中，水合铝硅酸钠会随氢氧化铝一起析出，从而影响氢氧化铝产品的质量。因此，烧结熟料溶出所得粗制铝酸钠（钾）溶液必须经过脱硅处理，才能进行碳化分解实验。一般来说，铝酸钠溶液的硅量指数越高，碳化分解分解率和产品质量也相应越高，其对应关系见表 12-11。铝酸钠溶液的硅量指数与氢氧化铝产品质量的关系见表 12-12。

表 12-11　铝酸钠溶液的硅量指数与碳化分解分解率的关系

硅量指数	＜300	301～350	351～400	401～450	451～500	＞500
碳化分解分解率/%	83～85	84～87	86～88	87～89	87.5～89.5	88～90

注：据毕诗文（2006）。

表 12-12　铝酸钠溶液的硅量指数与氢氧化铝产品质量的关系

产品等级	三级品	二级品	一级品
硅量指数	400～500	＞480	＞1000

注：王捷（2006）。

12.4.1.1　反应原理

目前氧化铝工业上采用的脱硅方法主要有两种：①压煮脱硅，使溶液中的 SiO_2 以含水合铝硅酸钠（$Na_2O \cdot Al_2O_3 \cdot 1.7SiO_2 \cdot nH_2O$）的形式析出；②深度脱硅，添加石灰使溶液中的 SiO_2 以水钙铝榴石［$3CaO \cdot Al_2O_3 \cdot xSiO_2 \cdot (6-2x)H_2O$］的形式析出（杨重愚，1993）。

采用添加晶种的方式进行压煮脱硅，所得铝酸钠溶液的硅量指数一般不超过 500。为进一步提高溶液的硅量指数，需进行深度脱硅，即添加石灰而使溶液中的 SiO_2 以水钙铝榴石的形式析出。经压煮脱硅后的铝酸钠溶液再次进行深度脱硅，所得溶液的硅量指数可达 1000 以上。在深度脱硅过程中，添加的石灰量越多，脱硅程度相应会越高，但同时也会造成溶液中 Al_2O_3 成分的损失过多（王捷，2006）。

含铝硅酸钠溶液中存在的主要离子有 $[Al(OH)_4]^-$ 和 $[SiO_2(OH)_2]^{2-}$，同时还存在结构复杂、组成不明的铝硅酸根离子和聚合铝酸根离子。在不同条件下，铝硅酸根离子和聚合铝酸根离子可与 $[Al(OH)_4]^-$、$[SiO_2(OH)_2]^{2-}$ 相互转化，使得水合铝硅酸钠的生成机理十分复杂。

12.4.1.2　水合铝硅酸钠晶种合成

在不同反应条件下，铝酸钠溶液中析出的水合铝硅酸钠，其组成和结构存在一定差异。研究表明，在低于 50～60℃的低温下得到的是无定形的水合铝硅酸钠；在 70～110℃较低温下得到的是相Ⅲ；在高于 110℃的温度下得到的是相Ⅳ。不同形态的水合铝硅酸钠的活性和在铝酸钠溶液中的溶解度不同。无定形的水合铝硅酸钠溶解度大，活性高；而相Ⅳ的溶解度最小（刘桂华等，2006）。

按 SiO_2/Al_2O_3 摩尔比为 1.7，称取一定量的 $NaAlO_2$（化学纯，Al_2O_3 含量不小于 41%）及 Na_2SiO_3（分析纯），配制成铝酸钠溶液和硅酸钠溶液，在室温搅拌条件下混合铝酸钠溶液和硅酸钠溶液，生成沉淀即为水合铝硅酸钠（NASH）。经过滤、洗涤、干燥后对其进行表征，其 X 射线粉末衍射分析结果如图 12-12 所示，生成的水合铝硅酸钠为无定形，具有很高的表面活性，作为晶种，有利于水合铝硅酸钠的析出。

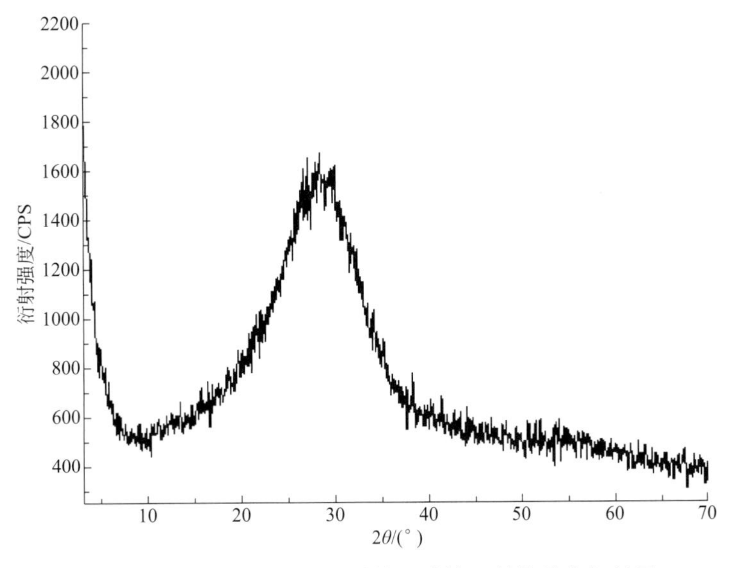

图 12-12　合成的水合铝硅酸钠晶种的 X 射线粉末衍射图

12.4.1.3 铝酸钠（钾）溶液预脱硅

以化学试剂 $NaAlO_2$（化学纯，Al_2O_3 含量不小于 41%）、Na_2SiO_3（分析纯）、NaOH（分析纯，96%）和 KOH（分析纯，84%）为原料，根据上述优化条件下所得粗制铝酸钠（钾）溶液（CY-1）成分配制铝酸钠（钾）溶液（表 12-13），进行粗制铝酸钠（钾）溶液预脱硅实验。

表 12-13　模拟粗制铝酸钠（钾）溶液的化学成分分析结果　g/L

样品号	SiO_2	Al_2O_3	TFe_2O_3	CaO	Na_2O	K_2O
LP-1	3.55	103.26	0.03	0.24	89.95	7.41

量取一定体积的铝酸钠（钾）溶液（LP-1）置于反应釜中，加入上述合成的脱硅晶种，在搅拌条件下升温至设定温度，在恒温下保持搅拌反应一定时间。反应结束后，真空抽滤过滤，得到预脱硅铝酸钠（钾）溶液及预脱硅渣滤饼。

以下讨论脱硅温度及晶种加入量对脱硅效果的影响。

（1）反应温度

量取粗制铝酸钠（钾）溶液（LP-1）500mL，置于反应釜中，加入水合铝硅酸钠晶种 30g。在搅拌条件下分别于 120℃、140℃、160℃、180℃下恒温反应 2h，冷却至适宜温度后，真空抽滤过滤。不同温度下的预脱硅实验结果见表 12-14。

表 12-14　不同反应温度对预脱硅实验的影响

实验号	反应温度/℃	$c(Al_2O_3)/(g/L)$	$c(SiO_2)/(g/L)$	A/S
WT-1	120	101.87	0.85	120
WT-2	140	101.18	0.47	215
WT-3	160	100.73	0.33	305
WT-4	180	100.06	0.32	312

注：A/S 表示铝酸钠溶液的硅量指数（Al_2O_3/SiO_2 质量比）。

由表 12-14 可知，随着脱硅反应温度的升高，所得铝酸钠（钾）溶液的硅量指数不断提高，脱硅效果变好。这是因为脱硅反应温度越高，相应的水合铝硅酸钠的结构越致密，在铝酸钠（钾）溶液中的溶解度越小，故脱硅效果也越好。当脱硅反应温度达到 160℃时，溶液的硅量指数达到 300 以上。随着反应温度升高至 180℃，溶液中的 SiO_2 含量及溶液的硅量指数变化不大。综合考虑，确定铝酸钠（钾）溶液预脱硅过程的反应温度为 160℃。

（2）晶种加入量

量取粗制铝酸钠（钾）溶液（LP-01）500mL，分别加入水合铝硅酸钠晶种 10g、20g、30g、40g。设定脱硅反应时间为 2h，反应温度 160℃进行实验。反应完成后，冷却到适宜温度，真空抽滤过滤。晶种加入量对铝酸钠（钾）溶液预脱硅效果的实验结果如表 12-15 所示。

表 12-15　晶种加入量对预脱硅效果的影响实验结果

实验号	晶种加入量/g	$c(Al_2O_3)/(g/L)$	$c(SiO_2)/(g/L)$	A/S
JT-1	10	101.93	0.56	182
JT-2	20	101.24	0.47	215
JT-3	30	100.73	0.33	305
JT-4	40	99.96	0.33	303

注：A/S 表示铝酸钠溶液的硅量指数（Al_2O_3/SiO_2 质量比）。

由表 12-15 可知，随着水合铝硅酸钠晶种加入量的增加，所得溶液中 Al_2O_3 与 SiO_2 质量比相应增大。当晶种加入量超过 60g/L 时，所得预脱硅铝酸钠（钾）溶液的硅量指数达到 300 以上。继续增大晶种的加入量，溶液的硅量指数变化不明显。因此，确定铝酸钠（钾）溶液预脱硅过程的晶种加入量为 60g/L。

综合以上实验结果，确定粗制铝酸钠（钾）溶液（CY-1）的预脱硅优化条件为：晶种加入量为 60g/L，在 160℃下恒温反应 2h。实验结果如表 12-16 所示。

表 12-16　预脱硅铝酸钠（钾）溶液的化学成分分析结果　g/L

样品号	SiO_2	Al_2O_3	TFe_2O_3	CaO	Na_2O	K_2O	A/S	MR
LY-1	0.32	101.76	0.04	0.27	93.82	7.04	318	1.51

注：A/S 表示溶液硅量指数（溶液中 Al_2O_3 与 SiO_2 质量比）；$MR=Na_2O/Al_2O_3$（摩尔比）。

12.4.1.4　深度脱硅

经预脱硅处理所得铝酸钠（钾）溶液的硅量指数达 300 以上，仍不能满足制备优质氢氧化铝对铝酸钠（钾）溶液硅量指数的要求。因此，需添加石灰乳对铝酸钠溶液进行深度脱硅纯化处理。

前人已对铝酸钠溶液深度脱硅过程做过若干研究。刘连利等（2005）研究了氧化钙、六方水合铝酸钙、立方水合铝酸钙、水合硫铝酸钙和水合碳铝酸钙等脱硅剂对铝酸钠溶液深度脱硅的影响。李有恒（2007）采用物理化学测定和 X 射线粉末衍射分析方法，研究了铝酸钠溶液深度脱硅过程中的物理化学变化和 CaO 脱硅形成的水钙铝榴石的性质，确定了以 CaO 作为脱硅剂的脱硅过程。王霞（2010）以 CaO 为铝酸钠溶液的脱硅剂，研究了反应温度、反应时间对脱硅效果的影响，确定了脱硅反应的动力学方程。张明宇（2011）以 CaO 为铝酸钠溶液的脱硅剂，研究了 CaO 加入量对深度脱硅效果的影响。

以 CaO 为铝酸钠溶液的脱硅剂进行深度脱硅，所得铝酸钠精制液的硅量指数可达 1000～1200。脱硅过程中，$Ca(OH)_2$ 先与铝酸钠溶液中的 $[Al(OH)_4]^-$ 反应生成水合铝酸钙，溶液中的 $[SiO_2(OH)_2]^{2-}$ 再与水合铝酸钙反应，生成水钙铝榴石。

依据上述研究成果，确定深度脱硅的实验条件为：CaO/SiO_2（摩尔比）为 30，在 100℃下搅拌反应 1h。量取预脱硅铝酸钠（钾）溶液 500mL（LY-1），按比例称取一定量的 CaO[CaO/SiO_2（摩尔比）=30] 溶解于蒸馏水中，配制成 CaO 有效浓度为 200g/L 的石灰乳。将配制好的石灰乳加入已预热至 100℃的预脱硅铝酸钠（钾）溶液中，恒温下搅拌反应 1h。反应结束后，真空抽滤过滤，得到精制铝酸钠（钾）溶液，其化学成分分析结果见表 12-17。

表 12-17　精制铝酸钠（钾）溶液的化学成分分析结果　　g/L

样品号	SiO_2	Al_2O_3	TFe_2O_3	Na_2O	K_2O	A/S	MR
LJ-1	0.091	99.74	0.004	86.73	6.84	1096	1.50

注：A/S 表示铝酸钠溶液的硅量指数（Al_2O_3/SiO_2 质量比）；$MR=Na_2O/Al_2O_3$（摩尔比）。

12.4.2　碳化分解法制备氢氧化铝

与氧化铝工业采用拜耳法制备铝酸钠溶液相比，霞石正长岩经生料烧结、熟料溶出、脱硅纯化等工艺后制备的精制铝酸钠（钾）溶液具有含有机物及杂质 Fe_2O_3 含量低、硅量指数高等优点，经碳化分解制备的氢氧化铝制品，白度高，杂质含量极少，质量优良。

铝酸钠溶液的碳化分解是决定烧结法制备氧化铝质量的重要过程之一。为了制备优质的氢氧化铝产品，要求铝酸钠溶液具有较高的硅量指数，同时选择适宜的碳化分解制度。如果分解条件控制较好，对 SiO_2 含量较高的铝酸钠溶液，也可制得优质的氢氧化铝制品。

铝酸钠溶液的主要成分是 $NaAl(OH)_4$，向其通入 CO_2 气体，溶液中游离的苛性碱不断被中和，导致溶液的苛性比不断减小，溶液的稳定性相应降低，溶液中的 $NaAl(OH)_4$ 自发分解，生成氢氧化铝沉淀。

碳化分解过程是一个气、液、固三相参加的复杂多相反应，包括 CO_2 被铝酸钠溶液吸收、CO_2 与铝酸钠溶液反应、$Al(OH)_3$ 的结晶析出等过程（曹亚鹏等，2006）。在碳化分解过程的后期，随着 CO_2 的析出，将生成丝钠（钾）铝石类化合物。连续通入 CO_2 气体，可使铝酸钠溶液始终维持较大的过饱和度，故碳化分解过程的反应速率远远快于种分过程。

12.4.2.1　反应原理

（1）氢氧化铝析出机理

铝酸钠溶液碳化分解制备氢氧化铝的反应机理，一般认为通入 CO_2 的作用在于中和溶液中的苛性碱，使溶液的苛性比降低，造成介稳定界限扩大，降低了铝酸钠溶液的稳定性，从而引起铝酸钠溶液的分解，发生如下反应：

$$2NaOH + CO_2 = Na_2CO_3 + H_2O \tag{12-9}$$

$$NaAl(OH)_4 = Al(OH)_3 + NaOH \tag{12-10}$$

$$Al(OH)_4^- + OH^- + CO_2 = Al(OH)_3 + CO_3^{2-} + H_2O \tag{12-11}$$

反应生成的 NaOH 不断被通入的 CO_2 所中和，使反应（12-11）的平衡向右移动（王志等，2001；毕诗文，2006)。

在铝酸钠溶液碳化分解过程中，氢氧化铝结晶析出过程可分为以下几个阶段（武福运等，2001；裴秀中，2004)：

诱导期：CO_2 与铝酸钠溶液中的游离苛性碱反应，使溶液的苛性比减小，从而降低铝酸钠溶液的稳定性，使溶液处于介稳状态；

晶核形成期：不断通入 CO_2，当溶液的苛性比降低到一定程度时，溶液中开始析出大量氢氧化铝微晶，其粒度细、活性大，成为后期氢氧化铝结晶长大的晶核；

晶体长大期：继续通入 CO_2，氢氧化铝晶体大量析出，此时溶液中氢氧化铝晶体的析出方式，一是氢氧化铝晶核逐渐长大，二是析出的氢氧化铝微晶不断附聚；

分解后期：当铝酸钠溶液分解率达到约 90%时，碳化分解过程基本结束。若继续通气，将导致溶液中的 SiO_2 过饱和而析出，并附着于氢氧化铝晶粒上，从而严重影响氢氧化铝制品的质量。

(2) SiO_2 析出机理

碳化分解过程中 SiO_2 的行为关系到氢氧化铝产品中的 SiO_2 含量，将极大地影响氧化铝产品质量。实践表明，SiO_2 在碳酸化分解过程中的行为可分为以下 3 个阶段（王捷，2006)：

碳化分解初期：铝酸钠溶液将首先析出氢氧化铝，由于刚析出的氢氧化铝粒度细，具有很大的表面活性以及很强的吸附能力，导致溶液中的 SiO_2 被其所吸附，Al_2O_3 和 SiO_2 共同沉淀。而原液的硅量指数越高，与氢氧化铝共沉淀的 SiO_2 量就越少。因此，预先向精制铝酸钠溶液中添加一定量的晶种，在碳化分解初期将不会生成分散度大、吸附能力强的氢氧化铝，因而可减少对 SiO_2 的吸附，使制备的氢氧化铝产品的杂质含量减小，同时氢氧化铝的晶体结构和粒径分布也将有所改善。

碳化分解中期：随着析出的氢氧化铝晶粒不断长大，其表面活性相应降低，无法吸附溶液中的 SiO_2，由于铝酸钠分解析出的速率很慢，在碳化分解中期只有氢氧化铝不断析出，而 SiO_2 几乎不再析出，故氢氧化铝中的 SiO_2 杂质含量很低。这一阶段的时间长度随溶液硅量指数的增大而延长。

碳化分解末期：这一阶段溶液中的 Na_2O、Al_2O_3 浓度大大降低，铝硅酸钠在溶液中的溶解度也随之降低。同时，SiO_2 过饱和度不断增大，至一定程度后，SiO_2 将以铝硅酸钠的形式大量析出。若此时不停止分解，则将使溶液中的 Al_2O_3 全部析出，SiO_2 也近乎完全析出，导致分解产物中的 SiO_2 杂质含量急剧上升。

(3) 水合碳铝酸钠形成机理

在精制铝酸钠溶液碳化分解末期，还会生成丝钠铝石 $Na_2O \cdot Al_2O_3 \cdot 2CO_2 \cdot nH_2O$ 和丝钾铝石 $K_2O \cdot Al_2O_3 \cdot 2CO_2 \cdot nH_2O$，从而导致氢氧化铝产品的碱含量增加。其化学反应式如下：

$$Na_2CO_3 + H_2O = NaHCO_3 + NaOH \tag{12-12}$$

$$2NaAl(OH)_4 + 4NaHCO_3 + (n-6)H_2O = Na_2O \cdot Al_2O_3 \cdot 2CO_2 \cdot nH_2O + 2Na_2CO_3 \tag{12-13}$$

$$Al_2O_3 \cdot nH_2O + 2NaHCO_3 = Na_2O \cdot Al_2O_3 \cdot 2CO_2 \cdot nH_2O + H_2O \tag{12-14}$$

$$Al_2O_3 \cdot nH_2O + 2Na_2CO_3 + H_2O = Na_2O \cdot Al_2O_3 \cdot 2CO_2 \cdot$$

$$nH_2O + 2NaOH \tag{12-15}$$

在碳化分解初期，丝钠铝石与溶液中的 NaOH 发生反应，生成 Na_2CO_3 和 $NaAl(OH)_4$，化学反应式为：

$$Na_2O \cdot Al_2O_3 \cdot 2CO_2 \cdot nH_2O + 4NaOH + 2H_2O \xlongequal{} 2NaAl(OH)_4 + 2Na_2CO_3 + nH_2O \tag{12-16}$$

在碳化分解中期，随着溶液中 NaOH 的不断减少，丝钠铝石被 NaOH 分解生成氢氧化铝，反应式为：

$$Na_2O \cdot Al_2O_3 \cdot 2CO_2 \cdot nH_2O + 2NaOH \xlongequal{} Al_2O_3 \cdot 3H_2O + 2Na_2CO_3 + (n-2)H_2O \tag{12-17}$$

在碳化分解末期，由于溶液中的 NaOH 含量已相当低，从而导致丝钠铝石呈固相析出。

从铝酸钠溶液的碳化分解机理来看，在碳化分解过程中，添加一定量的氢氧化铝晶种，既能改善碳化分解时氢氧化铝产品的晶体结构和粒径分布，同时又显著降低了氢氧化铝产品中 SiO_2 和 Na_2O 杂质的含量。提高碳化分解温度，有利于氢氧化铝晶体的长大，减少新晶核的生成，从而获得结晶更完好的产品。此外，提高碳化分解温度，还可降低氢氧化铝晶粒吸附 Na_2O、SiO_2 的能力，减少杂质对氢氧化铝晶体结构的影响。

12.4.2.2　实验方法

量取经深度脱硅后所得精制铝酸钠（钾）溶液（LJ-1）500mL，加入晶种，晶种系数（晶种中 Al_2O_3/铝酸钠溶液中 Al_2O_3 质量比）为 0.4，置于恒温 80℃的水浴箱中，在搅拌条件下通入 CO_2 气体。当溶液的 pH 值升至 12 时停止通气，继续搅拌 30min 后真空抽滤过滤，用 80℃蒸馏水洗涤滤饼 4 次，每次用水 300mL。将洗净后的滤饼置于干燥箱中，在 105℃下干燥 12h，得到氢氧化铝制品（AlOH-01）。

12.4.2.3　实验结果与讨论

对制备的氢氧化铝制品（AlOH-01）进行表征，其 X 射线粉末衍射分析结果如图 12-13 所示，扫描电镜照片见图 12-14。从图中可见，实验所得氢氧化铝制品的结晶良好。

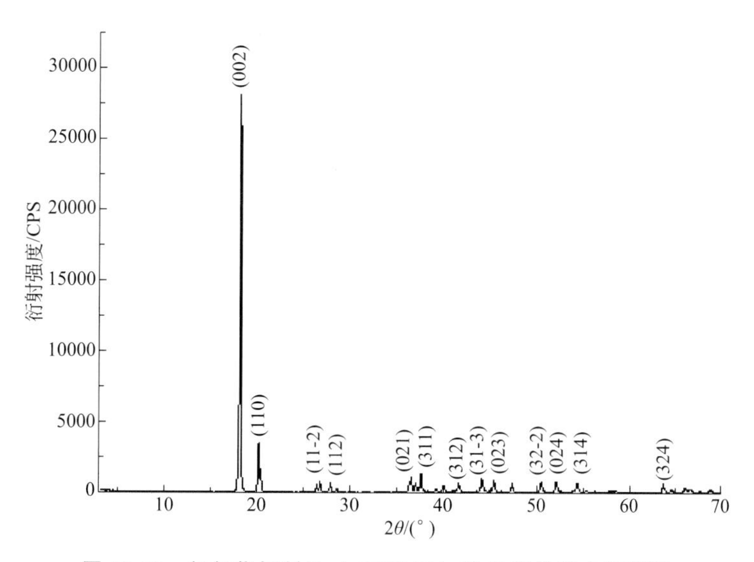

图 12-13　氢氧化铝制品（AlOH-01）的 X 射线粉末衍射图

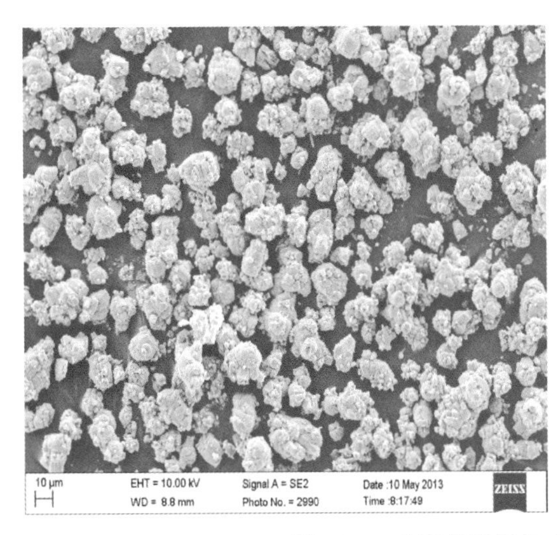

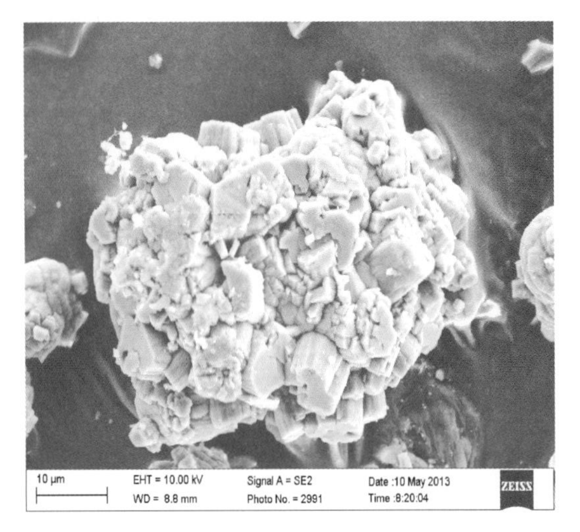

图 12-14　氢氧化铝制品（AlOH-01）的扫描电镜照片

按照氢氧化铝的国标 GB/T 4294—2010（表 12-18）规定的分析以及计算方法来测定，实验制备的氢氧化铝制品（AlOH-01）的化学成分分析结果见表 12-19。

表 12-18　氢氧化铝的国家标准（GB/T 4294—2010）

牌号	化学成分（质量分数）②/%					物理性能
	$Al_2O_3$③ 不小于	杂质含量，不大于			烧失量（灼减）	水分（附着水）/% 不大于
		SiO_2	Fe_2O_3	Na_2O		
AH-1①④	余量	0.02	0.02	0.40	34.5±0.5	12
AH-2④	余量	0.04	0.02	0.40	34.5±0.5	12

① 用作干法氟化铝的生产原料时，要求水分（附着水）不大于 6%，小于 45μm 粒度的质量分数≤15%。
② 化学成分按在 110℃±5℃下烘干 2h 的干基计算。
③ Al_2O_3 含量为 100%减去表中所列杂质含量总和以及灼减后的余量。
④ 重金属元素 $w(Cd+Hg+Pb+Cr^{6+}+As)\leqslant 0.010\%$，供方可不做常规分析，但应监控其含量。

表 12-19　氢氧化铝制品的化学成分分析结果　　$w_B/\%$

样品号	Al_2O_3	SiO_2	Fe_2O_3	Na_2O	灼减
AlOH-01	65.48	0.036	0.015	0.37	34.14

对比表 12-18 与表 12-19 可知，实验所制备的氢氧化铝制品（AlOH-1）达到了氧化铝工业产品国标 GB/T 4294—2010 规定的标准。

12.5　硅钙碱渣回收碱

传统碱石灰烧结法中熟料溶出渣的主要物相为 $2CaO\cdot SiO_2$，而本项研究中采用的霞石正长岩低钙烧结法，熟料溶出渣为硅钙碱渣，其主要物相为 Na_2CaSiO_4。在烧结熟料溶出工段，熟料中 Na_2O、K_2O 的溶出率分别为 43.6%、29.4%，硅钙碱溶出渣中含有较多的 Na_2O 和 K_2O 组分。Na_2CaSiO_4 是一种不稳定化合物，极易水解且水解产物呈碱性。目前，工业上对其尚无具有价值的利用方法。

综合考虑整个工艺过程，对硅钙碱溶出渣进行回收碱实验，以回收其中的 Na_2O、K_2O 组分。回收碱后剩余产物的主要成分为 $CaSiO_3 \cdot nH_2O$，可用作生产轻质墙体材料的原料。硅钙碱渣的化学成分分析结果及 X 射线粉末衍射结果分别见表 12-20 和图 12-15。

表 12-20　硅钙碱溶出渣的化学成分分析结果　　$w_B/\%$

样品号	SiO_2	TiO_2	Al_2O_3	TFe_2O_3	MnO	MgO	CaO	Na_2O	K_2O	P_2O_5	LOI	总量
SR-01	33.27	0.12	2.48	0.58	0.01	0.29	33.27	22.00	5.24	0.01	4.53	100.43

注：中国地质大学（北京）化学分析室龙梅、王军玲、梁树平分析。

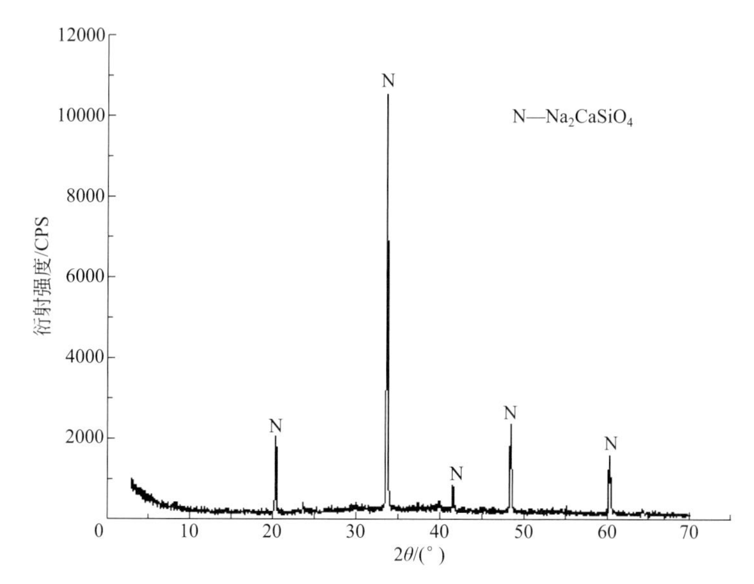

图 12-15　硅钙碱溶出渣的 X 射线粉末衍射图

12.5.1　反应原理

霞石正长岩烧结熟料溶出氧化铝后，所得硅钙碱溶出渣的主要物相为 Na_2CaSiO_4，在水热条件下可发生水解，生成硅钙渣及氢氧化钠碱液，化学反应式为：

$$Na_2CaSiO_4 + H_2O = Na_2SiO_3 + Ca(OH)_2 \tag{12-18}$$

$$Na_2SiO_3 + Ca(OH)_2 + nH_2O = CaO \cdot SiO_2 \cdot nH_2O + 2NaOH \tag{12-19}$$

以上水解反应的速率和程度取决于反应温度和原始溶液的浓度。随着反应温度的升高，水解反应速率加快，但泥渣的膨胀性增强。采用一定浓度的碱液作为水解介质，可抑制泥渣的膨胀（毕诗文，2006）。以所用溶出碱液的 NaOH 浓度、液固比、反应温度、反应时间为主要因素，设计硅钙碱溶出渣回收碱正交实验。以溶出渣中 Na_2O、K_2O 的溶出率对回收碱效果进行评价。硅钙碱溶出渣中 Na_2O、K_2O 的溶出率计算公式为：

$$\eta(Na_2O) = [1 - (N_{渣}/N_{熟}) \times (C_{熟}/C_{渣})] \times 100\% \tag{12-20}$$

$$\eta(K_2O) = [1 - (K_{渣}/K_{熟}) \times (C_{熟}/C_{渣})] \times 100\% \tag{12-21}$$

式中，$\eta(Na_2O)$、$\eta(K_2O)$ 分别为硅钙碱渣中 Na_2O、K_2O 的溶出率；$C_{熟}$、$N_{熟}$、$K_{熟}$ 分别为烧结熟料的 CaO、Na_2O、K_2O 含量；$C_{渣}$、$N_{渣}$、$K_{渣}$ 分别为溶出渣的 CaO、Na_2O、

K_2O 含量。

12.5.2 实验方法

称取一定质量的 NaOH 固体（分析纯，96%），配制成所需浓度的 NaOH 溶液备用。称取 100g 硅钙碱溶出渣（SR-01），置于反应釜中，加入预先配制好的一定浓度的 NaOH 溶液，将反应釜密封后加热、搅拌（200r/min）。当反应釜温度达到预设温度时开始恒温计时，达到设定反应时间后关闭电源，移去加热套，同时通入冷却水，使反应釜快速降温。当温度降低至约 80℃时开釜，倒出反应浆液，进行真空抽滤。采用热水洗涤滤饼 4 次，每次洗涤用水量为 200mL。所得硅钙渣滤饼，置于电热鼓风干燥箱中，于 105℃下干燥 8h，测定烘干后硅钙渣样品的化学成分，按照公式（12-20）、式（12-21）计算硅钙碱渣的 Na_2O、K_2O 溶出率。

12.5.3 结果与讨论

12.5.3.1 回收碱正交实验

为确定硅钙碱渣回收碱过程中各因素对其中 Na_2O、K_2O 溶出率的影响，设计采用 4 因素 3 水平正交实验。通过测定 Na_2O、K_2O 的溶出率来确定各因素的影响程度。正交实验结果见表 12-21 和表 12-22。

表 12-21 硅钙碱渣回收碱（Na_2O）正交实验结果

实验号	NaOH/(mol/L)	液固比	温度/℃	时间/h	$\eta(Na_2O)$/%
SJ-1	1	3	160	1	93.58
SJ-2	1	4	200	2	96.14
SJ-3	1	5	240	3	97.78
SJ-4	2	3	200	3	96.95
SJ-5	2	4	240	1	96.48
SJ-6	2	5	260	2	94.68
SJ-7	3	3	240	2	94.66
SJ-8	3	4	160	3	93.56
SHJZ-9	3	5	200	1	94.96
$K(1,j)$	95.73	94.76	93.83	94.90	
$K(2,j)$	96.04	95.40	96.02	95.16	
$K(3,j)$	94.40	95.81	96.31	95.20	
级差	1.64	0.85	2.47	1.20	

表 12-22 硅钙碱渣回收碱（K_2O）正交实验结果

实验号	NaOH/(mol/L)	液固比	温度/℃	时间/h	$\eta(K_2O)$/%
SJ-1	1	3	160	1	93.56
SJ-2	1	4	200	2	96.61
SJ-3	1	5	240	3	98.24
SJ-4	2	3	200	3	96.88
SJ-5	2	4	240	1	96.43

续表

实验号	NaOH/(mol/L)	液固比	温度/℃	时间/h	$\eta(K_2O)$/%
SJ-6	2	5	160	2	94.47
SJ-7	3	3	240	2	94.21
SJ-8	3	4	160	3	93.73
SJ-9	3	5	200	1	95.16
$K(1,j)$	96.14	94.89	93.93	94.06	
$K(2,j)$	95.93	95.59	95.22	95.10	
$K(3,j)$	94.37	95.96	96.30	96.28	
级差	1.78	1.07	2.37	1.23	

鉴于回收 Na_2O、K_2O 实验结果相近，以 Na_2O 溶出率为例进行分析。通过对正交实验结果的直观分析可知，硅钙碱渣回收碱过程中各因素对 Na_2O、K_2O 溶出率影响程度由大到小依次为：反应温度＞NaOH 浓度＞反应时间＞液固比。

由硅钙碱渣回收碱正交实验的效应曲线（图 12-16）可知，Na_2O 溶出率随着反应时间的延长和温度的升高均呈现上升趋势。当反应时间为 2h，温度达到 200℃时，继续延长时间

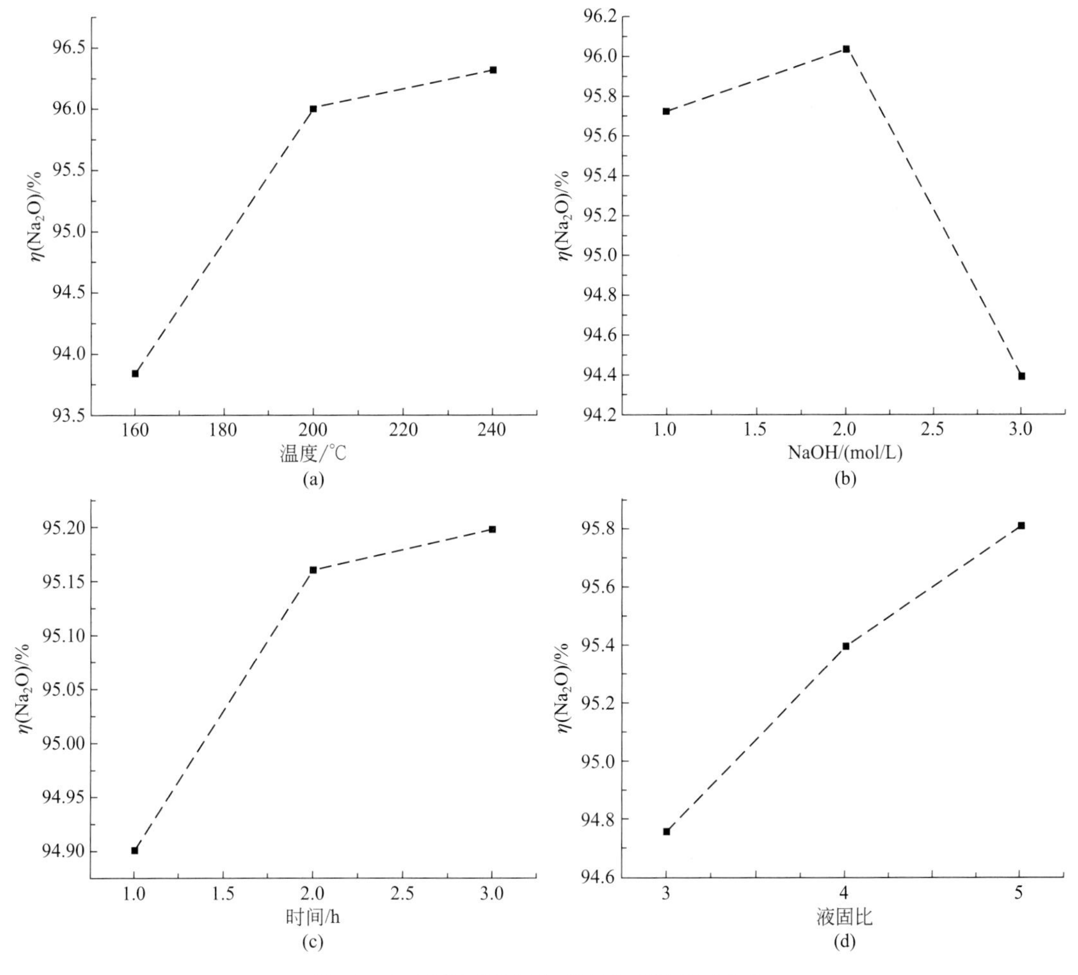

图 12-16　硅钙碱渣回收碱正交实验效应曲线

和升高温度，Na_2O 溶出率的增长趋势变缓。Na_2CaSiO_4 水解反应是吸热反应，延长反应时间和升高反应温度均能加快反应速率，使反应正向进行。

当所用 NaOH 浓度为 2mol/L 时，Na_2O 溶出率达到最高值，继续增大 NaOH 浓度，Na_2O 的溶出率相应有所降低。这是因为向反应体系中加入 NaOH 的目的是减小泥渣的膨胀，使反应体系维持稳定，但随着 NaOH 浓度的升高，Na_2O 溶出率不断减小。其原因是在反应过程中 Na_2CaSiO_4 不断水解生成 NaOH，而反应体系中过多的 NaOH 会阻碍反应的正向进行，从而导致 Na_2O 的溶出率降低。

Na_2O 溶出率随反应体系液固比的增大而升高。这是由于在硅钙碱渣水解过程中会出现泥渣的膨胀。当液固比较小时，泥渣膨胀导致反应体系不均匀，反应不能正常进行，但随着液固比的增大，反应最终得到的 NaOH 溶液的浓度将相应降低。实验发现，液固比为 3 时，反应产物硅钙渣与回收碱液呈胶体状，不利于固液分离；液固比为 4 时，溶出渣在回收碱液中分散均匀，反应体系稳定，且所得 NaOH 溶液浓度较高，有利于后续反应的进行。

通过正交实验的效应曲线图，可判断各因素对硅钙碱渣中 Na_2O、K_2O 溶出率的影响趋势。为更好地研究回收碱过程中各因素的影响，设计单因素实验。实验固定反应体系的液固比为 4，NaOH 浓度为 2mol/L，主要研究反应温度、反应时间对硅钙碱渣中 Na_2O、K_2O 溶出率的影响。

12.5.3.2 反应温度

设计实验所用 NaOH 浓度为 2mol/L，液固比为 4，分别于 180℃、200℃、220℃下反应 2h，测定不同温度下所得硅钙渣的 Na_2O、K_2O 含量，计算溶出率。实验结果见表 12-23。

表 12-23 水解反应温度对硅钙碱渣中 Na_2O、K_2O 溶出率的影响实验结果

实验号	温度/℃	NaOH/(mol/L)	液固比	时间/h	$\eta(Na_2O)$/%	$\eta(K_2O)$/%
JW-1	180	2	4	2	95.16	94.53
JW-2	200	2	4	2	97.14	97.61
JW-3	220	2	4	2	97.78	98.47

实验结果显示，随着水解反应温度的升高，Na_2O、K_2O 的溶出率均相应提高。当温度达到 200℃时，Na_2O、K_2O 溶出率均超过 97%；继续提高反应温度，Na_2O、K_2O 溶出率变化不明显。考虑到在较高温度下反应将使能耗增大，故确定回收碱的反应温度为 200℃。

12.5.3.3 反应时间

设计实验所用 NaOH 浓度为 2mol/L，液固比为 4，于 200℃下分别反应 1h、2h、3h，测定不同反应时间条件下硅钙渣的 Na_2O、K_2O 含量，计算其溶出率。实验结果见表 12-24。

表 12-24 水解反应时间对硅钙碱渣中 Na_2O、K_2O 溶出率的影响实验结果

实验号	时间/h	NaOH/(mol/L)	液固比	温度/℃	$\eta(Na_2O)$/%	$\eta(K_2O)$/%
JT-1	1	2	4	200	95.17	96.32
JT-2	2	2	4	200	97.14	97.61
JT-3	3	2	4	200	97.38	98.88

由表 12-24 可见，随着水解反应时间的延长，Na_2O、K_2O 的溶出率均相应提高，反应时间为 1h 时，Na_2O 和 K_2O 溶出率均超过 95%；而延长反应时间，溶出率变化不明显。考虑到随着水解反应时间的延长，既增加能耗，又导致生产周期较长，不利于工业生产，故确定回收碱的反应时间为 1h。

综合以上实验结果，硅钙碱渣回收碱的优化条件为：NaOH 浓度为 2mol/L、反应时间 1h、反应温度 200℃、液固比为 4。在该条件下进行重现性实验，其结果如表 12-25 所示。所得硅钙渣的化学成分分析结果见表 12-26。

表 12-25　优化条件下硅钙碱渣回收碱实验结果

实验号	时间/h	NaOH/(mol/L)	液固比	温度/℃	$\eta(Na_2O)$/%	$\eta(K_2O)$/%
JY-1	1	2	4	200	95.62	96.23
JY-2	1	2	4	200	95.38	95.75

表 12-26　硅钙渣的化学成分分析结果　　w_B/%

样品号	SiO_2	TiO_2	Al_2O_3	TFe_2O_3	MnO	MgO	CaO	Na_2O	K_2O	P_2O_5	LOI	总量
GGZ	38.26	0.12	2.42	0.65	0.01	0.28	38.87	0.85	0.50	0.02	18.17	100.15

注：中国地质大学（北京）化学分析室龙梅、王军玲、梁树平分析。

12.6　资源消耗量对比

本项研究采用的低钙烧结法中，处理 1.0t 霞石正长岩需要碳酸钠配料 1.01t，而在整个工艺流程中绝大部分碳酸钠可循环利用，只有剩余硅钙渣中少量的 Na_2O 无法回收利用；处理 1.0t 霞石正长岩需要消耗石灰石 0.905t，最终所得硅钙渣可用作生产墙体材料的原料。霞石正长岩烧结熟料溶出阶段，Al_2O_3 的溶出率为 83.4%，在碳化分解过程中碳化分解率为 90%。由此计算，处理 1.0t 霞石正长岩，可制得氢氧化铝 0.281t。相比之下，采用传统的碱石灰烧结法处理 1.0t 霞石正长岩，可制得氢氧化铝 0.271t。

低钙烧结法与传统石灰石烧结法的物料消耗对比见表 12-27。

表 12-27　霞石正长岩制取氢氧化铝过程物料消耗对比表（以处理 1.0t 原矿石为基准计算）

项目	石灰石烧结法	低钙烧结法
石灰石/t	3.15	0.905
碳酸钠/t	0.04	0.02
烧结温度/℃	1300～1350	1000～1050
CO_2 排放量/t	3.25	0.60
熟料质量/t	1.95	2.10
氢氧化铝产量/t	0.271	0.281
组分溶出率/%	Al_2O_3　84.9 Na_2O　88.1 K_2O　81.9	Al_2O_3　83.4 Na_2O　98.1 K_2O　94.1
全流程回收率/%	Al_2O_3　81.0 Na_2O　76.6 K_2O　81.7	Al_2O_3　84.0 Na_2O　83.1 K_2O　94.4

以云南个旧市白云山霞石正长岩为原料，采用低钙烧结法制备氢氧化铝产品，硅钙碱渣经回收碱过程处理，可回收其中的 Na_2O 和 K_2O，使原矿中的 Al_2O_3、Na_2O、K_2O 三种主要组分均转变为高附加值产品。主要结论如下：

将霞石正长岩粉体与工业碳酸钠、石灰石按一定配比进行配料、混磨、烧结，所得烧结熟料的 Al_2O_3 溶出率达 83%以上。所得粗制铝酸钠（钾）溶液以水合硅酸钠为晶种，进行预脱硅处理，其硅量指数由 30 升高至约 318；向预脱硅铝酸钠（钾）溶液中添加饱和石灰乳进行深度脱硅，所得精制铝酸钠（钾）溶液的硅量指数可达 1000 以上。向精制铝酸钠（钾）溶液中加入晶种（晶种系数 0.4），采用碳分法控制精制铝酸钠溶液的碳分终点 pH 值约为 12，即制得氢氧化铝制品。

采用低钙烧结法工艺，霞石正长岩原矿中的 Al_2O_3 全流程回收率为 84%，而 Na_2O 和 K_2O 全流程回收率亦分别达 83.1%和 94.4%。与传统的石灰石烧结法相比，采用低钙烧结法处理霞石正长岩的技术经济可行性是显而易见的。

第 13 章 霓辉正长岩提取氧化铝技术

实验原料为陕西洛南县长岭霓辉正长岩，与碳酸氢钠通过中温烧结后，再经水浸得到钠铝硅酸盐相滤饼，主要物相为 $Na_6(AlSiO_4)_6 \cdot 4H_2O$，经碱浸获得高苛性比铝酸钠溶液，加入 CaO 生成水合铝酸钙沉淀；继而使之在 $NaHCO_3$ 溶液中溶解，生成低苛性比的铝酸钠溶液，对经纯化的铝酸钠溶液进行碳化分解，过滤、干燥，即得氢氧化铝产品；再经煅烧即得氧化铝制品。整个工艺过程涉及原料处理、生料烧结、烧结产物水浸、水浸滤饼溶出铝、铝酸钠溶液碳化分解及制备氢氧化铝、氧化铝等工序。

13.1 原料烧结及水浸

13.1.1 原料物相分析

陕西省洛南县长岭岩体位于陕豫交界分水岭上，呈小岩株出露。岩体东西长 6km，南北最宽处达 3.5km，面积约 $14km^2$。主要岩石类型有闪长岩类、石英正长伟晶岩、霓辉正长岩、粗粒霓辉正长斑岩、细粒霓辉正长斑岩、含石英正长岩、霓辉石英正长岩。

霓辉正长岩矿石外观呈砖红色，全晶质结构，块状构造。主要矿物成分为钾长石，经 X 射线粉末衍射分析，其种属为微斜长石（图 13-1）。次要矿物有霓辉石，副矿物主要为磷灰石等。偏光镜下观察，微斜长石大都呈长板状自形-半自形晶体，偶见磁铁矿呈他形。

化学成分分析结果表明，霓辉正长岩矿石的主要成分为 SiO_2、Al_2O_3、K_2O，其次为 TFe_2O_3、CaO，其他氧化物组分的含量甚微，K_2O 含量高达 14.75%（表 13-1）。矿石质量良好。

霓辉正长岩原矿中主要矿物成分的电子探针分析结果见表 13-2。

按照物质平衡原理（马鸿文，2001），综合霓辉正长岩矿石的化学成分分析结果、X 射线粉末衍射分析和主要矿物相的电子探针分析结果，采用线性规划法定量计算，长岭霓辉正长岩矿石（LN-01）的物相组成为：微斜长石 91.4%，霓辉石 4.5%，石英 3.5%，磷灰石 0.1%。

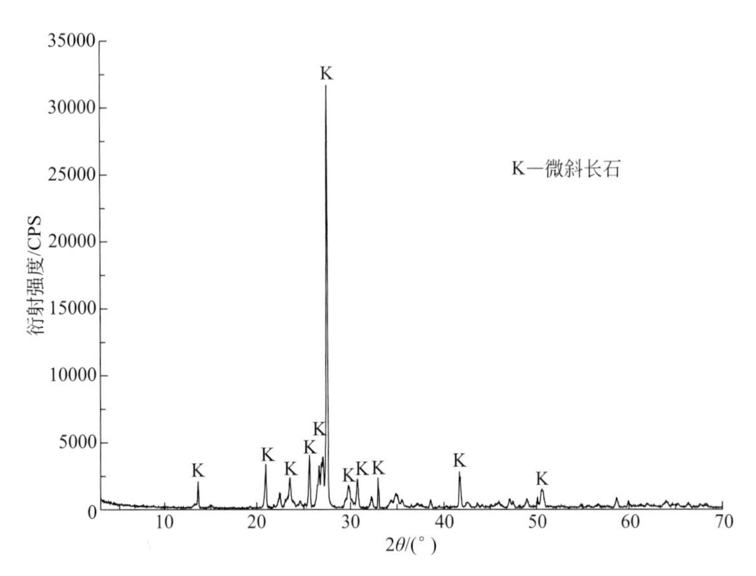

图 13-1　霓辉正长岩矿石（LN-01）X 射线粉末衍射图

表 13-1　霓辉正长岩矿石的化学成分分析结果　$w_B/\%$

样品号	SiO_2	TiO_2	Al_2O_3	Fe_2O_3	FeO	MnO	MgO	CaO	Na_2O	K_2O	P_2O_5	LOI	总量
LN-01	64.53	0.05	16.70	0.84	0.13	0.01	0.56	0.99	0.77	14.75	0.04	0.67	100.04

注：中国地质大学（北京）化学分析室龙梅、王军玲、梁树平分析。

表 13-2　主要矿物相化学成分的电子探针分析结果　$w_B/\%$

样品号	SiO_2	TiO_2	Al_2O_3	CaO	MnO	FeO	Na_2O	MgO	K_2O	总量
微斜长石/6	63.72	0.14	17.59	0.00	0.00	0.79	1.12	0.00	16.60	99.96
霓辉石/5	51.86	0.30	0.00	16.00	0.54	18.05	6.14	7.06	0.09	100.06

注：微斜长石、霓辉石分别为 6 个和 5 个分析结果的平均值。

13.1.2　原矿生料烧结

对霓辉正长岩粉体进行中温烧结的主要目的，是使原矿中的钾长石相充分分解，得到结构较松散的铝硅酸盐物料，易于 K_2O、SiO_2、Al_2O_3 等组分溶出。

实验采用碳酸氢钠为配料，烧结过程中主要发生如下化学反应：

$$KAlSi_3O_8 + NaFeSi_2O_6 + NaHCO_3 \longrightarrow x(K,Na)_2O \cdot yAl_2O_3 \cdot zSiO_2 + Na_{0.68}Fe_{0.68}Si_{0.32}O_2 + (K,Na)_2SiO_3 + CO_2\uparrow + H_2O\uparrow \quad (13\text{-}1)$$

原料烧结的工艺条件为：霓辉正长岩矿原矿在矿山当地经粗碎、中碎、细碎及粉磨，得到粒度为−200 目>90%的钾长石粉体（LN-01）；钾长石粉体与工业级碳酸氢钠（纯度>98%）按质量比 1∶1.8 的比例混合后，置于微型球磨机中，进行粉磨与混料，粉磨时间 45～60min；加自来水，造粒成 Φ5～10mm 的料球；料球在 760～860℃下烧结 1.0～1.5h。烧结物料在微型球磨机中球磨 1h，得到烧结物料粉体（LSO-1）。

参照处理同类矿石山西临县紫金山假榴正长岩的烧结制度（马鸿文等，2010），处理霓辉正长岩原料，按照化学计量比称取霓辉正长岩粉体和碳酸氢钠，将粉磨后的混合物料置于箱式电炉内，在（830±10）℃下烧结，反应时间 1.0～1.5h。

实验结果显示，粉状料烧结产率的平均值为 61.9%，接近理论值 60.0%；而造粒烧结产率为 81.4%，接近以碳酸钠为配料的理论烧结产率值 78.0%。说明造粒后的物料在烘干过程中碳酸氢钠分解为碳酸钠，但不影响烧结物料。对烧结物料（LSO-01）进行 X 射线粉末衍射分析，表明烧结物料中已无微斜长石的衍射峰，结晶相主要为 Na_2SiO_3 和 $Na_{0.68}Fe_{0.68}Si_{0.32}O_2$（图 13-2）。烧结物料的化学成分分析结果见表 13-3。

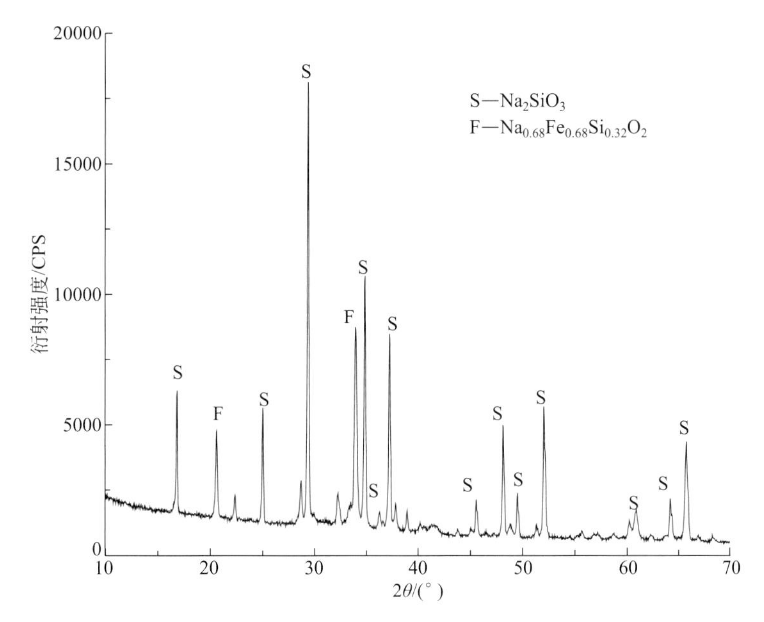

图 13-2　烧结物料（LSO-01）的 X 射线粉末衍射图

表 13-3　烧结物料（LSO-01）的化学成分分析结果　　w_B/%

样品号	SiO_2	TiO_2	Al_2O_3	TFe_2O_3	MnO	MgO	CaO	Na_2O	K_2O	P_2O_5	LOI	总量
LSO-01	36.96	0.03	9.60	0.67	0.01	0.00	0.46	39.87	9.59	0.00	1.94	99.13

注：中国地质大学（北京）化学分析室龙梅、梁树平、王军玲分析。

13.1.3　烧结物料水浸

对霓辉正长岩烧结物料进行水热浸取处理的目的，是将其中易溶于水的 $(K,Na)_2SiO_3$ 浸取出来。水浸过程主要发生如下化学反应：

$$Na_2SiO_3 \longrightarrow 2Na^+ + SiO_3^{2-} \tag{13-2}$$

$$Na_{0.68}Fe_{0.68}Si_{0.32}O_2 + 1.04H_2O \longrightarrow 0.68Na^+ + 0.68Fe(OH)_3\downarrow + 0.32SiO_3^{2-} + 0.04OH^- \tag{13-3}$$

$$x(Na,K)_2O \cdot yAl_2O_3 \cdot zSiO_2 + H_2O \longrightarrow Na_6[AlSiO_4]_6 \cdot 4H_2O + K^+ + SiO_3^{2-} \tag{13-4}$$

在水热浸取过程中，烧结物料中的 $(K,Na)_2SiO_3$ 等组分溶解于水中，剩余物相则仍保留于水浸滤饼中，经压滤过滤，转入后续的碱液溶出铝工序进行处理。水浸滤液的主要成

分为 $(K, Na)_2SiO_3$，通入 CO_2 进行酸化，再经压滤、洗涤，滤饼为偏硅酸胶体沉淀，可用于制备无机硅化合物产品；滤液为碳酸氢盐和碳酸盐的混合溶液，用于回收碳酸氢钠和进一步制备钾盐产品。

实验过程：往容积 1.0L 的反应釜中加入蒸馏水 600mL，准确称取 300.0g 烧结物料倒入釜内，密封后开启仪器，在持续搅拌（200r/min）条件下升温至 160℃，此时釜内自生压力约 0.75MPa，在此条件下持续搅拌反应 1.0h。反应结束后通冷却水，釜内温度降至约 90℃时开釜，倒出反应料浆，真空抽滤过滤（负压 0.1MPa），得一次滤液和三次洗液。对所得滤液分别进行 K_2O、Na_2O 含量测定，计算得一次滤液及三次洗液的 K_2O 含量之和占所浸取烧结物料中 K_2O 总量的 90.0%，Na_2O 占 82.1%。

按照设计流程，完成 6.0kg×3 烧结物料水浸实验：称取 6.0kg 烧结物料并置于 WHFS 型磁力搅拌反应釜内，加入第 2 次水浸实验得到的一次洗液 9.0L，另加清水 3.0L，拧上釜盖，在持续搅拌下（200r/min）升温至 160℃（约 0.75MPa），在该条件下持续搅拌反应 1.0h。反应结束即停止加热，待自然冷却至 100℃以下时开釜，倒出反应料浆，真空抽滤过滤。滤饼用第 2 次水浸实验的二次洗液洗涤第 1 次，过滤；再以 9.0L 清水洗涤第 2 次，过滤得湿滤饼（LSJ-02）。将湿滤饼置于恒温干燥箱中，在 105℃下烘干 8h，计算得水浸滤饼的含水率为 56.6%。

水浸滤饼（LSJ-02）的 X 射线粉末衍射分析结果见图 13-3。由图可见，烧结产物经水浸后，其中的 Na_2SiO_3 和 $Na_{0.68}Fe_{0.68}Si_{0.32}O_2$ 两种化合物的特征衍射峰全部消失，而出现新生成沸石相 $Na_6(AlSiO_4)_6 \cdot 4H_2O$ 的衍射峰。

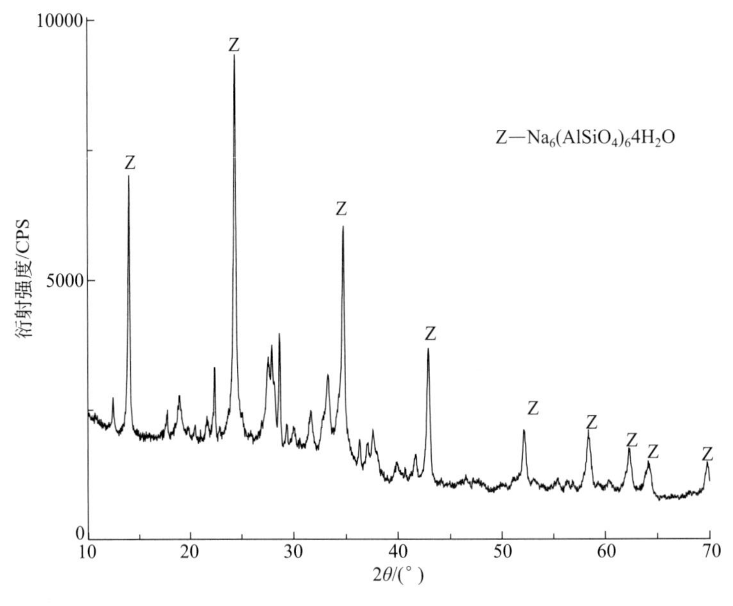

图 13-3　水浸滤饼（LSJ-02）的 X 射线粉末衍射图

烧结物料高温水淬浸取实验：混合生料经用约 14%的水喷雾造粒后，得到粒径为 3～8mm 的料球。料球在干燥箱中于 105℃下烘干约 8h 后，置于箱式电炉内于（830±10）℃下烧结，反应时间 1.5h。反应时间一到即刻取出，倒入盛有水的反应釜内（水固质量比为 2∶1）。此时，釜内水温由初始时的 29℃迅速升至 70℃。用搅拌器再以 200r/min 的速率搅拌

30min，釜内球状烧结物料几近全部粉化，此时可直接进入水浸工序。

13.2 水浸滤饼碱液溶出铝

13.2.1 碱液溶出铝

对前述所得水浸滤饼（表13-4）进行碱液溶出铝的目的，是使水浸滤饼中的Al_2O_3组分在反应釜中生成$NaAlO_2$进入溶液相；而SiO_2组分则与加入的CaO结合，生成水合硅酸钠钙沉淀，经过滤与偏铝酸钠液相分离，从而实现水浸滤饼中硅铝组分的有效分离。水浸滤饼在溶出铝过程中，发生如下化学反应：

$$Na_6[AlSiO_4]_6 \cdot 4H_2O + 6Ca(OH)_2 + 6NaOH \longrightarrow 6NaCaHSiO_4 \downarrow + 6NaAlO_2 + 10H_2O \qquad (13\text{-}5)$$

表13-4　水浸滤饼的化学成分分析结果　　$w_B/\%$

样品号	SiO_2	TiO_2	Al_2O_3	TFe_2O_3	MnO	MgO	CaO	Na_2O	K_2O	H_2O^-	LOI	总量
LSJ-02	46.17	0.08	25.01	1.42	0.011	0.093	1.29	16.21	0.97	0.59	8.84	100.07

注：中国地质大学（北京）化学分析室龙梅、梁树平、王军玲分析。

实验研究了不同用水量、反应温度、碱用量对水浸滤饼中Al_2O_3溶出率的影响。每次实验准确称取100g水浸滤饼（干基，湿滤饼含水率56.8%）、CaO 44.0g及所需的氢氧化钠量，量取所需的自来水量。在烧杯中先用设定用水量的2/3将CaO充分消化，然后加入水浸滤饼，最后加入NaOH，搅拌均匀，倒入反应釜中，拧紧釜盖，打开搅拌器，保持搅拌速率约200r/min，加热至设定温度后恒温反应45～60min，反应釜中的压力全由水蒸气提供。在保温阶段，压力表显示釜内压力为2.5～3.0MPa。反应时间一到，即刻停止加热，通冷却水，待温度冷却至约90℃开釜，倒出混合液并真空抽滤（负压0.1MPa），用500mL约90℃自来水分2次洗涤滤饼，再次真空抽滤，取出滤饼，置于干燥箱中常压下于105℃下干燥2h，测定其Al_2O_3含量，计算Al_2O_3的溶出率。实验结果见表13-5～表13-7。

表13-5　水浸滤饼碱液溶出铝的用水量单因素实验结果

样品号	水浸滤饼(干基)/g	NaOH/g	用水量/mL	温度/℃	Al_2O_3溶出率/%
LJR-01	100	210	250	280	94.04
LJR-02	100	210	300	280	92.00
LJR-03	100	210	350	280	92.69
LJR-04	100	210	400	280	88.48

表13-6　水浸滤饼碱液溶出铝的温度单因素实验结果

样品号	水浸滤饼(干基)/g	NaOH/g	用水量/mL	温度/℃	Al_2O_3溶出率/%
LJR-11	100	210	300	180	38.42
LJR-12	100	210	300	230	75.37
LJR-13	100	210	300	280	92.00

表 13-7　水浸滤饼碱液溶出铝的碱用量单因素实验结果

样品号	水浸滤饼(干基)/g	NaOH/g	用水量/mL	温度/℃	Al_2O_3 溶出率/%
LJR-21	100	234	300	280	95.53
LJR-22	100	215	300	280	90.40
LJR-23	100	195	300	280	92.00
LJR-24	100	175	300	280	87.35
LJR-25	100	156	300	280	63.18
LJR-26	100	136	300	280	25.89

由以上实验结果可知，水用量对 Al_2O_3 的溶出率影响不大，为避免溶出液过稀和混合浆料结疤，选择水用量为 300mL/100g；温度对 Al_2O_3 的溶出率影响很大，由此得出较优温度条件为 260～300℃；碱用量在 136～195g/100g 范围内时，对 Al_2O_3 的溶出率影响较大，而当用碱量在 195～234g/100g 范围内时，对 Al_2O_3 的溶出率影响不大，但由于后续工段中生成铝酸钙后的碱液需要重复利用，其中有部分（约占水合铝酸钙中 Al_2O_3 含量的 10%）Al_2O_3 残留于该碱液中，降低了二次碱液的 Na_2O/Al_2O_3 摩尔比，因而需要相应提高 NaOH 的用量，故选择 195g/100g 水浸滤饼（干基）的条件较为合适。

为了准确控制水浸滤饼溶出铝实验的反应时间，在上述实验的基础上进行了反应时间对 Al_2O_3 的溶出率的单因素实验。实验结果见表 13-8。

表 13-8　水浸滤饼碱液溶出铝的时间单因素实验结果

样品号	水浸滤饼/g	NaOH/g	水用量/mL	温度/℃	反应时间/min	Al_2O_3 溶出率/%
LJR-31	100	195	300	280	0	89.96
LJR-32	100	195	300	280	10	91.44
LJR-33	100	195	300	280	20	95.98

注：样品 LJR-31 的 Al_2O_3 溶出率为反应物料从室温升温至 280℃温区的溶出率。

实验确定水浸滤饼碱液溶出铝的条件为：100g 水浸滤饼，加入 CaO 44g，NaOH 195g，自来水 300mL，反应温度为 260～300℃，压力 2.5～3.0MPa，搅拌时间为 10～20min。

按照确定的水浸滤饼碱溶的优化条件，进行溶出铝的重现性实验。准确称取水浸滤饼（干基）200g、CaO 88g、NaOH 390g，量取自来水 600mL，混合后得 760mL 混合液，倒入反应釜中，在 260～300℃下搅拌 45～60min，反应压力约 3.0MPa。反应时间一到，即刻停止加热，通冷却水，待温度冷却到约 90℃即开釜，倒出混合浆液，用 200mL 水冲洗反应釜内壁，冲洗液并入反应产物中，抽滤，得滤液 750mL。滤液的化学成分分析结果见表 13-9。

表 13-9　碱浸溶出铝滤液的化学成分分析结果　　g/L

样品号	SiO_2	TiO_2	Al_2O_3	Fe_2O_3	MgO	CaO	Na_2O	K_2O
LY-23	3.46	0.26	51.29	0.41	0.009	0.24	423.92	0.80

注：中国地质大学（北京）化学分析室龙梅、梁树平、王军玲分析。

将抽滤所得碱浸湿滤饼（含水率 39.0%）置于自动控温干燥箱中在常压、105℃下干燥 2h，得赤色干渣。X 射线衍射分析结果显示，原水浸滤渣中沸石相 [$Na_6(AlSiO_4)_6 \cdot 4H_2O$] 的衍射峰已全部消失，只出现新生物相水合硅酸钠钙的衍射峰（图 13-4），其化学成分分析结果见表 13-10。

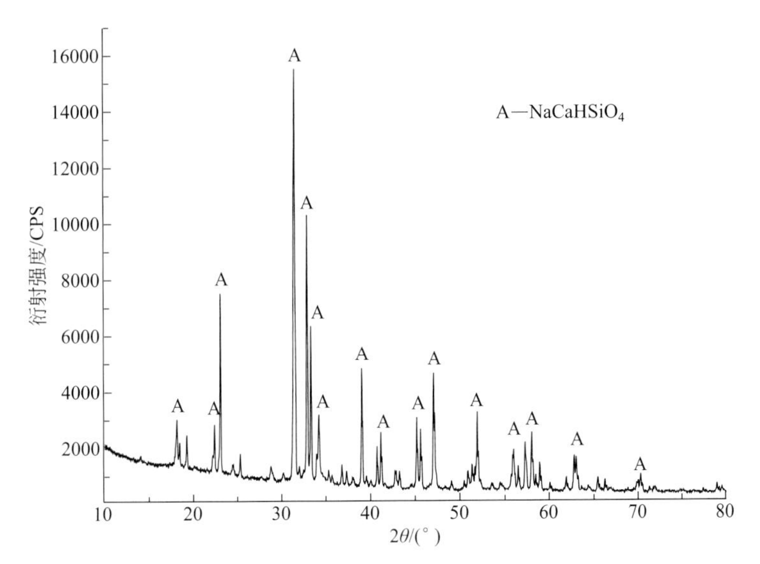

图 13-4 碱浸滤渣（LJR-23）的 X 射线粉末衍射分析图

表 13-10 碱浸滤渣的化学成分分析结果 w_B/%

样品号	SiO_2	TiO_2	Al_2O_3	TFe_2O_3	MnO	MgO	CaO	Na_2O	K_2O	H_2O^-	LOI	总量
LJR-23	34.28	0.05	1.57	1.20	0.012	0.00	36.04	18.80	0.59	0.16	7.80	100.50

注：中国地质大学（北京）化学分析室龙梅、梁树平、王军玲分析。

上述碱浸滤液在后续工艺中经加入 CaO 沉铝后，即转变为主要成分为 NaOH 的碱性溶液，可循环用于前述的碱液溶出铝过程。

13.2.2 碱浸渣回收碱

碱浸渣的主要成分是水合硅酸钠钙，其中的 Na_2O 可回收再利用。水合硅酸钠钙是不稳定的化合物，在热水中发生如下水解反应：

$$Na_2O \cdot 2CaO \cdot 2SiO_2 \cdot H_2O + mH_2O = 2CaO \cdot 2SiO_2 \cdot mH_2O + 2NaOH \quad (13\text{-}6)$$

在 150～250℃温度下，碱浸渣中的 Na_2O 经 1～2h 可浸取出来，然而随着温度的提高，泥渣的膨胀性增大。添加 NaOH 可明显抑制其膨胀，其化学反应式如下：

$$Na_2O \cdot 2CaO \cdot 2SiO_2 \cdot H_2O + 2NaOH = 2Na_2SiO_3 + 2Ca(OH)_2 \quad (13\text{-}7)$$

$$Na_2SiO_3 + 2Ca(OH)_2 = 2CaO \cdot SiO_2 \cdot H_2O + 2NaOH \quad (13\text{-}8)$$

实验研究了反应温度、固液比及起始溶液的 Na_2O 浓度对碱浸滤渣中碱回收率的影响。取上述碱浸滤饼 100g，按实验设定的固液比准确量取自来水，一起加入烧杯中搅拌均匀，倒入反应釜中，拧紧釜盖，打开搅拌器，搅拌速率为 200r/min，加热至设定反应温度后反应 60min。反应时间一到，即刻停止加热，通冷却水，待温度冷却到约 90℃即开釜，倒出混合液并真空抽滤（负压 0.1MPa），用 1200mL 温度为 80～90℃的自来水分 4 次洗涤滤饼，再次真空抽滤，取出滤饼并置于干燥箱中，在常压、105℃下恒温干燥 2h，取出试样测定其 Na_2O 含量，计算碱的回收率。实验结果见表 13-11。

由以上实验结果可知，固液比、起始溶液 Na_2O 浓度及水解反应温度对碱浸渣 Na_2O 回收率的影响顺序为：反应温度＞起始溶液 Na_2O 浓度＞固液比。综合上述实验结果，可以得出碱浸渣回收碱的优化条件为：水解温度 180℃（约 1.4MPa），起始溶液的 Na_2O 浓度为 20g/L，固液比为 1∶4。

表 13-11　碱浸滤渣回收碱实验结果

样品号	碱浸滤饼/g	固液比	起始溶液 Na_2O 浓度/(g/L)	温度/℃	反应时间/min	实验现象	Na_2O 回收率/%
LJH-1	100	1∶3	0	120	60	结块	49.75
LJH-2	100	1∶4	20	120	60	未结块	39.41
LJH-3	100	1∶5	40	120	60	未结块	41.58
LJH-4	100	1∶3	20	150	60	未结块	61.88
LJH-5	100	1∶4	40	150	60	未结块	60.27
LJH-6	100	1∶5	0	150	60	结块	46.84
LJH-7	100	1∶3	40	180	60	未结块	45.72
LJH-8	100	1∶4	0	180	60	结块	64.45
LJH-9	100	1∶5	20	180	60	未结块	70.75
级差	—	0.02	0.08	0.17	—	—	—

碱浸渣回收碱过程的化学反应属水解反应，反应时间为 60min 时，其最终反应产物中仍有水合硅酸钠钙存在，故考虑延长反应时间来提高水合硅酸钠钙的分解率。实验结果见表 13-12。此外，由于碱浸渣回收碱后所得产物为水合硅酸钙，反应所得液相中的 Na^+ 容易吸附其中，故需要通过洗涤将吸附其中的 Na^+ 转移到液相中得以回收利用。对回收碱后的硅钙渣滤饼进行洗涤，每次洗涤用水量为 400mL，洗涤 6 次，所得滤液和洗液中的 Na_2O 和 K_2O 含量测定结果见表 13-13。

表 13-12　反应时间对碱回收率的影响实验结果

样品号	碱浸滤饼/g	固液比	Na_2O 浓度/(g/L)	温度/℃	反应时间/min	Na_2O 回收率/%
LJH-01	100	1∶4	20	180	60	85.29
LJH-02	100	1∶4	20	180	120	90.23
LJH-03	100	1∶4	20	180	180	90.04

由以上实验结果可知，随着反应时间的延长，碱浸渣的碱回收率逐渐增大，由于该反应为水解反应，存在着一定的平衡，当反应达到平衡后碱回收率不会随着时间的延长而增大。对水解反应所得的硅钙渣进行洗涤，6 次洗液中仍含有 Na^+，通过所得实验数据进行拟合，得出洗涤次数为 7～8 次。由此确定碱浸渣回收碱的优化条件为：反应温度 180℃，时间 120min，起始溶液的 Na_2O 浓度为 20g/L，固液比为 1∶4，洗涤次数为 6 次（表 13-13）。

表 13-13　各次洗涤液中 Na_2O 和 K_2O 浓度测定结果

样品号	Na_2O/(g/L)	K_2O/(g/L)
XY-1	18.21	0.84
XY-2	8.18	0.00
XY-3	4.25	0.00
XY-4	2.50	0.00
XY-5	1.67	0.00
XY-6	1.37	0.00

按照确定的碱浸滤渣回收碱的优化条件，进行回收碱的重现性实验。准确称取碱浸滤渣（干基）200g，NaOH 20.6g，量取自来水 800mL，将所得混合液倒入反应釜中，在 180℃下搅拌反应 120min，反应压力为 0.5 MPa（表压）。反应时间一到，即刻停止加热，通冷却水，待温度冷却到 100℃即开釜，倒出混合液，并用 200mL 水冲洗反应釜内壁，冲洗液并入反应产物中，抽滤，得滤液 660mL。其化学成分分析结果见表 13-14。抽滤所得湿滤饼 509.0g，置于自动控温干燥箱中在常压、105℃下干燥 2h，得硅钙渣 174.2g（干基）。

表 13-14　碱回收滤液的化学成分分析结果　　g/L

样品号	Al_2O_3	MgO	CaO	Na_2O	K_2O
LY-03	0.026	0.0010	0.0068	30.06	0.64

注：中国地质大学（北京）化学分析室龙梅、梁树平、王军玲分析。

由所得剩余硅钙渣的 X 射线粉末衍射图（图 13-5），结合碱回收渣的化学成分分析结果（表 13-15）来看，碱回收渣的主要成分为 SiO_2 和 CaO，且并非以晶态的形式存在，由此判断 SiO_2 和 CaO 形成了非晶态水合硅酸钙相。

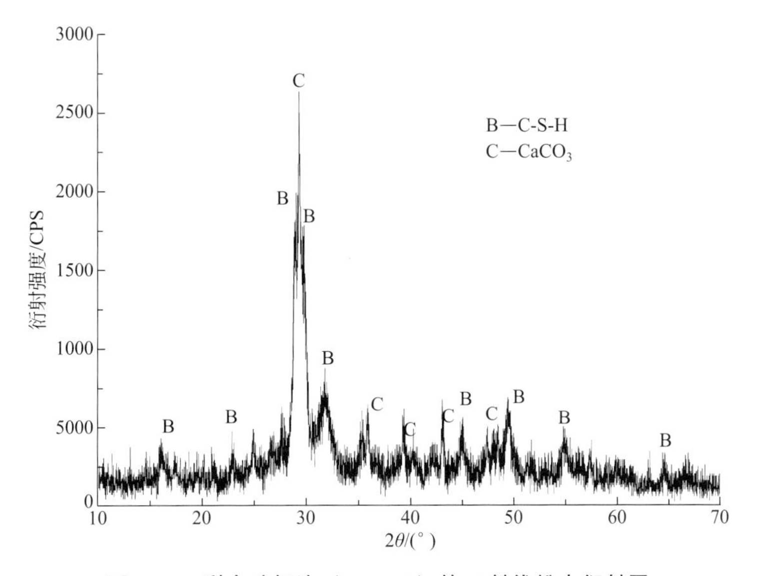

图 13-5　剩余硅钙渣（LJH-03）的 X 射线粉末衍射图

表 13-15　剩余硅钙渣（LJH-03）的化学成分分析结果　　$w_B/\%$

样品号	SiO_2	TiO_2	Al_2O_3	TFe_2O_3	MgO	CaO	Na_2O	K_2O	LOI	总量
LJH-03	34.53	0.11	3.90	1.18	0.33	39.71	3.54	0.00	17.01	100.31

注：中国地质大学（北京）化学分析室龙梅、梁树平、王军玲分析。

13.3　铝酸钠粗液制备

碱浸溶出液的苛性比 MR（Na_2O/Al_2O_3 摩尔比）高而硅量指数（Al_2O_3/SiO_2 质量比）低，故溶出液必须预脱硅到硅量指数大于 100。所得铝酸钠溶液必须经脱硅过程并转化成低

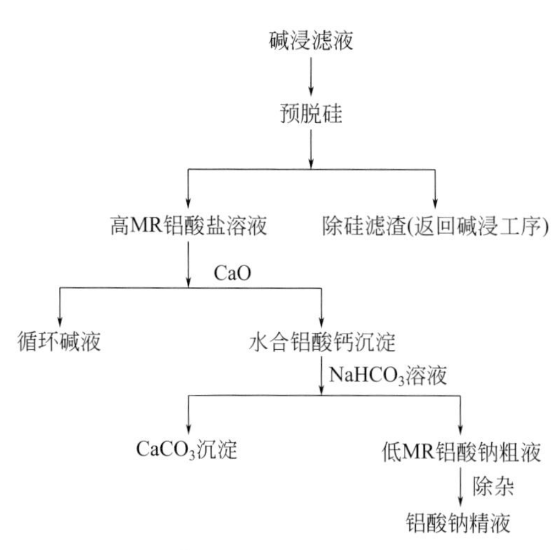

图 13-6 碱浸滤液制备铝酸钠精液的实验流程图

MR 的溶液，才能由碳分法制备氢氧化铝（毕诗文，2006）。碱浸溶出的铝酸盐溶液脱硅、铝酸钙沉淀、铝酸钠溶出及铝酸钠溶液纯化过程的实验流程如图 13-6 所示。

13.3.1 碱浸滤液预脱硅

铝酸钠溶液脱硅是碱法生产氧化铝工艺中的关键工序，对产品质量有重要影响。拜耳法采用稀释脱硅的方法，将铝酸钠溶液的硅量指数（Al_2O_3/SiO_2 质量比）提高到 300 以上，而烧结法则必须采用添加石灰两段深度脱硅工艺，使二次精制液的硅量指数提高至 1000 以上，才能制得合格的氧化铝产品。高压水化法处理霓辉正长岩矿石时，溶出液的特点是苛性比（Na_2O/Al_2O_3 摩尔比）高而硅量指数低。溶出液中 SiO_2 含量高使其黏度增大，且吸附在水合铝酸钠表面，使其晶体细小，难以长大，夹带附液多，故高苛性比铝酸钠溶液脱除 SiO_2 较为困难。为了达到上述要求，一般采用两段脱硅法，即先添加水合铝硅酸钠作为晶种，进行第 1 次脱硅，分离脱硅渣后，再添加氧化钙进行第 2 次脱硅。采用两段脱硅法操作比较烦琐，耗时较长。为简化操作程序，缩短脱硅时间，提高脱硅深度，对添加不同的脱硅剂进行一步脱硅法对比实验研究。

碱浸滤液的化学成分分析结果见表 13-9。溶液中的 SiO_2 含量为 3.46g/L。由于 SiO_2 的存在，在后续沉铝实验中，SiO_2 与 CaO 会生成硅酸钙沉淀进入水合铝酸钙固相，所以溶出液必须预脱硅到硅量指数大于 100。化学反应式如下：

$$2SiO_2+2NaAl(OH)_4 = Na_2O\cdot Al_2O_3\cdot 2SiO_2\cdot nH_2O+(4-n)H_2O \qquad (13\text{-}9)$$

以工业上通常采用的水合铝硅酸钠为脱硅剂，实验过程如下。

水合铝硅酸钠合成：称取 170.4g 的 $Na_2SiO_3\cdot 9H_2O$ 放入 1.0L 的烧杯中，加入水并放入水浴锅中进行搅拌，直至完全溶解为止。再称取 73.8g 的 $NaAlO_2$ 放入另外一个 1.0L 的烧杯中，加水溶解。待两种溶液完全溶解后，在搅拌条件下，往 Na_2SiO_3 溶液中缓慢沿杯内壁加入 $NaAlO_2$ 溶液，瞬间产生大量絮状沉淀，加入少量水搅拌均匀后，用真空抽滤机（负压 0.1MPa）进行抽滤，滤饼在 105℃下烘干，即得水合铝硅酸钠脱硅剂。

实验取碱浸滤液（LY-23）1.0L，溶液密度为 $1.34t/m^3$，将 60g 水合铝硅酸钠加入碱浸液中，搅拌均匀。将混合物料置于高压反应釜中，打开搅拌（约 200r/min），升温至 160℃，恒温反应 6h，压力表显示为 0.2～0.25MPa。反应结束即刻通冷却水，冷却至约 90℃，打开反应釜，倒出脱硅混合料浆，此时料浆黏度为 7.5～7.8mPa·s，真空抽滤（负压 0.1MPa），过滤分离水合铝硅酸钠晶体（ASN-01，含水率 40.38%），测定滤液中的 SiO_2 含量。

分析结果显示，SiO_2 含量降低至 0.53g/L，化学成分分析结果见表 13-16。

表 13-16 碱浸滤液预脱硅后的化学成分分析结果 g/L

样品号	SiO_2	TiO_2	Al_2O_3	Fe_2O_3	MgO	CaO	Na_2O	K_2O
TGH-02	0.53	0.26	36.5	0.35	0.054	0.124	418.50	1.20

13.3.1.1　主要影响因素

影响碱浸滤液预脱硅效果的主要因素有脱硅剂类型、脱硅反应时间、反应温度和脱硅剂加入量等。以下对采用钙化合物脱硅剂的实验结果进行讨论。

（1）脱硅剂类型

CaO 与铝酸钠溶液反应可以生成一系列含钙化合物，如氢氧化钙、水合铝酸钙、水合碳铝酸钙。实验用水合铝酸钙（C_3AH_6，$3CaO \cdot Al_2O_3 \cdot 6H_2O$），是前述铝酸钠溶液沉铝实验所得产物。实验所用水合碳铝酸钙（C_4ACH_{11}，$4CaO \cdot Al_2O_3 \cdot CO_2 \cdot 11H_2O$），是量取 1.0L 苛性比为 1.5 的铝酸钠溶液，加入 30.88g 无水碳酸钠，并将 200g/L 的石灰乳与铝酸钠溶液按 1∶3 的比例进行混合，在 65℃下反应 30min，过滤，再用水温低于 65℃的水洗涤 3 次，所得滤饼在 105℃的烘箱中烘干，即得水合碳铝酸钙（李有恒，2007）。所得反应产物水合碳铝酸钙的 X 射线粉末衍射分析结果见图 13-7。

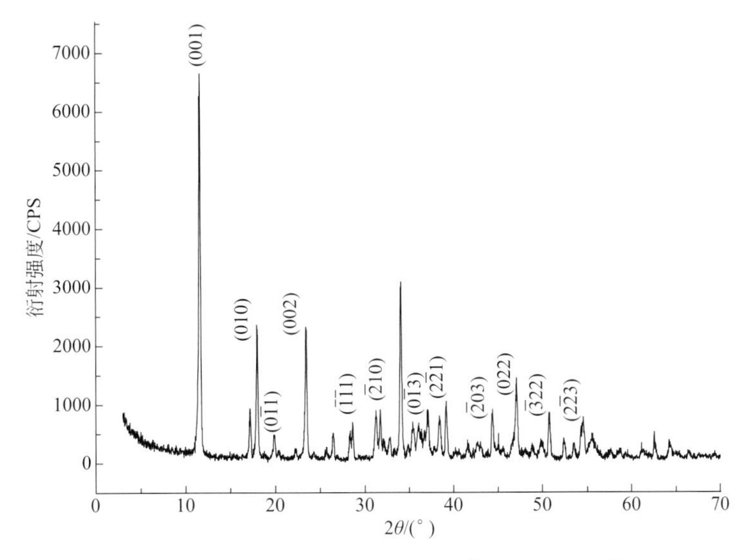

图 13-7　水合碳铝酸钙的 X 射线粉末衍射分析图

考虑影响铝酸钠溶液脱硅效果的因素有脱硅剂类型、脱硅温度和脱硅时间，采用 3 因素 3 水平正交实验方案，实验结果见表 13-17。

表 13-17　不同脱硅剂对脱硅效果的正交实验结果

实验号	脱硅剂	脱硅时间/h	脱硅温度/℃	硅量指数
GS-01	CaO	2	90	373.2
GS-02	CaO	4	120	107.9
GS-03	CaO	6	160	537.9
GS-04	C_3AH_6	2	120	1828.5
GS-05	C_3AH_6	4	160	2452.4
GS-06	C_3AH_6	6	90	88.0
GS-07	C_4ACH_{11}	2	160	226.4
GS-08	C_4ACH_{11}	4	90	527.5
GS-09	C_4ACH_{11}	6	120	34.4

续表

实验号	脱硅剂	脱硅时间/h	脱硅温度/℃	硅量指数
$k(1,j)$	339.7	809.4	329.6	
$k(2,j)$	1456.3	1029.3	656.7	
$k(3,j)$	262.8	220.1	1072.3	
级差	1193.5	809.2	742.7	

实验结果表明，脱硅剂类型对铝酸钠溶液脱硅效果的影响最大。各因素对铝酸钠溶液脱硅效果的影响由大到小依次为：脱硅剂类型＞脱硅时间＞脱硅温度。脱硅剂中以水合铝酸钙的脱硅效果最好，脱硅时间为4h时，所得铝酸钠溶液的硅量指数值最大。随着脱硅时间的继续延长，硅量指数值反而减小。

（2）脱硅时间

表13-18是在苛性比为11.5、SiO_2浓度为3.46g/L的铝酸钠溶液中含氧化铝51.29 g/L时，采用水合铝酸钙作为脱硅剂，脱硅温度160℃，不同脱硅时间对铝酸钠溶液硅量指数的影响实验结果。

表13-18　脱硅时间对预脱硅效果影响实验结果

脱硅时间/h	硅量指数（Al_2O_3/SiO_2 质量比）
2.0	1189.8
2.5	1468.3
3.0	1684.9
3.5	1898.9
4.0	2452.4
6.0	2594.8

由表13-18数据可见，脱硅时间对铝酸钠溶液的硅量指数有直接影响。随着脱硅时间的延长，硅量指数不断增大，当脱硅时间达到4h以上，即可达到满意的脱硅效果，硅量指数为2452.4；继续延长时间，溶液的硅量指数继续增大。综合能耗和成本的考虑，当采用水合铝酸钙作为脱硅剂时，适宜的脱硅时间为4h。

图13-8为不同脱硅时间下，脱硅产物的X射线粉末衍射分析图。

由图13-8可见，一步脱硅法所得脱硅产物的主要物相均为水合铝酸钙（C_3AH_6）。随着脱硅时间的延长，其衍射峰强度逐渐增大。衍射峰强弱反映化合物的结晶度和晶形好坏（王玉玲等，2005）。由此可见，随着脱硅反应的进行，水化石榴石的晶形逐渐趋于完好。水化石榴石形成过程是溶液中SiO_2与脱硅剂的结合过程。由表13-19也可看出，随着脱硅时间的延长，溶液硅量指数的提高，溶液中SiO_2的含量逐渐降低，说明水化石榴石的饱和程度增大。

（3）脱硅温度

图13-9是铝酸钠溶液（JJY-01）在以水合铝酸钙作为脱硅剂，脱硅时间为4h的条件下，脱硅温度对脱硅效果的影响。

由图13-9可见，温度是影响脱硅深度的重要因素。在相同的脱硅时间内，温度越高，脱硅速度越快，脱硅率越高，在一定程度上提高了铝酸钠溶液的硅量指数。这是因为，随着脱硅温度的提高，体系的黏度降低（图13-10），扩散层厚度变小，同时，反应速率常数增大，所以脱硅效率相应提高（王玉玲等，2005）。因此，提高脱硅温度有利于提高反应速率，提高铝酸钠溶液的硅量指数。

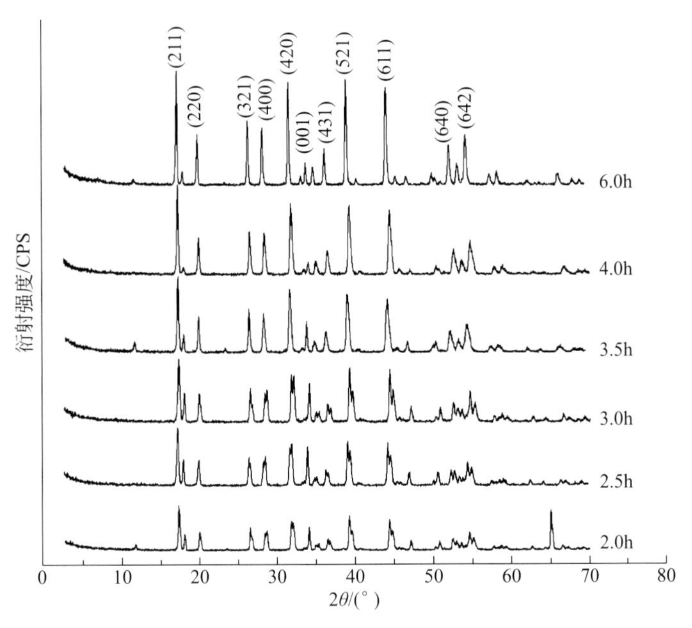

图 13-8 不同脱硅时间下脱硅产物的 X 射线粉末衍射图

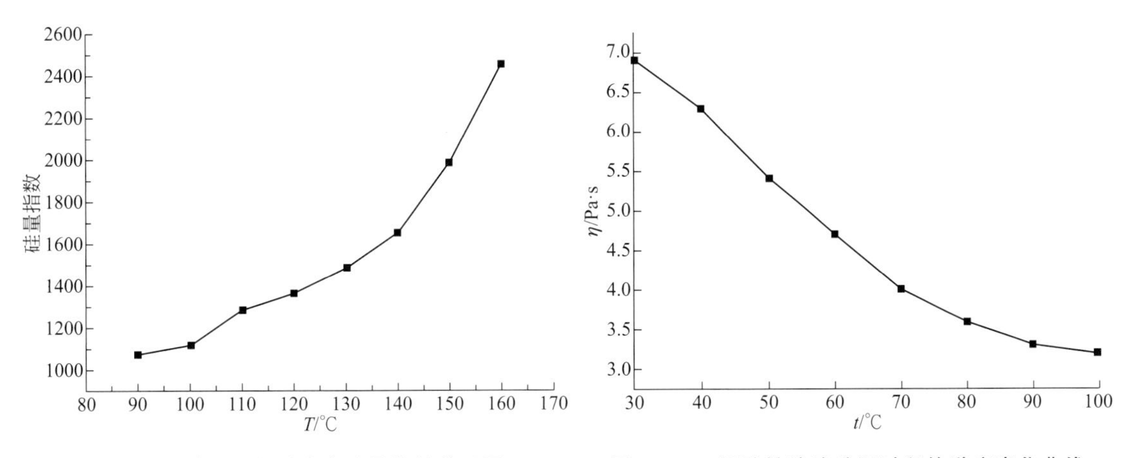

图 13-9 脱硅温度对溶液硅量指数关系图

图 13-10 铝酸钠溶液升温过程的黏度变化曲线（据刘连利，2004）

对反应产物水合铝酸钙的显微结构进行观察。采用 CaO 为脱硅剂，在 90℃条件下反应 2h，所得产物水合铝酸钙（C_3AH_6）的扫描电镜分析图见图 13-11（a）。采用水合铝酸钙为脱硅剂，在 120℃条件下反应 6h，所得产物水合铝酸钙的扫描电镜照片见图 13-11（b）。采用水合碳铝酸钙（C_4ACH_{11}）为脱硅剂，在 160℃条件下反应 4h，所得产物 C_3AH_6 的扫描电镜照片见图 13-11（c）。

据能谱分析所得化学成分（表 13-19），计算脱硅产物的化学式为：水合铝酸钙 a，$2.64CaO \cdot Al_2O_3 \cdot 0.42SiO_2 \cdot 7.56H_2O$；水合铝酸钙 b，$3.18CaO \cdot Al_2O_3 \cdot 0.21 SiO_2 \cdot 4.74H_2O$；水合铝酸钙 c，$2.40CaO \cdot Al_2O_3 \cdot 0.15 SiO_2 \cdot 8.35H_2O$（图 13-11）。

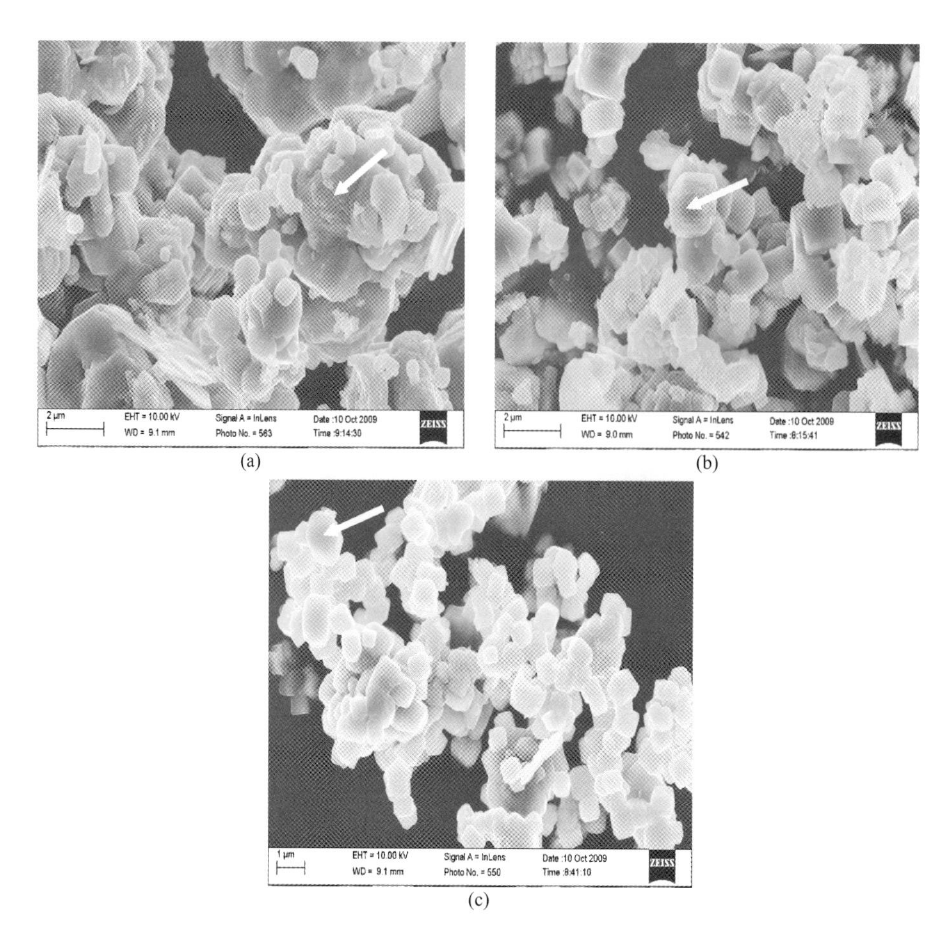

(a) (b) (c)

图 13-11 反应产物水合铝酸钙的扫描电镜照片

表 13-19 脱硅产物 C_3AH_6 的能谱分析及化学式计算结果

分析号	SiO_2	Al_2O_3	CaO	H_2O
3-a	5.16	24.55	36.18	34.13
3-b	3.27	27.38	47.19	22.17
3-c	3.06	21.53	30.33	45.12

由扫描电镜及能谱分析结果可见，反应产物水合铝酸钙的晶形较好，且在细小晶粒堆积处 SiO_2 容易附着，故可达到更好的脱硅效果。钙化合物与 SiO_2 结合，生成溶解度更小的水化石榴石，可达到一步脱硅的目的。

在上述实验基础上，对反应温度、反应时间对铝酸钠溶液脱硅效果的影响进行单因素实验，结果见表 13-20。

表 13-20 水合铝酸钙对预脱硅影响实验结果

实验号	脱硅时间/h	脱硅温度/℃	硅量指数
GS-10	3.0	120	42.01
GS-11	3.5	120	376.24
GS-12	3.0	160	1189.57
GS-13	3.5	160	1898.88

注：铝酸钠溶液（JJY-01）；脱硅剂，水合铝酸钙；脱硅剂加入量，54.49g/L。

由表 13-20 可见，采用水合铝酸钙作为脱硅剂，量取 1L 预脱硅溶液，脱硅时间为 3.5h，脱硅温度 160℃，试剂加入量按化学反应计量比过量 10%，所得铝酸钠精液的硅量指数接近 1900，达到了一步脱硅的目的。

13.3.1.2　反应动力学

表 13-21 为不同温度、时间条件下，脱硅后铝酸钠溶液中的剩余 SiO_2 浓度。由表可见，脱硅反应温度是影响脱硅速度和深度的重要因素，随着脱硅温度的升高和脱硅时间的延长，所得铝酸钠溶液中的 SiO_2 浓度逐渐减少。

表 13-21　不同脱硅时间下温度对脱硅效果的影响实验结果

温度/K	溶液中 SiO_2 含量/(g/L)				
	0min	45min	90min	135min	180min
353	3.46	2.42	1.56	0.76	0.50
373	3.46	1.22	0.32	0.10	0.04
383	3.46	0.87	0.16	0.08	0.02
393	3.46	0.60	0.02	0.01	0.01

由于含硅铝酸钠溶液中 Al_2O_3 浓度远远大于 SiO_2 浓度，故脱硅反应过程 Al_2O_3 的损失很小，即脱硅过程中溶液中 Al_2O_3 浓度可看作常数。假设脱硅动力学方程是 SiO_2 浓度的函数，如式（13-10）所示：

$$\ln(C_0/C_{SiO_2})=Kt \tag{13-10}$$

式中，C_0 为铝酸钠溶液中 SiO_2 的原始浓度，g/L；C_{SiO_2} 为铝酸钠溶液中 SiO_2 的浓度，g/L；t 为脱硅反应时间，min；K 为反应速率常数。

对表 13-21 中的实验数据点进行拟合，得 C_{SiO_2}-t 曲线（图 13-12）。

由图 13-12 可见，在相同温度下，随着反应时间的延长，溶液中的 SiO_2 浓度相应降低。且脱硅温度越高，脱硅速率越快，脱硅率也越高，从而显著提高铝酸钠溶液的硅量指数。

由图 13-13 及表 13-22 可见，随着反应温度的升高，脱硅反应速率相应加快。

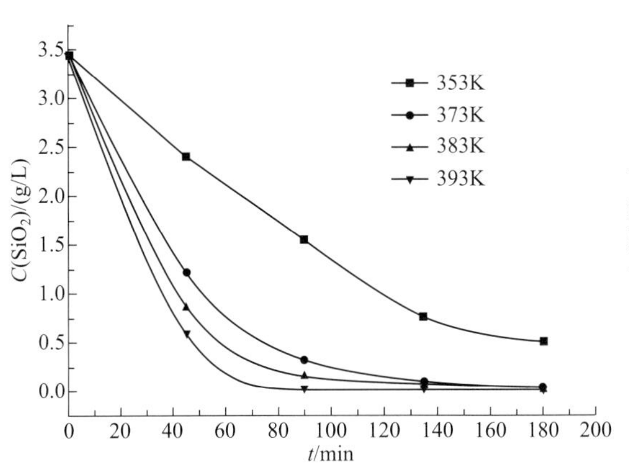

图 13-12　不同温度下脱硅效果实验数据的 C 与 t 拟合曲线

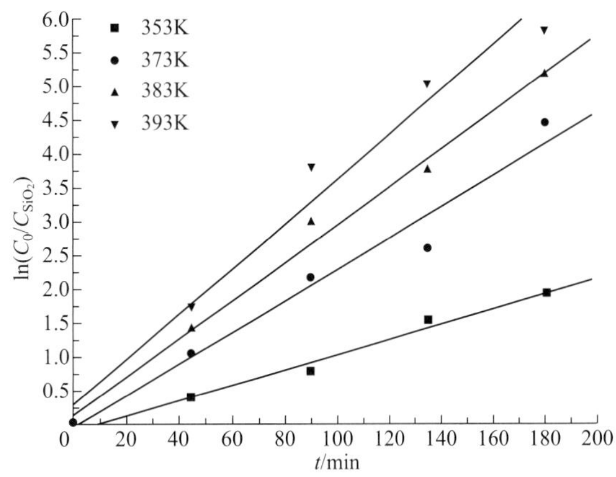

图 13-13　铝酸钠溶液 ln（C_0/C_{SiO_2}）与脱硅反应时间关系图

表 13-22　不同温度下 R^2 因子和反应速率常数 K 的关系

温度/K	R^2	K/min^{-1}
353	0.987	0.0111
373	0.968	0.0233
383	0.991	0.0282
393	0.972	0.0333

常见化学反应的 Arrhenius 活化能公式为：

$$\ln K = -E_a/(RT)+B \tag{13-11}$$

式中，E_a 为反应活化能；R 为理想气体常数；B 为常数。

由公式（13-11）可以知，$\ln K$ 与 $1/T$ 之间呈线性关系，且 $-E_a/R$ 是直线的斜率。

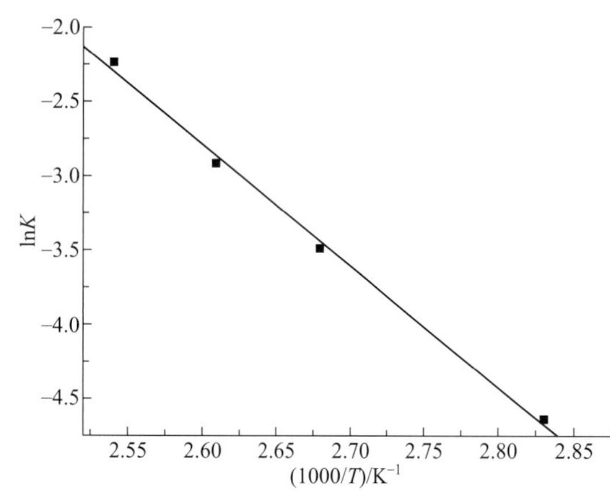

图 13-14　脱硅反应的 lnK 与 1000/T 的拟合关系图

由图 13-14 可见，脱硅反应的 $\ln K$ 与 $1/T$ 线性拟合的 R^2 为 0.997，计算得以水合铝酸钙为晶种条件下脱硅反应的表观活化能 E_α 为 68.49kJ/mol，略低于文献中报道的以氢氧化钙为脱硅剂时的反应活化能数值 96.0kJ/mol（Noworyta，1981a）。

13.3.1.3　脱硅反应机理

不同类型的脱硅剂的脱硅效果有很大不同，其根本原因在于其晶体结构的差异。CaO 和水合铝酸钙的晶格常数小，结构致密，SiO_2 不易进入晶体层面之间，脱硅反应是在其表面进行的。当 CaO 加入含硅铝酸钠溶液中时，先水化生成 $Ca(OH)_2$，后者再与溶液中的 $[Al(OH)_4]^-$ 反应，生成晶形较好的比较致密的水合铝酸钙，包裹于 $Ca(OH)_2$ 粒子表面，阻碍脱硅反应的进行，溶液中的 $[Al(OH)_4]^-$ 需扩散通过新生成的水合铝酸钙层，才能与里面的 $Ca(OH)_2$ 进一步反应。因此，在脱硅产物钙硅渣中，由外向内分别是水化石榴石、水合铝酸钙和氢氧化钙，阻碍外层的水化石榴石包裹在水合铝酸钙表面，溶液中的 $[Al(OH)_4]^-$ 需扩散通过所形成的水化石榴石层，才能与中间层的 C_3AH_6 进一步反应，因而 CaO 的脱硅效率低，脱硅速率慢。而加入水合铝酸钙脱硅，内层为水合铝酸钙，外层为 $3CaO \cdot Al_2O_3 \cdot kSiO_2 \cdot (6-2k)H_2O$，这样看来，CaO 的利用率提高了，所以脱硅深度得以提高。扫描电镜观察及能谱分析结果证明，CaO 和水合铝酸钙作为脱硅剂，脱硅反应是在表面进行的，在细小晶粒的堆积处 SiO_2 杂质容易附着，因而具有更好的脱硅效果。

13.3.2　铝酸钙沉淀

预脱硅后的铝酸钠溶液（TGH-02）的苛性比很高，需通过加入 CaO 从高 MR 的铝酸钠溶液中沉淀出 $3CaO \cdot Al_2O_3 \cdot 6H_2O$，再溶解水合铝酸钙沉淀，制得低 MR 的铝酸钠溶液。化学反应式如下：

$$2NaAl(OH)_4+3CaO+3H_2O = Ca_3Al_2(OH)_{12}+2NaOH \tag{13-12}$$

该反应为可逆反应，当温度高于 100℃时，反应会向左进行。因此，生成铝酸钙沉淀的反应温度应控制在100℃以下（朱金勇等，2002）。

量取脱硅后的铝酸钠溶液（TGH-02）各1.0L，置于2.5L塑料烧杯中，加入适量CaO。用JJ-1型精密定时电动搅拌器搅拌，转速180～200r/min，反应结束后，用循环水式真空抽滤机抽滤（负压0.1MPa），采用KF-Zn（Ac_2）容量法测定滤液中Al_2O_3的含量，计算Al_2O_3的沉淀率。

研究主要因素反应时间、反应温度、CaO/Al_2O_3摩尔比对高苛性比铝酸钠溶液中Al_2O_3沉淀率的影响，实验结果讨论如下。

13.3.2.1　反应时间

量取脱硅后的铝酸钠溶液（TGH-02）300mL，置于500mL塑料烧杯中，按CaO/Al_2O_3(摩尔比)=3加入$Ca(OH)_2$，在室温（25℃）下磁力搅拌，反应不同时间，Al_2O_3的沉淀率见表13-23。由表可见，铝酸钠溶液中55%的Al_2O_3是在反应1h之内沉淀出来的，随着反应时间延长，Al_2O_3的沉淀率持续增大。综合能耗和成本考虑，实验选择铝酸钙沉淀时间为3h。

表13-23　反应时间对Al_2O_3沉淀率的影响实验结果

实验号	反应时间/h	反应温度/℃	CaO/Al_2O_3(摩尔比)	沉铝率/%
CL-01	1	25	3	55.7
CL-02	2	25	3	75.8
CL-03	3	25	3	86.4
CL-04	4	25	3	90.2

13.3.2.2　反应温度

量取脱硅后的铝酸钠溶液（TGH-02）300mL，置于500mL塑料烧杯中，按CaO/Al_2O_3(摩尔比)=3加入$Ca(OH)_2$，反应时间设定为3h。不同温度条件下Al_2O_3的沉淀率见表13-25。随着反应温度的提高，Al_2O_3的沉淀率逐渐下降，原因是温度升高促进了反应(13-12)的逆向进行，增大了水合铝酸钙在NaOH溶液中的溶解度。反应温度对铝酸钠溶液中Al_2O_3沉淀率的影响实验结果见表13-24。

表13-24　反应温度对Al_2O_3沉淀率的影响实验结果

实验号	碱浸液体积/mL	CaO/Al_2O_3(摩尔比)	反应温度/℃	Al_2O_3沉淀率/%
LSG-04	300	3	25	94.87
LSG-05	300	3	50	91.95
LSG-06	300	3	75	80.61

13.3.2.3　CaO/Al_2O_3摩尔比

量取脱硅后的铝酸钠溶液（TGH-02）各1.0L，置于2.5L塑料烧杯中，加入不同量的CaO。在常压、50℃下混合料反应2h，伴以磁力搅拌，转速200r/min，反应结束后真空抽滤（负压0.1MPa），料浆黏度为10.7～11.0mPa·s。测定所得滤液中Al_2O_3的含量，计算铝酸钠溶液中Al_2O_3的沉淀率。实验结果见表13-25。

表 13-25　CaO/Al_2O_3 摩尔比对 Al_2O_3 沉淀率的影响实验结果

实验号	LSG-02	LSG-03
取碱浸溶液量/mL	1000	1000
CaO/Al_2O_3 摩尔比	3	4
加入 CaO 质量/g	55.44	73.92
Al_2O_3 沉淀率/%	91.95	94.97

由表 13-25 可见，CaO/Al_2O_3（摩尔比）越大，越有利于提高沉铝率。从化学反应式（13-12）可知，加入过量的 $Ca(OH)_2$，有利于反应平衡向正方向移动，即有利于 Al_2O_3 的沉淀。从动力学来看，$Ca(OH)_2$ 用量的增大，可使单位时间、单位体积内脱硅反应的概率增大，从而有利于溶液中铝酸根离子转化为水合铝酸钙。但是 $Ca(OH)_2$ 用量的增加，将导致物耗的增加。

当 CaO/Al_2O_3(摩尔比)=3 时，Al_2O_3 的沉淀率达约 92.0%。生成的沉淀主要为水合铝酸三钙。其化学成分分析结果见表 13-26，X 射线粉末衍射分析结果见图 13-15。

表 13-26　水合铝酸钙沉淀的化学成分分析结果　w_B/%

样品号	SiO_2	TiO_2	Al_2O_3	Fe_2O_3	MgO	CaO	Na_2O	K_2O	LOI	总量
LSG-01	0.44	0.25	31.95	0.65	0.43	52.17	0.30	0.14	14.15	100.48

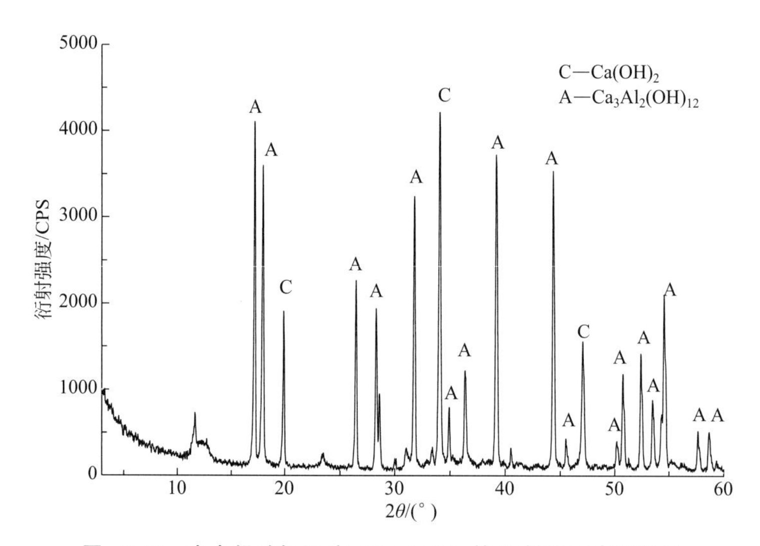

图 13-15　水合铝酸钙沉淀（ZLG-01）的 X 射线粉末衍射图

沉铝后得到 NaOH 碱液（HYN-01），其化学成分分析结果见表 13-27。

表 13-27　沉铝后剩余溶液的化学成分分析结果　g/L

样品号	SiO_2	TiO_2	Al_2O_3	Fe_2O_3	MgO	CaO	Na_2O	K_2O
HYN-01	0.00	0.00	3.95	0.62	0.08	0.22	522.00	1.50

增加 CaO 的用量、降低脱硅反应温度、延长反应时间均有利于反应（13-12）向右进行。

实验结果表明，当 CaO/Al_2O_3(摩尔比)=3、反应温度为 25℃、反应时间为 3h 时，铝酸钠溶液（TGH-02）中约 94.9%的 Al_2O_3 进入 $Ca_3Al_2(OH)_{12}$ 固相，滤液作为循环母液；

滤饼（ZLG-01）的主要物相为水合铝酸钙，用于溶解后制备低 MR 的铝酸钠溶液。

13.3.3　铝酸钙溶解

碱法溶出水合铝酸钙就是用强碱 NaOH 或 Na_2CO_3 等处理水合铝酸钙，使其中的 Al_2O_3 以铝酸钠的形式溶解出来（仇振琢，1999），而铝酸钙中的杂质 Ca、Fe、Ti、Mg 及大部分 Si 依然存留于固体残渣中，固液分离后所得铝酸钠溶液即可用以生产氢氧化铝产品。

以 $NaHCO_3$ 溶液溶解前述所得水合铝酸钙沉淀，化学反应为：

$$Ca_3Al_2(OH)_{12}+3NaHCO_3 \xlongequal{} 3CaCO_3\downarrow+2NaAl(OH)_4+NaOH+3H_2O \quad (13\text{-}13)$$

碱法溶出水合铝酸钙的关键是要控制好溶出条件，主要包括溶出温度和体系中苛性碱（Na_2O_k）的浓度。

苛性碱的浓度需要通过理论和实验共同确定。铝酸钙溶出反应生成的铝酸钠溶液是由 $NaAl(OH)_4$ 和 NaOH 混合而成的一种特殊盐溶液，其性质取决于所含苛性钠与氧化铝的摩尔比，简称苛性比（MR）。苛性比为 1.4～1.8 的铝酸钠溶液在生产条件下相对稳定。

实验准确称量水合铝酸钙沉淀 188.68g（含水率 53%），折合干基 100g 铝酸钙滤饼，实验时分别取 78.74g、83.99g、88.96g $NaHCO_3$。为保证溶出液的苛性比（MR）分别为 1.5、1.6、1.7，将水合铝酸钙和碳酸氢钠混合均匀放入高压釜中，加入 150mL 蒸馏水，在 160℃、压力 0.2～0.25MPa、搅拌速率 200～300r/min 条件下，反应 2h，反应得到的料浆经抽滤，取出沉料用 80mL 水洗涤，洗涤水并入滤液中，定容为 250mL，以保证滤液中的 Al_2O_3 浓度在 100g/L 左右，符合碳分法制备氢氧化铝的要求。

在上述 3 个条件下，Al_2O_3 的溶出率均可达 90%以上（表 13-28），溶出过程生成的固相产物（RJZ-01）的 X 射线粉末衍射分析结果见图 13-16，其主要物相为碳酸钙。

表 13-28　不同苛性比条件下 Al_2O_3 溶出率实验结果

编号	温度/℃	反应时间/h	Na_2O/Al_2O_3	Al_2O_3 溶出率%
RJ-1	160	2	1.5	94.03
RJ-2	160	2	1.6	90.43
RJ-3	160	2	1.7	92.61

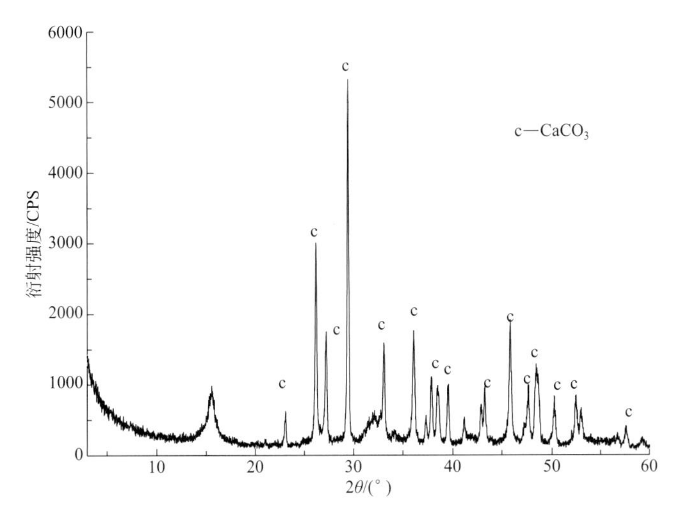

图 13-16　碳酸钙滤渣（RJZ-01）的 X 射线粉末衍射图

轻质碳酸钙滤饼（RJZ-01）的含水率为40.3%，其化学成分分析结果见表13-29。液相为偏铝酸钠溶液（ZNA-01），化学成分分析结果见表13-30。

表 13-29　碳酸钙滤饼的化学成分分析结果　　$w_B/\%$

样品号	SiO_2	TiO_2	Al_2O_3	Fe_2O_3	FeO	MgO	CaO	Na_2O	K_2O	LOI
RJZ-01	0.45	0.07	3.89	0.46	—	0.00	57.11	0.53	0.02	37.48

表 13-30　偏铝酸钠溶液的化学成分分析结果　　g/L

样品号	SiO_2	TiO_2	Al_2O_3	Fe_2O_3	MgO	CaO	Na_2O	K_2O
ZNA-01	0.310	0.00	99.16	0.00	0.013	0.064	95.25	0.09

13.4　铝酸钠粗液纯化

上述所得铝酸钠溶液中仍含有少量SiO_2。而Na_2SiO_3的存在对Al_2O_3的回收极为有害，因其会与$NaAl(OH)_4$反应生成铝硅酸钠沉淀，导致碱和铝的损失。化学反应如下：

$$2Na_2SiO_3+2NaAl(OH)_4+4H_2O \longrightarrow 4NaOH+Na_2O\cdot Al_2O_3\cdot 2SiO_2\cdot 6H_2O\downarrow \quad (13\text{-}14)$$

因此，要制得高纯氧化铝制品，同时提高氧化铝的回收率，就需要对偏铝酸钠溶出液进行深度脱硅处理。

实验采用饱和石灰水对$NaAl(OH)_4$溶液（ZNA-01）进行深度脱硅。其脱硅机理是，CaO首先水化生成$Ca(OH)_2$，再与溶液中的$[Al(OH)_4]^-$离子反应，生成含水铝酸钙$3CaO\cdot Al_2O_3\cdot 6H_2O$，进而与$SiO_2$反应，生成水化石榴石$3CaO\cdot Al_2O_3\cdot xSiO_2\cdot(6-2x)H_2O$沉淀。其脱硅反应如下：

$$3CaO\cdot Al_2O_3\cdot 6H_2O+x[SiO_2(OH)_2]^{2-} = 3CaO\cdot Al_2O_3\cdot xSiO_2\cdot(6-2x)H_2O+2xOH^-+2xH_2O \quad (13\text{-}15)$$

实验中取偏铝酸钠溶液（ZNA-01）1.0L，加入CaO 15g，在高压釜中于160℃下反应，压力0.2～0.25MPa（表压），搅拌速率200～300r/min，恒温反应2h。经过深度脱硅后的铝酸钠精液记为ZNA-02，主要化学成分分析结果见表13-31，深度脱硅后所得滤饼的化学成分分析结果见表13-32。

表 13-31　深度脱硅后铝酸钠精液的化学成分分析结果　　g/L

样品号	SiO_2	TiO_2	Al_2O_3	Fe_2O_3	MgO	CaO	Na_2O	K_2O
ZNA-02	0.003	0.00	99.03	0.00	0.00	0.064	95.29	0.05

表 13-32　深度脱硅后滤饼的化学成分分析结果　　$w_B/\%$

样品号	SiO_2	TiO_2	Al_2O_3	Fe_2O_3	MgO	CaO	Na_2O	K_2O	LOI
STG-01	5.06	0.00	25.60	0.00	0.00	42.25	0.00	0.00	27.12

脱硅后所得硅钙渣沉淀（含水率55%），与水浸滤饼一起返回前述碱浸工序，以回收其中的Al_2O_3，而其中的SiO_2则进入水合硅酸钙滤渣中。

13.5　氧化铝制备

向得到的精制铝酸钠溶液中加入氢氧化铝晶种，通入 CO_2 进行碳化分解，即得氢氧化铝沉淀，经洗涤、干燥，得氢氧化铝制品。

13.5.1　碳分法制备氢氧化铝

脱硅后得到的精制铝酸钠溶液既可以晶种分解，也可以进行碳化分解。实验之所以选择碳化分解，除了分解效率高以外，更主要的原因是碳分母液可循环用于前述水合铝酸钙溶出氧化铝过程。碳分过程是一个有气、液、固三相参加的复杂的多相反应（刘家瑞等，2001）。碳分过程开始时，通入铝酸钠溶液中的 CO_2 与部分游离苛性碱发生如下中和反应：

$$2NaOH(aq) + CO_2 = Na_2CO_3 + H_2O \tag{13-16}$$

$$2KOH(aq) + CO_2 = K_2CO_3 + H_2O \tag{13-17}$$

反应的结果使溶液的苛性比降低，铝酸盐溶液的过饱和度增大，稳定性降低，因而发生铝酸钠（钾）溶液自发分解而析出氢氧化铝的反应：

$$2NaAlO_2 + 4H_2O = 2Al(OH)_3 \downarrow + 2NaOH(aq) \tag{13-18}$$

$$2KAlO_2 + 4H_2O = 2Al(OH)_3 \downarrow + 2KOH(aq) \tag{13-19}$$

在碳分反应末期，当溶液中的苛性碱含量已相当低时（pH 值 10～11)，有丝钠铝石呈固相析出，使最终产品氧化铝的质量受到影响。因此，实验过程应控制碳分分解率为 90%～92%。

实验通过测定不同 pH 值下分解溶液中 Al_2O_3 的含量，来判断碳化分解反应的终点。实验各取铝酸盐溶液 300mL，置于 3 个聚四氟乙烯烧杯中，放置于水浴箱中，在常压、85℃下通入浓度为 38%～40%的 CO_2 气体（出口压力 0.2MPa)，反应达到不同 pH 值时，停止通气。得到的料浆放置 30～35min 后过滤，测定液相中 Al_2O_3 的含量。

根据实验结果，控制碳化分解过程的 pH 值在 12.0～12.5 时停止通气，即能够保证碳化分解率在 90%～92%。

量取深度脱硅后的铝酸钠溶液（PLSN-03）400mL 进行碳化分解实验，常压下分解温度 85℃，CO_2 浓度 38%～40%，通气速率 200mL/min。当 pH 值降低至约 12 时停止通气，放置 30min 后过滤，常压下用 350mL 温度为 85～95℃的蒸馏水洗涤 3～5 次，至滤液接近中性，得氢氧化铝湿滤饼（HYL-01，含水率 61.3%）。

将湿滤饼置于自动控温干燥箱中，在 105℃下干燥 8h，即制得氢氧化铝制品。

13.5.1.1　铝酸钠溶液碳化分解

氢氧化铝晶体析出过程，可分为以下 4 个阶段：

诱导期：通入 CO_2 气体初期，主要反应是中和溶液中游离的 NaOH，降低溶液的苛性比，提高 $NaAl(OH)_4$ 的过饱和度，使铝酸钠溶液处于介稳状态，这一过程非常短暂。

晶核形成期：铝酸钠分解初期，形成大量氢氧化铝微粒，其晶体形状不规则，具有较大的比表面积，吸附能力较强。

晶体长大期：晶核形成后，由于持续通入 CO_2 气体，氢氧化铝析出后附着于晶核上，使晶粒不断长大。

SiO_2 析出期：由于铝酸钠（钾）溶液中含有少量 SiO_2，故分解初期，SiO_2 仅有少量析出；当铝酸钠溶液的分解率达到一定程度后，SiO_2 析出速率急剧增大（苟中入等，2001）。

晶核形成期，吸附力强，容易吸附 SiO_2 和 Na_2O，要适当控制 CO_2 通气速度；晶核长大期，结晶过快，会使氢氧化铝晶形不规则，结构疏松，易于破碎，故应适当控制 CO_2 通气量；SiO_2 析出期，应适当控制铝酸钠的分解率，减少 SiO_2 析出（刘家瑞等，2001；李小斌等，2008）。

研究表明，碳分母液中 SiO_2 的浓度与铝酸钠分解率之间的关系如图 13-17 所示：

当分解率≤10%时，曲线斜率大，表明溶液中 SiO_2 浓度相应降低，进入了产品氢氧化铝。这是由于在分解初期，新生晶核的活性大，从而吸附溶液中的 SiO_2。

当分解率介于 10%～80%时，曲线几乎与 X 轴平行，表明只有氢氧化铝析出，而 SiO_2 析出很少。这是由于随着反应的进行，分解反应进入晶体长大期，氢氧化铝晶粒增大，吸附能力减弱，导致 SiO_2 析出缓慢（刘桂华等，1996）。

当分解率大于 80%以后，曲线斜率急剧增大，说明 SiO_2 与氢氧化铝近于同步析出。这是因为随着反应的进行，溶液中 Na_2O 和 Al_2O_3 浓度降低，SiO_2 的过饱和度显著增大，而以含水铝硅酸钠的形态随氢氧化铝一起结晶析出。

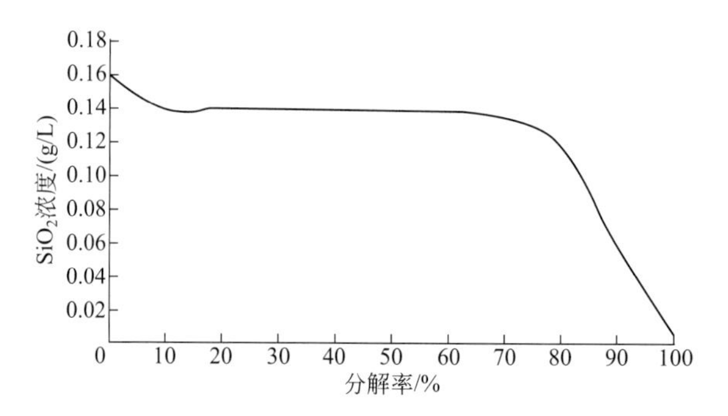

图 13-17　硅量指数 600 的铝酸钠溶液中 SiO_2 浓度随碳分过程的变化
（续宗俊等，2008）

提高铝酸钠精制液的硅量指数，能够延长图中直线部分的长度，有利于减少碳分初期及末期 SiO_2 随氢氧化铝的析出量，同时能提高碳分分解率。

13.5.1.2　主要影响因素

氢氧化铝产品质量主要取决于脱硅和碳分两个过程。在铝酸钠精液的硅量指数一定时，则取决于碳分过程的条件。碳化分解过程的影响因素，主要有分解原液纯度、分解深度、分解温度、晶种系数，以及 CO_2 通气速率和浓度、搅拌速率等。

量取铝酸钠精液（ZNA-02）500mL，倒入塑料烧杯中，将烧杯放入水浴箱中，在设定温度下，外加机械搅拌，搅拌速率控制在 120～150r/min，通入浓度为 38%～40%的 CO_2 气体（出口压力 0.2MPa），进行碳化反应。反应结束后，停止通气，用循环水式真空抽滤机抽滤（负压 0.1MPa），并用 500mL、约 90℃的蒸馏水洗涤滤饼，直至洗液的 pH 值接近中性，所得滤饼在 105℃下烘干，采用 KF-Zn(Ac)$_2$ 容量法测定滤液中 Al_2O_3 的含量。

在碳分过程的影响因素中，实验主要研究碳化深度、碳分工艺制度、晶种类型、晶种系数、碳分温度、CO_2 气体的通气速率等因素的影响。

实验中通过测定不同 pH 值下碳分母液的 Al_2O_3 含量，来判断碳分反应的终点。分别量取铝酸钠精制液 500mL 置于 3 个聚四氟乙烯烧杯中，放置于水浴箱中，在常压、85℃下通入浓度为38%～40%的CO_2气体（出口压力0.2MPa），反应达到不同pH值时，停止通气。用循环水式真空抽滤机抽滤（负压0.1MPa），采用KF-Zn(Ac)$_2$容量法测定滤液中Al_2O_3的含量，计算Al_2O_3的碳分分解率。实验结果见表13-33。

表 13-33 不同 pH 值下碳分母液中 Al_2O_3 浓度分析结果

实验号	TF-01	TF-02	TF-03
pH 值	13.50	12.25	11.78
Al_2O_3/(g/L)	99.02	6.79	3.35
分解率/%	0.00	90.49	94.18

由表13-33可见，碳分过程的pH值控制在约12时停止通气，即能保证碳分分解率在90%～92%。

采用单槽碳酸化分解工艺，在单槽中通入CO_2气体进行碳酸化分解，达到控制的分解率后停气取出反应物料，是把诱导期、晶核成形期、晶体长大期这三个过程在一个分解槽中完成。但实验过程中CO_2气体的通气速率无法按照氢氧化铝的析出实现精确控制，经常出现欠分和过分解现象。

为改进实验效果，设计了不同工艺制度进行碳化分解。主要分解条件：铝酸钠精液Al_2O_3浓度>100g/L，硅量指数A/S>1800，分解温度约85℃，碳分分解率在90%～92%。

TF-4：初始溶液，pH=14.91；通气10min，pH=12.44；停气10min，pH=13.15；通气5min，pH=12.78；停气10min，pH=13.14；通气5min，pH=11.78；停气5min，pH=12.36。

TF-5：初始溶液，pH=13.32；通气10min，pH=12.48；停气5min，pH=12.13。

TF-6：初始溶液，pH=13.60；通气15min，pH=12.25；停止通气。

实验所得氢氧化铝滤饼的化学成分分析结果见表13-34。

表 13-34 氢氧化铝滤饼的化学成分分析结果 w_B/%

实验号	Al_2O_3	SiO_2	Fe_2O_3	Na_2O	灼减
TF-4	61.91	0.020	0.001	0.44	34.08
TF-5	62.84	0.023	0.002	0.61	34.19
TF-6	65.29	0.017	0.001	0.17	34.53

由表13-34可见，实验TF-6得到的氢氧化铝制品符合国标（GB/T 4294—1997）的一级标准。而实验TF-4、TF-5所得产品均未达三级标准，主要是Al_2O_3含量偏低，而Na_2O含量偏高。造成这种现象的原因可能是在碳化过程中，中间间隙停止通气使其充分反应，但却导致了过分。碳分末期溶液中Al_2O_3的含量低、碳酸钠和碳酸氢钠含量高，分解速率快，有利于丝钠铝石的生成，含水碳酸铝钠可能呈固体析出，而进入氢氧化铝产品（张文豪，2004）。

13.5.1.3 晶粒尺寸控制

氧化铝产品的粒度在很大程度上取决于原始氢氧化铝的粒度。为了生产砂状氧化铝，必须制得粒度较粗的氢氧化铝。在无晶种存在时，碳化分解开始析出的氢氧化铝优先形成晶核，同时晶体不断长大。由于初析的细粒晶体在高过饱和的铝酸钠溶液中具有强烈附聚的倾向，故在适宜的搅拌条件下会形成较粗大的颗粒（王志等，2004；Shin et al，2004）。

氢氧化铝晶体长大、次生晶核形成、微晶颗粒附聚等机理，都与种子的表面成核有关，种子的作用是作为晶核形成体，具有催化剂的性质，其活性可近似看作是促进铝酸钠溶液分解析出氢氧化铝结晶的反应能力。实验研究了 3 种不同类型的晶种粒度。按照筛分结果，粒径 150 目以下表示为 $-150^{\#}$，150～190 目粒度表示为 $150\sim190^{\#}$，190 目以上表示为 $+190^{\#}$。实验研究不同粒径的氢氧化铝晶种对碳化分解产物粒度、表面形貌的影响，同时采用正交实验探索添加晶种后工艺条件对碳分产品粒度的影响。

采用日本日立公司 Hitachis-450 扫描电镜，对不同粒度的氢氧化铝晶种进行观察，分辨率 3nm。

图 13-18 显示，添加粒径 $-150^{\#}$ 的氢氧化铝晶种，所得氢氧化铝粉体形态呈粒状，晶粒由多个细微细颗粒团聚而成，显示在细颗粒上各向生长。这种氢氧化铝颗粒密实，堆积密度高（崔兰浩，2009）。

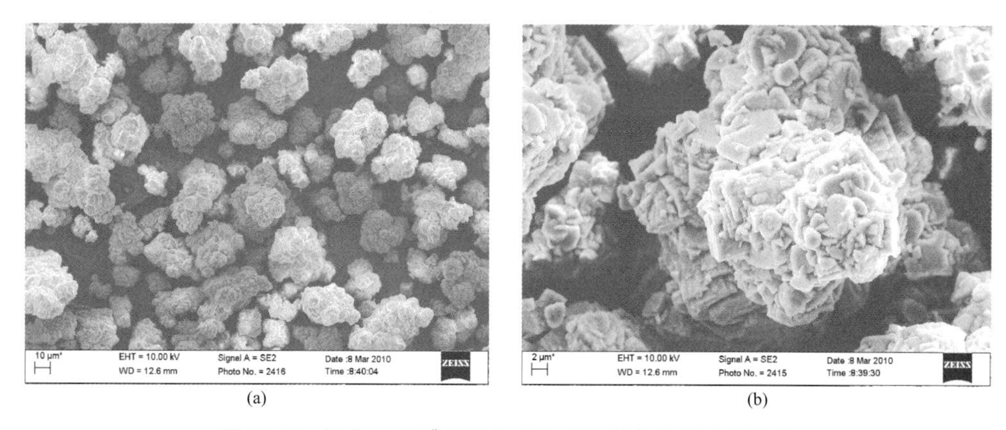

图 13-18 添加 $-150^{\#}$ 晶种的氢氧化铝粉体扫描电镜照片

图 13-19 和图 13-20 显示，添加粒径 $150\sim190^{\#}$、$+190^{\#}$ 晶种所得氢氧化铝粉体呈球状形貌，球状晶粒由多个细颗粒团聚而成，显示在细颗粒上各向生长。这种氢氧化铝颗粒结构密实，堆积密度高，透明度高，白度低，黏度低，极难粉碎（崔兰浩，2009；Jamialahmadi，1998）。

图 13-19 添加 $150\sim190^{\#}$ 晶种的氢氧化铝粉体扫描电镜照片

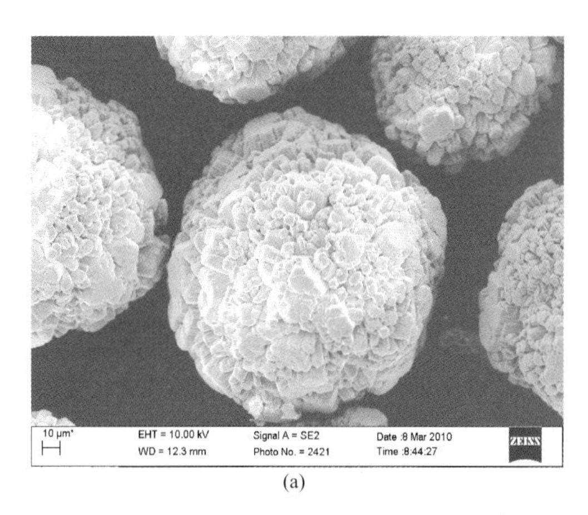

(a)

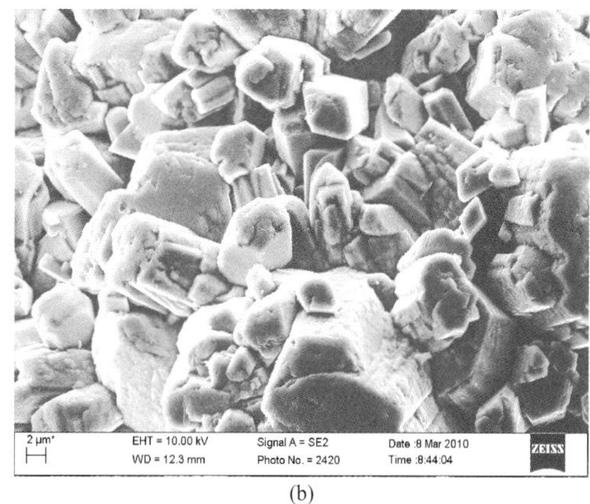

(b)

图 13-20　添加＋190# 晶种的氢氧化铝粉体扫描电镜照片

影响铝酸钠溶液碳化分解的主要因素有晶种粒度、晶种系数、碳分温度和 CO_2 气体通气速率。采用 4 因素 3 水平正交实验方案，实验结果见表 13-35。

表 13-35　铝酸钠溶液碳分过程正交实验结果

实验号	晶种粒度/目	晶种系数	碳分温度/℃	通气速率/(L/min)	硅量指数
TF-07	－150	0.1	70	1	3147.5
TF-08	－150	0.3	80	2	2754.8
TF-09	－150	0.5	90	3	3906.5
TF-10	150～190	0.1	80	3	3650.9
TF-11	150～190	0.3	90	1	4198.1
TF-12	150～190	0.5	70	2	4963.6
TF-13	＋190	0.1	90	2	2628.4
TF-14	＋190	0.3	70	3	2525.8
TF-15	＋190	0.5	80	1	4286.1
$k(1,j)$	2.00	2.33	1.33	1.33	
$k(2,j)$	1.67	1.67	2.33	2.00	
$k(3,j)$	2.33	2.00	2.33	2.67	
级差	0.67	0.67	1.00	1.33	

对正交实验结果做直观分析，各因素对氢氧化铝产品性能影响的顺序依次为：通气速率＞碳分温度＞晶种粒度＝晶种系数（表 13-35）。结合氢氧化铝制品的化学成分及粒度分析结果，可进一步确定碳分反应条件。氢氧化铝制品的化学成分分析结果见表 13-36。

表 13-36　氢氧化铝制品化学成分分析结果　$w_B/\%$

样品号	Al_2O_3	SiO_2	Fe_2O_3	Na_2O	灼减
TF-07	65.44	0.020	0.001	0.44	34.08
TF-08	65.14	0.023	0.002	0.27	34.19
TF-09	64.74	0.017	0.001	0.41	34.53

续表

样品号	Al_2O_3	SiO_2	Fe_2O_3	Na_2O	灼减
TF-10	63.94	0.018	0.001	0.58	34.18
TF-11	65.27	0.016	0.000	0.40	34.02
TF-12	64.98	0.013	0.001	0.39	34.09
TF-13	64.19	0.024	0.001	0.52	34.17
TF-14	65.29	0.004	0.001	0.49	34.36
TF-15	65.66	0.015	0.001	0.36	34.29

采用 Mastersizer 2000 型激光粒度分析仪（Malvern Instruments Ltd.），对实验所得氢氧化铝粉体进行粒度分析。结果为：未添加晶种所得的氢氧化铝粉体的中粒径偏小，仅为25.55μm。添加不同粒径的晶种，碳分后所得氢氧化铝粉体的粒径分布有所变化。添加晶种的粒径越大，碳分所得氢氧化铝粉体的中粒径也越大（王玉玲等，2007）。这是由于在碳分过程中，铝酸钠溶液过饱和度的降低速率与晶种总表面积的变化相适应，较少有枝晶的产生、吸附层的大量脱落等现象发生，避免了大量微细粒子的产生（毕诗文等，2007）。其中添加粒径＋190# 晶种，碳分所得氢氧化铝粉体的中粒径达 72.83μm，接近于砂状氧化铝（80～100μm）的粒度范围。

13.5.2 氢氧化铝制品性能表征

实验制备的氢氧化铝制品（HYL-01）的 X 射线粉末衍射分析结果见图 13-21。实验制品（HYL-01）的衍射峰符合氢氧化铝的特征衍射峰。

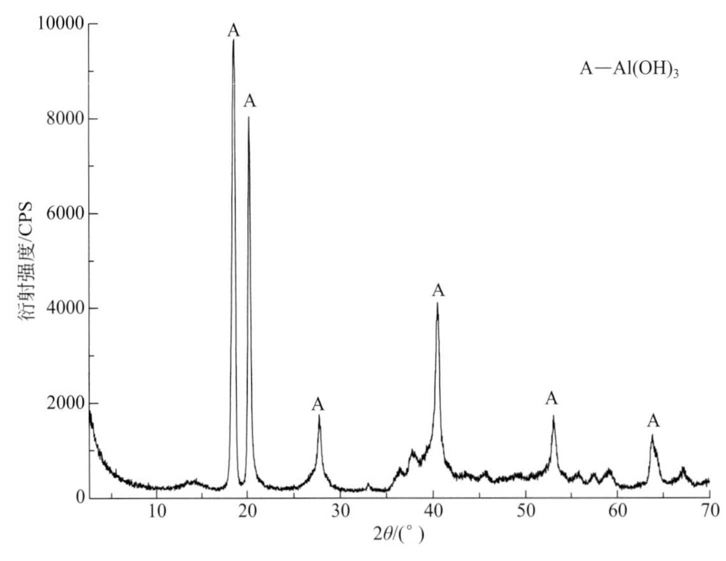

图 13-21 氢氧化铝制品（HYL-01）X 射线粉末衍射图

按照氢氧化铝的国标 GB/T 4294—2010（表 13-37）规定的分析以及计算方法，测定氢氧化铝制品的各项指标，结果见表 13-38。

表 13-37　氢氧化铝的国家标准（GB/T 4294—2010）

牌号	化学成分(质量分数)②/%					物理性能
	$Al_2O_3$③ 不小于	杂质含量,不大于			烧失量 (灼减)	水分(附着水)/% 不大于
		SiO_2	Fe_2O_3	Na_2O		
AH-1①④	余量	0.02	0.02	0.40	34.5±0.5	12
AH-2④	余量	0.04	0.02	0.40	34.5±0.5	12

① 用作干法氟化铝的生产原料时，要求水分（附着水）不大于 6%，小于 45μm 粒度的质量分数≤15%。
② 化学成分按在 110℃±5℃下烘干 2h 的干基计算。
③ Al_2O_3 含量为 100%减去表中所列杂质含量总和以及灼减后的余量。
④ 重金属元素 $w(Cd+Hg+Pb+Ca^{6+}+As)\leqslant 0.010\%$，供方可不做常规分析，但应监控其含量。

表 13-38　氢氧化铝制品的化学成分分析结果　$w_B/\%$

样品号	报告编号	Al_2O_3	SiO_2	Fe_2O_3	Na_2O	灼减
HYL-01	0906161-054	65.76	0.019	0.004	0.18	34.03
AOH-62	0912091-052	65.84	0.005	0.001	0.32	33.84
AOH-63	0912091-054	65.49	0.005	0.001	0.32	34.19

注：谱尼测试科技（北京）有限公司分析。

对比表 13-38 与表 13-37 可见，实验制品达到了氢氧化铝工业产品国标 GB/T 4294—1997 规定的一级品标准。

氢氧化铝实验制品（HYL-01）的扫描电镜分析结果见图 13-22。实验制得的氢氧化铝粉体的粒径约为 100μm，晶体发育完好，晶粒外形近似球形，其微观形貌主要呈镶嵌型，晶粒镶嵌密实，晶粒外部的缝隙处均被小晶粒所填充。

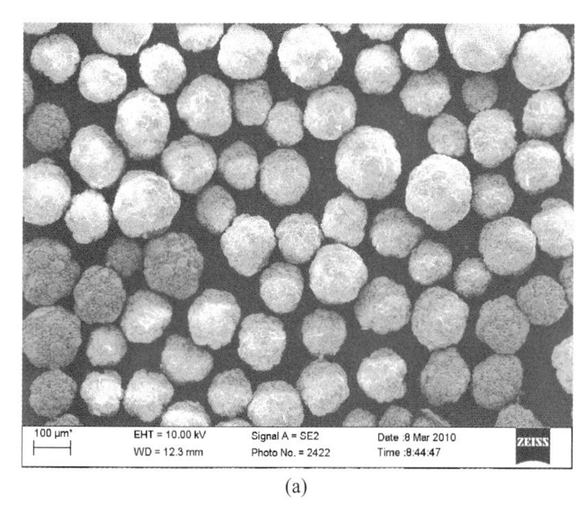

(a)

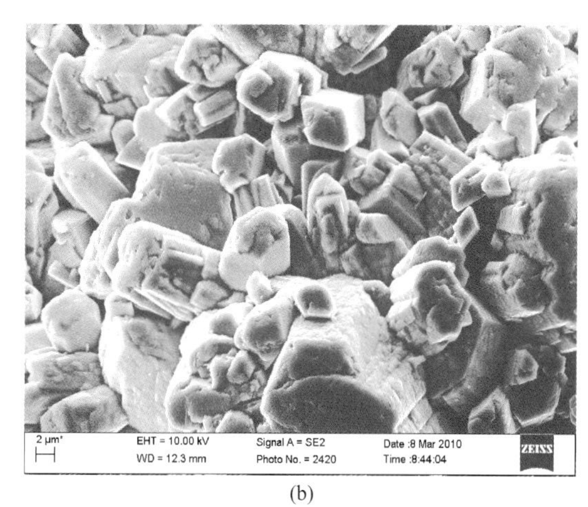

(b)

图 13-22　氢氧化铝制品（HYL-01）的扫描电镜照片

13.5.3　氢氧化铝煅烧

氢氧化铝煅烧是氧化铝生产过程中的最后一道工序，是在高温下脱去氢氧化铝含有的附着水和结晶水、转变晶形、制取符合要求的氧化铝的过程（毕诗文等，2007）。氢氧化铝的脱水和相变过程非常复杂，其影响因素包括原始氢氧化铝的制取方法、粒度、杂质种类和含量以及煅烧条件等。

由氢氧化铝制品（HYL-01）的差热分析结果（图13-23）可见，氢氧化铝煅烧过程中，主要发生如下变化：

（1）脱除附着水

在100～200℃左右出现吸热谷，主要为氢氧化铝失去吸附水的热效应，失重约5%。

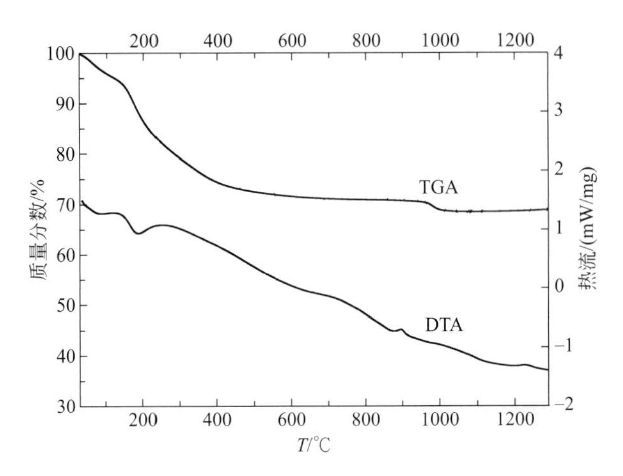

图13-23　氢氧化铝制品（HYL-01）的差热分析图

（2）脱除结晶水

氢氧化铝脱除结晶水的起始温度在130～190℃之间，分为3个阶段：180～220℃，脱去0.5个水分子；220～420℃，脱去2个水分子；420～500℃，脱去0.4个水分子。化学反应式为：

$$Al(OH)_3 \longrightarrow AlOOH + H_2O\uparrow \tag{13-20}$$

$$2AlOOH \longrightarrow Al_2O_3 + H_2O\uparrow \tag{13-21}$$

（3）晶形转变

在800～1000℃出现放热峰，主要是氧化铝晶形转变的热效应，失重约2.3%（毕诗文，2006）。

一般来说，煅烧温度越高，所得氧化铝制品的酌减量（结晶水）越小，α-Al_2O_3晶粒比例越高；而氢氧化铝的粒度和强度对氧化铝粉体制品的晶粒尺寸影响较大。粒度较粗、强度较大的氢氧化铝晶粒，经煅烧才能获得粒度较粗的氧化铝粉体。

通过上述分析，实验对制得的氢氧化铝中间产物（HYL-01），从室温至600℃范围以5℃/min的速率升温，然后以80℃/min的速率升温至1050℃，恒温煅烧40min，制得氧化铝粉体。

13.5.4　氧化铝制品性能表征

实验所得氧化铝制品（YHL-01）的X射线粉末衍射分析结果如图13-24所示，主要物相为θ-Al_2O_3。

按照有色冶金行业标准YS/T 274—1998中规定的氧化铝分析及计算方法（表13-39），以霓辉正长岩为原料，所得氧化铝制品（YHL-01）的化学成分分析结果见表13-40。

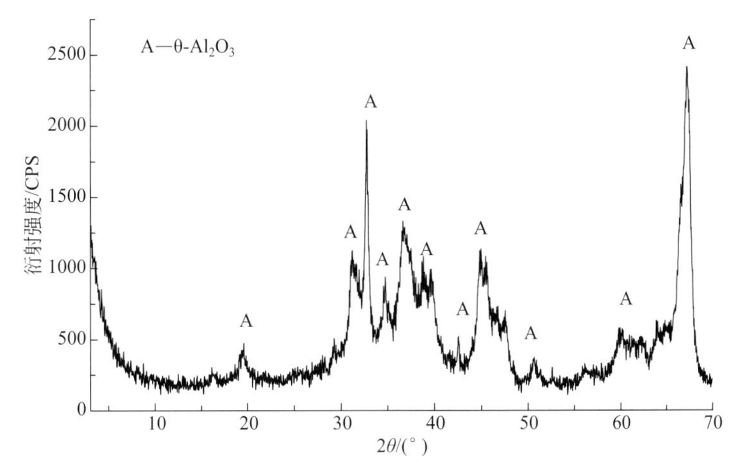

图 13-24　氧化铝制品（YHL-01）X 射线粉末衍射图

表 13-39　氧化铝的行业标准（YS/T 274—1998）

等级	牌号	化学成分/%				
		Al_2O_3 不小于	杂质含量不大于			
			SiO_2	Fe_2O_3	Na_2O	灼减
一级	Al_2O_3-1	98.6	0.02	0.02	0.50	1.0
二级	Al_2O_3-2	98.4	0.04	0.03	0.60	1.0
三级	Al_2O_3-3	98.3	0.06	0.04	0.65	1.0
四级	Al_2O_3-4	98.2	0.08	0.05	0.70	1.0

注：氧化铝含量为 100%减去表列杂质的含量；表中成分按（300±5）℃下烘干 2h 的干基计算。

对比表 13-39 与表 13-40 可见，采用本项技术制备的氧化铝粉体（YHL-01），符合有色金属行业标准 YS/T274-1998 规定的二级标准。

表 13-40　氧化铝制品（YHL-01）的化学成分分析结果　　w_B/%

样品号	Al_2O_3	SiO_2	Fe_2O_3	Na_2O	K_2O	灼减	总量
YHL-01	98.68	0.023	0.00	0.22	0.04	1.0	99.81

注：中国地质大学（北京）化学分析室龙梅、王军玲、梁树平分析。

实验制备的氧化铝粉体的堆积密度为 1.86g/cm³，粒度分布范围为 0.56～196.71μm，$d(0.1)=46.26\mu m$；$d(0.5)=74.99\mu m$；$d(0.9)=119.77\mu m$。

扫描电镜下观察，实验制得的氧化铝制品（YHL-01）颗粒主要呈晶柱发散状径向堆积结构，晶柱方向多处有明显裂纹，颗粒结构相互交错分布（图 13-25）。

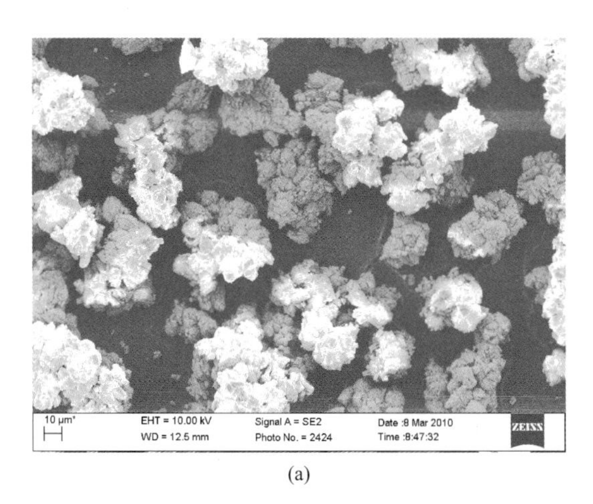

(a)

(b)

图 13-25 氧化铝制品（YHL-01）的扫描电镜照片

13.6 工艺过程环境影响评价

13.6.1 技术可行性

以霓辉正长岩为主要原料制备冶金级氧化铝，同时副产硅灰石针状粉等副产品的技术，可达到资源利用率近100%、三废接近零排放的高效节能和清洁生产的要求。

冶金级氧化铝是电解铝工业的基本原料。中国的铝土矿资源相对短缺，截至2015年储量仅为8.3亿吨，占世界总储量的2.96%（国土资源部信息中心，2016）。因此，铝土矿资源短缺是制约中国铝材工业可持续发展的主要瓶颈。

目前工业上铝酸钠溶液预脱硅一般采用两段脱硅法，即先添加水合铝硅酸钠作为晶种，进行一次脱硅，分离钠硅渣后，再添加氧化钙进行二次脱硅。本实验通过添加不同类型的脱硅剂对铝酸钠溶液进行一步脱硅法对比实验，确定优化脱硅条件为：采用水合铝酸钙为脱硅剂，在160℃下反应3.5h，即可制得硅量指数大于1800的铝酸钠精液，使操作流程简化，脱硅时间缩短，脱硅深度提高，达到一步脱硅的目的。

对精制铝酸钠溶液添加不同粒径的氢氧化铝晶种进行碳分实验，在添加$+190^{\#}$晶种、晶种系数0.5、碳化分解深度90%～92%、碳分温度80℃、反应时间45min的条件下，制得平均粒径约100μm的氢氧化铝一级制品。在1050℃下煅烧40min，制得平均粒径119.7μm的氧化铝粉体产品，满足有色金属行业标准YS/T 274—1998中规定的二级标准氧化铝的指标要求。

13.6.2 环境影响评价

本项实验研究设计的基本工艺过程是一个完整的优化系统。整个工艺过程涉及霓辉正长岩矿石的预处理、水浸、碱浸、预脱硅、降低苛性比、碳化分解、煅烧等，其基本工艺流程见图13-26。

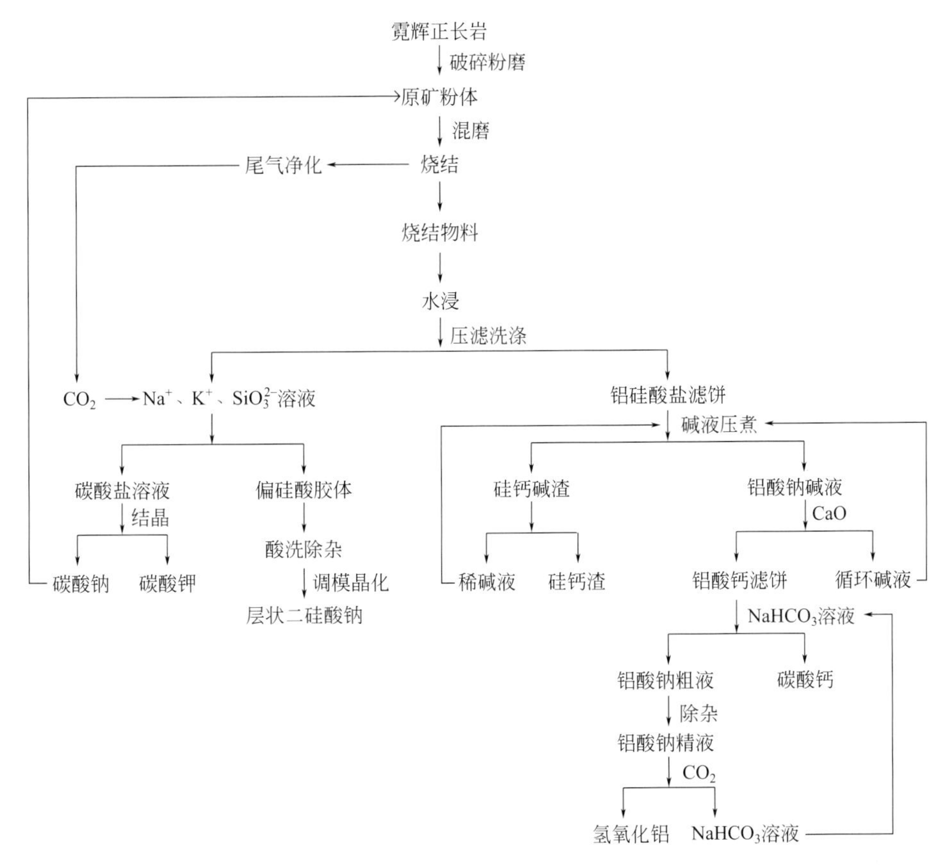

图 13-26　霓辉正长岩制取氢氧化铝基本工艺流程

对环境影响分析如下：

处理霓辉正长岩矿石，生料烧结过程需补充少量工业碳酸钠，加入少量自来水。对烧结熟料进行水浸，得水浸湿滤饼，进行碱浸溶出氧化铝，制得铝酸钠粗液。对滤液进行预脱硅处理，需加入晶种。对脱硅滤液进行沉铝，需加入 CaO，得到水合铝酸钙。沉铝后可得 NaOH 溶液，用于碱浸过程。对水合铝酸钙进行溶解，需加入碳酸氢钠，反应后可得到轻质碳酸钙，可直接作为工业产品，也可对其进行煅烧生产生石灰，用于碱浸和沉铝过程。得到的铝酸钠粗液加入 CaO 进行深度脱硅，制得精制铝酸钠溶液，产生的少量硅钙渣返回水浸滤饼碱浸工段，以回收其中的 Al_2O_3。铝酸钠精液经碳化分解，制得氢氧化铝粉体。所得碳分母液循环用于前述溶解水合铝酸钙沉淀过程。对氢氧化铝进行煅烧，即制得氧化铝产品。

整个工艺过程中，氧化铝的全流程回收率约 84.6%。整个工艺过程中，一次资源和能源消耗可望最低。少部分水在产物干燥过程中蒸发掉，其余大部分水可循环利用。

由以上分析可知，以霓辉正长岩矿石为原料生产氧化铝的技术，整个工艺过程的资源利用率高，三废接近于零排放，符合清洁生产的环保要求，环境相容性良好。

上篇参考文献

[1] 毕诗文. 氧化铝生产工艺. 北京：化学工业出版社，2006：1-2，8-10，222-233，266-327.

[2] 毕诗文，杨毅宏，李殿峰，等. 铝土矿的拜耳法溶出. 北京：冶金工业出版社，1996.

[3] 毕诗文，于海燕. 氧化铝生产工艺. 北京：化学工业出版社，2007：78-96.

[4] 边炳鑫，谢强，赵由才，等. 煤系固体废物资源化技术. 北京：化学工业出版社，2005：121-125.

[5] 薄春丽，郑诗礼，马淑花，等. 高铝粉煤灰铝硅化合物在稀碱溶液中的浸出行为. 过程工程学报，2012，12 (4)：613-617.

[6] 曹东，王金南. 中国工业污染经济学. 北京：中国环境科学出版社，1999.

[7] 曹亚鹏，郭奋，梁磊，等. 高浓度碳分反应制备纳米氢氧化铝的实验研究. 北京化工大学学报（自然科学版），2006 (6)：1-4.

[8] 陈滨，李小斌，徐华军，等. 氧化铝熟料溶出过程二次反应的热力学讨论. 北京化工大学学报，2007，34 (2)：189-195.

[9] 陈滨，李小斌，周秋生，等. 铝酸钠溶液中析出一水软铝石过程的宏观动力学. 化学研究，2006，17 (3)：60-63.

[10] 陈湘清，陈兴华，马俊伟，等. 低品位铝土矿选矿脱硅实验研究. 轻金属，2006 (10)：13-16.

[11] 陈万坤，彭关才. 一水硬铝石型铝土矿的强化熔出技术. 北京：冶金工业出版社，1997.

[12] 陈振基. 国外煤矸石利用. 北京：中国建筑工业出版社，1981.

[13] 程平平，钟宏，余新阳，等. QAX224 捕收剂反浮选分离一水硬铝石和高岭石的实验研究. 金属矿山，2009 (1)：55-58，73.

[14] 仇振琢. 苛化溶出铝酸钙. 轻金属，1999 (4)：18-21.

[15] 崔兰浩. 氢氧化铝晶貌与应用性能关系的探讨. 轻金属，2009 (11)：14-22.

[16] 代世峰，任德怡，李生盛. 内蒙古准格尔超大镓矿床的发现. 科学通报，2006，51 (2)：177-185.

[17] 大连化工研究设计院. 纯碱工学. 第 2 版. 北京：化学工业出版社，2004：898.

[18] 邓军. 煤矸石特性分析和综合利用研究. 煤炭科技，2009，28 (6)：149-150.

[19] 杜淄川，李会泉，包炜军，等. 高铝粉煤灰碱溶脱硅过程反应机理. 过程工程学报，2011，11 (3)：442-447.

[20] 范娟，阮复昌. 铝酸钙的溶出工艺研究. 应用化工，2002，31 (1)：1-3.

[21] 方启学，黄国智，葛长礼，等. 我国铝土矿资源特征及其面临的问题与对策. 轻金属，2000 (10)：8-11.

[22] 方荣利，王琳. 生态化利用粉煤灰制备高纯超细氢氧化铝. 化学工程，2005，33 (3)：29-32.

[23] 费业斌，余俊侠，邹炜，等. 用石灰石烧结工艺从粉煤灰提取氧化铝. 矿冶工程，1983 (1)：52-57.

[24] 冯其明，卢毅屏，欧乐明，等. 铝土矿的选矿实践. 金属矿山，2008 (10)：1-4.

[25] 付克明，路迈西. 粉煤灰合成 P 型沸石研究. 煤炭工程，2007 (2)：85-87.

[26] 傅献彩，沈文霞，姚天扬. 物理化学. 北京：高等教育出版社，2001.

[27] GB/T 2589—2008. 综合能耗计算通则.

[28] 盖艳武，丁行标，刘敏，等. 某低品位铝土矿的重选可行性实验研究. 矿山机械，2012，40 (12)：83-85.

[29] 高淑玲，李晓安，魏德洲，等. 低品位铝土矿在旋流离心力场中的分选实验研究. 金属矿山，2007 (11)：54-57.

[30] 葛林瀚，杜慧，周春侠. 煤矸石的危害性及其资源化利用进展. 煤炭技术，2010，29 (7)：9-11.

[31] 葛兆明，李仁福，林金兰. 粉煤灰活化与活化粉煤灰强度效应. 哈尔滨建筑大学学报，1997，30 (6)：87-91.

[32] 葛中民. 钙硅渣深度脱硅的可行性探讨. 湿法冶金，2007，26 (3)：166-168.

[33] 苟中入. 高浓度铝酸钠溶液碳酸化分解的机理与工艺. 湖南：中南大学，2005.

[34] 苟中入，李小斌，刘桂花，等. 高浓度铝酸钠溶液碳酸化分解的可行性研究. 轻金属，2001 (11)：20-24.

[35] 郭飞，陈新勇，丁银龙，等. 煤矸石的利用途径及存在问题分析. 中国科技信息，2009 (2)：18-19.

[36] 郭静芸，蔡志翔，刘小飞. 煤矸石资源化利用及发展趋势. 煤炭技术，2009，28 (6)：3-5.

[37] 国土资源部信息中心. 世界矿产资源年评 2016. 北京：地质出版社，2016：154-163.

[38] 韩德刚，高执棣，高盘良，等. 物理化学. 北京：高等教育出版社，2001：721-724.

[39] 郝士明. 材料热力学. 北京：化学工业出版社，2004：48-62.

[40] 何智海. 浅谈粉煤灰效应和粉煤灰的激发. 粉煤灰综合利用，2007 (5)：44-46.

[41] 黄明. 粉煤灰资源化综合利用与应用. 砖瓦，2006 (8)：39-44.

[42] 黄志芳. 煤矸石综合开发利用可行性分析. 海洋科学，2009 (8)：56-59.

[43] 季惠明，吴萍，张周，等. 利用粉煤灰制备高纯氧化铝纳米粉体的研究. 地学前缘，2005，12 (1)：220-224.
[44] 季惠明，马艳红，吴萍，等. 由粉煤灰提取高纯纳米氧化铝活化过程研究. 环境化学，2007，26 (4)：448-451.
[45] 蒋昊，李光辉，胡岳华. 铝土矿的铝硅分离. 国外金属矿选刊，2001 (5)：24-29，34.
[46] 靳古功. 降低烧结法氧化铝工艺能耗的途径. 轻金属，2004，11：12-15.
[47] 孔德四，钟婵鹃，肖国光. 铝土矿预脱硅研究进展. 江西科学，2008，26 (2)：256-262.
[48] 李光霞，霍强，周吉奎. 硅酸盐细菌在铝土矿生物选矿中的应用综述. 铝镁通讯，2010 (1)：8-10.
[49] 李方文，魏先勋，马淞江，等. 煅烧对粉煤灰合成 4A 沸石的作用. 环境科学与技术，2003，26 (4)：13-17.
[50] 李方文，吴小爱，马淞江. 燃煤火电厂粉尘的危害及防治. 能源环境保护，2005，19 (1)：19-21.
[51] 李刚，刘开平，姜曙光，等. 利用粉煤灰和废玻璃粉制备新型墙体材料的研究. 新型建筑材料，2006 (12)：68-71.
[52] 李洪桂. 湿法冶金学. 长沙：中南大学出版社，2005：64，495.
[53] 李焕平. 霞石正长岩生产氧化铝综述. 中国有色金属，2010 (1)：78-79.
[54] 李军旗，蒲锐，陈朝轶，等. 碱法对粉煤灰的预脱硅处理. 轻金属，2010，11：11-13.
[55] 李小斌，刘桂华，彭志宏，等. 高苛性比铝酸钠溶液中氧化铝的回收. 中国有色金属学报，1999，9 (2)：403-406.
[56] 李小斌，潘军，刘桂华，等. 从铝酸钠溶液中析出软水铝石的实验研究. 中南大学学报 (自然科学版)，2006，37 (1)：25-30.
[57] 李小斌，周小淞，周秋生，等. 高浓度铝酸钠溶液碳酸化分解产品中 Na_2O 含量的控制. 过程工程学报，2008，8 (5)：945-947.
[58] 李永芳. 氧化铝生产热力学数据库. 长沙：中南大学冶金科学与工程学院，2001.
[59] 李有恒. 铝酸钠溶液氧化钙脱硅过程研究. 沈阳化工学院学报，2007，21 (4)：244-247.
[60] 梁英教，车荫昌. 无机热力学数据手册. 沈阳：东北大学出版社，1993：255-260.
[61] 林传仙，白正华，张哲儒. 矿物及有关化合物热力学数据手册. 北京：科学出版社，1985：98-99.
[62] 凌石生，章晓林，尚旭，等. 铝土矿物理选矿脱硅研究概述. 国外金属矿选矿，2006 (7)：9-12.
[63] 刘冰，邱跃琴. 铝土矿浮选脱硅研究现状与展望. 现代矿业，2012 (5)：131-133.
[64] 刘桂华，范旷生，李小斌. 氧化铝生产中的钠硅渣. 轻金属，2006 (2)：13-17.
[65] 刘桂华，李小斌，彭志宏，等. 浓碱高苛性比铝酸钠溶液中水合铝硅酸钠形成的动力学研究. 高等学校化学学报，1999，20 (8)：1262-1265.
[66] 刘桂华，李小斌，周秋生. 铝、硅在强碱溶液中的结构. 轻金属，1996 (6)：13-16.
[67] 刘浩，李金洪，马鸿文，等. 利用高铝粉煤灰制备堇青石微晶玻璃的实验研究. 岩石矿物学杂志，2006a，25 (4)：338-340.
[68] 刘浩，马鸿文，彭辉，等. 利用高铝粉煤灰制备莫来石微晶玻璃的实验研究. 矿物岩石地球化学通报，2006b，25 (4)：6-9.
[69] 刘家瑞，王建峰. 应用连续碳酸化分解提高产品质量. 轻金属，2001，12：24-26.
[70] 刘丽儒，于庆波，陆钟武，等. 烧结法生产氧化铝流程中物流对能耗的影响. 有色金属，2003，55 (2)：51-55.
[71] 刘连利，刘玉静，翟玉春. 铝酸钠溶液深度脱硅的研究. 化学世界，2005 (8)：458-461.
[72] 刘连利，翟玉春，刘玉静，等. 水合碳铝酸钙的性质及脱硅反应研究. 化工通报，2004 (5)：368-372.
[73] 刘瑞芹. 煤矸石的综合利用分析. 现代矿业，2009 (7)：140-142.
[74] 刘小波，傅勇坚，肖秋国. 煤矸石-石灰石-纯碱烧结过程研究. 环境科学学报，1999，19 (2)：210-213.
[75] 刘瑛瑛，李来时，吴艳，等. 粉煤灰精细利用——提取氧化铝研究进展. 轻金属，2006 (5)：20-23.
[76] 柳妙修，程兆年，陈念贻，等. 碳酸化分解氢氧化铝中 SiO_2 含量影响因素的模式识别. 金属学报，1990，26 (5)：380-383.
[77] 卢宏燕. 氧化铝连续碳酸化过程分解率专家控制系统. 长沙：中南大学，2005.
[78] 鲁劲松. 提高河南省铝土矿资源利用效率的现实选择. 中国国土资源经济，2013 (7)：24-26.
[79] 马鸿文. 结晶岩热力学软件. 北京：地质出版社，1999：1-55.
[80] 马鸿文. 结晶岩热力学概论. 第 2 版. 北京：高等教育出版社，2001：1-40，115-127.
[81] 马鸿文. 工业矿物与岩石. 第 3 版. 北京：化学工业出版社，2011：73-76，172-174.
[82] 马双忱. 从粉煤灰中回收铝的实验研究. 电力情报，1997 (2)：46-49.
[83] 马正先，马志军，马云东. 用煤矸石制备氢氧化铝和氧化铝的研究. 有色矿冶，2006，22：37-41.
[84] 芈振明，高忠爱，祁梦兰，等. 固体废物的处理与处置. 北京：高等教育出版社，1993：416.

[85] 莫丽艳. 氧化铝低碳生产综合成本效益分析模型研究. 北京：北方工业大学，2013.
[86] 欧乐明，冯其明，卢毅屏，等. 铝土矿碎解方式与铝硅矿物选择性分离. 金属矿山，2005（2）：28-32.
[87] 欧阳坚，卢寿慈. 国内外铝土矿选矿研究的现状. 矿产保护与利用，1995（6）：40-43.
[88] 裴小苗. 纳米氧化铝粉体的制备及其团聚的控制. 山西：太原理工大学，2006.
[89] 裴秀中. 碳分法制取超细氢氧化铝粉体. 上海化工，2004，29（2）：30-32.
[90] 祁慧军，祁慧雄，张金山，等. 利用硅钙渣制造釉面砖的方法：中国，CN102173740A. 2011-09-07.
[91] 覃永贵. 利用硅钙渣处理苯酚的实验研究. 北京：中国地质大学，2012.
[92] 任根宽，张克俭. 煤矸石提取氧化铝工艺研究. 无机盐工业，2010，42（8）：54-56.
[93] 任根宽，朱登磊. 石灰烧结法从煤系高岭土提取氧化铝的研究. 非金属矿，2012（1）：7-9.
[94] 上官正. 过饱和铝酸钠溶液的诱导期. 轻金属，1994，8：21-24.
[95] 邵龙义，陈江峰，石玉珍，等. 准格尔电厂炉前煤矿物组成及其对高铝粉煤灰形成的贡献. 煤炭学报，2007，32（4）：411-415.
[96] 沈钟，王国庭. 胶体与表面化学. 北京：化学工业出版社，2003：62-87.
[97] 盛昌栋，张军，徐益谦. 煤中含铁矿物在煤粉燃烧过程中行为的研究进展. 煤炭转化，1998，21（3）：14-18.
[98] 石磊，翁端. 国内外环境材料最新研究进展. 世界科技研究与发展，2004，6：47-55.
[99] 苏彩丽. 粉煤灰漂珠处理废水的技术研究. 节能与环保，2005（10）：28-30.
[100] 孙家瑛. 粉煤灰回填材料性能与应用研究. 房材与应用，2000（1）：20-22.
[101] 孙俊民，王秉军，张战军. 高铝粉煤灰资源化利用与循环经济. 轻金属，2012（1）：1-5.
[102] 孙培梅，李广民，童军武，等. 从电厂粉煤灰中提取氧化铝物料烧结过程工艺研究. 煤炭学报，2007，32（7）：744-747.
[103] 王佳东，翟玉春，申晓毅. 碱石灰烧结法从脱硅粉煤灰中提取氧化铝，轻金属，2009（6）：14-16.
[104] 王捷. 氧化铝生产工艺. 北京：冶金工业出版社，2006：114-152.
[105] 王景华. 流态粉煤灰水泥回填基坑的研究. 粉煤灰综合利用，2006（4）：35-27.
[106] 王龙贵. 回收粉煤灰磁珠在污水处理中的应用. 环境污染治理技术与设备，2004，5（3）：88-89.
[107] 王明珠，沈志刚. 粉煤灰空心微珠的高附加值应用研究. 中国粉体技术，2005（1）：15-19.
[108] 王鹏，王宝奎，石建军，等. 低品位铝土矿选矿技术的优化. 轻金属，2011（9）：8-10.
[109] 王鹏飞. 粉煤灰综合利用研究进展. 电力环境保护，2006，2（22）：42-44.
[110] 王雅静，翟玉春，周华锋，等. 水合碳铝酸钙的合成及高浓度铝酸钠溶液二段脱硅的研究. 沈阳化工学院学报，2004，18（4）：252-254.
[111] 王毓华，黄传兵，兰叶. 一水硬铝石型铝土矿选择性絮凝分选工艺研究. 中国矿业大学学报，2006，35（6）：743-746.
[112] 王雨利，管学茂，廖建国，等. 粉煤灰对 C25 泵送机制砂混凝土性能的影响. 山东建材，2008（5）：17-20.
[113] 王玉玲，门新强. 碳分氢氧化铝粒度变化规律的研究. 湖南有色金属，2007，23（4）：43-45.
[114] 王玉玲，于先进. 烧结法铝酸钠粗液低压脱硅过程的研究. 山东理工大学学报（自然科学版），2005，19（5）：82-84.
[115] 王志，毕诗文，杨宏毅，等. 碳酸化分解的机理研究与进展. 轻金属，2001（12）：13-15.
[116] 王志，毕诗文，杨毅宏. 添加剂对铝酸钠溶液碳酸化分解产物粒度和强度的影响. 金属学报，2004，40（9）：1005-1009.
[117] 魏宝红. 煤矸石烧结砖项目的综合评价. 科技情报开发与经济，2009，19（20）：219-220.
[118] 吴萍. 从粉煤灰中提取高纯超细氧化铝机理与工艺的研究. 天津：天津大学，2005.
[119] 吴义权，张玉峰，黄校先，等. 低温制备纳米 α- Al_2O_3粉体. 无机材料学报，2001，16（2）：349-352.
[120] 吴玉程，宋振亚. 氧化铝 α 相变及其相变控制的研究. 稀有金属，2004，28（6）：1043-1048.
[121] 武福运，刘国红，冯国政. 多品种氢氧化铝的应用及生产. 矿产保护与利用，2001（6）：41-44.
[122] 武汉大学. 分析化学. 第 4 版. 北京：高等教育出版社，2000：338-340，346.
[123] 夏光华，廖润华，成岳，等. 高孔隙率多孔陶瓷滤料的制备. 陶瓷学报，2004，25（1）：24-27.
[124] 肖秋国，傅勇坚，张红，等. 从煤矸石中提取氧化铝的影响因素. 煤炭科学技术，2002，30（2）：60-62.
[125] 谢晓旺. 煤矸石及其综合利用. 环境科技，2009，22（1）：121-123.
[126] 徐学思，马万平，张基训. 江苏煤矸石利用初探. 江苏地质，2001，25（4）：220.
[127] 许国栋，敖宏，佘元冠. 可持续发展背景下世界铝工业发展现状、趋势及我国的对策. 中国有色金属学报，2012，22（7）：2040-2051.

[128] 续宗俊，张军华，贺东联，等. 高碳分分解率技术及生产实践. 轻金属，2008 (8)：13-15.
[129] 薛淑红. 石灰烧结法制备氧化铝技术研究. 西安：西安建筑科技大学，2010.
[130] 杨重愚. 氧化铝生产工艺学. 北京：冶金工业出版社，1993：249-252.
[131] 杨国清，刘康怀. 固体废物处理工程. 北京：科学出版社，2000：102-110，76-85.
[132] 杨红彩，郑水林. 粉煤灰的性质及综合利用现状与展望. 中国非金属矿工业导刊，2003 (4)：38-42.
[133] 杨柳，王志，郭占成. 铝酸钠溶液乙醇分解法制备软水铝石. 过程工程学报，2009，9 (4)：738-744.
[134] 杨晓燕，姬长生. 煤矸石的综合利用. 煤炭技术，2007，26 (10)：109.
[135] 杨毅宏，毕诗文，武军，等. 电溶出铝土矿碱液矿浆时硅钛矿物的行为. 轻金属，1999 (10)：10-14.
[136] 杨义洪，余海燕. 氧化铝生产创新工艺新技术、设备选型与维修及质量检测标准使用手册. 北京：冶金工业出版社，2008：485-505，669-705.
[137] 要秉文，梅世刚，高振国，等. 利用粉煤灰研制高贝利特硫铝酸盐水泥. 水泥工程，2006 (1)：13-14.
[138] 叶大伦，胡建华. 实用无机物热力学数据手册. 第 2 版. 北京：冶金工业出版社，2002：69-1094.
[139] 印永嘉，奚正楷，李大珍. 物理化学简明教程. 北京：高等教育出版社，2001：30-65，149-158.
[140] 印永嘉，奚正楷，张树永. 物理化学简明教程. 第 4 版. 北京：高等教育出版社，2007：6-81.
[141] 于应科. 铝酸钠溶液预脱硅晶种活化技术. 有色金属工业，2004 (9)：58-59.
[142] 翟建平，徐应成，涂俊，等. 粉煤灰中微量元素的分布机理及环境意义. 电力环境保护，1997，13 (1)：38-42.
[143] 张艾民. 二元醇添加剂对铝酸钠溶液种分过程的影响. 湖南：中南大学，2007：19-38.
[144] 张斌. 添加剂强化拜耳法种分工艺与理论研究. 长沙：中南大学，2003.
[145] 张佼阳，童军武，孙培梅. 从煤矸石中提取氧化铝熟料烧结过程工艺研究. 湿法冶金，2011，30 (4)：316-319.
[146] 张倩，王毓华，孙伟. 低品位高叶蜡石铝土矿浮选脱硅实验研究. 轻金属，2013 (11)：4-8，20.
[147] 张文豪. 分解工艺对多品种氢氧化铝性能影响的探讨. 矿产保护与利用，2004 (6)：39-42.
[148] 张战军. 从高铝粉煤灰中提取氧化铝等有用资源的研究. 西安：西北大学，2007.
[149] 张战军，孙俊民，姚强，等. 从高铝粉煤灰中提取非晶态 SiO_2 的实验研究. 矿物学报，2007，27 (2)：137-142.
[150] 赵红军，穆念孔，王鸿雁. 矿化剂及煅烧温度对高温氧化铝性能的影响. 山东冶金，2008，30 (1)：54-55.
[151] 赵宏，陆胜，解晓斌，等. 用粉煤灰制备高纯超细氧化铝粉的研究. 粉煤灰综合利用，2002 (6)：8-10.
[152] 赵清杰，杨巧芳，韩中岭，等. 强化溶出河南登封铝土矿的新工艺研究. 世界有色金属，1999，12：35-37.
[153] 赵世民，王淀佐，胡岳华，等. 铝土矿预脱硅研究现状. 矿业研究与开发，2004，24 (5)：37-44.
[154] 赵淑霞，孟雪红. 河南省铝土矿矿业权市场价格的探索和思考. 轻金属，2005 (7)：7-9.
[155] 赵苏，毕诗文，杨毅宏，等. 种分过程添加剂对氢氧化铝粒度强度的影响. 东北大学学报 (自然科学版)，2003，10 (24)：939-941.
[156] 赵喆，孙培梅，薛冰，等. 石灰石烧结法从粉煤灰提取氧化铝的研究. 金属材料与冶金工程，2008 (2)：16-18.
[157] 赵志英，白永民. 强化烧结法分解的途径. 轻金属，2003 (12)：13-14.
[158] 郑国辉. 利用粉煤灰提取氧化铝的工艺及其最佳工艺参数的确定. 稀有金属与硬质合金，1993 (1)：42-46.
[159] 周国华，薛玉兰，蒋玉仁，等. 浅谈铝土矿生物选矿. 矿产综合利用，2000 (6)：38-41.
[160] 中南矿冶学院分析化学教研室等. 化学分析手册. 北京：科学出版社，1984：457.
[161] 周秋生，齐天贵，彭志宏，等. 熟料烧结过程中氧化铁反应行为的热力学分析. 中国有色金属学报，2007，17 (6)：973-978.
[162] 朱金勇，杨巧芳，闫晓军. 拜尔法种分母液沉铝试验研究. 矿冶工程，2002，22 (4)：64-68.
[163] 朱永峰. 硅酸盐熔体结构及水-熔体反应机理. 地质地球科学，1995，2：1-6.
[164] 邹建国，刘燕燕，吴琴芬，等. 无水偏硅酸钠结晶条件的研究. 南昌大学学报 (工科版)，2000，22 (4)：51-54.
[165] 左以专，亢树勋. 霞石综合利用考察报告——俄国阿钦斯克氧化铝联合企业烧结法处理霞石生产现状. 云南冶金，1993，3：38-48.
[166] Adak D，Sarkar M，Mandal S. Structural performance of nano-silica modified fly-ash based geopolymer concrete. Construction and Building Materials，2017，135：430-439.
[167] Alexander S，Andrey P，Alexander S，Yuri L. Innovative technology for alumina production from low-grade raw materials. Barry A Sadler. Light Metals 2013. Hoboken：John Wiley & Sons，Inc.，Publication，2013：203-208.
[168] Audet D R，Larocque J E. Development of model for precipitation of productivity of alumina hydrate precipitation. Light Metals. Pennsylvania：Metallurgical Soc of AIME，1989：21-31.

[169] Azar M，Palmero P，Lombardi M，et al. Effect of initial particle packing on the sintering of nanostructured transition alumina. Journal of the European Ceramic Society，2008（28）：1121-1128.

[170] Bai Guanghui，Teng Wei，Wang Xianggang，et al. Processing and kinetics studies on the alumina enrichment of coal fly ash by fractionating silicon dioxide as nano particles. Fuel Processing Technology，2010a（91）：175-184.

[171] Bai Guanghui，Teng Wei，WangXianggang，et al. Alkali desilicated coal fly ash as substitute of bauxite in lime-soda sintering process for aluminum production. Trans Nonreffous Met Soc China，2010b（20）：169-175.

[172] Bennington K O，Daut G E. The standard formation data for $KAlO_2$. Thermochimica Acta，1988，124：241-245.

[173] Berman R G，Brown T H. Heat capacity of minerals in the system Na_2O-K_2O-CaO-MgO-FeO-Fe_2O_3- Al_2O_3-SiO_2-TiO_2-H_2O-CO_2：representation，estimation，and high temperature extrapolation. Contributions to Mineralogy and Petrology，1985，89：168-183.

[174] Byrappa K，Yoshimura M. Handbook of hydrothermal technology 2nd ed. New York：William Andrew，2012：269-338.

[175] Canpolat F，Yilmaz K，Kose MM，et al. Use of zeolite，coal bottom ash and fly ash as replacement materials in cement production. Cement and Concrete Research，2004，34（5）：731-735.

[176] Chermak J A，Rimstidt J D. Estimating the free energy of formation of silicate minerals at high temperatures from the sum of polyhedral contributions. American Mineralogist，1990，75：1376-1380.

[177] Chinelatto A S，Tomasi R. Influence of processing atmosphere on the microstructural evolution of submicron alumina powder during sintering. Ceramics International，2009（35）：2915-2920.

[178] Chou K S，Tien G Y. Kinetics of the precipitation of aluminum hydroxide by carbonation method. Journal of the Chinese Institute of Chemical Engineers，1987，18（3）：139-144.

[179] Colangelo F，Cioffi R，Roviello G，et al. Thermal cycling stability of fly ash based geopolymer mortars. Composites Part B，2017，129：11-17.

[180] Crama W J，Visser J. Modeling and computer simulation of alumina trihydrate precipitation. Light Metals. Pennsylvania：TMS，1994：73-82.

[181] Criado M，Fernández-Jiménez A，Palomo A. Alkali activation of fly ash：Effect of the SiO_2/Na_2O ratio：Part I：FTIR study. Microporous and mesoporous materials，2007，106（1）：180-191.

[182] Dash B，Tripathy B C，Bhattacharya I N，et al. Effect of temperature and alumina/caustic ratio on precipitation of boehmite in synthetic sodium aluminate liquor. Hydrometallurgy，2007（88）：121-126.

[183] Dash B，Tripathy B C，Bhattacharya I N，et al. Precipitation of boehmite in sodium aluminate liquor. Hydrometallurgy，2009（95）：297-301.

[184] Dean J A. Lange's Handbook of Chemistry（15th Editon）. New York：McGrow-Hill，1999，Section 6：82-95.

[185] Ding J，Ma S H，Shen S，et al. Research and industrialization progress of recovering alumina from fly ash：A concise review. Waste Management，2017，60：375-387.

[186] Dudek K，Jones F，Radomirovic T，et al. The effect of anatase，rutile and sodium titanate on the dissolution of boehmite and gibbsite at 90℃. MinerProcess. 2009（93）：135-140.

[187] Filippou D，Paspaliariso I. Production of alumina by boehmite precipitation from bayer solution. Light Metals，1994，3（1）：12-17.

[188] Filippou D，Paspaliariso I. From Bayer liquors to boehmite and then to alumina：a alternative route for alumina production. Light Metals，1993：119-123.

[189] Folcy E，Tittle K. Removal of iron oxides from bauxite ores. Inst Mining Met Proc，1971，239：59-65.

[190] Giere R，Carleton L E，Lumpkin G R. Micro-and-nano chemistry of fly ash from a coal-fired power plant. American Mineralogist，2003，88：1853-1865.

[191] Grzymek J. Self-disintegration method for the complex manufacture of aluminum oxide and Portland cement. Paper from "Light Metals 1976"，1976：2.

[192] Guillet G R. Nepheline Syenite//Carr DD. Industrial Minerals and Rocks. Colorado：Society for MiningMetallurgy and Exploration，1994：711-730.

[193] Guo C，Zou J，Wei C，et al. Comparative study on extracting alumina from circulating fluidized-bed and pulverized-coal fly ashes through salt activation. Energy Fuels，2013，27：7868-7875.

[194] Guo Y X, Li Y Y, Cheng F Q, et al. Role of additives in improved thermal activation of coal fly ash for alumina extraction. Fuel Processing Technology, 2013, 110: 114-121.

[195] Guo B, Pan D, Liu B, et al. Immobilization mechanism of Pb in fly ash-based geopolymer. Construction and Building Materials, 2017, 134: 123-130.

[196] Hinsberg V J Van, Vriend S P, Schumacher J C. A new method to calculate end-member thermodynamic properties of minerals from their constituent polyhedra I: enthalpy, entropy and molar volume. Journal of Metamorphic Geology, 2005a, 23: 165-179.

[197] Hinsberg V J Van, Vriend S P, Schumacher J C. A new method to calculate end-member thermodynamic properties of minerals from their constituent polyhedra Ⅱ: heat capacity, compressibility and thermal expansion. Journal of Metamorphic Geology, 2005b, 23: 681-693.

[198] Holland T J B, Powell R. An enlarged and updated internally consistent thermodynamic dataset with uncertainties and correlations: the system K_2O-Na_2O-CaO-MgO-FeO-Fe_2O_3-Al_2O_3-TiO_2-SiO_2- C-H_2-O_2. J Metamorphic Geol, 1990, 8: 89-124.

[199] Holland T J B, Powell R. An improved and extended internally consistent thermodynamic dataset for phases of petrological interest, involving a new equation of state for solids. J Metamorphic Geol, 2011, 29: 333-383.

[200] Hong M, Liu M X, Zhang W N, et al. Spectral study of carbonization process in alumina production. Transactions of Nonferrous Metals Society of China, 1994, 4 (2): 18-20.

[201] Jamialahmadi M. Determining silica solubility in Bayer process liquor. JOM, 1998, 50 (11): 44-49.

[202] Janaína A M Pereira, Marcio Schwaab, Enrico Dell'Oro, et al. The kinetics of gibbsite dissolution in NaOH. Hydrometallurgy, 2009 (96): 6-13.

[203] Jiang Yaxiong, Xie Haiyun, Huang Lijuan, et al. A novel technology study of separation silicon from a high silicon bauxite by direct flotation. Advanced Materials Research, 2012, 524-527: 924-929.

[204] Joannel L, Chris V, Melissa L, et al. Boehmite and Gibbsite precipitation. Light Metals, 2005: 203-207.

[205] Jones M R, Ozlutas K, Zheng L. High-volume, ultra-low-density fly ash foamed concrete. Magazine of Concrete Research, 2017, 69 (22): 1146-1156.

[206] Krokidis X, Raybaud P, Gobichon A E, et al. Theoretical study of the dehydration prcess of boehmite to alumina. Journal of Physical Chemistry B, 2001, 105 (22): 5121-5130.

[207] Li Huiquan, Hui Junbo, Wang Chenye, et al. SunRemoval of sodium (Na_2O) from alumina extracted coal fly ash by a mild hydrothermal process. Hydrometallurgy, 2015 (153): 1-5.

[208] Li J, Ma H, Cao Y. Preparation of β-Sialon powders from high aluminum flyash via carbothermal reduction and nitridation. Materials Science Forum, 2007, 561-565: 587-590.

[209] Li J, Ma H, Huang W. Effect of V_2O_5 on the properties of mullite ceramics synthesized from high-aluminum flyash and bauxite. Journal of Hazardous Materials, 2009, 166: 1535-1539.

[210] Li Xiaobin, Zhao Zhou, Liu Guihua, et al. Behavior of calcium silicate hydrate in aluminate solution. Trans Nonferrous Met Soc China, 2005, 15 (5): 1145-1147.

[211] Li Jie, Chen Qiyuan, Yin Zhoulan, et al. Development and prospect in the fundamental research on the decomposition of supersaturated sodium aluminate solutions. Progress in Chemistry, 2003, 15 (3): 170-172.

[212] Liu Xuefei, Wang Qingfei, Feng Yuewen, et al. Genesis of the Guangou karstic bauxite deposit in western Henan, China. Ore Geol Rev, 2013, 55: 162-175.

[213] Liu Guihua, Li Xiaobin, Peng Zhihong, et al. Stability of calcium silicate in basic solution. TransNonferrrous Met Soc China, 2003, 13 (5): 1235-1238.

[214] Liu K, Xue J L, Luo WB. Effects of ultrasound on Al_2O_3 extraction rate during acid leaching process of coal fly ash. San Diego: 144th Annual Meeting & Exhibition, 2014.

[215] Louet N, Gonon M, Fantozzi G. Influence of the amount of Na_2O and SiO_2 on the sinteringbehavior and on the microstructural evolution of a Bayer alumina powder. Ceramics International, 2005 (31): 981-987.

[216] Luo Y, Zheng S L, Ma S H, et al. Ceramic tiles derived from coal fly ash: Preparation and mechanical characterization. Ceramics International, 2017, 43: 11953-11966.

[217] Matjie R H, Bunt J R, Heerden J H. Extraction of alumina from coal fly ash generated from a selected low rank bitu-

minous South African coal. Minerals Engineering，2005，18：299-310.

[218] Miki I，Hidenobu T，Yukari E，et al. Microwave-assisted zeolite synthesis from coal fly ash in hydrothermal process . Fuel，2005 (84)：1482-1486.

[219] Miki Inada，Yukari Eguchi，NaoyaEnomoto，et al. Synthesis of zeolite from coal fly ashes with different silica-alumina composition. Fuel，2005，84 (23)：299-304.

[220] Misra C，White E T. Kinetics of crystallization of aluminium trihydroxide from seeded caustic aluminate solutions. Chemical Engineering Progress Symposium Series，1970，110：53-65.

[221] Mollah M Y A，Promreuk S，Schennach R，et al. Cristobalite formation from thermal treatment of texts lignite fly ash. Fuel，1999，78 (11)：1277-1282.

[222] Montemor M F，Cunha M P，Ferreira M G，et al. Corrosion behaviour of rebars in fly ash mortar exposed to carbon dioxide and chlorides. Cement &Concrete Composites，2002，24 (1)：45-53.

[223] Mouhtaris Th，Charistos D，Kantiranis N，et al. GIS-type zeolite synthesis from Greek lignite sulphocalcic fly ashes promoted by NaOH solutions. Microporous and Mesoporous Materials，2003 (61)：57-67.

[224] Murashkin I A. Piolt-plant tests of the technology for magnetic roasting of highly ferrous Kazkhstan bauxites in the furnace for roasting ores in the stepwise suspended states. Obogashch，Rud (Leningrad)，1980，25 (1)：29-32.

[225] Nicolas Louet，Helen Reveron，Gilbert Fantozzi. Sinteringbehaviour and microstructural evolution of ultrapure-alumina containing low amounts of SiO_2. Journal of the European Ceramic Society，2008 (28)：205-215.

[226] NikolićV，KomljenovićM，DžunuzovićN，et al. Immobilization of hexavalent chromium by fly ash-based geopolymers. Composites Part B，2017，112：213-223.

[227] Nocuń-Wczelik W. Effect of Na and Al on the phase composition and morphology of autoclaved calcium silicate hydrates. Cement and Concrete Research，1999，29：1759-1767.

[228] Novembre D，Di Sabatino B，Gimeno D，et al. Synthesis of Na-X zeolites from tripolaceous deposits (Crotone，Italy) and volcanic zeolitised rocks (Vico volcano，Italy). Microporous and mesoporous materials，2004，75 (1)：1-11.

[229] Noworyta A. Mathematical model of desiliconization of aluminate solutions. Hydrometallurgy，1981b，7：107-115.

[230] Noworyta A. On the removal of silica from aluminate solutions：mechanism and kinetics of the process. Hydrometallurgy，1981a，7：99-106.

[231] Padilla R，Sohn H. Sintering kinetics and alumina yield in lime-soda sinter process for alumina from coal wastes. Metall Trans，1985，B16：385-395.

[232] Panias D，Asimidis P，Paspaliaris I. Solubility of boehmite in concentrated sodium hydroxide solutions：model development and assessment. Hydrometallurgy，2001，59：15-29.

[233] Panias D，Krestou A. Effect of synthesis parameters on precipitation of nanocrystallineboehmite from aluminate solutions. PowderTechnology，2007 (175)：163-173.

[234] Panias D. Role of boehmite/solution interfacein boehmiteprecipitationFromsupersaturated sodium aluminate solutions. Hydrometallurgy，2004 (74)：203-212.

[235] Penilla R P，Bustos A G，Elizalde SG. Zeolite synthesized by alkaline hydrothermal treatment bottom ash from combuston of municipal solid wastes. Journal of the American Ceramic Society，2003，86 (9)：1527-1533.

[236] Radnai T，May P M，Hefter G T，et al. Structure of aqueous sodium aluminate solutions：a solution X-ray diffraction study. Journal of Physical Chemistry A，1998，102 (40)：7841-7850.

[237] Rayzman V. More complete desilication of aluminate solution is the key-factor to radical improvement of alumina refining. Proceeding of the 1996 125th TMS Annual Meeting，Anaheim，1996：109-114.

[238] Rios C A，Williams C，Fullen MA. Hydrothrmal synthesis of hydrogarnet and toermorite at 175℃ from kaolinite and metakaolinite in the $CaO-Al_2O_3-SiO_2-H_2O$ system：A comparative study. Applied Clay Science，2009，43：228-237.

[239] Robie R，Hemingway B. Thermodynamic Properties of Minerals and Related Substances at 298. 15K and 1Bar Pressure and at Higher Temperatures. Washington：United states government printing office，1995.

[240] Saavedra W G V，Gutiérrez RM. Performance of geopolymer concrete composed of fly ash after exposure to elevated temperatures. Construction and Building Materials，2017，154：229-235.

[241] Shin H，Lee S，Kim S，et al. Study on the effect of humate and its removal on the precipitation of aluminiumtrihydroxide from Bayer process. Minerals Engineering，2004，17 (3)：387-391.

[242] Singh H, Brar G S, Mudahar G S. Evaluation of characteristics of fly ash-reinforced clay bricks as building material. Journal of Building Physics, 2017, 40 (6): 530-543.

[243] Sizyakov V M, Volokhov Yu A. Study of structure and properties of alumino-silica components in aluminate liquors. Light Metals, 1983: 223-227.

[244] Spears D A. Role of clay minerals in UK coal combustion. Applied Clay Science, 2000, 16: 87-95.

[245] Speight J G. Lange's Handbook of Chemistry. McGraw-Hill: 16th ed, 2010.

[246] Walting H, Loh J, Gatter H. Gibbsite crystallization inhibition and effects of sodium gluconate on nucleation, agglomeration and growth. Hydrometallurgy, 2000, 55: 275-288.

[247] Wang J D, Zhai Y C, Shen X Y. Extracting Al_2O_3 from desiliconized fly ash with alkali lime sintering process. Light Met, 2009, 6: 004.

[248] Wang R C, Zhai Y C, Ning Z Q. Thermodynamics and kinetics of alumina extraction from fly ash using an ammonium hydrogen sulfate roasting method. Int J Miner, Metall, Mater, 2014a, 21: 144-149.

[249] Wang R C, Zhai Y C, Wu X W, et al. Extraction of alumina from fly ash by ammonium hydrogen sulfate roasting technology. Trans Nonferrous Met Soc China, 2014b, 24: 1596-1603.

[250] Wang Zhi, Yang Liu, Zhang Juan, et al. Adjustment on gibbsite and boehmite coprecipitation from supersaturated sodium aluminate solutions. Trans Nonferrous Met Soc China, 2010 (20): 521-527.

[251] Xiao Y F, Wang B D, Liu X T et al. Mechanism and kinetics study of sintering process for alumina recovery from fly ash. Advanced Materials Research, 2014, 955-959: 2824-2830.

[252] Xu B A, Giles D E, Ritchie I M. Reactions of lime with aluminate-containing solutions. Hydrometallurgy, 1997, 44 (1): 231-244.

[253] Yao Z T, Xia M, Sarker P, et al. A review of the alumina recovery from coal fly ash, with a focus in China. Fuel, 2014, 120: 74-85.

[254] Yu J, Lu C, Leung C K, et al. Mechanical properties of green structural concrete with ultrahigh-volume fly ash. Construction and Building Materials, 2017, 147: 510-518.

[255] Yuan J L, Zhang Y. Desiliconization reaction in sodium aluminate solution by adding tricalcium hydroaluminate. Hydrometallurgy, 2009, 95 (1): 166-169.

[256] Zhang Ran, Ma Shuhua, Yang Quancheng, et al. Research on $NaCaHSiO_4$ decomposition in sodium hydroxide solution. Hydrometallurgy, 2011, 108: 205-213.

[257] Zhong Li, Zhang Yifei, Zhang Yi. Extraction of alumina and sodium oxide from red mud by a mild hydro-chemical process. Journal of Hazardous Materials, 2009 (172): 1629-1634.

[258] Zhu G R, Tan W, Sun J M, et al. Effects and mechanism research of the desilication pretreatment for high-aluminum fly ash. Energy & Fuels, 2013, 27: 6948-6954.

下 篇
相关应用技术

第 14 章

脱硅碱液制备针状硅灰石技术

以宁夏石嘴山电厂排放的高铝粉煤灰为原料，主要研究碱用量、反应时间、液固比等因素对预脱硅效果的影响，以减少后续烧结过程的物料处理量、降低烧结能耗、减少低硅钙尾渣的排放量。在预脱硅基础上，通过对所得硅酸钠碱液苛化、水热合成硬硅钙石及煅烧等过程，成功制备了针状硅灰石粉体。研究了苛化温度和苛化时间对水合硅酸钙沉淀的影响，以及二次水热处理生成硬硅钙石的优化条件，对针状硅灰石粉体制品进行了表征。有关高铝粉煤灰原料的物相分析等内容，详见第 8 章。作为对比，同时研究了利用硅酸钾碱液制备硅灰石的工艺过程和反应机理。

14.1 硅灰石的性质及用途

14.1.1 理化性质

硅灰石是由英国化学家和矿物学家威廉·海德·沃拉斯顿（1766—1828）命名的。硅灰石是一种天然产出的偏硅酸钙矿物，属于具有链状结构的似辉石类矿物。它的分子式为 $CaSiO_3$，理论组成为：CaO 48.3%，SiO_2 51.7%。但在自然界由于 Fe^{2+}、Mn^{2+} 与 Ca^{2+} 的电价相同，离子半径较为接近，所以硅灰石矿物中的钙很容易被少量的铁、锰杂质呈类质同象替代，造成实际产出的硅灰石的成分总是偏离理论组成（陶勇，2008）。

硅灰石为白色、灰白色或黄白色，发育的晶体多为长柱状、针状晶形，其长度与直径之比为（10～7）：1；平行延长方向即｛100｝、｛001｝方向有两组解理，这两组解理近于垂直（85°左右），横交延长方向还有一组解理，其中｛100｝的解理最完全；玻璃光泽到珍珠光泽；莫氏硬度 4.5～5；相对密度 2.80～3.09；熔点 1540℃（王文起等，2004）。

常温下，硅灰石的水溶性和吸油性都很小，在中性水中的溶解度为 0.0095g/100mL，每 100g 的硅灰石只吸油 20～26mL，这是它能用于油漆工业的主要优点之一（王焕磊，2005）。

硅灰石具有高电阻、低介电常数的优良特性。据电学测试，以硅灰石为主要成分的电瓷的电阻为 10^{11}～$10^{12}\Omega\cdot cm$。它的介电常数在 1MHz 的高频条件下为 5～8，这表明硅灰石是较好的绝缘材料，尤其是良好的高频绝缘材料（王艳艳，2008）。

14.1.2　工业用途

人工合成硅灰石的方法，工业生产常用高温烧结法和反应焙烧法。高温烧结法是利用含石灰石、硅砂等矿物原料或工业废料经干法混合、粉碎后直接高温烧结合成。反应焙烧法是利用含钙和硅的溶液，室温下液相高速分散搅拌生成无定形水合硅酸钙，再经洗涤、干燥、焙烧、结晶成型、粉碎制得硅灰石粉体。与高温烧结法相比，反应焙烧法具有产品纯度高、焙烧温度低等优点。

硅灰石具有针状晶形、三维方向稳定性、高亮度与白度、烧失量低、熔融温度低、较高硬度和化学惰性等特点，随着粉体加工和表面改性等加工技术的发展，合成硅灰石粉体的理化性能得以持续改善，其应用领域不断扩大和深化，主要表现在以下几方面：

（1）塑料、橡胶和聚合物工业

高长径比硅灰石粉体经表面改性后，作为填料充填在塑料、橡胶和聚合物中，可增强其机械强度和表面光滑、减少收缩、增强阻污力，允许填充较多的填充剂、减少颜料的用量、增强电绝缘性、增强耐磨性等，从而可降低制品生产成本，提高制品性能，并赋予塑料、橡胶和聚合物自身不具备的某些特殊功能（Liu et al，1990）。

（2）涂料和染料工业

涂料和染料工业中，利用硅灰石可生产优质白色或浅色（尤其色彩柔和色调）涂料，可减少染料和黏合剂用量，增加亮度和降低生产成本。高长径比硅灰石可起平展剂的作用，使含硅灰石涂料具有抗腐蚀、抗洗刷和抗风化能力，涂抹容易，具有涂层均匀和堵缝坚固等优点，提高涂料和染料的附着力、耐久性和耐候性等性能。

（3）陶瓷工业

陶瓷工业中，加入硅灰石可降低陶瓷烧成温度，缩短点火时间，能减少热膨胀。高长径比硅灰石可使坯体具有较高的强度和较好的压型质量，有助于形成快速排除气体的通道，提高坯体表面的声学效应，显著减少快速烧结过程中产生翘曲、分层和开裂现象。这不仅可大幅度降低能耗和增加产量，而且能显著改善陶瓷制品的力学性能，提高产品质量。因此，在陶瓷工业中硅灰石被广泛用于生产建筑陶瓷、日用陶瓷、美术陶瓷、多孔过滤陶瓷、低介电陶瓷、精密铸造陶瓷模具、火花塞、生物活性陶瓷等（王焕磊，2005）。

（4）冶金工业

硅灰石是铸钢工业中理想的保护渣材料，可使铸坯无缺陷、表面光洁；可减少配渣的基料种类，简化工艺，且可增强保护渣吸收 Al_2O_3 的性能，使保护渣具有良好的热稳定性。利用硅灰石作电焊条药皮配料，可减少焊接火花，使焊缝成型整洁美观，增加机械强度（刘晓文等，2001）。

（5）建材工业

纤维状硅灰石愈来愈大量地代替石棉，制品具有良好的防火和较好的隔声效果。硅灰石也可用作混凝土和水泥制品的掺合料。在玻璃和玻纤工业生产中，添加少量硅灰石可降低能耗，减少玻璃液表面浮渣和玻璃内部的微小气泡。利用珍珠岩和石灰岩原料再加入少量氟化物和磷酸盐等，可生产硅灰石微晶玻璃材料，以替代价格较为昂贵的花岗岩和大理岩石材（刘晓文等，2001）。

（6）环保产业

环境保护是当今人类普遍关注的重要问题，其中废水处理问题尤显突出。利用硅灰石颗粒的表面性质可除去水溶液中的有害离子，达到净化水质的目的。如利用硅灰石作为吸附剂，可除去废水溶液中的Cu、Fe、Ni等有害杂质离子和废水中的其他有害成分，以取代价格昂贵的活性炭等吸附剂。在各类纤维材料中，以高长径比硅灰石粉体作为主要增强组分的摩擦材料，由于其具有成本低、摩擦性能稳定等特点，因而可取代热退现象严重且危害环境的石棉纤维等（沈上越等，2003）。

14.2 高铝粉煤灰碱溶脱硅

14.2.1 反应原理与实验方法

（1）反应原理

高铝粉煤灰原料在压煮条件下进行脱硅处理，其玻璃相中的非晶态SiO_2与脱硅碱液NaOH溶液发生如下反应：

$$SiO_2(gls)+2NaOH = Na_2SiO_3+H_2O \tag{14-1}$$

脱硅反应过程中，原粉煤灰玻璃相中的SiO_2被部分脱除而进入液相，而绝大部分Al_2O_3仍保留在滤饼中，滤饼的Al_2O_3/SiO_2比值较原粉煤灰有显著提高。这对于降低后续提取氧化铝过程的物料处理量、降低能耗、减少硅钙渣排放量均具有重要意义。

（2）实验方法

按照设定条件，准确称取粉煤灰、氢氧化钠，按比例混合，加入一定量自来水，搅拌均匀后，在（95±2）℃下恒温搅拌至反应设定时间。反应浆液经真空抽滤，用约90℃热水洗涤滤饼4次，每次洗涤水用量为水热反应用水量的1/2。洗净的脱硅滤饼置于电热鼓风干燥箱中，在105℃下烘干8h。分析脱硅滤饼的化学成分，计算脱硅反应过程中粉煤灰样品的SiO_2溶出率。

高铝粉煤灰中的Al_2O_3在脱硅反应条件下的溶出率不足0.5%，因而可视为Al_2O_3组分近于不能被溶出。故高铝粉煤灰脱硅反应过程中，SiO_2溶出率的计算公式为：

$$\eta(SiO_2)=[1-(Si_{饼}/Si_{矿})\times(A_{矿}/A_{饼})]\times100\% \tag{14-2}$$

式中，$\eta(SiO_2)$为SiO_2的溶出率，%；$A_{矿}$、$Si_{矿}$分别为原粉煤灰中的Al_2O_3、SiO_2含量，%；$A_{饼}$、$Si_{饼}$分别为脱硅滤饼中的Al_2O_3、SiO_2含量，%。

14.2.2 实验结果分析

不同的NaOH用量（氢氧化钠/粉煤灰质量比）、液固比和碱溶时间对高铝粉煤灰脱硅过程中SiO_2的溶出率均有一定影响。为研究不同因素对SiO_2溶出率的影响，确定碱溶脱硅反应的优化实验条件，采用正交实验方法进行优化实验，正交实验结果见表14-1。由级差分析可知，NaOH用量、反应时间、液固比对SiO_2溶出率的影响顺序依次为：液固比>反应时间>NaOH用量。

（1）液固比

由图14-1可以看出，随着液固比的增大，SiO_2溶出率逐渐变小。其原因可能为：液固比越小，溶液的碱性越大，当液固比达到2时，溶液中的碱浓度高，有利于反应的进行，从而提高SiO_2的溶出率。但液固比过低时，会造成反应料浆流动性差，不利于操作。综合考虑，确定优化的液固质量比为3。

表 14-1　高铝粉煤灰碱溶脱硅正交实验结果

实验号	NaOH 用量	液固比(质量比)	反应时间/h	SiO_2 溶出率/%
1	0.4	2	1	28.64
2	0.4	3	2	30.23
3	0.4	4	3	18.63
4	0.5	2	2	34.46
5	0.5	3	3	33.18
6	0.5	4	1	22.41
7	0.6	2	3	31.23
8	0.6	3	1	23.18
9	0.6	4	2	32.96
$k1$	25.83	31.44	24.74	
$k2$	30.02	28.86	32.56	
$k3$	29.12	24.67	27.68	
级差 R	4.19	6.77	4.88	

注：表中 NaOH 用量为 NaOH/粉煤灰质量比。

(2) 反应时间

由图 14-2 可见，随着反应时间的延长，SiO_2 溶出率呈现先上升再下降的趋势。其原因可能为：随着反应时间的延长，有副反应发生，即生成铝硅酸钠沸石相等化合物，从而导致 SiO_2 溶出率相应减小。根据实验结果，选定反应时间 2h 为优化条件。

(3) NaOH 用量

由图 14-3 可见，随着 NaOH 用量从 0.4 增加至 0.5 时，SiO_2 溶出率急剧上升，再增加 NaOH 用量，则对 SiO_2 溶出率影响不大。这主要是因为当无定形 SiO_2 被完全溶出后，再增加 NaOH 用量对 SiO_2 的溶出率影响不大。根据实验结果，确定优化的 NaOH 用量为 0.5。

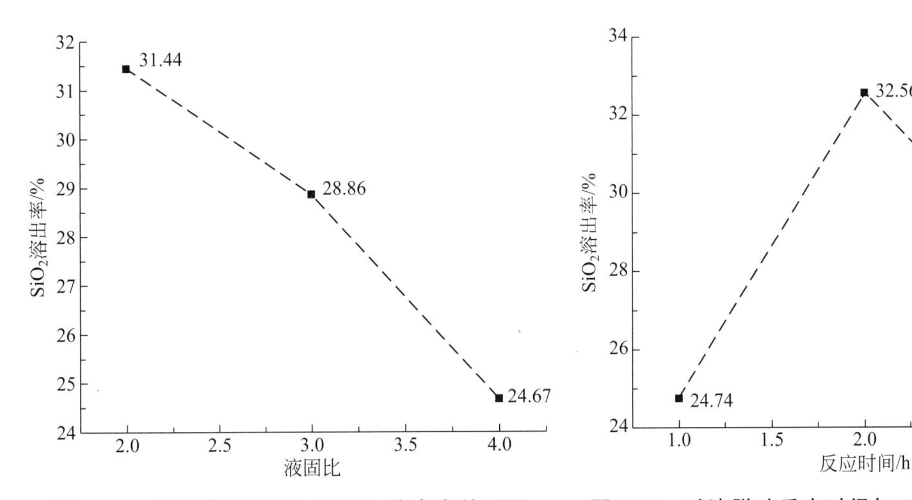

图 14-1　碱溶脱硅液固比与 SiO_2 溶出率关系图

图 14-2　碱溶脱硅反应时间与 SiO_2 溶出率关系图

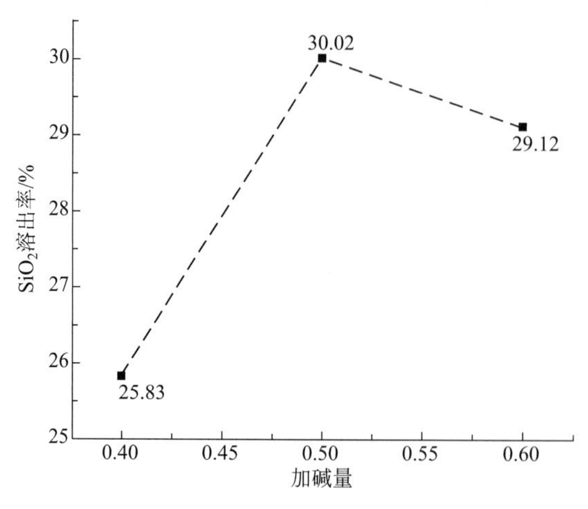

图 14-3 碱溶脱硅 NaOH 用量与 SiO_2 溶出率关系图

按照上述确定的优化条件进行放大实验，称取高铝粉煤灰样品 1kg，进行碱溶脱硅实验，所得脱硅滤饼的化学成分分析结果见表 14-2。经计算，在优化条件下，碱溶脱硅反应过程中的 SiO_2 溶出率为 38%。

表 14-2 脱硅滤饼的化学成分分析结果 w_B/%

样品号	SiO_2	TiO_2	Al_2O_3	TFe_2O_3	MgO	CaO	Na_2O	K_2O	LOI	总量
TG-02	32.98	1.33	43.66	8.86	0.85	3.29	1.39	0.23	7.42	100.26

实验所得脱硅滤饼（TG-01）的 X 射线粉末衍射分析结果见图 14-4。由图中可见，脱硅滤饼的主要结晶相是莫来石（PDF# 15-0776）和 α-石英（PDF# 46-1045），说明脱硅反应过程主要是脱除玻璃相中的部分非晶态氧化硅。

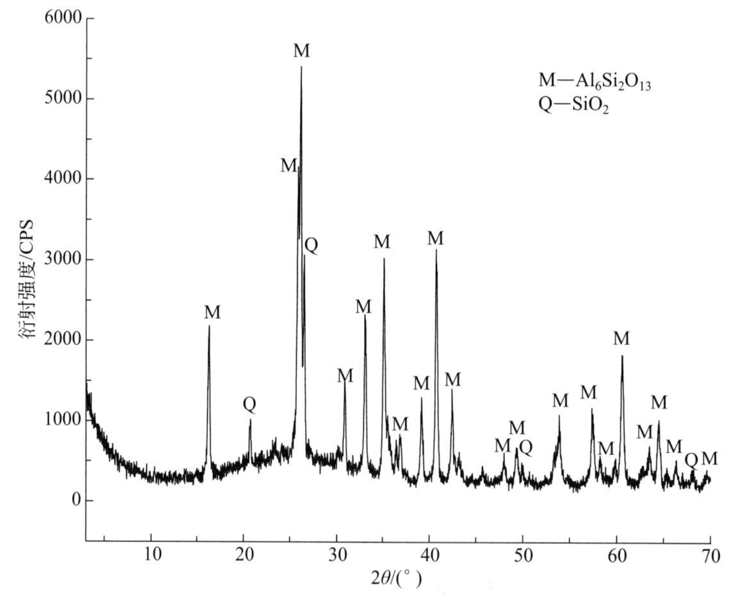

图 14-4 脱硅滤饼的 X 射线粉末衍射图

14.3 硅酸钠碱液制备硅灰石

高铝粉煤灰经碱溶脱硅后，所得液相即为硅酸钠碱液。以其作为无机硅源，采用不同工艺即可制备各种无机硅化合物制品。由于硅灰石具有针状结晶习性，且理化性质优良，工业用途广泛，故本项研究采用水热合成法，以期利用实验所得硅酸钠碱液为原料制备针状硅灰石粉体。上述碱溶脱硅过程所得硅酸钠碱液的化学成分见表 14-3。

表 14-3 硅酸钠碱液化学成分分析结果 g/L

样品号	SiO_2	Al_2O_3	TFe_2O_3	MgO	CaO	Na_2O	K_2O	TiO_2	P_2O_5
NS-02	40.90	1.74	0.028	0.287	0.067	66.7	0.79	0.028	0.15

14.3.1 反应原理

水热合成法是在以水为溶剂的密封体系中，在一定温压下原料进行反应的一种液相化学合成法。在高温高压水热条件下，能提供一个在常压条件下无法得到的特殊物理化学环境，使难溶或不溶的物质溶解，并达到一定的过饱和度，从而形成生长基元，进而成核结晶生成产物。

水热合成过程中温度、压力、时间、反应物浓度、反应体系 pH 值及原料种类等对合成产物的物相组成和微观形貌具有较大影响。其研究的温度范围在水的沸点（100℃）和临界点（374.15℃，22.12MPa）之间。与其他材料制备法相比，水热合成法具有以下特点（杨贤锋，2008）：

① 水热合成法可以制备出其他方法难以制备出的某些化合物相。

② 水热合成过程中的中间态、介稳态等物相易于生成，因而可制备低温同质异构体。

③ 水热合成法的低温、等压及溶液条件有利于晶体发育完整、粒度分布均匀，获得理想化学计量组成的材料，避免晶粒团聚、长大和混入杂质。

④ 水热反应体系溶液具有相对较低的黏度、较大的密度变化，溶液对流更加快速，溶质传输更有效，因而具有更快的化学反应速率。

⑤ 水热合成过程中采用中低温液相控制，能耗低、适用性广，可制备出纳米粉体、无机功能薄膜及单晶晶须等各种形态的材料。

已有大量文献报道，对 $CaO-SiO_2-H_2O$ 体系在水热条件下的反应过程及合成产物进行了深入研究（Etoh et al，2009；Shi et al，2006；Luke，2004）。在 $CaO-SiO_2-H_2O$ 体系中，合成产物的相组成随原始组分 CaO/SiO_2 摩尔比和反应温度的变化而变化，对应一定的 CaO/SiO_2 摩尔比，不同温度下可合成出不同晶相组成的产物；而在一定反应温度下，不同 CaO/SiO_2 摩尔比下也可获得不同晶相组成的合成产物。原始组分 CaO/SiO_2 摩尔比为 1.0，是合成硬硅钙石晶体的必要条件。在此条件下，合成产物随温度升高而经历水化硅酸钙（C-S-H）→雪硅钙石→硬硅钙石→硅灰石（β-$CaSiO_3$）的相转变。而硬硅钙石的合成也需要经历中间产物的转化。

研究表明，硬硅钙石球形粒子的反应过程大致可分为以下几类（郑元林等，1991）：

① C-S-H(Ⅱ)→C-S-H(Ⅰ)→雪硅钙石→硬硅钙石；

② C+S+H→C-S-H_m 凝胶→雪硅钙石→硬硅钙石；

③ C+S+H→C-S-H_m 凝胶→C-S-H_m（硬硅钙石）；

④ C_2SH_2→CSH(B)→$C_5S_6H_5$(雪硅钙石)→C_6S_6H(硬硅钙石)。

本实验采用硅酸钠碱液作为无机硅源。前期实验结果表明，直接水热法合成产物的主要物相为针钠钙石而非硬硅钙石。在 $CaO\text{-}SiO_2\text{-}H_2O$ 体系中，一定量 Na^+ 的存在会改变水热合成产物的反应历程，优先生成针钠钙石。推测其原因可能是由于大量 Na^+ 的引入，使反应体系转变为 $Na_2O\text{-}CaO\text{-}SiO_2\text{-}H_2O$ 体系，在水热反应初期 C-S-H 的形成过程中，Na^+ 的掺入影响了 C-S-H 的结构，使其由类似雪硅钙石的结构转变为针钠钙石型结构。故在后期的反应过程中，C-S-H 改变了原有的反应途径，直接生成针钠钙石晶体，而不是硬硅钙石晶体。

为制得硬硅钙石晶体，实验采用两步水热法。即首先采用石灰乳对硅酸钠碱液进行苛化，发生如下化学反应：

$$Na_2SiO_3+Ca(OH)_2+nH_2O \longrightarrow CaO \cdot SiO_2 \cdot nH_2O+2NaOH \tag{14-3}$$

再将苛化产物在更高温度下晶化制得硬硅钙石，晶化过程中发生的化学反应为：

$$6(CaO \cdot SiO_2 \cdot nH_2O) \longrightarrow Ca_6Si_6O_{17}(OH)_2+(6n-1)H_2O \tag{14-4}$$

硬硅钙石煅烧制备硅灰石粉体，包括脱除吸附水和结晶水，以及硬硅钙石向硅灰石的相转变过程。煅烧过程发生的化学反应如下：

$$Ca_6Si_6O_{17}(OH)_2 \longrightarrow 2Ca_3Si_3O_9+H_2O\uparrow \tag{14-5}$$

14.3.2 水合硅酸钙制备

影响苛化反应效率和水合硅酸钙沉淀的因素有钙硅摩尔比、反应时间、反应温度、液固比及搅拌速率等。按照水合硅酸钙分子式的钙硅摩尔比 1∶1，苛化反应中，前述制得的硅酸钠溶液中 SiO_2 浓度为 40.9g/L，按照比例加入 CaO，使之与 SiO_2 发生反应，生成水合硅酸钙沉淀和苛性碱液相，以实现液相中碱硅组分之间的分离。

实验主要研究反应温度和时间对苛化反应效率及产物性质的影响，以确定苛化反应的优化条件。

(1) 反应温度

有关反应温度对水合硅酸钙结晶产物和结晶过程的影响，前人已有大量研究。一般认为，硅酸钙的形成速率与反应温度成正比。在 300℃以下，反应温度越高，越有利于晶体一次粒子及球形团聚体的生成。不同温度下苛化反应生成水合硅酸钙的实验结果见表 14-4。由表可见，随着苛化反应温度的升高，SiO_2 的沉淀率随之增大，表明随苛化反应温度的升高，反应生成 C-S-H 凝胶的速率相应增大。考虑到实际工业生产中的效率，确定苛化反应温度以 160℃为宜。

表 14-4 不同苛化反应温度下生成水合硅酸钙沉淀实验结果

实验号	反应温度/℃	反应时间/h	SiO_2 沉淀率/%
CSH-1	25	24	85.38
CSH-2	95	6	93.45
CSH-3	160	1	98.56

(2) 反应时间

反应时间涉及反应进程以及反应是否进行完全。反应时间过短，硅酸钠与石灰乳只能部分反应或不能完全生成水合硅酸钙凝胶；延长反应时间，则反应能够充分进行。不同苛化反应时间下生成水合硅酸钙沉淀的实验结果见表 14-5。

表 14-5　不同苛化反应时间下生成水合硅酸钙沉淀实验结果

实验号	反应温度/℃	反应时间/h	SiO_2 沉淀率/%
CSH-03	160	1	98.56
CSH-04	160	2	99.30

由表 14-5 可见，苛化反应时间大于 1h 后，随着反应时间的延长，SiO_2 的沉淀率基本维持在 99%左右。考虑到实际工业生产的能耗和效率问题，苛化反应时间以 1h 为宜。

按照上述确定的苛化反应优化条件，量取硅酸钠碱液 200mL，按照 CaO/SiO_2 摩尔比 1∶1 加入石灰乳，搅拌均匀后置于反应釜中，在 160℃下恒温反应 1h，然后通水冷却至约 90℃时，倒出苛化料浆过滤，用热水洗涤滤饼 3 次。将滤饼置于干燥箱中，在常压 150℃下干燥 2h。反应产物的 X 射线粉末衍射分析结果见图 14-5。在 160℃下苛化反应 1h 的产物主要为非晶态，并含有少量碳酸钙相，可能是反应产物中少量过剩 CaO 与空气中的 CO_2 反应所致。

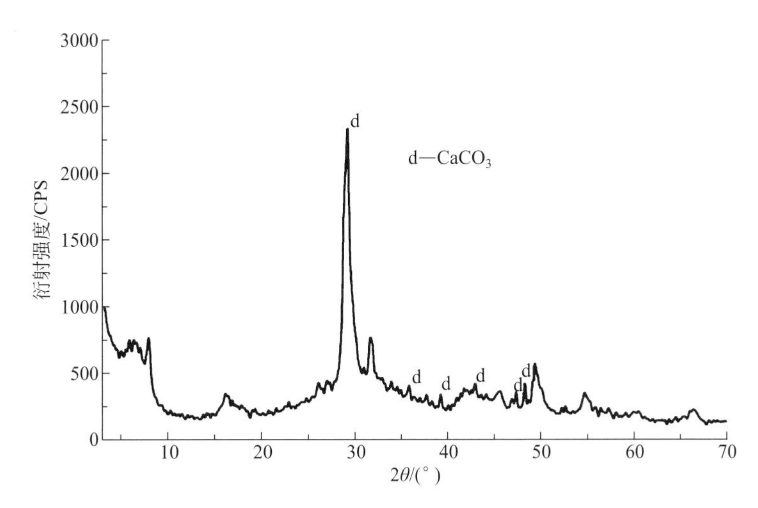

图 14-5　苛化产物水合硅酸钙的 X 射线粉末衍射图

14.3.3　硬硅钙石合成

不同的晶化温度、晶化时间及液固比对硬硅钙石晶体合成均有一定影响。为确定不同反应条件对硬硅钙石晶化反应的影响，确定优化工艺条件，采用正交实验方法进行优化实验。正交实验结果见表 14-6。各实验条件下，产物中都以硬硅钙石为主要结晶相。

表 14-6　水热合成硬硅钙石正交实验结果

实验号	温度/℃	反应时间/h	液固比	固相质量/g
1	240	2	5	32.45
2	240	3	6	37.03
3	240	4	7	38.75
4	260	2	6	45.23
5	260	3	7	35.95

续表

实验号	温度/℃	反应时间/h	液固比	固相质量/g
6	260	4	5	32.53
7	280	2	7	31.44
8	280	3	5	27.13
9	280	4	6	27.16
k_1	36.07	36.37	30.7	
k_2	37.91	33.37	36.47	
k_3	28.58	32.81	35.38	
级差 R	9.33	3.56	5.77	

由级差分析结果可知，反应温度、反应时间、液固比对硬硅钙石晶化反应的影响顺序依次为：反应温度＞液固比＞反应时间。各因素对硬硅钙石晶化反应的影响见图 14-6。由图可知，水热反应温度在 260℃ 时生成的固相产物质量最大为 37.91g，故优化反应温度为 260℃；反应时间为 2h 时生成的固相产物质量最大为 36.37g，3h 以后固相产物生成量有所减少，因而优化反应时间为 2h；液固比为 6∶1 时生成的固相产物质量最大为 36.47g，故确定优化液固比为 6∶1。

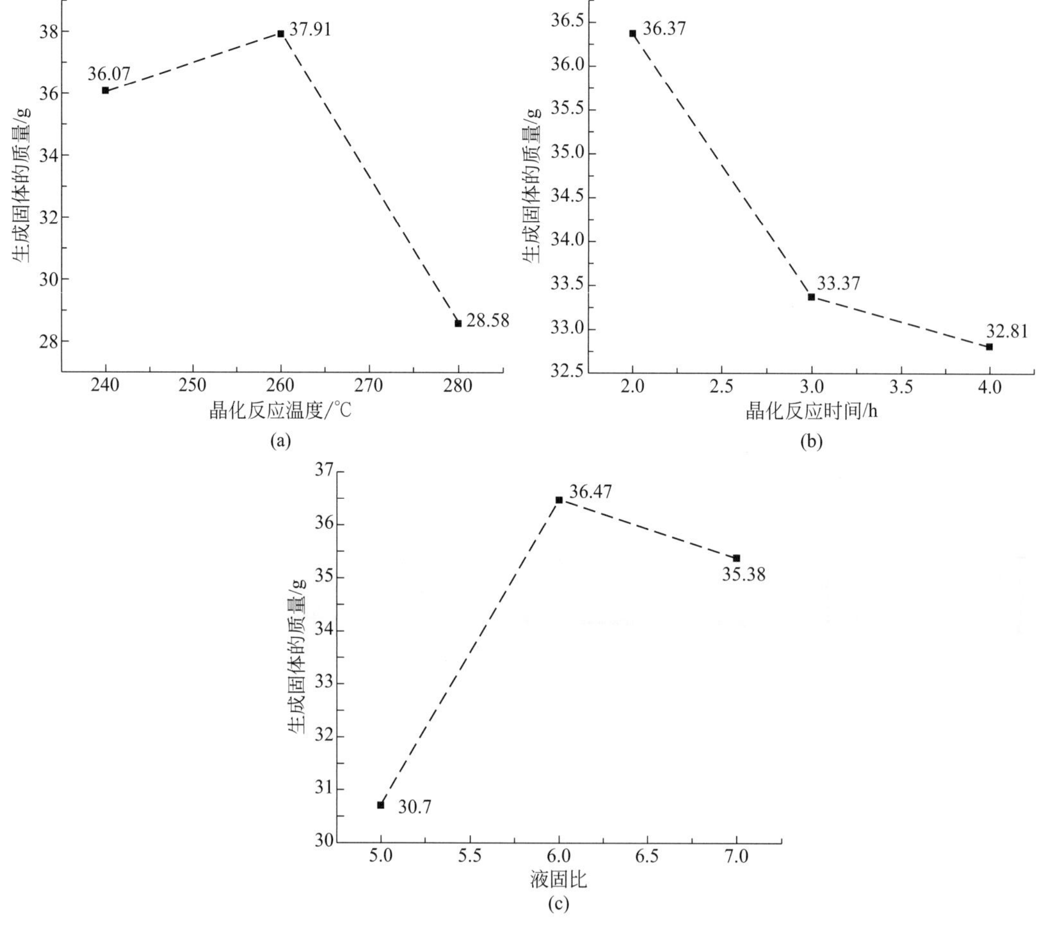

图 14-6 各影响因素与硬硅钙石生成量关系图

因此，优化实验条件组合是反应温度 260℃、反应时间 2h、液固比为 6∶1，此即为实验 4。所得硬硅钙石产物（YG-01）的 X 射线粉末衍射分析结果见图 14-7。由图可见，合成产物的主要物相是硬硅钙石，含有少量的碳酸钙相，可能是在苛化过程中，空气中的 CO_2 与石灰乳反应所生成。硬硅钙石的衍射峰强度较高，峰角宽度较窄，说明其结晶度良好。

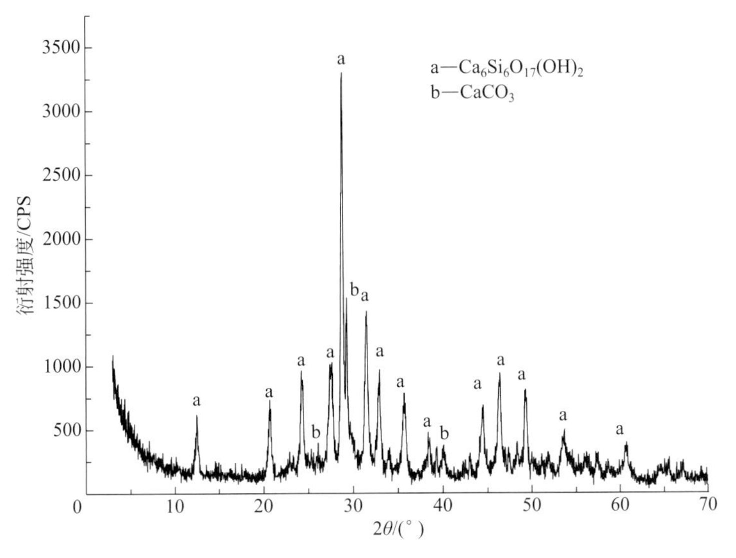

图 14-7　合成硬硅钙石（YG-01）的 X 射线粉末衍射图

对合成产物进行扫描电镜观察，其微观形态如图 14-8 所示。由图可见，实验合成产物是纤维状的硬硅钙石晶体，单个纤维呈针状形态。

图 14-8　合成硬硅钙石纤维（YG-01）的扫描电镜照片

14.3.4　硅灰石制备及表征

对实验合成的硬硅钙石样品（YG-01）进行差热-热重分析，结果见图 14-9。从 DSC-TGA 曲线图中可以看出，热重曲线上 3 次失重过程分别代表硬硅钙石脱去吸附水、结晶水及结构水。在841℃处出现放热峰，是硬硅钙石转变为硅灰石的相变热效应，与热重曲线上在841℃以上质量不再发生变化相一致。由此确定硬硅钙石的煅烧温度为900℃。

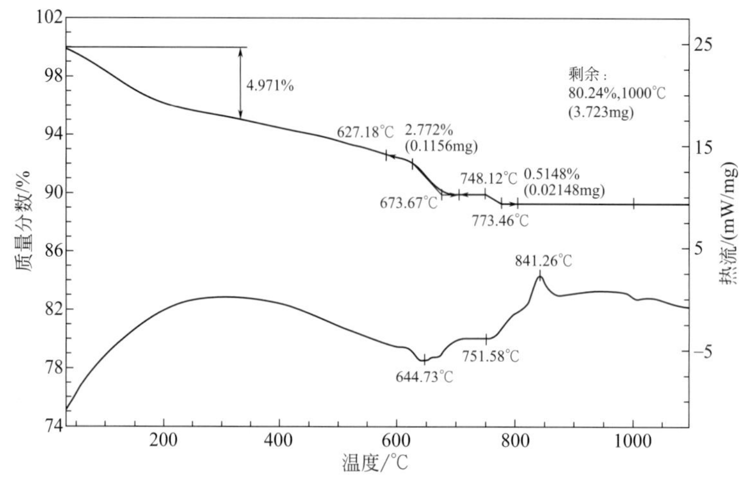

图 14-9 合成硬硅钙石样品（YG-01）的差热-热重曲线

将实验合成的硬硅钙石样品（YG-01）置于箱式电炉中，在900℃下煅烧1h，制得针状硅灰石粉体（GH-01），其化学成分分析结果见表14-7。与表14-8（JC/T 535—2007）对比可见，实验制备的硅灰石粉体（GH-01）主要性能符合工业产品的建材行业标准JC/T 535—2007规定的一级品指标。

表 14-7 硅灰石粉体化学成分分析结果 $w_B/\%$

样品号	SiO_2	TiO_2	Al_2O_3	TFe_2O_3	MgO	CaO	Na_2O	P_2O_5	LOI	总量
GH-01	48.85	0.03	1.50	0.25	0.29	47.46	0.05	0.02	0.96	99.41

表 14-8 合成硅灰石粉体（GH-01）性质与 JC/T 535—2007 的对比

检测项目			技术项目				
			优等品	一级品	二级品	合格品	GH-01
硅灰石含量/%		≥	90	80	70	60	≥97.8
二氧化硅含量/%			48～52	46～54	44～56	41～59	48.85
氧化钙含量/%			45～48	42～50	40～50	38～50	47.46
三氧化二铁含量/%		≤	0.2	0.4	0.8	1.5	0.25
烧失量/%		≤	2.5	4.0	6.0	9.0	0.96
白度/%		≥	90	85	75	—	95
吸油量/%			18～30(粒径小于5μm，18～35)			—	23
水萃液碱度		≤	46			—	—
105℃挥发物含量/%		≤	0.5				0.05
细度	块状、普通粉筛余量/%	≤	0.5				—
	细粉大于粒径含量/%	≤	10.0				—

硅灰石粉体制品（GH-01）的 X 射线衍射分析结果见图 14-10。由图可见，合成产物的物相单一，均为硅灰石结晶相，其衍射峰强度较高，峰角宽度较窄，说明合成的硅灰石粉体的结晶度良好。

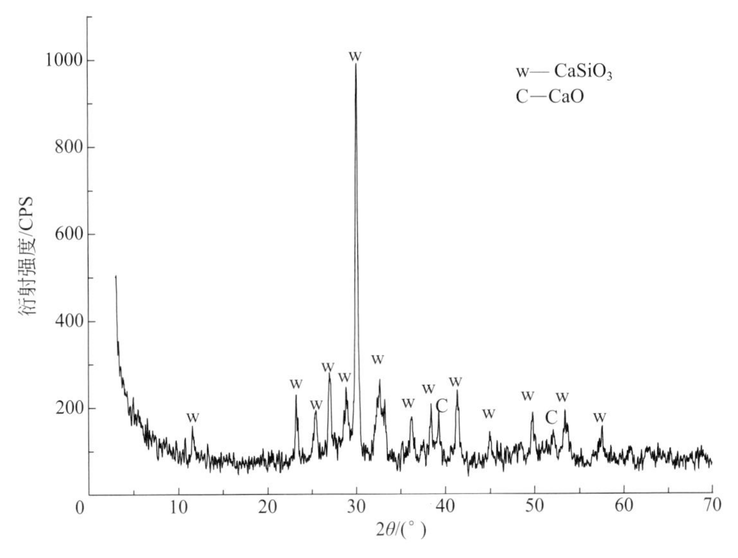

图 14-10　合成硅灰石粉体（GH-01）的 X 射线粉末衍射图

对硅灰石粉体制品（GH-01）进行扫描电镜观察，其微观形貌见图 14-11。从图中可以看出，制得的硅灰石粉体为纤维状。

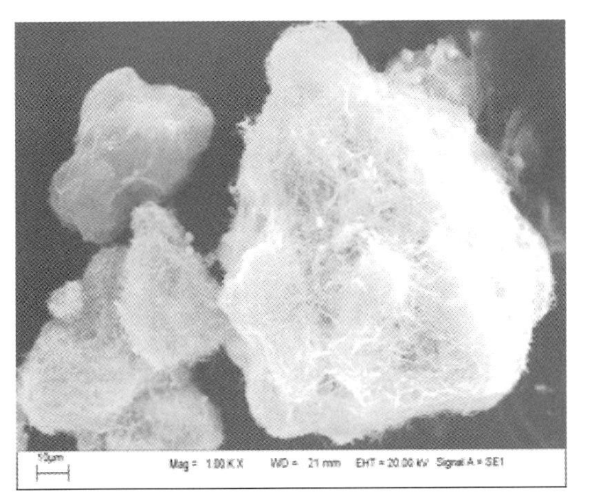

图 14-11　合成硅灰石粉体（GH-01）的扫描电镜照片

14.4　硅酸钾碱液制备硅灰石

14.4.1　实验原料与工艺流程

（1）实验原料

在水热条件下，钾长石（$KAlSi_3O_8$）粉体在 KOH 溶液中发生分解反应，脱去 2/3 的

SiO_2，生成硅酸钾碱液，固相产物为钾霞石（苏双青等，2012；苏双青，2014）。钾霞石是易溶于酸的铝硅酸盐矿物相，在硫酸、硝酸溶液中发生部分溶解，生成 K_2SO_4、KNO_3 溶液，可用于制备农用硫酸钾、硝酸钾等钾盐产品（蔡比亚，2011；马鸿文等，2014；2017）。

在 KOH 碱液中，钾长石发生分解转变为钾霞石的化学反应式为：

$$KAlSi_3O_8 + 4KOH \longrightarrow KAlSiO_4 \downarrow + 2K_2SiO_3 + 2H_2O \quad (14\text{-}6)$$

称取粉磨好的钾长石粉体，按照设定的配比，加入一定量蒸馏水和氢氧化钾，混合均匀后置于反应釜中密闭，在 280℃下恒温反应 2h。反应完成后关闭加热装置，通冷凝水待冷却至约 90℃打开反应釜，倒出料浆过滤分离，滤饼用约 90℃的热水洗涤 3 次，首次洗液并入滤液，2 次、3 次洗液返回用作下轮滤饼 1 次、2 次的洗水。实验所得硅酸钾碱液（TS5-01）的密度为 1.30g/cm³，黏度为 2.10mPa•s。

实验所用脱硅碱液为利用陕西洛南县长岭霓辉正长岩制取硫酸钾过程的中间产物（TS5-01），其化学成分分析结果见表 14-9。

表 14-9　硅酸钾碱液的化学成分分析结果　　g/L

样品号	SiO_2	TiO_2	Al_2O_3	Fe_2O_3	MnO	MgO	CaO	Na_2O	K_2O	P_2O_5
TS5-01	110.4	0.02	0.00	0.26	0.01	1.48	0.31	2.23	179.52	0.017

注：中国地质大学（北京）化学分析室龙梅、王军玲和梁树平分析。

（2）工艺流程

利用硅酸钾碱液（TS5-01）合成针状硅灰石粉体的实验流程如图 14-12 所示。由图可见，利用脱硅碱液水热合成针状硅灰石粉体需要经过水热苛化和晶化两个步骤。实验流程设计的目的是保证 K_2O 组分的回收率，同时将合成的针状硅灰石粉体中的 K_2O 含量控制在最小值。硅酸钾碱液与石灰乳经苛化反应，滤液为氢氧化钾溶液，所得水化硅酸钙沉淀经洗涤、晶化合成硬硅钙石粉体，再经煅烧制备针状硅灰石粉体。

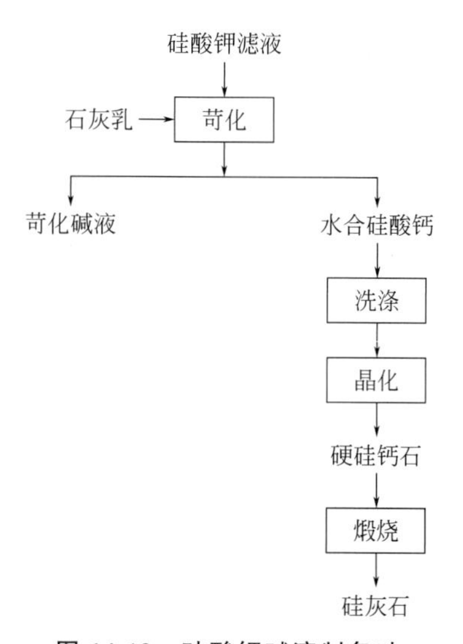

图 14-12　硅酸钾碱液制备硅灰石粉体实验流程

14.4.2　硅酸钾碱液苛化

14.4.2.1　反应原理

钾长石脱硅滤液的主要成分是硅酸钾碱液，向脱硅滤液中加入石灰乳，在密闭容器中水热条件下进行苛化，使溶液中的 SiO_2 反应生成易过滤洗涤的物相，减少进入工艺系统的洗涤水量；同时将部分苛化碱液用于调配脱硅碱液，以维持系统的碱平衡。使脱硅滤液中的 SiO_2 与石灰乳中的 CaO 充分反应，形成水合硅酸钙沉淀；然后经过滤分离，固相为水合硅酸钙沉淀，液相为氢氧化钾碱液，返回脱硅工段循环利用。此过程发生如下化学反应：

$$K_2SiO_3 + Ca(OH)_2 + nH_2O \longrightarrow CaO \cdot SiO_2 \cdot nH_2O + 2KOH \quad (14\text{-}7)$$

影响苛化反应效率的主要因素有钙硅摩尔比、反应温度、反应时间、液固比及搅拌速率等。实验设计晶化产物为硬硅钙石，其钙硅摩尔比为 1∶1，目标产物针状硅灰石的钙硅摩尔比同为 1∶1。故苛化反应中，石灰乳按照反应体系的钙硅摩尔比 1∶1 加入。实验主要研究反应温度、反应时间和液固比 3 个因素对苛化反应效率的影响，以确定苛化反应的优化条件。

前述制得的脱硅滤液主要成分为偏硅酸钾钠，SiO_2 浓度范围为 100～150g/L。按照一定比例加入 CaO，使之与其中的 SiO_2 发生反应，生成水合硅酸钙沉淀和苛性碱溶液，实现脱硅滤液中碱硅之间的分离。脱硅碱液的 SiO_2 浓度较高，直接加入生石灰后导致浆液流动性较差，且易造成结块，不利于制备结晶良好的中间产物硬硅钙石。因此，需要事先将生石灰溶于一定量的水中制成石灰乳。反应体系的加水量按照设定的液固质量比进行计算（王红丽，2011）。

14.4.2.2　苛化过程

脱硅滤液苛化正交实验结果表明，苛化率主要受反应时间影响，其他因素对苛化率影响不大。苛化反应时间的适当延长，有利于水合硅酸钙产物的结晶（王红丽，2011）。

（1）液固比

液固比是影响水合硅酸钙结晶形态的重要因素。当液固比小于 10 时，料浆黏度过大，导致反应体系的流动性急剧下降，反应不完全，同时易结块，造成未反应的氢氧化钙残留较多，水合硅酸钙产物结晶较差。这是因为对于固液反应，液固比的增大有利于离子扩散（潘海娥等，2001；张亚莉，2003），同时可提高反应体系的均一性，加速 $Ca(OH)_2$ 粒子的迁移，有利于水化硅酸钙纤维状晶体和球形团聚体的生长。综合考虑目的产物的各项指标和 KOH 稀碱液循环利用时蒸发浓缩过程所需能耗，确定优化的液固比为 10∶1。

（2）反应温度

反应温度对水合硅酸钙结晶过程的影响已有大量研究。一般认为，硅酸钙的成核速率与温度成正比，在室温至 300℃范围内，温度越高越有利于晶体一次粒子以及球形团聚体的生成。在高温密闭的反应釜中，随着反应釜中温度的升高，水的饱和蒸气压也随之升高。在饱和蒸气压下，溶液中气泡的存在能增加成核位置，提高成核速率，大大降低成核能。因此，提高反应温度有利于水合硅酸钙结晶（Hong et al，2004；邱美娅等，2005）。

表 14-10　硅酸钾碱液苛化反应实验结果

实验号	液固比	反应温度/℃	反应时间/h	SiO_2 沉淀率/%
CSA01	10∶1	95	6	92.2
CSA02	10∶1	95	4	90.0
CSA03	10∶1	95	2	87.8
CSA04	10∶1	160	1	98.8
CSA05	10∶1	160	2	99.3

表 14-10 的实验结果表明，在脱硅滤液和石灰乳体系中，随着苛化反应温度的升高，SiO_2 沉淀率相应增大。这说明随着反应温度的升高，硅酸钾碱液和石灰乳反应生成 C-S-H 凝胶的速率持续增大。考虑到实际工业生产的效率，确定苛化反应温度以 160℃为宜。

（3）反应时间

苛化反应时间涉及反应进程及反应完成程度。反应时间过短，硅酸钾碱液与石灰乳只能部分反应，导致苛化率较低，不能完全生成水合硅酸钙沉淀。由苛化反应时间的单因素实验结果可知，苛化反应时间大于 1h 以后，即使继续延长反应时间，其 SiO_2 沉淀率也大致维持在约 99%，变化幅度不大（表 14-11）。考虑到实际工业生产的能耗，同时从提高生产效率方面考虑，苛化反应时间宜选择为 1h。

表 14-11　苛化反应时间单因素实验结果

实验号	液固比	反应温度/℃	反应时间/h	SiO_2 沉淀率/%
CSA04	10∶1	160	1	98.8
CSA05	10∶1	160	2	99.3

（4）苛化产物表征

按照上述确定的苛化条件，准确量取 200mL 脱硅滤液（主要成分 K_2SiO_3）。按照钙硅摩尔比（CaO/SiO_2）为 1∶1 配比，称取 CaO 20.6g；取液固比为 10，需加入自来水 324.5g。将称好的 CaO 倒入烧杯中，加入自来水搅拌，放置 30min，使之成为石灰乳。把量取好的 200mL 脱硅滤液倒入盛有石灰乳的烧杯中，搅拌均匀后置于反应釜中（升温过程搅拌速率 150r/min，保温过程搅拌速率 50r/min），在 160℃恒温反应 1h。然后通冷却水降温至约 90℃，倒出苛化料浆，用热水（约 90℃）洗涤滤饼 3 次。取出滤饼，测定其含水率。实验结果见表 14-12。

表 14-12　苛化生成水合硅酸钙沉淀实验结果

样品号	反应温度/℃	反应时间/h	液固比	产物含水率/%
CS1-01	160	1	10∶1	75.0
CS1-02	160	1	10∶1	74.9

将所得水合硅酸钙湿滤饼置于干燥箱中，常压下于 150℃下干燥 2h。对反应产物进行 X 射线粉末衍射分析，结果见图 14-13。在 160℃下，苛化反应为 1h 的产物主要呈非晶态，含有少量碳酸钙相，估计是所用生石灰原料的煅烧不充分，或其与空气中的 CO_2 反应所致。

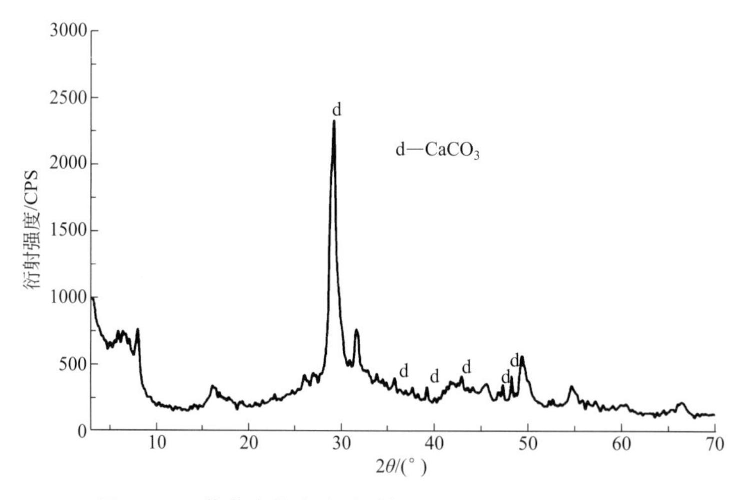

图 14-13　苛化产物水合硅酸钙沉淀 X 射线粉末衍射图

苛化产物水合硅酸钙样品（CS1-01）的化学成分分析结果见表 14-13。采用 Mastersizer 2000 型激光粒度分析仪对制得的水合硅酸钙样品进行粒度分布测定。由结果可知，水合硅酸钙样品（CS1-01）进行超声分散后，其粒度分布范围为 0.121～95.671μm，$d(0.1)=9.46\mu m$，$d(0.5)=33.10\mu m$，$d(0.9)=106.39\mu m$。

表 14-13　水合硅酸钙样品化学成分分析结果　　$w_B/\%$

样品号	SiO_2	TiO_2	Al_2O_3	TFe_2O_3	MnO	MgO	CaO	Na_2O	K_2O	P_2O_5	烧失	总量
CS1-01	43.52	0.01	0.19	0.11	0.00	0.60	41.40	0.00	0.46	0.01	13.73	100.03

14.4.3　针状硬硅钙石合成

苛化产物主要为非晶态水合硅酸钙。为获得结晶良好的纤维状硬硅钙石粉体，需要对苛化产物在水热条件下进行晶化处理。晶化过程发生的化学反应为：

$$6(CaO \cdot SiO_2 \cdot nH_2O) \longrightarrow Ca_6Si_6O_{17}(OH)_2 + (6n-1)H_2O \tag{14-8}$$

影响水合硅酸钙由非晶态转变为硬硅钙石结晶相的因素主要有水合硅酸钙的粒度、晶化温度、晶化时间、液固比及搅拌速率等。一般原料颗粒越细，反应进行得越彻底，越有利于硬硅钙石晶体的形成。由于水合硅酸钙的粒度分布已定，故试验主要研究晶化温度、晶化时间、液固比及陈化时间等因素对硬硅钙石晶化反应的影响。

14.4.3.1　实验影响因素分析与结果讨论

（1）液固比

液固比是影响非晶态的水合硅酸钙转变为硬硅钙石结晶相的重要因素。由于随着苛化反应的进行，体系中除生成的水合硅酸钙沉淀逐渐增加外，生成的 KOH 碱液浓度也会相应增大，直至苛化反应完全，KOH 碱液浓度达到最大。而由非晶态的水合硅酸钙转变为硬硅钙石晶相的过程中，由于 KOH 碱液在苛化反应过程中几近被完全洗出，故此时只有硬硅钙石一种晶相生成。硬硅钙石的结晶习性使其形貌变为针状或纤维状，结构将会变得蓬松，晶化反应前后的溶液黏度变化不大。条件探索实验结果表明，在液固比约为 6 时，反应体系的流动性良好。

（2）晶化温度

水合硅酸钙在水热条件下的晶化反应为固液反应，当液固比和反应时间一定时，反应温度对其晶化产物硬硅钙石的生长将起决定作用，在 150～300℃范围内，温度越高越有利于晶体一次粒子以及球形团聚体的生成。这是由于在高温密闭反应釜中，随着反应釜中温度的升高，水的饱和蒸气压也升高，在饱和蒸气压下，溶液中气泡的存在能增加成核的位置，能提高成核速率，显著降低成核能，因而有利于水合硅酸钙向硬硅钙石晶相的转变（Hong et al，2004；邱美娅等，2005）。实验结果显示，当晶化温度提高到 200℃时，开始有片状和棒状雪硅钙石［$Ca_5Si_6O_{16}(OH)_2 \cdot 5H_2O$］生成。温度继续提高，出现新的物相变针硅钙石［$Ca_4Si_3O_9(OH)_2$］，晶体形态为纤维状和絮状晶体的团聚体。当晶化温度提高至 260℃时，硬硅钙石结晶更加完整和均匀，呈现出较均一的针状晶体形成的球形聚合体形态（王红丽，2011）。所以晶化温度选择为 260℃为宜。

（3）晶化时间

取苛化反应过程所得水合硅酸钙湿滤饼（CSB-01）（含水率约 60%）250.8g，加入 450mL 的水搅拌均匀。置于反应釜中，反应一定时间取出料浆过滤，用 710mL 蒸馏水（约 90℃）洗涤滤饼 1 次。取出滤饼，测定其含水率。硬硅钙石晶化实验结果见表 14-14。

将所得硬硅钙石湿滤饼置于干燥箱中，在常压 105℃下干燥 2h。对反应产物进行 X 射线粉末衍射分析，结果见图 14-14。由图可见，在 260℃下，水热晶化反应时间分别为 6h、4h、2h、1h 条件下，都有硬硅钙石［$Ca_6Si_6O_{17}(OH)_2$］晶相生成，且硬硅钙石为主要物相。因此，选定硬硅钙石晶化反应的优化条件为 260℃下反应 1h。

表 14-14　硬硅钙石晶化反应实验结果

实验号	晶化温度/℃	晶化时间/h	液固比	产物含水率/%
CS-01	260	6	6	70.6
CS-02	260	4	6	71.9
CS-03	260	2	6	73.1
CS-04	260	1	6	73.0

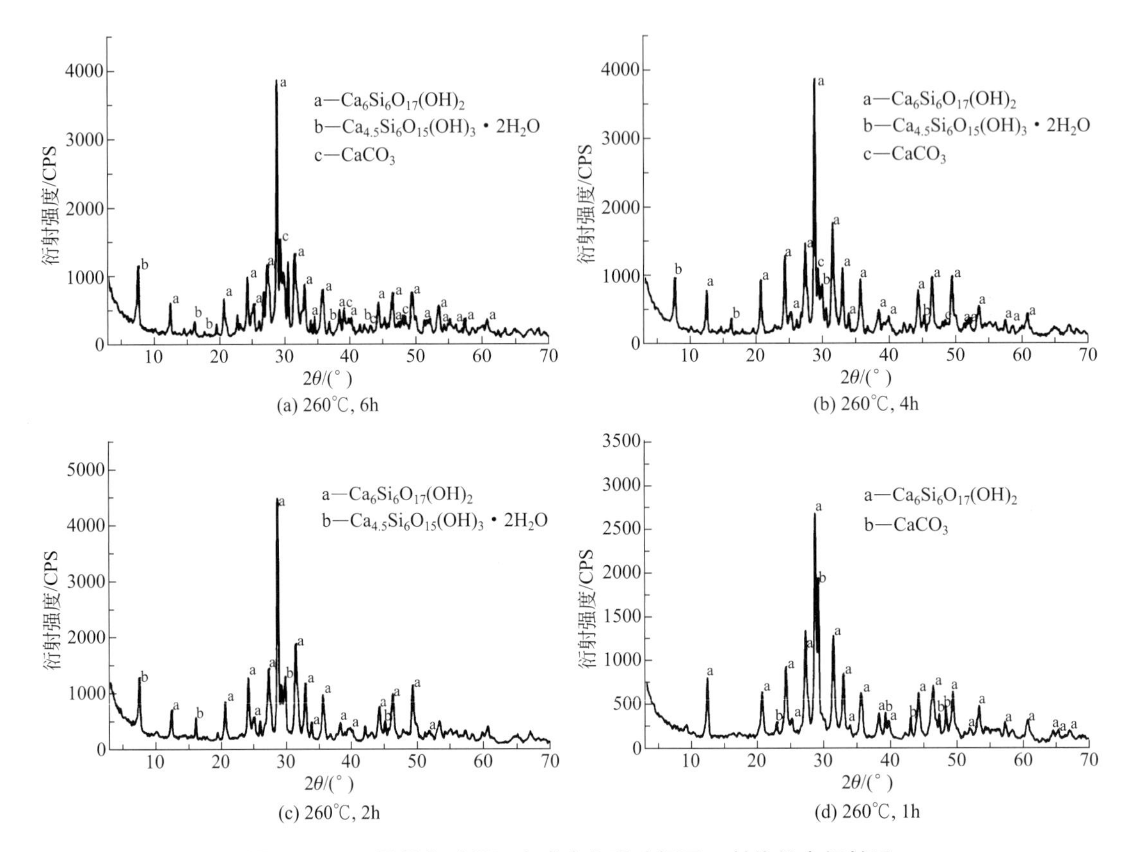

图 14-14　不同晶化时间下合成产物硬硅钙石 X 射线粉末衍射图

（4）陈化时间

为使硬硅钙石的形貌为完好的针状或纤维状，实验采用对苛化产物陈化一定时间后再进行晶化处理的方法。

实验过程：每次实验各取 160℃下苛化 1h 的苛化产物水合硅酸钙滤饼 20.0g（化学成分见表 14-13），按照液固比为 6，用约 90℃温水进行调配，分别在常温（温度 26.5℃，湿度 41.8%）下陈化 0h、1h、3h、6h、12h 后，将料浆放入密闭反应釜中，在 260℃下恒温晶化反应 1h。此过程由室温升温至 140℃，搅拌速率为 150r/min；由 140℃升温至 260℃，搅拌速率为 50r/min；在 260℃恒温反应 1h，停止搅拌。然后通冷却水，使反应釜内温度降至约 90℃时，倒出料浆，抽滤过滤。将所得滤饼置于控温干燥箱中，在 105℃下烘干 2h，所得干燥粉体进行 X 射线粉末衍射分析，并在扫描电镜下观察其微观形貌。图 14-15 为不同陈化时间下所得硬硅钙石粉体的 X 射线粉末衍射图。

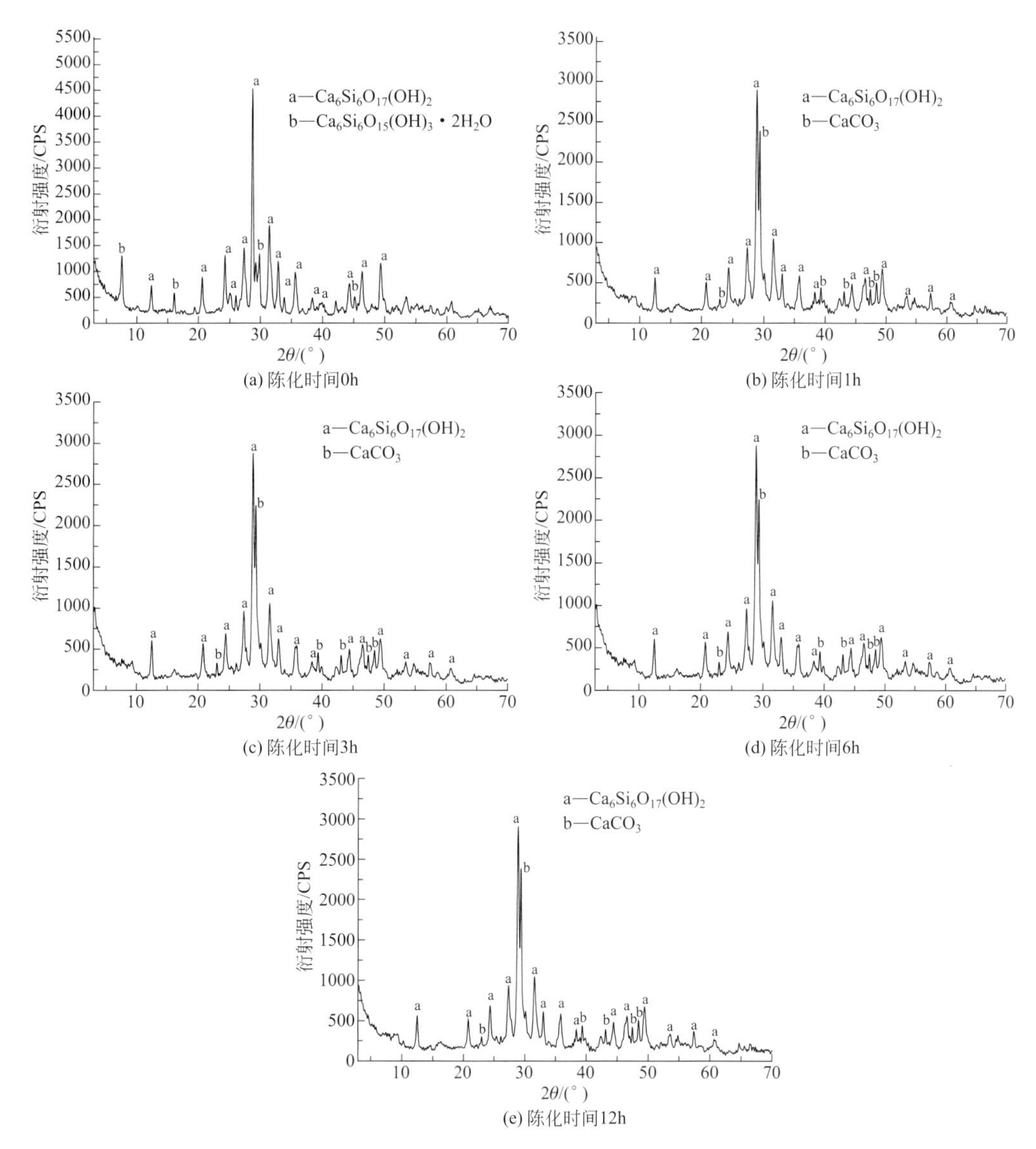

图 14-15　不同陈化时间下合成硬硅钙石粉体 X 射线粉末衍射图

由实验产物的 X 射线粉末衍射分析图可知，陈化时间为 1～12h 所得粉体的主要物相均为硬硅钙石［$Ca_6Si_6O_{17}(OH)_2$］，另含有极少量 $CaCO_3$，可能系混合物料在陈化过程中与外界的 CO_2 反应所致。而未经陈化过程所得产物中，主要物相亦为硬硅钙石，另含有少量雪硅钙石［$Ca_6Si_6O_{15}(OH)_3 \cdot 2H_2O$］。

图 14-16 (a)～(e)分别为陈化时间为 0h、1h、3h、6h、12h 条件下水热晶化产物硬硅钙石粉体的扫描电镜照片。

由以上合成硬硅钙石粉体的扫描电镜照片对比可知：未经陈化过程所合成硬硅钙石粉体，晶体形状比较杂乱，且针状表面不光滑，分叉现象比较明显；而经过陈化处理后合成的硬硅钙石粉体，晶体形貌都呈针状，且随着陈化时间的延长，形貌愈来愈趋于均一化。

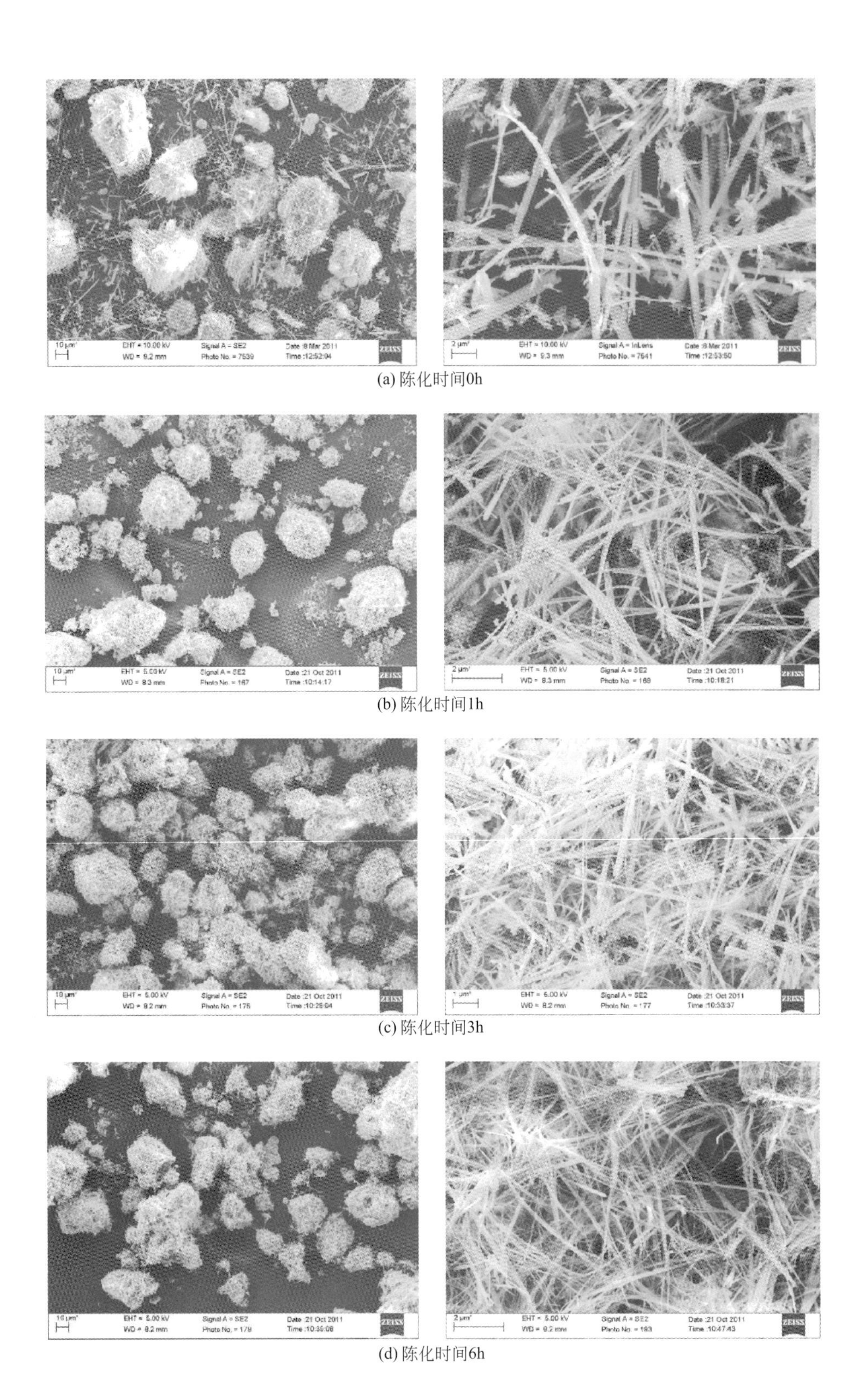

(a) 陈化时间0h

(b) 陈化时间1h

(c) 陈化时间3h

(d) 陈化时间6h

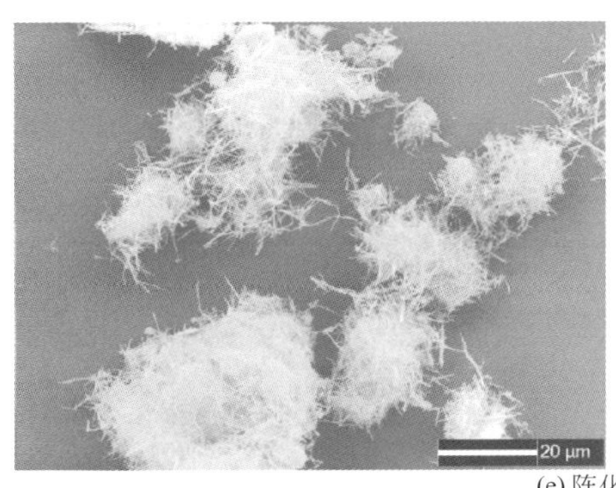

(e) 陈化时间12h

图 14-16　不同陈化时间下合成硬硅钙石粉体扫描电镜照片

对比以上分析结果，不同陈化时间下所得硬硅钙石粉体，尽管其结构、晶体形态及尺寸相差不大，但仍以陈化 12h 所合成的硬硅钙石的形貌最佳。

14.4.3.2　硬硅钙石粉体表征

称取苛化产物水合硅酸钙样品（CS1-01）120g（含水率 75%），蒸馏水 360mL（按照液固比 15），混合搅拌均匀，室温下陈化 12h，置于搅拌反应釜中，开启加热装置，同时开启搅拌，由室温升温至 120℃搅拌速率为 150r/min，由 120℃升温至 260℃搅拌速率为 50r/min，在 260℃下恒温反应 1h，此时停止搅拌。反应结束后通冷凝水冷却至约 90℃，打开反应釜过滤分离，固相为硬硅钙石滤饼（CH12）；液体为晶化母液，仍含有少量 KOH 组分，返回系统循环利用。

（1）化学成分及物相分析

晶化反应制得的硬硅钙石粉体（CH12）的化学成分分析结果见表 14-15。图 14-17 为硬硅钙石样品（CH12）的 X 射线粉末衍射图。由图可见，合成制品的物相中大部分为硬硅钙石［$Ca_6Si_6O_{17}(OH)_2$］，含少量 $CaCO_3$ 相，可能是用生石灰配制石灰乳过程中 CaO 与空气中的 CO_2 反应所生成。

表 14-15　硬硅钙石粉体化学成分分析结果　　w_B/%

样品号	SiO_2	TiO_2	Al_2O_3	TFe_2O_3	MnO	MgO	CaO	Na_2O	K_2O	P_2O_5	烧失量	总量
CH12	44.86	0.028	1.03	0.21	0.012	0.69	42.65	0.00	0.14	0.015	10.73	100.37

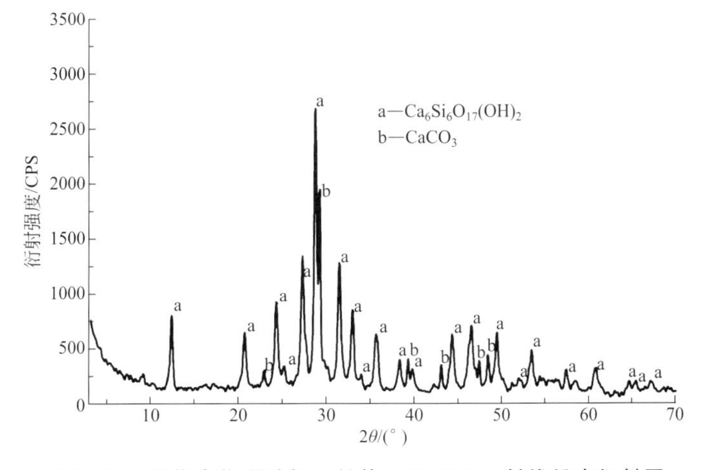

图 14-17　晶化产物硬硅钙石粉体（CH12）X 射线粉末衍射图

(2) 粒度分布

采用 Mastersizer 2000 型激光粒度分析仪对实验制得的硬硅钙石粉体进行粒度分布测定。由结果可知，硬硅钙石粉体（CH12）经超声分散后，其粒度分布范围为 0.109～68.342μm，$d(0.1)=8.57\mu m$，$d(0.5)=29.19\mu m$，$d(0.9)=98.46\mu m$。且粒度分布图中只出现一个峰值，说明所得制品中只有微米级的颗粒存在。

(3) 微观形貌

采用 LEO-1450 型扫描电镜对合成的硬硅钙石粉体（CH12）进行微观形貌观察。在测定前对待测样品表面先做喷碳处理。扫描电镜下观察，水热晶化合成的硬硅钙石粉体为针状结晶体形貌，分散良好的晶体尺寸大多长 6～20μm，直径 100～200nm，长径比约 30～200（图 14-18）。

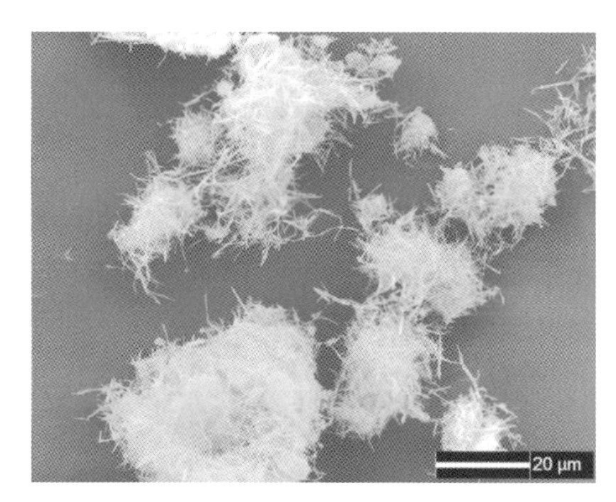

图 14-18　合成硬硅钙石粉体（CH12）的扫描电镜照片

14.4.4　硬硅钙石晶化反应动力学

任何化学反应都包括两个基本问题：一是热力学问题，即化学反应能不能发生以及发生的方向和限度；二是动力学问题，也就是化学反应速率问题（印永嘉等，2001）。反应动力学的研究目的，就是探究浓度、温度、搅拌速率等因素对反应速率的影响，揭示化学反应机理，进一步控制反应过程，并通过调节反应速率实现高效生产和获得优质产品。

基于以上实验，由不同反应温度和反应时间条件下的实验结果，研究硬硅钙石晶化反应动力学，确定晶化反应的表观活化能和反应级数，可为实现制备针状硅灰石粉体技术的工业化应用提供理论基础。实验以硬硅钙石的产率作为反应程度的指标。

动力学研究中涉及的硬硅钙石产率只是恒温反应时段的产率。因此，需要修正升温和降温两个阶段对硬硅钙石产率的影响。实验方法：先做一组到设定温度后直接降温的实验，测得硬硅钙石的产率为 x_0，再做到设定温度后恒温反应 t 小时的实验，测定硬硅钙石的产率为 x_t，则该晶化温度下恒温反应 t 小时硬硅钙石的产率为 x（$=x_t-x_0$）。下文中硬硅钙石的产率均按此计算得出。此外，研究还发现，晶化前的陈化过程只影响晶体的生长形貌，而对硬硅钙石的产率无明显影响。因此，陈化过程对动力学的影响在此忽略不计。

14.4.4.1　反应动力学原理

在动力学研究中，反应速率与温度的关系是以表观活化能形式表示的，而与反应物浓度的关系是通过反应级数来表示的。对于液-固两相反应，为获得表观活化能，一般将温度以外的其他参数设为常数，包括反应物的起始浓度、物料数量、粒度、形状以及搅拌速率等。

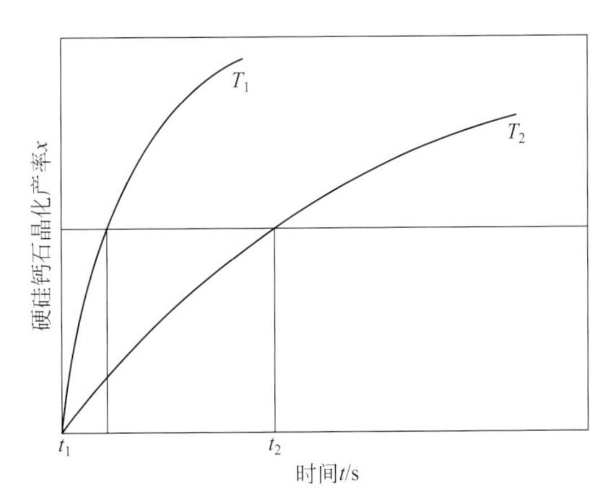

图 14-19　不同条件下反应速率（硬硅钙石晶化速率）曲线

如果反应是不可逆的，则不同温度条件下反应速率间的比例关系可用达到同一分解率所需时间的比例来代替，图 14-19 为 T_1 和 T_2 温度下分解率（此处可视为硬硅钙石的晶化率）与时间的关系曲线，它们在达到同一分解率（硬硅钙石的晶化率 $x=x_t-x_0$）时所需时间分别为 t_1 和 t_2，由此可得以下关系（莫鼎成，1987）：

$$t_1/t_2=k(T_2)/k(T_1) \tag{14-9}$$

由 Arrhenius 公式：

$$\ln\frac{\left(\frac{\mathrm{d}x}{\mathrm{d}t}\right)_{T_1,x}}{\left(\frac{\mathrm{d}x}{\mathrm{d}t}\right)_{T_2,x}}=\ln\frac{k(T_1)}{k(T_2)}=-\frac{E_a}{R}\left(\frac{1}{T_1}-\frac{1}{T_2}\right) \tag{14-10}$$

可以得到：

$$\ln\frac{t_1}{t_2}=\ln\frac{k(T_2)}{k(T_1)}=\frac{E_a}{R}\left(\frac{1}{T_1}-\frac{1}{T_2}\right) \tag{14-11}$$

即

$$\Delta\ln t(x)=\frac{E_a}{R}\Delta\left(\frac{1}{T}\right) \tag{14-12}$$

式中，$k(T_1)$、$k(T_2)$ 分别表示温度为 T_1 和 T_2 时的反应速率常数；E_a 表示晶化反应的表观活化能；R 表示气体常数。

按照式（14-12），以 $\ln t$-$\frac{1}{T}$ 为坐标作图可得一直线，其斜率即为 $\frac{E_a}{R}$，由此可计算得到反应的表观活化能。活化能的大小对反应速率的影响很大，活化能越小，反应速率就越大。即从动力学角度考虑，表观活化能越小，则反应就越容易进行。

为确定晶化反应的反应级数，就必须实验测定温度和其他物质浓度不变的条件下，改变某一反应物的浓度对晶化率的影响。在此过程中，反应物浓度不变的物质假定为水，另一物质选择硬硅钙石。当所测反应物（此处选择生成物为硬硅钙石）的浓度远大于其他物质的浓度或者与其存在比例关系时，可以推导得出以下公式（莫鼎成，1987）：

$$\Delta\ln t=-n\Delta\ln C_0 \tag{14-13}$$

式中，n 为反应级数；C_0 为所测反应物的初始浓度。

假设终点时硬硅钙石的浓度为 $C_终$，则式（14-13）可改写为下式：

$$\Delta\ln t=-n\Delta\ln C_终 \tag{14-14}$$

式中，n 为反应级数；$C_终$ 为所测硬硅钙石的终点浓度。

以 $\ln t$-$\ln C_终$ 为坐标作图，同样可得一直线，其斜率的负值即为反应级数。

14.4.4.2 反应表观活化能

取液固比为6∶1，进行不同条件下的动力学实验，反应温度为220℃、240℃、260℃，晶化时间为10min、20min、30min、60min，实测硬硅钙石产率为x_t，修正后硬硅钙石产率为x。实验结果见表14-16。

表14-16 不同温度-时间下晶化反应制备硬硅钙石实验结果

实验号	T/K	t/s	L/S	x_t/%	x/%
YG1-01	493	0	6	35.2	0
YG1-02	493	600	6	43.6	8.4
YG1-03	493	1200	6	50.2	15.0
YG1-04	493	1800	6	56.3	21.1
YG1-05	493	3600	6	72.9	37.7
YG2-01	513	0	6	41.0	0
YG2-02	513	600	6	52.1	12.1
YG2-03	513	1200	6	61.5	20.5
YG2-04	513	1800	6	69.4	28.4
YG2-05	513	3600	6	88.0	47.0
YG3-01	533	0	6	48.0	0
YG3-02	533	600	6	62.8	14.8
YG3-03	533	1200	6	75.8	27.8
YG3-04	533	1800	6	88.1	40.1
YG3-05	533	3600	6	99.2	51.2

由图14-20可见，晶化温度对硬硅钙石产率的影响较大。随着反应温度升高，硬硅钙石的产率增长较为明显，且在实验温度条件下，硬硅钙石晶化在反应初期进行得较快，相应地硬硅钙石的产率增长较快；但随着晶化时间的延长，硬硅钙石的产率逐渐趋于恒定。这表明水热晶化反应制备硬硅钙石的过程受化学反应控制。

由图14-20的拟合曲线，可分别求出不同晶化温度下硬硅钙石产率x达到20%、30%、40%时所需时间t_1、t_2、t_3，结果列于表14-17中。由表14-17中的数据，以$\ln t$-$\frac{1}{T}$为坐标作图，如图14-21所示。由图中拟合直线可得，$x=20\%$时，表观活化能$E_{a1}=39.32$kJ/mol；$x=30\%$时，表观活化能$E_{a2}=38.23$kJ/mol；$x=40\%$时，表观活化能$E_{a3}=39.16$kJ/mol；表观活化能平均值$E_a=38.90$kJ/mol。这也进一步说明该反应在实验温度条件下主要由化学反应所控制。

表14-17 不同温度条件下达到硬硅钙石不同晶化率所需时间

温度/K	t_1/s	$\ln t_1$	t_2/s	$\ln t_2$	t_3/s	$\ln t_3$
533	825	6.72	1375	7.22	1792	7.50
513	1254	7.13	2000	7.60	3010	8.01
493	1758	7.47	2750	7.92	3890	8.27

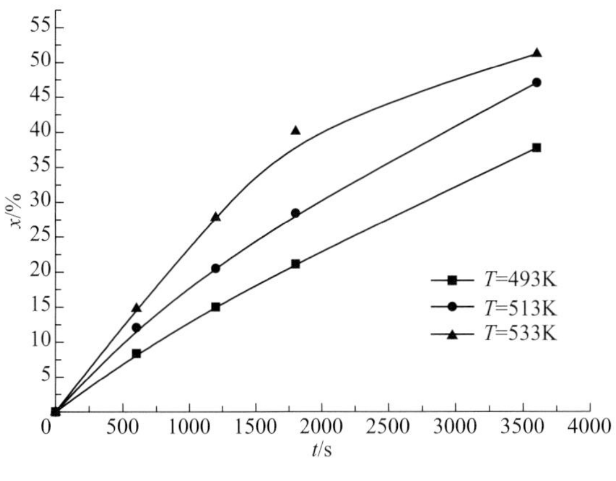

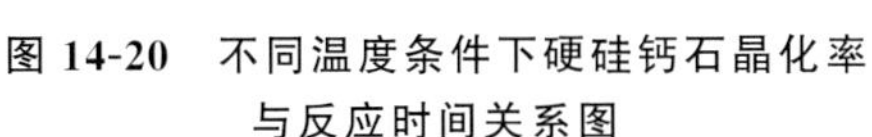
图 14-20　不同温度条件下硬硅钙石晶化率与反应时间关系图

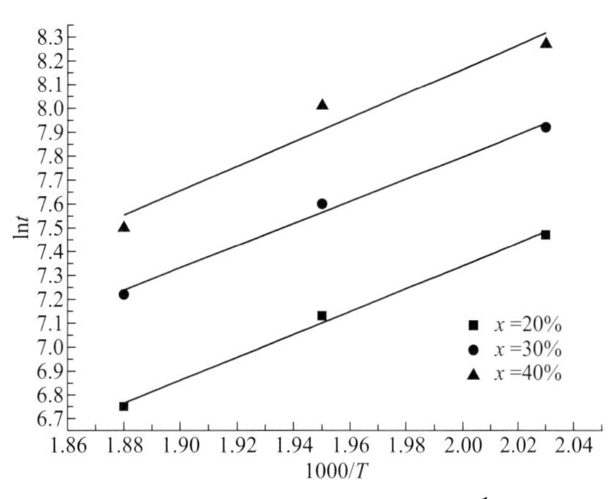

图 14-21　不同晶化温度条件下的 $\ln t-\frac{1}{T}$ 曲线图

14.4.4.3　反应级数

在一定温度条件下，化学反应的速率与参与反应的物质（反应物、产物或催化剂等）的浓度密切相关。水合硅酸钙沉淀在水热条件下的晶化过程，可看作水合硅酸钙自身的晶化反应，其反应速率主要受溶剂量多少和反应温度的影响。当反应完全后，溶液中只有硬硅钙石单相，因而适用上文中关于反应级数的推导公式。设计以下实验，研究水固比（质量比）对硬硅钙石晶化反应速率的影响。设定晶化温度为 260℃，在水固比分别为 6、9、12 的条件下，分别反应 10min、20min、30min、60min，实测晶化率为 x_t，修正后硬硅钙石的晶化率为 x。实验结果列于表 14-18 中。

由图 14-22 的拟合曲线，可分别求出不同水固比条件下硬硅钙石晶化率 x 达到 20%、30%、40%时所需时间 t_1、t_2、t_3。结果列于表 14-19 中。按照表中数据，以 $\ln t$-$\ln C_{终}$ 为坐标作图，结果示于图 14-22。

表 14-18　不同水固比条件下硬硅钙石晶化反应实验结果

实验号	T/K	t/s	L/S	x_t/%	x/%
YG3-01	533	0	6	48.0	0
YG3-02	533	600	6	62.8	14.8
YG3-03	533	1200	6	75.8	27.8
YG3-04	533	1800	6	88.1	40.1
YG3-05	533	3600	6	99.2	51.2
YG4-01	533	0	9	48.6	0
YG4-02	533	600	9	64.9	16.3
YG4-03	533	1200	9	78.2	29.6
YG4-04	533	1800	9	89.7	41.1
YG4-05	533	3600	9	99.3	50.7
YG5-01	533	0	12	49.0	0
YG5-02	533	600	12	66.2	17.2

续表

实验号	T/K	t/s	L/S	x_t/%	x/%
YG5-03	533	1200	12	79.5	30.5
YG5-04	533	1800	12	90.8	41.8
YG5-05	533	3600	12	99.3	50.3

由图 14-23 的拟合直线可得，$x=0.2$ 时，反应级数 $n_1=0.179$；$x=0.3$ 时，反应级数 $n_2=0.164$；$x=0.4$ 时，反应级数 $n_3=0.164$，反应级数平均值 $n=0.169$。

表 14-19　不同水固比下达到不同晶化率所需时间

水固比	t_1/s	$\ln t_1$	t_2/s	$\ln t_2$	t_3/s	$\ln t_3$
6	835	6.73	1372	7.22	1792	7.49
9	792	6.67	1277	7.15	1710	7.44
12	739	6.61	1225	7.11	1605	7.38

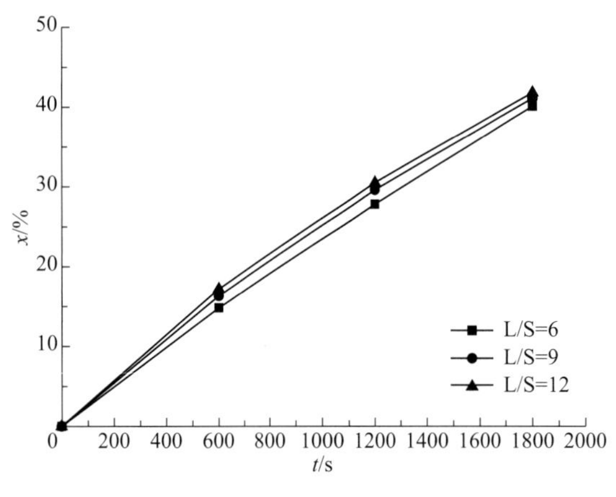

图 14-22　不同水固比下硬硅钙石晶化率与反应时间关系图

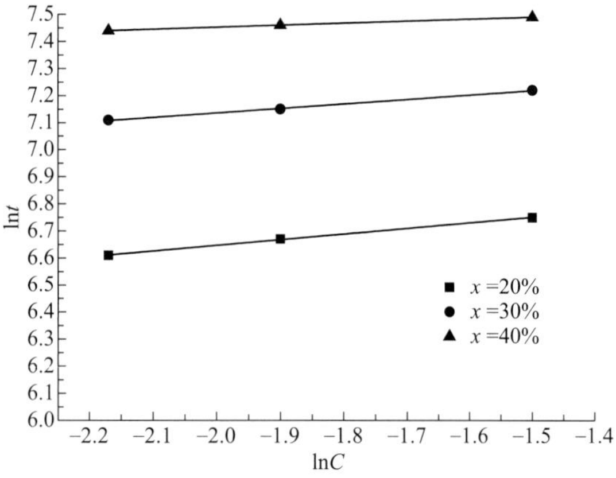

图 14-23　不同浓度条件下的 ln$t$-ln$C$ 曲线图

利用反应动力学原理，通过反应动力学实验，计算得到由水合硅酸钙沉淀经晶化反应合成硬硅钙石的表观活化能约为 38.90kJ/mol，反应级数约 0.169。说明该反应过程不是简单的化学反应过程，而是包含有化学反应和产物结晶的复杂过程，提高温度对该过程影响明显；但当水固比达到一定值后，对此过程影响将不再明显。

14.4.5　硅灰石制备及表征

14.4.5.1　实验原理

水热晶化反应所得纤维状硬硅钙石粉体，在 846℃时产生明显的吸热峰，失去结晶水而转变成硅灰石晶相（图 14-24），但仍保持其纤维状形态，从而得到高长径比的针状硅灰石粉体产品。煅烧过程发生的化学反应如下：

$$Ca_6Si_6O_{17}(OH)_2 \longrightarrow 2Ca_3Si_3O_9 + H_2O\uparrow \tag{14-15}$$

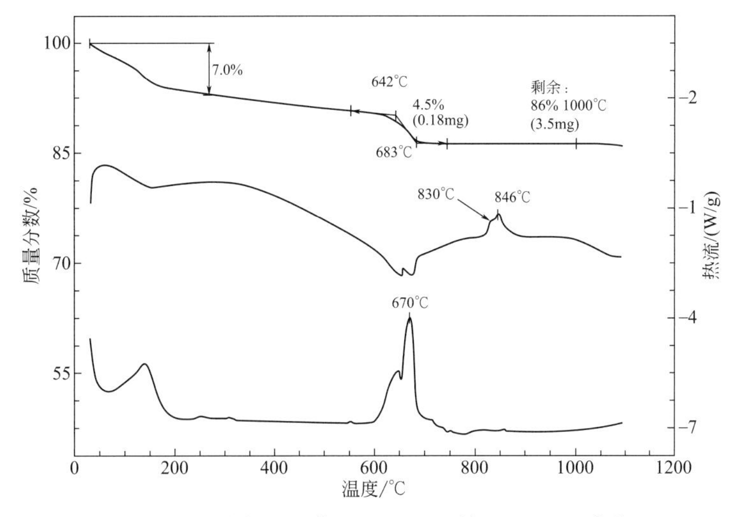

图 14-24　硬硅钙石粉体（YG1-01）的 DSC-TGA 曲线图

硬硅钙石粉体煅烧制备针状硅灰石粉体的过程，包括吸附水和结晶水的脱除以及硬硅钙石向硅灰石发生相转变的过程，且硅灰石仍保留硬硅钙石的晶体形貌（王晓艳，2010）。通过差热-热重分析可以获得硬硅钙石转变为硅灰石的晶化温度范围。在该温度下焙烧一定时间，即可制得合格的针状硅灰石粉体产品。

对实验合成的硬硅钙石制品（YG1-01）进行差热-热重分析（仪器型号 Q600）。由硬硅钙石粉体（YG1-01）的 DSC-TGA 曲线图（图 14-24）可见，在差热曲线上 147℃、670℃、846℃处存在吸热峰，分别代表硬硅钙石脱去吸附水、结晶水及结构水的温度，对应于热重曲线上的失重率分别为 7.0％、4.5％、2.5％。在 846℃处存在一放热峰，代表硬硅钙石转变为硅灰石的相变温度，与热重曲线上在 846℃后质量不再发生变化相对应。参考实验室箱式电炉的温度控制精度，最终确定硬硅钙石粉体煅烧制备硅灰石粉体的温度为 870～900℃。

14.4.5.2　实验过程

由硬硅钙石粉体（YG1-01）的差热-热重曲线图（图 14-24）分析可知，硬硅钙石粉体煅烧制备硅灰石的温度为 870～900℃即可，故实验尚需对煅烧时间做进一步研究。

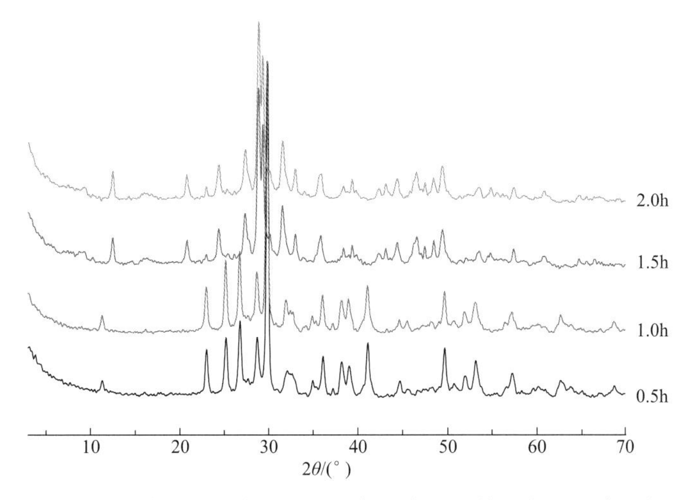

图 14-25　900℃下不同煅烧时间所得硅灰石粉体 X 射线粉末衍射图

分别称取在260℃下晶化反应1h所合成的硬硅钙石粉体（YG1-01）10g，置于洁净的氧化铝坩埚中，放入箱式电炉中，设定煅烧温度为900℃，保温时间分别为0.5h、1.0h、1.5h、2.0h后，冷却至接近室温取出。图14-25为900℃下煅烧不同时间所得硅灰石产物的X射线粉末衍射对比图。由图可见，当煅烧时间大于1h时，所得产物全部为硅灰石结晶相。因此，煅烧条件应选择900℃，1h为比较理想。

将前述260℃下晶化反应1h所得硬硅钙石粉体（YG1-01）置于箱式电炉中，在900℃下煅烧1h，制得硅灰石制品（CAS-01）。

14.4.5.3 硅灰石粉体表征

实验制得的硅灰石粉体（CAS-01）的化学成分分析结果见表14-20。图14-26为制得的硅灰石粉体的X射线粉末衍射图。由图可见，所制备的针状硅灰石粉体的物相组成单一，均为硅灰石结晶相。

表14-20 硅灰石粉体的化学成分分析结果 $w_B/\%$

样品号	SiO_2	TiO_2	Al_2O_3	TFe_2O_3	MnO	MgO	CaO	Na_2O	K_2O	P_2O_5	烧失量	总量
CAS-01	49.36	0.01	1.22	0.13	0.005	0.60	46.84	0.00	0.15	0.007	0.96	99.28

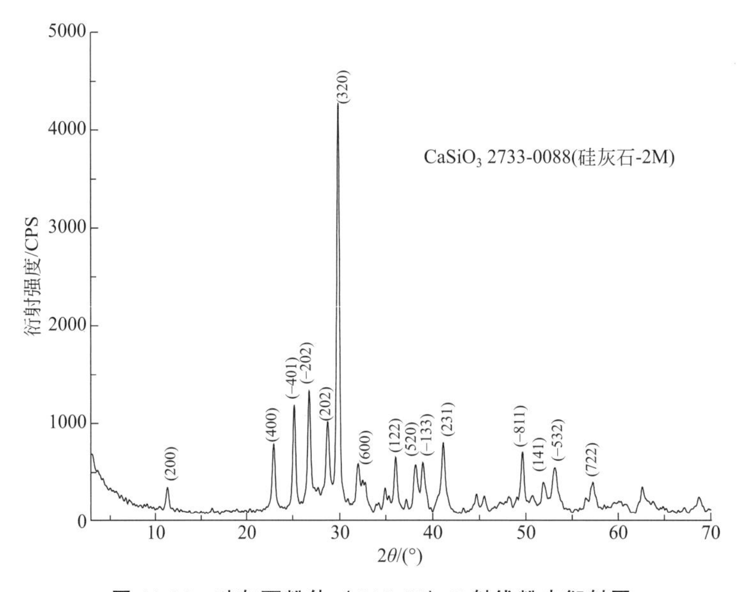

图14-26 硅灰石粉体（CAS-01）X射线粉末衍射图

采用Mastersizer 2000型激光粒度分析仪，对实验制得的硅灰石粉体样品进行粒度分布测定。对硅灰石粉体制品（CAS-01）进行超声分散后，其粒度分布范围为0.209～60.256μm，$d(0.1)=7.28\mu m$，$d(0.5)=25.25\mu m$，$d(0.9)=60.24\mu m$。粒度分布图中只出现一个峰值，且实验制品中只有约100μm以下的晶粒存在。

采用LEO-1450型扫描电镜，对实验制得的硅灰石粉体（CAS-01）进行微观形貌分析，在测定前对待测粉体样品表面先做喷碳处理。在扫描电镜下观察，实验制备的针状硅灰石粉体的微观形貌如图14-27所示。制得的硅灰石粉体为针状形貌，分散度比较好，晶体一般长度大多在6～12μm，直径在100～200nm，长径比介于30～120之间。

图 14-27　硅灰石粉体制品（CAS-01）的扫描电镜照片

与硅灰石的建材行业标准（JC/T 535—2007）对比可知，所制得的硅灰石粉体符合我国建材行业硅灰石标准中优等品的技术指标要求（表 14-21）。

表 14-21　硅灰石粉体制品性能与建材行业标准（JC/T 535—2007）对比

检测项目		技术项目					
		优等品	一级品	二级品	合格品	CAS-01	CAS-02
硅灰石含量/%　≥		90	80	70	60	93.80	94.10
二氧化硅含量/%		48～52	46～54	44～56	41～59	49.36	49.20
氧化钙含量/%		45～48	42～50	40～50	38～50	46.84	47.80
三氧化二铁含量/%　≤		0.2	0.4	0.8	1.5	0.13	0.16
烧失量/%　≤		2.5	4.0	6.0	9.0	0.96	1.07
白度/%　≥		90	85	75	—	93.86	93.39
吸油量/%		18～30(粒径小于 5μm ,18～35)			—	25	23
水萃液碱度　≤		46			—	42	43
105℃挥发物含量/%　≤		0.5				0.06	0.05
细度	块状、普通粉筛余量/%　≤	0.5				—	—
	细粉、超细粉大于粒径含量/%　≤	10.0				—	—

注：水萃液碱度为 46 时，用精密试纸测试 pH 值约 9；CAS-02 为 CAS-01 的重复性实验。

第 15 章 硅酸钠碱液制备白炭黑技术

15.1 研究现状概述

白炭黑是白色粉末状无定形硅酸和硅酸盐产品的总称，主要是指沉淀二氧化硅、气相二氧化硅、超细二氧化硅凝胶和气凝胶，也包括粉末状合成硅酸铝和硅酸钙等。白炭黑是多孔性物质，其组成表示为 $SiO_2 \cdot nH_2O$，其中 H_2O 以表面羟基形式存在。白炭黑是白色无定形微细粉末，原始粒径 0.3μm 以下，密度 2.319～2.653g/cm³，熔点 1750℃，吸潮后形成聚合细颗粒，有很高的绝缘性，能溶于苛性碱和氢氟酸，不溶于水和除氢氟酸以外的其他酸，高温不分解，有吸水性，对基质和活性成分及添加剂显示出化学惰性，对维生素、激素、氟化物、抗生素、酶制剂及化妆品中常用的许多活性成分都有良好的相容性。白炭黑具有多孔性，比表面积大，在生胶中有较大分散力，故填充于橡胶中显示出高补强性。

沉淀白炭黑主要用作橡胶的补强剂、牙膏摩擦剂等。气相白炭黑主要用作硅橡胶的补强剂、涂料和不饱和树脂增稠剂；超细二氧化硅凝胶和气凝胶主要用作涂料消光剂、增稠剂、塑料薄膜开口剂等。

我国以生产沉淀法白炭黑为主，生产白炭黑的传统方法为气相法和沉淀法。传统沉淀法以水玻璃为硅源来制备白炭黑，非金属矿法的不同之处在于以非金属矿物作为硅源。

（1）气相法

将有机硅化合物（如四氯化硅、甲基氯硅烷）等，在空气和氢气混合气流中，于高温下水解制得白炭黑。该法生产的白炭黑纯度极高，SiO_2＞99.8%，价格昂贵，仅用于医药、化妆品的填充料和食品添加剂等少数特殊用途。

（2）沉淀法

又分为盐酸或硫酸分解法、碳化法和稻壳法等生产方法。

① 盐酸分解法　先将 13°Bé 的硅酸钠水玻璃溶液和 8°Bé 的氯化钠水溶液进行盐析，再用 31%的盐酸（或硫酸）分解，沉淀出微粒硅胶，经水漂洗、脱水、干燥、粉碎、过筛，制得沉淀二氧化硅。

② 碳化法　由硅砂与纯碱高温熔融，将熔融物溶解，通入二氧化碳（CO_2 30%～35%）

进行碳化中和 6～8h，用水洗涤，加入硫酸调节至 pH 值为 6～8，进行二次洗涤，脱水，干燥至含水量≤6%，粉碎至 200～350 目，即得沉淀二氧化硅成品。

③ 稻壳法　将稻壳在严格控制温度的条件下炭化，以除去其中的有机物，并使稻壳中的水合二氧化硅不被破坏。炭化后的稻壳在一定浓度的碳酸钠水溶液中，在常压一定温度下溶煮，使炭化后稻壳中水和二氧化硅溶出，溶出率可达 90%，溶出的水合二氧化硅经过滤、洗涤、喷雾干燥，得到沉淀二氧化硅成品。

白炭黑主要用于橡胶样品，其次是农药饲料行业。近年来，以焦油为主要原料的炭黑价格持续走高，为降低制造成本和改进生产质量，传统橡胶制造厂家原先仅添加炭黑补强填料，现改为部分添加白炭黑代替炭黑作为补强填料，导致白炭黑需求增长。国内轮胎行业子午胎产量迅速增长，也加剧了白炭黑的市场需求。在轮胎行业中，白炭黑主要用于全钢载重子午线轮胎，也用于尼龙斜胶胎和耐切割工程胎的胎面胶和半钢子午胎的带束层。

随着我国汽车工业迅猛发展，白炭黑在轮胎行业中的需求持续增长，尤其是子午轮胎用高分散白炭黑产品占据较大市场份额。

本研究拟采用碳化法制备白炭黑工艺，以利用高铝粉煤灰经碱溶脱硅所得硅酸钠碱液为原料，通入 CO_2 进行碳化反应实验，研究反应温度、时间、原料浓度、搅拌速率、通气速率等因素对碳化过程、硅胶产率及产品性能的影响，对实验过程和产物微观特征进行对比分析，以确定优化工艺条件。

15.2 制备白炭黑实验流程

著者团队已利用硅酸钠碱液制备了多种氧化硅产品，代表性成果有：

李江华（2001）利用福建沙县的钾长石粉体合成 13X 型分子筛，对合成母液进行酸化处理，制备了白炭黑超细粉体。实验采用共沸蒸馏干燥工艺，抑制了被包覆颗粒的团聚问题，获得原始粒径为 20～50μm 的团聚体粉体。对比研究发现，普通干燥样品的真密度小于共沸蒸馏样品的真密度，而比表面积却大于共沸蒸馏样品的比表面积。两种样品的比表面积在 200～350cm^2/g，真密度 1.56～2.65g/cm^3。为防止白炭黑颗粒较大，实验采用超声波对溶胶胶体颗粒进行分散，但对其反应机理的研究尚显不足。

李贺香（2005）以北京石景山电厂的高铝粉煤灰为原料制得白炭黑，样品达到了国标 GB 10517—89 中 A 类产品的标准，其 BET 比表面积为 464.23m^2/g。以内蒙古托克托电厂粉煤灰为原料，制备的白炭黑样品的化学成分各项指标均符合国标 GB 10517—89 要求，比表面积为 144.7 m^2/g，符合橡胶补强用 C 类白炭黑产品要求。依据相分离原理，利用偏硅酸胶体制备了多孔氧化硅，制品具有三级孔道，大孔孔径约 2μm，比表面积 12.03m^2/g，孔隙率达 79.1%，与硅藻土助滤剂大致相当。

王蕾（2006）利用内蒙古托克托电厂排放的高铝粉煤灰，以工业碳酸钠为配料对其进行烧结，使莫来石相分解转变成易溶于酸的霞石和少量铝酸钠相。以烧结物料进行硅铝分离后所得偏硅酸胶体为原料，采用溶胶-凝胶法和化学沉淀法制备了白炭黑和氧化硅气凝胶。后者的氧化硅干基含量达到微细二氧化硅气凝胶的 TMS-100P 的标准，比表面积为 775.12m^2/g，平均孔径 2.36μm，属介孔材料。利用表面活性剂聚乙二醇制备的氧化硅气凝胶样品，SiO_2 纯度达 99.35%，比表面积 773.1m^2/g，平均孔径 4.09μm。

本研究制备白炭黑的实验流程为：利用 NaOH 溶液对高铝粉煤灰进行脱硅处理，脱硅滤饼作为后续提取氧化铝的原料；所得滤液为硅酸钠碱液，作为制备白炭黑的原料。向硅酸钠液体通入 CO_2 进行碳化，SiO_2 即生成偏硅酸胶体沉淀；滤液为碳酸氢盐和碳酸盐混合溶液。偏硅酸胶体经水洗除杂，除去碳酸钠、碳酸氢钠等杂质，纯净的偏硅酸胶体经干燥、煅烧，即制得白炭黑产品。

15.3 碳化法制备偏硅酸胶体

15.3.1 硅酸钠液体制备

实验原料为陕西韩城第二发电厂排放的高铝粉煤灰（H2F-07），其化学成分及物相分析结果参见第 7 章。脱硅实验采用 NaOH 为脱硅剂，NaOH 溶液与高铝粉煤灰中非晶态 SiO_2 之间发生如下化学反应：

$$SiO_2(gls)+2NaOH(aq)\longrightarrow Na_2SiO_3(aq)+H_2O \tag{15-1}$$

将高铝粉煤灰在干式球磨机中球磨 3h，粒径分布范围 0.02～2000μm，体积平均粒径 15.06μm，90%的颗粒粒径小于 34.39μm。

实验确定的脱硅实验优化条件：氢氧化钠与粉煤灰质量比为 0.4，水灰质量比为 2，脱硅温度 95℃，反应时间 4h。

每次实验称取 3000g 球磨后的高铝粉煤灰于反应釜中，加入氢氧化钠 1200g，量取 6L 工业用水于釜中，以 600r/min 的速率搅拌均匀，加热至 95℃，反应 4h，反应釜内的压力全由水蒸气提供。在恒温反应阶段，压力表显示釜内压力为 1.0MPa。反应时间一到，即刻停止加热，通冷却水，待温度冷却至约 90℃即开釜，倒出混合液，真空抽滤，得到 2.82L 的脱硅滤液，滤饼分别用 3L 工业用水洗涤 2 次；再次真空抽滤，两次洗涤液 5.54L 并入脱硅滤液。滤饼用作后续制备氧化铝的原料。

脱硅滤液的主要成分是偏硅酸钠，通入 CO_2 酸化，SiO_2 以偏硅酸胶体形式生成沉淀，滤液为碳酸氢钠和碳酸钠的混合溶液。偏硅酸胶体经水洗涤，除去含有的碳酸盐和碳酸氢盐，纯净的偏硅酸胶体用于制备白炭黑。硅酸钠滤液的化学成分分析结果见表 15-1。

表 15-1　硅酸钠滤液的化学成分分析结果　　g/L

样品号	SiO_2	TiO_2	Al_2O_3	TFe_2O_3	MgO	CaO	Na_2O	K_2O	P_2O_5
TGY-01	70.2	0.08	0.46	0.35	0.28	0.12	90.7	0.58	0.01

采用比重瓶法测定脱硅滤液的密度，按照密度和波美度的关系式，计算脱硅滤液的浓度。首先将比重瓶清洗干净，置于烘箱中至恒重，用天平测得比重瓶空瓶的净重 m，然后将蒸馏水注入比重瓶中，塞好比重瓶盖，排除多余的蒸馏水，称量得质量 m_1。将蒸馏水倒出，再将比重瓶置于烘箱中烘干至恒重，取出，注入硅酸钠滤液，塞好比重瓶盖，排除多余的溶液，称量得质量 m_2。被测液体与水的体积相等，均为比重瓶的容积，故被测溶液的密度 ρ 按照式（15-2）、式（15-3）计算：

$$\frac{m_1-m}{\rho_{水}}=\frac{m_2-m}{\rho} \tag{15-2}$$

水的密度为 $1g/cm^3$，因而被测溶液的密度 ρ 为：

$$\rho=\frac{m_2-m}{m_1-m} \tag{15-3}$$

根据上式计算得到的硅酸钠液体的密度，代入密度和浓度的关系式，计算可得硅酸钠滤液的浓度：

$$浓度=144.3-\frac{144.3}{密度} \tag{15-4}$$

波美度（°Bé）是表示溶液浓度的一种方法。测得波美度后，从相应化学手册的对照表中可以方便地查出溶液的质量分数。根据公式（15-2）至式（15-4），计算得硅酸钠滤液的浓度为 17.81°Bé。

15.3.2　实验原理及方法

酸法制备水合二氧化硅的过程主要是硅酸钠滤液的酸解与硅酸的缩聚过程。对硅酸钠滤液进行酸化，属于气-液-固三相反应。反应过程的优劣不仅与反应动力学有关，而且也取决于传质过程，即与反应器型式、搅动强度、气-液接触表面以及物料特性等有关（王宝君等，2006）。

主反应为：

$$Na_2O \cdot mSiO_2(aq)+CO_2(g)+nH_2O(l) \longrightarrow Na_2CO_3(aq)+mSiO_2 \cdot nH_2O(s) \tag{15-5}$$

$$SiO_2 \cdot nH_2O(s) = SiO_2 \cdot pH_2O(s)+(n-p)H_2O(l) \tag{15-6}$$

副反应为：

$$Na_2CO_3(aq)+CO_2(g)+H_2O(l) \longrightarrow 2NaHCO_3(aq) \tag{15-7}$$

上述反应式仅为示意式，实际情况更为复杂。硅酸钠溶液同时具有溶液和胶体性质，其胶体性质对它与其他物质反应的最终产物有很大影响。

实验方法：将硅酸钠滤液置于酸化反应釜中，设定温度并调节转速，升温至设定温度后，通入 CO_2 气体，至设定的反应时间后停止反应，滤液中的 SiO_2 以偏硅酸胶体的形式沉淀下来。将反应浆料抽滤，得到偏硅酸胶体，滤液主要成分为 $NaHCO_3$ 和 Na_2CO_3。将偏硅酸胶体用水洗涤，以除去偏硅酸胶体中所含的钠盐。得到的纯净硅胶滤饼经干燥、煅烧，即制得白炭黑产品。

15.3.3　实验结果与讨论

采用正交设计安排实验，正交表为 $L_{16}(5^4)$，各因素变化范围见表 15-2。按照正交实验表，改变硅酸钠液体浓度，加入酸化反应釜中，升温至一定温度，向滤液中通入高纯度 CO_2（≥99.9%）酸化，并搅拌物料，设定不同的搅拌速率和通气速率，常压条件下反应一段时间停止酸化。反应浆料经真空抽滤，得到偏硅酸胶体沉淀，液相主要成分为碳酸氢钠和碳酸钠的混合液。测定混合滤液中 SiO_2 的含量，按照以下公式计算白炭黑的产率：

$$\zeta=\frac{m \times SiO_2\%}{V \times 70.2} \times 100\% \tag{15-8}$$

式中，m 为白炭黑产品的质量，g；$SiO_2\%$为白炭黑制品的 SiO_2 含量，%；V 为脱硅滤液的体积，L；70.2 为脱硅滤液中 SiO_2 的浓度，g/L。

正交实验安排与实验结果见表 15-3。对正交实验结果做直观分析可知，各因素对白炭黑产率的影响顺序依次为：反应时间＞硅酸钠溶液浓度＞反应温度＞搅拌速率＞通气速率。

表 15-2　不同因素对碳化过程的影响

水平	A 硅酸钠液体浓度/°Be	B 反应温度/℃	C 搅拌速率/(r/min)	D 通气速率/(mL/min)	E 反应时间/h
1	9.49	25	50	50	0.5
2	11.97	50	100	100	1
3	17.81	70	200	500	2
4	22.12	90	300	1000	3

表 15-3　碳化正交实验结果

实验号	A	B	C	D	E	产率/%
1	1	1	1	1	1	50.76
2	1	2	2	2	2	63.45
3	1	3	3	3	3	71.99
4	1	4	4	4	4	84.44
5	2	1	2	3	4	80.29
6	2	2	1	4	3	75.07
7	2	3	4	1	2	69.42
8	2	4	3	2	1	60.33
9	3	1	3	4	2	65.08
10	3	2	4	3	1	61.26
11	3	3	1	2	4	86.77
12	3	4	2	1	3	80.35
13	4	1	4	2	3	74.31
14	4	2	3	1	4	83.26
15	4	3	2	4	1	60.65
16	4	4	1	3	2	67.89
$K(1,j)$	67.660	67.610	70.122	70.948	58.250	
$K(2,j)$	71.278	70.760	71.185	71.215	66.460	
$K(3,j)$	73.365	72.207	70.165	70.358	75.430	
$K(4,j)$	71.528	73.252	72.358	71.310	83.690	
级差 R	5.705	5.642	2.236	0.952	25.440	

15.3.3.1　反应时间

根据各影响因素的顺序，设计单因素实验，进一步细化各因素，以确定碳化反应过程的优化条件。准确量取粉煤灰预脱硅后的硅酸钠液体 2L，加入酸化反应釜中，升温至温度为 85℃，向滤液中通入高纯 CO_2 气体（≥99.9%），在通气速率为 100mL/min 下酸化，并搅拌物料，搅拌速率为 100r/min，常压条件下分别反应 1.5h、2h、2.5h、3h、4h，然后停止酸化。反应浆料经真空抽滤，得到偏硅酸胶体沉淀，置于烘箱中烘干，根据产率公式计算不同反应时间下的产率，并对不同反应时间下制备出的硅胶进行粒度测试。结果见表 15-4 和图 15-1。

表 15-4　碳化过程不同反应时间下硅胶产率和粒度

实验号	反应时间/h	硅胶产率/%	平均粒径/μm
S1-1	1.5	77.34	9.41
S1-2	2.0	74.63	11.99
S1-3	2.5	90.54	11.43
S1-4	3.0	90.02	12.05
S1-5	4.0	85.56	12.75

由正交实验结果可知，碳化反应时间对白炭黑的产率影响最大。因为反应时间的长短决定着反应终点的 pH 值。当 pH 值在 6 左右时，硅酸容易通过粒子之间失水生成的 Si—O—Si 键结合起来，形成连续的三维网状结构，最终形成半固体状半透明凝胶。这种凝胶的一次粒子粒径小于 10μm，干燥脱水后得到的白炭黑具有较小的孔隙和较大的比表面积。而 pH 值为 9 时，硅酸聚合具有最快的反应速率，容易聚合生成较圆滑的球状粒子，一次粒子间通过表面羟基相互作用堆积团聚形成二次粒子，构成较大的孔隙，一次粒子粒径可达 15～50μm。

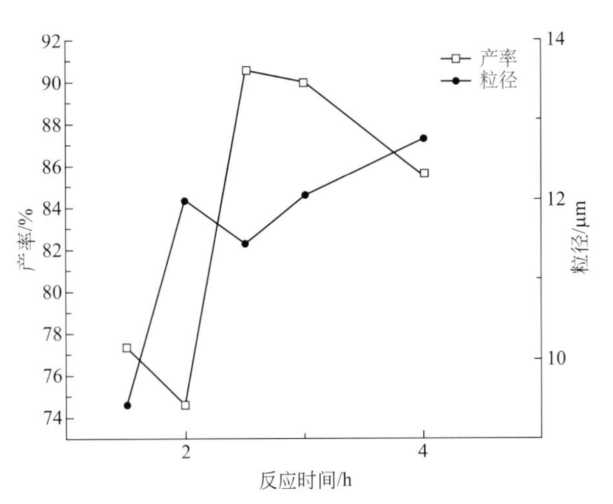

图 15-1　不同反应时间下硅胶的产率和粒径分布曲线图

在整个反应体系中，硅酸钠的水解反应是控制步骤。故反应必须经过一定时间后，水解反应才完全，相应的硅胶产率自然会较高。反应时间延长至 2.5h，反应已接近平衡，硅胶产率基本不变。而且随碳化反应时间的延长，体系长时间受热，加速了大簇团运动，彼此碰撞而形成结构发达、疏松的白炭黑制品。因此，反应时间控制在 2.5h 为宜，此时的硅胶产率最大。

15.3.3.2　反应温度

分别准确量取硅酸钠液体 2L，加入酸化反应釜中，升温至 70℃、75℃、80℃、85℃、90℃、95℃，向滤液中通入高纯 CO_2（≥99.9%）。在通气速率为 100mL/min 条件下酸化，并搅拌物料，搅拌速率为 100r/min，常压下反应 2.5h，停止酸化。反应浆料经真空抽滤，得到偏硅酸胶体沉淀，置于烘箱中烘干，计算不同反应温度下的硅胶产率。对不同温度下制备的硅胶样品进行粒度测定。实验结果见表 15-5 和图 15-2。

表 15-5　碳化过程不同反应温度下硅胶产率和粒度

实验号	反应温度/℃	硅胶产率/%	平均粒径/μm
S2-1	70	71.41	11.21
S2-2	75	76.31	11.32
S2-3	80	77.16	11.99

续表

实验号	反应温度/℃	硅胶产率/%	平均粒径/μm
S2-4	85	86.26	9.59
S2-5	90	83.11	9.75
S2-6	95	82.39	10.3

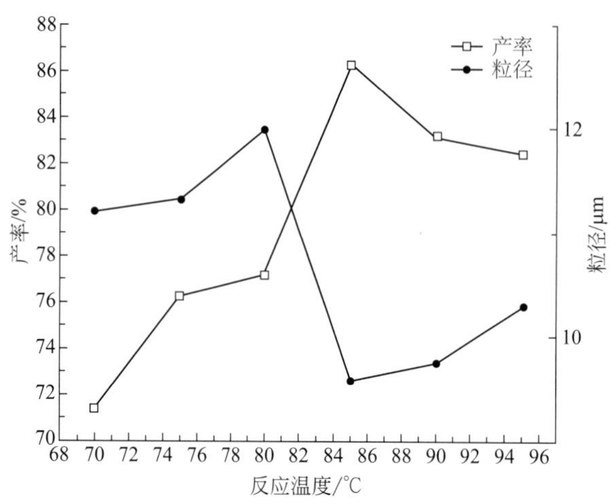

图 15-2 不同反应温度下硅胶的产率和粒径分布曲线图

由图 15-2 可见，硅胶产率在 70～95℃温区随反应温度先升高后减小，在 85℃时达到最大。实验发现，在温度为 25℃时，SiO_2 的成核、粒子生长很慢。反应温度 70～95℃的一系列实验结果表明，随着温度的升高，硅胶的无定形程度减小，结晶程度增加。高温下反应得到的白炭黑原生粒径小，结构疏松，孔隙率高；低温下反应得到的白炭黑结构坚实而紧密，原生粒径较大。在温度 85～95℃范围均能制得性能良好的白炭黑样品。

由反应动力学可知，反应温度升高，硅酸根离子和胶体粒子的布朗运动加剧，碰撞的频率增大，硅酸聚合速率加快，生成沉淀的时间缩短，形成粒径较大的一次粒子，比表面积减小。因此，实验温度应控制在 85℃，在保证产品质量前提下尽可能降低反应温度。

15.3.3.3 硅酸钠液体浓度

通过蒸发或稀释的方法，改变硅酸钠滤液的浓度，分别为 9.49°Bé、11.97°Bé、17.81°Bé、22.12°Bé、26.47°Bé。每次实验准确量取硅酸钠液体 2L，加入酸化反应釜中，升温至 85℃，向滤液中通入高纯 CO_2（≥99.9%），在通气速率为 100mL/min 条件下酸化，并搅拌物料，搅拌速率为 100r/min，常压下反应至 pH 值为 8.5，停止酸化。反应浆料经真空抽滤，得到偏硅酸胶体沉淀，置于烘箱中烘干，计算不同硅酸钠滤液浓度下硅胶的产率，并测定硅胶的粒度。实验结果见表 15-6 和图 15-3。

表 15-6 碳化过程不同硅酸钠液体浓度下的硅胶产率和粒度

实验号	硅酸钠浓度/°Bé	硅胶产率/%	平均粒径/μm
S3-1	9.49	54.88	9.43
S3-2	11.97	72.82	9.54
S3-3	17.81	84.56	11.49
S3-4	22.12	64.28	12.78
S3-5	26.47	62.09	14.67

正交实验研究表明，随着原料硅酸钠液体浓度的逐渐增大，所得硅胶的产率出现极大值，但粒径越来越大。浓度过高，整个反应体系呈现出半透明、半固态的凝胶。前期探索性实验结果表明，硅酸钠滤液浓度以 17.8°Bé 为宜。

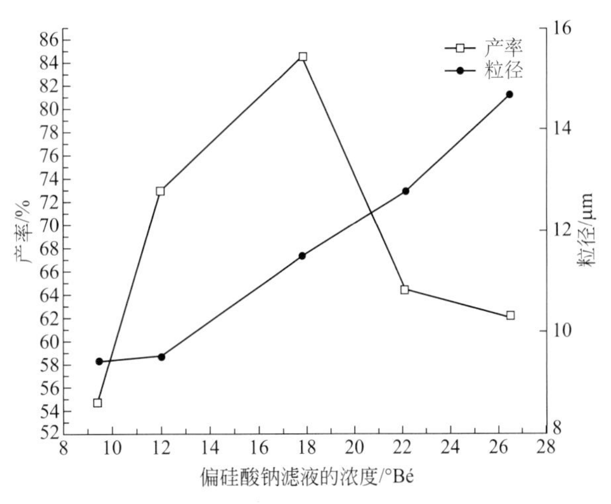

图 15-3　不同硅酸钠液体浓度下硅胶的产率和粒径分布图

15.3.3.4　搅拌速率

每次准确量取硅酸钠液体 2L，加入酸化反应釜中，升温至 85℃，向滤液中通入高纯 CO_2（≥99.9%），在通气速率为 100 mL/min 条件下酸化，并搅拌物料，搅拌速率分别为 50r/min、100r/min、150r/min、200r/min，常压下反应 2.5h，停止酸化。反应浆料经真空抽滤，得到偏硅酸胶体沉淀，置于烘箱中烘干，计算不同搅拌速率下的硅胶产率，并测定所得硅胶样品的粒度。实验结果见表 15-7 和图 15-4。

表 15-7　碳化过程不同搅拌速率下生成的硅胶产率和粒度

实验号	搅拌速率/(r/min)	硅胶产率/%	平均粒径/μm
S4-1	50	80.32	29.78
S4-2	100	82.44	12.42
S4-3	150	83.13	10.01
S4-4	200	82.97	7.47

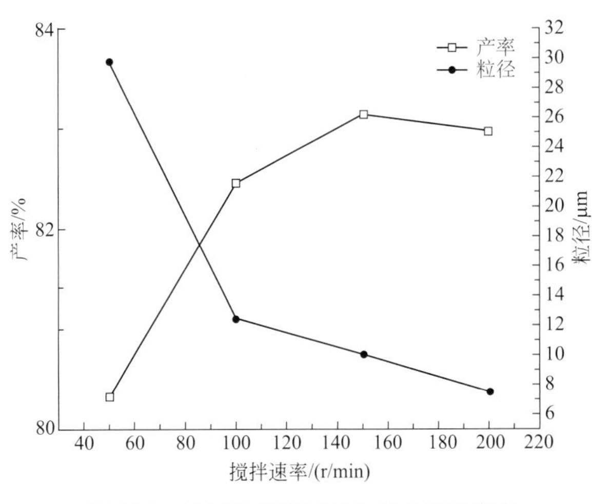

图 15-4　不同搅拌速率下生成硅胶的产率和粒径分布曲线图

由表 15-4 可见，当搅拌速率为 50r/min 时，由于搅拌速率低，反应釜内物料混合不充分，导致反应所得料浆中有凝胶生成，干燥后的白炭黑产品含有较多不易分散的硬块。当搅拌器转速在 100～200r/min 时，增加搅拌转率，可以降低白炭黑制品的粒径，但其产率变化不大。但有些企业仍采用高剪切力的低转速搅拌器。因为粒径越小，比表面积越大，团聚现象越严重，与橡胶混炼过程就容易出现结块。因此，适当控制白炭黑的比表面积是产品的技术关键。综合考虑工业酸化的搅拌速率，以 100r/min 为宜。

15.3.3.5　通气速率

每次实验准确量取硅酸钠液体 2L，加入酸化反应釜中，升温至 85℃，向滤液中通入高纯 CO_2（≥99.9%），通气速率分别为 50mL/min、100mL/min、500mL/min、1000mL/min，进行酸化反应，并搅拌物料，搅拌速率为 100r/min，常压下反应至 pH 值为 8.5，停止酸化。反应浆料经真空抽滤，得到偏硅酸胶体沉淀，置于烘箱中烘干，计算不同通气速率下的硅胶产率，并测定硅胶粒度。实验结果见表 15-8 和图 15-5。

表 15-8　碳化过程不同通气速率下生成的硅胶产率和粒度

实验号	通气速率/(mL/min)	硅胶产率/%	平均粒径/μm
S5-1	50	85.03	18.77
S5-2	100	84.89	15.38
S5-3	500	85.27	12.02
S5-4	1000	76.33	12.13

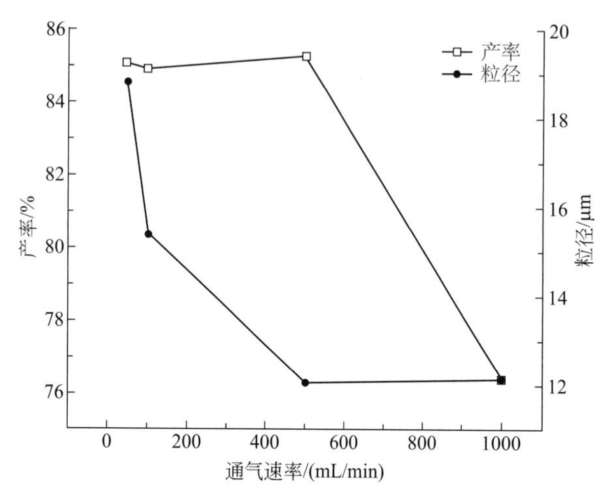

图 15-5　不同通气速率下生成硅胶产率和粒径的分布曲线

由上述实验可见，通气速率越小，反应时间越长。当通气速率为 50mL/min 时，需要 5h 达到反应终点，且生成的硅胶粒径较大。而通气速率加快，反应达到终点的时间就缩短，效率也较高。当通气速率为 1000mL/min 时，需要 1.5h 达到反应终点。由图 15-5 可见，不同通气速率下，硅胶产率先大致保持恒定而后降低，在通气速率为 500mL/min 时，产率达到最大值。通气速率为 50～500mL/min，反应终点 pH 值均为 8～9，反应中消耗 CO_2 的总量相近，生成硅胶总量也相近，故硅胶产率变化不大。而当通气速率增大到 1000mL/min 时，由于通气速率过大，一部分 CO_2 还没来得及反应就被排出反应体系之外，故 CO_2 利用率明显降低。综合考虑，通气速率为 500mL/min 为宜。

通过上述 5 组单因素实验，获得硅酸钠滤液的优化碳化条件为：硅酸钠滤液浓度 17.81°Bé，反应温度 85℃，通气速率 500mL/min，搅拌速率 100r/min，反应时间应控制在 2.5h。

15.3.4　碳化反应机理

酸法制备水合二氧化硅的过程主要是原料酸解与硅酸缩聚过程。在制备 SiO_2 微粉过程中，主要分为两个阶段，即一次粒子形成阶段（酸化阶段）和二次粒子形成阶段。主要化学反应如下：

$$Na_2O \cdot mSiO_2 + CO_2 + nH_2O = Na_2CO_3 + mSiO_2 \cdot nH_2O \tag{15-9}$$

$$Na_2CO_3 + CO_2 + H_2O = 2NaHCO_3 \tag{15-10}$$

$$mSiO_2 \cdot nH_2O = mSiO_2 + nH_2O \tag{15-11}$$

$$—Si—OH + HO—Si— \longrightarrow —Si—O—Si— + H_2O \tag{15-12}$$

反应（15-9）至反应（15-11）为一次粒子形成阶段，反应（15-12）为二次粒子形成阶段。酸化起点的 pH≥13，在酸化过程中：H_2CO_3 的 K_{a1} 为 4.2×10^{-7}，K_{a2} 为 4.7×10^{-11}；H_2SiO_3 的 K_{a1} 为 1.7×10^{-10}，K_{a2} 为 1.6×10^{-12}。图 15-6 为不同反应时间溶液 pH 值的变化曲线。

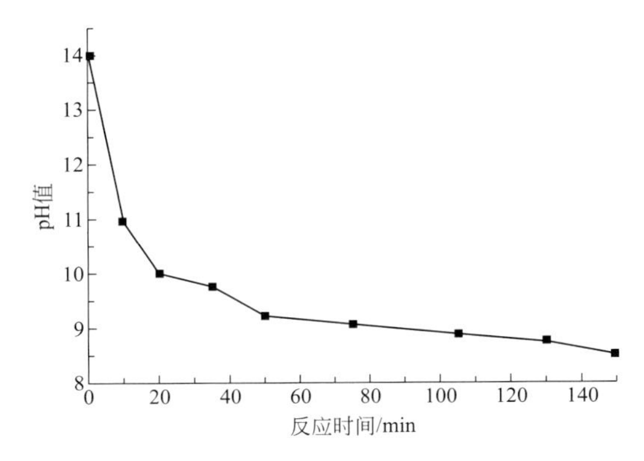

图 15-6　不同反应时间时溶液 pH 值的变化曲线

通入 CO_2 气体之前，硅酸钠溶液为强碱性，pH≥13，溶液中主要为 SiO_3^{2-} 和 OH^-，存在如下化学平衡：

$$SiO_3^{2-} + H_2O \longrightarrow HSiO_3^- + OH^- \tag{15-13}$$

随着 CO_2 的通入，溶液 pH 值下降迅速，平衡（15-13）向右移动，溶液中又增加如下平衡：

$$CO_2 + H_2O \longrightarrow H_2CO_3 \tag{15-14}$$

$$H_2CO_3 + 2OH^- \longrightarrow CO_3^{2-} + 2H_2O \tag{15-15}$$

随着 CO_2 不断通入，溶液的 pH 值相应不断下降。当溶液 pH 值降至约 10.98 时，溶液中 $HSiO_3^-$ 的浓度已很大。这时溶液可被视为 $HSiO_3^-/SiO_3^{2-}$ 的缓冲溶液，其 pH 值开始下降缓慢。与此同时，由于 $HSiO_3^-$ 浓度已很大，反应体系出现新的平衡：

$$HSiO_3^- + H_2O \longrightarrow H_2SiO_3 + OH^- \tag{15-16}$$

此时溶液中有溶胶产生，溶液的透明度开始降低。随着 CO_2 的通入，溶液 pH 值缓慢下降，硅胶不断地析出，溶液的不透明度也随之降低，在 pH=9.99 时，溶液已完全不透明。

当 pH<9.99 以后，pH 值下降速度又变快，原因是溶液中 SiO_3^{2-} 的浓度已经很小，$HSiO_3^-/SiO_3^{2-}$ 缓冲体系被破坏。

当 pH=9.12 时，反应体系中出现新的平衡：

$$CO_3^{2-} + H_2O \longrightarrow HCO_3^- + OH^- \tag{15-17}$$

此时，溶液为 HCO_3^-/CO_3^{2-} 缓冲溶液体系，溶液中生成大量沉淀。

当 pH<9.12 后，pH 值下降速度开始变慢，溶液中主要发生下列反应：

$$H_2CO_3 + OH^- \longrightarrow HCO_3^- + H_2O \tag{15-18}$$

$$nH_2O + CO_2 + HSiO_3^- \longrightarrow HCO_3^- + nH_2O \cdot SiO_2 \tag{15-19}$$

当 pH=8.5 时，体系中的 $nH_2O \cdot SiO_2$ 基本完全析出，此即为实验终点。

在硅酸钠溶液中不存在简单的偏硅酸根离子 SiO_3^{2-}，偏硅酸钠（Na_2SiO_3）的实际结构式为 $Na_2(H_2SiO_4)$ 和 $Na(H_3SiO_4)$。因此，在硅酸钠溶液中的负离子只有 $H_2SiO_4^{2-}$ 和 $H_3SiO_4^-$，两者在溶液中随着外加酸浓度的增加而逐步与 H^+ 相结合。

戴安邦等（1956；1963）研究认为，硅酸聚合是依两种不同的机制进行的。在碱性或中性溶液中，主要是硅酸分子与硅酸负离子的氧联反应，由单酸形成双酸，双酸又以氧联反应生成多酸，继续反应以至胶凝。在酸性溶液中，则主要是硅酸分子与硅酸正离子的羟联反应，单酸形成双酸，双酸继续以羟联反应生成多酸直至胶凝。即

① 在碱性和弱酸性溶液（pH＞4.5）中，由负一价的原硅酸离子（Ⅰ）与原硅酸（Ⅱ）进行氧联反应：

$$\left[\mathrm{HO{-}Si(OH)_2{-}O}\right]^- + \mathrm{HO{-}Si(OH)_2{-}OH} \rightleftharpoons \mathrm{HO{-}Si(OH)_2{-}O{-}Si(OH)_2{-}OH} + \mathrm{OH^-}$$

$$(\text{Ⅰ})\qquad\qquad(\text{Ⅱ})\qquad\qquad(\text{Ⅲ})\qquad\qquad(15\text{-}20)$$

② 在强酸性溶液（pH＜1.5）中，正一价的原硅酸离子（Ⅳ）与原硅酸（Ⅱ）进行羟联反应：

$$\left[\mathrm{HO{-}Si(OH)_2{-}OH_2}\right]^+ + \mathrm{HO{-}Si(OH)_2{-}OH} + 2\mathrm{H_2O} \rightleftharpoons \left[\mathrm{(HO)_2(OH)(H_2O)Si(\mu{-}OH)_2Si(OH)_2(H_2O)_2}\right]^+$$

$$(\text{Ⅳ})\qquad\qquad(\text{Ⅱ})\qquad\qquad(\text{Ⅴ})\qquad\qquad(15\text{-}21)$$

在 pH＝1.5～4.5 时，两种聚合方式可同时发生。二聚硅酸可以与原硅酸进一步聚合，生成多聚硅酸。多硅酸进一步聚合便形成胶态 SiO_2 质点。

胶态 SiO_2 是无定形二氧化硅，无定形二氧化硅中的化学键有几种可能类型：

硅氧键（—Si—O—Si—）；　　硅醇键（—Si—O—H）；

硅烷键（—Si—H）；　　有机硅键（—Si—O—R）。

SiO_2 表面化学键的类型及基团的性质主要取决于制备条件。图 15-7 为胶态 SiO_2 质点的形成图（沈钟，2004）。

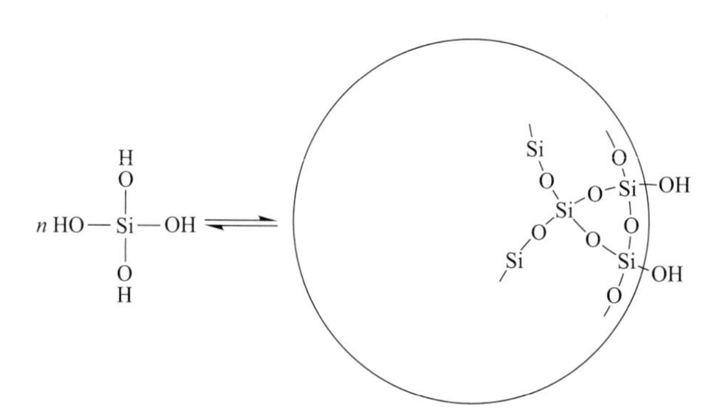

图 15-7　胶态 SiO_2 质点形成示意图

为了探究碳化过程中硅胶的聚集形式，在优化的碳化条件下选择不同反应时间下的硅胶沉淀干燥后，进行核磁共振谱测定。图 15-8（a）～（f）为不同碳化时间下形成硅胶结构的核磁共振图谱。

固体高分辨核磁共振（NMR）技术是一种重要的结构分析手段，既可用于对结晶度较高的固体物质的结构分析，也可用于结晶度较低的固体物质及非晶质的结构分析。它研究的是各种核周围的不同区域环境，即中短程相互作用，而与 X 射线衍射、中子衍射、电子衍射等研究固体长程整体结构的方法互为补充（方永浩，2003）。20 世纪 80 年代初出现了高分辨的 NMR，继而又发展了 ^{29}Si FTMAS 固体 NMR，可以有效测定 SiO_4^{4-} 四面体的聚合态（杨南如，2003）。

实验采用^{29}Si对白炭黑形成过程的^{29}Si谱图进行追踪分析（图 15-8）。化学位移不同时对应 Si-O 的不同结合状态，化学位移 δ 分别为－62、－72、－85、－92、－106 左右时，对应 Si-O 间结合状态分别为岛状结构 SiO_4^{4-}（Q^0）、双四面体结构 $Si_2O_7^{6-}$（Q^1）、链状结构 SiO_3^{2-}（Q^2）、层状结构 $Si_2O_5^{2-}$（Q^3）和架状结构 SiO_2（Q^4）。

由图 15-8（a）反应初始硅酸钠溶液的核磁共振图谱可见，其中存在大量的双四面体结构 $Si_2O_7^{6-}$（Q^1），约占 59.15%，还含有少量的链状结构 SiO_3^{2-}（Q^2）。化学位移为－114.34 的峰为测试过程中参照物玻璃的峰。随着 CO_2 的通入，反应 5min 时［图 15-8（b）］，溶液有少许絮状物生成，体系内的双四面体结构消失，双四面体结构相互连接，生成化学位移为－88.067 的链状结构。CO_2 的不断通入，伴随着化学位移由－88.067 不断右移［图 15-8（b）～（f）］，当反应 20min 时，链状结构消失，而生成化学位移为－100.503 的

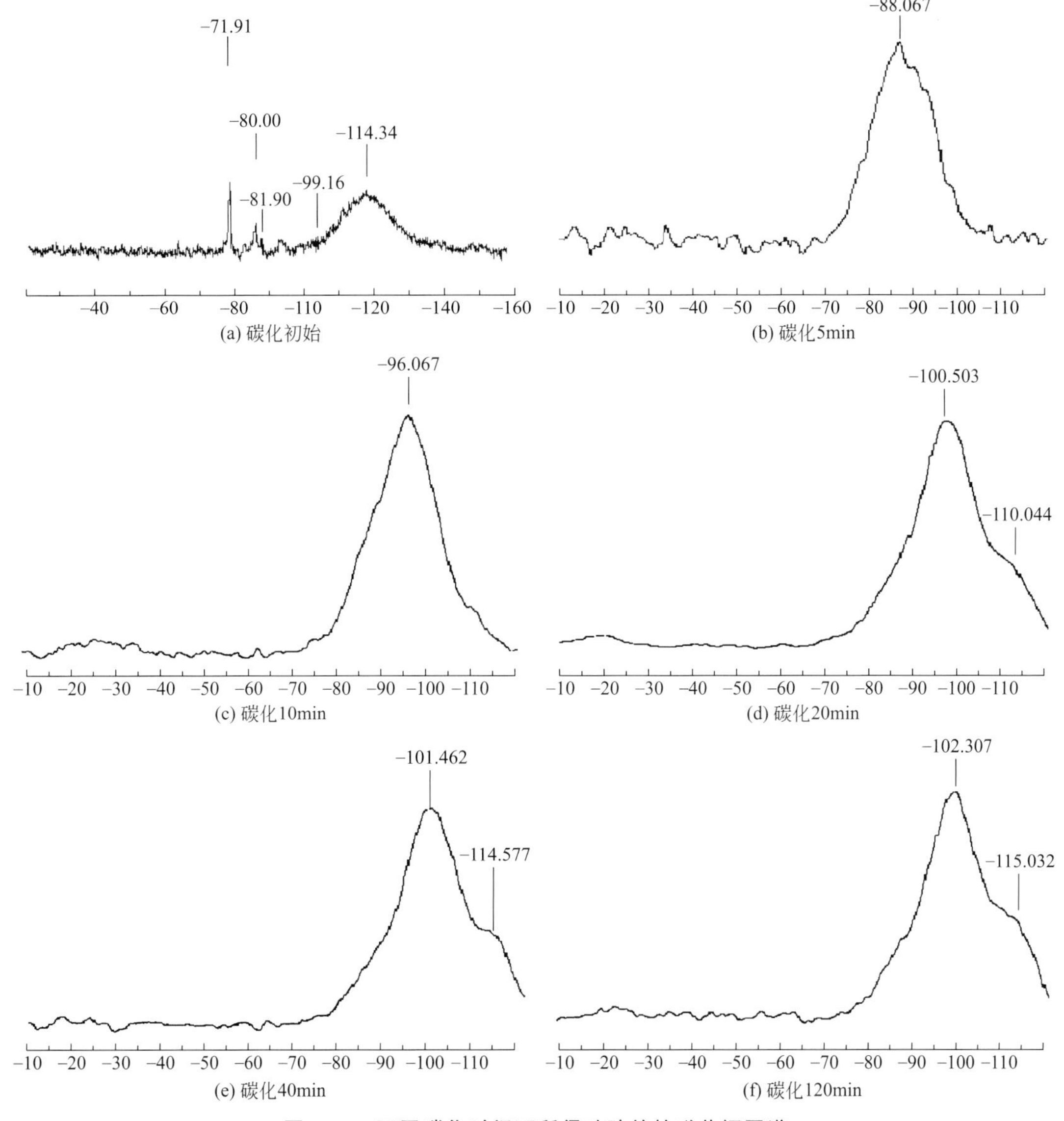

图 15-8　不同碳化时间下所得硅胶的核磁共振图谱

层状结构，伴有少量的架状结构单元生成。随着 CO_2 的通入，反应逐渐进行，架状结构不断生成，所占比例逐渐增大。反应结束时，体系中存在层状结构和架状结构两种结构单元。

15.3.5 碳化反应动力学

根据 Whiteman 提出的双膜理论（毛在砂等，2002），首先判明传质过程是属于气膜控制还是液膜控制。

在碳化反应过程中，假定溶质 CO_2 在气液两相中的平衡关系符合亨利定律，可得传质分系数与传质总系数的关系式：

$$1/K_G = 1/k_G + 1/(Hk_L) \tag{15-22}$$

$$1/K_L = 1/k_L + H/k_G \tag{15-23}$$

式中，K_L、k_L 分别为液相及液膜总吸收系数，$kmol/(m^2 \cdot s \cdot kmol/m^3)$ 或 m/s；K_G、k_G 分别为气相及气膜吸收系数，$kmol/(m^2 \cdot s \cdot kPa)$；$H$ 为溶解度系数，$kmol/(m^3 \cdot kPa)$。

$$H = \rho/(EM_s) \tag{15-24}$$

式中，ρ 为溶液的密度，kg/m^3；E 为亨利系数，kPa；M_s 为溶剂分子量，kg/kmol。

例如，相对密度为 1.104（17°Bé）的硅酸钠溶液与 CO_2 在 85℃下反应，E 值为 3.46×10^5 kPa。硅酸钠溶液的平均分子量为 18.82kg/kmol，则得 $H = 1.77 \times 10^{-4}$ $kmol/(m^3 \cdot kPa)$。由于 H 值很小，则气膜阻力 $1/k_G$ 远远小于液膜阻力 $1/(Hk_L)$，这表明该吸收过程为液膜控制。

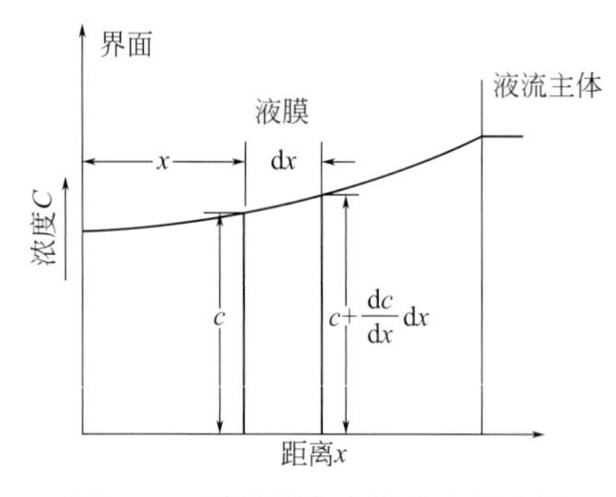

图 15-9 扩散微分方程建立示意图

根据双膜理论，被吸收气体 A 与溶液中活性组分 B 发生不可逆反应：

$$A(g) + bB(l) \longrightarrow Q(生成物) \tag{15-25}$$

式中，A 为气相 CO_2；B 为 Na_2SiO_3 水溶液。组分 A 从气相主体传递到相界面，然后通过液膜才能进入液相主体与 B 发生反应，反应仅发生在液相。对于反应 (15-25)，在稳态扩散时，应用双膜理论，取微元体积液膜考察，如图 15-9 所示。

对被吸收组分 A(CO_2) 进行物料衡算，可得：

$$D_{AL} d^2 c_A / dx^2 = r_A \tag{15-26}$$

同理，对微元液膜内活性组分 B(Na_2SiO_3) 进行物料衡算，得：

$$D_{BL} d^2 c_B / dx^2 = b r_A \tag{15-27}$$

式中，c_A、c_B 分别为 CO_2 和 Na_2SiO_3 在液膜中的浓度，$kmol/m^3$；D_{AL}、D_{BL} 分别为 CO_2 和 Na_2SiO_3 在液膜中的扩散系数，m^2/s；x 为气液界面至液膜内某微元素的深度，m；r_A 为反应速率，$kmol/(m^3 \cdot s)$；b 为与 1mol CO_2 反应 Na_2SiO_3 的计量系数，$b=1$。

该反应为不可逆反应，且溶液中 B 组分 Na_2SiO_3 浓度又不足够大，随着反应的进行，浓度下降，c_{BL} 不是常量。因此，该反应不能看作一级不可逆反应，而应将其视为二级不可逆反应，其反应速率可表达为：

$$r_A = k_2 c_A c_B \tag{15-28}$$

式中，k_2 为二级不可逆反应速率常数，$m^3/(kmol \cdot s)$。

令 $\overline{c_B} = C_B/C_{Bi}$，$\bar{x} = x/\delta_L$，结合式 (15-26)，代入 $k_L = D_{BL}/\delta_L$，得：

$$d^2 \overline{c_B} / d\bar{x}^2 = (D_{BL} k_2 c_A / k_L^2) \overline{c_B} = M \overline{c_B} \tag{15-29}$$

式中，δ_L 为液膜厚度，m。无量纲特征数 M 表示在液膜中化学反应速率与传质速率的相对大小，反映过程进行的快慢程度。

上述微分方程式的通解为：

$$\overline{c_B}=C_1 e^{\sqrt{M}x}+C_2 e^{-\sqrt{M}x} \tag{15-30}$$

积分常数 C_1、C_2 由边界条件来确定：

当 $\bar{x}=0$ 时，$x=0$，$dc_B/dx=0$，$d\overline{c_B}/d\bar{x}\mid_{\bar{x}=0}=0$。

由边界条件：

$$D_{BL}dc_B/dx=k_2c_Ac_B\delta_L \tag{15-31}$$

将上式无量纲化，得：

$$d\overline{c_B}/d\bar{x}\mid_{\bar{x}=0}=0$$

$$\delta_L^2k_2c_A\overline{c_B}/D_{BL}=M\overline{c_B} \tag{15-32}$$

所以$\overline{c_B}=0$ ，由式（15-28）可得 $C_1+C_2=0$。

当 $\bar{x}=1$，即 $x=\delta_L$ 时，$c_B=c_{Bi}$，$\overline{c_B}=1$ ，则：

$$C_1 e^{\sqrt{M}}+C_2 e^{-\sqrt{M}}=1 \tag{15-33}$$

可解得 C_1、C_2 值，代入式（15-28），得式（15-27）解：

$$\overline{c_B}=(e^{\sqrt{M}\bar{x}}-e^{-\sqrt{M}\bar{x}})/(e^{\sqrt{M}}-e^{-\sqrt{M}}) \tag{15-34}$$

因此，单位面积上 Na_2SiO_3 的传质速率 N_B[kmol/(m^2/s)] 为：

$$N_B=D_{BL}dc_B/dx\mid_{x=0}=(D_{BL}C_{Bi}/\delta_L)(d\overline{c_B}/d\bar{x})\mid_{x=0}=k_Lc_{Bi}\ d\overline{c_B}/d\bar{x} \tag{15-35}$$

将式（15-35）对 $\bar{x}$ 求导，并令 $\bar{x}=0$，可得：

$$N_B=2k_L\sqrt{M}c_{Bi}/(e^{\sqrt{M}}-e^{-\sqrt{M}})=Kc_{Bi} \tag{15-36}$$

当反应温度为 85℃时，根据恩田等提出的关联式计算 $D_{BL}=2.67\times10^{-9}\,m^2/s$，由 Shulman 等报道的液膜传质系数关联式计算 $k_L=2.18\times10^{-4}$ m/s，另外查得 $k_2=6\times10^3\,m^3/(kmol\cdot s)$，根据 CO_2 的溶解摩尔分率计算得 $c_A=0.013kmol/m^3$。由式（15-29），$M=D_{BL}k_2c_A/k_L^2$，代入以上各值得 $M=4.38$（张成芳，1985；涂晋林等，1994；王绍亭，1996）。

当无量纲特征数 M 值在 1 左右，根据相关资料判断（涂华等，2001），该反应类别为中速反应。化学反应除在整个液膜内进行外，未反应的组分 A(CO_2) 还应进入液相主体，在液相主体中继续反应，直至反应完全。

由式（15-29）看出，当 k_2、c_A、D_{BL} 等值增大时，M 值也相应增大，N_B 值变大；当 k_L 增大时，M 减小，N_B 减小。同时对上式进行数值计算分析得出，k_L 的变化对 N_B 的影响相对于 k_2、c_A、D_{BL}的影响小得多。

由此可知，在碳化过程中，CO_2 与硅酸钠溶液反应的吸收过程，其传质速率取决于反应速率常数 k_2、扩散系数 D_{BL}和界面上 A 组分 CO_2 的浓度 c_A，而与液膜厚度 δ_L 无关，液膜传质系数 k_L 的影响也很小。因此，加强液相湍动是不能明显提高传质速率的，但改善反应条件，增加传质表面，提高 CO_2 浓度以及扩大反应器内的持液量等，都能有效地提高传质速率。Na_2SiO_3 的传质速率与其浓度成正比，反应初期浓度较高，反应速率相对较快。

根据以上对碳化过程反应动力学的分析，设定实验流程及影响因素的条件。在机械搅拌反应釜中，浓度 17.81°Bé 的硅酸钠溶液与纯度 99.9%的 CO_2 气体，在 85℃下反应。在不同反应时间测得硅酸钠溶液浓度见表 15-9。作$\overline{c_B}$与 N_B 的关系曲线，如图 15-10 所示。

表 15-9　反应时间与硅酸钠溶液浓度的关系

时间 t /min	c_{Bi} /(kmol/m³)	$\overline{c_{Bi}}$ /(kmol/m³)	N_B /[kmol/(m²·s)]
0	0.874		
30	0.663	0.769	1.172×10^{-4}
60	0.492	0.578	4.75×10^{-5}
90	0.377	0.435	4.896×10^{-5}
120	0.259	0.318	1.639×10^{-5}
150	0.161	0.21	1.089×10^{-5}

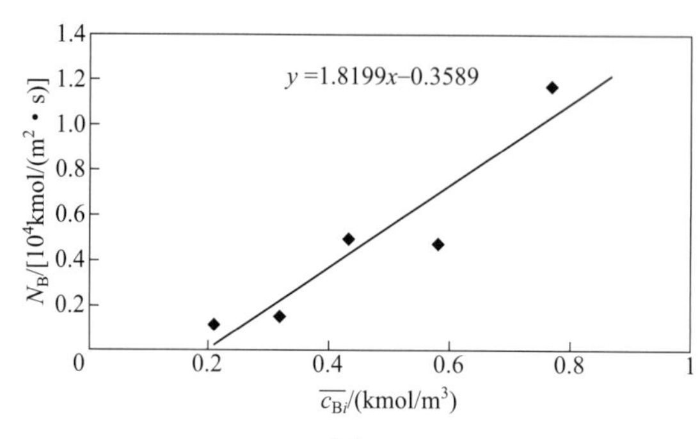

图 15-10　$\overline{c_B}$-N_B 关系图

$$\overline{c_{Bi}}=(c_{Bi}+c_{Bi-1})/2;N_B=(c_{Bi}-c_{Bi-1})/(t\times60)\times(1m^3/1m^2) \tag{15-37}$$

拟合计算得直线斜率 $K=1.8199\times10^{-4}$ m/s。

由式（15-36）得：

$$K=2k_L\sqrt{M}/(e^{\sqrt{M}}-e^{-\sqrt{M}}) \tag{15-38}$$

代入上述反应条件下的 M、k_L 值，计算得 $K=1.14\times10^{-4}$ m/s。

理论计算值与实验值基本相近，说明该反应是二次不可逆反应。

15.4　偏硅酸胶体除杂

15.4.1　实验原料

根据碳化正交实验和单因素实验确定的优化实验条件，量取硅酸钠滤液 600mL（17.81°Bé）置于酸化反应器中，加热恒温水浴箱，升温至 85℃，向滤液中通入高纯 CO_2 进行酸化，并搅拌物料，搅拌速率为 100r/min，常压下通入 CO_2 气体约 2.5h，此时溶液 pH 值为 8，停止酸化反应。

反应浆料经真空过滤，得到偏硅酸胶体沉淀约 589g。液相主要成分为碳酸氢钠和碳酸钠的混合滤液（NF-1），约 823.2mL（浓度约 14°Bé），其化学成分分析结果见表 15-10。

表 15-10　碳酸（氢）钠混合滤液的化学成分分析结果　g/L

样品号	SiO_2	TiO_2	Al_2O_3	TFe_2O_3	MgO	CaO	Na_2O	K_2O	P_2O_5	HCO_3^-	CO_3^{2-}
NF-1	0.303	0.00	0.00	0.008	0.00	0.0001	57.14	2.59	0.338	39.42	84.72

15.4.2　反应机理

碳化后所得偏硅酸胶体沉淀含有少量碳酸钠和碳酸氢钠，水洗的目的是通过改变水洗条件，尽量多地除去偏硅酸胶体里含有的钠盐。干燥的目的是除去硅胶中含有的吸附水和化合水，以减少白炭黑制品的表面羟基。

15.4.3　水洗除杂

为确定水洗实验的优化条件，设计了以下单因素实验：

15.4.3.1　液固比

在温度为 70℃ 的水浴里，按水与硅胶质量比分别为 3、2、1、0.8、0.6 的液固比，向碳化抽滤后的硅胶中加入自来水，搅拌物料，搅拌速率为 100r/min，水洗 20min 后抽滤，将所得硅胶置于恒温干燥箱中干燥。不同液固比水洗后与未经水洗除杂的硅胶（X1-0）样品的化学成分分析结果见表 15-11 和图 15-11。

表 15-11　不同液固比水洗后硅胶的化学成分分析结果　　$w_B/\%$

样品号	液固比	SiO_2	Na_2O
X1-0	0	68.88	14.99
X1-06	0.6	55.39	19.22
X1-08	0.8	67.49	13.98
X1-1	1	71.28	12.38
X1-2	2	76.93	14.68
X1-3	3	76.71	7.30

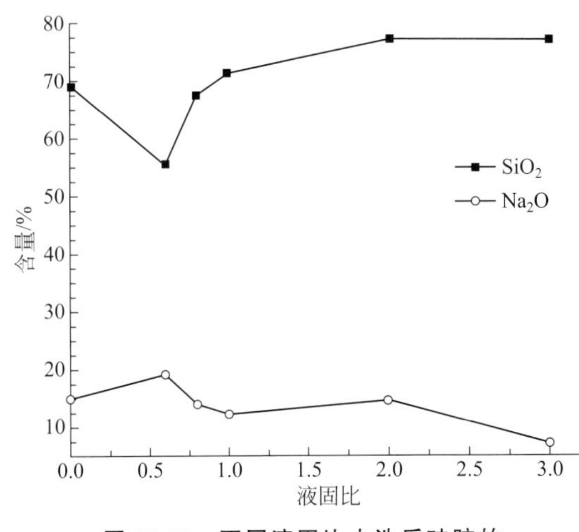

图 15-11　不同液固比水洗后硅胶的 SiO_2 和 Na_2O 含量

水洗的目的是除去硅胶中的钠盐，对比不同液固比水洗后的硅胶的化学成分可见，加入水量较少时，硅胶粒子无法充分分散在水中，因而当液固比为 2、1、0.8、0.6 时，除杂后硅胶中的 Na_2O 含量与未经水洗时的含量相差不大，洗涤效果不理想。当液固比为 3 时，除杂后的硅胶中 Na_2O 含量较未经水洗时的含量减少了将近一半。兼顾减少用水量问题，可以得出在温度为 70℃ 的水浴中，液固比为 3，水洗 20min 条件下，水洗效果较好。

15.4.3.2　水洗时间

在 70℃ 的水浴中，按水与硅胶质量比为 3 的液固比，向碳化抽滤后所得硅胶中加入自来水，搅拌物料，搅拌速率为 100r/min，分别水洗 20min、40 min、1h、1.5h，抽滤得水洗硅胶，置于恒温干燥箱中干燥。不同时间水洗所得硅胶与未经水洗除杂的硅胶样品（X2-0）的化学成分分析结果见表 15-12。

对比不同水洗条件下所得硅胶的化学成分（表 15-12、图 15-12），可见在温度为 70℃的水浴中，水固质量比为 3，水洗 20min 条件下，硅胶的水洗效果较好。

表 15-12 不同水洗时间水洗后硅胶的化学成分分析结果 $w_B/\%$

样品号	水洗时间/min	SiO_2	Na_2O
X2-0	0	62.21	21.69
X2-2	20	78.04	7.20
X2-4	40	78.24	25.86
X2-6	60	79.98	8.83
X2-9	90	80.95	8.82

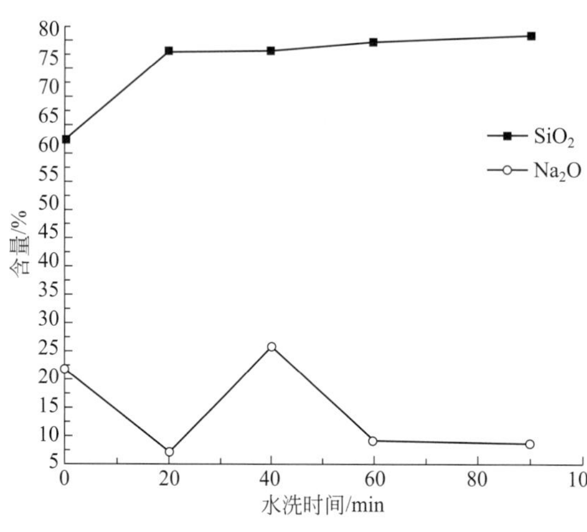

图 15-12 不同水洗时间下所得硅胶的 SiO_2 和 Na_2O 含量

15.4.3.3 水洗温度

按水与硅胶质量比为 3，向碳化抽滤后所得硅胶中加入自来水，搅拌物料，搅拌速率为 100r/min，分别在 25℃、40℃、55℃、70℃、85℃的温度下，水洗 20min。将抽滤得到的硅胶置于恒温干燥箱中干燥。得到的不同温度下水洗硅胶与未经水洗除杂的硅胶样品（X3-0）的化学成分分析结果见表 15-13。

对比在不同温度下水洗硅胶的化学成分（表 15-13、图 15-13），可知水洗温度对除杂过程的影响不大，即室温下洗涤即可。由此得出结论，在室温（25℃）、水固质量比为 3、水洗 20min 条件下的水洗效果较好。工业上若采取碳化后直接水洗工艺，则以温度为 85℃下水洗效果较好。

表 15-13 不同水洗温度水洗后硅胶的化学成分分析结果 $w_B/\%$

样品号	水洗温度/℃	SiO_2	Na_2O
X3-0	0	66.21	18.74
X3-25	25	81.32	6.50
X3-40	40	81.30	7.20
X3-55	55	80.84	6.87
X3-70	70	81.58	7.02
X3-85	85	79.91	6.95

15.4.3.4 水洗次数

按水与硅胶质量比为 3，向碳化抽滤后所得硅胶中加入自来水，搅拌物料，搅拌速率为 100r/min，在室温下水洗 20min。抽滤得到的硅胶，反复按同一条件洗涤 2 次、3 次后，置于恒温干燥箱中干燥。得到的不同水洗次数的硅胶与碳化后未水洗硅胶，其化学成分分析结果见表 15-14。

对比不同水洗次数所得硅胶的化学成分分析结果（表 15-14、图 15-14），可知水洗次数对除杂效果影响很大。随着水洗次数的增加，硅胶中的Na_2O含量逐渐减小。综合以上实验结果，确定优化的水洗除杂条件为：在温度为25℃、水固质量比为3、水洗20min、水洗3次条件下的水洗效果较好。

表15-14 不同水洗次数所得硅胶的化学成分分析结果 $w_B/\%$

样品号	水洗次数	SiO_2	Na_2O
X4-0	0	64.81	16.94
X4-1	1	76.32	5.86
X4-2	2	79.04	2.54
X4-3	3	80.84	0.95

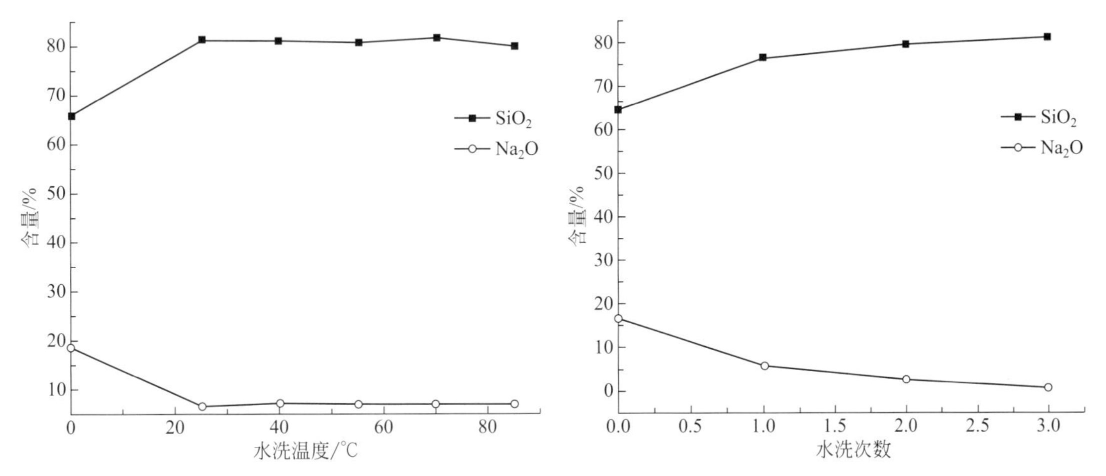

图15-13 不同温度下水洗硅胶的SiO_2和Na_2O含量 **图15-14 不同水洗次数所得硅胶的SiO_2和Na_2O含量**

15.4.4 干燥煅烧

将在前述优化水洗条件下所得硅胶样品100g置于101-1A型数显电热鼓风干燥箱中，于105℃下烘干10h，取出称重，质量为13.47g，即硅胶的失水量为86.53%。其真密度为1.48g/cm^3，松装密度为0.19g/cm^3，填实密度为0.26g/cm^3，比表面积为259.37m^2/g。

将经过优化条件下水洗实验所得硅胶100g置于马弗炉中，在460℃下煅烧2h。冷却后取出称重，质量为9.88g，计算硅胶的失水量为90.12%。其真密度为1.56g/cm^3，松装密度为0.14g/cm^3，填实密度为0.22g/cm^3，比表面积为261.51m^2/g。

15.5 白炭黑制品性能表征

15.5.1 化学成分及结构

将以上述干燥、煅烧两种方式制备的白炭黑样品（BTH-01、BTH-02）的化学成分与标准HG/T 3061—2009进行对比，实验制品的SiO_2含量均大于90%，且SiO_2干基含量均大于96%，超过HG/T 3061—2009中标准。其中，采用原子吸收分光光度法方法测定Cu、Fe、Mn的含量，其值均在允许范围内。因此，实验制品符合白炭黑行标规定的质量标准(表15-15)。

表 15-15 白炭黑制品与国标 HG/T 3061—2009 的对比

项目	BTH-01	BTH-02	HG/T 3061—2009
二氧化硅含量/%	90.85	92.65	≥90
加热减量/%	4.23	4.79	4.0～8.0
灼烧减量/%	2.88	1.02	≤7.0
DBP 吸油值/(cm^3/g)	3.05	3.35	—
pH 值	7	7	5.0～8.0
总含铜量/(mg/kg)	19.5	13.6	≤30
总含锰量/(mg/kg)	2.53	2.23	≤50
总含铁量/(mg/kg)	312	423	≤1000

DBP 吸油值表征白炭黑的结构。DBP 吸油值较高时，橡胶混炼胶的黏度较高，在胶料中的分散性也较好，因此存在一允许的范围。Cu、Mn、Fe 是白炭黑产品中的杂质，Cu 含量高会影响白炭黑胶料的耐老化性能，Mn、Fe 含量高时，会使白炭黑填充胶料呈现浅黄色，或产生黑点。加热减量表征白炭黑吸附水的含量，与白炭黑的表面活性有关。而灼烧减量则表征白炭黑的化合水含量，与白炭黑的硅烷醇基含量有关。吸附水和化合水含量过高或过低时都不好，因此规定了一个波动范围。白炭黑的 pH 值和沉淀反应过程的最终酸碱度及洗涤程度有关，允许值在 5～8 之间。

图 15-15 为白炭黑制品的 X 射线粉末衍射图，图中没有特征衍射峰，表明实验制备的白炭黑结构为非晶态二氧化硅。

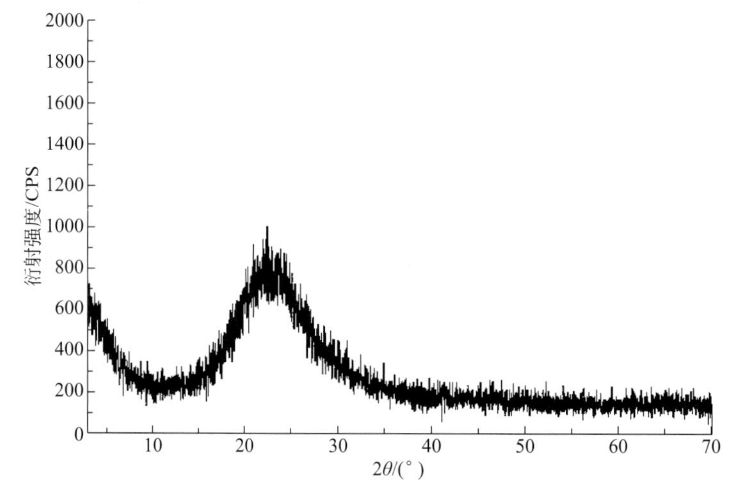

图 15-15 白炭黑制品（BTH-01）X 射线粉末衍射图

15.5.2 比表面积与孔径分布

采用 Autorsorb-1 型物理吸附仪测定白炭黑制品的比表面积、孔容及孔径分布，按照 BET 方法计算比表面积，BJH 公式计算孔径分布。

图 15-16、图 15-17 分别为所制备的白炭黑样品（BTH-01、BTH-02）的 N_2 吸附-脱附曲线图与孔径分布图。两者的等温曲线均属于 BDDT 分类的第Ⅲ种类型，是反 Langmuir 型曲线。等温线沿吸附量坐标方向下凹，是由于吸附质 N_2 与吸附剂 SiO_2 分子间的相互作用较弱，较低 N_2 浓度下，只有极少量的吸附平衡量，同时又因单分子层内吸附质分子的互相

作用，使第一层的吸附热比冷凝热小，只有在较高 N_2 浓度下出现冷凝而使吸附量大增所引起。样品 BTH-01 的总比表面积为 259.37m²/g，其中微孔比表面积达 67.07m²/g，占总比表面积的 25.86%。样品 BTH-02 的总比表面积为 261.51m²/g，其中微孔比表面积达 67.86m²/g，占总比表面积的 25.95%。

由孔径分布图可知，两种制品的孔径分布都介于 8～2000nm 之间。两者的孔结构参数列于表 15-16 中。

表 15-16　白炭黑制品的孔结构参数测定结果

样品号	比表面积/(m²/g)	平均孔径/nm	总孔体积/(cm³/g)
BTH-01	259.37	347.7	0.2254
BTH-02	261.51	341.2	0.2231

由表 15-16 可见，采用上述两种干燥方法制备的白炭黑样品的比表面积和孔径分布均相近，表面干燥方式对白炭黑的微结构没有显著影响。

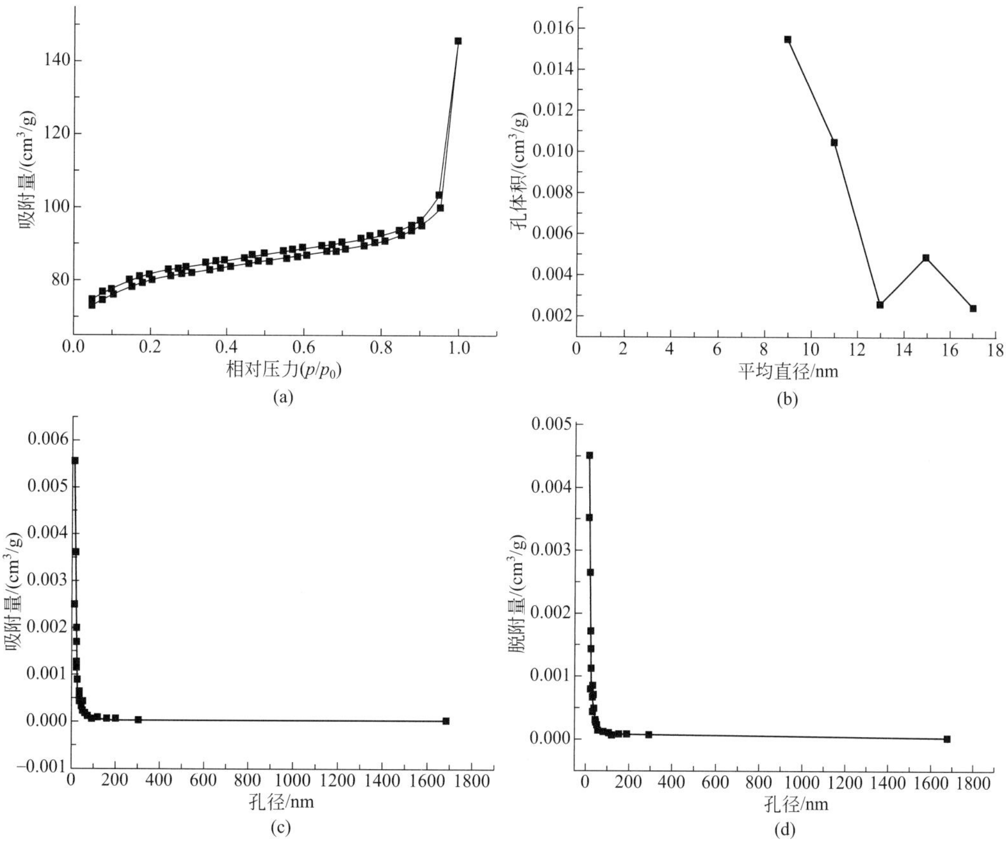

图 15-16　白炭黑制品（BTH-01）的吸附-脱附等温线与孔径分布图

15.5.3　热学性质

采用 NETZSCH STA 449C 型热分析仪对实验制品进行分析。分析条件：氮气气氛，测温范围室温至 1000℃，升温速率 10℃/min。白炭黑样品（BTH-01）的热失重变化分析结果见图 15-18。

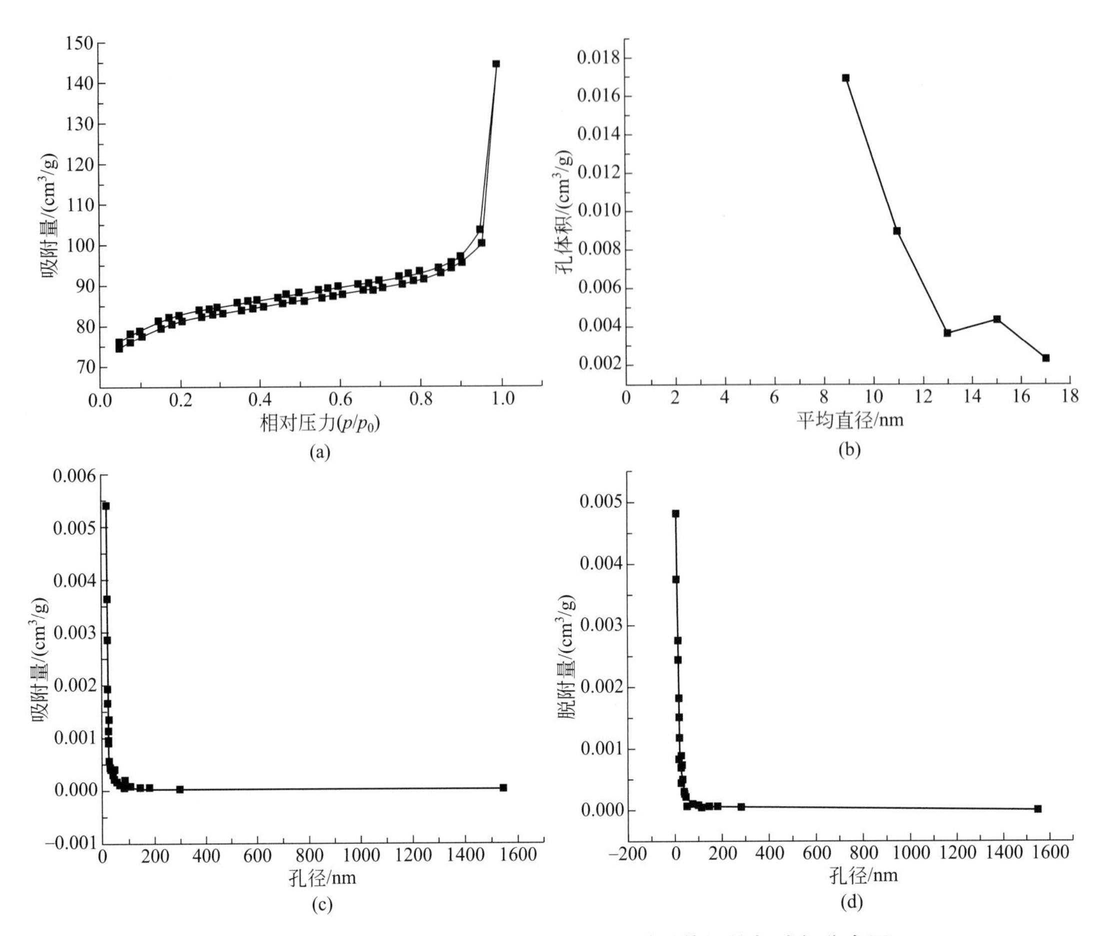

图 15-17　白炭黑制品（BTH-02）的吸附-脱附等温线与孔径分布图

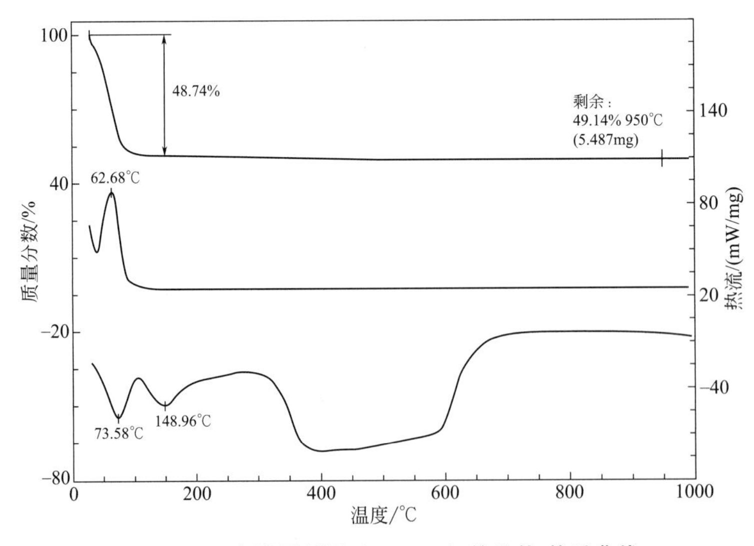

图 15-18　白炭黑制品（BTH-01）的差热-热重曲线

实验制品（BTH-01）在制备过程中未添加任何表面活性剂等物质。其 DTA 曲线在 73.58℃处有一吸热谷，对应 TG 曲线上失重 48.74%。在 TG 图上仅仅是硅胶中吸附水的失去，从室温至 73.58℃为硅胶中吸附水的脱去，随着温度的上升，失重量不变。化学分析结果中结构水、吸附水共 7.11%。由于白炭黑表面存在大量的—OH，稍放置于室温环境下就会吸附空气中的水分，因而 TG 图显示失重量大于化学分析中 H_2O^+ 和 H_2O^- 之和。

15.5.4　红外光谱

红外光谱是基于被测定分子中各种键的振动频率，因而可以用于对氧化硅骨架结构的测定。红外光谱法测得的谱带可以反映分子中各种键、官能团等的结构特征。

图 15-19 为烘箱干燥所得白炭黑制品的红外光谱图，图中 1097cm^{-1}、965cm^{-1}、798cm^{-1}、471cm^{-1}处是水合二氧化硅的特征峰。其中 1097cm^{-1}峰值对应于 Si-O-Si 反对称收缩振动，965cm^{-1}处的峰值是 Si-OH 键的弯曲振动，798cm^{-1}、471cm^{-1}对应于 Si-O 对称收缩振动和弯曲振动。在 1632cm^{-1}和 3439cm^{-1}处对应于水分子的吸收峰，前者是 H-O-H 的弯曲振动，与游离水有关；后者是反对称的 O-H 的伸缩振动，与结构水有关。

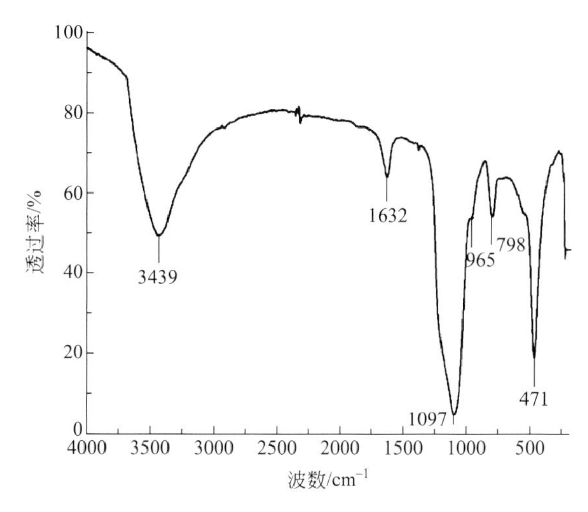

图 15-19　白炭黑制品（BTH-01）的红外光谱图

15.5.5　微观形貌

采用 KYKY-2800 型扫描电镜对白炭黑制品（BTH-01）进行微观形貌观察，结果如图 15-20 所示。经干燥后的样品呈粉末状，颗粒外形为不规则棱角状，没有浑圆的椭球体状，且存在微孔-介孔的孔道。白炭黑颗粒表面几乎全被羟基（—OH）所覆盖，随着羟基的增多，白炭黑粉体表面能表现出较强的氢键作用。因此，表面含有羟基的白炭黑极易吸水。由于白炭黑的吸水性，室温下放置吸水后容易形成团聚。

对白炭黑制品（BTH-01）进行透射电镜分析，图 15-21 是样品放大 6 万倍的微观形貌。其中左图中可观察到白炭黑颗粒表面存在大量孔洞，且孔洞大小不均，形状各异。右图为白炭黑颗粒的形貌，可见 SiO_2 颗粒呈规则的球形，颗粒粒子相互交联。粒子粒径范围在 100～300nm。

图 15-20　白炭黑制品（BTH-01）的扫描电镜照片

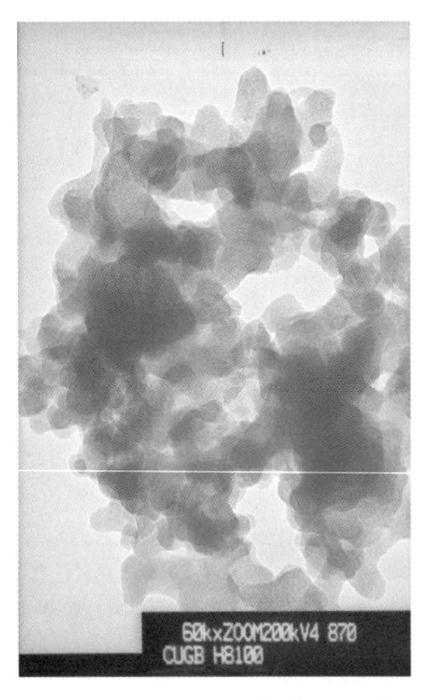

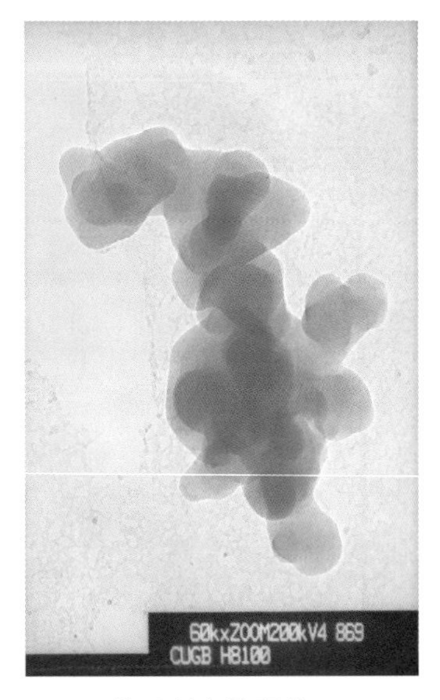

图 15-21　白炭黑制品（BTH-01）的透射电镜照片

15.5.6　^{29}Si 核磁共振谱

固体高分辨核磁共振（NMR）技术是一种重要的结构分析手段。既可用于对结晶度较高的固体物质的结构分析，也可用于结晶度较低的固体物质及非晶质的结构分析。

实验采用^{29}Si 核磁共振对白炭黑制品（BTH-01）的^{29}Si 谱图进行分析，结果见图 15-22。从谱图拟合的峰值看，−98.582、−109.214 两处峰值分别对应硅氧四面体结构的 Q^3[$(SiO)_3SiOH$]、Q^4[$(SiO)_3SiOSi$] 单元，二者所占比例分别为 34%和 66%，且 Q^4/Q^3 比值为 1.94，说明样品中存在层状以及架状结构单元，而以架状结构单元为主。

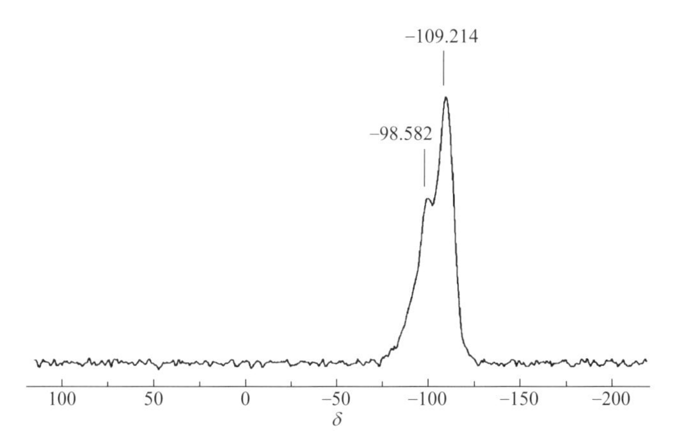

图 15-22　白炭黑制品（BTH-01）的核磁共振谱图

15.6　偏硅酸胶体表面改性

15.6.1　改性原理

白炭黑是二氧化硅的无定形结构，系以［SiO_4］四面体不太规则地堆积而成。一旦与湿空气接触，其表面上的 Si 原子就会与水反应，以保持氧的四面体配位，满足表面 Si 原子的化合价，即表面生成羟基。白炭黑对水有相当强的亲和力，水分子可以不可逆或可逆地吸附在其表面上。因此，白炭黑颗粒表面通常由一层羟基和吸附水所覆盖。前者是键合于 Si 原子上的羟基，即化学吸附水；后者是吸附在表面上的水分子，即物理吸附水。

红外光谱研究表明，白炭黑表面上有三种羟基：一是孤立的未受干扰的自由羟基；二是连生的彼此形成氢键的缔合羟基；三是双生的即两个羟基连在一个 Si 原子上的羟基。孤立的和双生的羟基都没有形成氢键。

白炭黑表面改性就是利用某些化学物质，通过一定的工艺方法使其与白炭黑表面上的羟基发生反应，消除或减少表面硅醇基的数量，使其性质由亲水变为疏水，达到改变表面性质的目的。

表面改性分为无机物改性和有机物改性，后者是白炭黑改性的主要方法。其技术关键在于以有机基团取代白炭黑的表面羟基，称为有机硅烷化。有机物改性又分干法和湿法。

干法是采用干燥的白炭黑与有机物蒸气在固定反应器或流化床反应器中高温条件下接触反应。该法主要特点是过程简单，后处理工序少，改性工艺容易同气相白炭黑生产装置相连接，易于实现规模化生产；缺点是改性剂消耗量大，设备要求高，生产成本高。

湿法主要有两种：①将干燥的白炭黑与改性剂及一种有机溶剂（苯、甲苯等）组成的溶液一起加热煮沸，回流反应，然后分离、干燥。该法主要特点是工艺简单，产品质量容易控制，改性剂消耗量小；缺点是其产品后处理过程复杂，且易造成有机溶剂污染。②将干燥的白炭黑或洗涤后的白炭黑滤饼配制成水溶液浆料，可加入水溶性有机溶剂如醇类或表面活性剂等，然后加入改性剂进行有机硅烷化反应；或者将改性剂直接加入合成沉淀白炭黑的原料中，合成反应的同时进行改性反应，也可以在合成反应完成后的悬浊液中加入改性剂。该法主要特点是工艺简单，辅助设备少，可以对沉淀白炭黑尤其是其半成品进行改性，有利于降低生产成本。

15.6.2 表面活性剂

表面活性剂是一种能显著降低水溶液的表面张力或液液界面张力，改变体系的表面状态，从而产生润湿和反润湿、乳化和破乳、分散和凝聚、起泡和消泡以及增溶等一系列作用的化学药品。表面活性剂所起的这种作用称为表面活性。

实验分别选用聚乙二醇PEG（6000）、十二烷基苯磺酸钠（SDBS）、羧甲基纤维素（CMC）为表面活性剂，采用湿法，在碳化过程中直接加入表面活性剂进行改性。在相同实验条件下，改变表面活性剂的种类进行实验，考察它们在单独作用或复配条件下对白炭黑样品性质的影响。

聚乙二醇（PEG）是一种非离子型表面活性剂，分子式为 $H\!\leftarrow\!O-CH_2-CH_2\!\rightarrow_n\!OH$。由于分子的聚合度不同，其平均分子量可以在极宽的范围内调节，一些无机盐以及大多数有机化合物在低分子量的聚乙二醇中有较好的溶解度。PEG中的桥氧原子—O—亲水、$-CH_2-CH_2-$亲油，在无水状态时是一锯齿形长链，溶于水后成为曲折形，亲水性的氧原子被水分子拉出来处于链的外侧，亲油性的基处于里面，链周围就变得容易与水结合，总体显示出相当大的亲水性，因而可以把每个聚乙二醇分子形象地看作是由许多亲水基朝外、亲油基朝内的小分子定向排列组成的一个反常胶束。PEG的作用有：①包裹胶粒阻止胶粒的长大；②将两胶粒连接起来但不碰撞，可增加溶胶的稳定性；③在溶液中以链状结构存在，长链相互缠绕，使胶粒形成空间网状结构（王蕾，2006）。

十二烷基苯磺酸钠（$C_{18}H_{29}SO_3Na$），分子量348.48；固体，白色或淡黄色粉末，溶于水，临界胶束浓度 1.2×10^{-3}mol/L。经纯化可形成六角形或斜方形片状结晶。具有微毒性，被国际安全组织认定为安全化工原料，可在水果和餐具清洗中应用。其化学性质呈中性，对水硬度较敏感，不易氧化，起泡力强，去污力高，易与各种助剂复配，应用领域广泛，是非常出色的表面活性剂。

羧甲基纤维素钠（CMC）分子式为 $[C_6H_7O_2(OH)_2CH_2COONa]_n$，属阴离子型纤维素醚；白色或乳白色纤维状粉末或颗粒，密度0.5～0.7g/cm^3，几乎无臭、无味，具吸湿性。易溶于冷水或热水，形成具有一定黏度的透明溶液。溶液为中性或微碱性，不溶于乙醇、乙醚、异丙醇、丙酮等有机溶剂，可溶于含水60%的乙醇或丙酮溶液。对光热稳定，黏度随温度升高而降低，溶液在pH值2～10稳定；pH值低于2，有固体析出，pH值高于10，黏度降低。CMC通常是由天然纤维素与苛性碱及一氯醋酸反应后制得的一种阴离子型高分子化合物，分子量6400（±1000）。

15.6.3 改性实验

15.6.3.1 改性剂选择

设定实验条件：600mL硅酸钠滤液，浓度17.8°Bé，反应温度85℃，反应时间2.5h，通气速率500mL/min，搅拌速率100r/min，各种表面活性剂都取2g。表15-17为聚乙二醇PEG（6000）、十二烷基苯磺酸钠（SDBS）、羧甲基纤维素（CMC）等3种表面活性剂单独或其之间按1∶1质量比复配时所得产物的物性，并与相同条件下不加任何表面活性剂时（T-0）所得产物的物性进行对比。

改性实验是在碳化过程中加入改性剂，为避免水洗过程引入杂质，改性过程完成后直接烘干而不进行水洗除杂，实验结果见表15-17。在表面活性剂添加量相同的条件下，添加羧甲基纤维素时的制品产率最高，吸油值最大，粒子直径最小，且粒径最均匀。比较各实验结果可知：在 G-3 反应中，反应初始很短时间内就出现大的聚合物和小颗粒。这是由于羧甲基纤维素包覆在白炭黑一次粒子表面，并逐渐开始团聚，形成絮状物和小颗粒。在高速搅拌条件下，絮状物变小，最终形成粒度分布均匀的产物，且由于羧甲基纤维素在粒子表面形成包覆层，减少了粒子的二次团聚，使得最终产品的粒径较小。与实验 G-1、G-2 对比，反应 G-3 的颗粒团聚速度很快，改性效率高。

表 15-17　表面活性剂对白炭黑产物性能的影响实验结果

实验号	表面活性剂	粒径/μm	吸油值/(mL/g)	产率/%
G-1	聚乙二醇 PEG(6000)	51.31	3.25	78.32
G-2	十二烷基苯磺酸钠	37.81	2.90	70.68
G-3	羧甲基纤维素	17.66	3.35	89.91
G-4	聚乙二醇 PEG(6000)+十二烷基苯磺酸钠	26.57	3.00	72.12
G-5	聚乙二醇 PEG(6000)+羧甲基纤维素	38.94	3.30	84.57
T-0	0	86.03	3.05	86.44

羧甲基纤维素是水溶性化合物，分子链中间有多个—OH 基团，可以与硅溶胶粒子表面的—OH 基团缩聚而产生多点吸附，降低了溶胶的凝聚速率。

PEG（6000）是中性表面活性剂，分子中虽然也存在—OH 基团，但该基团只位于长链分子两端，它在胶粒表面吸附，一方面可阻止胶粒长大，另一方面又可起到两胶粒之间的连接作用，再加上长链的相互缠绕，可促进胶粒凝聚，使产物粒度趋于均匀。但对比图 15-23（a）、（c）的粒度分布曲线的积分面积，后者的积分面积相对较小，说明羧甲基纤维素改性后的胶体粒度分布更为均匀。

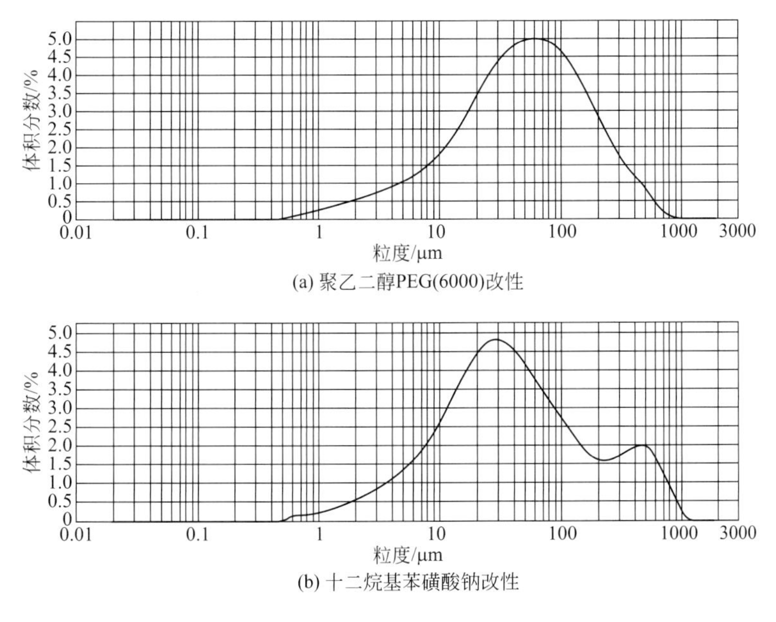

图 15-23

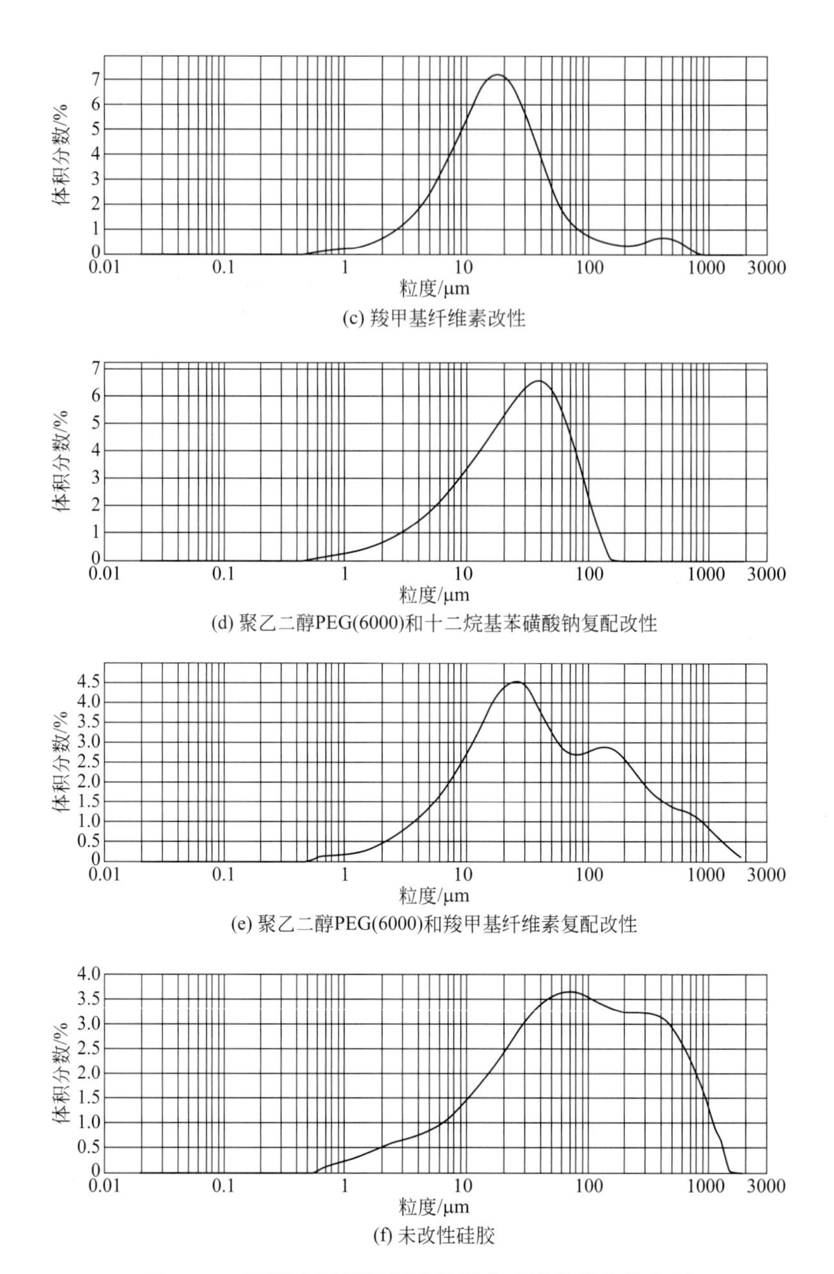

(c) 羧甲基纤维素改性

(d) 聚乙二醇PEG(6000)和十二烷基苯磺酸钠复配改性

(e) 聚乙二醇PEG(6000)和羧甲基纤维素复配改性

(f) 未改性硅胶

图 15-23　不同表面活性剂改性所得硅胶的粒度分布图

十二烷基苯磺酸钠（SDBS）是阴离子表面活性剂。由于胶粒表面吸附会起到保护溶液的作用，溶液凝聚速度变慢，实验产率低，且粒度分布不均匀。当 PEG（6000）与十二烷基苯磺酸钠（SDBS）作复合添加剂时，由于两种添加剂的共同作用，硅胶产率比 PEG（6000）单独作用时低，粒子直径小，比十二烷基苯磺酸钠（SDBS）单独作用时高，粒子直径小。当 PEG（6000）与羧甲基纤维素作复合添加剂时，由于两种添加剂的共同作用，硅胶产率比 PEG（6000）单独作用时高，粒子直径小，比羧甲基纤维素单独作用时低，粒子直径小。

图 15-24（a）是未改性硅胶样品的红外光谱图，图 15-24（b）～(d)分别为聚乙二醇

(6000)、羧甲基纤维素、十二烷基苯磺酸钠改性后的硅胶样品的红外光谱图。图 15-24（a）表明，未改性制品的红外光谱图中，1070cm^{-1}、799cm^{-1}处吸收峰是 SiO_2 的特征吸收，其中 1070cm^{-1}为 Si—O—Si 的非对称伸缩振动，799cm^{-1}处的吸收峰对应于对称伸缩振动，3466cm^{-1}是硅羟基和物理吸附水中 O—H 键的伸缩振动吸收，1693cm^{-1}是物理吸附水的弯曲振动吸收。由于改性过程完成后直接烘干而没有进行水洗，故改性后产物在 2993cm^{-1}、1464cm^{-1}处分别出现 HCO_3^-、CO_3^{2-} 的吸收峰。

对比图 15-24（a）与图 15-24（b）～(d)可见，反应体系中加入表面活性剂后，所得制品的红外谱图上与羟基有关的 3466cm^{-1}处吸收峰的波数变大，799cm^{-1}处吸收峰的波数变大，1070cm^{-1}处吸收峰的强度增大。由于表面活性剂的存在，引起 $SiO_2 \cdot nH_2O$ 各特征峰的位移。这主要是由于表面活性剂中的氧与硅酸表面的硅羟基形成氢键，引起羟基振动频率降低，波数变小，同时也导致 Si—O 键振动频率增大，波数变大。

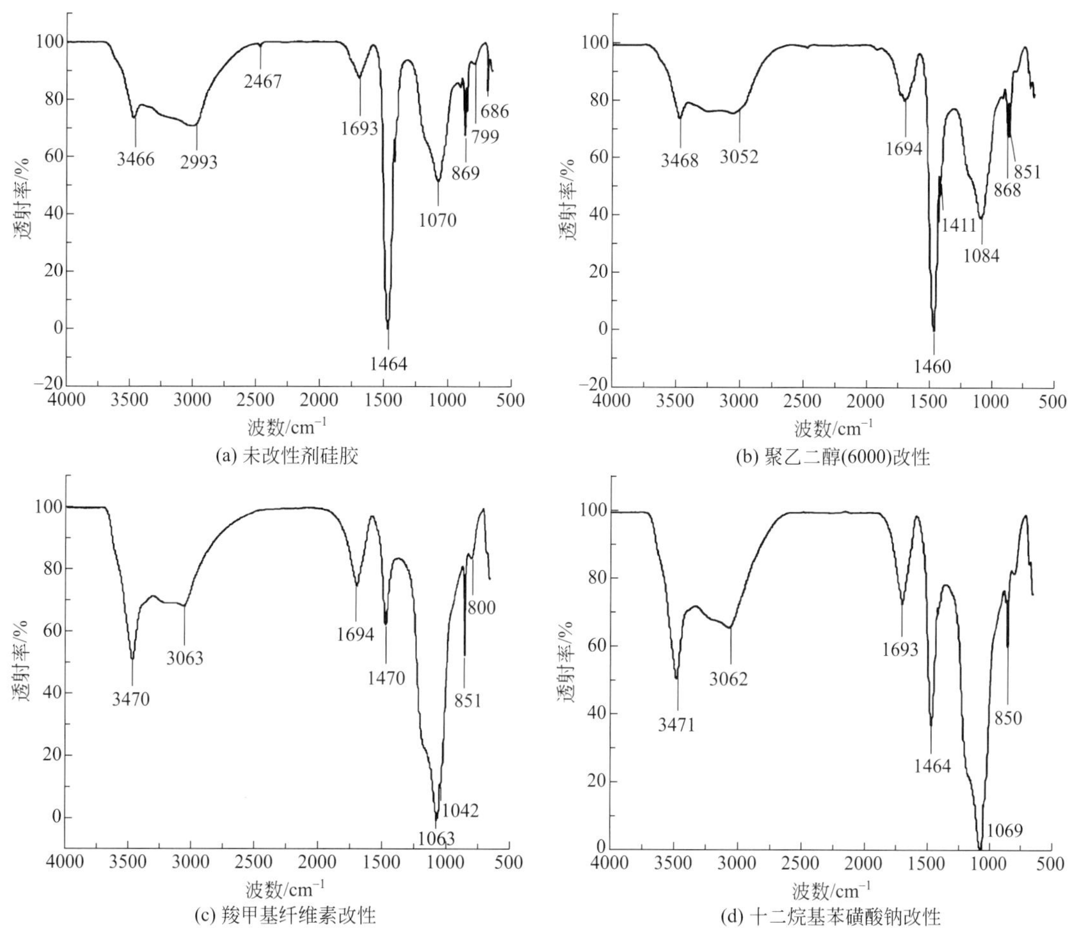

图 15-24　不同表面活性剂改性硅胶的红外光谱图

15.6.3.2　羧甲基纤维素添加量

设定实验条件：600mL 硅酸钠滤液，浓度 17.8°Bé，反应温度 85℃，反应时间 2.5h，通气速率 500mL/min，搅拌速率 100r/min；取羧甲基纤维素（CMC）分别为 1g、2g、4g、6g，加入反应液中反应。所得硅胶产物的物性如表 15-18 所示。

表 15-18 羧甲基纤维素添加量对硅胶物性的影响实验结果

实验号	羧甲基纤维素加入量/g	改性剂在反应液中的质量分数/(g/L)	粒径/μm	吸油值/(mL/g)	产率/%
GJS-1	1	1.667	126.25	3.00	80.22
GJS-2	2	3.333	17.66	3.35	89.91
GJS-4	4	6.667	19.39	3.30	88.32
GJS-6	6	10	51.51	3.15	76.44

图 15-25 (a)～(d)为羧甲基纤维素不同添加量下生成硅胶的粒度分布图。由表 15-18 和图 15-25 (a)～(d)可知，随着表面活性剂添加量的增大，所得硅胶产率、DBP 吸油值先增大后减小，粒子直径先减小后增大。由于表面活性剂分子一般由亲水的极性基和亲油的非极性基两部分组成，当它与有极性的颗粒接触时，其极性基便被吸附于颗粒表面，让非极性基

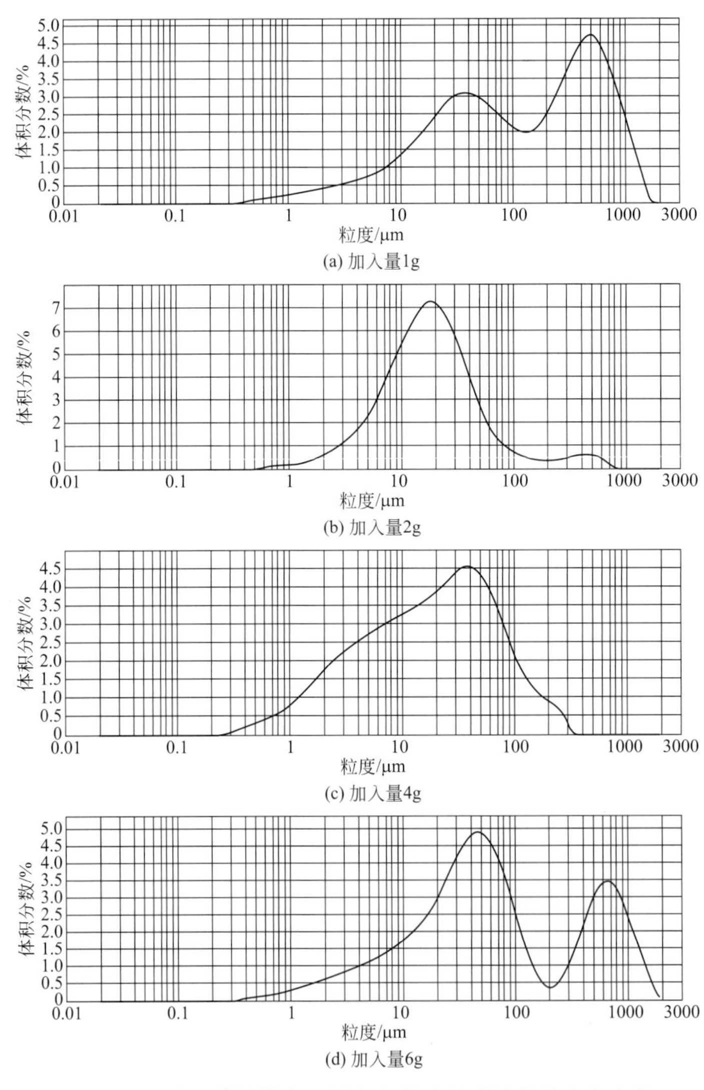

图 15-25 羧甲基纤维素不同加入量改性硅胶的粒度分布图

展露在外而与其他有机介质亲和，从而使表面张力降低，使有机相分子渗入到聚集颗粒中，超细粒子相互分离，达到分散的效果。若表面活性剂的用量适宜，可形成一层憎水的碳氢链，则水对白炭黑的接触角 $\theta_{水}$ 升高，DBP 吸油值变大，硅胶产率增大；若表面活性剂加入量足以形成取向相反的第二层，即第二层的亲水基朝外，此时水对白炭黑的接触角 $\theta_{水}$ 又将降低，而油对白炭黑的接触角 $\theta_{油}$ 升高，有利于将油顶出。因此，DBP 吸油值减小，硅胶产率降低，表明以表面活性剂改性时应注意控制表面活性剂的用量。随着反应的进行，硅酸单体的慢缩聚反应将形成聚合物状的硅氧键，最终得到多分支的聚合物。这时，反应生成的聚合物中的硅氧键结合的量就越多，而体系中 H^+ 含量也越多，故体系表现为酸度逐渐增加。随着反应的进行，聚合物上的 OH^- 减少，存在于固体颗粒表面上直接与硅原子键合的表面活性剂分子的数量大于结合水的数量时，白炭黑表现为亲油性的，故吸油值增大。当体系中与硅氧键结合的表面活性剂分子的数量与结合水的数量相等时，反应体系处于平衡，吸油值达到最大；当反应体系中与硅氧键结合的表面活性剂分子的数量小于结合水的数量时，白炭黑表现为亲水性的，故其吸油值降低。综合考虑各因素，选取羧甲基纤维素的相对添加量为 2g/600mL 较为适宜。

15.6.4　制品性能表征

粉体表面改性是一项涉及众多学科的新技术。实验拟通过对改性白炭黑粉体的粒度大小和粒度分布、红外光谱、透射电镜、差热-热重分析等表征手段来评价其改性效果。

15.6.4.1　热学性质

采用 NETZSCH STA 449C 型热分析仪对实验制品进行测定。分析条件：氮气气氛，测温范围室温至 1000℃，升温速率 10℃/min。根据前述优化条件，对未经煅烧的改性白炭黑粉体进行 TG-DTA 分析（图 15-26）。794.33℃处吸收峰值为表面活性剂羧甲基纤维素所引起。TG 图中从 101.54℃开始失重，至 151.71℃时质量减少 18.98%，为吸附水失重引起；151.71～751.39℃之间的质量减少，系白炭黑的结构水失重和羧甲基纤维素开始燃烧所致；807.64℃羧甲基纤维素大量燃烧直至燃烧完毕，质量共减少 8.52%。至 807.64℃时试样质量基本保持恒定，说明羧甲基纤维素在此温度下已分解完全。

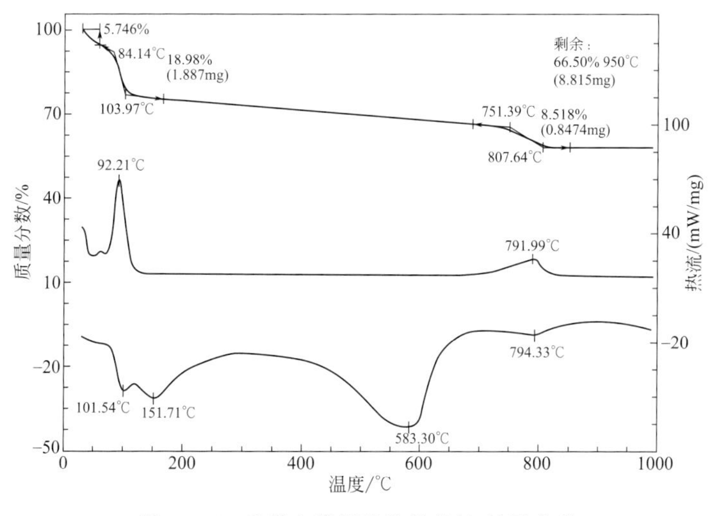

图 15-26　改性白炭黑粉体的差热-热重曲线

15.6.4.2 比表面积与孔径分布

采用 Autorsorb-1 型物理吸附仪，测定改性白炭黑粉体的比表面积、孔容及孔径分布，根据 BET 方法计算比表面积，BJH 公式计算孔径分布。图 15-27 是所制备的改性白炭黑粉体的 N_2 吸附-脱附曲线图与孔径分布图。其等温曲线均属于 BDDT 分类的第Ⅲ种类型，即反 Langmuir 型曲线。等温线沿吸附量坐标方向下凹是由于吸附质 N_2 与吸附剂 SiO_2 分子间的相互作用比较弱，较低 N_2 浓度下，只有极少量的吸附平衡量；同时又因单分子层内吸附质分子的互相作用，使第一层的吸附热比冷凝热小，只有在较高 N_2 浓度下出现冷凝而使吸附量大增所引起的。实验制备的白炭黑粉体的总比表面积为 636.11m^2/g，其中微孔比表面积达 330.34m^2/g，占总比表面积的 51.93%；比改性前的微孔比例有所增加，说明改性过程使白炭黑内部的孔体积减小。

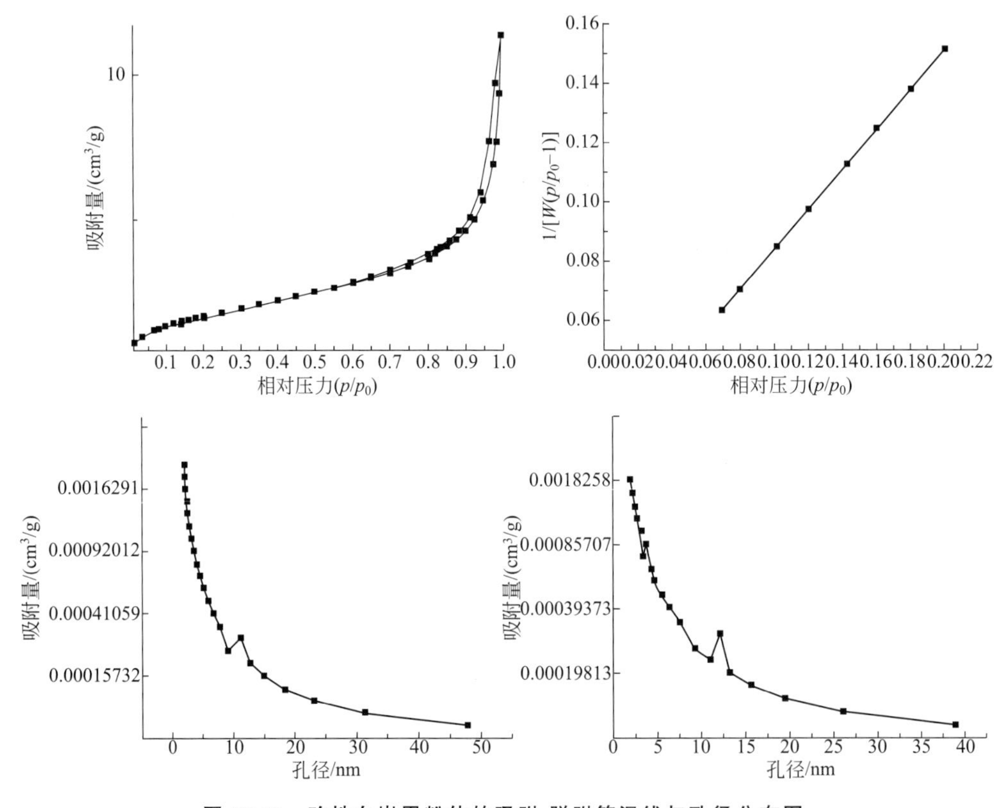

图 15-27 改性白炭黑粉体的吸附-脱附等温线与孔径分布图

由孔径分布图可见，实验制品的孔径大都分布在 1.7～50nm 之间。表 15-19 为白炭黑粉体的孔结构参数。对比未改性的白炭黑样品（BTH-01）可见，改性后制品的比表面积由 259m^2/g 增加至 636.11m^2/g，孔径分布从 8～18nm 扩大为 1.7～50nm。

表 15-19 改性白炭黑粉体的比表面积、孔径和孔体积

样品号	比表面积/(m^2/g)	平均孔径/nm	总孔体积/(cm^3/g)
GSJ	636.11	11.05	0.01757

15.6.4.3　红外光谱

将未改性白炭黑（BTH-01）和经过羧甲基纤维素改性后白炭黑制品（GSJ02）进行红外光谱测试，结果分别见图 15-28（a）、（b）。在图 15-28（b）中，$1063cm^{-1}$、$800cm^{-1}$处的吸收峰分别由 Si—O 键的反对称伸缩振动和对称伸缩振动所引起。改性后的白炭黑粉体较未改性粉体新出现 $3063cm^{-1}$、$1470cm^{-1}$和 $851cm^{-1}$处的吸收峰，原因是改性白炭黑粉体（GSJ-02）中含有碳酸氢钠和碳酸钠杂质。$3063cm^{-1}$和 $1470cm^{-1}$处的吸收峰分别对应于 HCO_3^-、CO_3^{2-} 的吸收峰，$851cm^{-1}$处吸收峰对应于—CH—振动的吸收峰，应为试样中存在羧甲基纤维素所致。

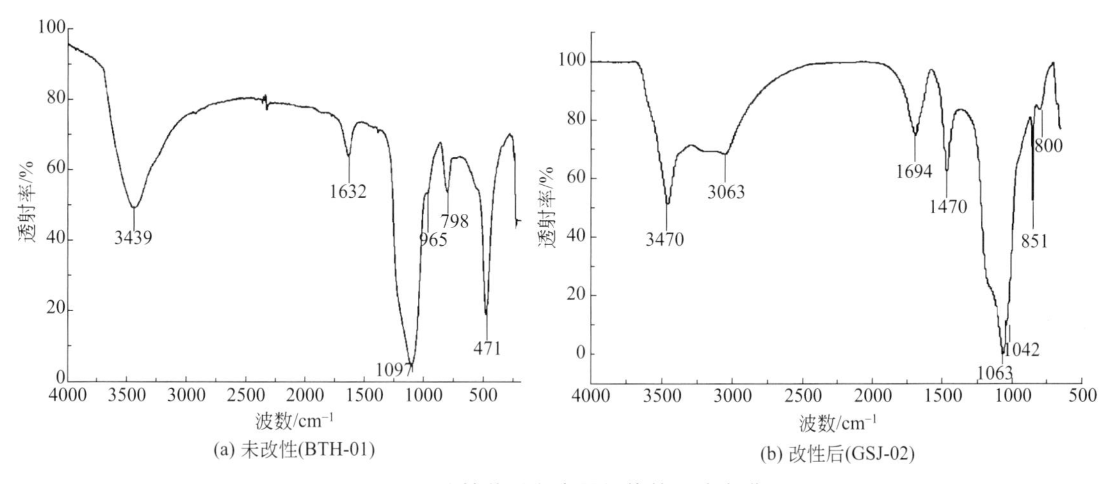

图 15-28　改性前后白炭黑粉体的红外光谱图

15.6.4.4　微观形貌

改性白炭黑粉体（GSJ-02）的透射电镜照片如图 15-29 所示。由图可见，改性白炭黑粉体的颗粒尺寸明显较改性前制品（BTH-01）的粒径小，绝大多数粒子粒径介于 50～100nm 之间。但颗粒之间依然相互交联，可能系羧甲基纤维素存在于样品中所致（王蕾，2006），尚需通过煅烧而除去。

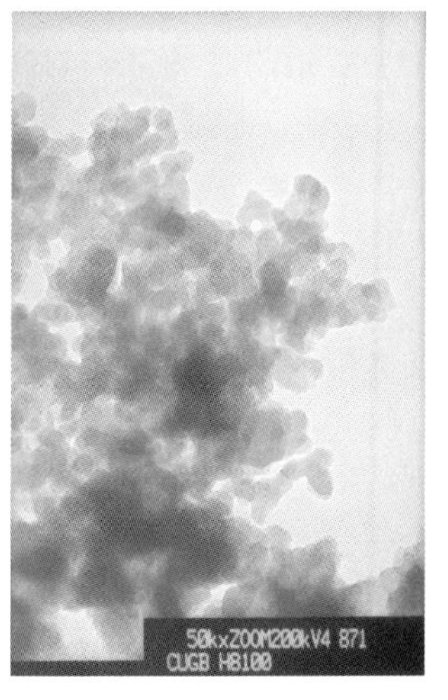

图 15-29　改性白炭黑粉体（GSJ-02）的透射电镜照片

第16章 硅酸钠碱液制备氧化硅气凝胶技术

16.1 研究现状概述

气凝胶是由胶体粒子或高聚物分子相互聚结构成的纳米多孔网状结构，在孔隙中充满气态分散介质的一种高分散固态材料。气凝胶已被应用于Cerenkov探测器、声阻抗耦合材料、催化剂及载体、高效隔热材料及制备高效可充电电池等。在储能器件方面，气凝胶由于大比表面积（600～$1000m^2/g$）、高电导率（10～25S/cm）、密度变化范围广（0.05～$1.0g/cm^3$），因而在其微孔内充入电解液，可制成新型可充电电池，具有储电容量大、内阻小、重量轻、充放电能力强，以及可多次重复使用等优异特性（Hrubesh，1998；Schmidt et al，1998）。

制备气凝胶要经过溶胶-凝胶聚合和超临界干燥两个过程。20世纪30年代初，斯坦福大学Kistler（1931）通过水解水玻璃的方法制得了氧化硅气凝胶，在盐酸催化下水解生成湿凝胶，其中的液体组分为NaCl水溶液，不利于超临界干燥的进行，必须将凝胶孔内的NaCl水溶液置换为乙醇，然后进行超临界干燥制得气凝胶。但由于凝胶孔径为纳米量级，传热速率低，因而溶剂置换过程烦琐而漫长。1966年，Pen以硅酯为硅源，采用溶胶-凝胶法制备出氧化硅气凝胶，使干燥周期大大缩短，构成气凝胶的固体颗粒更趋于均匀，材料密度更低，孔隙率更高，进而推动了气凝胶研究的进展（王蕾，2006）。

实现溶胶-凝胶工艺有3种方法：①胶体粉末溶胶的凝胶化；②醇盐或硝酸盐前驱体经水解和缩聚形成凝胶；③在溶液中聚合物单体聚合或几种聚合物单体共聚形成凝胶（Marzouk et al，2004；秦国彤等，2005）。目前，氧化硅气凝胶的制备主要采用后两种方法，需经过3个必要的步骤：氧化硅单体聚合成初级粒子；粒子的生长；粒子经链状交联形成三维网状结构。

16.2　实验流程

以高铝粉煤灰为原料，制备氧化硅气凝胶的实验流程：①以工业碳酸钠为配料对粉煤灰进行中温烧结，使其中的莫来石及硅酸盐玻璃相转变为易溶于酸的霞石相（$NaAlSiO_4$）。②烧结物料经酸液溶解，Al_2O_3 以可溶性盐的形式，SiO_2 以 Na_2SiO_3 的形式进入溶液。③通过加热的方法，使 SiO_2 以硅酸凝胶的形式沉淀出来，Al_2O_3 继续留在溶液中，从而实现硅铝分离。④将所得硅酸凝胶制成氧化硅气凝胶。

王英滨（2002）曾利用正硅酸乙酯（TEOS）为原料，乙醇和水为溶剂，经过溶胶-凝胶过程，采用常压干燥工艺，制备了轻质纳米多孔材料氧化硅气凝胶。利用表面活性剂三甲基氯硅烷（TMCS）对湿凝胶进行表面改性，解决了常压干燥过程中凝胶的收缩开裂问题。所获得的氧化硅气凝胶制品的比表面积为 400～600cm^2/g，且其热稳定性、吸附性能等物理性能良好。

16.3　原料中温烧结

16.3.1　原料化学成分及物相分析

实验原料为内蒙古托克托电厂排放的高铝粉煤灰（TF-04），化学成分分析结果见表 16-1，其中 SiO_2 和 Al_2O_3 总量在 85%以上。X 射线粉末衍射分析结果见图 16-1，其结晶相主要为莫来石，其次含有少量刚玉（α-Al_2O_3）。图中 $2\theta=15°\sim40°$处出现谱峰，表明存在非晶态玻璃相。扫描电镜下观察，粉煤灰中的绝大部分颗粒为玻璃微珠，微珠大小多介于 5～30μm 之间。此外，还可见到形状不规则的海绵状玻璃体，通常认为是原煤中的黏土矿物在燃烧高温下呈熔融状态，由于自身黏度较大，经淬火来不及形成形状完好的玻璃珠形（图 16-2）。在放大 4000 倍下观察，可见玻璃微珠相中包裹着针状莫来石晶体（图 16-3），大致呈放射状不规则分布。

表 16-1　高铝粉煤灰原料化学成分分析结果　　w_B/%

样品号	SiO_2	TiO_2	Al_2O_3	Fe_2O_3	FeO	MnO	MgO	CaO	Na_2O	K_2O	P_2O_5	H_2O^-	烧失	总量
TF-04	37.81	1.64	48.50	1.79	0.48	0.01	0.31	3.62	0.15	0.36	0.15	3.89	1.06	99.77

注：中国地质大学（北京）化学分析室龙梅等分析。

高铝粉煤灰（TF-04）的^{29}Si 的核磁共振谱分别如图 16-4 所示。由于粉煤灰系由多种结晶相和硅酸盐玻璃相组成，故^{29}Si 谱图上显示较宽的对称峰值。峰值在－84、－93.8、－98.6、－103.4、－108 处是玻璃相中的［SiO_4］四面体结构，峰值在－88 处为莫来石中的硅氧四面体结构，高于－110 的峰值为晶相 SiO_2 结构（Fernandez-Jimenez et al，2003）。粉煤灰原料的^{29}Si 谱图上，存在－87.5、－109.4 峰值，说明主要以玻璃相和莫来石结构的［SiO_4］四面体为主。而－87.5、－109.4 峰值分别对应于 Q^2［$(SiO)_2Si(OH)_2$］和 Q^4［$(SiO)_3SiOSi$］结构单元，表明粉煤灰中的 SiO_2 主要以链状和架状结构形式存在。Al 的 NMR 谱图显示，该粉煤灰中的 Al 主要呈六次配位，少部分为四次配位（图 16-5）。高铝粉煤灰（TF-04）的^{29}Si 和 Al 的 NMR 谱拟合分峰结果见表 16-2。

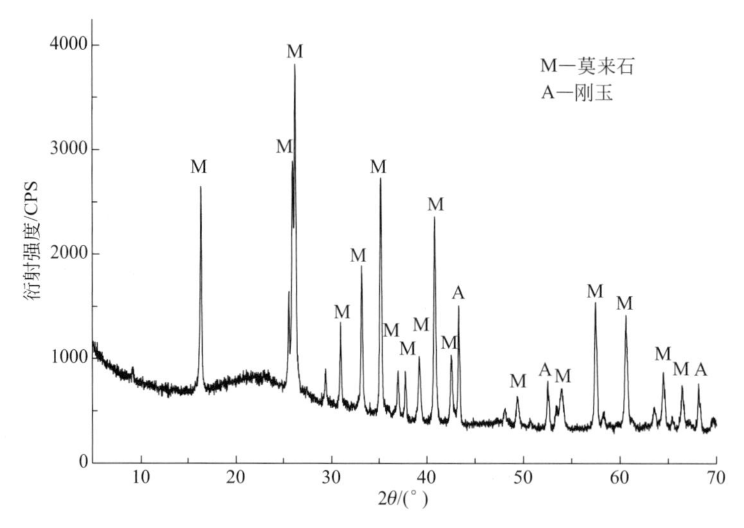

图 16-1 高铝粉煤灰（TF-04）的 X 射线粉末衍射图

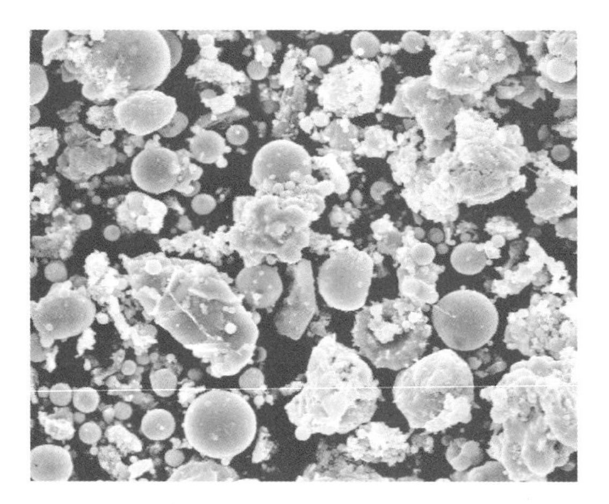

图 16-2 高铝粉煤灰（TF-04）的扫描电镜照片

图 16-3 粉煤灰 TF-04 中玻璃珠的 SEM 照片

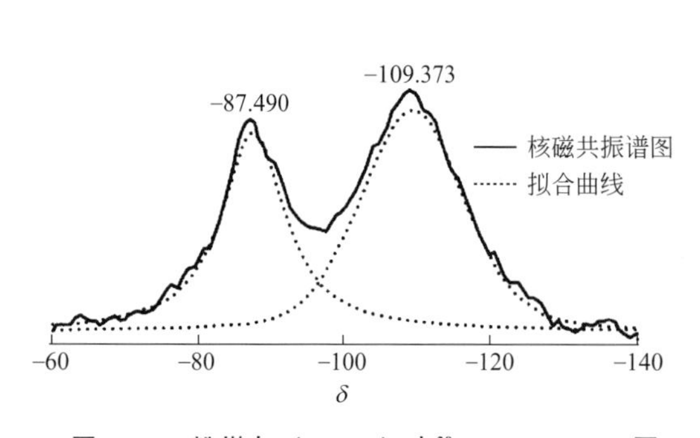

图 16-4 粉煤灰（TF-04）中 ^{29}Si MAS NMR 图

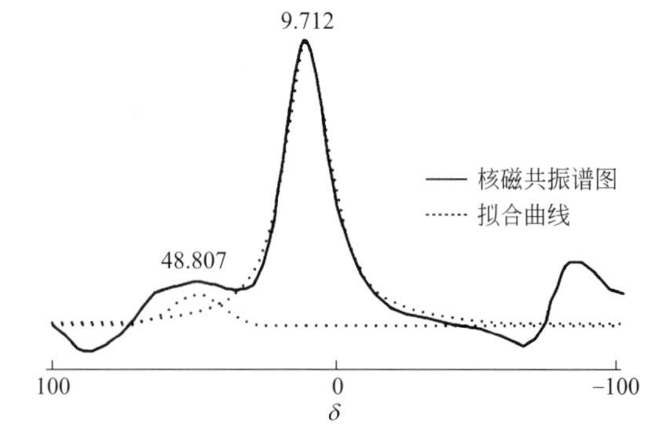

图 16-5 粉煤灰（TF-04）中 Al 的 NMR 图

表 16-2　高铝粉煤灰（TF-04）的 ^{29}Si 和 Al 的 NMR 谱拟合分峰结果

样品号	$[SiO_4]^{4-}$ 环境/Al 配位数	化学位移 δ	强度	相对面积	含量/%
TF-04	Q^2	−87.490	23784	5.69	36.3
	Q^4	−109.373	26419	10.00	63.7
TF-04	4	48.807	22711	1.24	11.03
	6	9.712	202785	10.00	88.97

注：石油化工科学研究院刘冬云测定。

16.3.2 粉煤灰原料烧结

高铝粉煤灰中 SiO_2 和 Al_2O_3 含量在 85%以上，主要物相为硅铝玻璃体和莫来石相。加入工业碳酸钠，经中温烧结（<900℃），可使其 Si-O-Si、Si-O-Al 键发生破断。反应开始时颗粒之间混合接触，在表面、界面处发生化学反应形成细薄且有结构缺陷的新相，随后发生新相的结构调整和晶体生长。莫来石的链状结构转变为强键在三维空间均匀分布的霞石（$NaAlSiO_4$）架状结构，非晶态玻璃相也与碳酸钠反应生成霞石相。当反应颗粒间形成的产物层达到一定厚度后，进一步的反应随着产物层的扩散、液相的扩散而继续进行，最终形成以霞石为主要物相，莫来石的共价键转变成霞石的离子键型。

烧结反应过程中，莫来石（$3Al_2O_3 \cdot 2SiO_2$）与 Na_2CO_3 反应，生成 $NaAlSiO_4$ 及少量 $NaAlO_2$，玻璃体中的 Al_2O_3、SiO_2 与 Na_2CO_3 结晶生成 $NaAlSiO_4$；当 Al_2O_3 过量时与 Na_2CO_3 反应生成 $NaAlO_2$；SiO_2 过量时与 Na_2CO_3 反应生成 Na_2SiO_3。该粉煤灰中还存在少量刚玉（α-Al_2O_3），中温下与 Na_2CO_3 不易反应。

综上所述，高铝粉煤灰-Na_2CO_3 体系生料经中温烧结，反应产物的物相由 SiO_2/Al_2O_3 比所决定：$SiO_2/Al_2O_3<2$（摩尔比），即 Al_2O_3 过剩，反应产物为 $NaAlSiO_4$、$NaAlO_2$；$SiO_2/Al_2O_3>2$，即 SiO_2 过剩，反应产物为 $NaAlSiO_4$、Na_2SiO_3。化学反应式如下：

$$3Al_2O_3 \cdot 2SiO_2 + 3Na_2CO_3 = 2NaAlSiO_4 + 4NaAlO_2 + 3CO_2 \qquad (16\text{-}1)$$

$$Al_2O_3(liq) + 2SiO_2(liq) + Na_2CO_3 = 2NaAlSiO_4 + CO_2 \qquad (16\text{-}2)$$

$$Al_2O_3(liq) + Na_2CO_3 = 2NaAlO_2 + CO_2 \qquad (16\text{-}3)$$

$$SiO_2(liq) + NaAlO_2 = NaAlSiO_4 \qquad (16\text{-}4)$$

实验所用高铝粉煤灰的 SiO_2/Al_2O_3 比为 1.32，故反应产物应为 $NaAlSiO_4$ 与 $NaAlO_2$。

16.3.2.1 正交实验

设计高铝粉煤灰烧结反应的正交实验。第一轮正交实验按照粉煤灰/碳酸钠（质量比）为 1∶1.05，反应温度 830℃、850℃、870℃，反应时间 60min、90min、120min，进行正交实验（表 16-3）。

表 16-3　烧结反应第一轮正交实验结果

实验号	温度/℃	时间/min	粉煤灰/碳酸钠(质量比)	分解率/%
S1-1	830	60	1∶0.9	65.87
S1-2	830	90	1∶1.0	81.05
S1-3	830	120	1∶1.1	85.97

续表

实验号	温度/℃	时间/min	粉煤灰/碳酸钠(质量比)	分解率/%
S1-4	850	60	1∶1.0	89.06
S1-5	850	90	1∶1.1	90.05
S1-6	850	120	1∶0.9	91.58
S1-7	870	60	1∶1.1	92.00
S1-8	870	90	1∶0.9	93.26
S1-9	870	120	1∶1.0	96.78
$K(1,j)$	77.63	82.31	83.57	
$K(2,j)$	90.23	88.12	88.96	
$K(3,j)$	94.01	91.44	89.34	
级差 R	16.38	9.13	5.37	

粉煤灰的分解率测定：每次称取 10g 粉煤灰及相应的碳酸钠，于研钵中研磨均匀，放入 SXG-4-10 型箱式电炉中升温至设定温度，反应达到设定时间后取出，用稀硝酸溶解烧结产物。经洗涤、干燥，测定酸溶剩余物的质量，按下式计算粉煤灰的分解率：

$$粉煤灰分解率=(粉煤灰质量-未溶物质量)/粉煤灰质量 \tag{16-5}$$

由表 16-3 可知，随着反应温度的升高，粉煤灰分解率相应增大；随着反应时间的延长，分解率也随之增大。影响粉煤灰烧结效果的因素依次为：反应温度>反应时间>粉煤灰/碳酸钠（质量比）。第一轮正交实验选择粉煤灰/碳酸钠（质量比）较高，碳酸钠按物料配比过量，分解率不高的原因是反应温度相对较低，物料间接触不充分，反应尚不完全；另外由于碳酸钠的熔点为 851℃，在 830℃温度下反应仍为固-固相间的反应，传质速率低于有液相参与的传质速率。实验优化条件：反应温度 870℃，反应时间 120min，粉煤灰/碳酸钠质量比为 1∶1.1。

按照反应式（16-1）～式（16-4）的化学计量比计算，粉煤灰∶碳酸钠质量比为 10∶5.041。按照碳酸钠稍有过量设计第二轮正交实验。成型压力是影响固相反应的另一因素，提高成型压力可以改善粉料之间的接触状态，缩短颗粒之间的距离，增大接触面积，提高反应速率。

因此，设计第二轮烧结反应正交实验，原料采用造粒-压制成型方法。称取 10g 粉煤灰及相应比例的碳酸钠，于研钵中磨细均匀后进行造粒，颗粒呈小球状，然后用液压嵌样机压块，压力 2～5MPa。将生料块体放入箱式电炉中升温至设定温度，恒温反应至设定时间取出，用稀硝酸溶解烧结产物，测定酸溶剩余物的质量。第二轮正交实验结果见表 16-4。

表 16-4 烧结反应第二轮正交实验结果

实验号	粉煤灰/碳酸钠(质量比)	温度/℃	时间/min	分解率/%
S2-1	1∶0.6	830	60	67.93
S2-2	1∶0.6	880	90	82.38
S2-3	1∶0.6	930	120	89.96
S2-4	1∶0.65	830	90	88.05
S2-5	1∶0.65	880	120	92.61

续表

实验号	粉煤灰/碳酸钠(质量比)	温度/℃	时间/min	分解率/%
S2-6	1∶0.65	930	60	85.77
S2-7	1∶0.7	830	120	89.41
S2-8	1∶0.7	880	60	89.60
S2-9	1∶0.7	930	90	91.08
$K(1,j)$	80.09	81.80	81.10	
$K(2,j)$	88.81	88.20	87.17	
$K(3,j)$	90.03	88.94	90.66	
级差 R	9.94	7.14	9.56	

由表可知，影响烧结效果的因素依次为：粉煤灰/碳酸钠质量比>反应时间>反应温度。以下通过烧结反应的单因素实验确定优化实验条件。

16.3.2.2　单因素实验

(1) 反应温度

设定粉煤灰/碳酸钠（质量比）为 10∶5.041，反应时间 90min，在烧结反应温度 1053K、1103K、1143K、1173K 下，粉煤灰的分解率测定结果见图 16-6。由图可见，在实验温度范围内，随着反应温度的升高，粉煤灰分解率相应增大。考虑到反应时间与反应温度的关系以及能耗问题，将反应温度选定为 1143K，同时将碳酸钠用量提高，使其略微过量。

(2) 反应时间

设定粉煤灰、碳酸钠（质量比）为 1∶0.8，反应温度 1143K，在烧结反应时间 0.5h、1.0h、1.5h、2.0h、2.5h、3.0h、4.0h 下，粉煤灰的分解率实验结果见图 16-7。当烧结反应时间在 1.5h 以上时，粉煤灰的分解率增大不明显。高铝粉煤灰中的刚玉相（α-Al_2O_3）是一种非常稳定的物相，即使在以碳酸钠为配料对粉煤灰进行中温烧结条件下亦不会发生分解。因此，实验中高铝粉煤灰烧结物料经稀硝酸溶解后仍会存在少量未分解剩余物。

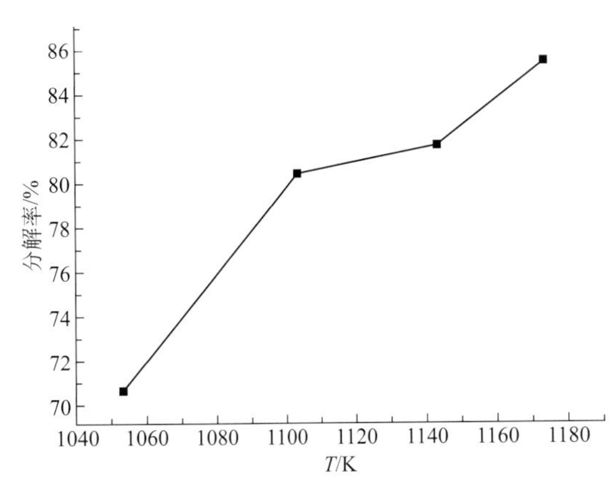

图 16-6　高铝粉煤灰分解率与烧结反应温度关系图

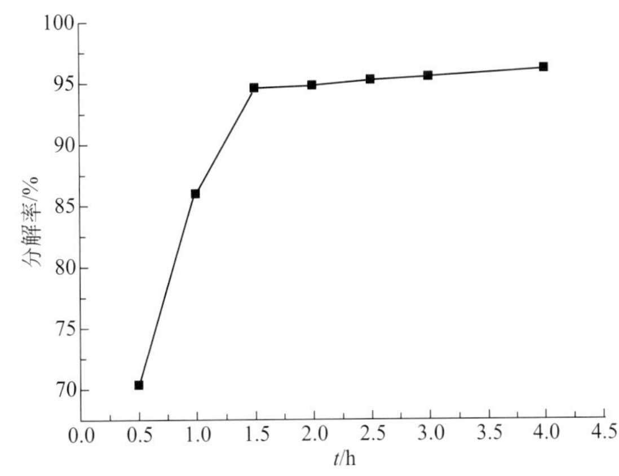

图 16-7　高铝粉煤灰分解率与烧结反应时间关系图

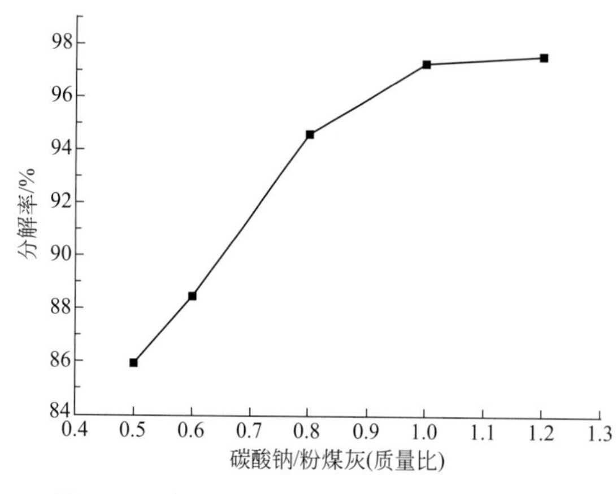

图 16-8　高铝粉煤灰分解率与碳酸钠配比关系图

（3）碳酸钠配比

设定反应温度为 1143K，反应时间 1.5h，在碳酸钠/粉煤灰（质量比）分别为 0.5、0.6、0.8、1.0、1.2 的条件下烧结，高铝粉煤灰的分解率见图 16-8。由图可见，随着碳酸钠用量的增加，粉煤灰分解率相应增大。当碳酸钠/粉煤灰质量比在 1.0、1.2 时，分解率增大的幅度不高。在碳酸钠过量条件下，所得烧结物料酸浸过程中，多余的 Na^+ 与 Ti^{4+}、Fe^{3+} 等分别形成 Na_2TiO_3、$NaFeO_2$ 等而进入滤液相，不再以沉淀形式存在。

不同碳酸钠/粉煤灰配比下烧结产物的 X 射线粉末衍射分析结果见图 16-9。X 射线衍射分析结果显示，碳酸钠配比分别为 0.5、0.6 条件下，烧结产物主要为霞石（$NaAlSiO_4$）和另一种物相霞石（$Na_xAl_ySi_zO_4$）；而碳酸钠配比分别为 0.8、1.0 时，所得产物主要为霞石和铝酸钠（$NaAlO_2$）。4 组分析结果显示，在碳酸钠配比较小的条件下，少量的碳酸钠不足以与 Al_2O_3 反应生成铝酸钠，而生成另一种物相的霞石；而即使在碳酸钠配比较高条件下，反应产物中仍未出现偏硅酸钠相（Na_2SiO_3），说明烧结过程发生反应（16-1）～反应（16-3）。以上 4 组烧结产物，测定粉煤灰的分解率分别为 85.9%、88.4%、94.6%和 97.3%。在烧结过程中，粉煤灰的粒度和混料均匀程度是影响反应效果的主要因素。实验证明，高铝粉煤灰经球磨，至－200 目颗粒大于 90%时，烧结反应效果更好。

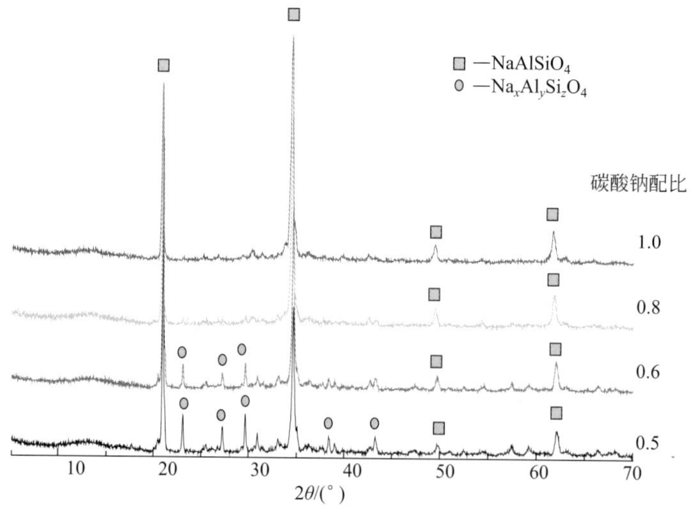

图 16-9　烧结产物的 X 射线粉末衍射图

对碳酸钠配比为 0.5、0.6 条件下未分解滤渣进行 X 射线分析，其中均出现莫来石的衍射峰，说明在此条件下莫来石结晶相未完全分解。因此，确定优化烧结条件为：反应温度 870℃，反应时间 90min，碳酸钠/粉煤灰质量比为 0.8。

在优化烧结条件下所得烧结产物，其酸溶滤渣的 X 射线衍射分析结果见图 16-10。其主要物相为刚玉（α-Al_2O_3）和钙钛矿（$CaTiO_3$）。后者可能由原煤中的富钛矿物在燃煤高温下反应所形成。烧结产物经酸溶测定，原粉煤灰的分解率为 94.6%，酸不溶物 5.4%。经 X 荧光光谱分析，Al_2O_3 含量高达 63.4%（表 16-5）。由此估计，原粉煤灰中 α-Al_2O_3 的含量为 3.4%。

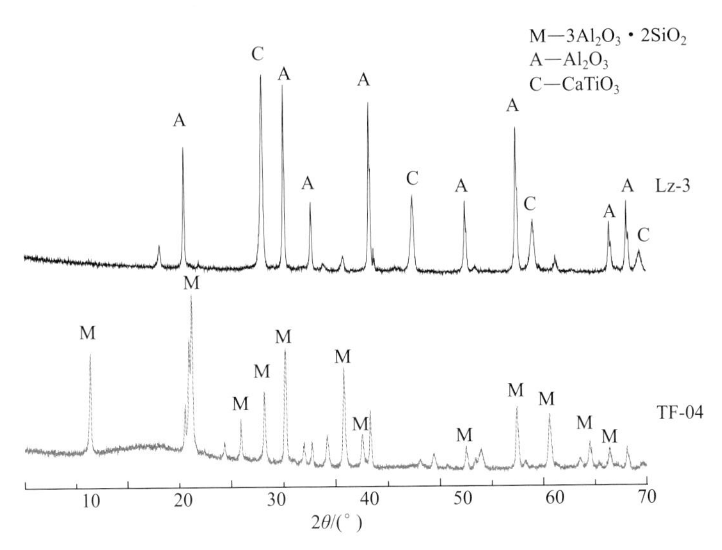

图 16-10　酸不溶物（Lz-3）与原粉煤灰（TF-04）X 射线衍射图对比

表 16-5　烧结产物酸不溶物的 X 荧光光谱分析结果　w_B/%

样品号	SiO_2	TiO_2	Al_2O_3	Fe_2O_3	CaO	Na_2O	P_2O_5	总量
Lz-3	3.21	16.9	63.4	2.27	9.51	1.64	0.17	97.1

注：石油化工科学研究院高萍测试。

16.3.3　烧结反应动力学

高铝粉煤灰-碳酸钠烧结反应属于有液相参与的扩散反应过程。符合固相反应的动力学模型有两种，即基于平行板模型的杨德尔方程与球体模型的金斯特林方程（陆佩文，1991）。前者不考虑反应截面随反应进程的变化，且只适合于转化率 $G<0.3$ 的固相反应，故实际中很少应用。后者属于反应截面随反应进程变化的方程，适用于转化率 $G<0.8$ 的固相反应。物质的质点在固体中扩散速率较慢，特别是随着反应时间的延长，反应产物层厚度增加，扩散阻力相应增大，使扩散速率减慢，从而使扩散速率逐渐控制整个固相反应速率。因此，由扩散速率控制的固相反应情况较为普遍。

金斯特林方程属于反应速率受固膜扩散控制的固相反应动力学模型，粉煤灰-碳酸钠体系的烧结反应大致与之符合。实验将碳酸钠/粉煤灰配比为 0.8 的混合料分别在 1053K、1103K、1143K、1173K 下进行烧结，测定粉煤灰的分解率 f，代入金斯特林动力学方程：$Y=1-2/3f-(1-f)^{2/3}$，求出相应的 Y 值。将不同温度下 f 随时间 t 的变化进行作图，用最小二乘法回归各直线方程，直线的斜率即为等温反应速率（图 16-11）。

由表 16-6 和图 16-11 可见，随着烧结反应时间的延长，粉煤灰的分解率相应提高；而随着反应温度的升高，反应速率相应加快。以 $\ln k$ 对 $1/T$ 作图，得 Arrhenius 活化能图（图

16-12）。由图中直线斜率计算，得烧结反应表观活化能 E_a 为 129.86kJ/mol，由截距得指数因子 $\ln A$（=7.5932）。由 Arrhenius 动力学方程：

$$k = A\exp\left(\frac{-E_a}{RT}\right) \tag{16-6}$$

得到不同温度下的反应速率常数，代入金斯特林动力学方程，即可计算出该烧结反应达到不同分解率时理论上需要的反应时间，结果列于表 16-7 中。

表 16-6 高铝粉煤灰-碳酸钠烧结反应动力学实验结果

温度/K	时间/min	分解率 f/%
1053	10	44.20
1053	20	51.63
1053	30	57.02
1053	40	60.34
1053	50	60.60
1053	60	63.22
1103	10	51.85
1103	20	56.41
1103	30	62.59
1103	40	70.87
1103	50	72.57
1103	60	77.85
1143	10	55.48
1143	20	62.96
1143	30	70.34
1143	40	77.73
1143	50	80.97
1143	60	85.98
1173	10	58.42
1173	20	67.69
1173	30	79.57
1173	40	85.14
1173	50	89.56
1173	60	93.61

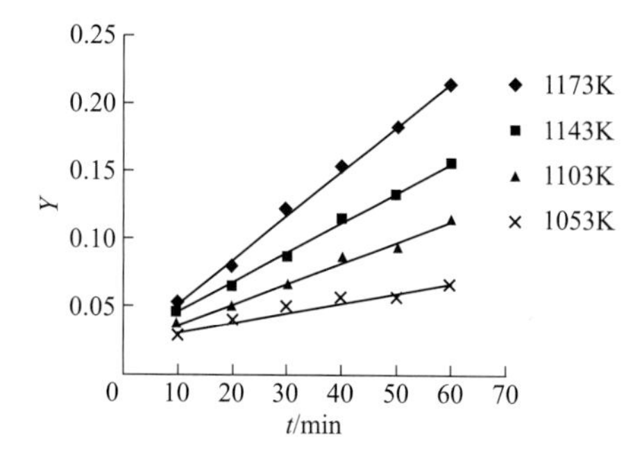

图 16-11 烧结反应速率与反应时间关系图

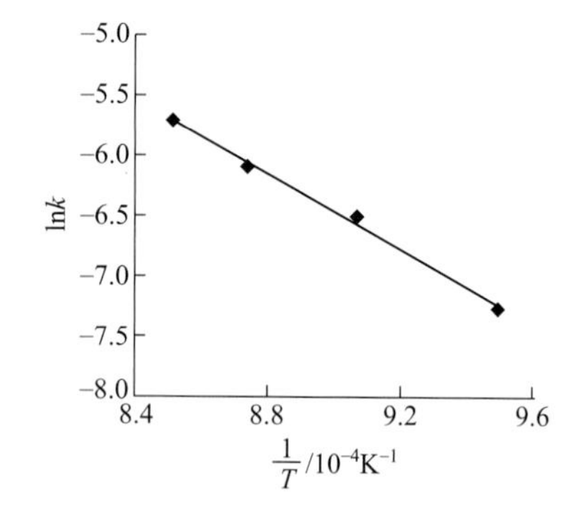

图 16-12 粉煤灰烧结反应的 Arrhenius 活化能图

表 16-7　高铝粉煤灰-碳酸钠体系烧结反应理论计算与实际反应时间对比

分解率/%	100	94	90	80	70	60	50
理论烧结时间/min	144.6	95.4	80.0	54.1	36.9	24.8	15.9
实际反应时间/min	—	90	73	50	30	20	10

对比表 16-7 中烧结过程的理论计算时间与实际反应时间可知，实际烧结反应时间比理论计算时间提前 4～7min。其原因是，将反应物料放入箱式电炉中，快速升温至设定烧结温度，通常需要 5～10min，而烧结反应时间未计入升温段所需时间，实际上高铝粉煤灰原料的分解反应在这一时间段已然发生。

李贺香（2005）曾对北京石景山电厂高铝粉煤灰-碳酸钠体系烧结反应动力学进行了研究，得到粉煤灰中莫来石和硅酸盐玻璃相分解反应的表观活化能为 149.19kJ/mol。由 Arrhenius 反应速率公式（16-6）可知，表观活化能 E_a 与指数因子 A 有关。而指数因子由反应物本身的性质所决定，如反应物结构缺陷、化学键、颗粒粒径、物相组成等。

本实验所得内蒙古托克托电厂粉煤灰的烧结反应表观活化能略高于上述数值的主要原因可能是：①两种实验原料的化学成分、物相组成存在一定差别，即指数因子 A 受到影响。托克托电厂高铝粉煤灰，Al_2O_3 和 SiO_2 总量占约 85%，Al_2O_3 含量接近 50%，且其中含有约 3.4%的刚玉相；石景山电厂粉煤灰，Al_2O_3 和 SiO_2 总量约占 95%，SiO_2 含量达 54%。②碳酸钠/粉煤灰质量配比不同，即物质组成的影响。石景山粉煤灰，碳酸钠配比为 0.46；而托克托电厂粉煤灰，碳酸钠配比为 0.8。碳酸钠配比越大，烧结反应越容易进行，故反应的表观活化能相应降低。

16.4　硅铝分离

烧结物料的硅铝分离实验是制取氧化硅、氧化铝的关键步骤。粉煤灰烧结产物的主要物相为霞石，是一种可溶于酸的铝硅酸盐矿物（马鸿文，2011）。实验分别采用盐酸和硫酸溶浸烧结物料的方法进行硅铝分离。

实验原料为反应温度 870℃、反应时间 90min、碳酸钠配比 0.8 下的烧结物料（TB-1），以及反应温度 930℃、反应时间 120min、碳酸钠配比 0.6 下的烧结产物（TB-2）。二者的化学成分分析结果见表 16-8。X 射线衍射分析结果显示，其主要物相均为霞石，分解率分别为 94.6%和 90.4%。

表 16-8　高铝粉煤灰烧结物料的化学成分分析结果　　w_B/%

样品号	SiO_2	TiO_2	Al_2O_3	Fe_2O_3	FeO	MnO	MgO	CaO	Na_2O	K_2O	P_2O_5	H_2O^+	H_2O^-	总量
TB-1	25.31	1.12	35.34	1.89	0.09	0.017	0.31	2.71	32.20	0.57	0.10	0.20	0.13	99.99
TB-2	28.84	1.21	35.44	2.02	0.00	0.02	0.53	2.65	26.70	0.47	0.07	0.79	0.59	99.33

注：中国地质大学（北京）化学分析室龙梅等分析。

16.4.1　盐酸溶浸

16.4.1.1　反应原理与实验过程

实验选用盐酸溶浸前述烧结物料，生成可溶性盐 $AlCl_3$ 和 NaCl 混合液，发生霞石溶解和硅酸水解聚合两步反应，化学反应见式（16-7）～式（16-9）：

$$NaAlSiO_4 + 4HCl \longrightarrow H_4SiO_4 + AlCl_3 + NaCl \tag{16-7}$$

$$H_4SiO_4 \longrightarrow H_2SiO_3 + H_2O \tag{16-8}$$

$$mH_2SiO_3 + H_2O \longrightarrow mSiO_2 \cdot (m+1)H_2O \tag{16-9}$$

硅酸不稳定，分子间通过缩合形成多聚硅酸，以至硅溶胶。硅溶胶经过胶凝成为凝胶，$AlCl_3$ 继续留在溶液中，经过滤，使富硅凝胶与 $AlCl_3$ 溶液相分开，实现硅铝分离。

在硅铝分离过程中，主要控制参数是盐酸的加入量，以使烧结产物中的霞石相完全溶解；同时要控制水的加入量，使硅酸形成硅溶胶，而不是直接生成硅凝胶沉淀。酸溶后过滤，将 $CaTiO_3$、α-Al_2O_3、$NaFeO_2$ 等物相除去，以保证硅酸缩聚反应在一个相对纯净的环境下进行。

实验过程：取烧结物料 5g 放入烧杯中，然后加入 40mL 蒸馏水，置于 JB-2 型恒温磁力搅拌器上，室温搅拌，同时迅速加入浓度为 11.5mol/L 的盐酸溶液 15mL，待 30min 后反应完全为止，将溶液过滤，除去不溶性物质。测量滤液体积，转入烧杯中，将其置于 XMTB 型数显温控仪加热至 100℃沸腾，将其中水分蒸发出去，体系慢慢由溶胶向凝胶相转变。用 SHB-Ⅲ型循环水式多用真空泵分离偏硅酸胶体与溶液，用 200mL 洗去胶体中的 Na^+、Cl^- 等离子，以 pH 试纸测定其至中性为止。将偏硅酸胶体置于 101-1A 型数显电热鼓风干燥箱中，在 105℃下干燥 8h，得到 SiO_2 硅胶，称量其质量。

16.4.1.2 结果分析与讨论

烧结产物中的主要物相霞石与盐酸反应，按照反应式（16-10），计算得 10g 粉煤灰生成烧结物料 11.6g，其中 Na_2O、Al_2O_3、SiO_2 组分之和占 92.85%。浓度 11.5mol/L 盐酸溶液的密度为 1.19g/cm³，理论上需要的盐酸 25.93mL。依次类推，5.0g 烧结物料需消耗浓度 11.5mol/L 的盐酸量为 10.99mL。实验中考虑到仍有 6%的其他组分 CaO、TiO_2、FeO 等存在，故盐酸用量应略大于其理论值。

$$NaAlSiO_4 + 4HCl \longrightarrow SiO_2 + 2H_2O + AlCl_3 + NaCl \tag{16-10}$$

霞石在盐酸溶液中的溶解反应的标准吉布斯自由能变化，是判断在标准状态下该反应能否自发进行的标志。反应的吉布斯自由能变化（$\Delta_r G_m^\ominus$）可由下式计算：

$$\Delta_r G_m^\ominus = \sum \nu_i \Delta_f G_{m,i}^\ominus (\text{生成物}) - \sum \nu_j \Delta_f G_{m,j}^\ominus (\text{反应物}) \tag{16-11}$$

$$\begin{aligned}\Delta_r G_m^\ominus = {} & \Delta_f G_{m(Al3+)298}^\ominus + \Delta_f G_{m(Na+)298}^\ominus + 2\Delta_f G_{m(H_2O)298}^\ominus + \Delta_f G_{m(SiO_2)298}^\ominus - \\ & \Delta_f G_{m(NaAlSiO_4)298}^\ominus - 4\Delta_f G_{m(H+)298}^\ominus = -89.15\text{kJ/mol}\end{aligned} \tag{16-12}$$

计算结果显示，霞石溶解反应 $\Delta_r G_m^\ominus < 0$，故反应在室温下可自发进行。在一定温度条件下，反应的 $\Delta_r G_m^\ominus$ 和反应的平衡常数 K 满足式（16-13），而平衡常数 K 与溶液中各离子浓度满足式（16-14）、式（16-15）：

$$\Delta_r G_m^\ominus = -RT\ln K \tag{16-13}$$

$$K = [Al^{3+}][Na^+]/[H^+]^4 \tag{16-14}$$

$$\Delta_r G_m^\ominus = -RT\ln([Al^{3+}][Na^+]/[H^+]^4) \tag{16-15}$$

由式（16-15）可以看出，当温度一定时，T 和 $\Delta_r G_m^\ominus$ 为常数。当霞石用量一定时，$[Al^{3+}]$ 和 $[Na^+]$ 也就随之确定了。由此可见，影响霞石溶解反应进行的主要变量是 HCl 溶液的浓度。因此，以下通过设定温度下不同盐酸加入量、不同加水量等单因素实验，确定硅铝分离的优化条件。

（1）盐酸加入量

按照化学计量比计算，10g 高铝粉煤灰需浓度 11.5mol/L 的盐酸溶液 25.93mL。以此为基准进行单因素实验。分别称取烧结物料（TB-1）5g，放入烧杯中，加入相同水量 40mL，放置于磁力搅拌器上进行搅拌，然后加入不同量的盐酸溶液使之反应。不同加酸量的硅铝分离第一轮实验结果见表 16-9，所得硅胶的化学成分分析结果见表 16-10。

表 16-9　不同加酸量下硅铝分离第一轮实验结果

实验号	物料质量/g	H_2O/mL	HCl/mL	滤渣/g	硅胶/g	滤液/mL	备注
Ⅰ-8-0	5.0046	40	11	—	—	—	呈凝胶状
Ⅰ-8-1	5.0015	40	12	0.2867	1.5004	160	硅胶呈浅褐色
Ⅰ-8-2	5.0040	40	13	0.1964	1.2712	146	硅胶呈白色
Ⅰ-8-3	5.0007	40	14	0.1998	1.3913	90	硅胶呈白色
Ⅰ-8-4	5.0049	40	15	0.1871	1.2475	139	硅胶呈白色

表 16-10　不同加酸量下硅铝分离硅胶化学成分分析结果　w_B/%

样品号	SiO_2	Al_2O_3	Na_2O	H_2O^+	H_2O^-	总量
Ⅰ-8-1	72.57	6.38	0.20	10.41	9.03	98.59
Ⅰ-8-2	85.37	1.27	0.20	5.84	6.24	98.92
Ⅰ-8-3	84.69	0.95	0.00	6.34	5.14	97.12
Ⅰ-8-4	82.00	0.79	0.20	8.73	8.23	99.95

注：中国地质大学（北京）化学分析室龙梅等分析。

由表 16-10 的化学成分分析结果可知：随着盐酸用量的增加，硅胶中 Al_2O_3 的含量明显降低，当加入 11mL 浓度为 11.5mol/L 的盐酸时，由于溶液中反应介质较少，溶液经搅拌直接形成凝胶状。因而增加盐酸的用量，使得进入分散层的异号离子浓度增大，以吸附更多的 Cl^-，而紧密层的离子浓度减小，使电介质中的 ζ 电势增加，硅胶粒子不容易凝聚，而以含铝的硅溶胶形式存在，易于过滤。当加入 12mL 浓盐酸时，测得硅胶中 Al_2O_3 含量相对较高，达 5%～7%，且硅胶颜色呈褐色，可能是由于 Fe^{3+} 存在，此时 Al^{3+}、Fe^{3+} 形成聚合氯化铝铁，存在于 Si-O-Si 的网络骨架中（王光辉等，2005），用稀盐酸洗涤难以除去。当加入 13mL 盐酸后，硅胶中 Al_2O_3 含量明显降低至约 1%，说明在此条件下已经能够很好地实现硅铝分离。继续增大盐酸的用量，分离效果会越来越好。盐酸用量的增大，使反应更加充分地进行，但也造成不必要的浪费，导致后续洗涤中将消耗大量蒸馏水。

从以上对烧结物料（TB-1）的硅铝分离结果可知，当 5g 烧结物料加入 40mL H_2O 和 13mL 浓度为 11.5mol/L 的盐酸时，硅铝分离效果就已满足要求。对烧结物料（TB-2）进行单因素实验。经理论计算，浓度为 11.5mol/L 的盐酸密度为 1.19g/cm^3，5.0g 烧结物料需消耗盐酸 10.76mL。由于烧结产物（TB-2）的 Na_2O 含量相对较低，故所需盐酸用量相对降低。其硅铝分离第二轮实验结果及化学成分分析结果分别见表 16-11 和表 16-12。

表 16-11　不同加酸量下硅铝分离第二轮实验结果

实验号	物料质量/g	H_2O/mL	HCl/mL	滤渣/g	硅胶/g	滤液/mL	备注
Ⅰ-6-1	5.0074	30	10	0.5975	1.4831	203	硅胶呈浅褐色
Ⅰ-6-2	5.0020	30	11	0.2651	1.2938	87	硅胶呈白色
Ⅰ-6-3	5.0011	30	12	0.2450	1.5406	190	硅胶呈白色
Ⅰ-6-4	5.0077	30	13	0.2424	1.2926	103	硅胶呈白色

表 16-12　不同加酸量下硅铝分离硅胶化学成分分析结果　w_B/%

样品号	SiO_2	Al_2O_3	Na_2O	H_2O^+	H_2O^-	总量
Ⅰ-6-1	73.75	5.83	0.091	8.85	8.98	97.50
Ⅰ-6-2	82.05	1.23	0.099	6.53	9.29	99.20
Ⅰ-6-3	79.08	0.49	0.19	6.29	13.18	99.23
Ⅰ-6-4	84.72	0.75	0.00	7.88	6.12	99.47

注：中国地质大学（北京）化学分析室龙梅等分析。

由表 16-11 可知：当盐酸用量为 10mL 时，所得硅胶中 Al_2O_3 含量较高。随着盐酸用量的增加，硅胶中 Al_2O_3 含量越来越少。与其他组不溶物含量相比，实验Ⅰ-8-1 和Ⅰ-6-1 的滤渣含量较多。由于在相同加水量下，盐酸加入量少，即盐酸的实际浓度较低，加入盐酸后反应温度在 55℃，随着反应进行，温度下降，开始出现小粒子自发成核的趋势。此时自发成核速率大于胶粒生长速率，溶胶体系中会有少部分硅粒子成核长大，形成硅胶粒子，在过滤时残留在滤渣中。对实验Ⅰ-6-1 的滤渣进行 X 射线衍射分析，可见除 α-Al_2O_3、$CaTiO_3$ 的衍射峰外，还有出现馒头形鼓峰，表明存在非晶态 SiO_2（图 16-13）。

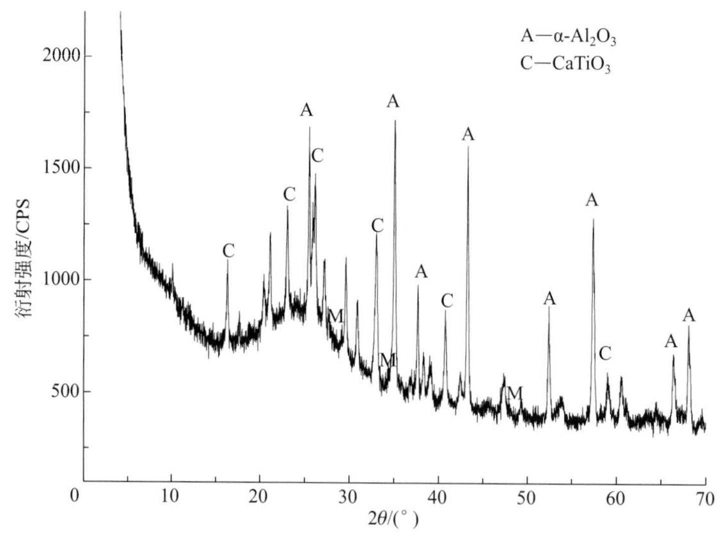

图 16-13　酸不溶物滤渣（Ⅰ-6-1）的 X 射线粉末衍射图

比较这两轮实验结果，烧结物料 TB-2 的碳酸钠用量相对较少，反应温度高，酸浸中耗酸量相对较低，但酸不溶物滤渣含量较高，且有非晶态 SiO_2 存在。烧结物料 TB-2 中 SiO_2 的提取率为 77.41%，而烧结物料 TB-1 中 SiO_2 的提取率为 86.39%。

（2）加水量

以第二轮实验中硅铝分离的较优条件即浓度为11.5mol/L的盐酸15mL为参照，加入不同用量蒸馏水进行实验，考察不同盐酸浓度对硅铝分离效果的影响。实验原料为烧结物料TB-1。不同加水量下的硅铝分离第三轮实验结果见表16-13，所得硅胶的化学成分分析结果见表16-14。

表16-13　第三轮不同加水量下硅铝分离实验

实验号	物料质量/g	H_2O/mL	HCl/mL	滤渣/g	硅胶/g	滤液/mL	备注
Ⅰ-8-4	5.0049	40	15	0.1871	1.2475	139	硅胶呈白色
Ⅰ-8-5	5.0026	35	15	0.1901	1.3280	125	硅胶呈白色
Ⅰ-8-6	5.0028	30	15	0.2081	1.2925	100	硅胶呈白色
Ⅰ-8-7	5.0046	25	15	0.2047	1.3016	106	硅胶呈白色
Ⅰ-8-8	5.0044	20	15	0.2964	1.2671	151	硅胶呈白色

表16-14　不同加水量下硅铝分离硅胶化学成分分析结果　w_B/%

样品号	SiO_2	Al_2O_3	Na_2O	H_2O^+	H_2O^-	总量
Ⅰ-8-4	82.00	0.79	0.20	8.73	10.23	101.95
Ⅰ-8-5	86.08	0.99	0.00	7.04	5.67	99.78
Ⅰ-8-6	85.34	0.49	0.00	5.24	9.38	100.45
Ⅰ-8-7	86.28	0.65	0.00	4.20	9.04	100.17
Ⅰ-8-8	87.12	0.47	0.00	3.66	8.39	99.64

注：中国地质大学（北京）化学分析室龙梅等分析。

由表16-14可见，所列硅胶样品的Al_2O_3含量小于1%，硅铝分离效果良好，但Ⅰ-8-8的滤渣含量较多，原因与前述类似，即有少部分硅胶粒子形成，在第一遍过滤中残留在滤渣里，增加了实际滤渣的质量。当向烧结物料中加水量减少，溶液中实际盐酸的浓度增大，随着反应温度的下降，溶液中开始有细小的氧化硅颗粒析出。浓度太大或浓度太低均会造成氧化硅颗粒的成核长大。比较三轮实验的SiO_2提取率，第一、三轮实验分别为86.39%、86.80%，第二轮提取率为77.41%，提取率较低的原因主要有：实验中硅铝凝胶过滤阶段，当从烧杯中转入漏斗过滤时，靠近杯壁处的凝胶由于黏度太大，黏附在烧杯壁上，影响了SiO_2的提取率；硅胶经干燥后放置于室温下，硅胶表面由于—OH极易吸收空气中水分，使总质量增加，而实际测定硅胶中SiO_2的含量偏低。

从第二、四轮硅铝分离实验结果可知，影响分离效果的主要因素是盐酸用量，当盐酸用量满足一定要求，即5g烧结物料对应>13mL浓度为11.5mol/L的盐酸，硅胶中Al_2O_3含量均小于1%。加大盐酸用量有助于硅铝分离，但若制备普通级标准的白炭黑等产品，只要求产物干基SiO_2含量>90%，则加入盐酸量可相对减少，采用理论盐酸用量即可。

（3）反应温度

酸浸反应是放热反应，加酸后温度迅速升至约55℃，之后体系温度随着反应的进行缓慢降至室温。若反应中采取加热的方式，由于粒子之间布朗运动加快，碰撞概率更多，进入紧密层的异号离子增多，ζ电势降低，霞石会与盐酸溶液快速反应，生成絮状的水合氧化硅沉淀，使得烧结物料中的不溶物包裹于硅胶沉淀中，故实验中反应温度的影响可不予考虑。

16.4.1.3 制品性能

按照上述优化条件进行放大实验。称取烧结物料（TL-8）500g，进行硅铝分离实验，得到硅胶样品（SC-4）134.3g，酸不溶物滤渣（TR-8）32.5g。各试样的化学成分分析结果见表16-15。

表16-15 烧结物料硅铝分离试样化学成分分析结果 $w_B/\%$

样品号	SiO_2	TiO_2	Al_2O_3	Fe_2O_3	FeO	MnO	MgO	CaO	Na_2O	K_2O	P_2O_5	H_2O^+	H_2O^-	总量
TL-8	25.35	1.42	34.66	2.41	0.09	0.03	0.64	2.46	31.94	0.62	0.12	0.30	0.00	100.04
SC-4	88.19	0.56	0.00	0.00	0.16	0.00	0.30	0.21	0.12	0.28	0.09	4.43	5.46	99.80
TR-8	7.12	9.01	70.28	3.60	0.11	0.03	0.46	4.99	1.23	0.46	0.22	0.95	1.68	100.14

注：中国地质大学（北京）化学分析室龙梅分析。

实验结果显示，硅铝分离过程的SiO_2提取率为93.44%，Al_2O_3提取率为85.59%；烧结物料中3.05%的SiO_2进入富铝溶液中；酸不溶物滤渣中的SiO_2占总质量的1.83%，Al_2O_3占总质量的13.18%。Al_2O_3的提取率相对较低的原因在于原高铝粉煤灰中存在刚玉（α-Al_2O_3）。

16.4.1.4 溶胶-凝胶机理

溶胶-凝胶方法按照使用原料的不同，分为两种：一种是使用超细粉溶于适当的溶剂中形成溶胶，然后向凝胶相转化；另一种是金属醇盐与水配制成混合溶液，经水解、缩聚反应形成透明溶胶，并逐渐凝胶化，再经过干燥、热处理，即可获得所需粉体（彭人勇，2001）。本实验以烧结物料为原料，采用盐酸溶浸所得透明溶胶体系向凝胶体系转变的原理。

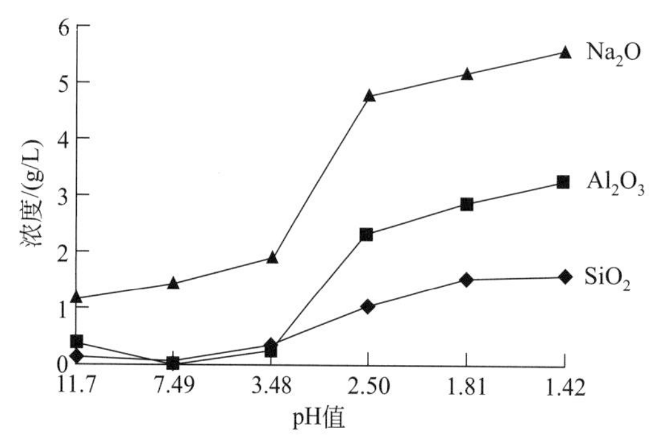

图16-14 烧结物料酸溶过程Al_2O_3、SiO_2、Na_2O浓度随pH值变化图
（据张晓云，2005）

以盐酸溶解烧结物料过程中，液相中SiO_2、Al_2O_3、Na_2O的浓度随着盐酸用量的增加，亦即溶液的pH值变化关系见图16-14。由图可见，在加入盐酸之前，溶液中已存在一定浓度的SiO_2和Al_2O_3，此即烧结产物中少量$NaAlO_2$和Na_2SiO_3溶解于清水中所致。随着酸化反应的进行，体系的pH值不断下降。在pH值11.7～7.49范围内，溶液中Al_2O_3、SiO_2浓度逐渐降低。此时溶液中Si主要以$H_2SiO_4^{2-}$形式存在。随着pH值的降低，$H_2SiO_4^{2-}$逐渐转变为$H_3SiO_4^-$，最终转变为H_4SiO_4。溶液中的Al则主要以AlO_2^-形式存在，随着pH值降低，AlO_2^-逐渐转变为$Al(OH)_2^+$和$Al(OH)_3$。当pH值降低至7.49时，溶液中的Al_2O_3和SiO_2浓度达到最低。随着盐酸用量的逐渐增加，溶液中Al_2O_3、SiO_2、Na_2O的浓度逐渐增大，在pH值为3.48以下，Al_2O_3、SiO_2、Na_2O浓度显著增加，Al以Al^{3+}和$Al(OH)^{2+}$的形式存在。当溶液的pH值达到1.8以下时，SiO_2在酸性介质中稳定存在，只有Al_2O_3、Na_2O组分被溶解（张晓云，2005）。

烧结物料经盐酸溶浸生成铝硅酸溶胶体系。随着pH值的不同，Si以$H_2SiO_4^{2-}$、

$H_3SiO_4^-$、H_4SiO_4 等形式存在，Al 以 Al^{3+}、$Al(OH)^{2+}$、$Al(OH)_2^+$ 和 $Al(OH)_3$ 等形式存在。反应终点体系的 pH 值约为 1，铝硅酸胶粒结构被破坏，Si-O-Al 键断裂，Al^{3+} 溶出，减小了溶胶粒径，使其稳定性降低；而且 Al^{3+} 在溶胶中起絮凝剂作用，使胶粒发生沉聚或絮凝。在此过程中，Si-O 首先生成一次粒子，并长大形成溶胶；随着溶胶静置和水分蒸发，溶液浓度增大，粒子进一步长大，H_4SiO_4 粒子间通过羟基缩聚反应，长成二次粒子，形成硅凝胶，导致体系的黏度急剧上升（王子忱等，1997）。即发生如下化学反应：

$$2HO-\underset{OH}{\overset{OH}{|}}{Si}-OH \longrightarrow HO-\underset{OH}{\overset{OH}{|}}{Si}-O-\underset{OH}{\overset{OH}{|}}{Si}-OH + H_2O \tag{16-16}$$

硅酸分子之间发生脱水反应：

$$HO-\underset{OH}{\overset{OH}{|}}{Si}-O \longrightarrow HO-\overset{OH}{\overset{|}{Si}}=O + H_2O \longrightarrow SiO_2 + 2H_2O \tag{16-17}$$

$$HO-\underset{OH}{\overset{OH}{|}}{Si}-O\cdots\cdots \longrightarrow O=\overset{OH}{\overset{|}{Si}}-O\cdots\cdots + H_2O \tag{16-18}$$

根据扩散双电层模型（沈钟，2004），硅酸粒子表面带有负电荷，有一定的 ζ 电势。在固-液界面处，固相表面由于解离或吸附离子而带电，其周围将分布与固相表面电性相反的离子，使粒子间产生静电斥力。随着条件的改变，硅胶粒子之间发生凝聚。

影响硅酸缩聚的主要因素有：①胶体的浓度。浓度越大，分子间的布朗运动越快，增加了胶体粒子的碰撞概率，凝胶越快，导致最终的 SiO_2 颗粒粒径逐步变大，总孔体积减小。②温度。酸性介质下，温度升高，凝胶时间缩短；碱性介质下，情况相反。采用加热方式可使体系的黏度增大，缩短凝胶时间。③电解质。加入一定浓度的电解质，反应体系的电位降低，相当势垒减小，易于聚沉（傅献彩等，2001；沈钟，2004）。

向烧结物料中迅速加入浓度大于 5mol/L 的盐酸溶液时，生成的硅酸很快形成絮状水合氧化硅沉淀。此时盐酸浓度的增大，使进入硅胶紧密层的反号离子 Cl^- 增加，导致分散层变薄，ζ 电势下降，硅胶粒子之间发生凝聚，胶体粒子相互连接，形成［SiO_4］结构（贾光耀等，2004）。当加入的 HCl 浓度为 2.5～5mol/L，硅酸尚不立即聚合成大分子 SiO_2 粒子，体系以硅溶胶的形式存在。由于 HCl 溶液的浓度较小，有助于胶粒带电形成 ζ 电势，使粒子之间因同性电的斥力而不易聚结，经过滤除去酸不溶残余物，再使溶胶向凝胶转变，SiO_2 粒子成核、长大。采用此法的硅胶粒子生长均匀，可与 Al^{3+} 很好地分离开。当加入的 HCl 浓度小于 2.5mol/L 时，也会出现在搅拌同时硅酸快速生成絮状氧化硅粒子的过程。这是由于反应是一放热过程，加入 HCl 溶液后，温度迅速升至约 55℃，在较高温度下，硅酸粒子之间的布朗运动加剧，同时体系的 pH 值相对较高，H^+ 浓度较低，导致 ζ 电位降低，部

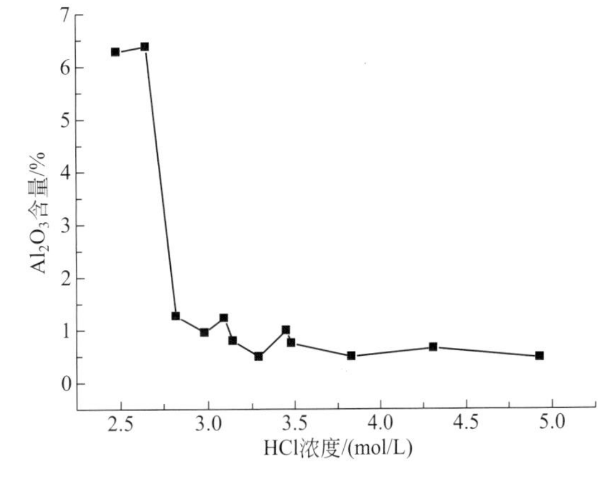

图 16-15　硅胶中 Al_2O_3 含量随 HCl 浓度变化图

分硅酸粒子首先发生聚沉。综上所述，严格控制盐酸浓度是硅铝分离制备优质氧化硅气凝胶的关键。盐酸浓度以控制在2.5～5mol/L为宜。

不同HCl浓度下所得硅胶中Al_2O_3的含量变化见图16-15。由图可见，随着HCl浓度的增大，硅铝分离呈现明显变化，硅胶中Al_2O_3含量持续减小。HCl浓度在3.0～5.0mol/L，Al_2O_3含量减小至1%以下；HCl浓度<2.8mol/L，Al_2O_3含量超过约6%，且硅胶中含有Fe^{3+}，此时形成聚合氯化铝铁络合物存在于Si-O-Si骨架中（王光辉等，2005），用稀盐酸洗涤难以除去。

16.4.2 硫酸溶浸

硫酸作为酸化介质实现硅铝分离的化学反应式如下：

$$2NaAlSiO_4 + 4H_2SO_4 \longrightarrow 2H_4SiO_4 + Al_2(SO_4)_3 + Na_2SO_4 \tag{16-19}$$

$$H_4SiO_4 \longrightarrow H_2SiO_3 + H_2O \tag{16-20}$$

$$mH_2SiO_3 + H_2O \longrightarrow mSiO_2 \cdot (m+1)H_2O \tag{16-21}$$

经计算，10g高铝粉煤灰生成烧结物料11.6g，其中Al_2O_3、SiO_2、Na_2O总量占92.85%。由于铝酸钠所占比例仅约1%，故以全部物相均为霞石计算，需浓度为18mol/L的硫酸8.24mL。称取5g烧结物料，约需3.55mL浓硫酸。由于烧结物料中还有约7.2%的其他化合物相，故实际反应硫酸用量略大于理论计算值。实验量取不同计量的浓硫酸，实验原料为烧结物料TB-1。硅铝分离第四轮实验结果及化学成分分析结果分别见表16-16和表16-17。其中Ⅰ-8-9与Ⅰ-8-12两组实验所用硫酸浓度相同。

表16-16 硅铝分离的第四轮实验

实验号	烧结物料/g	H_2O/mL	H_2SO_4/mL	滤渣/g	硅胶/g	滤液/mL	备注
Ⅰ-8-9	4.9978	35	6	0.2830	1.3425	275	硅胶呈白色
Ⅰ-8-10	4.9975	60	6	0.2185	1.2913	228	硅胶呈白色
Ⅰ-8-11	4.9975	60	8	0.2210	1.3059	270	硅胶呈白色
Ⅰ-8-12	5.0031	60	10	0.2189	1.3154	263	硅胶呈白色

表16-17 硅铝分离硅胶的化学成分分析结果 $w_B/\%$

样品号	SiO_2	Al_2O_3	Na_2O	H_2O^+	H_2O^-	总量
Ⅰ-8-9	83.92	1.12	0.00	8.01	6.04	99.09
Ⅰ-8-10	87.06	0.42	0.00	6.39	5.92	99.79
Ⅰ-8-11	87.50	0.57	0.00	6.19	5.99	100.25
Ⅰ-8-12	86.81	0.56	0.00	6.22	6.56	100.15

注：中国地质大学（北京）化学分析室龙梅等分析。

由表16-17可知，硫酸与盐酸介质的硅铝分离效果基本一致，所得硅胶为粒状白色粉体，硅胶中Al_2O_3含量均在约1%以下。以硫酸为介质硅铝分离的反应机理与盐酸为介质时基本相同。所得原硅酸经水解、缩聚反应形成透明溶胶，并逐渐凝胶化。由于硫酸的浓度较大，也会出现与盐酸溶液相似的反应结果。当向烧结物料中迅速加入浓度大于3mol/L的H_2SO_4溶液时，生成的硅酸很快形成絮状水合氧化硅沉淀。当加入的HCl浓度为1.64～2.63 mol/L时，原硅酸尚不足以聚合成大分子SiO_2胶粒，而以硅溶胶形式存在；当加入的HCl浓度小于1.125mol/L时，也会出现在搅拌的同时快速生成絮状SiO_2胶粒的过程。

16.5　气凝胶制备与性能

16.5.1　实验过程

按照前述实验条件制备的白炭黑样品（DBT-2），置于 101-1A 型数显电热鼓风干燥箱中，在 105℃下干燥 8h 后取出，在蒸馏水中浸泡 1h，过滤洗去其中的 Ca^{2+}、Mg^{2+}、Ti^{4+} 等杂质离子，置于烘箱中，在 105℃下缓慢升温至 160℃下干燥 12h，制得高比表面氧化硅气凝胶样品（AG1）。

对试样进行蒸馏水浸泡是一种扩孔的措施。在水浸泡过程中，听见噼啪的响声，凝胶开始发硬，强度增大，凝胶骨架难以收缩而有利于形成孔洞硅胶。凝胶洗涤过程，因试样的氧化硅干基含量已达 98.09%，接近气凝胶的标准要求，故继续选用蒸馏水洗涤，以减少其他试剂带来的杂质污染。以蒸馏水洗涤凝胶，增大了硅胶表面的亲水性，减小了接触角，从而增大毛细管压力，减小硅胶骨架的强度与抗压缩性，有利于形成细孔的硅胶。

凝胶的干燥也是决定硅胶孔结构的重要环节。凝胶干燥过程中骨架收缩是毛细管压力的作用结果。对于圆柱孔，产生的毛细管压力为：

$$p=-2\gamma_{lv}/r=-2\gamma_{lv}\cos\theta/r_P \tag{16-22}$$

式中，γ_{lv}为气液界面能；θ 为接触角；r_P为孔半径。在干燥过程中，毛细管中的水不断蒸发溢出，张力 P 作用于液体表面而使液体产生压缩应力，毛细管壁受到巨大的压力而不断靠拢使凝胶骨架收缩，而组成毛细管壁的溶剂化微粒之间的斥力又力图维持骨架的原状而成为骨架变形的抗力。随着骨架的收缩和脱水，抗力不断增大。当毛细压力与抗力达到平衡时，凝胶停止收缩，其孔结构即保存下来。若凝胶的骨架弹性较大，易于得到细孔硅胶；若骨架强度较大，则得到粗孔硅胶（李伟，2002）。

16.5.2　制品性能

16.5.2.1　热学性质

采用 NETZSCH STA 449C 型热分析仪，对实验制品进行差热-热重分析。分析条件：氮气气氛，测温范围室温至 900℃，升温速率为 10℃/min。所得氧化硅样品的热失重变化见图 16-16。

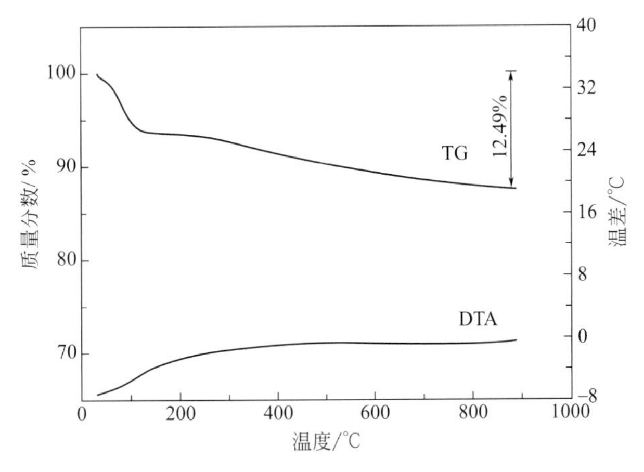

图 16-16　白炭黑制品（DBT-2）的差热-热重分析图

由图16-16可见，实验制品（DBT-2）在TG曲线上仅仅显示失去硅胶中的结构水和吸附水，从室温至约100℃脱去吸附水；随着温度上升，结构水开始脱去，直至约900℃总失重为12.49%。化学分析结果显示，试样的结构水和吸附水总量为9.89%。由于白炭黑粉体表面存在大量的—OH，放置于室温环境下会吸附空气中的水分，故实测TG图上的失重量大于化学分析的结果。

16.5.2.2 化学成分及物相

与HG/T 3061—2009对比，实验制品（DBT-2）的SiO_2干基含量达到98.09%，超过标准规定值，其中Cu、Mn、Fe含量用原子吸收分光光度法测定均低于检测限。因此，制品（DBT-2）符合白炭黑产品国标规定的质量标准（表16-18）。

表16-18 白炭黑制品性能与HG/T 3061—2009对比

项目	DBT-2	HG/T 3061—2009
SiO_2含量/%	98.09	≥90
加热减量/%	4.43	4.0～8.0
灼烧减量/%	5.46	≤7.0
pH值	6	5.0～8.0
总含铜量/(mg/kg)	未检出	≤30
总含锰量/(mg/kg)	未检出	≤50
总含铁量/(mg/kg)	未检出	≤1000

对制备氧化硅气凝胶制品（AG1）进行化学成分分析，3组样品分析结果见表16-19。微细二氧化硅气凝胶TMS-100P的质量标准要求：SiO_2干基含量99.40%，挥发损失3%～5%，灼烧损失4%。与之对比可见，样品AG1-1的SiO_2干基含量略低于标准值，AG1-2、AG1-3均达到标准。实测其DBP吸油值，小于TMS-100P规定的280标准，可能原因是氧化硅粉体比表面积与DBP吸油值有关。比表面积相对较大，平均孔径较小，则DBP吸着率相对较小。

表16-19 氧化硅气凝胶制品化学成分分析结果 w_B/%

样品号	SiO_2	Al_2O_3	Na_2O	TiO_2	Fe_2O_3	H_2O^+	H_2O^-	SiO_2(干基)
AG1-1	91.24	0.00	0.00	0.42	0.00	3.54	4.64	99.38
AG1-2	91.89	0.00	0.00	0.34	0.00	3.72	3.96	99.54
AG1-3	91.63	0.00	0.00	0.56	0.00	3.31	4.55	99.44

氧化硅气凝胶制品（AG1）的X射线粉末衍射分析结果见图16-17。图中未出现明显的特征衍射峰，表明气凝胶制品结构为非晶态氧化硅。

16.5.2.3 比表面积与孔分布

采用Autorsorb-1型物理吸附仪测定白炭黑（DBT-2）、氧化硅气凝胶（AG1）制品的比表面积、孔容及孔径分布，按照BET方法计算比表面积，BJH公式计算孔径分布。图16-18、图16-19分别为所制备的硅白炭黑、气凝胶制品的N_2吸附-脱附曲线与孔径分布图。

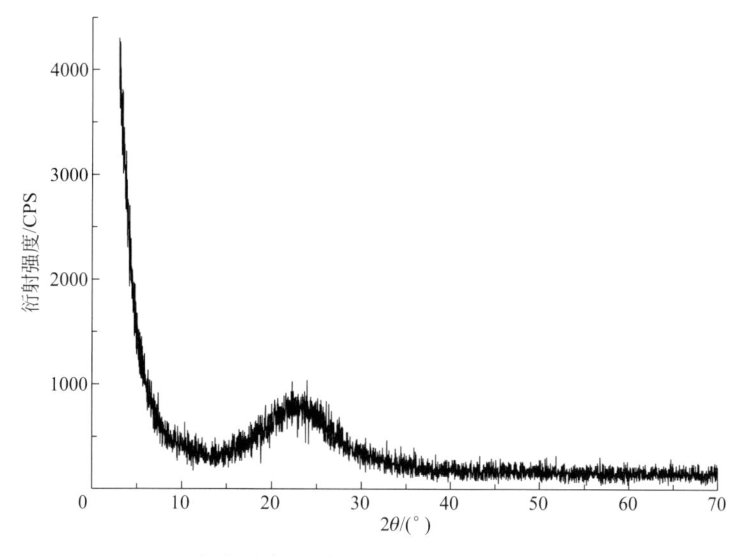

图 16-17　氧化硅气凝胶制品（AG1）X 射线粉末衍射图

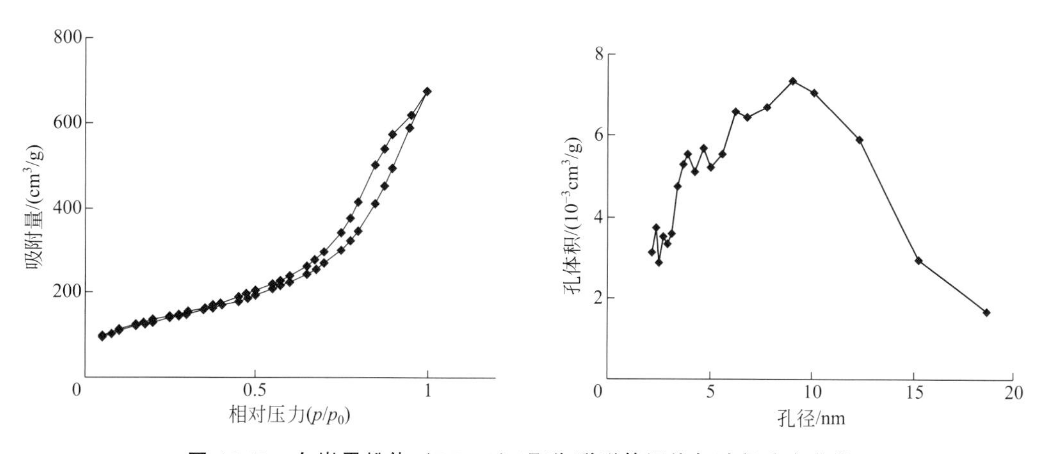

图 16-18　白炭黑粉体（DBT-2）吸附-脱附等温线与孔径分布曲线

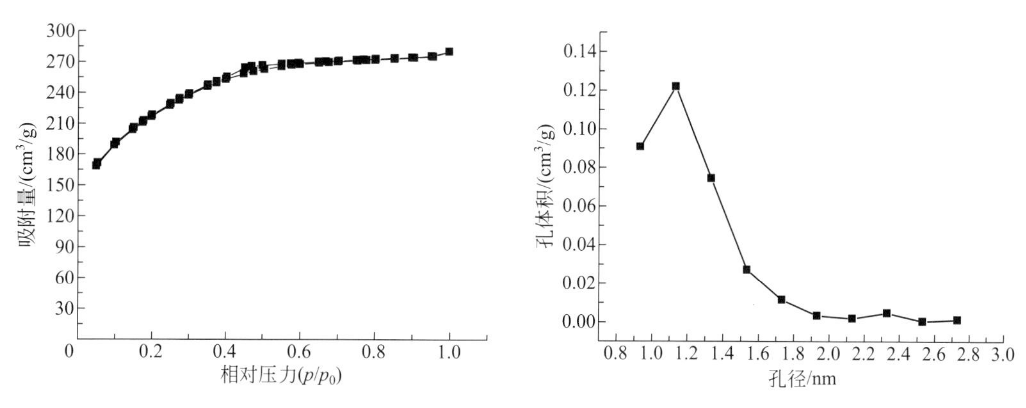

图 16-19　气凝胶粉体（AG1）吸附-脱附等温线与孔径分布曲线

白炭黑粉体的等温曲线属于BDDT分类的第Ⅲ种类型，即反Langmuir型曲线。等温线沿吸附量坐标方向下凹是由于吸附质N_2与吸附剂SiO_2分子间的相互作用较弱，在较低N_2浓度下，只有极少量的吸附平衡量，同时又因单分子层内吸附质分子的互相作用，使第一层的吸附热比冷凝热小，只有在较高N_2浓度下出现冷凝而使吸附量大增所引起。气凝胶粉体的等温曲线符合BDDT的Ⅰ型，即单分子层吸附类型。当p/p_0较低时，样品吸附氮气量较大，说明存在较小孔径的孔道；当p/p_0达到0.5时，氮气吸附的毛细凝聚过程结束，吸附曲线较平滑，无明显突越，说明微孔孔径存在一定的分布范围。氧化硅气凝胶中存在大量的微孔，吸附剂的吸附主要由微孔体积而不是内比表面积所决定。气凝胶样品（AG1）的总比表面积为775.12m^2/g，其中微孔比表面积达581.6m^2/g，占总比表面积的75%。

由孔径分布图可知，白炭黑样品（DBT-2）的孔径在5～20nm之间；气凝胶样品（AG1）的孔径介于2～20nm之间，总体上孔径分布范围相对较窄。二者都属于中孔材料。表16-20给出两种制品的孔结构参数。

表16-20 白炭黑和气凝胶粉体制品的孔结构参数

样品号	比表面积/(m^2/g)	平均孔径/nm	总孔体积/(cm^3/g)
DBT-2	144.7	15.53	0.5618
AG1	775.12	2.36	0.4329

注：DBT-2，白炭黑（直接干燥）；AG1，气凝胶（水浸处理）。

经水分散后气凝胶粉体的比表面积显著增大，原因可解释为：水分的存在导致孔壁被附加压力而压碎，导致生成更小的孔道。气凝胶粉体的DBP吸油值小于国标规定标准，也是其具有较大的比表面积所致（彭人勇，2001）。

16.5.2.4 红外光谱特征

红外光谱是基于被测定分子中各种键的振动频率，分子在振动过程中引起分子偶极矩的变化，可产生红外吸收谱带。因此，红外光谱法测得的谱带可以反映分子中各种化学键、官能团等结构特征。图16-20为氧化硅气凝胶粉体（AG1）的红外光谱图，大致与无定形氧化硅的标准谱图一致。其中1099cm^{-1}、799cm^{-1}、465cm^{-1}处吸收峰分别由Si—O键的反对称伸缩振动、对称伸缩振动和Si—O—Si键的弯曲振动所引起。954cm^{-1}和537cm^{-1}处吸收峰分别属于Si—OH键的伸缩振动和弯曲振动。3408cm^{-1}峰是Si—OH键和吸附水O—H的伸缩振动吸收，1625cm^{-1}峰是吸附水O—H的弯曲振动吸收，3614cm^{-1}峰是结构水O—H键的伸缩振动吸收。3408cm^{-1}吸收峰较宽，说明样品中存在大量毛细管水，即样品吸水性较强。

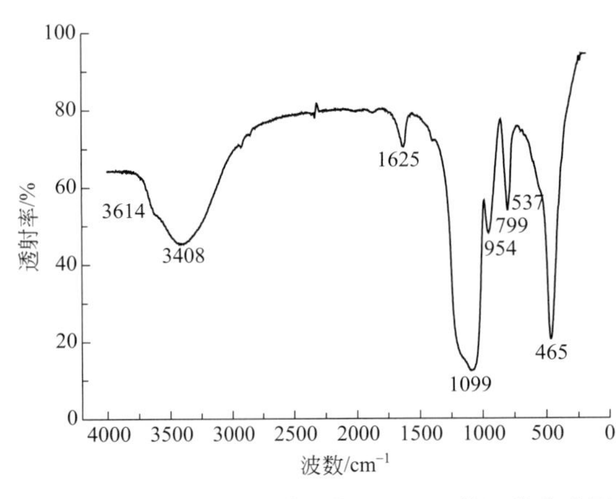

图16-20 氧化硅气凝胶粉体（AG1）的红外光谱图

16.5.2.5　微观形貌

对制备的氧化硅气凝胶粉体进行透射电镜观察，图 16-21 是样品分别放大 10 万倍的微观形貌。图（a）可以看到颗粒表面的球形孔洞（亮处）；图（b）为 SiO_2 颗粒形貌，可见 SiO_2 粒子呈规则的球形，粉体颗粒中的一次粒子相互交联，一次粒子粒径范围在 30～100nm。

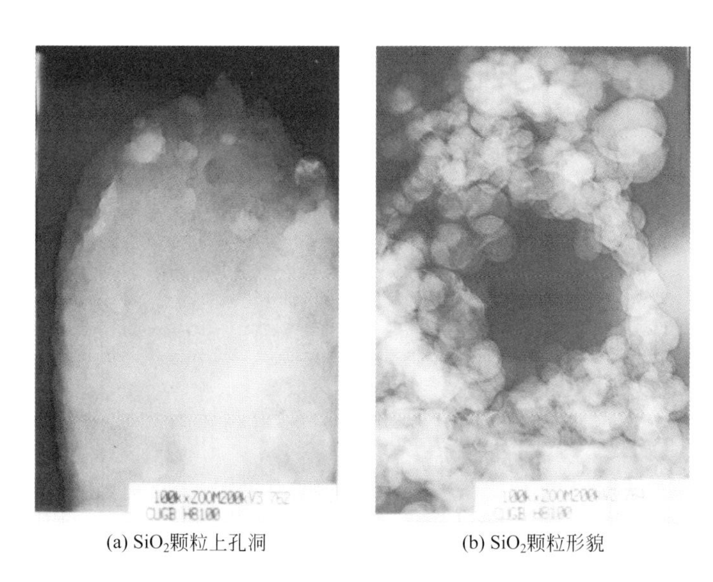

(a) SiO_2颗粒上孔洞　　(b) SiO_2颗粒形貌

图 16-21　氧化硅气凝胶（AG1）样品的透射电镜照片

16.5.2.6　^{29}Si 核磁共振谱

采用^{29}Si 核磁共振方法对氧化硅气凝胶粉体（AG1）的^{29}Si 谱图进行分析，结果见图 16-22。从拟合分峰值看，－91.0、－101.5、－110.5 处峰值分别对应于硅氧四面体结构 Q^2、Q^3、Q^4，且 Q^4/Q^3 比值为 0.99，二者所占比例分别为 44％和 45％（表 16-21），说明样品中存在链状、层状、架状结构单元，且以层状、架状结构单元为主。

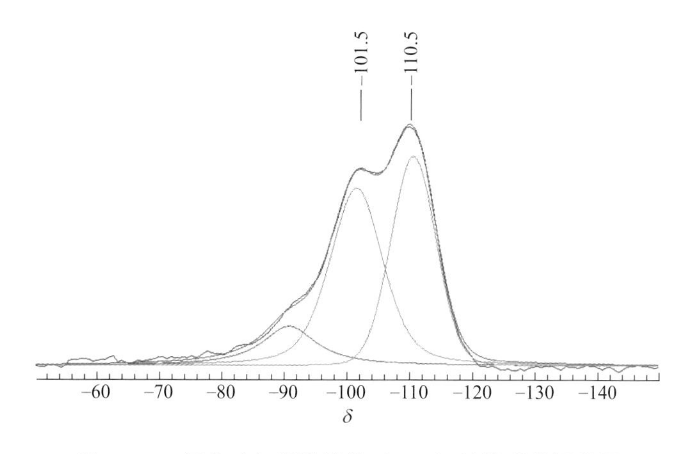

图 16-22　氧化硅气凝胶粉体（AG1）的核磁共振谱图

表 16-21 氧化硅气凝胶粉体（AG1）NMR 谱拟合分峰结果

拟合线	$[SiO_4]^{4-}$环境	化学位移 δ	强度	相对面积	含量/%
1	Q^2	−91.0	123393	10.00	11
2	Q^3	−101.5	575539	42.44	45
3	Q^4	−110.5	664008	41.96	44

综上所述，通过对所制备的氧化硅气凝胶粉体（AG1）的性能表征，表明实验制品达到了微细二氧化硅气凝胶 TMS-100P 的质量标准，SiO_2 干基含量 99.45%，挥发损失 3.52%，灼烧损失 4.32%；样品的总比表面积为 775.12m^2/g，超过 TMS-100P 标准规定值；X 射线粉末衍射分析结果表明，氧化硅气凝胶粉体（AG1）呈无定形结构。透射电镜下观察，气凝胶粉体样品呈规则的球形，一次粒子粒径范围在 30～100nm。^{29}Si 核磁共振谱图显示，氧化硅气凝胶粉体主要由层状、架状结构单元构成。

16.6 硅酸溶胶制备气凝胶

硅胶制备实验中凝胶、过滤过程耗时较长。在硅溶胶体系中加入表面活性剂 PEG，利用其絮凝作用等性质，可使晶核迅速形成并进入生长期，硅胶呈絮状沉淀沉入底部，与液相过滤分离后，用于制备氧化硅气凝胶。

16.6.1 制备原理

聚乙二醇作为一种非离子型表面活性剂，具有包裹颗粒和连接颗粒的作用，可以影响和调控 SiO_2 溶胶-凝胶中颗粒的分布和孔结构、理化性质、网络结构与分形特征等。硅铝溶胶体系加入表面活性剂分子后，一方面 PEG 包裹着硅胶颗粒，产生空间位阻效应，高分子膜的屏蔽作用使 Zeta 电位稍有降低，从而使胶体开始处于分散状态；另一方面 PEG 可吸附在颗粒表面的空隙处，起到连接颗粒嵌合吸附的作用。PEG 分子通过与溶剂酸分子的溶胀作用和碱金属离子 Na^+ 等的配位作用，使体系高度分散，成核过程均匀、迅速，诱导期缩短（孙继红等，2000）。

16.6.2 实验过程与结果分析

实验方法：称取烧结产物（TB-1）5g 放入烧杯中，按照一定比例加入水，置于 JB-2 型恒温磁力搅拌器上，室温搅拌，同时迅速加入浓度为 11.5mol/L 的盐酸 15mL，30min 后待反应完全为止，将溶液过滤，除去酸不溶物。将所得含铝硅溶胶烧杯置于磁力搅拌器上搅拌，升温至设定温度，加入表面活性剂 PEG，搅拌 5～10min，室温静置 8h，再次过滤。滤饼经洗涤后置于烘箱中，在 105℃下干燥。所得试样放入 SXG-4-10 型箱式电炉中，在 600℃下煅烧 2h，制得无定形氧化硅气凝胶粉体样品。

实验过程中，硅溶胶体系的盐酸浓度、PEG 的分子量、加入量等因素均影响制品性质。选择加水量、PEG 分子量、PEG 加入量和温度 4 因素进行正交实验。由于实验制品具有多孔性和较大的比表面积，因而采用吸水率衡量比表面积。采用分子筛静态水吸附测定方法测定实验产物的吸水率。实验制品为多孔状粉体，颗粒表面和孔道中的原子或分子具有一定的表面自由能，在吸水率测定过程中，当饱和食盐水气体分子与其接触时，会被粉体颗粒表面和孔道中的原子或分子吸附。这种现象即气体在固体表面上的吸附作用，样品是吸附剂，饱和的食盐水蒸气是吸附质（亢宇，2004；李贺香，2005）。样品的孔体积越大，吸水率就越高，反之亦然。比表面积也是根据吸附剂对气体的单分子层饱和吸附量来衡量（严继民等，1979）的。因此，气凝胶粉体的吸水率可大致反映其比表面积。

实验方法：称取经煅烧的样品，质量为 M_1，将其放入密闭的蒸发皿中，蒸发皿下层的溶液为饱和食盐水。将蒸发皿放入烘箱中，在 37℃ 下放置 24h 后取出，称取样品的质量，定为 M_2。样品的吸水率按下式计算：

$$吸水率=(M_2-M_1)/M_1\times 100\% \tag{16-23}$$

氧化硅气凝胶的第一轮正交实验结果见表 16-22。

表 16-22　氧化硅气凝胶制备第一轮正交实验结果

样品号	H_2O /mL	PEG 分子量 /(g/mol)	PEG 用量 /mL	温度 /℃	吸水率 /%
P1-1	50	6000	40	50	15.58
P1-2	40	6000	20	25	20.34
P1-3	30	6000	30	70	15.57
P1-4	50	10000	30	25	16.20
P1-5	40	10000	40	70	11.04
P1-6	30	10000	20	50	17.18
P1-7	50	20000	20	70	4.2
P1-8	40	20000	30	50	5.84
P1-9	30	20000	40	25	2.52
$K(1,j)$	11.99	17.16	13.91	13.02	
$K(2,j)$	12.41	14.81	12.54	12.87	
$K(3,j)$	11.76	4.19	9.71	10.27	
级差 R	0.65	12.97	4.2	2.75	

正交实验设计的优点是 $K(i,j)$ 表示第 j 列中对应于 i 的实验数据平均值，对应于水平 i 的平均吸水率。第一轮实验中，各因素对吸水率的影响顺序依次为：PEG 分子量＞PEG 用量＞反应温度＞H_2O 加入量。其中 PEG 分子量对吸水率的影响最大，随着分子量的增大，制品的吸水率增大；但当分子量超过 20000 时，吸水率反而降低，说明 PEG 此时只是起包裹氧化硅颗粒的作用。H_2O 量的影响很小，说明盐酸浓度对其影响不明显。

第二轮正交实验结果见表 16-23，各条件下制品的吸水率普遍高于第一轮实验结果。各因素对吸水率的影响因素顺序依次为：H_2O 量＞PEG 分子量＞PEG 用量＞反应温度。盐酸溶液的浓度影响较大，随着溶液浓度的降低，样品的吸水率降低。

表 16-23　氧化硅气凝胶制备第二轮正交实验结果

样品号	H_2O /mL	PEG 分子量/(g/mol)	PEG 用量 /mL	温度 /℃	吸水率 /%
P2-1	45	6000	35	35	7.56
P2-2	40	6000	15	25	17.36

续表

样品号	H_2O /mL	PEG分子量/(g/mol)	PEG用量 /mL	温度 /℃	吸水率 /%
P2-3	35	6000	25	45	20.49
P2-4	45	8000	25	25	17.94
P2-5	40	8000	35	45	18.94
P2-6	35	8000	15	35	20.13
P2-7	45	10000	15	45	14.90
P2-8	40	10000	25	35	17.02
P2-9	35	10000	35	25	18.31
$K(1,j)$	13.47	15.14	17.46	17.87	
$K(2,j)$	17.77	19.00	18.48	14.90	
$K(3,j)$	19.64	16.74	14.94	18.11	
级差 R	6.17	3.86	3.54	3.21	

称取烧结物料（TB-1）30g，加入水210mL，放置于磁力搅拌器上，室温下搅拌的同时，迅速加入90mL浓度为11.5mol/L的盐酸，反应30min后过滤。将滤液分成40mL若干等份，进行后续单因素实验，以探究各因素对制品性能的影响。

16.6.2.1 PEG分子量

设定PEG加入量为25mL，反应温度45℃，PEG浓度0.5%，加入不同分子量的PEG进行实验。结果表明，随着PEG分子量的增大，气凝胶制品的吸水率呈现先增大后降低趋势；选用PEG 8000时，制品的吸水率最高（表16-24），说明PEG分子量大于10000后，原硅酸粒子会出现不同程度的聚合。

表16-24 不同PEG分子量下所得气凝胶吸水率实验结果

分子量	6000	8000	10000	20000
吸水率/%	22.49	24.50	23.33	22.06

16.6.2.2 PEG用量

选定PEG分子量为8000，PEG浓度0.5%，反应温度45℃，在不同PEG加入量下进行实验，结果见表16-25。由表可知，随着PEG用量的增大，气凝胶的吸水率相应增大；当PEG加入量达到60mL后，制品吸水率开始降低。说明PEG用量太大也会使原硅酸粒子发生不同程度的聚合。表16-26的化学成分分析结果显示，所得气凝胶粉体的Al_2O_3量仅约为0.5%，低于前述不加表面活性剂时制品的Al_2O_3含量。实验制品干基的SiO_2含量平均为99.35%。

表16-25 不同PEG加入量下所得气凝胶吸水率实验结果

样品号	P-3-0	P-3-2	P-3-3	P-3-4	P-3-5
PEG用量/mL	20	30	40	50	60
吸水率/%	24.25	25.14	25.34	25.62	24.11
SiO_2含量(未煅烧)/g	0.8659	1.0943	1.2305	1.3084	1.3645

表 16-26　氧化硅气凝胶粉体化学成分分析结果　w_B/%

样品号	SiO_2	Al_2O_3	H_2O^+	H_2O^-	烧失量	总量	SiO_2(干基)
P3-1	74.00	0.48	1.10	12.20	25.99	100.47	99.36
P3-2	73.54	0.42	6.38	8.54	25.92	99.88	99.46
P3-3	72.54	0.50	2.35	12.72	27.09	100.13	99.31
P3-4	70.34	0.52	7.91	5.48	29.19	100.05	99.27

16.6.2.3 PEG 浓度

选定 PEG 分子量为 8000，反应温度 45℃，在不同 PEG 浓度下进行实验，所得气凝胶的吸水率测定结果见表 16-27。由表可见，PEG 浓度过大或过小，都导致制品的吸水率降低。当 PEG 浓度小于 0.5%时，所得制品为二次粒子聚集体，而未形成发达的孔结构，故吸水率较低；当 PEG 浓度大于 0.7%时，气凝胶粉体的粒度较大，粒子被大量 PEG 覆盖，此时 PEG 只是起保护作用，阻碍一次粒子聚集成二次粒子，也不能形成相互连通的孔道，从而降低了比表面积。此外，当 PEG 的浓度在 0.5%、用量为 50mL 时，实验制得的气凝胶的质量与理论计算的氧化硅质量大致相当，说明在此条件下液相中的氧化硅已接近完全被提取出来。

表 16-27　不同 PEG 浓度下所得气凝胶吸水率实验结果

PEG 浓度/%	0.1	0.3	0.5	0.7	1	2	5	7
PEG 用量/mL	—	70	50	35	25	15	10	—
吸水率/%	—	22.90	25.62	23.68	20.09	19.04	17.52	—
SiO_2 量/g	—	1.2589	1.3084	1.3346	1.3459	1.3542	1.4488	—

综上所述，只有合理控制 PEG 分子量、PEG 浓度、PEG 用量等因素，PEG 才能均匀有效地包裹 SiO_2 粒子，使之形成丰富而规则的空穴和孔道，制备出高比表面积气凝胶粉体。在选定优化条件下，即 PEG 分子量 8000、PEG 浓度 0.5%、用量 50mL，制得氧化硅气凝胶粉体样品（AG3）。

在制备氧化硅气凝胶时常遇到颗粒之间团聚问题，湿凝胶表面吸附的水分是造成团聚的主要原因。实验采取共沸蒸馏方法，使氧化硅沉淀中的水分以共沸物的形式脱除。正丁醇与水在 93℃形成共沸物，可将多余的水分子除去，表面的—OH 基团被—OC_4H_9 基团所取代，颗粒间相互接近和形成化学键的可能性降低，硬团聚减少（申小清等，2002）。

制备方法：将前述获得的氧化硅沉淀与适量的正丁醇搅拌混合，所得溶液移入烧瓶中进行共沸蒸馏。当温度达到水与正丁醇的共沸温度 93℃时，水分子以共沸物的形式被蒸出，体系温度继续升高；当达到正丁醇的沸点 117℃时，回流 30min，脱水后的沉淀经干燥、煅烧，即制得氧化硅气凝胶粉体。经共沸蒸馏的气凝胶制品疏松多孔，质轻。

16.6.3 制品性能表征

16.6.3.1 热学性质

按照上述优化条件，对未经煅烧的氧化硅气凝胶样品（AG2）进行 TG-DTA 分析，结果见图 16-23。由图可见，在 100℃处有一凸起峰，系由气凝胶中的吸附水脱出所引起；

290℃的吸收峰值为表面活性剂PEG引起。TG图中从70℃起开始失重，到约250℃质量减少6.61%，这是吸附水失重所引起；250～300℃之间质量减少18.74%，系失去结构水和PEG开始燃烧所致；300～700℃温区PEG大量燃烧直至燃烧完全，质量减少26.97%。这与表16-26中烧失量27.09%相一致。总体上看，在约700℃时，PEG已分解完全；700℃以上继续失重，是由Si—OH随温度升高逐渐缩合失水所致。

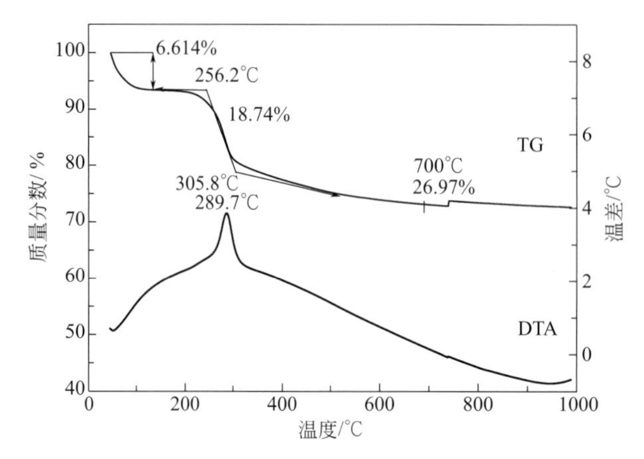

图16-23 氧化硅气凝胶粉体（AG2）差热-热重分析图

氧化硅气凝胶粉体作为涂料工业的增稠剂、消光剂、塑料薄膜的抗黏剂等，其表面羟基与涂料分子之间有一定程度的结合，因而要求氧化硅气凝胶含有7%～15%的水分，故选择煅烧温度为600℃。

16.6.3.2 比表面积与孔径分布

对未经煅烧与煅烧后的氧化硅气凝胶样品进行比表面积与孔分布测定，结果见图16-24、图16-25。未经煅烧样品（AG2）的等温曲线属于BDDT分类的第Ⅲ种类型，等温线沿吸附量坐标方向下凹。在低温下等温线是凹的，吸附质与吸附剂之间相互作用很弱。当压力稍增大，吸附量显著增加。当压力达到p_0，曲线成为与纵坐标平行的渐近线，此时吸附剂表面上由多层吸附逐渐转变为吸附质的凝聚。由BET公式计算，样品的比表面积为98.84m^2/g，

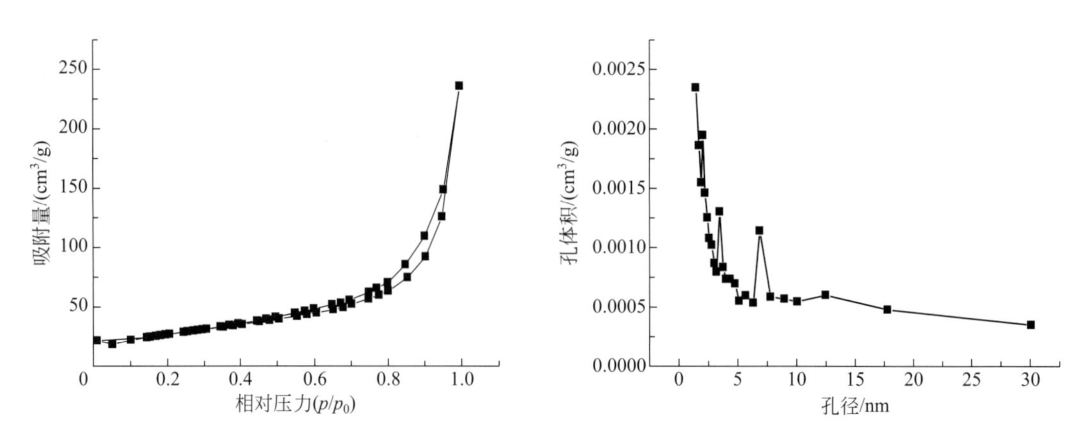

图16-24 氧化硅气凝胶粉体（AG2）的吸附-脱附等温线与孔径分布曲线

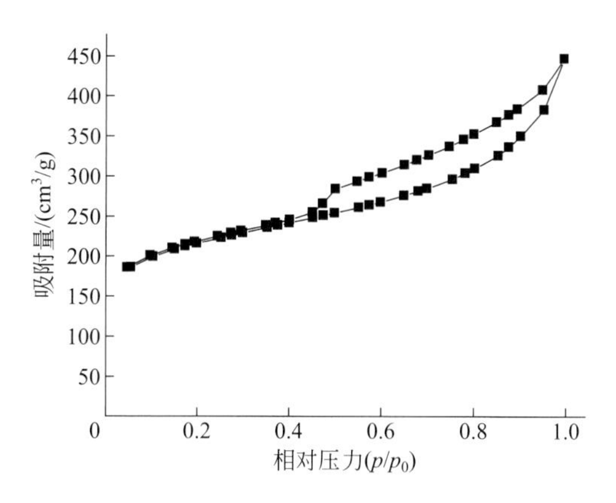

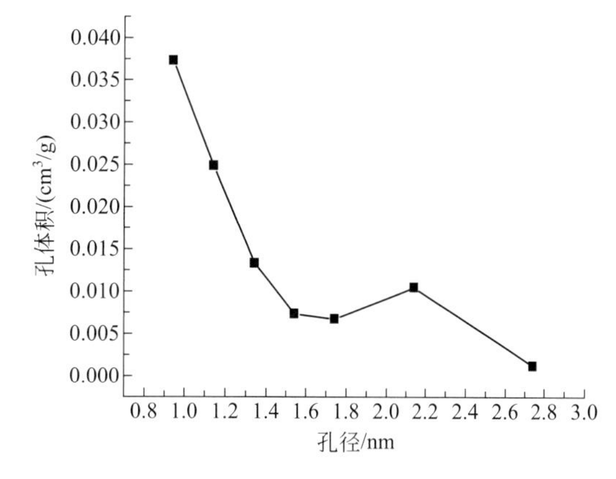

图 16-25　氧化硅气凝胶粉体（AG3）的吸附-脱附等温线与孔径分布曲线

平均孔径 14.77nm。经煅烧处理样品（AG3）的等温曲线符合Ⅱ型，起始部分较缓慢上升，整个曲线前半段呈上凸形状。这是由于吸附质在吸附剂上吸附时，第一层的吸附热大于吸附质之间的凝聚热之故。当 $p/p_0>0.4$ 时，毛细管的凝聚现象变得显著起来，由于多层物理吸附平衡遭到破坏而导致吸附量的急剧增加，吸附曲线与脱附曲线不重合而出现滞后现象。这种吸附剂有 5.0nm 以上的大孔，比表面积为 $773.1m^2/g$，其中微孔比表面积仅 $170.3m^2/g$，绝大部分属于大孔，孔容 0.70mL/g。

未经煅烧样品（AG2）的孔径分布在 2～30nm，平均孔径 14.77nm。煅烧样品（AG3）的孔径分布范围相对较窄，在 2～20nm 之间，平均孔径 4.09nm，属于介孔范围。颗粒平均粒径 26.5μm。表 16-28 为实验制品与参考文献报道制品（王子忱，1997；彭人勇，2001）的孔结构参数对比。本实验制品（AG3）具有较高的比表面积，较低的孔径分布。样品 AG1 与王子忱等（1997）所制备样品的微孔表面积均较大，占总比表面积的 75%。

表 16-28　氧化硅气凝胶制品与前人实验样品的对比

样品号	比表面积/(m^2/g)	微孔比表面积/(m^2/g)	孔径/nm	平均粒径/μm
AG1	775.12	581.6	2.36	47.3
AG2	98.84	14.21	14.77	
AG3	773.1	170.3	4.09	26.5
No4	1047	800	2.5	
A4 系列	400-600		3-8	

注：AG1—未加表面活性剂、水浸处理样品；AG2—加入表面活性剂、未经煅烧样品；AG3—加入表面活性剂、煅烧处理样品；No4—王子忱等（1997）制备样品；A4 系列—彭人勇等（2001）制备样品。

16.6.3.3　红外光谱特征

对未经煅烧处理与经 600℃下煅烧两种样品（AG2、AG3）分别进行红外光谱测定，结果见图 16-26。其中 $1093cm^{-1}$、$805cm^{-1}$、$467cm^{-1}$处吸收峰分别由 Si—O 键的反对称伸缩振动、对称伸缩振动和 Si—O—Si 键的弯曲振动所引起。$951cm^{-1}$ 和 $544cm^{-1}$（$551cm^{-1}$）处吸收峰分别属于 Si—OH 键的伸缩振动和弯曲振动。$3302cm^{-1}$（$3366\ cm^{-1}$）峰是结构水

OH 的伸缩振动吸收，样品 AG3 的 OH 键峰值强度降低；1625cm^{-1}峰是吸附水的弯曲振动吸收。3624cm^{-1}（3611cm^{-1}）峰是结构水 OH 键的伸缩振动吸收。1397 cm^{-1}峰是—CH—振动的吸收峰。两个图谱中 2800～2900cm^{-1}处的亚甲基振动吸收峰均不明显，说明未经煅烧样品 AG2 在多次洗涤干燥过程中，PEG 已接近被完全带走或挥发。经过煅烧的 AG3 样品仍存在—CH—振动的吸收峰，可以解释为 PEG 在絮凝中已经作为模板剂存在，虽在煅烧过程中脱水脱醇，构成［SiO_4］结构，但 PEG 原有的空间被保留下来（刘忠义等，1998）。2300cm^{-1}峰是 CO_2 的吸收峰，系由氧化硅气凝胶样品吸附 CO_2 所致。

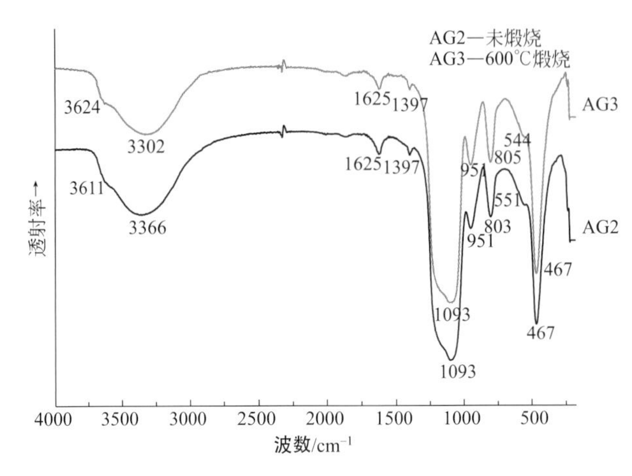

图 16-26　氧化硅气凝胶制品的红外光谱图

16.6.3.4　^{29}Si 核磁共振谱特征

在固体核磁共振谱的^{29}Si 谱图中，化学位移在－90、－100、－110 处谱峰分别来自 Si 原子的 $Si(OSi)_2(OH)_2$、$Si(OSi)_3(OH)$、$Si(OSi)_4$ 三种结构，分别表示为 Q^2、Q^3 和 Q^4。气凝胶制品（AG2）的核磁共振谱及其拟合分峰图中，存在 Q^2、Q^3、Q^4 结构单元，其对应含量分别为 10.2%、43.4%、46.7%，Q^4/Q^3 比值为 1.06（图 16-27）。经煅烧处理制品（AG3）的谱图中，Q^2 消失，Q^4 增强，Q^3 减弱，Q^4、Q^3 含量分别为 62.5%和 37.5%，Q^4/Q^3 比值为 1.67。由此可见，煅烧过程是硅氧结构单元中羟基脱出的过程，煅烧后制品的硅氧结构单元更加稳定。图 16-28 分别为两组正交实验优化条件下所得制品的核磁共振谱图。其中 P1-0 的 Q^4/Q^3 比值为 1.76，P2-0 的 Q^4/Q^3 比值为 2.11。

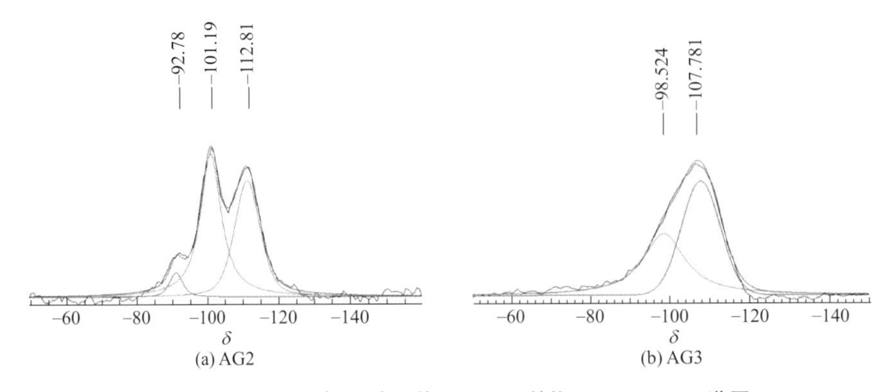

图 16-27　氧化硅气凝胶粉体（AG2）的^{29}Si MAS NMR 谱图

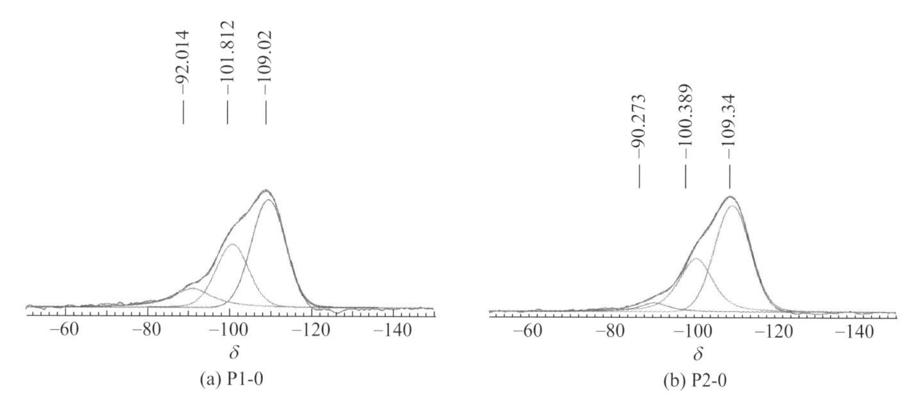

图 16-28 氧化硅气凝胶制品的²⁹Si MAS NMR 谱图

代表性气凝胶粉体制品的 ^{29}Si 核磁共振谱图分峰拟合计算结果列于表 16-29 中。

表 16-29 氧化硅气凝胶制品的 NMR 谱图拟合分峰结果

样品号	$[SiO_4]^{4-}$ 环境	化学位移 δ	强度	相对面积	含量/%	Q^4/Q^3
AG2	Q^2	−92.78	63014	2.20	10.2	
	Q^3	−101.19	283863	9.37	43.4	
	Q^4	−112.81	248006	10.00	46.7	1.06
AG3	Q^3	−98.524	253692	6	37.5	
	Q^4	−107.781	471392	10.00	62.5	1.67
P1-0	Q^2	−92.014	111519	2.11	11.9	
	Q^3	−101.812	367106	5.65	31.8	
	Q^4	−109.02	625698	10.00	56.3	1.76
P2-0	Q^2	−90.273	71828	10.00	4.4	
	Q^3	−100.389	422640	70.36	30.7	
	Q^4	−109.34	842085	148.71	64.9	2.11

注：石油化工科学研究院刘冬云测试。

16.6.3.5 微观形貌

氧化硅气凝胶制品（AG2，未经煅烧；AG3，煅烧处理）放大 10 万倍的透射电镜照片见图 16-29。样品 AG2 的微观结构图显示，其微孔道被 PEG 堵塞，颗粒之间相互交联。而经煅烧处理的 AG3 样品图中，存在大量蜂窝状的微孔，且孔结构发达。图中还大致反映出单个氧化硅气凝胶粒子及其集合体的外形特征和尺寸，估计单个粒子的直径在 40～150nm 之间。

在铝硅溶胶体系中加入表面活性剂 PEG 制备氧化硅气凝胶，利用其空间位阻效应和高分子膜的屏蔽作用，使原硅酸胶体颗粒处于分散状态，并相互之间嵌合吸附。对实验制备的氧化硅气凝胶粉体样品（AG2、AG3）进行表征，表明其主要理化性能符合微细氧化硅气凝胶产品的 TMS-100P 标准规定指标，具有较高比表面积和较大孔隙率。^{29}Si 核磁共振谱分析结果表明，气凝胶粉体制品的微观结构以层状、架状结构单元为主。

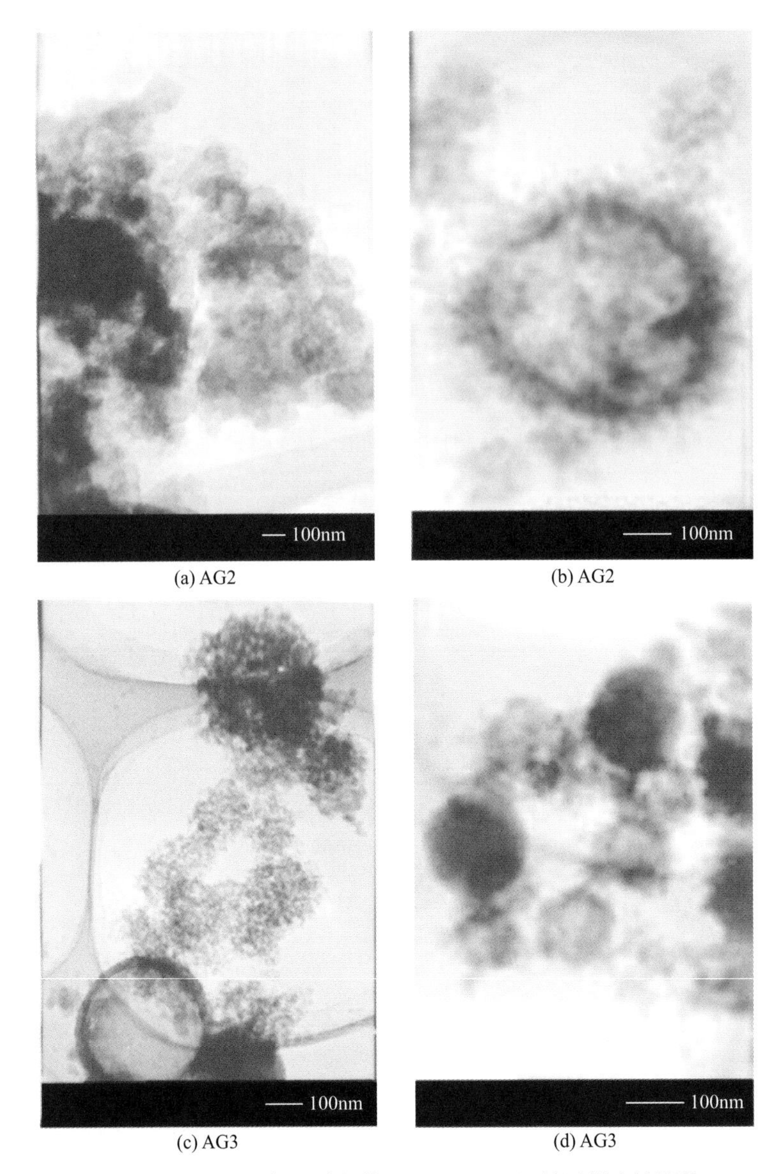

(a) AG2 (b) AG2

(c) AG3 (d) AG3

图 16-29 氧化硅气凝胶粉体（AG2、AG3）的透射电镜照片

第 17 章 高铝粉煤灰泡塑吸附法提取镓技术

17.1 研究现状概述

镓是由法国化学家 Lecoq de Boisbandran 于 1875 年对比利牛斯山脉的闪锌矿进行光谱分析时发现的，元素符号 Ga。1871 年，门捷列夫曾预言了镓的存在，并称为“类铝”元素。镓有 34 个同位素，其中^{69}Ga（约 60.1%）和^{71}Ga（约 39.9%）是稳定同位素。镓的地壳丰度约 0.015%。

镓以其特有的理化性能而备受青睐。20 世纪 80 年代以来，随着世界科技的发展，镓的用途也日渐拓宽。尤其是由高纯镓制成的化合物半导体和特殊合金等，已成为当代通信、计算机、航空航天、能源卫生等领域所需的新技术支撑材料。特别在军工行业得到了重大发展，如夜视仪、热成像仪、大规模集成电路、光纤通信等。进入 21 世纪，电子工业，特别是移动通信、计算机等工业的高速发展，导致对镓的需求快速增长。

镓是地壳中丰度较低的稀散金属，通常只以类质同象替代进入某些矿物中。由于 Ga^{3+}、Al^{3+}、Cr^{3+}、Fe^{3+} 的离子半径相近，电价相同，故镓主要赋存在闪锌矿、霞石、白云母、锂辉石、铝土矿和煤矿中。铝土矿一般含镓 0.002%～0.02%，闪锌矿含镓 0.01%～0.02%，富镓锗石[$Gu_2(Cu,Fe,Ge,Ga,Zn)_2(As,S)_4$]中镓含量 0.1%～0.8%，最高达 1.85%。自然界仅发现灰镓矿（硫镓铜矿，$CuGaS_2$），含镓 35.4%；水镓石 [$Ga(OH)_3$]，含 Ga_2O_3 66.8%。此外，海水中也发现镓，某些低等植物中也有镓的富集。工业上没有直接利用的镓矿物。镓一般都是作为副产品在含铝矿物（铝土矿、铝硅酸盐）及锌矿冶炼过程中和从煤焦化烟尘中进行回收。

据报道，世界铝土矿储量中伴生镓储量 10 万吨，闪锌矿中伴生镓储量 6500t。世界铝土矿中的镓资源量超过 100 万吨。中国的镓资源丰富，其中铝土矿中的伴生镓占 50%以上，其次为铝、煤、铜、铅锌和铁矿中的伴生矿产。其中攀枝花钒钛磁铁矿中的镓储量达 9.24 万吨。河南、吉林、山东、广西等省（自治区）的镓主要赋存于铝土矿中，黑龙江、云南等省的镓主要赋存在煤矿或锡矿中，湖南等省的镓主要赋存在闪锌矿中。攀枝花钒钛磁铁矿含镓0.0014%～0.0028%，平均为0.0019%。Ga与V、Fe、Ti等元素共生，在攀钢现工艺流程中富集于提钒烟尘（Ga 0.048%）、炼钢烟尘（Ga 0.038%）和钒渣（ Ga 0.030%）中，都是具有工业提取价值的炼镓原料（尹书刚等，2006）。

17.1.1 镓的理化性质

镓是蓝灰色至银白色金属，密度5.904g/cm^3，熔点29.76℃，沸点高达2204℃，且在由液体转变为固体时体积增大3.2%。镓属ⅢA族元素，原子序数31，原子量69.723，电子构型（Ar）$3d^{10}4s^24p^1$，氧化态为+1、+2、+3，固体镓呈蓝灰色，30℃时变为银白色液体，很容易过冷至0℃而不固化。

高纯金属镓分为5N（Ga 99.999%）、6N、7N、8N共4级。斜方晶型，各向异性显著。0℃时其电阻率沿a、b、c轴分别为$1.75\times10^{-6}\Omega\cdot m$、$8.20\times10^{-6}\Omega\cdot m$和$55.30\times10^{-6}\Omega\cdot m$。超纯镓剩余电阻率比值$\rho_{300K}/\rho_{4.2K}$为55000。镓的第一电离能为5.999eV，电负性1.81（鲍林标度），比热容370J/（kg·K），电导率$6.78\times10^6 m\Omega$，热导率40.6W/（m·K），声波在镓中的传播速率为2740m/s（25℃）。镓具有吸收中子的能力，在原子反应堆中可起到控制中子数量和反应速率的作用。

镓与铝的化学性质相似，具有两性。常温下镓在空气中较稳定，由于外表有一层很薄的氧化膜，使镓不受空气中氧的氧化。纯氧在温度达260℃时对镓仍无明显影响。在灼热的空气和氧气氛下，镓的氧化程度不明显，但却失去了金属光泽，被一层深蓝色氧化物覆盖。在约1000℃时，镓才被空气和纯氧完全氧化。镓有3种氧化物，即Ga_2O、GaO和Ga_2O_3，其中Ga_2O_3较为稳定，不溶于水，而溶于氨水、氢氧化钠、氢氧化钾等碱液中，加热条件下可溶于酸性溶液中。在低于100℃的温度下，镓与水不发生作用。除去氧的水，即使在沸腾时，也不与镓发生反应；在200℃的高压釜中，镓会被水完全氧化。镓能溶于王水、盐酸、硫酸中，镓在硝酸中最初形成GaO，然后才缓慢溶解。镓溶于碱性溶液时析出氢，生成镓酸钠溶液，镓在碱性溶液中的溶解度很高，达到kg/L数量级，并随温度上升而增大。

加热时，卤族元素易与镓作用，除碘外，其他卤素在冷却状态也易与镓作用。在加热的硫蒸气中，镓与硫反应生成Ga_2S_3。镓与ⅤA族元素磷、砷、锑生成具有半导体性质的化合物磷化镓、砷化镓和锑化镓。这些化合物在电子工业中具有重要价值。

在镓的化合物中，三价化合物较普遍且稳定。镓的一价化合物如Ga_2O、GaCl化学性质很不稳定。二价镓化合物如GaS、GaSe、GaTe、$GaCl_2$、$GaBr_2$等化学性质也很不稳定，容易发生氧化或歧化反应，如$GaCl_2$与水反应，生成GaOCl和氢。三价化合物与氧化铝相似，具有两性，但其酸性稍强。与氢氧化铝不同，氢氧化镓不仅溶于强碱溶液，而且溶于氨水中。在水溶液中镓形成八面配位含水离子$[Ga(H_2O)_6]^{3+}$。镓的许多阳离子和阴离子配合物中，工业上最重要的是与卤素形成的配离子$[GaX_4]^-$，其氧盐在一些有机溶剂中溶解度很大，这一特性被用来提取和净化金属镓。另一些具有工业意义的镓化合物是β-双酮和8-羟基喹啉配位螯合物，它们可溶于有机溶剂中，这一特性也可用于提取和纯化金属镓。

镓易与许多金属形成合金，如与铝、锌、锡、铟等金属形成低熔点合金，可用作焊料。

17.1.2 镓的工业用途

镓自从被发现后的100多年里几乎未得到有效应用，直到20世纪70年代初，发现镓与ⅤA族元素磷、砷等制成的化合物具有半导体性质，在光电器件上具有特殊价值，镓的用途才引起重视。镓的用途主要包括以下几方面（咚丽红，2002；赵秦生，2001）。

（1）电子工业

20 世纪 70 年代初，用砷化镓等制备的发光二极管（LED）用于微型计算器的数字显示器件，因其工作特性较好而导致镓的用量不断增加，其主要用途是制造金属间化合物半导体，如 GaAs、GaSb、GaP。镓在高温下能与硫、硒、碲、磷、砷、锑等反应，生成 GaAs、GaSb、GaP、GaAsP、GaAlP、GaAlIn、GaAlAs 等化合物。它们都是优质半导体材料，可用于制造整流器、晶体管、光电器件、注射激光器、微波二极管等。镓还用于光导纤维通信系统、太阳能电池材料、大规模集成电路，以及核能工业的热载体。在超导领域 V_3Ga 为超导材料，临界温度 13.30K（陈文文，2003）。

镓在电子工业中主要应用于以下领域：

通信设备　镓化合物 GaAs、GaP、GaSb、GaAsP、GaAlP、GaAlIn、GaAlAs 等半导体材料，广泛用于通信设备中。用 GaAs 制造的红外二极振荡器，用作隐蔽光通信设备的辐射源，传送讯号的保密性好。装配有用 GaAs 和 GaAlAs 制作的二极管激光器的微型激光雷达，用于遥控遥测、导航和水底观察等。用 GaAs 制作的微波组件已用于微波通信、卫星通信、导航、监测及广播，如通信卫星上的微波集成电路超短波变频器及用作微波电源的耿氏效应二极管等。高频组件以 GaAs 制作的为好，现在的研究正朝高输出功率方向发展。用 GaAs 制作的红外光发光二极管可与光纤组合用于光通信。

2001 年，北京大学微电子所的“高温 GaN 半导体器件及相关工艺研究”成果通过鉴定，由方正集团实现了氮化镓基材料的产业化。利用 GaN 宽禁带半导体耐高温特性，研制出可在 300～600K 温区工作的器件，可用于航空航天、石油化工、地质勘查等领域。氮化镓基材料内外量子效率高，具备高发光率、高热导率、抗辐射、耐酸碱、高强度和高硬度等特性，可制成高效蓝、绿、紫、白色发光二极管。以氮化镓为第三代的半导体材料，是目前世界上最先进的半导体材料，也是新兴半导体光电产业的核心材料。

光电转换　用 GaAs、GaP 等制作的半导体器件在通电时会发光，或在光照下能将光能转换成电能，因而在光电转换领域具有广泛用途。制作可见光发光二极管是镓系列化合物的重要用途，例如用 GaAs 制作的红色或琥珀色、GaP 及 GaAlP 制作的绿色、GaAsIn 制作的黄绿色发光二极管等。用 GaAs 及 GaAlAs 制成的太阳能电池，用作宇宙空间站、卫星及某些军事控制仪表的可靠的驱动电源。GaAs 制成的太阳能电池，其光电转换率可达 22%。发电效率较硅太阳能电池高两倍。由 Ge-GaAs 构成的异质结，其转换效率较高，它的集光度较硅的异质结集光度高 4 倍。

集成电路　GaAs 与 Si 相比有两个最明显的特点，即电子漂移速度更快（几乎为 Si 的 7 倍）和抗辐射损伤能力更强。因此，GaAs 集成电路比相同复杂程度的 Si 电路快许多倍；GaAs 是直接跃迁型能带结构，工作温度范围宽，不易受电磁辐射损伤，适于在恶劣环境中使用。因此，用 GaAs 等制作的集成电路，广泛用于超高速电子计算机、卫星通信等各式仪表上。

含镓的稀土铁石榴石薄材，可作数字储存器。用高纯 Ga_2O_3 制备的钆镓石榴石（$Ga_5Gd_3O_{12}$）单晶用作磁泡存储器，具有记忆容量大、不挥发、可靠性好、易小型化等优点，因而有可能广泛用于航天与智能机器人等领域中。

（2）低熔点合金

镓与某些金属混合可以制成低熔点合金，镓基低熔点合金用于制造某些低温控制与调节和信号报警系统的组件。由于有些镓基低熔点合金在常温下呈液态和无毒，因而可取代真空扩散泵及某些仪表通常使用的汞。这类低熔点合金还可用作金属涂料，如涂于反射镜面后，可以提高镜面的反射率。

在自动救火领域中，镓可与锌、锡、铟等制成低熔点易熔合金，用于自动救火水龙头中，发生火灾时，温度升高则易熔合金随即熔化，水就从龙头中自动喷出，立即扑灭火灾。镓与不同的元素组合，可制成不同低熔点的合金材料，见表 17-1（王金超，2003）。

表 17-1 代表性镓化合物材料的熔点

合金材料	Ga-In25-Sn13-Zn	Ga-In25-Sn13	Ga-Sn60-In10	Ga-In29-Zn24	Ga-In25
熔点/℃	3	5	12	13	15.7
合金材料	Ga-In24	Ga-In12	Ga-Zn16-In12	Ga-In18	Ga-Zn5
熔点/℃	16	17	17	20	25
合金材料	Ga-In65-Au8	Ga-Bi・(Cd・MgPb)	Ga-TiO_5		
熔点/℃	30	57～60	27.3		

（3）冷焊剂

镓可用作金属与陶瓷间的冷焊剂，适于对温度导热等敏感的薄壁合金，使用时只需将液态镓与焊接材料的金属粉末混合，然后将它涂在金属与陶瓷欲焊接处，凝固后即焊接成功。这种焊接法的焊缝具有很高的抗拉强度，并且能承受较高的温度，例如，用 Cu-Ga 合金（65%Cu，35%Ga）在 150～200℃下焊接的焊缝，其抗拉强度极限不低于 3～5kg/mm^2，可在 350～900℃下工作。镓及其合金在焊接工艺中的应用改善了焊缝质量，节约了大量昂贵的金属。镓的冷焊剂组成与使用性能见表 17-2（王金超，2003）。

表 17-2 镓的冷焊剂组成与使用性能

焊接剂	25℃焊接凝固时间/h	焊件承受最高温度/℃
Ga-Cu66	4	900
Ga-Cu50-Sn18	24	700
Ga-Cu40-Sn24	24	650
Ga-Al23-Cu33	8	650
Ga-Au66	8	527
Ga-Au59	8	475
Ga-Au22	5	450
Ga-Au49-Ag21	2	425

（4）仪器工业

镓是制造高温温度计材料的佼佼者，其他金属望尘莫及，因其熔点仅 29.76℃，沸点却高达 2403℃，更奇妙的是镓有过冷现象，即熔化后不易凝固。镓可过冷至－120℃，是一种低熔点、高沸点的液态范围最大的金属。把镓充入耐高温石英细管中制成的高温温度计，可广泛用于工业领域。如代汞作水封，可利用镓在冷凝时体积增大 3.2%的特性，来制造既密封又耐高压的操作系统；可作高灵敏度高温计的填充物，如用镓制作的石英温度计可测温至 1500℃，而不存在类似水银温度计在高温下易爆裂的危险，如今发展到使用 Ga-Sn60-In5 或 Ga-In5 等代替镓作石英温度计。

由镓的氧化物制作的玻璃能提高红外线的透射率，如鲜黄色玻璃是由 Ga_2O_3 与 CaO 及 SiO_2 在 1400℃下共熔后，再在 700℃煅烧而制得，性能优良且稳定性好，厚度为 4mm 的此种玻璃可以透过 70%的波长为 3.4～4.63μm 的红外线，这种玻璃也可作特殊的玻璃电极。由于镓是磷的荧光激发剂，$MgO\text{-}Al_2O_3\text{-}Ga_2O_3$ 系材料可作彩色电视的绿色发光体，用于光电管中，较 Zn-Se-Cu 的发光体亮度高两倍。

(5) 其他应用

镓的卤化物具有较高活性，可用于聚合和脱水等工艺中。如在生产乙基苯、丙基苯和酮用 $GaCl_3$ 作催化剂时，其催化反应速度和持续反应的能力均优于 $AlCl_3$。氧化镓是乙醇或丁烯脱氢合成 H_2O_2 的催化剂。高温下 Ga_2O_3 是 NO 离解的催化剂等。

镓有增强玻璃折射率的效能，可用于制造特种光学玻璃。镓对光的反射能力特别强，同时又能很好地附着在玻璃上制成镓镜。用作反光镜，能把 70%以上的入射光反射出去。

镓能提高一些合金的硬度，还能提高镁合金的耐腐蚀能力。镓还可以用来制造阴极蒸气灯，将碘化镓加入高压水银灯中，可以增大水银灯的辐射强度；镓锡合金弧光灯具有纯粹的红光，并可防止锡蒸发附在玻璃管壁上，避免冷却时破裂。镓的蒸气压也很低，在 1000℃时只有 10^{-3}Pa，故可在真空装置中作密封液。

此外，镓还以硝酸镓、氯化镓等形式应用于医学和生物学领域，如用于抗癌，对恶性肿瘤、晚期高血钙及某些骨病的诊治和治疗等。镓合金可用作牙科医疗器件和医用材料，放射性 ^{72}Ga 应用于诊断，镓黄对蛋白质起凝集作用，可用于治疗骨癌，镓还常用来制造镶牙合金。

17.1.3 镓的工业生产

镓的工业生产一直由其市场供求关系所决定。金属镓生产主要分为粗镓、精炼镓和再生镓。粗镓生产国主要有中国、德国、俄罗斯、哈萨克斯坦、乌克兰、匈牙利和斯洛伐克；精炼镓生产国主要是日本、美国和法国；再生镓的生产国主要有日本和美国等（王金超，2003）。

中国于 1957 年在山东铝厂建成第一个镓生产车间，当年产镓 1.85t。目前国内六大氧化铝厂镓的产能约 26t/a，其中山东铝厂年产金属镓约 4t，长城铝厂年产镓约 20t，贵州铝厂年产镓约 2t。目前，全世界原生金属镓的产能为 220t/a，包括再生镓的总产能为 370t/a。粗镓（4N）和精炼镓（6N），90%以上从氧化铝生产过程中富集回收，其次是从铅锌生产弃渣中提取。

日本是目前世界上最大的镓生产国，占世界产量约 90%，主要生产企业有住友化学工业（原生镓 6N）、同和矿业（原生镓 6N）、住友金属矿业（再生镓 6N）、拉萨工业（再生镓 6N）、日亚化学工业（再生镓 6N）。精炼镓可直接用于生产镓化合物。2002 年，美国克利夫兰的世界最大金属镓生产公司（GEO-GEO Specialty Chemical Inc. ）在澳大利亚的 Pinjarra 投资 4000 万美元，建成一条年产镓 100t 的生产线，使其金属镓产能达到 133t/a。镓产品达到 6N 或 7N 甚至更高的高纯镓，以满足半导体材料和光电子设备制造的需要。乌克兰的尼古拉耶夫铝厂在 2001 年建成第 2 条镓生产线，当年提高镓产量 3t。从世界范围看，新镓中高纯镓和再生品种的高纯镓是主导产品，其价格高出粗镓 100～200 美元/吨，可直接用于生产镓化合物（邹家炎等，2002；龙来寿，2002；Paiva，2001）。

镓于 1875 年被发现以来，长期未得到充分利用，只用于生产低熔点合金与高温温度计等。20世纪50年代末，全世界的年消耗量不到100kg。直到20世纪60年代才在电子工业中获得重要应用。资料显示，2008年全世界镓的消费量约为360t。随着经济的发展和技术的进步，镓的消费量将持续稳定增长。

17.1.4 镓提取分离技术

(1) 含镓母液回收镓

山东铝厂在烧结法生产氧化铝过程中，镓在循环母液中积累富集，通过彻底碳分，石灰乳脱铝后得镓酸钠溶液，在玻璃钢槽中以不锈钢板作电极，进行直流电解制取金属镓（翟凤丽，1994）。长城铝厂吸取各家所长，在拜耳混联烧结法生产氧化铝过程中，碳分母液的镓含量达130～200mg/L，拜耳法外排赤泥进入烧结法配料，再按照烧结法工艺生产氧化铝（郑州轻金属研究院，2001）。贵州铝厂与郑州轻金属研究院于1983年完成了溶解法提镓半工业试验，并用于工业生产（赵福辉等，2002）。

中国氧化铝工业和副产品金属镓的提取工艺，与世界先进水平相比，在产品质量、能耗及生产成本等方面仍存在较大差距（尹中林等，2001）。如何发展和提高中国氧化铝工业和副产品金属镓提取技术水平和进一步提纯等问题，一直是国内最为活跃的研究领域。镓的生产与科技也在不断地革新与创新，众多研究单位对石灰法、碳酸法、置换法、有机溶剂萃取和离子交换吸附法都进行了长期潜心研究，并将研究成果用于生产实践。峨眉半导体材料研究所进行了制备高纯镓（6N～7N）的研究（王岭，2000），为工业化生产积累了经验。

法国派契尼工厂、匈牙利阿克加工厂、荷兰克维克比利顿工厂等厂家从拜耳法炼铝溶液中提取金属镓。俄罗斯等国从烧结法碳分母液中提取金属镓。意大利、瑞士等国采用汞齐电解法从氧化铝生产的碳酸化种分母液中提取金属镓。意大利冒特波尼和美国鹰啄公司等厂家则是从锌矿中提取Ge、In、Ga等稀散金属。

世界上绝大部分镓是从氧化铝生产过程中回收的。采用拜耳法时，镓富集于水解铝酸钠后的返回母液中，若原料含镓0.025%，则返回母液的镓含量达75～150g/L。返回母液经多次循环后，定期抽取部分以供提取镓所用。采用烧结法时，镓富集于碳酸化铝酸钠沉淀后的碳分母液中，有83.5%的镓进入铝酸钠溶液，镓含量50～70g/L，其余16.5%的镓进入浸出渣。在锌的生产中，当氧化焙烧时，镓大部分富集在焙砂中。在火法蒸馏锌时，因镓是高沸点金属，残留在蒸馏渣中的镓含量一般达约0.12%，是具有提取价值的镓原料。

国外从氧化铝生产的循环母液中提取镓采用汞齐法。汞是有毒元素，虽有钠汞齐电解、转动阴极、石墨代替铁电极分解Ga-Hg等重大改进，但汞害仍未得到解决。日本同和矿业公司于1987年采用UR-50从硫酸锌溶液中提取Ga、In、Ge。次年日本轻金属与三菱化工用此螯合树脂从拜耳法溶液中回收镓。我国采用Kexlex-Ioo法从拜耳法溶液中提取镓技术已通过工业试验。此外，我国发展与改进的还有石灰乳法和碳酸法回收镓技术。

据报道，用氯气氯化含镓废料，在获得氯化镓同时或之后，蒸馏分离出$AsCl_3$、PCl_3而得到含$GaCl_3$和$GaCl_2$的粗氯化镓，将生成的$GaCl_3$转化为熔点较低的$GaCl_2$，再经精制后在水溶液中用锌等金属还原，在200～1000℃及1.3～1333Pa下真空蒸馏除去残余杂质，即制得金属镓（Mitsubishi，1989）。利用半导体材料生产中产生的含镓废料，在1150℃和1.3～0.13Pa下进行真空热解，可制得金属镓（Masayoshi，1989；Kazutomo，2000）。

（2）含锌矿物提取镓

炼锌工业中提取镓的典型工艺是 1969 年意大利 Porto-Marghera 的多次中和法。中国 1975 年完成 D_2EHPA 萃取铟-丹宁沉锗-乙酰胺萃取镓综合法试验，首次实现了从锌渣中同时回收 Ga、In、Ge。

从锌渣中分离提取低含量镓多采用置换法、中和沉淀法或萃取法。这些方法均存在流程长、能耗高、提取率低等缺点。乳状液膜法是一种高效、快速、节能的新型分离方法，特别适合低含量物质的分离提取。国内以 P_2O_4、TBP、TRPO 作流动载体，从湿法炼锌体系中采用内水相结晶的乳状液膜法分离富集镓。研究表明，LMS_2（代号 TRPA）磺化煤油的乳状液膜体系可快速、有效地迁移 Ga^{3+}，对含 Ga^{3+} 0.045g/L 的模拟料液，镓提取率可达 98%；Fe^{3+}、Ge^{4+}、Cu^{2+} 等杂质对 Ga^{3+} 的迁移基本无影响；含 Zn^{2+} 料液可返回炼锌系统（石太宏等，1998）。采用 P204 和 C5-7 羟肟酸协同载体，pH＝3.2 的 NH_4F 溶液为内水相试剂，使 Ge^{4+} 以溶液状态而 Ga^{3+} 以 $Ga(OH)_3$ 沉淀同步迁移进入内水相并分别提取的液膜体系。所得镓和锗的提取率分别达 94.7%和 98.6%，纯度 97.8%和 96.3%。Zn^{2+} 损失率仅 2.15%，提取 Ga、Ge 后的萃余液可返回冶锌系统（石太宏等，1999）。

（3）硫化铜矿回收镓

国外采用通入 SO_2 的硫酸溶液溶解含镓的硫化铜矿物，经铁粉置换铜，通入 H_2S 沉淀出 Ga_2S_3、GeS_2，氯化蒸馏沉淀制得 GeO_2，分离锗后萃取镓，再经中和、净化、电解后得纯度 99.9%的金属镓。镓、锗的理化性质与铁相似，因而在冶金过程中常以类质同象形式存在于铁及其化合物中。利用镓、锗的亲铁性，经还原熔炼，可使 Ga^{3+}、Ge^{4+} 几乎全部进入铁水中。采用氯盐体系对含镓、锗的铁进行电解分离，可从中提取镓和锗。电解工艺使 Ga-Fe、Ge-Fe 得到有效分离，镓的分离效果优于锗（林奋生等，1992）。

（4）炼铝副产物提取镓

目前世界上约 90%的金属镓是从炼铝工业的副产物中所制得。镓与铝的地球化学性质十分相似，故自然界中绝大部分镓以伴生形式存在于铝土矿中。对铝土矿进行溶解处理过程中，镓与铝同时被溶解，以镓酸钠形式进入铝酸钠溶液，从中可制得金属镓。采用盐酸溶解铝土矿提取镓条件：含镓铝土矿磨细至－200 目，在 500℃下焙烧 3h，然后用浓度 6mol/L 的盐酸溶液，在液固质量比 215∶1 条件下浸出 12h，镓以 $GaCl_4$ 配离子形式进入溶液，浸出率大于 94%（汤艳杰等，2000）。将含镓的铝酸钠溶液通过取代羟基喹啉（如 7-烷基-8 羟基喹啉）浸渍过的吸附树脂固定床，镓被吸附在树脂上，用水洗涤树脂并用 0.5～5mol/L 的硫酸或盐酸溶液洗脱，洗脱液经两次提纯后电解，可制得金属镓（Aluminlum Pechlney，1992；Rhone Poutenc Chimie，1993）。

（5）煤尘及有色冶金渣回收镓

采用烟化法从煤尘及有色金属冶炼炉渣中可同时回收 Ga、In、Ge，也可采用还原冶炼-电解池，从阳极泥中回收镓和锗。以煤烟尘为原料，用盐酸浸出可提取金属镓。煤烟尘的主要成分：SiO_2 57.64%，Al_2O_3 21.02%，Fe_2O_3 2.81%，CaO 10.87%，Ga 含量大于 0.01%。采用浓度 1～8mol/L 的 HCl 溶液，以 5∶1 的液固质量比，室温下浸出 24h，每克煤烟尘中可浸出镓 95μg。浸出液经净化除硅、铁后，用开口乙醚基泡沫海绵 OCPUFS 固体提取剂吸附分离净化液中的铝，镓的吸附率达 95%以上。然后采用常温两段逆流水解吸，得到富镓溶液，经电解等常规处理即可得金属镓（方正，1994）。

（6）萃取法提取镓

在一定酸度下，采用药剂P538，从Ga、In与伴生元素如Zn、Co、Cd、Ni以及碱金属和碱土金属的硫酸盐溶液中，用某些反萃取剂可分别萃取出Ga、In、Ti，实现Ga、In、Ti的有效分离。

美国犹他大学研究了Na_2O和Al_2O_3的浓度、不同稀释剂和调节剂对采用Kelex100从分子溶液或贝叶法浸出液中萃取镓的影响（姚保纲，1989）。Kelex100是一种经取代的羟基喹啉。随Na_2O浓度的增大，镓的提取率也相应升高，但在Na_2O浓度达到2.4mol/L时，镓的提取率急剧降低。这是Kelex100萃取Na_2O明显增多的缘故。而随着Al_2O_3浓度的增高，因其有抑制影响而对镓提取会产生消极作用。

（7）其他提取镓方法

萃淋树脂法、液膜法等方法正处于研究阶段，它们是在溶剂萃取法的基础上发展起来的。目前，研究最多的萃淋树脂有N503萃淋树脂、CL-TBP萃淋树脂。CL-TBP萃淋树脂是以苯乙烯-二乙烯苯为骨架，共聚固化中性磷萃取剂TBP而成。该种树脂已用于多种元素分离。具有萃取速度快、容量大的优点。在酸性溶液中，镓能以水合离子或酸根配阴离子形式稳定存在。TBP在酸性介质中加质子生成阳离子。从而与镓配阴离子发生离子缔合作用。

17.2 实验仪器与试剂

17.2.1 仪器

实验用主要分析仪器有：UV-2450型分光光度计，扫描速度为中速，光谱通带1nm；pH-3C型酸度计；空气振荡浴，箱式电炉，瓷坩埚，分析天平，标准分样筛。

17.2.2 试剂

实验用主要化学试剂：①聚氨酯泡塑（聚醚型，开孔率95%）；②化学纯碳酸钠；③分析纯盐酸；④三氯化钛：15%；⑤丁基罗丹明B，0.1%；⑥苯。

镓的储备液：称取金属镓0.1000g，加入6mol/L的盐酸200mL中，低温加热溶解。待完全溶解，冷却后转入500mL的容量瓶中，用6moL/L的盐酸稀释到刻度，摇匀。该溶液1mL含镓200μg。

镓的工作液：吸取上述溶液1mL，用6moL/L的盐酸配制成1mL中含镓2.00μg的工作液。

17.3 实验方法

17.3.1 聚氨酯泡塑处理

泡塑的杂质丰度水平及净化往往关系到痕量分析的成败，故将聚氨酯泡塑先用洗衣粉洗涤，然后用蒸馏水煮泡塑30min，再用10%的盐酸浸泡24h后，用清水洗净、晾干，然后切成1cm×1cm×3cm装瓶备用。

17.3.2 静态吸附镓方法

取定量泡塑于 50mL 磨口具塞的锥形瓶中，加入一定量的镓金属离子溶液，在自动恒温操作箱中振荡至平衡。测定滤液中金属离子的含量。按下式计算吸附率（D）：

$$D(\%)=100\times(C_0-C)/C_0 \tag{17-1}$$

式中，C_0、C 分别为溶液中镓离子的初始浓度、吸附平衡浓度。

取一定量的镓标准溶液于 250mL 锥形瓶中，添加一小块泡塑，不时地挤压一定时间，取出泡塑，测定剩余溶液中镓的浓度，根据溶液中镓浓度的变化，计算出泡塑的吸附率。

17.3.3 镓的洗脱

当泡塑吸附镓的标准溶液一定时间后，取出泡塑，放在 25mL 的小烧杯中，用平底玻棒不断挤压泡塑，半小时后，再次取出泡塑，测定剩余溶液中镓的浓度，根据溶液中镓浓度的变化，计算出泡塑的解吸率，可以看出洗脱效果。

17.3.4 实验原理

粉煤灰中含有利用价值极高的金属镓，但因其含量低，很难用一般方法提取出来。本实验为尽可能地多提取粉煤灰中的金属镓，以便充分利用有效资源，首先将粉煤灰在一定的条件下进行焚烧，然后用酸浸出，再进一步提炼合格的金属镓。

镓在粉煤灰中有两种存在形式，一部分存在于粉煤灰的非晶质中，另一部分则被禁锢于 Al-Si 玻璃体内而难以提取；利用镓及其盐容易与酸反应生成可溶性盐而进入溶液的特性，选择合适的酸，在一定的操作条件下将镓浸出到酸溶液中，通过过滤将固体物除去，澄清后的含镓酸溶液在吸附塔中用树脂进行吸附，将酸中的镓吸附出来，洗后的饱和树脂接着进行淋洗，淋洗后，合格液经处理后进行电解，得到合格镓产品。

17.3.5 实验流程

以高铝粉煤灰为原料，提取金属镓的实验流程为：

① 高铝粉煤灰配入适量工业碳酸钠，经中温烧结，得烧结物料；

② 以稀盐酸溶液溶浸烧结物料，过滤得氯化铝＋氯化钠混合液，滤饼为偏硅酸胶体；

③ 氯化物溶液以聚氨酯泡塑吸附，得负载镓泡塑；

④ 以蒸馏水解吸，得含镓离子溶液；

⑤ 所得溶液浓缩至一定浓度，经电解即制得金属镓。

实验原料为内蒙古托克托电厂排放的高铝粉煤灰（TF-04），其化学成分和物相组成详见第 16 章。该粉煤灰中 Ga 含量为 42.34μg/g，具有回收利用价值。粉煤灰中的镓主要来自燃煤中的灰分矿物。煤粉燃烧后，其中镓的赋存状态发生变化，一部分保留在原灰分矿物形成的灰粒中，另一部分转移进入莫来石晶格和铝硅酸盐玻璃体内。这种转变对采用湿法冶金法提取镓极为不利。

17.3.6 原料预处理

高铝粉煤灰原料的烧结条件为：烧结温度为 830℃；烧结时间 30min；碳酸钠/粉煤灰（质量比）为 1.0。烧结物料的化学成分分析见表 17-3。

表 17-3 高铝粉煤灰烧结物料的化学成分分析结果 $w_B/\%$

样品号	SiO_2	TiO_2	Al_2O_3	Fe_2O_3	FeO	MnO	MgO	CaO	Na_2O	K_2O	P_2O_5	H_2O^+	烧失
DTFS	23.75	0.98	31.38	1.29	0.24	0.02	0.69	2.33	35.92	0.63	0.09	0.62	2.31

烧结物料的 X 射线衍射分析结果显示，高铝粉煤灰中的莫来石相已经全部分解，烧结物料的主要物相只有霞石（图 17-1）。

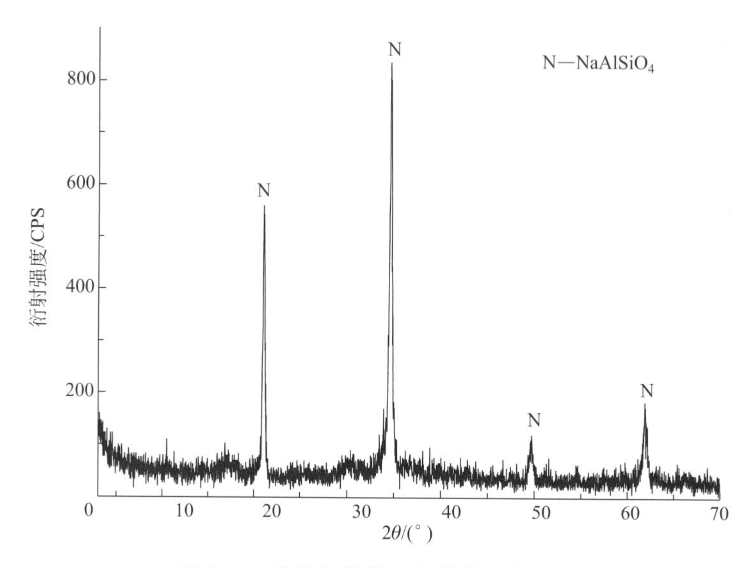

图 17-1 烧结物料的 X 射线粉末衍射图

17.3.7 原料中镓含量测定

实验用高铝粉煤灰原料中镓含量的测定采用如下步骤：

（1）灼烧分解

准确称取 1g（精确到 0.2mg）高铝粉煤灰样品，加入 1g 碳酸钠，混匀，然后将坩埚盖上盖放入箱式电炉中，升温至 830℃，熔融 30min。

（2）酸浸溶解

试样冷却后全部移入 250mL 的烧杯中，往坩埚中加入 100mL 热水，盖上表面皿。待浸取完毕，用热水将坩埚和盖洗出。向烧杯中缓慢加入浓度 6moL/L 的盐酸，待试样全部溶解后，打开表面皿，用蒸馏水冲洗。然后将烧杯置于低温电热板上加热，使溶液蒸发一部分，稍冷，用量筒加入浓度 6moL/L 的盐酸 40mL。

（3）镓的测定

将烧杯中的试样过滤后，全部转入 100mL 的容量瓶中，用浓度 6moL/L 的盐酸稀释，定容，摇匀，静置。

用移液管移取 10mL 滤液于 25 mL 比色管中，用 6moL/L 的盐酸稀释至 18mL，加入三氯化钛溶液 6 滴，摇匀。放置 5min 后，准确加入 1mL 丁基罗丹明 B，摇匀。然后加入苯 5mL，萃取 1min，待静置分层 30min 后，用干燥的吸液管小心吸取有机萃取液，放入 1cm 厚的带盖比色皿中。用苯作参比，使用紫外分光光度计在波长 565nm 处测定其吸光度。

（4）高铝粉煤灰试样分析

由于 Ga 达到最大吸附量时的吸附反应条件已知，因而在样品分析时，采用优化的吸附反应条件，用泡塑进行吸附。

称取 10.00g 高铝粉煤灰样品，置于 25mL 瓷坩埚中，于箱式电炉中在 830℃下灼烧 30min，取出坩埚，冷却后将样品转移至 250mL 锥形瓶中。以 100mL 蒸馏水湿润后，加入 6mol/L 的盐酸 140mL，盖上表皿，置于低温电热板加热分解 6h 后去皿，蒸发至约 85mL。待剧烈反应完成后，加热至无大气泡，以少量蒸馏水冲洗杯壁。测定 Ga 的样品溶液以 HCl 溶液浓度为 6mol/L，吸附时间 60min；解吸泡塑吸附样品溶液中的 Ga 时，用蒸馏水，解吸时间 30min。在样品溶液中添加一小块泡塑（约 0.3g），不时搅拌 1～2.5h 后取出，置于烧杯中，加入蒸馏水，用平底玻璃棒不时搅拌，将溶液置入 25mL 容量瓶中，用蒸馏水稀释至刻度，摇匀，上机测定。

按照以上步骤，测定高铝粉煤灰试样（TF-04）的镓含量，结果见表 17-4。

表 17-4　内蒙古某电热厂粉煤灰镓含量的测定结果

分取溶液/mL	2.00	6.00	10.00
Ga/(μg/g)	42.06	39.81	45.15
Ga 平均值/(μg/g)	42.34		

17.4　实验结果与讨论

17.4.1　镓的标准曲线

量取含 0.00μg、1.00μg、2.00μg、3.00μg、4.00μg、5.00μg 镓的标准溶液，分别注入 25mL 带色比色管中，用 6mol/L 的盐酸稀释至 18mL，加入三氯化钛溶液 6 滴，摇匀。放置 5min 后加入丁基罗丹明 B 1.0mL，摇匀。然后加入苯 5mL，萃取 1min，待静置分层 30min 后，用干燥的吸液管小心吸取有机萃取液，放入 1cm 厚的带盖的比色皿中，与苯作参比，使用紫外分光光度计在波长 565nm 处测其吸光度，并绘制标准曲线（图 17-2）。

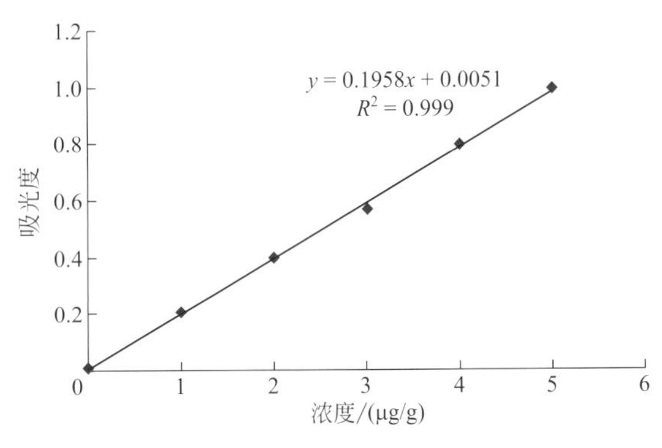

图 17-2　镓的标准曲线

17.4.2 提取镓正交实验

参照前期探索性实验数据，在盐酸浓度为6mol/L和高铝粉煤灰/盐酸体积为1∶40条件下，设计进行提取镓的4因素3水平正交实验，第一轮结果见表17-5。

表17-5 高铝粉煤灰提取镓第一轮正交实验结果

实验号＼水平	因素				Ga提取率/%
	烧结温度/℃	烧结时间/h	酸浸温度/℃	酸浸时间/h	
1-1	650	0.5	80	6	91.6
1-2	650	1.0	60	4	84.1
1-3	650	1.5	40	2	81.2
1-4	750	0.5	60	2	89.1
1-5	750	1.0	40	6	87.6
1-6	750	1.5	80	4	88.3
1-7	850	0.5	40	4	91.3
1-8	850	1.0	80	2	89.7
1-9	850	1.5	60	6	93.1
$K(1,j)$	85.63	90.67	89.87	90.77	
$K(2,j)$	88.33	87.13	88.77	87.90	
$K(3,j)$	91.37	87.53	86.70	86.67	
级差 R	5.73	3.53	3.17	4.10	

由实验结果可知，镓提取率最好的是实验1-9，提取率为93.1%。由各因素的级差分析可知，对镓提取率的影响程度由大到小依次为：烧结温度>酸浸时间>烧结时间>酸浸温度。由此可知，在烧结温度850℃、烧结时间0.5h、酸浸温度80℃、酸浸时间6h时条件下，镓的提取效果较好。

在此基础上，设计进行第二轮正交实验，结果见表17-6。

表17-6 高铝粉煤灰提取镓第二轮正交实验结果

实验号＼水平	因素				Ga提取率/%
	烧结温度/℃	烧结时间/min	酸浸温度/℃	酸浸时间/h	
2-1	630	20	60	6	92.6
2-2	630	30	50	4	82.1
2-3	630	40	40	2	83.2
2-4	750	20	50	2	89.9
2-5	750	30	40	6	88.6
2-6	750	40	60	4	89.3
2-7	830	20	40	4	93.3
2-8	830	30	60	2	90.7
2-9	830	40	50	6	92.1
$K(1,j)$	85.97	91.93	90.86	91.10	
$K(2,j)$	89.29	87.13	88.03	88.23	
$K(3,j)$	91.63	88.20	88.37	87.93	
级差 R	5.66	4.80	2.83	3.17	

由第二轮正交实验结果可知，镓提取率最好的是实验 2-7，镓提取率达 93.3%。由各因素级差分析可知，对镓提取率影响程度依次为：烧结温度>烧结时间>酸浸时间>酸浸温度。

高铝粉煤灰烧结物料中镓的浸出率随温度升高而增大。这是因为常压浸出过程受化学反应控制，浸出温度升高，反应速率常数增大，镓的浸出率也相应增高。

液固比增加，镓浸出率增大，是因为固相中的镓含量是一定的，而反应过程中，溶液中镓的浓度逐渐增加。液固比增大，则溶液中镓的浓度降低，有利于反应产物向溶液扩散，从而大大提高镓的溶解速率。然而，液固比过大，则需要相应增大设备容积，增加试剂的消耗，并相应增大后续浓缩、过滤、洗涤工段的工作量。根据实验结果，确定液固质量比为 40。

由此确定优化实验条件为：原料烧结温度 830℃，烧结时间 20min；粉煤灰/盐酸为 1.0g/40mL，酸浸温度 60℃，酸浸时间 6h。选择酸浸温度为 60℃，原因在于尽量减少盐酸在较高温度下的挥发。

17.4.3 聚氨酯泡塑吸附镓单因素实验

（1）盐酸浓度

设定在温度为 298K，镓离子浓度为 1.0μg/mL 条件下，改变溶液的酸度，通过实验考察溶液的酸度对泡塑吸附镓（Ⅲ）离子的影响。

在 100mL 磨口三角锥形瓶中，分别用浓度 3.0mol/L、4.0mol/L、5.4mol/L、6.5mol/L 的盐酸与泡塑构成的吸附体系，按照上述镓的吸附方法和步骤实验，测定泡塑对镓的吸附率，结果见表 17-7 和图 17-3。

表 17-7　盐酸浓度与泡塑对镓吸附率的关系实验结果

盐酸浓度/(mol/L)	3.0	4.0	5.4	6.0	6.5
镓吸附率/%	51.5	66.1	78.3	89.8	91.1

实验表明，在相同的温度、相同的时间条件下，随着酸度增加，泡塑对镓的吸附率增大。但当盐酸的溶度大于 6mol/L 时，会破坏泡塑的结构，不利于重复使用。故选择盐酸的浓度为 6mol/L。

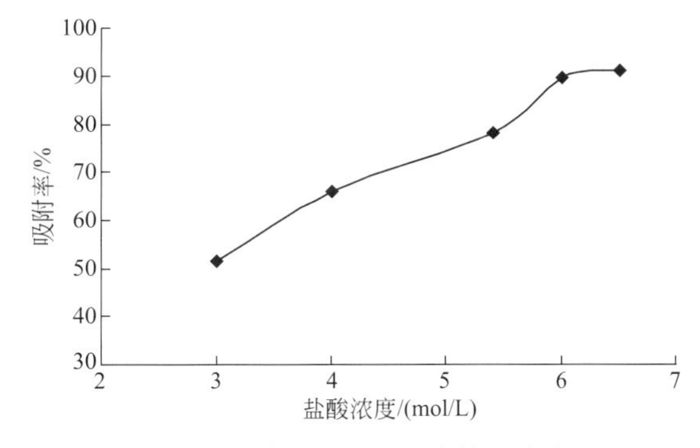

图 17-3　盐酸浓度对镓吸附率的影响关系图

（2）吸附时间

实验过程中，吸附平衡时间越短越好。为此，在温度为 298K、镓离子浓度为 1.0μg/mL，吸附时间为 20min、40min、60min、80min、100min 条件下，研究了泡塑在浓度 6mol/L 的盐酸溶液中对镓的吸附率，考察了吸附时间对镓吸附效果的影响。实验结果表明，随着吸附时间的延长，泡塑对镓离子的吸附率逐渐增大，当吸附达到一定时间后，吸附率减小。镓在吸附时间 60min 时达到最吸附率。因而实验选择的吸附时间为 60min。实验结果见表 17-8 和图 17-4。

表 17-8　吸附时间与泡塑对镓吸附率的关系实验结果

吸附时间/min	20	40	60	80	100
镓吸附率/%	76.2	84.6	89.6	88.6	86.9

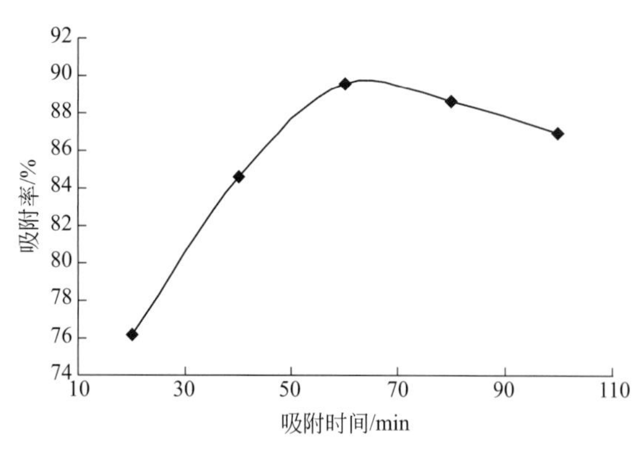

图 17-4　吸附时间对镓吸附率的影响关系图

（3）吸附温度

在 100mL 磨口三角瓶中，加入一小块泡塑，加入 10mL 镓的标准溶液，用水浴恒温振荡器控制温度分别为 20℃、25℃、35℃、45℃、50℃，吸附时间为 60min 进行实验，其结果如图 17-5 和表 17-9 所示。由图可知，在吸附温度为 35℃时，泡塑对镓的吸附效果最好，但温度增高也相应增加了吸附反应的能耗，不利于吸附反应的应用，且温度继续增高，对镓的吸附率反而略有下降，表明泡塑吸附镓反应为放热过程。由此，选择优化吸附温度为 35℃。

表 17-9　吸附温度与泡塑对镓吸附效果的关系实验结果

吸附温度/℃	20	25	35	45	50
镓吸附率/%	79.8	82.8	84.4	84.3	84.3

（4）干扰离子

实验过程中，氯化物溶液相除了含有 Ga^{3+} 外，还含有 Fe^{2+}、Mn^{2+}、Mg^{2+}、Ca^{2+} 等离子。盐酸浸出液中更是存在大量氯离子。这些离子的浓度可能影响镓离子的扩散和反应。为此，首先考察了氯离子的浓度对吸附的影响，实验结果见表 17-10。由图 17-6 可知，镓的吸附率随着氯离子的浓度升高而持续增大。一般来说，当氯离子浓度达到一定值时，泡塑对镓的吸附率几乎保持不变。

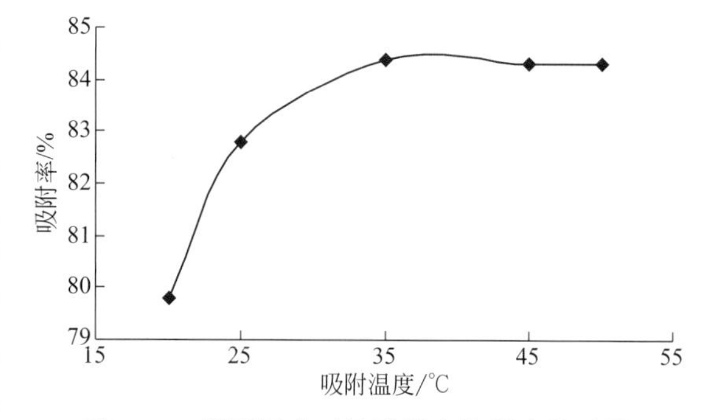

图 17-5　吸附温度对镓吸附率的影响关系图

表 17-10　氯离子的浓度对镓吸附率的影响

氯离子浓度/(mol/L)	3	4	5	6
镓吸附率/%	50.4	63.6	76.8	88.9

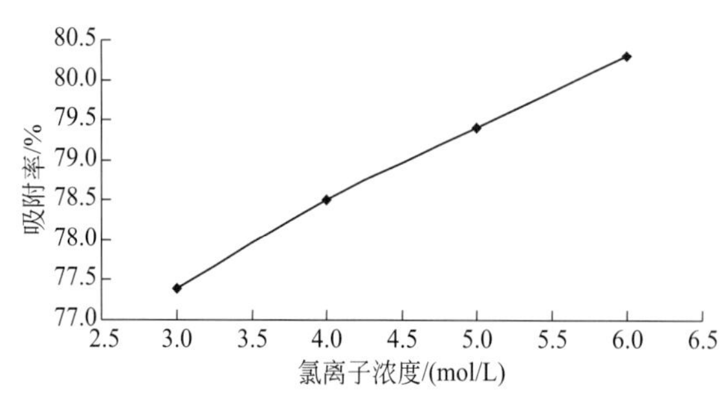

图 17-6　氯离子浓度对镓吸附率的影响关系图

在采用泡塑吸附镓时，应保持较高的氯离子浓度。对其他干扰金属离子 Zn^{2+}、Cd^{2+}、Fe^{2+}、Fe^{3+} 的吸附实验表明，在氯离子浓度大于 3mol/L 的条件下，泡塑对 Zn^{2+}、Cd^{2+}、Fe^{2+}、Fe^{3+} 几种离子不吸附，但对 Fe^{3+} 仍有显著吸附（表 17-11）。实验通过选择以铁粉将其还原为 Fe^{2+}，来消除 Fe^{3+} 对泡塑吸附 Ga^{3+} 的干扰。实验过程中，可将浸出液中的 Fe^{3+} 还原为 Fe^{2+}，然后将其氯离子浓度调整至 3mol/L 以上，以使泡塑能将镓从中选择性吸附分离出来，从而改进吸附效果。

表 17-11　不同酸度下泡塑对干扰金属离子吸附率实验结果　　%

金属离子	pH 值			浓度/(mol/L)			
	3.0	4.0	5.0	2.5	3.0	4.0	5.0
Zn^{2+}	20.1	24.6	28.6	0.5	0.0	0.0	0.0
Cd^{2+}	15.2	20.8	23.3	0.6	0.0	0.0	0.0
Fe^{2+}	23.2	28.3	29.0	0.8	0.0	0.0	0.0
Fe^{3+}	50.1	48.6	46.5	20.6	12.8	10.0	8.8

17.4.4　镓吸附机理

聚氨酯泡塑（简称泡塑）具有孔隙率高、比表面大、内外泡孔相通、流体易从泡塑内部渗透及良好的流体力学性能等特点，此外它还有特殊的吸附、捕集与过滤功能。20 世纪 70 年代初，Bowen 首先将其引入分析化学领域，用泡塑萃取了卤化物水相中的 Hg、Au、Fe 等络合离子。此后，Ross 等将泡塑用于捕集水中污染物，如农药、多氯联苯等。近十几年将泡塑用于金的吸附（李明权等，1995；邹海峰等，2001；熊昭春等，1993），其效果良好。泡塑对贵金属具有定向吸附作用，但其作用机理仍是尚待解决的问题。

（1）泡塑合成与结构

泡塑是人工合成的多孔聚合物，由甲苯二异氰酸酯与树脂通过酰胺键交联而成。由聚醚树脂生成的泡塑交联度低，具有弹性，称聚醚型泡塑；而由聚酯树脂生成的泡塑交联度高，具有刚性，称聚酯型泡塑。本实验采用的是聚醚型泡塑，是由低分子氧化烯烃、多元醇再经聚合而成的高分子聚合物。

在聚醚树脂与甲苯二异氰酸酯聚合反应中，存在着一系列主反应与副反应，其反应式如下。

① 链增长反应。甲苯二异氰酸酯上的异氰基与树脂所含羟基反应，生成氨基甲酸酯。工业上称为预聚体，其反应为：

$$\mathrm{HO-R_1-OH+2OCN-R-NCO\longrightarrow OCN-R-NH-\overset{\overset{\large O}{\|}}{C}-O-R_1-O-\overset{\overset{\large O}{\|}}{C}-NH-R-NCO} \quad (17\text{-}2)$$

其反应实质是：

$$\mathrm{-OH+-NCO\longrightarrow -NH-\overset{\overset{\large O}{\|}}{C}-O-} \quad (17\text{-}3)$$

② 放气反应。预聚体在催化剂存在下与水反应生成聚氨酯泡塑，放出 CO_2，即

$$\begin{aligned}&\mathrm{OCN-R-NH-\overset{\overset{\large O}{\|}}{C}-O-R_1-O-\overset{\overset{\large O}{\|}}{C}-NH-R-NCO+H_2O\xrightarrow{\text{催化剂}}}\\&\mathrm{-NH-\overset{\overset{\large O}{\|}}{C}-NH-R-NH-\overset{\overset{\large O}{\|}}{C}-O-R_1-O-\overset{\overset{\large O}{\|}}{C}-NH-R-NH-\overset{\overset{\large O}{\|}}{C}-NH-+CO_2\uparrow}\end{aligned} \quad (17\text{-}4)$$

实际上，该反应是分两步完成的：

$$\mathrm{-NCO+HOH\longrightarrow -NH-\overset{\overset{\large OH}{|}}{C}-O-\longrightarrow -NH_2+CO_2\uparrow} \quad (17\text{-}5)$$

$$—NH_2 + —NCO \longrightarrow —NH—\overset{\overset{O}{\|}}{C}—NH— \quad (17\text{-}6)$$

氨基甲酸酯中氮原子上的活泼氢与游离二异氰酸酯反应，形成空间网状结构：

$$—O—\overset{\overset{O}{\|}}{C}—NH_2 + —OCN \longrightarrow —O—NH—(O{=}C—NH—\overset{\overset{O}{\|}}{C}—) \quad (17\text{-}7)$$

副反应1：聚合反应完成后，残余异氰基与水作用生成氨基化合物：

$$—NCO + HOH \longrightarrow —NH_2 + CO_2\uparrow \quad (17\text{-}8)$$

副反应2：残余脲基衍生物与异氰基反应生成缩二脲：

$$—NH—\overset{\overset{O}{\|}}{C}—NH— + —NCO \longrightarrow —NH—\overset{\overset{O}{\|}}{C}—NH—\overset{\overset{O}{\|}}{C}—NH— \quad (17\text{-}9)$$

上述反应生成物相当复杂。以化学降解-色谱法鉴定聚氨酯组成，发现有各种芳胺、乙酰结构物。实际上，在聚氨酯泡塑中至少可以检出下述有机物：$C_6H_4^{2-}$（苯基）、RNHCOOR（氨基甲酸酯）、RNHCONHR（脲基）、RNHCO—NR′COOR″（脲基甲酸酯）、RNHCONR′CONHR（缩二脲）、$—NH_2$（氨基）等。

组成泡塑的元素以氧、碳为主，各元素质量比为：O 45%，C 30%，H 10%，N 10%，S 5%。其他元素含量一般不高。

（2）泡塑的理化性质

聚氨酯泡塑质轻，密度小，其（聚醚型）密度为$0.032\sim0.039g/cm^3$。它具有线形网状结构，即由半圆形薄膜有规律地组合成由气体充填取代的一定几何形状的小孔，直径为30～500μm。泡塑孔隙率小于76%时，小孔基本呈圆形；孔隙率大于95%时，则小孔被压缩成不规则的多面形。这种结构使泡塑回弹性好，抗拉性强。泡孔相通，气液易从泡塑内部渗透，有良好的流体动力学特性，又具有强烈的疏水性。这些性质对异相（液-固、气-液）分离来说，无疑十分重要。泡塑还能任意剪切、组装、搓洗。这就使它集载体、过滤、吸附于一身，为其应用开辟了多种可能。

泡塑还具有良好的耐化学性质性能，在常温下不被一般无机试剂，如水、浓度小于6mol/L盐酸、小于4mol/L硫酸、小于2mol/L硝酸、醋酸、氨水、氢氧化钠等溶解；也不与下列有机试剂反应：如乙酸丁酯、石油醚、苯、二甲苯、四氯化碳、氯仿、乙醚、二异丙醚、丙酮、甲基异丁酮、乙酸乙酯、乙酸异戊酯、乙醇和甲醇等。但它们往往使泡塑体发生形变，如弹性体膨胀、孔隙增大等。这既有利于溶液渗透，也有利于吸附物的解脱。

在持续高温下，泡塑能溶解于浓硝酸、高氯酸、硫酸、过氧化氢、溴水、铋酸钠和高锰酸钾等氧化剂中，亦能为氢氧化钠所溶解。当泡塑溶解于浓硝酸或氢氧化钠溶液后，成为乳浊状沉淀。它还可溶于三氯化砷溶液中。当加热至180～200℃时，泡塑发生降解，其产物为各种脲基、氨基衍生物，还有异氰酸酯、醇基、醚基和醛基等一系列有机化合物。

（3）物理吸附

泡塑结构中除含有接枝的功能基外，还存在大量的氨基和羰基，电负性较强的N、O原子附近，可能生成氢键，同时泡塑与$HGaCl_4$分子间也可能存在分子间作用力。由于这种力很弱，铁安年等（1985）曾用极性表面活性剂将吸附于市售泡塑上的金洗去98.3%。严君凤等（1999）研究了极性表面活性剂洗脱泡塑上吸附的Au、Ag、Pd。结果表明，极性表面活性剂不能洗脱吸附于功能基泡塑上的 Au、Ag、Pd。溴代十六烷基吡啶能洗去近 20%的 Ag，这可能是生成了 AgBr 所致，因为同类的苄基十四烷二甲基氯化铵并不能洗去吸附于泡塑上的 Ag。故作者认为 CPF-Ⅱ型泡塑吸附 Au、Ag、Pd、Ga 不是基于物理吸附，但物理吸附仍然存在。

（4）化学吸附

离子缔合作用：泡塑基体存在大量氨基，用酸预处理后，大部分质子化，溶液中的 $GaCl_4^-$ 则易与质子化阳离子形成离子缔合物（薛梅等，1997；赵经贵等，1996）：

配位加成：$MeX_k^{m-}+nL \longrightarrow MeX_kL_n^{m-}$

配位交换：$MeX_k^{m-}+nL \longrightarrow MeX_{k-n}L_n+nX^-$

$MeX_k^{n-}+(CPuF)^{m+} \longrightarrow n(CPuF)\cdot m(MeX_k)$

被泡塑捕集而进入泡塑相。

泡塑基体上的功能基可能以下列结构形式存在：

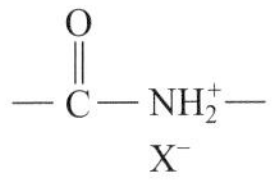

$$-\overset{\overset{\displaystyle O}{\|}}{C}-\underset{X^-}{NH_2^+}-$$

$GaCl_4^-$ 与泡塑上的氯离子发生离子交换作用，而生成离子缔合物。

螯合作用：接枝于泡塑上的氨基硫脲可能以下列结构存在：

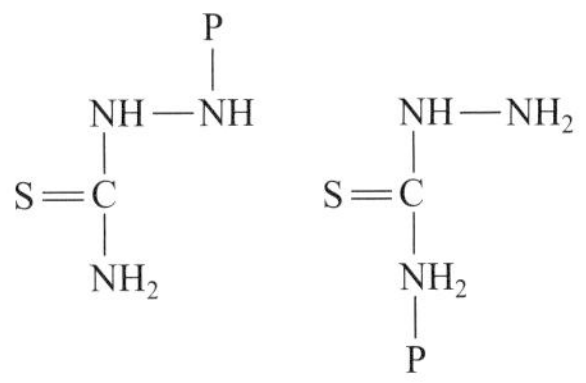

$$S=C(NH_2)-NH-NH-P \qquad S=C(NH-NH_2)-NH_2-P$$

式中，P 代表泡塑骨架。$GaCl_4^-$ 则与带功能基的泡塑作用，从而生成具有五元环的稳定结构，其结构式可能如下：

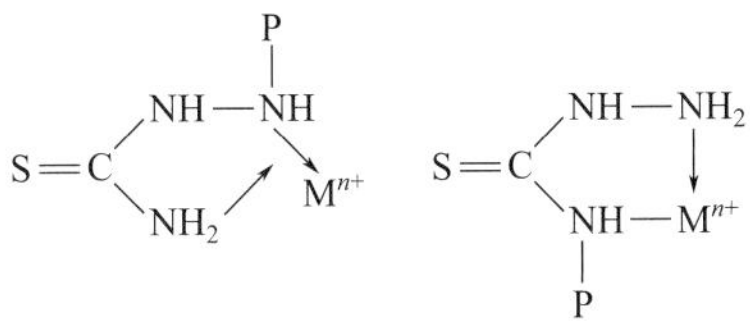

$$S=C\begin{cases}NH-NH(P)\rightarrow M^{n+}\\ NH_2\nearrow\end{cases} \qquad S=C\begin{cases}NH-NH_2\downarrow\\ NH(P)-M^{n+}\end{cases}$$

从而使溶液中的 Ga 吸附于泡塑上而进入泡塑相，达到分离富集的目的。

17.4.5　镓解吸实验

（1）解吸时间

解吸平衡时间越短越好。为此，在温度为 298K 时，向 100mL 的磨口三角瓶中加入已经吸附镓溶液的泡塑，设定解吸时间分别为 20min、30min、40min、50min 进行实验，其结果见表 17-12 及图 17-7。由图可见，解吸时间超过 30min 后，随解吸时间延长，镓的解吸率有所减小。因此，实验选择镓的优化解吸时间为 30min。

表 17-12　镓的解吸时间与解吸率的关系实验结果

解吸时间/min	20	30	40	50	60
镓解吸率/%	89.9	90.2	90.1	89.8	89.6

（2）解吸温度

在 100mL 磨口三角瓶中，加入已经吸附镓溶液的泡塑，用水浴恒温振荡器控制温度分别为 20℃、25℃、35℃、45℃，解吸时间为 30min 条件下进行实验，其结果如表 17-13 和图 17-8 所示。由图可知，温度对镓的吸附率影响不大，故选择 25℃为优化解吸温度。

表 17-13　解吸温度对镓解吸率的影响实验结果

解吸温度/℃	20	25	35	45
解吸率 1/%	70.8	74.5	76.3	77.6
解吸率 2/%	88.9	91.2	92.6	92.8

注：解吸率 1、解吸率 2 分别为第一、第二次镓的解吸实验结果。

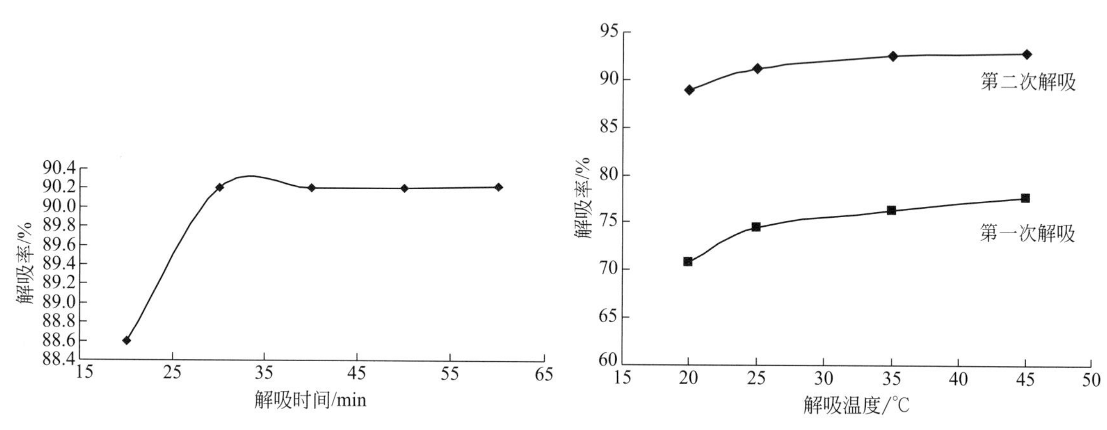

图 17-7　镓的解吸时间对解吸率的关系图　　**图 17-8　解吸温度对镓的两次解吸率影响关系图**

由表 17-13 可知，一次解吸率较低，故采用多次解吸的方法。即在相同实验条件下，第一次用少量蒸馏水洗涤后，将泡塑取出，重新加入少量蒸馏水，用平底玻璃棒搅拌，再次测定镓含量。由表可中数据可知，镓的第二次解吸率明显增高。

17.4.6　镓提取效果

分别称取 5.00g 粉煤灰样品和工业碳酸钠 5.00g，混磨均匀后，置于 25mL 瓷坩埚中，在箱式电炉中于 830℃下烧结 30min，取出坩埚，冷却后将烧结产物转移至 250mL 锥形瓶中，以 100mL 蒸馏水湿润后，加入浓度 6mol/L 的盐酸 40mL，盖上表皿，置于低温电热板加热分解 6h 后去皿，蒸浓至约 85mL，待剧烈反应完成后，加热至无大气泡，以少量蒸馏水冲洗杯壁。

过滤后，分别把待测液移入 100mL 的容量瓶中，用浓度为 6mol/L 的盐酸溶液定容，再分别量取 10mL 待测液，在其中添加一小块泡塑（约 0.3g），置于烧杯中，不时搅拌 1h，控制保持溶液的酸度为 6mol/L，吸附时间为 60min。测定镓的浓度，计算试样中镓的提取率。解吸泡塑吸附样品溶液中的镓时，将已吸附镓的泡塑取出放入小烧杯中，用蒸馏水 10mL 分两次解吸，时间分别为 30min。用平底玻璃棒不时搅拌，将溶液转入 25mL 容量瓶中，用浓度 6mol/L 的盐酸溶液稀释至刻度，摇匀，上机测定镓含量。实验测定结果见表 17-14。

表 17-14　高铝粉煤灰烧结物料中镓的回收实验结果

实验号	G3-1	G3-2	G3-3	G3-4
吸附镓/(μg/g)	17.19	16.88	18.02	17.68
吸附率/%	81.20	79.74	85.12	83.51
解吸镓/(μg/g)	15.01	13.91	15.65	15.58
解吸率/%	87.31	82.43	86.82	88.15

17.4.7　泡塑的再生

吸附镓达到饱和后的泡塑，先用自来水洗涤，再用蒸馏水洗涤，然后在浓度为 1moL/L 的 HCl 溶液中浸泡 6h、12h、18h、24h，用水洗净，晾干。按前述确定的优化条件进行吸附镓实验，其吸附效果见表 17-15。

表 17-15　泡塑再生及吸附镓实验结果

浸泡时间/h	6	12	18	24
镓吸附率/%	68.3	72.6	79.5	82.1

由上表可知，吸附镓达到饱和的泡塑，经洗涤后在稀盐酸溶液中浸泡 24h 以上，其再生效果仍较好，可以多次循环使用。

综上所述，以内蒙古托克托电厂排放的高铝粉煤灰（TF-04）为原料，采用聚氨酯泡塑吸附法回收稀有元素镓，取得以下主要实验结果：

通过 4 因素 3 水平正交实验，确定了高铝粉煤灰中镓的吸收率达 80%以上。在高铝粉煤灰/盐酸固液质量比为 1∶40、盐酸浓度为 6mol/L 条件下，按照如下条件：烧结温度为 830℃，烧结时间 20min，酸浸温度 60℃，酸浸时间 6h；以聚氨酯泡塑为吸附剂，在静态操作条件下对分离富集镓进行实验。结果表明，泡塑在浓度 6mol/L 的盐酸溶液构成的吸附介质中，对镓的吸附效果良好，镓吸附率达 85.1%，镓解吸率达 88.2%。

吸附镓达到饱和的泡塑，以蒸馏水解吸后，再电解溶液，可回收金属镓。吸附镓达到饱和的泡塑，经过水洗和一定的清理后，可以进行多次循环利用，再生操作过程简单，循环使用性能良好。

综合实验结果分析，泡塑对氯化物溶液中微量镓的吸附机理，不是单纯的物理吸附，而应是多种吸附方式共存。在本实验的盐酸、泡塑吸附体系中，其吸附方式应以离子缔合作用为主，螯合作用与物理吸附并存。

近年来，从不同原料中提取金属镓的技术研究发展较快，一些方法已得到工业应用。随着中国科技快速发展及人民生活水平的提高，对镓的需求量也越来越大。然而自然界矿床中镓的品位普遍很低，提取较为困难。因此，不少企业都把含镓的物料丢弃，造成镓资源的极大浪费。因此，对高铝粉煤灰等伴生镓资源进行合理的回收利用，对促进中国镓化合物生产及相关器件产业的发展，无疑具有重要意义。

第18章 硅钙渣制备硅灰石超细粉体技术

18.1 研究现状概述

高硅原料生产氧化铝的高压水化学法，由 B. Д. 波诺马列夫和 B. C. 萨任于 1958～1960 年间提出，故又称为波诺马列夫-萨任法。高压水化学法在一定的温度和碱浓度下溶出氧化铝时，硅质矿物生成难溶的水合硅酸钠钙相（B. Я. 阿布拉莫夫，1988）。

采用高压水化学法处理霞石矿，在高温（280～300℃）、高碱浓度（Na_2O 400～500g/L）、高苛性比（MR=30～50）循环母液中，按 $n(CaO)/n(SiO_2)=1$ 添加石灰，溶出矿石中的 Al_2O_3，得到 MR 为 12～14 的铝酸钠溶液。矿石中的 SiO_2 则转化为水合硅酸钠钙（$NaCaHSiO_4$）。它在高 MR 的铝酸钠溶液中是稳定固相，经固液分离后，通过水解可回收其中的 Na_2O，氧化硅则以偏硅酸钙（$CaO \cdot SiO_2 \cdot nH_2O$）形态排出（毕诗文等，2007）。本实验拟利用水合偏硅酸钙制备超细硅灰石粉体和针状硅灰石。

硅灰石是 20 世纪 60 年代开发的一种具有多种用途的新兴工业矿物，已广泛用于陶瓷、涂料、塑料、橡胶、冶金铸造、磨料、模具、电焊、玻璃、矿棉、造纸、建材等行业。随着硅灰石利用技术的进步，其特性及在各领域应用的优点亦逐步得到重视。目前世界上硅灰石的主要生产国有中国、印度、美国、墨西哥、芬兰等 10 余个国家，估计年产量接近 100 万吨。2015 年中国硅灰石产量约 60 万吨，产地主要有辽宁、江西、吉林、湖北、浙江、云南、安徽、河南和青海等地。中国硅灰石产品的主要市场是欧洲和日本，但以手选块矿和初加工产品为主，附加值低。

近年来中国发现的硅灰石资源较多，但绝大部分品位较低（40%～50%），含矿率在 80%以上的很少。硅灰石用途在逐渐扩大，单纯依赖原矿物开采已逐渐不能满足需要。合成硅灰石的方法主要有固相烧结法、水热法、化学沉淀法和溶胶-凝胶法。目前工业合成硅灰石主要采用固相烧结法。该法适用面广、流程简单，但产品纯度低、能耗高、设备投资较大，且产品性能和用途受原料品种、产地的影响较大。因此，本项研究利用高铝粉煤灰提取氧化铝，或富钾正长岩提取钾盐和氧化铝剩余的硅钙渣制备硅灰石超细粉体和针状粉产品，无疑具有重要的经济效益和生态环境效益。

根据用途划分，硅灰石产品分为两大类：一类是高长径比的硅灰石产品，主要利用其针状性能，用于填料方面作为增强剂，尤其在塑料、橡胶、涂料等方面，硅灰石可增加硬度、抗弯强度、抗冲击性，改善塑料的电学特性，提高材料的热稳定性和尺寸稳定性。另一类是细磨硅灰石粉，主要利用其矿物化学性质，用于陶瓷和冶金工业，硅灰石中的 CaO、SiO_2 成分提供了低热膨胀性和抗冲击性（董军等，2005）。

18.2　原料预处理流程

实验原料为陕西洛南县长岭霓辉正长岩制取硫酸钾、氢氧化铝过程的中间产物水合硅酸钠钙渣，与高铝粉煤灰烧结物料溶出氧化铝所得硅钙碱渣类似。高压水化学法处理高硅含铝原料提取氧化铝时，硅最终以水合硅酸钠钙（$NaCa[HSiO_4]$）形式排出。

富钾正长岩烧结物料的水浸产物主要为沸石相 $Na_6[AlSiO_4]_6 \cdot 4H_2O$。在以循环碱液溶出铝过程中，发生如下化学反应（王霞，2010；张明宇，2011）：

$$Na_6[AlSiO_4]_6 \cdot 4H_2O + 6Ca(OH)_2 + 6NaOH + 2H_2O \longrightarrow 6NaCa[HSiO_4] \downarrow + 6Na[Al(OH)_4] \quad (18\text{-}1)$$

实验主要研究用水量、反应温度、碱用量和反应时间对 Al_2O_3 溶出率的影响。

实验方法：每次实验准确称取 100g 水浸滤饼（干基，湿滤饼含水率 $56.8w_B\%$）、CaO 44.0g 及所需的氢氧化钠，量取所需的工业用水。在烧杯中先用所需水量的 2/3 将 CaO 充分消化，然后加入水浸滤饼，最后加入氢氧化钠，搅拌均匀，倒入反应釜中。拧紧釜盖，保持搅拌速率约 200r/min，加热至设定温度后恒温反应 45～60min。恒温阶段压力表显示釜内压力为 2.5～3.0MPa。反应时间一到，即刻停止加热，通冷却水，待温度冷却至约 90℃开釜，倒出浆料，真空抽滤（负压 0.1MPa），用约 90℃的工业用水 500mL 分两次洗涤滤饼，再次真空抽滤。滤饼置于干燥箱中，于常压 105℃下干燥 2h，测定其 Al_2O_3 含量，计算 Al_2O_3 的溶出率。实验结果见表 18-1～表 18-3。

表 18-1　碱液溶出铝的用水量单因素实验结果

样品号	水浸滤饼(干基)/g	NaOH/g	用水量/mL	温度/℃	Al_2O_3 溶出率/%
LJR-01	100	210	250	280	94.04
LJR-02	100	210	300	280	92.00
LJR-03	100	210	350	280	92.69
LJR-04	100	210	400	280	88.48

表 18-2　碱液溶出铝的温度单因素实验结果

样品号	水浸滤饼(干基)/g	NaOH/g	用水量/mL	温度/℃	Al_2O_3 溶出率/%
LJR-11	100	210	300	180	38.42
LJR-12	100	210	300	230	75.37
LJR-13	100	210	300	280	92.00

表 18-3　碱液溶出铝的碱用量单因素实验结果

样品号	水浸滤饼(干基)/g	NaOH/g	用水量/mL	温度/℃	Al_2O_3 溶出率/%
LJR-21	100	234	300	280	95.53
LJR-22	100	215	300	280	90.40
LJR-23	100	195	300	280	92.00

续表

样品号	水浸滤饼(干基)/g	NaOH/g	用水量/mL	温度/℃	Al_2O_3 溶出率/%
LJR-24	100	175	300	280	87.35
LJR-25	100	156	300	280	63.18
LJR-26	100	136	300	280	25.89

由实验结果可知，用水量对 Al_2O_3 的溶出率影响不大，为避免溶出液过稀和混合浆料结疤，选择用水量为 300mL/100g；温度对 Al_2O_3 溶出率影响很大，优化溶出温度为 260～300℃；碱用量在 136～195g/100g 范围内，对 Al_2O_3 溶出率影响较大，而在 195～234g/100g 范围时，对 Al_2O_3 溶出率影响不大。

在上述实验基础上，进行了溶出时间对 Al_2O_3 溶出率的单因素实验，结果见表 18-4。

表 18-4　碱液溶出铝的时间单因素实验结果

样品号	水浸滤饼/g	NaOH/g	水用量/mL	温度/℃	恒温时间/min	Al_2O_3 溶出率/%
LJR-31	100	195	300	280	0	89.96
LJR-32	100	195	300	280	10	91.44
LJR-33	100	195	300	280	20	95.98

由此确定水浸滤饼碱液溶出铝的优化条件：100g 水浸滤饼，配入 CaO 44g，NaOH 195g，工业用水 300mL，溶出温度 260～300℃，压力 2.5～3.0MPa（表压），搅拌时间 10～20min。

按照上述优化条件实验，所得硅钙碱渣的化学成分分析结果见表 18-5。X 射线粉末衍射分析结果显示，其组成物相几乎均为水合硅酸钠钙（图 18-1）。

表 18-5　硅钙碱渣的化学成分分析结果　　w_B/%

样品号	SiO_2	TiO_2	Al_2O_3	Fe_2O_3	MnO	MgO	CaO	Na_2O	K_2O	LOI	总量
LJR-23	34.28	0.05	1.57	1.20	0.012	0.00	36.04	18.80	0.59	7.80	100.34

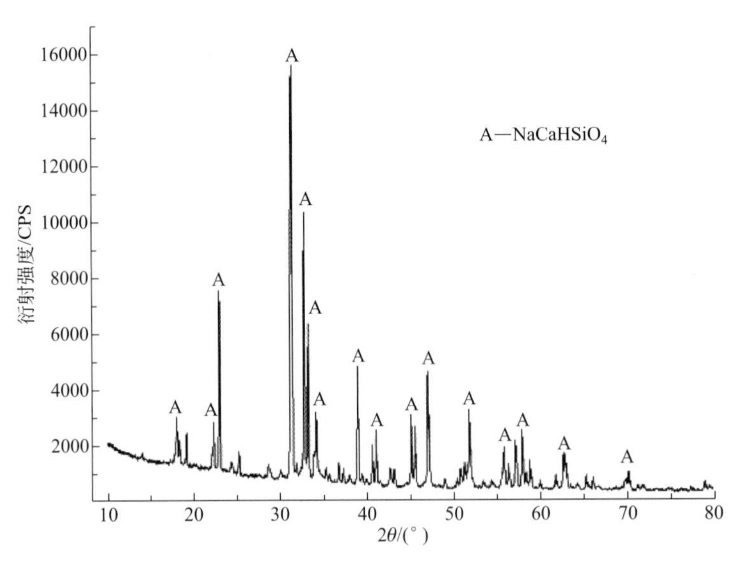

图 18-1　硅钙碱渣（LJR-23）的 X 射线粉末衍射图

水合硅酸钠钙渣中的 Na_2O 含量高达 18.8%，经水解可予以回收，以实现循环利用。剩余硅钙渣的主要成分为水合偏硅酸钙，其中 CaO/SiO_2 摩尔比接近于 1.0，故经适当处理后可用作合成硅灰石粉体的优质原料。

18.3 硅钙碱渣回收碱

18.3.1 反应原理

水合硅酸钠钙是不稳定化合物，在水中添加 CaO 条件下通入 CO_2 或是在 NaOH 或 Na_2CO_3 溶液中都可以使之分解，将其中的 Na_2O 回收到溶液中。参考前人有关碱回收的方法（毕诗文等，2007），本实验采用 NaOH 稀碱液回收法。水合硅酸钠钙渣在水中发生水解，化学反应如下：

$$Na_2O \cdot 2CaO \cdot 2SiO_2 \cdot H_2O(aq) = 2CaO \cdot SiO_2 \cdot H_2O + Na_2SiO_3 \quad (18\text{-}2)$$

$$Na_2O \cdot 2CaO \cdot 2SiO_2 \cdot H_2O + 2NaOH = 2Na_2SiO_3 + 2Ca(OH)_2 \quad (18\text{-}3)$$

$$Na_2SiO_3 + 2Ca(OH)_2 = 2CaO \cdot SiO_2 \cdot H_2O + 2NaOH \quad (18\text{-}4)$$

上述反应中的水合硅酸钠钙，查阅热力学数据手册时无相关热力学数据。复杂硅酸盐是指至少包含两种金属离子，具有链状、层状、岛状、架状等结构的硅酸盐。在目前的实验技术条件下，难以测定其热力学数据（李小斌等，2001）。本研究中涉及的水合硅酸钠钙及回收碱后所得硅钙渣均属于复杂含氧酸盐类。

任何含氧酸盐都可视为由两种或两种以上氧化物所生成（柯家骏等，1994），例如，Na_2SiO_3 视为由 Na_2O 和 SiO_2 化合而成，Ca_2SiO_4 由 CaO 和 SiO_2 化合而成，写成通式为：

$$M_mO + YO_n = M_mYO_{n+1} \quad (18\text{-}5)$$

因此，含氧酸盐也可看成是一种复合氧化物，即

$$M_mYO_{n+1} = M_mO \cdot YO_n \quad (18\text{-}6)$$

从热力学上衡量一个反应产物是否稳定，可以根据其生成自由能 $\Delta G_f^\ominus$ 来判断。一般而言，$\Delta G_f^\ominus$ 值越负则其越容易形成。可是对于复合氧化物来说，还应考虑初始氧化物形成含氧酸盐时的反应自由能 $G_R^\ominus$。$G_R^\ominus$ 与含氧酸盐生成自由能 $\Delta G_{f\cdot M_mYO_{n+1}}^\ominus$ 及初始氧化物生成自由能 $\Delta G_{f\cdot M_mO}^\ominus$ 和 $\Delta G_{f\cdot YO_n}^\ominus$ 之间有如下关系：

$$\Delta G_{f\cdot M_mYO_{n+1}}^\ominus = \Delta G_{f\cdot M_mO}^\ominus + \Delta G_{f\cdot YO_n}^\ominus + G_R^\ominus \quad (18\text{-}7)$$

因此，$G_R^\ominus$ 值越负，初始氧化物之间就越易于形成含氧酸盐新相。把含氧酸盐看作是一种复合氧化物，即看作是各种酸性氧化物和碱性氧化物的复合物。水在大多数情况下以水合盐形式存在，有时也作为结构水参与反应（温元凯等，1978）。

碱回收过程发生的主要化学反应中，$Na_2O \cdot 2CaO \cdot 2SiO_2 \cdot H_2O$ 和 $CaO \cdot SiO_2 \cdot H_2O$ 是复杂无机化合物，其热力学数据可根据其组成与热力学数据之间的线性关系来计算（温元凯等，1978），即

$$Na_2O \cdot 2CaO \cdot 2SiO_2 \cdot H_2O = Na_2O + 2CaO + 2SiO_2 + H_2O \quad (18\text{-}8)$$

$$CaO \cdot SiO_2 \cdot H_2O = CaO + SiO_2 + H_2O \quad (18\text{-}9)$$

复杂硅酸盐的生成自由能可视为组成氧化物生成自由能和氧化物之间的反应自由能（$G_R^\ominus$）之和。故上述两种化合物的生成自由能可由下式计算：

$$\Delta G^{\ominus}_{f(Na_2O\cdot 2CaO\cdot 2SiO_2\cdot H_2O)} = \Delta G^{\ominus}_{fNa_2O} + 2\Delta G^{\ominus}_{fCaO} + 2\Delta G^{\ominus}_{fSiO_2} + \Delta G^{\ominus}_{fH_2O} + \sum G^{\ominus}_{R} \quad (18\text{-}10)$$

$$\Delta G^{\ominus}_{f(CaO\cdot SiO_2\cdot H_2O)} = \Delta G^{\ominus}_{fCaO} + \Delta G^{\ominus}_{fSiO_2} + \Delta G^{\ominus}_{fH_2O} + \sum G^{\ominus}_{R} \quad (18\text{-}11)$$

根据复合化合物反应自由能的线性相关规律，各种含氧酸盐的标准反应自由能可由下式计算：

$$-G^{\ominus}_{R} = AW_f + B \quad (18\text{-}12)$$

对于每一种含氧酸盐，A、B 是常数。计算中涉及的含氧酸根离子为正硅酸离子和偏硅酸离子，其 A、B 值列于表 18-6。W_f 是金属离子的生成能参数，相关金属离子的 W_f 数值如表 18-6 所示。

表 18-6　相关含氧酸根离子的 A、B 值及相关金属离子的 W_f 值

含氧酸根离子	A	B
正硅酸盐 SiO_4^{4-}	0.95	−2.5
偏硅酸盐 SiO_3^{2-}	0.69	−4.0
金属离子	Na^+	Ca^{2+}
W_f 值/(kcal/g 离子)	76	35

注：数值引自温元凯等（1978）。

相关端员氧化物在标准状态下的摩尔 Gibbs 自由能 $G^{\ominus}_{T}$ 数据见表 18-7（杨显万等，1983）。按照公式（18-10）、式（18-11），上述两种化合物的生成自由能计算结果 $\Delta G^{\ominus}_{f}$ 见表 18-8。

表 18-7　各端员氧化物在标准状态下的摩尔 Gibbs 自由能 $G^{\ominus}_{T}$　kcal/mol

温度/℃	氧化物			
	Na_2O	SiO_2	CaO	H_2O
25	−105.219	−220.615	−154.505	−73.299
50	−105.714	−220.873	−154.743	−73.732
75	−106.213	−221.154	−155.002	−74.193
100	−106.742	−221.456	−155.28	−74.697
125	−107.302	−221.778	−155.577	−75.877
150	−107.89	−222.121	−155.892	−77.069
175	−108.506	−222.483	−156.223	−78.274
200	−109.148	−222.863	−156.571	−79.491
225	−109.816	−223.262	−156.933	−80.719
250	−110.507	−223.679	−157.311	−81.957
275	−111.223	−224.113	−157.703	−83.206
300	−111.961	−224.564	−158.108	−84.464

注：1kcal=4.182 kJ。

化学反应的标准反应自由能由下式计算：

$$\Delta G^{\ominus}_{T} = \sum_i v_i G^{\ominus}_{iT} \quad (18\text{-}13)$$

式中，v_i 为物质 i 在反应式中的计量系数，对生成物取“+”号，反应物取“−”号。在 $\Delta G^{\ominus}_{T} < 0$ 时，反应可能发生；当 $\Delta G^{\ominus}_{T} > 0$ 时，反应肯定不发生（杨显万等，1983）。按照公式（18-13）计算反应（18-2）～反应（18-4）的 $\Delta G^{\ominus}_{T}$，结果列于表 18-9。

表 18-8　$Na_2O \cdot 2CaO \cdot 2SiO_2 \cdot H_2O$ 和 $CaO \cdot SiO_2 \cdot H_2O$ 的生成自由能 $\Delta G_f^{\ominus}$　kJ/mol

温度	复杂化合物	
	$Na_2O \cdot 2CaO \cdot 2SiO_2 \cdot H_2O$	$CaO \cdot SiO_2 \cdot H_2O$
25	−4215.36	−980.23
50	−4223.27	−982.17
75	−4231.80	−984.26
100	−4240.97	−986.53
125	−4253.42	−990.29
150	−4266.37	−994.17
175	−4279.78	−998.14
200	−4293.65	−1002.20
225	−4307.94	−1006.40
250	−4322.66	−1010.60
275	−4337.78	−1015.00
300	−4353.29	−1019.40

表 18-9　硅钙碱渣水解反应的 $\Delta G_T^{\ominus}$ 计算结果　kJ/mol

温度/℃	反应(18-2)	反应(18-3)	反应(18-4)
25	−2499.84	−2750.33	−250.70
50	−2505.79	−2755.31	−251.26
75	−2512.13	−2760.78	−251.40
100	−2518.90	−2766.63	−251.18
125	−2530.12	−2772.24	−252.63
150	−2541.57	−2778.22	−253.64
175	−2553.23	−2784.59	−254.21
200	−2565.10	−2787.82	−254.35
225	−2577.15	−2798.38	−254.57
250	−2589.39	−2805.76	−254.68
275	−2601.81	−2813.46	−254.80
300	−2614.39	−2820.33	−254.98

计算结果表明，在 25～300℃温区，反应（18-2）～反应（18-4）的 $\Delta G_T^{\ominus} < 0$。因此，水合硅酸钠钙在纯水和 NaOH 稀碱液中的分解反应是可能发生的。且温度越高，$\Delta G_T^{\ominus}$ 的数值越小，表明升高温度，有利于反应的正向进行。

18.3.2　实验过程

实验研究反应温度、液固比及起始溶液的 Na_2O 浓度对碱浸滤渣中碱回收率的影响。

实验方法：称取上述碱浸滤饼 100g，按设定的液固比准确量取工业用水，一起加入烧杯中搅拌均匀，倒入反应釜中，拧紧釜盖，搅拌速率为 200r/min，加热至设定温度后恒温反应 60min。反应时间一到，即刻停止加热，通冷却水，待冷却至约 90℃即开釜。倒出混合液，真空抽滤（负压0.1MPa）。用1200mL温度约90℃的工业用水分4次洗涤滤饼，再次真空抽滤。滤饼置于干燥箱中，在常压、105℃下恒温干燥2h。取出测定Na_2O含量，计算Na_2O的回收率。

18.3.3 结果分析与讨论

采用正交实验法，研究反应温度、液固比、起始溶液Na_2O浓度对水合硅酸钠钙渣碱回收率的影响。实验结果见表18-10。由表可见，反应温度、液固比及起始溶液Na_2O浓度对Na_2O回收率的影响顺序由大到小依次为：水解温度>起始溶液Na_2O浓度>液固比。由此，确定水合硅酸钠钙渣回收碱的优化条件为：水解温度180℃（约1.4MPa），起始溶液的Na_2O浓度20g/L，液固比为4∶1。

表18-10 水合硅酸钠钙渣回收碱正交实验结果

样品号	温度/℃	液固比	起始溶液Na_2O浓度/(g/L)	实验现象	Na_2O回收率/%
LJH-1	120	3∶1	0	结块	49.75
LJH-2	120	4∶1	20	未结块	39.41
LJH-3	120	5∶1	40	未结块	41.58
LJH-4	150	3∶1	20	未结块	61.88
LJH-5	150	4∶1	40	未结块	60.27
LJH-6	150	5∶1	0	结块	46.84
LJH-7	180	3∶1	40	未结块	45.72
LJH-8	180	4∶1	0	结块	64.45
LJH-9	180	5∶1	20	未结块	70.75
$k(1,j)$	43.58	52.45	53.68		
$k(2,j)$	56.33	54.71	57.35		
$k(3,j)$	60.31	53.06	49.19		
级差R	16.727	2.260	8.157		

（1）水解温度

实验结果表明，随着水解温度的升高，水合硅酸钠钙渣的碱回收率有较大的增加（表18-10）。这是因为水合硅酸钠钙中碱的回收过程为水解反应，在添加与未添加NaOH条件下，两个反应体系中发生化学反应（18-2）～反应（18-4）。

对于未添加NaOH的体系，随着温度的升高，加速了水的电离和水合硅酸钠钙解离出Na^+的过程。此时Na^+和OH^-结合生成NaOH破坏水解平衡，使反应向右进行，从而提高水合硅酸钠钙的分解率，即碱回收率（刘睦清等，2001）。而对于添加NaOH的体系，由热力学计算结果，在100℃下水解反应（18-3）、反应（18-4）的ΔG分别为-2766.63kJ/mol、-251.18kJ/mol（表18-9），即为吸热反应。故提高反应温度，有利于反应的进行，从而提高碱回收率。

（2）液固比

随着液固比的增大，水合硅酸钠钙渣的碱回收率呈现先增大后减小趋势，但波动幅度较小（表18-10）。这是因为对于固液反应，液固比的增大虽然有利于离子扩散（潘海娥等，2001；张亚莉，2003），但由于反应初期水合硅酸钠钙分解出的Na^+是一定的，液固比的增

大会降低初始溶液 Na_2O 浓度，从而降低碱回收率。综合考虑碱回收率、回收碱过程泥渣的膨胀现象以及后续 NaOH 稀碱液循环利用时蒸发过程所需能耗，确定反应的液固比为 4∶1。

（3）起始溶液 Na_2O 浓度

随着起始溶液 Na_2O 浓度的增大，碱回收率先增大后减小（表 18-10）。当起始溶液 Na_2O 浓度由 0g/L 增大至 20g/L 时，碱回收率增大，主要原因是提高起始溶液 Na_2O 浓度，可以抑制泥渣的膨胀，减少其对 Na^+ 的吸附。而当起始溶液 Na_2O 浓度继续增大时，使得反应（18-2）、反应（18-4）向右进行的速率减慢，从而降低碱回收率。

（4）反应时间

水合硅酸钠钙回收碱过程属水解反应，反应时间为 60min 时，反应产物中仍有水合硅酸钠钙存在，故考虑延长反应时间来提高水合硅酸钠钙的分解率。实验结果见表 18-11。

表 18-11　反应时间对碱回收率的影响实验结果

样品号	碱浸滤饼/g	液固比	Na_2O 浓度/(g/L)	温度/℃	反应时间/min	Na_2O 回收率/%
LJH-01	100	4∶1	20	180	60	75.29
LJH-02	100	4∶1	20	180	120	80.23
LJH-03	100	4∶1	20	180	180	80.04

实验结果表明，随着反应时间的延长，硅钙碱渣的碱回收率逐渐增大。该反应为水解反应，存在着一定的平衡，当反应达到平衡后碱回收率不会随着时间的延长而增大。由此确定回收碱的反应时间为 120min。

（5）洗涤次数

按照上述优化条件实验，由回收碱后剩余硅钙渣的 X 射线粉末衍射图可见，原水合硅酸钠钙的衍射峰已全部消失，其主要物相为结晶较差的 C-S-H、非晶态水合硅酸钙及少量 $CaCO_3$（图 18-2）。后者为提取氧化铝过程添加的 CaO 中引入的杂质成分。但此时的碱回收

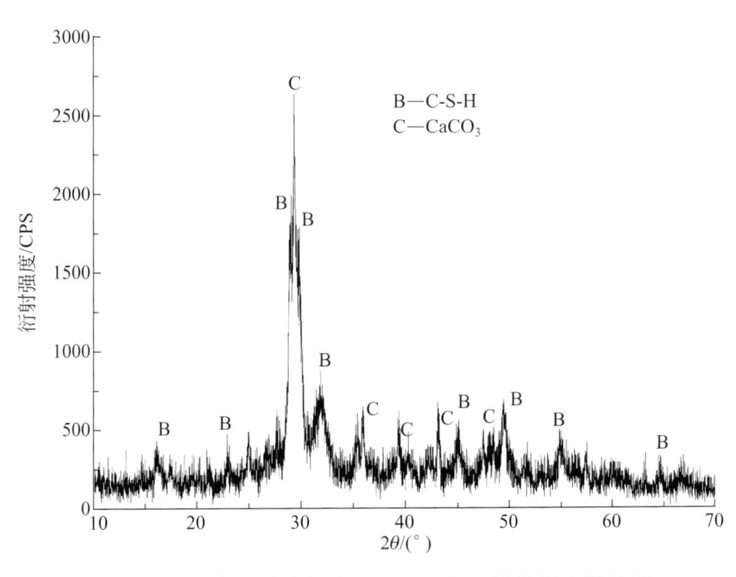

图 18-2　回收碱后硅钙渣（LJH-03）X 射线粉末衍射图

率只有约80%。考虑到生成物对 Na^+ 有较强的吸附性，故需要通过洗涤来回收被吸附的 Na^+。对回收碱后的固体渣进行洗涤，每次洗涤用水量为400mL，洗涤6次。洗涤液中 Na_2O 含量随洗涤次数的变化如图18-3所示。其中五次、六次洗液中的 Na_2O 浓度已小于2g/L，此时碱回收率已达90%以上。由于水合硅酸钙具有较强的吸附性能，故依据经济合理性原则，确定洗涤次数为6～7次。

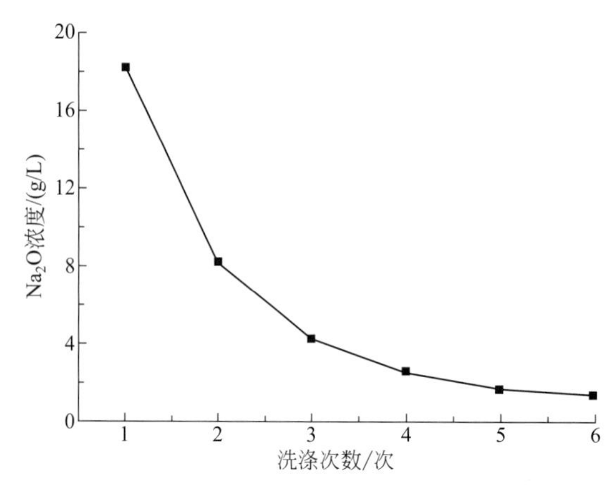

图18-3　洗涤液中 Na_2O 含量与洗涤次数的关系图

18.4　硅钙渣制备硅灰石

18.4.1　原料物相分析

回收碱过程所得水合硅酸钙渣的化学成分分析结果见表18-12。其中 Na_2O 含量仅为0.81%，CaO/SiO_2 摩尔比大致符合硅灰石的理论组成，故适合于制备硅灰石粉体。

表18-12　水合硅酸钙渣的化学成分分析结果　　w_B/%

样品号	SiO_2	TiO_2	Al_2O_3	Fe_2O_3	FeO	MgO	CaO	Na_2O	K_2O	LOI	总量
LJH-03	36.26	0.06	2.17	0.95	0.11	1.16	40.00	0.81	0.14	18.48	100.14

表中分析结果表明，水合硅酸钙渣的 CaO/SiO_2=1.18。根据 $CaO-SiO_2-H_2O$ 体系相图（图18-4），硅钙渣组成对应于图中Ca∶Si=1.0～1.5之间靠近1.0处。其结晶较差的C-S-H相可能包括硬硅钙石［Xon，$Ca_6(Si_6O_{17})(OH)_2$］、傅硅钙石［Fos，$Ca_4(Si_3O_9)(OH)_2$］和羟硅钠钙石［Jen，$Ca_9H_2Si_6O_{18}(OH)_8$］（Hong et al，2004）。

18.4.2　制备工艺过程

硅灰石行业标准（JC/T 535—2007）中对 Fe_2O_3 含量的要求为一级品≤0.5%（表18-13）。故需先对硅钙渣进行除铁实验，以满足制备高品质硅灰石的要求。

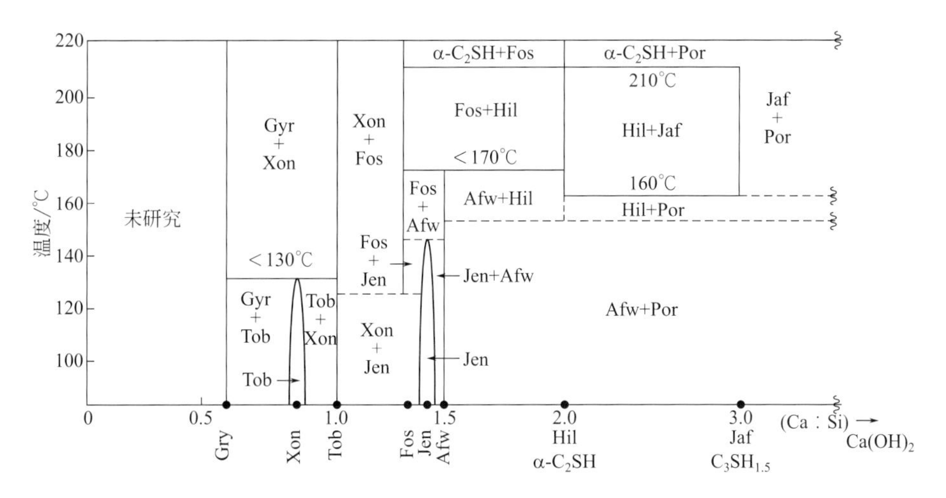

图 18-4　$CaO-SiO_2-H_2O$ 体系相图

（据 Hong et al，2004）

Afw—柱硅钙石；Fos—傅硅钙石；Gyr—吉水硅钙石；

VHil—针硅钙石；Jaf—水合硅三钙石；Jen—羟硅钙石；Por—羟钙石；

Tob—雪硅钙石；Xon—硬硅钙石

表 18-13　硅灰石的性能指标（JC/T 535—2007）

检测项目			技术要求			
			一级品	二级品	三级品	四级品
硅灰石含量/%		≥	90	80	60	40
二氧化硅含量/%			48～52	46～54	41～59	≥40
氧化钙含量/%			45～48	42～50	38～50	≥30
三氧化二铁含量/%		≤	0.5	1.0	1.5	—
烧失量/%		≤	2.5	4.0	9.0	—
白度/%		≥	90	85	75	—
吸油量/%			18～30(粒径小于 5μm,18～35)			—
水萃取液酸碱度		≤	46			—
105℃挥发物含量/%		≤	0.5			
细度	块粒,普通粉筛余量/%	≤	1.0			
	细粒,超细粉大于粒径含量/%	≤	8.0			

传统的除铁增白方法主要有物理法（手选法、水洗法、磁选法、浮选法等）和化学法（酸浸法、还原法、氧化法、氧化-还原法、煅烧增白等）。物理法仅能分离出暗色矿物及有机质，对提高白度有限。化学法即利用化学药剂选择性溶解物料中的含铁矿物，然后去除的方法。经提纯后的矿物表面吸附的色素离子为 Fe^{3+}，即铁以 Fe_2O_3 形式存在时，采用 $Na_2S_2O_4$ 与其反应将 Fe^{3+} 还原成二价铁盐，经洗涤过滤除去；当吸附离子为 Fe^{2+} 时，即铁以 FeS_2 形式存在时，应采用氧化剂与其反应将其氧化成可溶性硫酸亚铁和硫酸铁，使其变成易被洗去的无色氧化物。大部分矿样同时含有 Fe^{3+} 和 Fe^{2+}，采用氧化-还原联合漂白法，

先用氧化剂氧化 Fe^{2+} 成为 Fe^{3+}，再用还原剂将其还原为 Fe^{2+}，经洗涤过滤除去。

实验采用以保险粉和邻菲咯啉除铁的方法。

18.4.2.1 保险粉除铁

Fe_2O_3 是水合硅酸钙渣的主要染色元素，其在硅钙渣中的赋存形式为 $Fe_2O_3 \cdot nH_2O$，以保险粉（$Na_2S_2O_4$）为还原剂进行除铁增白，主要研究草酸用量、漂白时间、pH 值、液固比、温度、保险粉用量等因素对硅钙渣除铁增白效果的影响。

草酸用量 实验条件，草酸用量 0～4%，后加入；液固质量比 5；pH 值 5.5；温度常温；保险粉 4%，先加入；反应时间 1h。反应完成后充分洗涤，在 105℃下烘干，研磨、测试，结果见图 18-5。由图可见，当草酸用量为 2%～3%时，除铁效果最佳。

反应时间 实验条件，草酸用量 2%，后加入；液固质量比 5；温度常温；pH 值 5.5；保险粉用量 4%，先加入。反应完成后充分洗涤，在 105℃下烘干，研磨、测试。实验结果见图 18-6。

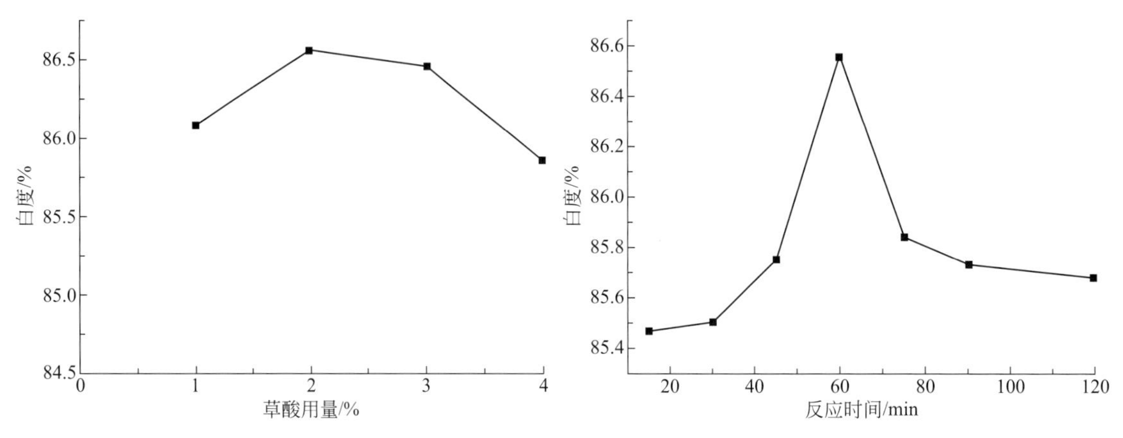

图 18-5 草酸用量对水合硅酸钙渣除铁增白效果的影响

图 18-6 反应时间对水合硅酸钙渣除铁增白效果的影响

反应时间对水合硅酸钙渣除铁效果影响较大。时间过短达不到理想白度；时间过长浪费试剂，甚至因空气对 Fe^{2+} 的重新氧化，导致产品白度下降。图 18-6 显示，反应时间应控制在 50～80min。反应完成后应立即洗涤过滤，否则会出现返黄现象，二价铁重新被氧化，而使硅钙渣白度降低。

pH 值 实验条件，分别用 HCl、Na_2CO_3 调整溶液的 pH 值；保险粉用量 4%，先加入；反应时间 1h；草酸用量 2%，后加入；反应时间 0.5h；液固质量比 5；温度常温。反应完成后充分洗涤，105℃下烘干，研磨、测试。实验结果见图 18-7，当 pH 值为 5.5 时，除铁效果最佳。

液固比 实验条件，保险粉用量 4%，先加入；反应时间 1h；草酸用量 2%，后加入；反应时间 0.5h；温度常温；pH 值＝5.5；反应完成后充分洗涤，105℃下烘干，研磨、测试。实验结果显示（图 18-8），液固比为 4 时，硅钙渣的白度相对较高。

除铁漂白过程一般在低浓度下进行，因为连二亚硫酸钠盐易被空气氧化，浓度高易夹带空气，从而使还原剂部分失效。但若矿浆浓度过低，则水中含有的氧气也不利于提高漂白效果。实验中的硅钙渣粒度微细，比表面积大，吸水性强，硅钙渣浆液浓度过高时流动性差，难以分散，影响漂白效果。实验结果表明，液固比为 4 时，水合硅酸钙渣除铁增白效果相对更好。

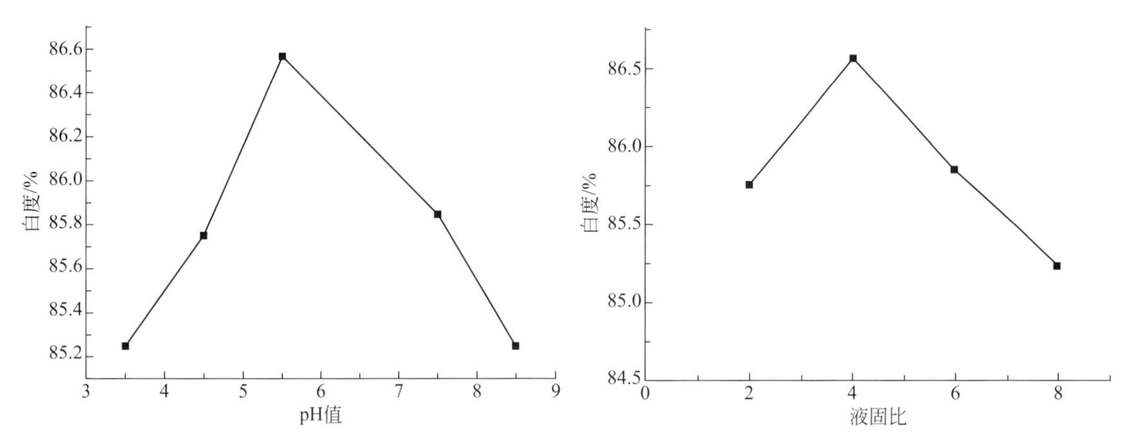

图 18-7　pH 值对水合硅酸钙渣除铁增白效果的影响　**图 18-8　液固比对水合硅酸钙渣除铁增白效果的影响**

酸洗温度　实验采用水浴加热，保险粉用量 4%，先加入；反应时间 1h；草酸用量 2%，后加入；反应时间 0.5h；液固比 5；pH 值 5.5；反应完成后充分洗涤，于 105℃下烘干，研磨、测试。实验结果见图 18-9。

与大多数化学反应类似，保险粉与氧化铁的反应随温度升高而加快。对这种现象可解释为：①常温（25℃）下，溶解于水内的氧对 Fe^{2+} 起氧化副作用，在水合硅酸钙渣的吸附层外有气膜，降低了还原剂与 Fe_2O_3 的反应概率；②随温度的升高，相对降低了范德华力及内聚力，同时溶解于水中的氧及气膜逐渐逸出、消失，增大了还原剂与 Fe_2O_3 的反应概率。实验结果表明，随着酸洗温度升高，漂白剂的水解速率加快，漂白速度也加快，白度随反应温度的提高而增大。酸洗温度在 80℃时，除铁效果最好。

保险粉用量　实验条件，保险粉先加入，反应时间 1h；草酸用量 2%，后加入；液固比 4；温度 80℃、常温；pH 值＝5.5；充分洗涤，105℃烘干，研磨、测试。实验结果见图 18-10。

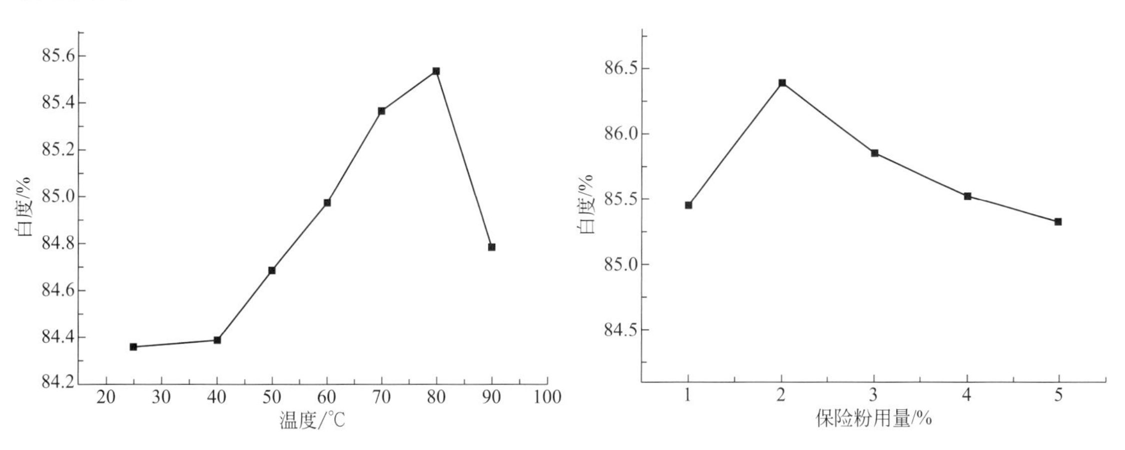

图 18-9　酸洗温度对水合硅酸钙渣除铁增白效果的影响

图 18-10　保险粉用量对水合硅酸钙渣除铁增白效果的影响

根据硅钙渣中所含氧化铁的含量，可以计算出保险粉的理论用量。但实际用量远超过理论用量。原因有：①保险粉在酸性介质中不稳定而分解掉一部分；②它在与氧化铁反应的同时，还会与水慢慢作用，发生如下反应：

$$2Na_2S_2O_4 + H_2O \xlongequal{} Na_2S_2O_3 + 2NaHSO_3 \tag{18-14}$$

$$Fe_2O_3 + Na_2S_2O_4 + 2H_2SO_4 \longrightarrow 2NaHSO_3 + 2FeSO_4 + H_2O \tag{18-15}$$

实验结果表明，保险粉用量不宜过高。在2%以上的范围，硅钙渣 Fe^{3+}/Fe^{2+} 的值随保险粉用量的增加而增加。这是因为保险粉是强还原剂，在空气中易被氧化而分解，生成S等有色物质，降低其还原能力。该过程产生如下反应：

$$2S_2O_4^{2-} + 4H^+ \xlongequal{} 3SO_2 + S + 2H_2O \tag{18-16}$$

$$3S_2O_4^{2-} + 6H^+ \xlongequal{} 5SO_2 + H_2S + 2H_2O \tag{18-17}$$

$$2H_2S + SO_2 \xlongequal{} 3S\downarrow + 2H_2O \tag{18-18}$$

图18-10显示，保险粉用量2%就可取得良好的除铁效果，用量超过2%白度开始下降。

综上所述，硅钙渣除铁的优化条件为：保险粉用量2%；草酸用量2%，pH值5.5；液固比5；反应时间60min，酸洗温度80℃，实验产物的白度由78.53%提高至86.39%。利用保险粉除铁后，水合硅酸钙渣的物相未发生变化（图18-11）。

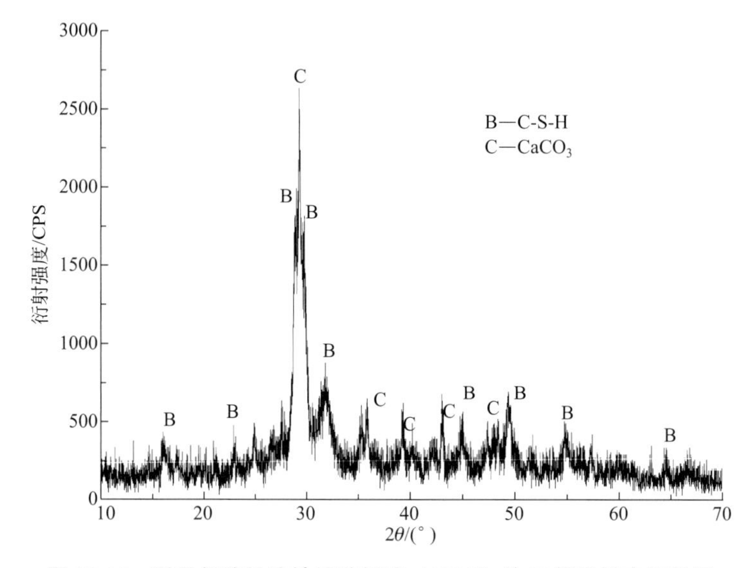

图18-11　利用保险粉除铁后硅钙渣（CT-5）的X射线粉末衍射图

18.4.2.2　邻菲咯啉除铁

称取5.0g水合硅酸钙渣试样，置于100mL烧杯中，加入含2.5g邻菲咯啉和30g草酸的30mL溶液，在超声波清洗器中于80℃下振荡4h。反应完成后过滤、干燥。滤饼用比色法测其 Fe_2O_3 含量，并进行X射线粉末衍射分析。由图18-12可见，除铁前硅钙渣中的主要物相已经全部变成了水合草酸钙。故实验中采用保险粉除铁方法。

18.4.2.3　硅钙渣煅烧制备硅灰石

从硅钙渣的TG-DTA曲线（图18-13）可知，差热曲线上在160℃、516℃、701℃处出现吸热谷，分别代表水合硅酸钙渣脱去吸附水、结晶水、结构水的温度，对应于热重曲线上的失重率分别为6.27%、5.30%、3.71%。在807℃处存在一放热峰，代表从C-S-H及非晶态水合硅酸钙脱水产物转变为硅灰石的相变温度，与热重曲线上在807℃后质量不再发生变化相对应。结合实验室电阻炉的温度控制精度，确定利用硅钙渣制备硅灰石的煅烧温度为830～850℃。

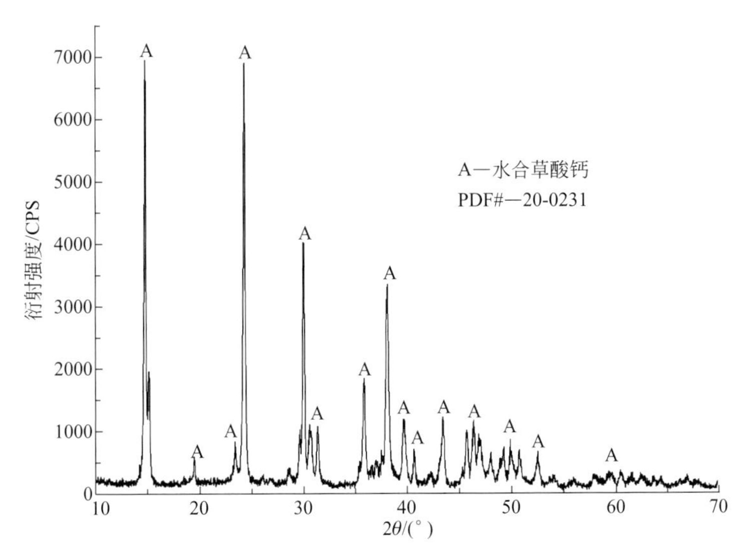

图 18-12　利用邻菲咯啉除铁后硅钙渣（CT-02）的 X 射线粉末衍射图

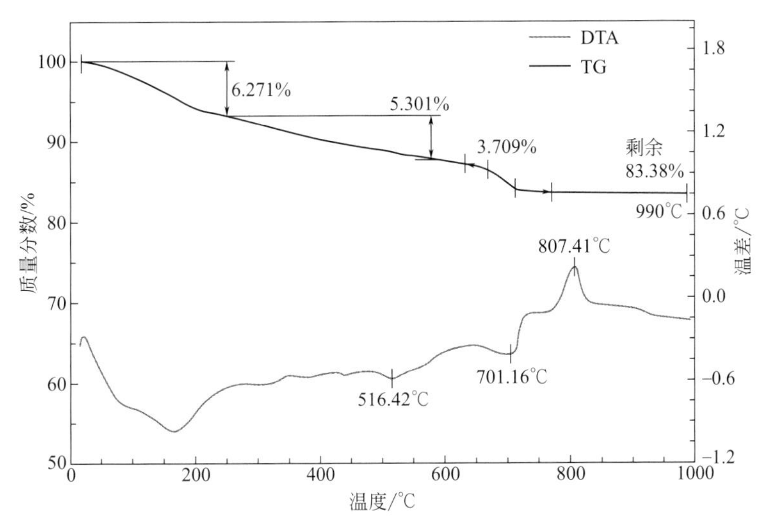

图 18-13　水合硅酸钙渣的差热-热重曲线

将不同碱回收条件下所得硅钙渣进行煅烧，制备硅灰石粉体，对其进行 X 射线粉末衍射分析和扫描电镜观察。取一定质量的除铁后的水合硅酸钙渣，装入氧化铝坩埚中，将坩埚置于 KSF1400X 型箱式电阻中进行煅烧，控制升温速率为 10℃/min，升温至 830℃后恒温反应 2h。

18.4.3　碱回收条件对硅灰石形貌的影响

采用 LEO-1450 型扫描电镜对所得硅灰石制品的表面形貌进行观察。按照上述优化条件所得硅钙渣制得的硅灰石粉体的扫描电镜照片见图 18-14。由图 18-14（a）可见，大部分硅灰石粉体粒径为微米级，且存在着较大的团聚。但是将其局部放大如图 18-14（b）所示，其部分粉体粒径已达纳米级，粒径分布为 50～100nm 之间，与前人利用柠檬酸-硝酸凝胶燃烧法合成的纳米硅灰石粉体的微观形貌类似（Huang et al，2009）。

图 18-14　硅灰石制品（GHS-1）的扫描电镜照片

为了更好地回收硅钙碱渣中的 Na_2O，延长碱回收反应时间至 3h，所得硅钙渣的扫描电镜照片见图 18-15。由其煅烧后制得的硅灰石样品的扫描电镜照片见图 18-16。由图可见，

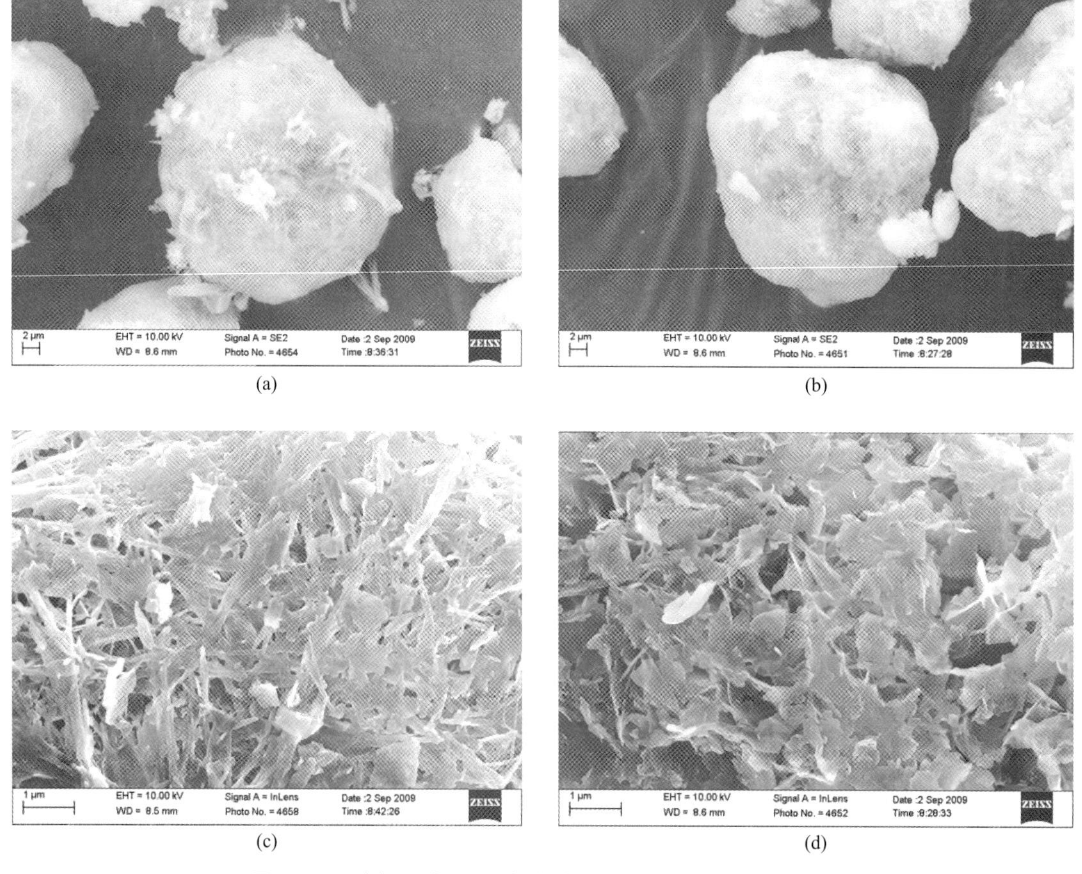

图 18-15　水解反应 3h 所得水合硅酸钙渣的扫描电镜照片

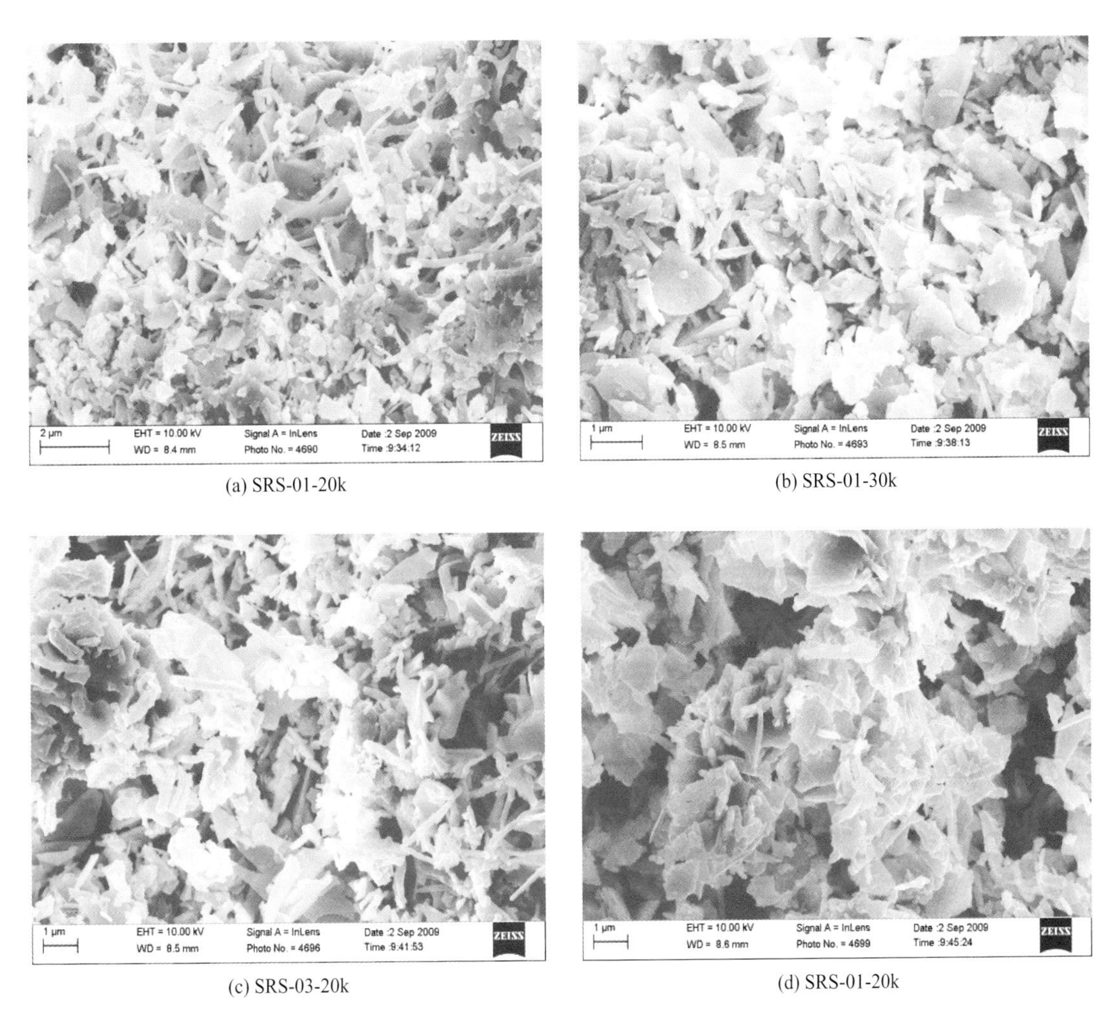

(a) SRS-01-20k　　(b) SRS-01-30k

(c) SRS-03-20k　　(d) SRS-01-20k

图 18-16　水解反应 3h 所得硅钙渣煅烧制备硅灰石粉体的扫描电镜照片

碱回收反应为 3h 时得到的硅钙渣的微观形貌为片层状交织而成，说明延长反应时间有利于硅钙渣中的 C-S-H 更好地结晶。由图 18-16 可知，由其煅烧制得的硅灰石粉体的微观形貌为不规则的片状。在煅烧过程中，片状形貌的硅钙渣颗粒结晶长大，制得的硅灰石的片层厚度约 0.2μm，远大于硅钙渣片层的厚度（约 0.01μm）。

由此推测，煅烧水合硅酸钙渣制备硅灰石过程中，不会改变水合硅酸钙原有的微观形貌。参照利用钾长石粉体水热合成雪硅钙石实验（彭辉等，2007），改变碱回收条件，按 $CaO/SiO_2=1.0$ 添加适量自制白炭黑，反应温度 230～250℃，反应时间 5h，所得水合硅酸钙渣的扫描电镜照片见图 18-17，由其煅烧制得的硅灰石粉体的扫描电镜照片见图 18-18。

由图 18-17 可知，在提高水解反应温度至 230～250℃、$n(CaO)/n(SiO_2)=1.0$、延长反应时间条件下，所得硅钙渣的显微形貌为长径比大于 20 的纤维。经煅烧制备的硅灰石制品仍保留了其纤维状形貌，但纤维变长变粗，长径比减小，且一次粒子呈不规则团聚。

(a) (b)

图 18-17 230～250℃下水解反应 5h 所得水合硅酸钙渣（SR-4）的扫描电镜照片

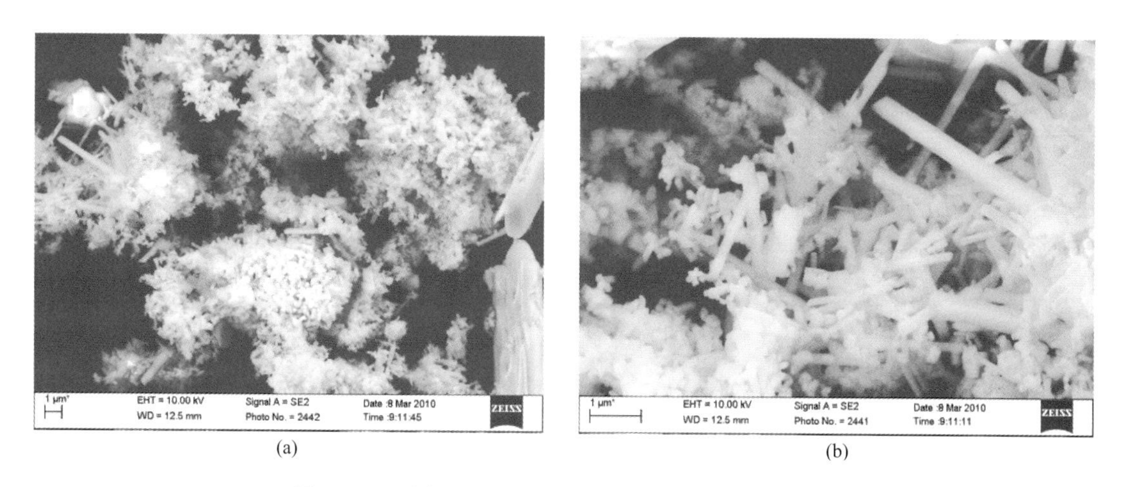

(a) (b)

图 18-18 硅灰石粉体制品（SRS-4）的扫描电镜照片

18.5 制备硅灰石反应动力学

为了探求化学反应的速率，需了解浓度、温度、压力、介质、催化剂等各种因素对反应速率的影响，进一步对反应机理做出判断，这是反应动力学的基本研究内容（沈兴，1995）。化学动力学的基本理论建立在等温过程和均相反应基础之上，由于热分析技术具有快速、方便等一系列优点，越来越多地被应用于化学动力学研究，即热分析动力学。

固体反应通常有：①吸着现象，包括吸附和解析；②在界面上或均相区内原子进行反应；③在固体界面上或内部形成新物相的晶核，即成核反应；④物质通过界面和相区的运输，包括扩散和迁移。究竟哪一个步骤能够控制整个反应过程，则因固相反应的类型不同而异（潘云祥等，1999）。热分析动力学就是通过热分析手段，把反应机理用数学的函数公式表达出来，从而得到转化率与反应温度、反应时间等参数的关系，为实际工业应用奠定理论基础。

18.5.1　理论基础

18.5.1.1　动力学基本方程

假设物质反应过程仅取决于温度 T 和转化率 α，本项研究中转化率 α 是指水合硅酸钙脱水产物转变为硅灰石过程中的质量变化，这两个参数是相互独立的。对于不定温、非均相反应，动力学方程可表示为：

$$\frac{\mathrm{d}\alpha}{\mathrm{d}t}=f(\alpha)k(T) \tag{18-19}$$

式中，t 为时间；$k(T)$ 为速率常数的温度关系式；$f(\alpha)$ 为反应的机理函数。在线性升温时，升温速率 $\beta=\frac{\mathrm{d}T}{\mathrm{d}t}$，则上式可转化为：

$$\frac{\mathrm{d}\alpha}{\mathrm{d}T}=\frac{1}{\beta}f(\alpha)k(T) \tag{18-20}$$

公式（18-20）是反应动力学在描述等温和非等温过程时最基本的方程。其他所有的方程都是在这个方程的基础上推导出来的。公式（18-20）中的速率常数 k 与温度有密切的关系。Arrhenius 通过模拟平衡常数与温度关系式的形式所提出的速率常数-温度关系式最为常用。即

$$k=A\exp\frac{-E_a}{RT} \tag{18-21}$$

式中，A 为指前因子；E_a 为活化能；R 为普适气体常数；T 为热力学温度。

将式（18-21）代入式（18-20），得：

$$\mathrm{d}\alpha/\mathrm{d}T=(A/\beta)\exp\frac{-E_a}{RT}f(\alpha) \tag{18-22}$$

动力学研究的目的，在于求解描述反应的上述方程中的“动力学三因子”活化能 E_a、指前因子 A 和反应机理函数 $f(\alpha)$。

18.5.1.2　热分析动力学方法及参数计算

热分析动力学方法可分为积分法和微分法两类。前者包括 Ozawa 法、Coats-Redfern 法，后者包括 Kissinger 法、Achar 法。

（1）Ozawa 法

Ozawa 法（1965）是对方程（18-20）进行近似变换而得：

$$\lg\beta=\lg\frac{AE_a}{RG(\alpha)}-2.315-0.4567\frac{E_a}{RT} \tag{18-23}$$

式中，$G(\alpha)$ 为 $f(\alpha)$ 的积分形式，被定义为：$G(\alpha)=\int_0^{\alpha}\frac{\mathrm{d}\alpha}{f(\alpha)}$。式中 E_a 可用如下方法求得：在不同的升温速率 β 下，选择相同转化率 α，则 $\lg\frac{AE_a}{RG(\alpha)}$ 是定值。$\lg\beta$ 与 $1/T$ 成线性关系，则可由斜率 $-0.4567\frac{E_a}{R}$ 求得活化能 E_a。

（2）Coats-Redfern 法

Coats-Redfern 法（1964）是根据式（18-22）移项积分得到的：

$$\int_0^{\alpha}\frac{\mathrm{d}\alpha}{f(\alpha)}=\int_{T_0}^{T}\frac{A}{\beta}\mathrm{e}^{\frac{-E_a}{RT}}\mathrm{d}T \tag{18-24}$$

令 $g(\alpha)=\int_0^{\alpha}\frac{d\alpha}{f(\alpha)}$，$x=\frac{E_a}{RT}$，得：

$$g(\alpha)=\frac{AE_a}{\beta R}p(x) \tag{18-25}$$

对 $p(x)$ 展开后取前两项近似值，代入上式得：

$$g(\alpha)/T^2=\frac{AE_a}{\beta R}\left(1-\frac{2RT}{E_a}\right)e^{\frac{-E_a}{RT}} \tag{18-26}$$

两边取对数：

$$\ln[g(\alpha)/T^2]=\ln\left[\frac{AE_a}{\beta R}\left(1-\frac{2RT}{E_a}\right)\right]-\frac{E_a}{RT} \tag{18-27}$$

若选定的机理函数 $g(\alpha)$ 合适，则 $\ln[g(\alpha)/T^2]$与 $1/T$ 成线性关系，可由斜率和截距求出表观活化能 E_a 和指前因子 A。

（3）Kissinger 法

同样对公式（18-22）进行 Kissinger 法（1957）处理，可得：

$$\ln\frac{\beta}{T_{max}^2}=\ln\frac{RA}{E_a}-\frac{E_a}{A}\times\frac{1}{T_{max}} \tag{18-28}$$

式中，T_{max}表示差热曲线上峰顶所对应温度。在不同升温速率 β 下，对反应物测得一组差热曲线，得到相应的一组 T_{max}。在各差热曲线峰顶处，$\ln\frac{RA}{E_a}$为定值，则 $\ln\frac{\beta}{T_{max}^2}$与$\frac{1}{T_{max}}$成线性关系，由斜率和截距可计算表观活化能 E_a 和指前因子 A。

（4）Achar 法

Achar 法（1966）是根据$\frac{d\alpha}{dt}=Ae^{\frac{-E_a}{RT}}f(\alpha)$ 得$\frac{d\alpha/dt}{f(\alpha)}=Ae^{\frac{-E_a}{RT}}$，两边取对数得：

$$\ln\frac{d\alpha/dt}{f(\alpha)}=\ln A-\frac{E_a}{RT} \tag{18-29}$$

当选取的机理函数 $f(\alpha)$ 适合时，$\ln\frac{d\alpha/dt}{f(\alpha)}$与 $1/T$ 成线性关系，由直线斜率和截距可求得表观活化能 E_a 和指前因子 A。

18.5.1.3 反应机理函数

热分析法研究动力学的主要目的，是找出描述反应的动力学方程式，确定最可能的反应机理。Bagchi 等（1981）提出用微分法和积分法相结合的方法，对非等温动力学数据进行处理以确定反应机理。Criado 等（1989，1992）则提出利用以下方程确定反应机理函数：

$$\ln\frac{d\alpha/dt}{f(\alpha)}=\ln A-\frac{E_a}{RT} \tag{18-30}$$

$$\ln[g(\alpha)/T^2]=\ln\frac{AR}{\beta E_a}-\frac{E_a}{RT} \tag{18-31}$$

式（18-31）是 Coats-Redfern 法式（18-27）的简化式，其中产生的误差可忽略不计。将所得热分析数据分别代入以上两方程式，进行线性拟合计算，然后对比两种方法求解的活化能 E_a 和指前因子 A。如果选择的函数合理，用两种方法求得的 E_a、A 值应相近，且线性拟合相关系数较大（$r\approx1$），由此即可判断反应机理函数。

18.5.2 反应动力学

18.5.2.1 实验过程

对水合硅酸钙样品（LJH-03）分别以不同升温速率进行差热-热重分析。称取试样 8.0～10.0mg，分析仪器型号 SDT-Q600，测定范围为 25～1000℃，于空气条件下进行，分别以升温速率 5℃/min、10℃/min、15℃/min、20℃/min 测得 4 组数据。当 $\alpha<0.1$ 和 $\alpha>0.9$ 时，反应处于诱导期和末期，不能全面反映反应的真实状态，从而给机理函数的判定带来不确定性（潘云祥等，1999），故选择转化率 α 在 0.1～0.9 之间。实验数据见表 18-14 和表 18-15，热重（TG）曲线见图 18-19，差热（DTA）曲线见图 18-20。

表 18-14　水合硅酸钙（LJH-03）脱水产物转变为硅灰石的温度　℃

升温速率 / 转化率 α	5℃/min	10℃/min	15℃/min	20℃/min
0.1	716.0	718.2	729.0	742.2
0.2	729.1	733.0	744.8	756.5
0.3	739.8	746.5	758.6	767.5
0.4	750.4	757.2	769.8	776.8
0.5	759.6	766.4	779.6	784.5
0.6	768.1	775.2	789.1	792.8
0.7	779.2	786.0	805.9	833.1
0.8	857.0	916.3	912.9	923.3
0.9	945.1	946.0	959.2	961.8

表 18-15　不同升温速率下（LJH-03）差热曲线上峰顶所在的温度

β/(℃/min)	T_{max3}/K
5	1090.52
10	1101.21
15	1107.75
20	1112.22

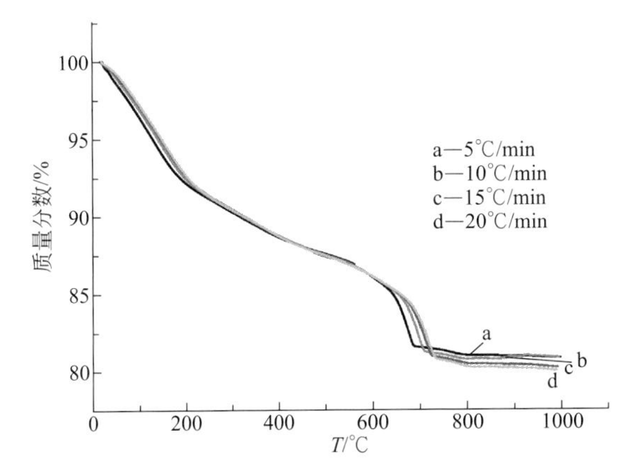

图 18-19　不同升温速率下水合硅酸钙（LJH-03）的热重曲线

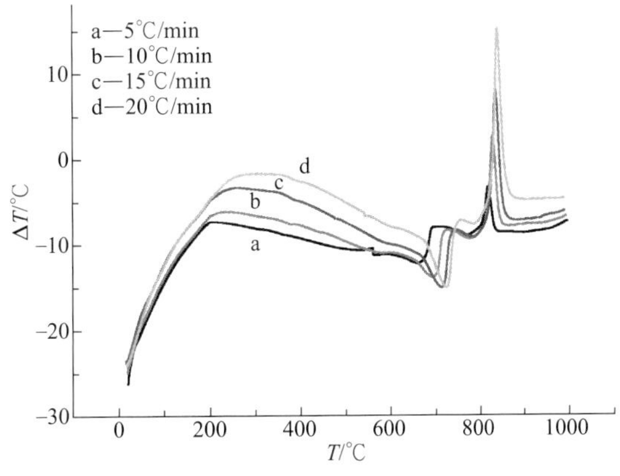

图 18-20　不同升温速率下水合硅酸钙（LJH-03）的差热曲线

18.5.2.2 结果分析

分析表 18-14 数据，发现升温速率越大则得到相同转化率所需的温度越高。图 18-19 表明，随着升温速率的增大，热重曲线很有规律地往高温区偏移。图 18-20 显示，升温速率越大，差热曲线的峰越尖锐，且峰值所对应温度也越高。分别采用 Ozawa 法、Kissinger 法对表 18-14 和表 18-15 的实验数据进行处理，求解活化能 E_a。

（1）Ozawa 法

由公式（18-23）可知，在相同的转化率 α 下，升温速率不同，则达到该转化率 α 时的温度也不同，分别表示为（β_1，T_1），（β_2，T_2），…，（β_n，T_n），计算转化为（$\lg\beta_1$，$1/T_1$），（$\lg\beta_2$，$1/T_2$），…，（$\lg\beta_n$，$1/T_n$）。将这些点进行线性拟合，根据斜率 $-0.4567E_a/R$ 可计算出活化能 E_a。以转化率 $\alpha=0.8$ 为例，不同升温速率下的 $\lg\beta$ 和 $1/T$ 值列于表18-16，并以 $\lg\beta$ 对 $1/T$ 作图（图 18-21）。

表 18-16 不同升温速率下的 $\lg\beta$ 和 $1/T$ 数值

升温速率/(℃/min)	$(1/T)/K^{-1}$	$\lg\beta$
5	0.000885	0.6990
10	0.000841	1.0000
15	0.000843	1.1761
20	0.000836	1.3010

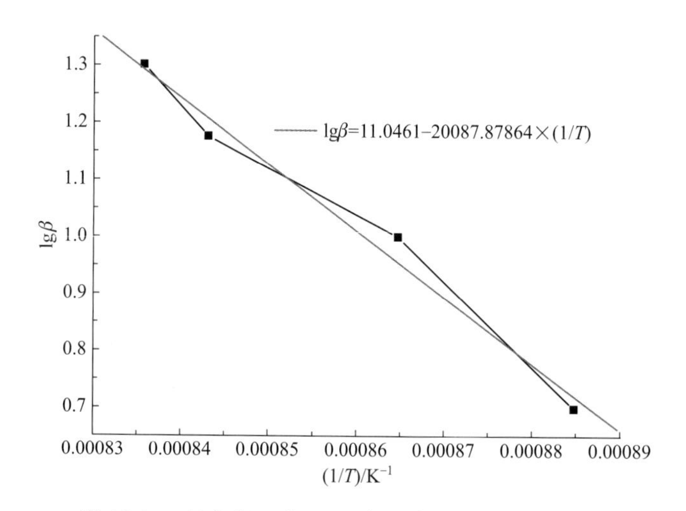

图 18-21 转化率 α 为 0.8 时 $\lg\beta$ 与 $1/T$ 线性拟合图

根据 $\lg\beta$ 与 $1/T$ 线性拟合所得直线的斜率，即 $-0.4567E_a/R=-20087.87864$，计算得 $E_a=365.69$kJ/mol。由此，计算各个转化率下的表观活化能值，结果见表 18-17。由表可知，水合硅酸钙脱水产物转变为硅灰石过程的反应活化能值介于 349.8～370.4kJ/mol 之间，波动范围较小，求其平均值，得反应活化能为 357.13kJ/mol。

表 18-17 空气条件下水合硅酸钙高温相变反应的表观活化能 kJ/mol

α	0.1	0.2	0.3	0.4	0.5	0.6	0.7	0.8	0.9
E_a	349.81	350.23	351.54	353.67	354.79	358.63	359.46	365.69	370.35

（2）Kissinger 法

在差热（DTA）图谱上，每条曲线都有一些峰（谷），峰顶对应温度为 T_{max}，不同的升温速率下，T_{max}不同，分别标为（β_1，T_{max1}），（β_2，T_{max2}），…，（β_n，T_{maxn}），并计算转化为（$\ln\left(\frac{\beta_1}{T_{max1}^2}\right)$，$1/T_{max1}$），（$\ln\left(\frac{\beta_2}{T_{max2}^2}\right)$，$1/T_{max2}$），…（$\ln\left(\frac{\beta_n}{T_{maxn}^2}\right)$，$1/T_{maxn}$）。将这些点作图，并进行线性拟合，根据斜率计算反应活化能 E_a。

根据表 18-14，计算得各升温速率下的 ln（β/T_{max}^2）与 $1/T_{max}$值，见表 18-18。进行线性拟合，结果见图 18-22。

表 18-18　不同升温速率下 $\ln(\beta/T_{max}^2)$ 与 $1/T_{max}$ 数值

升温速率/(K/min)	$\ln(\beta/T_{max}^2)$	$(1/T_{max})/K^{-1}$
2.5	−11.80274583	0.00122344
5	−11.13558614	0.00120764
10	−10.74585494	0.00119818
20	−10.46885600	0.00119180

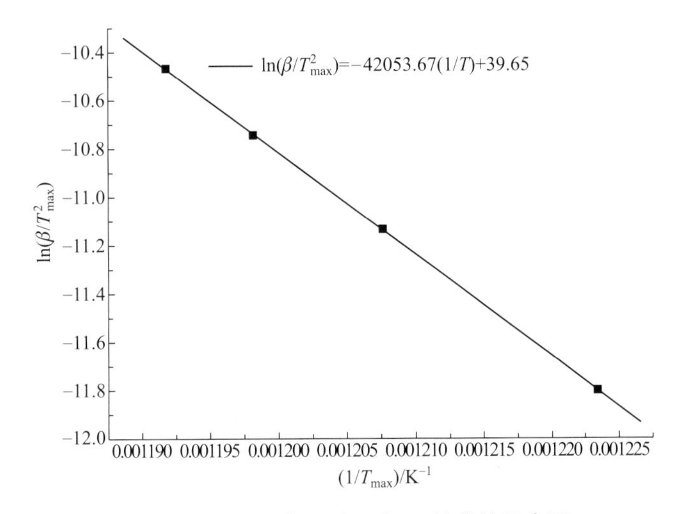

图 18-22　$\ln(\beta/T_{max}^2)$ 与 $1/T_{max}$ 的线性拟合图

根据线性拟合所得直线斜率，得 $E_a/R=42053.67$，计算水合硅酸钙脱水产物转变为硅灰石过程的反应活化能：$E_a=349.63$kJ/mol。

18.5.2.3　反应机理函数计算

把各种可能的积分和微分动力学函数代入式（18-30）、式（18-31），计算出 E_a、A 值（Criado et al，1989），比较用两种方法求得的 E_a、A 值以及线性拟合相关系数 r。由两种方法求得的 E_a、A 值若相近，且相关系数接近于 1，则可判断反应机理函数。

表 18-19 为各种可能的积分和微分形式的动力学函数。根据计算结果，选择了表观活化能数值与 Ozawa 法和 Kissinger 法比较接近的机理函数（表 18-20）。

表 18-19　可能的积分和微分形式的动力学函数

序号	机理或函数名称	$G(\alpha)$	$f(\alpha)$
1～5	P_1 幂函数法则	$\alpha^n(n=\frac{1}{4},\frac{1}{3},\frac{1}{2},1,\frac{3}{2})$	$\frac{1}{n}\alpha^{-(n-1)}$
6	E1 指数法则	$\ln\alpha$	α
7	指数法则	$\ln\alpha^2$	0.5α
8～11	A_m Avrami-Erofeev 方程	$[-\ln(1-\alpha)]^n\left(n=\frac{2}{3},\frac{1}{2},\frac{1}{3},\frac{1}{4}\right)$	$\frac{1}{n}(1-\alpha)[-\ln(1-\alpha)]^{-(n-1)}$
12～14	Avrami-Erofeev 方程	$[-\ln(1-\alpha)]^n\left(n=\frac{2}{5},\frac{3}{4},\frac{3}{2}\right)$	$\frac{1}{n}(1-\alpha)[-\ln(1-\alpha)]^{-(n-1)}$
15	B1 Prout-Tompkins 方程	$\ln[\alpha/(1-\alpha)]$	$\alpha(1-\alpha)$
16～18	Avrami-Erofeev 方程	$[-\ln(1-\alpha)]^n(n=2,3,4)$	$\frac{1}{n}(1-\alpha)[-\ln(1-\alpha)]^{-(n-1)}$
19	R2 表面模型	$1-(1-\alpha)^{1/2}$	$2(1-\alpha)^{1/2}$
20	R3 体模型	$1-(1-\alpha)^{1/3}$	$3(1-\alpha)^{2/3}$
21	D1 1D 扩散	α^2	$0.5\alpha^{-1}$
22	D2 2D 扩散	$(1-\alpha)\ln(1-\alpha)+\alpha$	$-[\ln(1-\alpha)]^{-1}$
23	D3 3D 扩散	$[1-(1-\alpha)^{1/3}]^2$	$1.5(1-\alpha)^{2/3}[1-(1-\alpha)^{1/3}]^{-1}$
24	D4 Gmstling-Brouns 方程	$(1-2\alpha/3)-(1-\alpha)^{2/3}$	$1.5[(1-\alpha)^{-1/3}-1]^{-1}$
25	F1 一阶	$-\ln(1-\alpha)$	$1-\alpha$
26	F2 二阶	$(1-\alpha)^{-1}$	$(1-\alpha)^2$
27	F3 三阶	$(1-\alpha)^{-2}$	$0.5(1-\alpha)^3$
28	2-D 扩散	$[1-(1-\alpha)^{1/2}]^{1/2}$	$4(1-\alpha)^{1/2}[1-(1-\alpha)^{1/2}]^{1/2}$
29	2-D 扩散	$[1-(1-\alpha)^{1/2}]^2$	$(1-\alpha)^{1/2}[1-(1-\alpha)^{1/2}]^{-1}$
30	3-D 扩散	$[(1-\alpha)^{-1/3}-1]^2$	$1.5(1-\alpha)^{4/3}[(1-\alpha)^{-1/3}-1]^{-1}$
31	3-D 扩散	$[1-(1-\alpha)^{1/3}]^{1/2}$	$6(1-\alpha)^{2/3}[1-(1-\alpha)^{1/3}]^{1/2}$
32	3-D 扩散	$[(1+\alpha)^{1/3}-1]^2$	$1.5(1+\alpha)^{2/3}[(1+\alpha)^{1/3}-1]^{-1}$
33		$1-(1-\alpha)^{1/4}$	$4(1-\alpha)^{3/4}$
34		$(1-\alpha)^{-1/2}$	$2(1-\alpha)^{3/2}$
35～37		$1-(1-\alpha)^n(n=2,3,4)$	$\frac{1}{n}(1-\alpha)^{-(n-1)}$
38		$(1-\alpha)^{-1}-1$	$(1-\alpha)^2$

注：表中的动力学函数引自胡荣祖等（2001）。

表 18-20　积分法和微分法计算机理函数的动力学参数

序号	$E_{a积分}$/(kJ/mol)	$\ln A$	r	$E_{a微分}$/(kJ/mol)	$\ln A$	r
27	346.11	19.90	0.979	410.76	28.84	0.991
34	114.42	19.88	0.957	188.53	37.28	0.954

对比两种方法计算的 E_a 值及 r，其中 27 号机理函数比较合适。因此，水合硅酸钙脱水产物转变为硅灰石过程的反应机理函数为：

$$f(\alpha)=0.5(1-\alpha)^3 \tag{18-32}$$

$$G(\alpha)=(1-\alpha)^{-2} \tag{18-33}$$

水合硅酸钙脱水产物转变为硅灰石过程的反应类型为化学反应。指前因子 A 采用积分法和微分法的平均值，$\ln A=(19.90+28.84)/2=24.37$。反应速率为：

$$\frac{d\alpha}{dt}=1.92\times10^{10}\times(1-\alpha)^3\exp\frac{-E_a}{RT} \tag{18-34}$$

18.6　硅灰石制品表征

18.6.1　化学成分及物相

实验制备的硅灰石粉体（GHS-3）的化学成分分析结果见表 18-21。

表 18-21　硅灰石粉体化学成分分析结果　　$w_B/\%$

样品号	SiO_2	TiO_2	Al_2O_3	Fe_2O_3	MgO	CaO	Na_2O	K_2O	LOI	总量
GHS-3	46.69	0.05	2.57	0.55	0.56	44.99	1.83	0.14	1.48	98.86

实验制品（GHS-3）的 X 射线粉末衍射分析结果见图 18-23。由图可见，主要物相为 α-$CaSiO_3$，伴生少量 Ca_2SiO_4。按下式计算各物相的相对含量：

$$相对含量=A_i/\sum A_{ij}\times100\% \tag{18-35}$$

式中，A_i 为单个物相最高峰积分面积；$\sum A_{ij}$ 为各物相最高峰积分面积之和。单个物相最高峰的积分面积由 JADE 5.0 计算给出。

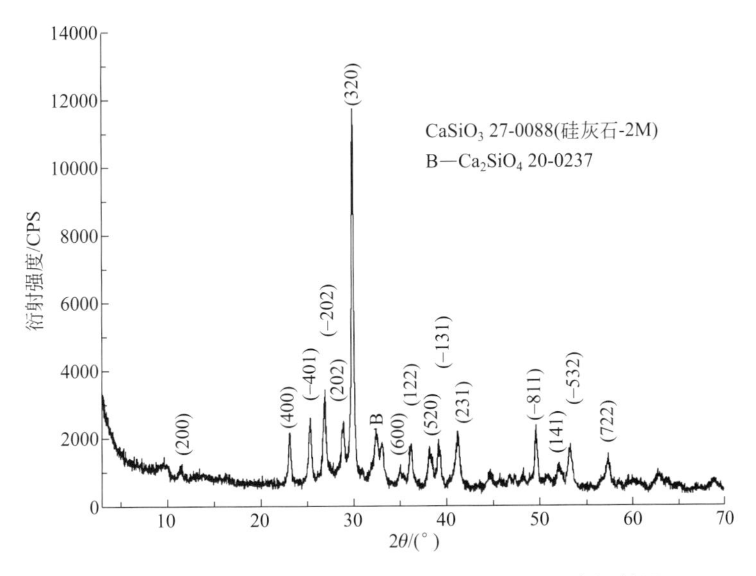

图 18-23　合成硅灰石粉体（GHS-3）X 射线粉末衍射图

由此计算，得 Ca_2SiO_4 的相对含量为 7.95%，即合成硅灰石（α-$CaSiO_3$）粉体的纯度为 92.0%。按照表 18-21 中的化学成分，若上述两种物相均符合化学计量比，则 α-硅灰石相的含量为 95.3%。实验制品中出现 Ca_2SiO_4 物相，是在高压水化学法处理高硅含铝原料过程中，为保证溶出效果而添加 CaO 略微过量（CaO/SiO_2=1.05）所致。

对硅灰石粉体制品（GHS-3）的 X 射线衍射分析数据进行指标化并精修，得其晶胞参数为：a_0=1.5435nm，b_0=0.7326nm，c_0=0.7053nm，β=95.42°。作为对比，α-硅灰石的 JCPDS 标准卡片（PDF-# 27-0088）参数为：a_0=1.546nm，b_0=0.7320nm，c_0=0.7066nm，β=95.40°。

18.6.2 粒度分布

采用 Mastersizer 2000 型激光粒度分析仪，对实验制得的硅灰石粉体进行粒度分布测定。图 18-24、图 18-25 分别为在测试前对试样未进行超声分散及超声分散后的粒度分布图。未进行超声分散时，实验制品（GHS-3）的粒度分布为 0.209～208.930μm，其 $d(0.1)$ = 2.071μm，$d(0.5)$ =12.907μm，$d(0.9)$ =43.350μm；而超声分散后其粒度分布范围为 0.209～60.256μm，其 $d(0.1)$ =1.511μm，$d(0.5)$ =11.176μm，$d(0.9)$ =31.454μm。且粒度分布图中存在两个峰值，说明样品中有少量纳米级粒子存在。超声分散后，两个峰值都发生了向左偏移，说明硅灰石粉体中存在轻微团聚现象。

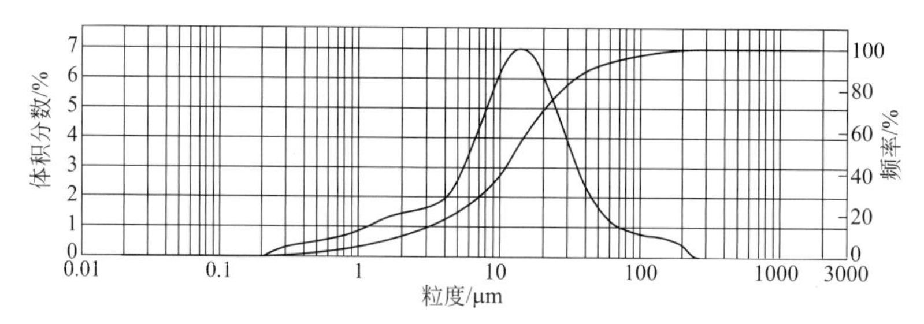

图 18-24 未超声分散的硅灰石粉体（GHS-3）粒度分布图

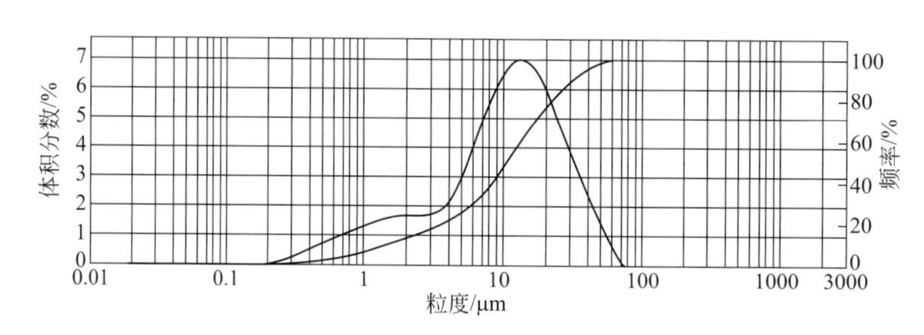

图 18-25 超声分散后硅灰石粉体（GHS-3）粒度分布图

18.6.3 微观形貌

采用 H-8100 型透射电镜对实验制得的硅灰石粉体（GHS-3）进行测定，其微观结构如图 18-26 所示。制备的硅灰石粉体晶型呈纤维状，未观察到纤维状晶体独立存在。纤维状结构硅灰石多重叠、相互堆聚在一起，且纤维的长径比不一。

图 18-26　纤维状硅灰石粉体（GHS-3）的透射电镜照片

18.7　纤维状硅灰石合成

高长径比的超细硅灰石针状粉可以取代其他的短纤维矿物原料（如石棉、玻纤等）及其他合成粉体，具有更大的应用价值。例如，用作塑料填料，可提高其制品的强度和尺寸稳定性。造纸填料用的硅灰石针状粉要求达到 1μm 粒级。在涂料、油漆中添加的硅灰石针状粉越细，其性能改善越明显（马正先等，2000）。

熔盐法是制备特殊形貌粉体的一种重要方法，利用该法制备粉体材料具有许多优点。首先，由于物质在熔盐中的迁移速率远远高于固相反应，故可以显著降低反应温度，缩短反应时间；其次，熔盐法可以有效地控制晶粒的尺寸和形状，或合成具有特定形貌的粉体。一般认为，熔盐法合成粉体可分为两个过程，即粉体颗粒的形成过程和生长过程。

在熔融盐中，粉体颗粒是通过液相中的传质过程形成和长大的，由于液相具有较高的流动性与扩散速率，界面反应过程是熔盐法的主要控制机制。这也是该法常用来合成特殊形貌粉体的主要原因。根据晶体生长理论，由于晶体在结构上的各向异性，不同的晶面具有不同的表面能，这就造成了各晶面生长速率的差异。在不同条件下，各方向生长速率之比会随着外界条件变化而改变。在熔盐体系中，改变晶体生长的物理化学条件，不但可以影响晶体的生长速度，更重要的是改变熔盐中生长基元的结构，最终决定晶体的结构、形状和大小等。

Trubnikov（1989）以 NaCl 为熔盐，采用 $CaCl_2$ 和 Na_2SiO_3 为原料，在高于 850℃的条件下制得了粒径分布为 2～10μm 的纤维状 β-硅灰石粉体。本实验尝试以水合硅酸钙为原料，按照 $CaO/SiO_2=1$ 添加自制的白炭黑，以 NaCl 为熔盐，制备针状硅灰石粉体。设定实验条件：反应温度 800℃、900℃、1000℃，反应时间 2h，升温速率 10℃/min，熔盐量（硅钙渣/氯化钠，质量比）1∶(1～3)。

18.7.1 合成工艺

按照上述设定条件，称取一定质量的除铁后水合硅酸钙和 NaCl（AR），置于容积 50mL 的氧化铝坩埚中，填充量约为坩埚体积的 2/3。将坩埚置于 KSF1400X 型箱式电炉中，以升温速率 10℃/min 升温至设定温度下进行煅烧，保温 2h。待制品冷却后从电炉中取出，连坩埚一起浸泡于含有热水的烧杯中，烧杯置于水浴中于 80℃下蒸煮 2h，然后静置，倒出上层清液。重新倒入热水，再次置于水浴中于 80℃下蒸煮，重复 3～4 次，直到坩埚中的粉体脱落并分散于水中。此时进行过滤，滤饼洗涤至用硝酸银溶液检测洗液中没有白色沉淀生成。将滤饼置于烘箱中，于 105℃下烘干，所得样品进行扫描电镜观察。

18.7.2 结果分析与讨论

合成温度对硅灰石形貌的影响较大。在反应时间相同时，温度决定水合硅酸钠钙脱水产物向硅灰石的相转变速率。随着合成温度的升高，熔盐中硅灰石的扩散迁移速率和范围随之扩大。由图 18-27 可明显看出不同温度下所制备的纤维状硅灰石的形貌差异。在 800℃下，合成硅灰石呈现细小的纤维状结构，纤维之间彼此独立。在 900℃下，纤维状结构在长度和径向都有所增长，并出现一定的交联。而在 1000℃下，硅灰石粉体已完全形成纤维状结构，且彼此交联在一起。观测其纤维长径比大于 20。但此时纤维状硅灰石的结晶程度不尽完好。

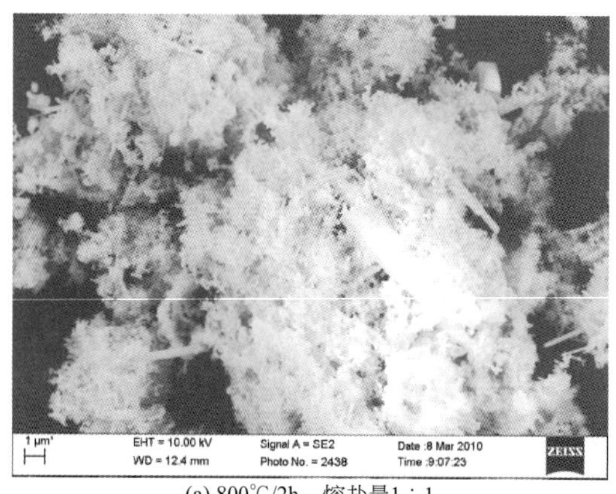

(a) 800℃/2h，熔盐量1∶1

(b) 900℃/2h，熔盐量1∶1

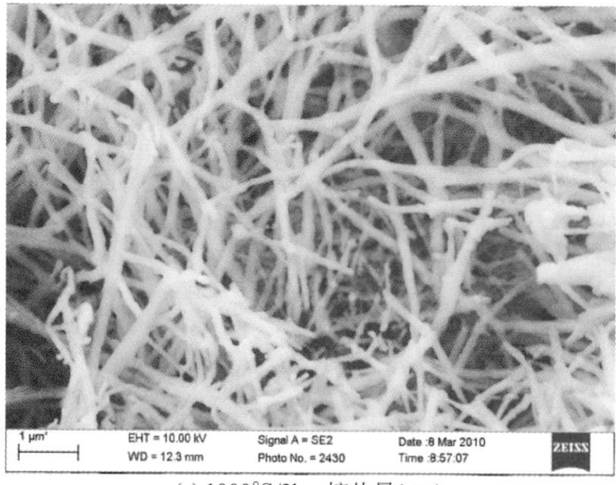

(c) 1000℃/2h，熔盐量1∶1

图 18-27 不同温度下制备的纤维状硅灰石粉体的扫描电镜照片

熔盐量同样决定硅灰石在熔盐中的扩散迁移速率和范围，其用量对硅灰石纤维状结构的形成影响较大。从图 18-28 可见，在合成温度为 1000℃条件下，当熔盐量为 1∶1 时，硅灰石结晶不够充分，纤维长径比多小于 10；当熔盐量为 1∶2 时，硅灰石结晶趋于充分，长径比有所增大，但形成的纤维状结构仍不够均匀；而当熔盐量增大至 1∶3 时，从图中可以看出，合成的硅灰石粉体的微观形貌呈簇状纤维结构，长径比大于 15，且纤维结构均一，长径比范围变化不大。

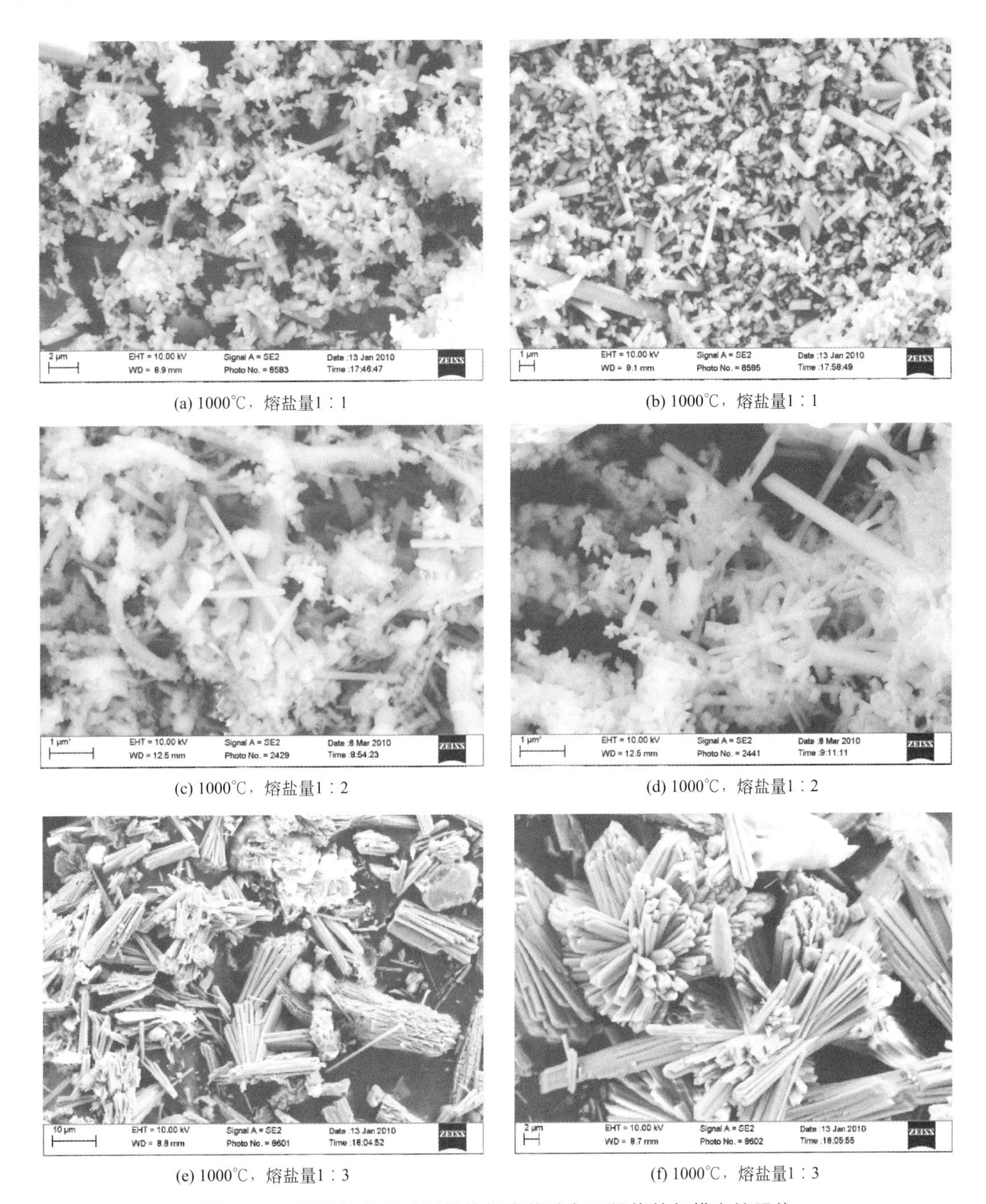

(a) 1000℃，熔盐量1∶1　(b) 1000℃，熔盐量1∶1

(c) 1000℃，熔盐量1∶2　(d) 1000℃，熔盐量1∶2

(e) 1000℃，熔盐量1∶3　(f) 1000℃，熔盐量1∶3

图 18-28　不同熔盐量时制得的纤维状硅灰石粉体的扫描电镜照片

第19章 硅钙渣制备硅灰石微晶玻璃技术

19.1 研究现状概述

19.1.1 研究背景

高铝粉煤灰提取氧化铝之后剩余的硅钙渣，化学成分为：SiO_2 约 35%，CaO 含量约 35%，Al_2O_3 含量 4%～6%，CaO/SiO_2 摩尔比近似为 1∶1，与硅灰石的组成相近。因此可利用硅钙渣为主要原料制备硅灰石微晶玻璃。

硅灰石微晶玻璃目前主要用于制备装饰材料。微晶玻璃装饰材料是当今国际上流行的高级建筑装饰新材料，它结构致密、晶相分布均匀、高强度、耐磨损、耐腐蚀，外观纹理清晰、色彩鲜艳、无色差、不褪色；较天然花岗石、陶瓷更具有灵活的装饰设计和更佳的装饰效果。该装饰材料集装饰、建筑、美术于一身，给人以典雅、古朴、美观和舒适的感觉，可以广泛地应用于墙面、柱面、楼梯、阳台、桌面、风景壁画、人物肖像、广告牌匾等方面，被认为是 21 世纪现代建筑群的理想的高级绿色建材。

目前，国内工业生产微晶玻璃多用化工原料，价格较为昂贵，成本较高。利用硅钙渣和添加适量的矿物原料，制备硅灰石微晶玻璃，价格低廉，是工业固体废弃物实现资源化利用的绿色加工技术，产品具有高附加值，且又有着重要的环保意义（邓春明等，2001）。

19.1.2 研究现状

微晶玻璃（glass-ceramic）又称玻璃陶瓷，是将特定组成的基础玻璃，在加热过程中通过控制晶化而制得的一类含有大量微晶相和玻璃相的多晶固体材料（麦克米伦，1988）。

玻璃是一种非晶态固体。从热力学观点看，它是一种亚稳态，较之晶态具有较高的内能。在一定的条件下，可转变为结晶态。从动力学观点看，玻璃熔体在冷却过程中，黏度的快速增加抑制了晶核的形成和长大，使其难以转变为晶态。微晶玻璃就是充分利用玻璃在热力学上的有利条件而获得的新材料。

微晶玻璃既不同于陶瓷，也不同于玻璃。微晶玻璃与陶瓷的不同之处是，玻璃微晶化过程中的晶相是从单一均匀玻璃相或已产生相分离的区域，通过成核和晶体生长而生成的致密材料；而陶瓷材料中的晶相，除了通过固相反应出现的重结晶或新晶相以外，大部分是在制备陶瓷时通过原料组分直接引入的；微晶玻璃是微晶体（尺寸为 0.1～0.5μm）和残余玻璃组成的复相材料；而玻璃则是非晶态或无定形体。另外，微晶玻璃可以是透明的或呈各种花纹和颜色的非透明体，而玻璃一般是各种颜色、透光率各异的透明体。

微晶玻璃具有很多优异的性能，其性能指标往往优于同类玻璃和陶瓷。热膨胀系数可在很大范围内调整（甚至可以制得零膨胀甚至负膨胀的微晶玻璃）、机械强度高、硬度大、耐磨性能好，具有良好的化学稳定性和热稳定性，能适应恶劣的使用环境，软化温度高。即使在高温环境下也能保持较高的机械强度，电绝缘性能优良，介电损耗小，介电常数稳定。与相同力学性能的金属材料相比，其密度小但质地致密、不透水、不透气等。微晶玻璃还可以通过组成的设计来获取特殊的光学、电学、磁学、热学和生物学等功能，从而可作为各种技术材料、结构材料或其他特殊材料而获得广泛应用。

微晶玻璃的性能主要取决于微晶相的种类、晶粒尺寸和含量、残余玻璃相的性质和含量。以上因素，又取决于原始玻璃的组成及热处理制度。热处理制度不但决定微晶体的尺寸和数量，而且在某些系统中导致主晶相的变化，从而使材料性能发生显著变化。另外，晶核剂的使用是否适当，对玻璃的微晶化也起着关键作用。微晶玻璃的原始组成不同，其主晶相的种类也不同，如硅灰石、β-石英、β-锂辉石、氟金云母、尖晶石等。因此，通过调整基础玻璃成分和工艺制度，就可以制得各种符合预定性能要求的微晶玻璃（程金树等，2006）。

利用硅钙渣制备的微晶玻璃属于 $CaO\text{-}Al_2O_3\text{-}SiO_2$ 体系，主晶相为硅灰石。该体系微晶玻璃大多是基础玻璃在表面析晶机理控制下晶化而制成，但在特殊条件下也可以加入晶核剂，如利用矿渣、炉渣生产微晶玻璃，由于矿渣、炉渣中的碱性氧化物含量较高，必须在其中添加石英砂及其他成分。由这种基础玻璃制得的硅灰石微晶玻璃具有较高的机械强度、良好的耐化学腐蚀性、独特的光学性能以及其他优良性质，因而可用作建筑装饰材料和耐磨、耐腐蚀材料。这种微晶玻璃已在国内大规模生产并得到广泛应用。

应用烧结法制备的微晶玻璃装饰板是一种高档材料，通过在基础玻璃中加入不同的着色剂，可以获得各种颜色，其色彩鲜艳、明亮。如刘明志等（2000）在基础玻璃中加入着色剂 Fe_2O_3/MnO_2 制备了米黄色微晶玻璃，其基础成分含量为：55%～70% SiO_2，10%～25% CaO，7%～12% Al_2O_3，0～6% Na_2O+K_2O，0～9% BaO，0～9% ZnO，0～8% B_2O_3，0～1% Sb_2O_3。制造米黄色微晶玻璃板时，CaO 的含量应大于 17.5%，比较合理的着色剂含量为：Fe_2O_3 0.7%～0.9%，MnO_2 2.4%～2.6%，其主晶相为 β-硅灰石。程金树等（2000）在基础玻璃中加入着色剂 Ni_2O_3，制备了灰色微晶玻璃，并未改变其主晶相。赵前等（1998）以硒粉、镉黄为着色剂，采用烧结法制备了红色微晶玻璃，主晶相仍然为硅灰石。

随着中国电力工业的发展，粉煤灰的利用问题已引起广泛关注。汤李缨等（1999a）采用烧结法制备了粉煤灰微晶玻璃。基础玻璃组成为：43.0%～55.0% SiO_2，12%～18% Al_2O_3，12%～16% CaO，2%～4% MgO，4%～13% Na_2O。其中 SiO_2、Al_2O_3 等成分由粉煤灰引入，其他成分由矿物原料或化工原料引入，粉煤灰用量占配合料总量的 25%～40%。将玻璃配合料混合均匀，在 1460～1500℃熔化。水淬玻璃颗粒的热处理制度为：核化温度 820～860℃，保温 1～2h；晶化温度 1000～1100℃，保温 2h。由 X 射线衍射分析结果可知，微晶玻璃的主晶相是硅灰石。这种微晶玻璃板磨抛后表面光泽度好，花纹清晰美观，机械强度高，化学稳定性好，可用作建筑物的高级饰面材料。

汤李缨等（1999b）利用高岭土尾矿制备了微晶玻璃。尾矿的化学成分为：83.92% SiO_2，10.23% Al_2O_3，0.18% Fe_2O_3，1.75% MgO，0.04% CaO，0.08% Na_2O，3.25% K_2O。其中 SiO_2、Al_2O_3 含量较高，CaO 含量较低。设计玻璃成分：63%～69% SiO_2+Al_2O_3，14.5%～20.5% CaO+MgO，10% ZnO+BaO，5.0% R_2O，1.0% B_2O_3。其中高岭石尾矿用量占配合料总量的 50%～70%。选择合适的玻璃成分才能使玻璃既有一定的表面析晶倾向，又没有太快的析晶速率。要选择合理的热处理制度，即只有在晶相开始大量析出之前烧结接近完成，再升温至较高温度使玻璃析晶，才能获得气孔率低、密度高、表面平整、光泽度好的微晶玻璃。当玻璃其他组分不变时，随着 SiO_2、Al_2O_3 总量的增加，在一定温度下玻璃的析晶倾向增大，玻璃颗粒烧结范围变窄。微晶玻璃的晶化温度对硬度有重要影响。在 840～1120℃温区，随着晶化温度的提高，玻璃中 β-硅灰石晶相含量增加，显微硬度增大；在晶相生长迅速的温区，如 920～960℃、1080～1120℃，硬度的增大最为显著。

刘凤娟等（2003）分别采用烧结法制备出钽铌尾矿微晶玻璃。所用钽铌尾矿产自江西宜春，其化学组成为：69%～72% SiO_2，14%～26% Al_2O_3，0.8%～1.4% Li_2O，8.0% Na_2O+K_2O，0.1% Fe_2O_3 以及微量 Cs_2O。制得的微晶玻璃的基础玻璃组成：55%～65% SiO_2，12%～30% CaO，4%～10% Al_2O_3，2%～10% ZnO，2%～10% BaO，1%～3% B_2O_3，2%～9% Na_2O。析出的主晶相为 β-硅灰石。由扫描电镜照片可知，析出的晶相晶粒规则，分布均匀，其中晶体生长较为完整，且玻璃相和晶体相相互咬合交生，使材料整体结构良好。但因尾矿中含有较多种类的 R_2O 氧化物，必须控制尾矿的引入量才能达到预计的工艺要求，实验确定尾矿引入量占配合料总量约 30%。玻璃颗粒在 800～900℃烧结、核化 0.5～1h，在 1080～1150℃晶化、摊平 1～2h，可制得花纹清晰并具有良好热膨胀性及热稳定性的微晶玻璃。

19.1.3 微晶玻璃制备方法

微晶玻璃的制备技术根据所用原料的种类、特性和对制品的性能要求而不同，主要有熔融法、烧结法、溶胶-凝胶法等。

（1）熔融法

最早的玻璃即是用熔融法制备的，至今熔融法仍然是制备微晶玻璃的主要方法。其工艺过程为：在原料中加入一定量的晶核剂，混合均匀，在 1300～1500℃高温下熔制，均化后使玻璃熔体成型，经退火后在一定温度下进行核化和晶化出来，以获得晶粒细小且结构均匀的微晶玻璃制品。熔融法的最大特点是可沿用已有的玻璃成型方法，如压延、压制、吹拉拉制、浇注等；与通常的陶瓷成型工艺相比，更适合于快速自动化操作和制备形状复杂、尺寸精确的制品。但也存在一些问题有待于解决：①熔制温度过高，通常都在 1400～1600℃，能耗大；②热处理制度在实际生产中难以控制操作；③晶化温度高，时间长，工业生产中不易实现。熔融法可采用技术成熟的玻璃成型工艺来制备复杂形状的制品，便于机械化生产。由玻璃坯体制备的微晶玻璃在尺寸上变化不大，组成均匀，不存在气孔、空隙等陶瓷中常见的缺陷，因而微晶玻璃不仅性能优良，而且具有比陶瓷更高的可靠性（肖汉宁等，2000）。

（2）烧结法

该工艺特点是将熔融玻璃液水淬制得的颗粒料（建陶行业称熔块）与晶化分成两次烧成，故又称二次烧结法。它将玻璃工艺、陶瓷工艺、石材加工工艺有机融合。熔制工艺与玻璃熔制相似；而水淬、晶化则是生产陶瓷的工艺方法；磨抛和切割工艺又与石材的加工工艺相同。目前，国内已形成规模化生产。建筑装饰微晶玻璃市场的 99％以上的企业均采用烧结法生产工艺，如天津、茂名等地的企业。其工艺流程为：配料→混合→熔制→水淬烘干过筛→分级→辅料→晶化→磨抛→切割→检验→成品包装→入库。

烧结法生产工艺特点：

① 基础玻璃的熔融温度与熔融法相比较，熔融时间短，温度低。这适用于需要高温才能熔融的玻璃制备微晶玻璃。

② 玻璃水淬后，具有较高的比表面积，比熔融法更易晶化，即使基础玻璃整体析晶能力很差，也可以通过表面析晶，制得晶相含量较高的微晶玻璃。

③ 生产过程易于控制，容易实现机械化、自动化生产，便于现有陶瓷厂的转型。

④ 产品质量好，成品率高，能够生产大尺寸制品。

烧结法可以生产出各种不同颜色的微晶玻璃板材，同时还可以生产出异形制品，其制品外观玉质感强，晶莹亮丽、内隐花纹自然天成，结构均匀细密，在晶化过程中析出大量的β-硅灰石晶体与玻璃相交织成类似钢筋混凝土结构，故具有很高的机械强度以及优异的化学稳定性和热稳定性。它不吸水、抗污性好、抗冻性好，光泽度高达 100 度左右但不刺眼，无色差，不褪色，无污染。目前，国内已有各种彩色烧结微晶玻璃制品用于地铁、电视台和其他高级建筑装饰材料，替代陶瓷和玻璃及金属纺织配件具有一定的市场前景，用作高速公路路面耐磨防滑材料也极有发展前途（宁青菊等，2000）。

（3）溶胶-凝胶法

随着纳米材料技术的发展，制备各种特殊功能玻璃的方法有了新的突破。采用溶胶-凝胶工艺同样可以制备微晶玻璃。其基本原理是，首先以某些金属有机盐作为原料，使其均匀地溶解在 C_2H_5OH 中，并以醋酸作催化剂，在设定温度下恒温加热，随时间变化，一部分溶剂挥发，有机金属盐不断水解并缩聚，溶液的浓度和黏度不断增大，形成一种不可流动的凝胶状态。继而再逐步进行热处理，最终制得微晶玻璃。

溶胶-凝胶法的主要优点：

① 其制备温度比传统方法低得多，可防止某些组分挥发，减少污染。

② 其组成完全可以按照原始配方和化学计量准确获得，在分子水平上直接获得均质高纯材料。

③ 可扩展组成范围，制备传统方法无法制备的材料，如不能形成玻璃的体系和具有高液组成的微晶玻璃。

④ 较容易制备包含高度分散的极细小第二相粒子的复相材料，甚至制备出一维第二相（晶须）复相材料。

溶胶-凝胶法的缺点是生产周期长、成本高。此外，凝胶在烧结过程中有较大的收缩，制品容易变形。采用溶胶-凝胶法制备的微晶玻璃为具有高温、高强、高韧性以及其他特殊性能的高新技术材料，尤其在非线性光学材料、功能材料、电子材料等领域，这些新型的微晶玻璃显示出了重要的应用前景和特有的科学研究价值（宋开新等，2002）。

19.1.4　微晶玻璃的用途

微晶玻璃具有性能优良、制备工艺易于控制、原料丰富和制造成本低廉等特性，是一种高性能、低价位、应用广泛的新型材料。近年来对微晶玻璃的研究和应用十分活跃。微晶玻璃还可以通过组成的设计来获得特殊的光学、电学、磁学、热学和生物学等功能，从而可作为各种技术材料、结构材料或其他特殊材料而获得广泛应用。微晶玻璃具有的优异性能使这类材料除了广泛地应用于建筑装饰材料、家用电器、机械工程等传统领域外，在军事国防、航空航天、光学器件、电子工业、生物医学等现代高新技术领域也具有重要的应用价值。因此，具有一系列优异性能的微晶玻璃其应用前景十分广阔。微晶玻璃的主要性能及其应用实例见表 19-1。

表 19-1　微晶玻璃的主要性能及其应用实例

主要性能	应用实例
高强度、高硬度、耐磨等	建筑装饰材料、轴承、研磨设备等
高膨胀系数、低介电损耗等	集成电路板
高绝缘性、化学稳定性等	封接材料、绝缘材料
高化学稳定性、良好生物活性等	生物材料，如人工牙齿、人工骨等
低膨胀、耐高温、耐热冲击	炊具、餐具、天文反射望远镜等
易机械加工	高精密的部件等
耐腐蚀	化工管道等
强介电性、透明	光变色元件、指示元件等
透明、耐高温、耐热冲击	高温观察窗、防火玻璃、太阳能电池基板等
感光显影	印刷线路底板等
低介电性损失	雷达罩等

建筑装饰用微晶玻璃制品又称人造花岗石、玉晶石、微晶石或云石等，是集玻璃、陶瓷生产技术发展起来的一种新型建筑装饰材料。其结构致密、晶体均匀、纹理清晰，具有玉质般的观感；外观平滑光亮、色泽柔和典雅、无色差、不褪色；具有坚硬、耐磨的力学特性，优良的耐酸、耐碱性能；并且具有不吸水、抗冻以及较低的热膨胀吸收和独特的耐污染性能；其理化性能和装饰效果远优于天然大理石和花岗岩板材，是天然石材的理想替代品，被认为是 21 世纪理想的高级内、外墙及地面装饰材料。微晶玻璃、大理石、花岗岩的各项性能对比见表 19-2。微晶玻璃的性能在各方面均优于大理石和花岗岩石材。

表 19-2　微晶玻璃与石材的主要性能对比

性能	微晶玻璃	大理石	花岗岩
密度/(g/cm^3)	2.5～2.7	2.6～2.7	2.6～2.8
抗弯强度/MPa	30～60	约 16.7	约 14.7
抗压强度/MPa	150～300	88～226	59～294
莫氏硬度	≥5.5	3～5	约 5.5
热膨胀系数(30～380℃)/10^{-7}℃$^{-1}$	62	80～260	50～150
耐酸性①(1%H_2SO_4)/%	0.08	10.3	1
耐碱性①(1%NaOH)/%	0.05	0.30	0.35
吸水率/%	0	0.30	0.35
光泽度	>95	50	80

① 耐酸性、耐碱性，即将 15mm×15mm×10mm 试样浸于 25℃溶液，650h 后的质量损失。

19.2　制备工艺

19.2.1　实验原料

主要原料为某地高铝煤矸石提取氧化铝之后剩余的硅钙渣，要制备硅灰石微晶玻璃，参考 $CaO-Al_2O_3-SiO_2$ 体系相图中硅灰石析晶区的组成范围，还需引入其他的铝质原料与硅质原料，分别为云南个旧白云山霞石正长岩精矿（GNS-J1）和石英砂。为降低玻璃的熔点，配方中引入助熔剂硼砂（分析纯）。制备的微晶玻璃需经氢氟酸腐蚀之后观察其形貌，所用氢氟酸为分析纯。硅钙渣原料的化学成分分析结果见表 19-3。霞石正长岩精矿（GNS-J1）的化学成分见表 12-1，其物相组成为：微斜长石 73.2%，霞石 22.4%，铁黑云母 1.0%，钙铁榴石 1.6%。

表 19-3　硅钙渣原料的化学成分分析结果　$w_B/\%$

样品名	SiO_2	TiO_2	Al_2O_3	TFe_2O_3	MgO	CaO	Na_2O	K_2O	LOI	总量
CS-12	35.01	1.59	4.63	2.21	1.84	35.74	1.89	0.00	17.37	100.28

注：中国地质大学（北京）化学分析室龙梅分析。

19.2.2　实验原理和工艺过程

实验采用粉末烧结法制备硅灰石微晶玻璃，制备过程中最重要的两部分为基础玻璃熔制和热处理（包括核化、晶化）过程。

基础玻璃的熔制是很重要的环节，基础玻璃的质量、成品率、能耗等都与玻璃熔制过程密切相关。基础玻璃的熔制包括一系列物理的、化学的及物理化学的现象和反应，其综合结果是使各种原料的混合物形成玻璃液。

玻璃熔制过程中分别经历硅酸盐形成、玻璃形成、玻璃液澄清、玻璃液均化和玻璃液冷却五个阶段。硅酸盐形成阶段，从加热配合料到熔成玻璃液的过程中，配合料加热后首先发生分解，大部分气态产物逸出，配合料变成由硅酸盐和剩余 SiO_2 组成的烧结物，一般在 800～900℃结束。玻璃形成阶段，烧结物继续加热时，硅酸盐形成阶段生成的硅酸钠、硅酸钙、硅酸铝、硅酸镁及反应后剩余的 SiO_2 开始熔融，组分之间相互熔解和扩散，直至烧结物变成透明体。玻璃液澄清与均化，在玻璃形成阶段结束后，其中仍带有与主体玻璃化学成分不同的不均体，此阶段主要消除这种不均体。

玻璃体结晶过程包括两个步骤：首先形成晶核，随后是晶体长大。因此，结晶能力取决于晶核形成速度和晶体生长速度。根据成核机理不同，成核过程分为均匀成核和非均匀成核。在微晶玻璃的生产中，晶核形成过程一般属于非均匀成核。晶体生长速度取决于各组分扩散到晶核表面的速度和进入晶体结构的速度。

实验采用粉末烧结法制备硅灰石微晶玻璃，工艺流程为：配方设计→称量混料→玻璃熔制→水淬急冷→破碎球磨→干压成型→晶化处理→微晶玻璃制品。

微晶玻璃的制备过程主要有以下步骤：

（1）基础玻璃熔制

将前述实验原料硅钙渣、霞石正长岩精矿、石英砂、硼砂等按设计配方称量，混合球磨均匀，置于刚玉坩埚中，在高温电炉中进行玻璃熔制。若熔化温度不够或者保温时间不充分，通常会导致熔体中的气泡难以排除，甚至会有结石、配料未熔融等现象。实验采用熔融温度 1400～1500℃，熔化时间 3h，使配料完全熔融并均化与澄清。

（2）玻璃液水淬

待基础玻璃熔制好以后，将高铝坩埚从电炉中取出，迅速将玻璃液倒入装有冷水的铁桶中，得到玻璃颗粒。

（3）玻璃料成型

将玻璃颗粒置于电热鼓风干燥箱中，在 105℃下干燥 24h。所得玻璃颗粒料用玛瑙研钵磨成粉末，过 200 目筛。取适量玻璃粉末，加入钢磨具中压制成条状。取少量的玻璃粉末进行 DTA 测定。根据 DTA 曲线，大致确定核化温度与晶化温度。

（4）核化、晶化热处理

将压制好的条状试样放在刚玉垫板上，置于箱式电炉中，以一定升温速率在设定的核化温度与核化时间、晶化温度与晶化时间下进行热处理，之后随炉降温。

（5）制品性能表征

将实验制备的微晶玻璃块体用切片机切割成规定尺寸的试样，研磨抛光后进行主要性能测定。

19.2.3 实验配方设计

（1）各氧化物对微晶玻璃的影响

SiO_2：是构成微晶玻璃结构骨架的主要组分，以［SiO_4］结构单元形成不规则的连续网络，构成玻璃的基本骨架。它的含量不仅决定玻璃的主要化学性质和物料性能指标，而且对玻璃的黏度影响很大，是熔化、澄清及成型的关键因素。适当增加 SiO_2 有利于减缓高温析晶倾向，但其含量过高，则导致玻璃黏度太大，制品析晶困难；而若 SiO_2 含量过低，如小于 w_B 40%，则玻璃易失透，制品无法成型。

Al_2O_3　配合料中的 Al_2O_3 含量不能太高，否则形成的［AlO_4］会引起补网作用，使得玻璃液黏度增加，成型困难，抑制玻璃的分相与析晶。但若 Al_2O_3 含量太少，则会造成制品结晶不均匀，晶粒较粗，也会降低玻璃的稳定性。Al_2O_3 组分能提高玻璃的化学稳定性、热稳定性、机械强度、硬度和折射率，减轻玻璃液对耐火材料的侵蚀（何峰等，1998）。

CaO　是矿渣微晶玻璃中不可缺少的组分，能够调节玻璃的黏度，对玻璃的成型起着决定性作用。CaO 含量过高，会导致玻璃的料性短，出料困难，且析晶速率大，烧结及摊平过程难以进行；CaO 含量过低，则玻璃析晶速率小，晶相量少，难以保证制品获得理想的理化性能（何峰等，2002）。

Na_2O、K_2O、B_2O_3：其含量对基础玻璃的烧结、析晶及制品性能均有较大影响。Na_2O、K_2O、B_2O_3 组分一方面可降低玻璃的熔融温度，另一方面影响玻璃中的晶相析晶量。玻璃中的晶相及其含量不仅影响制品的理化性能，同时也影响烧结过程。析晶一方面提高烧结体的强度，另一方面增加玻璃液的黏度，阻碍黏滞流动，甚至使烧结难以进行（程金树等，1996）。在实验范围内，微晶玻璃的晶相所占比例随着这些组分含量的增大而明显减少。Na_2O 含量较低时，不仅使玻璃熔化困难，且因析晶量过高，烧结及表面摊平难以进行。当 K_2O 含量高于 w_B 2%时，玻璃液在低温区域产生分相现象，使其黏度增大，玻璃颗粒之间黏性流动发生困难，从而影响烧结过程的顺利进行。B_2O_3 含量过高时，则微晶玻璃的晶相含量过低，不利于制品的理化性能的提高（王怀德等，1996）。

（2）基础玻璃配方设计

只有合理的配料才能制备出性能良好的硅灰石微晶玻璃。基于最大限度利用硅钙渣的考虑，参考 $CaO-Al_2O_3-SiO_2$ 体系相图中硅灰石析晶区的组成范围，设计了三组配方（表 19-4）。其中配方 GXS-1，不添加碳酸钠和氢氧化锌助熔剂；GXS-2，各种助熔剂均添加；GXS-3，不额外添加硅源。各配方的氧化物组分含量见表 19-5。

表 19-4　原料配比表　　w_B/%

样品号	硅钙渣	霞石正长岩	碳酸钠	石英砂	氢氧化锌
GXS-1	63.60	27.30	0.00	9.10	0.00
GXS-2	60.00	20.00	5.00	15.00	5.00
GXS-3	50.00	40.00	7.00	0.00	3.00

表 19-5　各组主要氧化物化学成分表　　w_B/%

样品号	SiO_2	TiO_2	Al_2O_3	TFe_2O_3	MgO	CaO	Na_2O	K_2O	ZnO
GXS-1	51.55	1.26	9.64	1.87	1.53	27.77	2.56	3.75	0.00
GXS-2	51.75	1.18	7.81	1.72	1.42	26.12	5.10	2.75	4.10
GXS-3	43.98	1.02	11.71	1.59	1.29	22.09	6.85	5.50	2.46

（3）基础玻璃熔化

玻璃熔制过程中分别经历硅酸盐形成、玻璃形成、玻璃液澄清、玻璃液均化和玻璃液冷却阶段。因此，基础玻璃熔制过程中，升温速率对其影响尤为重要。实验采用的基础玻璃熔制工艺为：室温至 300℃，升温速率 10℃/min；300～800℃，升温速率 5℃/min；800～1100℃，升温速率 10℃/min；1100～1400℃，升温速率 3℃/min；1400℃下恒温熔化 3h。制备的玻璃颗粒澄清透明，未出现结石等缺陷。

（4）热处理制度

基础玻璃成分确定后，热处理直接关系到微晶玻璃中晶粒的形成、分布、晶粒大小等因素，是微晶玻璃制造成功的基本环节之一。实验采用的热处理制度为两步烧结法。热处理第一步是核化阶段，核化温度通常选择在原始玻璃的转变温度 T_g 和热膨胀软化温度 T_f 之间。热处理第二步是晶化阶段，应当根据差热曲线选定晶化温度，一般以差热曲线上放热效应的上升温度来确定晶相形成的温度。为了获得理想的显微结构，热处理温度选择应尽量趋向温度的低限，而热处理时间则应适当延长。

实验制备硅灰石微晶玻璃，采用二步烧结法工艺。室温至核化温度阶段，升温速率为 5℃/min；核化温度至晶化温度阶段，升温速率为 6℃/min；降温制度随炉降温（Kawamuras，1974）。

19.3 制品物相和性能表征

19.3.1 物相分析

采用日本理学 Rigako 公司的 D/MAX-RC 型 X 射线衍射分析仪，进行制品的物相组成分析。测试条件：Cu 靶 $K_{\alpha 1}$ 射线，扫描范围 2θ 为 3°～70°，扫描速度 8°/min，步宽 0.02°，管压 40KV，管流 100mA。对按上述三组配方制备的微晶玻璃样品进行 X 射线粉末衍射分析，采用 JADE5.0 软件对分析数据进行处理。微晶玻璃 GXS-1、GXS-2、GXS-3 制品的 X 射线粉末衍射图分别见图 19-1～图 19-3。

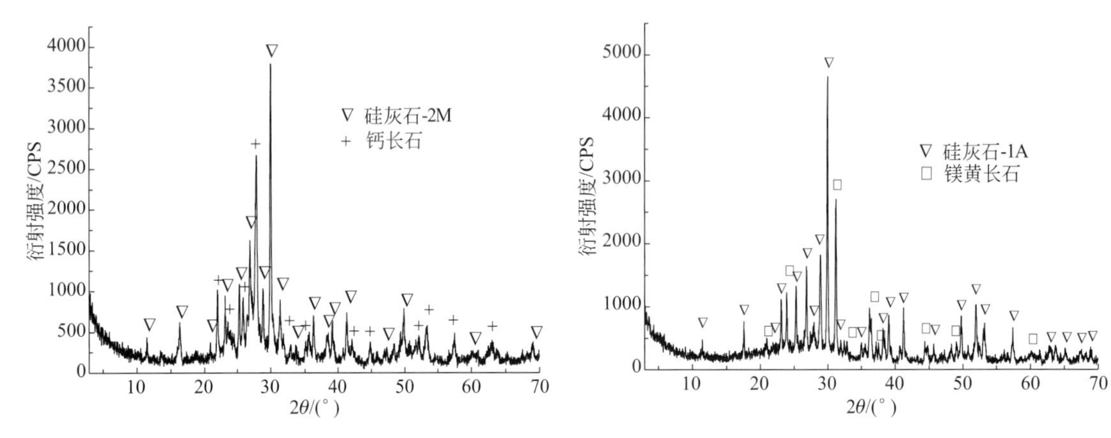

图 19-1　微晶玻璃制品（GXS-1）X 射线粉末衍射图　　图 19-2　微晶玻璃制品（GXS-2）X 射线粉末衍射图

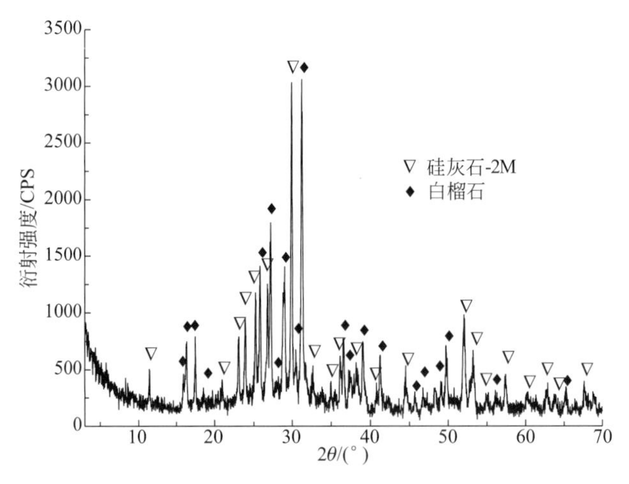

图 19-3　微晶玻璃制品（GXS-3）X 射线粉末衍射图

由图 19-1～图 19-3 可知，按这三组配方制备的微晶玻璃样品中，除了主晶相硅灰石以外，制品中还存在其他化合物相。其中制品 GXS-1 中含有钙长石，GXS-2 中含有镁黄长石，而制 GXS-3 中含有白榴石，且含量较多。

19.3.2 显微形貌

将微晶玻璃试样断面抛光后，在浓度 5%的 HF 稀酸中浸泡约 10s 取出，用去离子水冲洗，再用超声波清洗仪清洗，擦拭干净。对断面进行喷碳处理，采用 SUPRA-55 场发射扫描电镜对其表面微观结构进行观察。微晶玻璃制品 GXS-1、GXS-2、GXS-3 的扫描电镜照片分别见图 19-4～图 19-6。

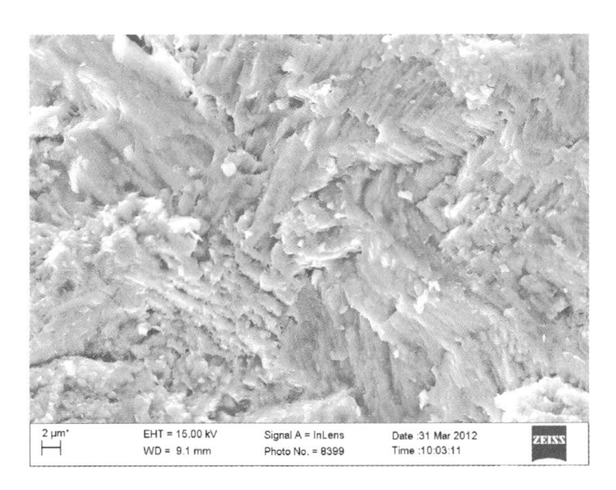

图 19-4　微晶玻璃制品断面（GXS-1）的扫描电镜照片

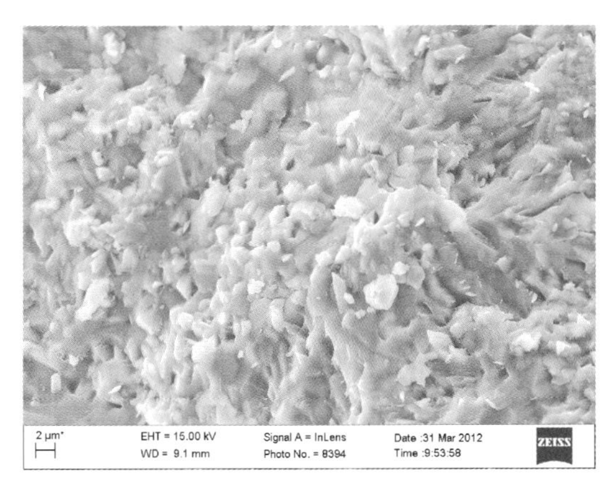

图 19-5　微晶玻璃制品断面（GXS-2）的扫描电镜照片

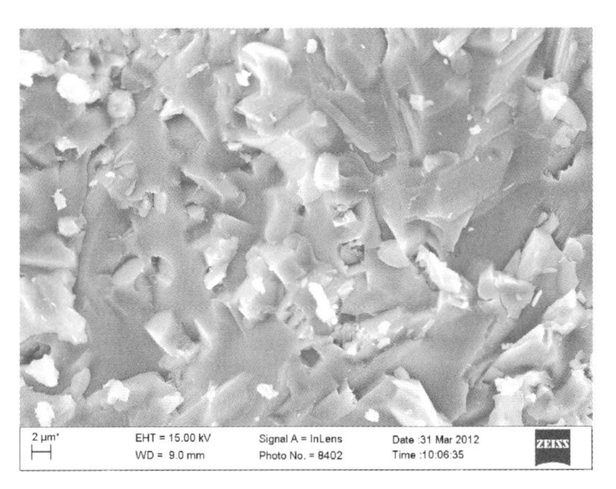

图 19-6　微晶玻璃制品断面（GXS-3）扫描电镜照片

由图 19-4～图 19-6 可知，实验制备的 GXS 系列微晶玻璃制品中，其主晶相形态均呈柱状，且分布较为均匀。大量硅灰石柱状晶体被玻璃相所包围。

19.3.3 抗折强度

按照国家标准 GB/T 4741—1999《陶瓷材料抗弯强度试验方法》，采用三点弯曲法对微晶玻璃制品的抗折强度进行测定，跨距为 20mm，加载速度 0.5mm/min，在万能试验机上测定。每组实验采用 3 根试样测量，然后取平均值。抗折强度测定数据见表 19-6。由表可知，GXS 系列微晶玻璃制品的抗折强度均较小。其中 GXS-2 微晶玻璃在这三组配方中的抗折强度最大，达到 73.95MPa，但是仍未能达到实际应用之要求。

表 19-6　GXS 系列微晶玻璃制品的抗折强度测定结果

样品名	宽度/mm	高度/mm	最大载荷/N	抗折强度/MPa
GXS-1	4.74	4.92	213.64	55.86
GXS-2	4.72	4.82	270.29	73.95
GXS-3	4.72	4.72	168.07	47.95

19.4　制备工艺优化

19.4.1　基础玻璃配方优化

根据初步设计的基础玻璃配方制备的微晶玻璃的性能分析，结合 $CaO-Al_2O_3-SiO_2$ 三元相图中的硅灰石析晶区的组成以及制备工艺条件，遵循以下原则进行基础玻璃配方优化：①硅钙渣的利用率最大化，尽量利用石英砂和矿物原料代替化学试剂；②尽量降低基础玻璃的熔融温度，缩短熔炼及澄清的时间；③热处理之后获得尽可能多的主晶相。重新设计的两组配方，分别记为 GW-1、GW-2。

GW 系列的配方的理论玻璃相组成相同（表 19-7）。两配方不同之处在于：GW-1 配方，玻璃相与主晶相的理论含量分别为 50%、50%；GW-2 配方，玻璃相与主晶相的理论含量分别为 30%、70%。两配方的原料配比和化学组成分别见表 19-8 和表 19-9。

表 19-7　GW 系列微晶玻璃的理论化学组成　$w_B/\%$

名称	SiO_2	Al_2O_3	B_2O_3	Na_2O	K_2O	CaO	其他
玻璃相	61.04	13.39	5.50	4.86	8.25	5.67	1.29

表 19-8　基础玻璃优化配方的原料配比　$w_B/\%$

样品号	硅钙渣	霞石正长岩	石英砂	硼砂
GW-1	52.51	29.16	10.30	8.02
GW-2	70.98	17.82	6.29	4.91

表 19-9　基础玻璃优化配方的化学组成表　$w_B/\%$

名称	SiO_2	Al_2O_3	B_2O_3	Na_2O	K_2O	CaO	其他
GW-1	56.37	6.70	2.75	2.43	4.13	26.99	0.65
GW-2	54.50	4.02	1.65	1.46	2.48	35.51	0.39

19.4.2　热处理条件优化

对实验制备得到的基础玻璃粉末进行 DTA 测定，得到 DTA 曲线，如图 19-7 所示。根据 DTA 曲线，可大致确定核化温度为 800℃左右、晶化温度为 900℃左右。

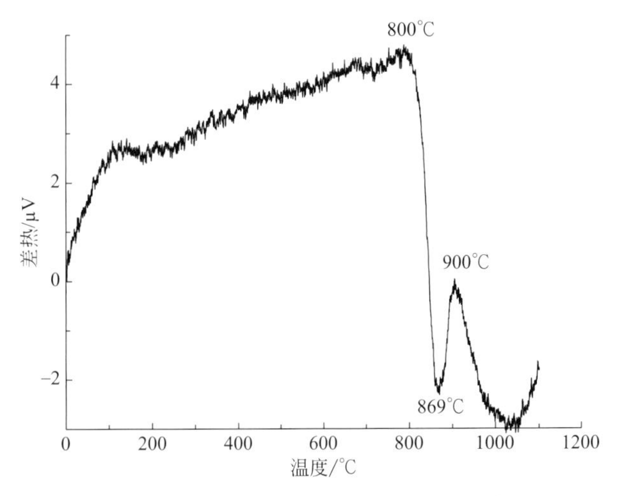

图 19-7　GW-2 基础玻璃粉末的 DTA 曲线图

19.4.3　微晶玻璃制品表征

（1）物相分析

对按配方 GW-1、GW-2 制备的基础玻璃和制备的微晶玻璃进行 X 射线粉末衍射分析，结果见图 19-8～图 19-11。实验制备微晶玻璃的热处理条件为：核化温度 800℃，核化时间 90min；晶化温度 900℃，晶化时间 60min。

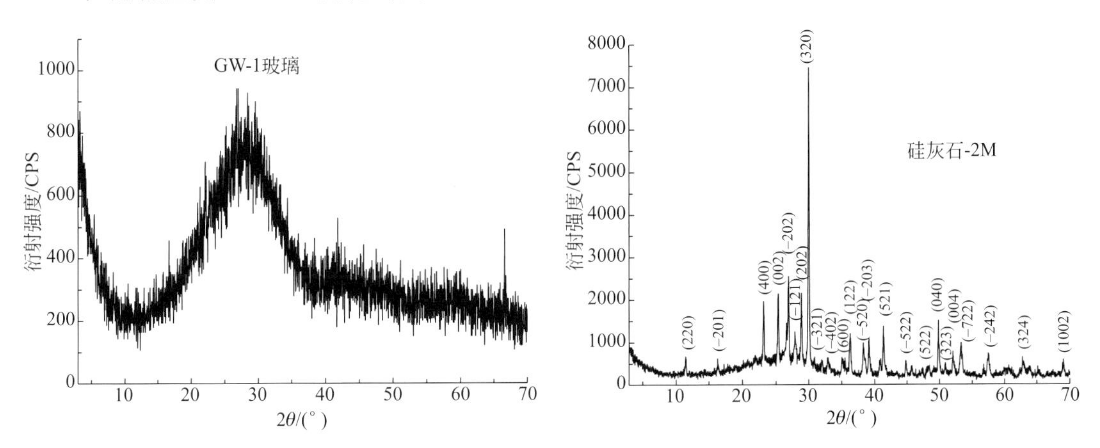

图 19-8　优化基础玻璃（GW-1）X 射线粉末衍射图　图 19-9　优化微晶玻璃（GW-1）X 射线粉末衍射图

由图 19-8～图 19-11 可知，优化基础玻璃（GW-1、GW-2）的 X 射线图谱呈现一个大的馒头峰，为非晶态玻璃物质。经晶化热处理制备的微晶玻璃 GW-1 的 X 射线图谱中，也可看出仍然存在着部分玻璃相物质，但是已经有明显的晶体析出，且含量较多，结晶度较高。采用 JADE5.0 软件分析，其中只含有硅灰石晶体相。

与之类似，微晶玻璃 GW-2 的 X 射线衍射图谱显示，其中同样含有玻璃相及硅灰石晶体相，但同时出现极少量钙长石次晶相。由此可知，GW 系列的配方优于初步设计的 GXS 配方，由其制备的微晶玻璃制品的主晶相为硅灰石，次晶相含量很少。

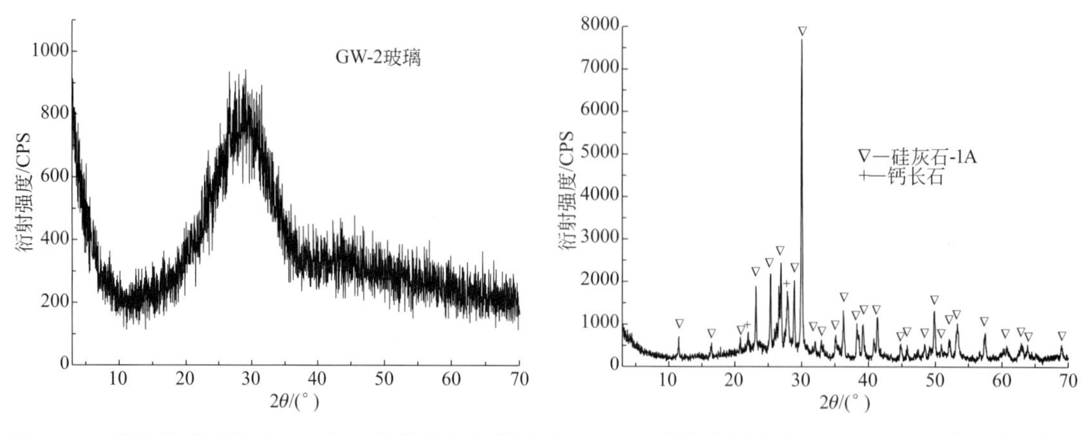

图 19-10　优化基础玻璃（GW-2）X 射线粉末衍射图　图 19-11　优化微晶玻璃（GW-2）X 射线粉末衍射图

根据微晶玻璃制品 GW-1 的 X 射线粉末衍射数据，输入到程序 CELLSR. F90 中，计算出硅灰石晶体的晶胞参数。程序 CELLSR. F90 的方法原理是：建立每条衍射线的线性方程组，然后以全部衍射线为基础，建立适合于矿物晶系的正规方程组，利用求解求逆并行紧凑方案，求出方程的解向量，最后求出晶胞参数。

通过计算，得出微晶玻璃制品 GW-1 中的主晶相硅灰石的晶胞参数为：$a_0=1.5421$nm，$b_0=0.7313$nm，$c_0=0.7053$nm；$\alpha=89°57'$，$\beta=95°23'$，$\gamma=90°03'$。

（2）显微形貌

微晶玻璃制品 GW-1、GW-2 经磨平、抛光，以 HF 稀酸浸蚀后，在扫描电镜下观察其微观形貌，结果如图 19-12、图 19-13 所示。

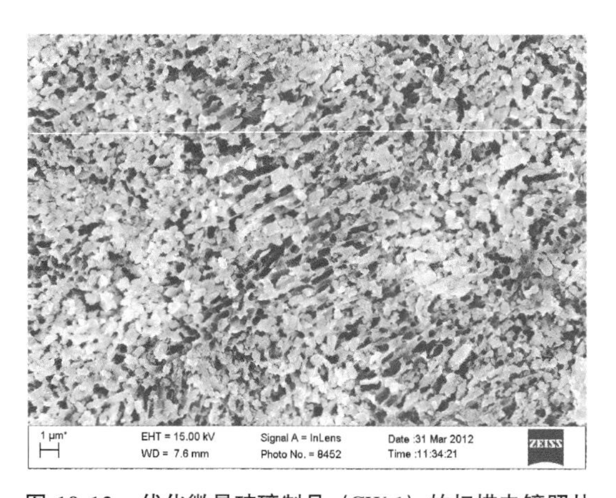

图 19-12　优化微晶玻璃制品（GW-1）的扫描电镜照片　图 19-13　优化微晶玻璃制品（GW-2）的扫描电镜照片

由图 19-12 可知，微晶玻璃制品 GW-1 中，所形成的硅灰石晶体呈短柱状，且分布均匀，粒径较大，约为 1μm。硅灰石晶体周围被玻璃相所包围，图中空穴为硅灰石柱状晶体经 HF 稀酸浸蚀后剥落所致。由图 19-13 可知，GW-2 制品中，形成的主晶相硅灰石的形态呈颗粒状，粒径较小，约 0.2μm。此外，制品发育大量微裂纹，表明热处理条件尚待进一步改进。

（3）显微硬度

按照国家标准 GB/T 16534—2009《精细陶瓷室温硬度试验方法》，采用维氏金刚石压头来测定实验制品表面的硬度。所用压头为金刚石制成的正四棱锥体，两相对面间的夹角为

136°，将维氏压头用试验力压入试样表面，保持规定的时间后，卸除试验力，测量试样表面压痕对角线长度，每个试样测量 5 个数据，取平均值。

(4) 抗折强度

按照国家标准 GB/T 4741—1999《陶瓷材料抗弯强度试验方法》，对微晶玻璃制品的抗折强度测试采用三点弯曲法，跨距为 20mm，加载速度 0.5mm/min，在万能试验机上测试，每组试验采用 3 根试样测量，取平均值。

(5) 吸水率

按照国家标准 GB/T 9966.3—2001《天然饰面石材试验方法　第 3 部分：体积密度、真密度、真气孔率、吸水率试验方法》，将待测实验制品置于干燥箱内，于 105℃下干燥至恒重，称量得其干重为 m_1，放入干燥器中冷却至室温。将试样放入沸水中煮沸 1h 取出，用滤纸擦去试样的表面水分，立即称量其质量为 m_3。每组数据用 3 个试样测定，取平均值。则其吸水率（w_a）为：

$$w_a=\frac{m_3-m_1}{m_1}\times 100\% \tag{19-1}$$

(6) 体积密度

按照国家标准 GB/T 9966.3—2001《天然饰面石材试验方法　第 3 部分：体积密度、真密度、真气孔率、吸水率试验方法》，采用阿基米德排水法测定试样的体积密度。将试样置于干燥箱内，于 105℃下干燥至恒重，称量得其干重为 m_1，放入干燥器中冷却至室温。将试样放入沸水中煮沸 1h 取出，立即将水饱和的试样置于网篮中，将网篮与试样一起浸入 25℃的蒸馏水中，称量试样在水中的质量 m_2。应予注意，在称量时须先小心除去附着在网篮和试样上的气泡。取出试样，用滤纸擦去试样的表面水分，立即称量其质量为 m_3。每组数据采用 3 个试样测定，取其平均值。则体积密度（D_b）为：

$$D_b=\frac{m_1 D_1}{m_3-m_2}\times 100\% \tag{19-2}$$

式中，D_1 为蒸馏水的密度。

19.4.4 工艺条件对制品性能的影响

(1) 微晶玻璃 GW-1

为探索按照优化配方（GW-1）制备微晶玻璃的优化条件，设计了 5 组不同的热处理工艺条件进行实验，结果见表 19-10。

表 19-10　优化配方（GW-1）5 组热处理工艺条件设计表

样品号	核化温度/℃	核化时间/min	晶化温度/℃	晶化时间/min
GW-1-1	800	45	900	30
GW-1-2	800	90	920	90
GW-1-3	850	45	920	30
GW-1-4	800	90	900	30
GW-1-5	850	45	950	60

按上述设计的不同热处理工艺条件进行实验，获得的微晶玻璃制品分别记为 GW-1-1～GW-1-5。对其进行 X 射线粉末衍射分析、扫描电镜观察和显微硬度、抗折强度、吸水

率、体积密度等物性测定。由图 19-14 可知，按照优化配方（GW-1），在 5 组不同热处理工艺条件下制备的微晶玻璃制品，其主晶相均为硅灰石，未见其他结晶相，且硅灰石晶体相含量较高，结晶度良好。优化微晶玻璃制品（GW-1-1、GW-1-2）的扫描电镜照片见图 19-15、图 19-16。

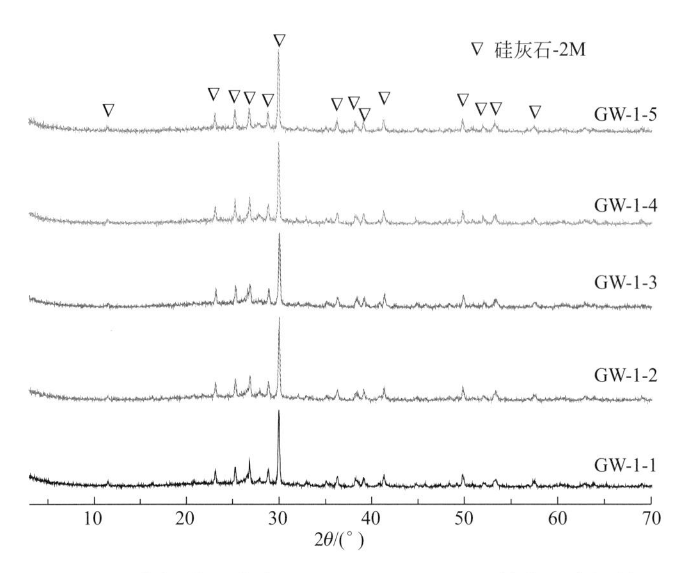

图 19-14　优化微晶玻璃制品（GW-1 系列）X 射线粉末衍射图

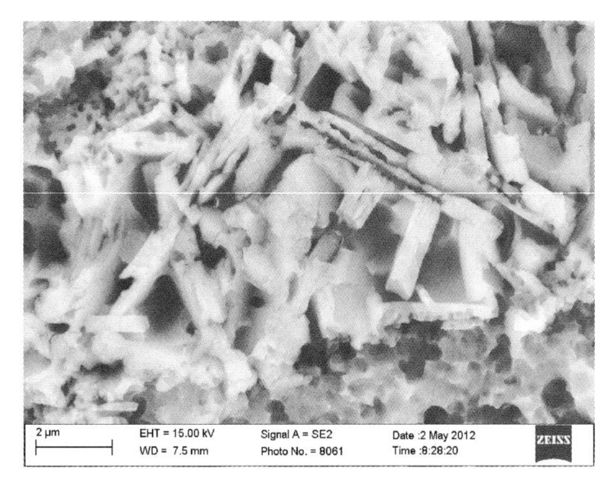

图 19-15　优化微晶玻璃制品（GW-1-1）的扫描电镜照片

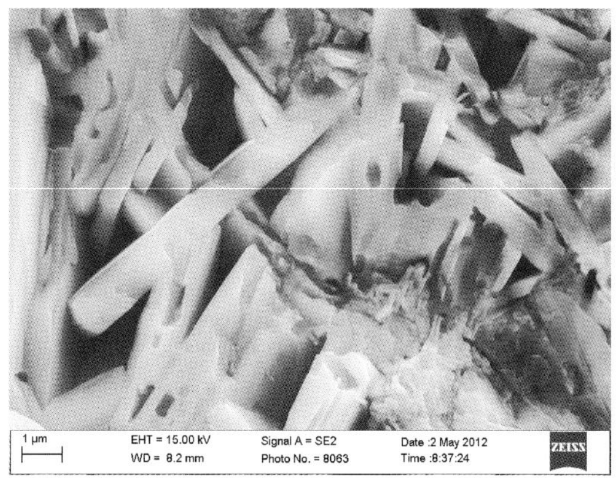

图 19-16　优化微晶玻璃制品（GW-1-2）的扫描电镜照片

GW-1 系列优化微晶玻璃制品的性能测定结果见表 19-11。由表可知，按照优化配方 GW-1 制备的硅灰石微晶玻璃制品，其抗折强度均达到 200MPa 以上，且吸水率极低，体积密度平均值接近 2.6g/cm^3。

表 19-11　GW-1 系列优化微晶玻璃制品的主要物性测定结果

样品号	抗折强度/MPa	体积密度/(g/cm^3)	吸水率/%
GW-1-1	271.91	2.5729	0.08
GW-1-2	333.56	2.6956	0.06

续表

样品号	抗折强度/MPa	体积密度/(g/cm³)	吸水率/%
GW-1-3	318.83	2.5707	0.11
GW-1-4	274.49	2.5762	0.02
GW-1-5	291.14	2.5820	0.03

综合对比可知，实验制品（GW-1-1、GW-1-2）的主要性能相对较好。优化微晶玻璃制品（GW-1-1、GW-1-2）的显微硬度测定结果见表 19-12。由表可知，制品 GW-1-2 的维氏硬度和莫氏硬度均高于制品 GW-1-1，其综合性能最佳。由此确定，优化配方 GW-1 系列微晶玻璃的优化热处理条件为：核化温度 800℃，核化时间 90min；晶化温度 920℃，晶化时间 90min。

表 19-12　优化微晶玻璃制品的硬度测定结果

样品号	维氏硬度/(kgf/mm²)	莫氏硬度
GW-1-1	584.66	5.64
GW-1-2	670.92	5.90

注：1kgf/mm² = 9.8MPa。

（2）微晶玻璃 GW-2

参考优化配方 GW-1 系列微晶玻璃的试验结果，对 GW-2 配方设计了两组不同的热处理工艺条件进行对比实验，具体实验条件如表 19-13 所示。

表 19-13　优化配方（GW-2）热处理工艺条件设计表

样品号	核化温度/℃	核化时间/min	晶化温度/℃	晶化时间/min
GW-2-1	800	45	900	30
GW-2-2	800	90	920	90

按上述设计的热处理条件进行实验，分别制备出微晶玻璃制品 GW-2-1 和 GW-2-2。对其进行物相分析、扫描电镜观察和显微硬度、抗折强度、吸水率、体积密度等物性指标测定。微晶玻璃制品的 X 射线衍射分析结果和扫描电镜照片分别见图 19-17～图 19-19。

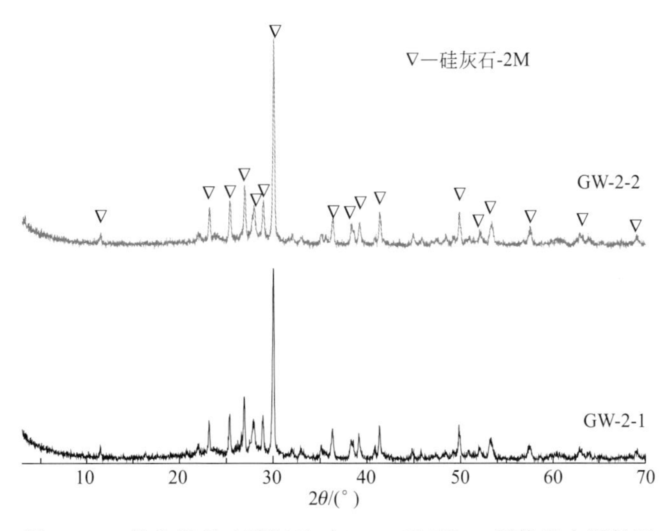

图 19-17　优化微晶玻璃制品（GW-2 系列）X 射线粉末衍射图

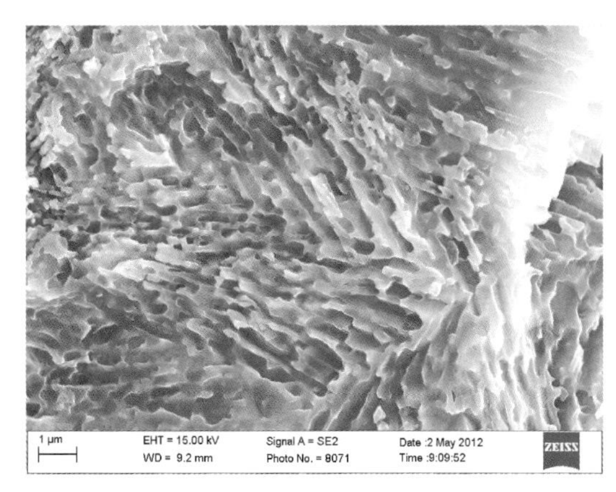

图 19-18 优化微晶玻璃制品（GW-2-1）的扫描电镜照片

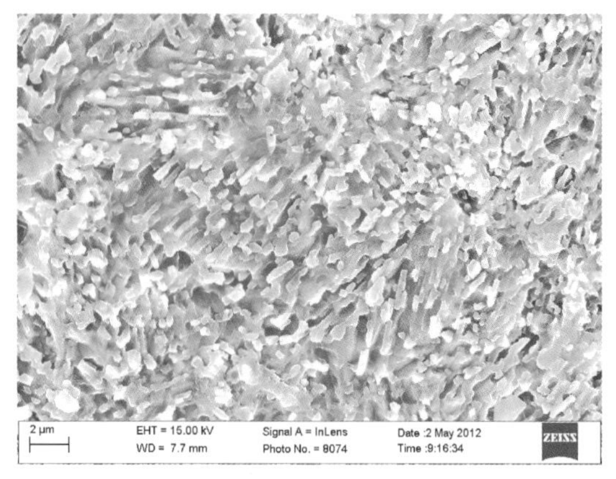

图 19-19 优化微晶玻璃制品（GW-2-2）的扫描电镜照片

由图 19-18、图 19-19 可知，微晶玻璃制品 GW-2-1 中，硅灰石主晶相呈短柱状，且分布均匀。图中空穴为硅灰石晶体被 HF 稀酸浸蚀剥落所形成。柱状硅灰石晶体长度约 2μm，宽约 0.5μm。GW-2-2 微晶玻璃中，硅灰石晶体的粒径相对较小，但分布均匀，含量较多。其晶体长度约 1μm，宽约 0.5μm。

GW-2 系列优化微晶玻璃制品的主要性能测定结果见表 19-14。由表可知，GW-2 系列微晶玻璃制品的综合性能优良，其抗折强度均达到 300MPa 以上，吸水率极低，莫氏硬度 5.9，体积密度约为 2.70g/cm^3。

表 19-14 GW-2 系列优化微晶玻璃制品的主要物性测定结果

样品号	抗折强度/MPa	体积密度/(g/cm^3)	吸水率/%	维氏硬度/(kgf/mm^2)	莫氏硬度
GW-1	333.56	2.6956	0.06	670.92	5.90
GW-2	375.47	2.6994	0.00	670.92	5.90

综合对比实验制品 GW-2-1、GW-2-2 的性能指标，可知制品 GW-2-2 的性能更佳。

由上述实验结果对比可知，按照优化配方 GW-2 制备的微晶玻璃制品的综合性能优于 GW-1 配方制品。由此确定优化热处理条件为：核化温度 800℃，核化时间 90min；晶化温度 920℃，晶化时间 90min。

第 20 章 高铝粉煤灰制备莫来石微晶玻璃技术

20.1 研究现状概述

20.1.1 粉煤灰制备微晶玻璃

近年来，随着粉煤灰的综合利用成为研究热点，以粉煤灰为原料制备微晶玻璃研究受到广泛关注，并取得了若干重要进展。

Cheng 等（2003）以粉煤灰为原料，采用烧结法制备了以钙铝黄长石为主晶相的微晶玻璃，在最佳热处理温度下所获制品的抗弯强度最大为 18MPa，抗压强度为 40MPa。由于其体积密度小（1.6g/cm^3），可以用作轻质砖。

邵华（2004）以粉煤灰为原料，采用熔融法制得了以堇青石为主晶相的粉煤灰玻璃陶瓷，所制备的玻璃陶瓷的维氏硬度为 6250MPa，抗弯强度达 90MPa。

冯小平等（2005）以粉煤灰为主要原料制得微晶玻璃，研究了粉煤灰微晶玻璃的晶化机理。结果表明，粉煤灰微晶玻璃在热处理过程中，首先发生分相，形成富硅相和富钙相，进而形成以透辉石和钙黄长石为主晶相的微晶玻璃。

万媛媛等（2006）以粉煤灰为主要原料，代替传统的矿物原料，原料配比按照化学计量比，成功制成了堇青石微晶玻璃。堇青石微晶玻璃制品的抗热震性能受堇青石晶相含量、孔隙率、烧成制度等因素的影响。该材料热震次数最多达到 26 次。但与传统矿物合成的堇青石陶瓷相比，其综合性能仍存在差距。

张乐军等（2007）利用钢渣和粉煤灰为原料，采用烧结法以硝酸钡为澄清剂，碳酸钠为助熔剂，制得以透辉石为主晶相的微晶玻璃。透辉石微晶玻璃的抗折强度高达 92MPa，高于天然大理石、瓷质砖和天然花岗岩的抗折强度，且钢渣和粉煤灰的利用率较高，达到了 60%。制备的透辉石微晶玻璃可作为一种很好的建筑材料，为钢渣、粉煤灰等固体废物的资源化利用开辟了新的方向。

姜晓波（2008）以粉煤灰和废玻璃为主要原料，添加适量的发泡剂、稳泡剂和助熔剂等，采用粉末烧成法制备了粉煤灰泡沫玻璃，制品具有保温隔热特点，作为墙体材料使用，具有广阔的发展前景。

党光耀等（2009）为丰富微晶玻璃的外观色泽，提高产品竞争力，利用氟硅酸盐在微晶玻璃制备中可作为成核剂的特性，以粉煤灰提取有价成分后的含氟固体残渣为主要原料，制备了主晶相为镁橄榄石的微晶玻璃。

姚树玉等（2010）以粉煤灰为原料，以相图为理论依据，采用烧结工艺制备出主晶相为硅灰石和透辉石、致密无孔的微晶玻璃，其纤维硬度很高，达到 1066.40$HV_{0.5}$，能满足作为建筑材料、结构材料、功能材料的要求。

苏昊林等（2011）以粉煤灰为主要原料，采用烧结法制备出主晶相为副硅灰石，副晶相为钙长石的粉煤灰微晶玻璃，原料以黏结剂掺量 20%以下、压力 40kN 以上制得的试样性能较优，且外观效果较好。

姚树玉等（2012）以粉煤灰为原料，制备出以硅灰石为主晶相的微晶玻璃，研究了 CaO-Al_2O_3-SiO_2 体系粉煤灰微晶玻璃的析晶动力学。结果表明，此微晶玻璃的稳定性随着升温速率的增加而降低，升温速率对主晶相的种类没有影响，即均为单一的 β-硅灰石相。电子探针能谱分析显示，其晶粒尺寸大小约 2～20μm。基体玻璃中的原子种类十分复杂，既有网络形成体，又有网络修饰体和网络中间体，其性质与 $Na_2O \cdot SiO_2$ 相似。

曹超等（2013）以粉煤灰、石灰石和碳酸钠为原料，采用熔融烧结法制备了粉煤灰微晶玻璃，研究了核化温度及晶化温度对微晶玻璃的析晶行为、显微形貌、烧结性能及化学稳定性的影响。结果表明，样品核化处理后生成了少量霞石相，主体仍为玻璃相；在晶化处理后，所形成的微晶玻璃样品主晶相为钙铝黄长石相；随晶化温度的升高，微晶玻璃样品晶相种类不变，但主晶相含量、线收缩率、体积密度呈现先增高后降低的变化；粉煤灰微晶玻璃具有良好的洗净性能及化学稳定性。在晶化温度为 950℃时制得的微晶玻璃烧结效果和化学稳定性最好。

20.1.2 粉煤灰制备莫来石微晶玻璃

Al_2O_3-SiO_2 体系在高温热处理后，一般只有一个物相莫来石，它属于斜方晶系，其结构由［AlO_6］八面体共棱连接成平行于 c 轴的链，这些八面体链被横向的［(Al，Si)O_4］四面体链连接而成，位于单位晶胞（001）投影面上的 4 个角顶和中心，在每个单位晶胞的 $z=1/2$ 位置上。四面体上氧原子要发生位移，Al、Si 原子同样也要位移，且伴随着 Al 取代 Si 的过程。

以 Al_2O_3-SiO_2 二元体系制备莫来石，通常采用溶胶-凝胶法。Sales 等（1997）研究发现，以正硅酸四乙酯为硅源，异丙醇铝为铝源，铝硅原子比分别为 2∶3(A)、3∶1(B)、9∶1(C)，配方 A 在 1000℃下煅烧只出现莫来石相，但 B 和 C 则是莫来石和氧化铝共存；当温度提高至 1400℃时，B 中莫来石完全形成，但配方 A、C 的制品中分别出现了第二相方晶石、刚玉。

莫来石的特殊固溶体结构，使之具有一系列优良的物理与化学性能。莫来石中硅铝离子扩散困难，晶格错位时滑移阻力大，使其拥有优良的抗蠕变性能；线膨胀系数小，抗热震性能好；介电常数低，且在高温条件下具有优良的中红外透过性能；热导率低，明显增强了隔热性能，热稳定性能良好。这些性能使莫来石在高温材料、电子封装材料及光学材料等领域得到广泛应用。

微晶玻璃分类方法众多。按其透光性可分为透明微晶玻璃和不透明微晶玻璃。透明微晶玻璃是由纳米晶粒和玻璃相组成的具有均匀致密结构的新型功能材料。透明微晶玻璃不仅具有良好的光学、力学性能，在机械强度、介电性能等方面均有其新特点，如与压电单晶、压电陶瓷及压电高分子材料相比，极性透明微晶玻璃不存在老化、退极化的问题，具有温度及压力稳定性好、压电应变常数大等优点。随着对微晶玻璃的透光原理、显微结构、制备工艺等研究不断深入，透明微晶玻璃的工程应用获得了长足的发展。

以莫来石为主晶相的二元铝硅酸盐体系透明微晶玻璃，其主要组成范围为（w_B）：60%～90% SiO_2，10%～40% Al_2O_3。为防止失透在其中添加 BaO、Na_2O、K_2O、Cs_2O、Rb_2O 等。在 SiO_2-Al_2O_3 玻璃中，组分接近莫来石的高铝液滴从硅质的基础玻璃中分离出来，经热处理后，不稳定的铝质玻璃晶化成继承母液球形外貌的莫来石。由于 Al^{3+} 通过硅质基质的迁移很慢，这种形貌可以维持到 1000℃以上，使基质玻璃的结构很大程度上保留在微晶玻璃中。这种结构特点使其有利于制备超细晶粒的透明微晶玻璃。且这种微晶玻璃析出的晶体往往接近于单晶，故可显示出晶体的透光性特点，如掺 Cr^{3+} 的莫来石微晶玻璃显示出 Cr^{3+} 的荧光特性，有望制备成可调激光器及太阳能收集器。

方向宇等（1995）采用 K_2O-Al_2O_3-B_2O_3-SiO_2 体系基础玻璃，分别引入 0.1%和 0.2%的 Cr_2O_3，先在 790℃下处理 10h，再在 900℃下处理 2h 后，玻璃的颜色由绿色转变为透明的灰色，得到了晶相为纳米级的莫来石透明微晶玻璃，含 Cr^{3+} 透明微晶玻璃在 700cm^{-1} 处有较强的荧光辐射光谱。透明微晶玻璃与基础玻璃相比，Cr^{3+} 特征吸收峰向短波方向位移，在 600nm 处的光透射率提高约 20%。

曹国喜等（2002）研究了掺 Cr^{3+} 透明莫来石微晶玻璃中 Cr^{3+} 的变价问题，结果表明，Cr 在玻璃中主要以 Cr^{3+} 形式存在；玻璃晶化过程中，Cr^{3+} 经 Cr^{5+} 向 Cr^{6+} 转化，微晶玻璃中 Cr^{5+} 和 Cr^{6+} 的量与微晶玻璃的热历史及 Cr_2O_3 浓度有关。微晶玻璃的吸收光谱仍表现出明显的 Cr^{3+} 特征吸收，表明在微晶玻璃中 Cr 主要仍以 Cr^{3+} 形式存在，但由于 Cr^{3+} 所处环境发生复杂变化，以致吸收峰严重不均匀加宽。Cr^{6+} 和 Cr^{5+} 在微晶玻璃吸收光谱中会引起光吸收。

田清波等（2008）研究了 V_2O_5 对 SiO_2-Al_2O_3-MgO 体系微晶玻璃析晶作业的影响，制备了添加 8%V_2O_5 的微晶玻璃。采用扫描电镜、X 射线衍射与电子探针分析等技术，研究了玻璃的析晶特征。结果表明，与未添加 V_2O_5 的试样相比，V_2O_5 的加入促进了玻璃在较低温度下的析晶。在 630℃下保温 3h 后，玻璃中已开始析出莫来石晶体。随着析晶温度的提高和保温时间的延长，试样中同时析出莫来石和金云母晶体；金云母晶体的尺寸和数量逐渐提高，晶体所占体积比逐渐增大，而莫来石晶体的尺寸变化不明显，最终形成均匀分布的金云母/莫来石复合体。当析晶温度达到 1050℃时，玻璃中晶体的析出反而减少，晶体的相互交错度与所占体积比均有所降低。分析结果显示，试样析晶后 V_2O_5 仍保留在残余玻璃相中，表明 V_2O_5 没有参与晶体的直接成核，而是以网络外体的形式存在于玻璃相中，削弱了玻璃的骨架结构，导致晶体析出温度降低。

田清波等（2007）通过调整 SiO_2-MgO-Al_2O_3-K_2O-F 基础玻璃的组成和热处理条件，制备了金云母/莫来石复合可加工微晶玻璃。实验结果表明，添加 3.0% ZnO 的基础玻璃析出了锌尖晶石相，而锌尖晶石的析出抑制了莫来石相的形成，导致未获得金云母/莫来石复合材料。当玻璃中添加 3% V_2O_5 后，试样中同时析出莫来石和金云母晶体，但未形成莫来石/金云母的复合结构；含 V_2O_5 8%的玻璃在等温析晶中，从表面析出莫来石和粗大枝状云母晶体，其间相互交错程度较低。只有在随炉升温的情况下，金云母晶体才以莫来石相为核心异质生长，形成均匀分布的金云母/莫来石复合微晶玻璃材料。

目前，利用粉煤灰制备微晶玻璃的研究，主要集中在以硅灰石、钙长石为主晶相的 $CaO-Al_2O_3-SiO_2$ 体系和以堇青石为主晶相的 $MgO-Al_2O_3-SiO_2$ 体系（刘浩等，2006）。对于利用粉煤灰制备莫来石微晶玻璃鲜有报道。本项研究以高铝粉煤灰为主要原料，通过添加适量的煅烧铝矾土调整其化学组成，采用粉末烧结法制备高性能的莫来石微晶玻璃，并分析热处理条件对微晶玻璃制品显微结构和性能的影响。

20.2 制备工艺和原理

20.2.1 实验原料

高铝粉煤灰（BF-02）来自北京石景山电厂，其化学成分中 CaO 含量仅为 3.30%，Al_2O_3 和 SiO_2 总量达 87.16%，是制备莫来石微晶玻璃理想的廉价原料（表 20-1）。X 射线衍射分析结果表明，其主要物相为非晶态玻璃相，少量结晶相为莫来石（图 20-1）。粉煤灰大部分是呈球状的玻璃微珠，针状、柱状莫来石微晶体黏附在玻璃微珠表面。激光粒度分析结果显示，其粒径为 0.3～250μm，$d(0.5)$ 为 8.57μm，颗粒较粗且不均匀。故实验前需要进行粉磨处理。煅烧铝矾土（CB-01）来自首钢耐火材料厂，其化学成分见表 20-1，主要物相为刚玉（α-Al_2O_3），另含有少量莫来石（图 20-1）。

表 20-1　实验原料的化学成分分析结果　w_B/%

样品号	SiO_2	TiO_2	Al_2O_3	Fe_2O_3	MgO	CaO	Na_2O	K_2O	烧失	总量
BF-02	48.13	1.66	39.03	3.80	1.05	3.30	0.21	0.69	1.55	99.42
CB-01	4.91	3.55	88.67	0.91	1.05	0.33	0.01	0.08	0.03	99.54

注：中国地质大学（北京）化学分析室王军玲等分析。

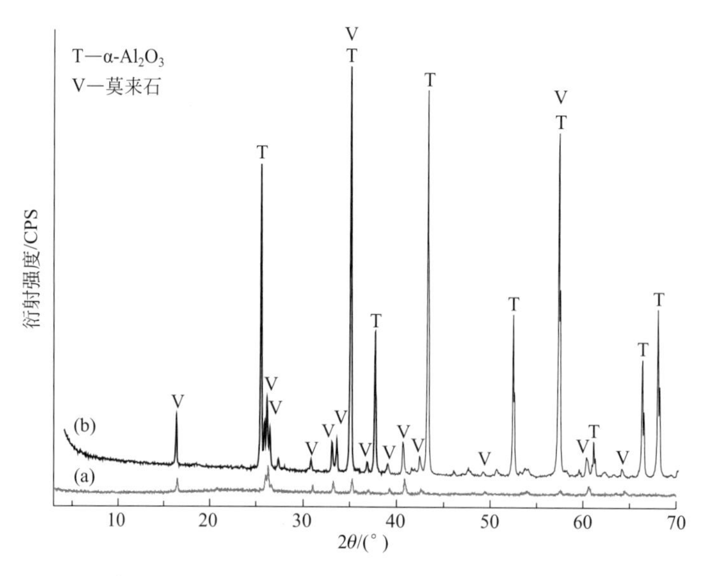

图 20-1　高铝粉煤灰（a）和煅烧铝矾土（b）的 X 射线粉末衍射图

20.2.2　制备工艺

将高铝粉煤灰和煅烧铝矾土以 82∶18 的质量比混合后，加入等量的蒸馏水，以刚玉小球作球磨介质，在 ZJM-20 型周期式搅拌球磨机上湿法球磨 1h；得到的料浆在 105℃下干燥 4h 后，加适量的黏结剂，在不锈钢模具中压制成尺寸为 5cm×1cm×0.8cm 的试样，成型压力 15MPa。成型好的试样置于硅钼棒加热电炉中，以 10℃/min 的速率升温至设定温度（1350℃、1400℃、1450℃、1500℃、1550℃），恒温热处理 2h 后退火、冷却至室温。

具体实验流程如图 20-2 所示。

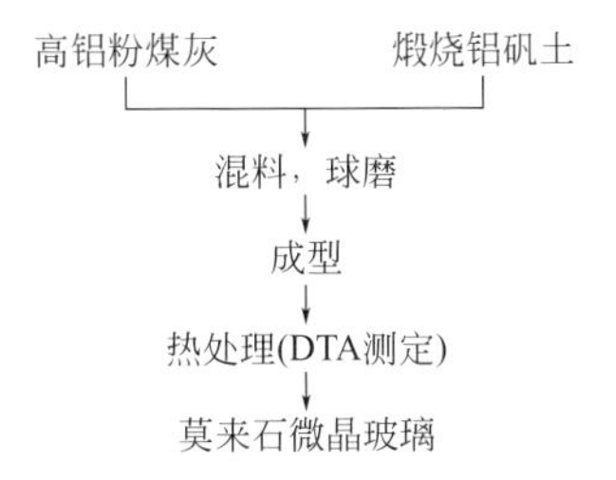

图 20-2　高铝粉煤灰制备莫来石微晶玻璃实验流程图

20.3　制品性能表征

20.3.1　宏观性能

抗折强度　按照国家标准 GB/T 4741—1999《陶瓷材料抗弯强度试验方法》，采用三点弯曲法，跨距为 30mm，加载速度为 0.1mm/min，在万能试验机上测试。每组实验采用 3 根试样测定，取平均值。

吸水率、显气孔率　按照国家标准 GB/T 9966.3—2001《天然饰面石材试验方法　第 3 部分：体积密度、真密度、真气孔率、吸水率试验方法》测定。将试样置于 105℃的干燥箱内，干燥至恒重，称量得到其干重为 m_1，放入干燥器中冷却至室温。将试样放入沸水中煮沸 1h 取出，用滤纸擦去试样的表面水分，立即称量其质量 m_3。每组数据用 3 个试样测定，取平均值。则吸水率（w_a）为：

$$w_a=\frac{m_3-m_1}{m_1}\times 100\% \tag{20-1}$$

体积密度　按照国家标准 GB/T 9966.3—2001《天然饰面石材试验方法　第 3 部分：体积密度、真密度、真气孔率、吸水率试验方法》测定。采用阿基米德排水法测定试样的体积密度，将试样置于 105℃的干燥箱内，干燥至恒重，称量得到其干重为 m_1，放入干燥器中冷却至室温。将试样放入沸水中煮沸 1h 取出，立即将水饱和的试样置于网篮中，将网篮与试样一起浸入 25℃的蒸馏水中，称其试样在水中的质量 m_2。注意在称量时须先小心除去附着在网篮和试样上的气泡。取出试样，用滤纸擦去试样的表面水分，立即称量其质量 m_3。每组数据采用 3 个试样测定，取其平均值，则体积密度（D_b）为：

$$D_b=\frac{m_1D_1}{m_3-m_2}\times 100\% \tag{20-2}$$

式中，D_1 为蒸馏水的密度。

化学稳定性 按照建材行业标准 JC/T 872—2000《建筑装饰用微晶玻璃》测定。其中耐酸性，是在 1.0%硫酸溶液室温下浸泡 650h 后测得质量损失；耐碱性，是在 1.0%氢氧化钠溶液室温下浸泡 650h 后测定质量损失。

20.3.2 微观性能

采用 D/Max-RC 型 X 射线衍射仪对实验制品进行 X 射线衍射分析。分析条件：工作电压 40kV，工作电流 80mA，CuK_α，扫描速度 8°/min，扫描范围 $2\theta=3°\sim70°$。根据样品衍射峰的强度和位置，对照 JCPDS 标准数据库，鉴定样品的物相组成。

制品新鲜断面在 2mol/L HF 溶液中蚀刻 30s，取出用去离子水冲洗，再用超声波清洗仪清洗后擦拭干净。表面喷金处理后，在 KYKY-2800 型扫描电镜下观察其显微结构。

20.4 结果分析与讨论

20.4.1 显微结构

X 射线粉末衍射分析结果表明，在实验温度下（1350℃、1400℃、1450℃、1500℃、1550℃）制得的微晶玻璃制品，主晶相均为莫来石（图 20-3）。且热处理温度越高，莫来石结晶相的衍射峰越强，说明微晶玻璃晶化过程越充分。

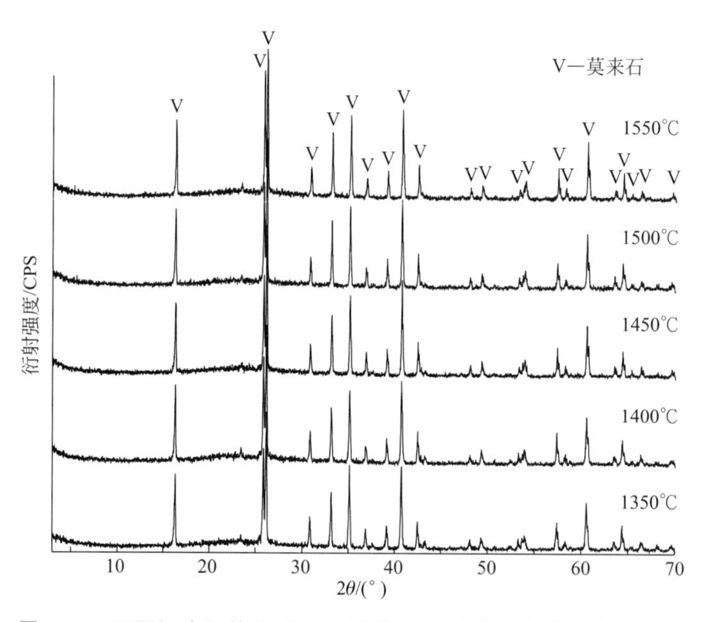

图 20-3 不同温度下热处理 2h 制得微晶玻璃的 X 射线粉末衍射图

经 HF 溶液浸蚀掉玻璃相后，微晶玻璃中莫来石晶体裸露出来（图 20-4）。由图可见，莫来石晶体包埋于玻璃相中，呈交错生长。随着热处理温度由低至高，晶体形态由针状、粒状发育成板条状、柱状，晶体轮廓逐渐变得清晰；单晶体长度也由几微米长大至十几微米。热处理温度越高，莫来石晶体生长、发育越完全，与 X 射线衍射分析结果相吻合。

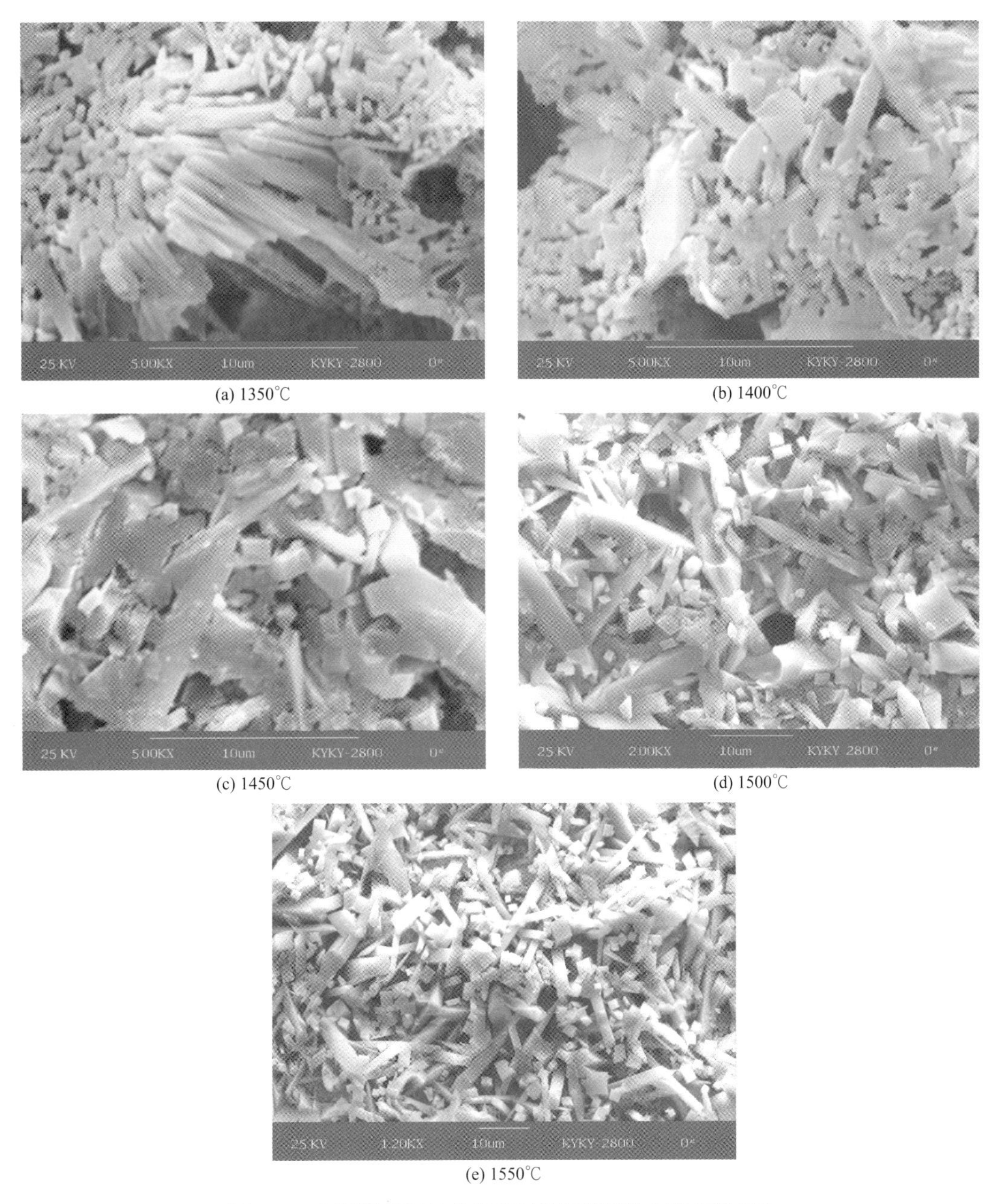

(a) 1350℃　(b) 1400℃

(c) 1450℃　(d) 1500℃

(e) 1550℃

图 20-4　不同温度下热处理制得微晶玻璃的扫描电镜照片

20.4.2　主要理化性能

不同温度下热处理制得微晶玻璃的理化性能列于表 20-2 中。

热处理温度从 1350℃ 升高至 1500℃，微晶玻璃的吸水率、显气孔率分别由 5.28%、12.78%减小至 0.03%、0.07%；体积密度、抗折强度则分别由 2.41g/cm^3、41.0MPa 增大至 2.62g/cm^3、79.5MPa。继续提高热处理温度至 1550℃，微晶玻璃的吸水率、显气孔率反而有所增加，而体积密度和抗折强度却有所降低。

表 20-2 不同热处理温度下制得微晶玻璃的理化性能对比

性能	1350℃	1400℃	1450℃	1500℃	1550℃
吸水率/%	5.28	1.22	0.15	0.03	1.21
显气孔率/%	12.78	3.17	0.40	0.07	2.92
体积密度/(g/cm^3)	2.41	2.60	2.62	2.62	2.42
抗折强度/MPa	41.0	49.2	52.0	79.5	77.1
耐酸性/%	98.77	98.85	99.81	99.51	98.79
耐碱性/%	99.30	99.01	99.79	99.83	99.29

由于实验原料中 Fe_2O_3、FeO、CaO 等杂质的存在，热处理过程中有部分液相生成。显而易见，提高热处理温度会导致液相量增加和液相黏度降低。这对材料的致密化过程是有利的，因而有助于吸水率和气孔率的降低，以及体积密度和抗折强度的增高；热处理温度的提高也会显著加快晶体长大速率。但是，热处理温度过高，却会导致耐高温的莫来石晶体的迅速生长，气孔来不及排出而被封闭起来保留于制品中，影响材料的各种性能，从而导致吸水率和显气孔率增大，而体积密度和抗折强度相应降低。

不同温度下制得的微晶玻璃均具有优良的化学稳定性。其中耐酸性为 98.77%～99.81%，耐碱性为 99.01%～99.83%。这主要是由主晶相莫来石优良的抗化学腐蚀性能所决定的。

20.4.3 莫来石晶化反应

试样热处理过程中生成莫来石的化学反应主要有两类：

① 高铝粉煤灰玻璃微珠中的无定形 SiO_2 和 Al_2O_3 发生反应：

$$2SiO_2(gls)+3Al_2O_3(gls) = 3Al_2O_3 \cdot 2SiO_2(sol) \tag{20-3}$$

② 高铝粉煤灰玻璃微珠中的无定形 SiO_2 与煅烧铝矾土中的 α-Al_2O_3 发生反应：

$$2SiO_2(gls)+3Al_2O_3(sol) = 3Al_2O_3 \cdot 2SiO_2(sol) \tag{20-4}$$

式中，gls、sol 分别代表粉煤灰中的玻璃相和结晶态的固相。

粉煤灰和煅烧铝矾土中存在的少量莫来石晶体可以起到晶核作用，粉末颗粒的表面为晶体生长提供了大量的成核位置，原料中存在杂质离子可以起到矿化剂的作用。这三种情况都能大大降低晶核生成和晶体生长的势垒，对莫来石的生长是非常有利的。

20.4.4 与同类研究对比

Jung 等（2001）利用 Al_2O_3 含量为 17.31%的粉煤灰为原料，加入 Al_2O_3 粉体调整其化学组成（127.2g Al_2O_3/100g 粉煤灰），添加 w_B 20% 3Y-PSZ，在 1500℃下热处理 2h 所得制品具有最佳的性能：吸水率 2.0%，显气孔率 2.1%，体积密度 2.04g/cm^3，抗折强度 169MPa。相比之下，本实验选用 Al_2O_3 含量高的粉煤灰为原料，设计了 Al_2O_3/SiO_2 较低的配方，外加剂的加入量显著减少，相同热处理温度下所得制品的吸水率和显气孔率降低、体积密度提高；而抗折强度偏低的原因是，前者配料中添加的 3Y-PSZ 对材料有增韧作用。

本实验在 1500℃下制得的莫来石微晶玻璃具有最优的综合物性指标（表 20-2）。该种材料可以用作化工管道、煤气烟囱衬里等在苛刻条件下使用的材料。

第 21 章 高铝粉煤灰制备堇青石微晶玻璃技术

21.1 研究现状概述

早在 19 世纪，人类就试图合成堇青石。1899 年，M. Zewier 制成这种晶体并取名为 Cordierite。Rankin 和 Merwin（1918）探索了 $MgO-Al_2O_3-SiO_2$ 体系铝硅酸盐的合成方法，发现了其非同一般的低热膨胀性能和介电性能。从此，许多研究者研究了这个重要而复杂的体系，描述了存在于体系中各相之间的关系和堇青石的晶体结构。Osborn 和 Muan（1960）最终给出了该体系的三元相图（图 21-1），一直沿用至今。

堇青石是一种镁铝硅酸盐 $Mg_2Al_3[AlSi_5O_{18}]$（$Mg_2Al_4Si_5O_{18}$），由于具有低的热膨胀系数和低的介电性能，以及优良的化学稳定性，堇青石微晶玻璃和陶瓷被广泛应用于对热震性、热膨胀和介电性能要求严格的场合。例如，高温炉、窑炉的窑具及其装饰材料、电子器件、微电子封装材料和精密光学器件等。电子、计算机产业的飞速发展，要求有更高性能（长寿命、高可靠性、低损耗、好的封装性等）的器件代替原有产品，如集成电路基板，使用堇青石玻璃陶瓷，可以使寿命和可靠性大幅度提高。另一重要应用领域是用作多孔材料如蜂窝陶瓷。

堇青石晶体有两种同质异构体：①低温稳定的斜方结构，称 β-堇青石。②高温稳定的六方结构，称 α-堇青石，又名印度石（Indialite）。此外，还有一种六方结构的过渡型产物 μ-堇青石（$MgO \cdot Al_2O_3 \cdot 4SiO_2$）。从原子排列来看，β 相与 α 相的区别在于 Al、Si 原子的有序度。在斜方结构中，Al、Si 原子是完全有序的；而在六方结构中，由于［AlO_4］四面体随机占据六元环的一个位置，使得 Al、Si 原子的有序度降低。

通常的合成方法大多是为了获得 α-堇青石，即六方晶系的 α-堇青石晶体，其空间群是 $P6/mcc$，晶格常数 $a_0=0.9770nm$，$c_0=0.935nm$（JCPDS 卡片 13-293）。六元环内径为 0.58nm，一个晶胞中含有两个 $Mg_2Al_3[AlSi_5O_{18}]$ 分子。在该结构中，由 5 个［SiO_4］四面体和一个［AlO_4］四面体组成一个六元环。六元环沿 c 轴平行排列，环与环之间依靠［AlO_4］四面体和［MgO_6］八面体相互连接起来。环与环沿 c 轴相互重叠，而上下两层相对错开 30°角。

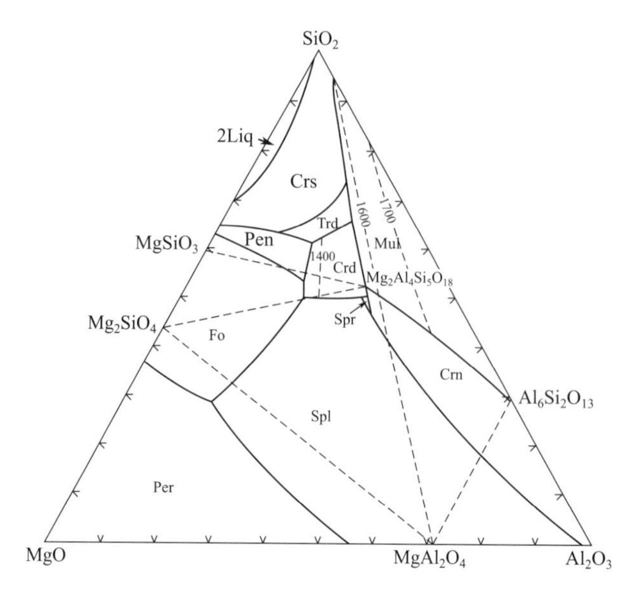

图 21-1 $MgO-Al_2O_3-SiO_2$ 体系相图

（据 Osborn & Muan，1960）

Crd—堇青石；Crn—刚玉；Crs—方石英；Fo—镁橄榄石；Liq—液相；

Mul—莫来石；Pen—原顽辉石；Per—方镁石；Spl—尖晶石；Spr—假蓝宝石；Trd—鳞石英

21.1.1 制备方法

微晶玻璃结晶过程中的核化与晶化，多数属于非均相晶化的类型。其基本原理是，加入玻璃配料中的成核剂，在玻璃熔制过程中，均匀地溶解于玻璃熔融体中。当玻璃处在析晶温度区间时，成核剂能降低玻璃晶核生成所需要的能量，核化就可以在较低温度下进行。这种类型晶化的特点是，核化与晶化在整个玻璃体中均匀地进行，新晶相在成核剂上附析，长大成为细小的晶体。

微晶玻璃成核剂要使玻璃中产生均匀分布的晶核有两种方法：一是采用成核剂，使玻璃在热处理时出现分相，促进玻璃的核化；二是利用玻璃在分界面处易于核化的性质，把玻璃制成粉末再成型。这样的制品在热处理时就会在粉末的表面成核、晶化。这种方法多用于微晶焊接剂的使用过程中。

微晶玻璃中的微晶是通过在过冷熔体中控制析晶而获得的。常用的控制方法是分阶段热处理。要在玻璃晶化时达到析出微晶的目的，在玻璃的成核和晶化过程中，必须使玻璃中有大量的晶核均匀地生成，即有较大的成核速率，然后使这些晶核同时以一定的速率生长。在微晶玻璃组成中引入晶核剂，可促进玻璃在过冷状态下的晶体成核和生长，是控制晶化的关键措施之一。晶核剂应具备以下性能（徐化兵等，2004）：

① 在玻璃熔融、成型温度下应具有良好的溶解性，在热处理时应具有极小的溶解性，并能降低玻璃的成核核化能；

② 晶核剂扩散的核化能要尽量小，使之在玻璃中易于扩散；

③ 晶核剂的组分和初晶相之间的界面张力越小，两者之间的晶格常数之差越小（不超过 15%），成核越容易。

晶核剂可分为贵金属晶核剂和化合物晶核剂两大类：

① 常用的贵金属：晶核剂有Au、Ag、Cu、Pt等。这类贵金属作为成核剂在玻璃中呈离子状态，吸收电子后转变为原子态，由于它们在玻璃中的溶解度较小，所以析出胶体，变成玻璃析晶的成核剂。胶粒大小一般为8～10nm。

② 化合物晶核剂：包括氧化物、氟化物和硫化物，如TiO_2、ZrO_2、P_2O_5、Cr_2O_3、NaF、ZnS等。

微晶玻璃中晶体系由玻璃通过受控晶化所生成。因此，有控制的析晶是制备微晶玻璃的基础。玻璃结晶过程一般包括两个步骤：晶体形成和晶体长大。玻璃的结晶能力取决于晶核形成速率（单位体积内玻璃熔体在单位时间内生成的晶核数目）和晶体生长速率（单位时间内晶体的生长速率）。所以成核过程和晶体生长过程的控制，可使玻璃形成具有一定大小和数量的晶相，赋予微晶玻璃所需的微观结构和各种特性。微晶玻璃的热处理一般包括两个或多个阶段：生成晶核的低温阶段和形成理想的显微结构促进晶粒生长的一个或多个高温处理阶段。

微晶玻璃的析晶机理一般分为以下3类：

① 晶核剂诱导析晶：即微晶玻璃中晶核剂自身成核，作为结晶中心而诱导析晶。

② 中间相诱导析晶：即晶核剂在玻璃熔制过程中已与其中的组分形成中间相，以此作为结晶中心而诱导析晶。

③ 分相诱导析晶：即分相的存在使相界面的表面积显著增大，因而在这些界面上晶核得以优先发展。

成核过程分为均匀成核和非均匀成核。微晶玻璃在玻璃的转变温度以上、各晶相的熔点以下进行成核和晶体长大。成核过程通常在相当于10^{10}～10^{11}Pa·s黏度的温度下保持一段时间，晶核尺寸为3～7nm。

由于非均匀成核比均匀成核易于发生，故在微晶玻璃中，为创造不均匀析晶的条件，使玻璃中产生大量均匀分布的晶核，常采用两种方法：一种方法是采用晶核剂，使玻璃在热处理时出现大量的晶胚或产生分相，促进玻璃的核化；另一种方法是将玻璃加工成粉末或颗粒后再成型，其制品在热处理时就会在粉末或颗粒的表面上成核、晶化。

微晶玻璃的晶体生长分为整体析晶和表面析晶。大部分晶体的长大都是按照整体析晶机理进行的。表面析晶与整体析晶模型相反，主要出现在相对光滑的表面上。

目前，制备微晶玻璃的主要方法有熔融法、烧结法、溶胶-凝胶法。

（1）熔融法

熔融后急冷，退火后再经一定的热处理制度进行成核和晶化以获得晶粒细小、含量多、结构均匀的微晶玻璃制品。热处理制度的确定是微晶玻璃生产的关键技术，最佳的成核温度一般介于相当于黏度为10^{11}～10^{12}Pa·s的温度范围之间。作为初步的近似估计，最佳成核温度介于T_g和比它高50℃的温度之间。晶化温度上限应低于主晶相在一个适当的时间内重熔的温度。通常是25～50℃。

常用的晶核剂有TiO_2、P_2O_5、ZrO_2、CaO、CaF_2、Cr_2O_3、硫化物、氟化物。晶核剂的选择与基础玻璃化学组成有关，也与期望析出的晶相种类有关。Stookey（1959）指出，良好的晶核剂应具备如下性能：①在玻璃熔融-成型温度下，应具有良好的溶解性；而在热处理时应具有较小的溶解性，并能降低成核的活化能。②晶核剂质点扩散的活化能要尽量小，使之在玻璃中易于扩散。③晶核剂组分和初晶相之间的界面张力愈小，两者之间的晶格参数之差愈小（$\sigma<15\%$），成核愈容易。复合晶核剂可以起到比单一晶核剂更好的核化效

果，它主要起双碱效应。

熔融法制备微晶玻璃可采用任何一种玻璃的成型方法，如压制、浇注、吹制、拉制，便于生产形状复杂制品和自动化生产，但也存在如下问题：①熔制温度高，通常在1400～1600℃，能耗大。②热处理制度在实际生产中难以控制操纵。③晶化温度高，时间长，现实生产中难以实现。

（2）烧结法

烧结法是使玻璃粉末产生颗粒黏结，然后经过组分迁移，使玻璃粉末产生强度而导致致密化和再结晶的过程。烧结的推动力是粉状物料的表面能大于多晶烧结体的晶界能。烧结法制备微晶玻璃的工艺流程如下：

配料→熔制→水淬→粉碎→过筛→成型→烧结→加工。

烧结法的优点：①与熔融法相比，基础玻璃的熔融温度较低，熔融时间较短。这易于使需要高温才能熔融的玻璃体系制备微晶玻璃，如 ZrO_2 增韧的堇青石微晶玻璃，其熔制温度高达1650℃。②玻璃粉末水淬后，具有较高的比表面积，比熔融法更易晶化，即使是基础玻璃整体析晶能力很差时，也可以通过表面析晶，制得晶相含量较高的微晶玻璃。③烧结法一般无需晶核剂。④生产过程易于控制，容易实现自动化生产，便于传统建筑陶瓷厂的转型。⑤产品质量好，成品率高，厚度及规格可调整，能够生产大尺寸制品。

烧结法可制备的微晶玻璃主要集中在 $CaO-P_2O_5-SiO_2-F$、$CaO-Al_2O_3-SiO_2-R_2O-ZnO$、$Li_2O-Al_2O_3-SiO_2$、$MgO-Al_2O_3-SiO_2-PbO-B_2O_3-ZnO$ 等体系。

（3）溶胶-凝胶法

溶胶-凝胶法技术应用于制备玻璃与陶瓷等先进材料领域，其优势在于：制备温度远低于传统方法，同时可避免某些组分挥发、侵蚀容器、减少污染；其组成可以按照原始配方和化学计量准确获得，在分子水平上直接获得均匀的材料；可扩展组成范围，制备传统方法不能制备的材料。其缺点是：虽然低温节能，但必要的化合物原料成本高，部分抵消了低温带来的节能效益；长时间的热处理比传统的熔制能耗更大。此外，要获得没有絮凝的均匀溶胶也是件困难的事；且凝胶在烧结过程中有较大收缩，导致制品易于变形。

利用溶胶-凝胶法，近几年来获得了一系列重要的微晶玻璃材料，在功能材料、结构材料、非线性光学领域展现出重要的应用前景和研究价值。

21.1.2 主要性能与用途

微晶玻璃的性能既取决于晶相和玻璃相的化学组成、形貌及其相界面的性质，又取决于晶化工艺。因为晶体种类由原始玻璃组成所决定，而晶化热处理工艺制度却在很大程度上影响着析出晶体相含量和晶体尺寸。

主晶相种类：不同主晶相的微晶玻璃，其性能差别很大。如主晶相为堇青石（$2MgO \cdot 2Al_2O_3 \cdot 5SiO_2$）的微晶玻璃，具有优良的介电性、热稳定性和抗热震性以及高强度和绝缘性；主晶相为β-石英固溶体的微晶玻璃，具有热膨胀系数低和透明及半透明性能；主晶相为霞石（$NaAlSiO_4$）的微晶玻璃，具有高的热膨胀系数，在其表面喷涂低膨胀微晶玻璃釉料后，可以作为强化材料。通过设计不同的原始玻璃组成及热处理制度，可以得到不同的主晶相，得到不同性能的微晶玻璃，满足不同的需要。

晶粒尺寸：微晶玻璃的光学性质、力学性质随主晶相晶粒尺寸变化而异。如 $Li_2O-Al_2O_3-SiO_2$ 体系微晶玻璃，可分为超低膨胀透明微晶玻璃和不透明微晶玻璃，以及中、低膨胀的微晶玻璃3种，其透明度主要与晶粒尺寸有关。

晶相含量：微晶玻璃中主晶相的含量变化时，会影响玻璃的各种性质，如力学、电学、热学性质等。又如微晶玻璃的密度，由于主晶相种类及最终结晶相与玻璃相的比例不同，可在2.6～6.0g/cm^{3}范围内变化；再如微晶玻璃的热膨胀系数会随微晶玻璃的晶相含量的增大而降低。

微晶玻璃具有很多优异的性能，如机械强度高、热膨胀性可调、抗热震性好、耐化学腐蚀、低的介电损耗、电绝缘性好等优越的综合性能，使得这种材料有希望代替某些传统材料，且目前已在许多领域得到广泛应用。

机械材料 利用微晶玻璃耐高温、抗热震、热膨胀性可调等力学和热学性能，制造出各种满足机械力学要求的材料。据报道，用PVD方法把Al_2O_3-SiO_2体系微晶玻璃涂层蒸镀到汽车金属轴承上，可提高轴承的耐磨性、表面光滑性和散热性。利用云母的可切削性和定向取向性，制备出高强和可切削加工的微晶玻璃（乔冠军等，1996；程慷果等，1997）。作为机械力学材料的微晶玻璃广泛应用于活塞、旋转叶片、吹具的制造上，同时也用在飞机、火箭、人造地球卫星的结构材料上。

光学材料 低膨胀和零膨胀微晶玻璃对温度变化不敏感，使其可在随温度改变而要求尺寸稳定的领域得到应用，例如，在望远镜和激光器的外壳中的应用。采用锂系微晶玻璃材料制造光纤接头，与传统使用的氧化锆材料相比，其热膨胀系数和硬度与石英玻璃光纤更为匹配，更易于高精度加工，且环境稳定性优良（逯红霞，2001）。利用BaO-B_2O_3玻璃经热处理析晶制得含有β-BaB_2O_4微晶薄膜层的透明陶瓷，有望成为一种新型非线性光学材料（张勤远等，1997）。利用金、银作核化剂的微晶玻璃具有光学敏感性，可起到“显影”作用，在灯泡、透红外仪器上得到广泛应用。

电子材料 微晶玻璃的膨胀系数能从负膨胀、零膨胀，直到具有$100\times10^{-7}℃^{-1}$以上的热膨胀系数，使得它能够与很多材料的膨胀特性相匹配，制成各种微晶玻璃基板、电容器及应用于高频电路中的薄膜电路和厚膜电路，如MgO-Al_2O_3-SiO_2体系堇青石基微晶玻璃，已应用于电子材料和航空领域。用溶胶-凝胶法制备的铁电微晶玻璃的介电常数随温度升高而减小然后再增加，且居里点具有明显的弥散特征的云母微晶玻璃，在电子、精密部件、航空领域具有广泛的应用前景。极性微晶玻璃是一种新型功能材料，含有定向生长的非铁电体极性晶体的微晶玻璃，具有压电性能和热释电性能，在水声、超声等领域有广阔的应用前景（谢为民等，1997）。

生物材料 钙铁硅铁磁体微晶玻璃在模拟体液中浸泡后，其表面硅胶层会生成能与人体组织良好结合的碳羟磷灰石，具有良好的生物活性和强磁性能，能修复人体骨骼且具有温热治癌作用。以$TiO_2[PO_4]_3$-$0.9Ca_3[PO_4]_2$为基础的磷酸盐多孔微晶玻璃，是具有抗菌作用和生物梯度的生物微晶玻璃。以云母为主晶相的微晶玻璃已成功用作脊骨和牙齿的替代物。利用抗热冲击微晶玻璃的红外辐射性能，可用于医疗保健产品中。载银离子以$LiTi_2(PO_4)_3$为骨架的磷酸盐多孔微晶玻璃，可用作抗菌剂材料。氧化锆增韧的CaO-Al_2O_3-SiO_2体系微晶玻璃，则有望作为一种新型牙科材料（卜东胜等，1994；何帅等，2001）。

化工材料 微晶玻璃的化学稳定性优良、几乎不被腐蚀的特性，使其广泛应用于化工领域。如Na_2O-Al_2O_3-SiO_2体系霞石微晶玻璃，随酸溶液的变化存在一个极值区域，当碱溶液浓度较大时，失重几乎与浓度变化无关（刘小波等，1997）。在控制污染和新能源应用领域也找到了用途，如微晶玻璃用于喷射式燃烧器中消除汽车尾气中的碳氢化合物，在硫化钠电池中作密封剂，在输送腐蚀性液体方面用作管道和流槽等。

建筑材料 建筑微晶玻璃作为新型绿色装饰材料，已成为最具有发展前景的建筑装饰材料。广泛用于大型建筑和知名重点工程，其装饰效果和理化性能均优于玻璃、瓷砖、花岗石和大理石板材。其莫氏硬度6.5～7.0，抗弯强度50～60MPa，抗压强度>500 MPa，体积密度2.65～2.70g/cm^3，吸水率接近于零，且耐酸碱性、抗冻性和耐污染性能优异，无放射性污染，镜面效果良好。微晶玻璃具有高强度、封闭气孔、低吸水性和热导性，可作为结构材料、热绝缘材料。

其他材料 泡沫微晶玻璃作为结构材料、热绝缘材料和纤维复合增韧微晶玻璃都得到了广泛研究和应用。核工业方面，微晶玻璃被用于制造原子反应堆控制棒材料、反应堆密封剂、核废料封储材料等。20世纪70年代，Scharch等发现了云母微晶玻璃有记忆效果，开辟了微晶玻璃在记忆材料领域的应用。

21.1.3 研究现状

早在18世纪，由玻璃制备多晶材料的想法就已经产生了。自20世纪30年代开始，由玻璃体结晶而形成致密陶瓷的想法已受到较高关注。1957年，美国康宁公司的玻璃化学家Stookey首先研制成功了商品光敏微晶玻璃，标志着微晶玻璃的研制成功并逐步实现工业化。此后，在锂铝硅玻璃中加入二氧化钛作为晶核剂，制成了强度高、耐热冲击性好、热膨胀系数低的微晶玻璃（Stookey，1959），获得了以二氧化钛为晶核剂的范围很广的玻璃组成。1986年，英国McMilan发现可以利用金属硅酸盐晶核剂来控制玻璃的晶化。

目前研究最为透彻的是Li_2O-Al_2O_3-SiO_2体系微晶玻璃。该体系微晶玻璃的主晶相多为β-锂霞石、β-锂辉石及β-石英固溶体等，具有优良的耐热冲击性、较高的强度和较低的甚至接近于零或负数的热膨胀系数，因此引起广泛关注。CaO-Al_2O_3-SiO_2体系微晶玻璃也是研究较为深入的一类微晶玻璃。1960年，苏联Kitaigorodski首先研制成功了矿渣微晶玻璃；1966年，第一条辊压法制造微晶玻璃的生产线建成投入生产。CaO-Al_2O_3-SiO_2体系微晶玻璃的主晶相多为β-硅灰石，一般不外加晶核剂。借助表面成核析晶机理，利用烧结法制造的该体系微晶玻璃，具有高强度，耐酸、碱性好，表面纹理清晰，质感突出等优异性能。除这两类常见体系的微晶玻璃外，还研制出了磷酸盐微晶玻璃、氟酸盐微晶玻璃以及硫系微晶玻璃等多种体系的微晶玻璃。

微晶玻璃具有性能优良、制备工艺易于控制、原料丰富和生产成本低廉等特点，是一种高性能、低价位、应用广泛的新型材料。这类材料除了广泛地应用于建筑装饰材料、家用电器、机械工程等传统领域外，在军事国防、航空航天、光学器件、电子工业、生物医学等现代高新技术领域也具有重要的应用价值。因此，具有优异性能的微晶玻璃的应用前景无比广阔。

与其他材料相比，微晶玻璃的主要特性表现在以下几方面：

性能优异 熔融玻璃可以得到均匀的结构状态，且析晶过程能够严格控制，因而可获得具有微细晶粒、近乎零孔隙的均匀结构，使得微晶玻璃比一般陶瓷、玻璃具有更好的强度、硬度、耐磨性、热学性能和电学性能等。

尺寸稳定 通常陶瓷在干燥和烧成过程中会发生较大的体积收缩，因而容易产生变形，而微晶玻璃生产过程中，尺寸变化较小，并且可严格控制。

工艺简单 微晶玻璃生产以成熟的玻璃制造工艺为基础，可制备各种形状复杂的制品。

性能可控　微晶玻璃适用于广阔的组成范围，其热处理过程也可以精确控制，因而其晶体类型、含量以及晶粒尺寸均有可能按需要生产，从而使其性能可通过组成和结构的控制来进行设计。

易于封接　由于微晶玻璃是由玻璃制得，在熔融状态下能够“润湿”其他材料，故可用较简单的封接方法与金属等其他材料封接在一起。

原料广泛　生产矿渣微晶玻璃时可利用多种工业固废，有利于资源环境保护和产业可持续发展。

替代石材　烧结微晶玻璃装饰材料具有色泽柔和、结构致密、晶体均匀、纹理清晰，以及优异的力学特性和抗蚀性，且不吸水、抗冻性好，无放射性污染，因而是天然石材的理想替代产品。

由此可见，微晶玻璃技术在金矿、铜矿、铁矿、钨矿等尾矿和高炉矿渣、高岭土尾矿、煤矸石、粉煤灰等工业固废资源化利用方面具有重大应用潜力（蔡明等，2004；陈国华，1995；程慷果，1997）。

21.2　微晶玻璃技术发展

中国对微晶玻璃的研究起步较晚，但在较短时间内取得了很大进展。近年来，由于生产微晶玻璃的窑具材料国产化，以及生产工艺的成熟，微晶玻璃的价格大幅度降低，成品率迅速提高。20 世纪 90 年代初，安徽琅琊山铜矿最先投入了微晶玻璃的生产。他们通过与中科院上海硅酸盐研究所等单位合作，以铜矿尾砂为主要原料，采用压延法生产出了微晶玻璃装饰板。90 年代中期，广东茂名中辰建材公司、天津标准国际建材有限公司和河北晶牛集团等厂家也相继投入生产建筑微晶玻璃，现已应用于机场、车站、办公楼、地铁、酒店等高档公共建筑和别墅等高级住宅的建筑装饰，如大连国际中心、深圳赛格广场等（曾利群等，2001）。

虽然烧结微晶玻璃装饰板在我国已实现大规模工业化生产，但仍存在以下问题：

产品合格率不稳定、优等品产率较低。常见缺陷是原板变形大、炸裂，成品表面气孔多、大规格产品平面度公差大。与国际水平相比，国产烧结微晶玻璃装饰板在整体质量方面尚有一定差距。

熔窑使用寿命较短。由于基础玻璃成分的影响，与普通平板玻璃或瓶罐玻璃熔窑相比，微晶玻璃熔窑的使用寿命较短，一般只有 2～3 年。这无疑大大增加了产品成本。

产品规格、品种、花色较为单一，仍不能完全满足建筑装饰市场的要求。

产品价格较高，普通家庭用户尚难以接受目前的市场售价。

建筑工业在欧美已属夕阳产业，而在中国还是朝阳产业，预计在未来十年之内还会有较大发展空间，国内建筑用微晶玻璃正面临着良好的发展契机。

随着我国经济建设的快速发展，对建筑装饰材料的需求量越来越大。目前我国每年消费板材超过 6000 万平方米，若用微晶玻璃装饰板取代 10％的石材，国内需求量将相当可观。烧结微晶玻璃装饰板具有比普通陶瓷和天然石材更为优异的性能，是 21 世纪的绿色生态环保建材产品，用它来替代部分天然花岗岩、大理石是今后的发展趋势。

21.3 基础玻璃熔制

确定微晶玻璃配方，采用合理的熔制工艺，得到熔制均匀的基础玻璃。将配合料经过高温加热形成均匀、无气泡（即把气泡、条纹和结石等减少到容许限度），且符合成型要求的玻璃液的过程，称为玻璃熔制。这是玻璃生产中的重要环节，玻璃中的许多缺陷（如气泡、条纹、结石等）都是在玻璃熔制过程中形成的。玻璃产量、质量和合格率等都与玻璃熔制过程密切相关。

各种配合料在加热形成玻璃过程中，发生的复杂变化大致如下：

物理过程：包括配合料的加热、吸附水分的蒸发排除、某些独立组分的熔融、某些组分的多相转变、个别组分的挥发等。

化学过程：包括固相反应、各种盐类的分解、水化物的分解、化学结合水的排除、组分间的相互反应及硅酸盐的生成等。

物理化学过程：包括低共熔物的生成、组分或生成物间的相互溶解，玻璃和炉气介质之间的相互作用、玻璃液和耐火材料的相互作用，以及玻璃液与夹杂气体的相互作用等。

21.3.1 实验方法

（1）微晶玻璃配方

实验采用陕西韩城第二发电厂排放的高铝粉煤灰（H2F-07）、石英砂和氢氧化镁为原料，制备堇青石微晶玻璃。高铝粉煤灰的化学成分分析结果见表 21-1。

表 21-1 高铝粉煤灰的化学成分分析结果 $w_B/\%$

样品号	SiO_2	TiO_2	Al_2O_3	Fe_2O_3	FeO	MnO	MgO	CaO	Na_2O	K_2O	P_2O_5	H_2O^+	总量
H2F-07	57.44	1.16	30.37	1.10	1.91	0.01	2.69	3.12	0.31	1.68	0.02	0.67	100.47

以利用高铝粉煤灰制备堇青石微晶玻璃的前期实验确定的原料配比，此种微晶玻璃的组成为 67 粉煤灰・13MgO・20SiO_2。

（2）基础玻璃熔制

依据高铝粉煤灰的 Al_2O_3、SiO_2 含量高的成分特点，设计成常见的 $MgO-Al_2O_3-SiO_2$ 体系，采用熔融法制备堇青石微晶玻璃。

玻璃熔制过程大致分为 5 个阶段：硅酸盐形成、玻璃液形成、澄清、均化和冷却。

参考文献资料，确定熔制温度为 1500℃，熔融时间 2h。在 $MgO-Al_2O_3-SiO_2$ 三元相图中的堇青石首晶区，按照 13MgO∶20SiO_2∶67 粉煤灰的基础玻璃配方，将原料装入振动磨中，混磨至－200 目＞90％粒级。称取 80g 配合料，装入氧化铝坩埚中。

将试样置于箱式电炉中，于 1500℃下熔融 2h，至 550℃退火 2h。熔融后的基础玻璃呈现深褐色，玻璃表面平滑、光亮，结构均匀。在 20 倍放大镜下观察，无可见气孔存在。制成光薄片在 200 倍光学显微镜下观察，发现大量黑褐色的羽状包裹体均匀分布于玻璃基体中，是导致基础玻璃呈深褐色的直接原因。推测包裹体成分为铁氧化物。

（3）玻璃分析技术

将玻璃研磨成－200 目粒级微粉，采用 D/max-RC 型 X 射线衍射仪进行分析。工作电压为 40kV，工作电流 100mA，Cu 靶，扫描速度 8°/min。

将基础玻璃做成光学薄片，在 OLYMPUS BX60 型光学显微镜下观察。

将试样粉磨成－200 目粒级微粉，采用 LCT-2 型差热分析仪，对样品进行差热分析。分析条件：空气气氛下，升温速率 10℃/min，参比样为高纯 α-Al_2O_3 粉体。

21.3.2 结果分析

在光学显微镜下观察，发现其中的石英绝大部分已经熔融（图 21-2）。对试样的 X 射线衍射分析结果显示，其衍射谱图中未出现尖锐的衍射峰（图 21-3）。由此判断，实验原料中的石英等结晶相已接近于完全熔融。

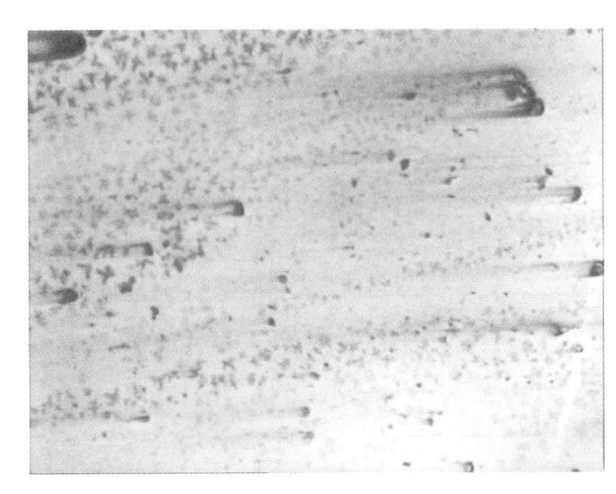

图 21-2 基础玻璃试样的显微照片（单偏光，视域宽度 40μm）

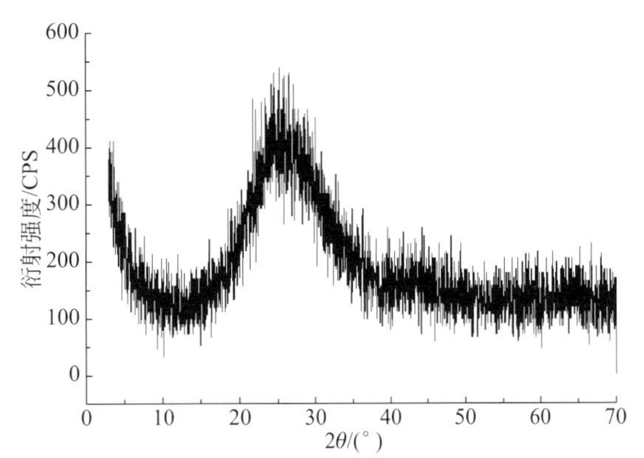

图 21-3 基础玻璃试样的 X 射线粉末衍射图

21.4 玻璃晶化处理

采用烧结法工艺，通过实验确定堇青石微晶玻璃的优化热处理工艺。

21.4.1 差热分析

将试样磨细成－200 目粒级微粉，采用 LCT-2 型差热分析仪，对样品进行差热分析。分析条件：空气气氛下，升温速率 10℃/min，参比样为高纯 α-Al_2O_3 粉体。由基础玻璃试样的 DTA 曲线，可大致确定该微晶玻璃的核化温度约为 775℃，晶化温度约 968℃（图 21-4）。

21.4.2 烧结法工艺

烧结法工艺具有以下特点：

① 晶相和玻璃相的比例可以任意调节；

② 基础玻璃的熔融温度比整体析晶法要低，且熔融时间短，能耗较低；

③ 微晶玻璃的晶粒尺寸易于控制，故可以很好地控制微晶玻璃制品的结构与性能；

④ 由于玻璃颗粒或粉末具有较高的比表面积，因此即使基础玻璃的整体析晶能力很差，但利用玻璃的表面析晶现象，同样可以制得晶相比例很高的微晶玻璃制品。

将熔融玻璃冷却到 550℃退火，保温 2h，最终自然冷却。

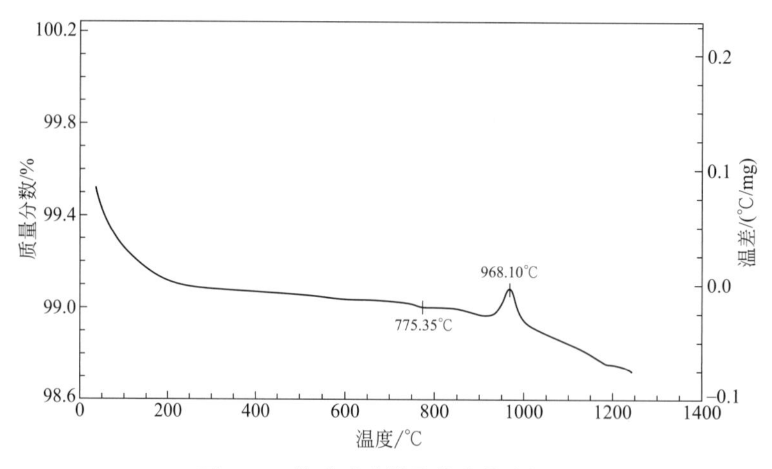

图 21-4　基础玻璃样品的差热分析图

为了避免热处理后的微晶玻璃出现大量气孔，在热处理之前，将熔融磨细后的粉料 2g 压成直径 2cm 的圆片。由差热分析所得核化温度为 755℃，晶化温度为 968℃。即热处理过程首先在 775℃下核化处理 90min，然后以 4.5℃/min 的速率，升温至 968℃下晶化处理 90min。经热处理过程所得制品（YL-1）外观如图 21-5 所示。

进一步在 968℃下晶化处理，晶化时间为 90min。将热处理后的微晶玻璃制品（YL-1）研磨成－200 目粒级微粉，采用 D/max-RC 型 X 射线衍射仪对制品进行物相分析。分析条件：工作电压为 40kV，工作电流 100mA，Cu 靶，扫描速度 8°/min。X 射线衍射图上已经出现堇青石的特征衍射峰，但基础玻璃晶化并不完全，在 $2\theta=20°\sim30°$范围有一宽阔的非晶态弥散峰；继续延长晶化时间，非晶态弥散峰逐渐消失，堇青石衍射特征峰逐渐增强（图 21-6）。因此，该基础玻璃较合适的热处理制度为：核化温度 775℃，核化时间 90min；晶化温度 968℃，晶化时间 90min。

图 21-5　晶化热处理后的堇青石微晶玻璃实物图

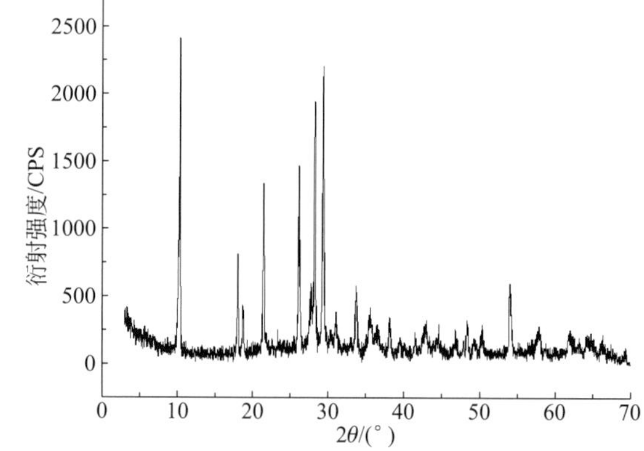

图 21-6　堇青石微晶玻璃制品（YL-1）X 射线粉末衍射图

21.5　制品性能表征

体积密度是材料的最基本属性之一，是鉴定矿物的重要依据，也是进行其他许多物性测定（如颗粒粒径）的基础数据。材料的吸水率和气孔率是材料结构特征的标志，通常基于密度进行测定。

根据阿基米德定律，计算公式如下：

吸水率：

$$W_a=\frac{M_3-M_1}{M_1}\times100\%$$

显气孔率：

$$P_a=\frac{M_3-M_1}{M_3-M_2}\times100\%$$

体积密度：

$$D_b=\frac{M_1\times D_L}{M_3-M_2}$$

式中　D_L——测定温度下浸液的密度，g/cm^3。

对实验制品的物性测定数据见表 21-2。

表 21-2　堇青石微晶玻璃制品的主要物性测定结果

样品号	YL-1
干试样质量 M_1/g	2.000
饱和试样的表观质量 M_2/g	0.742
饱和试样在空气中的质量 M_3/g	2.042
吸水率/%	2.10
显气孔率/%	3.34
体积密度/(g/cm^3)	1.54

由图 21-5 可知，基础玻璃经核化处理后，其外观形貌和颜色均未发生明显变化。继续延长晶化处理时间，则玻璃表面变得不透明，逐渐失去玻璃光泽。这与堇青石晶体从玻璃基体中分相、成核和晶体析出有关；相应地试样颜色也由深褐色变为米黄色，推测其原因与玻璃中的致色 Fe 杂质在晶化热处理过程中以类质同象形式替代 Mg 进入晶格有关。

将微晶玻璃样品（YL-1）抛光表面用浓度 10%的 HF 溶液蚀刻 30s（20℃），然后用蒸馏水冲洗干净。干燥后喷金处理，进行扫描电镜观察。不同放大倍数下试样照片见图 21-7。由图可知，微晶玻璃制品的结晶充分，与 X 射线衍射分析结果一致。主晶相堇青石多呈不规则的柱状、棒状微晶体均匀分布，无序取向，相互交错咬合，构成框架结构，残余玻璃相则填充于晶间空隙中。堇青石微晶体的长度大多为 5～15μm，长径比约 5～10。

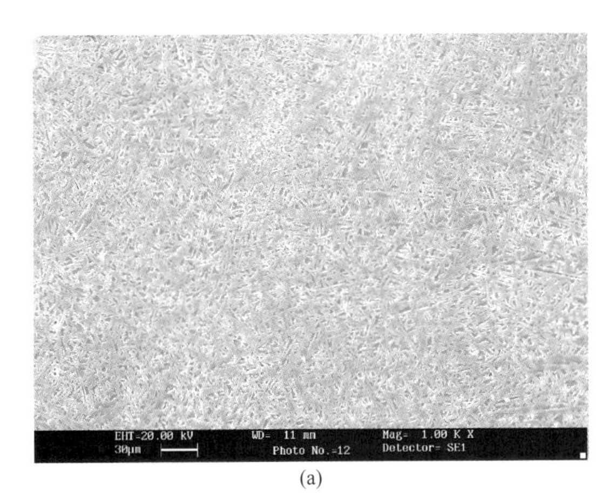

(a)

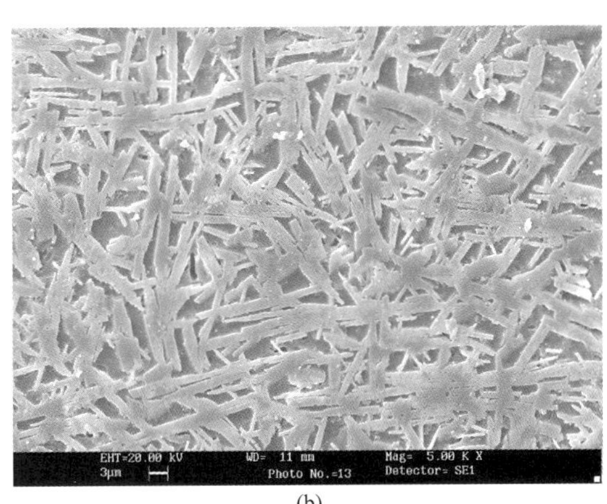

(b)

图 21-7　堇青石微晶玻璃制品（YL-1）的扫描电镜照片

第 22 章 高铝粉煤灰制备莫来石陶瓷技术

莫来石是 Al_2O_3-SiO_2 体系中在常压下唯一稳定存在的二元化合物（Aksay et al，1991），最早在 1924 年发现于苏格兰的莫尔岛（Mull）而得名。自然界形成莫来石需要高温低压条件，因而产出稀少。莫来石独特的针柱状穿插骨架结构，赋予其一系列优良的性能，包括良好的热稳定性和化学稳定性、低热膨胀系数、低热导率、高抗蠕变能力，以及耐火度高、抗热震性好、体积稳定性好、电绝缘性强和高温环境中优良的红外透射等优点。因此，莫来石被广泛用作耐火材料、磨料、铸造、焊接材料、保温炉窑密封、火花塞、防滑地板砖及其他一些耐磨性和防腐性要求较高的领域。

22.1 研究现状概述

Bowen 等（1924）提出了最有影响的莫来石分解熔融相图，认为莫来石（$3Al_2O_3 \cdot 2SiO_2$）在 1828℃发生不一致熔融。Schears 等（1954）报道了莫来石在约 1810℃出现不一致熔融，但认为其组成中 Al_2O_3 含量在 72%～78%之间变化。Davis 和 Pask（1972）利用蓝宝石（α-Al_2O_3）和熔融石英之间的扩散反应确定了莫来石高达 1750℃的固溶范围，认为莫来石中的 Al_2O_3 含量在 71%～74%之间变化。Aksay 和 Pask（1975）把这一研究拓展到更高温区，表明转熔点在约 55% Al_2O_3 处。Klug 等（1987）对 α-Al_2O_3 的液相线位置进行了修正，从 1600℃开始，莫来石固溶范围转向高 Al_2O_3 含量，在 1890℃达到 77.15%，转熔组成在 76.5%～77.0%之间。Klug 等（1987）对 Aksay 和 Pask（1975）的相图进行了修正和补充，这也是现今广泛使用的 SiO_2-Al_2O_3 体系相图（图 22-1）。

工业莫来石通常采用天然矿物原料，以电熔法和烧结法生产为主。烧结法合成莫来石是以硅石、高铝矾土、高岭土和夕线石族矿物等为原料，按照莫来石的理论组成，经混合、细磨、脱水、真空混炼，然后在回转窑或隧道窑中约 1700℃下煅烧而成。莫来石化过程主要通过铝、硅离子相互扩散完成，属于固态反应。前驱物的粒度，特别是<8μm 的微粒对莫来石化进程有重要影响。烧结法合成莫来石的温度主要取决于 Al_2O_3 和 SiO_2 原料的结晶性、粒度和纯度等因素。莫来石一般在 1200℃开始生成，1650℃时完成，1700℃以上莫来石结晶发育良好（Rahman et al，2001；Lee et al，2007）。

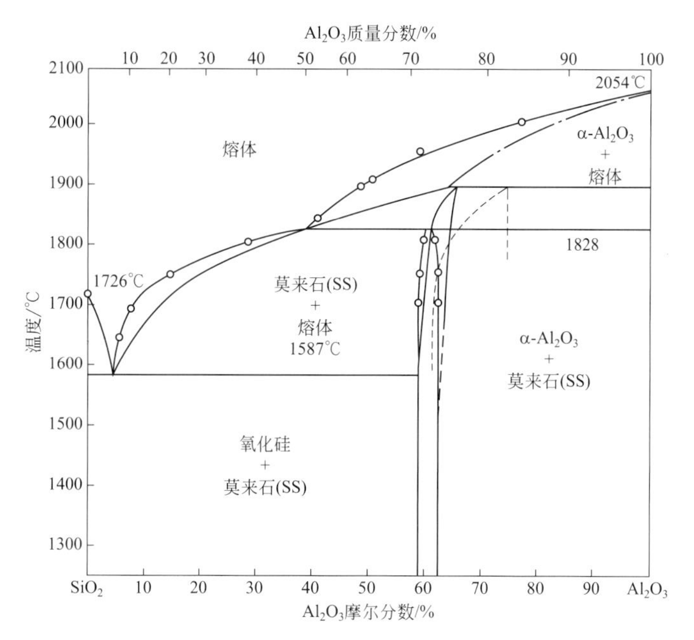

图 22-1　SiO_2-Al_2O_3 体系相图

(据 Aksay & Pask, 1975; Klug et al, 1987)

高铝粉煤灰中含有一定量的莫来石晶核或微晶，故无需烧制前期形成晶核所要求的体系自由能较大幅度提高的条件。与天然矿物原料相比，用于合成莫来石具有能耗低、时间短，以及原料成本低等优势。鉴于此，本项研究拟以高铝粉煤灰为主要原料，铝矾土为辅料，进行合成莫来石的实验研究。研究成果有望为实现中低温烧结工艺和获取高含量莫来石提供技术支撑，也将为高铝粉煤灰合成莫来石的规模化应用拓展新领域。

22.2　制备工艺与制品性能

陶瓷的性能取决于物相组成与结构，而物相组成和结构又取决于制备工艺、原料、相平衡关系以及相变动力学、晶粒生长和烧结等条件。

22.2.1　实验原料与制备工艺

(1) 实验原料

实验用主要原料为高铝粉煤灰（BF-1）和铝矾土（CB-1）（表 22-1）。前者来自北京石景山热电厂，主要化学成分为 SiO_2 和 Al_2O_3，两者之和大于 80%。粒度分布：$d(0.1)=1.09\mu m$，$d(0.5)=8.57\mu m$，$d(0.9)=47.88\mu m$。比表面积 $1.85m^2/g$。铝矾土选自首钢耐火材料厂的煅烧熟料（CB-1），主要成分为 Al_2O_3。

表 22-1　高铝粉煤灰和铝矾土原料的化学成分分析结果　　w_B/%

样品号	SiO_2	TiO_2	Al_2O_3	Fe_2O_3	FeO	MgO	CaO	Na_2O	K_2O	MnO	P_2O_5	H_2O^+	H_2O^-	烧失	总量
BF-1	48.13	1.66	39.03	2.94	0.77	1.05	3.30	0.21	0.69	0.02	0.63	0.21	0.07	0.62	99.33
CB-1	4.91	3.56	88.60	0.86	0.05	1.05	0.33	0.01	0.08	—	—	0.02	—	0.03	99.50

（2）其他原料

Na_2CO_3，分析纯（AR），≥99.0%，北京化工厂；K_2CO_3（AR），分析纯，≥99.0%，北京化工厂；MgO，分析纯，≥99.0%，北京化学试剂公司；NaF，分析纯（AR），≥98.0%，北京化工厂；MgF_2，分析纯，≥97.0%，北京市中联特化工有限公司；CaF_2，分析纯，≥98.5%，北京益利精细化学品有限公司；B_2O_3，分析纯，≥98.0%，北京化学试剂公司；TiO_2，分析纯，≥99.0%，北京益利精细化学品有限公司。聚乙烯醇为黏结剂，化学纯，购自北京化学试剂公司。

（3）配方设计

配方设计原则：①获得莫来石含量≥60%的陶瓷制品；②高铝粉煤灰配比≥70%；③降低莫来石陶瓷的烧结温度至≤1550℃；④获得较高力学强度的制品，抗折强度≥60MPa。

基于此，设计制备AS系列莫来石陶瓷，原料配比及化学组成见表22-2。AS系列陶瓷配方设计的主要氧化物组成点均位于SiO_2-Al_2O_3-CaO三元体系相图中莫来石首晶区。其中AS90、AS80、AS70配方的高铝粉煤灰配比均在70%以上。

表22-2 AS系列陶瓷的原料配比及化学组成

样品号	原料配比(w_B)/%		各配方的化学组成(w_B)/%														
	粉煤灰	铝矾土	SiO_2	TiO_2	Al_2O_3	Fe_2O_3	FeO	MgO	CaO	Na_2O	K_2O	MnO	P_2O_5	H_2O^+	H_2O^-	烧失	总量
AS70 (A/S=0.70)	81.95	18.05	40.33	2.00	47.98	2.56	0.64	1.05	2.76	0.17	0.58	0.01	0.52	0.18	0.06	0.51	99.35
AS80 (A/S=0.80)	75.63	24.37	37.60	2.12	51.11	2.43	0.59	1.05	2.58	0.16	0.54	0.01	0.48	0.16	0.06	0.48	99.37
AS90 (A/S=0.90)	70.10	29.90	35.21	2.23	53.85	2.32	0.55	1.05	2.41	0.15	0.51	0.01	0.44	0.15	0.05	0.44	99.37
AS100 (A/S=1.00)	65.24	34.76	33.11	2.32	56.26	2.22	0.52	1.05	2.27	0.14	0.48	0.01	0.41	0.14	0.05	0.41	99.39
AS117 (A/S=1.17)	58.18	41.82	30.06	2.45	59.76	2.07	0.47	1.05	2.06	0.13	0.43	0.01	0.37	0.13	0.04	0.37	99.40
AS150 (A/S=1.50)	47.70	52.30	25.13	2.67	65.41	1.83	0.39	1.05	1.72	0.10	0.37	0.01	0.29	0.11	0.03	0.31	99.42

注：A/S=Al_2O_3/SiO_2（摩尔比）。

（4）制备过程

按照设计配方称量原料，在ZJM-20型周期式搅拌球磨机中湿法球磨，球磨介质为刚玉球。浆料在101-1EBS型电热鼓风干燥箱中干燥后获得粉料，以聚乙烯醇水溶液为黏结剂，经造粒后置于不锈钢模具中，在XQ-5型嵌样机上成型，成型压力136MPa。将干燥后的生坯放入KSX型硅钼电阻炉，按设定条件进行烧结。实验完成后试样在炉中自然冷却。

22.2.2 工艺条件对制品性能的影响

选择吸水率、显气孔率、体积密度和抗折强度作为莫来石陶瓷制品的评价指标，对AS系列莫来石陶瓷进行制备工艺条件研究，结果见表22-3。性能测试方法如下：

吸水率、显气孔率和体积密度参照标准GB/T 3810.3—2016中的煮沸法进行测试，质量测量精度至0.1mg。抗折强度参照标准GB/T 3810.4—2016测定，试样尺寸为40mm×6mm×6mm，取3个试样测试结果的平均值。

表 22-3　工艺条件对 AS 系列陶瓷性能的影响实验结果

样品号	烧结条件			基本性能			
	升温速率/(℃/min)	保温时间/h	烧结温度/℃	吸水率/%	显气孔率/%	体积密度/(g/cm³)	抗折强度/MPa
AS70	5	5	1450	2.35	5.65	2.55	68.1
			1500	1.18	3.04	2.66	77.8
			1550	1.67	4.05	2.53	65.5
	10	2	1350	8.28	15.65	2.24	37.3
			1400	6.13	13.75	2.60	44.2
			1450	5.15	11.73	2.58	52.0
			1500	1.57	3.94	2.61	74.5
			1550	1.44	3.60	2.59	67.1
AS80	5	5	1450	3.53	8.14	2.51	53.9
			1500	1.05	2.74	2.68	82.1
			1550	1.23	3.12	2.62	70.3
	10	2	1350	10.70	19.12	2.21	35.5
			1400	8.77	16.85	2.31	38.6
			1450	6.12	13.22	2.49	46.3
			1500	1.46	3.67	2.61	78.6
			1550	1.22	3.04	2.57	74.4
AS90	5	5	1450	4.75	10.61	2.50	45.8
			1500	1.37	3.53	2.67	81.6
			1550	0.62	1.72	2.82	98.3
	10	2	1350	13.71	22.35	2.10	33.1
			1400	12.31	21.16	2.18	35.4
			1450	8.70	16.67	2.30	42.2
			1500	3.84	9.08	2.60	72.1
			1550	0.91	2.45	2.76	80.4
AS100	5	5	1450	5.59	11.74	2.38	40.6
			1500	1.61	4.12	2.67	66.1
			1550	1.09	2.95	2.79	92.1
	10	2	1350	16.31	24.78	2.02	26.3
			1400	13.69	21.91	2.05	27.7
			1450	9.35	16.80	2.16	33.7
			1500	4.04	9.37	2.56	50.2
			1550	1.86	4.78	2.70	67.1
AS117	3	3	1450	22.00	31.60	2.10	36.7
			1500	4.80	11.21	2.63	66.1
			1550	1.18	3.12	2.73	75.7
AS150	3	3	1450	25.20	35.14	2.15	34.9
			1500	5.60	12.75	2.61	58.0
			1550	1.36	3.50	2.67	71.3

由表22-3可见，AS系列陶瓷的基本性能主要受A/S、烧结温度影响，其次为保温时间和升温速率。综合比较制品的基本性能，较理想原料配方为AS90，制备条件：烧结温度1550℃，保温时间2～5h，升温速率5～10℃/min。所制备AS90陶瓷的主要性能为：吸水率0.62%～0.91%，显气孔率1.72%～2.45%，体积密度2.76～2.82g/cm³，抗折强度80～98MPa。

除上述4项指标外，还对制品的显微硬度、热震稳定性、高温体积稳定性以及化学稳定性等性能进行了测试。以下分析制备工艺条件对陶瓷制品性能的影响。

（1）吸水率

吸水率是陶瓷结构特征的标志，可直接反映陶瓷的显气孔率，并对陶瓷使用过程中的耐久性、稳定性及其长期强度的稳定等产生重要影响。AS系列陶瓷的吸水率主要受烧结温度和A/S影响，受保温时间和升温速率的影响较小。AS90试样，经1550℃下烧结2～5h后，吸水率小于1%。A/S越大，要获得较低的吸水率，需要更高的烧结温度或较长的保温时间。

由图22-2可见，制品吸水率随烧结温度升高而呈近似线性下降趋势。添加Na_2O，在1300℃以下，有助于实现坯体的致密化。K_2O作用效果与Na_2O相似，其致密化效果明显，并表现出更宽的熔融范围（1100～1500℃）。TiO_2也具有很强的降低吸水率效果。分别添加w_B 4% Na_2O、w_B 4% K_2O、w_B 4% MgO、5%（摩尔分数）B_2O_3、5%（摩尔分数）TiO_2，在1500℃下烧结，所得陶瓷制品的吸水率基本在0.5%以下。

添加NaF试样的制品吸水率，在1100～1200℃烧结时随温度升高降低较明显，而在1200℃之上反而升高（图22-3）。这是过烧所致。添加MgF_2和CaF_2，制品吸水率在1100～1500℃变化特点较相似，呈线性下降趋势，1500℃下所得制品的吸水率达到最小值，分别为0.31%和0.21%。而在低温（1100～1300℃）烧结时，添加MgF_2的制品具有更低的吸水率，表明在此温区内，其助烧结能力比CaF_2强。

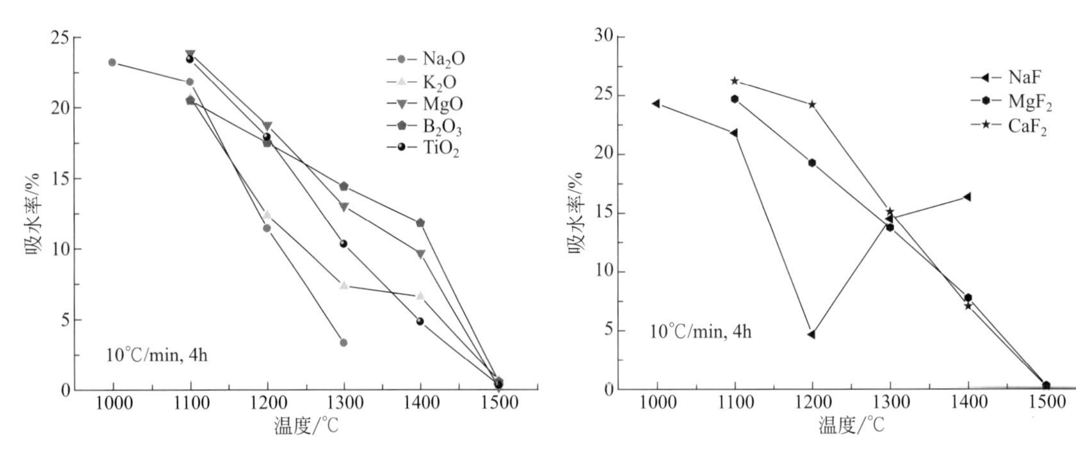

图22-2 氧化物对不同温度烧结体吸水率的影响　　图22-3 氟化物对不同温度烧结体吸水率的影响

（2）抗折强度

陶瓷抵抗机械作用的能力（如抗折强度）是其作为工程或结构材料最重要的性质之一。由图22-4可见，在1350～1450℃烧结，试样抗折强度均随A/S增大而降低，且随烧结温度升高降低幅度增大。在AS系列配料中，低A/S所含玻璃相成分较高，但这些玻璃相在

1350～1450℃烧结时形成熔体的黏度值相差不大，低 A/S 试样烧结时产生较高液相量加速了坯体致密化进程，因而制品的气孔率小，强度也相应较高。在 1500℃，抗折强度随 A/S 值增加呈先增大后减小趋势，分界点提高到 A/S=0.8；1550℃时其变化特点与 1500℃相类似，分界点提高到 A/S=0.9；可见随 A/S 值的增大，烧结温度相应提高。

由图 22-5 可见，添加 Na_2O 试样的抗折强度随烧结温度升高呈线性增加，1300℃烧结时达到最大值（98MPa）。添加 K_2O 试样的抗折强度在 1100～1500℃随烧结温度升高而呈缓慢增加。其他氧化物对抗折强度的影响大体上随温度升高而增加。1500℃下烧结时，添加 MgO 试样的抗折强度最大（150MPa）。添加 B_2O_3 和 TiO_2 试样在 1300℃和 1400℃以上的抗折强度增加较小，分别保持在 60MPa 和 80MPa 左右。在较低温度下（1100～1300℃），B_2O_3 和 TiO_2 使熔体黏度较大幅度下降，造成了部分莫来石晶粒异常长大，致使烧结体中晶粒尺寸分布不均。总之，Na_2O 和 K_2O 对提高低温（1200℃）烧结体的强度有利，B_2O_3 和 TiO_2 有利于提高中温（1300～1400℃）烧结体的强度。MgO 能较大幅度地提高高温（1500℃）烧结体的强度。

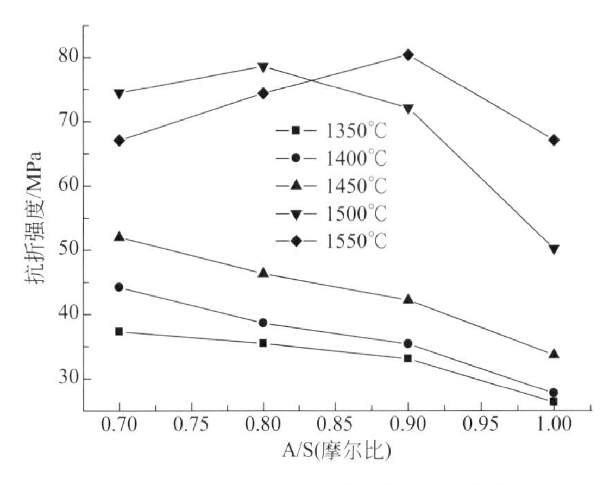

图 22-4　A/S 对制品抗折强度的影响

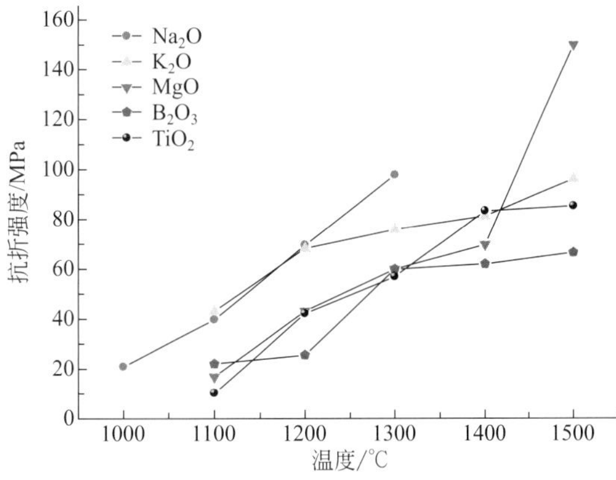

图 22-5　添加氧化物 $4w_B$%对制品抗折强度的影响

由图 22-6 可见，添加 NaF 试样在 1200℃烧结时抗折强度达到最大值（35MPa），随着烧结温度升高，强度下降。添加 MgF_2 和 CaF_2 试样的抗折强度随烧结温度升高而增大，至 1500℃达到最大值，分别为 122MPa 和 117MPa。总之，NaF 有助于提高低温（1200℃）烧结体的强度，MgF_2、CaF_2 则能大幅度提高高温（1500℃）烧结体的强度。

（3）显微硬度

莫来石陶瓷的硬度主要与主晶相及玻璃相含量、晶粒尺寸、晶界相和气孔及其分布等因素有关。莫来石单晶的显微硬度值约为 15GPa（Kriven et al，2004）。而对于莫来石陶瓷，因其中玻璃相和气孔等因素影响较大，故显微硬度值变化较大，通常在 10～14.5GPa 之间。实验试样的显微硬度在莱卡 ORTHOLUX Ⅱ POL-BK 型维氏显微硬度计上测定。采用载荷 500g，保压时间 10s，随机位置测量 15 个点取平均值。

由图 22-7 可见，AS70 陶瓷的显微硬度随烧结温度升高先增加后减小，在 1500℃，达到最大值 7.7GPa（HM=6.02）。1550℃烧结，硬度却急剧下降，这主要是由试样中气孔率的增加（表 22-3）引起的。AS150 的显微硬度随温度升高而增大，尤其在 1450～1500℃增加更为显著，至 1550℃，其维氏硬度达到 11.4GPa（HM=7.1）。

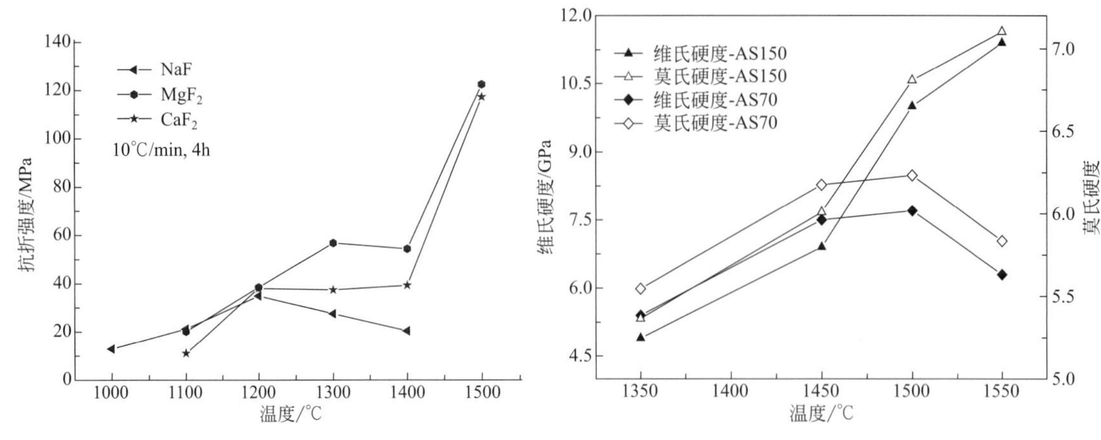

图 22-6　添加氟化物 $4w_B$%对制品抗折强度的影响

图 22-7　烧结温度对显微（维氏/莫氏）硬度的影响
（AS70：10℃/min，2h；AS150：3℃/min，3h）

由图 22-8 可知，从 1450℃至 1500℃，制品显气孔率由 35%下降至 4%。烧结温度对硬度的影响主要是改变了材料的显微结构。在一定温区内，烧结温度升高，陶瓷致密化程度提高，气孔率减小，莫来石含量增加，莫氏硬度相应增大。烧结温度从 1450℃到 1500℃，制品中莫来石含量由 66%增加至 81%，其莫氏硬度相应地从 6.0 提高至 7.1。

（4）热震稳定性

陶瓷材料的热震破坏可分为热冲击作用下的瞬时断裂和热冲击循环作用下的开裂、剥落直至整体破坏两类。Ohnishi 等（1990）对含 46% Al_2O_3 的莫来石陶瓷及其玻璃相、60% Al_2O_3 莫来石陶瓷进行热震性研究表明，两者的临界热震温差分别为 300℃和 350℃。Huang 等（2000）报道了 50%（体积分数）Al_2TiO_5/莫来石复合材料的临界热震温差值为 300℃。

莫来石陶瓷的临界热震温差ΔT 与热膨胀性能、杨氏模量及断裂抗折强度有关，可由下式描述（Kingery et al，1963）：

$$\Delta T=\sigma_{max}(1-n)/(E\alpha) \tag{22-1}$$

式中，E 为杨氏模量；α 为热膨胀系数；σ_{max}为断裂抗折强度；n 为泊松比。

热震稳定性测试按照标准 YB/T 376.3—2004《耐火制品　抗热震性试验方法第 3 部分：水急冷-裂纹判定法》进行，测试结果见图 22-9。AS90 陶瓷的抗热震稳定性随烧结温度升高逐渐提高，1500℃烧制，陶瓷抗热震次数超过 10 次，1550℃烧制，则达到最大值 26 次，表明 AS90 陶瓷具有较好的抗热震性能。随着烧结温度升高，制品中莫来石晶粒长大，抗热震断裂时产生的沿晶断裂增多，因而有助于提高抗热震性能。

（5）高温体积稳定性

高温体积稳定性不仅可以衡量材料烧成过程中的烧结程度，也是评定耐火材料制品质量的重要指标。高温体积稳定性参照标准 GB/T 3997.1—1998 进行测试，以重烧线收缩率（L_c）表示，按下式计算：

$$L_c=-(L_1-L_0)/L_0\times100\% \tag{22-2}$$

式中，L_0 和 L_1 分别表示重烧前后试样的长度，mm。L_c 正值表示膨胀，负值表示收缩。耐火材料制品允许的重烧体积变化取决于制品的使用条件，一般不超过 0.5%～1.0%。

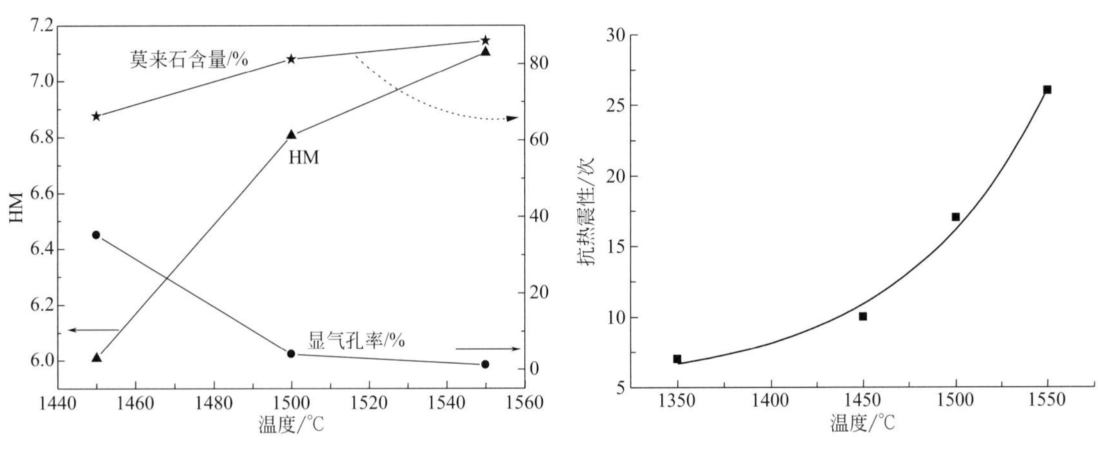

图 22-8　AS150 陶瓷的莫氏硬度与莫来石含量及显气孔率关系图

图 22-9　制品烧结温度-抗热震次数相关图（测试条件：1100℃）

图 22-10 为不同温度条件下制备 AS90 陶瓷的重烧线收缩率。可以看出，重烧线收缩率随烧结温度的升高而减小。在 1400℃以下烧制的莫来石陶瓷，其重烧线收缩率较大，表明烧结程度欠佳。1500℃及以上烧结，重烧线收缩率较小（<1%）。由此可见，在 1500℃以上烧结的 AS90 制品，可以满足一般耐火制品对重烧线收缩率的要求。

（6）化学稳定性

莫来石陶瓷的化学稳定性是一个极为复杂的物理化学行为。莫来石陶瓷与酸反应的过程，主要是其玻璃相中的 Na^+、K^+、Ca^{2+}、Mg^{2+} 等离子与溶液中的 H^+ 发生交换反应，导致在玻璃相表面结构中留有空穴。玻璃相与酸作用过程中，伴随着少量 SiO_2 溶入溶液。与酸反应的速率取决于玻璃相中 Na^+、K^+、Ca^{2+}、Mg^{2+} 等离子的扩散速度。故莫来石陶瓷的耐酸性与玻璃相中 Na^+、K^+、Ca^{2+}、Mg^{2+} 等的含量及离子半径有关。莫来石陶瓷的耐碱性主要与其玻璃相水解后生成的氢氧化物在碱性溶液中的溶解度有关。

化学稳定性以耐酸性或耐碱性来评价，以质量损失率（Δw）来表示：

$$\Delta w = (W_1 - W_2) / W_1 \times 100\% \tag{22-3}$$

式中，W_1、W_2分别为酸或碱腐蚀前及腐蚀一段时间（本测试为 1h）后试样粉末的质量。

由图 22-11 可见，AS90 陶瓷的耐酸性和耐碱性受烧结温度的影响较大。试样在 1550℃烧结时，其耐酸性和耐碱性最低，分别为 0.09%和 0.18%。较低温度烧结所获得坯体的显气孔率和玻璃相含量较高，在耐酸、碱性试验时，较多的显气孔增大了陶瓷坯体中玻璃相与酸、碱的接触面积，导致耐酸性或耐碱性下降。在 1550℃下烧结所获得的 AS90 莫来石陶瓷具有良好的耐酸性和耐碱性，主要是因为该条件下烧制的陶瓷中莫来石含量高达约 80%，莫来石自身优良的化学稳定性决定了制品具有良好的化学稳定性。

22.2.3　制品性能指标

对制备的 AS 系列莫来石陶瓷的性能进行了系统测定，结果见表 22-4。测定方法除前述说明外，抗压强度参照 GB/T 4740—1999 测定，线收缩率参照 QB/T 1548—2015 测定。AS 系列陶瓷基本上达到 GB/T 8488—2008《耐酸砖》中 Z-2 的性能要求，AS90 也达到了

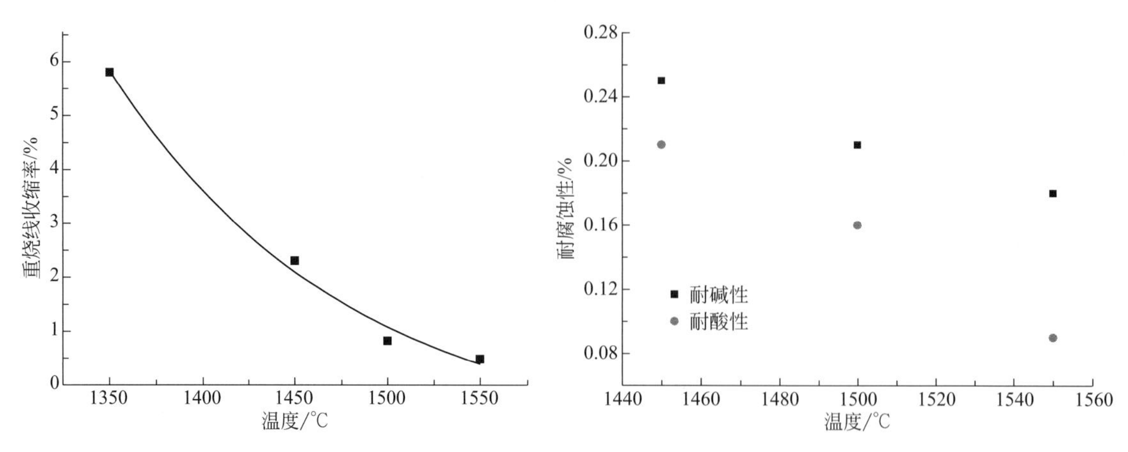

图 22-10　不同温度烧结 AS90 陶瓷的重烧线收缩率
（测试条件：1500℃，保温 3h）

图 22-11　不同温度烧结 AS 陶瓷制品的耐酸性和耐碱性
（AS90：5℃/min，5h）

GB/T 4100—2015《陶瓷砖》中相关产品的性能指标。AS90 的显气孔率和体积密度达到了 YB/T 5267—2013《莫来石》的 M60 指标，AS90 的综合性能还达到了 YB/T 4108—2002《循环流化床锅炉用耐磨耐火砖》中 NMZ-1 的指标。

表 22-4　莫来石陶瓷的性能指标、相关标准要求及与相关材料的性能比较

样品号及文献	添加剂	添加量/%	烧结温度/℃	升温速率/(℃/min)	保温时间/h	莫来石陶瓷及标准要求的性能指标									
						吸水率/%	显气孔率/%	体积密度/(g/cm³)	线收缩率/%	抗折强度/MPa	抗压强度/MPa	维氏硬度(GPa)/莫氏硬度	耐酸性/%	重烧线收缩率/%	热震次数
AS70	—	—	1500	5	5	1.18	3.04	2.66	13.9	78	495	7.7/6.2	0.23	0.97	14
AS80	—	—	1500	5	5	1.05	2.74	2.68	14.4	82	534	9.8/6.7	0.15	0.60	—
AS90	—	—	1550	5	5	0.62	1.72	2.82	15.7	98	640	12.3/7.2	0.09	0.24	26
AS100	—	—	1550	5	5	1.09	2.95	2.79	15.6	92	599	11.8/7.1	—	0.55	—
AS117	—	—	1550	3	3	1.18	3.12	2.73	15.5	76	532	—	—	1.52	23
AS150	—	—	1550	3	3	1.36	3.50	2.67	15.0	71	511	11.4/7.1	—	1.86	20
N4	Na_2O	4	1300	10	4	3.31	10.00	2.62	12.5	98	—	—	—	—	—
K2	K_2O	2	1500	10	4	0.55	1.52	2.75	15.0	92	—	—	—	—	—
M2	MgO	2	1500	10	4	0.27	0.75	2.83	14.7	169	—	—	—	—	—
NF2	NaF	2	1200	10	4	8.67	15.71	2.21	7.5	62	—	—	—	—	—
MF4	MgF_2	4	1500	10	4	0.31	0.83	2.67	15.2	122	—	—	—	—	—
CF2	CaF_2	2	1500	10	4	0.41	1.15	2.82	15.0	131	—	—	—	—	—
B5	B_2O_3	5*	1300	10	4	14.43	29.58	2.05	6.2	60	—	—	—	—	—
T5	TiO_2	5*	1400	10	4	4.84	12.34	2.55	10.9	83	—	—	—	—	—
M60							≤5	≥2.65							
M45							≤4	≥2.50							
Ref1						≤0.5				≥30		≥6#			≥10

续表

样品号及文献	添加剂	添加量/%	烧结温度/℃	升温速率/(℃/min)	保温时间/h	莫来石陶瓷及标准要求的性能指标									
						吸水率/%	显气孔率/%	体积密度/(g/cm³)	线收缩率/%	抗折强度/MPa	抗压强度/MPa	维氏硬度(GPa)/莫氏硬度	耐酸性/%	重烧线收缩率/%	热震次数
Ref2						≤1.0				≥30		≥5#			≥10
Z-1						<0.5				≥58.8			≤0.2		≥1
Z-2						<2.0				≥39.2			≤0.2		≥1
NMZ-1							≤21	≥2.4			≥60				≥20
耐酸陶瓷+								2.1～2.36		12～90	25～40		0.2～8.0		
花岗岩+							≤1	2.6～2.9		8～25	100～250				
矿渣微晶玻璃+							≤0.6	2.5～2.6		90～130	600～900		0.8～7.0		
铸石+								3.0		30～50	230～300		1～3		

注：带 * 符号的添加量以百分摩尔比计比。Na_2O 以 Na_2CO_3 形式添加，K_2O 以 K_2CO_3 形式添加。M60、M45 为标准《莫来石》（YB/T 5267—2013）牌号。Ref1 和 Ref2 分别为标准《陶瓷砖》（GB/T 4100—2015）中规定的无釉瓷质砖和有釉瓷质砖的要求。Z-1、Z-2 为标准《耐酸砖》（GB/T 8488—2008）牌号。NMZ-1 为标准《循环流化床锅炉用耐磨耐火砖》（YB/T 4108—2002）牌号。+彭文琴（2000）、李彬（1998）。# 为莫氏硬度。

实验制备的 AS 系列的莫来石陶瓷还具有高抗折强度，特别是添加 MgO、MgF_2、CaF_2 的陶瓷制品，除了作为上述相关材料外，还有望用作对强度、耐磨损、耐腐蚀等要求较高的工程结构材料。

22.3　相组成、结构及莫来石含量对力学性能的影响

本节在莫来石陶瓷的物相组成、显微结构及其影响因素的研究基础上，就显微结构与力学性能之间的关系进行分析。

22.3.1　显微结构及物相组成

不同烧结条件下获得 AS 系列莫来石陶瓷的物相组成见表 22-5。在陶瓷制品中，莫来石的含量受原料和烧结条件影响。在 1300℃或以下，烧结体的主要物相依次为玻璃相、莫来石、刚玉和方石英。在 1400℃或以上，烧结体基本上由莫来石和玻璃相组成。其中，AS90 在 1500～1550℃烧制，可获得较高的莫来石含量（约 80%）。总体上，烧结温度升高、升温速率降低、保温时间延长均有利于制品中莫来石含量的提高，而 A/S 值对制品莫来石含量的影响则视具体烧结条件而定。

实验表明，添加剂对莫来石陶瓷的物相组成与显微结构影响较大。采用扫描电镜对制品的显微结构和莫来石晶粒尺寸等特征进行表征。

添加 Na_2O　烧结温度为 1000℃，出现了短柱状莫来石，呈团球簇状生长于玻璃微珠上。至 1100℃，莫来石在微珠和刚玉表面呈长柱状交叉生长，钠长石形成球粒状。1200℃，

表 22-5 AS 系列莫来石陶瓷的物相组成

样品号	烧结条件			制品物相含量/%			
	升温速率/(℃/min)	保温时间/h	烧结温度/℃	莫来石	刚玉	方石英	玻璃相
AS70	5	5	1000	22.4	15.2	3.7	58.8
			1100	23.5	15.1	3.3	58.0
			1200	26.4	14.3	3.4	56.0
			1300	39.6	—	—	60.4
			1400	41.8	—	—	58.3
			1450	43.9	—	—	56.1
			1500	46.8	—	—	53.2
			1550	49.4	—	—	50.6
	5	2	1500	40.9	—	—	59.1
	10		1500	39.3	—	—	60.8
	15		1500	38.5	—	—	61.5
AS80	5	5	1000	19.6	19.9	4.6	55.9
			1100	22.6	19.4	4.4	53.6
			1200	23.6	18.0	3.6	54.9
			1300	37.6	5.8	—	56.6
			1400	43.1	—	—	56.9
			1450	45.9	—	—	54.1
			1500	49.4	—	—	50.6
			1550	51.0	—	—	49.0
AS90	5	5	1450	62.3	—	—	37.8
			1500	79.9	—	—	20.1
			1550	81.2	—	—	18.8
AS100	5	5	1450	63.1	—	—	36.9
			1500	80.1	—	—	19.9
			1550	82.8	—	—	17.2
		2	1500	69.8	—	—	30.3
		3	1500	76.9	—	—	23.1
	10	3	1500	65.9	—	—	34.1
	15		1500	60.3	—	—	39.8
AS117	3	3	1450	64.8	—	—	35.3
			1500	80.2	—	—	19.9
			1550	82.1	—	—	17.9
AS150	3	3	1450	66.4	—	—	33.6
			1500	81.3	—	—	18.8
			1550	83.0	—	—	17.0

莫来石在部分微珠内交叉生长，直至微珠破裂。1300℃，长方柱状莫来石交织生长，晶粒较长（2～5μm）且长径比较大，并出现了圆形气孔（5～10μm），气孔内部边缘生长莫来石（图 22-12）。至 1400℃，样品玻化较严重，玻璃相较多，莫来石晶粒变小，且表面熔蚀；刚玉轮廓较清晰，粒径变小。

添加 K_2O　在 1100℃，出现粒状或短柱状莫来石，分布于玻璃微珠上；钙长石呈球粒状，粒径约 0.5μm，分布于刚玉基体上；坯体较松散。至 1200℃，等轴状、短柱状或球粒状莫来石分布于刚玉基体上。1300℃，粗柱状和细柱状莫来石交织生长（图 22-13）。1400℃，长柱状莫来石，形态完整，大小较均一。至 1500℃，主要为长柱状莫来石，坯体表面形成直径 10～20μm 的球形烧结气孔，气孔较均匀（图 22-14）。

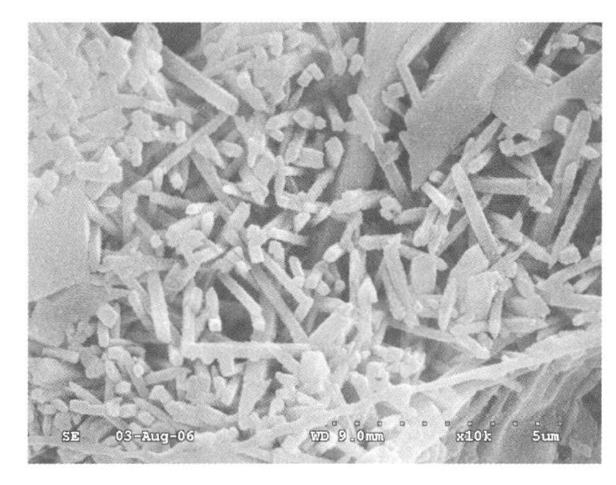

图 22-12　生长在成型气孔内的莫来石
（N4-1300，HF 腐蚀）

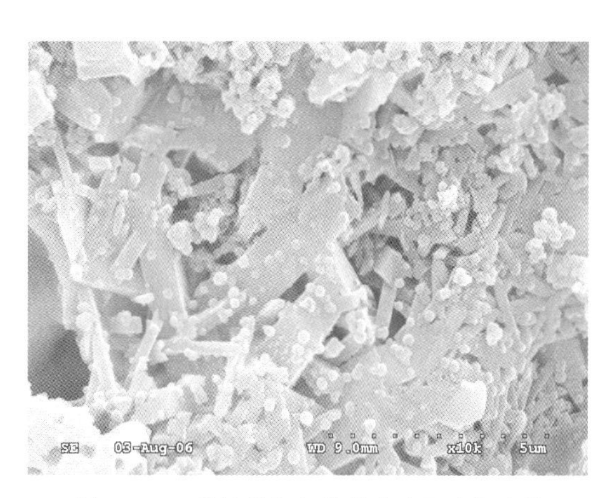

图 22-13　粗柱状和细柱状莫来石交织生长
（K4-1300，HF 腐蚀）

添加 MgO　在 1100℃，出现粒状或短柱状莫来石，多分布于玻璃微珠表面，坯体松散。至 1200℃，中小柱状莫来石分布在微珠表面，轮廓清晰；坯体较松散。1300℃，长柱状莫来石主要生长在原微珠基体上，形态较规则；坯体仍较松散（图 22-15）。1400℃，形成较多长柱状莫来石，颗粒呈粗柱状或细柱状交叉堆积，沿气孔生长，气孔逐渐排除（图 22-16）。至 1500℃，基本上为柱状莫来石，晶体完整，轮廓清晰，细柱较少；坯体致密。

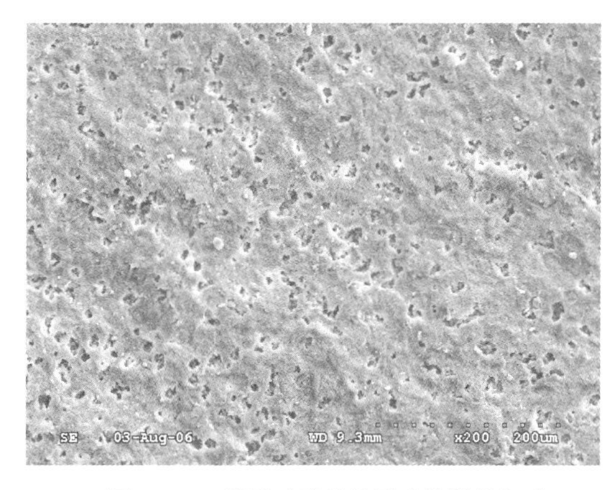

图 22-14　熔融玻璃收缩形成的烧结气孔
（K4-1500）

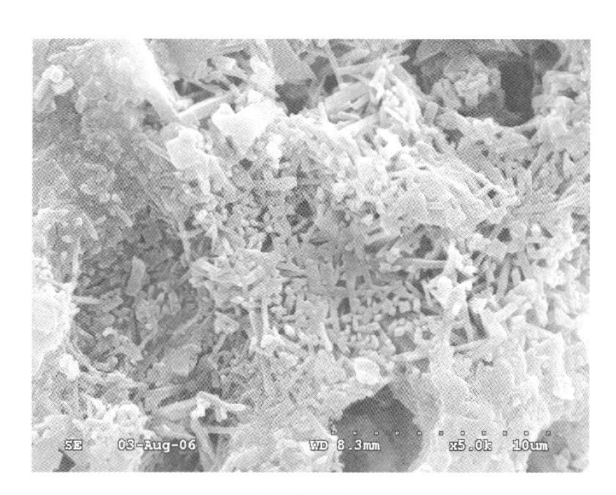

图 22-15　长柱状莫来石交织生长
（M4-1300，HF 腐蚀）

添加 MgF_2 在1100℃，多为细针状、细柱状莫来石，且生长于微珠表面。至1200℃，微珠球体消融，柱状莫来石轮廓不清晰；玻璃相较多，坯体较为致密。1300℃，莫来石发育较完整，界面清晰，粗柱和细柱交织生长于微珠原始位置（图22-17）。1400℃，莫来石发育完整，刚玉完全消融；坯体致密，结构均匀，气孔较少。至1500℃，长柱状莫来石交织生长，均一性好；气孔少，结构致密。

图22-16 莫来石沿气孔生长并排除气孔
（M4-1400，HF腐蚀）

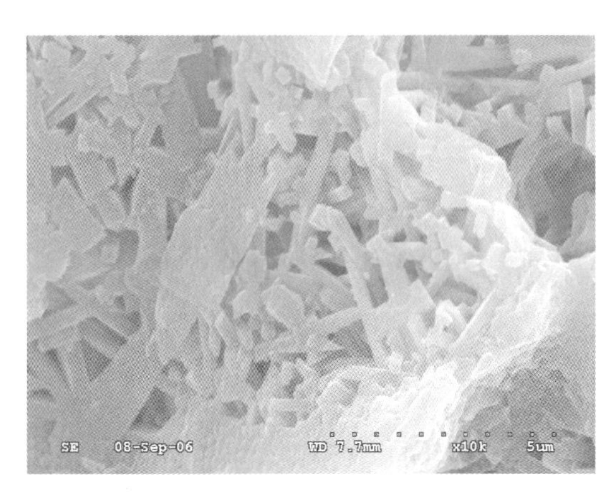

图22-17 柱状莫来石交织生长
（MF4-1300，HF腐蚀）

添加 CaF_2 在1100℃，圆柱状莫来石松散堆积在玻璃微珠上，微珠开始破裂；球粒状钙长石，粒径约0.2μm。至1200℃，圆柱状莫来石生长，微珠破裂完全；钙长石呈球粒状，粒径约0.5μm。1300℃，圆柱状莫来石发育为柱状，少部分在刚玉表面，形态较规则；钙长石为球状；坯体较松散。1400℃，莫来石发育成中长柱状，晶界不清晰，与少量粒状钙长石穿插分布；玻璃相较多，并产生微裂纹。至1500℃，莫来石为四方柱状交织生长，晶形较完整。

以下分析添加剂 K_2O、MgO、CaF_2 对莫来石陶瓷烧结过程中物相转变的影响。

添加 K_2O 试样 1100℃时，主要物相依次为莫来石、刚玉（α-Al_2O_3）、钙长石和β-鳞石英。至1200℃，钙长石和刚玉衍射峰变弱，莫来石衍射峰增强，β-鳞石英消失。1300℃，钙长石完全消失，刚玉衍射峰明显减弱。1400℃，刚玉消失，只有莫来石。至1500℃，莫来石衍射峰进一步增强，结晶度提高（图22-18）。但相同温度下当 K_2O 含量由2%增至8%，部分莫来石在 K_2O 作用下发生分解，生成低熔点硅酸盐相和刚玉。

添加 MgO 试样 1100℃时，主要物相依次为莫来石、刚玉、堇青石和少量方石英。至1200℃，刚玉、堇青石和方石英衍射峰减弱，莫来石衍射峰增强。1300℃，堇青石和方石英衍射峰完全消失，刚玉衍射峰持续减弱。1400℃以上，只有莫来石衍射峰。1500℃时，增加MgO添加量至8%亦无堇青石或刚玉出现（图22-19）。实验初始料中存在 Fe^{3+}、Ti^{4+} 等杂质离子，当加热至1100℃或更低，在势能较低的以 Fe^{3+}、Mg^{2+} 及部分 Al^{3+} 为中心的八面体为主的富镁铝硅酸盐相区域，分凝形成堇青石 $(Mg,Fe)_2Al_3[AlSi_5O_{18}]$ 相（Yue et al，2000）。在一定范围内升高温度，分相区逐步调整位置，液滴聚集加快，形成堇青石晶核并逐渐得以发育、长大（Chen，2008）。

添加 CaF_2 试样 1100℃时，主要物相依次为莫来石、钙长石、刚玉和方石英。至

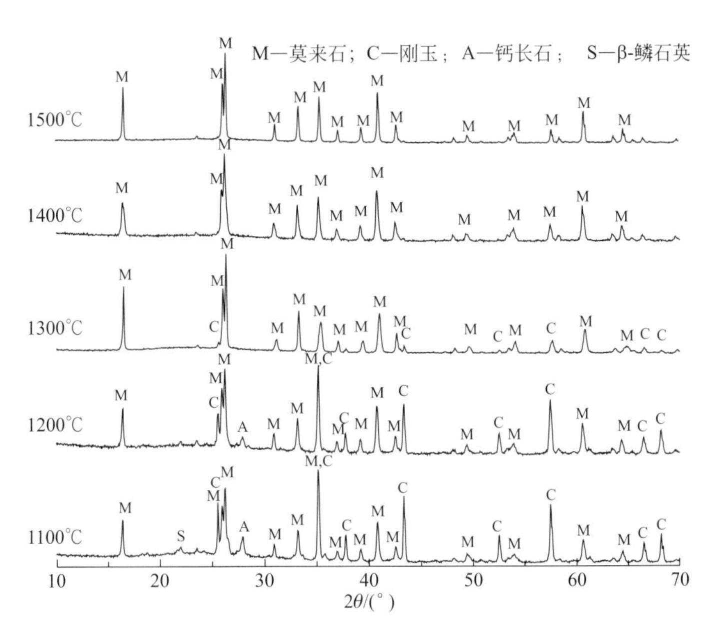

图 22-18　添加 w_B 4% K_2O 试样的 X 射线粉末衍射图

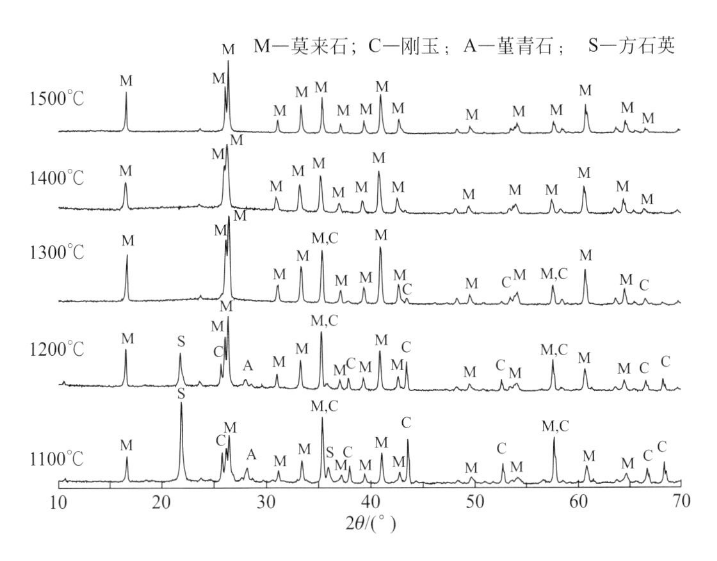

图 22-19　添加 w_B 4% MgO 试样的 X 射线粉末衍射图

1200℃，钙长石和方石英衍射峰减弱，莫来石衍射峰增强。1300℃，刚玉和方石英完全消失，莫来石衍射峰继续增强。1400℃时，物相组成类似。至 1500℃，只显示莫来石的衍射峰（图 22-20）。但相同温度下 CaF_2 添加量增至 8%时，大部分莫来石转熔形成刚玉。

上述分析表明，提高烧结温度对莫来石形成有利，通常在 1300℃以上，制品中均有莫来石晶相存在。其晶粒尺寸主要受烧结温度和添加剂种类及含量控制，Na_2O 和 B_2O_3 不利于形成长柱状莫来石晶粒，K_2O、MgO、MgF_2、TiO_2 有助于长柱状莫来石的生长和发育，NaF、CaF_2 有助于形成中等柱状莫来石晶粒。

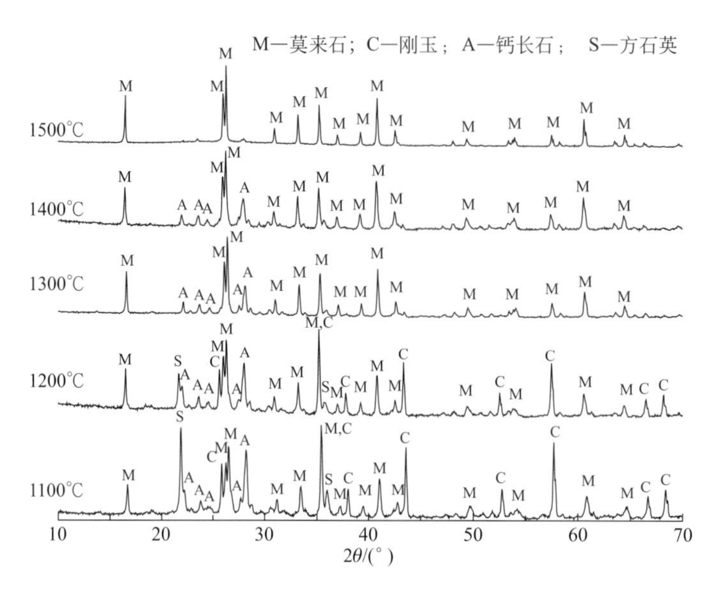

图 22-20　添加 w_B 4% CaF_2 试样的 X 射线粉末衍射图

22.3.2　莫来石含量及影响因素

（1）A/S 和烧结温度

AS70 和 AS80 试样在 1000～1550℃等速升温烧结过程中，烧结体中莫来石含量不断增加，而刚玉、方石英和玻璃相含量却逐渐减少（表 22-5）。图 22-21 为 AS80 试样在不同烧结温度下制品的物相变化的 X 射线粉末衍射图。在 1000～1200℃，试样中主要结晶相依次为刚玉、莫来石、方石英。1300℃，刚玉衍射峰强度减弱，方石英衍射峰消失，莫来石衍射峰增强。至 1400～1550℃，莫来石衍射峰增强，峰宽变窄，表明其含量和结晶度增大。AS70 和 AS80 试样在 1000～1550℃烧结过程中，随着温度的升高，两者有着相类似的变化趋势，但莫来石的含量变化略有差异（图 22-22）。在 1300℃以下，AS70 试样中莫来石含量

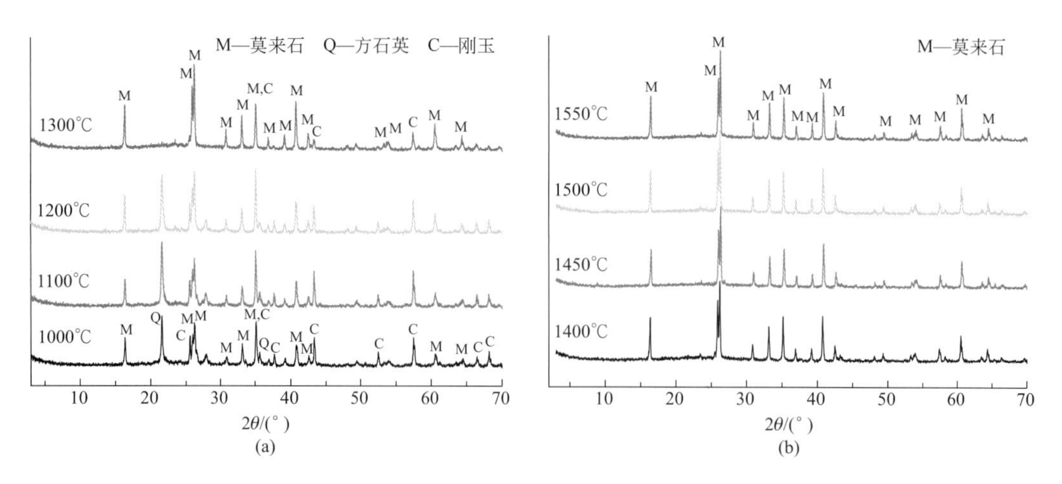

图 22-21　AS80 不同温度烧结制品的 X 射线粉末衍射图

要高于AS80试样，且在1200～1300℃之间莫来石含量增加较快，并伴随着刚玉和方石英的消失，表明刚玉和方石英熔解于熔体相中，Al^{3+}、Si^{4+}通过扩散迁移至莫来石晶界，使莫来石晶粒不断生长。AS70在此温区熔体的黏度稍低，Al^{3+}、Si^{4+}扩散势垒小、速度快，故形成莫来石较多。在1400℃以上，Al^{3+}、Si^{4+}的扩散不再是形成莫来石的控速过程，相反，熔体中较低的Al^{3+}浓度成为控速过程，因而较高含量Al_2O_3的AS80形成了更多的莫来石。

在以5℃/min升温、恒温烧结5h的条件下，A/S和烧结温度对莫来石含量的影响如图22-23所示。在1450～1550℃，相同烧结温度下，制品中莫来石的含量随烧结温度的升高而增加；在A/S＝0.70～0.80之间增加很小，而在A/S＝0.80～0.90之间增幅较大。相同A/S条件下，莫来石含量随烧结温度升高而提高，其中在1450～1500℃之间莫来石含量增幅较大。烧结温度对形成莫来石含量的影响与莫来石析晶及晶粒生长的机制有关。

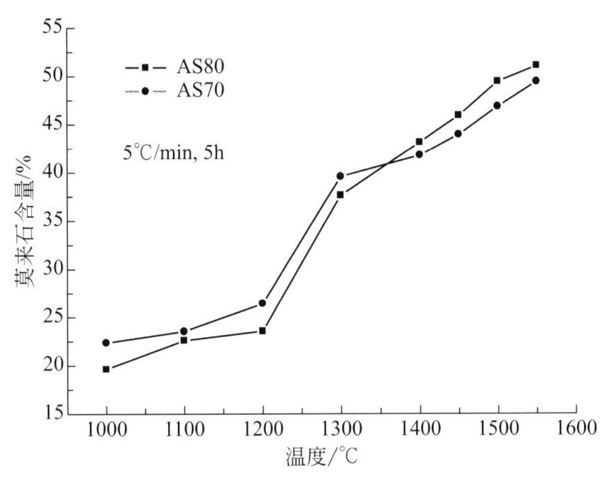

图22-22　AS70和AS80不同温度烧结制品中的莫来石含量变化

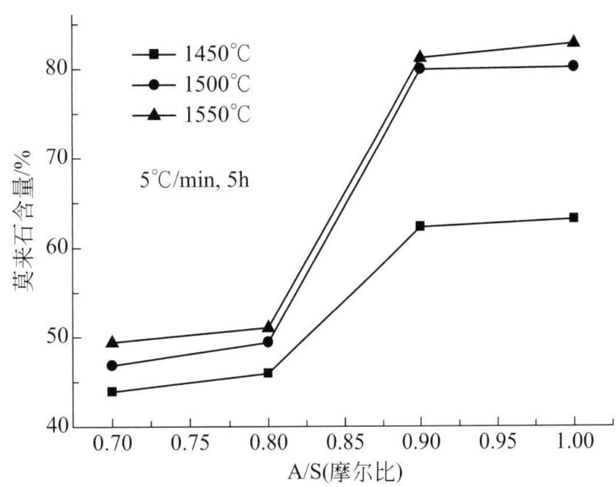

图22-23　A/S和烧结温度对制品中莫来石含量的影响

（2）烧结时间

AS70和AS100试样中莫来石含量随时间而变化的关系如图22-24所示。两组试样中莫来石含量随保温时间的延长而增加，并体现出相类似的变化关系，在烧结3h之后莫来石含量增加均较少。与AS70相比，AS100具有较高的莫来石含量。以上结果表明，在莫来石陶瓷的烧结过程中，莫来石生成反应主要发生在烧结3h之前。但是，莫来石的生成是一个极为复杂的物理化学过程，包括成核、析晶、晶粒长大等过程。烧结反应时间与生成莫来石的关系，涉及析晶动力学和晶体生长速率等问题。

（3）升温速率

AS70和AS100试样中莫来石含量与升温速率的关系如图22-25所示。两者的莫来石含量均随着升温速率增加而略有减少。AS70试样受升温速率影响相对较小。这表明在莫来石陶瓷的烧结过程中，升温速率不是影响莫来石形成的重要因素。升温速率的影响主要表现在成核过程而不是晶粒长大过程。升温速率过快，玻璃相中莫来石的成核时间缩短，晶核数量减少，核化后玻璃体的黏度相对较小，造成部分晶粒异常长大，但整体上莫来石含量减少，晶体之间彼此的连接性也较差，故制品性质主要为玻璃相所控制。然而，本实验初始料中含有较多的种晶莫来石，成核过程已不再是莫来石生成的控速过程，故莫来石含量受升温速率影响较小。

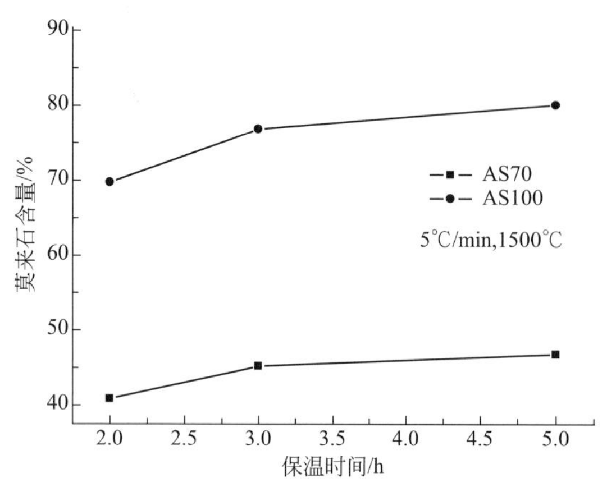

图 22-24 AS70 和 AS100 经不同时间烧结后的莫来石含量

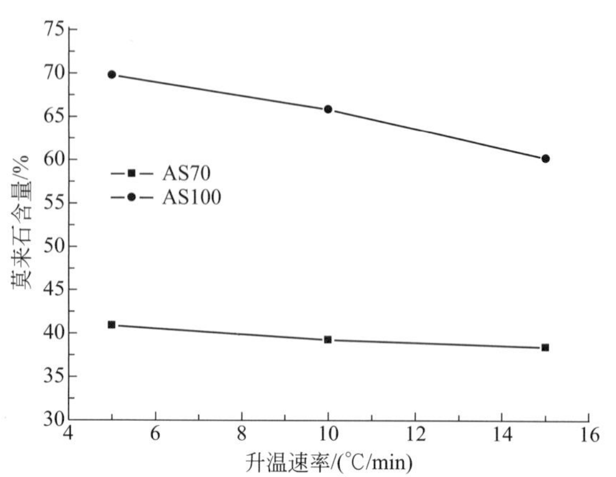

图 22-25 AS70 和 AS100 莫来石含量与升温速率的关系
（AS70：1500℃，2h；AS100：1500℃，3h）

22.3.3 力学性能的影响因素

莫来石通常具有中等机械强度和较低的断裂韧性，尽管莫来石的力学强度要比非氧化物陶瓷（如 Si_3N_4、SiC 等）和部分氧化物陶瓷（如 Al_2O_3、ZrO_2 等）低，但莫来石在高温下的力学强度却下降不多。影响陶瓷材料强度的因素有微观结构、内部缺陷的形状和大小、试样本身的尺寸和形状、应变速率、环境因素、受力状态和应力状态等。以下对影响制品力学性能（抗折强度）的主要因素进行讨论。

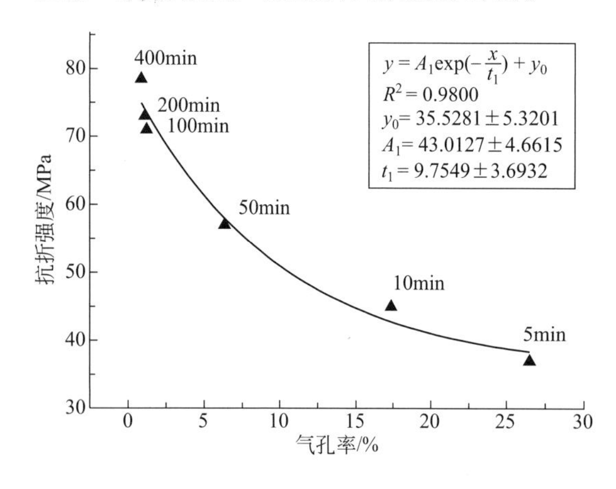

图 22-26 制品气孔率与抗折强度的关系

（1）气孔率

气孔是绝大多数陶瓷的主要组织缺陷之一，由于气孔能明显降低荷载作用的横截面积，并且也是应力集中的地方，所以陶瓷的力学强度首先主要受气孔率影响。图 22-26 为 AS90 系列试样在不同烧结时间后的抗折强度与气孔率关系的非线性拟合结果。由图可见，莫来石陶瓷制品的抗折强度随气孔率增大而呈近似指数规律下降。这完全符合 Ryskewitsch 经验公式（Kingery et al，1976）。

莫来石陶瓷中气孔、主晶相及玻璃相等结构因素对其力学强度的影响主要是通过抑制或诱发微裂纹而起作用的。莫来石晶粒在熔体中析晶时伴随着 16%～19%的体积收缩，这样就会在附近的玻璃网络中形成微裂纹。对于薄板中主轴长度为 $2c$ 的椭圆裂纹，裂纹端部附近的最大应力 σ_m 可表示为（Kingery et al，1976）：

$$\sigma_m = 2\sigma\left(\frac{c}{\rho}\right)^{1/2} \tag{22-4}$$

式中，σ 为外作用力；ρ 为裂纹端部半径；c 为椭圆裂纹的主轴长度。

由式（22-4）可知，当 $c\approx\rho$，即气孔为等轴或球形时，其端部的断裂应力仅为外作用力的 2 倍；当椭球形气孔的长短轴比值增大，相应的断裂应力也呈抛物线式增大。实验样品中由原料颗粒重排而形成的气孔多为圆形或椭球形，气孔通常较大。莫来石晶粒生长过程中形成的气孔较不规则，部分呈长径较大的椭球形，且通常比晶粒小。因此，晶粒生长孔比颗粒重排孔对提高莫来石陶瓷强度更为有利。

（2）物相组成

莫来石陶瓷的抗折强度与莫来石含量呈正相关关系，而与玻璃相含量大致呈负相关关系（图 22-27）。在制品烧结 10min 以前，除气孔影响外，陶瓷中莫来石比例相对较小，还不足以有效地限制玻璃网络中的微裂纹。烧结 10～100min 之间，试样中莫来石含量增加较快，玻璃相含量相应减少，晶相总量相对增加，对裂纹阻挡作用加强，使材料中断裂表面能提高，故抗折强度增大显著。但是，莫来石较低的热膨胀系数，使得晶粒周围玻璃相中易产生不利的张应力，较多玻璃相的存在是材料强度不能得到进一步提高的原因，表现为 1500℃下烧制的 AS90 试样其抗折强度只保持在约 80MPa。

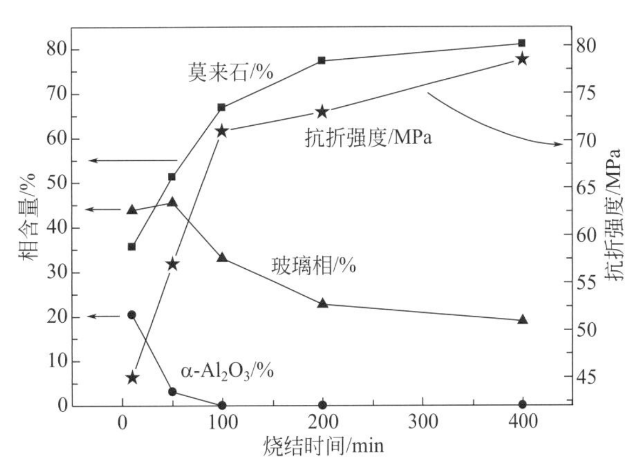

图 22-27　不同烧结时间 AS90 的物相组成对抗折强度的影响（1500℃）

（3）晶粒尺寸及形态

不同烧结时间下，AS90 试样的抗折强度与莫来石的粒径（柱长）、长径比之间的关系如图 22-28 所示。由图可见，材料强度与莫来石晶粒的长度有密切关系，而与长径比之间的关联不明显。随着烧结时间延长，莫来石晶粒粗化、变长，能够有效地抑制裂纹的发展，从而提高制品的抗折强度。

晶粒尺寸增大可以使裂纹的扩展发生挠曲，使裂纹扩展所吸收的表面能增加，从而增加裂纹扩展的阻力。由于陶瓷材料受力时应力主要在晶界上积累，当应力超过强度而发生断裂，其断裂应力与粒径的关系符合 Orowan 半经验公式（Kingery et al，1976）。

图 22-29 是抗折强度与晶粒长度关系的非线性拟合结果，莫来石陶瓷的断裂应力与晶粒长度之间呈抛物线关系，与 Orowan 关系相符合，计算获得经验指数 $\alpha\approx0.40$，比离子键氧化物或共价键氧化物、碳化物等陶瓷的 $\alpha=1/2$ 略小。这说明莫来石陶瓷的断裂机理不仅仅是晶界滑移引起的，还与异常长大晶粒或外来夹杂物结合以及晶粒尺寸分布不均匀等因素有关。更为重要的是，莫来石发育的柱状交织结构特点使其受应力时形成穿晶断裂或拔出效应而保持较高的强度和硬度。

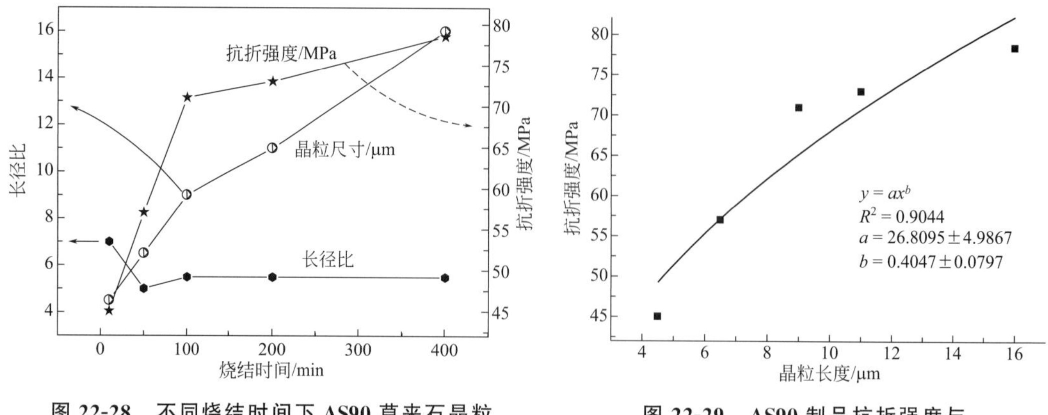

图 22-28 不同烧结时间下 AS90 莫来石晶粒尺寸、长径比对抗折强度的影响（1500℃）

图 22-29 AS90 制品抗折强度与莫来石晶粒长度的关系

22.4 莫来石晶体化学

22.4.1 晶体化学与晶体结构

当莫来石中 Al_2O_3 的含量增加时，其［SiO_4］结构中的 Si^{4+} 将被 Al^{3+} 所取代，并产生大量氧空位，即 $2Si^{4+}+O^{2-}=2Al^{3+}+\square$（氧空位）（Gomes et al，2000），莫来石的晶体化学式为 $Al_2^{VI}Al_{2+2x}^{IV}Si_{2-2x}O_{10-x}$（$0\leqslant x\leqslant 1$）（$x$ 为氧空位数）。Sadanaga 等（1962）认为莫来石的固溶范围为 $0.25<x<0.40$。Padlewski 等（1992）将固溶范围增大至 $0.17<x<0.59$。Yla-Jaaski 等（1983）基于化学计量考虑，推断莫来石成分的上限为 $x=2/3$。Ossaka（1961）报道了晶胞参数 $a_0=b_0$ 的莫来石相（$x=0.67$），Taylor 等（1993）在用溶胶-凝胶法制备莫来石过程中也发现了这种莫来石；Schneider 等（1993）用化学法合成富铝莫来石［$Al_2O_3=87\%$（摩尔分数）］前驱体时，在较低温度时形成具有 $a_0>b_0$ 的异常晶格常数的斜方莫来石（$x=0.83$）。Fischer 等（1996）将固溶范围扩大至 $0.18\leqslant x\leqslant 0.88$。

莫来石晶格常数随组成呈线性规律变化，但结构上（如 Al-Si 秩序等）的变化程度不大（Ban et al，1992）。对于莫来石结构中 Al_2O_3 含量与晶格常数 a_0 的关系，Fischer 等（1996）用最小二乘法拟合出如下线性关系：

$$m=xa_0-y \tag{22-5}$$

式中，m 为莫来石中的 Al_2O_3 含量（摩尔分数），%；a_0 为莫来石的晶格常数，nm；$x=14.45$；$y=10.295$。

实验制品中莫来石的晶体化学与晶体结构及与相关文献的比较见表 22-6。高铝粉煤灰原料（BF-1）中种晶莫来石的氧空位数为 0.267（表 22-6），与 3/2 莫来石（$3Al_2O_3\cdot 2SiO_2$）较相近。实验制品中莫来石的氧空位数在 0.088～0.407 之间。一般来说，对于纯铝硅莫来石，氧空位数增大表明莫来石中 Al^{3+} 替代 Si^{4+} 数量的增加，并伴随着晶格常数 a_0、c_0 的增大和 b_0 的减小。从实验结果看，随着莫来石的氧空位数增大，并未导致晶格常数的规律性变化，这可能与莫来石中同时固溶有较多的 Ti^{4+}、Fe^{3+} 有关。

表22-6　合成莫来石的晶体化学与晶体结构及与相关文献的比较

样品号	温度/℃	莫来石的化学组成(w_B)/%				氧空位系数(x)	单位晶胞的化学组成	晶格常数			
		Al_2O_3	SiO_2	TiO_2	Fe_2O_3			a_0/10^{-1}nm	b_0/10^{-1}nm	c_0/10^{-1}nm	V_{cell}/10^{-3}nm
T5	1300	61.17	28.67	8.12	2.03	0.207	$Al_{3.992}Fe_{0.085}Ti_{0.085}Si_{1.585}O_{9.793}$	7.559	7.709	2.893	168.58
T5	1400	65.57	22.84	7.83	3.76	0.407	$Al_{4.020}Fe_{0.488}Ti_{0.306}Si_{1.185}O_{9.593}$	7.568	7.711	2.895	168.95
T5	1500	57.67	26.82	4.72	10.78	0.245	$Al_{3.832}Fe_{0.458}Ti_{0.200}Si_{1.509}O_{9.755}$	7.560	7.702	2.891	168.31
AS90	1300	62.32	27.87	1.80	8.00	0.232	$Al_{4.056}Fe_{0.333}Ti_{0.075}Si_{1.536}O_{9.768}$	7.562	7.711	2.895	168.83
AS90	1400	63.82	30.28	2.99	2.91	0.175	$Al_{4.107}Fe_{0.120}Ti_{0.122}Si_{1.651}O_{9.825}$	7.557	7.703	2.890	168.20
AS90	1550	67.85	25.97	3.91	2.27	0.297	$Al_{4.341}Fe_{0.092}Ti_{0.160}Si_{1.406}O_{9.703}$	7.555	7.697	2.890	168.06
AS70	1200	58.66	33.02	1.99	6.34	0.088	$Al_{3.829}Fe_{0.264}Ti_{0.083}Si_{1.824}O_{9.912}$	7.564	7.711	2.893	168.71
AS70	1300	63.91	27.91	3.18	5.00	0.236	$Al_{4.134}Fe_{0.206}Ti_{0.131}Si_{1.529}O_{9.764}$	7.561	7.710	2.892	168.61
AS70	1400	64.32	30.76	1.85	3.07	0.164	$Al_{4.127}Fe_{0.126}Ti_{0.076}Si_{1.671}O_{9.836}$	7.559	7.701	2.888	168.12
AS70	1500	63.44	31.23	2.86	2.47	0.149	$Al_{4.080}Fe_{0.101}Ti_{0.118}Si_{1.701}O_{9.851}$	7.563	7.694	2.889	168.13
AS70	1550	64.65	31.43	2.67	1.25	0.148	$Al_{4.136}Fe_{0.052}Ti_{0.109}Si_{1.703}O_{9.852}$	7.557	7.694	2.888	167.92
Ref-1	—	72.00	24.50	4.20	—	—	—	7.564	7.701	2.893	168.51
Ref-2	—	62.10	27.40	—	10.30	—	—	7.574	7.726	2.900	169.73
Ref-3	—	—	—	—	—	0.25～0.45	$Al_{4.61}Fe_{0.05}Ti_{0.02}O_{9.65}$	—	—	—	—
Ref-4	—	71.20	28.60	—	—	—	—	7.546	7.692	2.883	167.33
BF-1	—	70.47	27.19	0.46	1.07	0.267	$Al_{4.472}Fe_{0.043}Ti_{0.026}Si_{1.467}O_{9.733}$	—	—	—	—

注：参考文献及测试方法　Ref-1：Schneider（1990），EMA；Ref-2：Schneider（1987），EMA；Ref-3：Gomes（2000），EDS；Ref-4：Schneider（1990）；BF-1：马鸿文等（2006），EMPA；本文：EDS和EMPA。

22.4.2　Ti^{4+}固溶与晶体结构

前人研究表明，TiO_2在莫来石中固溶范围为2%～6%（Baudin et al，1983）。由实验结果（表22-6）可知，TiO_2在AS70、AS90试样莫来石中的含量为1.80%～3.91%，而T5（2.99% TiO_2）的莫来石中其含量高达8.12%。AS70（2.0% TiO_2）的莫来石中TiO_2含量变化无明显规律（1.85%～3.18%）。AS90（2.23% TiO_2）的莫来石中TiO_2含量随温度升高而增加（1.80%～3.90%）。T5制品随烧结温度由1300℃升高至1500℃，莫来石中的TiO_2含量由8.12%下降至4.72%。Rager等（1993）对Ti^{4+}掺杂莫来石进行的电子顺磁共振（EPR）研究表明，Ti^{4+}进入莫来石结构中的八面体位置。实验制品中Ti^{4+}固溶的普遍存在，说明在实验温区（1200～1550℃）内，Ti^{4+}很容易进入莫来石晶格中。

22.4.3　Fe^{3+}固溶与晶体结构

研究表明，约有12%的Fe_2O_3可以进入莫来石中（Schneider et al，1986），Fe^{3+}进入莫来石导致晶格常数a_0减小和b_0、c_0增大。Fe^{3+}代替Al^{3+}引起八面体最大的弹性键，即位于b轴任一侧约30°而不是a轴任一边60°的M（1）-O（D）键的最大膨胀。通过Rietveld光谱和EXAFS研究Fe^{3+}在高岭石形成莫来石中的作用，证实Fe^{3+}更容易进入莫来石八面体位置（Ocana et al，2000）。Schneider（1987）研究了1300～1670℃温区莫来石和硅酸盐熔体之间Fe^{3+}的分布，莫来石中Fe_2O_3的最大含量随温度升高而由10.5%降低至2.5%。

由表22-6可见，在AS70（2.56% Fe_2O_3）的莫来石中Fe_2O_3含量随着温度的升高而降低，从1200℃的6.34%下降至1550℃的1.25%；AS90（2.32% Fe_2O_3）的莫来石中Fe_2O_3含量则从1300℃的8.00%下降至1550℃的2.27%。但是，对于T5（2.30% Fe_2O_3），莫来石中Fe_2O_3含量却随温度升高而增大，从1300℃的2.03%增加至1500℃的10.78%。T5的莫来石中Fe_2O_3含量与温度之间的反常关系，除可能与Fe_2O_3的不均匀分布有关外，还可能与同时固溶较多的TiO_2有关。

22.5 烧结反应机理

莫来石的烧结行为与制备方法有关，较常用的烧结方法有莫来石粉体压坯烧结、含氧化铝和氧化硅反应物的反应烧结、化学前驱体法反应烧结，以及复合粉末瞬间黏滞烧结等（Schneider et al，2005）。由于生成莫来石的反应烧结中Al^{3+}、Si^{4+}的扩散系数很小，烧结致密化和莫来石晶粒生长的活化能很高（约700kJ/mol），因而要获得完全致密化通常需要1700℃以上的烧结温度（Dokko et al，1977）。为避免由莫来石粉体制成坯体的烧结困难，通常以含Al_2O_3、SiO_2反应物为原料，采用反应烧结或少量液相烧结法来制备莫来石陶瓷。

22.5.1 烧结类型

硅酸盐熔体的黏度与成分和温度有关。采用Urbain等（1981）的多组分熔体黏度计算方法，对实验样品以及化学成分与之相近的Boow（1969）和Schobert（1982）熔体实验结果进行计算。结果表明，计算所得黏度与前述熔体实验结果相近（图22-30）。

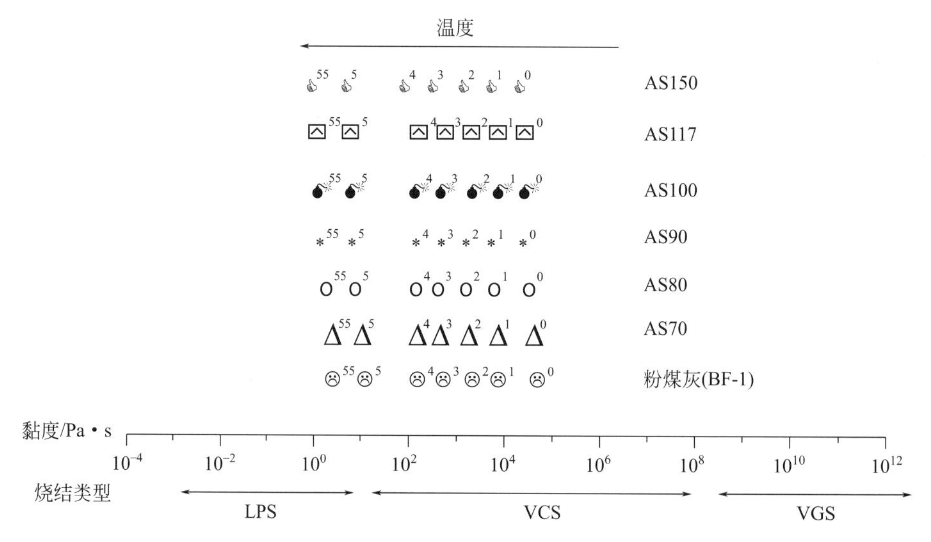

图22-30 AS系列试样熔体黏度及其烧结类型［黏度计算方法据Urbain（1981）］

图中符号上标：0—1000℃；1—1100℃；2—1200℃；3—1300℃；4—1400℃；5—1500℃；55—1550℃

LPS—液相烧结；VCS—黏滞复相烧结；VGS—黏滞玻璃相烧结

按烧结机理划分，烧结过程可分为固相烧结和液相烧结两种类型，而液相烧结依固、液、气三相体积分数可进一步划分为液相烧结、黏滞复相烧结和黏滞玻璃相烧结（Kang，2005）。由图 22-30 可见，AS 系列各配方组成对黏度的影响相对较小，黏度受温度影响较大，因而烧结类型主要与温度有关，在 1100～1400℃之间属于黏滞复相烧结，1500℃以上基本属于液相烧结。

实验结果表明，添加适量氧化物可起到明显降低熔体黏度的作用。添加 4%Na_2O，在 1000～1100℃，能使黏度降低约 2/3（如 1000℃黏度从 53944Pa·s 降低至19173Pa·s），在 1200～1400℃，使黏度降低约 1/2。添加 4%K_2O，在 1100～1200℃，可使黏度降低约 1/2，在 1300～1500℃，黏度降低约 1/3。碱金属离子主要通过硅氧负离子团的解聚而使熔体的黏度降低。

MgO 降黏效果强于 Na_2O、K_2O，并随温度改变而大幅度变化。添加 4%MgO，在 1100～1200℃，可使黏度降低约 3/4；在 1300～1500℃，降低约 2/3；在 1500℃时，添加 8%MgO 可使黏度降低约 5/6。CaF_2 使体系黏度降低更为显著，添加 4% CaF_2 在 1100℃可使黏度降低达 64/65，在 1200℃即可使体系的黏度降低至液相烧结范围。

B_2O_3 的降黏效果介于 CaF_2 和 MgO 之间。添加 5%（摩尔分数）B_2O_3，在 1100～1200℃，可使黏度降低约 7/8～9/10；随温度升高至 1300℃、1400℃、1500℃，黏度分别降低约 5/6、4/5、3/4，1400℃时即达到液相烧结范围。TiO_2 降低黏度的情况与 CaF_2 非常相似，效果较为显著。添加 5%（摩尔分数）TiO_2 和 4%CaF_2，可使液相烧结温度降低至 1200℃。

部分氧化物的助熔能力依次为：B_2O_3＞MgO＞Na_2O＞K_2O。从黏度因素分析，到 1400℃，AS90 中添加 4%上述氧化物，其体系的黏度基本上可达到液相烧结范围。

22.5.2　烧结过程

AS90 在烧结过程中熔体的黏度、线收缩率与烧结时间的关系如图 22-31 所示。在 1300℃和 1500℃，随着烧结时间的延长，熔体的黏度呈指数形式下降，而线收缩率则呈指数形式增大。产生黏度剧烈变化的主要原因是熔体中的 Al^{3+}、Si^{4+} 通过扩散、迁移而不断析晶生成莫来石，改变了熔体中［SiO_4］四面体网络的连接程度。

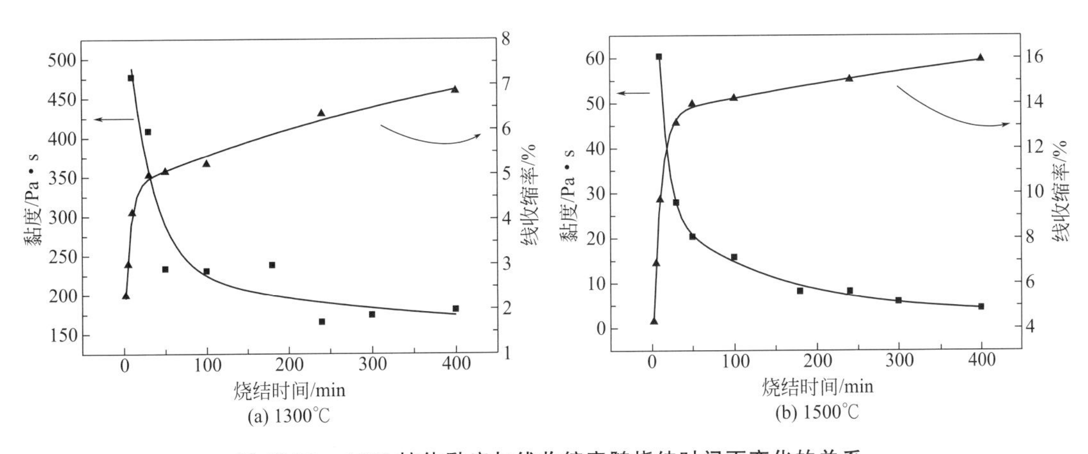

图 22-31　AS90 熔体黏度与线收缩率随烧结时间而变化的关系

熔体黏度降低，玻璃态黏性液体的流动成为该阶段烧结致密化的主要传质途径，液相不断湿润固相并充填固体颗粒间隙，形成毛细管。管中液相产生巨大的毛细管压力，将固态颗粒及莫来石晶粒结合在一起（图 22-32），加速烧结初期的颗粒重排过程，外观上表现为收缩率的急剧上升。

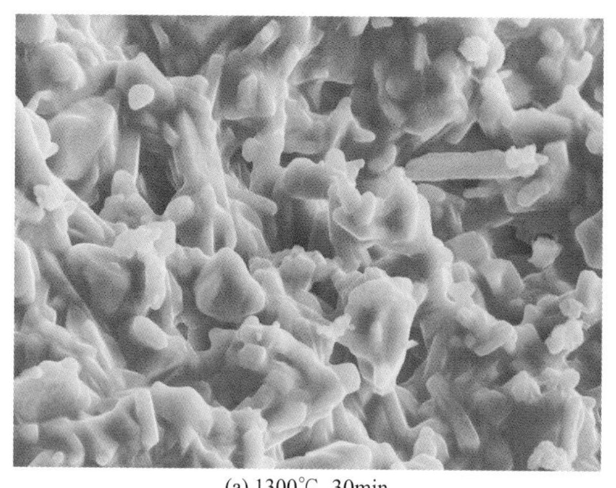

(a) 1300℃, 30min

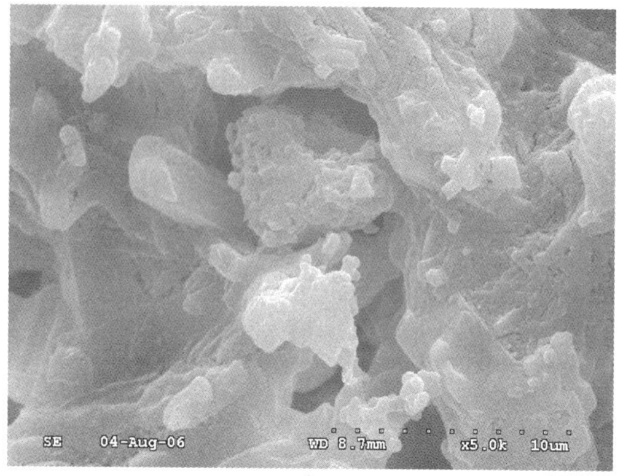

(b) 1500℃, 50min

图 22-32　液相充填形成毛细管力使颗粒间相互结合在一起（AS90）

22.5.3　晶粒长大

烧结反应中、后期是液相与淀析相的化学平衡建立后所发生的晶粒生长阶段，主要表现为较小颗粒的溶解和较大颗粒的生长，其主要驱动力仍然来自界面自由能的下降。在等温烧结过程中，经典的晶粒生长规律可以表示为（Brook，1976）：

$$(G^n - G_0^n) = k_0 \exp\left(-\frac{Q}{RT}\right)t \tag{22-6}$$

式中，G_0 和 G 分别为初始晶粒尺寸及经过时间 t 后的晶粒尺寸；n（通常为 2～5）为晶粒生长（动力学）指数；k_0 是常数；Q 是晶体生长的表观活化能。n 的含义为（果世驹，2002）：若晶粒生长的驱动力是晶界曲率半径的化学位梯度，晶界两侧的原子迁移造成晶界向自身的曲率中心运动，$n=2$；晶粒生长受孔洞中 $P=2\gamma/r$ 的气相传输控制，$n=3$；晶粒生长受恒压下的气相传输或体积扩散控制，$n=4$；晶粒生长主要受表面或晶界扩散控制，$n=5$。

公式（22-6）虽然是对致密材料而言，或至少是针对烧结后期推导得到的，但也被认为适用于烧结中期较不致密材料的晶体生长（Greskovich et al，1972）（$n=3$）。然而，支持这一论点的证据实际上大多还是从烧结后期得到的，某些证据则是基于颗粒尺寸而不是真正的晶粒尺寸（施剑林，1998）。

由图 22-33 可见，在一定温度范围内，莫来石晶粒的纵向、径向方向的生长与时间的关系基本符合正常晶体的生长规律。但是在 1300℃时，莫来石晶粒生长在中、后期（50～400min）表现为近似线性生长。这说明晶粒在生长过程中，出现异常长大现象，即莫来石大晶粒吞并周围的小晶粒而迅速生长（图 22-34）。这种快速生长直到与邻近的大晶粒接触为止，有的甚至保持了原来的结晶生长习性，互相穿插而继续生长，形成交插状或枝叉形结构。

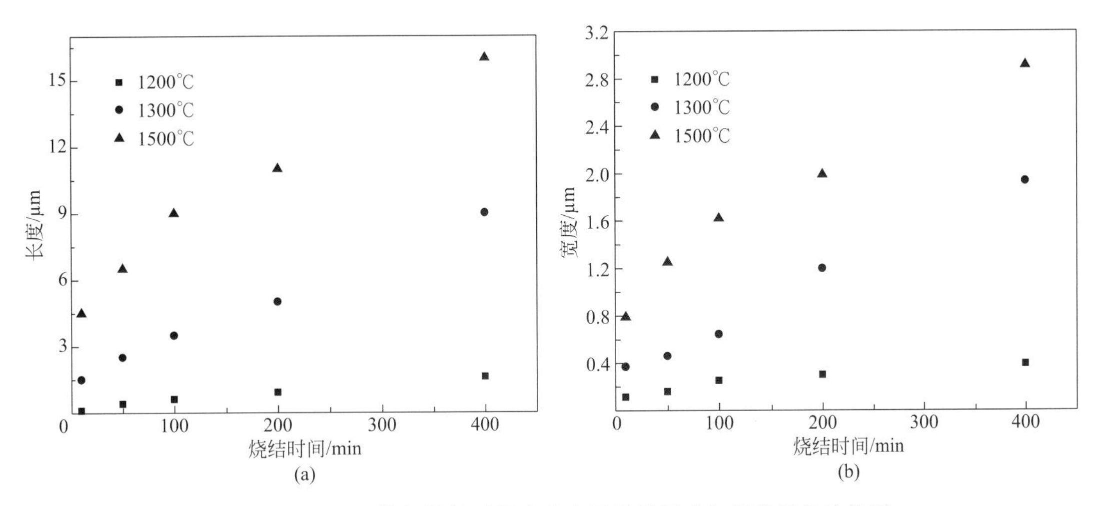

图 22-33　AS90 等温烧结过程中莫来石晶粒尺寸与烧结时间的关系

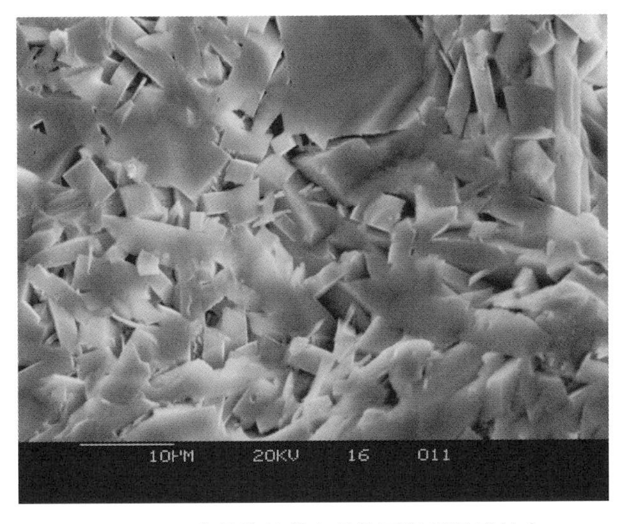

图 22-34　大晶粒吞并小晶粒而得到迅速长大

（AS90：400min，1300℃，HF 腐蚀）

由于初始反应原料中的种晶莫来石极小（大多小于 0.1μm），因此，根据 $G \gg G_0$ 的条件，对式（22-6）简化得：

$$G^n = kt \tag{22-7}$$

上式中，k 遵循 Arrhenius 定律：

$$k = k_0 \exp\left(-\frac{Q}{RT}\right) \tag{22-8}$$

对式（22-7）两边取对数得：

$$n\ln G = \ln t + \ln k \tag{22-9}$$

根据扫描电镜下的统计结果，对莫来石晶粒长度平均值（G）和烧结时间的自然对数作图。由图 22-35 可见，在 1100～1500℃之间，$\ln G$ 和 $\ln t$ 呈线性关系。采用线性回归方法对数据进行拟合，可求得 n、k 和相关系数 R，结果见表 22-7。

表 22-7　莫来石晶粒生长的 n、k 及其相关系数 R

项目	烧结温度/℃		
	1100	1300	1500
n	1.36	2.13	3.00
k/min^{-1}	0.056	0.687	1.247
R^2	0.993	0.956	0.971

对式（22-8）和式（22-9）进一步简化，得：

$$\ln(G^n/t)=\ln K_0-\frac{Q}{R}\times\frac{1}{T} \tag{22-10}$$

根据 $\ln(G^n/t)$-$\left(-\frac{1}{T}\right)$之间的关系进行拟合计算，可求得各温度区间莫来石晶粒生长的表观活化能。在 1100～1300℃区间，晶粒生长的表观活化能为 226kJ/mol；在 1300～1500℃区间，其表观活化能为 69kJ/mol。这表明莫来石晶粒生长的表观活化能与烧结温度有很大的关系，也说明了不同温度时晶粒在生长过程中所受扩散控制的机制有差异。

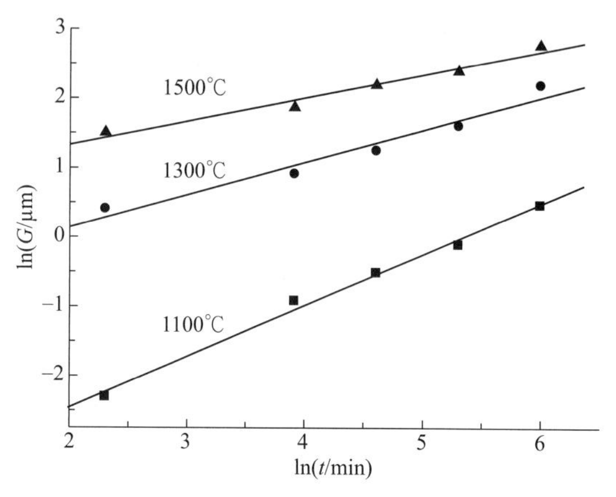

图 22-35　莫来石晶粒长度的 $\ln G$ 随 $\ln t$ 变化曲线

一般来说，晶粒生长指数 n 的理论值是 2，偏离这一值主要是由于晶界迁移能力降低，比如晶界隔离、熔剂拖拽、第二相拖拽、杂质等因素，或者是颗粒尺寸抑制了晶粒长大。由表 22-7 可见，随温度升高，晶粒生长指数逐渐增大。1300℃时，$n=2.13$，接近于 2，说明晶粒生长主要表现为受晶界曲率半径引起的化学位梯度控制的扩散过程；1500℃时，$n=3$，这就相当于式（22-7）中 $G\sim t^{1/3}$（$G\gg G_0$）的情形，为 Kingery 多孔体正常晶粒生长的动力学方程。因此，在 1500℃下烧结，说明晶界上的第二相（气孔以及晶界电势或离子尺寸失配等因素导致的杂质在晶界上偏析）对晶界运动产生了牵制作用。由此可见，当在较高温度下烧结时，晶体生长主要受气孔的迁移控制，特别是气孔在蒸发-凝聚、表面扩散、体积扩散的原子迁移作用下和晶界共同运动。

晶界上气孔的形状及其分布对晶界运动有着重要的影响，而气孔与晶界之间的运动相对速度控制了晶粒的生长速率。气孔与晶界的关系通常有下列三种情况：晶粒生长初期，当晶界运动速度快于气孔的运动速度时，发生晶界与气孔脱钩，即晶界脱离气孔自由运动，气孔被滞留在晶粒内［图 22-36（a）］，此时可能会造成晶粒的异常长大；当晶界上气孔的运动速度低于晶界运动速度，但不至于脱钩，此时，气孔的运动过程控制了晶粒的生长，这类似于晶界上第二相溶质拖拽晶界运动的情况［图 22-36（b）］；当晶界运动速度慢于气孔的运动速度，则晶界运动控制晶粒生长［图 22-36（c）］。

Schmücker 等（2005，2006）在对莫来石纤维中温度诱导生长的研究中发现，等温莫来石晶粒生长规律符合晶体生长经验式（22-7）。实验结果表明，当温度低于 1600℃，晶粒生长指数非常大（$n \approx 12$），当温度高于 1600℃，晶粒生长指数 n 降至 3。Schmücke 等（2006）推测“空位拖拽”是使晶粒生长指数变小的原因，认为莫来石长大过程中因晶界减少引起多余的氧空位与该区域成分相关，过剩空位向空位槽扩散与莫来石晶体生长时成分波动同时进行，由于空位浓度与区域成分的耦合，引起空位扩散弛豫，导致晶粒生长的延迟；当温度高于 1600℃这一阈值，莫来石的平衡组分变为富铝，由于电荷补偿，使结构中氧空位浓度不断增加，这样因晶界减少而产生的过剩空位可以被结构空位所捕获。因此，空位就不必向外部槽中进行长距离迁移了。Schmücker 等（2006）给出的莫来石晶粒生长活化能约为 900kJ/mol（1600℃以上）。这一数值要比其他文献（Dokko et al，1977；Ghate et al，1975；Sacks et al，1982）报道的烧结莫来石晶粒生长活化能（≈700 kJ/mol）高，相当于 Ohita 等（1991）报道的莫来石的蠕变活化能。

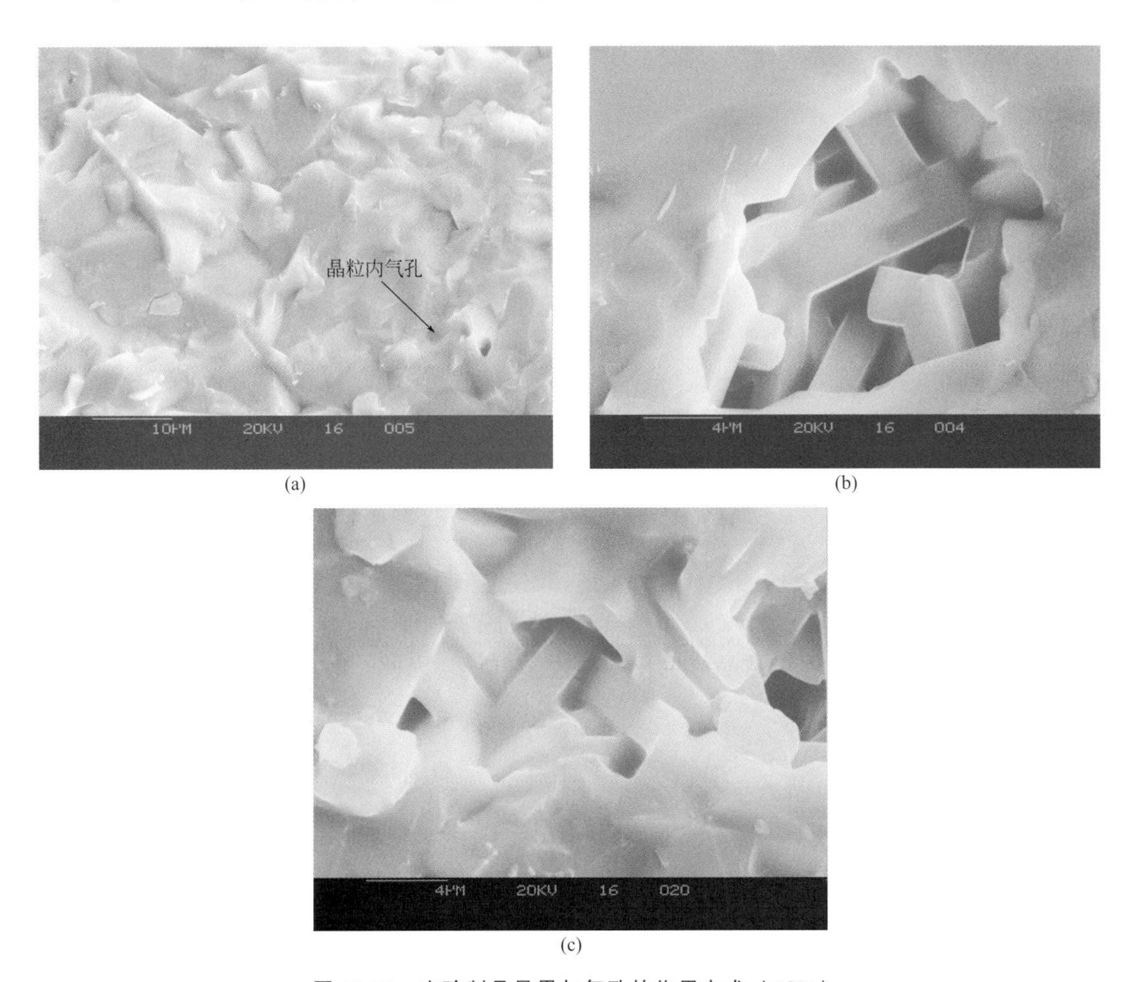

(a)　(b)　(c)

图 22-36　实验制品晶界与气孔的作用方式（AS90）

（a）快速生长晶粒内气孔，1550℃；（b）气孔控制晶粒生长，1500℃；（c）晶界控制晶粒生长，1300℃

本实验获得 1500℃时莫来石的晶粒生长指数 $n=3$，与 Schmücker 等（2006）在 1600℃时的结果相同。但是在低温下（1100～1300℃）的 n 值相差较大，这与反应体系不同有关。本实验体系中，存在杂质离子作为成核中心而诱导析晶，以及一次莫来石在过冷熔体中的晶粒诱导成核作用等。

22.6 晶化反应热力学

高铝粉煤灰和铝矾土中存在较多的莫来石晶核或微晶，因而合成莫来石的反应过程，主要为种晶莫来石在熔体中继续生长、析晶的过程。

22.6.1 莫来石晶化反应

X射线粉末衍射分析结果表明，高铝粉煤灰（BF-1）的主要物相为玻璃相、莫来石和方石英（图22-37）。玻璃相主要以微珠球体形式存在，其直径分布在0.5～15μm之间。莫来石微晶以细针状或棒状（<0.1μm）镶嵌分布于玻璃微珠表面。莫来石主衍射峰（210）宽而弱，表明其结晶度较差。莫来石是燃煤过程中由黏土矿物的分凝、分解及结晶而产生的。

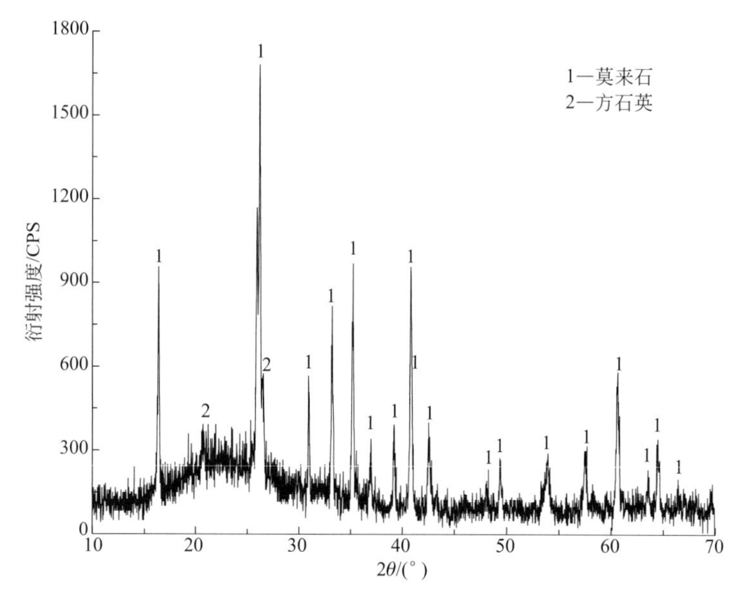

图22-37 高铝粉煤灰原料（BF-1）X射线粉末衍射图

高铝粉煤灰（BF-1）自身具有较低的SiO_2/Al_2O_3比值（≈2.1），与原煤中黏土矿物高岭石（$SiO_2/Al_2O_3=2.2$）相似。高铝粉煤灰中由高岭石分解生成的莫来石微晶，将对实验体系合成莫来石的熔体析晶过程中生成莫来石结构起到模板作用。

铝矾土（CB-1）为煅烧熟料，主要物相为刚玉（α-Al_2O_3），含有少部分莫来石和玻璃相。扫描电镜下观察，铝矾土的颗粒形态极不规则，为片状或板状，少部分为玻璃体，颗粒界限不明显。莫来石和刚玉由铝矾土中的含铝矿物分解并经莫来石化形成。

根据外标法X射线衍射定量分析结果，对AS70、AS80、AS90配方初始料的物相组成及Al_2O_3、SiO_2赋存状态进行计算。结果表明，AS90在生成莫来石反应中，玻璃态Al_2O_3(liq)为41.4%，玻璃态SiO_2(liq)为28.7%，固态Al_2O_3(s)为28.7%，固态SiO_2(s)为1.7%。AS70和AS80反应物料中Al_2O_3、SiO_2赋存状态与AS90差别不大。

按照实验原料中Al_2O_3、SiO_2的赋存状态，莫来石晶化反应可分为以下4种形式：

实验原料中 Al_2O_3(liq) 与 SiO_2(liq) 之间反应生成莫来石的过程：

$$3Al_2O_3(liq)+2SiO_2(liq)=\!=\!=3Al_2O_3\cdot 2SiO_2(s) \quad (22\text{-}11)$$

铝矾土中 α-Al_2O_3（s）与原料中 SiO_2（liq）之间反应生成莫来石的过程：

$$3Al_2O_3(s)+2SiO_2(liq)=\!=\!=3Al_2O_3\cdot 2SiO_2(s) \quad (22\text{-}12)$$

实验原料中 Al_2O_3（liq）与高铝粉煤灰中的方石英（s）之间反应生成莫来石的过程：

$$3Al_2O_3(liq)+2SiO_2(s)=\!=\!=3Al_2O_3\cdot 2SiO_2(s) \quad (22\text{-}13)$$

铝矾土中 α-Al_2O_3（s）与高铝粉煤灰中方石英（SiO_2）（s）之间反应生成莫来石的过程：

$$3Al_2O_3(s)+2SiO_2(s)=\!=\!=3Al_2O_3\cdot 2SiO_2(s) \quad (22\text{-}14)$$

由实验原料的物相组成计算，在烧结过程中生成莫来石的反应所占比例为：对于高铝粉煤灰（BF-1），式（22-11）占 90%，式（22-13）占 10%。对于 AS70-AS90 体系，若不考虑少量方石英（1.7%）参与反应，则式（22-11）占 76%～66%，式（22-12）占 24%～34%。

22.6.2　晶化反应热力学分析

根据文献（伊赫桑·巴伦，2003）查得不同温度下莫来石（$3Al_2O_3\cdot 2SiO_2$）、方石英和刚玉的摩尔 Gibbs 自由能$\Delta G_{f,T}$。烧结过程中生成莫来石的 4 个反应的$\Delta_r G_m$计算结果如图 22-38 所示。由图可见，在 AS70、AS80、AS90 中，反应式（22-12）为相同反应，反应式（22-11）和式（22-12）在以上这 3 个试样原料体系中的$\Delta_r G_m$结果相差较小。

由图 22-38 可见，当温度升至 1000K 以上时，上述生成莫来石的 4 个反应在理论上均能发生。晶态 Al_2O_3 的解离需要较高的能量作为激发，所以反应较困难。相比之下，即使在不太高温度（＜1200℃）下，玻璃态的 Al_2O_3 更容易参与反应，表现为莫来石较容易在微珠基体中生成。但在小于 1200℃ 的温度下，刚玉则基本不参与反应。在较高温度（＞1300℃）下，推测刚玉首先溶解于铝硅酸盐熔体中，而不是直接与 SiO_2 反应生成莫来石。

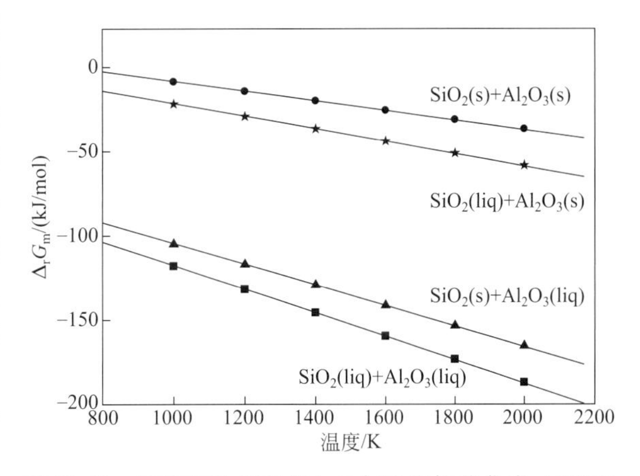

图 22-38　莫来石生成反应$\Delta_r G$ 与温度相关曲线（AS90）

由于 AS90 试样中玻璃相含量较高（63.2%），Al_2O_3（liq）为 33.76%，Al_2O_3（liq）在生成莫来石反应的初期占主导地位。与 Schneider 等（2005）计算的其他氧化物和铝硅酸盐矿物合成莫来石的自由能（图 22-39）相比，在 1500K（1227℃）时，莫来石晶化反应（22-11）、反应（22-13）的自由能较之由红柱石、夕线石、蓝晶石等矿物分解生成莫来石反应的自由能低约 100kJ/mol。本实验的主要反应式（22-11）、式（22-12）总体上也要比 α-Al_2O_3 或γ-Al_2O_3 与石英反应生成莫来石的自由能低得多。对于 AS90 来说，式（22-11）约占整个反应的 66%，式（22-12）约占 34%。因此，高铝粉煤灰-铝矾土体系莫来石晶化过程总体上具有较低的反应自由能。

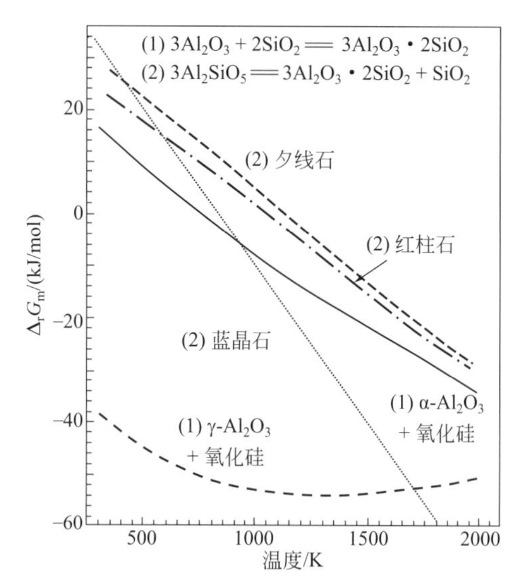

图 22-39　氧化物和铝硅酸盐矿物形成莫来石的$\Delta_r G_m$与温度的关系
（据 Schneider et al，2005）

22.7　晶化反应动力学

下文基于高铝粉煤灰-铝矾土体系烧结过程中的物相转变规律，对莫来石晶化反应速率、反应级数和表观活化能等动力学参数进行讨论，并对比研究添加 Na_2O 对莫来石析晶过程的影响，分析莫来石晶化反应的表观活化能及莫来石成核、生长机理。

22.7.1　烧结过程的物相转变

采用外标法 X 射线定量分析和扫描电镜，分别对 AS90 试样在不同时间等温烧结过程中莫来石及其他物相的含量和莫来石晶粒长度、长径比进行计算和统计。由表 22-8 可见，烧结温度在 1300℃以上时，莫来石生成较快。随温度升高，莫来石晶粒的尺寸和长径比随之增大。在 1300～1500℃之间，随着烧结时间的延长，莫来石晶粒逐渐发育并沿 c 轴呈柱状生长，长径比大多介于 5～7 之间。

AS90 在不同温度下烧结后，物相变化的 X 射线粉末衍射分析结果见图 22-40。结合表 22-8 可知，在 1100℃下烧结，除莫来石之外，制品中还含有较多的刚玉及少量方石英。随烧结温度升高，方石英和刚玉的衍射峰强度逐渐减弱。1300℃时，方石英衍射峰消失，只有少量较弱的刚玉衍射峰。至 1500℃，则只有莫来石晶相。以上结果表明，在 1100～1500℃之间，随着烧结温度的升高，方石英、刚玉依次熔解于熔体相中并转化为莫来石，莫来石的结晶度逐渐提高，晶粒逐渐发育、长大。

等温烧结过程中物相随时间而变化的关系如图 22-41 所示。烧结反应 10min 时，方石英已经消失，主要晶相为莫来石，还存在较多的刚玉。至 50min 时，刚玉的衍射峰强度明显减弱。100min 时，刚玉衍射峰消失，只有莫来石衍射峰。由此可见，在等温烧结过程中，随时间的延长，莫来石衍射峰逐渐增强，峰宽变窄，表明其含量和结晶度逐渐增大。而在 100min 之后，莫来石的含量和结晶度的增大趋势减缓。

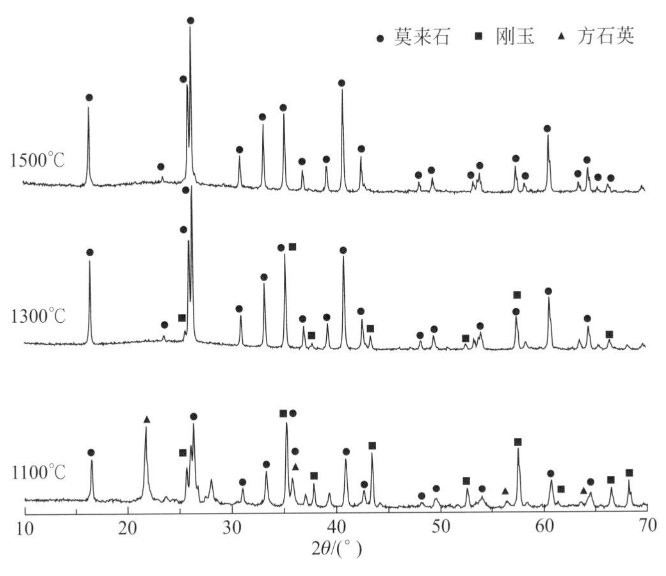

图 22-40　AS90 不同温度烧结制品 X 射线粉末衍射图（200min）

表 22-8　等温烧结过程中的物相变化及莫来石特征

时间/min	1100℃							1300℃						1500℃					
	莫来石 w_B/%	刚玉 w_B/%	方石英 w_B/%	玻璃相 w_B/%	L/μm	D/μm	L/D	莫来石 w_B/%	刚玉 w_B/%	玻璃相 w_B/%	L/μm	D/μm	L/D	莫来石 w_B/%	刚玉 w_B/%	玻璃相 w_B/%	L/μm	D/μm	L/D
10	9.95	25.83	3.17	61.05	约 0.3	约 0.2	1～2	14.64	22.2	63.16	1～3	0.2～0.4	5～9	35.65	20.47	43.88	4～5	0.4～1	5～9
50	11.04	25.03	3.34	60.59	0.3～0.8	0.1～0.2	2～4	29.25	13.21	57.54	1～4	0.3～0.6	3～7	51.32	3.12	45.56	4～8	1～1.5	4～6
100	12.32	25.69	4.23	57.76	0.4～0.7	0.2～0.3	2～4	37.06	7.56	55.38	2～4	0.5～1	4～7	66.87	—	33.13	6～10	1.2～2	5～6
200	15.84	24.26	3.54	56.36	0.5～1.2	0.2～0.4	3～4	52.76	5.89	41.35	3～7	0.8～1.6	5～7	77.26	—	22.74	8～15	1.5～2.5	5～8
400	18.05	24.01	3.03	54.91	0.5～3	0.3～0.8	4～6	61.5	2.34	36.16	5～12	1～4	5～7	81.03	—	18.97	10～20	2～4	5～7

注：L 为柱长；D 为柱宽；L/D 为莫来石晶粒的长宽比。

由表 22-8 可知，在 1100℃，随烧结时间的延长，莫来石含量略有增加，而刚玉和方石英含量变化较小，表明在此温度下，莫来石的生成主要为一次莫来石晶粒在熔体中的析晶。由于在此低温下熔体的黏度较高（η＞8000Pa·s），造成 Al^{3+}、Si^{4+} 较高的扩散势垒，致使莫来石生成速率较低。由图 22-42（a）可见，在 1300℃，烧结 10min 后方石英消失。之后，随烧结时间延长，刚玉和玻璃相含量逐渐减少，莫来石含量逐渐增多，且增多或减少趋势基本呈抛物线形式。至烧结 200min 以后，各物相增多或减少的变化趋势较小。在 1300℃，还包括 Al_2O_3（liq）和少量方石英反应生成莫来石的过程，这一反应在 10min 之前即已完成。1500℃时，烧结反应过程与 1300℃的情况相似，反应体系的物相均在约 200min 达到平衡，只是 1500℃下刚玉消失的时间提前至约 100min［图 22-42（b）］。

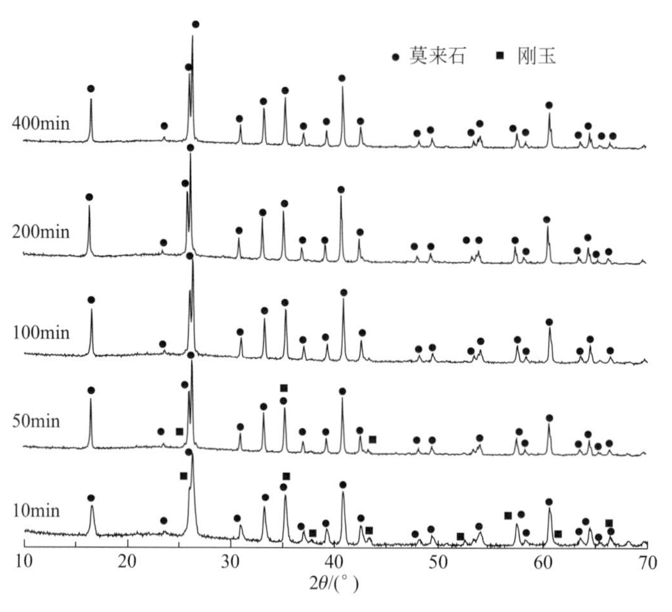

图 22-41 AS90 等温烧结制品的 X 射线粉末衍射图（1500℃）

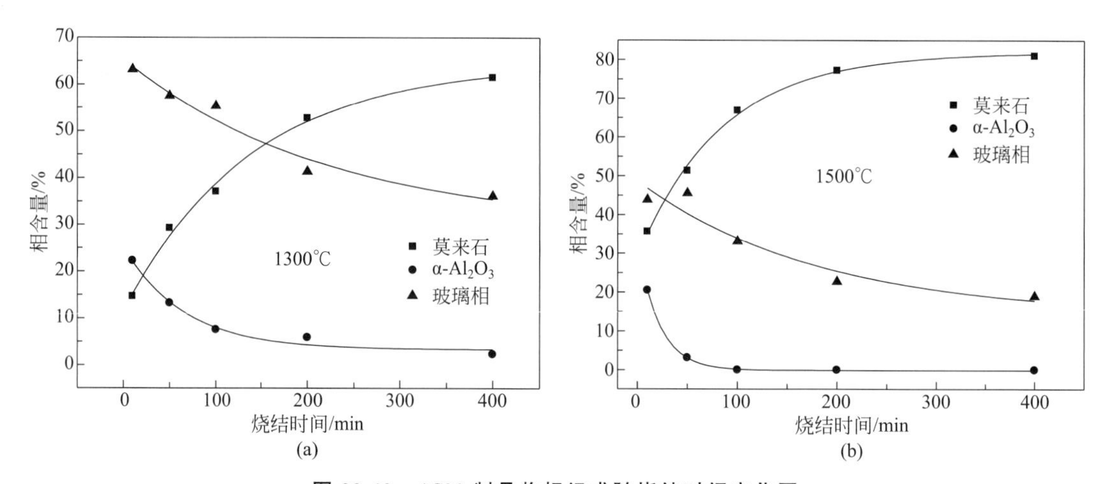

图 22-42 AS90 制品物相组成随烧结时间变化图

22.7.2 晶化反应动力学

莫来石陶瓷在烧结过程中的晶化阶段，晶态物质含量发生较大变化。将表 22-8 中莫来石相定量分析结果换算为二次莫来石的转化率 α，则根据 Avrami 动力学方程：

$$\alpha = 1 - \exp(-kt)^n \tag{22-15}$$

式中，t 为反应时间；k 为晶化反应速率常数；n 为晶化反应级数。

公式（22-15）说明了晶化反应级数、反应时间与二次莫来石转化率的关系。在相同的热处理温度下，对式（22-15）两边取自然对数，可得到式（22-16），即 JMA（Johnson-Mehl- Avrami）动力学方程式（Wang et al，1992；Chen et al，2003）：

$$\ln\left[\ln\left(\frac{1}{1-\alpha}\right)\right] = n\ln t + n\ln k \tag{22-16}$$

根据式（22-16），作 $\ln\left[\ln\left(\frac{1}{1-\alpha}\right)\right]$-$\ln t$ 图，得到直线的斜率，即为莫来石的晶化反应级数 n。

等温烧结制品的莫来石转化率与烧结时间的关系如图 22-43 所示。以 $\ln\left[\ln\left(\frac{1}{1-\alpha}\right)\right]$ 为 y 轴，$\ln t$ 为 x 轴，通过对图 22-43 的数据进行线性拟合，得到莫来石晶化反应动力学曲线（图 22-44）。

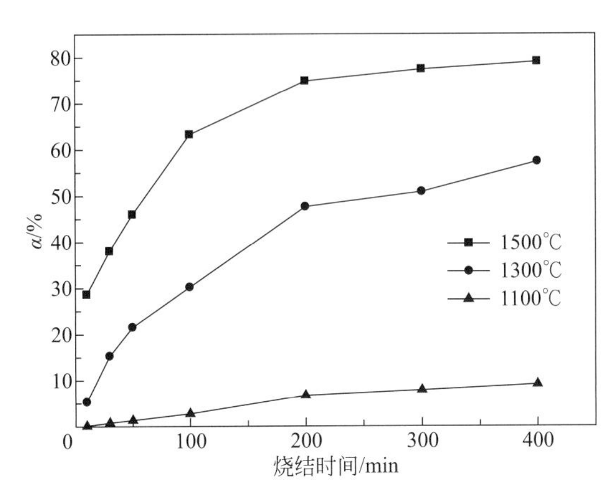

图 22-43　莫来石等温转化率与烧结时间的关系（AS90）

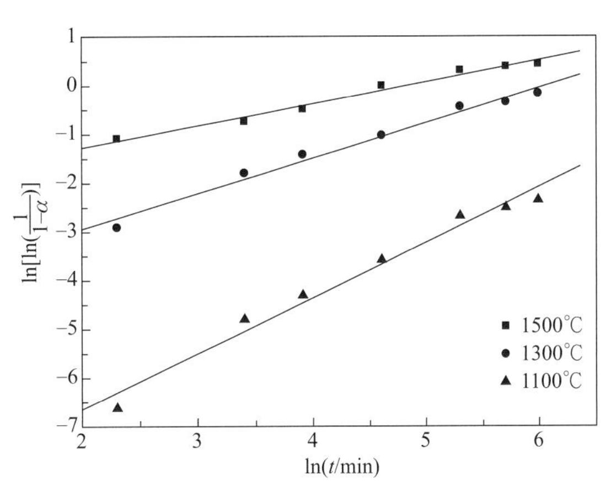

图 22-44　采用 Avrami 模型所得莫来石晶化反应动力学曲线（AS90）

由图 22-44 计算出不同温度下的晶化反应速率常数 k 和 n 值。若试样在不同温度下经过相同时间热处理，则 t 可视为常数。对 Arrheniun 公式两边取自然对数，得下式：

$$\ln k = A - E_a/(RT) \qquad (22\text{-}17)$$

式中，E_a 为莫来石晶化反应的表观活化能，kJ/mol；A 为常数；R 为气体常数；T 为绝对温度，K。

根据式（22-17），作 $\ln k$-$1/T$ 图。进行线性拟合，得到图 22-45 中的直线斜率 $-(E/R)$ 为 -1.822，换算求得莫来石晶化反应的表观活化能 $E_a = 151$kJ/mol（图 22-45）。

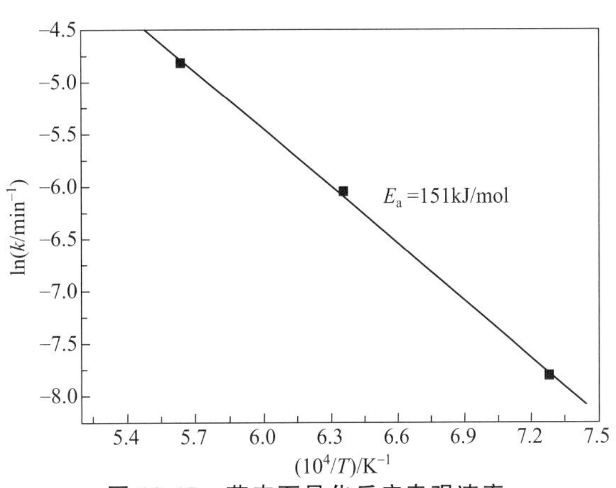

图 22-45　莫来石晶化反应表观速率常数 ln*k* 与 1/*T* 的关系（AS90）

莫来石晶化反应的表观活化能与反应体系组成和莫来石化途径等因素有关。Li 和 Thomson（1990）以干凝胶为原料，获得莫来石晶化反应的表观活化能为 300～360kJ/mol；而 Okada 等（2003）以聚合物干凝胶为原料，采用 DTA 分析法获得相应的表观活化能约为 1200kJ/mol。Okada 等（2003）认为采用不同初始原料而引起莫来石晶化温度的差别，是导致其表观活化能差异的重要因素。

与文献对比，本研究所得莫来石晶化反应的表观活化能相对较小。其可能原因是：

① 莫来石晶化反应的表观活化能，主要包括成核需要建立新界面的界面能及晶核长大

所需的质点扩散的活化能。本实验所用高铝粉煤灰原料中已存在较多的莫来石种晶和晶核，故制品烧结过程无需莫来石成核阶段所需的界面能，因而总体上表观活化能较低。

② 莫来石种晶和晶核在玻璃熔体中的析晶及生长过程中，当析出相成分与熔体相成分相同或相近时，黏流阻力等于扩散阻力，析晶过程由黏滞流动所控制，析晶活化能等于黏流激活能。当析出晶体的成分与熔体相成分存在较大差异时，结晶生长取决于特定的界面扩散，这时的扩散阻力小于黏流阻力。AS90 试样析出莫来石的成分与熔体相中的组分有较大差别，所以析晶活化能主要与 Al^{3+}、Si^{4+} 在熔体中的扩散系数有关，较小的扩散阻力是造成析晶活化能较低的主要原因。

③ 杂质相的存在提供了相对较低的熔体黏度和较高的液相量，使流动扩散传质速度加快，提高了细小固体颗粒之间液相充填的毛细管压力，为颗粒接触和致密化提供了驱动力，从而使熔体相成分变得更为均匀。

④ 初始原料的粒径较小［$d(0.5)=3.2\mu m$］，因而原料粉体具有较高的比表面能，同时空心玻璃微珠还具有较高的内比表面能。这些均有利于反应粉料中颗粒聚集、粘接，从而使质点的扩散传质加快。

综上所述，以高铝粉煤灰为主要原料制备的 AS 系列莫来石陶瓷，烧结过程具有显著的节能效果。其基本性能达到了《耐酸砖》（GB/T 8488—2008）、《循环流化床锅炉用耐磨耐火砖》（YB/T 4108—2002）等标准的指标要求，适用于中低温、耐腐蚀和高强度等工程领域，如耐酸砖、锅炉用耐磨耐火砖和热电厂烟囱内衬砖等。

第 23 章 高铝粉煤灰合成 13X 型分子筛技术

利用粉煤灰合成分子筛，多采用碱液水热处理粉煤灰的方法，合成产物通常为目标分子筛和原粉煤灰中结晶相的混合物（Mondragon et al，1990；Querol et al，1995；Poole et al，2000；Murayama et al，2002；王华等，2001）。为合成较高纯度的分子筛，Shigemoto 等（1993）采用以 NaOH 碱液处理粉煤灰合成 NaX 型分子筛的方法，即将一定量的 NaOH 与粉煤灰混合，加热至 500℃，恒温反应 1h。混合物冷却至室温，研磨，加入蒸馏水后搅拌陈化，再进行水热合成反应。合成分子筛的结晶度最高为 62%，同时存在少量的 A 型沸石。

本项研究拟以高铝粉煤灰为原料，通过对原料预处理、水热合成等步骤合成 13X 型分子筛，并与采用化工原料的合成产物进行对比。在此基础上，研究 13X 型分子筛合成体系的组成对合成条件和合成产物结构、性能的影响，特别是原料中的 Fe_2O_3 含量对合成产物结构性能的影响。

23.1 实验原料分析

以高铝粉煤灰为原料，加入工业碳酸钠烧结后，在碱性条件下水热合成 13X 型分子筛，以获得具有单一物相的 13X 型分子筛制品，并对其结构和性能进行分析测定，目的在于探索合成体系组成变化对制品主要性能的影响，为制备纯度更高且性能更优的 13X 型分子筛提供依据。

实验原料采用北京石景山热电厂排放的高铝粉煤灰（FB-01），其粒度分布范围为 0.317～250μm，体积平均粒径 18.04μm，粒度呈双峰式分布（图 23-1）。高铝粉煤灰的主要成分为 SiO_2 和 Al_2O_3，二者总量达 85%以上（表 23-1）。

表 23-1 高铝粉煤灰原料化学成分分析结果 w_B/%

样品号	SiO_2	TiO_2	Al_2O_3	Fe_2O_3	FeO	MnO	MgO	CaO	Na_2O	K_2O	P_2O_5	H_2O^+	H_2O^-
FB-01	45.90	1.59	42.11	2.20	1.03	0.01	2.06	2.44	0.12	0.52	0.46	0.24	0.04

注：中国地质大学（北京）化学分析室陈力平分析。

采用D/MAX-RC型X射线衍射仪进行物相组成分析。测定条件：电压50kV，电流80mA，扫描速度8°/min，Cu靶，Ni滤波片。分析结果表明，其主要物相组成为玻璃相及结晶相莫来石（图23-2）。

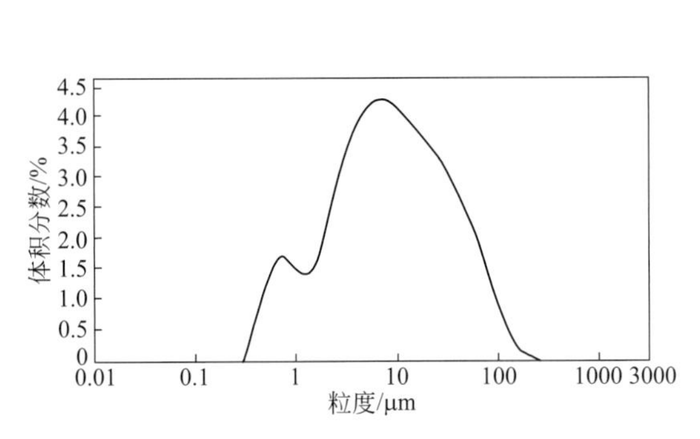

图23-1 高铝粉煤灰原料（FB-01）的粒度分布图

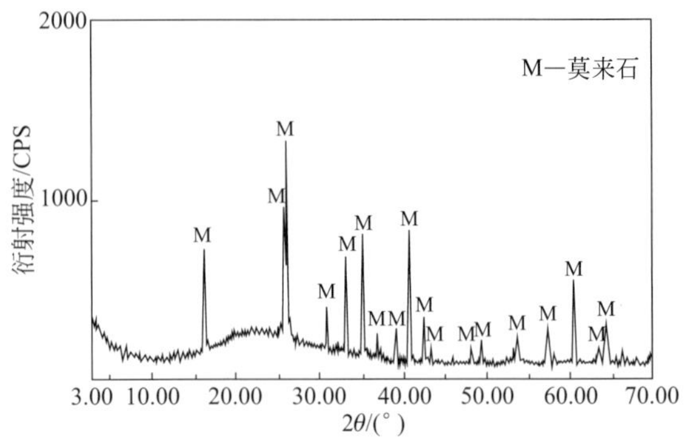

图23-2 高铝粉煤灰原料（FB-01）X射线粉末衍射图
［测定者：中国地质大学（北京）陈荣秀］

23.2 前驱物制备

23.2.1 实验流程

以高铝粉煤灰为原料水热合成分子筛的基本原理是，将高铝粉煤灰加入工业碳酸钠，在中温下烧结，使其主要成分转变为Na_2SiO_3和$NaAlO_2$。这两种化合物可用以替代化工行业合成分子筛通常所用化工原料硅酸钠水玻璃和氢氧化铝。直接用于合成13X型分子筛，可大大降低原料成本（马鸿文等，2005；杨静等，2000）。

以高铝粉煤灰为原料合成分子筛，分为三个主要过程：①前驱物制备（粉煤灰烧结过程）；②硅铝质凝胶（反应混合物）制备；③水热晶化反应。

对高铝粉煤灰原料进行烧结预处理的目的，是使其中的铝硅酸盐矿物和玻璃相转变为可溶性化合物，即水热合成13X型分子筛的前驱物。此外，烧结过程还可增加物料的疏松度，提高其反应活性（刘钦甫，1999）。

将高铝粉煤灰原料（FB-01）与配料工业碳酸钠充分混合，粉磨至－200目粒级大于90%；置于SXG-4-10型箱式电炉中烧结，得到烧结物料（SF-2）。烧结物料的质量，即高铝粉煤灰的分解率，以原粉煤灰中的铝硅酸盐物相转变为可溶性化合物相的百分率为标准。实验中采用稀硝酸溶解法进行测定。

23.2.2 烧结条件

采用工业碳酸钠作为烧结配料，按照表23-2的条件，通过实验确定影响烧结质量的主要因素碳酸钠/粉煤灰质量比、烧结温度、烧结时间的优化参数。

实验结果表明，在实验条件范围内，烧结温度越高，碳酸钠的配比越大，烧结时间越长，则高铝粉煤灰的分解率相应越高。获得优化工艺条件为：碳酸钠/粉煤灰质量比为1.05，烧结温度830℃，烧结时间1.5h，采用一次烧结流程。在此条件下，原粉煤灰中的莫来石相也已完全分解，可以有效避免采用碱溶法合成分子筛粉体残留莫来石结晶相，以及采

表 23-2 高铝粉煤灰原料（FB-01）烧结实验结果

实验号	碳酸钠/粉煤灰	烧结温度/℃	烧结时间/min	分解率/%
S-1	1.00	750	90	90.48
S-2	1.05	750	60	85.49
S-3	1.05	750	90	90.63
S-4	1.00	800	90	96.45
S-5	1.05	800	90	97.05
S-6	1.00	820	90	98.59
S-7	1.05	830	60	97.31
S-8	1.05	830	90	99.52

用 NaOH 焙烧处理粉煤灰方法中莫来石不能完全分解（Shigemoto et al，1993）的问题，从而保证后续水热合成 13X 型分子筛的纯度。

23.2.3 物相组成

由高铝粉煤灰中温烧结所得反应产物（SF-2）外观颜色呈浅蓝色，系其中含有少量铁酸钠（$Na_2Fe_2O_4$）所致。X 射线粉末衍射分析结果显示，烧结物料（SF-2）的主要物相为硅铝酸钠［$(Na_2O)_{0.33}NaAlSiO_4$］（图 23-3）。

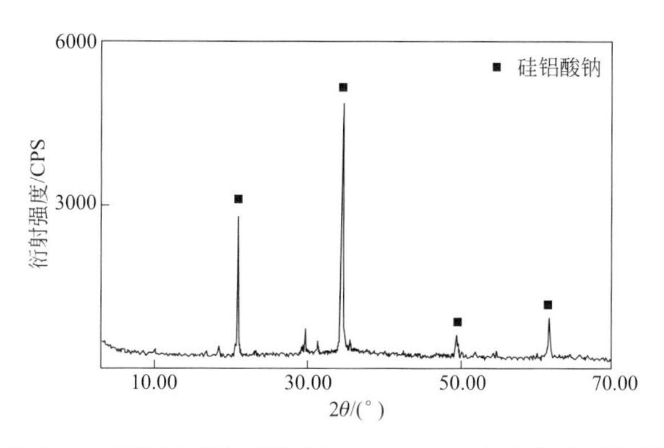

图 23-3 高铝粉煤灰烧结物料（SF-2）X 射线粉末衍射图

23.3 水热晶化反应

采用低温水热合成分子筛工艺，所用的主要装置有 CJJ-781 型磁力加热搅拌器，GSY-Ⅱ不锈钢电热恒温水浴锅，SHB-Ⅲ型循环水式多用真空泵，101-A 型数显电热鼓风干燥箱等。

23.3.1 体系组成

分别以前述烧结物料（SF-2）和化工原料［$Na_2SiO_3\cdot 9H_2O$、NaOH、$Al(OH)_3$，均

为分析纯］作为合成13X型分子筛的主要原料。烧结物料（SF-2）的物相组成主要为$(Na_2O)_{0.33}NaAlSiO_4$，化学成分分析结果见表23-3。制备反应混合物还需化学试剂NaOH和$Na_2SiO_3 \cdot 9H_2O$。

表23-3　高铝粉煤灰烧结物料化学成分分析结果　　$w_B/\%$

样品号	SiO_2	TiO_2	Al_2O_3	Fe_2O_3	FeO	MnO	MgO	CaO	Na_2O	K_2O	P_2O_5
SF-2	27.02	0.94	24.79	1.30	0.61	0.00	1.21	1.44	42.11	0.31	0.27

合成13X型分子筛的反应物组成按以下范围配制（章西焕，2003）：$SiO_2/Al_2O_3=3\sim5$；$Na_2O/SiO_2=1.0\sim1.5$；$H_2O/Na_2O=35\sim60$。

烧结物料（SF-2）的SiO_2/Al_2O_3摩尔比为1.85，小于合成X型分子筛时要求值3～5。通过向熟料引入$Na_2SiO_3 \cdot 9H_2O$进行调整，将合成体系反应物的SiO_2/Al_2O_3摩尔比调整为3。利用化工原料合成13X型分子筛时，将反应混合物的SiO_2/Al_2O_3摩尔比调整为5～6。

水热合成13X型分子筛过程中，需要加入晶种，或称作晶核、成核中心、晶化定向剂等。实验采用非晶态晶种，即按照合成13X型分子筛的组成配制的胶体溶液，用于缩短晶化时间，同时减少杂晶生成（上海试剂五厂，1976）。

23.3.2　实验方法

（1）反应物制备及陈化

称取烧结物料（SF-2），按照前述反应体系组成的化学计量比加入$Na_2SiO_3 \cdot 9H_2O$、NaOH和水，置于磁力搅拌器上搅拌均匀，所得混合物陈化24h。将$Al(OH)_3$加入沸腾的NaOH水溶液中，混合均匀后，再加入沸腾的Na_2SiO_3水溶液中混合，放在磁力搅拌器上搅拌均匀，将反应混合物陈化24h。

（2）晶种配制

按照$10Na_2O \cdot Al_2O_3 \cdot 8SiO_2 \cdot 300H_2O$的化学计量比，将$H_2O$、NaOH、$Al(OH)_3$和$Na_2SiO_3 \cdot 9H_2O$在沸腾状态下混合，生成凝胶，搅拌均匀。室温下陈化24h，即形成非晶态晶核剂。

（3）水热晶化反应

在反应混合物中加入6%～10%/水体积的晶核剂，搅拌均匀，将装有反应混合物的玻璃烧杯放入约100℃水浴锅内，晶化反应4～10h。玻璃烧杯加盖，以防止水分大量散失，导致体系碱度发生明显变化。

（4）过滤和洗涤

过滤是将低温水热反应产物和母液分开。由于分子筛是一种介稳相，晶体与母液长期接触容易转化为其他晶相或生成杂晶。洗涤过程控制滤液的pH值约为10。将洗涤后的产物在105℃下干燥12h，即制得13X型分子筛粉体。

23.3.3　合成条件

影响13X型分子筛合成的主要因素有硅铝比（SiO_2/Al_2O_3）、碱硅比（Na_2O/SiO_2）、水碱比（H_2O/Na_2O）、晶化温度、晶化时间和晶种加入量等。实验反应物的硅铝比已定，晶化温度采用约 100℃。为确定合成分子筛的优化条件，采用 $L_9(4^3)$ 四因素三水平正交实验方案（孙承绪，1994）。合成 13X 型分子筛的质量用吸水率来评定。

以高铝粉煤灰烧结物料（SF-2）为原料，水热合成 13X 型分子筛正交实验结果见表 23-4。由表可见，按表中所列工艺条件合成的 13X 型分子筛，其吸水率均达到我国化工行业标准（HG/T 2690—2012）的要求（≥24.0%）。实验确定的优化条件：Na_2O/SiO_2(摩尔比)＝1.32，H_2O/Na_2O(摩尔比)＝55，晶化时间 10h，晶种加入量 8%/水体积。

表 23-4　烧结物料（SF-2）合成 13X 型分子筛正交实验结果

实验号	Na_2O/SiO_2/(摩尔比)	H_2O/Na_2O/(摩尔比)	晶化时间/h	晶种加入量/(%/水体积)	吸水率/%	分子筛质量/g
F-11	1.32	45.0	10	10	28.06	8.074
F-12	1.32	55.0	9	8	27.83	8.006
F-13	1.32	35.0	8	9	27.15	7.981
F-14	1.40	45.0	9	9	26.59	8.000
F-15	1.40	55.0	8	10	28.10	8.329
F-16	1.40	35.0	10	8	27.22	8.075
F-17	1.50	45.0	8	8	26.97	7.863
F-18	1.50	55.0	10	9	27.05	8.193
F-19	1.50	35.0	9	10	24.77	7.983
$K(1,j)$	27.68	27.21	27.44	26.98		
$K(2,j)$	27.30	27.66	26.40	27.34		
$K(3,j)$	26.26	26.38	27.41	26.93		
级差 R	1.42	1.28	1.04	0.41		

注：平行测定上海试剂五厂的 13X 型分子筛产品的吸水率为 26.06%。

利用化工原料［$Na_2SiO_3 \cdot 9H_2O$，NaOH，$Al(OH)_3$］水热合成 13X 型分子筛的第一轮正交实验结果见表 23-5。实验中调整 SiO_2/Al_2O_3 摩尔比为 5（陈煌，1999）。由表可见，仅实验 C-11 合成样品的吸水率较低，其余按表中所列条件合成产物的吸水率，均达到我国化工行业标准（HG/T 2690—2012）的要求（≥24.0%）。实验确定的优化条件：Na_2O/SiO_2(摩尔比)＝1.40，H_2O/Na_2O(摩尔比)＝55，晶化时间 8h，晶种加入量 8%/水体积。

第一轮正交实验结果表明，碱硅比（Na_2O/SiO_2）、水碱比（H_2O/Na_2O）对合成分子筛质量的影响显著。随着碱硅比提高，水碱比降低，合成产物的吸水率大幅度提高。晶化时间、晶种加入量对合成分子筛质量的影响程度相对较小。碱硅比、水碱比均与体系的碱度相关，提高碱硅比，降低水碱比，均可相应提高体系的碱度。碱度适当增高，可增强初始凝胶在 OH^- 作用下的解聚作用，有利于铝硅酸盐凝胶结构向分子筛结构的转变。同时，碱度适当增高，也可提高介质中水的溶解效力，促进 $SiO_2(OH)_2{}^{2-}$、$Al(OH)_4{}^-$ 等组分的溶解、混合和迁移，从而提高硅铝组分的溶解速率及在溶液中的浓度，故有利于分子筛晶体的生长（胡宏杰等，1999）。

鉴于此，第二轮实验中重新安排了不同影响因素各水平之间的差值，相应提高了碱硅比，降低了水碱比。将利用化工原料合成分子筛的反应混合物的 SiO_2/Al_2O_3 摩尔比调整为 6，实验结果见表 23-6（陈煌，1999）。

表 23-5　化工原料合成 13X 型分子筛第一轮正交实验结果

实验号	Na_2O/SiO_2（摩尔比）	H_2O/Na_2O（摩尔比）	晶化时间/h	晶种加入量/(%/水体积)	吸水率/%
C-11	1.30	35.0	4	6	22.82
C-12	1.30	45.0	6	8	27.15
C-13	1.30	55.0	8	10	25.83
C-14	1.40	35.0	6	10	24.40
C-15	1.40	45.0	8	6	28.43
C-16	1.40	55.0	4	8	28.83
C-17	1.50	35.0	8	8	24.15
C-18	1.50	45.0	4	10	25.49
C-19	1.50	55.0	6	6	27.83
$K(1,j)$	25.27	23.79	25.71	26.36	
$K(2,j)$	27.22	27.02	25.68	26.71	
$K(3,j)$	25.82	27.50	26.14	25.24	
级差 R	1.95	3.71	0.46	1.47	

注：平行测定上海试剂五厂的 13X 型分子筛产品的吸水率为 26.08%。

表 23-6　化工原料合成 13X 型分子的第二轮实验结果

实验号	Na_2O/SiO_2（摩尔比）	H_2O/Na_2O（摩尔比）	晶化时间/h	晶种加入量/(%/水体积)	吸水率/%
C-21	1.45	50	7	8	24.60
C-22	1.45	55	5	9	28.04
C-23	1.45	60	6	7	28.63

注：平行测定上海试剂五厂的 13X 型分子筛产品的吸水率为 26.08%。

由高铝粉煤灰烧结物料（SF-2）和化工原料合成 13X 型分子筛的实验结果可知，以上原料均可在较宽的条件范围内合成 13X 型分子筛（表 23-7）；实验进一步扩宽了水热合成 13X 型分子筛的条件范围。

表 23-7　水热合成 13X 型分子筛的工艺条件

实验原料	SiO_2/Al_2O_3（摩尔比）	Na_2O/SiO_2（摩尔比）	H_2O/Na_2O（摩尔比）	晶化时间/h	晶种加入量/(%/水体积)	吸水率/%
SF-2	3.00	1.32～1.5	35～55	8～10	8～10	24.77～28.10
化工原料	5.00	1.3～1.5	35～55	4～8	6～10	27.15～28.83
化工原料	6.00	1.45	50～60	5～7	7～9	28.04～28.63

23.4　合成产物性能表征

合成的 13X 型分子筛的基本性质主要包括晶体结构、晶体化学、晶体形态、物理性质等。这些性质既是分子筛本身所具有的特性，又直接影响其实际应用性能。

23.4.1 晶体结构

（1）结构分析

采用D/MAX-RC型X射线衍射仪分别对合成样品F-15、C-23进行物相分析，结果见表23-8、表23-9和图23-4、图23-5。测定条件：电压50kV，电流80mA，扫描速度8°/min，Cu靶，Ni滤波片，扫描范围3°～70°。合成样品与JCPDS卡片（卡片号：39-1380）13X型分子筛的标准衍射图谱完全吻合。利用高铝粉煤灰烧结物料合成的13X型分子筛样品中，少量K^+取代了部分Na^+，Fe^{3+}替代了部分Al^{3+}，同时由于其他离子的存在，导致合成产物的衍射峰强度有所差异。

表23-8 合成13X型分子筛（F-15）X射线粉末衍射分析结果

序号	*d*	Irel	Int	*hkl*	序号	*d*	Irel	Int	*hkl*
1	14.477	100	3615	111	11	2.946	25	919	660
2	8.856	33	1177	220	12	2.888	54	1964	751
3	7.545	19	676	311	13	2.796	30	1081	840
4	5.742	36	1319	331	14	2.665	28	1016	664
5	4.813	12	438	511	15	2.621	19	676	931
6	4.423	22	809	440	16	2.406	15	546	1022
7	3.955	15	543	620	17	2.210	13	460	880
8	3.818	56	2025	533	18	1.720	11	393	1193
9	3.341	52	1887	642	19	1.603	11	405	11111
10	3.056	16	558	733					

表23-9 合成13X型分子筛（C-23）的X射线粉末衍射分析结果

序号	*d*	Irel	Int	*hkl*	序号	*d*	Irel	Int	*hkl*
1	14.454	100	3221	111	11	2.938	40	1287	660
2	8.847	25	816	220	12	2.880	70	2268	751
3	7.538	21	666	311	13	2.786	35	1143	840
4	5.731	48	1536	331	14	2.667	21	679	664
5	4.802	20	638	511	15	2.615	18	570	931
6	4.414	39	1247	440	16	2.393	15	479	1022
7	4.101	14	454	620	17	2.203	17	535	880
8	3.803	67	2151	533	18	1.716	15	484	1193
9	3.334	59	1903	642	19	1.598	15	487	11111
10	3.050	26	827	733					

将X射线粉末衍射数据指标化，采用CELLSR. F90程序（马鸿文，1999）计算晶格常数，结果见表23-10。合成的13X型分子筛的晶格常数与JCPDS卡片（卡片号：39-1380）中的标准值非常接近。晶格常数与合成产物中的Fe^{3+}含量有关，Fe^{3+}含量增加，导致晶格常数增大。利用化工原料合成产物（C-23）的Fe^{3+}含量为0，其晶格常数最小。利用高铝粉煤灰烧结物料合成的13X型分子筛（F-15，F-19）的Fe_2O_3含量为1.76%，故其晶格常数值明显增大。

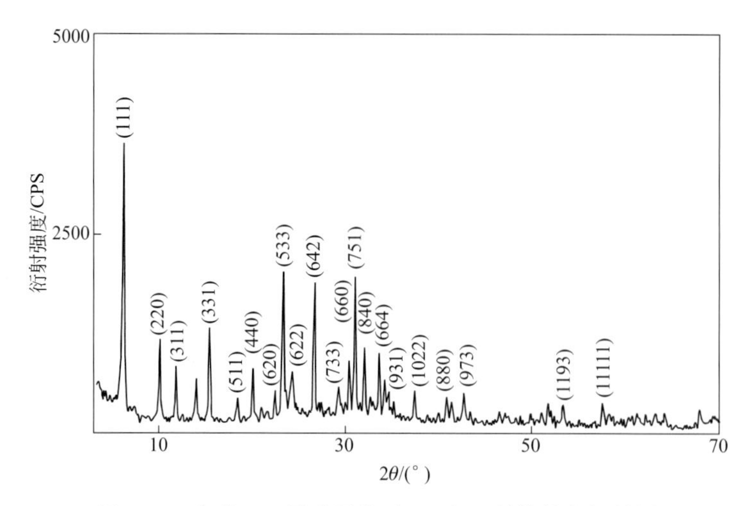

图 23-4　合成 13X 型分子筛（F-15）X 射线粉末衍射图

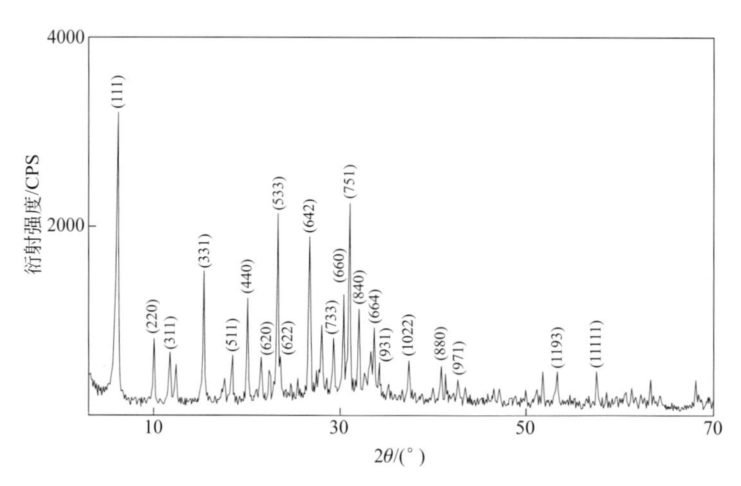

图 23-5　合成 13X 型分子筛（C-23）X 射线粉末衍射图

表 23-10　合成 13X 型分子筛的晶格常数

样品号	F-15	F-19	C-23	JCPDS/39-1380	X 型沸石
a_0/nm	2.4990	2.4978	2.4927	2.4974	2.486～2.502

注：13X 型分子筛，$a_0=b_0=c_0$，$\alpha=\beta=\gamma=90°$；X 型沸石，据 Breck（1974）。

（2）红外谱图

红外光谱是基于被测定分子中各种键的振动频率，因而可用于对 13X 型分子筛的结构测定。分子在振动过程中引起的分子偶极矩的变化，可产生红外吸收谱带。因此，红外光谱法测得的谱带可以反映分子中各种键、官能团等的结构特征（彭文世等，1982）。

用 PE983G 型红外光谱仪对合成样品进行测定，仪器最高分辨率为 0.5cm^{-1}，扫描范围 4000～180cm^{-1}。测定条件：室温 22℃，湿度 34%；采用 KBr 压片法，样品用量 1.0mg，KBr 200mg。

13X 型分子筛的红外光谱谱带主要包括分子筛［TO_4］（T=Si，Al）四面体骨架振动谱峰和它所带的沸石水的振动谱峰。沸石水 O—H 的伸缩振动、弯曲振动谱带分别分布在 $3400cm^{-1}$ 和 $1600cm^{-1}$ 附近。而 $1300 \sim 200cm^{-1}$ 区间的谱峰主要是分子筛［TO_4］四面体骨架的振动谱带。

按照 FKS 归属方法，硅铝分子筛的红外光谱分为 2 类，第 1 类属于内部连接红外振动谱带，由［TO_4］（T＝Si，Al）四面体内部相互作用所产生，即每个中心离子 Si^{4+} 或 Al^{3+} 和直接相连的四个氧离子间相互作用引起的红外谱带，可进一步分为 3 个区间：①内部四面体 T—O 键的反对称伸缩振动谱带 $1250 \sim 950cm^{-1}$；②内部四面体 T—O 键的对称伸缩振动谱带 $720 \sim 650cm^{-1}$；③硅（铝）氧键 T—O 的弯曲振动谱带 $500 \sim 420cm^{-1}$。第二类属于［TO_4］四面体外部连接的红外谱带，它与分子筛的骨架类型、［TO_4］四面体之间相互连接方式、骨架电荷与平衡骨架电荷的金属阳离子类型与分布密切相关。这类振动谱带可分为四部分：①外部连接 T—O—T 的反对称伸缩振动谱带 $1150 \sim 1050cm^{-1}$；②外部连接 T—O—T 的对称伸缩振动谱带 $750 \sim 820cm^{-1}$；③分子筛骨架中的双六元环的特征谱带 $650 \sim 500cm^{-1}$；④骨架中的一些孔道的特征谱带 $420 \sim 300cm^{-1}$（Flanigen et al，1971；徐如人等，1987）。

合成的 13X 型分子筛代表性样品的红外光谱图见图 23-6。

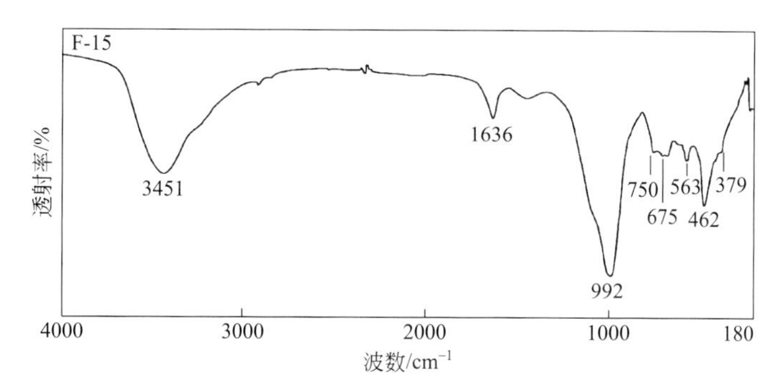

图 23-6　合成 13X 型分子筛的红外光谱图

（测定者：北京大学地质系赵印香）

代表性合成产物（F-15）的内部四面体 T—O 的反对称伸缩振动吸收峰位于 $992cm^{-1}$，内部四面体 T—O 的对称伸缩振动吸收峰位于 $697cm^{-1}$，T—O 键弯曲振动谱带吸收峰位于 $462cm^{-1}$；外部连接 T—O—T 的对称伸缩振动谱带吸收峰位于 $750cm^{-1}$，骨架次级结构单元双六元环振动吸收峰位于 $563cm^{-1}$，骨架中孔道的特征谱带吸收峰位于 $379cm^{-1}$（表 23-11）。水分子的 O—H 伸缩振动、弯曲振动吸收峰分别位于 $3451cm^{-1}$、$1636cm^{-1}$。

表 23-11　合成 13X 型分子筛的红外光谱谱带

样品号	内部四面体			外部四面体		
	T—O 键反对称伸缩/cm^{-1}	T—O 键对称伸缩/cm^{-1}	T—O 弯曲/cm^{-1}	T—O—T 键对称伸缩/cm^{-1}	双六元环/cm^{-1}	孔道/cm^{-1}
F-15	992	697	462	750	563	379

合成产物（F-15）的红外光谱图，与类似结构的天然矿物八面沸石的红外光谱（李哲等，1996）相似，表明其具有类似的硅铝骨架结构。

23.4.2 晶体化学

合成13X型分子筛的化学成分分析结果列于表23-12中。根据化学成分分析结果计算，两种代表性合成产物（F-15，C-23）的SiO_2/Al_2O_3摩尔比分别为2.44和2.83。采用以24个氧原子为基准的氢当量法（马鸿文，2001），计算得到阳离子系数见表23-13。由于合成原料为高铝粉煤灰烧结物料，其中K^+、Ca^{2+}、Mg^{2+}、Fe^{3+}等离子不可避免地进入合成分子筛晶格中，使其化学组成与13X型分子筛的理论组成$Na_{5.375}[Al_{5.375}Si_{6.625}O_{24}]\cdot 16.5H_2O$有一定的差异。合成产物中部分$Al^{3+}$位置由$Fe^{3+}$、$Ti^{4+}$等离子占据，$Na^+$位置由$K^+$、$Mg^{2+}$、$Fe^{2+}$、$Mn^{2+}$、$Ca^{2+}$、$Fe^{3+}$等离子占据，以保持合成晶体的电荷平衡。

表23-12 合成13X型分子筛的化学成分分析结果 $w_B/\%$

样品号	SiO_2	TiO_2	Al_2O_3	Fe_2O_3	FeO	MnO	MgO	CaO	Na_2O	K_2O	P_2O_5	H_2O^+	H_2O^-
F-15	34.38	0.86	23.89	1.76	0.06	0.01	1.20	2.84	12.21	0.31	0.08	9.67	12.61
C-23	37.89	—	22.71	—	—	—	—	—	9.69	—	—	14.97	9.82

表23-13 合成13X型分子筛的阳离子系数

样品号	Si^{4+}	Ti^{4+}	Al^{3+}	Fe^{3+}	Fe^{2+}	Mn^{2+}	Mg^{2+}	Ca^{2+}	Na^+	K^+
F-15	6.281	0.118	5.145	0.242	0.009	0.000	0.327	0.556	4.325	0.072
C-23	7.255	—	5.127	—	—	—	—	—	3.598	—

13X型分子筛产物骨架硅铝比的高低，主要决定于原始物料的硅铝比。一般情况下，原始物料的硅铝比要高于晶化产物的硅铝比。但在碱度较高的条件下，即使提高硅铝比也制备不出高硅沸石。利用高铝粉煤灰烧结物料（SF-2）、化工原料合成13X型分子筛，在反应物料摩尔比$SiO_2/Al_2O_3=3\sim6$、$Na_2O/SiO_2=1.3\sim1.5$、$H_2O/Na_2O=35\sim60$的条件下，由高铝粉煤灰合成的13X型分子筛的硅铝比相对较低（2.44），与其原料的硅铝比较低有关。

23.4.3 显微形貌

采用LEO 435VP型扫描电镜观察合成产物的显微形貌和粒度。由图23-7的扫描电镜照片，可见发育完好的13X型分子筛呈八面体晶形，部分八面体晶形发育残缺，且合成产物存在聚晶现象。

(a) F-15

(b) F-19

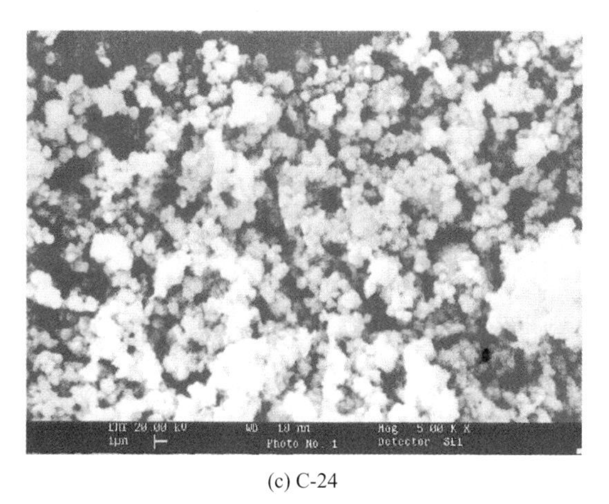

(c) C-24

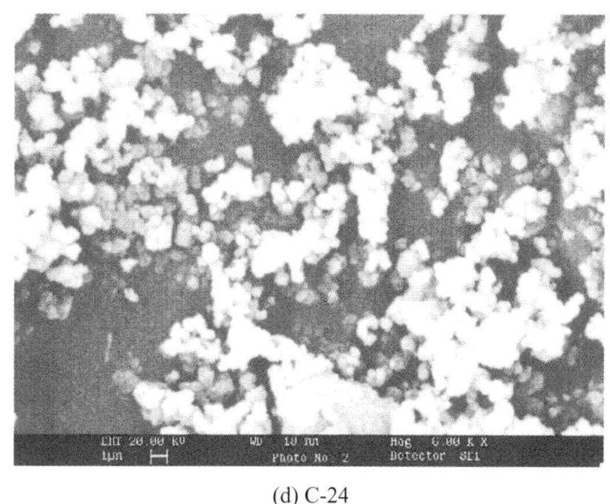

(d) C-24

图 23-7　合成的 13X 型分子筛的扫描电镜照片

由高铝粉煤灰原料合成的 13X 型分子筛样品（F-15，F-19）的聚晶现象更为明显，晶粒尺寸大多为 1～2μm。利用化工原料合成的样品（C-23），晶粒粒径大多小于 1μm，粒度相对较小，且晶形发育也较差（陈煌，1999）。推测其原因可能是，利用高铝粉煤灰合成 13X 型分子筛时，原料中的杂质组分在一定程度上可起到类似晶种的作用，从而促进 13X 型分子筛晶体的生长。

23.4.4　物理性能

（1）吸附性能

按照分子筛静态水吸附测定方法（GB/T 6286～6287—86）来测定合成分子筛的吸附量。为便于对比，同时测定了上海试剂五厂生产的 13X 型分子筛产品的吸附量。我国化工行业标准（HG/T 2690—2012）规定，13X 型分子筛产品的吸水率应大于 23%。本项实验合成的 13X 型分子筛的吸水率均符合标准要求（表 23-14）。

表 23-14　13X 型分子筛的吸水率测定结果

样品号	F-15	C-23	Z13X
吸水率/%	28.10	28.63	26.08

注：Z13X，上海试剂五厂的 13X 型分子筛产品，下同。

（2）比表面积

比表面积是单位质量的固体物质所具有的表面积，是反映物质吸附能力的一个重要指标。固体表面上的原子或分子具有一定的表面自由能，在测定过程中，当气体分子与其接触时，有一部分会暂时停留在固体表面，使固体表面上的气体浓度高于气相中的浓度。这种现象即气体在固体表面上的吸附作用，固体是吸附剂，气体是吸附质。测定比表面积的实质是求吸附剂（固体）对气体的单分子层饱和吸附量。吸附量与吸附剂、吸附质的性质、温度、压力等条件有关。对于一定的吸附剂与吸附质，在特定温度下的吸附量与气体的平衡压力有一定的关系。吸附等温线即反映这种关系的曲线，描述等温线的方程为吸附等温式。BET 方程是多分子层吸附理论中应用最广泛的等温式（格雷格等，1989）：

$$\frac{P}{V(P_0-P)}=\frac{1}{V_mC}+\frac{(C-1)P}{V_mCP_0} \tag{23-1}$$

式中，P 是吸附平衡压力；P_0 为特定吸附温度时吸附质气体的饱和蒸气压；V 为气体平衡压力为 P 时的吸附量；V_m 为单分子层饱和量；C 为与吸附热和气体液化热有关的常数。

BET 方程最重要的用途就是通过吸附法确定吸附剂的比表面积。当 P/P_0 在 0.05～0.30 之间时，作 P/P_0-$P/[V(P_0-P)]$ 图，可得一直线，由其斜率和截距求出 V_m，即可得比表面积值。

采用 Autosorb-1 型比表面与孔隙度分析仪，利用氮气吸附法对合成产物的比表面积进行测定。N_2 吸附温度为 77.3K，测定前样品在 350℃下脱气 15h。合成 13X 型分子筛的比表面积测定结果见表 23-15。

表 23-15 合成 13X 型分子筛的比表面积测定结果 m^2/g

样品号	F-15	C-24	Z13X
比表面积	536.55	539.98	573.2

注：中国地质大学（北京）矿物材料国家专业实验室卢晓英测定。

比表面积是物质吸附性能力大小的表征。由于分子筛的单位晶胞体积大，硅（铝）氧骨架密度较低，故与其他多孔物质比较，13X 型分子筛具有很大的比表面积。影响比表面积的因素很多，如颗粒粒度、颗粒间的胶结力、颗粒分散性等。分子筛的比表面积主要存在于晶穴内部。

以高铝粉煤灰合成的 13X 型分子筛样品（F-15），比表面积值为 536.55m^2/g，远高于采用碱溶法合成产物（几种或一种沸石及原粉煤灰所含结晶相的混合体）的比表面积 97.5～134.1m^2/g（邵靖帮，1999），含有 Na-P1 沸石和 NaX 沸石的水热反应产物的比表面积为 130.2m^2/g，以 Na-P1 沸石为主的水热反应产物的比表面积通常小于 117m^2/g。由此可见，以高铝粉煤灰烧结物料经水热晶化反应，可以成功地合成高纯度的 13X 型分子筛。

（3）热稳定性

差热分析是根据矿物在温度变化时所产生的吸热或放热效应，得到矿物的受热变化曲线，用以反映矿物加热时的结构变化。13X 型分子筛的热稳定性是估计其结晶度、吸附性能，确定适当的活化温度和再生温度，决定其工业应用温区的重要依据。采用 LCP-1 型差热仪，对合成的 13X 型分子筛制品的热稳定性进行测定，升温范围由室温至 1000℃，升温速率 15℃/min，结果如图 23-8 所示。

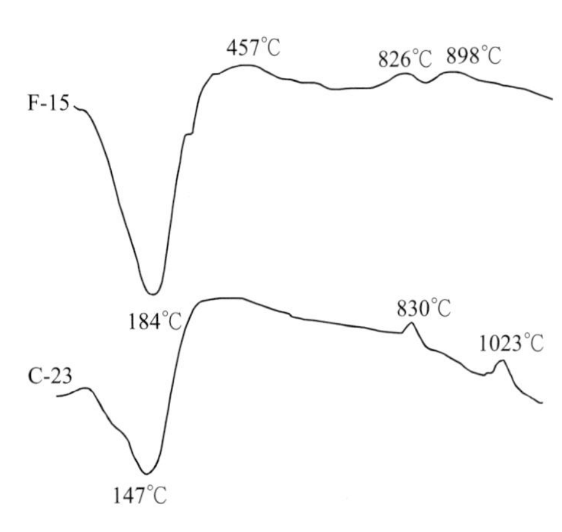

图 23-8 合成 13X 型分子筛样品的差热分析图

两个代表性分子筛样品 F-15、C-23 的差热分析图谱，分别在 184℃、147℃处为一吸热谷，为沸石水释放所产生的热效应；826℃、830℃处的放热峰是分子筛晶体结构破坏，晶格能释放的结果；而 898℃、1023℃处的放热峰则是生产新物相的结果。工业上应用分子筛的温度一般在 700℃以下，因此，合成产物（F-15）的热稳定性符合工业要求。

以上差热分析结果表明，合成的 13X 型分子筛具有优良的热稳定性。差热分析曲线中放热峰的温度愈高，其热稳定性也愈好。合成产物的热稳定性与其 Fe_2O_3 含量有关，Fe_2O_3 含量增加，其热稳定性相应降低。合成产物（F-15）的 Fe_2O_3 含量为 1.76%，其结构破坏温度在 826℃。

（4）白度、密度、粒度

采用 WSD-Ⅲ型白度仪对合成的 13X 型分子筛进行白度测定，结果见表 23-16。白度与分子筛中的 Fe_2O_3、TiO_2、MnO、FeO 等组分含量有关，这些组分的含量增加，其白度相应降低。白度并不是分子筛的重要指标，随用途不同对白度的要求也各异。

采用 Ultrapycnometer-1000 型真密度计，对合成样品进行密度测定，结果见表 23-16。13X 型分子筛的密度与其骨架结构和阳离子有关。密度随阳离子的摩尔质量增加而增大。

表 23-16　合成 13X 型分子筛的主要物理性能

样品号	F-15	C-23
白度/%	62.27	>94
真密度/(g/cm^3)	2.0448	—
理论密度/(g/cm^3)	1.956	1.886
脱水密度/(g/cm^3)	1.450	1.387
孔体积率/%	25.9	26.5
表面积平均粒径/μm	1.546	—

采用 Masterizer 2000 型激光粒度分析仪，对合成产物进行粒度分析。以水作为分散剂，并采用超声分散，测得的表面积平均粒径见表 23-16，与扫描电镜下的观测值大致相符。

23.4.5　体系组成对产物的影响

合成分子筛的晶体化学取决于合成体系的化学组成。由纯化工原料合成的 13X 型分子筛，仅含有 SiO_2、Al_2O_3、Na_2O 三种组分；而利用高铝粉煤灰原料的合成产物，原料中的绝大部分 TiO_2、Fe_2O_3、MgO、CaO 等杂质组分亦进入分子筛的晶格。

13X 型分子筛骨架的硅铝比主要取决于原始物料的硅铝比。一般情况下，原始物料的硅铝比要高于分子筛晶化产物的硅铝比。利用高铝粉煤灰（FB-01）和化工原料合成 13X 型分子筛，在反应物料摩尔比 $SiO_2/Al_2O_3=3\sim6$、$Na_2O/SiO_2=1.3\sim1.5$、$H_2O/Na_2O=35\sim60$ 的条件下，合成产物的 $SiO_2/Al_2O_3=2.44\sim2.83$。

高铝粉煤灰原料中杂质离子的存在，影响合成 13X 型分子筛衍射峰的强度。合成产物中少量 K^+ 取代了部分 Na^+，Fe^{3+} 替代部分 Al^{3+} 以及其他离子的存在，引起分子筛衍射峰强度的差异。合成产物的晶格常数与其铁含量有关，铁含量增加，导致晶格常数增大。

利用高铝粉煤灰合成分子筛时，其中的杂质起到了晶种的作用，有利于分子筛晶体的生长，故合成的分子筛晶粒尺寸较大。采用低温成核后水热晶化的方法，可进一步提高合成分子筛的晶粒尺寸。

合成的 13X 型分子筛的热稳定性、白度与其 Fe_2O_3 含量有关。Fe_2O_3 含量增加，其热稳定性、白度相应降低。利用高铝粉煤灰原料合成的 13X 型分子筛粉体，可用于对含重金属离子废水的净化处理等领域（陶红，1999；白峰，2004）。

第 24 章 粉煤灰制备矿物聚合材料技术

24.1 矿物聚合材料概述

矿物聚合材料（mineral polymeric materials）一词是在 20 世纪 70 年代末首先由 Davidovits 提出的（Davidovits，1988）。其英文同义词还有 geopolymer，mineral polymer，aluminosilicate polymer，inorganic polymeric materials 等。

矿物聚合材料是近 40 年来发展起来的一类新型无机非金属材料，即含有多种非晶质至半晶质相的铝硅酸盐聚合物（Subaer et al，2002；马鸿文等，2002b）。这类材料多以天然铝硅酸盐矿物或工业固体废物为主要原料，与煅烧高岭土和适量碱硅酸盐溶液充分混合后，在 20～120℃的低温下成型硬化，是一类由铝硅酸盐胶凝成分结合的化学键陶瓷材料（Davidovits et al，1988；Ikeda et al，1998；2001）。其制备原料主要为工业固体废物或铝硅酸盐矿产品，配料有煅烧高岭土、硅酸钠（钾）和氢氧化钠（钾）（Van Jaarsveld et al，1999a；马鸿文等，2002b；任玉峰等，2003；王刚，2004；田力男，2017）。

矿物聚合材料是一种不同于普通硅酸盐水泥的胶凝材料，从二者的体系组成来看，矿物聚合材料为 SiO_2-Al_2O_3-Na_2O（K_2O）体系，而普通硅酸盐水泥为 SiO_2-Al_2O_3-CaO-Fe_2O_3 体系，特别是硅酸盐水泥中的 CaO 含量高达 64%；从二者的生产过程来看，前者涉及高岭土煅烧（约 700℃）和水玻璃制备过程（干法生产，1300～1400℃；湿法生产，约 200℃），而后者是在 1460℃进行烧结制备熟料；从二者的固化反应过程来看，前者主要是铝硅酸盐化合物发生聚合反应，后者为水泥熟料的水化反应。对于制品的宏观性能对比，文献中已有报道（马鸿文等，2002a）。

24.1.1 性能和用途

矿物聚合材料的原料来源广，成本低廉。矿物聚合材料的生产原料包括固体铝硅酸盐、碱激发剂和模板剂（马鸿文等，2002b）。其中固体铝硅酸盐可采用各种硅铝质矿物和工业固体废物，如高岭土、沸石、粉煤灰、炉渣、火山灰、石英砂和建筑废物等；碱激发剂主要采用 NaOH 或 KOH 溶液，次为碱金属碳酸盐（Na_2CO_3）、碱土金属氯化物（$MgCl_2$，$CaCl_2$）和 Na_2SiF_6 等；模板剂主要为硅酸钠或硅酸钾水玻璃溶液（1.4～6.5mol/L）

(Rahier et al，1996)。

本研究所用主要原料均为工业固体废物，其中粉煤灰是从烧煤锅炉烟气中产生的粉状灰粒，国外文献中称为飞灰（fly ash），是富含玻璃体的粉体物料。

矿物聚合材料具有很多良好的性能：

① 强度高、硬化快。其莫氏硬度为 4～7，抗压强度≥15MPa，抗折强度≥5MPa (Ikeda et al，1998；Xu et al，2000；2001)，完全可满足建筑结构材料的要求。采用改进的工艺制备的矿物聚合材料，其抗压强度可达 32～60MPa，碳纤维增强矿物聚合材料的抗弯强度可达 245MPa（Foden et al，1996；1997）。通常在成型硬化的前 4h，矿物聚合材料所获得的强度即可达最终强度的 70%（Van Jaarsveld et al，1997）。

② 矿物聚合材料在有机溶液、碱性溶液和盐水中很稳定，在浓硫酸中较稳定，在浓盐酸中稳定性略差（Davidovits et al，1988）。与波特兰水泥相比，矿物聚合材料不存在碱骨料反应问题，因而耐久性能良好。

③ 矿物聚合材料的渗透率低，可固化有毒废物。矿物聚合材料的渗透率与波特兰水泥接近，前者为 10^{-9}cm/s，后者为 10^{-10}cm/s。

④ 矿物聚合材料耐高温，耐火度一般高于 1000℃，熔融温度达 1050～1025℃（Foden et al，1996；Davidovits et al，1988；1991)。这是由于所用原料为天然铝硅酸盐矿物或工业固体废物，因而材料具有良好的防火性能。

正是由于矿物聚合材料具有以上优良性能，所以它具有广泛的用途：

① 采用矿物聚合材料处理放射性废物，其效果优于波特兰水泥（Davidovits et al，1990；Zosin et al，1999；Khalil et al，1994)。对放射性元素 Sr、Cs、Mo、Tc、U 和重金属元素 Cu、Pb 的固封研究表明，固化效率主要受金属离子电价和/或离子半径控制；半径较大的金属离子通常表现出较好的固封效果，且不易被浸出（Van Jaarsveld et al，1999)。

② 利用矿物聚合材料良好的力学性能，可部分代替金属与陶瓷，用作结构部件和模具材料等。

③ 利用其快凝早强性能，可快速修筑机场跑道、通信设施、道路桥梁、军事设施等 (Malone et al，1986；Vsetecka，1993)。

④ 利用其轻质、隔热、阻燃、耐高温等性能，可作为新型建筑装饰材料、隔热保温材料等（Foden et al，1996；Hammell et al，2000；Lyon et al，1996；Layne et al，1994)。

⑤ 利用铝硅酸盐聚合反应，可制备耐高温防火材料、绝热材料、电解铝阳极炭保护层、模具和窑具等。

⑥ 矿物聚合材料亦可制成地下耐腐蚀管道等。

24.1.2　研究进展

20 世纪 30 年代，Purdon（1940）在研究波特兰水泥的硬化机理时发现，少量 NaOH 在水泥硬化过程中可以起催化剂的作用，使得水泥中的硅、铝化合物比较容易溶解而形成硅酸钠和偏铝酸钠，再进一步与 $Ca(OH)_2$ 反应形成硅酸钙和铝酸钙矿物，使水泥硬化并重新生成 NaOH 再催化下一轮反应，由此他提出了所谓“碱激发”理论。之后，苏联投入了大量的人力、物力对碱激发材料进行了大量、系统的研究，发现除氢氧化钠外，碱金属的氢氧化物、碳酸盐、硫酸盐、磷酸盐、氟化物、硅酸盐和铝硅酸盐等都可以作为反应的激发剂 (Malone et al，1986；Glukhovsky et al，1980；Andreas et al，1998)。

1972 年，Joseph Davidovits 发现铝硅酸盐矿物（如高岭石）可以在较低的温度下，在极短的时间内生成三维的铝硅酸盐人造石，从此开始了真正意义上的矿物聚合材料研究。为准确定义这类材料，他于 1978 年提出了 Geopolymer 这一术语。

Xu 和 Van Deventer 曾利用从架状到岛状的 16 种硅酸盐矿物制得矿物聚合材料。研究结果表明，各种天然矿物都会发生不同程度的聚合反应生成矿物聚合材料，而具有架状和岛状结构的硅酸盐及钙含量较高的矿物制备得到的矿物聚合材料的抗压强度较高（Xu et al，2000；Van Deventer et al，2002）。

对于利用矿物聚合材料固化有害金属及化合物，也进行了研究（Phair et al，2001）。Van Jaarsveld 等主要研究由粉煤灰等工业固体废物制备矿物聚合材料的工艺条件及其应用，证明了粉煤灰中较高的 CaO 含量和含有部分超细颗粒是制备高强度矿物聚合材料的有利条件。同时，他们对反应机理进行了初步研究，分析了其强度产生的原因等（Xu et al，2000；2003；Van Jaarsveld et al，2000；Van Deventer et al，2000），但他们制备的粉煤灰基矿物聚合材料的强度普遍低于 20MPa（Xu et al，2000）。

Swanepoel 等（2002）利用粉煤灰和煅烧高岭土在 70℃下制得矿物聚合材料，但 28d 强度只有 8MPa；Palomo 等（1999a）以偏高岭石为主要原料，加入石英砂作为增强组分，制备出了抗压强度达 84.3MPa 的矿物聚合材料制品，而材料的固化时间仅需 24h。通过添加增强纤维（碳纤维、碳化硅纤维、钢筋、耐碱玻璃纤维、矿棉、有机纤维）及超细粉体（粉石英、硅灰、氧化锆、纳米氧化铝粉体）等，可以改善材料整体的抗压强度、抗折强度等力学性能（Kriven et al，2004；Silva et al，2003；Wang et al，2005；Weng et al，2005；Yip et al，2005）。

国内对矿物聚合材料的研究起步较晚，且大多为探索性研究。倪文等（2003）利用钢渣/高炉水渣与水玻璃等制备的地质聚合物制品 28d 抗压强度为 40～70MPa；沙建芳等（2004）、张云升等（2003）以粉煤灰、偏高岭石、NaOH 等为原料，采用振动成型，蒸养养护 8h，所得制品 3d 抗压强度为 32.2MPa；代新祥等（2001）以偏高岭石、水玻璃和 NaOH/KOH 为原料，采用加压成型，在常温下蒸养 7d，制品的强度为 22.9MPa。

著者团队利用多种硅铝质原料制备了矿物聚合材料制品。任玉峰等（2003）利用金矿尾矿制备矿物聚合材料，在 60℃下固化 24h，放置 6d 后制品的平均抗压强度为 32.6MPa，抗折强度为 10.7～15.9MPa，抗折强度与抗压强度比值达 1/3 以上，大于普通烧结砖的 1/5～1/6。王刚（2004）利用粉煤灰或提钾滤渣与粉煤灰为主要原料，采用压制成型制备的矿物聚合材料制品，7d 抗压强度平均达 52.8MPa。丁秋霞（2004）以石英砂为主要原料制备的矿物聚合材料制品，7d 抗压强度为（50±3）MPa。冯武威（2004）利用膨胀珍珠岩、富钾白云质泥岩焙烧熟料、粉煤灰、偏高岭石制备保温墙体材料，制品的表观密度在 320～350kg/m^{3}之间，热导率在 0.076～0.086W/(m・K) 之间，抗压强度 0.48～0.62MPa，含水率 2.1%～2.7%，制品各项性能指标符合膨胀珍珠岩绝热制品国家标准 350 号合格品的要求。王刚等（2004）在制备得到矿物聚合材料制品的同时，研究了矿物聚合材料在固化过程中的反应机理。矿物聚合材料的形成过程为：固体原料在碱性溶液中的溶解，溶解的铝硅配合物由固体颗粒表面向颗粒间隙扩散；凝胶相的形成，导致碱硅酸盐溶液和铝硅配合物之间发生聚合反应；凝胶相逐渐排除多余水分而固结硬化。

24.2 实验原料

24.2.1 粉煤灰原料及预处理

粉煤灰极少有胶凝性，但其粉末状态在有水存在时，能与碱在常温下发生化学反应，生成具有胶凝性的组分（Reto et al，2003；Wang et al，2003）。磨细的煤粉在锅炉内燃烧时，其中的灰分熔融，熔融的灰分在表面作用下团缩成球形，当它排出炉外时又受急冷作用，故粉煤灰是富含玻璃体的粉状物料。其玻璃体含量可达 50%～70%，结晶相主要为莫来石（$3Al_2O_3 \cdot 2SiO_2$）和方石英。

由于粉煤灰中的氧化钙含量较低，氧化铝含量高，其玻璃体的聚合度高，通常粉煤灰要在 pH 值大于 13.4 时结构才会被破坏（Fraay et al，1989）。在 NaOH 溶液中当 pH 值小于 13 时，粉煤灰的玻璃体结构是稳定的，硅和铝的溶出量很小；而当溶液的 pH 值大于 13 时，硅和铝的溶出量显著增大。

实验用粉煤灰为内蒙古托克托电厂排放的高铝粉煤灰（TKT02），其化学成分中的 SiO_2、Al_2O_3 总量达 85%以上（表 24-1）。粉煤灰的主要物相为莫来石和玻璃相（图 24-1）。

表 24-1　粉煤灰原料的化学成分分析结果　　w_B/%

样品号	SiO_2	TiO_2	Al_2O_3	Fe_2O_3	FeO	MnO	MgO	CaO	Na_2O	K_2O	P_2O_5	H_2O^+	H_2O^-	烧失
TKT02	37.81	1.64	48.50	1.79	0.48	0.01	0.31	3.62	0.15	0.36	0.15	3.89	0.45	1.06

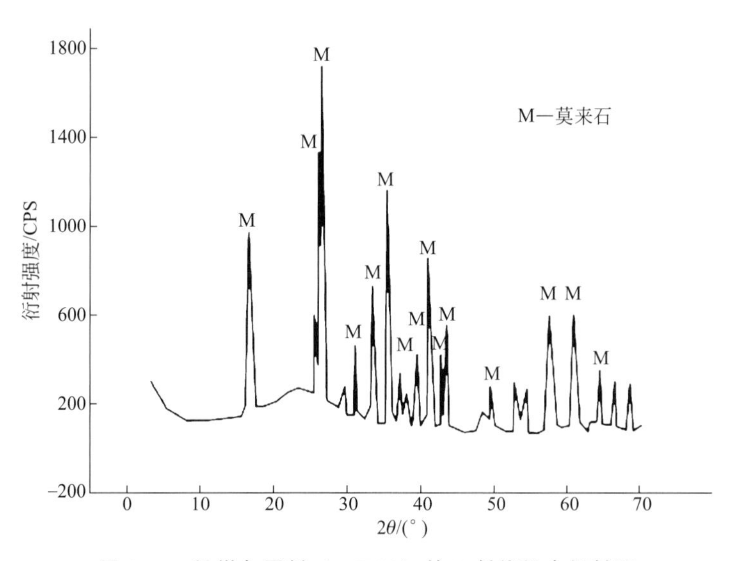

图 24-1　粉煤灰原料（TKT02）的 X 射线粉末衍射图

粉煤灰原料的扫描电镜照片见图 24-2。由图可见，其中大部分颗粒为球状玻璃体，球体直径在约 1～20μm 之间。玻璃球体的表面很光滑，同时存在少量莫来石晶体，呈针状或棒状生长，粉煤灰中的玻璃相和莫来石相并不是独立存在的。扫描电镜下观察，莫来石往往包含于玻璃相中（图 24-3）。此外，还存在外形不规则的玻璃体，其外表粘有很多玻璃小球。

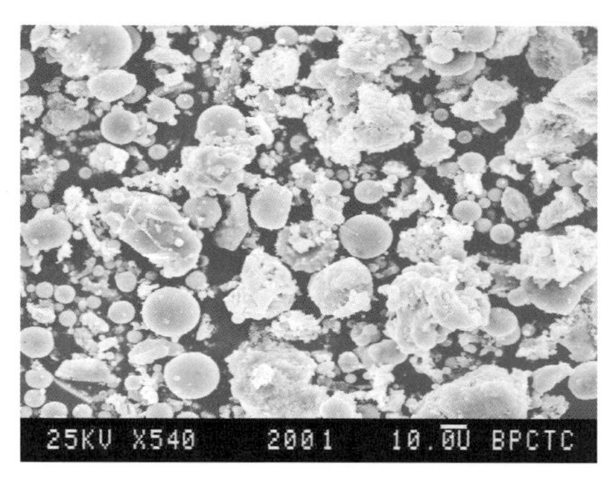

图 24-2 粉煤灰原料（TKT02）的扫描电镜照片

图 24-3 粉煤灰玻璃体中莫来石晶体的扫描电镜照片

采用机械法（振动磨）对粉煤灰原料进行预处理，目的是使原料的粒度减小，比表面积增加，同时在振动粉磨过程中，使原料矿物内部发生变化，如晶格中应力增加、能量降低，各种缺陷的增加等，从而更好地参与反应（李洪桂，2005）。沈旦申（1994）提出粉煤灰在混凝土中的作用有：①形态效应。粉煤灰中圆形、表面光滑、粒度较小、质地致密的颗粒促使水泥浆体需水量减小，保水性和均质性增强，改善了浆体的初始结构。多孔的粗颗粒粉煤灰和含碳量高的粉煤灰，以及组成中含大量石灰和石膏的粉煤灰则不具有形态效应。②水膜效应。粉煤灰中以酸性氧化物为主的玻璃体能与水泥水化所形成的 $Ca(OH)_2$ 发生反应，但氢氧化钙和粉煤灰颗粒之间存在 0.5～1μm 厚的水膜层，Ca^{2+} 通过扩散作用透过水膜层后，与粉煤灰颗粒反应生成水化产物，并在颗粒表面沉积出来，此后水膜层继续被填实，并与水泥水化产物连接，促进强度增长。③微集料效应。粉煤灰颗粒本身强度高，空心微珠的抗压强度可达 700MPa 以上，且粉煤灰表面生成的低钙 C-S-H 凝胶使界面黏结力增强，可明显增强水泥石的结构强度。

对预处理后的粉煤灰原料进行激光粒度分析，其粒度分布范围为 0.417～239.883μm，体积平均粒径为 32.754μm，比表面积为 1.15132m^2/g，粒度呈双峰式分布（图 24-4）。图 24-5 为预处理后粉煤灰原料的扫描电镜照片。

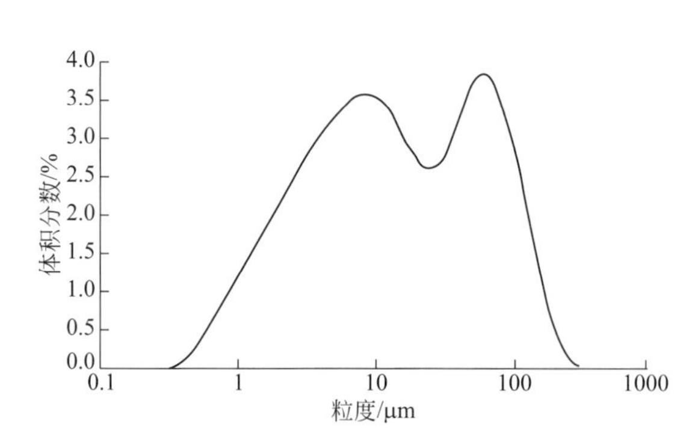

图 24-4 粉煤灰原料 TKT02 的粒度分布图

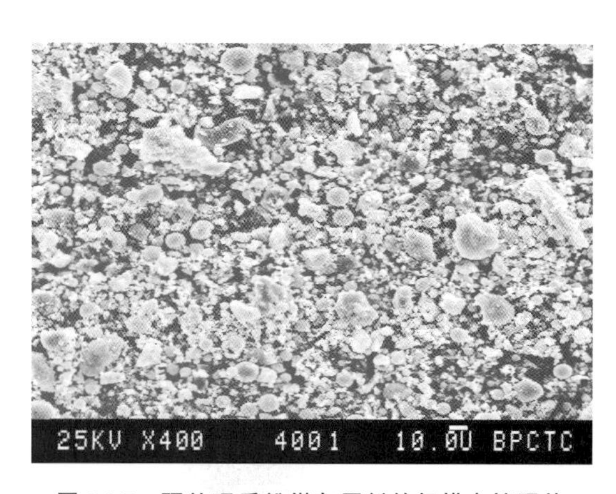

图 24-5 预处理后粉煤灰原料的扫描电镜照片

王晓钧等（2001）采用三甲基硅烷化-气相色谱技术研究了粉煤灰在各种机械研磨时，硅氧四面体［SiO_4］$^{4-}$结构的变化。在快湿条件（粉煤灰：氧化铝球：水＝1：2：1，温度18～20℃）下，研磨后［SiO_4］$^{4-}$单体含量增加。玻璃相含量高的粉煤灰在相同研磨条件下，单体的增加量更多。例如，某Ⅰ级粉煤灰未磨和快湿磨4h和18h，［SiO_4］$^{4-}$含量对应为1.94%、2.03%和2.85%。这种机械力的破键作用，使粉煤灰粒内的硅氧四面体结构产生分解，从聚合态向单体变化，伴随着内裂、缺陷、畸变等现象，使粉煤灰更容易参与反应。

24.2.2　偏高岭石

（1）化学成分

实验用高岭石是美国ENGELHARD公司生产的SATINTONE系列的偏高岭石。物理形态呈高度微粉化粉末，平均粒径0.8～2.0μm，在煅烧工艺过程中，热控制处理脱羟基，其性能得到了很大的改善。该偏高岭石的化学成分见表24-2。

表 24-2　偏高岭石的化学成分　　w_B/%

样品号	SiO_2	TiO_2	Al_2O_3	Fe_2O_3	MgO	CaO	Na_2O	K_2O
JY01	52～52.9	0.6～1.7	44.2～45.5	0.3～1.1	0.0～0.03	0.01～0.1	0.1～1.3	0.1～0.2

（2）晶体结构

偏高岭石是高岭石热处理过程的中间产物。图24-6是高岭石的晶体结构示意图，是由［SiO_4］$^{4-}$四面体层和［$Al(O,OH)_6$］八面体层构成的1：1型层状硅酸盐，其中［$Al(O,OH)_6$］八面体由Al^{3+}和2个O^{2-}、4个OH^-相连构成，Al^{3+}处于八面体的孔隙中，八面体中的O^{2-}起着桥氧作用连接着［SiO_4］$^{4-}$四面体层和［$Al(O,OH)_6$］八面体。因此，八面体结构单元可以写成［$AlO_2(OH)_4$］。

当高岭石受热至450～550℃以上就会发生脱水反应，从高岭石的晶体结构示意图可知，首先是结合力较弱的位于八面体外侧的表面羟基脱去，即脱去［$Al(O,OH)_6$］八面体结构单元中的1个羟基，形成五配位体，然后继续发生上述反应，形成四配位体，结构单元转变为［$AlO_2(OH)_2$］。图24-7为偏高岭石的基本结构单元示意图，图中数字表示Al^{3+}的配位数，实心圆表示羟基，偏高岭石中的羟基为内羟基（曹德光等，2005）。

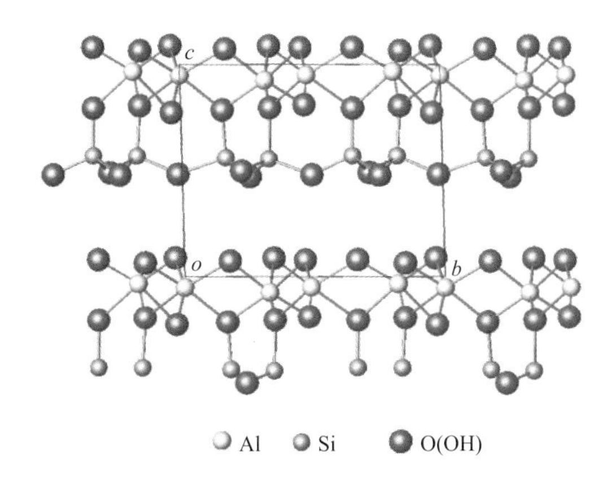

图 24-6　高岭石的晶体结构示意图

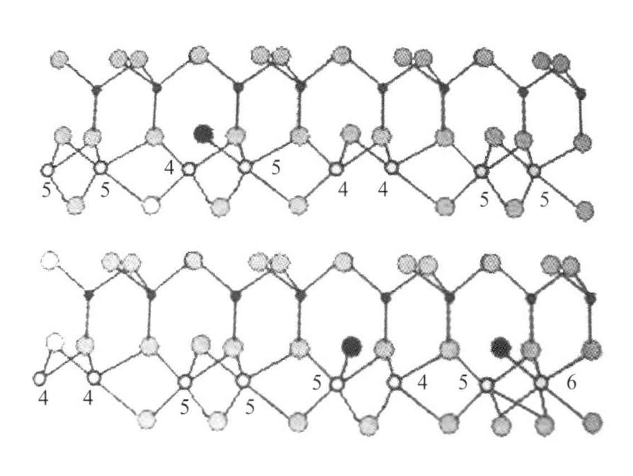

图 24-7　偏高岭石的基本结构单元示意图

从［$AlO_2(OH)_2$］的键合可见，四面体结构是不规则的，一个 Al^{3+} 连接了 2 个 O^{2-} 和 2 个 OH^-，即 2 个 Al—O 键的性质（键长、键角）是一样的，另两个与 OH^- 相连的 Al—O 键的性质是不同的。在稳定的［AlO_4］$^{5-}$ 四面体结构中，Al—O 键的键长是 0.178nm，但在偏高岭石结构中，有 2 种 Al—O 键长，一种是 0.184nm，另一种是 0.185nm。由于结构的转变，偏高岭石晶体结构中多面体的连接方式也相应地发生变化。刘长龄等（2001）利用广角 X 射线散射（WAXS）和由此得到的径向分布函数（RDF）研究了偏高岭石的结构，表明其结构中，近邻四面体与四面体、四面体与八面体是共顶连接，而近邻八面体与八面体是共面连接的。由鲍林规则可知，共面连接结构是不稳定的，八面体间总是尽可能以共顶、共棱的方式连接。因此，曹德光等（2004）、徐玲玲等（2005）认为，偏高岭石的结构符合 Brindley 等（1959）的结构模型，即脱水后的硅氧层排列没有变化，仍保持着高岭石的 *a*、*b* 轴，它们之间的面间距也保持不变，而具有羟基的［AlO_6］$^{9-}$ 八面体层由于脱水发生很大变化。Al^{3+} 由高岭石中的六次配位位置转变为偏高岭石中的四次配位位置，O^{2-} 则扩散移动重新配位，使 OH 层重叠的方向（*c* 轴方向）失去了原结构的周期性。

偏高岭石结构中铝氧八面体层的变化必然引起硅氧四面体层的变化，但［SiO_4］$^{4-}$ 四面体的结构单元不变，从 ^{29}Si MAS NMR 图谱可知，^{29}Si 的化学位移从 −91.1 逐渐变化到 −110.1，说明 Si—O 键的键长和键角等发生变化（徐玲玲等，2005）。

以上分析表明，高岭石受热转变为偏高岭石过程中，其晶体结构变化主要发生在［AlO_6］$^{9-}$ 八面体层，*c* 轴方向的层状结构被破坏，处于无序状态，而硅氧四面体层［SiO_4］$^{4-}$ 则基本保持不变。

（3）红外光谱分析

对比偏高岭石和高岭石的红外光谱图（图 24-8、图 24-9）可见，高岭石在 750cm^{-1} 处有特征吸收谱。这是由于 Si—O—Al 的非对称伸缩振动所致，其中 Al 以六次配位为主，反应能力低于偏高岭石（VC 法默，1982；方永浩，2003）；而偏高岭石在 750～830cm^{-1} 之间出现一特征谱，是因为其中有部分 Al^{3+} 以五次配位形式存在，形成 Si—O—Al 和 Al—O 键，使得偏高岭石的反应能力增强。两者的非对称伸缩振动相互叠加，导致这一特征谱加宽。

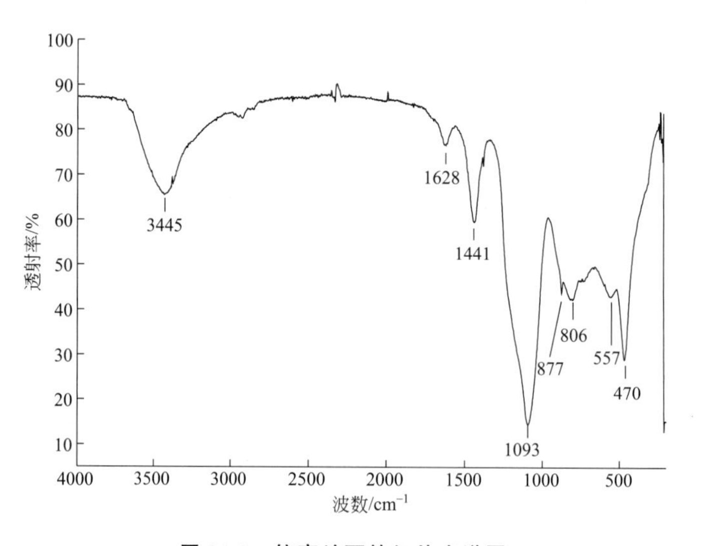

图 24-8 偏高岭石的红外光谱图

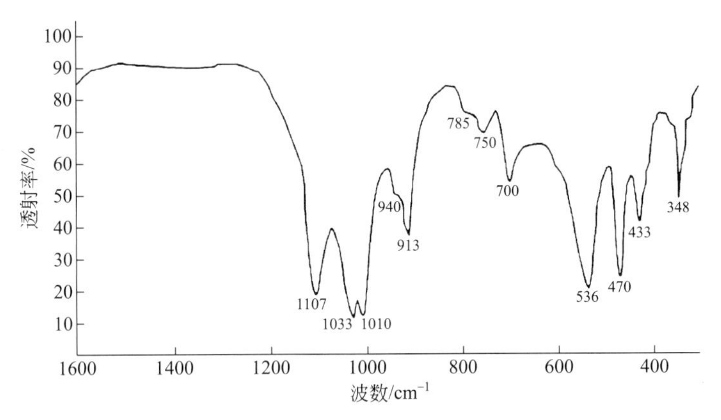

图 24-9　天然高岭石的红外光谱图
（据 VC 法默，1982）

（4）X 射线衍射分析

从偏高岭石的 X 射线粉末衍射图（图 24-10）可见，高岭石的特征衍射峰大部分已经消失，说明煅烧以后由于 OH^- 的脱出而使高岭石结构被破坏，形成偏高岭石（肖仪武等，2001）。煅烧后出现了莫来石和刚玉相，这是由于煅烧过程中出现了 Si、Al 分凝作用所致（魏存弟等，2005）。

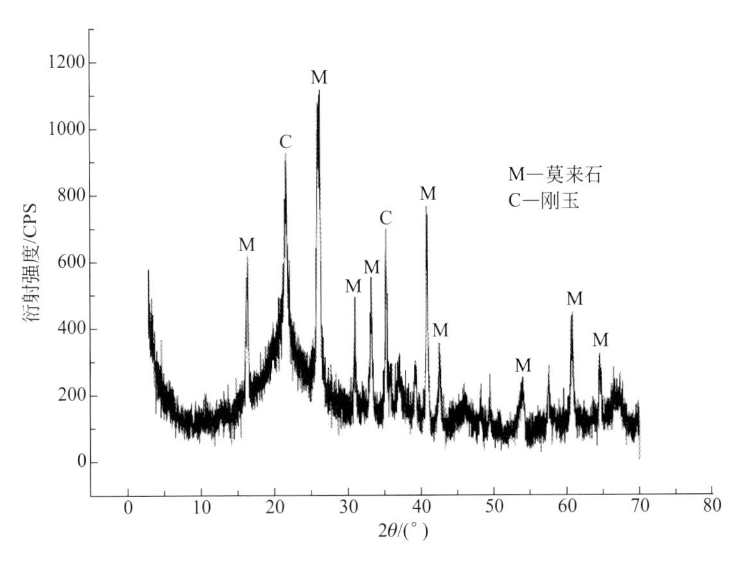

图 24-10　偏高岭石的 X 射线粉末衍射图

（5）偏高岭石与碱作用的结构变化

高岭石升温至约 500℃时，层间结构羟基的脱失及 $[AlO_6]^{9-}$ 八面体层的破坏与转变，使得 $[AlO_6]^{9-}$ 八面体层与 $[SiO_4]^{4-}$ 四面体层的键合方式发生变化，即层间的氢键作用基本消失，铝氧键处于高能量状态。因此，当偏高岭石与碱溶液混合时，层间高能态的 Al—O 首先在 OH^- 的作用下，电荷分布发生偏移，Al—O 键断裂。同时，结构中的 Si—O 键也发生类似的变化，导致偏高岭石的结构解体，形成类似玻璃体的无规则网络结构。伴随着断键解聚过程，不同聚合态的硅酸根、铝酸根和硅铝酸根重新聚合。

因此，制备矿物聚合材料时，加入偏高岭石，为材料反应体系引入了更多可溶性铝。同时，偏高岭石的组成基本上以络合硅酸铝形式结合在一起。这样，就无需破坏氧化物的键能形成单独的 Al^{3+}，然后再与硅酸基团络合，从而更利于铝硅酸盐聚合反应的进行。

24.2.3 水玻璃

实验用工业硅酸钠为北京市红星泡花碱厂生产的一等品液体工业硅酸钠。规格为：浓度 40°Bé、模数 3.1～3.4、SiO_2≥26.0%、Na_2O≥8.2%、密度（20℃）1.368～1.594g/cm^3、水不溶物含量≤0.40w_B%、TFe_2O_3≤0.05%。其外观呈无色透明或半透明的黏稠状液体，通用分子式：$Na_2O \cdot nSiO_2$。矿物聚合材料制备中添加水玻璃的目的是调节体系的 Na_2O/SiO_2 比，为反应提供碱性条件（马鸿文等，2002b）。

水玻璃是许多聚硅酸氢钠盐的混合溶液，其中硅酸根阴离子有单正硅酸、二硅酸、三硅酸、四硅酸、环四硅酸、立方八硅酸和立方八硅酸阴离子缩聚产物。Phair 等（2002）采用核磁共振的方法，研究了水玻璃中 Si 的聚合状态，表明其聚合度与 pH 值有关。水玻璃中主要存在 Q^2 和 Q^3 两种聚合度的阴离子（质量浓度＞80%）。当外加 NaOH 或 KOH 时，溶液的 pH 值升高，Q^2 和 Q^3 的比例降低，Q^0 和 Q^1 的比例增大；当溶液的 pH＝14 时，Q^0 和 Q^1 成为主要结构单元（质量浓度＞80%），Q^2 占有很小比例，Q^3 已不存在。即此时水玻璃溶液的聚合度很低，以单体硅和二聚硅为主（低聚硅酸根）。

由此可见，水玻璃不仅能够提供一定浓度的 OH^-，而且能够提供聚合反应所需的低聚硅酸根阴离子团。Lee 等（2002a）通过钠水玻璃-NaOH 溶液-粉煤灰的浸滤实验发现，可溶性硅的存在是发生铝硅酸盐聚合反应的前提。偏高岭石是可溶硅铝物质的主要提供者。高岭石或煤矸石原料的煅烧温度和时间不同，对其参与铝硅酸盐反应的程度具有重要影响。当水玻璃溶液的 pH 值为 14 时，Si^{4+} 主要以单体或二聚物形式存在，通过聚合反应可形成多聚体，进而生成矿物聚合材料，有利于制备出性能优良的矿物聚合材料制品。

24.2.4 氢氧化钠

实验所用氢氧化钠为分析纯，含量不少于 96.0%，由北京北化精细化学品有限责任公司生产。在制备矿物聚合材料时，采用由氢氧化钠试剂配制的浓度为 10mol/L 的高浓度氢氧化钠溶液。NaOH 强碱溶液的加入有助于粉煤灰玻璃体的结构解体并参与反应，生成类沸石相产物（李东旭等，2005）。

24.2.5 标准砂

实验用标准砂是由厦门艾思欧标准砂有限公司生产，由中国建筑材料科学研究院监制的中国 ISO 标准砂。中国 ISO 标准砂是全国检验水泥强度用的法定基准材料，是满足水泥生产、工程建设、科学研究和质量监督需要的国家专营专控的战略物资。

中国 ISO 标准砂的有关技术指标见表 24-3 和表 24-4。

表 24-3　中国 ISO 标准砂的粒度规格与国际标准对比

ISO 679:1989 En196-1		中国 ISO 标准砂	
粒度规格		粒度规格	
粒度/μm	通过/%	粒度/μm	通过/%
2000	0	2000	0
1600	7±5	1600	7±4
1000	33±5	1000	33±4
500	67±5	500	67±4
160	87±5	160	87±4
80	99±1	80	99±1

表 24-4　中国 ISO 标准砂理化指标　　%

二氧化硅	烧失量	湿含量	氯离子含量	漂浮物
>98.0	<0.40	<0.18	<0.007	<0.001

24.3　矿物聚合材料制备

24.3.1　实验流程

实验中以粉煤灰、偏高岭石、标准砂为固相原料，以硅酸钠、氢氧化钠为液相原料，制备矿物聚合材料。实验流程如图 24-11 所示。

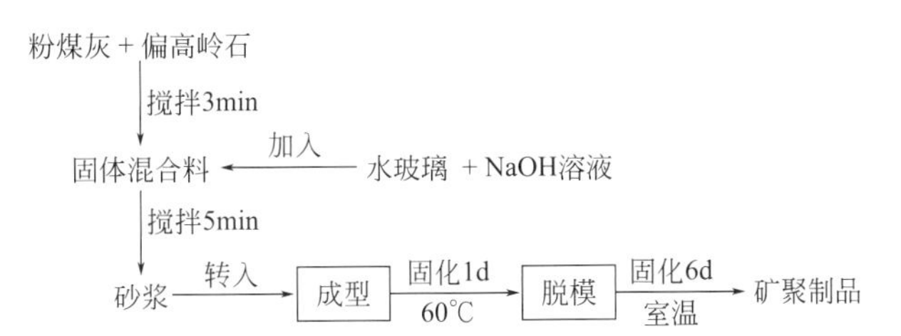

图 24-11　粉煤灰制备矿物聚合材料实验流程图

按照正交实验方案，分别称取一定比例的粉煤灰、偏高岭石和标准砂，置于混料器中搅拌混合 5min。再分别取一定比例的氢氧化钠溶液和水玻璃，混合后搅拌 3min，得碱硅酸盐混合溶液。将混合溶液加入装有固体物料的容器中，搅拌 5min 得混合砂浆，然后装入 ISO 水泥胶砂三联模具（40mm ×40mm ×160mm）振动成型。在 30～80℃下养护 1d，脱模后再在室温下静置 6d，固化后即得制品。

24.3.2　正交实验

第一轮正交实验结果如表 24-5 和表 24-6 所示，最后一栏表示制品的 7d 抗压强度。其中，MK 表示偏高岭石，FA 表示粉煤灰，SF 表示标准砂，L 表示液相原料，T_{MK}表示高岭石的煅烧温度，G_{FA}表示粉煤灰的粒度，T 表示粉煤灰粒度<250 目，M 表示粉煤灰粒度介

于200目和250目之间，C表示粉煤灰粒度>250目（下同）。在此基础上，设计了第二轮正交实验，其结果如表24-7所示。

表24-5　制备矿物聚合材料第一轮正交实验结果

样品号	MK/固相质量比	SF/固相质量比	水玻璃/L质量比	(MK+FA)/L质量比	T_{MK}/℃	G_{FA}	7d抗压强度/MPa
G1-1	30	50	60	1.8	620	T	46.6
G1-2	30	50	60	2.0	670	M	45.8
G1-3	30	50	60	2.2	720	C	39.3
G1-4	30	60	70	1.8	620	M	47.9
G1-5	30	60	70	2.0	670	C	13.6
G1-6	30	60	70	2.2	720	T	4.0
G1-7	30	70	80	1.8	620	C	28.9
G1-8	30	70	80	2.0	670	T	29.2
G1-9	30	70	80	2.2	720	M	16.0
G1-10	40	50	70	1.8	720	C	44.2
G1-11	40	50	70	2.0	620	T	1.3
G1-12	40	50	70	1.8	670	M	46.3
G1-13	40	60	80	2.0	720	T	1.8
G1-14	40	60	80	2.2	620	M	0.3
G1-15	40	60	80	1.8	670	C	6.2
G1-16	40	70	60	2.0	720	M	44.2
G1-17	40	70	60	2.2	620	C	7.1
G1-18	40	70	60	1.8	670	T	43.7
G1-19	50	50	80	2.2	670	M	1.1
G1-20	50	50	80	1.8	720	C	7.3
G1-21	50	50	80	2.0	620	T	1.4
G1-22	50	60	60	2.2	670	C	0.6
G1-23	50	60	60	1.8	720	T	40.4
G1-24	50	60	60	2.0	620	M	29.9
G1-25	50	70	70	2.2	670	T	0.9
G1-26	50	70	70	1.8	720	M	44.7
G1-27	50	70	70	2.0	620	C	13.3

表24-6　第一轮正交实验结果分析

项目	MK/(MK+FA)	SF/固相	Na_2SiO_3/L	(MK+FA)/L	T_{MK}	G_{FA}
K_{1j}	30.1	25.1	30.1	39.6	19.6	18.8
K_{2j}	21.7	16.1	24.0	20.1	20.8	27.3
K_{3j}	15.5	25.3	10.2	7.7	26.9	17.8
R_j	14.6	9.2	19.9	31.9	7.3	9.5

注：K_{ij}表示第j列因素第i水平实验结果之和；R_j表示第j列因素对应最大与最小值之差。

表 24-7　制备矿物聚合材料第二轮正交实验结果

样品号	MK/(MK+FA) 质量比	SF/固相 质量比	水玻璃/L 质量比	(MK+FA)/L 质量比	7d 抗压强度 /MPa
G2-1	15	10	40	1.6	25.7
G2-2	15	40	50	1.7	56.9
G2-3	15	70	60	1.8	48.5
G2-4	25	10	50	1.8	27.6
G2-5	25	40	60	1.6	19.6
G2-6	25	70	40	1.7	39.5
G2-7	35	10	60	1.7	30.4
G2-8	35	40	40	1.8	22.8
G2-9	35	70	50	1.6	34.5

实验主要研究了粉煤灰、偏高岭石、标准砂等固相原料分别占固相原料比例，氢氧化钠溶液、硅酸钠等液相原料分别占液相原料的比例，固液比，偏高岭石的煅烧温度，粉煤灰粒度等因素对实验结果的影响。在正交实验基础上，以抗压强度为指标，通过实验结果分析（表 24-6），得出各因素对制品抗压强度影响由大到小依次为：R（固液比）>R（硅酸钠占液相比例）>R（偏高岭石占固相比例）>R（粉煤灰粒度）>R（标准砂占固相比例）>R（高岭石煅烧温度）。结合正交实验结果分析，确定优化实验条件。

24.3.3　单因素实验

单因素实验主要研究粉煤灰占固相比例、偏高岭石占固相比例、标准砂占固相比例、固液比、氢氧化钠占液相比例、固化温度等因素对材料制品 7d 抗压强度的影响。

（1）粉煤灰用量

设定固液比为 2、硅酸钠占液相 60%、标准砂占固相 70%、固化温度为 60℃，粉煤灰/(偏高岭石＋粉煤灰）比例［FA/(MK＋FA)］分别为 0%、5%、15%、25%、35%、45%、55%、65%、75%、85%、95%、100%，实验结果见表 24-8。由表可见，当 FA/(MK+FA)≥85%时，制品的抗压强度明显提高。Ikeda 等（2005）提出，根据原料不同，矿物聚合材料的制备有两种途径：一种是以偏高岭石为基础原料，另一种是以粉煤灰为主要原料。表 24-8 中实验数据表明，单独使用粉煤灰，所得制品性能比单独使用偏高岭石时的性能要好。这是由于粉煤灰中含有大量玻璃体，在参与反应的同时，起到部分骨料的作用。

表 24-8　粉煤灰用量对矿物聚合材料制品性能的影响

FA/(MK+FA)/%	0	5	15	25	35	45
抗压强度/MPa	7.49	5.12	8.91	10.6	16.17	6.65
FA/(MK+FA)/%	55	65	75	85	95	100
抗压强度/MPa	20.59	27.69	36.21	46.74	52.57	58.32

（2）标准砂用量

设定固液比为 2、硅酸钠占液相 60%、FA/(MK+FA）为 15%、温度为 60℃，标准砂占固相的比例分别为 0%、10%、20%、30%、40%、50%、60%、70%、80%、90%，实验结果如表 24-9 所示。

表 24-9 标准砂用量对矿物聚合材料制品性能的影响

标准砂占固相比例/%	0	10	20	30	40
抗压强度/MPa	36.46	28.30	28.10	30.62	34.54
标准砂占固相比例/%	50	60	70	80	90
抗压强度/MPa	31.34	49.01	51.53	47.58	6.61

从表 24-9 中的数据可知，在其他条件相同的条件下，标准砂用量占固相 70%时，制品的强度最高。在材料组成一定的条件下，材料的结构决定其性能。标准砂在矿物聚合材料制品中为骨料，当标准砂用量 70%时，材料中的颗粒堆积比较致密。

（3）氢氧化钠用量

设定固液比为 2、FA/(MK+FA) 为 15%，标准砂占固相 70%、温度为 60℃，氢氧化钠占液相的比例分别为 0%、10%、20%、30%、40%、50%、60%、70%、80%、90%，实验结果见表 24-10。

表 24-10 氢氧化钠用量对矿物聚合材料制品性能的影响

氢氧化钠占液相比例/%	0	10	20	30	40	50
抗压强度/MPa	36.75	27.91	39.39	39.00	43.08	35.74
氢氧化钠占液相比例/%	60	70	80	90	100	
抗压强度/MPa	32.18	24.37	24.52	24.02	30.29	

由表 24-10 可见，随着氢氧化钠占液相比例的增大，制品的抗压强度变化无明显的规律性，但利用纯水玻璃比利用纯氢氧化钠溶液的制品性能要好。这可能是由于硅酸钠在反应中生成了较多低聚合体的缘故（Xu et al，2000）。对于不同浓度的氢氧化钠，前期研究（李如臣，2006）表明，随着氢氧化钠溶液浓度从 1mol/L 增大至 5mol/L、10mol/L，相应地制品的抗压强度也在增加。Bakharev（2005）分别用浓度 2%、4%、6%、8%的氢氧化钠溶液与粉煤灰作用，发现当溶液浓度为 8%时，所得制品的强度明显高于氢氧化钠溶液浓度为 2%、4%、6%时所得制品的强度。

水玻璃溶液结构受溶液中各组分浓度的影响。研究表明，同一浓度和模数的水玻璃中，多种聚合度硅氧四面体基团同时存在，且水玻璃的加入量存在一个最佳加入量（曹德光等，2005）。本项研究在前期实验基础上，选择硅酸钠的用量占液相 60%。

（4）固液比

设定 FA/(MK+FA) 为 15%、标准砂占固相 70%、氢氧化钠占液相 40%、温度为 60℃，固液比分别为 1.7、1.8、1.9、2.0、2.1、2.2、2.3，实验结果如表 24-11 所示。由表可知，当 (MK+FA)/L（L 表示液相）的质量比为 2.0 时，所得制品的强度最高。当该比值小于 2.0 时，砂浆在成型过程中出现分层现象；而该比值大于 2.0 时，所得砂浆呈湿粉，导致反应不充分。

表 24-11 固液比对矿物聚合材料制品性能的影响

固液比/%	1.7	1.8	1.9	2.0	2.1	2.2	2.3
抗压强度/MPa	26.19	20.67	21.15	56.80	48.73	44.98	40.43

对于非牛顿流体，其结构黏度 η 与剪切速率 D 间存在如下关系：$\eta \propto D^{n-1}$。式中，n 是描述一定剪切速率范围内液体的流体力学性质的参数，当 $n=1$ 时，溶液表现为牛顿流体；当 $n<1$ 时，η 随 D 增大而减小，溶液表现为假塑性流体的特性；当 $n>1$ 时，η 随 D 增大而增大，溶液表现为膨胀型流体的特性（沈崇棠等，1989）。从砂浆的黏度来看，其结构黏度 η 随浆体的浓度 C 的增加而增大，其间有一个临界浓度 C_K，在此值以下，结构黏度增长缓慢，超过此值，结构黏度急剧增大（刘文永，1997）。矿物聚合材料制备过程中，当固液比大于 2.0 时，固相相对较多，砂浆比例较小；当固液比小于 2.0 时，液相相对较多，砂浆的浓度也相应降低，从而直接影响制品的性能。

（5）固化温度

设定固液比为 2、FA/(MK＋FA) 为 15%，标准砂占固相 70%、氢氧化钠占液相 40%，材料固化温度分别为 20℃、30℃、40℃、50℃、60℃、70℃、80℃、90℃、100℃，实验结果如表 24-12 所示。从表中可见，随着固化温度的升高，制品的 7d 抗压强度变化规律不明显，特别是固化温度在 60℃以上的制品。在体系组成相同的条件下，随着材料固化温度的升高，相应地化学反应速率加快，原料中的 Si—O 键和 Al—O 键发生断裂的概率更大，但材料制品的 7d 抗压强度并未显著增大。

表 24-12　固化温度对矿物聚合材料制品性能的影响

固化温度/℃	20	30	40	50	60	70	80	90	100
7d 抗压强度/MPa	21.5	28.9	34.2	32.7	42.8	55.2	45.5	52.2	50.3

24.4　材料制品性能表征

矿物聚合材料制品的性能主要包括材料的显微结构和各种理化性能、热稳定性以及制品基体相中 Si、Al 离子的配位状态等。

24.4.1　微观结构

对采用实验配方 G2-3 制备的材料制品进行扫描电镜和偏光显微镜观察。图 24-12 为不同固化时间所得制品的扫描电镜照片。从中可见，制品中基体相将粉煤灰颗粒和石英颗粒很好地胶结在一起，制品质地致密。从图 24-12（f）中可见，粉煤灰玻璃珠表面发生反应，覆盖了一层反应产物。

在矿物聚合材料制品的偏光显微镜照片中（图 24-13），浅色部分为粉煤灰和石英颗粒，圆球状为粉煤灰中的玻璃珠，深色部分（基体相）呈填隙状充填于粉煤灰和石英颗粒之间。由图可见，基体相将粉煤灰和石英颗粒很好地黏结在一起，进一步放大可见，石英颗粒边缘不光滑或不平直，说明颗粒表面参与了反应，被溶蚀而变得凹凸不平。在单偏光显微照片中可见基体相的颜色不均匀。电子探针分析结果显示，基体相中深色部分的 Al_2O_3 含量较低，而浅色部分的 Al_2O_3 含量相对较高（图 24-14，表 24-13）。

材料的性能取决于其结构和组成。在组成一定的条件下，要使材料的强度提高，必须使基体相均匀分布，并在固化过程中与粉煤灰玻璃体和石英颗粒表面形成新的化学键。

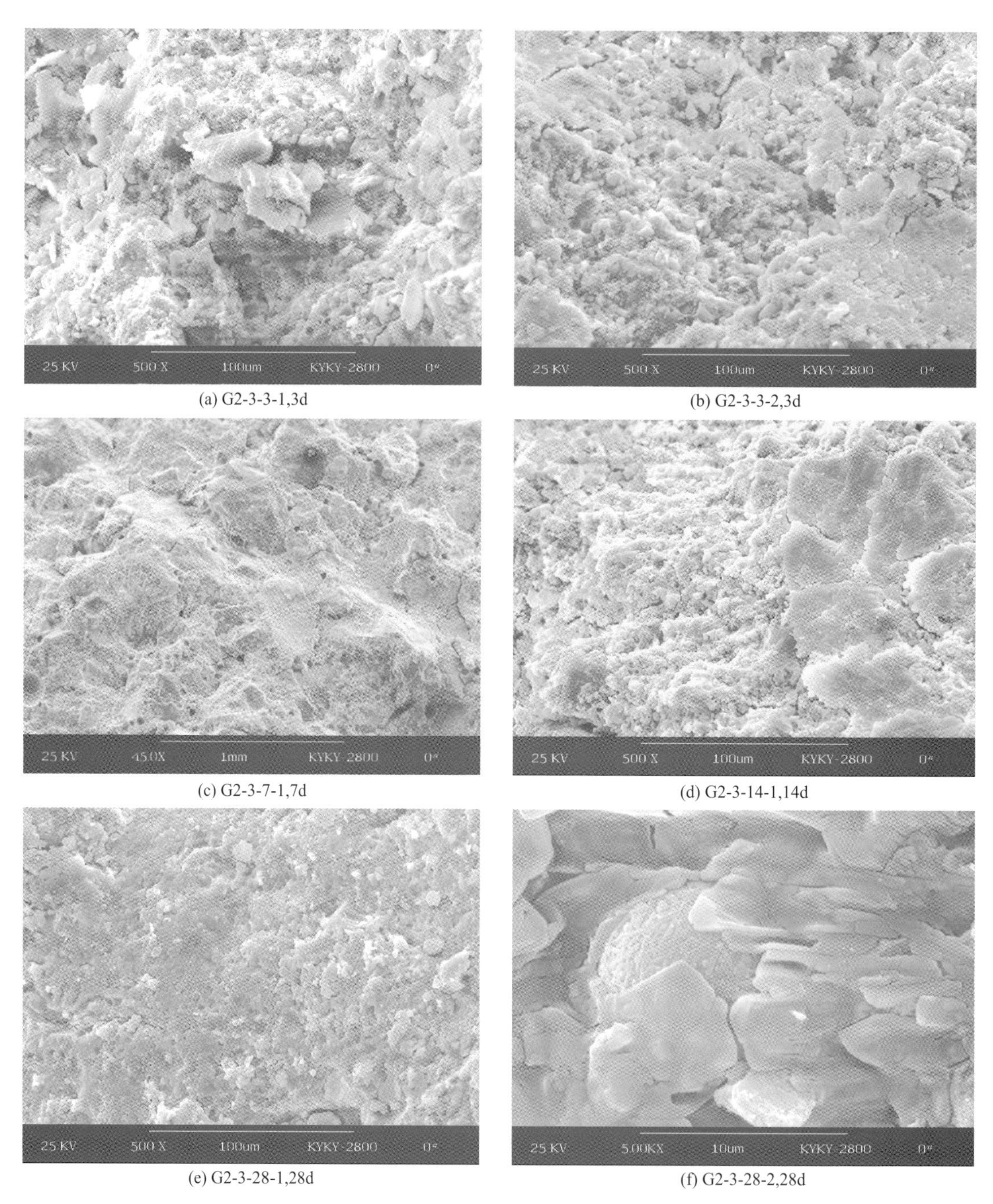

(a) G2-3-3-1,3d

(b) G2-3-3-2,3d

(c) G2-3-7-1,7d

(d) G2-3-14-1,14d

(e) G2-3-28-1,28d

(f) G2-3-28-2,28d

图 24-12 矿物聚合材料制品的扫描电镜照片

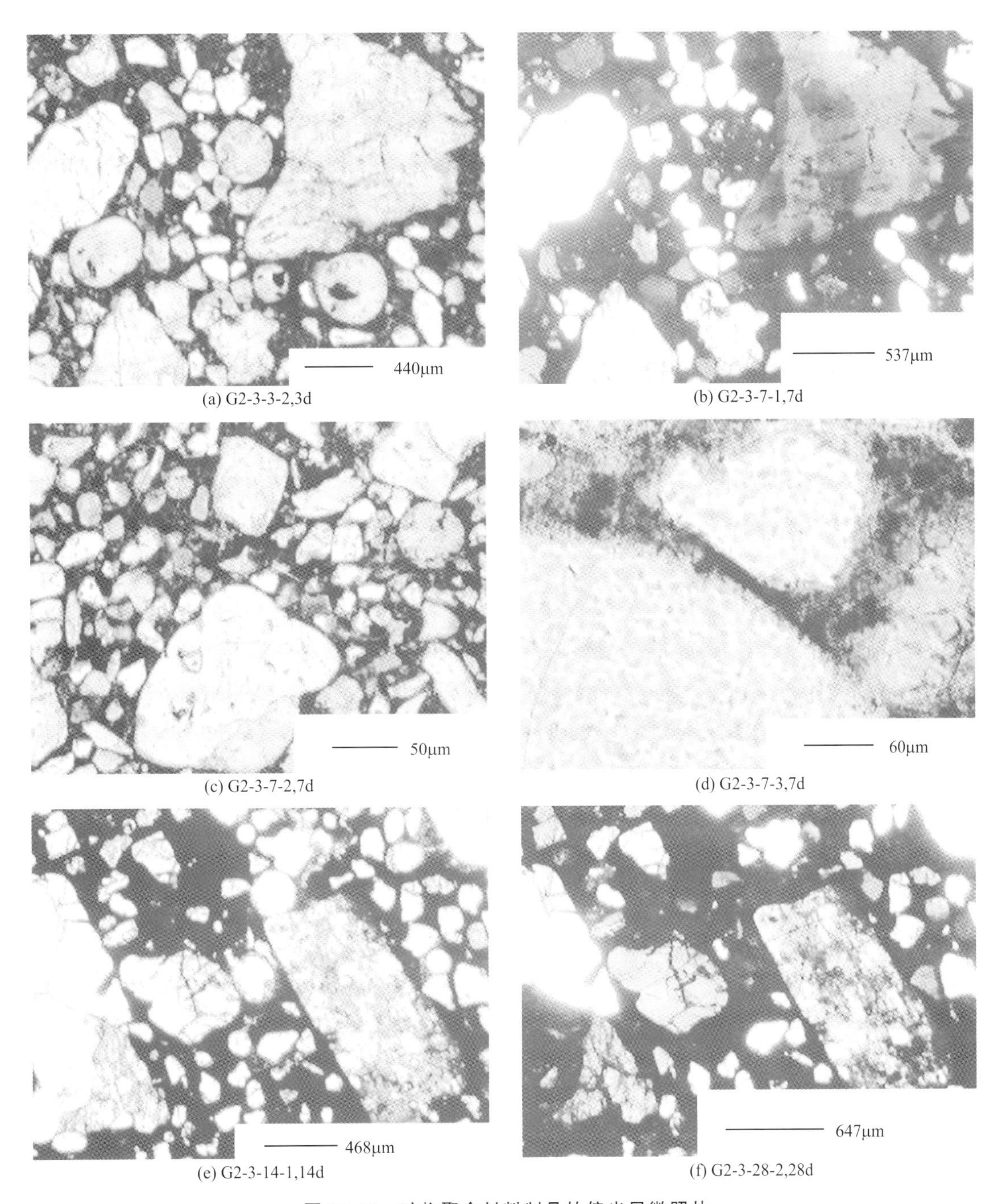

(a) G2-3-3-2,3d　(b) G2-3-7-1,7d

(c) G2-3-7-2,7d　(d) G2-3-7-3,7d

(e) G2-3-14-1,14d　(f) G2-3-28-2,28d

图 24-13　矿物聚合材料制品的偏光显微照片

图中浅色部分为粉煤灰和石英颗粒，圆球状为粉煤灰玻璃珠，深色部分为基体相，呈填隙状充填于粉煤灰和石英颗粒之间

24.4.2 基体相化学成分

采用 EPMA-1600 型电子探针分析仪，以电子束直径 1μm 对制品基体相的化学成分进行分析。在背散射二次电子图像（图 24-14）中，可见基体相成分不均匀，是由于粉煤灰原料成分不均匀之故。李贺香（2005）对粉煤灰的分析结果表明，其中硅铝组分分布不均匀。当粉煤灰颗粒在碱性条件下发生反应时，由于硅铝组分富集于不同物相中，在硅铝组分逐渐溶出时，产生部分区域富集，从而导致基体相成分不均匀。

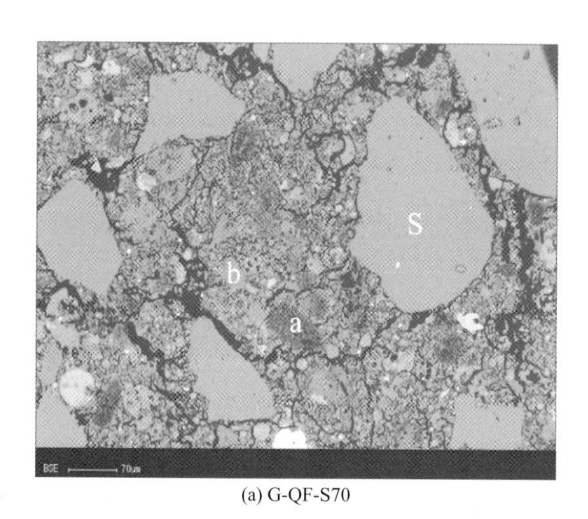

(a) G-QF-S70

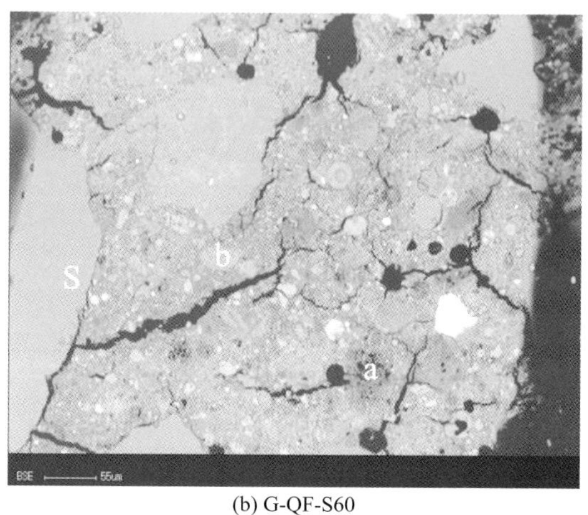

(b) G-QF-S60

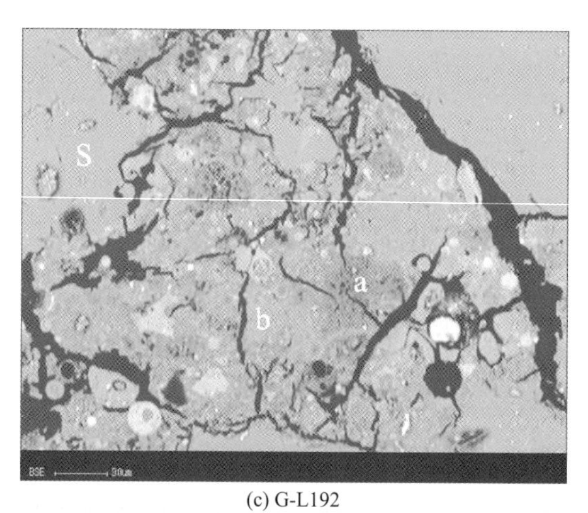

(c) G-L192

图 24-14 矿物聚合材料制品背散射电子图像

S—石英砂；深色部分 a—Al_2O_3 含量较低的基体相；浅色部分 b—Al_2O_3 含量较高的基体相

将不同固化时间的材料制品磨制光薄片，观察其微观结构，同时对基体相进行电子探针微区成分分析，结果见表 24-13。代表性微区成分分析照片见图 24-14，可见矿物聚合材料制品的结构非常复杂。且基体相中存在局部水含量高低（图中 a、b 处）差异现象。图 24-14（b）、（c）中含有裂纹和孔洞，孔洞系由砂浆成型过程中的气泡未完全排除所致。

表 24-13　矿物聚合材料基体相化学成分电子探针分析结果　$w_B/\%$

样品号	SiO_2	TiO_2	Al_2O_3	TFeO	MnO	CaO	Na_2O	K_2O	总量
G3	34.80	0.15*	42.45	0.13*	—	0.72	1.69	0.13*	80.40
	30.09	0.32	41.05	0.0*	—	0.54	2.87	0.06*	74.93
	30.77	0.19*	34.32	0.43*	—	0.92	2.27	0.04*	68.94
G7	38.94	0.22*	35.30	0.47	0.15*	1.83	2.71	0.11*	79.72
	34.40	0.28*	37.90	0.18*	—	1.07	3.12	0.27	77.25
	35.87	0.35	23.85	0.26*	0.14*	1.63	1.57	0.01*	63.69
G14	45.16	0.74	41.46	0.69	—	1.17	2.00	0.35	91.76
	40.38	0.60	49.80	0.67	—	0.59	1.90	0.19	94.45
	38.68	1.70	44.34	1.55	—	1.28	0.05*	1.77	89.61
G28	31.63	0.49	45.72	0.37	—	1.19	3.48	0.23	83.12
	45.66	0.41	30.45	0.97	—	1.42	2.87	0.44	82.41
	34.46	—	43.75	0.32*	—	0.98	3.04	0.52	83.07

注：* 数据离散性较大。

24.4.3　理化性能

采用优化实验配方制备矿物聚合材料，对其抗压强度、抗折强度、耐硫酸和盐酸腐蚀性（与盾石牌 425R 水泥胶砂制品对比）、吸水率、含水率、线收缩率等理化性能进行测定。

（1）抗压强度

材料强度是指材料在外力（载荷）作用下抵抗破坏的能力。当材料承受外力作用时，材料内部之间产生相互作用力，称为内力，单位面积上的内力称为应力。随着外力的逐渐增加，应力也相应增大。当应力增大至超过该材料本身所能承受的极限时，材料即被破坏。

实验测定所得强度为材料的实际强度，计算公式如下：

$$\sigma = F/A \tag{24-1}$$

式中，σ 为材料的抗压强度，Pa；F 为材料受压时的载荷，N；A 为材料的受力面积，m^2。

实验测定了不同固化时间所得制品的抗压强度，并与普通硅酸盐水泥胶砂制品进行对比，结果见表 24-14。表中 G3、G7、G14、G28 分别表示固化时间为 3d、7d、14d、28d 的材料制品，其实验方案相同，即 MK/(MK+FA)=15%，标准砂/固相=40%，水玻璃/液相=50%，(MK+FA)/液相=1.7；C3、C7、C14、C28 分别表示养护 3d、7d、14d、28d 的水泥胶砂制品。表中所列抗压强度均为 5 个制品的平均值；水泥胶砂原料为 425R 盾石牌水泥，制备条件按 ISO 679：1989 进行。

表 24-14　矿物聚合材料与水泥胶砂制品的抗压强度对比

样品号	G3	G7	G14	G28	C3	C7	C14	C28
抗压强度/MPa	36.15	41.39	46.29	64.29	19.23	28.21	35.88	56.96

实验测定，采用优化配方制备的矿物聚合材料制品，其 7d 抗压强度为 41.39MPa，比前人采用同类方法所制材料的强度高 10～20MPa（Van Jaarsveld et al，2003；Xu et al，

2000）。矿物聚合材料制品与水泥胶砂制品的抗压强度都随固化时间延长而升高，且前者的抗压强度显著高于后者。

（2）抗折强度

将试样一个侧面置于试验机支撑圆柱上，试体长轴垂直于支撑圆柱，通过加荷圆柱以50N/s±10N/s 的速率均匀地将荷载垂直地加在棱柱体相对侧面上，直至折断。抗折强度 R_f（单位：MPa）按下式进行计算：

$$R_f = \frac{1.5F_f L}{b^3} \tag{24-2}$$

式中，F_f为折断时施加于棱柱体中部的荷载，N；L 为支撑圆柱之间的距离，mm；b 为棱柱体正方形截面的边长，mm。

抗折强度按照水泥胶砂抗折强度试验方法测定。实验测定了不同固化时间矿物聚合材料制品的抗折强度，并与普通硅酸盐水泥胶砂制品进行对比，结果见表 24-15。从表中可见，矿物聚合材料制品和水泥胶砂制品的抗折强度随时间的变化不明显，但前者的抗折强度高于后者。

表 24-15　矿物聚合材料与水泥胶砂制品的抗折强度对比

样品号	G3	G7	G14	G28	C3	C7	C14	C28
抗折强度/MPa	5.06	3.30	5.67	4.62	2.15	3.75	4.35	4.55

（3）耐酸性

将不同固化时间的矿物聚合材料制品，分别在浓度 0.5mol/L 的硫酸和 1.35mol/L 的盐酸溶液中浸泡 25d，在室温下测定制品在浸泡前后的质量，以质量损失率来表示制品的耐酸性，同时与普通硅酸盐水泥胶砂制品进行对比，结果见表 24-16。

表 24-16　矿物聚合材料与水泥胶砂制品的耐酸性对比

样品号		G3	G7	G14	G28	C3	C7	C14	C28
耐酸性/%	0.5mol/L 硫酸	3.55	4.12	3.85	3.33	32.83	32.17	31.17	37.2
	1.35mol/L 盐酸	5.44	5.62	4.77	4.97	19.56	19.56	17.24	10.97

对比二者的耐酸性测定结果可知，矿物聚合材料的耐酸性比水泥胶砂制品的耐酸性要好得多，特别是在 0.5mol/L 硫酸中浸泡 25d 后，前者质量损失仅约为后者的 1/10。矿物聚合材料 7d 制品分别在 0.5mol/L 硫酸和 1.35mol/L 盐酸中浸泡 25d 后，其质量损失率分别仅为 4.12% 和 5.62%，而水泥胶砂的 7d 制品，相应的质量损失率分别高达 32.17% 和 19.56%。这是由于矿物聚合材料制品的 CaO 含量很低（粉煤灰原料，3.62%），而普通硅酸盐水泥熟料水化后生成大量 $Ca(OH)_2$，与 SO_4^{2-} 反应生成石膏，或与盐酸反应而生成氯化钙，从而使制品的质量急剧减小，导致耐酸性显著降低。

（4）体积密度、吸水率、含水率、线收缩率

矿物聚合材料制品的密度、吸水率、含水率、线收缩率的测定结果见表 24-17。与水泥胶砂制品相对比，矿物聚合材料制品的含水率、吸水率与其相当。

表 24-17　矿物聚合材料制品的密度、吸水率、含水率、线收缩率测定结果

样品号	密度/(kg/m³)	含水率/%	吸水率/%	线收缩率/%
G3	2.07	1.286	6.180	0.251
G7	2.09	2.795	6.125	0.100
G14	2.11	1.970	5.195	0.017
G28	2.12	2.380	6.070	0.134
C3	2.10	1.510	6.605	0.367
C7	2.12	2.410	7.110	0.167
C14	2.45	1.260	7.250	0.384
C28	2.07	1.400	7.110	0.702

(5) 热稳定性

矿物聚合材料的热稳定性是估计其结晶度、耐高温性能，决定其工业应用温度范围的重要依据。采用 LCP-1 型差热仪对采用优化配方制备的矿物聚合材料样品的热稳定性进行测定，升温范围由室温至 1200℃，升温速率 10℃/min，结果见图 24-15 和图 24-16。

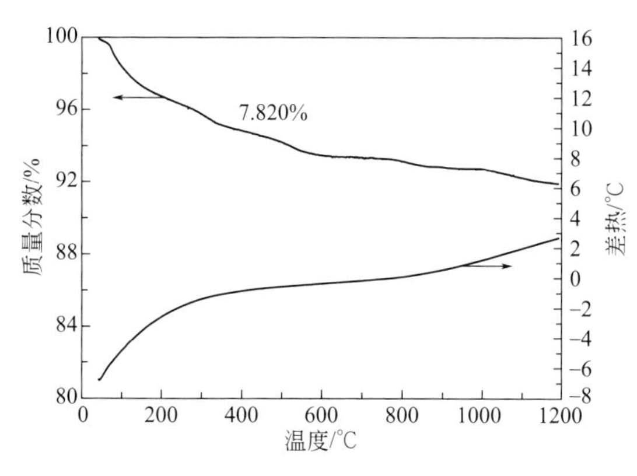

图 24-15　制品 G2-2 的差热热重图谱

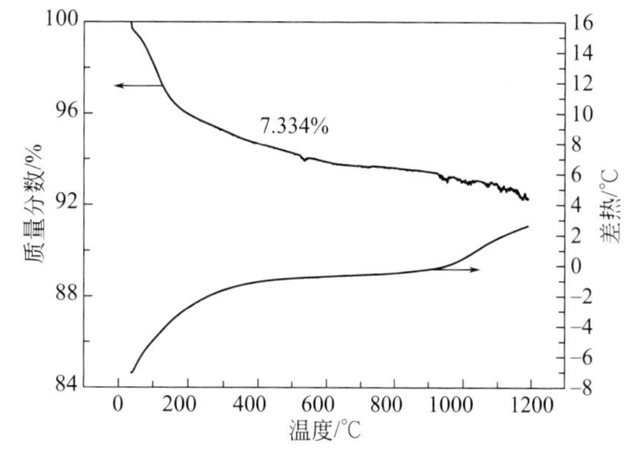

图 24-16　制品 G2-3 的差热热重图谱

由图可见，从室温至 200℃的 TG 曲线显示，两个代表性试样 G2-2 和 G2-3 的质量损失率分别为 4.92% 和 4.31%；从 200℃ 到 400℃，两个制品的质量损失率分别为 2.90%、3.02%。200℃以下的质量损失系由制品中的残余水分蒸发所致。差热曲线显示，在 400～1200℃温区没有明显的热效应峰谷出现，说明材料未发生新物相生成或分解等变化，表明矿物聚合材料制品具有良好的耐高温性能。

24.5　铝硅酸盐聚合反应机理

用于反应机理研究的试样，制备配方同制品 G2-3。

24.5.1　偏高岭石结构变化

以偏高岭石为原料，在优化条件下制得矿物聚合材料制品，对不同固化时间的制品进行结构性能表征，以探究偏高岭石在材料固化过程中的反应机理。

（1）微观结构

采用JSM-35C型扫描电镜，观察矿物聚合材料制品的微观结构。由图24-17（a）可见，偏高岭石原料的颗粒形态大致呈层片状，系由高岭石脱水时，$[AlO_6]^{9-}$八面体层结构被破坏，而$[SiO_4]^{4-}$四面体层则基本仍保持原有层状结构特征。偏高岭石的结构与煅烧温度有关，层片状特征可保持至900℃；950℃以上其颗粒形态向致密浑圆状转变（曹德光等，2004）。矿物聚合材料制品中生成基体相，特别是在7d［图24-17（c）］和14d［图24-17（d）］实验制品中，偏高岭石颗粒被液相所溶解。在28d［图24-17（e）］制品中，仍可见层片状物相，可能系偏高岭石相不均匀分布所致。

(a) 偏高岭石JY01

(b) KG2-3-3,3d

(c) KG2-3-7,7d

(d) KG2-3-14,14d

(e) KG2-3-28,28d

图24-17 偏高岭石原料和矿物聚合材料制品的扫描电镜照片

（2）红外光谱

采用PE983G红外光谱仪对粉煤灰原料和实验制品进行红外光谱分析，分辨率为$3cm^{-1}$。分析条件：温度27℃，湿度68%，电压220～240V，频率56～60Hz。压片条件：m(样品)=1.3mg，m(KBr)=200mg。

高岭石类矿物的红外吸收光谱，波数$3700cm^{-1}$、$3670cm^{-1}$、$3650cm^{-1}$的吸收由八面体表面羟基（或称外部羟基）的伸缩振动引起，$3620cm^{-1}$则归因于八面体片与四面体片之间的内部羟基振动（曹德光等，2004）。中频区1000～$1200cm^{-1}$波段的吸收属于Si—O伸缩振动；900～$950cm^{-1}$波段属于Al—O—OH的弯曲振动，$936cm^{-1}$为表面羟基的面内弯曲振动，而$915cm^{-1}$为6配位Al—OH伸缩振动，$798cm^{-1}$为6配位Al—O弯曲振动，二者对应的中等强度峰在聚合反应后减弱，甚至消失。600～$800cm^{-1}$属于Si—O—Al振动，400～$600cm^{-1}$为Si—O弯曲振动。Valeria等（2000）研究了偏高岭石的红外光谱，指出波数$3450cm^{-1}$和$1650cm^{-1}$处的谱带由吸附水引起，$1088cm^{-1}$归属于Si—O的伸缩振动，Si—O—Al的振动为$810cm^{-1}$，而Si—O的弯曲振动为$470cm^{-1}$。偏高岭石中铝氧八面体层羟基的脱出，必然导致部分Al—O—Al键的出现，$817cm^{-1}$属于偏高岭石铝氧四面体中的Al—O键吸收峰（Granizo et al，2000）。

图24-18为偏高岭石原料和矿物聚合材料制品的红外光谱图。其中试样a为偏高岭石原料，b、c、d、e分别为固化时间3d、7d、14d、28d的矿聚制品。图24-18（a）中，950～$1200cm^{-1}$峰归属T—O—Si（T=Al，Si）的伸缩振动。对比偏高岭石原料a和固化时间3d的材料制品b，可见T—O—Si伸缩振动峰向低波数方向移动了$20cm^{-1}$以上，说明硅酸盐或铝硅酸盐的骨架结构发生了解聚作用（Lee et al，2002b）。张云升等（2005）研究了偏高岭石在材料固化过程中的变化，认为反应后其结构发生转变，生成了新物相（特征IR峰$1008cm^{-1}$）。

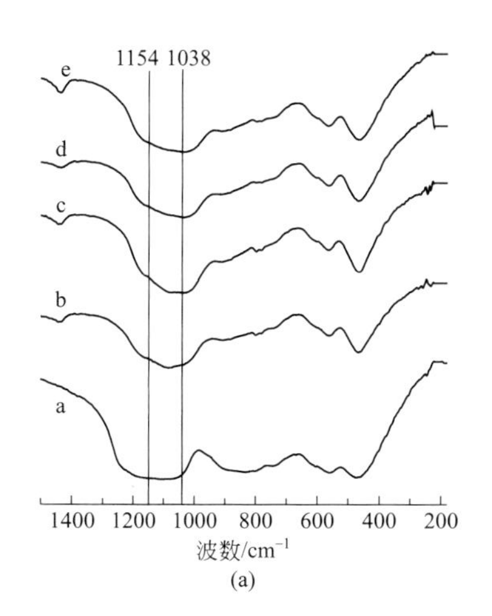

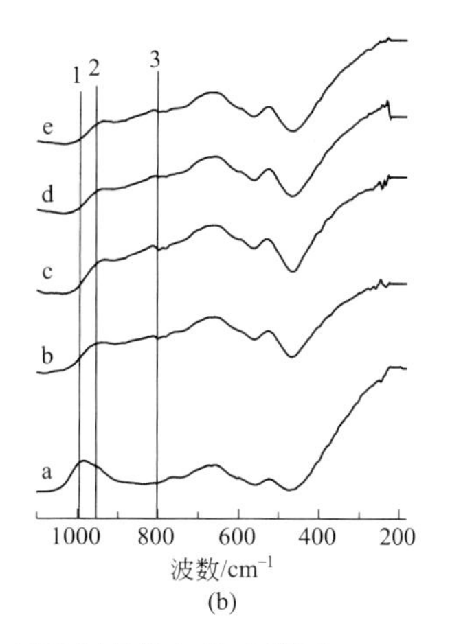

图24-18　偏高岭石原料和矿物聚合材料制品的红外光谱图

在图24-18（b）中也可见同样现象，如偏高岭石原料a中直线1处的振动峰在固化时间为3d的制品中向低波数方向移动至直线2处。直线3处在固化时间为3d的制品b和7d的制品c中，出现了两个小峰。对比IR标准图谱可知，这是由Si—OH弯曲振动所引起的。

张云升等（2005）认为，这是由于材料固化反应不充分，产物在空间三维结构产生许多断裂之处，被Si—OH端键所饱和的缘故。在固化时间为14d制品d和28d制品e中，这两个小峰又消失了。这是由于偏高岭石中部分T—O—Si基团在强碱条件下发生解聚，故而出现了新的小峰；而在固化时间为14d和28d的制品中，这些断裂或解聚的基团发生聚合，致使微观结构变得相对单一。

（3）物相变化

采用Rigaka-RA高功率旋转阳极12kW X射线衍射仪，分析制品的物相变化。分析条件：Cu靶，40kV，100mA。图24-19为偏高岭石原料及不同固化时间矿物聚合材料制品的X射线粉末衍射图。对比偏高岭石原料和矿物聚合材料制品，可见无新衍射峰出现，即无新的结晶相生成；但原料中反映非晶质相的鼓包位置向 2θ 值增大的方向移动，且鼓包变大，说明聚合反应过程最终生成新的非晶态物相。王鸿灵等（2004）通过研究高岭石在8mol/L的NaOH和模数3.2的钠水玻璃混合溶液中发生的变化，也发现类似现象。

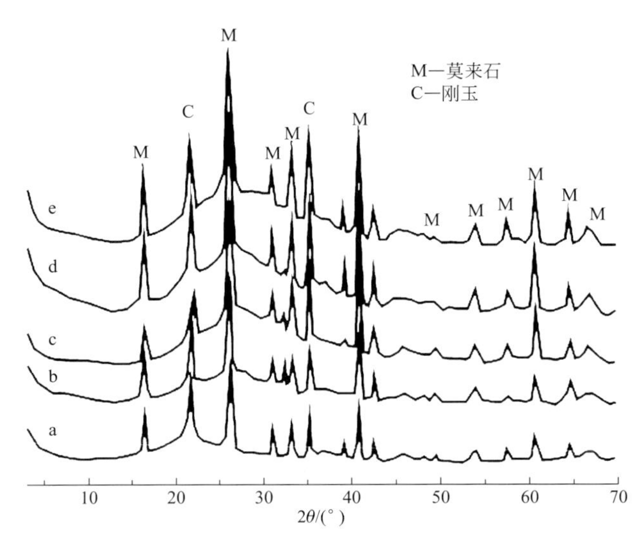

图24-19　偏高岭石原料及矿物聚合材料制品的X射线粉末衍射图

a为偏高岭石原料；b、c、d、e分别为固化时间3d、7d、14d、28d的材料制品

（4）核磁共振谱

核磁共振分析采用VARIAN INOVA 300型超导核磁共振仪，固体双共振探头，Φ6mm ZrO_2 转子（样品管），^{29}Si检测核的共振频率为59.584MHz，魔角转速7kr/s，采样时间0.02s，脉宽1.5μs，循环延迟时间3s，扫描次数3512次，交叉极化接触时间4.4ms；^{27}Al检测核的共振频率为78.162MHz，魔角转速7kr/s，采样时间0.02s，脉宽0.3μs，循环延迟时间1s，扫描次数1260次。

对于^{29}Si和^{27}Al，NMR化学位移值主要取决于其最邻近原子的配位。配位数越高，屏蔽常数 σ 越大，共振频率降低，化学位移向负值方向移动。四配位^{29}Si的化学位移值在－62～－126之间，而六配位^{29}Si的化学位移值在－170～－220之间。除了最邻近配位以外，次邻近原子效应对化学位移也有显著影响。对于硅酸盐和铝硅酸盐，随着（铝）硅氧阴离子聚合度的增加，屏蔽常数 σ 增大，^{29}Si NMR化学位移向负值方向移动。当次邻近配位中有

Al 原子时，^{29}Si NMR 化学位移向正值方向移动。

固体铝酸盐和铝硅酸盐中，^{27}Al NMR 的化学位移值范围和硅酸盐中 Q^n 结构单元的^{29}Si NMR 化学位移值范围分别见图 24-20 和图 24-21（Engelhardt，1987）。图 24-22 为铝硅酸盐中 Q^4 结构单元的^{29}Si 化学位移范围。对比图 24-20 和图 24-21 可见，随着 Al^{3+} 替代 Si^{4+} 的增加，硅氧四面体的化学位移逐渐增大，Q^0、Q^1、Q^2、Q^3 也有类似规律。对于硅酸盐，以 Q^n 表示硅氧四面体的阴离子聚合状态，n 为每个硅氧四面体所占有的桥氧数；对于铝硅酸盐，则以 Q^n（mAl）来表示硅（铝）氧四面体的阴离子聚合状态，n 为每个硅（铝）氧四面体占有的桥氧数，m 为 Al^{3+} 代 Si^{4+} 形成铝氧四面体的数目。

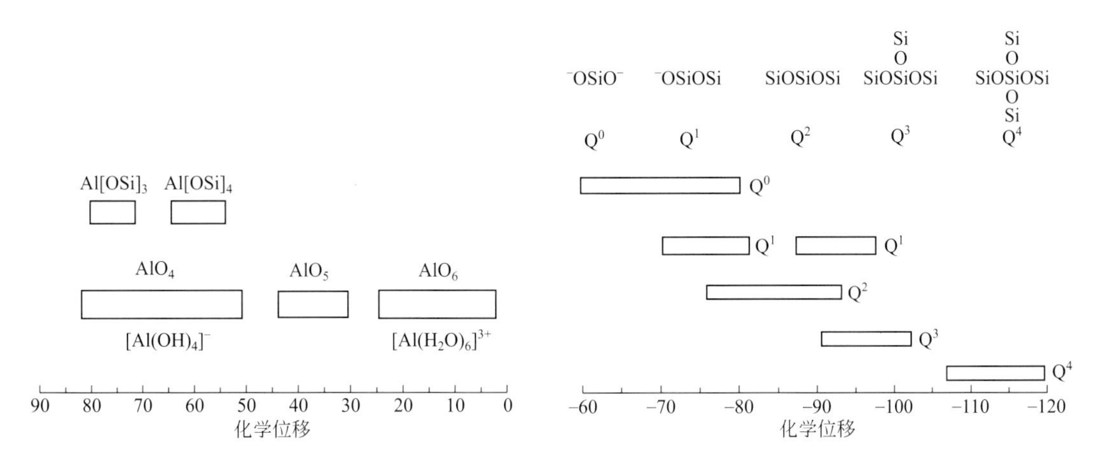

图 24-20　铝酸盐和铝硅酸盐中^{27}Al NMR 化学位移
（据 Engelhardt，1987）

图 24-21　固体硅酸盐中 Q^n 结构单元的^{29}Si 化学位移
（据 Engelhardt，1987）

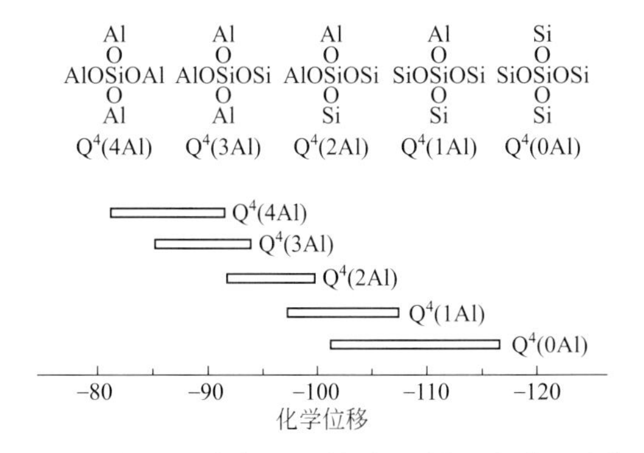

图 24-22　铝硅酸盐中 Q^4 结构单元的^{29}Si 化学位移范围
（据 Engelhardt，1987）

硅酸盐中的 $[SiO_4]^{4-}$ 四面体可以聚合形成如下不同状态：

$$(OH)_3—Si—OH + HO—Si—(OH)_3 \longrightarrow (OH)_3—Si—O—Si—(OH)_3 + H_2O \quad (24\text{-}3)$$

反应可以继续进行，直至形成更大的聚合物分子，反应中的氧离子发生如下变化：

$$2O^- = O^0 + O^{2-} \quad (24\text{-}4)$$

反应生成桥氧键 O^0，即形成 Si—O—Si 键。硅酸盐中的 $[SiO_4]^{4-}$ 四面体的聚合度，是指 $[SiO_4]^{4-}$ 四面体聚合成硅酸阴离子中所含 Si 原子数或 Si—O—Si 键的数目；而各 $[SiO_4]^{4-}$ 四面体与其他 $[SiO_4]^{4-}$ 四面体结合的数目的平均值称为平均结合度。几种

$[SiO_4]^{4-}$四面体聚合态的相互关系见表24-18。由表可见，聚合度和平均结合度无固定关系。结合度还可表示结合的方式，如$n=2$，多半是环状结合态；$n=1\sim2$，则是链状结构；无限长链，n接近于2；$n>2$，则有支链；$n=3$、4时，分别为层状和架状结构。基体相的结构主要以它的$[SiO_4]^{4-}$四面体阴离子的结合状态来表征（杨南如，2003）。

表24-18　几种$[SiO_4]^{4-}$四面体聚合态的相互关系

离子型	$Si_2O_7^{6-}$	$Si_3O_{10}^{8-}$	$Si_2O_9^{6-}$	$Si_6O_{19}^{14-}$	$Si_6O_{18}^{12-}$	$Si_6O_{16}^{8-}$	$Si_6O_{15}^{6-}$
聚合度	2	3	3	6	6	6	6
平均结合度(Q^n)	1	1.33	2	1.67	2	2.33	3
离子质量	268	212	196	472	456	424	408

注：据杨南如（2003）。

偏高岭石原料和不同固化时间矿物聚合材料制品的^{29}Si核磁共振谱见图24-23。表24-19为偏高岭石和不同固化时间矿物聚合材料制品的^{29}Si核磁共振拟合分峰结果。由图24-23可见，偏高岭石原料的^{29}Si谱图中存在两个谱峰，其化学位移分别为－87.029和－111.603。化学位移－111，对应^{29}Si的存在状态为Q^4（0Al）。对于化学位移－87，^{29}Si有3种存在状态：Q^4（3Al）、Q^2（0Al）、Q^3（1Al）。偏高岭石的化学位移－87应为Q^2（0Al）。偏高岭石原料中，51.65%的Al呈四次配位状态，即存在Q^4（3Al）。此外，可能存在少量Q^3（1Al）。总之，对于化学位移－87，^{29}Si的存在状态以Q^4（3Al）和Q^2（0Al）为主。

表24-19　偏高岭石和矿物聚合材料制品的^{29}Si核磁共振拟合分峰结果

样品号	^{29}Si存在形式	化学位移	强度	相对面积	相对比例/%
JY01	Q^2(0Al)＋Q^4(3Al)	−87.029	15960	1.84	15.5
	Q^4(0Al)	−111.603	45433	10.00	84.5
KG2-3-3	Q^2(1Al)	−78.615	10638	1.14	4.9
	Q^2(0Al)和Q^4(3Al)	−87.208	66566	7.03	30.1
	Q^4(2Al)	−96.310	73964	10.00	42.8
	Q^4(0Al)	−109.435	19323	5.18	22.2
KG2-3-7	Q^2(1Al)	−78.614	12577	1.41	7.0
	Q^2(0Al)和Q^4(3Al)	−86.981	60677	6.78	33.9
	Q^4(2Al)	−96.030	67677	10.00	50.0
	Q^4(0Al)	−107.568	10008	1.81	9.1
KG2-3-14	Q^2(1Al)	−78.310	10281	1.03	5.1
	Q^2(0Al)和Q^4(3Al)	−87.045	66419	6.69	33.2
	Q^4(2Al)	−96.331	80266	10.00	49.7
	Q^4(0Al)	−108.778	14941	2.42	12.0
KG2-3-28	Q^2(1Al)	−78.248	7630	0.86	4.1
	Q^2(0Al)和Q^4(3Al)	−87.047	49031	6.82	32.3
	Q^4(2Al)	−96.147	57448	10.00	47.4
	Q^4(0Al)	−108.397	10899	3.41	16.2

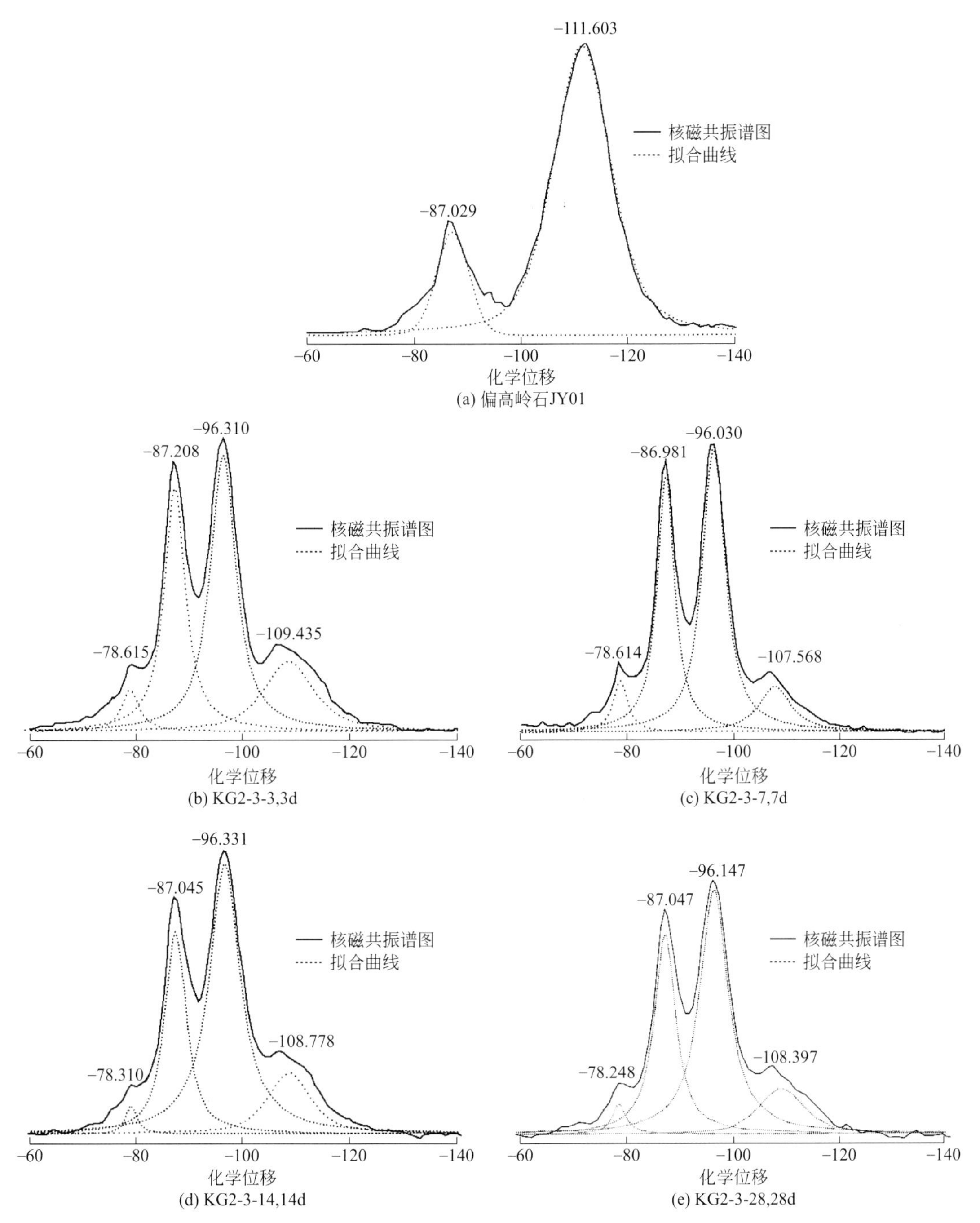

图 24-23　偏高岭石和矿物聚合材料制品的 ^{29}Si 核磁共振图

（测定者：石油化工科学院核磁实验室王京）

在矿物聚合材料制品中，^{29}Si 的谱图中出现了－78 和－96。制品中的-78，按照化学位移（图 24-23），可能为 Q^1（0Al）、Q^2（1Al）、Q^3（3Al）。由表 24-19 可见，约 10%的 Al 进入四面体。由于偏高岭石中只存在 Q^2（0Al）和 Q^4（0Al），故化学位移－78 最可能为 Q^2（1Al）。由于－78 处所占比例小于 7%，因而 Al^{3+} 代 Si^{4+} 的数量较少。化学位移－78 处，^{29}Si 的主要存在状态为 Q^2（1Al）。

与偏高岭石原料相比，矿物聚合材料制品的化学位移－87处谱峰所占面积相对有所增大，表明除原有的Q^2（0Al）外，还可能存在Q^4（3Al）、Q^4（4Al）、Q^3（1Al）以及新生成的Q^2（0Al）等。与原料相比，Q^2（0Al）和Q^4（3Al）仍然存在，同时可能存在少量Q^4（4Al）。实验制品出现化学位移－96，表明Si^{4+}可能以Q^4（2Al）和Q^3（0Al）形式存在。由于该化学位移处谱峰面积约占50%，且近60%的Al进入四面体结构中（表24-20），故化学位移－96处^{29}Si的主要存在状态为Q^4（2Al）。对于化学位移－108，在实验制品中只能为Q^4（0Al）（图24-24）。

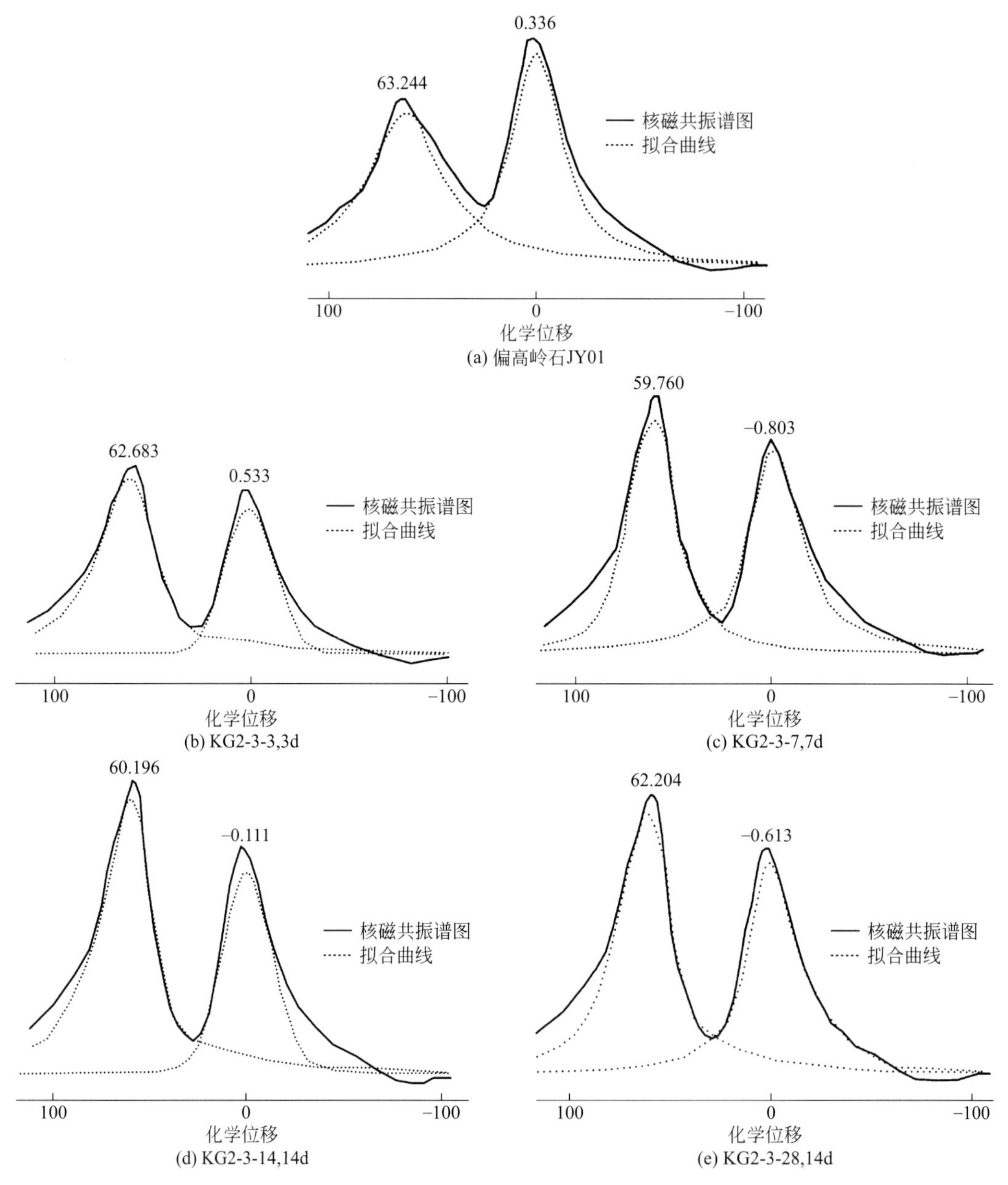

图24-24　偏高岭石原料和矿物聚合材料制品的^{27}Al核磁共振图

（测定者：石油化工科学院核磁实验室王京）

由表 24-19 可见，化学位移－108 处谱峰在偏高岭石中所占面积为 84.5%，而在 3d 制品中，则减少为 22.2%；在 7d 制品中，更减少至 9.1%；相应地，化学位移－96 处谱峰所占面积则逐渐增大至约占 50%。在矿物聚合材料制品固化过程中，由于固相原料中的 Si—O 键和 Al—O 键断裂，导致部分 Al 进入四面体结构中，形成铝氧四面体，因而使 Q^4（0Al）相应减少，而 Q^4（2Al）有所增加。

在 3d 制品中，化学位移－96 谱峰对应的 Q^4（2Al）状态所占面积已达 42.8%，与 28d 制品中的 47.4%接近，这解释了矿物聚合材料具有较高早期强度的原因。

综上所述，矿物聚合材料制品中 ^{29}Si 的主要存在形式为：Q^2（0Al）、Q^4（3Al）和 Q^4（2Al）。考虑到偏高岭石原料中含有 15.5%的 Q^2（0Al）和 Q^4（3Al），且二者在制品中的含量约 30%，因而制品基体相中 ^{29}Si 的主要存在形式应为 Q^4（2Al）。

在矿物聚合材料中，四配位的 Al 键接方式只可能有 5 种（张云升等，2005）：①本身呈孤立态，AlQ^0（0Si）；②［AlO_4］与 1 个［SiO_4］相接，AlQ^1（1Si）；③［AlO_4］与 2 个［SiO_4］相接，AlQ^2（2Si）；④［AlO_4］与 3 个［SiO_4］相接，AlQ^3（3Si）；⑤［AlO_4］与 4 个［SiO_4］相接，AlQ^4（4Si）。这 5 种键接方式对应的 ^{27}Al MAS NMR 化学位移列于表 24-20 中。

表 24-20　矿物聚合材料中 5 种键接方式 ^{27}Al MAS NMR 化学位移

键接方式	孤立状	组群状	链状或环状	层状或片状	网状
配位态	AlQ^0(0Si)	AlQ^1(1Si)	AlQ^2(2Si)	AlQ^3(3Si)	AlQ^4(4Si)
化学位移	79.5	74.3	69.5	64.2	40

注：参比样为［$Al(H_2O)_6$］$^{3+}$。

偏高岭石原料和不同固化时间实验制品的 ^{27}Al 核磁共振谱图见图 24-24。高岭石在加热过程中的结构转变是个渐变过程。当高岭石被加热至约 500℃时，其结构中的六配位铝开始向五配位转变，转变率随温度升高而增加，然后转变为四配位铝（He et al，1995）。偏高岭石结构中的 Al 有四次和六次两种配位形式，且六次配位谱峰比四次配位峰高而尖锐（图 24-24）。在固化 3d 的材料制品中，四次配位 Al 的谱峰变得尖锐，且峰高与六次配位谱峰相当；而在 7d、14d、28d 制品中，四次配位 Al 的谱峰高于六次配位 Al 的谱峰。表 24-21 给出了偏高岭石和不同固化时间矿物聚合材料制品的 ^{27}Al 核磁共振谱图的拟合分峰结果。由表可见，随着固化时间的延长，四次配位 Al 的相对含量增大，说明偏高岭石在聚合反应过程中，六次配位 Al 转化为四次配位 Al。

表 24-21　偏高岭石和矿物聚合材料制品的 ^{27}Al 核磁共振拟合分峰结果

样品号	Al 配位数	化学位移	强度	相对面积	相对比例/%
JY01	4	63.244	60747	10.00	51.65
	6	0.336	84352	9.36	48.35
KG2-3-3	4	62.683	62101	10.00	53.64
	6	0.533	54077	8.64	46.36
KG2-3-7	4	59.760	78064	10.00	59.67
	6	－0.803	64773	6.76	40.33

续表

样品号	Al 配位数	化学位移	强度	相对面积	相对比例/%
KG2-3-14	4	60.196	95334	10.00	60.35
	6	−0.111	69846	6.57	39.65
KG2-3-28	4	62.204	90513	10.00	60.68
	6	−0.613	74617	6.48	39.32

24.5.2 粉煤灰相结构变化

以粉煤灰为固相原料制备的矿物聚合材料制品，通过对不同固化时间的制品进行结构性能表征，分析粉煤灰在聚合反应过程中的结构变化。

（1）微观结构

采用JSM-35C型扫描电镜，对矿物聚合材料3d、7d、14d、28d制品进行微观结构分析。由图24-25可见，在3d制品中存在较大的粉煤灰颗粒及孔洞［图24-25（a）］；而7d制品中出现了较多的凝胶状产物［图24-25（b）］，应是粉煤灰与碱硅酸盐溶液发生反应生成类沸石前驱体的结果（Jimenez et al，2005）；14d制品中可见凝胶状物质已将骨料颗粒紧密地结合在一起［图24-25（c）］；28d制品的结构均匀［图24-25（d）］，已看不到较大的粉煤灰玻璃珠和孔洞。由此可见，随着矿物聚合材料固化时间的延长，玻璃体逐渐被溶解，生成的凝胶状物质与未溶解的粉煤灰颗粒相互结合，最终形成结构均匀的材料制品。

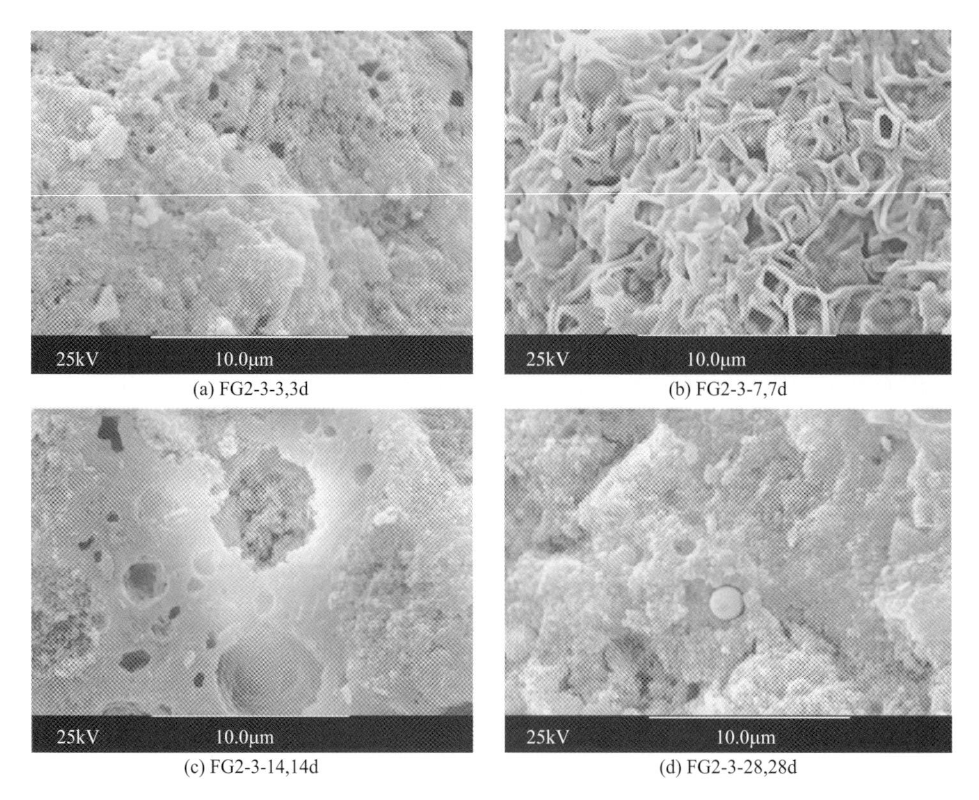

(a) FG2-3-3,3d
(b) FG2-3-7,7d
(c) FG2-3-14,14d
(d) FG2-3-28,28d

图24-25　不同固化时间的矿物聚合材料制品的扫描电镜照片

（测定者：清华大学分析中心顾小华）

（2）红外光谱

对试样进行红外光谱分析的条件同前。图 24-26 为粉煤灰原料及矿物聚合制品的红外光谱图。图中，波数 450～490cm^{-1}的谱带反映了 T—O—Si（T＝Al，Si）的弯曲振动，在粉煤灰原料和制品中其变化趋势类似。560cm^{-1}和 750～830cm^{-1}附近谱带分别反映了［AlO_6］$^{9-}$八面体和［AlO_4］$^{5-}$四面体的配位状态。随着材料固化时间的延长，波数 560cm^{-1}处峰形变得尖锐，说明矿聚制品中［AlO_6］$^{9-}$的结构逐渐趋于一致，而波数 750～830cm^{-1}处谱峰在 3～14d 制品中出现两个小峰，在 28d 制品中消失，说明 28d 制品中［AlO_4］$^{5-}$四面体中 Al^{3+}的配位状态一致，材料结构趋于均一。

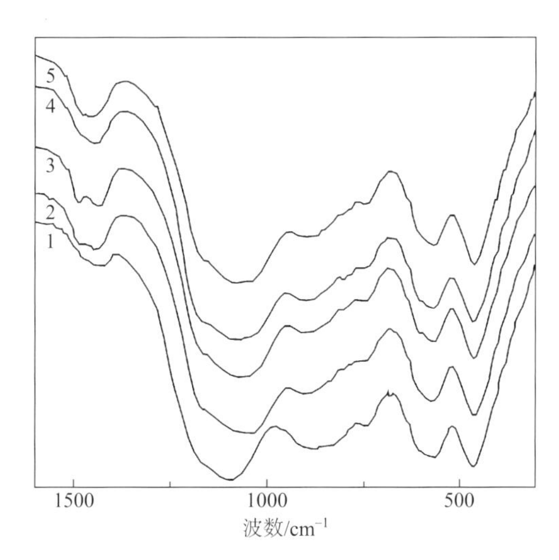

图 24-26　粉煤灰原料（TKT02）和矿物聚合制品的红外光谱图
（北京大学造山带与地壳演化教育部重点实验室测定）
1 为粉煤灰原料；2、3、4、5 分别为 3d、7d、14d、28d 矿聚制品

波数 1010～1100cm^{-1}处的谱带是粉煤灰多相中的 T—O—Si 伸缩振动谱。对比发现，从图 24-26 中粉煤灰原料（1094cm^{-1}）、3d 制品（1092cm^{-1}和 1042cm^{-1}）到 7d 制品（1072cm^{-1}和 1041cm^{-1}），T—O—Si 的伸缩振动向低波数方向偏移超过 20cm^{-1}，说明 T—O—Si 发生解聚作用（Lee et al，2002b），而后其值又向高波数方向偏移，表明又发生了聚合作用。Sarbak 等（2004）研究了不同类型的粉煤灰，发现其红外光谱中均出现 1065～1095cm^{-1}谱峰，故 1070～1080cm^{-1}振动谱带应为非晶态铝硅酸盐所引起。

波数为 561cm^{-1}处谱峰反映 T—O—Si 的弯曲振动（Lee et al，2002b）。与粉煤灰原料相比，7d 和 14d 制品该谱峰变宽，说明其弯曲振动增加，原料中的铝硅酸盐玻璃相的骨架结构发生解聚作用（Lee et al，2002b），而图中 28d 矿聚制品的结构趋于一致。

（3）物相变化

图 24-27 中 1 为粉煤灰原料（TKT02）的 X 射线衍射图，2、3、4、5 分别为固化时间为 3d、7d、14d、28d 的材料制品的 X 射线粉末衍射图。由图可见，矿聚制品与粉煤灰原料的 X 射线衍射图相似，表明在制品固结过程中无新的结晶相生成。

（4）核磁共振谱

粉煤灰原料和矿物聚合制品的^{29}Si NMR 分析结果见图 24-28。由图可见，粉煤灰原料中

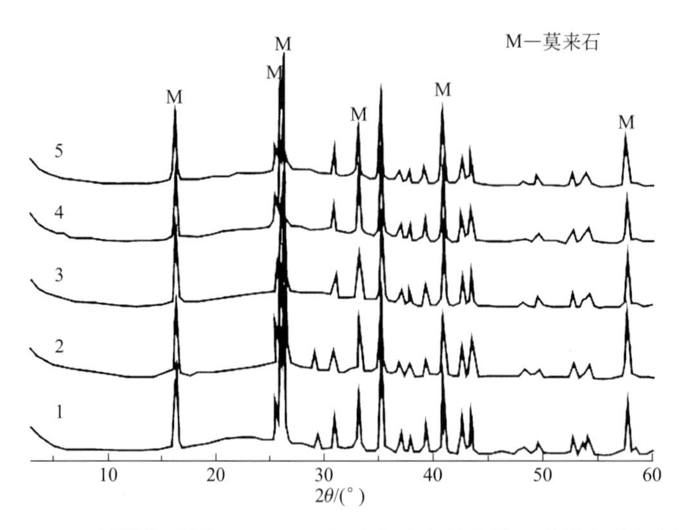

图 24-27 粉煤灰原料（TKT02）和矿物聚合制品的 X 射线粉末衍射图
（北京大学微构分析实验室测定）

的 ^{29}Si 有两个谱峰，化学位移－87 和－109。粉煤灰中的结晶相为莫来石，非晶相为玻璃相。－87 谱峰在不同固化时间的矿聚制品中均存在，系存在链状结构莫来石之故，表示为 Q^2（0Al）。但由图 24-22 中可见，对应于化学位移－87 处，还可能存在 Q^3（1Al）和 Q^4（3Al）。粉煤灰原料中含有 11.03％的四次配位的铝，因而硅的存在形式还有 Q^3（1Al），同时可能存在少量 Q^4（3Al）。化学位移－109 谱峰对应 Q^4（0Al），是由于粉煤灰原料中存在玻璃相的缘故。以拟合分峰的相对面积来计算，其中 Q^2（0Al）＋Q^3（1Al）占 32.5％，Q^4（0Al）占 67.5％。

与粉煤灰原料相比，矿聚制品中化学位移－87 处谱峰所占面积的比例有所增加，推测除原有的 Q^2（0Al）外，还可能存在 Q^4（3Al）、Q^4（4Al）、Q^3（1Al）以及部分新生成的 Q^2（0Al）。通过对制品基体相中 SiO_2 和 Al_2O_3 进行分析，其 Si/Al 在（1∶1）～（3∶1）之间变化，故化学位移－87 处 ^{29}Si 的存在状态为 Q^2（0Al）和 Q^3（1Al），以及少量 Q^4（3Al）和 Q^4（4Al）。

化学位移－96 谱峰只出现于制品中，表明 Si 的存在方式可能为 Q^4（2Al）和 Q^3（0Al）。由于该处谱峰所占面积约 50％，而对粉煤灰原料及矿聚制品中的 Al 代 Si 数量计算，近 1/3 的 Al 呈四次配位。由此分析，化学位移－96 处 ^{29}Si 的存在状态主要应为 Q^4（2Al），同时含有少量 Q^3（0Al）。

化学位移－108 谱峰，在矿聚制品中 ^{29}Si 的存在形式只可能为 Q^4（0Al）。

对比粉煤灰原料和矿聚制品可知，随着固化时间的延长，原粉煤灰原料中的玻璃相逐渐减少，而莫来石相一直存在，表明在材料固化过程中，莫来石相未发生变化。结合图 24-28 和核磁共振谱拟合分峰结果（表 24-22），可见粉煤灰原料中的 Si 以 Q^4（0Al）为主（67.5％），随着制品固化时间的延长，Q^4（0Al）的比例逐渐减少至 38.7％［图 24-28（b）］、37.8％［图 24-28（c）］、28.2％［图 24-28（d）］、26.0％［图 24-28（e）］，说明粉煤灰原料中的玻璃相发生了溶解，制品中 Q^4（2Al）的比例相对增加。

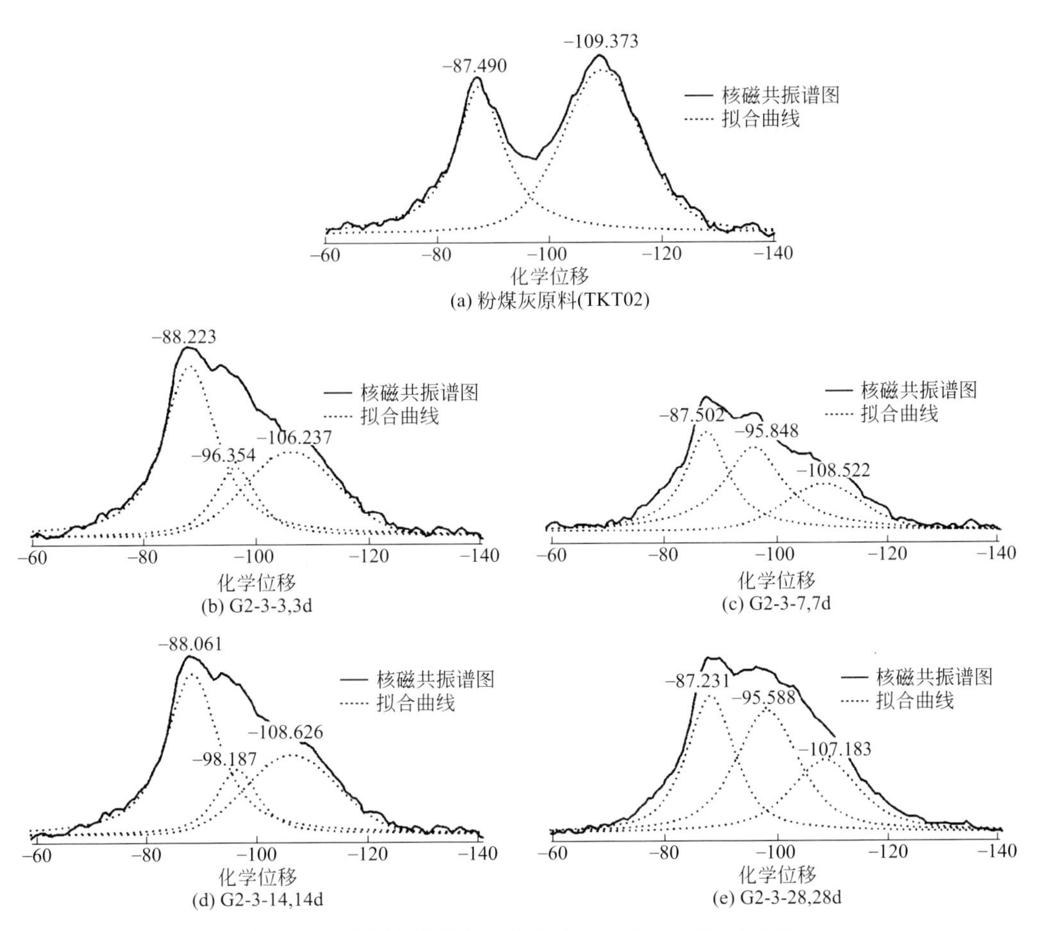

图 24-28　粉煤灰原料和矿物聚合制品的 ^{29}Si 核磁共振图

(测定者：石油化工科学院核磁实验室王京)

表 24-22　粉煤灰原料和矿物聚合制品的 ^{29}Si 拟合分峰谱带分析结果

样品号	^{29}Si 存在状态	化学位移	强度	相对面积	相对比例/%
TKT02	$Q^2(0Al)+Q^3(1Al)$	−87.490	23784	4.82	32.5
	$Q^4(0Al)$	−109.373	26419	10.00	67.5
G2-3-3	$Q^2(0Al)+Q^3(1Al)$	−88.223	35962	10.00	46.7
	$Q^4(2Al)$	−96.354	14451	3.14	14.6
	$Q^4(0Al)$	−106.237	17804	8.30	38.7
G2-3-7	$Q^2(0Al)+Q^3(1Al)$	−87.502	23651	10.00	39.1
	$Q^4(2Al)$	−95.848	19920	5.91	23.1
	$Q^4(0Al)$	−108.522	11199	9.66	37.8
G2-3-14	$Q^2(0Al)+Q^3(1Al)$	−88.061	37189	11.54	32.6
	$Q^4(2Al)$	−98.187	33418	13.90	39.2
	$Q^4(0Al)$	− 108.626	19798	10.00	28.2
G2-3-28	$Q^2(0Al)+Q^3(1Al)$	−87.231	33322	8.23	33.4
	$Q^1(2Al)$	−95.588	18794	10.00	40.6
	$Q^4(0Al)$	−107.183	17914	6.39	26.0

图24-29为粉煤灰原料及矿聚制品的^{27}Al NMR图。对比粉煤灰原料和材料制品的^{27}Al NMR图可见，制品中六次配位的Al一直存在，这是由于存在莫来石相的缘故，X射线衍射分析结果也证实如此；而制品中四次配位Al的含量有增高趋势。表24-23中给出了粉煤灰原料TKT02和不同固化时间制品的^{27}Al核磁共振谱图的拟合分峰结果。粉煤灰原料中四次配位Al的相对含量为11.03％，而在3d、7d、14d、28d制品中，则依次提高为24.41％、25.15％、31.37％和31.46％。

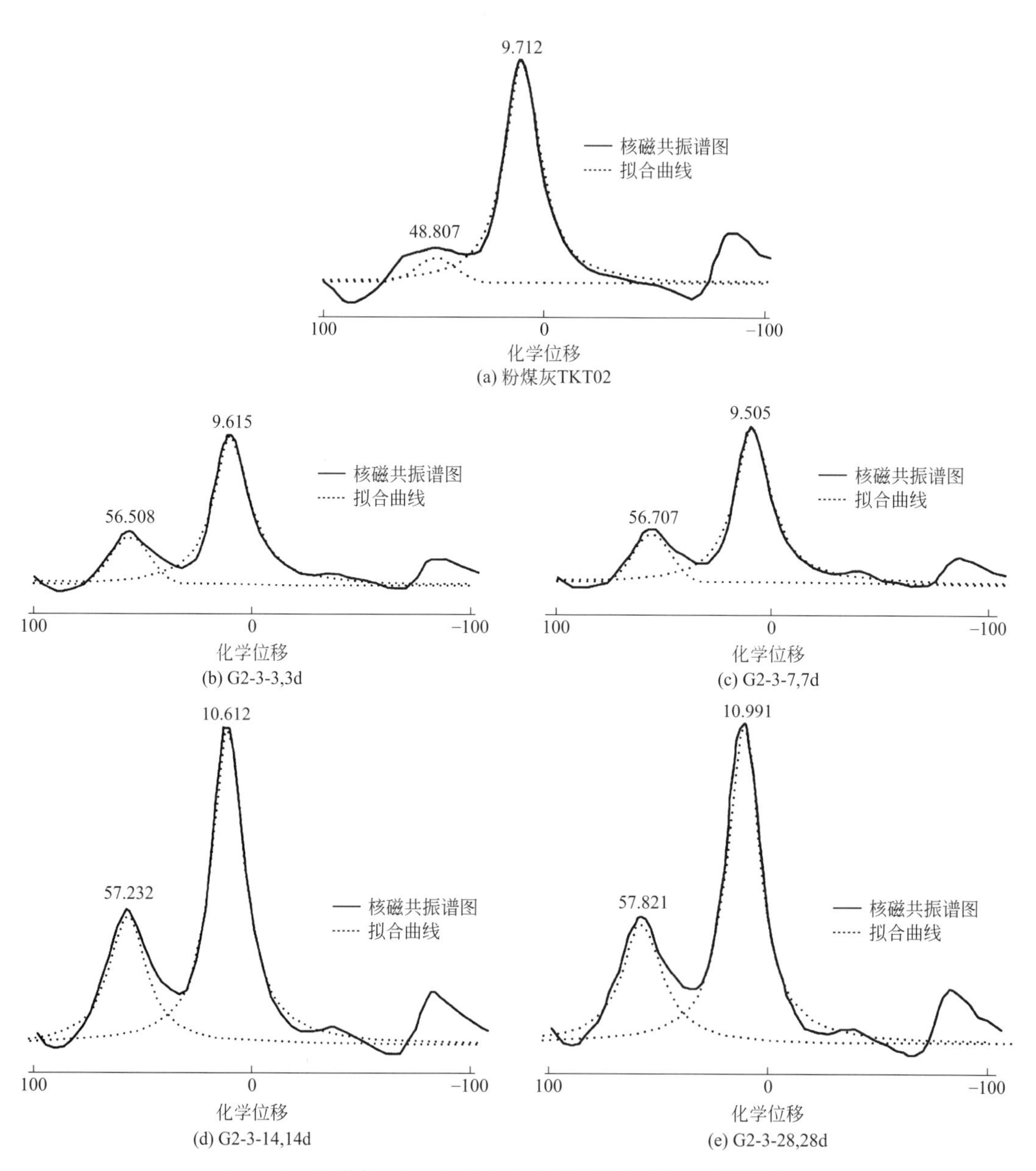

图24-29　粉煤灰原料（TKT02）和矿聚制品的^{27}Al核磁共振图

（测定者：石油化工科学院核磁实验室王京）

表 24-23　粉煤灰原料和矿聚制品的 ^{27}Al 拟合分峰谱带分析结果

样品号	Al 配位数	化学位移	强度	相对面积	相对比例/%
TKT02	4	48.807	22711	1.24	11.03
	6	9.712	202785	10.00	88.97
G2-3-3	4	56.508	49009	3.23	24.41
	6	9.615	153343	10.00	75.59
G2-3-7	4	56.707	47054	3.36	25.15
	6	9.505	154676	10.00	74.85
G2-3-14	4	57.232	67792	4.57	31.37
	6	10.612	170461	10.00	68.63
G2-3-28	4	57.821	60789	4.59	31.46
	6	10.991	165448	10.00	68.54

24.5.3　聚合反应机理

Davidovits（1987）认为，高岭石等矿物在碱的作用下发生 Si—O 和 Al—O 键断裂-重组反应，反应物的 Al/Si 比不同，会生成不同的聚合体。张书政等（2003）从 Si—O 和 Al—O 键的断裂角度分析，认为反应过程是先形成硅酸盐和氢氧化铝混合溶胶，而后溶胶颗粒之间再进行部分脱水缩合反应生成正铝硅酸盐。

在著者团队研究成果（马鸿文等，2002a；王刚等，2004）基础上，结合以上测定结果，分析矿物聚合材料固化过程中的反应机理如下（聂轶苗等，2006）：

① 偏高岭石和粉煤灰中玻璃相在强碱作用下首先发生溶解，其 Si—O—Si、Al—O—Si 键在碱金属离子作用下，水化发生断裂。无论是偏高岭石还是粉煤灰，矿物聚合材料制品中 Si 的存在状态 Q^4（0Al）的含量均低于其在原料中的含量。以偏高岭石为原料的矿聚制品在固化 7d 时，Q^4（0Al）含量降至最低值（9.1%），而 Q^4（2Al）含量达 50.0%；以粉煤灰为原料的矿聚制品在固化 14d 时，Q^4（0Al）含量降为最低值（26.0%），而 Q^4（2Al）达到最高含量（40.6%），说明在材料制备过程中，Si—O—Si、Al—O—Si 键的确发生了断裂。

Oelkers 等（1994；1995）和 Gautier 等（1994）也证明钙长石、钾长石等铝硅酸盐矿物的 Si—O—Si、Al—O—Si 键在碱金属离子作用下，发生水化而断裂。Xiao 等（1994）通过实验，验证了 Al—O 键比 Si—O 键的键强要弱。Devidal 等（1997）证实了在偏高岭石溶解的早期阶段，Al 优先于 Si 进入溶液相。Sun（1947）给出 Si—O 单键强度为 106kcal/mol，Al—O 的单键强度为 79～101kcal/mol（樊先平等，2004），即 Si—O 键较之 Al—O 键更为稳定。

② 上述过程形成的 Si、Al 离子团与碱金属离子、OH^- 等作用，形成—Si—O—Na、—Si—O—Ca—OH、$[Al(OH)_4]^-$、$[Al(OH)_5]^{2-}$、$[Al(OH)_6]^{3-}$ 等聚合体。而后随着溶解过程的进行，以及液相组成和各种离子浓度的变化，这些粒子形成凝胶状的类沸石前驱体。

上述反应过程可表示为：

$$\text{O}-\underset{\text{O}}{\overset{\text{O}}{\text{Si}}}-\text{O}-\underset{\text{O}}{\overset{\text{O}}{\text{Si}}}-\text{O}\xrightarrow[\text{OH}^-]{\text{Na}^+}\text{O}-\underset{\text{O}}{\overset{\text{O}}{\text{Si}}}-\text{OH}+\text{HO}-\underset{\text{O}}{\overset{\text{O}}{\text{Si}}}-\text{O} \tag{24-5}$$

$$\text{O}-\underset{\text{O}}{\overset{\text{O}}{\text{Si}}}-\text{O}-\underset{\text{O}}{\overset{\text{O}}{\text{Al}}}-\text{O}\xrightarrow[\text{OH}^-]{\text{Na}^+}\text{O}-\underset{\text{O}}{\overset{\text{O}}{\text{Si}}}-\text{OH}+\text{HO}-\underset{\text{O}}{\overset{\text{O}}{\text{Al}}}-\text{O} \tag{24-6}$$

热力学计算结果表明，当 pH＝11.7～14.0 时，硅酸根离子主要呈 $[H_2SiO_4]^{2-}$ 形态；而在强碱溶液中则以 $[SiO_2(OH)_2]^{2-}$ 占优势（刘桂华等，1998；罗孝俊等，2001），与由傅里叶变换拉曼光谱分析结果一致（马鸿文等，2005）；铝在强碱溶液中存在的基本离子有 $[Al(OH)_4]^-$、$[Al_2O(OH)_6]^{2-}$、$[Al(OH)_6]^{3-}$ 等。

③ 这些类沸石前驱体脱水，形成非晶质相物质。核磁共振分析结果表明，在 28d 矿聚制品中，基体相中的 Si 主要以 Q^4（2Al）形式存在，Al 则以四次配位形式为主。

反应式表示为：

$$\left.\begin{array}{l}\text{O}-\underset{\text{O}}{\overset{\text{O}}{\text{Si}}}-\text{OH}+\text{HO}-\underset{\text{O}}{\overset{\text{O}}{\text{Si}}}-\text{O}\\ \text{O}-\underset{\text{O}}{\overset{\text{O}}{\text{Si}}}-\text{OH}+\text{HO}-\underset{\text{O}}{\overset{\text{O}}{\text{Al}}}-\text{O}\end{array}\right\}\longrightarrow\left\{\begin{array}{l}\text{O}-\underset{\text{O}}{\overset{\text{O}}{\text{Si}}}-\text{O}-\underset{\text{O}}{\overset{\text{O}}{\text{Si}}}-\text{O}\\ \text{O}-\underset{\text{O}}{\overset{\text{O}}{\text{Si}}}-\text{O}-\underset{\text{O}}{\overset{\text{O}}{\text{Al}}}-\text{O}\end{array}\right. \tag{24-7}$$

24.5.4 与硅酸盐水泥对比

将矿物聚合材料和普通硅酸盐水泥对比，表明二者是两类不同的硅酸盐材料。

首先，二者的体系组成不同。矿物聚合材料的组成为 SiO_2-Al_2O_3-Na_2O（K_2O）体系，而普通硅酸盐水泥为 SiO_2-Al_2O_3-CaO-Fe_2O_3 体系，其中 CaO 含量高达 64%。

其次，两者的制备过程不同。矿物聚合材料的制备是将粉煤灰等固相原料与液相原料混合后，采用振动成型，然后在 60～100℃养护一定时间而制得；普通硅酸盐水泥则是在 1460℃的高温下将生料烧结，所得产物再与石膏等一起磨细而成熟料。

再次，两者的固化机理不同。矿物聚合材料的形成过程为：粉煤灰等原料在碱性条件下，其硅酸盐玻璃相中的 Si—O、Al—O 键发生断裂，与 Na^+、OH^- 等作用形成—Si—O—Na、—Si—O—Ca—OH、$[Al(OH)_4]^-$、$[Al(OH)_5]^{2-}$、$[Al(OH)_6]^{3-}$ 等低聚合体；进而发生聚合作用形成凝胶状类沸石前驱体，再经脱水形成非晶态铝硅酸盐物相。

而普通硅酸盐水泥熟料以 C_2S、C_3S、C_3A、C_4AF 等结晶相为主。其固化过程为水化反应，即当水泥加水后，石膏溶解于水，硅酸二钙和硅酸三钙很快与水反应，硅酸三钙水化时析出 $Ca(OH)_2$，因此填充在颗粒之间的液相为富含 Ca^{2+} 和 OH^- 的溶液。水化作用开始后，基本上是在含碱的氢氧化钙和硫酸钙溶液中进行，最终生成水化硅酸钙凝胶相，进而固化为水泥石。

最后，二者的理化性能不同。与水泥胶砂制品对比，矿聚制品的含水率、吸水率与其相当，但力学性能明显改善，而耐酸性则更优。这是由于普通硅酸盐水泥的水化产物 $Ca(OH)_2$ 占体系总体积约 25%。由于 $Ca(OH)_2$ 与硫酸根离子反应生成石膏，体积膨胀 123%，导致混凝土膨胀和开裂；而矿聚制品的 CaO 含量很低，不存在发生上述反应的物质基础，因而具有更优异的耐酸性。

24.6　技术可行性与环境影响评价

从生产流程、社会效益、环境效益等方面分析，利用粉煤灰等工业固体废物制备矿物聚合材料具有重要的意义。

24.6.1　技术可行性分析

利用粉煤灰等工业固体废物资源制备矿物聚合材料，具有原料价格低廉、生产工艺简单等优点。主要原料粉煤灰为工业固体废物，成本低廉，液相原料为钠水玻璃和工业烧碱等大宗产品，依据性能要求的标准不同，可在固体配料中加入适量长英质尾矿、石英砂等。整个工艺流程所需设备简单，工艺过程易实现自动化生产。

以蒙西粉煤灰为主要原料，制备的矿物聚合材料的主要性能指标如下：

抗压强度：3d 制品的抗压强度达 36.15MPa，28d 抗压强度达 64.29MPa；

抗折强度：3d 制品的抗折强度达 5.06MPa；

耐酸性：3d 制品分别在 0.5mol/L 的硫酸和 1.35mol/L 的盐酸中浸泡 25d，其质量损失率分别为 3.55％和 5.44％；

体积密度：3d 制品的体积密度为 2.07g/cm^3；

含水率：3d 制品的含水率为 2.07％；

吸水率：3d 制品的吸水率为 6.18％；

线收缩率：3d 制品的线收缩率仅为 0.251％。

上列性能指标均可与普通硅酸盐水泥胶砂制品对比，且大多优于后者，表明矿物聚合材料作为建筑结构材料在技术上是完全可行的。

24.6.2　环境影响分析

（1）资源消耗

矿物聚合材料的制备过程中，每生产 1.0t 产品，需要消耗粉煤灰 0.255t，煅烧高岭土 0.045t；若不计入石英砂用量，则每生产 1.0t 矿聚制品，消耗粉煤灰 0.85t。在制备矿聚材料过程中，也可以其他铝硅酸盐固体废物作为主要原料。

每生产 1.0t 水泥，需要消耗石灰石约 1.0t。2017 年中国水泥产量达 23.2 亿吨，仅消耗石灰石就超过 22.0 亿吨。相比之下，矿物聚合材料的一次性资源消耗量大大减少。

（2）能源消耗

现有水泥工业中，每生产 1.0t 的普通硅酸盐水泥，热耗 110kgce，电耗 100kW，综合能耗为 147kgce。

本项研究中制备矿物聚合材料，采用热电厂排放的固体废物粉煤灰为主要原料，配料主要为石英砂等，较之国外已有的主要以煅烧高岭土为原料制备矿聚材料的工艺，可大幅降低生产成本。加之此类材料的生产过程无需高温烧成过程，仅在常温至 60℃下即可固化，因而其生产能耗比普通硅酸盐水泥的能耗降低约 80％（Davidovits，1993）。

（3）废物排放

矿物聚合材料的 CO_2 排放量应包括原料生产过程和材料生产过程中的总和。矿物聚合材料生产在低温下进行，以电力作为能源，而电力的产生不一定通过烧煤或燃油的方式来实现。因此利用电力时不计 CO_2 的排放量。

① 氢氧化钠：由 NaCl 采用隔膜法或离子膜法电解蒸发来获得（刘启照，2002），无 CO_2 排放。

② 水玻璃：通过碳酸钠＋石英砂在约1400℃熔化反应（干法），或通过石英砂＋NaOH在约160℃蒸压（湿法）法生产。干法生产水玻璃的煤耗为0.238t标煤/t水玻璃，湿法生产水玻璃的煤耗为0.05t标煤/t水玻璃（詹勤，1995）。对于湿法，通过 $2NaOH + nSiO_2 \longrightarrow Na_2O \cdot nSiO_2 + H_2O$ 来实现，无 CO_2 排放，但需消耗能量。根据 $C + O_2 = CO_2$，1t标煤产生2.6t CO_2。生产1t水玻璃产生 $2.6 \times 0.05 = 0.15$（tCO_2）。

③ 偏高岭石：以煤矸石在700℃煅烧1h计。煤矸石中一般均含有一定量有机碳和无机碳，煅烧过程中产生少量的 CO_2。煤矸石分解主要生成偏高岭石和水。

以含100%高岭石的煤矸石在700℃煅烧1h计，设煅烧能耗用天然气，在700℃煅烧1h的能耗约200kcal/kg，天然气热值为11300kcal/kg，每吨偏高岭石能耗折合天然气为17.70kg。消耗1t天然气产生2.75t CO_2，生产1t偏高岭石产生0.05t CO_2。

④ 矿物聚合材料：60℃下恒温养护24h，采用电加热实现，CO_2 排放量可忽略。

由以上计算可知，若采用湿法生产水玻璃，利用提钾尾渣制备矿聚材料，且不使用偏高岭石时，每生产1t矿聚材料，从原料制备到制成品，生产过程排放 CO_2 不超过约0.2t。如果使用偏高岭石，则每生产1t矿聚材料，排放 CO_2 不超过0.3t。

（4）环境影响评价

地球大气中 CO_2 浓度增长是导致温室效应的主要原因。水泥是最主要的建筑材料，生产1t水泥熟料约需1.1t石灰石，烧成、粉碎过程约需煤105kg，电力约90kW·h。与此同时，分解1.1t石灰石排放0.49t CO_2，燃烧105kg煤排放0.4t CO_2，习惯按1t熟料排放1t CO_2 估计。由此可见，水泥生产的环境负荷很高。约55%的 CO_2 是由石灰石分解排放的。传统建材生产过程中不仅消耗大量的天然资源和能源，还向大气排放大量的有害气体 CO_2、SO_2、NO_x，向区域环境排放大量的固体废物（王天民，2000）。

目前，我国每年生产各种建筑材料要消耗矿物资源50亿吨以上，消耗能源达2.3亿吨标准煤。每生产1t普通硅酸盐水泥向大气中排放约1000kg的 CO_2、1kg的 SO_3、2kg的 NO_x 和大约10kg的粉尘。每生产1t建筑石灰要排放1.18t CO_2。2017年我国水泥产量已达23.2亿吨，仅此每年排放 CO_2 超过20亿吨，加之生产玻璃、陶瓷、砖瓦等消耗燃料产生的废气，温室气体的排放量更大。

矿物聚合材料作为一种新型材料，其主要环境影响如下：

① 原料生产的环境影响。

偏高岭石 自然界可供大规模开采的高岭石越来越少，利用煤系高岭石可减少矿山固废排放。品质较好的煤矸石，高岭石含量通常在90%以上，已在许多领域得到应用。对于高岭石含量较低、杂质较高的煤矸石，用于生产矿聚材料是完全可行的。实验表明，含85%高岭石的煤矸石在700℃下煅烧1h，所得轻烧偏高岭石即可满足生产矿聚材料的要求（Rahier et al，1996）。

将煤矸石煅烧为偏高岭石的温度为550～750℃（Van Jaarsveld et al，2002）。由于煅烧温度远低于烧制普通硅酸盐水泥（1450℃）和石灰（约1000℃）的温度，且偏高岭石在矿聚材料中的用量较少，故生产矿聚材料的能耗显著降低。降低煅烧温度也可使燃料在燃烧过

程中产生的 NO_x 等有害气体大幅减少。利用煤系高岭石或煤矸石生产矿聚材料，不仅可减少矿山固体废物的堆存，而且使材料生产成本显著降低。

水玻璃　采用石英砂与 NaOH 在约 160℃ 蒸压条件下湿法生产水玻璃，化学反应为：

$$2NaOH + mSiO_2 \longrightarrow Na_2O \cdot mSiO_2 + H_2O \tag{24-8}$$

采用湿法只能生产模数低于 2.9 的水玻璃，但其能耗仅为 0.05t 标煤/t 水玻璃（詹勤，1995），且 CO_2 排放量很少。

氢氧化钠　通过氯化钠电解制得，能耗为 1.135t 标煤/t 氢氧化钠（刘启照，2002）。

② 制品生产的环境影响。

矿物聚合材料具有良好的热阻性能，因而与普通黏土砖相比，在墙体材料方面具有重要的潜在应用价值。

普通硅酸盐水泥混凝土因受酸雨等侵蚀，其中 $Ca(OH)_2$ 与 SO_4^{2-} 反应生成石膏，体积膨胀 123%，最终导致混凝土的膨胀和开裂。此外，普通混凝土还存在碱骨料反应问题，生成碱硅酸盐凝胶的膨胀产生局部应力，导致混凝土出现开裂。

与之相比，矿聚材料具有良好的耐酸碱侵蚀性。按照 GB/T 9966—2001 测定，其耐酸碱性均在 99.0%以上（凌发科，2002；王刚，2004）。其中的硅铝矿物相与游离硅酸钠反应，生成铝硅酸盐聚合物，故不存在类似于水泥混凝土的碱骨料反应问题。矿物聚合材料因其耐久性优良，降低了材料生命周期的综合成本，因而也使区域环境负荷相应减小。

第 25 章 粉煤灰制备轻质墙体材料技术

25.1 研究现状概述

国务院办公厅关于进一步推进墙体材料革新推广节能建筑的通知（国办发［2005］33号）指出：我国房屋建筑材料中70%是墙体材料，其中黏土实心砖占主导地位，生产黏土砖每年耗用黏土资源达10多亿立方米，相当于毁田50万亩（1亩=666.7m^2），耗能相当于7000多万吨标准煤。如果实心黏土砖产量继续增长，不仅增加墙体材料的生产能耗，而且导致新建建筑的能耗大幅度增加，将严重加剧能源供需矛盾。

资料显示，2015年煤炭在我国一次性能源消费中占63%；由于我国石油资源短缺，预测到2030年，煤炭占一次性能源消费仍将达约60%。因此，未来很长一段时期内我国仍将以燃煤发电为主，必将继续排放大量粉煤灰。据报道，2017年中国粉煤灰排放量达约5.6亿吨，估计利用率不足60%。发达国家都十分重视粉煤灰的资源化利用，目前粉煤灰已被广泛应用于建材、建工、回填、筑路、农业、化工、环保、高性能陶瓷材料等领域。

建材工业是一个对资源、能源依赖性很强，与环境关系十分密切的产业。墙材工业和水泥工业是建材工业中的两大产业，其资源、能源消耗占全行业相应消耗的80%以上。墙体材料工业的发展方向是，大力发展轻质、高强、多功能、配套化且易于施工的新型墙体材料（庄剑英，2005）。发展新型墙体材料的意义在于：

① 发展新型墙体材料是实施可持续发展战略的要求。新型墙体材料是保护土地资源、节约能源、资源综合利用、改善环境的重要措施，也是可持续发展战略的重要内容。

② 发展新型墙体材料是国民经济快速发展和实现住宅产业现代化的要求；

③ 发展新型墙体材料有利于推动建材行业结构调整；

④ 城市现代化和加速城镇化建设要求提供更多的新型墙体材料。

当前我国墙体材料改革的重点是开发和发展优质的、高掺量的粉煤灰和煤矸石墙材产品（陈福广，2005）。矿聚材料具有高聚物、陶瓷和水泥等材料的性质，具有以下良好性能：强度高、硬化快；抗酸碱侵蚀，耐久性能良好；高温下稳定，防火性能优良。因此，矿聚材料可应用于建筑、核能、废物处理等多个领域。因此，利用铝硅酸盐聚合反应原理发展新型轻质墙材是实现粉煤灰资源化利用和推进墙材工业绿色、可持续发展的必然选择。

著者团队于 2001 年即开始矿聚材料技术研究，已取得若干重要成果。主要有：

以钾长石尾矿为主要原料制备了矿物聚合材料，材料抗压强度达 19.4～24.9MPa，其耐酸、耐碱性均达到 99.99%，优于相似建材的国家标准；提出矿聚材料的形成过程为：溶解络合、分散迁移、聚合浓缩和脱水硬化（凌发科，2002；马鸿文等，2002a）。

任玉峰等（2003，2005）以金矿尾矿为主要原料制备了矿物聚合材料，制品抗压强度符合烧结砖 MU20 和 MU30 的国家标准，但样品的耐水性较差；金矿尾矿中的部分 CN^- 被转化成无害的 NH_3、CO_3^{2-}。

王刚等（2003，2004）以粉煤灰和钾长石提钾后的硅铝质尾渣为主要原料，制备了矿物聚合材料，制品的 7d 抗压强度达 40～50MPa，材料耐酸碱性能良好，材料的各项指标均达到了混凝土路面砖的标准要求（JC/T 446—2000）。并研究了材料固化反应机理。

丁秋霞等（2003，2004）以石英砂为主要原料制备了矿物聚合材料，制品的 7d 抗压强度为 45.32～55.61MPa，耐酸性为 95.20%～98.41%，制品基体相的莫氏硬度为 3.40～3.50。

冯武威等（2003，2004）利用富钾白云质泥岩的提钾尾渣、膨胀珍珠岩等经成型、低温固化（20～80℃），制得表观密度为 320～350kg/m^3，热导率为 0.076～0.086W/(m·K) 的膨胀珍珠岩绝热制品，其性能符合膨胀珍珠岩绝热制品（GB/T 10303—2015）350 号合格品的指标要求；制得的膨胀珍珠岩轻质墙材的表观密度为 540～760kg/m^3，热导率为 0.101～0.134W/(m·K)，抗压强度为 2.23～2.87MPa，质量含水率为 4.1%～5.5%。

苏玉柱等（2006）以粉煤灰和富钾板岩提钾尾渣为主要原料，ISO 标准砂为骨料制备了高强矿物聚合材料，制品 7d 饱水抗压强度达 78.5MPa，28d 饱水抗压强度达 89.0MPa。

聂铁苗等（2006）以粉煤灰、煅烧高岭土等为原料，制备了具有良好力学性能和耐酸性的矿聚材料，提出其固化过程为：粉煤灰中的玻璃相在强碱作用下溶解；Si、Al 低聚体的形成；低聚体形成凝胶状的类沸石前驱体；前驱体脱水形成非晶态物质，其中 Si 主要以 Q^4 形式存在，Al 以 4 次配位形式存在。

高飞等（2007）为提高聚合反应速率，缩短低温养护时间，采用配料组成：粉煤灰 73%，石灰 12%，脱硫石膏 3%，工业硅酸钠 10%，烧碱 2%，固液质量比 2.0，成功制得轻质墙体材料。代表性制品的体积密度为（1.11±0.03）g/cm^3，热导率约 0.12W/(m·℃)，饱水抗压强度达（14.68±1.66）MPa，含水率和吸水率分别为 19.84%±0.06%和 44.42%±0.23%。制品的抗压强度超过普通黏土砖 MU10 的标准要求，而体积密度减小约 1/3，隔热性能明显改善。

洪景南等（2007）以粉煤灰、高炉矿渣为粉料，ISO 标准砂为骨料，经蒸压养护制得矿物聚合材料。结果表明，提高反应温度、压力，缩短养护时间，制得力学性能良好的矿材料制品，饱水抗压强度达 72.1MPa。

25. 2 轻质墙材制备过程

25. 2. 1 实验原料

实验所用原料包括粉煤灰（BF-06）、石灰、脱硫石膏和工业硅酸钠及工业烧碱。

（1）粉煤灰

粉煤灰是从烧煤粉的锅炉烟气中收集的粉状灰粒。它极少有胶凝性，但其粉末状态在有水存在时，能与碱在常温下发生化学反应，生成具有胶凝性的组分（Reto et al，2003；Wang et al，2003）。

粉煤灰之所以能够参与反应，从物相上看主要来自玻璃体（Jan，1996），因为玻璃体形成于高温条件下，含有较高的内能；从化学成分上看，粉煤灰水化反应能力主要来自 SiO_2 和 Al_2O_3，其含量越多，粉煤灰参与反应的能力越强；粉煤灰粒度越细，表面能越大，提供化学反应的作用面积就相应越大，反应能力也就越强。

由于粉煤灰经高温熔融，所以其结构致密，水化速度较慢。粉煤灰颗粒经过一年大约只有1/3发生水化，而矿渣水化1/3只需要90d。粉煤灰在强碱性环境下，则表现出快速的水化反应能力（Granizo et al，2002；Lee et al，2002b；Phair et al，2001；王刚等，2003；Van Deventer et al，2002）。

实验用粉煤灰为北京市石景山热电厂排放的粉煤灰（BF-06），其化学成分中，SiO_2、Al_2O_3 总量达86%以上（表25-1）。由图25-1可见，粉煤灰的主要组成物相为莫来石和呈非晶态的玻璃相，另有少量方石英。

表 25-1　粉煤灰原料的化学成分分析结果　　w_B/%

样品号	SiO_2	Al_2O_3	Fe_2O_3	MgO	CaO	SO_3	烧失量	总量
BF-06	52.37	33.91	5.59	0.77	3.93	—	1.29	97.86

注：北京市现代建筑材料公司化验室分析。

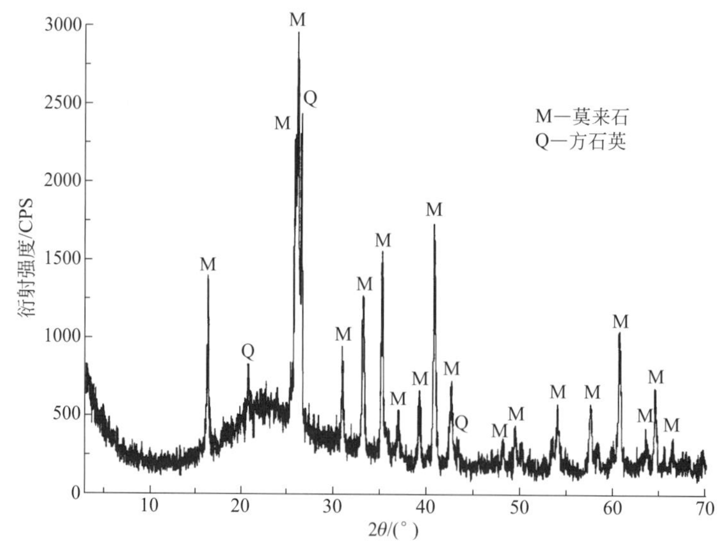

图 25-1　粉煤灰原料（BF-06）X射线粉末衍射图

图 25-2 为粉煤灰原料的扫描电镜照片。由图可见，粉煤灰大部分为呈球状的玻璃体，球体直径分布在约 1～20μm 之间。玻璃球体的表面光滑，同时存在少量的莫来石晶体，呈针状或棒状生长，粉煤灰中的玻璃相和莫来石相并不是独立存在的。

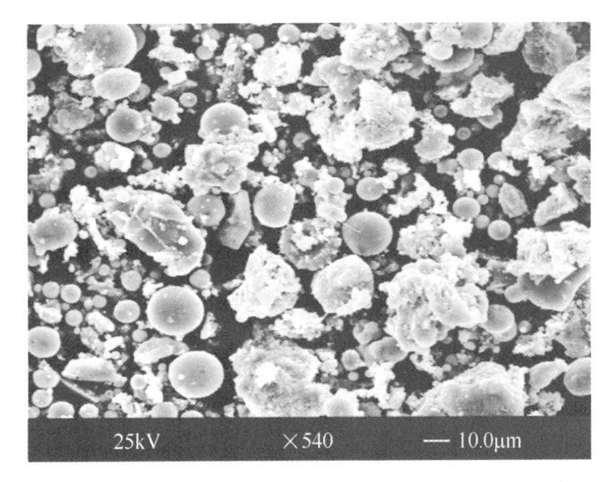

图 25-2　粉煤灰原料（BF-06）的扫描电镜照片

采用振动磨对粉煤灰原料进行粉磨，目的是使原料矿物的粒度变小，比表面积增加，同时在振动磨的过程中，使原料矿物内部发生一系列变化，如晶格中的应力增加、能量降低，各种缺陷增加等，从而更好地参与反应（李洪桂，2005）。

对粉煤灰原料进行激光粒度分析，原始粉煤灰粒径分布为 $d(0.5)=49.0\mu m$，$d(0.9)=149.1\mu m$，体积平均粒径为 68.2μm。粉磨后的粉煤灰粒径分布为 $d(0.5)=0.6\mu m$，$d(0.9)=1.4\mu m$，体积平均粒径为 25.8μm，比表面积为 $1.19m^2/g$。

（2）石灰

实验用石灰由北京市现代建筑材料公司提供，其工业技术指标见表 25-2。X 射线粉末衍射分析结果表明（图 25-3），其物相主要为 CaO 和少量未分解的方解石和石英。

表 25-2　实验用石灰的工业技术指标

CaO	MgO	有效钙含量	消解时间	消解温度	0.08mm 筛余
81.8%	4.9%	62.0%	9.0min	65.0℃	10.8%

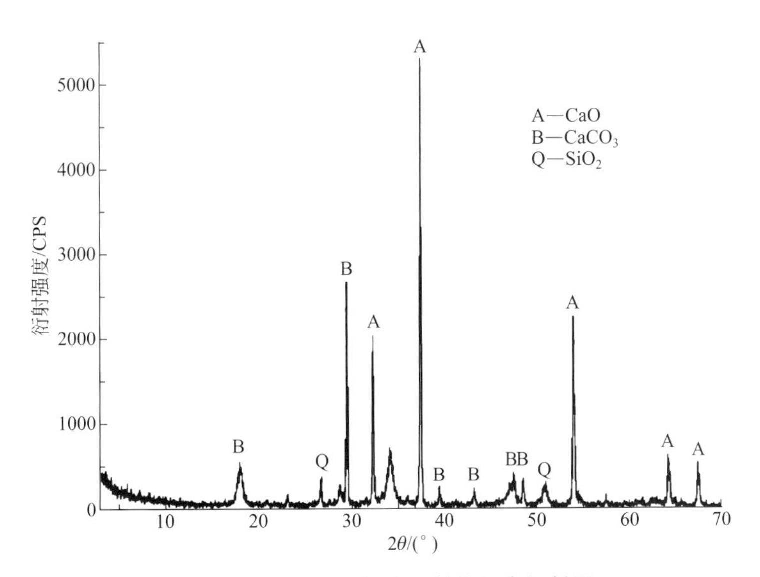

图 25-3　实验用石灰的 X 射线粉末衍射图

（3）水玻璃

水玻璃是一种气硬性胶凝材料，生产方法分为湿法和干法两种。湿法生产硅酸钠水玻璃，是由石英砂与氢氧化钠溶液在水热条件下反应而生成硅酸钠。反应式如下：

$$SiO_2 + 2NaOH \longrightarrow Na_2SiO_3 + H_2O \tag{25-1}$$

干法最常用的是碳酸钠法，即工业碳酸钠与石英砂在高温（1350℃）熔融状态下反应生成硅酸钠。生产工艺包括配料、熔融、浸溶、浓缩几个过程。反应式如下：

$$Na_2CO_3 + nSiO_2 \longrightarrow Na_2O \cdot nSiO_2 + CO_2\uparrow \tag{25-2}$$

实验用硅酸钠水玻璃由北京市红星泡花碱厂生产，模数 3.1～3.4，呈白色粉末状固体，属固-2 型，通用分子式：$Na_2O \cdot nSiO_2$。矿物聚合材料制备过程中添加硅酸钠的目的，是调节反应体系中的 Na_2O/SiO_2 比值，为反应提供碱性环境。此外，硅酸钠在聚合反应过程中还起模板、骨架作用。

（4）脱硫石膏

脱硫石膏是对含硫燃料（煤、油等）燃烧后产生的烟气进行脱硫处理所得工业副产品。烟气脱硫以湿式石灰石/石膏法脱硫工艺为主流，是将石灰石/石灰浆液经雾化喷射到烟气中，烟气中的 SO_2 与吸收剂发生化学反应，首先生成亚硫酸钙，再经氧化形成二水石膏。烟气脱硫石膏呈较细颗粒状，平均粒径约 40～60μm，颗粒呈短柱状，长径比在 1.5～2.5 之间，颜色呈灰白、灰黄色。二水石膏含量一般在 90%以上，含游离水一般在 10%～15%，其中还含有飞灰、有机碳、方解石、亚硫酸钙，以及钠、钾、镁的硫酸盐或氯化物等可溶性盐类杂质。

实验用脱硫灰取自北京市现代建筑材料公司。将脱硫石膏在 105℃下干燥 24h 后，进行 X 射线粉末衍射分析，其主要物相为半水石膏（图 25-4）。

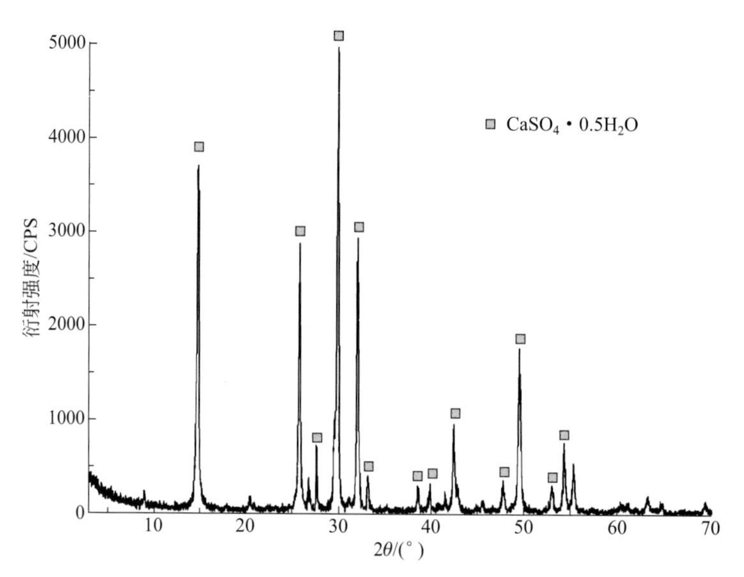

图 25-4　实验用脱硫石膏的 X 射线粉末衍射图

（5）工业烧碱

高浓度的氢氧化钠溶液是铝硅酸盐聚合反应的激发剂，能够与硅铝质原料反应生成胶体相。强碱氢氧化钠的加入不仅有助于粉煤灰玻璃体结构的解体，而且参与反应，生成类沸石产物（李东旭等，2005）。

实验用氢氧化钠为市售片状工业级烧碱，其 NaOH 含量大于 96%。

25.2.2 制备过程

25.2.2.1 实验方法

原料配料：按实验设计方案分别称取粉煤灰、石灰、脱硫石膏等固相物料，混合搅拌均匀。称取工业硅酸钠和工业烧碱，按照设定配比加入工业用水，制成硅酸钠碱液。

物料混合：将固液物料混合后，置于 ZJM-20 周期式搅拌球磨机中（1430r/min），加入刚玉质球体作为球磨介质，球磨 15min。

装模成型：通过振动筛分离混合料浆和刚玉球体。将料浆置于 40mm×40mm×40mm 三联模具中，放在 GZ-85 型水泥胶砂振动台上振动 120s 成型。

蒸压养护：将试样于室温下固化，脱模后送入北京市现代建筑材料公司的双环牌蒸压釜中养护 10h（升温 2h，恒温 6h，降温 2h），出釜冷却后即得制品。

制备轻质墙材的工艺流程如图 25-5 所示。

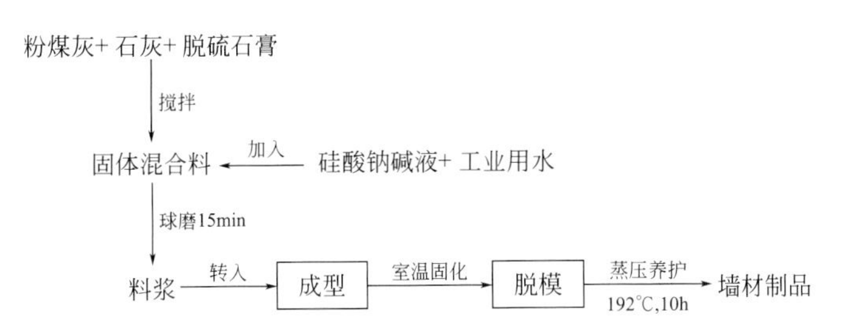

图 25-5 制备轻质墙体材料工艺流程

25.2.2.2 实验结果

在前期实验基础上，选择石灰用量、硅酸钠用量、烧碱用量（质量比）为影响制品力学性能（饱水抗压强度）的主要因素。采用正交实验方案，每一因素各取 3 个水平，进行 $L_9(3^3)$3 因素 3 水平正交实验。全部制品均在蒸压釜中于 192℃、1.3MPa 下养护 10h，制品出釜后在自来水中浸泡 24h，测定其饱水抗压强度（5 个试样测定均值，下同）。采用未粉磨的粉煤灰原料进行第一轮正交实验，结果见表 25-3。表中的 $K(i, j)$ 表示第 j 列中对应于水平 i 的制品抗压强度的平均值。级差 R 表示各因素 3 个水平对应抗压强度平均值之差的绝对值。级差越大，表明该因素对制品抗压强度的影响越大。

从第一轮正交实验结果（表 25-3）可见，石灰用量对轻质墙体材料的饱水抗压强度影响最大，其次为硅酸钠用量。各配方制品的强度最大差值达 7.96MPa，说明实验中各因素选取范围较大，应进行调整。同时由于所用粉煤灰没有进行预处理，粒度较大，可能导致反应不充分，进而影响实验制品的抗压强度。采用磨细粉煤灰，按第一轮正交实验的原料配比进行第二轮正交实验。结果表明，各配方制品的强度提高幅度变化不大。因此，重新调整原料配比，利用磨细粉煤灰设计了第三轮正交实验。实验结果见表 25-4。

第三轮正交实验制备的轻质墙体材料，饱水抗压强度最高达 14.48MPa。表 25-4 中的实验结果表明，此时对制品的抗压强度影响最大的因素为硅酸钠的用量，其次为烧碱用量。各配方制品的抗压强度已较为接近，其平均抗压强度差值最大为 2.65MPa，且各因素的级差均较小，故已接近优化值。由此，得到优化原料配比为：粉煤灰73%，石灰12%，脱硫石膏3%，硅酸钠10%，烧碱2%。在优化条件下制得的轻质墙体材料（QT-01），抗压强度为(14.68±1.66)MPa（表25-5），满足烧结普通砖国家标准（GB/T 5101—2017）MU10等级的强度要求（表25-6）。

表 25-3 制备轻质墙材第一轮正交实验结果

实验号	石灰用量/%	硅酸钠用量/%	烧碱用量/%	抗压强度/MPa
SM1-1	15	10	3	10.49
SM1-2	15	20	5	6.72
SM1-3	15	30	7	4.65
SM1-4	10	10	5	4.59
SM1-5	10	20	7	4.09
SM1-6	10	30	3	4.46
SM1-7	7	10	7	5.07
SM1-8	7	20	3	4.25
SM1-9	7	30	5	2.53
$K(1,j)$	7.29	6.72	6.40	
$K(2,j)$	4.38	5.02	4.61	
$K(3,j)$	3.95	3.88	4.60	
级差 R	3.34	2.84	1.80	

注：脱硫石膏用量占固相原料的3%，固液质量比为2.0。

表 25-4 第三轮正交实验结果

实验号	石灰用量/%	硅酸钠用量/%	烧碱用量/%	抗压强度/MPa
SM2-1	18	8	2	12.50
SM2-2	18	10	3	14.40
SM2-3	18	12	4	12.17
SM2-4	15	8	3	11.83
SM2-5	15	10	4	14.46
SM2-6	15	12	2	13.49
SM2-7	12	8	4	13.46
SM2-8	12	10	2	14.48
SM2-9	12	12	3	12.44
$K(1,j)$	13.02	12.60	13.49	
$K(2,j)$	13.26	14.45	12.89	
$K(3,j)$	13.46	12.70	13.36	
级差 R	0.44	1.85	0.60	

注：脱硫石膏用量占固相原料的3%，固液质量比为2.0。

表 25-5 采用优化配方所得墙材制品（QT-01）的抗压强度测定结果

载荷/kN	24.18	26.13	21.15	19.65	20.82
强度/MPa	15.12	16.34	13.23	12.29	13.02

表 25-6 烧结普通砖的强度要求（GB/T 5101—2017） MPa

强度等级	抗压强度平均值 $\bar{f}$≥	强度标准值 f_k≥
MU30	30.0	22.0
MU25	25.0	18.0
MU20	20.0	14.0
MU15	15.0	10.0
MU10	10.0	6.5

在正交实验基础上，进行单因素实验，以定量评价各因素对材料制备过程的影响。

（1）石灰用量

固定硅酸钠用量为10%，烧碱3%，固液质量比为2.0，石灰用量分别为7%、12%、15%、20%，制备了轻质墙体材料QT-C07、QT-C12、QT-C15和QT-C20，制品的抗压强度变化如图25-6所示。

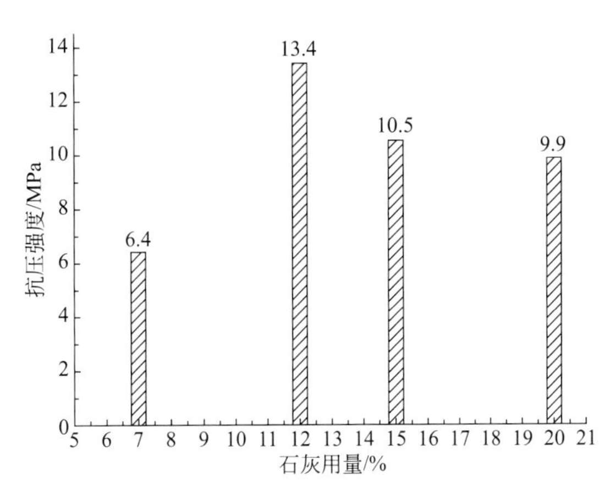

图 25-6 石灰用量与墙材制品抗压强度关系图

结果表明，增加石灰用量对制品的抗压强度起增强作用，但用量过高则对材料强度产生不利影响。石灰用量主要影响制品中雪硅钙石等水化产物的含量，当雪硅钙石等的含量较少时，其形态效应起增强作用，有利于提高制品的抗压强度；但当其含量过大时，其形态效应在材料中形成较多孔隙，降低了材料的致密度，同时也在一定程度上抑制了铝硅酸盐聚合反应的进行，从而对制品的力学性能产生负面影响。

（2）固液质量比

固相原料采用相同的配比，即石灰12%、水玻璃10%、工业烧碱2%；固液质量比分别取1.8、2.0、2.2、2.5，制备墙体材料，制品的饱水抗压强度见图25-7。

矿物聚合材料属于碱激发胶凝材料，碱浓度影响粉煤灰中玻璃体的溶解反应。Xu等（2000）研究表明，铝硅酸盐矿物的溶解度随碱液浓度的增大而升高。水含量对浆体的黏度有直接影响。矿聚材料的铝硅酸盐反应是一个放热脱水过程，反应以水为传质，聚合后又将大部分水排除，少量水则以结构水形式存在于材料中（Van Jaarsveld et al，1997）。石灰遇水反应，需要消耗部分水，当石灰用量一定时，固液比降低，则碱浓度降低，玻璃体中被溶解的硅铝组分减少，不利于OH^-与硅铝矿物颗粒反应形成聚合物前驱体。而聚合物前驱体是形成基体相，赋予材料良好力学性能的基础。提高固液质量比，则体系中的自由水相对减少，不利于前驱体铝硅配合物在骨料颗粒之间的迁移，从而影响基体相的聚合度和均匀性，对制品强度产生不利影响。实验发现，固液质量比太高或太低都会影响材料成型，固液质量比太高导致料浆流动性差，不易成型；固液质量比太低则难以固化，且料浆易分层。

（3）硅酸钠用量

固定石灰用量12%，烧碱用量2%，固液质量比2.0，工业硅酸钠用量分别取5%、10%、15%、20%和30%，制备了墙体材料QT-S05、QT-S10、QT-S15、QT-S20和QT-S30，

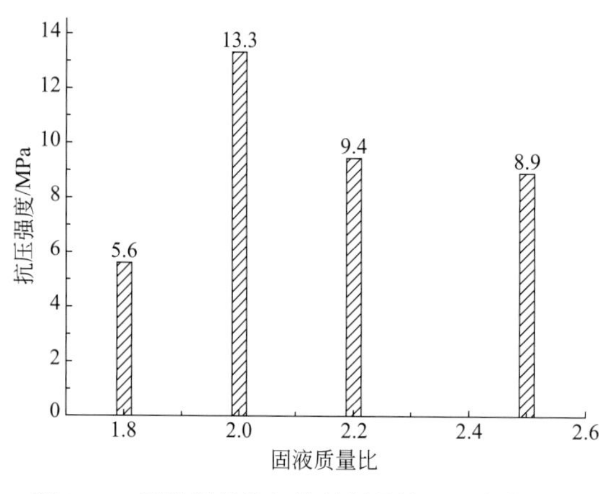

图 25-7 固液质量比与墙材制品抗压强度关系图

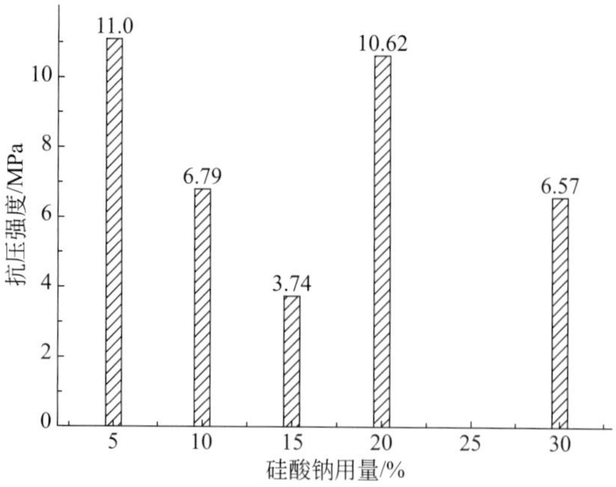

图 25-8 硅酸钠用量与墙材制品抗压强度关系图

制品的抗压强度如图 25-8 所示。随硅酸钠用量的增加，制品的强度变化无规律性。添加硅酸钠的目的是调节反应体系的 Na_2O/SiO_2 比值，为反应提供良好的碱性环境。此外，硅酸钠在矿聚材料制备反应中还起模板、骨架作用，同时提供反应所需的低聚硅酸根阴离子团。Lee 等（2002b）通过实验得出，可溶性硅的存在是发生铝硅酸盐聚合反应的前提，可溶性硅铝化合物是铝硅酸盐聚合反应的基础。硅酸钠提供的低聚硅酸根阴离子团也与体系中的 CaO 反应生成水化硅酸钙，促进蒸压养护时雪硅钙石等产物的生成。当硅酸钠含量在一定范围内增加时，引起水化反应较聚合反应充分，水化产物增加，导致材料强度下降；当与 CaO 反应的硅酸钠饱和后，富余的低聚硅酸根阴离子团参与聚合反应，形成多聚体成为材料的基体相，使制品强度有所提高。

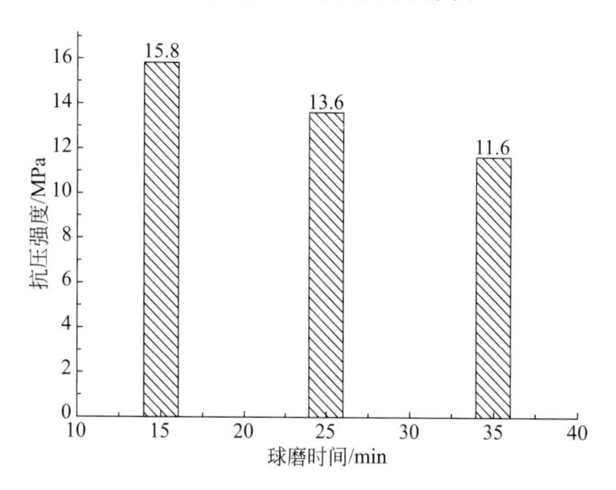

图 25-9 球磨时间与墙材制品抗压强度关系图

（4）球磨时间

固相原料采用相同配比，即石灰 15%、硅酸钠 10%、烧碱 3%，固液质量比 2.0；分别球磨 15min、25min、35min，制备墙体材料。制品的饱水抗压强度见图 25-9。由图可见，制品抗压强度随粉煤灰原料球磨时间延长而降低。可能原因是，球磨时间延长，导致体系中的自由水因蒸发而减少，影响了体系中配合物的分散迁移以及水化反应的程度，同时也使材料成型较为困难，从而影响制品的均匀性和致密度，导致制品的抗压强度相应降低。

（5）工业烧碱用量

固定石灰用量为 12%，工业硅酸钠 15%，固液质量比 2.0；分别添加 0%、3%、6%、9%的工业烧碱，制备墙体材料。所得制品的抗压强度见图 25-10。

高浓度的 NaOH 溶液是铝硅酸盐聚合反应的激发剂，能够与硅铝质原料反应生成胶体相。强碱 NaOH 的加入有助于粉煤灰玻璃体结构的解体，并且参与反应，生成类沸石产物（李东旭等，2005）。烧碱用量增加提高了反应体系的 NaOH 浓度，有助于粉煤灰玻璃体中硅铝组分的溶出，使得 OH^- 可以更好地与硅铝矿物颗粒反应形成聚合物前驱体，进而形成基体相，从而赋予材料较好的力学性能。

李如臣（2006）研究了不同浓度 NaOH 溶液对矿聚材料力学性能的影响。结果发现，随着 NaOH 溶液浓度增大（1mol/L，5mol/L，10mol/L），制品的抗压强度也相应提高。Bakharev（2005）分别用 2%、4%、6%、8%浓度的 NaOH 溶液与粉煤灰作用，发现当 NaOH 浓度为 8%时，所得制品的强度明显高于其他制品。

（6）脱硫石膏用量

固定石灰用量为 12%，工业硅酸钠 15%，工业烧碱 2%，固液质量比 2.0；分别添加 0%、5%、10%、20%的脱硫石膏，制备墙体材料。制品的抗压强度见图 25-11。随脱硫石膏用量的增加，制品抗压强度变化无明显的规律性。实验发现，当脱硫石膏用量为 10%和 20%时，制品在室温下难以固化，早期强度很低，可能是由于体系中较多的二水石膏所致。水化反应结束后，石膏作为气硬性胶凝材料提供了部分强度来源。故添加 20%的脱硫石膏的制品，其抗压强度相对较高。

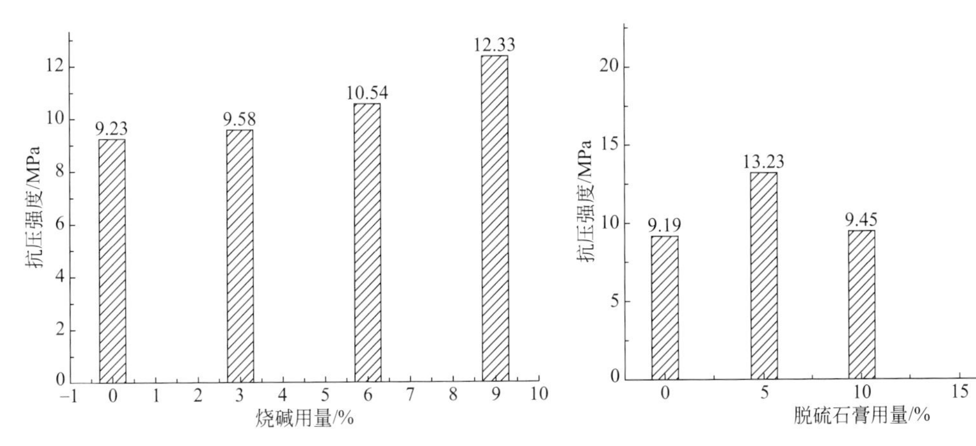

图 25-10　烧碱用量与墙材制品抗压强度关系图　　**图 25-11　脱硫石膏用量与墙材制品抗压强度关系图**

25.3　制品结构与性能

25.3.1　物相组成

由图 25-12 可见，实验制品（QT-01）中出现了新物相，主要是体系在蒸压养护过程中反应生成的一些硅酸钙类晶相如雪硅钙石（tobermorite）和水钙铝榴石（plazolite）。此外，粉煤灰原料中结晶相莫来石（mullite）仍残留于墙材制品中。

25.3.2　显微结构

图 25-13、图 25-14 分别为墙材制品（QT-01）的实体显微照片及反相显微照片。由图可见，制品的结构均匀，实体显微镜下未见明显变化。样品中含有大量气孔，反相照片中更为明显。气孔尺寸大小相近，且分布比较均匀。这些气孔主要是试样中水分排出后留下的，另有部分可能是成型过程中砂浆中的气泡未能完全排除所致。大量均匀分布的气孔，有利于提高轻质墙材制品的保温隔热性能，但会影响材料的力学性能。因此，控制气孔的含量、大小及分布，可以制得综合性能良好的轻质墙材制品。

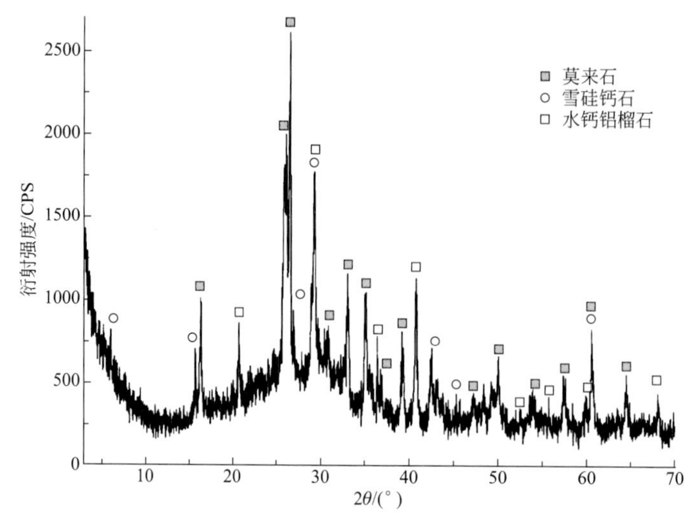

图 25-12　墙材制品（QT-01）的 X 射线粉末衍射图

图 25-13　墙材制品（QT-01）的实体显微照片

图 25-14　墙材制品（QT-01）的反相显微照片

图 25-15、图 25-16 是制备得到的轻质墙材制品（QT-01）的偏光显微照片。材料的物相组成在正交偏光显微镜下可分为结晶相和无定形相。结晶相主要是雪硅钙石等水化产物及

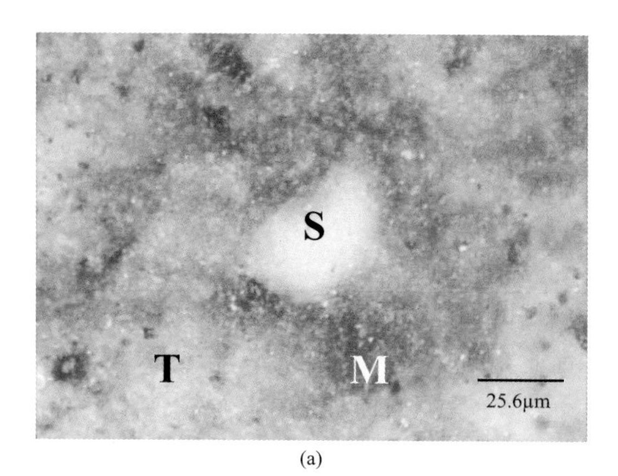

(a)

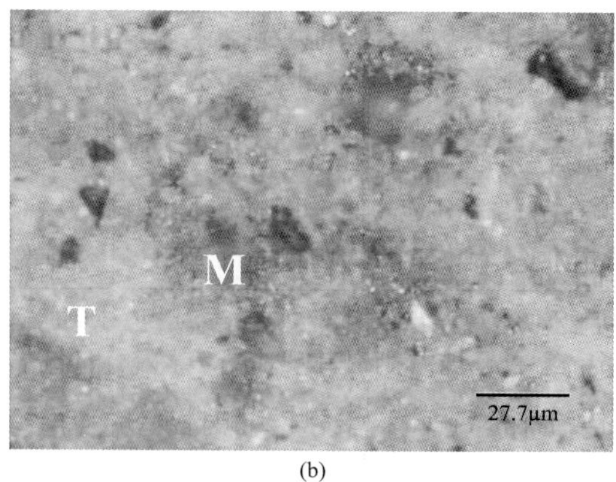

(b)

图 25-15　墙材制品（QT-01）的单偏光显微照片

粉煤灰原料中未反应的晶体相，即图中发亮部分。无定形相主要是由铝硅酸盐凝胶固化而成的基体相，即图中呈絮凝状的暗色部分。晶体相和基体相的结合关系可由图 25-15、图 25-16 中观察出。图中符号 M 为基体相，T 为水化产物，S 表示石英。

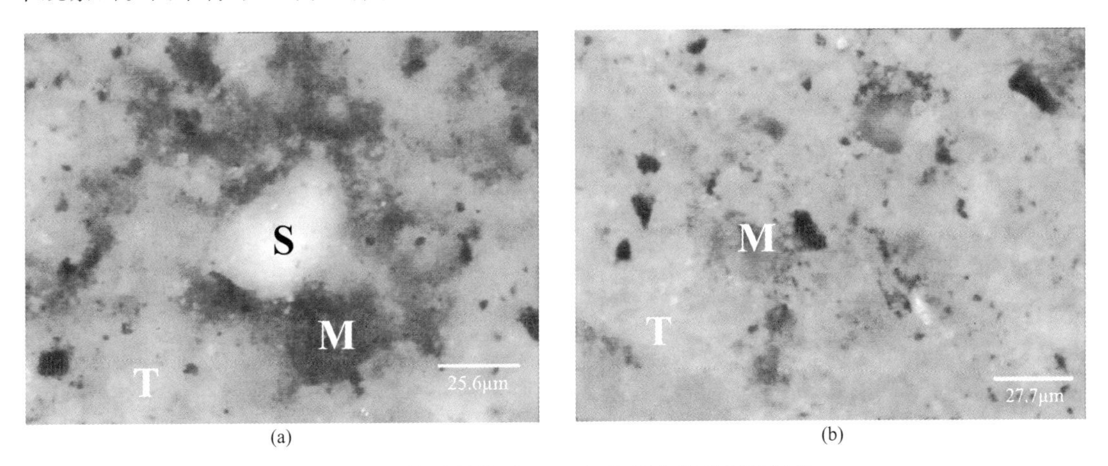

(a)　　(b)

图 25-16　墙材制品（QT-01）的正交偏光显微照片

采用扫描电镜对实验制品（QT-01）的微观形貌进行观察。从扫描电镜照片中可见，制品中存在大量气孔。扫描电镜观察面均为试样断裂后形成的新鲜自然断面（图 25-17）。

(a)　　(b)

(c)　　(d)

图 25-17　墙材制品（QT-01）断面的扫描电镜照片

材料的抗压强度决定于其内部微观结构。要提高材料的抗压强度，必须使得材料内部结构紧密，尽量减少缺陷。由图 25-17 可见，聚合反应生成的铝硅酸盐基体相呈絮凝状，与水化产物的结合不甚紧密，材料没有形成致密的内部结构，因而其强度不高。制品中存在大量叶片状水化产物，其尺寸在 3～15μm。X 射线衍射分析结果显示，该产物主要为雪硅钙石（图 25-12）。雪硅钙石叶片相互交织，在制品中形成一定的交织结构，在一定程度上有助于制品强度的发展。此外，此种结构也在制品中形成了大量孔隙，降低了制品的体积密度，改善了制品的保温隔热性能。

25.3.3 物理性能

（1）抗压强度

材料的强度是指在外力（载荷）作用下抵抗破坏的能力。当材料承受外力作用时，材料内部之间产生相互作用力，称为内力，单位面积上的内力称为应力。随着外力的逐渐增加，应力也相应增大，当应力增大到超过该材料本身所能承受的“极限”时，材料即被破坏。计算公式如下：

$$\sigma=\frac{F}{A} \tag{25-3}$$

式中，σ 为材料的抗压强度，Pa；F 为材料受压时的载荷，N；A 为材料的受力面积，m^2。

实验实际测定的材料强度称为材料的实际强度。而材料的理论强度是指，从理论上分析，材料内部结构所能承受的最大应力，是指克服固体内部质点的结合力形成两个新表面时所需的力，其计算公式：

$$\sigma_L=\sqrt{\frac{E\gamma}{d}} \tag{25-4}$$

式中，σ_L 为理论抗压强度，Pa；E 为弹性模量，N/m^2；γ 为固体表面能，J/m^2；d 为原子间距离。

材料中都会存在某些缺陷，如微裂纹、气孔等。存在微裂纹情况下，材料受力时，在裂纹尖端就会出现应力集中，致使裂纹不断扩大、延伸，互相连通，从而降低材料的强度，故材料的实际强度远低于理论强度。矿聚材料中也存在气孔、微裂纹等缺陷，且其基体相的成分不均匀，这些都会对矿聚材料的抗压强度产生影响。

实验制备的新型轻质墙材制品，因设计目标材料密度较低，故材料中存在较多孔洞，相应地一定程度上限制了材料的力学性能。对制备成型工艺做进一步研究，以使实验制品兼有较高的力学性能和较低的体积密度，仍是今后应重点改进之处。在优化条件下制备的轻质墙材制品，其抗压强度为（14.68±1.66）MPa。

（2）体积密度

对代表性墙材制品的体积密度进行了测定，结果见表 25-7。代表性制品 QT-01 的干体积密度为（1.11±0.03）g/cm^3，低于实心黏土砖的密度（1.70～1.80g/cm^3）。实验制品 QT-C20 和 QT-S20 的体积密度分别为（1.02±0.01）g/cm^3 和（1.03±0.01）g/cm^3，略低于制品 QT-01 的密度。这是因为制品 QT-C20 和 QT-S20 的原料配比中，石灰和硅酸钠含量相对较高，在蒸压养护过程中有利于水化反应的进行，因而制品中的水化产物较多，制品孔隙率相对较高，使其体积密度相对较小。

表 25-7　墙材制品的体积密度测定结果

样品号	质量/g	长/cm	宽/cm	高/cm	体积密度/(g/cm³)	
QT-01	74.5	4.00	4.08	4.01	1.14	1.11±0.03
	72.1	3.96	4.02	4.05	1.12	
	70.3	3.96	4.05	4.01	1.09	
	71.9	3.97	4.08	4.02	1.10	
	70.3	3.98	4.07	3.98	1.09	
QT-C20	72.7	4.13	4.13	4.17	1.02	1.02±0.01
	72.4	4.18	4.11	4.14	1.02	
	72.6	4.17	4.16	4.13	1.01	
	72.6	4.12	4.16	4.17	1.02	
	72.5	4.16	4.14	4.15	1.01	
QT-S20	63.7	3.94	3.96	3.99	1.02	1.03±0.01
	64.3	3.94	3.98	4.00	1.03	
	64.1	3.94	3.98	3.97	1.03	
	64.2	3.92	3.96	3.98	1.04	
	64.5	3.94	3.97	3.98	1.04	

(3) 含水率和吸水率

含水率测定：称量制品在常温下的质量，然后将其置于干燥箱中，在 105℃下干燥 24h 后称重，损失质量与干燥制品质量的比值即为含水率。

吸水率测定：称量制品在 105℃下干燥 24h 后的质量，然后放入蒸馏水中浸泡 24h，取出后称量其饱水质量，增加的水分质量与干燥制品质量的比值即为吸水率。

测定结果见表 25-8。代表性制品 QT-01 的含水率和吸水率分别为 19.84％±0.06％和 44.42％±0.23％。制品 QT-C20 和 QT-S20 的含水率和吸水率分别为 27.84％±0.22％、58.65％±0.19％和 13.16％±0.24％、54.28％±0.24％。含水率和吸水率的差别，主要与试样中雪硅钙石等水化产物的含量以及由此导致的材料致密度的变化有关。

表 25-8　墙材制品的含水率和吸水率测定结果

样品号	出釜质量/g	干燥后质量/g	浸水后质量/g	含水率/％	吸水率/％
QT-01	90.9	75.8	109.7	19.90	44.65
	91.3	76.2	110.0	19.78	44.36
	91.1	76.0	109.7	19.84	44.24
QT-C20	93.1	72.7	115.2	28.06	58.46
	92.4	72.4	115.0	27.62	58.84
	92.9	72.6	115.2	27.96	58.68
QT-S20	72.5	64.2	98.9	12.93	54.05
	72.8	64.3	99.3	13.22	54.43
	72.8	64.2	99.2	13.40	54.52

（4）线收缩率

线收缩率：称量制品饱水后的边长，记录测量位置及边长值，然后将其置于干燥箱中，在105℃下干燥至质量恒重。在相同位置测量试样的边长值，边长收缩差值与干燥样品边长的比值即为线收缩率。

测定结果表明，制品QT-01、QT-C20、QT-S20的线收缩率分别为0.29%±0.05%、0.40%±0.03%、0.41%±0.05%（表25-9）。由于QT-C20和QT-S20试样的石灰和硅酸钠水玻璃含量相对较高，导致两种制品中的水化产物含量不同，形成的孔隙率存在差异，导致材料的吸水膨胀率不同。

（5）热导率

对实验制备的代表性制品的热导率进行测定，所用仪器为GRD-Ⅱ型快速热导仪。结果表明，实验制品的热导率为0.12W/(m·K)，显著低于实心黏土砖的热导率0.81 W/(m·K)。由此估计，在墙体厚度相同条件下，采用矿聚墙材可比实心黏土砖节约建筑能耗约84.0%；体积密度较实心黏土砖低约39%，因而可有效减轻建筑物自重。

表25-9　轻质墙体材料的线收缩率

样品号	饱水边长/mm	干燥边长/mm	收缩率/%	
QT-01	40.24	40.14	0.25	0.29±0.05
	39.94	39.82	0.30	
	40.72	40.58	0.34	
QT-C20	41.48	41.32	0.39	0.40±0.03
	41.92	41.74	0.43	
	41.80	41.64	0.38	
QT-S20	39.36	39.22	0.36	0.41±0.05
	39.42	39.26	0.41	
	39.62	39.44	0.46	

25.4　材料固化反应机理

25.4.1　矿聚材料形成过程

矿物聚合材料的形成过程可分为以下4个阶段：①铝硅酸盐矿物粉体原料在碱性溶液（NaOH）中的溶解；②溶解的铝硅配合物由固体颗粒表面向颗粒间隙的扩散；③凝胶相［$M_x(AlO_2)_y(SiO_2)_z \cdot nMOH \cdot mH_2O$］的形成，导致在碱硅酸盐溶液和铝硅配合物之间发生聚合作用；④凝胶相逐渐排除剩余的水分，固结硬化成矿物聚合材料制品（马鸿文等，2002a；Davidovits，1987）。铝硅酸盐聚合反应是一个放热脱水过程。反应以水为介质，铝硅酸盐在碱性液相条件下解聚，形成富含羟基的低聚体，低聚体相互脱羟基聚合后又将大部分水排除。聚合作用过程即各种铝硅酸盐（Al^{3+}呈Ⅳ次或Ⅴ次配位）与强碱性硅酸盐溶液之间的化学反应。图25-18表示简化的聚合反应机理（Duxson et al，2007），它概括了由固体铝硅酸盐原料固化为矿聚材料的主要转化过程。

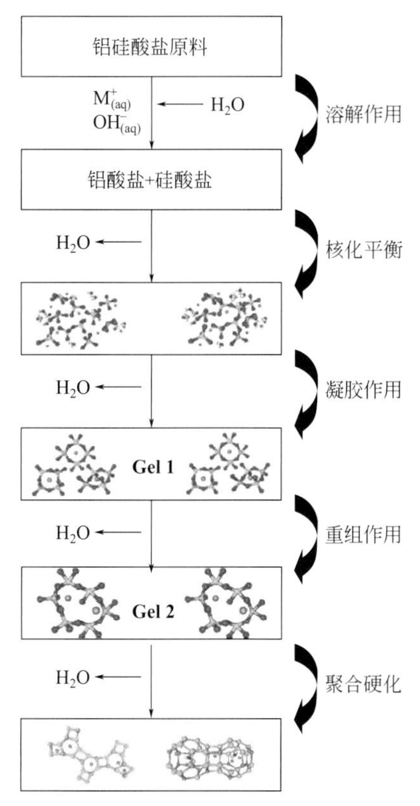

图 25-18　铝硅酸盐聚合反应过程示意图
（据 Duxson et al，2007）

实验制备轻质墙材的反应过程如下所示：

① 在球磨过程机械力及强碱性溶液的作用下，粉煤灰等原料中硅氧键被破坏，硅铝质原料中硅解聚，形成低聚体，同时石灰原料中的 CaO 与水反应：

$$CaO + H_2O \longrightarrow Ca(OH)_2 \tag{25-5}$$

$$-\overset{|}{\underset{|}{Si}}-O-\overset{|}{\underset{|}{Si}}- + OH^- \longrightarrow -\overset{|}{\underset{|}{Si}}-O- + -\overset{|}{\underset{|}{Si}}-OH$$

$$-\overset{|}{\underset{|}{Si}}-O- + OH^- \longrightarrow -O-\overset{|}{\underset{|}{Si}}-OH \tag{25-6}$$

② 体系中低聚体脱水形成高聚体，CaO 与硅酸根阴离子团及溶解出的铝酸根阴离子团反应，生成水化硅酸钙凝胶和水化铝酸钙凝胶，体系中的硫酸钙（脱硫石膏）与部分水化铝酸钙反应生成钙矾石，有助于增强坯体的早期结构强度：

$$-O-\overset{|}{\underset{|}{Si}}-OH + HO-\overset{|}{\underset{|}{Si}}-O- \longrightarrow -O-\overset{|}{\underset{|}{Si}}-O-\overset{|}{\underset{|}{Si}}-O- + H_2O$$

$$-O-\overset{|}{\underset{|}{Si}}-OH + HO-\overset{|}{\underset{|}{Al^-}}-O- \longrightarrow -O-\overset{|}{\underset{|}{Si}}-O-\overset{|}{\underset{|}{Al^-}}-O- + H_2O \tag{25-7}$$

$$2CaO + FA(粉煤灰) + 2H_2O \longrightarrow 2Ca^{2+} + SiO_2(活性) + 4OH^- \longrightarrow C\text{-}S\text{-}H \tag{25-8}$$

$$2CaO + FA(粉煤灰) + 2H_2O \longrightarrow 2Ca^{2+} + Al_2O_3(活性) + 4OH^- \longrightarrow C\text{-}A\text{-}H \tag{25-9}$$

$$C\text{-}A\text{-}H + 3CaSO_4 \cdot 2H_2O + 2\ Ca(OH)_2 + 21H_2O \longrightarrow 3CaO \cdot Al_2O_3 \cdot 3CaSO_4 \cdot 32H_2O \tag{25-10}$$

③ 高聚体继续发生聚合反应生成聚合物骨架，赋予制品以力学性能；体系中的 Ca^{2+} 可激发多硅铝酸盐骨架的形成和基体相的硬化；水化硅酸钙凝胶在蒸压养护过程中进一步与钙离子及低聚体发生水热反应，生成雪硅钙石和水钙铝榴石等水化物相；部分水化铝酸钙则转变为不同组成的类沸石相：

$$-O-\overset{|}{\underset{|}{Si}}-O-\overset{|}{\underset{|}{Si}}-OH+HO-\overset{|}{\underset{|}{Si}}-O-\overset{|}{\underset{|}{Al}}-O- \longrightarrow -O-\overset{|}{\underset{|}{Si}}-O-\overset{|}{\underset{|}{Si}}-O-\overset{|}{\underset{|}{Si}}-O-\overset{|}{\underset{|}{Al^-}}-O- +H_2O \tag{25-11}$$

$$-O-\overset{|}{\underset{|}{Si}}-O-\overset{|}{\underset{|}{Si}}-OH+HO-\overset{|}{\underset{|}{Al}}-O-\overset{|}{\underset{|}{Si}}-O- \longrightarrow -O-\overset{|}{\underset{|}{Si}}-O-\overset{|}{\underset{|}{Si}}-O-\overset{|}{\underset{|}{Al^-}}-O-\overset{|}{\underset{|}{Si}}-O- +H_2O \tag{25-12}$$

$$-\overset{|}{\underset{|}{Si}}-O^- + Ca^{2+} \longrightarrow -\overset{|}{\underset{|}{Si}}-O-Ca^+ \tag{25-13}$$

$$-\overset{|}{\underset{|}{Si}}-O-Ca^+ + {}^-O-\overset{|}{\underset{|}{Al^-}}- \longrightarrow \left[-\overset{|}{\underset{|}{Si}}-O-Ca-O-\overset{|}{\underset{|}{Al^-}}-\right] \longrightarrow -\overset{|}{\underset{|}{Si}}-O-\overset{|}{\underset{|}{Al^-}}- + Ca^{2+} + 2OH^- \tag{25-14}$$

$$C\text{-}S\text{-}H \xrightarrow[Ca^{2+},SiO_2 \cdot nH_2O]{\text{蒸压}} Ca_5Si_6O_{16}(OH)_2 \cdot 4H_2O \tag{25-15}$$

$$C\text{-}A\text{-}H \xrightarrow[Ca^{2+},SiO_2 \cdot nH_2O]{\text{蒸压}} Ca_5(Si_xAl_y)_6O_{16}(OH)_2 \cdot 4H_2O \tag{25-16}$$

$$C\text{-}S\text{-}H + C\text{-}A\text{-}H + Ca^{2+} + SiO_2 \cdot nH_2O \longrightarrow Ca_3Al_2Si_2O_{10}(H_2O)_2 \tag{25-17}$$

以上聚合反应表明，任何硅铝化合物都可作为制备矿聚材料的原料。此类材料的基体相化学组成与沸石类似，而结构上呈非晶质至半晶质，制备过程需要类似于水热合成沸石的条件，但其反应速率要快得多。聚合反应过程所消耗的硅铝矿物含量取决于其颗粒尺寸、Al 和 Si 的溶解度和碱性溶液的浓度（马鸿文等，2002a；Davidovits，1987；Xu et al，2000）。在材料固化过程中，铝硅酸盐聚合反应如下：

$$\underset{\text{(硅铝质原料)}}{(SiO_2,Al_2O_3)} + H_2O + NaOH \longrightarrow Na^+ + (HO)_3-Si-O-Al^--(OH)_3 \tag{25-18}$$

$$(HO)_3-Si-O-Al^--(OH)_3 + NaOH \longrightarrow Na^+ + \underset{\text{(矿聚物骨架)}}{-\!\left(\overset{|}{\underset{|}{Si}}-O-\overset{|}{\underset{|}{Al}}-O-\overset{|}{\underset{|}{Si}}-O\right)\!-} + H_2O \tag{25-19}$$

在矿聚材料形成的聚合阶段，材料中的硅铝低聚体形成高聚体，进而生成材料的铝硅酸盐骨架是通过脱羟基作用实现的，聚合过程中有水产生。从反应动力学角度来看，有水存在条件下不利于聚合反应的发生。但雪硅钙石等水化产物的生成又需要体系提供足够的水量。因此，需要准确控制合适的固液比。

25.4.2 X 射线物相分析

图 25-19 为粉煤灰原料（BF-06）与墙材制品（QT-01）的 X 射线粉末衍射对比图谱。由图可见，制品中莫来石的衍射峰强度相对于粉煤灰原料中有所减弱；而粉煤灰衍射图中 2θ 为 $18°\sim25°$ 范围的鼓包在制品中基本消失，说明粉煤灰原料中的玻璃体发生了聚合反应和水化反应，生成了新的水化物相雪硅钙石和水钙铝榴石。原料中少量方石英的衍射峰基本消失，在制品中代之以水化硅酸钙产物的衍射峰，说明方石英也参与了材料固化的聚合反应和水化反应过程。

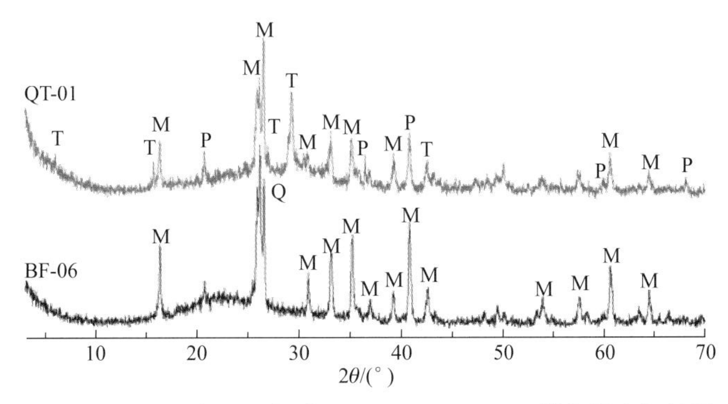

图 25-19　粉煤灰原料与墙材制品（QT-01）X 射线粉末衍射图

T—雪硅钙石；M—莫来石；P—水钙铝榴石

25.4.3　扫描电镜分析

对轻质墙材制品基体相的显微结构进行分析，粉煤灰原料中含有大量的玻璃微珠，在墙材制品固化过程中大部分玻璃微珠参与了反应，扫描电镜照片中仅保留少量玻璃微珠（图 25-20～图 25-23）。玻璃微珠由于颗粒细小，比表面积大，易于溶解于硅酸钠碱液中，最终形成制品中的铝硅酸盐凝胶相。在材料成型过程中少量气泡未完全排除，加之材料固化过程中水分的排出，导致形成大量细小气孔（图 25-20、图 25-21）。

图 25-20　墙材制品（QT-01）断面扫描电镜照片（一）

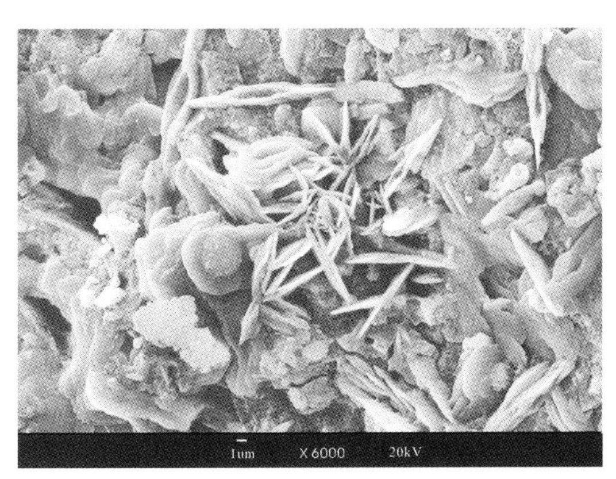

图 25-21　墙材制品（QT-01）水化产物扫描电镜照片

图 25-22　墙材制品（QT-01）断面扫描电镜照片（二）

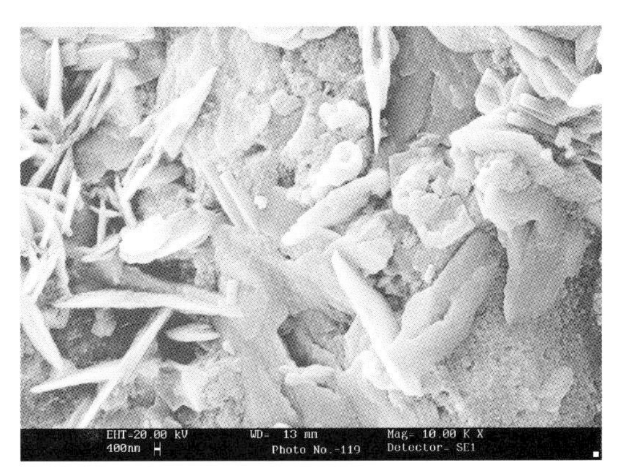

图 25-23　墙材制品（QT-01）各物相结合关系

25.4.4 红外光谱分析

硅酸盐矿物主要以［SiO_4］阴离子基团为结构单元，其红外光谱可以反映复杂的Si—O基团的振动模式。Si—O基团的振动模式有4种，即υ_1对称伸缩振动、υ_2双重简并振动、υ_3三重简并不对称伸缩振动，以及υ_4三重简并面内弯曲振动。但只有后两种振动才是红外可见的，因此，其红外光谱的谱带主要反映不对称伸缩振动和弯曲振动。孤立［SiO_4］四面体结构的振动频率小于$1000cm^{-1}$。但在结构复杂的层状和架状硅酸盐中，［SiO_4］四面体之间可以有不同形式和不同程度的结合（聚合），Al^{3+}既可以取代Si^{4+}进入四面体，也可以成为连接四面体的离子。

铝硅酸盐矿物的红外光谱可以反映复杂的Si—O基团（络阴离子）的振动，其特征吸收谱主要来自Si—O—Si、O—Si—O和Si—O—Al的振动。由于更复杂振动的简并叠加，频率增大，使得谱带位置发生偏移。聚合结构比孤立结构频率要高，聚合度越高则红外吸收峰频率越往高处偏移。聚合的硅酸盐阴离子产生较高的频率归因于Si—O—Si连接。此种连接方式中，氧形成两个强键，每个都像Si—O末端键和侧键那样强（法默VC，1982）。另外，物质结晶度不同也会导致红外光谱的差异。结晶较好，则红外谱带带宽较窄，出现分裂，甚至分裂强烈。因此，红外光谱可以指示结晶作用的开始或发展，以及聚合反应完成的程度。图25-24为粉煤灰原料与不同轻质墙体材料的IR谱图。

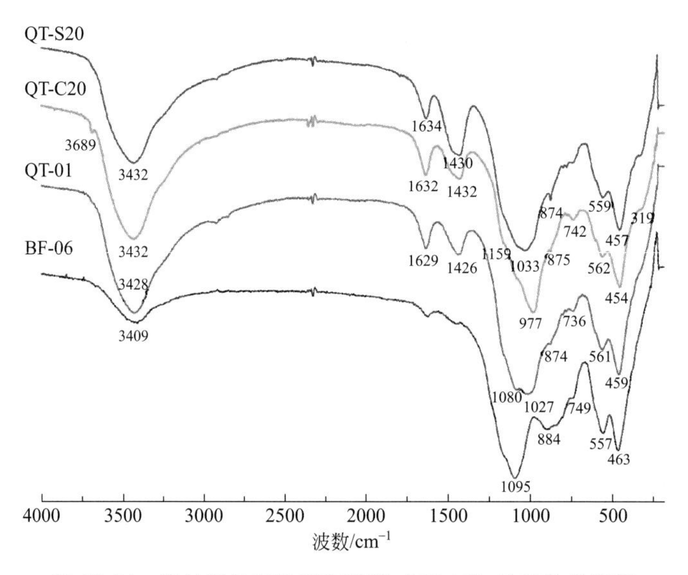

图25-24 墙材制品与粉煤灰原料（BF-06）的红外光谱图

图25-24中，$3432cm^{-1}$处反映结构中H_2O的伸缩振动，$1630cm^{-1}$处反映H_2O的弯曲振动。$1430cm^{-1}$附近为CO_3^{2-}的伸缩振动，$880cm^{-1}$处为CO_3^{2-}的弯曲振动，说明材料中有碳酸盐存在，主要是石灰中含有未分解的$CaCO_3$所致。$1010\sim1100cm^{-1}$处反映了Si—O—Si（Al）的伸缩振动，$450\sim490cm^{-1}$之间的谱带反映了Si—O—Si（Al）的弯曲振动。由粉煤灰和制品对比可知，其Si—O—Si（Al）的伸缩和弯曲振动均未消失，且都向低波数方向偏移，表明Si—O—Si（Al）的聚合度下降。这是因为在材料基体相形成过程中，粉煤灰在强碱性环境下Si—O—Si（Al）首先发生解聚反应，然后再发生聚合，而重新聚合后的Si—

O—Si（Al）的聚合度相对较低。560cm^{-1}附近和 750～830cm^{-1}附近分别反映［AlO_6］$^{9-}$八面体和［AlO_4］$^{5-}$四面体配位状态，这在粉煤灰原料和制品中均仍存在。

位于 1634cm^{-1}、1426cm^{-1}、1160cm^{-1}、875cm^{-1}、450cm^{-1}、319cm^{-1}的吸收谱带，与天然雪硅钙石的特征吸收谱带相似，其中位于 319cm^{-1}的谱带为 Ca—O 的伸缩振动峰；位于 1160cm^{-1}的谱带为连接各单链的 Si—O—Si 的伸缩振动峰，证明轻质墙材制品中生成的雪硅钙石为异常晶型的雪硅钙石。

Palomo 等（2004）发现铝硅酸盐玻璃相存在 1070～1080cm^{-1}振动谱带。Sarbak 等（2004）研究了不同类型的粉煤灰，发现在它们的红外光谱中，均出现了 1065～1095cm^{-1}谱峰，因而认为 1070～1080cm^{-1}振动谱带为非晶相的铝硅酸盐所引起。波数为 561cm^{-1}处谱峰表征 T—O—Si 的弯曲振动（Lee et al，2002b）。与粉煤灰原料相比，制品的该峰变宽，说明其弯曲振动形式增加，原料中的铝硅酸盐玻璃相的骨架结构发生解聚作用（Lee et al，2002b）。

图中还显示架状结构铝硅酸盐的典型红外吸收谱带分布。1250～900cm^{-1}为最强吸收区，最强吸收峰位于 1079cm^{-1}，为 Si—O—Si、O—Si—O 和 Si—O—Al 的非对称伸缩振动。这个波数范围比岛状硅酸盐类的范围（1000～820cm^{-1}）明显偏高，说明聚合度较高。600～300cm^{-1}为第二强吸收区，该区最强吸收峰位于 460cm^{-1}，为 Si—O 键的弯曲振动。从 800cm^{-1}开始，到 600cm^{-1}结束，以 742cm^{-1}为最强吸收峰的吸收带，可视为四面体的对称伸缩振动或包括 T 离子（Si^{4+}，Al^{3+}）的 T—O—T 桥氧的对称伸缩。所有这些谱带或其中某些谱带归因于：①四面体对称伸缩振动；②Si—O—Si 伸缩振动；③Al—O—Si 伸缩振动；④T—O—T 对称伸缩振动。1080cm^{-1}、459cm^{-1}处的特征吸收（制品 QT）与蛋白石中［SiO_4］的伸缩振动和弯曲振动相吻合。

对应于四面体和八面体配位的伸缩吸收区域：孤立的［SiO_4］伸缩吸收区域在 800～1000cm^{-1}之间，聚合的［SiO_4］伸缩吸收区域在 900～1200cm^{-1}之间；聚合的［SiO_6］伸缩吸收区域在 800～950cm^{-1}之间；孤立的［AlO_4］伸缩吸收区域在 700～850cm^{-1}之间，聚合的［AlO_4］伸缩吸收区域在 700～900cm^{-1}之间；孤立的［AlO_6］伸缩吸收区域在 350～500cm^{-1}之间，聚合的［AlO_6］伸缩吸收区域在 500～650cm^{-1}之间。显然，制品结构中不存在［SiO_6］，且［SiO_4］并非孤立存在，而是每个［SiO_4］$^{4-}$与其周围的其他［SiO_4］$^{4-}$连接，形成不同聚合度的骨架结构。

25.5 技术可行性分析

利用粉煤灰制备新型轻质墙体材料，可以根治粉煤灰带来的环境污染，符合发展绿色、可持续的墙材产业的理念，同时也具有重要的经济意义。

25.5.1 工艺流程评价

制备新型轻质墙材的工艺过程：原料处理→固料混合→湿式球磨→成型→脱模→蒸压养护→成品。整个工艺流程对所需设备要求较低，所需设备均为常规设备，在国内都有生产厂家，无需进口。

实心黏土砖作为传统的墙体材料，其产量目前仍很大。它以黏土为主要原料，经原料开采处理、调制成型、干燥（100～150℃，＞20h）、烧结（1000～1050℃，＞30h）等工序而制成。其耗煤量通常为1.56～1.73t/万块，点火柴草在100kg以上（邹惟前等，2004）。

蒸压加气混凝土是以硅质和钙质矿物或固体废物为主要材料，掺加发气剂，经加水搅拌、浇注、静停、切割、在一定温压（0.8～1.2MPa，180～200℃）下养护10～12h制成的多孔硅酸盐混凝土。目前国内主要生产的蒸压粉煤灰加气混凝土，所用硅质原料大多为粉煤灰；钙质原料是石灰或酌量掺加水泥。为了工艺控制需要，也可掺加少量石膏作调凝剂；发气剂一般为铝粉或铝粉膏。

本项技术与加气混凝土相似，可以沿用加气混凝土的相关设备，其生产能耗与加气混凝土接近。轻质墙材与加气混凝土主要养护阶段的温度均在180～200℃之间，养护时间一般为10h。而生产黏土砖的主要工序——烧结温度通常在1000～1050℃以上，烧结时间在30h以上。与之对比，轻质墙材的生产能耗显著降低。

25.5.2 制品性能评价

新型轻质墙材制品的饱水抗压强度达(14.68±1.66)MPa，体积密度约1100kg/m³，热导率约0.12W/(m·K)。轻质墙材制品与粉煤灰加气混凝土及实心黏土砖的综合比较见表25-10。由表可知，本项技术消耗一次性资源很少，同时可以大量利用固体废物粉煤灰和脱硫石膏，且生产过程三废接近零排放；而生产实心黏土砖则要消耗大量一次性资源黏土；生产加气混凝土也可以利用粉煤灰、脱硫灰等工业固废，但生产过程通常也需要添加水泥约10%。

表25-10 新型轻质墙材、粉煤灰加气混凝土与实心黏土砖综合对比

项目	粉煤灰轻质墙材	粉煤灰加气混凝土	实心黏土砖
生产原料	粉煤灰、水玻璃、石灰、脱硫石膏、工业烧碱	粉煤灰、石灰、水泥、脱硫石膏、铝膏	一次性资源黏土
主要工序	蒸压养护1.3MPa，192℃，约10h	蒸压养护1.3MPa，192℃，10～12h	烧结温度1000～1050℃，>30h
生产周期	约15h	约14h	数天
体积密度	约1100 kg/m³	500～700 kg/m³	1700～1800 kg/m³
抗压强度	(14.68±1.66)MPa	2.5～5.0MPa	≥10.0MPa(MU10)
热导率	约0.12W/(m·K)	0.09～0.17W/(m·K)	0.81W/(m·K)
三废排放	接近零	接近零	温室气体

建筑材料是高能耗产品，大部分都需要高温烧成或熔制而成。新型轻质墙材制备过程中，可消耗大量粉煤灰，且所有原料的利用率接近100%，生产过程基本无三废排放，可实现完全清洁生产。与普通实心黏土砖对比，新型轻质墙材技术无需消耗宝贵的黏土资源，且生产能耗显著降低，因而具有良好的发展前景。

第 26 章 煤炭固体废物资源化利用技术

煤炭固体废物是指在煤炭的生产和消费过程中产生的固体废物，主要包括煤矸石和粉煤灰两类。煤炭固体废物是排放量最大的工业固体废物，具有排放量大、分布广、对环境污染种类多、持续时间长的特点。中国是世界上最大的煤炭生产国和消费国，煤炭固体废物的排放量占全国工业废物排放量约 35%。因此，加强对煤炭固体废物的研究，大力开展煤炭固体废物的资源化利用，具有十分重要的意义。

26.1 研究现状概述

26.1.1 煤炭固废排放量

（1）煤矸石

煤矸石是指在煤矿采煤和原煤洗选过程中产生的废石，是伴随煤矿生产而排放的。它们主要来自所采煤层的顶板、底板与夹层，即煤系地层中的沉积岩层，在煤的采掘和洗选过程中被排出。我国的煤矸石大部分自然堆积储存，堆放于农田、山沟、坡地，且多位于煤矿工场附近，多近似圆锥体，堆积高度从几十米至上百米，矮者如堆，高者似山，故俗称矸石堆或矸石山。

2015 年中国煤炭产量达 37.47 亿吨，占全世界煤炭产量的 48.0%（国土资源部信息中心，2016）。煤矸石的排出率随煤的产状不同而变化，一般约占煤炭开采量的 20%。2015 年中国煤矸石的排放量高达约 7.4 亿吨。目前，全国有煤矸石山超过 1500 座，堆存煤矸石超过 40 亿吨。随着煤炭开采量和对原煤洗选比的增加，煤矸石的排放量还将进一步增加。

（2）粉煤灰

粉煤灰主要是指热电厂燃煤发电时从烟道气体中收集的粉末。我国的燃煤电厂大多使用煤粉炉为燃烧装置。发电过程中，将煤磨细为＜100μm 的细粉，用预热空气喷入炉膛悬浮燃烧，产生高温烟气，原煤中的灰分一部分变成粉尘进入烟道气中，通过除尘器捕集而获得粉煤灰（飞灰）；少量煤粉粒子在燃烧过程中，由于熔融碰撞，黏结成块，沉至炉底，成为底灰（炉渣）。粉煤灰一般约占灰渣总量的 80%～90%。通常每 1 万千瓦发电机组的排灰渣量约 0.9 万～1.0 万吨。

2017年底，全国煤电装机容量达10.2亿千瓦；全年煤电发电总量42000亿千瓦时，占全国发电总量的66.7%。按照中国电力企业联合会公布的年度燃煤电厂供电标准煤耗319g/(kW·h)估计，则全国年度燃煤发电的标准煤耗总量达13.4亿吨，折合发热量5000kcal/kg的原煤达18.76亿吨。由此估计，2017年全国电厂粉煤灰的排放量即达约5.6亿吨，累计堆存量估计达30亿吨以上，而其综合利用率不足60%。随着今后电力工业的发展，这种增长趋势还将持续下去。

26.1.2 煤炭固废污染

中国煤炭工业、电力工业是固体废物的主要产生源。煤矸石、粉煤灰是两种排放量最大的工业固体废物，它们含有多种有害化学成分和有机质。若处理处置不当，会造成空气、水源的污染，危害人体健康。

煤矸石在堆放过程中，常常会发生自燃，产生的大量有毒气体会对大气造成严重污染。在煤矸石的自燃过程中，有机质炭燃烧充分时主要生成CO_2，燃烧不充分时CO增多。人体吸入CO会伤害中枢神经系统。大气中CO_2的增加，则会加剧地球的温室效应。煤矸石中的硫和氮，在自燃过程中会生成硫氧化物SO_x和氮氧化物NO_x，严重时会造成酸雨危害。

煤矸石在运输、处理和加工过程中会产生大量粉尘。粉煤灰在干法排放、干灰处理以及加工、储存过程中也会产生大量粉尘。这些粉尘遇到干燥、多风天气，会形成浮尘，弥漫天空，对大气环境造成严重污染。

煤炭固体废物在堆放过程中，会随大气降水和地表径流使水源发生污染。这种污染既有细粒物形成的物理污染，也有含毒有害化学物质形成的化学污染。特别是粉煤灰经过高温燃烧，重金属相对富集，且其化学活性较燃烧前大大提高，故粉煤灰中的重金属污染应引起充分关注。

26.1.3 煤炭固废资源化利用

(1) 煤矸石

煤矸石的利用主要有以下几方面：一是煤矸石发电，将煤矸石作为低热值的燃料加以利用；二是生产各种建筑材料，如制作煤矸石砖、煤矸石陶粒，以煤矸石为原料生产水泥，将煤矸石煅烧后用作混凝土的增强填料；三是用于矿井的回填和复垦；四是高附加值的利用，如提取稀有元素，生产农业肥料，制造氧化铝、聚合铝、水玻璃、水处理药剂等。煤矸石的处理和利用技术是根据其组分不同的特点所决定的。

中国早在20世纪50年代就开始了煤矸石综合利用的研究，取得了一系列经验和成果，许多煤矿企业利用自产煤矸石兴办煤矸石电厂、水泥厂、制砖厂等综合利用项目，已有了较为成熟的经验。利用煤矸石生产水泥也已有30多年的历史，逐步形成了一套具有中国特色的理论和技术。目前，利用煤矸石不仅能生产硅酸盐水泥，而且能生产双快水泥、大坝水泥等特种水泥。煤矸石制水泥的技术不仅适用于立窑，也适用于回转窑。尽管我国在煤矸石的资源化利用上取得了不少成果，但总体上，工业化程度不高，利用规模也较小。

国外很早就开展了煤矸石的利用研究，取得了一系列的成果，利用率也领先于我国。许多国家设有专门的煤矸石研究机构，如英国煤管局1970年就成立煤矸石管理处，波兰和匈牙利联合成立了海尔德克斯煤矸石利用公司。波兰是欧洲仅次于苏联的产煤大国，其煤矸石的综合利用率超过90%。国外煤矸石综合利用的产品涉及面很广，包括建筑材料、化工产品、填筑材料、耐火材料、农用肥料等方面。

（2）粉煤灰

国外粉煤灰的综合利用，最早可追溯至 20 世纪 20 年代。1914 年，Anon 发表《煤灰火山灰特性的研究》，他首先发现粉煤灰中的氧化物具有火山灰活性。而粉煤灰在混凝土中的应用比较系统的研究工作是由 Davis 在 1933 年后进行的。二战后，随着电力工业的发展，出现了大规模的粉煤灰商品化利用。目前粉煤灰已被广泛应用于建材、建工、交通、农业、化工和冶金等行业。其中利用量大且效益好的应属生产水泥和拌制混凝土。世界各国都很重视粉煤灰的资源化利用。

近年来，我国粉煤灰资源化利用技术不断提高，主要集中在以下几方面：①建材方面，包括各种粉煤灰水泥、粉煤灰砌块、粉煤灰烧结砖、蒸养砖、陶粒、硅钙板等；②筑路方面，包括粉煤灰路基、粉煤灰路面、粉煤灰沥青混凝土大坝等；③回填方面，包括粉煤灰填充煤矿塌陷区、矿井、洼地、池塘等；④农业方面，粉煤灰施于土壤，可起到改良土壤、增加肥效的作用；⑤精细利用方面，如粉煤灰中漂珠、沉珠分选和利用，炭粒分选和利用，高铝粉煤灰制取氧化铝等。

26.2 高岭石相变及硅铝活性

26.2.1 研究背景

高岭石是煤矸石中最主要的组成矿物，在煤矸石、粉煤灰的资源化利用研究中，对高岭石的热相变及硅铝活性特征的研究具有重要意义。

高岭石的热相转变研究是一个古老而又新的课题。自 1887 年法国人 Chatlier 以“900℃附近温度的上升”为题发表论文以来，对这一课题的研究持续了一个多世纪。引用 Brindley 和 Nakahira（1959）的话：“高岭石向莫来石转化的反应系列可能是整个陶瓷界最重要的课题，没有哪一个反应能像这样，如此长时间的、如此众多的人来研究它。尽管如此，仍有许多未能解决的问题。”这一课题长期引起争论的根本原因是，在高岭石经加热向莫来石转变的宽广温区（室温至 1400℃）内，形成了一些非晶态或微晶态的中间相产物。而 X 射线衍射分析由于尺寸效应的限制，已不能有效地揭示其结构变化，因而给中间相测定带来困难。

随着现代测试技术的发展，特别是 20 世纪 80 年代以来，新的矿物谱学方法魔角旋转核磁共振（MAS NMR）技术引入矿物学研究领域。该技术能够清楚地分辩 Si、Al 局域环境变化，为研究非晶态物质结构提供了有效手段。测试技术的进步使得对高岭石高温相转变的认识分歧渐少，在高岭石-偏高岭石-莫来石反应系列的总体认识上渐趋一致。

目前对该课题研究仍然存在争论，主要集中在：在偏高岭石向莫来石转变过程中，是否存在 Al_2O_3 和 SiO_2 的分凝及其分凝量。Rocha 等（1990）、何宏平等（1993）、郭九皋等（1997）认为，在高岭石-莫来石反应系列中存在 Al_2O_3 和 SiO_2 的大规模分凝作用；而 Brindley 等（1959）、姚林波等（2001）、郑水林等（2003）则认为，在高岭石向莫来石转变过程中，存在“高岭石→偏高岭石→Al-Si 尖晶石→莫来石”反应系列，它们之间存在结构上的连续性，Al_2O_3 和 SiO_2 的分凝是次要的或者没有分凝。

本项研究以吉林通化的煤系高岭石和美国 Georgia 高岭石为原料，利用固体高分辨魔角旋转核磁共振分析、X 射线衍射分析、红外光谱分析和差热分析等测试技术，结合对煅烧高岭石的 Si、Al 溶出实验，旨在阐明煅烧温度对高岭石相变过程及 Si、Al 活性的影响，以期为煤炭固体废物和高岭土资源的高效利用提供理论依据。

26.2.2 样品制备与测定条件

（1）样品制备

实验用高岭石样品有两种，即采自吉林通化二道江煤矿太原组地层的煤系高岭岩（记为TK），以及市购的美国 Georgia 高岭石（记为 GK）。两种试样的化学成分见表 26-1。将实验原料粉磨至−200 目，每次煅烧实验取 10g 粉体置于刚玉坩埚中，放入箱式电炉中加热，升温至预定温度，分别为 200℃、450℃、500℃、550℃、600℃、700℃、750℃、850℃、900℃、950℃、1000℃、1100℃、1200℃、1300℃，保温 2h，然后电炉冷却至室温，即得不同煅烧温度的测试样品。

表 26-1 高岭石样品的化学成分分析结果 w_B/%

实验样品	SiO_2	TiO_2	Al_2O_3	TFe_2O_3	MgO	CaO	Na_2O	K_2O	P_2O_5	SO_3	烧失量
中国通化(TK)	42.34	1.40	35.48	0.96	0.15	0.52	0.08	0.21	0.01	0.01	18.80
美国 Georgia(GK)	44.53	1.46	38.78	0.51	0.00	0.02	0.14	0.18	0.05	0.01	14.21

（2）测定条件

X 射线衍射分析采用粉末压片法，在日本理学 RINT2000 型 X 射线衍射仪上完成。测定条件：Cu 靶，40kV，200mA，阶梯步宽 0.02°。红外光谱分析采用粉末固体压片法，在日本电子 JIR-6500 型傅里叶红外分光光度仪上进行。^{29}Si、^{27}Al MAS NMR 谱分析，在带魔角旋转装置的 Brucker CMX-300（JEOL）型谱仪上完成，谐振频率分别为 59.6MHz 和 78.2MHz，化学位移参照物分别为硅橡胶和 $Al(NO_3)_3$ 溶液。差热分析，在日本电子 TG-DTA 2000S 型热分析仪上完成，升温速率为 10℃/min。EDS 分析，采用日本电子 JSM- 5600LV 型低真空电子显微镜。Si、Al 溶出浓度测定，采用 VISTA-AX 型等离子发光分析仪进行。

26.2.3 高岭石相变特征

（1）差热分析

两种高岭石样品的 TDA 曲线见图 26-1。样品 TK 在 450℃以下曲线逐步上升，显示随温度上升而逐步放出热量，系由样品 TK 中所含有机质碳燃烧而造成。总体上看，两种高岭

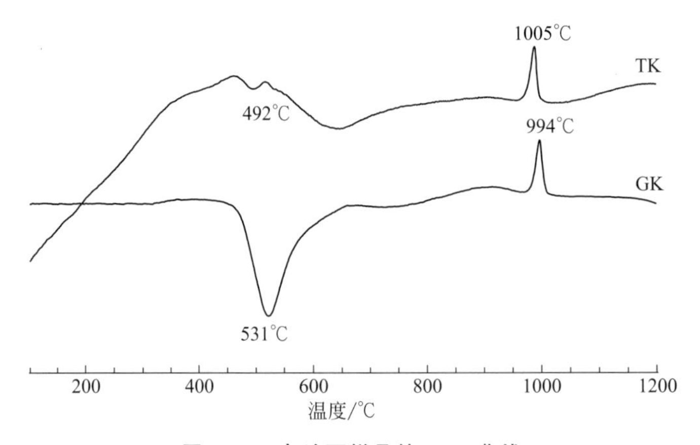

图 26-1 高岭石样品的 TDA 曲线

石具有非常相似的热效应特征，即在 450～600℃温区出现一吸热谷，而在 950～1050℃温区产生一放热峰。说明在这两个温度范围内，两种高岭石样品都发生了相变，生成了新的化合物相。

（2）X 射线衍射分析

两种高岭石样品的 X 射线衍射分析结果见图 26-2。由图可见，两种原始样品的主要矿物组成均为较纯净的高岭石。两者在不同煅烧温度下的 X 射线衍射图谱的变化规律也十分相似。500℃下煅烧样品的物相与原始样品基本相同，只是谱峰强度有所减弱。550℃时，高岭石的衍射峰全部消失，显示高岭石结构内的羟基大量脱除，晶体结构受到破坏而成非晶质。550～1000℃时，试样的谱图基本相同，显示典型的无定形、非晶质特征。1100℃时，谱图发生一些微弱变化，即在 $d=5.39$Å（1Å$=10^{-10}$m）、3.43Å、3.39Å、2.54Å、2.21Å等处出现了强度较弱的衍射峰。这些位置是莫来石的特征峰位，说明在 1100℃时有少量莫来石晶出。1200～1300℃，莫来石、方石英的所有特征谱峰在衍射图谱中完整出现，呈现出明显的结晶态的特征，表明当煅烧温度升至 1200℃时，莫来石继续晶出，方石英也开始大量生成。

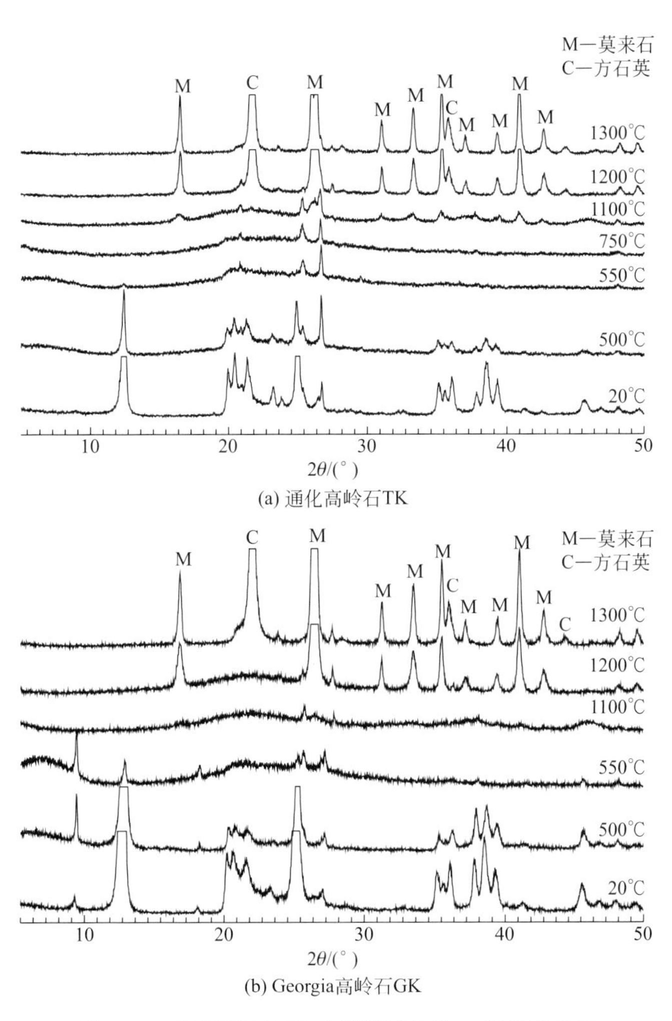

图 26-2　高岭石不同温度煅烧试样的 X 射线衍射图

（3）红外光谱分析

不同煅烧温度下样品的红外光谱分析结果见图 26-3。两种高岭石样品在各温度下的红外光谱图相似。500℃前，均表现为典型的高岭石谱型。在 3690cm^{-1}、3610cm^{-1}附近的吸收峰，分别由高岭石的外羟基、内羟基振动所形成；500℃时，煅烧样品的羟基水部分脱出；550℃时，这两个吸收峰完全消失，合并为一宽的吸收带。此时高岭石羟基已完全脱除，晶体结构发生崩塌，形成无序化的非晶质相。550～950℃温区，在 400～1350cm^{-1}范围内只出现表征 Si—O 键伸缩振动的 1085cm^{-1}、Al—O—Si 键振动的 800cm^{-1}和 Si—O 键弯曲振动的 470cm^{-1}三条谱带。这些吸收带均为偏高岭石形成的特征吸收带。950℃时，两种高岭石样品均在 570cm^{-1}、750cm^{-1}附近出现两个微弱的新带，表明从这一温度开始有新的结晶相产生，可能为 γ-Al_2O_3。随着温度上升至 1200℃，570cm^{-1}附近的吸收峰明显增强，并在 1100cm^{-1}、890cm^{-1}、730cm^{-1}处出现新的吸收峰，表明此时已有莫来石和方石英的晶出。

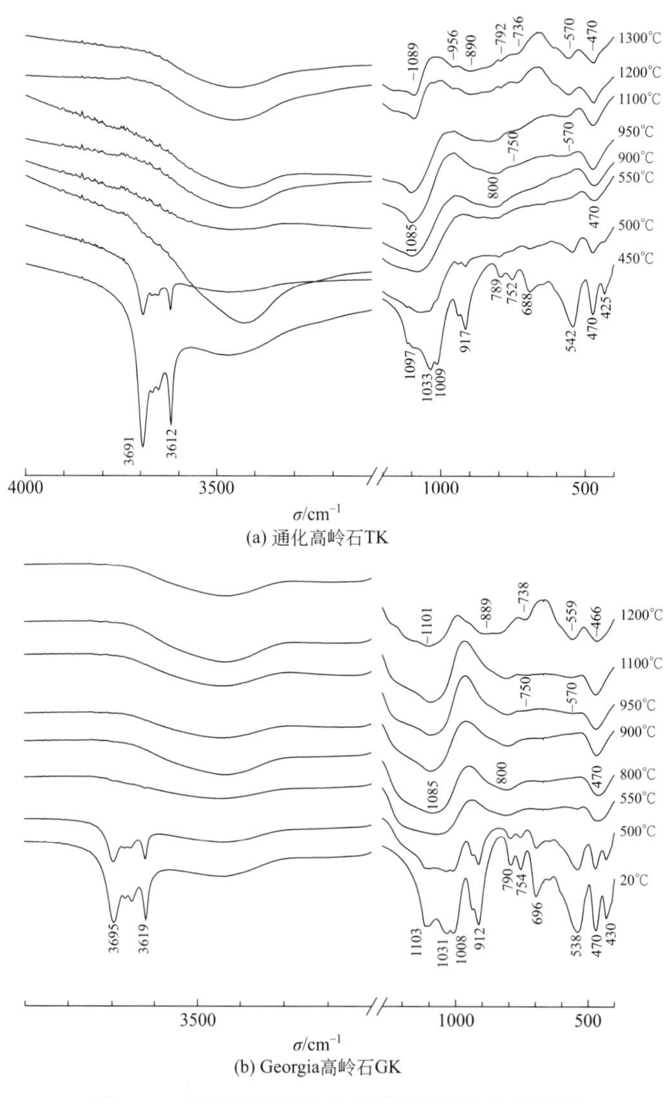

(a) 通化高岭石TK

(b) Georgia高岭石GK

图 26-3　高岭石不同温度煅烧试样的红外光谱图

（4）^{29}Si 和 ^{27}Al 魔角旋转核磁共振研究

^{29}Si 和 ^{27}Al MAS NMR 化学位移值主要取决于其最邻近原子的配位。配位数越高，屏蔽常数 σ 越大，共振频率降低，化学位移向负值方向移动。如四次配位 ^{27}Al 的化学位移值在 50～85 之间，而六次配位 ^{27}Al 的化学位移值在 −10～15 之间；四次配位 ^{29}Si 的化学位移值在 −62～−126 之间，而六次配位 ^{29}Si 的化学位移值在 −170～−220 之间。

除了最邻近配位以外，次邻近原子效应对化学位移值的影响也很大。对于硅酸盐和铝硅酸盐，随着（铝）硅氧阴离子聚合度的增加，屏蔽常数 σ 增大，^{29}Si MAS NMR 化学位移向负值方向移动。当次邻近配位中有 Al 原子时，^{29}Si MAS NMR 化学位移向正值方向移动。

图 26-4 和图 26-5 分别给出了固体硅酸盐中 Q^n 结构单元的 ^{29}Si NMR 化学位移值范围，以及固体铝酸盐和铝硅酸盐中 ^{27}Al MAS NMR 的化学位移值范围（方永浩，2003）。Q^n 表示硅氧四面体的阴离子聚合状态，n 为每个硅氧四面体的桥氧数。

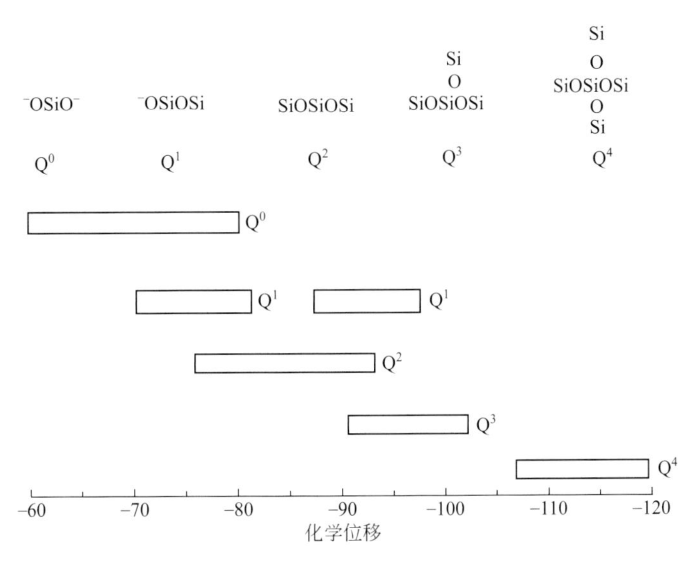

图 26-4　固体硅酸盐中 Q^n 结构单元的 ^{29}Si NMR 化学位移值范围

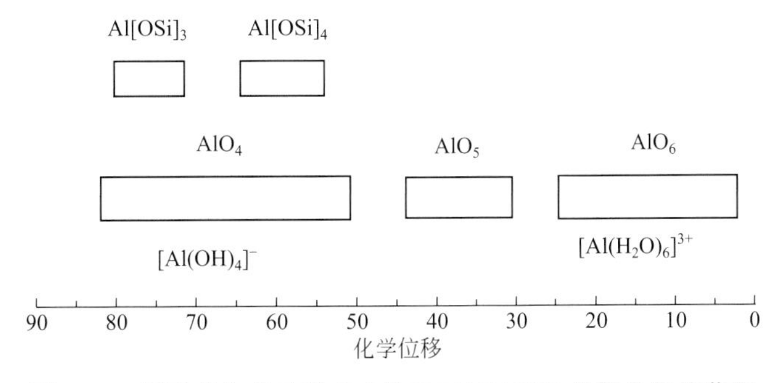

图 26-5　铝酸盐和铝硅酸盐中 ^{27}Al MAS NMR 化学位移值范围

图 26-6 为高岭石样品 TK 在不同温度下煅烧试样的 ^{29}Si、^{27}Al 魔角旋转核磁共振图谱。相应的 ^{29}Si、^{27}Al 的核磁共振化学位移值及归属分别见表 26-2、表 26-3。

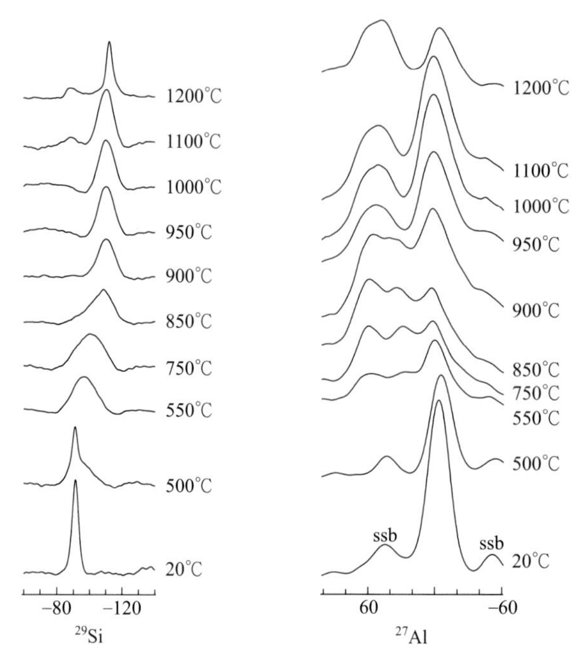

图 26-6 高岭石 TK 不同温度煅烧试样的 MSA NMR 谱

表 26-2 高岭石 TK 煅烧试样的 ^{29}Si NMR 谱的化学位移及其归属结果

煅烧温度/℃	化学位移	聚合度	矿物相
20	−91.5	Q^3	高岭石
500	−91.0	Q^3	高岭石
550	−97.3	Q^3	偏高岭石
750	−100.9	Q^3	偏高岭石
850	−108.9	Q^4	SiO_2
900	−110.6	Q^4	SiO_2
950	−110.4	Q^4	SiO_2
1000	−110.0	Q^4	SiO_2
1100	−110.9，−89.4	Q^4，Q^2	SiO_2，莫来石
1200	−112.0，−88.7	Q^4，Q^2	方石英，莫来石

表 26-3 高岭石 TK 煅烧试样的 ^{27}Al NMR 谱的化学位移及其归属结果

煅烧温度/℃	化学位移			矿物相
	Al^{IV}	Al^{V}	Al^{VI}	
20			−4.7	高岭石
500			−4.1	高岭石
550	59.0	26.3	−0.4	偏高岭石
750	60.9	29.5	2.9	偏高岭石
850	58.1	37.0	3.8	偏高岭石
900	58.6	36.9	3.4	偏高岭石

续表

煅烧温度/℃	化学位移			矿物相
	Al^{IV}	Al^{V}	Al^{VI}	
950	51.0		0.5	γ-Al_2O_3
1000	51.5		−0.4	γ-Al_2O_3
1100	49.2		0.1	γ-Al_2O_3，莫来石
1200	47.3		−2.7	莫来石

在^{29}Si的 MAS NMR 谱中，原始高岭石样品只在化学位移值−91.5 处出现对称性完好的单峰，表明原始高岭石样品中只存在单一的 Q^3 结构。500℃下煅烧试样，主峰的化学位移值为−91.0，与原始高岭石基本相同，但峰形变得不对称，高场方向上有明显的峰叠加。550～750℃之间，主峰峰位向高场方向发生较大偏移，分别为−97.3 和−100.9，表明此时高岭石已转变为偏高岭石相。但从化学位移值看，Si 原子的聚合度仍为 Q^3，亦即偏高岭石的主体结构仍呈层状结构，其谱峰的漂移主要是由于结构层内键长及键角的变化所致。850～1000℃范围内，^{29}Si的化学位移值基本相同，稳定在−110 左右，聚合度表现为 Q^4 特征，显示非晶态 SiO_2 的大量出现，表明在此温区，[SiO_4] 四面体片结构发生剧变，Si 的聚合度由 Q^3 转变为 Q^4，即由层状转变为架状结构。1100℃时，除化学位移值为−110.9 的主峰外，在−89.4 处出现了一较微弱的峰。这是莫来石中 Q^2 聚合态 Si 的特征峰，表明从1100℃开始，已有少量莫来石新相生成。1200℃时，Q^2 结构态的 Si 峰强度进一步增强，显示莫来石新相生成量有所增加。

在^{27}Al的 MAS NMR 谱中，原始高岭石 TK 的^{27}Al只在化学位移值−4.7 位置出现一单峰，显示原始高岭石结构中只存在单一的六次配位的 Al^{VI}。500℃时的试样，^{27}Al谱峰与原始高岭石基本相同。从 550℃开始至 900℃，在化学位移值 60 和 30 附近出现了四次配位的 Al^{IV} 和五次配位的 Al^{V}，显示偏高岭石相的生成；且随着温度的升高，Al^{IV} 和 Al^{V} 峰的强度逐渐增强，而 Al^{VI} 峰的强度呈相对逐渐减弱趋势。950℃时，谱峰发生巨变，Al^{V} 消失，在化学位移值为 51.0 和 0.5 处出现了新的 Al^{IV} 和 Al^{VI} 峰，这是 γ-Al_2O_3 的特征峰。1100℃时，^{27}Al谱峰的形态与 950℃、1000℃时的试样谱峰相似，只是 Al^{IV} 峰的峰位向高场方向有所偏移，可能与新生的少量莫来石相的叠加有关。1200℃时，Al^{IV}、Al^{VI} 谱峰的位置进一步向高场方向偏移，强度也变得基本相近，表明莫来石相的含量进一步增加。

（5）X 射线能谱分析

在高岭石-莫来石反应系列中，认为存在 Al_2O_3 和 SiO_2 分凝作用的学者，大多只提供了核磁共振谱、红外光谱、X 射线衍射分析等间接证据。本项研究利用扫描电镜，结合 X 射线能谱对样品 TK 在 950℃以上煅烧样品进行观察和分析，结果在 1200℃煅烧样品中发现了存在分凝 Al_2O_3 的直接证据。

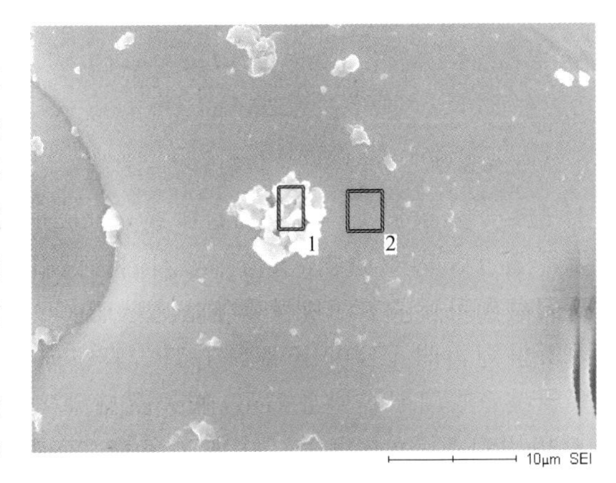

图 26-7　1200℃下煅烧高岭石的 EDS 图

图 26-7 为 1200℃煅烧高岭石粉体颗粒的扫描电镜照片及 EDS 分析位置图，表 26-4 为其化学成分的 EDS 分析结果。照片中，背景

部分为一较大的粉体颗粒，位置2的分析结果显示，其化学成分主要为Al_2O_3，为Al_2O_3的粉末颗粒。由于原始样品为单一相的高岭石矿物，因此有理由相信Al_2O_3颗粒是由煅烧高岭石分凝而形成。位置1是一些在Al_2O_3颗粒上生长的白色细小结晶状颗粒。EDS分析结果显示，其化学式为$3Al_2O_3 \cdot 2.1SiO_2$，与标准的莫来石化学成分极为接近，应为分凝Al_2O_3和SiO_2反应生成的莫来石晶粒。

表 26-4　高岭石 1200℃下煅烧样品的 EDS 分析结果

分析点	元素含量(w_B)/%			分子式
	O	Al	Si	
1	48.86	37.60	13.54	$3Al_2O_3 \cdot 2.1SiO_2$
2	47.08	52.84	0.08	Al_2O_3

（6）高岭石相变过程

综合上述分析结果可知，高岭石从450℃开始逐渐失去羟基水，至550℃时这一过程基本结束。此时，结晶态的高岭石转变为非晶态的偏高岭石，Al的配位由高岭石的六次配位（Al^{VI}）转变为偏高岭石的四次配位（Al^{IV}）、五次配位（Al^{V}）和六次配位（Al^{VI}）。Si的结构态虽然没有改变，仍为Q^3结构态，但在偏高岭石中，[SiO_4]四面体片发生了畸变，是一种畸变的Q^3结构态。

当煅烧温度升高至850℃时，^{29}Si的MAS NMR谱显示Si的结构态由Q^3转变为Q^4，说明从这一温度开始，偏高岭石出现了SiO_2的分凝，此时Al的结构态并未发生大的变化。950℃时，^{27}Al的MAS NMR谱发生巨变，Al^{V}消失，Al^{IV}和Al^{VI}峰的化学位移值也发生偏移。相应地，IR谱也在570cm^{-1}和750 cm^{-1}处出现了两个新带，均显示新物相的生成。这一新相即为偏高岭石分凝所形成的γ-Al_2O_3相。

至1100℃时，X射线衍射图谱显示有少量莫来石晶体相生成，^{29}Si的MAS NMR谱出现弱的莫来石中Q^2聚合态Si的特征峰，^{27}Al的MAS NMR谱也呈现少量莫来石相叠加的特征。这些都说明从1100℃开始，由偏高岭石分凝而形成的SiO_2和Al_2O_3发生反应，生成了莫来石新相。随着煅烧温度进一步升高至1200℃时，X射线衍射分析、IR谱以及^{29}Si、^{27}Al MAS NMR谱均显示有大量莫来石相生成。此时，偏高岭石分凝形成的非晶态SiO_2也大量结晶，形成方石英相。

综上所述，高岭石在煅烧过程中的相转变过程如下：

$$\underset{\text{(高岭石)}}{Al_2O_3 \cdot 2SiO_2 \cdot 2H_2O} \xrightarrow{550℃} \underset{\text{(偏高岭石)}}{Al_2O_3 \cdot 2SiO_2} + 2H_2O \tag{26-1}$$

$$\underset{\text{(偏高岭石)}}{Al_2O_3 \cdot 2SiO_2} \xrightarrow{850℃} \underset{\text{(亚稳态 }SiO_2\text{)}}{xSiO_2} + \underset{\text{(偏高岭石)}}{Al_2O_3 \cdot (2-x)SiO_2} \tag{26-2}$$

$$\underset{\text{(偏高岭石)}}{Al_2O_3 \cdot (2-x)SiO_2} \xrightarrow{950℃} \gamma\text{-}Al_2O_3 + \underset{\text{(亚稳态 }SiO_2\text{)}}{(2-x)SiO_2} \tag{26-3}$$

$$\underset{\text{(亚稳态 }SiO_2\text{)}}{2SiO_2} + 3\gamma\text{-}Al_2O_3 \xrightarrow{1100℃} \underset{\text{(莫来石)}}{3Al_2O_3 \cdot 2SiO_2} \tag{26-4}$$

$$\underset{\text{（亚稳态 }SiO_2\text{）}}{SiO_2} \xrightarrow{1200℃} \underset{\text{（方石英）}}{SiO_2} \tag{26-5}$$

26.2.4　煅烧高岭石的活性

高岭石高温煅烧时，其物相随煅烧温度的不同而发生转变。伴随着高岭石物相的变化，其主要组分 Si 和 Al 的化学性质也发生一系列变化。通过对不同温度煅烧试样中 Si、Al 的溶出实验，可以了解煅烧高岭石的 Si、Al 活性与煅烧温度之间的关系，确定使煅烧产物具有最高 Si、Al 活性的煅烧条件，从而为煤矸石的资源化利用提供理论基础。

（1）Si、Al 溶出实验

取各温度下煅烧高岭石样品 4g，分别置于 200mL 的塑料瓶中，加入 100mL 浓度为 0.1mol/L 的 NaOH 溶液，水浴加热并保持恒温 80℃，磁力搅拌 1h。将溶液离心分离，取上部清液 10mL，测定 Si、Al 浓度。

（2）实验结果及讨论

表 26-5 列出了不同煅烧温度下高岭石的 Si、Al 溶出实验结果。图 26-8 为不同温度煅烧高岭石在 80℃的 0.1mol/L NaOH 溶液中 Si、Al 溶出浓度曲线。对比 TK 和 GK 两个样品发现：

① 随着试样煅烧温度的升高，Al 的溶出浓度总体上逐渐升高，到 900℃时快速升高并达到最高值；超过 900℃后 Al 溶出浓度急剧降低，950℃时仅约为 900℃时浓度的 1/6，而后随着温度的升高逐渐降低。

② Si 溶出浓度与 Al 具有相似的变化规律，只是溶出浓度的峰点温度升高至 1100℃。

③ 与未煅烧样品相比，经过低温（500～800℃）煅烧后，样品 GK 的 Si、Al 溶出浓度均有较大幅度增加，达到 3 倍左右；样品 TK 的 Si 溶出浓度变化不大，Al 溶出浓度则明显增大。

表 26-5　高岭石样品的 Si、Al 溶出实验结果　　μg/mL

实验样品	元素	煅烧温度/℃							
		20	200	450	500	550	600	700	750
高岭石 TK	Si	232.11	233.28	229.36	228.77	222.51	223.05	205.15	208.89
	Al	240.26	242.12	261.42	297.69	296.43	293.68	264.39	274.01
高岭石 GK	Si	78.42					244.72		
	Al	69.65					295.25		
实验样品	元素	煅烧温度/℃							
		800	850	900	950	1000	1100	1200	1300
高岭石 TK	Si	213.98	210.10	172.40	304.13	358.23	436.49	85.78	60.85
	Al	297.63	343.07	468.50	75.38	58.47	26.78	8.13	5.83
高岭石 GK	Si	263.56	230.51	154.70	287.51	184.88	509.00	414.61	99.91
	Al	306.81	338.87	746.10	114.14	57.76	34.40	12.06	8.49

上述特征说明，随着高岭石煅烧温度的升高，其 Si、Al 活性总体上是逐渐增强的，其中 Al 的活性在 900℃时达到最高，Si 的活性则在 1100℃时达到最高。当煅烧温度超过这两个临界点时，煅烧产物的 Si、Al 活性迅速降低。

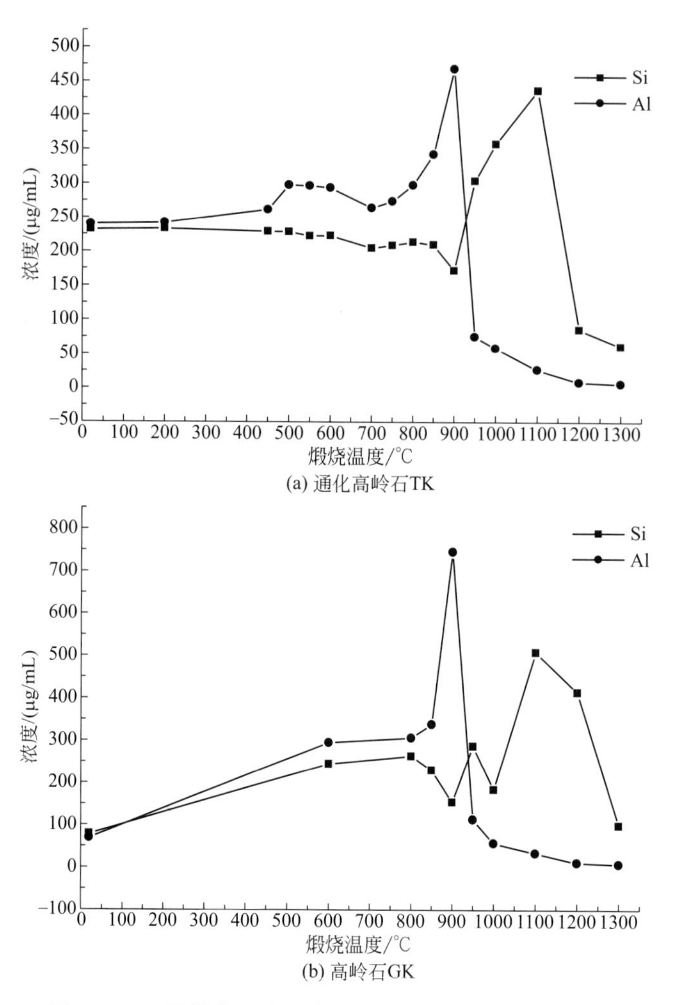

图 26-8　不同煅烧温度下高岭石的 Si、Al 溶出浓度曲线

煅烧高岭石 Si、Al 活性的这种变化规律与其相转变过程密切相关。当煅烧温度超过500℃时，随着高岭石的羟基脱失，高岭石由结晶态转变为非晶态偏高岭石，Si、Al 活性增强；950℃时，由不稳定的偏高岭石分凝形成稳定的新相 γ-Al_2O_3，使 Al 的活性急剧降低，而在发生分凝反应前的 900℃，Al 的活性达到最高；煅烧温度超过 1100℃时，由偏高岭石分凝形成的非晶质 SiO_2 部分与 γ-Al_2O_3 反应，生成莫来石新相，另一部分结晶为方石英，从而使 Si 的活性降低；而在这些反应剧烈发生前的 1100℃时，Si 的活性达到最高。

关于煅烧高岭石 Al 的活性与其结构之间的关系，郭九皋等（1997）通过对不同温度煅烧高岭石中 Al 浸出率的研究，发现随煅烧温度的升高，Al 由 Al^{VI} 转变为 Al^{IV} 和 Al^{V}，Al 的浸出率迅速增大，然后在一定温度范围内保持高的浸出率，直到 Al^{V} 消失时浸出率急剧降低。Rocha（1990）的研究也得出了类似的结果。对比本实验所得 Al 溶出曲线和 Al 的 MAS NMR 谱可以发现，在 550～900℃范围内，Al 具有较高活性，此时偏高岭石中存在五次配位 Al^{V}；而在 950℃时，Al 的 MAS NMR 谱中 Al^{V} 消失，此时 Al 的溶出浓度也急剧降低。由此可见，煅烧高岭石 Al 的活性与五次配位 Al^{V} 直接有关，因而 Al^{V} 含量可作为衡量煅烧高岭石活性的重要指标。

26.3　矿聚材料制备及性能表征

26.3.1　研究现状概述

矿物聚合材料（Geopolymer）是近40年来新发展起来的一类新型无机非金属材料，即含有多种非晶质至半晶质相的铝硅酸盐矿物聚合物（马鸿文等，2002a）。矿物聚合材料的化学组成类似于沸石，由铝硅酸盐组成，但呈非晶态-半晶态，具有［SiO_4］和［AlO_4］四面体随机分布的网络结构，碱金属或碱土金属离子分布于网络孔隙之间以平衡电价。基本结构单元分为硅铝链（—Si—O—Al—O—）、硅铝硅氧链（—Si—O—Al—O—Si—O—）和硅铝二硅氧链（—Si—O—Al—O—Si—O—Si—O—）等3种类型（Davidovits，1994；Van Jaarsveld et al，1997）。纯矿物聚合物与硅酸盐或铝硅酸盐矿物颗粒表面的［SiO_4］和［AlO_4］四面体通过脱羟基作用形成化学键，从而固化产生强度。

矿物聚合物的发现和应用可追溯到古代，即利用高岭土、白云岩或石灰岩与碳酸钠、碳酸钾（来自盐湖或草木灰成分）以及硅石混合来制成人造石。该混合物与水拌合后产生的强碱NaOH和KOH与其他组分发生强烈反应，生成矿聚黏结剂。20世纪70年代后期，Davidovits等通过对古建筑的研究发现，其所用胶凝材料的耐久性、抗酸性和抗融冻能力极强，其中不仅含有波特兰水泥所具有的C-S-H凝胶组分，而且含大量的沸石相。由于这类胶凝剂的合成条件与有机物聚合条件类似，因而将此类材料命名为Geopolymer或mineral polymer（Davidovits，1994a）。

Davidovits自提出Geopolymer的概念后，不断改进矿聚材料形成的化学机理和力学性能表征，并证实了这类材料在许多工业领域的应用（Davidovits，1993；Davidovits，1994；Davidovits，1996）。Mahler等（1980）以含水碱金属铝酸盐和硅酸为反应物，取代固体铝硅酸盐，制备了类似的铝硅酸盐聚合材料。Neuschaeffer等（1985）和Helferich等（1984）先后取得了制备非晶质铝硅酸盐聚合材料的专利，其制备工艺和材料的化学性能、力学性能等与Davidovits的实验相似。Palomo等（1992）以煅烧高岭土为原料，加入硅砂作为增强组分，制备了抗压强度高达84.3MPa的矿物聚合材料，而材料固化时间仅24h。20世纪90年代后期，Van Jaarsveld和Van Deventer等致力于由粉煤灰等工业固体废物制备矿聚材料及其应用的研究，包括固化有毒金属及化合物等（Van Jaarsveld et al，1997；Van Jaarsveld et al，1998；Van Deventer et al，2000）。

Geopolymer的研究在我国的起步较晚。著者团队自2001年起，先后在利用金矿尾矿、富钾板岩提钾尾渣、煤矸石、粉煤灰等工业固废制备矿聚材料方面开展了较系统的研究工作，取得了若干重要研究成果（马鸿文等，2002b；任玉峰，2003；王刚，2004；冯武威，2004；聂轶苗，2006；田力男，2017）。

26.3.2　制备工艺及实验结果

（1）实验原料

实验所用原料有煅烧煤矸石、粉煤灰、工业钠水玻璃（模数3.1～3.4，40°Bé）、化学纯氢氧化钠和蒸馏水。

煤矸石采自吉林通化二道江煤矿太原组地层的煤系高岭岩。其化学成分分析结果见表

26-1。其中烧失量达18.8%，系因其中含有较多的有机质碳所致。将煤矸石粉碎至－200目后，在750℃下煅烧2h，自然冷却后即得煅烧煤矸石原料。图26-9为该煤矸石及煅烧煤矸石的X射线粉末衍射图。

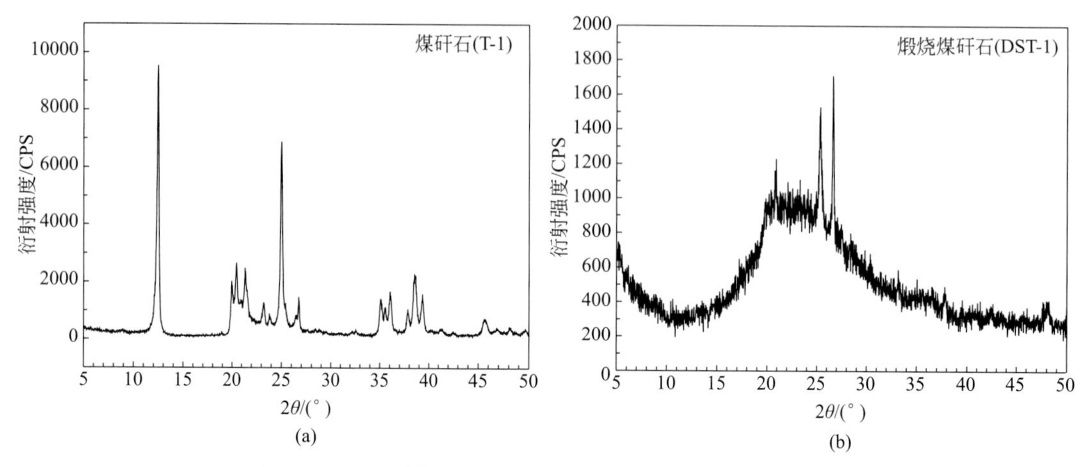

图 26-9　通化煤矸石及煅烧煤矸石的X射线粉末衍射图

实验所用煤矸石的物相组成除少量石英外，主要为高岭石。经750℃下煅烧2h后，其高岭石的衍射峰全部消失，说明在此温度下高岭石结构内羟基已大量脱除，晶体结构受到破坏而转变为无定形、非晶质的偏高岭石，反应活性得以显著提高。

实验所用粉煤灰为通化热电厂排放的粉煤灰（飞灰），其化学成分分析结果见表26-6。X射线衍射分析结果显示，其主要物相为石英、莫来石和非晶态玻璃相（图26-10）；图26-11为粉煤灰原料的扫描电镜照片。可以看出，粉煤灰颗粒大部分为球状玻璃体，球体直径在约1～10μm之间。

表 26-6　粉煤灰样品的化学成分分析结果　w_B/%

样品号	SiO_2	TiO_2	Al_2O_3	TFe_2O_3	MgO	CaO	Na_2O	K_2O	烧失量	总量
FA-1	58.69	0.94	25.56	5.54	1.80	2.47	0.18	1.91	2.33	99.42

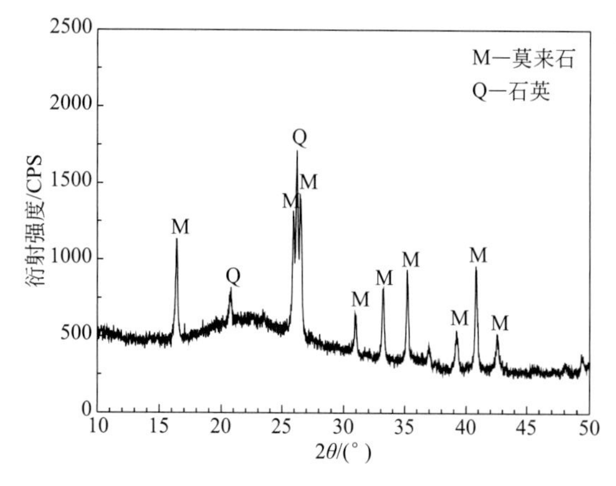

图 26-10　粉煤灰原料的X射线粉末衍射图

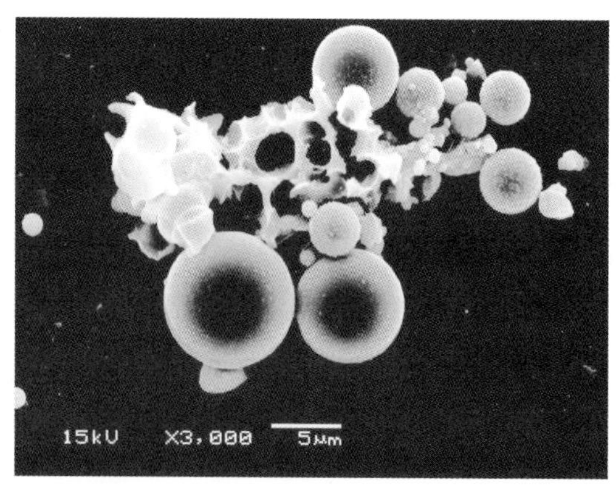

图 26-11　粉煤灰原料的扫描电镜照片

实验所用的工业硅酸钠是浓度为 40°Bé、模数 3.1～3.4 的一等品液体工业硅酸钠，购自北京市红星泡花碱厂。原料呈无色透明或半透明的黏稠状液体，通用分子式：$Na_2O \cdot nSiO_2$。氢氧化钠（化学纯）购自北京京文化学试剂公司。在制备矿物聚合材料时，采用由氢氧化钠试剂配制的浓度为 10mol/L 的氢氧化钠溶液。

（2）制备工艺流程

矿物聚合材料的制备工艺流程如下：

① 原料配料。按设定比例称取一定量的煅烧煤矸石和粉煤灰粉体置于搅拌器中，经充分混合后成为混合粉体；称取氢氧化钠溶液和水玻璃，充分混合后得硅酸钠混合碱液。

② 原料混合。按比例称取一定量的混合粉料和混合碱液，置于混料容器中，经充分搅拌均匀，得混合砂浆。

③ 加压成型。将混合砂浆搅和物置于直径为 2.9cm 的圆柱体模具中，振捣成型后在压机上加压，并保压 60s。

④ 固化脱模。将试样置于自动恒温干燥箱中，在一定温度下固化 24h 后脱模。

⑤ 室内养护。将脱模后的试样在室温下养护一定时间即得制品。

（3）实验结果

为了确定制备矿聚材料的优化原料配比，在给定成型压力、固化温度和固化时间的条件下，进行原料配比的正交实验研究。选取影响材料性能的主要因素为：煅烧煤矸石/固相质量比、水玻璃/液相质量比、固/液质量比。每个因素各取 3 个水平，对其进行 $L_9(3^3)$ 3 因素 3 水平正交实验。其中制品性能以抗压强度作为评价指标。

参考本团队前期相关实验结果，确定制备矿聚材料的其他条件为：成型压力 8MPa，固化温度 60℃，固化时间 24h，养护时间 6d。

第一轮正交实验的煅烧煤矸石/固相质量比确定为 0.1～0.5 之间；水玻璃/液相质量比为 0.5～0.9，其中 NaOH 溶液的浓度为 10mol/L；固/液质量比确定为 3.0～5.0 之间。实验结果见表 26-7。由表可见，实验确定的优化条件为：煅烧煤矸石/固相质量比为 0.3，水玻璃/液相质量比为 0.7，固/液质量比为 3.0。各因素的级差值均较大，其中固/液质量比的级差最大，达到 11.08MPa，煅烧煤矸石/固相质量比和水玻璃/液相质量比两因素的级差相近，分别为 8.03MPa 和 8.61MPa，显示在 3 因素中固/液质量比对制品抗压强度的影响最为显著。

表 26-7　制备矿聚材料第一轮正交实验结果

实验号	煅烧煤矸石/固相质量比	水玻璃/液相质量比	固相/液相质量比	抗压强度/MPa
1-1	0.1	0.5	3.0	14.12
1-2	0.1	0.7	4.0	20.70
1-3	0.1	0.9	5.0	8.78
1-4	0.3	0.5	4.0	18.98
1-5	0.3	0.7	5.0	20.48
1-6	0.3	0.9	3.0	28.21
1-7	0.5	0.5	5.0	9.16
1-8	0.5	0.7	3.0	26.91

续表

实验号	煅烧煤矸石/固相质量比	水玻璃/液相质量比	固相/液相质量比	抗压强度/MPa
1-9	0.5	0.9	4.0	19.05
$K(j,1)$	14.53	14.09	23.08	
$K(j,2)$	22.56	22.70	19.58	
$K(j,3)$	18.37	18.68	12.00	
级差 R	8.03	8.61	11.08	

对比固/液质量比的 3 水平平均抗压强度发现，固/液质量比越小，抗压强度越大，即加大液体用量可有效地提高制品的强度。但在样品实际制备过程中发现，固/液质量比太小会导致成型困难。因此，在第一轮正交实验的基础上，确定优化的固/液质量比为 3.0。在此基础上重新调整其余 2 因素的水平，参照级差分析结果设计了第二轮正交实验。

第二轮正交实验结果见表 26-8。确定的优化条件为：煅烧煤矸石/固相质量比为 0.3，水玻璃/液相质量比为 0.7，固/液质量比为 3.0。总体上看，本轮实验的级差值较第一轮实验明显减小，9 个样品中抗压强度的最大差值为 8.62MPa，也较第 1 轮明显变小，说明本轮实验中各因素的取值较为合理。

在各因素中，水玻璃/液相质量比的级差仅为 3.50MPa，且其取值分别为 0.7 和 0.8 时的平均抗压强度非常接近，分别为 29.57MPa 和 29.20MPa，而取值为 0.6 时的平均抗压强度较大，为 32.70MPa。因此，在第二轮实验基础上，确定优化的固/液质量比为 3.0，优化的水玻璃/液相质量比为 0.6。在此基础上调整煅烧煤矸石/固相质量比水平，设计了第三轮实验。

表 26-8 制备矿聚材料第二轮正交实验结果

实验号	煅烧煤矸石/固相质量比	水玻璃/液相质量比	固相/液相质量比	抗压强度/MPa
2-1	0.2	0.6	3.0	29.83
2-2	0.2	0.7	3.0	27.53
2-3	0.2	0.8	3.0	26.68
2-4	0.3	0.6	3.0	35.30
2-5	0.3	0.7	3.0	34.26
2-6	0.3	0.8	3.0	30.31
2-7	0.4	0.6	3.0	32.97
2-8	0.4	0.7	3.0	26.91
2-9	0.4	0.8	3.0	30.62
$K(j,1)$	28.01	32.70		
$K(j,2)$	33.29	29.57		
$K(j,3)$	30.17	29.20		
级差 R	5.28	3.50		

第三轮实验结果见表 26-9。由表可见，煤矸石/固相质量比因素的级差为 2.65MPa，已为较低水平。由此，经过 3 轮正交实验，得出制备矿聚材料的优化原料配比为：煅烧煤矸石/固相质量比为 0.25～0.35、水玻璃/液相质量比 0.6～0.8、固/液质量比 3.0。

表 26-9　制备矿聚材料第三轮实验结果

实验号	煅烧煤矸石/固相质量比	水玻璃/液相质量比	固相/液相质量比	抗压强度/MPa
3-1	0.25	0.6	3.0	34.69
3-2	0.30	0.6	3.0	35.82
3-3	0.35	0.6	3.0	37.34

26.3.3　制品性能及影响因素

26.3.3.1　材料性能表征

以煤矸石、粉煤灰为原料制备的矿聚材料，依据其制备工艺特点及制品性能，其最可能的应用领域是用作各种建筑材料。为此，参照建筑材料的检测标准，对优化条件下制备的矿聚材料的力学性能、热学性能及其他理化性能进行测定。材料性能测定试样的制备条件为：原料配比，煅烧煤矸石/固相质量比为 0.35，水玻璃/液相质量比 0.6，固/液质量比 3.0；成型压力 8MPa；固化温度 60℃；固化时间 24h；养护时间 6d。

力学性能　强度是各种建筑材料最重要的衡量指标之一。表 26-10 中列出按优化配方制备的 6 个试样的抗压强度、抗折强度测定结果。其抗压强度变化范围为 34.32～38.06 MPa，平均值 36.41MPa；抗折强度变化范围为 9.76～11.84MPa，平均值 10.64MPa；表观密度变化范围 1.59～1.63g/cm^3，平均值 1.61g/cm^3。可以看出，实验制品的抗压强度显著高于普通黏土烧结砖，且表观密度较小。材料的抗折强度/抗压强度比为 1/3～1/4，高于普通烧结砖抗折/抗压强度比（1/4～1/6），也显著高于普通混凝土制品（1/5～1/8）。矿聚材料的抗折强度/抗压强度之比显著高于一般非金属材料，这是其重要性能特点之一。

表 26-10　矿聚材料制品的力学性能测试结果

样品号	T-1	T-2	T-3	T-4	T-5	T-6	平均值
抗压强度/MPa	35.67	37.82	36.38	38.06	36.21	34.32	36.41
抗折强度/MPa	10.23	9.76	10.47	11.84	11.56	9.98	10.64
表观密度/(g/cm^3)	1.62	1.59	1.60	1.63	1.63	1.61	1.61

其他物性　表 26-11 列出了优化条件下制备的 6 个样品的吸水率、线收缩率、硬度及热导率测定结果。实验制品的吸水率为 7.98%～10.26%，平均值 9.21%，低于普通烧结黏土砖的吸水率指标要求（小于 20%）；线收缩率为 0.29%～0.42%，平均值 0.36%，显示矿聚材料具有较小收缩率。硬度测定采用德国产 POL-BK 型显微硬度仪，测得制品的莫氏硬度为 3.46～3.60，平均莫氏硬度为 3.53。

热导率是建筑材料的重要性能指标之一。对实验制品采用 GRD-Ⅱ型热导仪进行热导率测定。结果表明，矿聚材料制品的热导率为 0.36～0.51W/(m·K)，平均值 0.44W/(m·K)，显著低于普通烧结黏土砖的热导率要求 [0.8W/(m·K)，GB/T 5101—98]。结合制

表 26-11　矿聚材料制品的其他物理性能测定结果

样品号	吸水率/%	线收缩率/%	莫氏硬度	热导率/[W/(m·K)]
T-1	9.15	0.38	3.57	0.42
T-2	8.62	0.29	3.48	0.39
T-3	7.98	0.36	3.51	0.47
T-4	10.26	0.41	3.46	0.51
T-5	9.89	0.32	3.57	0.36
T-6	9.36	0.42	3.60	0.47
平均	9.21	0.36	3.53	0.44

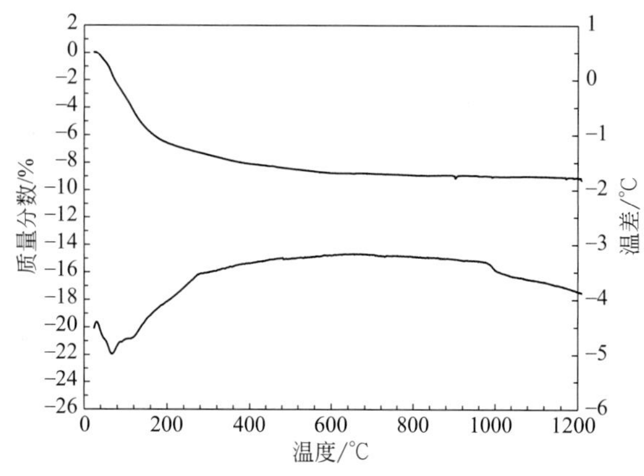

图 26-12　矿聚材料制品（T-1）的 TG-DTA 曲线

品表观密度较小（1.61g/cm^3）的特点可知，所制备的矿聚材料用作墙体材料，在轻质和保温隔热性能方面显著优于传统的普通烧结黏土砖。

图 26-12 为实验制品（T-1）的 TG-DTA 曲线。从室温至 200℃，样品的质量损失约 6.7%，可能为矿聚材料固化过程中残留水分脱除所致。200～1200℃，制品的质量损失很少，其热重曲线形态基本为水平状，TDA 曲线也无明显的峰谷出现，表明在这一温区制品中未出现新的物相变化，说明实验制品具有良好的热稳定性能。

26.3.3.2　性能影响因素讨论

矿聚材料性能的影响因素比较复杂，既有原料组成及相互间比例等内部影响因素，同时也有成型压力、固化温度、固化时间和养护时间等外部影响因素。为了更详细地探究这些因素对矿聚材料性能的影响过程，在优化工艺条件基础上，通过改变单一影响因素的水平，进行矿聚材料制备实验，测定其抗压强度，讨论对比其性能差异。

（1）高岭石用量

图 26-13 为在优化条件下改变高岭石在固相中的相对含量后所得制品的抗压强度曲线。可以看出，随着煅烧煤矸石用量的增加，材料的抗压强度逐渐增大，当用量达到 30%～40%时，制品的抗压强度达到最高值；之后，随着煅烧煤矸石含量进一步增加，材料的抗压强度反而逐渐减小。矿聚材料的强度随煅烧煤矸石用量而发生变化这一性质，是由煅烧煤矸石中偏高岭石参与聚合反应的程度所决定的。煤矸石经煅烧后，其主要组成矿物高岭石转变为偏高岭石，Si、Al 活性增强，能够在碱性硅酸盐溶液中溶解，参与聚合反应而形成矿聚物，从而使材料具有较高的强度。但随着偏高岭石加入量的增大，当超过满足 Si、Al 溶解平衡的比例后，实验制品中最终将残余偏高岭石，其层状结构必然会对材料强度产生负面影响。

（2）水玻璃用量

水玻璃在液相中的比例也是影响矿聚材料性能的重要因素之一。图 26-14 为在优化条件下改变水玻璃在液相中的相对含量条件下制得的矿聚材料的抗压强度曲线。当水玻璃用量在

60%时，材料强度达到最高值。低于 60%时，增加水玻璃用量，材料抗压强度增大；而当用量超过 60%时，制品的强度呈逐渐降低的趋势。

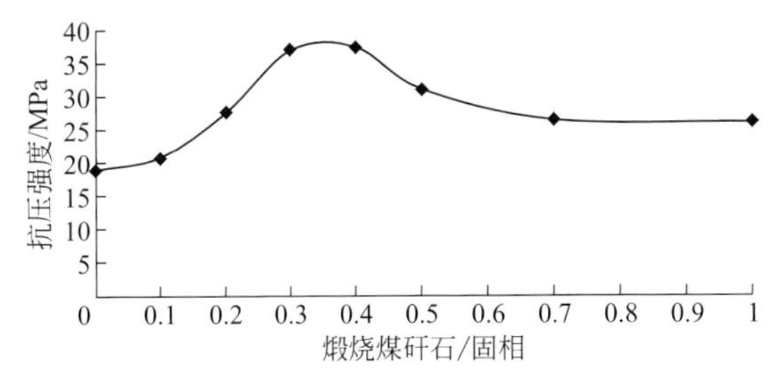

图 26-13　制品的抗压强度与煅烧煤矸石用量关系图

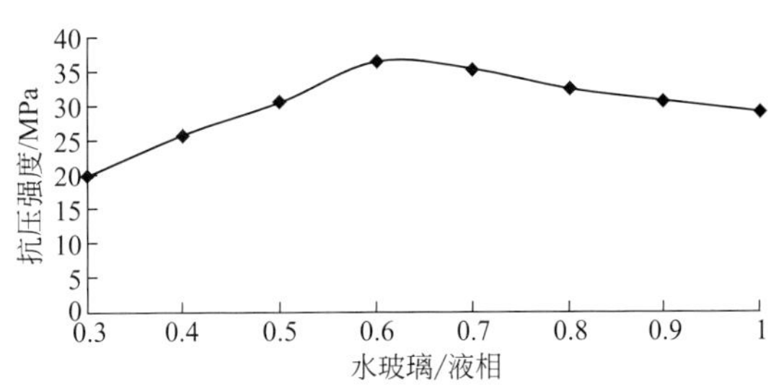

图 26-14　制品的抗压强度与水玻璃用量关系图

在材料制备过程中，液相组分是由水玻璃和 NaOH 溶液按一定比例配制而成，因而水玻璃的用量直接反映了溶液 SiO_2/Na_2O 比值。矿聚材料的组成属于 SiO_2-Al_2O_3-Na_2O-H_2O 四元体系，显然，SiO_2/Na_2O 比值将直接影响材料固化过程中的铝硅酸盐聚合反应。当溶液中的 NaOH 浓度较高即 SiO_2/Na_2O 比值较低时，溶液碱性较强，pH 值相应较高。此时，硅酸钠碱液对固相矿物颗粒特别是偏高岭石具有很强的溶解能力，可使更多的 SiO_2 和 Al_2O_3 组分被溶解而进入矿聚物骨架结构中。但若 NaOH 用量过高即水玻璃用量太少时，SiO_2/Na_2O 比值过低，将不利于偏高岭石的溶解反应，进而影响最终制品骨架结构的形成（Phair et al，2001；马鸿文等，2002b），导致材料的抗压强度相应降低。实验确定优化的水玻璃用量为 60%，此时溶液 SiO_2/Na_2O 比值为 1.13。

（3）固/液质量比

图 26-15 为矿聚材料制品的抗压强度随固/液质量比的变化曲线。可以看出，随着液体用量的增加，实验制品的强度逐渐增大。这是由于在材料制备过程中，随着固液质量比的降低，原料拌合后所得砂浆中的液相比例相对增加，使得固化反应生成的凝胶相比例增大，于是在铝硅酸盐凝胶相与粉煤灰颗粒之间更易于发生化学反应，在二者接触界面上形成更多化学键，从而使制品强度得以提高。但在实际制备过程中，固/液质量比过小会导致材料成型上的困难。因此，实验过程中确定优化固/液质量比为 3。

（4）固化温度

图 26-16 为固化温度分别为 35℃、60℃、80℃条件下制备的矿聚材料其抗压强度随固化时间的变化曲线。

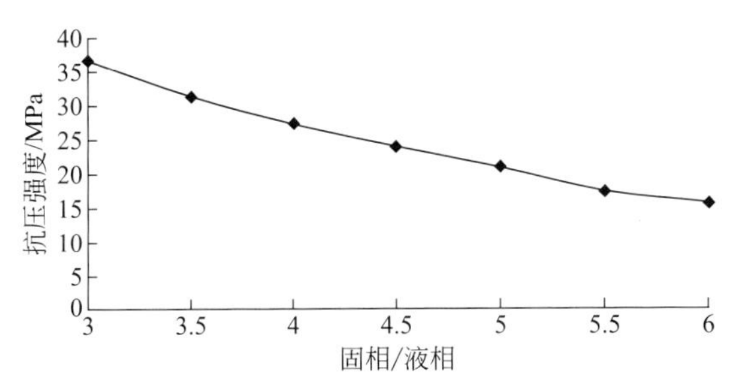

图 26-15　制品的抗压强度与固/液质量比关系图

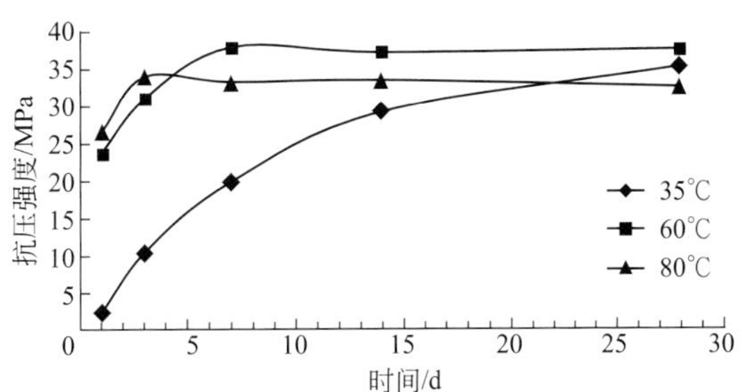

图 26-16　不同固化温度下制品的抗压强度与固化时间关系曲线

固化温度为35℃时，矿聚材料制品的早期强度很低，强度随固化时间的增长速度也较缓慢。实验中固化时间由1d延长至3d，制品强度从2.1MPa增大至10.2MPa；到7d、14d时，材料强度分别为19.6MPa和28.9MPa；28d时，强度达到34.9MPa。材料强度变化特征表明，在固化温度较低时，聚合反应速率较为缓慢，材料坯体中水分脱除也较慢，从而使得样品早期抗压强度较低且增加缓慢。

固化温度为60℃时，实验制品的早期抗压强度高，且强度增长也较快。制品1d的抗压强度即达23.4MPa，高于35℃条件下7d时的强度。固化时间为7d时，制品抗压强度达到最高值37.5MPa。固化时间达7d后，制品的强度基本保持恒定，不再增长。这表明在固化温度60℃下，材料固化反应速率较35℃时有很大提高，且固化反应达到一定程度后基本趋于完成。

固化温度为80℃时，制品的早期强度较60℃时进一步提高，1d强度即达到26.2MPa；此后强度快速增长，3d时达到最高值33.6MPa；3d后，制品强度保持稳定，不再增长。说明在80℃条件下，聚合反应速率较60℃时进一步加快，试样在较短时间即达到较高强度。

不同固化温度下的实验数据表明，矿聚材料的固化温度越高，试样的早期抗压强度越高，且早期强度增长也越快。说明在实验温度范围内，矿聚材料的固化反应速率随温度升高而加快。通过对比60℃和80℃固化条件下材料的最高强度发现，80℃下固化所得制品的强度相对较小，说明虽然提高固化温度有利于铝硅酸盐聚合反应的进行，但并非固化温度越高越好。这是由于若固化温度过高，则材料坯体内部的水分蒸发过快，可能导致聚合反应不完全，从而影响制品的力学性能。因此，适当的固化温度对于制备矿聚材料至关重要。实验结果表明，固化温度控制在60℃左右较为适宜。

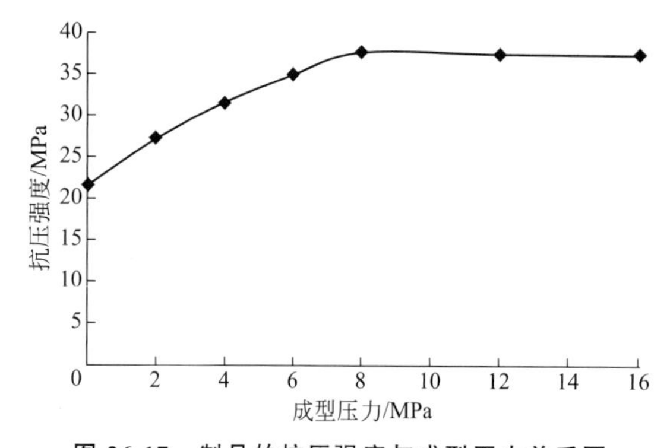

图26-17　制品的抗压强度与成型压力关系图

（5）成型压力

图26-17为优化条件下采用不同成型压力时实验制品的抗压强度曲线。结果显示，成型压力从0→8MPa，相应制品的抗压强度从21.5MPa增大至37.6MPa。这是由于随着成型压力增大，材料坯体的密实度加大，因而有利于制品抗压强度的提高。同时由于坯体的密度增大，其固体颗粒之间的距离缩短，从骨料颗粒表面解聚的离子团更易于发生聚合反应。此外，在外加压力作用下，骨料之间的凝胶浓度增大，凝胶被均匀地涂覆于固体粒子表面，减小了粒子之间由于水分蒸发所产生的孔隙，从而使最终制品的抗压强度增大。由图26-17也可看出，当成型压力达到一定值时，实验制品的强度并不随成型压力的继续增加而增大。这表明在矿物聚合材料制备过程中，成型压力应有一最佳值。实验结果确定，优化的成型压力为8MPa。

26.4　材料固化过程及反应机理

26.4.1　材料固化过程

矿材料的基本结构为—Si—O—Al—链状结构，为［SiO_4］和［AlO_4］四面体相间随机排列，其理想化学结构式为：$M_n[(—SiO_2)_z—AlO_2]_n \cdot wH_2O$；其中，M为一价阳离子，

z 为1、2、3，n 为聚合度（Davidovits et al，1988）。从分子角度来看，Al^{3+}、Si^{4+}、O^{2-} 是组成铝硅酸盐矿聚物骨架的基本离子。铝硅酸盐聚合反应的本质，是 Al_2O_3 和 SiO_2 组分从固体颗粒表面溶解、扩散、聚合，生成—Al—O—Si—无机高分子的过程。

前人研究结果表明，矿聚材料的形成可分为4个过程，即在强碱作用下，固体粒子表面发生水化，硅铝组分发生部分溶解；硅铝组分转移、扩散到固体粒子之间；硅铝组分与可溶性硅酸盐离子反应缩聚，生成凝胶沉淀；凝胶通过再溶解、晶化或直接脱水凝固而形成骨架结构，最终使固体粒子相互键合，形成硬化块体（马鸿文等，2002a；Xu et al，2000；2001）。

（1）硅铝溶解过程

矿聚反应中添加的固体粒子包括铝硅酸盐颗粒和骨料颗粒。其中铝硅酸盐粒子主要为煅烧煤矸石。这些粒子在强碱性条件下，Al_2O_3、SiO_2 组分发生如下溶解反应（M＝Na）：

$$\text{Al—Si(固体颗粒)} + OH^-(aq) \longrightarrow \underset{\text{单聚体}}{Al(OH)_4^-} + \underset{\text{单聚体}}{{}^-OSi(OH)_3} \tag{26-6}$$

$$OSi(OH)_3 + OH^- \longrightarrow {}^-OSi(OH)_2O^- + H_2O \tag{26-7}$$

$$^-OSi(OH)_2O^- + OH^- \longrightarrow {}^-OSi(OH)(O^-)O^- + H_2O \tag{26-8}$$

$$M^+ + \underset{\text{单聚体}}{{}^-OSi(OH)_3} + OH^- \longrightarrow \underset{\text{单聚体}}{M^{+-}OSi(OH)_3} \tag{26-9}$$

$$2M^+ + \underset{\text{单聚体}}{{}^-OSi(OH)_2O^-} \longrightarrow \underset{\text{单聚体}}{M^{+-}OSi(OH)_2O^{-+}M} \tag{26-10}$$

$$3M^+ + \underset{\text{单聚体}}{{}^-OSi(OH)(O^-)O^-} \longrightarrow \underset{\text{单聚体}}{M^{+-}OSi(OH)(O^{-+}M)O^{-+}M} \tag{26-11}$$

$$M^+ + \underset{\text{单聚体}}{Al(OH)_4^-} + OH^- \longrightarrow \underset{\text{单聚体}}{M^{+-}OAl(OH)_3^-} + H_2O \tag{26-12}$$

（2）组分扩散过程

由于溶解反应生成的硅、铝络合物粒子在溶液中形成的浓度梯度，以及带电粒子之间的库仑力作用，使这些络合物粒子在固体颗粒之间的空隙中发生扩散、迁移。

（3）聚合反应过程

可溶性铝硅酸盐离子浓缩聚合阶段，主要发生以下化学反应：

$$\underset{\text{单聚体}}{{}^-OSi(OH)_3} + \underset{\text{单聚体}}{M^{+-}OSi(OH)_3} + M^+ \longrightarrow \underset{\text{二聚体}}{M^{+-}OSi(OH)_2\text{—O—}Si(OH)_3} + MOH \tag{26-13}$$

$$\underset{\text{单聚体}}{{}^-OSi(OH)_2O^-} + \underset{\text{单聚体}}{M^{+-}OSi(OH)_3} + M^+ \longrightarrow \underset{\text{二聚体}}{M^{+-}OSi(OH)_2\text{—O—}Si(OH)_2O^-} + MOH \tag{26-14}$$

$$\underset{\text{单聚体}}{{}^-OSi(OH)(O^-)O^-} + \underset{\text{单聚体}}{M^{+-}OSi(OH)_3} + M^+ \longrightarrow \underset{\text{二聚体}}{M^{+-}OSi(OH)(O^-)\text{—O—}Si(OH)_2O^-} + MOH \tag{26-15}$$

$$2(\text{硅酸盐单聚体})^- + 2(\text{硅酸盐二聚体})^- + 2M^+ \longrightarrow M^{+-}(\text{环状三聚体}) + M^{+-}(\text{线形三聚体}) + 2OH^- \tag{26-16}$$

上述反应是在库仑静电引力作用下发生阴阳离子配对的浓缩反应。在溶解络合阶段形成的 $Al(OH)_4^-$ 和正硅酸阴离子，与碱金属离子发生离子配对反应，生成 $M^{+-}Al(OH)_4$ 单聚物和硅酸盐的单聚物、二聚物、三聚物阴离子团。这些阴离子团为继而形成聚合度更高的铝硅酸盐矿聚物奠定了物质基础。

由于外加液体硅酸钠的作用，体系中的硅酸阴离子在碱激发剂的催化下，继续发生浓缩聚合反应，形成的铝硅酸盐聚合物以胶体形式存在于未溶解的固体颗粒之间，为整个材料的胶凝、键合提供了基本条件。

（4）凝胶固化过程

在固体混合物料中加入碱硅酸盐溶液后，随着铝硅酸盐水合、络合、聚合反应的进行，生成凝胶相的反应达到平衡。由胶体溶液形成的凝胶相包覆在未溶解的固体颗粒表面，形成凝胶膜层。最初，包覆有凝胶膜层的未溶颗粒相互分离，整个体系仍具有可塑性。随着反应的持续进行，凝胶膜层不断增厚，并扩展填充于固体颗粒间隙而形成网状结构，非结构水逐渐蒸发排除，最终导致整个反应体系逐渐硬化，形成具有良好力学性能的矿聚材料。脱水硬化过程除受反应体系的组成影响外，还受固化温度和时间等因素的影响（马鸿文等，2002a）。

26.4.2 聚合反应机理

由矿聚材料形成的4个过程可知，矿聚材料制品的基体相结构是决定材料性能的关键。研究聚合反应的核心在于通过对基体相微观结构的研究，阐明基体相的形成过程，进而深入探究铝硅酸盐聚合反应机理。

在以煤矸石、粉煤灰为原料制备矿聚材料的实验中，煅烧煤矸石具有很好的活性，其Al_2O_3、SiO_2组分在碱性溶液中的溶出浓度显著高于粉煤灰。因此，实验制备的矿聚材料基体相主要为NaOH溶液、水玻璃和煅烧高岭石反应并固化脱水所形成。为研究问题方便，制备基体相实验做简化处理，即仅采用NaOH溶液、水玻璃和煅烧煤矸石制备矿聚物基体相。原料配比及制备条件参照前述得出的优化条件，并做适当调整。采用原料配比为，煅烧高岭石：硅酸钠溶液：NaOH溶液＝5：1.5：1。原料经搅拌均匀为砂浆后，注入模具，室温下静置养护一定时间后进行各种性能测定。

26.4.2.1 硅铝溶出实验

为了解实验中固相原料在碱性溶液中Al_2O_3和SiO_2的溶解性能，进行了原料的溶出实验。取不同固相原料粉末4g，分别置于200mL塑料瓶中，加入100mL浓度为0.1mol/L的NaOH溶液后加盖密封，水浴加热并保持设定温度，磁力搅拌一定时间后将溶液离心分离，取上部清液10mL，采用VISTA-AX型等离子发光分析仪（ICP）测定Si、Al浓度。实验结果见表26-12。

图26-18（a）、（b）分别为煅烧煤矸石在25℃和80℃碱液中Si、Al浓度随溶出时间的变化曲线，图26-18（c）为溶出时间固定为60min时Si、Al浓度随溶出温度的变化曲线。可以看出，在较低温度下（25℃），经750℃煅烧的煤矸石（偏高岭石），其初始Si、Al的溶出浓度较低，分别为65.37μg/mL和63.68μg/mL；之后随时间延长，溶出浓度逐渐增高，6h时基本达到最高值，Si、Al浓度分别为159.87μg/mL和183.04μg/mL［图26-18（a）］。当溶出温度较高（80℃）时，偏高岭石在碱液中能够快速溶出，30min时其Si、Al浓度分别达252.44μg/mL和327.43μg/mL。之后随溶出时间的延长，Si、Al浓度基本保持恒定［图26-18（b）］。

表 26-12 实验原料 Si、Al 溶出实验结果

实验样品	溶出条件		Si 浓度/(μg/mL)	Al 浓度/(μg/mL)
	溶出温度/℃	溶出时间/min		
煅烧煤矸石(通化) 煅烧温度:750℃ 煅烧时间:2h	25	30	65.37	63.68
		60	90.23	93.82
		120	133.78	146.06
		240	158.69	173.86
		360	159.87	183.04
		1440	152.69	195.61
	80	30	252.44	327.43
		60	227.98	310.16
		120	235.65	328.76
		240	238.91	348.76
	25	60	83.92	90.96
	40		174.14	200.43
	50		191.22	221.39
	60		208.31	245.77
	70		215.89	266.77
	80		208.89	274.01
粉煤灰(通化电厂)	25	60	12.3	13.9
粉煤灰(日中电会社)	25	60	11.4	11.0
粉煤灰(日宇部兴产)	25	60	9.2	3.3
PFBC 灰(日中电会社)	25	60	12.6	2.8
钢渣(日本制铁)	25	60	16.3	6.1

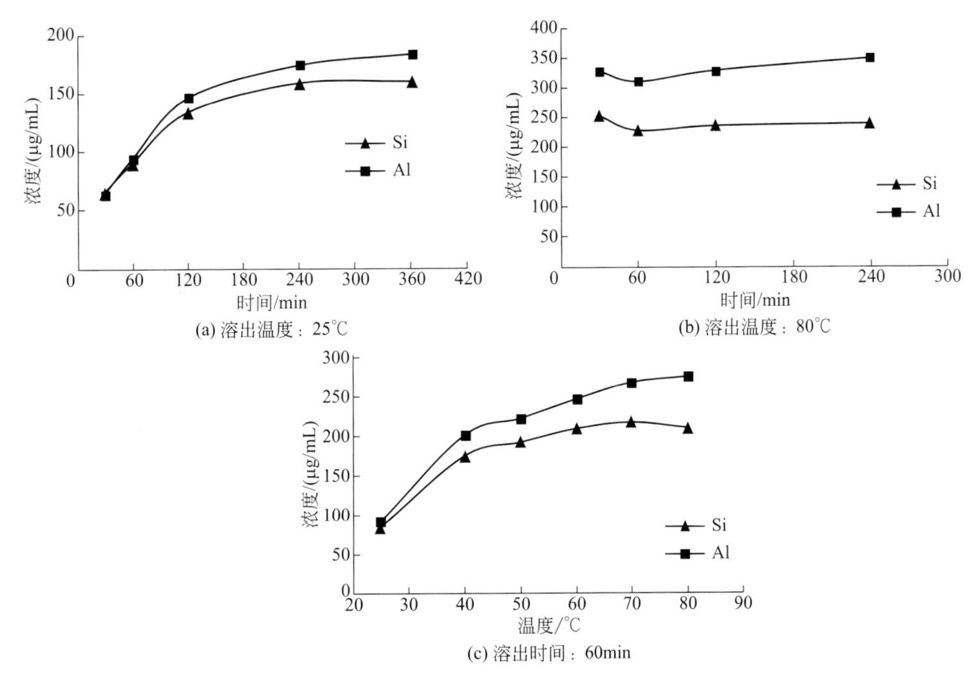

图 26-18 煅烧煤矸石在碱液中的 Si、Al 溶出浓度曲线图

图 26-18（c）显示，偏高岭石中 Si、Al 的溶出浓度随温度升高而快速增大。25℃时，Si、Al 浓度分别为 83.92μg/mL 和 90.96μg/mL；40℃时，分别为 174.14μg/mL 和 200.43μg/mL，达到 25℃时浓度的 2 倍以上；温度升高至 60℃时，Si、Al 的溶出浓度继续增大，但增幅变小；80℃时，Al 浓度稍有增高，而 Si 浓度与 60℃时基本相同。这一结果很好地解释了前述实验确定的矿聚材料的优化固化温度为 60℃这一结论。

对比粉煤灰和偏高岭石在碱液中 Si、Al 的溶出浓度（表 26-12）可知，偏高岭石的溶出浓度远大于粉煤灰，也远大于 PFBC 灰、钢渣等常用的铝硅酸盐固体物料。这说明，偏高岭石是铝硅酸盐聚合反应过程中 Si 和 Al 的主要提供者，其他固体物料虽然也提供了部分 Si 和 Al，但主要仍以惰性填充方式存在。

26.4.2.2 X 射线衍射分析

图 26-19 是固化时间分别为 3d（TNKS40-3）和 7d（TNKS40-7）的矿聚物基体相与偏高岭石（DS-K）的 X 射线粉末衍射图（王刚，2004）。对比发现，偏高岭石的衍射峰在形成基体相后尚未完全消失，但随着固化时间的延长，其衍射峰强变得越来越弱，有些甚至已经消失，表明在基体相形成过程中，偏高岭石已经与原料中的碱性溶液发生新的化学反应，硅铝氧骨架遭到破坏，形成了新的化合物相。但基体相并未出现新的特征衍射峰，说明基体相在形成过程中没有新的结晶相生成，结构上仍呈现非晶态。

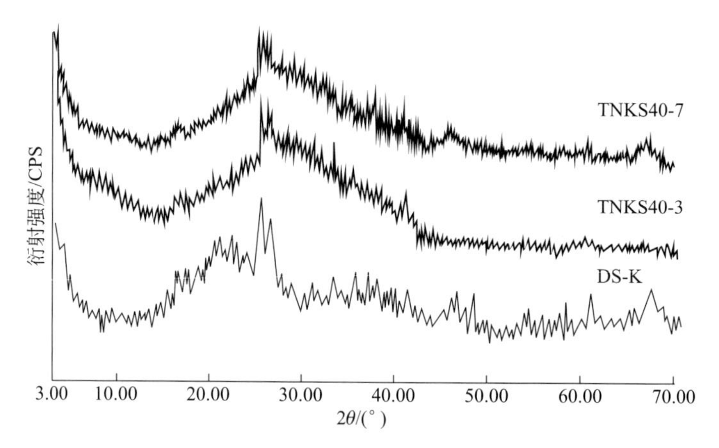

图 26-19　矿聚物基体相与偏高岭石 X 射线粉末衍射图

（据王刚，2004）

DS-K—偏高岭石；TNKS40-3—固化 3d、温度 60℃ 下基体相，偏高岭石：硅酸钠：NaOH＝1.75：1.5：1.0；TNKS40-7—固化 7d、温度 60℃ 下基体相，偏高岭石：硅酸钠：NaOH＝1.75：1.5：1.0

图 26-20 是几种试样的 X 射线粉末衍射分析图。其中 GPM-1 为固化 1 年的基体相；GPMF-1 为以偏高岭石、粉煤灰为原料制备的矿聚材料，固化时间 1 年；MK-1 为偏高岭石；SWG-1 为 NaOH 与水玻璃的混合溶液在自然状态下干燥 1 年的固态样品。在 GPMF-1 中，原粉煤灰中石英、莫来石的特征衍射峰依然存在，说明这些晶质矿物基本上未参与聚合反应。样品 GPM-1、GPMF-1 中，虽然偏高岭石的衍射峰仍存在，但其峰强减弱了许多，说明在制品形成过程中偏高岭石很好地参与了反应。样品 SWG-1 中，除少量碳酸钠外，主要为非晶质物相。对比试样的 X 射线衍射图可见，与原始物料 MK-1 和 SWG-1 相比，试样 GPM-1 和 GPMF-1 在 2θ 角为 10°～15°处新出现了基线逐渐抬高的圆弧形衍射峰。这可能标

志着矿聚材料基体相经 1 年时间的充分聚合反应后，形成了含有羟基的非晶质到半晶质的铝硅酸盐新化合物相。

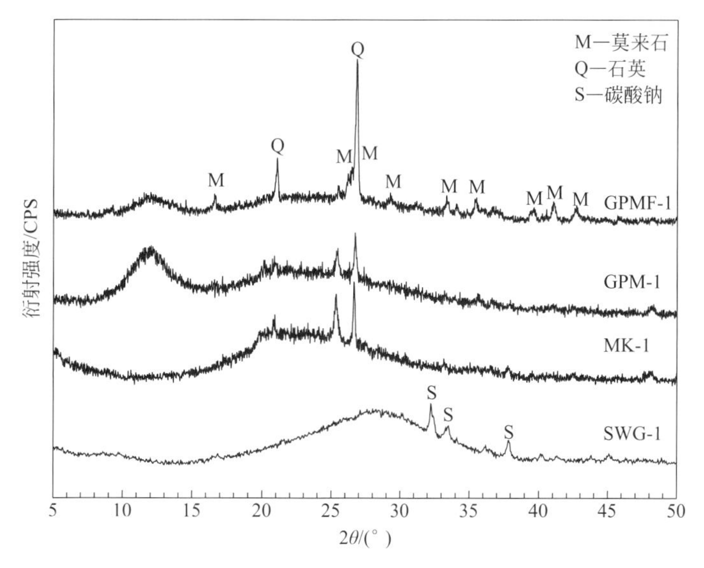

图 26-20　矿物聚合材料试样的 X 射线粉末衍射图

MK-1—偏高岭石；SWG-1—NaOH 与水玻璃混合液，自然状态下干燥 1 年所得固态样品；GPM-1—基体相，偏高岭石：硅酸钠溶液：NaOH 溶液＝5：1.50：1.0，室温养护 1 年；GPMF-1—优化条件下制备的矿聚材料，固相原料为粉煤灰、偏高岭石，制成后室温下放置 1 年

26.4.2.3　红外光谱分析

图 26-21 为固化时间为 3d、7d 的矿聚物基体相与偏高岭石（DS-K）的红外光谱图（王刚，2004）。图中 1010～1100cm^{-1}处反映了 Si—O—Si 的伸缩振动，450～490cm^{-1}之间的谱带反映了 Si—O—Si 的弯曲振动，由偏高岭石和基体相谱图的对比可知，无论 3d 或 7d 的基体相，其 Si—O—Si 的伸缩和弯曲振动均未消失，但都向低波数方向偏移，表明 Si—O—Si（Al）

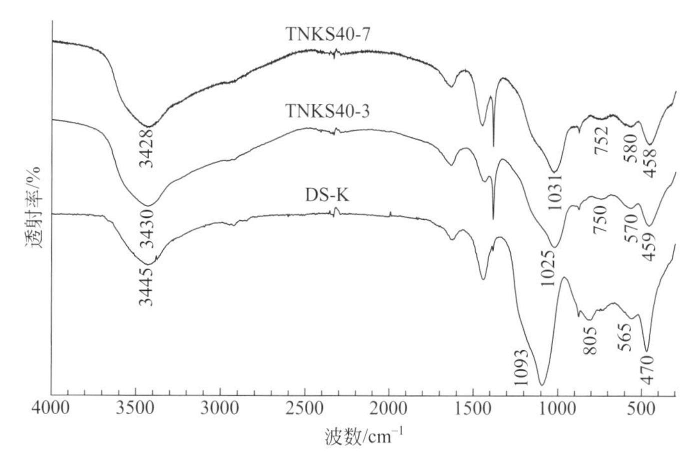

图 26-21　矿物聚合材料基体相与偏高岭石的红外光谱图

（据王刚，2004）

DS-K—偏高岭石；TNKS40-3—固化 3d、温度 60℃ 下基体相，偏高岭石：硅酸钠：NaOH＝1.75：1.5：1.0；TNKS40-7—固化 7d、温度 60℃ 下基体相，偏高岭石：硅酸钠：NaOH＝1.75：1.5：1.0

的聚合度降低。这是因为在基体相的形成过程中，偏高岭石在强碱性环境下 Si—O—Si（Al）首先发生解聚反应，然后随固化时间延长发生再次聚合，而重新聚合反应后形成的 Si—O—Si(Al）聚合度，低于偏高岭石的聚合度。570cm^{-1} 和 750～830cm^{-1} 附近分别反映了［AlO_6］$^{9-}$ 八面体和［AlO_4］$^{5-}$ 四面体的配位状态。这在偏高岭石和基体相中均能发现，表明矿聚物基体相中还存在未反应完全的偏高岭石微粒。

图 26-22 是固化时间为 1 年的基体相（GPM-1）与偏高岭石（MK-1）以及以煅烧煤矸石、粉煤灰为原料制备的矿聚材料（GPMF-1）3 种试样的红外光谱图。对比图 26-21 与图 26-22 中不同龄期的基体相与偏高岭石的红外光谱图，可得出如下认识：

① 1 年龄期基体相，其 Si—O—Si（Al）伸缩振动与 Si—O—Si（Al）弯曲振动的谱峰分别为 1081cm^{-1}、457cm^{-1}，与偏高岭石相比均向低波数方向发生了偏移，表明其聚合度低于偏高岭石。但与 3d、7d 的基体相相比，这种偏移降低很多，说明随着固化时间的延长，基体相中的［SiO_4］和［AlO_4］四面体不断发生聚合，使铝硅酸盐聚合度相应增高。

② 图 26-21 与图 26-22 中表示偏高岭石 Al—O—Si 键振动的谱峰分别为 805cm^{-1}、823cm^{-1}，在基体相中均未出现，显示偏高岭石与碱硅酸盐溶液确实发生了反应，但新生物相在谱图中并未显现出来。

③ 1 年龄期基体相，其羟基的吸收谱峰（3436cm^{-1}）较偏高岭石以及 3d、7d 的基体相均有显著增强，说明随着固化时间的延长，在基体相中形成了含有羟基的铝硅酸盐化合物相，这与 X 射线衍射分析结果是一致的。

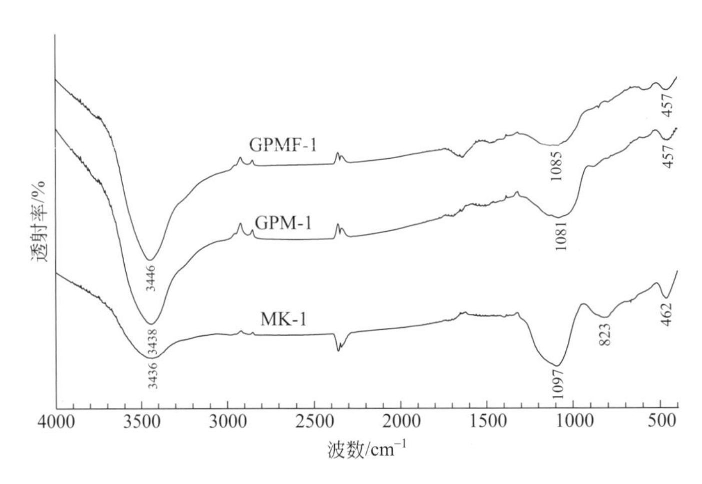

图 26-22　矿聚材料试样的红外光谱图

MK-1—偏高岭石；GPM-1—基体相，偏高岭石：硅酸钠溶液：NaOH 溶液＝5：1.50：1.0，室温养护 1 年；GPMF-1—优化条件下制备的矿聚材料，固相原料为粉煤灰、偏高岭石，制成后室温下静置 1 年

26.4.2.4　核磁共振分析

（1）^{27}Al NMR 谱分析

图 26-23 为偏高岭石和固化时间为 3d、7d 基体相的^{27}Al NMR 谱。图 26-24 为高岭石、偏高岭石及固化时间 1 年基体相的^{27}Al NMR 谱。表 26-13 列出了两谱图中^{27}Al NMR 谱的化学位移及其归属。两图中偏高岭石的谱图存在差异，图 26-23 中 Al 表现为四次配位和六

次配位两种配位形式，而在图 26-24 中表现为四次、五次、六次 3 种配位形式。这种差异可能是试样预处理条件的差异造成的，也可能是不同仪器的测定误差所致。

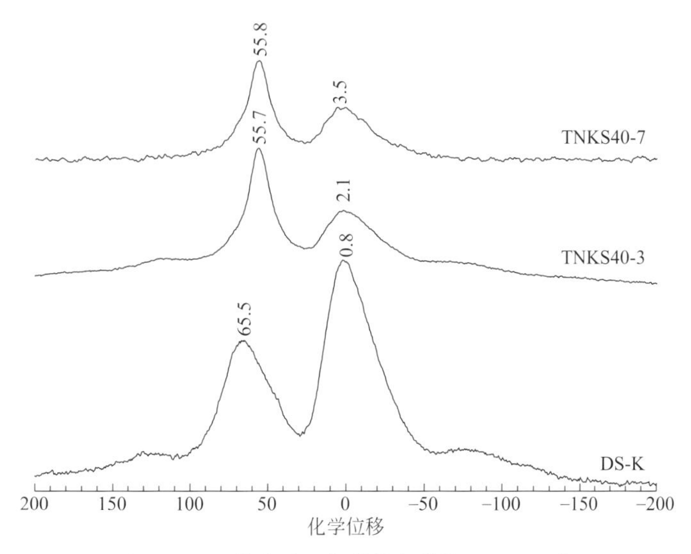

图 26-23　偏高岭石与基体相的^{27}Al NMR 谱

DS-K—偏高岭石；TNKS40-3—固化 3d、温度 60℃下基体相，偏高岭石∶硅酸钠∶NaOH＝1.75∶1.50∶1.0；TNKS40-7—固化 7d、温度 60℃下基体相，偏高岭石∶硅酸钠∶NaOH＝1.75∶1.50∶1.0

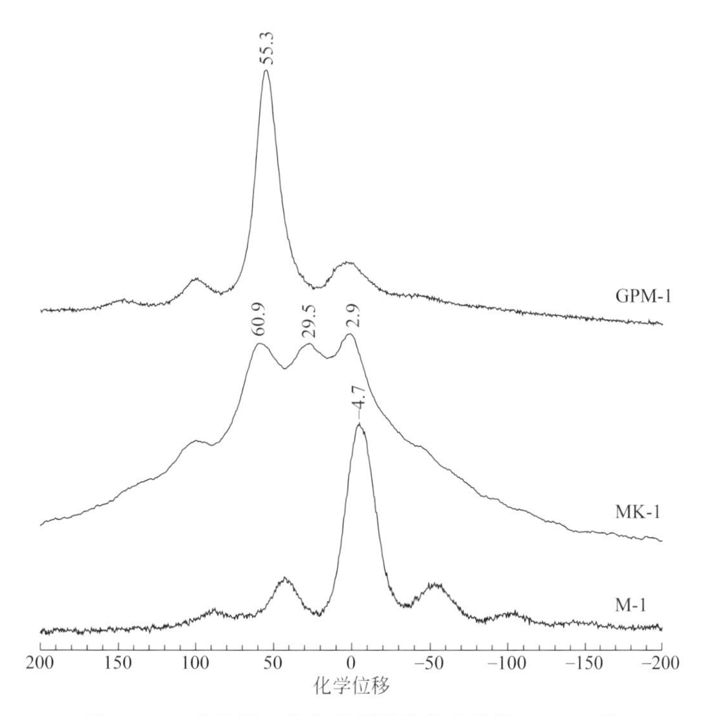

图 26-24　高岭石、偏高岭石及基体相的^{27}Al NMR 谱

M-1—高岭石；MK-1—偏高岭石；GPM-1—基体相，

偏高岭石∶硅酸钠溶液∶NaOH 溶液＝5.0∶1.5∶1.0，室温养护 1 年

表 26-13 实验样品的^{27}Al NMR 谱化学位移及其归属结果

实验样品	化学位移			Al 的配位
	Al^{IV}	Al^{V}	Al^{VI}	
高岭石			−4.7	六配位
偏高岭石	60.9	29.5	2.9	四配位＋五配位＋六配位
偏高岭石①	65.5		0.8	四配位＋六配位
基体相 3d(TNKS40-3)①	55.7		2.1	四配位＋六配位(少量)
基体相 7d(TNKS40-7)①	55.8		3.5	四配位＋六配位(少量)
基体相 1 年(GPM-1)	55.3			四配位

① 数据引自王刚（2004）。

由图 26-23 可见，随着偏高岭石在碱溶液的作用下固化为基体相，反映六次配位 Al 的共振峰明显减弱，而反映四次配位 Al 的共振峰却相对增强，并超过六次配位 Al 的共振峰，表明在基体相的固化过程中存在六次配位 Al 向四次配位 Al 的转变过程。同时在图 26-23 中可见，固化 3d、7d 制品基体相中四次配位 Al 的共振峰要比偏高岭石的峰值向负值方向移动，这表明在制品固化的同时，$[AlO_4]^{4-}$结构单元之间的聚合度也有所增加。

图 26-24 中，原料煤矸石（高岭石）中的 Al 呈六次配位；经 750℃煅烧成为偏高岭石后，Al 则呈四次、五次、六次 3 种配位共存；偏高岭石与碱硅酸盐溶液反应生成的基体相，经 1 年固化后，Al 全部转变为四次配位。对比图 26-23 与图 26-24 中不同固化时间基体相的^{27}Al NMR 谱可知，偏高岭石与碱硅酸盐溶液发生聚合反应时，偏高岭石中五次、六次配位 Al 将逐步向四次配位转变，且随着聚合反应时间的延长，这种转变将进行得更加完全，而 $[AlO_4]^{4-}$结构单元之间的聚合度也随聚合反应的进行而有所增高。

（2）^{29}Si NMR 谱分析

图 26-25 为碱水玻璃溶液（NaOH 和水玻璃的混合溶液，以 SWG 表示）及固化时间为 3d、7d 基体相的^{29}Si NMR 谱。图 26-26 为高岭石、偏高岭石及固化时间 1 年基体相的^{29}Si NMR 谱。表 26-14 列出了两谱图中^{29}Si NMR 谱的化学位移及其归属。

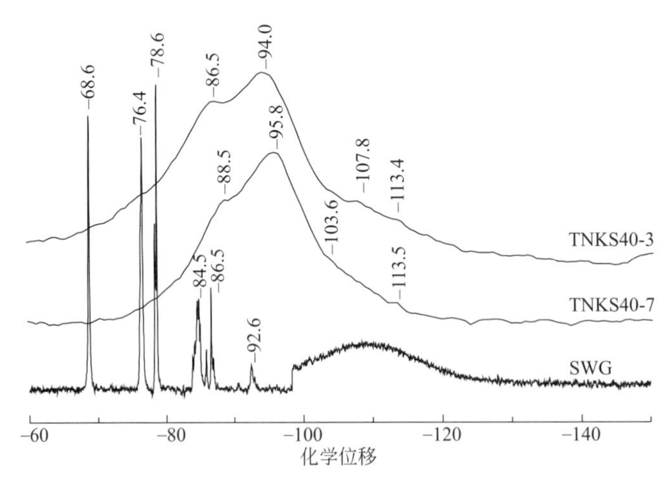

图 26-25 碱水玻璃溶液与不同固化时间基体相的^{29}Si NMR 谱

SWG—NaOH 溶液与 Na_2SiO_3 水玻璃混合溶液，NaOH∶水玻璃＝2∶3；TNKS40-3—固化 3d、温度 60℃下基体相，偏高岭石∶硅酸钠∶NaOH＝1.75∶1.5∶1.0；TNKS40-7—固化 7d、温度 60℃下基体相，偏高岭石∶硅酸钠∶NaOH＝1.75∶1.50∶1.0

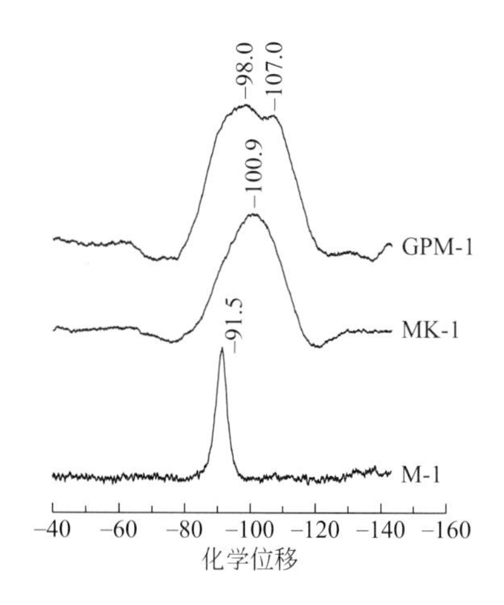

图 26-26　高岭石、偏高岭石及基体相的^{29}Si NMR 谱

M-1—高岭石；MK-1—偏高岭石；GPM-1—基体相，偏高岭石∶硅酸钠溶液∶NaOH 溶液=5.0∶1.5∶1.0，室温养护 1 年

表 26-14　实验试样的^{29}Si NMR 谱化学位移及其归属结果

样品	化学位移	$[SiO_4]^{4-}$环境	说　明
碱水玻璃溶液(TNS)①	-68.6,-76.4,-78.6 -84.5,-86.5,-92.6	Q^0+Q^1 Q^1+Q^2	Q^0、Q^1为主,少量Q^2
偏高岭石(MK-1)	-100.9	Q^3	全部为Q^3
基体相 3d(TNKS40-3)①	-86.5,-94.0, -107.8,-113.4	$Q^2+Q^3+Q^4$	Q^2、Q^3为主,微量Q^4
基体相 7d(TNKS40-7)①	-88.5,-95.8, -103.6,-113.5	$Q^2+Q^3+Q^4$	Q^2、Q^3为主,微量Q^4
基体相 1 年(GPM-1)	-98.0,-107.0	Q^3+Q^4	全部为Q^3、Q^4

① 数据引自王刚（2004）。

由图 26-25、图 26-26 可见，碱水玻璃溶液的$[SiO_4]^{4-}$四面体中 Si 的结构态以Q^0、Q^1为主，含有少量Q^2；偏高岭石中则全部为Q^3；固化时间为 3d、7d 基体相中，主要为Q^2、Q^3，含微量Q^4；而固化时间为 1 年的基体相中，则全部转变为Q^3、Q^4（表 26-14）。

对比碱水玻璃溶液、偏高岭石及不同固化时间基体相的$[SiO_4]^{4-}$聚合度可知，在偏高岭石与碱水玻璃溶液反应的初期，偏高岭石首先在碱液中溶解，呈Q^3结构态的$[SiO_4]^{4-}$解聚成为低聚态的Q^0或Q^1态；之后随着聚合反应的进行，低聚态的$[SiO_4]^{4-}$逐渐聚合为高聚态的Q^2或Q^3；最后，随聚合反应的完成，$[SiO_4]^{4-}$最终聚合成为高聚态的Q^3和Q^4结构态。

为定量计算不同聚合态$[SiO_4]^{4-}$四面体的相对含量，对不同固化时间基体相的^{29}Si NMR 谱进行拟合分峰解析处理。各拟合峰的相对面积反映了各$[SiO_4]^{4-}$四面体聚合状态（Q^n）的相对比例，因而可用峰的相对面积之比来定量反映Q^n的相对含量变化。

图 26-27、图 26-28 分别为固化时间为 3d、7d 基体相试样的拟合分峰结果。固化 1 年的试样由于测试原因未能进行拟合分峰（图 26-29）。表 26-15 列出了分峰拟合结果。由表可见，固化 3d 基体相中Q^2和Q^3分别占Q^n总量的 38.1%和 50.8%；固化 7d 基体相，Q^2和Q^3分别占Q^n总量的 27.6%和 61.3%。这表明聚合反应进行 3d 到 7d，基体相即生成了链状到片状结构为主的$[SiO_4]^{4-}$单元。固化 1 年的基体相，其Q^2含量为 0，Q^3和Q^4分别约占Q^n总量的 60%和 40%，此时基体相已完全转变为片状和架状结构态的$[SiO_4]^{4-}$单元。

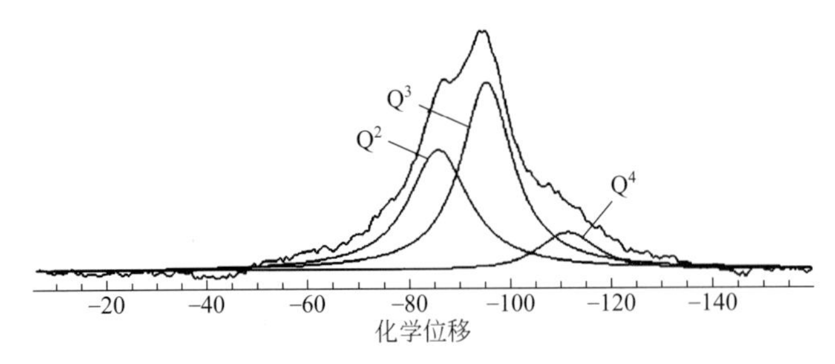

图 26-27　固化 3d 基体相试样 TNKS40-3 的拟合分峰结果

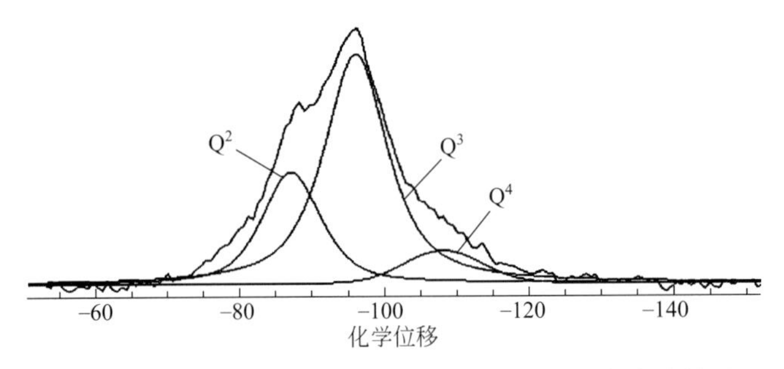

图 26-28　固化 7d 基体相试样 TNKS40-7 的拟合分峰结果

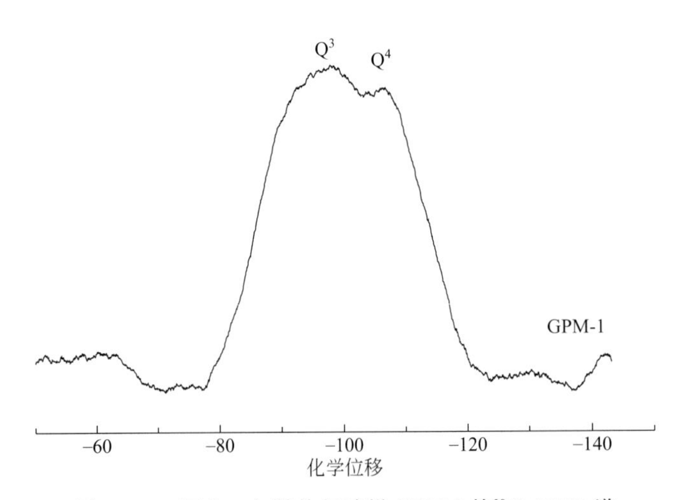

图 26-29　固化 1 年基体相试样 GPM-1 的 ^{29}Si NMR 谱

表 26-15　不同固化时间基体相试样的 ^{29}Si NMR 谱拟合分峰结果

样品号	拟合线	$[SiO_4]^{4-}$ 环境	频率/Hz	化学位移	强度	面积	含量/%
TNKS40-3（固化 3d）	1	Q^2	−5118.73	−85.902	73984	0.75	38.1
	2	Q^3	−5688.72	−95.466	115713	1.00	50.8
	3	Q^4	−6641.19	−111.452	22915	0.22	11.1
TNKS40-7（固化 7d）	1	Q^2	−5198.04	−87.231	52466	0.45	27.6
	2	Q^3	−5727.72	−96.120	107414	1.00	61.3
	3	Q^4	−6440.92	−108.088	15444	0.18	11.1
GPM-1（固化 1 年）		Q^2					0.0
		Q^3		−98.0			约 60
		Q^4		−107.0			约 40

综上所述，本项研究获得如下主要结论：高岭石在煅烧过程中的相转变经历 4 个阶段，即脱羟阶段、偏高岭石化阶段、硅铝分凝阶段和莫来石化阶段。偏高岭石的硅铝活性与煅烧温度密切相关，偏高岭石分凝为 γ-Al_2O_3 前的 900℃煅烧时，其 Al 的活性达到最高；非晶质 SiO_2 结晶为方石英前的 1100℃时，Si 的活性达到最高。以煅烧煤矸石、粉煤灰为原料制备矿聚材料，制品的平均抗压强度 36.41MPa，平均抗折强度 10.64MPa，显著高于普通黏土烧结砖，在轻质、保温隔热性能方面优于传统的烧结黏土砖。

中国水泥工业如何实现可持续发展？在能源高成本、全球变暖、可持续发展、环境友好过程和绿色化学背景下，有关全球经济的主要关切，我们能做些什么？正如矿聚材料技术的发明者 Joseph Davidovits（2008）在其专著 *Geopolymer Chemistry and Applications* 中以“可持续发展之实践和科学探究”为题所指出的那样。

对于掌控 21 世纪这些现象，深入研发和大力推广矿聚材料技术，其重要意义在于：

① 矿聚材料作为新型胶凝材料，可部分代替水泥，而能耗比生产水泥减少约 80%，这对于我国这样一个能源相对短缺的国家具有特殊重要的意义。

② 利用煤炭固废等二次资源生产矿聚材料，不仅可有效根治此类固废造成的环境污染，同时为其资源化利用提供了有效途径，其潜在应用前景和经济、环境效益十分巨大。

③ 矿聚材料作为有毒固废和放射性核废料的新型固封材料，在我国大力发展核电工业和消除有毒工业废物对环境的污染方面可发挥重要作用。

以工业固体废物为主要原料生产矿聚材料，是当前材料领域的研究热点之一，但在实际工程应用中还存在着许多问题，解决这些问题的技术关键在于：

首先，材料生产成本问题。目前国内外制备矿聚材料，除以工业固废或铝硅酸盐矿物为主要原料外，配料还需要煅烧高岭土、工业水玻璃及工业烧碱等化工原料，生产成本较高，从而制约了该技术的实际应用。本项研究中以煅烧煤矸石替代煅烧高岭土，则可使原料成本显著降低。

其次，工业固废资源的特点是物相组成复杂，化学成分多变，因而用作生产原料时极易造成制品性能波动。因此，需要通过对材料的固化机理、微观结构和宏观性能的系统研究，建立制品性能与原料配比和工艺条件之间的定量模型，为该技术的工程化应用奠定理论基础。

再次，矿聚材料的基体相为非晶质至半晶质铝硅酸盐聚合物，其微观结构十分复杂，但可借助于微束分析精确测定其化学组成，借助扫描电镜观察其微观形貌及与不同结晶相之间的结合关系，从而对其成分-结构进行准确表征。由此可望在建立表征材料的物相组成-结构-性能的物理模型方面取得突破。

最后，通过系统研究铝硅酸盐聚合反应及其动力学过程与材料性能发展之间的关系，探索矿聚材料结构-性能设计的基本原理和方法，有望为设计和控制生产不同结构类型的新型铝硅酸盐聚合材料提供理论指导与技术支持。

下篇参考文献

[1] 阿布拉莫夫．碱法综合处理含铝原料的物理化学原理．长沙：中南工业大学出版社，1988：6-25.

[2] 毕诗文，于海燕，杨毅宏，等．拜耳法生产氧化铝．北京：冶金工业出版社，2007：148-153.

[3] 卜东胜，张干城，周雪琴，等．抗热冲击微晶玻璃的红外辐射性能．无机材料学报，1994，9（2）：151-156.

[4] 蔡明，高积强．K_2O-MgO-SiO_2-Al_2O_3-B_2O_3-F 玻璃陶瓷的烧结析晶．西安交通大学学报，2004（7）：709-711.

[5] 曹超，彭同江，丁文金．晶化温度对 CaO-Al_2O_3-SiO_2-Fe_2O_3 系粉煤灰微晶玻璃析晶及性能的影响．硅酸盐学报，2013（1）：122-128.

[6] 曹德光，苏达根，陈益兰，等．矿物聚合反应物及其产物特征与反应过程研究//化学激发胶凝材料研究进展，南京：东南大学出版社，2005：31-44.

[7] 曹德光，苏达根，杨占印，等．偏高岭石的微观结构与键合反应能力．矿物学报，2004，4：366-372.

[8] 陈福广．我国新型墙体材料研发方向．建设科技，2005，16：14-15.

[9] 陈国华．差热分析在微晶玻璃中的应用．洛阳工业高等专科学校学报，1995，5（4）：5-9.

[10] 陈国华，刘心宇．电子封装微晶玻璃基板的介电性能．压电与声光，2005，27（3）：283-286.

[11] 陈文文．含在口中就熔化的金属．化学教育，2003（6）：3-5.

[12] 程慷果，万菊林，梁开明．具有定向显微结构的高强云母微晶玻璃．材料研究学报，1997（3）：309-312.

[13] 程金树，李宏，汤李缨，等．微晶玻璃．北京：化学工业出版社，2006：3-20.

[14] 程金树，怀德，赵前，等．Na_2O 对微晶玻璃装饰板材烧结和析晶的影响．武汉工业大学学报，1996，3（1）：30-32.

[15] 程金树，肖静．Ni_2O_3 着色剂对微晶玻璃装饰板材性能的影响．国外建材科技，2000（9）：1-4.

[16] 代新祥，文梓芸．土壤聚合物水泥．建筑石膏与胶凝材料，2001（6）：34-35.

[17] 戴安邦，陈荣三．硅酸及其盐的研究（Ⅵ）硅酸的聚合和溶液酸度的变化．南京大学学报（化学版），1963，1：9-18.

[18] 戴安邦，江龙．硅酸及其盐的研究（Ⅰ）硅酸聚合的速度和机制．化学学报，1956：90-98.

[19] 党光耀，韩作振，刘金鹏．提取粉煤灰有价成分后固体残渣制备微晶玻璃．环境工程，2009（1）：66-69.

[20] 邓春明，肖汉宁，赵运才．尾矿废渣微晶玻璃．陶瓷工程，2001（6）：23-26.

[21] 佟丽红．镓的生产及需求．有色金属工业，2002（6）：57-58.

[22] 董军，张文军．硅灰石的特性与开发应用．辽宁工程技术大学学报，2005，24（增刊）：33-35.

[23] 法默 VC. 矿物的红外光谱．应育浦，等译．北京：科学出版社，1982.

[24] 樊先平，洪樟连，翁文剑．无机非金属材料科学基础．杭州：浙江大学出版社，2004：67.

[25] 方永浩．固体高分辨率核磁共振在水泥化学研究中的应用．建筑材料学报，2003，6（1）：54-60.

[26] 冯小平．粉煤灰微晶玻璃的晶化机理研究．玻璃与搪瓷，2005，33（2）：7-9.

[27] 傅献彩，沈文霞，姚天扬．物理化学．北京：高等教育出版社，2001：918-1028.

[28] 格雷格 SJ，辛 KSW. 吸附，比表面和孔隙率．北京：化学工业出版社，1989.

[29] 郭九皋，何宏平，王辅亚，等．高岭石-莫来石反应系列：^{27}Al 和 ^{29}Si MAS NMR 研究．矿物学报，1997，17（3）：250-259.

[30] 国土资源部信息中心．世界矿产资源年鉴．北京：地质出版社，2009：276-284.

[31] 国土资源部信息中心．世界矿产资源年评 2016. 北京：地质出版社，2016：52-59，297-300.

[32] 果世驹．粉末烧结理论．北京：冶金工业出版社，2002.

[33] 何峰，王怀德，邓志国．CaO 对 CaO-Al_2O_3-SiO_2 系统微晶玻璃的析晶程度及性能的影响研究．中国陶瓷，2002，8（4）：4-6.

[34] 何峰，赵前，王全，等．氧化铝对微晶玻璃装饰板烧结及晶化影响．武汉工业大学学报，1998，3（1）：30-33.

[35] 何宏平，胡澄，郭九皋，等．高岭石及其热处理产物的 ^{29}Si，^{27}Al 魔角旋转核磁共振研究．科学通报，1993，38（6）：570-572.

[36] 胡宏杰，金梅，曹耀华，等．沸石的水热化学合成工艺特征．矿产保护与利用，1999（1）：14-17.

[37] 胡荣祖，史启祯．热分析动力学．北京：科学出版社，2001：28-113.

[38] 柯家骏，张帆．拜耳法赤泥水热处理的渣物相的热力学分析．化工冶金，1994，15（4）：341-347.

[39] 矿产资源工业要求手册编委会．矿产资源工业要求手册．北京：地质出版社，2014：952.
[40] 李东旭，阮孜炜．化学激发胶凝材料研究进展．南京：东南大学出版社，2005：215-223.
[41] 李洪桂．湿法冶金学．长沙：中南大学出版社，2005：68-95.
[42] 李伟．溶胶-凝胶制备二氧化硅气凝胶纳米材料的研究．长沙：湘潭大学，2002.
[43] 李小斌，李永芳，刘祥民，等．复杂硅酸盐矿物 Gibbs 自由能和焓的一种近似计算法．硅酸盐学报．2001，29（3）：232-237.
[44] 李哲，应育浦．矿物穆斯堡尔谱学．北京：科学出版社，1996：183-193.
[45] 刘长龄，刘钦甫，陈济舟，等．变高岭石的结构研究．硅酸盐学报，2001，29（1）：63-67.
[46] 刘凤娟，程金树，肖静．烧结法钽铌尾矿微晶玻璃的组成与性能．武汉理工大学学报，2003（9）：26-28.
[47] 刘桂华，李小斌，周秋生，等．铝、硅在强碱溶液中的结构．轻金属，1998（6）：13-16.
[48] 刘明志，袁坚，何峰，等．米黄色微晶玻璃装饰板的研制．佛山陶瓷，2000（3）：7-9.
[49] 刘睦清，胡嘉琳．无机化合物水解反应的基本规律．上饶师范学院学报，2001，21（3）：103-108.
[50] 刘启照．电解法烧碱生产中的能耗及节能技术．氯碱工业，2002，8：1-8.
[51] 刘钦甫，许红亮，杨晓杰．煤系地层合成 4A 分子筛过程及机理研究．中国非金属矿工业导刊，1999，1（7）：18-20.
[52] 刘文永．高水速凝材料浆体流变特性研究．中国安全科学学报，1997，7（4）：28-31.
[53] 刘小波，李白雅．热处理过程对 Na_2O-Al_2O_3-SiO_2 系统霞石微晶玻璃电阻率影响的研究．功能材料，1997，28（5）：526-528.
[54] 刘晓文，黄圣生，邱冠周．硅灰石粉末的制备和应用现状．矿产保护与利用，2001（1）：20-24.
[55] 刘忠义，王莉玮，王子忱，等．硅酸钠合成高比表面积多孔二氧化硅．高等学校化学学报，1998，5（19）：770-773.
[56] 龙来寿，奚长生．稀散元素铟、镓的富集与分离．广州化工，2002，30（4）：34-37.
[57] 逯红霞，罗澜，张干城．光纤接头用微晶玻璃材料的相转变．无机材料学报，2001，16（2）：237-242.
[58] 陆佩文．硅酸盐物理化学．南京：东南大学出版社，1991：129-133，239-252.
[59] 马鸿文．工业矿物与岩石．第 3 版．北京：化学工业出版社，2011：412.
[60] 马鸿文．结晶岩热力学概论．第 2 版．北京：高等教育出版社，2001：23-40，115-124.
[61] 马鸿文．结晶岩热力学软件．北京：地质出版社，1999：19-37.
[62] 马荣．我国新型墙体材料发展的机遇和挑战．中国煤炭，2001（11）：36-37.
[63] 马正先，李慧，盖国胜，等．硅灰石针状粉制备技术的现状与设想．硅酸盐通报，2000（6）：42-45.
[64] 麦克米伦著．微晶玻璃．王仞千译．北京：中国建筑工业出版社，1988：156-179.
[65] 毛在砂，陈家镛．化学反应工程学基础．北京：中国科学院研究生院教材，2002：156-158.
[66] 莫鼎成．冶金动力学．长沙：中南工业大学出版社，1987：302-308.
[67] 倪文，王恩，周佳．地质聚合物——21 世纪的绿色胶凝材料．新材料产业，2003，115（6）：24-28.
[68] 宁青菊，贺海燕，陈平．玻璃陶瓷的制备及应用．陶瓷工程，2000（12）：38-40.
[69] 潘海娥，李太昌，冯国政．CaO 水化法从钠硅渣中回收氧化钠的研究．矿产保护与利用，2001（3）：40-43.
[70] 潘云祥，管翔颖，冯增援，等．一种确定固相反应机理函数的新方法．无机化学学报，1999，15（2）：247-251.
[71] 彭人勇．硅灰石制备轻质介孔高比表面积二氧化硅研究．北京：中国地质大学，2001.
[72] 彭文世，刘高魁．矿物红外光谱图集．北京：科学出版社，1982.
[73] 乔冠军，王永兰，金志浩，等．以钡云母为主晶相的可切屑玻璃陶瓷．无机材料学报，1996，11（1）：29-33.
[74] 秦国彤，门薇薇，魏微，等．气凝胶研究进展．材料科学与工程学报，2005，23（2）：293-296.
[75] 沙建芳，孙伟，张云升．地聚合物-粉煤灰复合材料的制备及力学性能．粉煤灰，2004：12-13，41.
[76] 上海试剂五厂．分子筛制备与应用．上海：上海人民出版社，1976.
[77] 邵华．堇青石基微晶玻璃的晶化机理及介电性能的研究．北京：清华大学，2004.
[78] 邵靖帮．粉煤灰低温水热反应合成沸石研究．北京：中国矿业大学，1999.
[79] 申小清，李中军，要红昌．纳米 SiO_2 粉末的共沸蒸馏法制备及机理．郑州大学学报（理学版），2002，34（2）：88-91.
[80] 沈崇棠，刘鹤年．非牛顿流体力学及其应用．北京：高等教育出版社，1989.
[81] 沈旦申．粉煤灰混凝土现代技术及科技结网．混凝土水泥制品，1994，76（2）：8-11.

[82] 沈上越，李珍，宋旭波．两种纤维状矿物作为汽车刹车片增强材料的实验研究．摩擦学学报，2003，23（3）：253-257.

[83] 沈兴．差热、热重分析与非等温固相反应动力学．北京：冶金工业出版社，1995：100-129.

[84] 沈钟，王国庭．胶体与表面化学．北京：化学工业出版社，2003：62-87，556.

[85] 施剑林．固相烧结-Ⅲ实验：超细氧化锆素坯烧结过程中的晶粒与气孔生长及致密化行为．硅酸盐学报，1998，26（1）：1-13.

[86] 宋开新，俞建长．微晶玻璃的制备与应用．山东陶瓷，2002，25（1）：17-20.

[87] 苏昊林，王立久，汪振双．CAS 系粉煤灰微晶玻璃制备工艺试验研究．功能材料，2011（7）：1342-1345.

[88] 孙承绪．计算机在硅酸盐工业中的应用．上海：华东理工大学出版社，1994：92.

[89] 孙继红，范文浩，吴东，等．溶胶-凝胶化学及其应用．材料导报，2000，14（4）：25-29.

[90] 汤李缨，程金树，全健．烧结粉煤灰微晶玻璃装饰板材的研究．粉煤灰综合利用，1999a（1）：14-16.

[91] 汤李缨，赵前，程金树．高岭土尾矿微晶玻璃的烧结与晶化．佛山陶瓷，1999b（5）：8-10.

[92] 汤艳杰，刘建，刘建朝，等．从铝土矿中提取镓的工艺研究．湿法冶金，2000，19（3）：45-48.

[93] 陶勇．硅灰石表面改性研究现状与应用进展．中国非金属矿工业导刊，2008（6）：9-12.

[94] 田清波，王玥，徐丽娜，等．云母/莫来石可加工微晶玻璃的制备与析晶．人工晶体学报，2007（1）：222-226.

[95] 田清波，王玥，岳雪涛，等．V_2O_5 对 SiO_2-MgO-Al_2O_3-K_2O-V_2O_5-F 系玻璃陶瓷析晶的影响．材料科学与工艺，2008（4）：543-546.

[96] 涂华，周永华，余嘉耕，等．碳化法生产白炭黑工艺研究与反应动力学分析．无机盐工业，2001，33（6）：8-11.

[97] 涂晋林，吴志泉．化学工业中的吸收操作-气体吸收工艺与工程．上海：华东理工大学出版社，1994.

[98] 万媛媛，张志龙．粉煤灰合成堇青石微晶玻璃的性能研究．武钢技术，2006，44（4）：31-34.

[99] 王宝君，张培萍，李书法，等．白炭黑的应用与制备方法．世界地质，2006，25（1）：100-104.

[100] 王承遇，陶瑛．玻璃成分设计与调整．玻璃与搪瓷，2002，30（1）：56-60.

[101] 王光辉，孟红旗，雷国元．聚合氯化铝铁的形态分布研究．武汉科技大学学报（自然科学版），2005，28（2）：162-165.

[102] 王鸿灵，李海红，冯治中，等．不同活性高岭土矿物聚合反应的研究．材料科学与工程学报，2004，22（4）：580-583.

[103] 王华，陈德平，宋存义，等．粉煤灰利用研究现状及其在环境保护中的应用．环境与开发，2001（16）：4-6.

[104] 王怀德，程金树，武七德．K_2O 对 CaO-Al_2O_3-SiO_2 系统微晶玻璃晶化与烧结性能的影响．武汉工业大学学报，1996，9（4）：5-7.

[105] 王焕磊．我国硅灰石的生产应用及深加工现状．中国非金属矿工业导刊，2005（5）：14-17.

[106] 王金超．镓生产工艺及用途．四川有色金属，2003，4：14-19.

[107] 王岭．制备高纯镓工艺的改进．四川有色金属，2000（3）：8-11.

[108] 王绍亭，等．化工传递过程基础．北京：化学工业出版社，1996.

[109] 王天民，生态环境材料．天津：天津大学出版社，2000.

[110] 王文起，李珍，沈上越，针状硅灰石粉制备研究．中国非金属矿工业导刊，2004（3 总 40）：15-17.

[111] 王晓钧，陈悦，周洪庆，等．粉煤灰机械粉磨过程中硅氧四面体结构的变化趋势．硅酸盐学报，2001，29（4）：389-391.

[112] 王艳艳，利用磷石膏合成硅灰石的研究．武汉：武汉理工大学，2008.

[113] 王子忱，王莉玮，赵敬哲，等．沉淀法合成高比表面积超细 SiO_2．无机材料学报，1997，12（3）：391.

[114] 温元凯，邵俊，陈德炜．含氧酸盐及矿物生成能的简单计算．地质科学，1978，4：348-357.

[115] 肖汉宁，彭文琴，邓春明．微晶玻璃的制备技术、性能及用途．中国陶瓷，2000，36（5）：31-34.

[116] 肖仪武，白志民．煅烧高岭土的火山灰活性．矿冶，2001，10（3）：47-51.

[117] 谢为民，方承平．极性微晶玻璃的恒温定向析晶．硅酸盐学报，1997，25（1）：115-119.

[118] 熊昭春，彭振英，周应芬．痕量价态金的载炭泡塑吸附分离研究．岩矿测试，1993，12（4）：255-258.

[119] 徐化兵，万隆，余舜，等．热处理制度对氟金云母系微晶玻璃结构和性能的影响．陶瓷杂志，2004（6）：25-27.

[120] 徐玲玲，温勇，高岭石-偏高岭石和碱-偏高岭石体系晶体结构的变化//化学激发胶凝材料研究进展．南京：东南大学出版社，2005：228-232.

[121] 徐如人，庞文琴，屠昆岗，等．沸石分子筛的结构与合成．长春：吉林大学出版社，1987.

[122] 薛梅，刘桂华，杨永会，等．二-2-乙基己基磷酸萃取 Ga（Ⅲ）的动力学研究．化学试剂，1997，19（3）：141-144.

[123] 严继民，张启元．吸附与凝聚．北京：科学出版社，1979：111-125.

[124] 严君凤，陈明德，王继森．螯合泡塑的合成及捕集贵金属机理初探．四川化工与腐蚀控制，1999，2（1）：30-33.

[125] 杨南如．C-S-H 凝胶及其研究方法．硅酸盐通报，2003（2）：46-52.

[126] 杨贤锋．含钛纳米结构材料的可控水热合成及性能研究．广州：中山大学，2008.

[127] 杨显万，何蔼平，袁宝州．高温水溶液热力学数据计算手册．北京：冶金工业出版社，1983.

[128] 姚保纲．用萃取剂 Kele100 提取镓．国际冶金动态，1989（6）：4-5.

[129] 姚林波，高振敏，胡澄．高岭石热转变产物^{29}Si、^{27}Al 魔角旋转核磁共振研究．矿物学报，2001，21（3）：448-452.

[130] 姚树玉，王士栋，周宁，等．烧结法制备粉煤灰微晶玻璃．金属热处理，2010（4）：18-20.

[131] 姚树玉，姚玉随，韩野，等．CaO-Al_2O_3-SiO_2 系粉煤灰微晶玻璃的析晶动力学及电子探针分析．硅酸盐学报，2012（1）：170-174.

[132] 伊赫桑・巴伦．纯物质热化学数据手册．程乃良，牛四通，徐桂英，等译．北京：科学出版社，2003：455-469.

[133] 尹书刚，陈后兴，罗仙平．镓的资源、用途与分离提取技术研究现状．四川有色金属，2006，6（2）：24-27.

[134] 尹中林，顾松青．我国混联法氧化铝生产工艺的发展方向．世界有色金属，2001（7）：4-8.

[135] 印永嘉，奚正楷，李大珍．物理化学简明教程．北京：高等教育出版社，2001：30-65，149-158，436-474.

[136] 曾利群，陈国华．绿色建材 微晶玻璃的制备工艺及应用前景．中国建材，2001（9）：48-51.

[137] 翟凤丽．提高金属镓的品级及增加经济效益．轻金属，1994（3）：16-20.

[138] 翟建平，何富安，龚同生．粉煤灰中有用元素的提取技术．粉煤灰综合利用，1995（4）：44-46.

[139] 詹勤．钠水玻璃的生产及其应用．化学工业与工程技术，1995，16（2）：52-56.

[140] 张成芳．气液反应和反应器．北京：化学工业出版社，1985.

[141] 张乐军，陆雷，赵莹．钢渣粉煤灰微晶玻璃的研制．新型建筑材料，2007，34（1）：7-10.

[142] 张书政，龚克成．地聚合物．材料科学与工程学报，2003，21（3）：430-435.

[143] 张亚莉．钠硅渣湿法处理工艺与理论研究．长沙：中南大学，2003.

[144] 张云升，孙伟，李宗津．Na-PSS 型地聚合物的制备及其结构特征研究//化学激发胶凝材料研究进展．南京：东南大学出版社，2005：74-84.

[145] 张云升，孙伟，沙建芳，等．粉煤灰地聚合物混凝土的制备、特性及机理．建筑材料学报，2003，6（3）：237-242.

[146] 赵福辉，芦东．拜耳法外排赤泥铝硅比升高原因及抑制措施的探讨．世界有色金属，2002（2）：25-27.

[147] 赵经贵，邢美君，刘宏．2-乙基己基膦酸单酯从盐酸溶液中萃取 Ga（Ⅲ）的机理．应用化学，1996，13（1）：101-103.

[148] 赵前，汤李缨，程金树，等．碱金属对 CaO-Al_2O_3-SiO_2-R_2O-ZnO 红色微晶玻璃的影响．玻璃与搪瓷，1998，26（3）：16-19.

[149] 赵秦生．镓的市场、生产、价格与发展．稀有金属与硬质合金，2001，29（4）：42-44.

[150] 郑水林，李杨，许霞．温度对煤系煅烧高岭土物化性能影响的研究．硅酸盐学报，2003，31（4）：417-420.

[151] 郑元林，张吉元，蒋智，等．动态水热合成硬硅钙石的反应历程研究．中国建筑材料科学研究院学报，1991，3（4）：19-27.

[152] 郑州轻金属研究院．中州铝厂碳分母液提取镓新工艺的研究报告．2001：4.

[153] 庄剑英．按照循环经济模式发展墙体材料工业．中国建材，2005（2）：46-49.

[154] 邹家炎，陈少纯．稀散金属产业的现状与展望．中国工程科学，2002，4（8）：86-92.

[155] 邹惟前，邹菁．利用固体废物生产新型建筑材料——配方、生产技术、应用．北京：化学工业出版社，2004：14-17.

[156] Achar B N. Thermal decomposition kinetics of some new unsaturated. Proc Int Clay Conf，1966（1）：67.

[157] Aksay I A，Pask J A. Stable and metastable equilibria in the system SiO_2-Al_2O_3. J Am Ceram Soc，1975，58（11-12）：507-512.

[158] Aksay I A，Dabbs D M，Sarikaya M. Mullite for structural，electronic，and optical applications. J Am Ceram Soc，1991，74（10）：2343-2358.

[159] Aluminlum Pechlney B P. Process for extraction and purifying Gallium from Bayer liquors：US 5102512. 1992-04.

[160] Andreas B，Bruce V，Gilles B. Kaolinite transformation in high molar KOH solutions. Applied Geochemistry，1998，13（5）：619-629.

[161] Bagchi T P，Sen P K. Combined differential and intergral methed for analysis of non-isothermal kinetic data. Thermochimica Acta，1981，15：175.

[162] Bakharev T. Geopolymeric materials prepared using class F fly ash and elevated temperature curing. Cement and Concrete Research，2005，35：1224-1232.

[163] Ban T，Okada K. Structure refinement of mullite by the Rietveld method and a new method for estimation of chemical composition. J Am Ceram Soc，1992，75：227-230.

[164] Boow J. Fuel，1969，48（2）：171-178.

[165] Bown N L，Greig J W，Zies E G. Mullite-a silicate of alumina. J Wash Acad Sci，1924，14（9）：183-191.

[166] Breck D W. Zeolite molecular sieves：structure，chemistry，and use. Wiley，1974：771.

[167] Brindley G W，Nakahira M. The kaolinite-mullite reaction series：Ⅱ，Metakaolin. J Am Ceram Soc，1959，42（7）：314-318.

[168] Brook R J. Controlled grain growth. Treatise on materials science and technology//Ceramic Fabrication Process. New York：Academic Press，1976，9：331.

[169] Chen G H. Sintering，crystallization，and properties of CaO doped cordierite-based glass-ceramics. Journal of Alloys and Compounds，2008，455（1-2）：98-302.

[170] Chen Y F，Wang M C，Hon M H. Transformation kinetic and mechanism of kaolin-Al_2O_3 ceramics. J Mater Res，2003，18：1355-1362.

[171] Cheng T W，Chen Y S. On formation of $CaO-Al_2O_3-SiO_2$ glass-ceramics by vitrification of incinerator fly ash. Chemosphere，2003，51，（9）：817-824.

[172] Coats A W，Redfern J R. Kinetic parameters from thermogravimetric data. Nature，1964，201：68.

[173] Criado J M，Ortega A. Applicability of the mater plots in kinetic analysis of non-isothermal date. Thermochimica Acta，1989，147：377-387.

[174] Criado JM，Ortega A. A study of the influence of particle size on the thermal decomposition of $CaCO_3$ by means of constant rate thermal analysis. Thermochimica Acta，1992，195：163-167.

[175] Davidovits J. Ancient and modern concrete，What is the real difference? Concrete International，1987，12：23-35.

[176] Davidovits J. Geopolymer cements to minimize carbon dioxide greenhouse-warming. Ceram Trans，1993，37：165-182.

[177] Davidovits J. Geopolymer chemistry and applications. 2nd ed. Saint-Quentin：Institut Géopolymère，2008：584.

[178] Davidovits J. Geopolymer chemistry and properties. Geopolymer'88. Compiegne：1st European Conference on Soft Mineralurge，1988，1：25-48.

[179] Davidovits J. Geopolymers：Inorganic polymeric new materials. J Mater Educ，1994a，16：91-139.

[180] Davidovits J. Geopolymers：man-made rock geosynthesis and the resulting development of very early high strength cement. J Mater Educ，1994b，16：91-137.

[181] Davidovits J. Properties of geopolymer cements. Proceedings First International Conference on Alkaline Cements and Concretes，1994c：131-149.

[182] Davidocvits J，Comrie DC，Parerson JH，et al. Geopolymeric concretes for environmental protection. Concrete Int，1990，21（7）：30-40.

[183] Davidovits J，Davidovics M. Geopolymer room temperature ceramic matrix for composites. Ceram Eng Sci Proc 9，1988：835-842.

[184] Davidovits J，Davidovics M，Davidovits N. MO. FO-type refractory coatings：France patent 2659963. 1991.

[185] Davidovits J，Davidovics M，Davidovits N. Geopolymeric alkali metal aluminosilicate matrix material for fiber-reinforced composites，and manufacture of the matrix material and high temperature-resistant composites. PCT Int Appl No. 9628398，1996.

[186] Davis R F，Pask J A. Diffusion and reaction studies in the system $Al_2O_3-SiO_2$. J Am Ceram Soc，1972，55：524-531.

[187] Dokko P C, Pask J A, Mazdiyasni K S. High temperature mechanical properties of mullite under compression. J Am Ceram Soc, 1977, 60: 150-155.

[188] Duxson P, Lukey G C, van Deventer J S J. Evolution of gel structure during thermal processing of Na-geopolymer gels. Langmuir, 2006, 22 (21): 8750-8757.

[189] Duxson P, Fernández-Jiménez A, Provis J L, et al. Geopolymer technology: the current state of the art. J Mater Sci, 2007, 42: 2917-2933.

[190] Engelhardt G. High-Resolution Solid-State NMR of Silicates and Zeolites. New Delhi: Phototypeset at Thomson Press (India) Limited, 1987: 147-150.

[191] Etoch J, Kawagoe T, Shimaoka T, et al. Hydrothermal treatment of MSWI bottom ash forming acid-resistant material. Waste Management, 2009, 29 (3): 1048-1057.

[192] Fernandez-Jimenez A, Palomo A. Characterisation of fly ashs: Potential reactivity as alkaline cements. Fuel, 2003, 83: 2259-2265.

[193] Fischer R X, Schneider H, Voll D. Formation of aluminum rich 9: 1 mullite and its transformation to low alumina mullite upon heating. J Europ Ceram Soc, 1996, 16: 109-113.

[194] Flanigaen E M, Khatami H, Szymansky HA. Molecular sieve zeolite. Advances in Chemistry Series, Vol. 101. Washington D C: Am Chem Soc, 1971: 201-209.

[195] Foden A J, Balaguru P, Lyon R E, Davidovits J. Flexural fatigue properties of an inorganic matrix-carbon fiber composite. Int SAMPE Symp Exhib, 1997, 42: 1345-1354.

[196] Foden A J, Balaguru P, Lyon R E. Mechanical properties and fire response of geopolymer structural composites. Int SAMPE Symp Exhib, 1996, 41: 748-758.

[197] Fraay A L A, Beijin J M, Haan Y M. The reaction of fly ash in concrete, a critical examination. Cem Concr Res, 1989, 15: 235-246.

[198] Gautier J M, Oelkers E H, Schott J. Experimental study of K-feldspar dissolution rates as a function of chemical affinity at 150℃ and pH=9. Geochim Cosmochim Acta, 1994, 58 (21): 4549-4560.

[199] Ghate B B, Hasselman D P H, Spriggs R M. Kinetics of pressure sintering and grain growth of ultra fine mullite powders. Ceram Intern, 1975, 1: 105-110.

[200] Glukhovsky V D, Rostovskaja G S, Rumyna G V. High strength slag-alkaline cements. Communications of the 7th Internatioal Congress on the Chemistry of Cement, 1980, 3: 164-168.

[201] Gomes S, Francois M. Characterization of mullite in silicoaluminous fly ash by XRD, TEM, and ^{29}Si MAS NMR. Cement and Concrete Research, 2000, 30: 175 -181.

[202] Granizo M L, Alonso S, Blanco-Varela M T, et al. Alkaline Activation of Metakaolin: Effect of Calcium Hydroxide in the Products of Reaction. J Am Ceram Soc, 2002, 85 (1): 225-231.

[203] Granizo M L, Blanco V M T, Palomo A. Influence of the starting kaolin on alkali-activated materials based on metakaolin. Study of the reaction parameters by isothermal conduction calorimetry. J Mater Sci, 2000, 35: 6309-6315.

[204] Greskovich C, Lay K W. Grain growth in very porous Al_2O_3 compacts. J Am Ceram Soc, 1972, 55 (3): 142-146.

[205] Hammell J A, Balaguru P N, Lyon R E. Tensile strain capacity of geopolymers by cantilever beam method. Int SAMPE Symp Exhib, 2000, 45: 1125-1136.

[206] He Hongping, Hu Cheng, Guo Jiugao, et al. ^{29}Si, ^{27}Al Magic-Angle-Spinning Nuclear magnetic resonance (MAS NMR) studies of kaolinite and its thermal transformation products. Chinese Journal of Geochemistry, 1995, 14 (1): 78-82.

[207] Helferich R L, Shook W B. Aluminosilicate hydrogel bonded aggregates articles: US 4432798. 1984.

[208] Hong S Y, Glasser F P. Phase relationship in the CaO-SiO_2-H_2O system to 200℃ at saturated steam pressure. Cement and Concrete Research, 2004, (34): 1529-1534.

[209] Hrubesh L W. Aerogel application. Journal of Non-Crystalline Solids, 1998, 225: 335-342.

[210] Huang X H, Chang J. Synthesis of nanocrystalline wollastonite powders by citrate-nitrate gel combustion method. Mater Chem Phys, 2009 (115): 1-4.

[211] Huang T, Rahaman M N, Mah T I, et al. Anisotropic grain growth and microstructural evolution of dense mullite

above 1550℃. J Am Ceram Soc，2000，83：204-210.

[212] Ikeda K，Feng D，Mikuni A. Recent development of geopolymer technique. Earth Science Frontiers，2005，12 (1)：206-213.

[213] Ikeda K，Onikura K，et al. Optical spectra of nickel-bearing silicate gels prepared by the geopolymer technique，with special reference to the low temperature formation of liebenbergite (Ni_2SiO_4). J Am Ceram Soc，2001，84：1717-1720.

[214] Ikeda K. Consolidation of mineral powders by the geopolymer binder technique for materials use. Shigen to Sozai，1998，114，497-500.

[215] Jan B. Benefits of slag and fly ash. Construction and Building Materials，1996，10 (5)：309-314.

[216] Jimenez A F，Polomo A，Criado M. Microstructure development of alkali-activated fly ash cement：a descriptive model. Cement and Concrete Research，2005，35：1204-1209.

[217] Jung J S，Park H C. Mullite ceramics derived from coal fly ash. J Mater Sci Lett，2001，20：1089-1091.

[218] Kang S J. Densification，grain growth and microstructure. Great Britain，2005.

[219] Kazutomo Y，Toshikatsu U. Recovering of Gallium from semiconductor scraps. JPn Kokai Tokkyo Koho，JP2000 44 237，2000，02.

[220] Khalil M Y，Merz E. Immobilization of intermediate-level wastes in geopolymers. J Nucl Mater，1994，211：141-148.

[221] Kingery W D，Bowen D R，Uhlmann D R. Introduction to Ceramics. John Wiley & Sons，Inc. New York，2nd Edition，1976.

[222] Kingery W D，Woulbroun J M，Charvat F R. Effects of applied pressure on densification during sintering in the presence of a liquid phase. J Am Ceram Soc，1963，46 (8)：391-395.

[223] Kissinger H E. Reaction kinetics in differential thermal analysis. Analytical Chemistry，1957，29 (11)：1702-1706.

[224] Kistler S S. Coherent expanded aerogels and jelies. Nature，1931，127：741.

[225] Klug F J，Prochazka S，Doremus R H. Alumina-silica phase diagram in the mullite region. J Am Ceram Soc，1987，70 (10)：750-759.

[226] Kriven W M，Bell J，Gordon M. Geopolymer refractories for glass manufacturing industry. Ceramic Engineering and Science Proceedings，2004，25 (1)：57-79.

[227] Kriven W M，Siah L F，Schmücker M，et al. High temperature microhardness of single crystal mullite. J Am Ceram Soc，2004，87：970-972.

[228] Lee J E，Kim J W，Jung Y G，et al. Effects of precursor pH and sintering temperature on synthesizing and morphology of sol-gel processed mullite. Ceramics International，2002a，28：935-940.

[229] Lee W K W，Van Deventer J S J. Structural reorganization of class F fly ash in alkaline silicate solutions. Colloids and Surfaces A：Physicochem Eng Aspects，2002b，211：49-66.

[230] Lee W E，Souza G P，McConville C J，et al. Mullite formation in clays and clay-derived vitreous ceramics. J Europ Ceram Soc，2007，009：1-7.

[231] Li D X，Thomson W J. Mullite formation kinetics of a single phase gel. J Am Ceram Soc，1990，73：964-969.

[232] Liu Jingjiang，Wei Xiufen，Guo Qipeng. The β-crystalline form of wollastonite-filled polypropylene. Journal of Applied Polymer Science，1990，41 (11/12)：2829-2835.

[233] Lyon R E，Sorathia U，Balaguru P N，et al. Fire response of geopolymer structural composites. Fiber Compos Infrastruct，Proc Int Conf，1st，1996：972-981.

[234] Mahler W. Procees for preparing amorphous particulate poly (alominosilicate)：US 4213950. 1980.

[235] Malone P G，Kirkpatrick T，Randall C A. Potential applications of alkali-activiated alumino-silicate binders in military operations. Report WES/MP/GL-85-15，US Army Corps of Engineers，Vicksburg，MI. 1986.

[236] Marzouk S，Rachdi F，Fourati M，et al. Synthesis and grafting of silica aerogels. Colloids and Surfaces A，2004，234：109-116.

[237] Masayoshi I. Purificattion of raw Gallium. JPn Kokai Tokkyo Koho，JP63 270 429. 1989-11.

[238] Mitsubishi Metal Corp. Recovering of high-purity Gallium. J Pn Kokai Tokkyo Koho，J P01 04 434. 1989-01.

[239] Mondragon F，Rincon F，Sierra L，et al. New perspectives for coal ash utilization：synthesis of zeolitic

materials. Fuel, 1990, 69: 263-266.

[240] Murayama N, Yamamoto H, Shibata J. Mechanism of zeolite synthesis from coal fly ash by alkali hydrothermal reaction. International Journal of Mineral Processing, 2002, 64: 1-17.

[241] Neuschaeffer K H, Splelau P, Zoche G, Engels H W. Aqueous curable molding compositions basedon inorganic ingredients and process for the production of milder parts: US 45339. 1985.

[242] Ocana M, Caballero A, Gonzalez C T, et al. Preparation by pyrolysis of aerosols and structural characterization of Fe-doped mullite powders. Materials Research Bulletin, 2000 (35): 775-788.

[243] Oelkers E H, Schott J, Devidal J L. The effect of aluminum, pH, and chemical affinity on the rates of aluminosilicate dissolution reactions. Geochim Cosmochim Acta, 1994, 58 (9): 2011-2024.

[244] Oelkers E H, Schott J. Experimental study of anorthite dissolution and the relative mechanism of feldspar hydrolysis. Geochim Cosmochim Acta, 1995, 59: 5039-5053.

[245] Ohita H, Shiga H, Ismail M, et al. Compressive creep of mullite ceramics. J Mater Sci Lett, 1991, 10: 847-849.

[246] Ohnishi H, Kawanami T, Nakahira J, et al. Microstructure and mechanical properties of mullite ceramics. J Ceram Soc Jpn, 1990, 98: 541-547.

[247] Okada K, Kaneda J, Kameshima Y, et al. Crystallization kinetics of mullite from polymeric Al_2O_3-SiO_2 xerogels. Materials Letters, 2003, 57: 3155-3159.

[248] Osborn E F, Muan A. Phase equilibrium diagrams of oxide systems, Plate 3. American Ceramic Society, the Edward Orton, Jr, Ceramic Foundation, 1960.

[249] Ossaka K. Tetragonal mullite-like phase from coprecipitated gels. Nature, 1961, 191 (4792): 1000-1001.

[250] Ozawa T. A new method of analyzing thermo-gravimetric data. Bull Chem Soc Japan, 1965, 38 (11): 1881-1883.

[251] Padlewski S, Heine V, Price G D. The energetics of interaction between oxygen vacancies in sillimanite: a model for the mullite structure. Phys Chem Minerals, 1992, 19: 196-202.

[252] Palomo A, Alonso S, Jimenez A F. Alkaline activation of fly ashes: NMR study of the reaction products. J Am Ceram Soc, 2004, 87 (6): 1141-1145.

[253] Palomo A, Blanco-Varela M T, Granizo M L, et al. Chemical stability of cementitious materials based on metakaolin. Cement and Concrete Research, 1999a, 29: 997-1004.

[254] Palomo A, Maclas A, Blanco M T, Puertas F. Physical chemical and mechanical characterisation of geopolymers. Proc 9th Int Congr Chem Cem, 1992: 505-511.

[255] Phair J W, Van Deventer J S J. Effect of silicate activator pH on the leaching and material characteristics of waste-based inorganic polymers. Minerals Engineering, 2001, 14: 289-304.

[256] Phair J W, Van Deventer J S J. Effect of the silicate activator pH on the microstructureal characteristics of waste-based geopolymer. International Journal of Mineral Processing, 2002, 66: 121-143.

[257] Poole C, Prijatama H, Rice N M. Synthesis of zeolite adsorbents by hydrothermal treatment of PFA wastes: a comparative study. Minerals Engineering, 2000, 13: 831-842.

[258] Purdon A O. The action of alkalis on bast-furnace slag. J Soc Chem Ind, 1940, 59: 191-202.

[259] Rager H, Schneider H, Bakhshandeh A. Ti^{3+} centers in mullite. J Europ Min Soc, 1993, 5: 511-514.

[260] Rahier H, Biesmans M, Van Mele B, et al. Low temperature synthesized alumunosilicate glasses: Part Ⅰ. Low temperature reaction stoichiometry and structure of a model compound. J Mater Sci, 1996, 31: 71-79.

[261] Rahman S, Feustel U, Freimann S. Structure description of the thermic phase transformation sillimanite-mullite. J Europ Ceram Soc, 2001 (21): 2471-2478.

[262] Rankin G A, Merwin H E. The ternary system of MgO-Al_2O_3-SiO_2. Am J Sci, 1918, 45 (268): 301-325.

[263] Reto G, Loran EC, Gergory RL. Micro-and nanochemistry of fly ash from a coal-fired power plant. Am Mineral, 2003, 88: 1853-1865.

[264] Rhone Poutenc Chimie. Recovery of Gallium values from basic aqueous solution: US 5204074. 1993-04.

[265] Rocha J, Klinowski J. ^{29}Si and ^{27}Al magic-angle-spinning NMR studies of the thermal transformation of kaolinite. Physics and Chemistry of Minerals, 1990, 17 (2): 179-186.

[266] Sacks M D, Pask J A. Sintering of mullite-containing materials: Ⅰ. Effect of compostion. J Am Ceram Soc, 1982, 65: 65-70.

[267] Sadanaga R, Tokonami M, Takeuchi Y. The structure of mullite, $2Al_2O_3 \cdot SiO_2$ and relationship with the strueture of sillimanite andalusite. Acta Crystallog R, 1962, 15: 65-68.

[268] Sales M, Valentin C, Alarón J. Cobalt aluminate spinel-mullite composites synthesized by sol-gel method. J Europ Ceram Soc, 1997, 17: 41-47.

[269] Sarbak Z, Stanczyk A, Kramer-Wachowiak M. Characterisation of surface properties of various fly ashes. Powder Technology, 2004, 145: 82-87.

[270] Sohears E C, Archibald W A. Aluminosicate refractories. Iron Steel, 1954, 27 (1): 61-65.

[271] Schmidt M, Schwertfeger F. Application for silica aerogel products. Journal of Non-Crystalline Silids, 1998, 225: 364-368.

[272] Schmücker M, Mechnich P, Zaefferer S, et al. The high-temperature mullite/α-alumina conversion in rapidly flowing water vapor. Scripta Materialia, 2006, 55 (12): 1131-1134.

[273] Schmücker M, Schneider H, Mauer T, et al. Temperature-dependent evolution of grain growth in mullite filbres. J Europ Ceram Soc, 2005, 25: 3249-3256.

[274] Schneider H, Komarneni S. Mullite. The Federal Republic of Germany, 2005.

[275] Schneider H, Rager H. Iron incorporation in mullite. Ceramics Intern, 1986, 12: 117-125.

[276] Schneider H, Fisher R X, Voll D. A mullite with lattice constants $a > b$. J Am Ceram Soc, 1993, 76 (7): 1879-1881.

[277] Schneider H. Solubility of TiO_2, Fe_2O_3 and MgO in mullite. Ceramics intern, 1987, 13: 77-82.

[278] Schobert H H, Diehl E K. R. C. DOE/METC. 1982, 82 (24): 415-431.

[279] Shi C J, Jimenez A F. Stabilization/solidification of hazardous and radioactive wastes with alkali-activated cements. Journal of Hazardous Materials, 2006, 137 (3): 1656-1663.

[280] Shigemoto N, Hayashi H, Miyaura K. Selective formation of NaX zeolite from coal fly ash by fusion with sodium hydroxide prior to hydrothermal reaction. J mater Sci, 1993, 28: 4781-4786.

[281] Silva F J, Thaumaturgo C. Fibre reinforcement and fracture response in geopolymeric mortars. Fatigue & Fracture of Engineering Materials & Structures, 2003, 26 (2): 167-172.

[282] Stookey S D. Catalyzed crystallization of glass in theory and practice. Ind Eng Chem, 1959, 51 (7): 805-808.

[283] Subaer A, Van Riessen B H, O'Connor, et al. Compressive strength and microstructural character of aluminosilicate geopolymers. J Austral Ceram Soc, 2002, 38 (1): 83-86.

[284] Swanepoel J C, Strydom C A. Utilisation fly ash in a geopolymeric material. Applied Geochemisty, 2002, 17: 1143-1148.

[285] Taylor A, Holland D. The chemical synthesis and crystallization sequence of mullite. J Non Cryst Solids, 1993, 152 (1): 1-17.

[286] Trubnikov I L, Solov'ev L A, Lupeiko T G. Synthesis of wollastonite in salt melts. 1989 (12): 488-489.

[287] Urbain G, Cambier F, Deletter M, et al. Viscosity of silicate melts. Trans J British Ceram Soc, 1981, 80 (2): 139-141.

[288] Valeria F F, Barbosa J D, Mackenzie K, et al. Synthesis and charaterisation of materials based on inorganic polymers of alumina and silica: sodium polysialate polymers. Intern J Inorg Mater, 2000 (2): 309-317.

[289] Van Deventer J S J. The conversion of mineral waste to modern materials using geopolymerization. Publ Australas Inst Min Metall, 2000, 5: 33-41.

[290] Van Deventer J S J, Xu H. Geopolymerisation of Aluminosilicates: Relevence to the Minerals Industry. The Aus IMM Bulletin, 2002, 1: 20-27.

[291] Van Jaarsveld J G S, Lukey G C, van Deventer J S J, et al. The stabilization of mine tailings by reactive geopolymerization. Publ Australas Inst Min Metall, 2000, 5: 363-371.

[292] Van Jaarsveld J G S, Van Deventer J S J, Lorenzen L. Factors affecting the immobilisation of metals in geopolymerized fly ash. Met Mater Trans B, 1998, 29: 283-291.

[293] Van Jaarsveld J G S, Van Deventer J S J, Lorenzen L. The potential use of geopolymeric materials to immobolise toxic metals: Part Ⅰ. Theory and applications. Miner Eng, 1997, 10: 659-669.

[294] Van Jaarsveld J G S, Van Deventer J S J, Lukey G C. The characterization of source materials in fly ash-based

geopolymers. Materials Letters，2003，57：1272-1280.

[295] Van Jaarsveld J G S，Van Deventer J S J，Lukey G C. The effect of composition and temperature on the properties of fly ash-and kallinite-based geoplymers. Chemical Engineering Journal，2002，89：63-73.

[296] Van Jaarsveld J G S，Van Deventer J S J. The effect of mental contaminants on the formation and properties of waste-based geopolymers. Cement and Concrete Res，1999，29：1189-1200.

[297] Vsetecka T. Geopolymer gypsum-free portland cement：Czech 277371. 1993.

[298] Wang A Q，Zhang C Z，Sun W. Fly ash effects：Ⅰ. The morphological effect of fly ash. Cement and Concrete Research，2003，33：2023-2029.

[299] Wang H L，Li H H，Yan F Y. Reduction in wear of metakaolinite-based geopolymer composite though filling of PTFE. Wear，2005，258：1562-1566.

[300] Wang M C. Thermal determinations of mullite crystallization of 65%Al_2O_3-35%SiO_2 glass fibers. Chinese J Mater Sci，1992，24：164-170.

[301] Weng L Q，Kwesi S C，Trevor B，et al. Effects of aluminates on the formation of geopolymers. Materials Science and Engineering B，2005，117：163-168.

[302] Xiao Y，Lasaga A C. Ab initio quantum mechanical studies of the kinetics and mechanisms of silicate dissolution：H^+ (H_3O^+) catalysis. Geochimistry Cosmochimistry Acta，1994，58 (24)：5379-5400.

[303] Xu H，Jannie S J，Van Deventer J S J. The effect of alkali metals on the formation of geopolymeric gels from alkali-feldspar. Colloids and Surfaces A：Physicochem Eng Aspects，2003，216：27-44.

[304] Xu H，Van Deventer J S J，Lukey G C. Effect of alkali metals on the preferential geopolymerization of stilbite/kaolinite mixtures. Industrial Engineering and Chemical Research，2001，40：3749-3756.

[305] Xu H，Van Deventer J S J. The Geopolymerisation of alumino-silicate minerals. Int J Miner Process，2000，59：247-266.

[306] Yip C K，Lukey G C，Van Deventer J S J. The coexistence of geopolymeric gel and calcium silicate hydrate at the early stage of alkaline activation. Cement and Concrete Research，2005，35：1688-1697.

[307] Yla-Jaaski J，Nissen H U. Investigation of superstructures in mullite by high resolution electron microscopy and electron diffraction. Phys Chem Minerals，1983，10：47-54.

[308] Yue Z X，Li L T，Zhou J，et al. Preparation and electromagnetic properties of ferrite-cordierite composites. Materials Letters，2000，44：279-283.

[309] Zosin A P，Priimak T I，Avsaragov K B. Geopolymer materials based on magnesia-iron slags for normalization and storage of radioactive wastes. At Energy (NY)，1999，85：510-514.

附录

著者团队有关学位论文、发明专利和研究论文目录

1. 博士后研究报告

魏存弟，2005，煤炭固体废物资源化利用的实验研究.88pp

2. 博士学位论文

王英滨，2002，常压干燥溶胶-凝胶法制备 SiO_2 气凝胶及其性能实验研究.65pp
章西焕，2003，利用钾长石粉水热合成13X沸石分子筛的反应机理研究.103pp
王　刚，2004，粉煤灰基矿物聚合材料的制备、性能及反应机理研究.84pp
白　峰，2004，13X沸石分子筛用于净化含 NH_4^+、Hg^{2+} 废水的实验研究.111pp
亢　宇，2004，新型介孔分子筛SAN-01的合成、性能表征及反应机理研究.89pp
任玉峰，2005，金矿尾砂基矿物聚合材料的制备及反应机理研究.98pp
王丽华，2005，利用高铝粉煤灰制备聚合氯化铝的实验研究.82pp
聂铁苗，2006，SiO_2-Al_2O_3-Na_2O-H_2O 体系矿物聚合材料制备及反应机理研究.93pp
李金洪，2007，高铝粉煤灰制备莫来石陶瓷的性能及烧结反应机理.132pp
谭丹君，2009，假白榴正长岩制取氧化铝关键反应和实验研究.104pp
蒋周青，2016，高铝粉煤灰提取氧化铝关键反应原理与过程评价.118pp
罗　征，2017，钾长石水热分解及合成硬硅钙石关键反应研究.125pp
陈　建，2017，赛马钠沸正长岩制取碳酸钾、氧化铝关键反应及过程评价.129pp
田力男，2017，长英基矿物聚合材料制备、性能及反应机理.113pp

3. 硕士学位论文

李江华，2001，合成沸石滤液制备白炭黑超细粉的实验研究.42pp
柴　萌，2002，利用矿山固体废弃物制备泡沫玻璃的实验研究.62pp
凌发科，2002，利用钾长石尾矿制备矿物聚合材料的实验研究.63pp
徐景春，2002，钾长石尾矿用于制备β硅灰石微晶玻璃的实验研究.47pp
王庆华，2003，金矿尾矿用于制备氟金云母微晶玻璃的实验研究.42pp
丁秋霞，2004，利用石英砂制备矿物聚合材料的实验研究.63pp
冯武威，2004，利用富钾白云质泥岩制备轻质矿物聚合材料的实验研究.74pp
李贺香，2005，利用高铝粉煤灰制备白炭黑和多孔二氧化硅的实验研究.66pp
张晓云，2005，利用高铝粉煤灰制备冶金级氧化铝的实验研究.80pp

李如臣，2006，利用丰镇热电厂粉煤灰制备矿物聚合材料的实验研究.56pp
苏玉柱，2006，SiO_2-Al_2O_3-Na_2O-H_2O体系石英基矿物聚合材料的制备实验研究.67pp
王　蕾，2006，利用高铝粉煤灰制备氧化硅气凝胶的实验研究.69pp
丁宏娅，2007，采用改进酸碱联合法从高铝粉煤灰中提取氧化铝的研究.65pp
高　飞，2007，利用粉煤灰制备新型轻质墙体材料的实验研究.74pp
王　芳，2007，利用霞石正长岩制备层状硅酸钠的实验研究.55pp
苏双青，2008，高铝粉煤灰碱溶法制备氧化铝的实验研究.68pp
崔鹏伟，2009，利用粉煤灰制备新型硅铝基胶凝材料的实验研究.84pp
洪景南，2009，利用粉煤灰制备新型墙体材料及其性能研究.87pp
蒋　帆，2009，利用韩电粉煤灰制备超细氢氧化铝和氧化铝的研究.72pp
李　歌，2009，高铝粉煤灰碱溶脱硅液制备白炭黑的实验研究.84pp
杨　雪，2009，钾长石中温分解产物水热合成L型分子筛的实验研究.63pp
邹　丹，2009，两步碱溶法从高铝粉煤灰中制取氧化铝的实验研究.73pp
王　霞，2010，霓辉正长岩制备氧化铝的实验研究.60pp
王晓艳，2010，利用水合硅酸钠钙渣制备硅灰石粉体的实验研究.63pp
王红丽，2011，钾长石水热分解反应及制备硅灰石的实验研究.62pp
张明宇，2011，石英正长岩制备超细氢氧化铝的实验研究.69pp
蔡比亚，2012，$KAlSiO_4$-H_2SO_4-H_2O体系制备硫酸钾/铝的实验研究.62pp
耿学文，2012，高铝煤矸石制取氢氧化铝的实验研究.71pp
马世林，2012，利用脱硅滤液制备针状硅灰石粉体实验研究.55pp
王明玮，2012，宁夏石嘴山电厂粉煤灰用于提取氧化铝的研究.54pp
叶宝将，2012，提钾硅钙渣制备轻质硅酸钙保温材料实验研究.66pp
陈小鑫，2013，霞石正长岩制备氢氧化铝的实验研究.54pp
王　乐，2015，高硅铝土矿制取铝酸钠溶液的实验研究.60pp
张少刚，2018，长英基矿聚瓷制备及固化机理.69pp

4. 中国发明专利

蔡比亚，苏双青，马鸿文．利用钾长石提钾剩余铝硅滤饼制取工业硫酸铝的方法．中国专利：ZL 2012 1003 6826.4，2014-12-03

陈建，张盼，杨静，等．一种利用硅酸钙尾渣生产β-硅灰石微晶玻璃的工艺．中国专利：2014 1000 3428.1，2016-01-27

陈小鑫，杨雪，马鸿文．一种碱性正长岩制备铝酸钠和铝酸钾混合溶液的工艺．中国专利：ZL 2012 1033 5658.9，2014-06-04

崔鹏伟，洪景南，刘浩，等．利用粉煤灰生产硅铝胶凝材料及其应用方法．中国专利：ZL 2008 1024 0072.8，2014-09-17

洪景南，崔鹏伟，刘浩，等．一种轻质可承重墙体材料及其生产方法．中国专利：ZL 2008 1024 0071.3，2012-12-12

李金洪，马鸿文．一种莫来石质高强防腐烟囱内衬砖及其制造方法．中国专利：ZL 1844014A，2006-10-11

马鸿文，王英滨，苗世顶，等．利用富钾岩石制取电子级碳酸钾的方法．中国专利：ZL 03 1 00563.2，2006-11-08

马鸿文，杨静，王刚，等．利用钾长石生产矿物聚合材料的方法．中国专利：ZL 03 1 00562.4，2006-11-08

马鸿文，杨静，王英滨，等．利用高铝粉煤灰制取氧化铝和白炭黑清洁生产工艺．中国专利：ZL 2007 1008 7028.3，2011-03-01

彭辉，王晓艳，马世林．利用脱硅碱液合成针状硅灰石粉体工艺．中国专利：ZL 2010 1025 4879.4，2010-08-16

苏双青，邹丹，马鸿文．高铝煤矸石、粉煤灰碱溶脱硅制备水合铝硅酸钠的工艺．中国专利：ZL 2010 1011 4787.6，2010-02-26

苏双青，马鸿文，杨静，等．高铝粉煤灰两步碱溶法提取氧化铝和白炭黑的方法．中国专利：ZL 2010 1054 3248.4，2012-11-21

王晓艳，彭辉，马世林．利用水合硅酸钙制备硅灰石超细粉体的工艺．中国专利：ZL 2011 1002 7056.2，2011-01-25

杨雪，邹丹，刘浩，等．一种处理含铝原料的改良碱石灰烧结的方法．中国专利：ZL 2010 1061 7405.1，2010-12-22
姚文贵，苏双青，马鸿文．利用钾长石提钾剩余铝硅滤饼制取煅烧高岭土的方法．中国专利：ZL 2012 1003 8064.1，2014-01-22

5. 发表研究论文

陈建，马鸿文，蒋周青，等．高铝粉煤灰提铝硅钙渣制备硅灰石微晶玻璃研究．硅酸盐通报，2016，35（9）：2898-2903
丁宏娅，马鸿文，高飞，等．改良酸碱联合法利用高铝粉煤灰制备氧化铝的实验研究．矿物岩石地球化学通报，2006，25（4）：348-352
丁宏娅，马鸿文，王蕾，等．利用高铝粉煤灰制备氢氧化铝的实验．现代地质，2006，20（3）：405-408
丁秋霞，马鸿文，王刚，等．利用石英砂制备轻质矿物聚合材料的实验研究．新型建筑材料，2003（12）：6-8
冯武威，马鸿文，王刚，等．利用膨胀珍珠岩制备轻质矿物聚合材料的实验研究．材料科学与工程学报，2004，22（3）：233-239
高飞，马鸿文，丁宏娅，等，利用粉煤灰制备新型可承重轻质墙体材料的实验研究．矿物岩石地球化学通报，2007，26（2）：149-154
耿学文，马鸿文，苏双青，等．高铝煤矸石脱硅滤饼碱石灰烧结法制备氢氧化铝的实验研究．矿物岩石地球化学通报，2012，31（6）：641-646
洪景南，马鸿文，高飞，等．蒸压法制备石英基矿物聚合材料的实验研究．硅酸盐通报，2007（26）：13-18
蒋周青，马鸿文，杨静，等．低钙烧结法从高铝粉煤灰脱硅产物中提取氧化铝．轻金属，2013（1）：11-13
李歌，马鸿文，刘浩，等．粉煤灰碱溶脱硅液碳化法制备白炭黑的实验与硅酸聚合机理研究．化工学报，2011，62（12）：3580-3587
李歌，马鸿文，谭丹君，等．高铝粉煤灰烧结反应热力学分析与实验．现代地质，2008，22（5）：845-851
李贺香，马鸿文．高铝粉煤灰中莫来石及硅酸盐玻璃相的热分解过程．硅酸盐通报，2006，25（4）：1-5
李贺香，马鸿文，王芳，等．利用粉煤灰制备多孔氧化硅的实验．现代地质，2006，20（3）：399-404
李金洪，马鸿文，吴秀文．利用高铝粉煤灰合成β-Sialon粉体的实验研究．岩石矿物学杂志，2005，24（6）：643-647
刘浩，李金洪，马鸿文，等．利用高铝粉煤灰制备堇青石微晶玻璃的实验研究．岩石矿物学杂志，2006，25（4）：338-340
刘浩，马鸿文，彭辉，等．利用高铝粉煤灰制备莫来石微晶玻璃的实验研究．矿物岩石地球化学通报，2006，25（4）：6-9
罗征，马鸿文，杨静．硅酸钾碱液水热合成针状硅灰石反应历程．硅酸盐学报，2017，45（11）：1679-1685
马鸿文，冯武威，苗世顶，等．一种新型钾矿的物相组成及提取碳酸钾的实验研究．中国科学，D辑，2005，35（5）：420-427
马鸿文，凌发科，杨静，等．利用钾长石尾矿制备矿物聚合材料的实验研究．地球科学，2002b，27（5）：576-583
马鸿文，杨静，刘贺，等．硅酸盐体系的化学平衡：（1）物质平衡原理．现代地质，2006a，20（2）：329-339
马鸿文，王英滨，王芳，等．硅酸盐体系的化学平衡：（2）反应热力学．现代地质，2006b，20（3）：386-398
马鸿文，戚洪彬，王蕾，等．硅酸盐体系的化学平衡：（3）反应动力学．现代地质，2006c，20（4）：647-656
马鸿文，苏双青，王芳，等．钾长石分解反应热力学与过程评价．现代地质，2007，21（2）：426-434
马鸿文，杨静，任玉峰，等．矿物聚合材料：研究现状与发展前景．地学前缘，2002a，9（4）：397-407
马鸿文，白志民，杨静，等．非水溶性钾矿制取碳酸钾研究：副产13X型分子筛．地学前缘，2005，12（1）：137-155
马鸿文，杨静，王英滨，等．非水溶性钾矿制取碳酸钾研究：副产硅铝胶凝材料．地球科学，2007，32（1），311-318
马鸿文，杨静，苏双青，等．富钾岩石制取钾盐研究20年：回顾与展望．地学前缘，2014，21（5）：236-254
马鸿文，苏双青，杨静，等．钾长石水热碱法制取硫酸钾反应原理与过程评价．化工学报，2014，65（6）：2363-2371
聂轶苗，马鸿文，杨静，等．矿物聚合材料固化过程中的聚合反应机理研究．现代地质，2006，20（2）：340-346

邱美娅，马鸿文，聂铁苗，等．水热法分解钾长石制备雪硅钙石的实验研究．现代地质，2005，19（3）：348-354

任玉峰，马鸿文，王刚，等．利用金矿尾矿制备矿物聚合材料的实验研究．现代地质，2003，17（2）：171-175

任玉峰，马鸿文，王刚，等．金矿尾砂矿物聚合材料的制备及其影响因素．岩矿测试，2003，22（2）：103-108

时浩，马鸿文，田力男，等．长英质尾矿制备透水路面砖研究．硅酸盐通报，2018，37（3）：967-973

苏双青，马鸿文，邹丹，等．高铝粉煤灰碱溶法制备氢氧化铝的研究．岩石矿物学杂志，2011，30（6）：981-986

苏玉柱，杨静，马鸿文，等．利用粉煤灰制备高强矿物聚合材料的实验研究．现代地质，2006，20（2）：354-360

谭丹君，马鸿文，俞子俭，等．假白榴正长岩提钾滤渣制备氢氧化铝的实验研究．应用化工，2009，38（4）：529-531

谭丹君，马鸿文，邹丹，等．从高苛性比铝酸钠溶液中制取氢氧化铝的实验研究．应用化工，2008，37（11）：1321-1324

田力男，杨静，马鸿文，等．登封高硅铝土矿脱硅选矿工艺研究．轻金属，2015（9）：1-5，11

王刚，马鸿文，冯武威，等．利用提钾废渣和粉煤灰制备矿物聚合材料的实验研究．岩石矿物学杂志，2003，22（4）：453-457

王刚，马鸿文，任玉峰，等．利用粉煤灰制备轻质矿物聚合材料的实验研究．化工矿物与加工，2004，33（5），24-27

王乐，杨静，马鸿文，等．高硅铝土矿制取氧化铝两种烧结工艺对比评价．轻金属，2015（5）：10-14

王蕾，马鸿文，聂铁苗，等．利用粉煤灰制备高比表面积二氧化硅的实验研究．硅酸盐通报，2006，25（2）：3-7

王蕾，马鸿文，张晓云，等．高铝粉煤灰烧结反应产物硅铝分离的研究．中国非金属矿工业导刊，2006（2）：29-32

王明玮，杨静，马鸿文．高铝粉煤灰硅铝分离及富硅溶液用于制备纤维硅灰石的研究．矿物岩石地球化学通报，2011，30（增刊）：318

王明玮，杨静，马鸿文，等．利用煤矸石制备超细氢氧化铝的试验研究．中国粉体技术，2011，17（5）：49-51

王霞，马鸿文，俞子俭，等．霓辉正长岩制取铝酸钠溶液预脱硅的实验研究．现代地质，2011，25（1）：157-162

王晓艳，马鸿文，俞子俭，等．利用水合硅酸钠钙渣回收碱并用于制备硅灰石纳米粉体的实验研究．现代地质，2011，25（1）：163-168

魏存弟，马鸿文，杨殿范，等．煅烧煤系高岭石的相转变．硅酸盐学报，2005，33（1）：77-81.

吴秀文，张林涛，马鸿文，等．由粉煤灰合成硅铝介孔分子筛的可行性研究．矿物岩石地球化学通报，2007，26（增刊）：224-226

吴秀文，张林涛，马鸿文，等．由粉煤灰合成铝硅酸盐介孔材料．硅酸盐学报，2008，36（2）：266-270

项婷，杨静，马鸿文，等．赛马霞石正长岩水热碱法分解反应动力学．硅酸盐学报，2015，43（4）：519-525

徐锦明，马鸿文，梁定卓，等．一种用霞石正长岩提铝硅钙渣制备硅灰石的新方法．现代化工，2010，30（8）：43-45，47

徐景春，马鸿文，杨静，等．利用钾长石尾矿制备β硅灰石微晶玻璃的研究．硅酸盐学报，2003，31（2）：179-183

杨静，蒋周青，马鸿文，等．中国铝资源与高铝粉煤灰提取氧化铝研究进展．地学前缘，2014，21（5）：313-324

杨静，马鸿文，王英滨，等．皖西霞石正长岩合成沸石分子筛及提钾的实验研究．现代地质，2000，14（2）：153-157

叶宝将，马鸿文，李金洪．提钾硅钙渣制备轻质硅酸钙保温材料的研究．矿物岩石地球化学通报，2011，30（4）：327

章西焕，马鸿文，杨静，等．利用粉煤灰合成13X沸石分子筛的实验研究．中国非金属矿工业导刊，2003（2）：23-25，35.

张晓云，马鸿文，王军玲．利用高铝粉煤灰制备氧化铝的实验研究．中国非金属矿工业导刊，2005（4）：27-30

Cai Biya，Li Jinhong，Ma Hongwen，et al. Hydration kinetics of aluminate cement containing magnesium aluminate spinel. Advanced Materials Research，2011，295-297：945-948

Chen Jian，Yang Jing，Ma Hongwen. Preparation of nano-sized wollastonite using Calcium silicate residue of Potassium feldspar after extraction of potassium and alumina. Key Engineering Materials，2015，633：35-38

Feng Wuwei，Ma Hongwen. Thermodynamic analysis and experiments on thermal decomposition for potassium feldspar at intermediate temperatures. Journal of the Chinese Ceramic Society，2004，32（7）：789-799

Jiang Xiaoqian，Li Jinhong，Ma Hongwen，et al. Temperature feature on synthesizing mullite whiskers from coal fly ash and andalusite-sericite phyllite. Rare Metals，2011，30（SI）：379-382

Jiang Zhouqing, Ma Hongwen, Yang Jing, et al. Synthesis of nanosized pseudoboehmite and Y-Al_2O_3 by control precipitation method. Advanced Materials Research, 2013, 684: 46-52

Jiang Zhouqing, Yang Jing, Ma Hongwen, et al. Effects of urea/Al^{3+} ratios and hydrothermal treated time on the formation of self-assembled boehmite hollow sphere. Ferroelectrics, 2014, 471 (1): 128-138

Jiang Zhouqing, Yang Jing, Ma Hongwen, et al. Reaction behavior of Al_2O_3 and SiO_2 in high alumina coal fly ash during alkali hydrothermal process. Trans Nonferrous Met Soc China, 2015, 25: 2065-2072

Jiang Zhouqing, Ma Hongwen, Yang Jing, et al. Thermal decomposition mechanism of desilication coal fly ash by Low-Lime sinter method for alumina extraction. Ferroelectrics, 2015, 486: 143-155

Jiang Zhouqing, Ma Hongwen, Yang Jing, et al. Synthesis of pure NaA zeolites from coal fly ashes for ammomium removal from aqueous solutions. Clean Technologies and Environmental Policy, 2015, 18: 629-637

Li Jinhong, Ma Hongwen, Tong Lingxin, et al. Reaction sintering kinetics of mullite ceramics prepared from high Aluminum fly ash. Materials Science Forum, 2010, 654-656: 2010-2013

Li Jinhong, Ma Hongwen, Zhao Hongwei, Preparation of sulphoaluminate-alite composite mineralogical phase cement clinker from high alumina fly ash. In Kim JK, et al. ed, Advances in Composite Materials and Structures. Key Engineering Materials, 2007, 334-335: 421-424

Ma Hongwen, Feng Wuwei, Miao Shiding, et al. New type of potassium deposit: modal analysis and preparation of potassium carbonate. Science in China, Ser. D, 2005, 48 (11), 1932-1941

Ma Hongwen, Yang Jing, Su Shuangqing, et al. 20 years advances in Preparation of potassium salts from potassic rocks: A review. Acta Geologica Sinica, 2015, 89 (6): 2058-2071

Ma Xi, Yang Jing, Ma Hongwen, Liu Changjiang. Hydrothermal extraction of potassium from potassic quartz syenite and preparation of aluminum hydroxide. International Journal of Mineral Processing, 2016, 147: 10-17

Su Shuangqing, Yang Jing, Ma Hongwen, et al. Preparation of ultrafine Aluminum hydroxide from coal fly ash by alkali dissolution process. Integrated Ferroelectrics, 2011, 128 (1): 155-162

Tan Danjun, Ma Hongwen, Li Ge, et al. Sintering reaction of pseudoleucite syenite: thermodynamic analysis and process evaluation. Earth Science Frontiers, 2009, 16 (4): 269-276

Tian L, Feng W, Ma H, Zhang S, Shi H. Investigation on the microstructure and mechanism of geopolymer with different proportion of quartz and K-feldspar. Construction & Building Materials, 2017, 147: 543-549

Wang Mingwei, Yang Jing, Ma Hongwen, et al. Extraction of aluminum hydroxide from coal fly ash by predesilication and calcination methods. Advanced Materials Research, 2012, 396-398: 706-710

Wu Han, Yang Jing, Ma Hongwen, et al. Preparation of acicular wollastonite using hydrothermal and calcining methods. Integrated Ferroelectrics, 2013, 146 (1): 144-153

Wu Xiuwen, Ma Hongwen, Zhang Lintao, et al. Adsorption properties and mechanism of mesoporous adsorbents prepared with fly ash for removal of Cu (Ⅱ) in aqueous solution. Applied Surface Science, 2012, 261: 902-907

Yang Jing, Zhang Xin, Ma Hongwen, et al. Preparation of xonotlite nano-fibers using the silica source from coal fly ash and Ca $(OH)_2$. Key Engineering Materials, 2015, 633: 7-10

后记
POSTSCRIPT

2012年9月21日，与神华低碳清洁能源研究所签订“利用准能高铝粉煤灰制取氧化铝关键技术”合作研发合同。自项目动议始历8月余，其间更隐含与同类研究者之角逐。9月14日几近子夜，著者吟成《高铝灰赋》。现录于此，诗曰：

飞灰制铝续鸿篇，
合璧钾石金玉缘。
可觑大唐长日乱，
昊青自信写流年。

《中国高铝飞灰》一书，乃著者团队于2010年出版的另一部专著《中国富钾岩石》的姊妹篇，秉承了此前有关“矿物资源绿色加工”的基本理念。

遗憾的是，上述技术合作合同最终成为一纸空文。虽则如此，著者团队仍勉力而为，主要由蒋周青博士等完成了原定对内蒙古国华准格尔电厂高铝粉煤灰制取氧化铝关键技术的研究。其核心内容反映在第2章中。

实现工业固体废物的资源化利用，即可相应减少一次资源开采，从而更有效地保护自然植被与生态环境。实施建设生态文明的国家战略，推进中国氧化铝工业创新、绿色、可持续发展，大力发展矿物资源绿色加工产业，乃是必然选择！值本专著完成之际，而兼欣然获“国家科学技术学术著作出版基金（2015-E-073）”资助，是为可贺！

马鸿文